Einleitung
in die griechische Philologie

Einleitung in die Altertumswissenschaft

Einleitung
in die griechische Philologie

Herausgegeben von
Heinz-Günther Nesselrath

Einleitung
in die lateinische Philologie

Herausgegeben von
Fritz Graf

B. G. Teubner Stuttgart und Leipzig

Einleitung in die griechische Philologie

Unter Mitwirkung von

Walter Ameling   Adolf H. Borbein   Robert Browning (†)
Herbert A. Cahn   Enzo Degani   Tiziano Dorandi
Kenneth Dover   Robert Fleischer   Fritz Graf
Dieter Hagedorn   Jürgen Hammerstaedt   Herbert Hunger
Richard Hunter   Athanasios Kambylis   Richard Kannicht
Gustav Adolf Lehmann   Wolfram Martini   Edgar Pack
Georg Petzl   Friedo Ricken   Klaus Strunk
Alfred Stückelberger   Ernst Vogt   Dietrich Willers   Nigel Wilson

herausgegeben von

Heinz-Günther Nesselrath

B. G. Teubner Stuttgart und Leipzig 1997

Beilagen
Synopse der griechischen Literatur
von H. Lühken, Göttingen
Karten: Griechenland,
Griechenland/Ägäis und
Östl. Mittelmeerraum (Perserreich)
Abdruck mit freundlicher Genehmigung des
Verlages Philipp Reclam jun. GmbH

Die Deutsche Bibliothek – CIP Einheitsaufnahme
Einleitung in die griechische Philologie /
unter Mitw. von Walter Ameling ... Hrsg. von Heinz-Günther Nesselrath. –
Stuttgart ; Leipzig : Teubner, 1997
(Einleitung in die Altertumswissenschaft)
ISBN 3-519-07435-4

Das Werk einschließlich aller seiner Teile ist urheberrechtlich geschützt. Jede Verwertung außerhalb der engen Grenzen des Urheberrechtsgesetzes ist ohne Zustimmung des Verlages unzulässig und strafbar. Das gilt besonders für Vervielfältigungen, Übersetzungen, Mikroverfilmungen und die Einspeicherung und Verarbeitung in elektronischen Systemen.

© B. G. Teubner Stuttgart und Leipzig 1997
Printed in Germany
Gesamtherstellung: Druckhaus „Thomas Müntzer" GmbH, Bad Langensalza

Vorwort des Herausgebers

Ein halbes Jahr nach Erscheinen der 'Einleitung in die lateinische Philologie' liegt nun auch deren griechischer Schwesterband vor und bringt damit das Unternehmen des Verlages B. G. Teubner, die 1910 erstmals erschienene und dann über Jahrzehnte hinweg als zuverlässiges Handbuch und Nachschlagewerk dienende 'Einleitung in die Altertumswissenschaft' von Alfred Gercke und Eduard Norden in einer neuen und den veränderten Zeitumständen angepaßten Form zu präsentieren, zum Abschluß.

Die Gründe, die frühere Einleitung, die griechische und lateinische Bereiche eng verband, nunmehr in zwei nach diesen beiden Sprachen getrennten Bänden vorzulegen, hat Fritz Graf, der Herausgeber des lateinischen Bandes, in seinem Vorwort in ebenso prägnanter wie umfassender Form dargelegt; sie brauchen hier nicht wiederholt zu werden. Die beiden Bände sollten allerdings ebenso deutlich zeigen, daß nicht nur aufgrund ihrer gemeinsamen Strukturen, sondern auch ihrer Inhalte die beiden Alten Sprachen und die übrigen ihnen benachbarten altertumswissenschaftlichen Disziplinen nach wie vor stark aufeinander bezogen und angewiesen sind; so werden z. B. im lateinischen Band griechisch geschriebene philosophische Werke der römischen Kaiserzeit (Kap. VIII) behandelt und die im griechischen Band dargestellten Bedingungen und Eigenarten der Text- und Buchproduktion (Kap. I 1) gelten auch für den lateinischen Westen des Mittelmeerraumes. Wenn sich darüber hinaus sogar ein gewisses Unbehagen einstellen mag angesichts der Tatsache, daß die Geschichte der griechischen und lateinischen Philologie – die wenigstens bis zur Mitte unseres Jahrhunderts nur eine einzige ist – in den beiden Bänden 'auseinandergerissen' wird, so kann auch dies die fortdauernden Beziehungen zwischen dem Griechischen und Lateinischen deutlich vor Augen führen.

Gerade in diesem Jahrhundert haben sich weite Bereiche der Altertumswissenschaft zu mehr oder weniger selbständigen Disziplinen neben den beiden Philologien entwickelt. Die neue Einleitung versucht dieser Entwicklung dadurch Rechnung zu tragen, daß sie die jeweilige Philologie in den Kreis der verwandten oder benachbarten Disziplinen hineinstellt; denn wenn auch jede Einzeldisziplin heute mit Recht ihr Eigenleben behauptet und einen eigenen Wert beansprucht, so kann umfassende 'Wissenschaft vom Altertum' doch weiterhin nur in einem Miteinander dieser Disziplinen stattfinden. Deshalb gilt an dieser Stelle herzlicher Dank nicht nur den 'Philologen' im engeren Sinne, die an diesem Band mitgearbeitet haben, sondern auch und gerade allen Kollegen der benachbarten Disziplinen, die durch ihre bereitwillige Beteiligung die *concors varietas* hervorgebracht haben, mit der sich die griechische Philologie im Rahmen der Altertumswissenschaft in diesem Band darstellen kann.

Bei allen Änderungen im Aufbau, die gegenüber dem alten 'Gercke-Norden' vorgenommen werden mußten, ist das Hauptanliegen der neuen 'Einleitung' doch das gleiche wie in der alten geblieben: Schon in der Vorrede der ersten Auflage von 1910 betonen die damaligen Herausgeber, daß vor allem die «Ratlosigkeit junger Studenten angesichts der erdrückenden Fülle der Tatsachen und Probleme» in den von ihnen gewählten Studienfächern sie bewogen hat, den Studierenden «ein Buch in die Hand zu geben, das ihnen ein Wegweiser durch die verschlungenen Pfade der weiten Gebiete der Altertumswissenschaft sein kann, ... eine wissenschaftliche Einführung, die neben den gehörten Vorlesungen und zur Ergänzung des privaten Studiums ihren Wert behält ... Es soll ... auch dazu beitragen, die sich leider immer vergrößernde Kluft zwischen Universität und Schule zu verringern.» Damit ist wohl all das gesagt, was auch die heutigen Herausgeber sich für ihre Bände und deren Wirkung wünschen.

Hier ist nun auch all denen zu danken, die das Entstehen dieses Bandes überhaupt ermöglicht haben. Auf die große Kooperationsbereitschaft aller Autoren wurde bereits hingewiesen; der Herausgeber ist der erste, der aus ihren Beiträgen viel gelernt hat. Rudolf Kassel hat in der Konzeptionsphase bereitwillig konstruktiven Rat beigesteuert und diesen Rat darüber hinaus auch einer Reihe von Einzelbeiträgen zuteilwerden lassen. Für die Übersetzung des ursprünglich italienischen Beitrages von T. Dorandi sei Herrn Dr. Jürgen Hammerstaedt gedankt; die englischen Beiträge von R. Browning, K. Dover, R. Hunter und N. Wilson sowie der italienische von E. Degani wurden vom Herausgeber übersetzt. Die Hilfskräfte des Instituts für Klassische Philologie in Bern haben ebenfalls wesentlich zur Entstehung des Bandes beigetragen, Monika Szalay und vor allem Michael Lurje bei der 'Computerisierung', Lisa Meyer durch die Überprüfung der Stellenangaben; meine Frau, Balbina Bäbler, hat nicht nur die Korrekturen sämtlicher Beiträge gelesen (und dabei manchen von anderen nicht entdeckten Fehler zutage gefördert), sondern mich auch bei der Überprüfung und Verbesserung vieler anderer Dinge selbstlos unterstützt. Ein besonderer Dank gebührt Herrn Henning Lühken, der mit seiner «Synopse der griechischen Literatur» den Band um eine ansprechende didaktische Facette bereichert hat. Schließlich aber ist nicht nur dem Verleger und Geschäftsführer des Teubnerschen Verlages, Herrn Heinrich Krämer, zu danken, auf dessen Initiative der Plan dieser neuen Einleitung zurückgeht und der an ihrer Entstehung stets kritisch fördernd Anteil genommen hat, sondern auch der Leiterin der altertumswissenschaftlichen Redaktion, Frau Dr. Elisabeth Schuhmann; ihre unermüdliche Hilfsbereitschaft und ihren Humor (der auch in Situationen größter Belastung nie verlorenging), hat der Herausgeber in zahllosen Kontakten per Telephon und Telefax kennen- und schätzen gelernt.

Bevor nun die Autoren selbst zu Wort kommen, noch einige Hinweise, die die Benutzung des Bandes erleichtern sollen: Innerhalb der Beiträge sollen kursiv gehaltene Querverweise (zwei- und dreistellig für Verweise innerhalb des Beitrags, vierstellig für solche auf andere Beiträge; vorangestelltes *LAT* verweist auf den lateinischen Band) den Leser zu anderen Stellen führen, an denen er Weiteres zur behandelten Materie findet; als noch differenziertere Erschließung des vielfältigen Inhalts ist das Namen- und Sachregister gedacht. Das den Beiträgen vorangestellte allgemeine Abkürzungsverzeichnis soll gerade dem Neuling die Entschlüsselung aller Angaben ermöglichen, die aus Gründen der Platzersparnis nicht ausgeschrieben werden konnten.

Bern, im März 1997   Heinz-Günther Nesselrath

Inhaltsverzeichnis

Abkürzungsverzeichnis IX

I   Geschichte der Texte

    1 Tradierung der Texte im Altertum; Buchwesen
       (Tiziano Dorandi) 3
    2 Handschriftliche Überlieferung in Mittelalter
       und früher Neuzeit, Paläographie *(Herbert Hunger)* 17
    3 Textkritik *(Kenneth Dover)* 45
    4 Papyrologie *(Dieter Hagedorn)* 59
    5 Epigraphik *(Georg Petzl)* 72

II Geschichte der griechischen Philologie

    1 Griechische Philologie im Altertum *(Nigel Wilson)* 87
    2 Griechische Philologie in Byzanz *(Nigel Wilson)* 104
    3 Griechische Philologie in der Neuzeit *(Ernst Vogt)* 117

III Geschichte der griechischen Sprache

    1 Vom Mykenischen bis zum klassischen Griechisch
       (Klaus Strunk) 135
    2 Von der Koine bis zu den Anfängen des modernen Griechisch
       (Robert Browning†) 156

IV Geschichte der griechischen Literatur

    1 Griechische Literatur bis 300 v. Chr. *(Enzo Degani)* 171
    2 Hellenismus *(Richard Hunter)* 246
    3 Kaiserzeit *(Heinz-Günther Nesselrath)* 269
    4 Spätantike *(Jürgen Hammerstaedt)* 294
    5 Abriß der byzantinischen Literatur *(Athanasios Kambylis)* 316
    6 Griechische Metrik *(Richard Kannicht)* 343

V Geschichte der griechischen Welt

    1 Archaische und klassische Zeit *(Gustav Adolf Lehmann)* 365
    2 Hellenismus *(Gustav Adolf Lehmann)* 402
    3 Kaiserzeit *(Walter Ameling)* 418
    4 Spätantike *(Edgar Pack)* 435

VI Griechische Religion *(Fritz Graf)* 457

VII Griechische Philosophie und Wissenschaften

    1 Philosophie *(Friedo Ricken)* 507
    2 Wissenschaften *(Alfred Stückelberger)* 561

VIII Griechische Kunst

    1 Archaische Zeit *(Wolfram Martini)* 585
    2 Klassik *(Adolf H. Borbein)* 609
    3 Hellenismus *(Robert Fleischer)* 635
    4 Kaiserzeit *(Dietrich Willers)* 659
    5 Spätantike *(Dietrich Willers)* 678
    6 Griechische Numismatik *(Herbert A. Cahn)* 694

Namen- und Sachregister 709

Abkürzungsverzeichnis

(Vgl. auch die besonderen Abkürzungshinweise am Anfang oder Ende einzelner Beiträge)

A & A	*Antike und Abendland*	*AKG*	*Archiv für Kulturgeschichte*
A & R	*Atene e Roma*	*AncSoc*	*Ancient Society*
AA	*Archäologischer Anzeiger*	*AnnESC*	*Annales. Économies, sociétés, civilisations*
AAAH	*Acta ad archaeologiam et artium historiam pertinentia*	*ANRW*	*Aufstieg und Niedergang der Römischen Welt*
AAHG	*Anzeiger für die Altertumswissenschaften, hrg. von der Österr. Humanist. Gesellschaft*	*ASNP*	*Annali della Scuola Normale Superiore di Pisa, Classe di Lettere e Filosofia*
AAntHung	*Acta Antiqua Hungarica*	*BAB*	*Bulletin de l'Académie Royale de Belgique. Classe des Lettres*
AAWW	*Anzeiger der Österr. Akademie der Wissenschaften in Wien*		
ABAW	*Abhandlungen der Bayer. Akademie der Wissenschaften, Philos.-histor. Klasse*	*BABesch*	*Bulletin antieke Beschaving. Annual Papers on Classical Archaeology*
Abh. Ak.	*Abhandlungen der Akademie ...*	*BCH*	*Bulletin de Correspondance Hellénique*
ABSA	*Annual of the British School at Athens*	*BEFAR*	*Bibliothèque de l'École Française d'Athènes et de Rome*
ABull	*The Art Bulletin. A quarterly published by the College Art Association of America*	*BICS*	*Bulletin of the Institute of Classical Studies of the University of London*
AC	*L' Antiquité Classique*	*BJ*	*Bonner Jahrbücher des Rheinischen Landesmuseums in Bonn und des Vereins von Altertumsfreunden im Rheinlande*
AClass	*Acta Classica. Proceedings of the Classical Association of South Africa*		
ACD	*Acta Classica Universitatis Scientiarum Debreceniensis (Debrecen)*	*ByzF*	*Byzantinische Forschungen: Internat. Zeitschr. für Byzantinistik*
ACO	*Acta Conciliorum Oecumenicorum*, ed. E. Schwartz, 1914ff.	*ByzZ*	*Byzantinische Zeitschrift*
		CA	J. U. Powell (Hrg.), *Collectanea Alexandrina*, 1925
AE	*L'Année Épigraphique*	*CCAB*	*Corsi di cultura sull'arte ravennate e bizantina*
Aevum Ant.	*Aevum Antiquum*		
AIIS	*Annali dell'Istituto Italiano per gli Studi Storici*	*CE*	*Chronique d'Égypte*
		CEG	P. A. Hansen (Hrg.), *Carmina Epigraphica Graeca*, 1–2, 1983–1989
AJA	*American Journal of Archaeology*		
AJPh	*American Journal of Philology*	*CGF*	G. Kaibel (Hrg.) *Comicorum Graecorum Fragmenta*, I/1
AK	*Antike Kunst*		

	1899 (ND mit «Addenda» von K. Latte, 1958)	HASB	Hefte des Archäologischen Seminars der Universität Bern
CGFP	C. Austin (Hrg.) Comicorum Graecorum fragmenta in papyris reperta, 1973	HbAW	Handbuch der Altertumswissenschaft
CIG	Corpus Inscriptionum Graecarum, 4 Bde, 1828–1877	HE	A. S. F. Gow – D. L. Page (Hrgg.), The Greek Anthology. Hellenistic Epigrams, 1–2, 1965
C.J.	Codex Justinianus		
ClAnt	Classical Antiquity	HLB	Harvard Library Bulletin
CMG	Corpus Medicorum Graecorum (1908ff.)	HSPh	Harvard Studies in Classical Philology
CP(h)	Classical Philology	HZ	Historische Zeitschrift
CQ	Classical Quarterly	IEG	M. L. West (Hrg.), Iambi et Elegi Graeci ante Alexandrum cantati, I ²1989, II ²1992
CR	Classical Review		
C.Th.	Codex Theodosianus		
DOP	Dumbarton Oaks Papers		
EA	Epigraphica Anatolica. Zeitschrift für Epigraphik und historische Geographie Anatoliens	IG	Inscriptiones Graecae, 1873ff.
		JARCE	Journal of the American Research Center in Egypt
		JbAC	Jahrbuch für Antike und Christentum
EClás	Estudios Clásicos. Organo de la Sociedad española de estudios clásicos	JDAI	Jahrbuch des Deutschen Archäologischen Instituts
Entretiens	Entretiens sur l'Antiquité Classique (Fondation Hardt)	JHS	Journal of Hellenic Studies
		JKlPh	Jahrbücher für classische Philologie
EPRO	Études préliminaires aux religions orientales dans l'Empire Romain, 1961ff.	JŒAI	Jahreshefte des Österreichischen Archäologischen Instituts
		JÖByz	Jahrbuch der Österreichischen Byzantinistik
FEG	D. L. Page (Hrg.), Further Greek Epigrams, 1981	JRA	Journal of Roman Archaeology
FGrHist	F. Jacoby, Die Fragmente der Griechischen Historiker (I, ²1957; IIA, 1926; IIB, 1929; IIIA, ²1954; IIIB, 1950; IIIC, 1958)	JRS	Journal of Roman Studies
		JThS	Journal of Theological Studies
		LEC	Les Études Classiques
		LSCG	F. Sokolowski, Lois sacrées des cités grecques, 1969
GGA	Göttingische Gelehrte Anzeigen	LSJ	H. G. Liddell – R. Scott – H. S. Jones u. a. (Hrgg.), A Greek-Englisch Lexicon, ⁹1940, rev. Suppl. 1996
GGM	C. Müller (Hrg.), Geographi Graeci minores, 1–2, 1855–1861		
GHI	M. N. Tod (Hrg.), A Selection of Greek Historical Inscriptions, 1 ²1946, 2 1948	LSS	F. Sokolowski, Lois sacrées des cités grecques. Supplément, 1962
		MD	Materiali e discussioni per l'analisi dei testi classici
GRBS	Greek, Roman and Byzantine Studies	MDAI(A)	Mitteilungen des Deutschen Archäologischen Instituts, Athenische Abteilung
GVI	W. Peek (Hrg.), Griechische Vers-Inschriften I, 1955		

MDAI(I)	Mitteilungen des Deutschen Archäologischen Instituts, Istanbuler Abteilung	PCP(h)S	Proceedings of the Cambridge Philological Society
MDAI(R)	Mitteilungen des Deutschen Archäologischen Instituts, Römische Abteilung	PCG	R. Kassel – C. Austin (Hrgg.), *Poetae Comici Graeci*, II 1991, III/2 1984, IV 1983, V 1986, VII 1989, VIII 1995
MEFRA	Mélanges d'Archéologie et d'Histoire de l'École Française de Rome. Antiquité	PEG	A. Bernabé (Hrg.), *Poetae Epici Graeci. Testimonia et fragmenta*, I² 1996
Meiggs-Lewis	R. Meiggs – D. Lewis (Hrgg.), *A Selection of Greek Historical Inscriptions to the End of the Fifth Century B.C.*, ²1988	PG	J.-P. Migne, *Patrologia Graeca*, 168 Bde, 1857–1868
		Ph & Rh	Philosophy and Rhetoric
MH	Museum Helveticum	PMG	D. L. Page (Hrg.), *Poetae Melici Graeci*, 1962
MMAI	Monuments et Mémoires publiés par l'Académie des Inscriptions et Belles-Lettres	PMGF	M. Davies (Hrg.), *Poetarum Melicorum Graecorum Fragmenta*, I 1991
Musa Tragica	B. Gauly u. a. (Hrgg.), *Musa Tragica. Die griechische Tragödie von Thespis bis Ezechiel. Ausgew. Zeugnisse u. Fragmente griech. u. dt.*, 1991	QS	Quaderni di Storia
		RA	Revue Archéologique
		RAC	Th. Klauser u. a. (Hrgg.), *Reallexikon für Antike und Christentum*, 1950 ff.
NAC	Numismatica e antichitá classiche. Quaderni ticinesi	RE	G. Wissowa u. a. (Hrgg.), *Paulys Realencyclopädie der classischen Altertumswissenschaft*, 1893–1980
ND	Nachdruck		
NFE	C. Austin (Hrg.), *Nova fragmenta Euripidea in papyris reperta*, 1968	REA	Revue des Études Anciennes
		REByz	Revue des Études Byzantines
NJbb	Neue Jahrbücher für das klassische Altertum	RIL	Rendiconti dell' Istituto Lombardo, Classe di Lettere, Scienze morali e storiche
NP	Der Neue Pauly, 1996 ff.		
OAth	Opuscula Atheniensia. Acta Inst. Athen. Regni Sueciae	RhM	Rheinisches Museum für Philologie
OGI	W. Dittenberger (Hrg.), *Orientis Graeci Inscriptiones Selectae*, 1–2, 1903–1905	RPh	Revue de Philologie
		RPhA	Revue de Philosophie Ancienne
		RSAA	Revue Suisse d'Art et d'Archéologie
ORom	Opuscula Romana. Acta Inst. Rom. Regni Sueciae	RSC	Rivista di Studi Classici
PAA	Πρακτικὰ τῆς Ἀκαδημίας Ἀθηνῶν	RSI	Rivista Storica Italiana
		SB	Sammelbuch Griechischer Urkunden aus Ägypten
Pack²	R. Pack, *The Greek and Latin literary texts from Greco-Roman Egypt*, ²1965	SB Wien	Sitzungsberichte der Österr. Akademie der Wissenschaften
Pap. Lugd.-Bat.	Papyrologica Lugduno-Batava	SBAW	Sitzungsberichte der Bayer. Akademie der Wissenschaften
PBSR	Papers of the British School at Rome	S & C	Scrittura e Civiltà
		SCO	Studi Classici e Orientali

SE	Supplementum continens nova fragmenta Euripidea [...] adiecit B. Snell, 1964 (vgl. *TGF*)
SEG	H. W. Pleket – R. S. Stroud (Hrgg.), *Supplementum Epigraphicum Graecum*, 1979ff.
SH	H. Lloyd-Jones – P. Parsons (Hrgg.), *Supplementum Hellenisticum*, 1983
SIG	W. Dittenberger, *Sylloge Inscriptionum Graecarum*, ³1915–1924
SLG	D. L. Page (Hrg.), *Supplementum Lyricis Graecis*, 1974
StudClas	*Studii Clasice*
Syll.³	s. SIG
TAPhA	*Transactions and Proceedings of the American Philological Association*
TAPhS	*Transactions of the American Philosophical Society*
TGF	A. Nauck (Hrg.), *Tragicorum Graecorum fragmenta*, ²1889 (ND 1964, mit Snell, *SE*)
TRE	G. Krause – G. Müller (Hrgg.), *Theologische Realenzyklopädie*, 1977ff.
TrGF	*Tragicorum Graecorum fragmenta*; I ²1986, II 1981 ed. B. Snell – R. Kannicht; III 1985, IV 1977 ed. S. Radt
VChr	*Vigiliae Christianae*
VS	H. Diels – W. Kranz (Hrgg.), *Die Fragmente der Vorsokratiker*, 1–3, ⁷1954
WJA	*Würzburger Jahrbücher für die Altertumswissenschaft*
YClS	*Yale Classical Studies*
ZPE	*Zeitschrift für Papyrologie und Epigraphik*

Antike Autoren / Werke

Aesch.	Aischylos
Ag.	*Agamemnon*
Ch.	*Choephoren*
Eum.	*Eumeniden*
Pers.	*Perser*
Sept.	*Septem / Sieben gegen Theben*
Suppl.	*Supplices / Schutzflehende*
Aet.	Aetios
Alcm.	Alkman
Amm.	Ammianus Marcellinus
Anacr.	Anakreon
Andoc. or.	Andokides, *Reden*
AP	*Anthologia Palatina*
App. Mithr.	Appian, *Mithridates-Krieg*
Apul. Met.	Apuleius, *Metamorphoses / Eselsroman*
Ar.	Aristophanes
Ach.	*Acharner*
Av.	*Aves / Vögel*
Eccl.	*Ekklesiazusen*
Eq.	*Equites / Ritter*
Nub.	*Nubes / Wolken*
Pax	*Frieden*
Plut.	*Plutos*
Ran.	*Ranae / Frösche*
Thesm.	*Thesmophoriazusen*
Vesp.	*Vespae / Wespen*
Archim.	Archimedes,
Aren.	*Arenarius / 'Sandrechner'*
Arist.	Aristoteles
An. post.	*Analytica posteriora*
Ath. pol.	*Athenaion politeia*
Cael.	*De caelo*
De an.	*De anima*
Gen. an.	*De generatione animalium*
Gen. corr.	*De generatione et corruptione*
Hist. an.	*Historia animalium*
Mag. mor.	*Magna moralia / Große Ethik*
Metaph.	*Metaphysik*
Mot. an.	*De motu animalium*
Part. an.	*De partibus animalium*
Phys.	*Physik*
Poet.	*Poetik*
Pol.	*Politik*
Rhet.	*Rhetorik*
Aristid. Quint.	Aristides Quintilianus
Ath.	Athenaeus / Athenaios
Aug. Retract.	Augustinus, *Retractationes*
Basil.	Basilius / Basileios
Adv. Eunom.	*Adversus Eunomium*
Epist.	*Briefe*
Spir.	*De Spiritu Sancto*

Cael. Aurel., Morb. ac.	Caelius Aurelianus, *De morbis acutis*	Hipp.	*Hippolytos*
Callim. *Aet.*	Kallimachos, *Aitia*	Ion	*Ion*
Cels., *De med.*	Celsus, *De medicina*	IA	*Iphigenie in Aulis*
		IT	*Iphigenie bei den Tauren*
Choerob.	Georgios Choiroboskos	Med.	*Medea*
Cic.	Cicero	Or.	*Orestes*
Acad.	*Academici Libri*	Phoen.	*Phoinissen*
Att.	*Epistulae ad Atticum*	Suppl.	*Supplices / Schutzflehende*
Brut.	*Brutus*	Tr.	*Troerinnen*
Fat.	*De fato*	Eus.	Eusebios
Fin.	*De finibus*	H.E.	*Historia Ecclesiastica / Kirchengeschichte*
Leg.	*De legibus*	Praep. ev.	*Praeparatio Evangelica*
De or.	*De oratore*	Eustath. *Il.*	Eustathios, *Kommentar zur Ilias*
Nat. deor.	*De natura deorum*		
Off.	*De officiis*	Gal.	Galen
Orat.	*Orator*	In. Hipp. Epid. 2 comment.	*Kommentar zum 2. Epidemienbuch des Hippokrates*
Tusc.	*Tusculanae disputationes*		
Clem. Al. Paed.	Clemens von Alexandria, *Paidagogos*	In Hipp. Epid. 6 comment.	*Kommentar zum 6. Epidemienbuch des Hippokrates*
Cleom. Mot. circ.	Kleomedes, *De motu circulari corporum caelestium*		
		De diff. resp.	*De difficultate respirationis libri III*
Crit.	Kritias		
Curt. Ruf.	Curtius Rufus	De venae sect. adv. Erasistr.	*De venae sectione adversus Erasistratum*
Cyrill. Alex. Adv. Iul.	Kyrillos von Alexandria, *Gegen Julian*		
Dem. or.	Demosthenes, *Reden*	Greg. Naz. Carm.	Gregor von Nazianz, *Gedichte*
Demetr. Eloc.	Demetrios, *De elocutione / Περὶ ἑρμηνείας*	Harpocrat.	Harpokration
		Hdt.	Herodot
Dio Chrys.	Dion Chrysostomos / von Prusa	Heph.	Hephaistion
		De poem.	*Περὶ ποιημάτων*
Dion. Hal.	Dionysios von Halikarnass	Ench.	*Enchiridion*
Comp.	*De compositione verborum*	Hermog. Id.	Hermogenes, *Περὶ ἰδεῶν*
Imit.	*De imitatione*	Hes.	Hesiod
DL	Diogenes Laertios	Theog.	*Theogonie*
EM	*Etymologicum Magnum*	Op.	*Opera et Dies / Werke und Tage*
Epiph. Adv. haeres.	Epiphanios, *Adversus haereses*		
		Hieron.	Hieronymus
Eucl. *El.*	Euklid, *Elementa*	Adv. Ruf.	*Gegen Rufinus*
Eur.	Euripides	Epist.	*Briefe*
Alc.	*Alkestis*	Hippocr.	Hippokrates
Andr.	*Andromache*	Hippol. *Haer.*	Hippolytos, *Refutatio omnium haeresium*
Bacch.	*Bakchen*		
Cycl.	*Kyklops*	Hippon.	Hipponax
El.	*Elektra*	Hom.	Homer
Hec.	*Hekabe*	Il.	*Ilias*
Hel.	*Helena*	Od.	*Odyssee*
Heracl.	*Herakliden*		
Herc.	*Herakles*		

H. Cer.	*Demeterhymnos*	P. Berol.	*Papyri Berolinenses*
[Hom.]		P. Bodmer	V. Martin – R. Kasser u. a. (Hrgg.), *Papyrus Bodmer*, Cologny-Genève 1954ff.
Batrach.	Pseudo-Homer, *Batrachomyomachie*		
Hor.	Horaz	P. Bon.	*Papyri Bononienses*, Bologna 1953
Ars	*Ars Poetica*		
Epist.	*Episteln*	P. Cair. Masp.	J. Maspero (Hrg.), *Catalogue général des antiquités égyptiennes du Musées du Caire: papyrus grecs d'époque byzantine* 1–3, 1911–1916
Sat.	*Satiren*		
Ibyc.	Ibykos		
Ios. *C. Ap.*	Flavius Josephus, *Gegen Apion*		
Isocr. *Areop.*	Isokrates, *Areopagitikos*	P. Cair. JE	*Papyri Cairenses Journal d'Entrée*
Iuv.	Juvenal		
Joh. Lyd. *Mag.*	Johannes Lydus, *De magistratibus Imperii Romani*	P. Gen.	*Les papyrus de Genève*, 1–2, 1896–1906/1986
Lact. *Div. inst.*	Laktanz, *Divinae institutiones*	P. Harr.	*The Rendel Harris Papyri of Woodbrooke College Birmingham*, 1 Cambridge 1936, 2 Zutphen 1985
Liv.	Livius		
Luc.	Lukian		
Alex.	*Alexander, oder Der Lügenprophet*	P. Herc.	*Papyri Herculanenses (Herculanensium voluminum quae supersunt, Collectio Prima*, Neapel 1793–1855; *Collectio Altera*, Neapel 1862–1876)
Demon.	*Demonax*		
Hist. concr.	*De historia conscribenda*		
Peregr.	*Peregrinos*		
Lys. *or.*	Lysias, *Reden*		
Macr. *Sat.*	Macrobius, *Saturnalia*	P. Köln	*Kölner Papyri*, Opladen 1976ff.
Mart.	Martial		
Men. *Dysc.*	Menander, *Dyskolos*	P. Lille	*Papyrus grecs* (Institut papyrologique de l'Université de Lille), 1–2, Paris 1907–1928
Method. *Symp.*	Methodios, *Symposion*		
NT	*Neues Testament*		
Apg.	*Apostelgeschichte*	P. Lit. Lond.	*Catalogue of the Literary Papyri in the British Museum*, London 1927
Joh.	*Johannesevangelium*		
1 Cor.	*1. Korintherbrief*		
2 Cor.	*2. Korintherbrief*	P. Lond.	*Greek Papyri in the British Museum*, 1–7, London 1893–1974
Gal.	*Galaterbrief*		
Phil.	*Philipperbrief*		
Philem.	*Brief an Philemon*	P. Mich.	*Papyri in the University of Michigan Collection*, Ann. Arbor 1931ff.
Röm.	*Römerbrief*		
2 Tim.	*2. Brief an Timotheus*		
Ov.	Ovid	P. Mil. Vogl.	A. Vogliano u. a. (Hrgg.), *Papiri della Università degli Studi di Milano*, 1937ff.
Her.	*Heroidenbriefe*		
Met.	*Metamorphosen*		
		P. Oxy.	*The Oxyrhynchus Papyri*, London 1898ff.
Papyri:			
BKT	*Berliner Klassikertexte*, 1904ff.	P. Ryl. (Gr.)	*Catalogue of the Greek Papyri in the John Rylands Library*, 1–4, Manchester 1911–1952
P. Ant.	*The Antinoopolis Papyri* 1–3, 1950–1967		
P. Barc.	*Papyri Barcinonenses*		

PSI	*Pubblicazioni della Società Italiana per la ricerca dei papyri greci e latini in Egitto*, Florenz 1912 ff.	Soph.	Sophistes
		Symp.	Symposium
		Theaet.	Theaitet
		Tim.	Timaios
P. Sorb.	*Papyrus de la Sorbonne 1*, Paris 1966	Plaut. Pseud.	Plautus, *Pseudolus*
		Plin. *Epist.*	Plinius, *Briefe*
P. Stras.	*Griech. Papyrus der Kaiserl. Univ.- und Landesbibliothek zu Straßburg / Papyrus grecs de la Bibliothèque Nationale et Universitaire de Strasbourg*, 1912 ff.	Plot. *Enn.*	Plotin, *Enneaden*
		Plut.	Plutarch
		Adv. Col.	Gegen Kolotes
		Aem.	Aemilius Paulus
		Alex.	Alexander
		Cim.	Kimon
P. Vind.	*Papyri Vindobonenses*	De commun. not.	De communibus notitiis adversus Stoicos
P. Vind. Rainer	*Mitteilungen aus der Papyrussammlung der Nationalbibliothek in Wien. Papyrus Erzherzog Rainer*, Baden b. Wien 1932–1939	De fac.	De facie in orbe lunae
		De prim. frig.	De primo frigido
		De Stoic. repugn.	De Stoicorum repugnantiis
P. Vind. Tandem	P. J. Sijpesteijn – K. A. Worp (Hrgg.), *Fünfunddreißig Wiener Papyri*, Zutphen 1976	Dem.	Demosthenes
		Demetr.	Demetrios Poliorketes
		Eum.	Eumenes
		Lyc.	Lykurgos
		Mor.	Moralia
P. Yale	*Yale Papyri in the Beinecke Rare Book and Manuscript Library*, 1 New Haven 1967, 2 Chico 1985	Pericl.	Perikles
		Pyrrh.	Pyrrhos
		Qu. Conv.	Quaestiones Convivales
		Qu. Rom.	Quaestiones Romanae
UPZ	*Urkunden der Ptolemäerzeit*, 1–2, Berlin–Leipzig 1922–1957	Sull.	Sulla
		Thes.	Theseus
Pers.	Persius	Polyb.	Polybios
Phot. *Bibl.*	Photios, *Bibliotheke*	Porph.	Porphyrios
Pind.	Pindar	Abst.	De abstinentia
Nem.	Nemeische Oden	Antr.	De antro nympharum
Ol.	Olympische Oden	Plot.	Vita Plotini
Pyth.	Pythische Oden	Prob. *Ad Verg. Georg.*	Probus, *Kommentar zu Vergils Georgica*
Plat.	Platon		
Ap.	Apologie	Procl.	Proklos
Crat.	Kratylos	Prom.	Der gefesselte Prometheus
Euthyphr.	Euthyphron	Prop.	Properz
Ion	Ion	Ps.-Hippocr. Morb. Sacr.	Pseudo-Hippokrates, *De morbo sacro / Über die heilige Krankheit*
Leg.	Leges / Nomoi / Gesetze		
Menex.	Menexenos		
Parm.	Parmenides	Ps.-Longin. De subl.	Pseudo-Longin, Περὶ ὕψους / *Vom Erhabenen*
Phd.	Phaidon		
Phdr.	Phaidros	Ps.-Plut.	Pseudo-Plutarch
Phlb.	Philebos	X Orat.	Vitae decem oratorum
Prot.	Protagoras	Strom.	Stromateis
Rep.	De re publica / Politeia / Staat	Ps.-Xen. Ath. pol.	Pseudo-Xenophon, Athenaion politeia

Ptol.	Klaudios Ptolemaios	Soph.	Sophokles
Geogr.	Geographica	Ant.	Antigone
Synt.	Syntaxis mathematica	Ichn.	Ichneutai
Quint. Inst.	Quintilian, Institutio oratoria	OT	Oidipus Tyrannos / König Ödipus
Schol. Ap. Rhod.	Scholien zu Apollonios Rhodios	Sozom. Hist. eccl.	Sozomenos, Historia ecclesiastica / Kirchengeschichte
Schol. Aristoph.	Scholien zu Aristophanes	Steph. Byz.	Stephanos von Byzanz
Schol. Eur.	Scholien zu Euripides	Stob. Ecl.	Stobaios, Eklogai
Schol. Il.	Scholien zur Ilias	Strab.	Strabon
Schol. Pind.	Scholien zu Pindar	Tert. Adv. Marc.	Tertullian, Gegen Marcion
Sen.	Seneca		
Ep.	Briefe	Theocr.	Theokrit
Nat.	Naturales quaestiones	Theodoret	Theodoret, Haereticarum
Sext. Emp.	Sextus Empiricus	Haeret. fab.	fabularum compendium
Math.	Adversus Mathematicos	Theophr.	Theophrast
Pyr.	Πυρρώνειοι ὑποτυπώσεις / Grundriß der pyrrhonischen Skepsis	C. plant Char. H. plant.	De causis plantarum Charaktere Historia plantarum
Simpl.	Simplikios	Thuc.	Thukydides
In Epict. ench.	Kommentar zum Enchiridion Epiktets	Verg. Ecl.	Vergil Eklogen / Bucolica
In Arist. de caelo	Kommentar zu Aristoteles, De caelo	Georg. Vitr.	Georgica Vitruv
In Phys.	Kommentar zu Aristoteles, Physik	Xen. Anab.	Xenophon Anabasis
Socr. Hist. eccl.	Sokrates, Historia ecclesiastica / Kirchengeschichte	Hell. Mem.	Hellenika Memorabilien

I
Geschichte der Texte

1 Tradierung der Texte im Altertum; Buchwesen

Tiziano Dorandi

1.1 Vorbemerkung

Ein heutiger Leser mag sich bei der Benutzung moderner Ausgaben eines antiken griechischen oder lateinischen Textes bisweilen die Frage stellen, mit welchen Methoden der Autor sein Werk entworfen und verfaßt hat, wie ein antikes Buch beschaffen war und auf welchen Wegen und durch welche Auswahlverfahren ebendieser Text, und nicht ein anderer, bis zu uns gelangt ist. Die Nachrichten hierüber fließen recht spärlich und sind zudem nicht immer eindeutig. Gleichwohl reichen sie für eine zuverlässige und zufriedenstellende Beantwortung dieser Fragen aus. Die folgende Darstellung betrifft zwar die Welt der Griechen, basiert aber gleichermaßen auf der Auswertung lateinischer Quellen und zieht somit auch Verhältnisse und Gegebenheiten der römischen Literatur in Betracht.

Zum antiken Buch allgemein: H. Blanck, *Das Buch in der Antike* (München 1992). – Abgekürzt zitierte Titel: $GMAW^2$ = E. G. Turner, *Greek manuscripts of the Ancient World*, 2nd edition revised and enlarged by P. J. Parsons (London 1987); Pack^2 = R. Pack, *The Greek and Latin literary texts from Greco-Roman Egypt* (Ann Arbor ^{2}1965).

1.2 Arbeitsweise antiker Autoren

Will man wissen, wie ein antiker Autor ein Werk verfaßt hat, muß man versuchen, seine Arbeitsweise zu bestimmen. Unmöglich wäre es, eine allgemeingültige Beschreibung zu geben, die auf alle Schriftsteller und alle Epochen schlechthin passen würde. Doch gibt es einige Merkmale, die allgemein und konstant gewesen zu sein scheinen. Offenbar verlief die Abfassung antiker Texte in mehreren Phasen. Sie waren freilich nicht bei allen Autoren und literarischen Genera identisch, und zumindest in Prosa und Poesie dürften in der Regel verschiedene Abfassungsmethoden zur Anwendung gekommen sein. Vermutlich befaßten sich antike Autoren in einem ersten Arbeitsabschnitt mit dem Aufspüren und der Lektüre von Quellen und sammelten *excerpta* auf Wachs- und Holztäfelchen bzw. auf Papyrus- oder Pergamentblättern (*pugillares, membranae*). Bisweilen folgte hierauf eine erste Fassung des Werkes als Vorschrift (ὑπομνηματικόν) mit weitgehender Überarbeitung und Disponierung des gesammelten Materials, jedoch noch ohne letzte formale Glättung. Doch konnte an Stelle dieser beiden vorbereitenden Arbeitsschritte auch ein einziger treten. Am Schluß stand die Endfassung, die 'Reinschrift' des Werks (ὑπόμνημα, σύνταγμα), die, wenn auch nicht immer, der eigentlichen 'Publikation' (ἔκδοσις) zur Grundlage diente.

Für die Benutzung von Täfelchen und *pugillares / membranae* gibt es zahlreiche Belege. Für Hippokrates: Gal. *In Hipp. Epid. 2 comment.* 2. 4 (*CMG* 5,10,1,213,25ff.; 310,25ff.); *In Hipp. Epid. 6 comment.* 2. 5 (*CMG* 5,10,2,2,76,1ff.; 272,5ff.); *De diff. resp.* 3,1 (7,890f. K.). Für Platon: Dion. Hal. *Comp.* 6,25,33 Aujac-Lebel = p. 133,7 U.-R.; Quint. *Inst.* 8,6,64; DL 3,37. Für die hellenistischen Dichter: Callim. *Aet.* fr. 1,21f. Pfeiffer; [Hom.] *Batrach.* 2f.; Poseidipp.: *SH* 705,5f. Für die lateinische Dichtung: Plaut. *Pseud.* 401ff.; Catull 50,1–5; Hor. *Ars* 385–390; *Sat.* 2,3,1–2; Prop. 3,23,1–8.19–24; Pers. 3,10–11; Mart. 2,6,5f.; Iuv. 7,23f. Die erhaltenen Beispiele sind hauptsächlich Urkunden, Briefe und Schulaufgaben. Die wenigen literarischen Texte auf Täfelchen stammen wohl ebenfalls aus dem Schulunterricht. Vgl. P. Cauderlier – G. Cavallo – R. Marichal, in: E. Lalou (Hrg.), *Les tablettes à écrire de l'antiquité à l'époque moderne* (Turnhout 1992) 61–96.97–105. 165–185. Als *hypomnematika* sind zumindest zwei herkulanensische Papyri zu betrachten: P.Herc. 1674 und 1506 (Philodem *Rhetorica* 2 und 3). Zur Arbeitsweise der antiken Schriftsteller: T. Dorandi, «Den Autoren über die Schulter geschaut. Arbeitsweise und Autographie bei den antiken Schriftstellern», *ZPE* 87 (1991) 11–33; ders., «Zwischen Autographie und Diktat: Momente der Textualität in der antiken Welt», in: W. Kullmann – J. Althoff (Hrgg.), *Vermittlung und Tradierung von Wissen in der griechischen Kultur* (Tübingen 1993) 71–83.

1.2.1 Diktat und selbst verfertigte Abschrift

Besondere Beachtung bei den Phasen, die ein literarisches Werk bei seiner Abfassung durchläuft, verdient das vielschichtige Bild, das sich aus dem Unterschied zwischen dem Diktat und der autographischen Niederschrift eines literarischen Textes, sei es Poesie sei es Prosa, ergibt. Eine Prüfung der direkten und indirekten Zeugnisse zeigt klar, daß in der Antike das Diktat stets eine größere Rolle als das eigenhändige Schreiben gespielt hat. Wenn man bisweilen eher dem eigenen Schreiben den Vorzug gegeben hat, so gilt dies vor allem bei der Abfassung von Dichtung. Die Prosaautoren, und unter ihnen besonders – aber keineswegs ausschließlich – die Gebildeten und die Fachschriftsteller, zogen es vor, ihre Werke Sekretären, seit der Kaiserzeit häufig Stenographen (*notarii*) zu diktieren: So arbeiteten unter anderem die beiden Plinii, Galen, Origenes und Hieronymus. Es ist allerdings zu bedenken, daß in einem so weiten, oft von persönlichen, subjektiven Bedürfnissen und Situationen bestimmten Feld jede Art von undifferenzierter Verallgemeinerung zu Fehlschlüssen führen kann. Beide Systeme dürften zu manchen Zeiten sogar von ein und demselben Autor angewandt worden sein, und zwar nicht nur je nachdem, ob er gerade Poesie oder Prosa verfaßte, sondern auch bei den weiteren Arbeitsgängen, die zur allmählichen, stufenweisen Ausarbeitung eines Werkes vom Text zum Buch führten.

Die zahlreichen antiken Zeugnisse für die Bevorzugung des Diktats vor der eigenhändigen Abschrift sind zusammengestellt und besprochen bei Dorandi (1991) und (1993). Einige Papyrusfragmente mit literarischen bzw. subliterarischen Texten, die vom Autor eigenhändig niedergeschrieben wurden bzw. als Autographe gelten, sind noch erhalten: Fest steht dies bei den Entwürfen der Gedichte von Dioskoros (6. Jh. n. Chr.) aus dem südägyptischen Aphrodito (z. B.: P.Cair. Masp. 1,67097^v, 2,67131^v und 2,67184). Die übrigen Texte bei Dorandi (1991) 18–21 und (1993) 73f. Als Beispiel eines (nicht autographischen) Entwurfs läßt sich P.Herc. 1021 (Philodem, *Geschichte der platonischen Akademie*) nennen. Auf *notarii* griffen u. a. die beiden Plinii zurück: vgl. Plin. *Epist.* 3,5,15; 9,36,2.

1.3 Worauf schrieb man Bücher?

Wie schon erwähnt, benutzte der antike Schriftsteller, zumindest in der Anfangsphase seiner Arbeit, Wachs- bzw. Holztäfelchen oder Papyrus- bzw. Pergamentblätter. Doch schon bei seiner ersten Redaktion wurde der Text auf einem zusammenhängenden Beschreibmaterial, und nicht, wie noch immer behauptet wird, auf Einzelblättern oder -tafeln untergebracht, die dann erst als 'Reinschrift' in eine Buchrolle oder einen Codex übertragen worden wären.

Als Beispiele für die Erstfassung eines Textes auf einer Rolle bzw. Teilrolle wären Philodems *Geschichte der platonischen Akademie* (P.Herc. 1021) und die Dichtungen des Dioskoros zu nennen (P.Cair. Masp. 1,67097^v: 67097^r enthält den Kaufvertrag für ein Landstück; P.Cair. Masp. 2,67131^v: 67131^r enthält das Protokoll einer Gerichtsverhandlung).

Die beiden wichtigsten Erscheinungsformen des Buchs in der griechisch-römischen Antike waren also die Rolle und der Codex.

1.3.1 Buchrolle

Die älteste Form des Buches ist die Rolle. Dabei handelt es sich um einen langen Papyrusstreifen, der aus Einzelblättern zusammengeklebt wurde (κολλήματα). Im Handel waren gewöhnlich Einheiten zu je 20 Blättern, die je nach Ausdehnung des zu kopierenden Werkes zu Rollen verschiedener Länge vereint werden konnten. Ein Anfangsblatt (πρωτόκολλον), dessen Fasern oft (zur Verhinderung des Ausfransens) auf der Innenseite vertikal verliefen, wurde unbeschrieben gelassen und diente zum Schutz vor Staub und, wie die heutigen Buchdeckel, vor äußerer Beschädigung der Rolle. Bisweilen gab es auch ein *agraphon* am Ende der Rolle.

Das Beispiel eines *protokollon* liegt in der sogenannten 'Verwünschung der Artemisia' vor, *UPZ* 1,1 (4. Jh. v. Chr.), wie G. Bastianini, *Tyche* 2 (1987) 1–3 gezeigt hat. Ein weiteres *protokollon* läßt sich in P.Lond. 3, 1168 (p. 135) und Taf. 3,20–22 erkennen (Mietüberlassung zur Garantie eines Kredits von 220 Drachmen). *Agrapha* am (inneren) Ende von Buchrollen treten häufig in den herkulanensischen Papyri auf: z. B. P.Herc. 1497 (Philodem, *De musica* 4); P.Herc. 1675 (Philodem, *De adulatione*).

Disposition des Textes auf literarischen Rollen: Die Texte wurden auf der Rolleninnenseite eingetragen, wo die Papyrusfasern horizontal verliefen (auf dem sogenannten *recto*), so daß entlang den Fasern geschrieben wurde. Sie bildeten Kolumnen (σελίδες), deren Breite je nach Buch variieren konnte. Solche Schriftkolumnen befinden sich nicht nur in der Mitte eines jeweiligen *kollema*, sondern können auch über die Überlappung (*kollesis*) reichen, mit der zwei *kollemata* miteinander zusammengeklebt waren. Hierdurch wird die Theorie hinfällig, daß literarische Texte auf lose Papyrusblätter geschrieben und erst nachträglich zu einer regelrechten Rolle zusammengeklebt worden seien. Die Kolumnenbreite richtete sich in Prosatexten wahrscheinlich nach der jeweiligen literarischen Gattung (anscheinend standen Redner in engen, Historiker in breiteren, Philosophen und Kommentatoren in noch breiteren Kolumnen). Hierbei handelt es sich allerdings um Beobachtungen ohne endgültige Bestätigung, da bisher, außer für die herkulanensischen Papyri, eine systematische Untersuchung des Aussehens literarischer Rollen mit Prosaschriften noch aussteht. Bei den herkulanensischen Papyri muß berücksichtigt werden, daß es sich ausschließlich um philosophische Texte handelt, deren größter Teil zudem in einer einzigen, ganz bestimmten Schreibstube kopiert wurde. Immerhin scheinen ein paar herkulanensische Rollen, die einer früheren Periode zuzuweisen sind, aus anderen Zentren zu stammen (Athen? Syrien?). Jedenfalls können sie als höchstwillkommene Gegenproben zu den literarischen *volumina* aus Ägypten dienen, die von Techniken und Verfahren in einer eher am Rand der griechisch-römischen Kultur liegenden Gegend zeugen.

Einige Beispiele für *selides* auf der Überlappung zweier *kollemata*: P.Stras.WG 307, ca. 200 v. Chr. (Pack[2] 426); Euripidesanthologie: Photographie *GMAW*[2] Taf. 30); P.Sorb. inv. 2272b, 3. Jh. v. Chr. (Pack[2] 1656; Menander, *Sikyonios*: *GMAW*[2] Taf. 40); P.Oxy. 24, 2399, 1. Jh. v. Chr. (Pack[2] 2194; Duris?: *GMAW*[2] Taf. 55); P.Oxy. 9, 1174, spätes 2. Jh. v. Chr. (Pack[2] 1473, Sophokles *Ichneutai*: *GMAW*[2] Taf. 34). Die *kolleseis* sind bei Turner mit ↑ wiedergegeben.

Zur Gestalt der herkulanensischen Papyri: G. Cavallo, *Libri scritture scribi a Ercolano* (Napoli 1983).

Dichtung wurde in älterer Zeit ohne Rücksicht auf ihre metrische Struktur in Zeilen von der Länge ungefähr eines Hexameters unterteilt (Paradebeispiel ist P.Berol. 9875 aus dem 4. Jh. v. Chr. mit den *Persern* des Timotheos). Später setzte sich die Tendenz zu einer unveränderten Beibehaltung der Kolometrie durch *(IV 6.1; II 1.2.4)*.

Kolometrie: P.Lille inv. 76a+73, Mitte 3. Jh. v. Chr. (Stesichoros: *GMAW*[2] Taf. 74); P.Oxy. 15, 1790, 2. Jh. v. Chr. (Pack[2] 1237, Ibykos: *GMAW*[2] Taf. 20); P.Oxy. 24, 2387, 1. Jh. v. Chr./1. Jh. n. Chr. (Pack[2] 79, Alkman, *Partheneia*: *GMAW*[2] Taf. 15).

Die Maße der Buchrollen (vgl. *I 4.1*): Die Standardhöhe und -länge von Buchrollen läßt sich nicht sicher bestimmen; für die herkulanensischen Rollen, die die sichersten Erkenntnisse zulassen, wurde nachgewiesen, daß die gewöhnliche Länge ungefähr 10 m betrug. Bei besonders umfangreichen Büchern behalf man sich mit der Unterteilung in zwei Teilbände, die dann auf Rollen von normaler Länge paßten. Auch durch diese Beobachtung wird, zumindest für Prosa, die Annahme bestätigt, daß Buch und Rolle einander entsprachen: Eine Rolle enthielt nicht mehr als ein einziges Buch, und bei zu langen Büchern nahm man eine Unterteilung in zwei Teilbände vor.

Die Unterteilung von zu langen Büchern in zwei Teilbände ist bezeugt in P.Herc. 1538 (Philodem, *Über Gedichte* 5, Zweiter Teil: [το]ῦ ε′ [τῶ]ν εἰς δύο [τ]ὸ β′); P.Herc. 1423 (Philodem, *Über Rhetorik* 4, Erster Teil: τῶν εἰς δύο τὸ πρότερον); P.Herc. 1007/1673 (Philodem, *Über Rhetorik* 4, Zweiter Teil: τῶν εἰς δύο τὸ δεύτερον). Auch in der Überlieferung von Euklid, Diodorus Siculus und Plinius dem Älteren wurde dieses Verfahren angewendet (vgl. L. Canfora, *Conservazione e perdita dei classici*, Padova 1974, 10; T. Dorandi, *Prometheus* 12, 1986, 225).

Schriftart: Meist schrieb man literarische Texte in kalligraphischer Schrift mit breiten oberen und unteren Rändern und Kolumnenabständen. Freilich fehlt es nicht an Beispielen in einer Schrift mit bisweilen recht deutlichem kursivem Einschlag, doch handelt es sich hierbei um private oder nur halboffizielle Abschriften, die nicht für den Handel oder nur für den internen Gebrauch bestimmt waren. Dabei wurde manchmal die Außenseite (das sogenannte *verso*) einer Rolle benutzt, auf deren *recto* bereits ein (literarischer oder dokumentarischer) Text stand. Im Extremfall nahm man sogar mit Palimpsestpapyri vorlieb, deren ursprüngliche Schrift zum Zweck einer Wiederbenutzung abgewaschen worden war.

Eine Papyrusrolle mit literarischen Texten auf beiden Seiten ist z. B. P.Berol. inv. 9780: auf dem *verso* steht Hierokles, *Elementa moralia* (Pack[2] 536); auf dem *recto* Didymos, *In Demosthenem commenta* (Pack[2] 339). Verzeichnis von Abschriften literarischer Texte auf dokumentarischen Rollen bei M. Lama, *Aegyptus* 71 (1991) 55–120. Palimpsestpapyri: P.Sorb. inv. 2272b, 3. Jh. v. Chr. (Pack[2] 1656, Menander, *Sikyonios*: *GMAW*[2] Taf. 40); P.Oxy. 12, 1479 (Privatbrief); P.Mich. 6, 390 (auf Hom. *Il.* 2 geschriebene Quittung).

Einrichtung der Rolle nach dem Schreiben: Nach Fertigstellung der Abschrift konnte der lange Papyrusstreifen, aus dem die Buchrolle bestand, um ein Stäbchen (ὀμφαλός / *umbilicus*) gewickelt werden, das auf dem rechten Rand des letzten Blattes angeklebt war. Den Buchtitel schrieb man entweder außen auf die Rolle oder (häufiger) auf ein an der Rolle befestigtes Pergament- oder Papyruskärtchen (σίλλυβος).

Reste von *umbilici* sind in den herkulanensischen Papyri erhalten und erscheinen auch auf pompeianischen Wandmalereien. Noch an der Rolle angeheftet ist ein *sillybos* zu P.Oxy. 8, 1091 erhalten (Pack[2] 177, Bakchylides, *Dithyramboi*. Photo bei T. Dorandi, «Sillyboi», *S & C* 8, 1984, Taf. VIab).

1.3.2 Codex

Die andere antike Buchform ist der Codex. Die allmähliche Verdrängung der Buchrolle durch den Codex ist ein kulturgeschichtliches Ereignis von höchster Bedeutung. Mit Codex (vielfältiger ist die griechische Terminologie: meist sprach man von βίβλος und βιβλίον) wird eine Abfolge von Papyrus- oder Pergamentblättern bezeichnet, die zuerst einfach gefaltet, dann zu einem oder mehreren Faszikeln vereinigt, am Rücken geheftet und durch Buchdeckel geschützt werden.

Periode der Koexistenz mit der Buchrolle: Inzwischen gilt als sicher, daß Buchrolle und Codex im Altertum lange Zeit als Alternativen koexistiert haben und – wenigstens bis zum Ende des 3. Jh.s n. Chr. – verschiedenen Zwecken dienten: Die Buchrolle nahm traditionsgemäß literarische Schriften auf, während der Codex, was seine ursprüngliche Form angeht, bescheidenere Aufgaben hatte.

Vorläufer des Codex: Als Vorbild für den Codex können die Wachs- und Holztäfelchen angesehen werden (besonders interessant sind in diesem Zusammenhang die Buchenholztäfelchen aus Vindolanda in Britannien, von denen einige nach Art einer Ziehharmonika miteinander verknüpft sind und so an einen rudimentären Codex gemahnen). Solche Täfelchen wurden zu zweit oder zu mehreren zu einem kompakten Stapel zusammengeheftet. Er bot eine feste Unterlage für die Aufzeichnung von Notizen, Rechenoperationen oder Schulaufgaben. Als nächste Vorläufer des Codex kommen die kleinen Papyrus- oder Pergamentheftchen (*membranae*) in Frage, die die gleiche Funktion wie die Täfelchen hatten. Die *membranae*, die bei den Römern aufkamen, sind in gewisser Hinsicht ein Zwischenglied zwischen den Täfelchen und dem eigentlichen Codex.

Die Benutzung von *membranae* ist nicht nur durch Quint. *Inst.* 10,3,31–32 und *NT*, *2 Tim.* 4,13 (μεμβράναι), sondern sogar die Auffindung einiger solcher Hefte bewiesen; stellvertretend zu nennen sind P.Berol. inv. 7358/59 (unediertes Pergamentdokument; beschrieben von Roberts-Skeat [1985] 21 Anm. 2 und wiedergegeben auf Taf. II) und P.Lit.Lond. 5+182, 3. Jh. n. Chr. (Papyrus; Pack² 634 + 1539: Homer, *Ilias* und Tryphon, *Techne grammatike*).

Einbürgerung des Codex: Aus der Zusammenfügung mehrerer Blätter oder gar mehrerer Hefte entstand eine Form, die auch literarische Werke von beträchtlicher Länge enthalten konnte. Anfangs bestanden Papyrus- und Pergamentcodices nebeneinander; letztere setzten sich dann jedoch durch. Wir werden sehen, daß Codices mit klassischer Literatur bis 200 n. Chr. eine seltene Ausnahme darstellten. Später nahm ihre Zahl zu, doch erst ab dem 5. Jh. wurde der Codex zur gewöhnlichen Buchform für klassische Literaturwerke. In dieser ganzen Zeit ist die Buchrolle nie vollkommen verdrängt worden. Man darf sogar Fälle annehmen, in denen ein Text oder eine Gruppe von Texten mehrfach von einer Buchrolle in einen Codex und umgekehrt von einem Codex in eine Buchrolle übertragen wurden.

Papyruscodices: P.Mil. Vogl. 3, 124, 2. Jh. n. Chr. (Achilleus Tatios, Pack² 3); P.Köln inv. 3328, 2. Jh. n. Chr. (Lollianos, *Phoinikika*). Pergamentcodices (schon belegt bei Martial 1,2; 14,184. 186. 188. 190. 192): BKT 5,2,73–79, 3. Jh. n. Chr. (Pack² 437: Euripides, *Cretenses*); P.Lit.Lond. 127, 3./4. Jh. n. Chr. (Pack² 293: Demosthenes, *De falsa legatione*). Vollständiges Verzeichnis: van Haelst (1989) 23–29; die Datierung verschiedener Handschriften modifiziert Cavallo (1989) 171–173.

Äußere Form des Codex: Die Form des Codex, von dem wir mehr Kenntnis als von der Buchrolle haben, zeigt zwei Haupttypen: Codices aus einem einzigen Heft mit einfach in der Mitte gefalteten Blättern und Codices aus mehreren Heften, die jeweils eine verschiedene Anzahl von Blättern enthalten konnten und zusammen einen einzigen Band bildeten. Die einzelnen Hefte wurden numeriert, so daß sie einfacher aufgefunden und bei der Bindung richtig aneinandergereiht werden konnten. Denn anders als Buchrollen umkleidete man Codices entweder mit festen Buchdeckeln aus mehreren aufeinandergeklebten Papyrusblättern oder aus Holz, die ihrerseits mit Leder umschlagen waren, oder mit einer leichteren, brieftaschenartigen Lederhülle.

Umfang und Beschriftung: Im 2. und 3. Jh. n. Chr. war der Umfang von Codices auf eine Seitenzahl von unter 300 begrenzt. Im 4. Jh. tendierte die Zahl der Seiten dazu, erheblich anzuwachsen. Neben Codices von mittlerem oder großem Format gab es auch ganz kleine (vor allem ist hier der sogenannte Mani-Codex der Universität zu Köln mit einem Format von 4,5 × 3,8 cm zu nennen). Die Schrift stand in Kolumnen (gewöhnlich einer, manchmal, bei Büchern mit Dichtung, auch zwei pro Seite) und glich so zumindest in der Form dem zum Lesen geöffneten Abschnitt einer Buchrolle. Bei Pergamentcodices wurden in die Blätter mit einem spitzen Gegenstand Querlinien eingezogen, die als Orientierung für die Zeilen der Niederschrift dienen sollten. Bisweilen hatte man auch Längslinien für die Ausrichtung des linken und rechten Randes.

Reich dokumentierte Darstellung der hier skizzierten Gegebenheiten bei E. G. Turner, *The typology of the early codex* (Philadelphia 1977).

1.3.3 Entstehung des Codex

Schwierig, und bisher noch unbefriedigend gelöst, ist die Frage nach der Entstehung des Codex und ihren Gründen. Es gibt Anhaltspunkte dafür, daß sie nicht durch Faktoren praktischer Natur wie größeres Volumen, einfachere Handhabung oder leichtere Konsultierung von Codices im Vergleich zu Buchrollen zu erklären ist. So muß die Frage unter Berücksichtigung allgemeinerer Voraussetzungen betrachtet werden.

Zum Übergang von Buchrolle zu Codex: C. H. Roberts – T. C. Skeat, *The birth of the codex* (Oxford 1985); T. C. Skeat, «The origin of the Christian codex», ZPE 102 (1994) 263–268; weiterhin die Beiträge von A. Blanchard, G. Cavallo und J. van Haelst, in: A. Blanchard (Hrg.), *Les débuts du codex* (Turnhout 1989) 181–190. 169–180. 12–35; mehrere Beiträge (mit einigen hypothetischen Konstruktionen) in M. Capasso, *Volumen. Aspetti della tipologia del rotolo librario antico* (Napoli 1995).

Westliche und östliche Hypothese: Die grundlegende Erörterung dieses Problems stammt von Roberts und Skeat: Ihnen zufolge ist der Codex zuerst von den Christen systematisch zur Buchform *par excellence* erhoben worden. Zur Erklärung einer solchen Bevorzugung des Codex zogen sie zwei Möglichkeiten in Betracht. 1. 'Westliche' Hypothese: Das *Markusevangelium* sei ursprünglich in römischem Umfeld auf Pergamentblätter geschrieben worden, die ein bescheidenes 'notebook' (*membranae*) darstellten. In Codexform sei das Evangelium dann von der alexandrinischen Gemeinde übernommen worden, was Verbreitung und Triumph dieser neuen Buchform begünstigt habe. 2. 'Östliche' Hypothese: Da im christlichen Buchwesen die Benutzung des Codex mit der Verwendung der *nomina sacra* einhergeht, die sich im Westen erst verhältnismäßig spät verbreitet haben, sei es sehr wahrscheinlich, daß der Codex im Osten in führenden Zentren wie Jerusalem oder Antiochia entstanden sei. Beide Hypothesen konnten sich nicht durchsetzen, sondern wurden von Cavallo und van Haelst mit gewichtigen Gründen kritisiert, die sowohl einzelne Punkte als auch die Gesamtkonzeption betreffen.

Weitere Erklärungen: Nach Cavallos Ansicht läßt sich die Entstehung des Codex mit der Annahme eines Drucks von unten erklären, der auf eine veränderte historische, soziale und wirtschaftliche Lage zurückgehe. Der Codex sei in einem niedrigen sozialen Milieu aufgekommen und habe zumindest anfangs für Werke von geringer sprachlicher und literarischer Qualität oder für Schultexte und technische Schriften gedient, für die sich die höheren Gesellschaftsschichten nicht interessierten. Erst später habe er die an der Buchrolle festhaltende Tradition brechen und sich durchsetzen können. Van Haelst wendet sich sowohl gegen Roberts und Skeat als auch gegen Cavallo und vertritt die Überzeugung, daß es sich bei dem Codex um eine rein heidnische, römische Erfindung handele. Die Mitwirkung der Christen sei, wenn überhaupt, erst später in konstantinischer Zeit anzusetzen, als jene zur Verbreitung dieser Buchform bis zu ihrer Vorherrschaft im 5. Jh. beitrugen. Eine Entscheidung zwischen diesen Erklärungen ist beim derzeitigen Forschungsstand schwierig zu fällen. Cavallos Hypothese leuchtet mir freilich mehr ein und scheint sich mit der Überlieferungslage besser in Einklang zu befinden.

1.4 Publikation literarischer Werke

In einer dieser beiden (jeweils zu verschiedenen Zeiten vorherrschenden) Formen (Rolle oder Codex) lag ein literarisches Werk vor, wenn der Autor die 'Publikation' beschloß. In der Antike hatte Edition (ἔκδοσις) eine andere Bedeutung als die heute übliche: Mit ἔκδοσις wird der Vorgang bezeichnet, mit dem der Verfasser sein Werk an die Öffentlichkeit bringt.

'Edition': T. Dorandi, «Ausgabe», *NP* 2 (1997), 330–331.

1.4.1 Zur Bedeutung des Begriffs ἔκδοσις

Unbefriedigend ist die gängige Interpretation (van Groningen), nach der ἔκδοσις nichts weiter als eine private, von niemand anderem als dem Autor vorgenommene Mitteilung bedeute, mit der er sein Werk jedem Interessenten zur Verfügung stellte und es auf diese Weise allen möglichen Risiken und Gefahren aussetzte. Das Verbum ἐκδοῦναι hat nämlich bei einigen Autoren die Bedeutung 'veröffentlichen'. Daraus ergibt sich, daß das hiervon abgeleitete Substantiv ἔκδοσις nicht einfach eine private Maßnahme, sondern vielmehr einen öffentlichen Vorgang bezeichnet, mit dem ein Autor die Verbreitung seines literarischen Werks erlaubte (Mansfeld).

B. A. van Groningen, «ΕΚΔΟΣΙΣ», *Mnemosyne* 4. Ser. Bd. 16 (1963) 1–17; J. Mansfeld, *Prolegomena* (Leiden 1994) 60–61.

1.4.2 Publikationsweisen

Im Anschluß an die Abfassung eines literarischen Werkes und an seine 'Reinschrift' mochte der Autor daran interessiert sein, es entweder durch Lesungen zu veröffentlichen (die bereits für die griechische Kultur belegt sind und im

Rom der ersten kaiserzeitlichen Jahrhunderte in Form sogenannter *recitationes* weit verbreitet waren) oder durch Überlassung an einen Verleger, der sich um die Verbreitung kümmerte (berühmtestes Beispiel ist Atticus, der Freund Ciceros; doch kennen wir auch weitere Verleger der römischen Kaiserzeit mit Namen: Secundus, Tryphon, die Sosiusbrüder), oder aber durch Einschaltung eines reichen Mäzenaten. Das Fehlen eines Urheberschaftsrechts brachte es mit sich, daß ein Text, war er erst einmal veröffentlicht, einer ganzen Reihe von Risiken ausgesetzt war. Keine geringe Gefahr stellten 'Raubeditionen' dar, wenn jemand Werke eines berühmten Autors als seine eigenen ausgab oder Schriften eines unbekannten oder unbedeutenden Autors unter einem berühmten Namen vertrieben wurden. In der heidnischen und christlichen Literatur des Altertums ist oft davon die Rede, daß ein Werk ohne Erlaubnis seines Autors publiziert wurde.

'Raubeditionen' gab es häufiger, als man meinen könnte; stellvertretend sei hingewiesen auf: Cic. *De or.* 1,94; Quint. *Inst.* 1 prooem. 7; 3,6,68; Gal. *De venae sect. adv. Erasistr.* 11 p. 194,13–17 K.; Tert. *Adv. Marc.* 1,1; Aug. *Retract.* 2,13. 15,1; Simpl. *In Epict. ench.* 1,5 ff. (192,5 ff. Hadot).

Die andere Verwendung des ἔκδοσις-Begriffs, nämlich für die postume Edition eines literarischen Werkes durch einen Grammatiker, kann hier auf sich beruhen.

1.5 Bibliotheken im Altertum

Das in heutiger Zeit selbstverständliche Bedürfnis nach schonender Aufbewahrung von Büchern empfand man in der Antike erst recht spät. In Griechenland war bis zum Ende der klassischen Zeit von der Gründung privater oder öffentlicher Bibliotheken keine Rede. Es steht inzwischen fest, daß weder Polykrates von Samos noch Peisistratos von Athen öffentliche Bibliotheken eingerichtet haben. Sprach man von einer Bibliothek, so handelte es sich allenfalls um eine Sammlung von Homer-Büchern. Auch im 5. und 4. Jh. v. Chr. gibt es von öffentlichen Bibliotheken keine Spur. Die ersten sicher bezeugten Buchsammlungen wurden von Persönlichkeiten des Kulturlebens zusammengetragen, von Literaten und Philosophen.

Zu Bibliotheken allgemein vgl. die Beiträge von L. Canfora, G. Cavallo und P. Fedeli, in: G. Cavallo (Hrg.), *Le biblioteche nel mondo antico e medievale* (Roma-Bari 1988) 3–28. 65–78. 29–64. Zu einer angeblichen Schaffung öffentlicher Bibliotheken durch Polykrates und Peisistratos vgl. R. Pfeiffer, *Gesch. d. Klass. Philologie* (München ²1978) 23 f. 44; die Existenz von Privatbibliotheken setzt Alexis fr. 140 K.-A. voraus: Linos führt seinen Schüler Herakles in seine Bibliothek und erlaubt ihm die Benutzung der Bücher (vgl. H.-G. Nesselrath, *Die attische Mittlere Komödie*, Berlin 1990, 227–229).

1.5.1 Privatbibliotheken

Bei den Philosophen waren es Aristoteles und Epikur, die ihren Buchbesitz ihren jeweiligen Nachfolgern hinterließen. Dieser Grundstock wuchs bald durch weitere Nachlässe und Erwerbungen zur gemeinschaftlichen Schulbibliothek an. Dabei ist hervorzuheben, daß dies noch nicht öffentliche bzw. vom Staat geförderte Bibliotheken waren. Es handelte sich vielmehr um Buchbestände zu Unterrichtszwecken, die nur einem beschränkten Zirkel, den Mitgliedern der Schule und den Philosophen anderer Schulen, zur Verfügung standen. Die Lektüre der gesammelten und zum Nachlesen bereitgestellten Texte der Schulgründer sollte eine Kontinuität des Denkens wahren. Die Aufbewahrung der Bücher hatte also den alleinigen Zweck, die in ihnen überlieferten Texte für die Schule zu erhalten. Hält man sich dies vor Augen, kann die bis hierhin dargestellte Situation zur Erklärung beitragen, wie es zum Verlust von vielen zentralen Texten der antiken Philosophie kommen konnte: Der Umstand, daß dieser Fundus im Innern der Schule blieb und sein Schicksal mit dem ihrigen verknüpft war, verhinderte eine Verbreitung jener Texte und verursachte ihren späteren Verlust.

Als weiterer Ort für die Aufbewahrung von Büchern dienten die Gymnasien (sofern sie mit einer Bibliothek ausgestattet waren). Aber auch in diesem Fall stellte die Bibliothek nichts weiter als einen Aufbewahrungsort der Texte dar, an dem sie zur privaten Konsultation zur Verfügung standen – freilich nur für die, die zum Besucherkreis des jeweiligen Gymnasions gehörten.

1.5.2 Hellenistische Bibliotheken

Die Gründung großer öffentlicher Bibliotheken erfolgte erst ab dem 3. Jh. v. Chr. mit der Bibliothek des Hofs von Pergamon und des Museion von Alexandria. Beide wurden von Herrschern, den Attaliden und den Ptolemäern, ins Leben gerufen, die ihr alleiniges Augenmerk darauf richteten, alle Schriften sämtlicher bekannten Epochen zugleich zu bewahren und alle alten und neuen Bücher in griechischer Sprache (oder griechisch übersetzt, wie die als 'Septuaginta' bekannte Bibelübersetzung) an einem einzigen Ort zu sammeln und unterzubringen.

Kein öffentlicher Zugang: Auch diese riesigen Bibliotheken waren zwar 'öffentlich', insofern sie mit öffentlichen Geldern finanziert bzw. von den Machthabern gewollt waren, waren aber nicht für die Öffentlichkeit. Die einzigen, die ihre Dienste und gewaltigen Bücherbestände nutzen durften, waren die Angehörigen des Museion von Alexandria bzw. die gelehrten Vorsteher des Hofs von Pergamon. Es handelte sich um einen kleinen Personenkreis aus Philologen, Dichterphilologen und Wissenschaftlern, eine exklusive Elite, die allein über die Kultur verfügte. Im Grunde waren die hellenistischen Bibliotheken primär ein Ausdruck der Herrschermacht und dienten, abgesehen von wenigen, eben erwähnten Fällen, nicht zur Lektüre und Benutzung der in ihnen aufbewahrten Schätze. Die Bücher wurden nicht dazu gesammelt, damit ein mehr oder weniger breites Publikum aus der Einsichtnahme und Lektüre Nutzen ziehen konnte. Auch die innere Organisation dieser Bibliotheken – ausgerichtet auf Buchproduktion, Übersetzung fremdsprachiger Bücher, Ordnung und Katalogisierung des Buchmaterials – wandte sich nicht an externe Benutzerkreise, sondern einzig und allein an gelehrte Besucher mit Zugangsprivileg.

Überlieferungsgeschichtliche Folgen: Ein weiteres Mal verursachte das Fehlen einer wirklichen Verbreitung von Kultur, die zu einer weiteren Abschrift von Büchern hätte Anstoß geben können, den unwiederbringlichen Verlust einer unübersehbaren Menge klassischer Texte. Die Bücher, häufig Einzelexemplare, die nicht zirkulierten und daher nicht abgeschrieben wurden, waren dem sicheren Untergang geweiht. Dieser ist, zumindest für jene Periode, nicht dem Brand anzulasten, der angeblich die Bibliothek von Alexandria 48/7 v. Chr. während des sogenannten 'alexandrinischen' Krieges verwüstet haben soll. Es ist nämlich nachgewiesen worden (Canfora), daß der Buchbestand der Bibliothek von Alexandria von diesem Brand, der nur die Warenlager im Hafenviertel vernichtete, nicht im geringsten in Mitleidenschaft gezogen wurde.

Bibliotheks-Architektur: Das bisher Ausgeführte findet Bestätigung in der übereinstimmenden architektonischen Struktur hellenistischer Bibliotheken. Bei den Ausgrabungen in der Bibliothek von Pergamon stieß man auf Magazinräume für die Bücher, auf einen großen Saal für gastliche Zusammenkünfte bzw. für die gelehrten Diskussionen zwischen den Bibliotheksangehörigen und auf einen Säulengang, der Platz zum Studium, zum lauten Lesen und zur Diskussion über Texte bot – aber ebenfalls nur für Mitglieder. Diesen architektonischen Aufbau dürfte auch das Museion von Alexandria gehabt haben, von dem wir keine direkten archäologischen Zeugnisse besitzen.

Bibliothekare: Die Tätigkeit der Bibliothekare bestand im Unterricht und in der Forschung auf dem Gebiet der Philologie und der Grammatik. Auf sie, speziell auf Kallimachos (fr. 429–453 Pfeiffer), geht die Einrichtung systematischer Kataloge zurück, die das Auffinden und die Benutzung der Bücher der alexandrinischen Bibliothek erleichtern sollten. Es handelte sich hierbei um Biobibliographien, eine Art Literaturgeschichte in Abteilungen, die ihrerseits alphabetisch geordnet waren. Aber auch diese Hilfsmittel waren nur für die Mitglieder des Museums bestimmt.

1.5.3 Römische Bibliotheken

In Rom wurden 'öffentliche' Bibliotheken schon gegen Ende der Republik, und vor allem unter dem Einfluß neuer, auch kultureller Strömungen in der Kaiserzeit ins Leben gerufen. Sie waren vom Staat finanziert und standen einem immer breiteren Publikum offen, das hier in den Büchern lesen oder nachschlagen durfte. Die römische Bibliothek war gewöhnlich in zwei Säle unterteilt, einen für die griechischen und einen für die römischen Bücher. Der großzügige Raum, der in den hellenistischen Bibliotheken den Diskussionen der gelehrten Benutzer Platz bot, war nun überflüssig. Stattdessen hatte man eine wirkliche 'Bibliothek', in der die Bücher gesammelt und aufbewahrt wurden, zugänglich für die lesende Öffentlichkeit. Neben den großen 'öffentlichen' Bibliotheken entstanden in zunehmender Anzahl 'Privat'-Bibliotheken, die einzelnen Gebildeten gehörten (bekannt sind vor allem die Bibliotheken von Cicero, Atticus, und die Villa dei Papiri in Herculaneum). Doch können die Bibliotheken der römischen Welt hier nur gestreift werden.

1.5.4 Christliche Bibliotheken

Eine ähnliche Situation wie im Hellenismus (*1.5.2*) präsentierte sich Jahrhunderte später im griechischsprachigen christlichen Orient. Erneut finden wir hier Bibliotheken, die für eine interne Buchproduktion bestimmt waren und nur einer Elite offenstanden. In gewissem Sinne setzten sie eine hellenistische Tradition fort, die vielleicht auf das Wirken des Origenes zurückgeht. Solchen Charakter hatte die Bibliothek des *Didaskaleion* von Alexandria, in der Origenes studiert hatte und lehrte; die Bibliothek mit angegliedertem *scriptorium* in Caesarea in Palästina im 3./4. Jh. (benutzt von Pamphilos und Euseb); die Bibliotheken in Jerusalem (gegründet 212 n. Chr. von Bischof Alexander), im palästinischen Gaza und im syrischen Nisibis. Auch die Staatsbibliothek, die nach dem Zeugnis von Themistios (*Or.* 4, 59d–60c) Kaiser Constantius II. 357 n. Chr. gründete, war ein nur einem kleinen Gelehrtenkreis zugänglicher 'Aufbewahrungsort' für Bücher. Im Westen stößt man auf dieselben Merkmale bei der Bibliothek von *Vivarium*, die Cassiodor 554 n. Chr. bei Squillace in Kalabrien aufbaute. In diesen Bibliotheken (vor allem in Caesarea) schrieb man die *Heilige Schrift* und die Kirchenväter ab und fertigte auf der Grundlage von *emendatio* und Kollationierung Texteditionen an. Die Bibliotheken verfügten zumindest über biobibliographische Kataloge. Ihre Bestände wurden mit neuen Büchern erweitert, die alten gut restauriert.

1.6 Textüberlieferung im Spannungsfeld von Buchrolle und Codex

Der Übergang von der Buchrolle zum Codex geht nicht nur die Paläographie und Kodikologie an. Mindestens ebenso bedeutsam, wenn nicht gar noch erheblicher, sind seine Folgen für die Textüberlieferung der antiken Literatur.

1.6.1 Frühe literarische Codices

Die ältesten Codexfragmente nichtchristlichen Inhalts (2. bzw. 2./3. Jh. n. Chr.) enthalten großenteils 'niedere' Literatur: Romane, Orakelbescheide mit homerischen Versatzstücken, Homeranthologien für den Schulgebrauch, grammatische oder technische Handbücher. Weit geringer ist hingegen, zumindest in dieser Zeit, die Anzahl der Codices mit Texten 'klassischer' Autoren. Nur drei gehören mit Sicherheit dazu: Einer enthielt Pindars *Päane*, der andere Xenophons *Kyrupädie*, der dritte Platons *Staat*. Die systematische Übertragung 'klassischer' literarischer Werke von der Buchrolle in den Codex begann erst später, vom 4./5. Jh. an.

Romane: Achilleus Tatios: P.Mil. Vogl. 3, 124 = Pack[2] 3; Lollianos, *Phoinikika*: P.Köln inv. 3328. Homeromanteion: P.Bon. 1, 3+4 = Pack[2] 645+1801. Homeranthologien: P.Harr. 1, 59 = Pack[2] 2145; PSI 7, 849 = Pack[2] 2155. Grammatische Handbücher: P.Yale inv. 1534 = Pack[2] 311. Medizinische Handbücher: P.Mil. Vogl. 1, 15 = Pack[2] 2340; *BKT* 3,29f. = Pack[2] 2355. Pindar: PSI 2, 147 = Pack[2] 1362. Xenophon: P.Oxy. 4, 697 = Pack[2] 1546. Platon: P.Oxy. 44, 3157.

1.6.2 Ersetzung literarischer Rollen durch Codices

Diese Übertragung hatte erhebliche Konsequenzen für die Überlieferung der 'klassischen' Werke der griechischen Literatur. Die Hypothese, daß es sich um den ersten Selektionsvorgang innerhalb der Überlieferungsgeschichte dieser Schriften gehandelt hätte, ist allerdings zurückzuweisen. Es trifft nicht zu, daß all diejenigen Werke klassischer Literatur, die nicht von der Buchrolle auf den Codex übertragen wurden, zum Untergang bestimmt wurden. Ganz im Gegenteil: Zahlreiche Ausscheidungen waren schon vorher erfolgt. Was man jetzt nicht in Codices übertragen konnte oder wollte, hing nicht von einem bestimmten Auswahlverhalten ab. Mehr oder weniger zufällige Verluste sind auch später noch eingetreten. Der Umstand, daß ein Text auf einen Codex umgeschrieben wurde, garantierte also nicht unbedingt seine Erhaltung, sondern begünstigte sie nur. Die Übertragung literarischer Werke in Codices erfolgte weder in programmatischer noch in organisierter oder in systematischer Manier; von Selektion und Bevorzugung nach vorab festgelegten Kriterien kann keine Rede sein.

Vgl. G. Cavallo, «Conservazione e perdita dei testi greci: fattori materiali, sociali e culturali» in: A. Giardina (Hrg.), *Società romana e impero tardoantico IV: Tradizioni dei classici, trasformazioni della cultura* (Roma-Bari 1986) 83–172. 246–271.

1.7 Folgen für das Buchwesen

Der immer weiter um sich greifende Gebrauch von Codices führte nach und nach zu einer neuen Situation im Buchwesen, zu der nicht zuletzt die neue Form und Struktur des Beschreibmaterials beitrug. Es entstanden nebeneinander *corpuscula* verwandter Texte, Codices mit dem Inhalt jeweils einer einzigen Buchrolle, *corpora* der Schriften bestimmter Autoren, die oft unter Benutzung unvollständiger oder anders ausgerichteter Vorlagen angelegt waren, sowie Gesamt- und Teileditionen (bisweilen auch einzelner Bücher) von mehrbändigen Werken.

Die Vielfältigkeit dieses Erscheinungsbildes läßt sich anhand von Beispielen aus der Überlieferungsgeschichte von Dramendichtern, Rednern und Historikern verdeutlichen. Bei Dramendichtern wie Aristophanes und Menander scheint kein Kanon, ob nun formaler oder inhaltlicher Natur, in dem Augenblick mitgewirkt zu haben, als die einzelnen Komödien, die anfänglich jeweils auf einzelnen Rollen standen, in Codices übertragen und zusammengezogen wurden. Die uns vorliegenden Zeugnisse lassen deutlich eine Reihe buchtechnischer Resultate erkennen, die voneinander abweichen und oft auf voneinander unabhängige Entscheidungen über die Abfolge und Zusammenstellung der Einzelstücke zurückgehen. Von den Rednern stellte man *corpora* mit sämtlichen Reden eines Autors (z. B. Demosthenes oder Isokrates), daneben auch kleinere *corpuscula* von jeweils verschiedenem, durch mancherlei Erfordernisse und Situationen bedingtem Zuschnitt und Umfang zusammen. Für die Historiographie gibt es Hinweise auf Thukydideseditionen in zwei (oder mehr) Bänden, aber auch auf Ausgaben einzelner Bücher, die durch die Abschrift der ursprünglichen, einem Buch entsprechenden Rollen entstanden sind. Anscheinend gilt dasselbe für die älteste Überlieferung von Herodots *Historien*, die aber in die Problematik der Textgeschichte in Spätantike und byzantinischem Mittelalter führt (*I.2.1*).

Aristophanes: P.Oxy. 11, 1373 (Pack[2] 151; 5 Jh. n. Chr.) enthielt *Pax* und *Equites*; P.Oxy. 11, 1374 (Pack[2] 155; 5. Jh. n. Chr.) enthielt in dieser Reihenfolge: *Plutus, Nubes, Ranae, Equites, Aves, Pax, Vespae*. – Menander: P.Bodmer IV (Pack[2] 1298) + XXV + XXVI + P.Barc. 45 + P.Köln inv. 904 (4. Jh. n. Chr.) enthielt *Samia, Dyskolos, Aspis*; P.Cair. JE 43227 (Pack[2] 1301; 4./5. Jh. n. Chr.): *Heros, Epitrepontes, Perikeiromene, Samia* (und dazu Eupolis); PSI 2.126 + P.Berol. inv. 13932 (Pack[2] 1318; 4. oder 5. Jh. n. Chr.): *Aspis* und *Misumenos*. – Demosthenes: P.Berol. inv. 13274AB (Pack[2] 270+271; 5. Jh. n. Chr.) enthielt ein *corpusculum* allein mit den *Symbuleutikoi* (*or.* 13–17); PSI 2, 129 (Pack[2] 261; 4. Jh. n. Chr.) enthielt das gesamte *corpus*. – Isokrates: Ein *corpusculum* ist bezeugt durch P.Oxy. 8, 1096 (Pack[2] 1268; 4. Jh. n. Chr.). – Thukydides: P.Gen. 2 + P. Ryl. 3, 548 (Pack[2] 1511) + P.Oxy. 49, 3449 (3. Jh. n. Chr.) überliefern ein *corpusculum* mit den ersten beiden Büchern allein; in P.Ant. 1, 25 (Pack[2] 1533; 3. Jh. n. Chr.) und P.Vind. G 1372 (Pack[2] 1534; 5. Jh. n. Chr.) sind Reste des achten Buchs erhalten; möglicherweise enthielten sie ein *corpusculum* mit einer unbekannten Anzahl von Büchern (zweibändige 'Edition' mit je vier Büchern?). Die Fragmente der antiken Herodotcodices sind zu gering, als daß man zuverlässige Schlüsse aus ihnen ziehen könnte. Doch ist aufgrund der mittelalterlichen Überlieferung die oben in Erwägung gezogene Überlieferungsweise anzunehmen.

2 Handschriftliche Überlieferung in Mittelalter und früher Neuzeit; Paläographie

Herbert Hunger

Das Vehikel für die kulturelle Entwicklung und die humanistische Bildung im Mittelalter und in der frühen Neuzeit war die Handschrift in der Form des Codex (*I 1.3.2*), des Vorläufers des gedruckten und gebundenen Buches. Die Voraussetzungen für die Überlieferung von Texten im Mittelalter hingen von verschiedenen Faktoren ab: 1) von Beschreibstoffen (Papyrus, Pergament, Papier) und Schreibgeräten (Kalamos, Gänsefeder), 2) von geübten Kopisten, allenfalls Illuminatoren, ferner Buchbindern (für die Herstellung von Codices), 3) dem Vorhandensein von Bibliotheken oder anderen brauchbaren Depots für die Aufbewahrung von Büchern, 4) dem Interesse an dem wiederholten Kopieren der Texte im Zusammenhang mit dem Schulbetrieb, aber auch mit der Anfertigung von Geschenk- und Widmungsexemplaren, überhaupt jedoch mit dem Kopieren von Texten als Broterwerb.

Zugleich sind die Hindernisse und Schwierigkeiten bei der Herstellung von Texten bzw. die Verluste an vorhandenen Beständen zu bedenken: 1) Mangel an Beschreibstoff; 2) Mangel an Kopisten; 3) Zeitumstände: Katastrophen, vor allem Brände in Bibliotheken, Zerstörungen und Plünderungen im Gefolge von Kriegen; 4) Unterdrückung von Literatur aus ideologischen Gründen (Ikonoklasmus; Kampf der Kirche gegen Sekten).

2.1 Voraussetzungen

Für die Überlieferung der griechischen Literatur im Mittelalter waren besondere kulturelle Verhältnisse und politische Entwicklungen im Mittelmeerraum maßgebend. Während noch im 2. Jh. n. Chr., zu Zeiten der sogenannten Zweiten Sophistik (*IV 3.1.2*), den Gebildeten im Osten und Westen des Imperium Romanum die gesamte griechische Literatur der Antike zugänglich war, brachten die politischen Ereignisse – die Reichsteilung und die sogenannte Völkerwanderung – im Laufe der Zeit beachtliche Einbußen an überliefertem Kulturgut. Zugleich begannen die Griechischkenntnisse mit dem Ende des Westreichs in Italien zu schwinden. Im Ostreich, d. h. in Byzanz, spielten die an zuverlässigen Quellen armen 'dunklen' Jahrhunderte (Ikonoklasmus) eher eine negative Rolle. Immerhin besaß noch der Patriarch Photios (*II 2.1.3; IV 5.2.4*) in der zweiten Hälfte des 9. Jh.s die Texte verschiedener antiker Historiker, die später verlorengingen. In jenen Generationen erfolgte mit der Transliteration (Metacharakterismos) überlieferter literarischer Texte aus der traditionellen Majuskel in die neu geprägte Minuskel und der gleichzeitigen philologischen 'Reinigung' und Erstellung von Musterexemplaren ein wichtiger Schritt zur Erhaltung qualitativ hochwertiger Überlieferung. Im 10. Jh., zur Zeit der sogenannten Makedonischen Renaissance unter Kaiser Konstantinos VII. (*II 2.2.1*; *IV 5.2.4*), gab es in Byzanz eine deutliche Blüte der Buchkultur im Rahmen eines von der Regierung geförderten Enzyklopädismus. Vielfältig erhaltene Fragmente geben noch heute Zeugnis von diesen Bemühungen.

Eine nach der Mitte unseres Jahrhunderts veröffentlichte Korrespondenz eines byzantinischen 'Professors' des 10. Jh.s gibt uns ein Bild von der kleinen (auf 200–300 wirklich 'Gebildete' geschätzten) Elite im damaligen Byzanz. In den folgenden zwei Jahrhunderten (ca. 960–1200) ragt für uns nur Eustathios (*II 2.2.3*; *IV 5.2.6*), Erzbischof von Thessaloniki, Homerkommentator und hervorragender Gelehrter, aus der Gruppe seiner uns bekannten Kollegen hervor. Erst jüngst wurde ihm von kompetenter Seite das begründete Lob eines «Vorläufers der neuzeitlichen Pindarphilologie» zuteil. Es ist in unserem Zusammenhang vielleicht von Interesse, daß Eustathios noch mehr Euripideshandschriften kannte als die Philologen des 20. Jh.s.

<small>Zu Euripides bei Eustathios: A. Turyn, *The Byzantine Manuscript Tradition of the Tragedies of Euripides* (Urbana 1957, ND Rom 1970) 304–306. Pindar bei Eustathios: A. Kambylis, *Eustathios von Thessalonike, Prooimion zum Pindarkommentar* (Göttingen 1991).</small>

Nach der politischen und kulturellen Zäsur des sogenannten Lateinischen Kaiserreiches in Byzanz (1204–1261) beobachten wir unter der Herrschaft der nachfolgenden Palaiologendynastie verstärktes Interesse an der antiken griechischen Literatur. Es ist charakteristisch, daß damals in Fällen von Pergamentknappheit bei der Anfertigung von Palimpsesten liturgische Texte entfernt und durch griechische 'Klassiker' (z. B. Pindar) ersetzt wurden. Das erste Jahrhundert der Palaiologenzeit (Mitte 13. bis Mitte 14. Jh.) erlebte eine Blüte der Philologie und wurde damit eine fruchtbare Epoche für die Überlieferung der antiken Autoren. Maximos Planudes (ca. 1255 bis kurz vor 1305; *II 2.3.1*) besaß ausgezeichnete Lateinkenntnisse und übersetzte eine Reihe profaner Werke (Cicero, Ovid) und Augustinus' Schrift *De Trinitate* ins Griechische. Planudes veranstaltete Ausgaben der *Geographie* des Ptolemaios, von Hesiod, den Tragikern und Plutarch, sowie eine große Sammlung von Epigrammen als Ergänzung der *Anthologia Palatina*. Manuel Moschopulos edierte gekürzte Ausgaben Pindars, des Sophokles und Euripides, sowie Theokrits. Während diese beiden Philologen in Konstantinopel zuhause waren, stammten Thomas Magistros und Demetrios Triklinios (*II 2.3.1*) aus Thessaloniki. Auch sie bemühten sich um die Texte und die Kommentierung der klassischen Tragiker. Der strenge Wilamowitz-Moellendorff hat Triklinios, der sich auch erfolgreich mit Metrik befaßte, als den «ersten modernen Tragiker-Kritiker» anerkannt. Die Spuren der philologischen Tätigkeit dieser byzantinischen Gelehrten lassen sich noch heute in der Überlieferung so mancher klassischer Autoren verfolgen. Der unter Kaiser Andronikos II. (1282–1328) lebende Polyhistor *Theo-*

doros Metochites (*II 2.3.1*; *IV 5.2.8*) versuchte, Politik und Wissenschaft in seiner Lebensführung zu verbinden. In der Überlieferung verschiedener antiker Autoren spiegelt sich die Qualität der damaligen Philologie in dem Vorhandensein bester bzw. ältester, maßgebender Codices gerade aus dem späten 13. und frühen 14. Jh. wider. Einige Klöster der Hauptstadt, vor allem Studiu, Hodegon, Chora, hatten einen gewichtigen Anteil an der Bewahrung ererbter Handschriftenbestände und dienten als Stätten des gelehrten Unterrichts.

Literatur: V. Gardthausen, *Griechische Paläographie*, Bd. 1 (Leipzig ²1911), Bd. 2 (²1913); W. Schubart, *Griechische Paläographie* (München 1925); H. Hunger, «Antikes und mittelalterliches Buch- und Schriftwesen», in: *Geschichte der Textüberlieferung der antiken und mittelalterlichen Literatur*, Bd. 1 (Zürich 1961) 27–147, bes. 72–107; P. Lemerle, *Le premier humanisme byzantin* (Paris 1971); H. Hunger, *Schreiben und Lesen in Byzanz. Die byzantinische Buchkultur* (München 1989).

2.2 Ost und West

Mit dem politischen Niedergang des Byzantinischen Reiches und dem unaufhaltsamen Vordringen der Osmanen, seit der Mitte des 14. Jh.s auch auf europäischem Boden, begann eine fluktuierende Veränderung des demographischen Bildes in den allmählich schrumpfenden Gebieten des byzantinischen Territoriums. Immer mehr Byzantiner versuchten, sich von dem sinkenden Schiff auf umliegende Stützpunkte zu retten, die eine gewisse Sicherheit vor dem Feind aus dem Osten versprachen. Unter diesen Flüchtlingen befand sich auch eine relativ große Zahl von geistig regen Angehörigen der Mittelschicht, die auf Grund ihrer Schreibkenntnisse darangingen, sich in der neuen Umgebung eine Existenzgrundlage zu schaffen. Als Fluchtgebiete kamen zunächst die Peloponnes und die Inseln der Ägäis in Betracht. Die Hauptrolle spielte jedoch Kreta, die Megalonisos (die 'Große Insel'), die von 1212–1669 in venezianischem Besitz war. Hier kam es allmählich zu einer Symbiose von 'lateinischen' (= venezianischen) und griechischen Elementen, die zum Teil von der seit alters eingesessenen Bevölkerung, zum Teil aber auch von den Flüchtlingen aus den primär bedrohten Teilen des Byzantinischen Reiches stammten.

In Italien hatte das Griechentum seit dem Vormarsch der Langobarden von Norden und später der Araber im Süden immer stärkere Einbußen erlitten, sodaß trotz der Präsenz von Griechen in Rom und in Süditalien, besonders im Rahmen der Kirche, die Bindung an die alte Heimat weitgehend geschwunden war. Die Kenntnis der griechischen Sprache ging – mit Ausnahme von Teilgebieten Apuliens und Kalabriens – immer mehr zurück. Die allmähliche Entfremdung von Ost und West (= Europa) in den mittelalterlichen Jahrhunderten führte durch politische Rivalitäten in Süditalien und durch allgemeine kirchliche Gegensätze zum Schisma von 1054 und steigerte sich während der Kreuzzüge in einer Mentalitätskrise zwischen Byzantinern und Lateinern bis zum Fiasko des 4. Kreuzzuges, der schließlich mit der Eroberung und Plünderung Konstantinopels durch die westlichen Ritterheere endet.

Trotz der skizzierten Gegensätze und der weitgehenden Animositäten zwischen orthodoxen Byzantinern und katholischen Lateinern erkannten die an der antiken Literatur interessierten Gebildeten die Bedeutung besserer gegenseitiger Sprachkenntnisse für eine Verständigung auf theologischem, aber auch allgemein kulturellem Gebiet. So lernten die besten Köpfe im schwächer werdenden Byzanz die lateinische Sprache zum Zweck von Übersetzungen nicht nur religiöser, sondern auch profaner Texte. Der schon (*2.1*) erwähnte Maximos Planudes und die Brüder Demetrios und Prochoros Kydones sind die herausragenden Exponenten dieser Einstellung und ihrer praktischen Ausübung. Sie verstärkten die schon seit längerem bestehenden sprachlichen Beziehungen aus dem Bereich der Alltagskommunikation in der Diplomatie und im Handelsverkehr mit den italienischen Republiken Venedig, Genua und Pisa auf der höheren Ebene der Theologie und Philosophie. Es erwies sich als unumgänglich für die Polemiken gegen die westliche Scholastik, deren Argumente zu verstehen, was nur auf Grund guter Sprachkenntnisse möglich war.

Zur selben Zeit (14. Jh.) begann man in Italien, sich erneut für die griechische Sprache zu interessieren. Hier ist Boccaccio, aber auch der Polemiker Barlaam aus Kalabrien zu nennen, der im Hesychastenstreit und als Gegner des Gregorios Palamas sich einen Namen machte; in Italien hatte er Petrarca in die Grundbegriffe des Griechischen eingeführt. Über Leontius Pilatus und dessen lateinische Übersetzung von *Ilias* und *Odyssee* wurden Boccaccio und Petrarca mit dem griechischen Homertext bekannt. Der hochrangige byzantinische Diplomat Nikolaos Sigeros war ein sprachgewandter Urkundenschreiber bei Auslandsverträgen; seine Lateinkenntnisse ermöglichten es ihm, eine Macrobiusübersetzung (*Sommium Scipionis*) des Planudes zu korrigieren. 1354 bedankte sich Petrarca bei Sigeros für die Übersendung einer Homerhandschrift, die sich heute noch in der Biblioteca Ambrosiana zu Mailand befindet.

Fragen wir uns nun, wo und in welcher Situation sich zu Beginn des 13. Jh.s (1204 Eroberung Konstantinopels) das gesamte literarische Erbe der antiken hellenischen Literatur, einschließlich der vielen Kommentare und Scholien aus Spätantike und Mittelalter, d. h. die einschlägigen Handschriften, befand: Auf byzantinischem Boden waren das die Bibliothek im Kaiserpalast, die Patriarchatsbibliothek und die Bücherbestände der oben genannten und anderer Klöster. Im Verlauf des Konsolidierungsprozesses der Exilregierung von Nikaia versuchte man durch Gründung von Schulen und Bibliotheken die vorangegangenen Verluste (nicht nur in Konstantinopel, sondern auch in dem von den Seldschuken besetzten Kleinasien) so gut wie möglich auszugleichen. Wir haben Belege dafür, daß die kulturell Verantwortlichen sich bewußt waren, ein von Konstantinopel als geistigem Eigentümer überantwortetes 'Pfand' (παραθήκη = depositum, ein juristischer Terminus) zu verwalten. Seit dem Beginn des 15. Jh.s war es außer der Hauptstadt nur mehr Mistra, wo man das kulturelle Erbe noch weiter pflegen konnte. Bemerkenswert ist das Aufflackern eines neuen griechischen Nationalgefühls, gerade mit dem Schwinden des übernationalen Status des Byzantinischen Reiches in der späten Palaiologenzeit. Die oben erwähnten Emigranten des letzten Jahrhunderts von Byzanz gehörten offenbar überwiegend zu diesen national denkenden und fühlenden Griechen.

2.3. Brückenkopf im Osten – Humanismus in Italien

Man kann also den Osten des Mittelmeerraumes in Bezug auf griechische Handschriften als eine Art Brückenkopf aus den noch bewahrten 'toten' Beständen und aus den lebenden, produzierenden Emigranten-Kopisten verstehen. Der Westen, d. h. im wesentlichen Süd-Italien, war hinsichtlich der bis etwa 1400 vorhandenen bzw. neu dazugekommenen Codices profaner klassischer Literatur quantitativ unbedeutend. Theologische Werke und Fachliteratur (Medizin und Mathematik) überwogen in den Klöstern Apuliens und Kalabriens. Das änderte sich mit dem zu Beginn des 15. Jh.s aufkommenden Humanismus. Wissenschaftliche Neugier, aber auch Fragen des Prestiges und des Geschäftsinteresses spielten eine Rolle. Die geistig regen Intellektuellen bemühten sich um Griechischkenntnisse – 1397–1400 lehrte Manuel Chrysoloras als erster Professor des Griechischen in Italien (Florenz) – und versuchten, allenfalls auf Reisen in den Osten ihre Sprachkenntnisse zu verbessern. Der Besitz von Handschriften klassischer Literatur gehörte bald zum 'Image' eines Humanisten, war aber nicht minder aus der Sicht des Tauschhandels von Interesse. So kennen wir auch eine Reihe von Aufträgen fürstlicher Mäzene – Gonzaga, Medici, Urbino und Päpste, aber auch Kardinal Bessarion – an italienische Humanisten, die mit mehr oder weniger Geschick manchmal sogar dreistellige Zahlen von Handschriften aus dem Osten nach Italien brachten. Diese Erwerbungen wechselten zwar wiederholt den Besitzer und zersplitterten sich auf verschiedene Bibliotheken, ja blieben manchmal bis heute verschollen; auch beim Büchertausch gab es nicht selten Mißverständnisse in Bezug auf Leihgabe und Geschenk. Insgesamt befanden sich jedoch im späten 15. Jh. bereits viele hunderte von griechischen Handschriften in Italien. Allein die Vaticana besaß 1455 schon 414, und 30 Jahre später fast 900 griechische Codices. Das berühmte Legat des Kardinals Bessarion an die Biblioteca Marciana von 1468 umfaßte allein 482 griechische und 264 lateinische Handschriften.

Vgl. die programmatische Erklärung Bessarions in einem Brief an Michael Apostoles (bald nach 1453) zur Rettung des geistigen Erbes der griechischen Antike (und christlichen Spätantike) durch Erwerb und Konzentration der noch vorhandenen Handschriften (in deutscher Übersetzung bei H. Hunger, *Reich der Neuen Mitte. Der christliche Geist der byzantinischen Kultur,* Graz–Wien–Köln 1965, 387f.).

Als Beispiel für den bunten Inhalt einer solchen Handschriftensendung seien die von Giovanni Aurispa 1421–23 erworbenen und in einem Brief an seinen Geschäftsfreund Ambrogio Traversari aufgeführten profanen Autoren genannt: Apollonios Dyskolos; Aristoteles, *Rhetorik, Eudemische Ethik* u. a.; Arrian, *Anabasis*; Athenaios, *Deipnosophisten*; Athenaios, *Über Belagerungsmaschinen*; Dio Cassius; Diodoros, *Bibliotheke*; Dionysios von Halikarnass; Empedokles; Gregor von Nazianz, *Briefe* (einziger theologischer Titel!); Herodian; Homer, *Ilias, Hymnen*; Hephaistion; Iamblichos; Kallimachos; Lukian; Oppian; Orpheus, *Argonautika* und *Hymnen*; Pappos; Phokylides; Pindar; Platon; Plotin; Plutarch; Proklos; Prokopios von Kaisareia; Strabon; Theophrastos; Xenophon.

Parallel zu diesem durch den Humanismus verursachten und geförderten Zufluß von Codices überwiegend antiker profaner Autoren lief im Osten – in dem noch bei Byzanz verbliebenen Territorium, mit der Zeit aber immer mehr auf den rings umgebenden Stützpunkten in fremder Hand – ein Produktionsprozeß an, der sich über rund 150 Jahre bis zum Ende des 16. Jh.s erstreckte. Es sind die oben erwähnten Emigranten-Kopisten, denen Tausende von Codices, wiederum überwiegend klassischer Texte, zu verdanken sind. Manche von ihnen blieben zeitlebens in den genannten Stützpunkten, vor allem in Kreta (Eroberung durch die Türken erst 1669), andere setzten sich vor den vorrückenden Türken von Nauplion, Monembasia und der Mani, aber auch von Korfu aus ab und suchten einen neuen Stützpunkt in Italien, überwiegend in Venedig, aber auch in anderen Städten wie Padua, Mailand, Florenz usw.

Die moderne Byzantinistik hat in den letzten Jahrzehnten begonnen, durch ein *Repertorium der griechischen Kopisten von 800–1600* auf Grund der Überprüfung aller durch Subskription oder Schriftvergleich in Autopsie zuweisbaren Handschriften eine Übersicht, insbesondere über diese Kopisten der beiden Jahrhunderte des Übergangs vom Mittelalter zur Neuzeit, zu erarbeiten. Hier zeigt sich immer deutlicher ein sozialhistorisch interessanter Prozeß: Die griechischen Kopisten des 15./16. Jh.s, vor allem die Emigranten aus dem Osten, arbeiteten in der Regel nicht in einem einzelnen Skriptorium, sondern wechselten von einem Atelier zum anderen bzw. lieferten Auftragsarbeiten in Form von mehreren Lagen (zumeist Quaternionen) gleichzeitig an verschiedene Ateliers. Offenbar konnten sie derart ihre Einkünfte leichter verbessern. Wenn man aber beobachtet, wie oft derselbe Kopistenname in verschiedenen Kombinationen mit anderen 'Kollegen' erscheint, so gewinnt man den Eindruck eines freien Arbeitsmarktes, auf dem der Einzelne durch sein Können, aber wohl auch durch seine Geschäftstüchtigkeit vorankam: Statt fester Arbeitsplätze herrschte das Prinzip der Gelegenheitsarbeiten. Ein Atelierleiter, praktisch ein 'Cheflektor', gab die Anweisungen und konnte Kopisten auch für Ergänzungen, Scholien oder Marginalien einsetzen. Ein Kopist, der uns aus zahlreichen Handschriften in der Funktion eines revidierenden Marginalienschreibers bekannt ist, war der in mehreren italienischen Städten tätige Flame Arnoldus Arlenius (ca. 1510–ca. 1574).

Literatur: M. Sicherl, «Epistolographen-Handschriften kretischer Kopisten», in: *Scritture, libri e testi* 99–124; Annaclara Cataldi Palau, «La biblioteca di Marco Mamuna», in:

Scritture, libri e testi 521–575; G. De Gregorio, *Per uno studio della cultura scritta a Creta sotto il dominio veneziano: I codici greco-latini del secolo XIV* (Florenz 1994; aus *Scrittura e civiltà* 17, 1993, 103–201); J. Monfasani, *Byzantine Scholars in Renaissance Italy: Bessarion and other Emigrés. Selected Essays* (Aldershot Brookfield 1995).

2.4 Soziales Netz und Handschriftenproduktion

Angesichts der oft schwierigen Lebensumstände – insbesondere bei dem 'Sprung' aus dem Osten nach Italien – wird die gegenseitige Unterstützung und Empfehlung durch Arbeitskollegen in dem neuen Ambiente für viele Kopisten lebenswichtig gewesen sein. Wenn man beobachtet, daß viele dieser Kopisten durch Verwandtschaft und/oder Freundschaft verbunden waren, so erhält man das Bild eines sozialen Netzes, das für die Kopisten dieser Zeit charakteristisch und offenbar notwendig war. Mit der Zeit ging der Aktionsradius so mancher Kopisten über Italien hinaus. Sie wanderten nach Frankreich und Spanien, gelegentlich auch nach England und Deutschland weiter, um dann zumeist in den betreffenden Ländern zu bleiben. Diese Erscheinung konzentriert sich auf das späte 15. und das 16. Jh., also eine Zeitspanne, in der das gedruckte Buch bereits ein starker Konkurrent der Handschrift geworden war.

Für Frankreich sind etwa Angelos Bergikios (Vergetius), Konstantinos Palaiokappas und Jakob Diassorenos zu nennen, alle besonders fleißige Kopisten, die über Venedig nach Paris kamen und sich in den Jahrzehnten um 1550 an der in Fontainebleau im Aufbau befindlichen königlichen Bibliothek betätigten. Noch vor 1500 erreichten die griechischen Kopisten Georgios Hermonymos (aus Sparta), Emmanuel (aus Konstantinopel) und Johannes Serbopulos (aus Konstantinopel) England.

Um eine deutlichere Vorstellung des 'Netzwerkes' der Emigranten zu geben, seien zunächst jene Schreiber genannt, die im Auftrag von Kardinal Bessarion arbeiteten oder irgendwie zu seinem Kreis gehörten, und anschließend drei der fruchtbarsten Skriptorien im 15. und 16. Jh.

Kopisten im Kreis Bessarions: Andronikos Kallistos, Charitonymos Hermonymos, Demetrios Chalko(ko)ndyles, Demetrios Rhaul Kabakes, Demetrios Sguropulos, Demetrios Triboles, Georgios Alexandru, Georgios Tribizias, Georgios Tzangaropulos, Johannes Argyropulos, Johannes Plusiadenos, Johannes Rhosos, Kosmas Trapezuntios, Manuel Atrapes, Michael Apostoles, Nikolaos Sekundinos, Theodoros Nomikos.

Aufträge erteilten: Michael Apostoles (15. Jh.) an Emmanuel Atramyttenos, Thomas Bitzimanos, Georgios Gregoropulos, Antonios Damilas, Emmanuel Zacharides; Manuel Probatares (16. Jh.) an Andreas Darmarios, Franciscus Syropulos, Hippolytos Bareles, Johannes Mauromates, Konstantinos Rhesinos, Manuel Glynzunios, Manuel Malaxos, Nikolaos Choniates, Zacharias Skordyles; schließlich Andreas Darmarios (der fruchtbarste Kopist griechischer Handschriften überhaupt; man schätzt seine Gesamtproduktion – einschließlich der nur zum Teil von ihm stammenden Codices – auf rund 500 Nummern). Zunächst arbeitete er bei Nikolaos Choniates (1558) und bei Manuel Probatares (1559); mit ihm und für ihn kopierten Antonios Kalosynas, Manuel Glynzunios, Manuel Malaxos, Michael Myrokephalites, Nikolaos Turrianos, Sophianos Melissenos.

2.5 Rezeption des literarischen Erbes

Eine unabdingbare Voraussetzung für die Entwicklung des Humanismus in ganz Europa war die Verteilung und Organisation der ererbten Buchbestände, d. h. jener Handschriften-Fonds, die sich seit dem frühen 16. Jh., in Italien bereits seit der Mitte des 15. Jh.s, in Bibliotheken bildeten. Es waren zunächst Bibliotheken von Fürsten sowie von größeren und kleinen Sammlern, später Stadt- und Landes- bzw. Nationalbibliotheken, in denen das überlieferte Gut an Handschriften mehr oder weniger zugänglich aufbewahrt wurde. Die in Italien vor 1500 mit beweglichen Lettern gedruckten griechischen Inkunabeln umfassen 30 Nummern. Mit dem Einsetzen des Buchdrucks in größerem Umfang – in Italien vor allem mit der vorbildlichen Druckerei des Aldus Manutius in Venedig – eröffnete sich ein Markt gerade auf dem Sektor der griechischen (und lateinischen) Texte, die von den Adepten des Studiums der klassischen Antike dringend gebraucht wurden. Es mag dies auch mit der Zweisprachigkeit (griechisch-lateinisch) und mehr noch mit den mangelnden Sprachkenntnissen zusammenhängen. Jedenfalls gab es eine Art 'Marktlücke', wie wir aus den Vorreden einiger solcher Wiegen- und Frühdrucke entnehmen können. Es ist bezeichnend, daß das erste zur Gänze in griechischen Lettern gedruckte Buch die in Mailand 1476 publizierte Grammatik des Konstantinos Laskaris war; dieser Text und ein ähnlicher des Manuel Chrysoloras (2.3) erfuhren mehrere Auflagen. Die von Maximos Planudes (2.1) redigierte Sammlung von Epigrammen ('Planudea') wurde von Janos Laskaris in einer Editio princeps (Florenz 1494) herausgebracht und erlebte im 16. Jh. nicht weniger als 8 Neuauflagen!

Zu Laskaris: Teresa Martinez-Manzano, *Konstantinos Laskaris. Humanist, Philologe, Lehrer, Kopist* (Hamburg 1994).

Bei der Veranstaltung größerer und daher kostenaufwendiger Drucke wollte man den Text nicht ohne philologische Unterstützung herausbringen. So zogen die Herausgeber des ersten vollständigen gedruckten Homer (Florenz 1488) Demetrios Chalko(ko)ndyles, Professor in Padua, Florenz und später Mailand, für die philologische Kontrolle des Textes heran.

Damit ist eine Kernfrage für die weitere Geschichte der Klassischen Philologie angeschnitten. Seit jenen Tagen des frühen Buchdrucks haben sich bis heute rund 18 Generationen (die Generation konventionell zu je 30 Jahren gerechnet) um die kritische Edition der klassischen griechischen Texte bemüht. Das oberste Ziel dabei war (und ist) es, eine Textform vorzulegen, die jener des Autors so nahe wie irgend möglich kommen sollte. Dabei gab es verschiedene Schwierigkeiten zu überwinden:

1) Man mußte alle noch vorhandenen Exemplare des Textes in Handschriften (eventuell in Drucken) ermitteln, lesen und kollationieren;

2) man mußte nach der Kollation die Apographa (eindeutige Abschriften von anderen Codices) ausscheiden;

3) man mußte die Abhängigkeitsverhältnisse unter den verbleibenden Codices klären und sich für die Wertigkeit dieser Textzeugen – in der Regel mit dem Entwurf eines Stemmas – entscheiden.

Die Bestandsaufnahme aller Textzeugen ist auch heute noch eine mühsame und nicht immer bis zuletzt sichere Aufgabe. Die Handschriften sind, wie oben erwähnt, über die oft zahlreichen Bibliotheksorte Europas (und Amerikas) verstreut. Nur wenige große Bibliotheken verfügen über moderne Kataloge, in denen man mit Hilfe von Indices über den Gesamtbestand schnell Auskunft erhält. Noch in der ersten Hälfte des 20. Jh.s mußte man die Originale in den Bibliotheken selbst aufsuchen, nachdem die Präliminarien durch Korrespondenz positiv erledigt waren. Allmählich trat die Anfertigung von Mikrofilmen an die Stelle der Autopsie, scheinbar eine wesentliche Erleichterung. Dabei ist aber zu bedenken, daß man von der Funktionstüchtigkeit und dem Entgegenkommen des betreffenden Photo-Service abhängt und zudem mit Hilfe des Mikrofilms noch lange nicht alle kodikologischen Fragen beantworten kann (Lagenverhältnisse, Wasserzeichen, Linienschemata). Daß man bei weiter Verzweigung der Codices auch nach dem erhofften Abschluß der Recherchen immer noch auf Überraschungen durch einen 'versteckten', d. h. nicht entsprechend katalogisierten und deklarierten Textzeugen stoßen kann, ist nicht zu leugnen.

Das Lesen der Codices setzte und setzt auch heute noch paläographische Kenntnisse voraus; dazu 2.6. Das Erkennen und sichere Beurteilen der paläographischen Formen hilft allerdings wesentlich bei der Einordnung der Textzeugen. Das Kollationieren ist zeitraubend und nicht immer befriedigend; bei langen Texten, vielleicht dazu noch mit zahlreichen Handschriften, wird die unumgängliche Kürzung der Kollation zu einer Gewissensfrage. Demgegenüber ist das Ausscheiden der Apographa (I 3.6.1) eine angenehme Unterbrechung und stets mit einem gewissen Lustgewinn verbunden.

Die entscheidende Phase beginnt mit dem Ringen um ein möglichst klares und eingängiges, vor allem aber zuverlässiges Stemma (I 3.6). Bei einer großen Zahl von Textzeugen wird man sich auf die Betonung des Wichtigen (mit geschickter graphischer Verteilung) beschränken müssen, schon um nicht das Stemma zu einem Igel-ähnlichen Ungetüm werden zu lassen. Damit sind wir aber bei dem Problem der Textkritik angelangt; dazu I 3.

Nur einige allgemeine Grundsätze, die mit den Überlieferungsverhältnissen in Mittelalter und früher Neuzeit zusammenhängen, seien hier anhand von konkreten Beispielen erläutert. Die 'unserer' Zeit vorausliegenden 1000–1500 Jahre (zwischen dem Autor und dem ältesten Textzeugen) – zunächst ein Grund zur Verunsicherung des tastenden Philologen – dürfen uns nicht erschrecken. Die vergangenen Generationen tüchtiger Philologen haben das Vertrauen in die Arbeit der alexandrinischen Gelehrten an den aus Athen übernommenen Texten mit guten Gründen untermauert. Was die Papyri (I 4.2.1; I 3.2.1f.) betrifft, deren Zahl in dem zu Ende gehenden Jahrhundert stark angewachsen ist, so können sie in einzelnen Fällen durch Bestätigung oder Ablehnung von Lesarten hilfreich sein; man darf aber nie vergessen, daß es sich nur in Ausnahmefällen um längere Texte oder gar abgeschlossene Stücke handelt und daß daher die Aussage der Textform für die Einordnung in die Überlieferung stets relativ bleibt.

Wie schwierig sich die Präzisierung des Archetypus (die dem Original des Autors am nächsten stehende Textform; *I 3.6.4*) gestalten kann, zeigt etwa das Beispiel der *Anthologia Palatina*. Schon bei der sogenannten *Planudea* (ed. princ. 1494 durch Janos Laskaris) finden sich Differenzen in der Anordnung der Gedichte und in der Textgestaltung gegenüber dem Cod. Marc. gr. 481, dem Autograph des Planudes! Der viel ältere Codex der *Anthologia Palatina* Pal. 23 (ca. 980) befand sich seit kurz vor 1600 in der Heidelberger Bibliothek, wurde dann über Rom (Schenkung an den Papst 1623) von Napoleon 1797 entführt und in seinem ersten Teil 1816 an Heidelberg zurückgegeben. Der zweite Teil ist bis heute in Paris verblieben (Par. Suppl. gr. 384). Ein alter Korrektor von Teil 1 (noch im 10. Jh.), ein 'Lemmatist' und mehrere Schreiber haben an dem Codex gearbeitet. Der Index (von erster Hand) widerspricht in verschiedenen Punkten dem tatsächlichen Inhalt der Handschrift!

2.6. Paläographie

Es kommt nicht von ungefähr, daß ein Kapitel über die handschriftliche Überlieferung im Mittelalter durch Bemerkungen zur griechischen Paläographie ergänzt wird. Vorzüglich jene große Umschichtung im byzantinischen Schriftwesen, die im 9. und 10. Jh. erfolgte, gibt uns den Schlüssel für die Erhaltung eines großen Teiles der aus der Antike ins Mittelalter geretteten Literatur in die Hand. Diese Umschichtung bestand vor allem aus einer Umschrift aller wichtigen hochsprachlichen profanen, aber auch theologischen Texte in eine neue Schriftform.

2.6.1. Vorgeschichte; Anschauungsmaterial (Tafelwerke)

Seit den ältesten Zeiten der auf Papyrus erhaltenen griechischen Schrift, d. h. seit dem 4. Jh. v. Chr., gab es neben der überwiegenden Zweizeilenschrift, der Majuskel, in der alle Buchstaben im wesentlichen sich innerhalb dieser Zeilen halten, schon bald eine Vierzeilenschrift. Diese Minuskel war dadurch charakterisiert, daß ein mehr oder weniger großer Prozentsatz der Buchstaben über die beiden Mittelzeilen nach oben und/oder nach unten hinausragte. In den kaiserzeitlichen und spätantiken Jahrhunderten beherrschte die Majuskel – zunächst auf Buchrollen und auf Papyrus, später in Codices und mit wechselndem Anteil auf Pergament geschrieben (*I 1.3.1–3*) – als Kalligraphie das literarische Schrifttum. Die Vierzeilenschrift blieb der Geschäftsschrift oder sogenannten Kursive vorbehalten und wurde nicht für hochsprachliche Werke der Literatur verwendet. Die Majuskel wies im Laufe der Jahrhunderte variierende Stilisierungen auf: Wir sprechen von Inschriftenstil, Häkchenstil, 'strengem Stil', von Bibelmajuskel und alexandrinischer Majuskel. In den späten Jahrhunderten (VII–X) stehen senkrecht gehaltene und schräge, aber auch runde und ogivale Majuskelformen nebeneinander. Die Papyri aller sieben Jahrhunderte der nachchristlichen Zeitrechnung bieten zugleich eine Fülle von Variationen der Kursive, zum Teil von den Schriften der ägyptischen Kanzleien stark beeinflußt.

Trotz des reichen, in die Tausende gehenden Papyrusmaterials scheint der Wandel von bestimmten Formen der späten Papyruskursive zu einer neuen kalligraphischen Form, eben der mittelalterlichen Minuskel, zwar naheliegend, ist aber in den Details noch immer nicht ausreichend belegt.

Zu Vorstufen der Minuskel vgl.: G. Cavallo, «La κοινή scrittoria greco-romana nella prassi documentale di età bizantina», *JÖByz* 19 (1970) 1–31; C. M. Mazzucchi, «Sul sistema di accentazione dei testi greci in età romana e bizantina», *Aegyptus* 59 (1979) 145–167; ders., «Minuscola libraria. Translitterazione. Accentazione», in: *Atti Berlin–Wolfenbüttel* 41–45; O. Kresten, «Der Geleitbrief. Ein wenig beachteter Typus der byzantinischen Kaiserurkunde», *RHM* 38 (1996) 41–83. Hier (S. 63ff.) zu der auffälligen 'Minuskelkursive' in Papyri höchster arabischer Dienststellen in Ägypten um die Wende vom 7. zum 8. Jh.

Die angedeutete Entwicklung erfolgte während des 8. Jh.s und tritt im 9. Jh. als eine neue Schriftform auf, welche die Schönheit und Klarheit der Majuskel mit der Flüssigkeit und praktischen Verwendbarkeit der Kursive zu verbinden trachtet. Diese kalligraphische Minuskel ist von einem klaren Stilwollen beherrscht, das sich für Handschriften durchsetzen sollte. Die erste datierte Minuskelhandschrift ist noch immer der Codex Uspenskij (St. Petersburg gr. 219), ein Evangeliar von 835.

Tafelwerke: H. Omont, *Fac-similés de manuscrits grecs des XVe et XVI siècles ... de la Bibliothèque Nationale* (Paris 1887); J. Bick, *Die Schreiber der Wiener griechischen Handschriften* (Wien 1920); P. Franchi de' Cavalieri – J. Lietzmann, *Specimina codicum Graecorum Vaticanorum* (Leipzig ²1929); L. Th. Lefort – J. Cochez, *Album palaeographicum codicum graecorum minusculis litteris saeculis IX et X certo tempore scriptorum,* 2 Bde (Löwen 1932–1934); K. Lake – Silva Lake, *Dated Greek Minuscule Manuscripts to the Year 1200,* 10 Bde (Boston 1934–1945); C. H. Roberts, *Greek Literary Hands, 350 B. C. – A. D. 400* (Oxford 1956); A. Turyn, *Codices Graeci Vaticani saeculis XIII et XIV scripti annorumque notis instructi* (Vatikan 1964); R. Merkelbach – H. van Thiel, *Griechisches Leseheft zur Einführung in die Paläographie und Textkritik* (Göttingen 1965); M. Wittek, *Album de paléographie grecque* (Gent 1967): Henrica Follieri, *Codices Graeci Bibliothecae Vaticanae selecti etc.* (Vatikan 1969); A. Turyn, *Dated Greek Manuscripts of the Thirteenth and Fourteenth Centuries in the Libraries of Italy,* 2 Bde (Urbana–Chicago–London 1972); N. Wilson, *Mediaeval Greek Bookhands* (Cambridge/Mass. 1973); D. Harlfinger, *Specimina griechischer Kopisten der Renaissance. I. Griechen des 15. Jahrhunderts* (Berlin 1974); E. Mioni – Mariarosa Formentin, *I codici greci in minuscola dei sec. IX e X della Biblioteca nazionale Marciana* (Padua 1975); D. Harlfinger, – M. Sicherl, *Griechische Handschriften und Aldinen. Eine Ausstellung anläßlich der XV. Tagung der Mommsen-Gesellschaft in der Herzog-August-Bibliothek* (Wolfenbüttel 1978); A. Turyn, *Greek Manuscripts of the Thirteenth and Fourteenth Centuries in the Libraries of Great Britain*

(DOC 17) (Washington D.C. 1980); E. Gamillscheg – D. Harlfinger – H. Hunger, *Repertorium* (siehe a. E. unter Abkürzungen); I. Spatharakis, *Corpus of the Dated Illuminated Greek Manuscripts to the Year 1453*, 2 Bde (Leiden 1981); Ruth Barbour, *Greek Literary Hands A. D. 400–1600* (Oxford 1981); D. Harlfinger – D. Reinsch – J. A. Sonderkamp, *Specimina Sinaitica. Die datierten griechischen Handschriften des Katharinen-Klosters auf dem Berge Sinai. 9. bis 12. Jahrhundert* (Berlin 1983); M. Manoussakas – K. Staikos, *The Publishing Activity of the Greeks during the Italian Renaissance (1469–1523)* (Athen 1987); Ch. Astruc, *Les manuscrits grecs datés des XIIIe et XIVe siècles conservés dans les bibliothèques publiques de France. I* (Paris 1989); C. N. Constantinides – R. Browning, *Dated Greek Manuscripts from Cyprus to the Year 1570* (Nicosia 1993); E. Gamillscheg, *Matthias Corvinus und die Bildung der Renaissance* (Ausstellungskatalog Österreichische Nationalbibliothek 1994).

2.6.2 Minuskelschrift und Varianten

Besondere Charakteristika der neuen Minuskel sind: Als Vierzeilenschrift weist sie viele Buchstaben mit Ober- und Unterlängen auf. Sie verbindet gerne 2–10 Buchstaben in einem Schriftzug *(scriptura continua)*, während die Majuskel keine Ligaturen (höchstens Juxtapositionen aus Platzgründen) kannte. Im 9. Jh. ist die Schrift überwiegend oberzeilig, d. h. die Buchstaben stehen auf der vorgezeichneten bzw. eingedrückten Linie. Eine leichte Linksneigung ist oft zu beobachten. Im 10. Jh. scheint die unterzeilige Stellung zu überwiegen, wobei die Buchstaben an der Grundzeile (d. h. der unteren Mittelzeile) aufgehängt wirken. Die Form der Spiritus zeigt eine Langzeitentwicklung. Die älteste Form, die 'halbierte Eta-Form' (⊢ ⊣), ist im 9. und 10. Jh. häufig, im 11. schon seltener und im 12. nur sehr wenig zu finden. Die daraus entwickelte einfache eckige Form (⌊ ⌋) ist schon früh vorhanden, überwiegt im 11. und noch im 12. Jh. Daneben tritt immer häufiger eine runde Form (⊂⊃) auf, die man auch als einen 'kursiven' Zug ansehen könnte; sie hat allmählich die beiden anderen Formen völlig verdrängt. Das Jota adscriptum wurde zunächst in gleicher Höhe und Größe wie andere Kleinbuchstaben geschrieben.

Im Lauf der Jahrhunderte mischten sich die reinen Minuskelbuchstaben mit einzelnen Majuskeln, zunächst Theta, Kappa, auch Gamma. Aber schon im 10. Jh. kamen Majuskelformen des Beta, Delta, Epsilon, Eta, Ny, Pi, Sigma und Tau in wechselnder Dichte von Codex zu Codex dazu. Die Häufigkeit dieser Mischung mit Majuskelformen als Kriterium zum Zwecke der Datierung wird m. E. von manchen Gelehrten überschätzt (Statistik!). – Wenn ein Archetypus fälschlich einzelne Buchstaben enthält, die aufgrund ihrer Ähnlichkeit in der Majuskel austauschbar waren – z. B. A ~ Λ, Δ ~ Α, Θ ~ Ο, – so ist damit bewiesen, daß diese Minuskelhandschrift aus einem Majuskelcodex abgeschrieben worden war. Solche Majuskelkorruptelen sind ein verstärkendes Indiz für die Stellung der Handschrift innerhalb des Stemmas.

Mit dem 'Sieg' der Minuskel über die Majuskel im 10. Jh. war gleichzeitig eine Auffächerung in verschiedene Stilrichtungen verbunden. Im Hinblick auf die große Zahl von Codices hohen und höchsten ästhetischen Niveaus ist vorab die von mir (vor 40 Jahren) so genannte **Perlschrift** zu nennen

(Abb. 1). Sie ist an der Vorliebe für runde bzw. wannenartige Formen der Buchstaben zu erkennen, wobei sich die runden Formen in Quadrate einschreiben lassen, durch das Vermeiden von Ecken und Haken, die ebenmäßige Verteilung von Ober- und Unterlängen und die *scriptura continua*. Die allmählich in den Minuskelkanon eindringenden Majuskeln Alpha, Eta, Kappa, Ny, Pi werden eher gemieden, weil ihre eckigen Formen dem Ideal der Perlschrift widersprechen. Die Perlschrift findet sich in Codices des 11. und 12. Jh.s sehr häufig, in spätbyzantinischer Zeit besonders bei archaisierenden Kopisten.

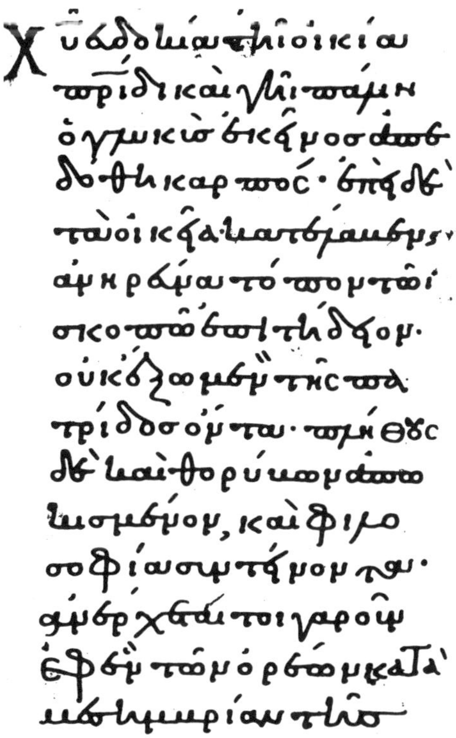

Abb. 1. Perlschrift.
Repertorium 2, 152 (Taf. 82). Euthymios. Par. gr. 1499, f. 307r. a. 1055–1056.

In einem gewissen Kontrapost zur Perlschrift mit ihren überwiegend runden Formen standen Codices, welche die eckigen Formen und spitzen Haken aus der späten Papyruskursive übernahmen. Die Schriftart wirkt im ganzen leicht gepreßt und raumsparend ('eckige Hakenschrift'); sie wird im 11. Jh. bereits sehr selten (Abb. 2). – Eine weitere Stilisierung bieten viele Codices des 10. Jh.s, und zwar mit der Unterscheidung von Haar- und Schattenstrichen und der deutlichen keulenförmigen Verdickung der Ober- und Unterlängen ('Keulenstil') (Abb. 3). Im Umkreis des Erzbischofs Arethas findet sich diese Richtung häufig (Kopist Baanes). – Schließlich ist eine weitere Stilrichtung zu erwähnen, die im 10. und 11. Jh. nicht selten in Codices der großen Kirchenlehrer Basileios, Gregor von Nazianz und Johannes Chrysostomos auftritt. Die Schrift steht stets senkrecht, hat stark reduzierte Ober- und Unterlängen, setzt die Buchstaben voneinander ab und wirkt dadurch breit. Die Keulenelemente sind nicht übermäßig vertreten, das Minuskel-Eta hat eine charakteristische Form (*h*). J. Irigoin hat sie als minuscule bouletée bezeichnet, während ich sie im Hinblick auf das häufige Vorkommen bei den genannten Autoren gleichzeitig (1974) als 'Kirchenlehrerstil' vorgestellt habe (Abb. 4).

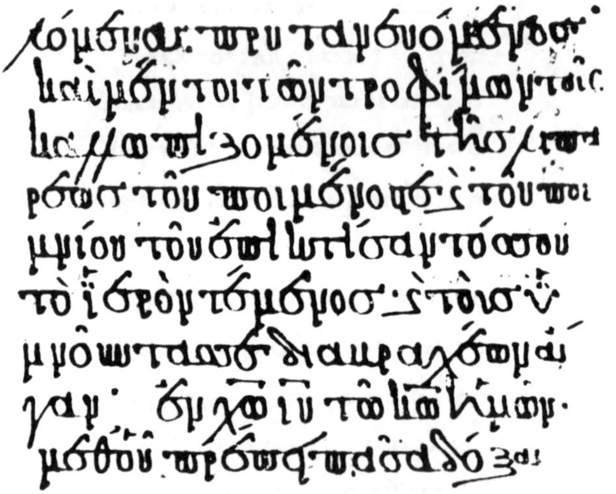

Abb. 2. Eckige Hakenschrift (= Anastasios).
Repertorium 2, 19 (Taf. 12). Anastasios. Par. gr. 1470, f. 214r. a. 890.

Die kurz charakterisierten Stilrichtungen der Minuskel decken einen großen Teil der literarischen Codices des 9.–12. Jh.s, und zwar sowohl der profanen wie der kirchlichen, ab. Mit dem Rückzug der Majuskel aus dem neuen Handschriftenbestand dieser Jahrhunderte trat ein bemerkenswertes Element des ästhetischen Empfindens der byzantinischen Kopisten in Erscheinung. Die Majuskel ‚übersiedelte' von ihrem Platz als Form des Haupttextes in die Titelgestaltung, in die Scholien und andere Marginalien. Drei Stilformen dieser sogenannten Auszeichnungsmajuskel lassen sich unterscheiden: 1) Alexandrinische Auszeichnungsmajuskel, 2) Konstantinopolitanische Auszeichnungsmajuskel, 3) Epigraphische Auszeichnungsmajuskel.

Es läßt sich nun zeigen, daß die Mehrzahl der Kopisten, offenbar aus ästhetischen Gründen, jede dieser Auszeichnungsmajuskeln einer anderen Stilrichtung des Haupttextes zuweist. In zahllosen Codices ist die Perlschrift mit Alexandrinischer Auszeichnungsmajuskel verbunden, während die Konstantinopolitanische Auszeichnungsmajuskel zu den Haupttexten in eckiger Haken-

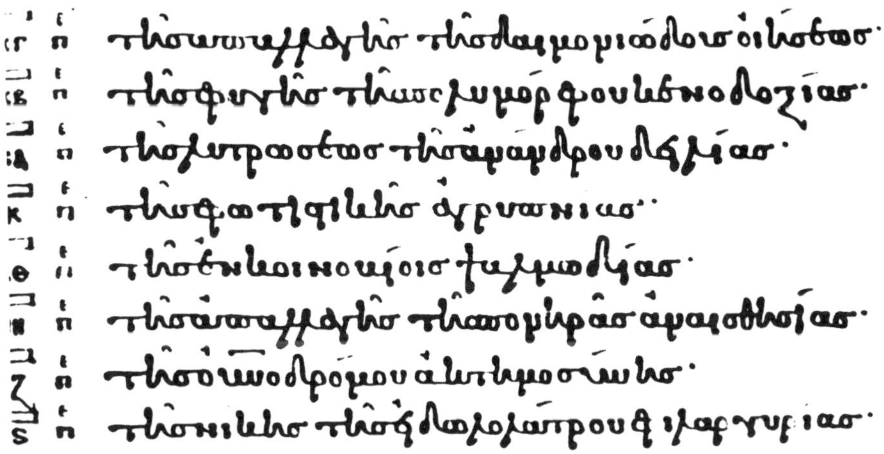

Abb. 3. Keulenstil (à la Arethas).
Repertorium 1, 221 (Taf. 221), Kyrillos. Ox. Bar. 134, f. 202r. a. 947/948.

Abb. 4. Kirchenlehrerstil (= minuscule bouletée).
Vind. theol. gr. 30, f. 117v. 10. Jh.

schrift oder zum Keulenstil tritt. Die Epigraphische Auszeichnungsmajuskel wird besonders häufig für Kolumnentitel und Kapitelzählungen, aber auch zu Figurentexten herangezogen.

Literatur: O. Kresten, «Diplomatische Auszeichnungsschriften in Spätantike und Frühmittelalter», *MIÖG* 74 (1966) 1–50; Enrica Follieri, «La minuscola libraria dei secoli IX e X», in: *PGB* 139–165. Irigoin und Hunger zur Bezeichnung der minuscule bouletée: vgl. *PGB* 191–209, bes. 204. – H. Hunger, «Minuskel und Auszeichnungsschriften im 10. bis 12. Jahrhundert», in: *PGB* 201–220; ders., «Die Epigraphische Auszeichnungsmajuskel. Beitrag zu einem bisher kaum beachteten Kapitel der griechischen Paläographie», *JÖByz* 26 (1977) 193–210; Lidia Perria, «La minuscola 'tipo Anastasio'», in: *Scritture, libri e testi* 271–318; Maria Luisa Agati, *La minuscola 'bouletée'*, 2 Bde (Vatikan 1992); Lidia Perria, «Il Vangelo di Dionisio. Il codice F. V. 18 di Messina, l'Athous Stavronikita 43 e la produzione libraria Costantinopolitana del primo periodo macedone» *Rivista di Studi Bizantini e Neoellenici* 31 (1994) (Roma 1995) 81–163.

2.6.3 Metacharakterismos

Die Umschrift der Majuskelhandschriften in Minuskel-Codices (Metacharakterismos, Transliteration) und der bewußte Ersatz des gesamten literarischen Handschriftenbestandes durch neue Exemplare ist das einschneidende Ereignis in der Geschichte der handschriftlichen Überlieferung griechischer Texte im Mittelalter. Diese von wenigen Generationen des 9. und 10. Jh.s durchgeführte Aktion erfolgte nach der kulturellen Zäsur der vorausgehenden 'dunklen' Jahrhunderte und hatte eine Konzentration wichtiger Textzeugen in Konstantinopel zur Voraussetzung. Um die beim Abschreiben unumgänglichen Fehlerquellen zu paralysieren, ergriff man Vorsichtsmaßregeln. Aus der oben (*2.1*) erwähnten Korrespondenz eines byzantinischen 'Professors' können wir Folgendes entnehmen: Zur Umschrift selbst zog man einen wissenschaftlich ausgebildeten 'Leiter' heran, der die Majuskelcodices kollationierte und die Textvarianten feststellte. Die Kopisten hatten diese Varianten in den (entsprechend breiten) Freirändern des Schriftspiegels zu notieren. Dieser Vorgang läßt sich heute an einzelnen Codices nachprüfen, die *cum grano salis* Vorläufer unserer modernen Textausgaben darstellen. In Konstantinopel sollten sie, als Musterexemplare in der Bibliothek des Großen Palastes oder des Patriarchats hinterlegt, die textliche Korrektheit für weitere Kopien (von Kalligraphen für Mäzene, von Gelehrten für eigene Studien bzw. Unterrichtszwecke) garantieren.

Zur Korrespondenz des 'Professors': A. Markopoulos, «La critique des textes au X siècle. Le témoignage du "Professeur anonyme"», *JÖByz* 32/4 (1982) 31–37. – Neuedition (wahrscheinlich 1997) in Vorbereitung!

Eine Überprüfung der in Frage kommenden Handschriften hat uns ein ungefähres Bild der verschiedenen Stufen der jahrzehntelangen Umschriftaktion geliefert. In einer ersten Phase (erstes Drittel des 9. Jh.s und zu Ende gehender zweiter Abschnitt des Ikonoklasmus) orten wir ein besonderes Interesse für naturwissenschaftliche Themen: Kommentare des Theon und Pappos zum Almagest des Ptolemaios (Cod. Laur. 28,18), Ptolemaios-Handschriften wie Cod. Vat. gr. 1291 und Cod. Leidens. BPG 78, ferner der *Almagest*

Cod. Par. gr. 2389, ein Dioskurides (Pharmakologie) Cod. Par. gr. 2179 und ein auf verschiedene Handschriften verteilter Paulos von Aigina (Gynäkologie). Philosophische und rhetorische Codices treten in dieser Phase noch zurück. Der Patriarch Nikephoros (806–815) widmete sich dem Quadrivium (Arithmetik, Geometrie, Astronomie, Musik) und der aristotelischen Philosophie. Der Ikonoklasten-Patriarch Johannes VII. soll auf Grund seiner naturwissenschaftlichen Interessen einschlägige Codices besessen haben. Ein Verwandter dieses Patriarchen, der Mathematiker und Philosoph Leon, besaß einst den prächtigen Cod. gr. 1594 der Biblioteca Vaticana. Dieser Ptolemaios entstand zwischen 830 und 850, ebenso wie der mathematisch-astronomische Cod. Vat. gr. 204 und der Oxforder Cod. Corpus Christi 108 mit biologischen Werken des Aristoteles. In diese Jahrzehnte wird auch der älteste Platoncodex Par. gr. 1807 (= A) gesetzt, ein vorzügliches Beispiel eines Musterexemplares. Hier ist zu lesen, daß die oben beschriebene kritische Textherstellung (= Diorthose) bis zum 5. Buch der *Nomoi* gediehen war.

In den weiteren Phasen des Metacharakterismos haben zwei Hierarchen der orthodoxen Kirche eine führende Rolle gespielt. Photios (*2.1; II 2.1.3*), der dynamische Partner und Opponent gegenüber dem byzantinischen Kaiser sowie gegenüber dem Papst, gehört zugleich zu den wenigen Byzantinern, die auf Grund ihrer hervorragenden Bildung in der Literatur- und Kirchengeschichte eine ähnlich führende Stellung einnahmen. Schon in jungen Jahren erwarb der aus begüterter Familie stammende Photios eine umfangreiche Privatbibliothek. Im Rahmen einer ausgedehnten diplomatischen Mission gestaltete er aus 150 Büchern seiner Bibliothek eine Exzerptensammlung in 279 Kurzbiographien mit interessanten stilistischen Analysen und Inhaltsangaben; so mancher von Photios charakterisierte Autor ist heute nicht mehr erhalten. Seine Sammlung war nur auf Grund des Vorhandenseins der entsprechenden Codices möglich. Die Jahrzehnte von 830–850 nehmen wir heute als Entstehungszeit einer sogenannten philosophischen Sammlung an, die – in Ergänzung zu der früheren naturwissenschaftlichen Sammlung – die wichtigsten Textzeugen der philosophischen Überlieferung, vor allem aus der Schule Platons und des Aristoteles, samt Kommentaren in Musterexemplaren enthalten sollte. Der oben genannte Cod. Par. gr. 1807 und 10 weitere Platoncodices bilden den Kern dieser Gruppe, die auf Grund kodikologischer Argumente einem einzigen Skriptorium zuzuweisen ist. Der Wiener Aristoteles (Phil. gr. 100) mit physikalischen Schriften des Aristoteles und der *Metaphysik* des Theophrastos gehört ebenfalls zu diesem Kreis.

In der Wissenschaftsgeschichte und insbesondere in der Überlieferungsgeschichte setzte Arethas (*II 2.2.1*), Erzbischof von Kaisareia in Kappadokien, die Aktivitäten des Photios in seiner Weise fort. Rund zwei Dutzend um 900 entstandene Codices antiker Autoren stammen zum Teil aus dem Besitz des Arethas: Lukian (Lond. Harl. 5994), Aelius Aristides (Laur. 60,3), Aristoteles (Vat. Urb. 35), zwei Platonhandschriften (Vat. gr. 1; Bodl. Clark. gr. 39) (Abb. 5) und der Euklid von 888 (Bodl. d'Orville 301) sind hier zu nennen. Ein Teil dieser Handschriften enthält autographe marginale Eintragungen des Erzbischofs. Aus einem Brief des Arethas erfahren wir, daß er einen schon in Auflösung begriffenen Codex mit den *Selbstgesprächen* des Kaisers Marc Aurel (*LAT VIII 4.3.2*) kopierte und anschließend einem Amtskollegen übersandte, um das wertvolle Gut nicht allein zu besitzen.

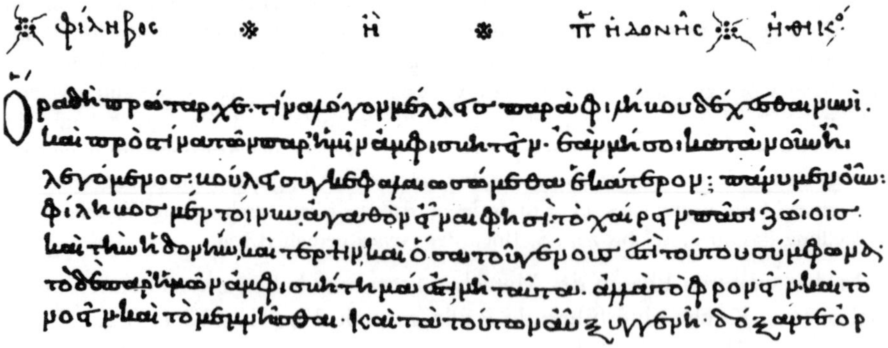

Abb. 5. Arethas (Titel; Kopist Johannes).
Repertorium 1, 193 (Taf. 193). Ox. Clarke 39, f. 173r. a. 895.

Abschließend ist zu der großen Umschriftaktion zu sagen, daß nur ein Teil der für ihre Beurteilung relevanten Codices erhalten sein dürfte; allein, auch die genannten Beispiele lassen die hohe Bedeutung dieser Periode für die handschriftliche Überlieferung der antiken griechischen Literatur erkennen.

Zu Photios und Arethas: H. Hunger, *Schreiben und Lesen in Byzanz*, 66–68; W. Treadgold, *The Nature of the Bibliotheca of Photius* (Dumbarton Oaks 1980).

2.6.4. Kanon und Stilstufen

Die bis jetzt vorgestellten Beispiele von Schriftformen der Minuskel (Perlschrift usw.) haben sich durchwegs auf kalligraphische Codices bezogen, d. h. auf jene Schriften, die ein überdurchschnittliches Stilisierungsniveau aufweisen. Natürlich tritt uns in der großen Masse der Minuskelhandschriften ein breites Spektrum von Schriftbeispielen sehr verschiedenen Stilisierungsniveaus entgegen. An dem einen Ende dieses Spektrums stehen Schriften von ästhetisch ausgezeichnetem Niveau, an dem anderen Ende jene, die praktisch der Kursive zugehören. Nun läßt sich – wie auch bei der Bibelmajuskel – von einem Kanon sprechen, der wesentliche und unabdingbare Merkmale des Stils enthält, während andere Handschriften diese Merkmale nicht oder nicht mehr aufweisen. Es kann also, über Jahrhunderte hinweg, ein Verfall des Kanons eintreten, wenn ein vergleichsweise steigender Anteil von Beispielen die Eigenheiten eines durchschnittlichen Stilisierungsniveaus nicht mehr erreicht. Eine solche Entwicklung drängt sich uns beim Studium des Handschriftenmaterials der Jahrhunderte X–XIII auf. Zunächst wird der strenge Kanon der Minuskel schon durch das zunehmende Eindringen von Majuskeln durchbrochen (*2.6.2*). Ein weiteres Merkmal, das vom Minuskelkanon wegführt, sind die den

Minuskelbuchstaben ursprünglich zugehörigen langen und oft immer größer werdenden Oberlängen; das gilt insbesondere für Gamma und Tau, mit Abstand für Beta, Rho, Sigma, Ypsilon und Phi. Diese Längen verbinden sich oft unversehens zu Ligaturen, Juxtapositionen und Suprapositionen. Weitere Abstriche vom gut ausgeführten Minuskelkanon ergeben sich bei der auffälligen Differenzierung des 'Mittelbaus' (Buchstaben zwischen den Mittellinien): Größe und Richtung der Buchstaben innerhalb einer Zeile, ja auch eines Wortes, wechseln dauernd und drücken so das Niveau der Stilisierung. In einem gesteigerten Stadium tritt noch der Verlust der Grundzeile hinzu, der die Richtungslosigkeit allgemein werden läßt. Alle diese Erscheinungen treten in verschiedenen Handschriften in wechselndem Ausmaß und in verschiedenen Kombinationen auf, sodaß man oft nur ein pauschales Urteil über den Stilisierungsgrad aussprechen kann (sog. 'Gebrauchsschrift') (Abb. 6).

Außerhalb der soeben skizzierten Entwicklung stehen einige Gruppen von mittelbyzantinischen Handschriften, die in den letzten Jahrzehnten von der Forschung für einen bestimmten Duktus in Anspruch genommen wurden. Für das 12. Jh. sind es jene Beispiele, die unter der Marke '2400' laufen (Abb. 7), für das 12./13. Jh. der 'Stil von Reggio' (Abb. 8), während sich verschiedene Besonderheiten eines 'Stils von Otranto' vom frühen 12. Jh. bis zum späten 16. Jh. verfolgen lassen. Auch ein für die handschriftliche Überlieferung wichtiges Kloster, nämlich *Hodegon* in Konstantinopel, entwickelte einen über alle mittelalterlichen Jahrhunderte fortdauernden charakteristischen Stil (Abb. 9).

Gruppe 2400: benannt nach dem sog. Rockefeller McCormick New Testament Codex der Chicago University Library 965 (= Aland-Liste 2400). Vgl. Annemarie Weyl-Carr, «A group of provincial manuscripts from the twelfth century», *DOP* 36 (1982) 39–81.

Literatur: L. Politis, «Eine Schreiberschule im Kloster τῶν Ὁδηγῶν», *BZ* 51 (1958) 17–36 u. 261–287; P. Canart – J. Leroy, «Les manuscrits en style de Reggio», in: PGB 241–261; A. Jacob, «Les écritures de Terre d'Otranto», in: PGB 269–281; C. Mazzucchi, «Minuscole greche corsive e librarie», *Aegyptus* 57 (1977) 166–189; H. Hunger – O. Kresten, «Archaisierende Minuskel und Hodegon-Stil im 14. Jahrhundert», *JÖByz* 29 (1980) 187–235; P. Canart – Lidia Perria, «Les écritures livresques des XIe et XIIe siècles», in: *Atti Berlin–Wolfenbüttel* 67–116; Annemarie Weyl-Carr, «The Production of Illuminated Manuscripts: A View from the Late Twelfth Century», in: *Atti Berlin–Wolfenbüttel* 325–338; E. Gamillscheg, «Fragen zur Lokalisierung der Handschriften der Gruppe 2400», *JÖByz* 37 (1987) 313–321; Maria Bianca Foti, «Lo Scriptorium del S.mo Salvatore di Messina», in: *Scritture, libri e testi* 389–416.

2.6.5. Stilisierungen und Gebrauchsschriften vom 12.–15. Jh.

Das 13. Jh. brachte bekanntlich mit der Eroberung Konstantinopels die Auflösung des Byzantinischen Reiches und dessen Ersatz durch ein Lateinisches Kaiserreich und zwei byzantinische Exilregierungen in Ost und West

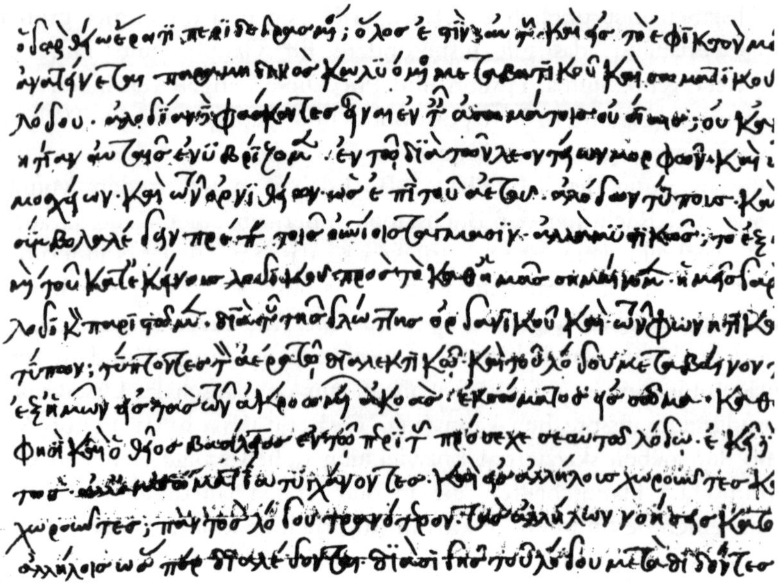

Abb. 6. Gebrauchsschrift (ohne Lokalisierung).
Repertorium 2, 333 (Taf. 188).
Longinos. Par. gr. 443, f. 9r. a. 1271/1272.

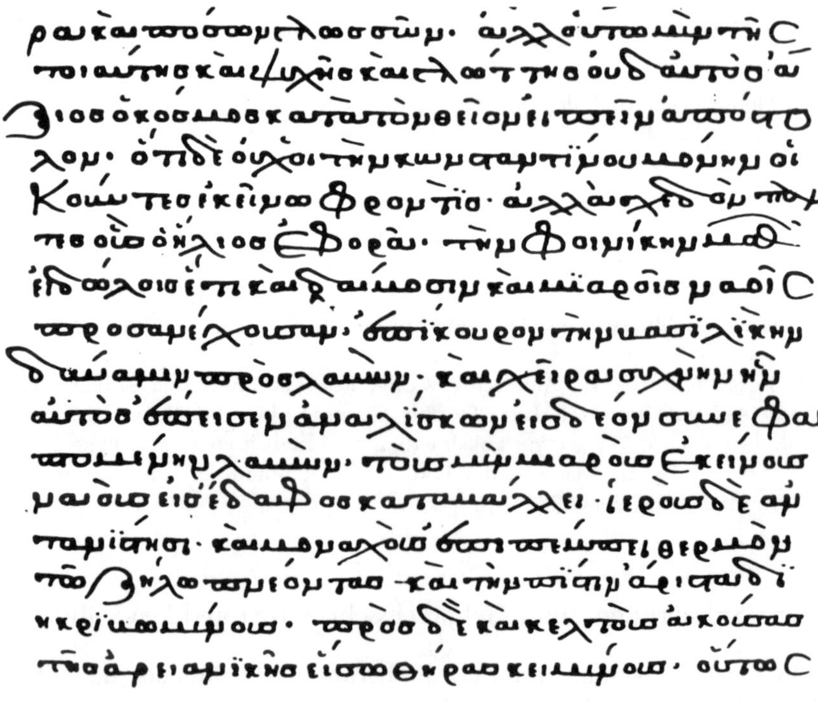

Abb. 7. Gruppe 2400 (Aland). Repertorium 2, 268 (Taf. 147).
Johannes. Par. gr. 1032, f. 7v. 12. Jh. E.

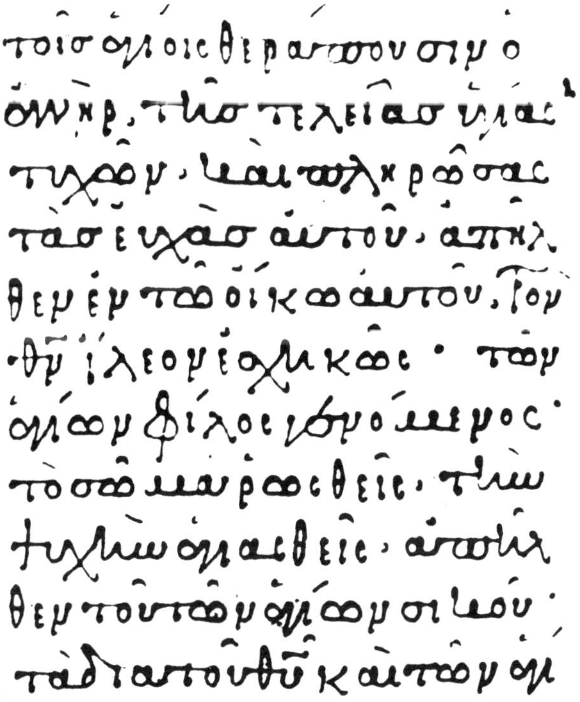

Abb. 8. Reggio. Scritture, libri e testi, vol. I, tav. 10.
Messan. gr. 63, f. 11r. 12. Jh. 2. H.

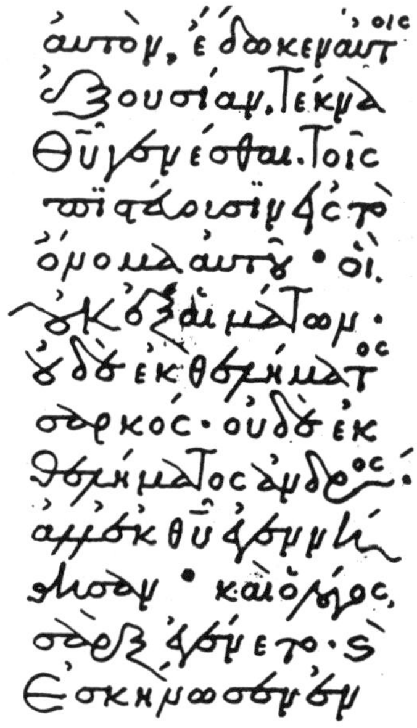

Abb. 9. Hodegon. Repertorium 2, 522 (Taf. 305).
Chariton. Par. gr. 311, f. 1v. a. 1336.

(1204–1261). Es wäre unwahrscheinlich, wenn sich die allgemeinen politischen und kulturellen Turbulenzen jener Jahrzehnte nicht auch in den Dokumenten der Schrift ausgedrückt hätten. Eine Mehrheit von kalligraphischen Handschriften zeigt mehr oder weniger starke Verfallserscheinungen. Die Stilisierung oder Stilisierungsversuche schwinden immer mehr, kursive Schreibweise mischt sich unter die kalligraphischen Restformen. Im Rahmen dieser Verfallserscheinungen tritt im 13. Jh. ein Stilisierungsversuch auf, der sich bald zu einer 'Mode' bis weit ins 14. Jh. hinein auswachsen sollte. Diese Mode betont einige runde Buchstaben, besonders Omikron, Sigma und Omega, aber auch Alpha in runder Form und Beta, durch unproportionierte Aufblähungen, sodaß diese großen Rundbuchstaben auf den bewußt unterdurchschnittlich gehaltenen, oft zusammengedrängten Kleinbuchstaben wie Fettaugen auf einer Suppe zu schwimmen scheinen (Abb. 10). Bei der Suche nach Vorbildern für diese Mode stößt man auf die spätantike Papyruskursive, aber auch auf die Reservatschrift der mittelbyzantinischen Kaiserurkunden, die oft in aufgeblähten Formen schwelgt.

Während die Fettaugenmode den Kopisten nicht selten zum Exzedieren verleitet, bemüht sich eine Gruppe von Schreibern vorwiegend theologischer Handschriften um eine möglichst überzeugende Imitation der Perlschrift des

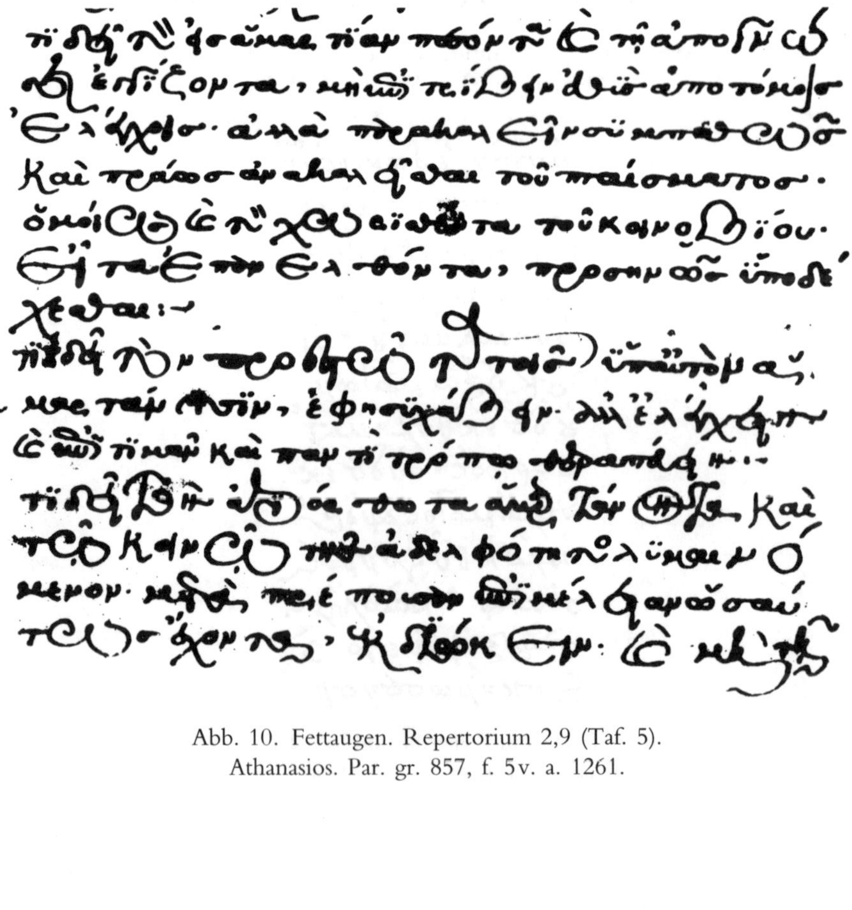

Abb. 10. Fettaugen. Repertorium 2,9 (Taf. 5).
Athanasios. Par. gr. 857, f. 5v. a. 1261.

11. Jh.s. Diese Nachahmungsversuche sind sehr bemüht und zunächst überraschend, aber sie können bei näherem Zusehen ihre Sterilität und Schwunglosigkeit nicht verleugnen. Diese gar nicht seltenen Archaisierungsversuche entsprechen im Grunde der allgemeinen byzantinischen Mentalität, die Neuerungen abgeneigt war (Abb. 11).

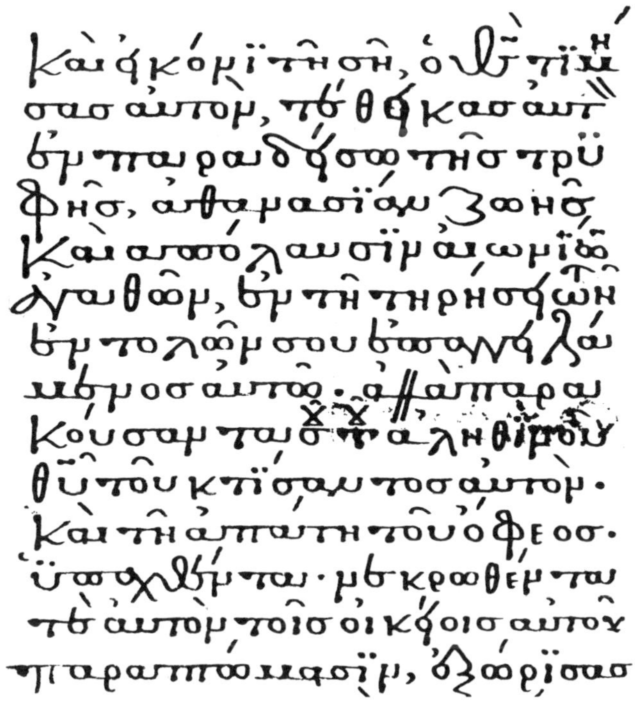

Abb. 11. Archaisierend. Repertorium 2, 62 (Taf. 33).
Gabriel. Par. Suppl. gr. 1268, Verso. 13. Jh. E.

Immerhin gibt es auch Anzeichen dafür, daß die eher unerfreuliche Entwicklung der griechischen Kalligraphie zu Beginn der Palaiologenzeit unter dem Einfluß der Kaiserkanzlei durch die Formung eines neuen Schriftbildes, in gewisser Hinsicht und auf beschränkte Zeit, unterbrochen werden konnte. Es sind insbesondere Kaiserurkunden aus den Jahren Andronikos' II. und Andronikos' III., welche die aus den kalligraphischen Codices des 13. Jh. bekannten Auswüchse durch eine wieder aufgenommene Disziplin zu unterdrücken versuchten. So beobachten wir eine viel häufigere Trennung einzelner Buchstaben und damit ein Abrücken von der *scriptura continua* zugunsten größerer Deutlichkeit und besserer Lesbarkeit. Die im 13. Jh. oft weit ausufernden Akzente, großen ων-Kürzungsbogen und exzessiven Längen bis weit in die Freiränder hinein wurden neuerdings vermieden, zumindest reduziert. Die Akzente, auch die Zirkumflexe, sind klein bis winzig geworden und oft von Punkten kaum zu unterscheiden. Die Ober- und Unterlängen sind stark verkleinert, Kürzungen werden selten angewendet. Die Fettaugenmode hat in diesem Schriftbild manche Spuren hinterlassen (besonders bei Omega und Phi, auch bei Alpha und Sigma), wirkt aber nicht maßgebend. Hingegen trifft man auf kleingeschriebene Mittelbaubuchstaben, z. B. Epsilon, Eta und Theta (in Majuskelform), Iota, Kappa und Omikron; Delta hat eine winzigkleine Oberlänge, Rho eine ebensolche Unterlänge. Das charakteristische Schriftbild hält sich bis in Handschriften des späten 14. und beginnenden 15. Jh.s. Da es aber in den wenigen Codices mit den langen, zum großen Teil noch unedierten Texten des Theodoros Metochites (*2.1*) vorherrscht, ist es berechtigt, hier von einem *Metochites-Stil* zu sprechen (Abb. 12). Metochites war jahrelang in höchsten Positionen der Beamtenhierarchie tätig (Großlogothet, μεσάζων) und hatte gewiß die Möglichkeit, bei Anordnungen für seine literarische Hinterlassenschaft, wie man annimmt, auf Schreiber der Kaiserkanzlei zurückzugreifen.

Eine Einzelheit, die unter Umständen auch für die Datierung von Handschriften behilflich sein kann, bezieht sich auf das Verhältnis von Akzenten und Spiritus zu den zugehörigen Vokalen. Während die Minuskelhandschriften der frühen Jahrhunderte (IX–XII) Akzente und Spiritus (mit Ausnahmen) von den

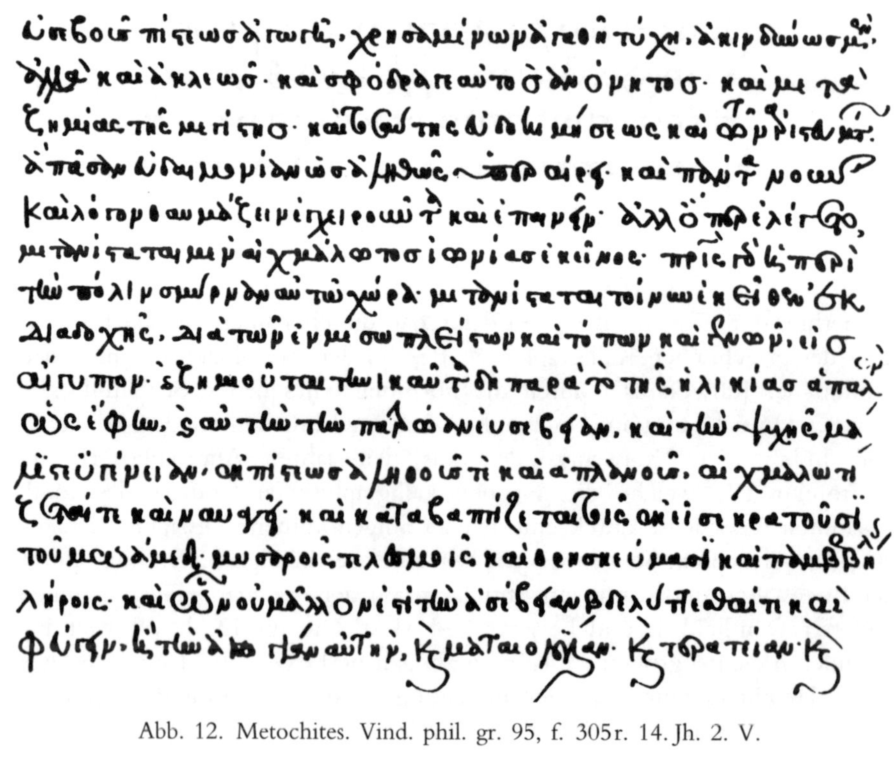

Abb. 12. Metochites. Vind. phil. gr. 95, f. 305 r. 14. Jh. 2. V.

Buchstaben getrennt hielten, setzte im 12./13. Jh. die kursiv gestaltete unmittelbare Verbindung der Buchstaben mit den Akzenten und desgleichen der Akzente und Spiritus miteinander ein. Dieser Brauch war bei der Mehrheit der Codices vom 13. bis zum frühen 15. Jh. die Regel, soweit sie sich nicht an ein bestimmtes Stilmuster gebunden fühlten. Im 15. Jh. ist in vielen Handschriften ein deutliches Bemühen um eine neuerdings getrennte Schreibung von Buchstaben und Akzenten/Spiritus festzustellen. Dies ist m. E. als eine Art 'Säuberungsversuch' zu verstehen, der mit Buchstaben- und Worttrennung, mit Einschränkung der Kürzungen und mit Verzicht auf Extravaganzen eine bessere Lesbarkeit anstrebte. Dieses Zurückgreifen auf die Minuskel der frühen Jahrhunderte geht offenbar von Humanisten aus (Abb. 13) und bildet eine interessante Parallele zu den lateinischen Handschriften italienischer Humanisten, die zu gleicher Zeit auf die klare Schrift der karolingischen Minuskel zurückgriffen.

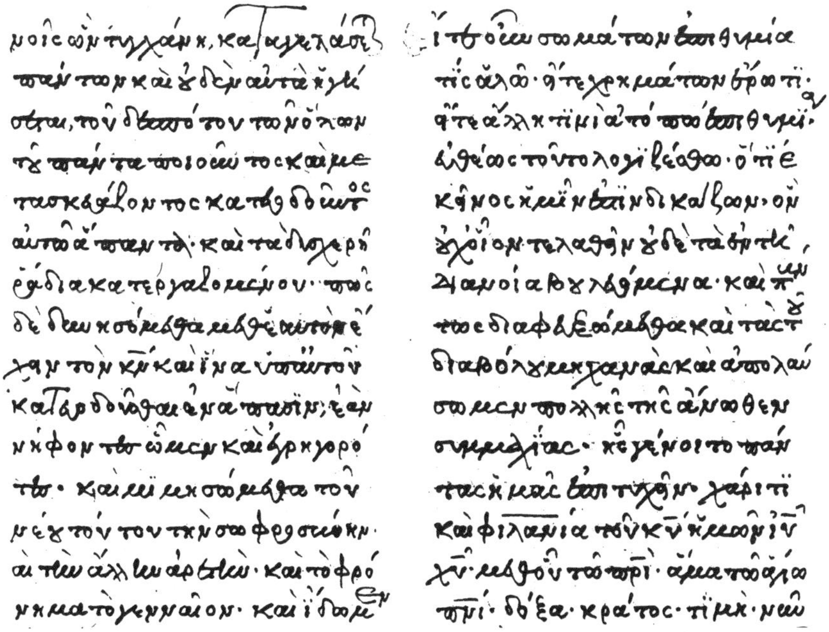

Abb. 13. Humanisten. Repertorium 2, 387 (Taf. 216).
Michael Maurianos. Par. gr.644, f. 210r. a 1430.

Literatur: H. Hunger, «Archaisierende Minuskel und Gebrauchsschrift zur Blütezeit der Fettaugenmode», in: *PGB* 283–290; ders., «Die sogenannte Fettaugenmode in griechischen Handschriften des 13. und 14. Jahrhunderts», *Byzantinische Forschungen* 4 (1972) 105–113; G. Prato, «La produzione libraria in area grecoorientale nel periodo del regno latino di Costantinopoli (1204–1261)», *Scrittura e civiltà* 5 (1981) 105–147; ders., «I manoscritti greci dei secoli XIII e XIV: Note paleografiche», in: *Atti Berlin–Wolfenbüttel* 131–149; H. Hunger, «Die byzantinische Minuskel des 14. Jahrhunderts zwischen Tradition und Neuerung», in: *Atti Berlin–Wolfenbüttel* 151–161; ders., «Gibt es einen Angeloi-Stil?», *RHM* 32/33 (1990/91) 21–35 mit 19 Abb.; ders., «Elemente der Urkundenschrift in literarischen Handschriften des 12. und 13. Jahrhunderts», *RHM* 37 (1995) 27–40 mit 31 Abb.

2.6.6. Übergang zum Buchdruck

In der zweiten Hälfte des 15. Jh.s beginnt eine auffällige Konkurrenz von Handschrift und gedrucktem Buch. Die Typenschneider versuchten, in Anlehnung an handschriftliche Vorbilder möglichst das technisch Praktikable zu wählen, und förderten damit solche Lösungen, die dann manchmal auch von Handschriftenkopisten akzeptiert wurden. Die zeitliche und geistige Übereinstimmung tritt übrigens in jenen Handschriften zutage, die an das neue Druckbild erinnern. Eine gewisse Starrheit und Enge haftet dieser Schrift an. Das gestreckte Majuskel-Sigma am Wortanfang, das einstrichige, krückstockartige, hochgezogene Tau und das zerquetschte Majuskel-Theta sind charakteristische Buchstaben ('Druckminuskel') (Abb. 14).

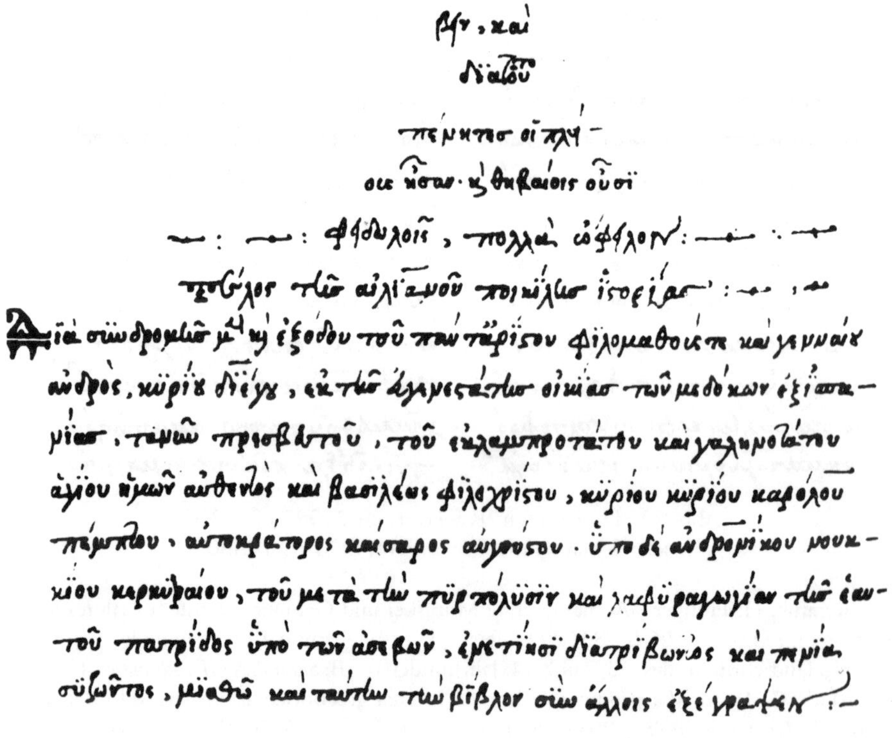

Abb. 14. Druckminuskel. Repertorium 1, 20 (Taf. 20).
Andronikos Nukkios. Escor. Ω I 11, f. 72v. a.1543.

Für das durchschnittliche Schriftbild der Codices des späten 15. und des 16. Jh.s gilt einmal der relativ hohe Prozentsatz von nicht-griechischen Schreibern, deren individuelle Schriftzüge voneinander selbstverständlich stark abweichen, an ihrer mehr oder weniger unbeholfenen, oft skurrilen Art jedoch leicht zu erkennen sind. Zum andern scheinen sich viele Kopisten 'auf dem Weg zum Barock' zu befinden (Abb. 15 und Abb. 16). Die schwungvollen Züge, die Einrollungen und Verschnörkelungen, die manchmal fast schockierenden Vergrößerungen nehmen wiederholt überhand, bleiben aber doch im Bereich des Individuellen. Es ist bekannt, daß die französische Typographie des 16. Jh.s eine gemäßigte 'vorbarocke' Stilisierung für die königliche Schrifttype *Grec du Roi* gewählt hat, die noch über zwei bis drei Jahrhunderte in den Drucken antiker Texte fortlebte.

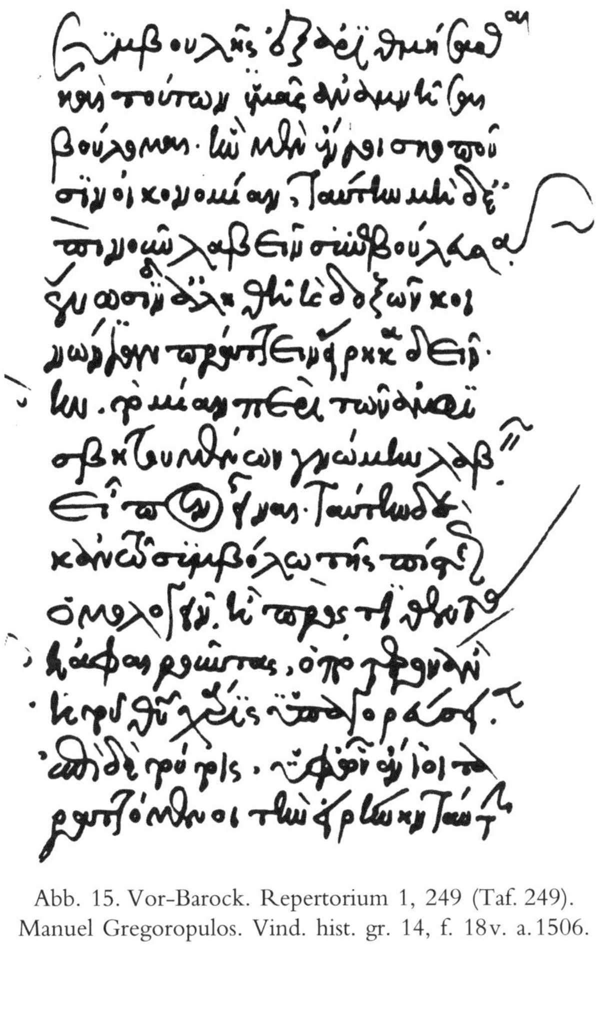

Abb. 15. Vor-Barock. Repertorium 1, 249 (Taf. 249).
Manuel Gregoropulos. Vind. hist. gr. 14, f. 18v. a.1506.

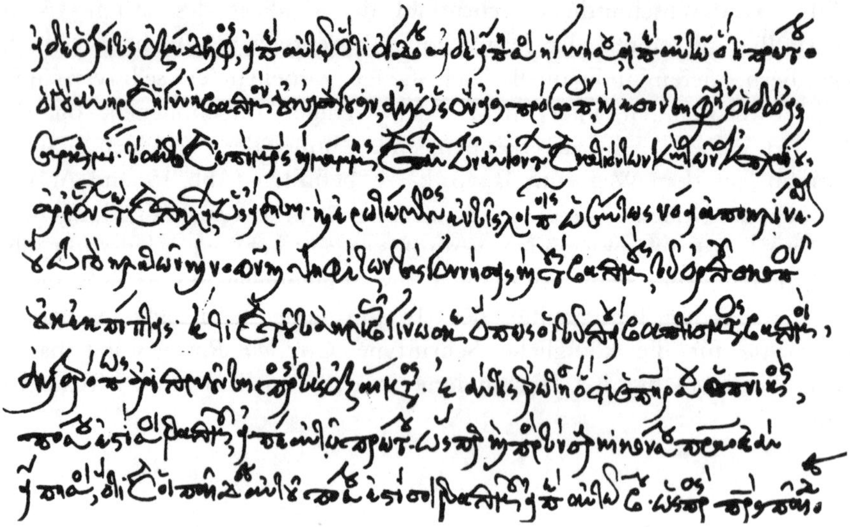

Abb. 16. Barock (Vernetzung). Repertorium 2,42 (Taf. 22).
Arsenios. Par. gr. 2317, f. 79v. 16. Jh. E.

Literatur: O. Mazal, «Der griechische Buchdruck des 15. Jahrhunderts», in: *Atti Berlin–Wolfenbüttel* 181–197; K. S. Staikos, Χάρτα τῆς Ἑλληνικῆς Τυπογραφίας. Ἡ ἐκδοτικὴ Δραστηριότητα τῶν Ἑλλήνων καὶ ἡ Συμβολή τους στὴν Πνευματικὴ Ἀναγέννηση τῆς Δύσης. Τόμος Αʹ/15ος αἰώνας (Athen 1989); G. De Gregorio, *Il copista greco Manouel Malaxos. Studio biografico e paleografico-codicologico* (Vatikan 1991); N. G. Wilson, *From Byzantium to Italy. Greek Studies in the Italian Renaissance* (London 1992); H. Hunger, «Griechische Buchproduktion in Italien im 15. Jahrhundert. Voraussetzungen und Anfänge», in: *Kommunikation zwischen Orient und Okzident, Alltag und Sachkultur.* Österr. Ak. Wiss. Sb. phil. hist. Kl. 619 (Wien 1994) 393–423.

Abkürzungen

Atti Berlin–Wolfenbüttel = Paleografia e Codicologia greca. Atti del II Colloquio internazionale Berlino–Wolfenbüttel 17–21 ottobre 1983, a cura di D. Harlfinger e G. Prato (Alessandria 1991).
BZ = Byzantinische Zeitschrift
DOP = Dumbarton Oaks Papers
JÖByz = Jahrbuch der Österreichischen Byzantinistik
MIÖG = Mitteilungen des Instituts für Österreichische Geschichtsforschung
PGB = La Paléographie grecque et byzantine (Colloques Internationaux du CNRS 559) (Paris 1977).
Repertorium = E. Gamillscheg – D. Harlfinger – H. Hunger, Repertorium der griechischen Kopisten 800–1600. 1. Teil: Handschriften aus Bibliotheken Großbritanniens (Wien 1981), 2. Teil: Handschriften aus Bibliotheken Frankreichs (Wien 1989), 3. Teil: Handschriften aus der Biblioteca Vaticana und den Bibliotheken Roms (Wien 1997). Mit Nummern (Tafel in Klammer)
RHM = Römische Historische Mitteilungen
Scritture, libri e testi = Scritture, libri e testi nelle aree provinciali di Bisanzio. Atti del seminario di Erice (18–25 settembre 1988) (Spoleto 1991).

3 Textkritik

Kenneth Dover

Vorbemerkung: Zu abgekürzt zitierter Literatur vgl. die Bibliographie am Schluß des Beitrags.

3.1 Die Aufgabe

Jeder, der etwas liest, wird notgedrungen gelegentlich zum Textkritiker. In Briefen, Dokumenten, Zeitungen und Büchern begegnen uns sinnlose Wörter, eine inkohärente Syntax oder Aussagen, die sich mit ihrem Umfeld nicht vereinbaren lassen, und dann stehen wir vor der Frage: Was wollte der Verfasser sagen? Um dies herauszufinden, gebrauchen wir unsere Kenntnis der Sprache, des Gegenstandes und des Stils des Autors, ferner unsere Kenntnis der Art und Weise, in der der Autor seinen Gegenstand erfaßte, und unsere Beurteilung seiner Intentionen. Diese Tätigkeit ist Textkritik.

Textkritik ist eine alte Tätigkeit. Polyb. 12,4a,6 weist als einen Irrtum des Abschreibers (τοῦ γραφέως) eine Angabe bei Ephoros zurück, die Timaios als Fehler des Autors angesehen hatte; vgl. dens. 34,3,11 zu einem angeblichen Abschreibefehler (γραφικὸν ἁμάρτημα) in μ 105.

3.1.1 Ein moderner Text ist entweder ein Autograph, in dem die Fehler vom Autor selbst stammen, oder eine Abschrift, die nur eine Stufe (selten zwei) vom Autograph entfernt ist; eine gedruckte Abschrift ist normalerweise eine aus einer großen Anzahl identischer Kopien, die simultan hergestellt wurden.

Autorenfehler, die mir in moderner gelehrter Literatur aufgefallen sind, sind u. a.: 'Gelon' anstelle von 'Theron' (Bowra), 'Thukydides' anstelle von 'Thrasymachos' (Denniston) und 'Hermokreon' anstelle von 'Hermokrates' (Jacoby). Es läßt sich nur schwer glauben, daß Plutarch niemals solche Fehler machte.

Von dem Augenblick an, da von einem antiken Text eine zweite Abschrift angefertigt wurde, waren wahrscheinlich keine zwei Handschriften dieses Textes mehr identisch, sondern präsentierten verschiedene Lesarten, 'Varianten'.

Galen weist oft auf die Schwierigkeiten hin, die er hatte, wenn er zwischen Varianten in den Handschriften, die ihm von hippokratischen Schriften zur Verfügung standen, wählen mußte.

3.2. Textquellen

Unsere Quellen zu einem bestimmten Text umfassen die 'direkte' (oder 'primäre') Überlieferung und die 'indirekte' (oder 'sekundäre').

3.2.1 Die direkte Überlieferung besteht 1) aus Fragmenten von Abschriften ('Papyri'; *I 4.2.1*), die noch in der Antike zwischen dem 4. Jh. v. Chr. und dem 7. Jh. n. Chr. angefertigt wurden, und 2) aus Handschriften (normalerweise von vollständigen Werken), die zwischen dem 9. und 16. Jh. n.Chr. geschrieben wurden.

Es überrascht nicht, daß uns ein Papyrus gelegentlich eine annehmbare Lesart präsentiert, die in der ganzen mittelalterlichen Überlieferung entstellt ist: dies ist erfreulich, wenn dadurch eine neuzeitliche Konjektur unterstützt wird, die vor der Entdeckung des Papyrus gemacht wurde.

In Theocr. 14,13 beispielsweise beobachtete Meineke, daß 'Apis' (ein ägyptischer Gott) ein unwahrscheinlicher Name für einen 'thessalischen Rossetreiber' ist, und konjizierte deshalb 'Agis' – die Lesart des P.Antinoë (5./6. Jh. n. Chr.).

Alter allein verleiht freilich noch keine Autorität.

In Eur. Med. 1261–92 etwa läßt P.Stras. WG 305–6 – eine Abschrift, die weniger als zwei Jahrhunderte nach dem Stück selbst geschrieben wurde – viele Wörter aus, die in allen mittelalterlichen Handschriften vorhanden und sowohl für den Sinn als auch für die metrische Responsion unentbehrlich sind.

3.2.2 Ein besonderes Problem bietet der Text Homers (*IV 1.2.2*), bei dem wir gut über die verschiedenen Lesarten unterrichtet sind, die auf die hellenistischen Gelehrten kamen und von ihnen erörtert wurden. Die vielen Papyri, die aus dem 3. und 2. Jh. v. Chr. noch erhalten sind, bezeugen die beachtlichen Textschwankungen, bevor die Ausgabe des Aristarch – der Vorfahre der mittelalterlichen Überlieferung – sich auf den Buchmärkten des 1. Jh.s v. Chr. durchsetzen konnte. Jene frühen Papyri bieten Verse – manchmal sogar ganze Versreihen –, die in den mittelalterlichen Handschriften fehlen, und haben andererseits (jedoch nur selten) Verse nicht, die in den letzteren vorhanden sind; Homerzitate in klassischen Autoren zeigen ein vergleichbares Schwanken. Der Homertext bietet wenig Möglichkeiten für Verbesserungen durch moderne Konjekturalkritik, und während jeder von uns ein Urteil darüber haben mag, daß eine Variante dichterisch besser ist als eine andere, ist die Frage «Was war die Absicht des Autors?» in diesem Fall doch nicht die gleiche wie bei anderen Autoren.

Vgl. Stephanie West, *The Ptolemaic Papyri of Homer* (Köln–Opladen 1967). Auch in den Hesiod-Papyri gibt es merkliche Textschwankungen, aber in kleinerem Umfang; wir haben keine aus ptolemäischer Zeit.

3.2.3 Die indirekte Überlieferung besteht hauptsächlich aus Zitaten ('Testimonien') aus dem Text in anderen Texten

In Thuc. 2,23,3 beispielsweise haben die Handschriften «Nachdem sie an Oropos vorbeimarschiert waren, verwüsteten sie das Gebiet, das Πειραϊκή heißt»; vgl. auch 3,91,3 «nach Oropos, τῆς πέραν γῆς». Aber Steph. Byz. s. v. Ὠρωπός zitiert 2,23,3 mit Γραϊκήν, nicht Πειραϊκήν; dies stimmt mit Strab. 9,2,10 u. 26 überein, wo es um eine Örtlichkeit namens Γραῖα in der Nähe von Oropos geht, und zeigt, daß Thukydides in 3,91,3 τῆς Γραϊκῆς geschrieben haben muß. In Plat. Symp. 185 B schließt Pausanias (den Platon-Handschriften zufolge) mit den Worten οὕτω πάντως γε («unter allen Umständen») καλὸν ἀρετῆς γ' ἕνεκα χαρίζεσθαι; Stobaios' Wiedergabe des Satzes (*Ecl.* 1 p. 115,19 W.) hat πᾶν πάντως γε, was im gegebenen Zusammenhang (es geht um 'Gunstbeweise' eines ἐρώμενος gegenüber einem ἐραστής) entscheidend über das bloße χαρίζεσθαι hinausgeht.

3.2.4 Einige griechische philosophische (*VII 1.7.2*), wissenschaftliche (*VII 2.3.2* a. E.) und medizinische (*II 2.3.2*) Werke existieren (auch oder sogar nur noch) in antiken oder mittelalterlichen Übersetzungen in andere Sprachen.

In Arist. *Poet.* 1 p. 1447a28–b9 etwa gibt uns der griechische Text ein Subjekt ohne ein Prädikat. Bernays schloß 1857 aus dem Kontext, daß der Sinn des geforderten Prädikats «sind nicht benamt» sein müsse, und dreißig Jahre später fand sich in einer arabischen Übersetzung der *Poetik* aus dem 10. Jh. an der Stelle genau dieser Sinn.

3.2.5 Strabon 13,1,54 gibt zu verstehen, daß ein guter Buchhändler, wenn er eine Abschrift für den Verkauf herstellte, sie mit anderen Abschriften vergleichen würde. Sicherlich haben Editoren und Kommentatoren – im Altertum wie im Mittelalter – verschiedene Lesarten vermerkt und erörtert (*I 2.6.3*; *II 1.2.4*; *II 2.1.3*). Einige Leser machten von solchen Ausgaben und Kommentaren Gebrauch und trugen abweichende Lesarten an den Rändern ihrer eigenen Exemplare ein.

Wir finden mehrere Punkte in dem Papyrus (P.Oxy. 1174, 2. Jh. n. Chr.) der *Ichneutai* des Sophokles, an denen eine 'Randvariante' dieser Art erscheint, die ausdrücklich dem Gelehrten Theon zugeschrieben werden, und in P.Oxy. 841 (auch 2. Jh. n. Chr.; enthielt Pindars 6. *Paean*) ist einigen Randvarianten (z. B. in 119–122) ein γρ., d. h. γράφεται, vorangestellt. In mittelalterlichen Handschriften mit Randscholien, die letztlich aus antiken Kommentaren stammen, werden verschiedene Lesarten recht oft erörtert, und man findet diese gelegentlich auch über der Textzeile mit einem γρ., aber ohne Erörterung geschrieben.

Da der Schreiber einer mittelalterlichen Handschrift mit Randscholien Text und Scholien nicht immer aus derselben Quelle bezog, können wir manchmal aus einem Scholion eine sonst nicht belegte Lesart erschließen. In Ar. *Plut.* 772 beispielsweise lautet der übereinstimmende Text der Handschriften Παλλάδος κλεινὸν πέδον, das Scholion aber erklärt den Ausdruck Παλλάδος κλεινὴν πόλιν.

3.2.6 Die Quellen für den Text einer Stelle sind gelegentlich mehrfacher Art.

In Soph. *Ant.* 1165–7 etwa steht in den mittelalterlichen Handschriften: τὰς γὰρ ἡδονὰς/ὅταν προδῶσιν ἀνδρὸς (oder ἄνδρας) οὐ τίθημ' ἐγώ. Athenaeus (in 280 B und 547 C) aber zitiert die Stelle als τὰς γὰρ ἡδονὰς/ὅταν προδῶσιν ἄνδρες οὐ τίθημ' ἐγώ/ζῆν τοῦτον, ἀλλ' ἔμψυχον ἡγοῦμαι νεκρόν. Eustathios (*Il.* 957,17) referiert – aus «genauen Abschriften» – den gleichen Text wie Athenaeus, aber mit ἄνδρα, nicht ἄνδρες. Auf diese Weise liefern uns die Testimonien einen vollständigen Vers, der in der direkten Überlieferung verlorengegangen war. Ferner paraphrasiert ein Scholion die Stelle folgendermaßen: «Ich rechne nicht denjenigen Mann zu den Lebenden, ὃν ἂν προδῶσιν αἱ ἡδοναί». Der Scholiast muß hier einen Text paraphrasieren, in dem ἡδοναί Nominativ und Subjekt des (intransitiven) προδῶσιν war. Daher muß der richtige Text lauten: καὶ γὰρ ἡδοναί/ὅταν προδῶσιν ἀνδρός κτλ.

3.3 Textbedeutung

Die meisten Textabweichungen sind trivial, in dem Sinn, daß alle Alternativen außer einer zurückgewiesen werden können, weil sie fest begründete Regeln der Grammatik oder Metrik verletzen, weil sie keinen Sinn ergeben, oder weil sie einen Widerspruch in den Text hineinbringen; in solchen Fällen ist die Wahl leicht. Sogar wenn zwei (oder mehr) verschiedene Lesarten aus rein formalen Gründen in gleicher Weise akzeptabel sind, kann die Wahl aus semantischen Gründen immer noch leicht sein.

In Pind. *Pyth.* 1,8–12 z. B. heißt es, daß der Adler des Zeus von der Musik der Leier «beherrscht» (κατασχόμενος) oder «gewürgt» (καταγχόμενος) schläft und daß das grimmige Herz des Ares durch die gleiche Musik «in Schlaf» (κώματι) oder «in Festtrubel» (κώμῳ) besänftigt wird. Da Griechisch sonst nicht von Würgen oder Ersticken als Wirkung der Musik spricht, ist «beherrscht» vorzuziehen. Was den «Festtrubel» angeht, so mag Ares gelegentlich zwar auch von ihm besänftigt werden, aber nicht in diesem Zusammenhang, wo sich alles um Frieden und Schlaf dreht. Außerdem würde uns κώμῳ einen Daktylo-Epitritos liefern (– – – ∪∪ –), der zwar nicht unbekannt (vgl. fr. 221,2 Sn.-M.), aber nirgends als Responsion zu – ∪∪ – ∪∪ – bezeugt ist.

3.3.1 Auf der anderen Seite gibt es Fälle, in denen eine Abweichung, die einem Leser ohne historisches Interesse trivial erscheinen könnte, uns in der Tat zu einer Entscheidung zwingt, die nicht nur problematisch, sondern von großer Tragweite ist.

Thukydides beispielsweise sagt (8,86,4) über Alkibiades' erfolgreiches Zurückhalten der athenischen Seeleute auf Samos: καὶ ἐδόκει Ἀλκιβιάδης πρῶτον («zum ersten Mal»; oder πρῶτος «an erster Stelle») τότε καὶ οὐδενὸς ἔλασσον τὴν πόλιν ὠφελῆσαι. Lorenzo Vallas lateinische Übersetzung von 1452 gibt das ἐδόκει der Handschriften mit *videtur* wieder, was darauf schließen läßt, daß sein griechischer Text nicht ἐδόκει, sondern δοκεῖ (sc. ἐμοί?) enthielt. Die Stelle regt zum Nachdenken über Thukydides' Beurteilung des Alkibiades und – im Anschluß daran – über seine Beurteilung der Strategie der Sizilischen Expedition an. In gleicher Weise ist in Dem. *or.* 23,205 unsere Entscheidung zwischen «unsere ererbte (πάτριον) Verfassung» und «die Verfassung von Paros (Παρίων) entscheidend für unser Verständnis davon, wie die Athener die Geschichte des frühen 5. Jh.s betrachteten.

3.4 Textentstellung

Die Entstellung eines Textes geschah manchmal zufällig, manchmal bewußt.

3.4.1 Viele Entstellungen lassen sich als Fehler des Auges, des Ohrs oder beider zusammen erklären.

Im 9. Jh. n. Chr. wurde die Minuskelschrift für fast alle Arten von Texten allgemein eingeführt (*I 2.6.1* u. *3*). Der Prozeß der Transkription aus der alten in die Minuskelschrift führte unausweichlich zur Verewigung von Fehlern, die schon in antiken Zeiten durch Verlesen hervorgerufen worden waren (z. B. Verwechslung von Α mit Δ oder Λ), und fügte weitere Verlesungen hinzu; damals kam eine neue Kategorie von Fehlern auf, hervorgerufen durch Verwechslung von Minuskel-σ mit ο oder (im früheren Teil des Mittelalters) von β mit κ.

In Lys. *or.* 30,17 liest man «die von ... τῶν εὔπλων vorgeschriebenen Opfer durchführen». Es gibt aber kein Wort *εὔπλ-ον/-ος, und der Sinn erfordert τῶν στηλῶν, wie man aus § 21 ersieht; in einer verbreiteten Form antiker Schreibweise konnte στη sehr leicht falsch als ευπ gelesen werden. In Thuc. 6,74,2 lesen wir in den Handschriften «nach der

Errichtung von θρᾶκας [oder θρᾳκας] Palisaden um ihr Lager», was sinnlos ist; aber die Scholien geben hier eine Erklärung von ὅρια, «Grenzen». Eine frühe mittelalterliche Scholiensammlung hat ὅρα und zeigt damit, daß ὅρια zu ὅρα entstellt und ὅρα καί dann falsch als θρᾶκας (Θρᾶκας = «Thraker») gelesen wurde, weil θ und o in den meisten antiken Schriften sehr ähnlich sind.

Während der Römerzeit (und zum Teil schon vorher) änderte sich die Aussprache des Griechischen beträchtlich (*III 2.1.2* u. *2.1*); lange Vokale hörten auf, von kurzen unterschieden zu werden, und ει, η, ι, οι und υ gingen alle in /i/ auf.

Deshalb hat in Aesch. *Pers.* 238 eine Handschrift πυγή «Hintern» anstelle des Wortes πηγή «Quelle» der anderen Handschriften. In Andoc. *or.* 1,71 stellt der Satz «seine Anklage beruht auf einem Beschluß ὃ εἶπεν εἰς ὅτι μηδ' ἴσου hat keine Bedeutung für mich» sinnloses Stammeln dar, aber da vorher (§ 8) ein Hinweis auf einen Beschluß des Isotimides gegeben wurde, ist die Wiederherstellung des gleichklingenden ὃ εἶπεν Ἰσοτιμίδης, οὗ … leicht.

Wenn Wörter, Zeilen oder ganze Textstellen gleich beginnen oder enden, besteht immer die Gefahr einer Auslassung, wie jede Schreibkraft weiß.

In Ar. *Nub.* 1089–94 kommt dreimal eine Frage, die mit ἐκ τίνων endet, und eine Antwort ἐξ εὐρυπρώκτων vor; eine unserer zwei ältesten Handschriften springt vom ersten Auftreten zum dritten und läßt die dazwischenstehenden vierzehn Wörter aus. Unsere älteste Platon-Handschrift macht ähnliche Sprünge in *Phd.* 96 A und 105 C.

Diese Erklärung läßt sich jedoch nur in einer Minderheit von Fällen heranziehen; normalerweise muß man einfach nachlassende Aufmerksamkeit annehmen, wie zum Beispiel, wenn Silben, Wörter oder Wortgruppen wiederholt werden (was häufig vorkommt).

3.4.2 Einige Entstellungen sind in den Köpfen individueller Abschreiber aus lautlichen Anklängen oder gedanklichen Assoziationen entstanden, die wir kaum erahnen oder erklären können.

In Ar. *Ran.* 281 etwa erscheinen Dionysos' prahlerische Worte «da er weiß, daß ich ein Kämpfer (μάχιμος) bin» in einer Handschrift als «da er weiß, daß ich Morsimos bin»; eine Anspielung auf Morsimos als einen zweitklassigen tragischen Dichter war 130 Verse früher gemacht worden.

3.4.3 Eine sehr wichtige Quelle von Entstellungen ist die falsche Deutung von Worten, die über der Zeile im Text oder an seinem Rand geschrieben sind. Ein Abschreiber konnte nicht sicher wissen, ob solche Worte in seiner Vorlage die Wiedereinfügung von versehentlich ausgelassenen Wörtern waren oder Varianten oder Glossen oder auch erklärende weitere Ausführungen, weil es kein allgemein anerkanntes Notations-System gab, um solche Unterscheidungen zu machen. Infolgedessen drang vieles in einen Text ein und verdrängte gelegentlich sogar das, was dort hätte stehen sollen.

In dem Satz in Plat. *Phd.* 86 E «sag mir, was die Sache war, die dich beunruhigte (τὸ σὲ αὖ θρᾶττον) ἀπιστίαν παρέχει» deutet die 'zerbrochene' Syntax darauf hin, daß «bewirkt Unglauben» ursprünglich eine Erklärung des ungewöhnlichen Worten θρᾶττον war. In Ar. *Ran.* 1515f. «gib meinen Ehrensitz dem Sophokles» haben fast alle Handschriften θρόνον für «Ehrensitz», was in diesem Vers metrisch unmöglich und offenkundig eine eingedrungene Glosse für θᾶκον ist. In unserer ältesten Aischylos-Handschrift wurde bei *Pers.* 253 («Ach! Übel ist's, als erster Übles zu berichten») der Vers Soph. *Ant.* 277 («Denn keiner liebt den Überbringer schlimmer Nachrichten») an den Rand geschrieben, und in einigen späteren Handschriften findet sich der Sophokles-Vers in den Aischylos-Text aufgenommen.

Die meisten Stellen, bei denen es gute Gründe für die Annahme gibt, daß eine Zeile (oder ähnliches) falsch plaziert wurde, sind wahrscheinlich das Ergebnis eines Prozesses in drei Stufen: Auslassung, Einfügung am Rand, Wiederaufnahme in den Text am falschen Ort.

Ein gutes Beispiel ist Hes. *Theog.* 16–19, wo vier Verse, die nacheinander mit -την, -νην, -την, -νην endeten, Verwirrung hervorriefen.

3.4.4 Es gibt vermutete Umstellungen größeren Umfangs, die eine so einfache Erklärung nicht zulassen.

Wenn Aischylos wirklich die Absicht hatte, *Suppl.* 88–90 auf 86f. und 93–5 auf 91f. folgen zu lassen, dann hat er sich einer unerklärlichen Inkohärenz in Gedankenfolge und Bildersprache schuldig gemacht; wenn man 88–90 und 93–5 transportiert, ist er davon freigesprochen. Ein weiteres Beispiel: Jeder aufmerksame Regisseur der *Wespen* des Aristophanes dürfte sehr erleichtert sein zu erfahren, wieviele Gelehrte seit langem glauben, daß die Verse 290–316 zwischen 265 und 266 stehen sollten.

Fragen dieser Art erfordern die Erwägung der Möglichkeit, daß die ersten Abschriften eines Stücks, die für den Buchmarkt bestimmt waren, nicht von einer Rolle, sondern von Blättern verschiedener Größe, von Täfelchen abgeschrieben oder sogar nach dem Gedächtnis von Schauspielern und Chormitgliedern aufgezeichnet wurden.

Vgl. Dawe 161–4 und C. F. Russo, *Aristofane autore di teatro* (Firenze ²1984; engl. Übers.: *Aristophanes, an author for the stage*, London–New York) 380–5 (= 243–248).

3.5 Eingriffe in den Text

Alle Texte waren zu allen Zeiten bewußten Eingriffen unterworfen; die Motive dafür waren oft wohlwollender Natur, zeitigten aber manchmal katastrophale Folgen.

3.5.1 Die Einfügung von Akzenten, Spiritus und Interpunktion war noch in römischer Zeit sehr sparsam, wurde aber mit dem 9. Jh. n. Chr. allgemein üblich. Sie war eine deutende Tätigkeit und kein Bewahren einer ununterbrochenen Tradition seit der Zeit des Autors selbst.

Einige Entscheidungen, z. B. zwischen αὐτ- und αὑτ- waren irrig, aber neue Fehler wie der in Andoc. *or.* 1,71 (vgl. o. *3.4.1*) wurden nun weniger wahrscheinlich.

3.5.2 In Dramentexten wurde die Identität von Dialogteilnehmern in der frühen hellenistischen Zeit noch nicht angegeben, wie P.Sorb. 72+ (3. Jh. v. Chr.) von Menanders *Sikyonios* zeigt. Antike Gelehrte erkannten, daß dies eine Quelle für Diskussion und Meinungsverschiedenheiten war; man konnte sogar darüber verschiedener Meinung sein, ob es überhaupt einen Sprecherwechsel gab, wie man (z. B.) aus den Scholien zu Ar. *Ran.* 51 und 56 ersehen kann. Die Angabe von Sprechern durch 'Siglen', Abkürzungen ihrer Namen, wurde in der Römerzeit üblich, wurde aber bis zum 13. Jh. n. Chr. nicht als ein absolutes Erfordernis behandelt.

3.5.3 In einigen wenigen Dramentexten findet man gelegentlich etwas, was nach Bühnenanweisungen aussieht und seinen Ursprung wahrscheinlich in hellenistischer Interpretation hat.

Vgl. O. Taplin, «Did Greek Dramatists Write Stage Instructions?», *PCPS* 203 (1977) 121–132.

3.5.4 Alle Abschriften aller Texte, die uns bekannt sind, wurden entweder vom Abschreiber oder von anschließenden Benutzern korrigiert oder jedenfalls geändert; unser frühester Papyrus eines dichterischen Textes, der *Perser* des Timotheos (P.Berol. 9865, 4. Jh. v. Chr.), zeigt acht Korrekturen in 112 Zeilen. Viele solcher Korrekturen wurden zweifellos gemacht, indem man eine Abschrift mit ihrer Vorlage verglich; andere bezog man aus Abschriften anderer Herkunft (*3.2.5*).

Leider führte dieses Vorgehen oft nur zu einer weiteren Verbreitung von Fehlern. Versehentlich – und zum Schaden von Bedeutung und Metrum – ausgelassene Wörter in einigen Handschriften von Aristophanes' *Plutos*, *Wolken* und *Fröschen* wurden in anderen Handschriften ausradiert, und unmetrische Umstellungen von Wörtern haben sich auf dem gleichen Weg verbreitet; vgl. Dover 238–240.

3.5.5 Byzantinische Gelehrte waren besonders in der Zeit zwischen 1260 und 1340 eifrig damit beschäftigt, dichterische Texte zu edieren (*II 2.3.1*), und einer von ihnen, Demetrios Triklinios – der in seiner Anmerkung zu Ar. *Nub.* 638 bemerkt, daß eine gute Kenntnis der Metrik es ermöglicht, «vieles in den Dichtern zu korrigieren, was im Lauf der Zeit entstellt worden ist» –, brachte eigene Verbesserungen in den Text, besonders in lyrischen Dramenpartien. Das Ausmaß, in dem seine Vorgänger (Planudes, Moschopulos, Thomas) die von ihnen edierten Texte verbesserten – im Gegensatz zur Übernahme von abweichenden Lesarten, die ihnen in existierenden Handschriften zugänglich waren –, ist umstritten.

3.5.6 Einige Lesarten in viel früheren byzantinischen Handschriften sind ohne Frage Verbesserungen, die sich durch einen gutgemeinten Irrtum verraten und wahrscheinlich ein Erbe der Spätantike sind.

Im Text von Ar. *Ach.* 928 etwa, ἵνα μὴ καταγῇ φορούμενος (Handschriften), muß das Partizip an die Stelle von φερόμενος (eine Lesart, die sich in einem Papyrus des 5. Jh.s n. Chr. findet) von jemandem eingesetzt worden sein, der zwar wußte, wie man Iamben skandiert, aber nicht wußte, daß das zweite α von καταγῇ lang ist.

Man darf vernünftigerweise annehmen, daß solches Verbessern gleichzeitig mit dem Lesen einherging (*3.1*); aber es ist wichtig, sich die Art und Weise und die Begrenzungen editorischer Eingriffe zu den verschiedenen Zeiten innerhalb der Geschichte der Texte klarzumachen.

3.5.7 Während die Entstellung archaischer und dialektaler Wortformen zu Formen der attischen Koine sehr verbreitet ist, hatten antike und mittelalterliche Editoren auch die Tendenz, vertraute Formen zugunsten von solchen zu eliminieren, die sie bei einem nicht-attischen Autor für angemessen hielten.

Vgl. etwa die Variante νούσους in Pind. *Pyth.* 3,46, wo die metrische Responsion aber νόσους verlangt; vgl. auch Jackson 27 f. zu ionischen Formen in der attischen Tragödie. Das Phänomen kommt in der Prosa vor: In Thuc. 3,97,1 haben einige Handschriften ὅττι τάχιστα. Solche editorische Tätigkeit wirkte sich umfassend im Text Herodots, des *Corpus Hippocratium* und bei Zitaten aus den Vorsokratikern aus; unkontrahiertes εε und εει sind in diesen Texten reichlich vorhanden, der Sprache aller ionischen Inschriften dagegen fremd.

3.5.8 Die indirekte Überlieferung ist anfällig für bewußte Änderungen, um so bestimmten Beweisführungen zu dienen.

In DL 2,27 wurde das Zitat Ar. *Nub.* 412–7 – wo der Chor dem Strepsiades sagt, was von einem Schüler des Sokrates verlangt wird – durchgehend drastisch geändert, um es in einen Lobpreis auf Sokrates selbst zu verwandeln. Wenn Platon in *Leg.* 6,777 A die Homerverse ρ 322 f. zur Auswirkung von Versklavung auf den menschlichen Charakter zitiert und dabei ἥμισυ γάρ τ' ἀρετῆς durch ἥμισυ γάρ τε νόου ersetzt, dann tut er dies wahrscheinlich, weil ersteres zu dem, was er gerade (776 D) über ἀρετή bei Sklaven gesagt hatte, einen Widerspruch ergeben hätte.

3.5.9 Bewußte Verkürzung von Texten ist selten.

Die bekanntesten Beispiele sind die Kapitel 94 und 199 des 1. Herodotbuches in einigen Handschriften. Es verdient Beachtung, daß Komödie und iambische Dichtung nicht von anstößigen Stellen 'gereinigt' wurden.

3.5.10 Wesentlich häufiger ist bewußte Interpolation. In einigen Fällen ist sogar die Bezeichnung 'Fälschung' gerechtfertigt.

Viele dokumentarische Texte, die in demosthenische Reden eingefügt sind (besonders in der oft studierten Kranzrede, *or.* 18) verraten sich durch historische Irrtümer und nachklassische Sprache, und sie fehlten offenkundig in einer antiken Edition, deren Merkzeichen in Hundert-Zeilen-Abständen in den ältesten mittelalterlichen Handschriften noch erhalten sind. Die Echtheit von Thuc. 3,84 wurde schon in der Antike stark angezweifelt, und dies zu Recht.

Aus [Plut.] *X Orat.* 841 F läßt sich schließen, daß in Aufführungen von Tragödien des 5. Jh.s, die im 4. Jh. stattfanden, die Schauspieler häufig um theatralischer Wirkung willen den Text änderten; diese Praxis setzte sich fort, obwohl man sie in Athen gesetzlich zu verbieten suchte.

Die Verse Eur. *Or.* 1366–8 werden durch ein Scholion einem solchen Eingriff zugewiesen, ebenso Eur. *Andr.* 7 (ein Vers, der bezeichnenderweise in P.Oxy. 449 fehlt), und es gibt viele Stellen bei Euripides (z. B. *Heracl.* 299–301), wo dies die wahrscheinlichste Erklärung für sentenziöse Äußerungen darstellt, die innerhalb ihres Zusammenhangs belanglos oder sogar unpassend sind. Vgl. D. L. Page, *Actors' interpolations in Greek Tragedy* (Oxford 1934).

Es ist erklärlich, daß Darlegungen und Beweisführungen von Interpolationen betroffen wurden, die als Erläuterungen gedacht waren; doch lassen sich die Motive für eine Interpolation nicht in jedem Fall feststellen.

Vgl. etwa Pind. *Ol.* 2,27a wo φιλέοντι δὲ Μοῖσαι zwischen φιλεῖ νιν (sc. Semele) Παλλὰς αἰεί und καὶ Ζεὺς πατήρ getreten ist; die Worte stehen in allen Handschriften, aber Aristophanes von Byzanz erkannte, daß sie interpoliert worden sein müssen, denn sie haben keine metrische Entsprechung in der Antistrophe oder in den anderen Triaden des Gedichts.

3.6 Die Beziehungen von Handschriften untereinander

Wir erwarten normalerweise, daß mehr und mehr Fehler sich anhäufen werden, wenn eine Nachricht durch eine Abfolge von Zwischenstationen übermittelt wird. Wenn wir die ursprüngliche Nachricht zurückgewinnen wollen, müssen wir zunächst so weit wie möglich in die Richtung des Urhebers zurückzugehen trachten. Bei der Anwendung dieses Prinzips auf griechische Texte versucht man, ein genealogisches 'Stemma' der zur Verfügung stehenden Handschriften zu konstruieren. Stellen wir uns drei ins 11. Jh. gehörende Handschriften eines Textes vor, A1, B1 und C1, die auf folgende Weise weitere Abschriften hervorbrachten:

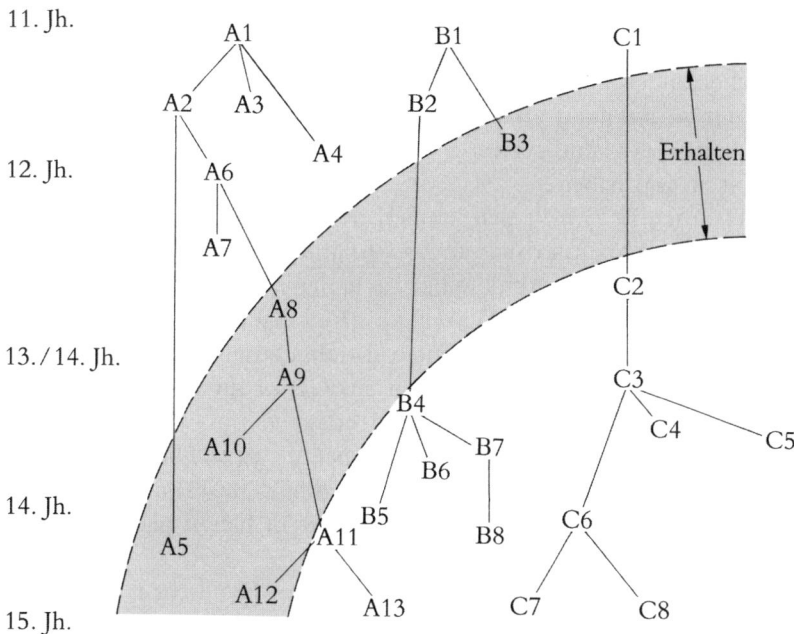

Postulieren wir, daß das 'Schleppnetz' des Schicksals bei seinem Weg durch den 'Schwarm' von insgesamt 29 Handschriften uns einen 'Fang' von sechs gebracht hat: in der Reihenfolge ihres Alters B3, A8, A9, A10, A5 und A12.

3.6.1 Wenn alle Fehler von A8 in A9, A10 und A12 vorhanden sind und wenn sowohl A10 als auch A12 zusätzlich zu eigenen Fehlern auch noch all die Fehler aufweisen, die A9 seiner eigenen Erbschaft aus A8 hinzugefügt hatte, und es *keine* abweichende Lesart gibt, bei der A9, A10 oder A12 der Handschrift A8 vorzuziehen ist, dann können wir A9, A10 und A12 als 'Apographa' außer acht lassen, die nichts zur Herstellung des ursprünglichen Textes des Autors beitragen. Damit bleiben A5, A8 und B3 übrig. Wir werden feststellen, daß A5 und A8 einige Fehler gemeinsam haben – ihre Erbschaft aus A2 –, die nicht in B3 stehen, und dies berechtigt uns, die einstige Existenz der verlorenen Handschrift A2 zu postulieren. Und da B3 manchmal dort Fehler hat, wo A5 und A8 annehmbar sind, können sie nicht von B3 abstammen. Unser Stemma ist auf diese Weise ein sehr einfaches:

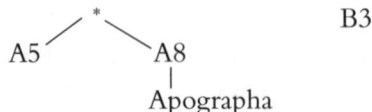

Obwohl man vernünftigerweise annehmen kann, daß frühe Handschriften vom ursprünglichen Text durch weniger Vermittlungsstadien getrennt sind als späte, ist diese Vermutung nicht immer richtig: A5, obwohl später als A8–A10, steht A2 näher. Dies würde sich an Stellen zeigen, wo sowohl A8 als auch B3 – auf verschiedene Art und Weise – bei seltenen Wörtern oder Eigennamen ein Durcheinander anrichten.

3.6.2 Die Aufstellung eines Stemmas auf der Grundlage der Fehlerverteilung unterliegt notwendigerweise Gegebenheiten, die nicht direkt mit dem Text selbst zu tun haben.

Eine Handschrift enthält gelegentlich das **Datum** ihrer Fertigstellung und den Namen des **Abschreibers** (*I* 2.3–4); und selbst wenn kein Datum angegeben wird, kann uns der Abschreiber aus anderen Handschriften bekannt sein. Papier-Handschriften können **Wasserzeichen** haben, die sich nach ihrer Verwendung in italienischen Dokumenten datieren lassen. Alle genau oder ungefähr datierbaren Handschriften ergeben ein Gerüst für die Geschichte mittelalterlicher griechischer Schriftarten und erlauben uns, allein schon von der Schriftart auf die wahrscheinliche Zeitspanne zu schließen, in der eine bestimmte Handschrift geschrieben wurde. Alle diese Datierungsindizien eliminieren Hypothesen über das Stemma, die sonst hätten plausibel erscheinen können.

Auch stoffliche **Beschädigungen** an einer Handschrift erlauben recht sichere Schlußfolgerungen.

Der Codex Palatinus 88 etwa, der ursprünglich – u. a. – die Lysias-Reden 3–31 enthielt, verlor mehrere Blätter, wie die Bemerkungen späterer Abschreiber zu seinem Inhaltsverzeichnis bestätigen, und die verlorenen Textpartien fehlen in allen anderen vorhandenen Lysias-Handschriften; damit ist bewiesen, daß der Palatinus ihrer aller Ahnherr ist.

Alle Handschriften von Aristophanes' *Frieden* mit Ausnahme der zwei ältesten enthalten nicht die Verse 948–1011; in einigen fehlen auch 1228–1359, in anderen 1301–1359. Zahlreiche Fehler, die den ältesten beiden Handschriften gemeinsam sind, zeigen, daß die postulierte verlorene Handschrift, aus der 948–1011 verlorengingen, von diesen beiden unabhängig sein muß (*3.6.1*).

Ein langer Streit über das Verhältnis zwischen den Handschriften 'L' und 'P' bei den alphabetischen Stücken des Euripides wurde durch die Entdeckung entschieden, daß ein mysteriöser Hochpunkt im Vers *Hel.* 95 in Wahrheit nur ein Stückchen Stroh war, das auf der Seite in L klebte und vom Schreiber von P fälschlich für einen Hochpunkt gehalten wurde (vgl. Zuntz 13–15).

Es gibt auch Fälle, wo Eigentümlichkeiten in der Schreibweise des Schreibers einer Handschrift durch den Schreiber einer anderen offenbar regelmäßig falsch gedeutet wurden; vgl. Kleinlogel 14–16.

3.6.3 Wenn jeder Schreiber sich strikt darauf beschränkt hätte, seine Vorlage gewissenhaft abzuschreiben (vorbehaltlich der üblichen menschlichen Fehlbarkeit), und dabei seine Phantasie im Zaum gehalten und weder nach rechts noch nach links geblickt hätte, dann wäre die Konstruktion eines Stemmas auf der Grundlage der Fehlerverteilung leichter, als sie es tatsächlich ist. Leider machen Abschreiber oft den gleichen Fehler unabhängig voneinander, besonders wenn er durch die vereinten Wirkungen mittelalterlicher Aussprache und Unkenntnis der klassischen Grammatik und Metrik hervorgerufen wird (daher z. B. die Verwechslung von -εῖτε mit -ῆται), oder wenn ein seltenes Wort oder ein Eigenname eine verräterische Ähnlichkeit mit etwas Vertrautem hat. Ferner kann auch ein Fehler, den mehrere Handschriften geerbt haben, in manchen von ihnen unabhängig voneinander korrigiert werden (*3.5.5–7*). Noch gravierender ist die Wirkung der üblichen Praxis (*3.5.4*), Handschriften miteinander zu vergleichen. Wenn z. B. in dem unter *3.6* dargestellten Stemma die Handschrift A11 mit B4 verglichen und systematisch geändert worden wäre, um mit ihr übereinzustimmen, dann wäre die Verwandtschaft von A12 mit A8, A9 und A10 – vielleicht vollkommen – verdeckt worden.

3.6.4 Wenn die mittelalterlichen Handschriften eines Textes größere Fehler gemeinsam haben, kann man vernünftigerweise postulieren, daß sie von einer Abschrift abstammen, die später als der Autor war und in der diese Fehler bereits vorhanden waren – entweder dort entstanden oder aus früheren Überlieferungsstadien ererbt. Der angenommene gemeinsame Ahnherr aller Abschriften ist der 'Archetypus', und man postuliert 'Hyparchetypi', wenn sich Handschriften durch Fehlergemeinschaft in 'Familien' gruppieren lassen. Was wir von der Geschichte der Texte in Byzanz (*3.4.1; I 2.1, I 2.6.3; II 2.1.1*) wissen, rechtfertigt es, den Archetypus zunächst einmal ins 9. Jh. zu setzen; doch ist eine spätere Datierung nicht ausgeschlossen, wenn sich dies mit der Datierung der Handschriften selbst vereinbaren läßt.

Zu den mit der Stemmatologie verbundenen Problemen vgl. S. Timpanaro, *La genesi del metodo di Lachmann* (Padova ³1981); zu Archetypen M. D. Reeve, «Archetypes», *Sileno* 11 (1985) 193–201.

3.6.5 Manchmal gibt es Hindernisse bei dem Versuch, die mittelalterliche Überlieferung in ihrer Gänze von einer einzigen frühmittelalterlichen Abschrift abzuleiten.

Bei der Wendung οὔτε τῇ ἄλλῃ παρασκευῇ in Thuc. 1,2,2 beispielsweise hat ein Hamburger Papyrus (3. Jh. v. Chr.) nicht παρασκευῇ, sondern διανοίᾳ, und dies ist eine über die Zeile (mit γρ.) geschriebene Variante in lediglich einer Handschrift des 14. Jh.s. In ähnlicher Weise enthalten in 8,23,5 eine späte Handschrift und Vallas lateinische Übersetzung eine Lesart, die auch in P.Oxy. 2100 (2. Jh. n. Chr.) vorkommt. In solchen Fällen läßt sich ebensowenig an unabhängig voneinander gemachte Fehler wie an unabhängig voneinander vorgenommene Korrekturen denken, und man muß notwendigerweise annehmen, daß doch mehr als nur eine antike Thukydides-Handschrift im früheren Mittelalter zur Verfügung stand – wenn nicht für eine vollständige Abschrift, so wenigstens für eine vergleichende Benutzung. Vgl. Kleinlogel 167–173 zu 'Quellen extra archetypum'.

3.6.6 Wie unbefriedigend die zur Verfügung stehenden Informationen auch sein mögen, ist es dennoch stets *möglich*, ein Stemma zu entwerfen, das sie alle erklärt, *unter der Voraussetzung*, daß wir eine hinreichende Anzahl von verlorenen Handschriften und ein hinreichend komplexes Modell von Textvergleichungen und Korrekturen postulieren. Solche hypothetischen Stemmata lassen allerdings auch Alternativen zu, und es genügt nicht, sich das 'ökonomischste' zu eigen zu machen; denn jedes Stemma ist ein historisches Konzept, die historische Wirklichkeit aber ist nicht notwendigerweise ökonomisch. Bei der Edition jedes Textes ist es ohne Zweifel der Mühe wert festzustellen, inwieweit ein Stemma offenkundig durch die zur Verfügung stehenden Informationen nahegelegt wird; gleichzeitig ist es klug, sich auf eine eventuelle Enttäuschung einzustellen und sich damit zufriedenzugeben, Handschriften in Familien zu gruppieren.

3.6.7 Ein antiker Autor konnte fortlaufend überarbeitete Versionen eines Werkes in Umlauf bringen, so daß Abweichungen zwischen Abschriften nicht unbedingt die Folge von Fehlern waren (im Scholion zu Ar. *Ran.* 1400 nimmt Aristarch dies zur Kenntnis), und alternative Versionen *könnten* sich bis zum Ende der Antike (und darüber hinaus?) erhalten haben; ob es wirklich eine tat, ist allerdings strittig.

3.7 Das Wesen der Textkritik

Textkritik ist kein Spiel, in dem es Preise für Erfindungsreichtum gibt, sondern eine historische Untersuchung von Ereignissen, von denen jedes einzelne die Handlung eines menschlichen Wesens an einem bestimmten Punkt in Raum und Zeit darstellt und sich deshalb im Prinzip auf der gleichen Grundlage erklären läßt wie alle anderen menschlichen Ereignisse, wenn man absolut jeden Faktor, der sich als bedeutsam erweisen könnte, angemessen in Betracht zieht.

3.7.1 Sachkenntnis ist für Kritik eine unentbehrliche Voraussetzung: Kenntnis der griechischen Sprache *in allen ihren Stadien*, der griechischen Literatur, des griechischen Denkens und Verhaltens und auch der mittelalterlichen Kultur, die antike Texte vermittelte. Solche Kenntnis ist nun zwar eine notwendige, aber keine hinreichende Bedingung guter Kritik. Kritik verlangt auch die

Fähigkeit, unter den sehr vielen Überlegungen, die möglicherweise von Belang sind, diejenigen zu erkennen, die tatsächlich von Belang sind. Diese Fähigkeit wird durch Lehre nicht leicht vermittelt. Man lernt, Textkritiker zu sein, indem man einen Text ständig mit einem Auge auf dem kritischen Apparat liest und den Text während des Lesens in seiner eigenen Phantasie ediert (vgl. Renehan 135).

3.7.2 Bei Verbesserung einer Textstelle durch Konjektur ist es wesentlich, genau zu bestimmen, was mit der Stelle in ihrer überlieferten Form nicht stimmt, und so weit wie möglich – obwohl dies nicht immer möglich ist (vgl. o. *3.4.2* und *3.5.10* a.E.) – die Entstellung zu erklären.

3.7.3 Drei Versuchungen muß man widerstehen:

a) Einen Text dadurch zu verbessern, daß man eine glanzlose, aber an sich einwandfreie Lesart emendiert.

In fr. 11,6 W. des Solon (der kein sehr guter Dichter war) beispielsweise sollte man nicht (mit W. S. Hadley) «einen leeren (χαῦνος) Geist» zu «den Geist einer Gans (χηνός)» verbessern, um damit einen wünschenswerten Kontrast zu dem unmittelbar vorausgehenden «geht wie ein Fuchs» zu erzielen.

b) Eine weithin zu beobachtende grammatische Erscheinung zu einer absoluten Regel zu machen und systematisch alles zu verbessern, was ihr widerspricht.

Beispielsweise sollte man ἄν nicht immer streichen oder verbessern (z. B. zu δή), um die (zwar vertretbare, aber nicht unumstößliche) Regel aufrechtzuerhalten, daß ἄν im Attischen nicht mit dem Futur Indikativ steht.

c) Anzunehmen, daß alle Textprobleme lösbar sind. Einige sind es nicht, und dies zeigt man am besten durch einen Obelos (†) an.

3.7.4 Wie andere historische Verfahrensweisen ist auch die Textkritik eine, die implizit Vorhersagen macht. Wenn man sagt «ich glaube, daß der Autor hier *xyz* geschrieben hat», impliziert man «wenn wir jemals einen Text dieser Stelle aus früher hellenistischer Zeit wiederfinden, dann wird in ihm *xyz* stehen». Solche impliziten Vorhersagen sind oft bestätigt worden (vgl. o. *3.2.1*), und es gibt keinen antiken griechischen Text, von dem man sagen kann, daß wir niemals irgendwelche Fragmente einer früh-hellenistischen Abschrift von ihm haben werden.

Bibliographie

Th. Birt, *Kritik und Hermeneutik*, Handbuch der klassischen Altertumswissenschaft I 3 (München 1913) ist eine knappe und systematische Darstellung von bleibendem Wert. Andere wichtige Werke zu den allgemeinen Fragen der Textkritik sind P. Maas, *Textkritik* (Leipzig ³1957); G. Pasquali, *Storia della tradizione e critica del testo* (Florenz ²1952); M. L. West, *Textual criticism and editorial technique* (Stuttgart 1973); und L. D. Reynolds – N. G. Wilson, *Scribes and scholars* (Oxford ³1991), Kap. 6.

J. Jackson, *Marginalia Scaenica* (Oxford 1955) erörtert einzelne Stellen griechischer Dramen, ist aber in seinen Zusammenstellungen von Anschauungsmaterial sehr reichhaltig. R. Renehan, *Greek textual criticism: a reader* (Cambridge, Mass. 1969) erörtert Stellen aus einem großen Spektrum von Autoren.

Methodische Prinzipien lassen sich am besten aus der Erforschung der Textgeschichte individueller Autoren lernen; dazu sind die folgenden Titel nützlich: R. D. Dawe, *The collection and investigation of manuscripts of Aeschylus* (Cambridge 1964); K. J. Dover, «Ancient interpolation in Aristophanes» und «Explorations in the history of the text of Aristophanes» in: *The Greeks and their legacy* (Oxford 1988) 198–265; J. Irigoin, *Histoire du texte de Pindare* (Paris 1952); A. Kleinlogel, *Geschichte des Thukydidestextes im Mittelalter* (Berlin 1965); G. Zuntz, *An inquiry into the transmission of the plays of Euripides* (Cambridge 1965).

4 Papyrologie

DIETER HAGEDORN

4.1 Definition und Aufgaben

Die Papyrologie (auch Papyruskunde, Papyrusforschung genannt) ist eine Spezialdisziplin der Klassischen Altertumswissenschaften im weitesten Sinne. Sie beschäftigt sich mit den Texten, die in griechischer (seltener auch lateinischer) Sprache auf dem antiken Schreibmaterial Papyrus geschrieben wurden und hauptsächlich im Wüstensand Ägyptens in vielen tausend Exemplaren die Zeiten überdauerten.

Diese Definition der Disziplin muß in mehrfacher Weise erweitert werden. Papyrologie beschränkt sich nämlich keineswegs auf den Schriftträger Papyrus, sondern beschäftigt sich auch mit Texten, die auf anderen Materialien erhalten sind, vor allem auf mit Tinte beschriebenen Tonscherben, sogenannten Ostraka; derartige Ostraka wurden ebenfalls zu vielen Tausenden in Ägypten ausgegraben. Weit seltenere Schriftträger sind Pergament, Bleitäfelchen (für Zaubertexte), wachsbeschichtete Holztafeln (u. a. als Notizbücher und Schulkladden) und vieles andere mehr. Allen Objekten gemeinsam ist ihre Herkunft aus demselben Kulturkreis. Auf der anderen Seite wird sich der Papyrologe aber auch für die (nicht so zahlreichen) Papyri interessieren, die bislang außerhalb Ägyptens aufgefunden wurden (Herculaneum).

Erste vereinzelte Papyri wurden seit dem Ende des 18. Jh.s von Reisenden nach Europa gebracht; im letzten Jahrzehnt des 19. Jh.s begannen dann europäische und amerikanische Wissenschaftler, aber auch einheimische Antiquitätenräuber, systematisch in den Ruinen antiker Siedlungen nach ihnen zu graben. Die Funde gelangten in zahlreiche Museen und Spezialsammlungen Europas und Nordamerikas, zum geringeren Teil blieben sie in Ägypten selbst.

Das von uns heute als Papyrus bezeichnete Schreibmaterial (eigentlich gr. χάρτης, lat. *charta*) wurde aus den markigen Stengeln der gleichnamigen, in Ägypten beheimateten und zur Großfamilie der Gräser gehörenden Sumpfpflanze (botanisch *Cyperus papyrus*) hergestellt. Man zerteilte die Stengel zunächst in gleich lange Abschnitte und spaltete diese sodann in dünne Scheiben, die in zwei Schichten rechtwinklig übereinandergelegt und so zu rechteckigen Blättern zusammengepreßt wurden. Für die obere der beiden Schichten wurden feinere Papyrusfasern gewählt, und diese Seite wurde auch sorgfältiger geglättet, weil sie als erste für die Aufnahme der Schrift gedacht war. Viele der so entstandenen Blätter wurden zu Rollen verbunden, wobei die glattere Schicht die Innenseite der Rolle bildete. Auf ihr verlaufen die Fasern waagerecht, d. h. parallel zur Länge der geöffneten Rolle, auf der Rückseite dagegen senkrecht. Die Innenseite wird traditionsgemäß auch als Recto, die Rückseite als Verso bezeichnet. Eine vielfach diskutierte, weil schwer zu interpretierende, literarische Beschreibung des Prozesses der Papyrusherstellung findet sich bei Plinius, *Naturalis historia*, XIII 74–82; dazu N. Lewis, *Papyrus in Classical Antiquity* (Oxford 1974); ferner: ders., *Papyrus in Classical Antiquity. A Supplement* (Brüssel 1989); ders., «Papyrus in Classical Antiquity. An Update», *CE* 67 (1992) 308–318.

Die Rollen konnten eine beträchtliche Länge erreichen; der Durchschnitt lag wohl bei 3 bis 4 m, Rollen von 10 m Länge dürften keine Seltenheit gewesen sein (vgl. P. Oxy. 57, 3929,22n.). In Rollenform wurde das Material gehandelt und für umfangreiche Texte, also z. B. literarische Werke, auch benutzt; zur Aufnahme kürzerer Texte wie Dokumenten des täglichen Lebens schnitt man von der Rolle passende Stücke ab. Man schrieb grundsätzlich zunächst nur auf die Innenseite der Rollen. Lange (literarische) Texte wurden dabei parallel zum Verlauf der Fasern der Rectoseite geschrieben, zur Bequemlichkeit des Benutzers auf für das Auge leicht erfaßbare Kolumnen verteilt (I 1.3.1). Die kürzeren dokumentarischen Texte schrieb man mehrheitlich ebenso, doch für bestimmte Urkundentypen war es üblich, das Blatt zu drehen und (ebenfalls auf der Innenseite) quer zum Faserverlauf (*transversa charta*) zu beschreiben. Nur sekundär, d. h. in Zweitbeschriftung, benutzte man aus Sparsamkeitsgründen (und meist für private Zwecke) auch die Versoseite von Rollen und Blättern. Selbst literarische Werke können auf der Rückseite älterer dokumentarischer Papyri stehen; die Rollen sind dann gewöhnlich aus kürzeren Blättern nachträglich zusammengefügt (τόμος συγκολλήσιμος). In nachchristlicher Zeit wurde die literarische Rolle allmählich durch den Codex ersetzt (I 1.3.2–3). Beim Codex wurde Pergament zum (allerdings teureren) Konkurrenten des Papyrus, doch haben wir Papyruscodices auch noch aus der Spätantike.

Durch ihre Aufgabenstellung erweist sich die Papyrologie als (jüngere) Schwester der Epigraphik (*I 5.1.1*); beide sind nicht durch einen geistigen Gegenstand, sondern in erster Linie durch ein Material definiert (Papyrus bzw. den Schriftträger Stein). Ähnlich wie der Epigraphiker ist der Papyrologe daher im Idealfall auch bereit, sich in gleicher Weise äußerst unterschiedlichen Texten (sowohl literarischen als auch Zeugen des antiken Alltags) zu widmen, sofern sie eben auf Papyrus erhalten sind. Wenngleich die Forscher in Wirklichkeit meist deutliche Interessenschwerpunkte haben und dadurch entweder mehr der Klassischen Philologie oder der Alten Geschichte verbunden sind, besteht im Grundsatz dennoch dieser Universalitätsanspruch. Die Zeugen des alltäglichen Lebens werden (in Abgrenzung von den literarischen und semiliterarischen Papyri) zusammenfassend als «dokumentarische Papyri» oder auch als «Urkunden» bezeichnet. Verwaltungsurkunden, Dokumente des Rechtslebens, Verträge usw. zählen hierzu ebenso wie Privatbriefe, Notizzettel und dergleichen mehr. Die große Masse der erhaltenen Schriftzeugen (vermutlich mehr als 95%) ist dokumentarischer Natur; wenn die Zahlenverhältnisse bei dem bereits publizierten Material für die literarischen Stücke nicht ganz so ungünstig ausfallen (schätzungsweise etwa 40.000 dokumentarischen Texten stehen 6.500 literarische und semiliterarische gegenüber), dann hängt dies damit zusammen, daß Literaturzeugen immer leichter das Interesse der Forscher gefunden haben.

Durch die Beschränkung auf griechische (und lateinische) Texte – die Bearbeitung der in anderen Sprachen (u. a. Ägyptisch [d. h. Hieratisch, Demotisch, Koptisch], Arabisch) beschrifteten Papyri und Ostraka wird den jeweils zuständigen Fachwissenschaftlern überlassen – ist ein zeitlicher Rahmen vorgegeben: Die Entstehung der für die Papyrologie relevanten Dokumente fällt in den Zeitraum von ca. 1000 Jahren zwischen etwa 300 v. Chr. und 700 n. Chr., in dem Griechisch in Ägypten die allgemeine Verkehrssprache war; seinen Anfang markiert die makedonische Eroberung Ägyptens, sein Ende fällt in die ersten Jahrzehnte der Herrschaft der Muslime über das Land.

Die vornehmste Aufgabe des Papyrologen ist die Edition der Papyri, worunter die Entzifferung und Rekonstruktion der zumeist nur fragmentarisch erhaltenen Textzeugen sowie ihre Einordnung in den Zusammenhang, dem sie entstammen, und ihre Kommentierung zu verstehen sind. Die Edition erfolgt in der Regel in Bänden bzw. Serien von Bänden, die den Beständen einer bestimmten Sammlung gewidmet sind. Die Entzifferung wird einmal durch die Beschädigungen, welche die Originale im Laufe der Jahrhunderte erlitten haben, und zum anderen vor allem dadurch erschwert, daß die Schrift – in erster Linie die «Geschäftsschrift» der dokumentarischen Papyri – vielfach eine Kursive ist, deren Buchstabenformen mit den gemeißelten Lettern der Inschriften und den sorgfältiger geschriebenen Buchstaben der «Buchschrift» kaum noch Ähnlichkeit haben; im Extremfall kann sie zu unregelmäßigen (auch als «Sägezähne» bezeichneten) Wellenlinien degenerieren. Vertrautheit mit der Entwicklung der Buchschrift und der Geschäftsschrift über die Jahrhunderte hinweg und damit die Fähigkeit zur Datierung eines Papyrus aufgrund des Schriftbildes vermitteln die Handbücher der papyrologischen Paläographie. Was die Kunst des Entzifferns betrifft, so bietet darüber hinaus fast jede Edition aus jüngerer Zeit wegen der heute zum Standard gewordenen Abbildung aller edierten Papyri eine gute Grundlage für ein Selbststudium durch Vergleich der Abbildungen mit den Transkriptionen. Allerdings ist wegen der genannten Schwierigkeiten kaum ein Editionsband frei von Transkriptionsfehlern; Fehler unterlaufen dem Bearbeiter bei der Entzifferung geradezu zwangsläufig, selbst in paläographischen Lehrbüchern sind solche zu finden. In den erwähnten Extremfällen hilft die theoretische Paläographie oft genug überhaupt nicht weiter, sondern höchstens langjährige Erfahrung; über die Richtigkeit einer Lesung entscheidet dann allein der sinnvolle Textzusammenhang. Überprüfung und Revision bereits vorliegender Editionen gehören also gleichfalls zu den Aufgaben der Papyrologen.

Typisch für die Arbeitsweise des Papyrologen ist in jedem Fall, daß er sich nicht von einer bestimmten theoretischen Fragestellung leiten läßt, sondern immer wieder sein Interesse auf einzelne, inhaltlich keineswegs miteinander verwandte Zeugen aus der Antike richtet, die dann freilich weitere Fragen provozieren und so zum Ausgangspunkt übergreifender Untersuchungen werden können. Häufig – oder gar in der Regel – wird er nur andeuten können, in welche Richtung diese Forschungen gehen könnten; denn je mehr er sich von seinem Einzeltext entfernt, um ein weiterführendes Thema zu verfolgen, desto mehr verläßt er das eigentliche Arbeitsfeld des Papyrologen und wird zum Literaturwissenschaftler, Linguisten, Historiker oder Vertreter einer der vielen anderen Fachrichtungen in den Klassischen Altertumswissenschaften.

Paläographische Handbücher und Tafelwerke: W. Schubart, *Griechische Palaeographie* (München 1925); R. Seider, *Paläographie der griechischen Papyri in drei Bänden*, Bd. I, II und III.1 (Stuttgart 1967–1990); ders., *Paläographie der lateinischen Papyri*, Bd. I, II.1 und II.2 (Stuttgart 1972–1981); E. G. Turner – P. J. Parsons, *Greek Manuscripts of the Ancient World*

(London ²1987); G. Cavallo – H. Maehler, *Greek Bookhands of the Early Byzantine Period (A.D. 300–800)* (London 1987).

Zur Arbeitsweise des Papyrologen: H. C. Youtie, *The Textual Criticism of Documentary Papyri. Prolegomena* (London ²1974); ders., «The Papyrologist: Artificer of Fact», *GRBS* 4 (1963) 19–32 = *Scriptiunculae* I (Amsterdam 1973) 9–23; E. G. Turner, *The Papyrologist at Work* (Durham 1973).

4.2 Beiträge der Papyrologie zu den verschiedenen altertumswissenschaftlichen Disziplinen

4.2.1 Klassische Philologie

Griechische (und lateinische) Literaturwissenschaft: Viele Forscher und gebildete Laien assoziieren mit Papyrologie zu Recht zunächst die sensationellen Entdeckungen solcher literarischer Werke des Klassischen Altertums auf Papyrus, die durch die mittelalterliche handschriftliche Überlieferung (*I 3.2.1*) nicht auf uns gekommen sind und bis zum Auftauchen der Papyri – wenn überhaupt – nur bruchstückhaft aus Zitaten antiker Gewährsleute bekannt waren. Derartige Funde haben am Ende des 19. Jh.s der Beschäftigung mit Papyri einen gewaltigen Auftrieb gegeben; durch sie wurden die systematischen Papyrusgrabungen motiviert, und ihnen verdankt die Disziplin gewissermaßen ihre Entstehung. In der Tat haben die Papyri der antiken Literaturwissenschaft ungeahnte neue Erkenntnisse vermittelt; ganze Perioden und Gattungen der griechischen Literaturgeschichte wurden durch sie der Vergessenheit entrissen. Zu nennen sind in diesem Zusammenhang Autoren und Einzelwerke wie etwa der frühe Lyriker Bakchylides, die Mimiamben des Herondas, Aristoteles' Schrift *Vom Staat der Athener*, der attische Redner Hypereides, deren Entdeckung ebenso wie die des ersten Papyruscodex mit Werken des Komödienschreibers Menander bereits in die Anfangszeit der Papyrologie vor dem Ersten Weltkrieg fällt. Unsere Kenntnis der frühen Dichter (z. B. Hesiod, Alkaios, Sappho, Archilochos, Alkman, Hipponax, Stesichoros, Simonides) ebenso wie die der hellenistischen Dichtung (u. a. Kallimachos) ist durch weitere Papyrusfunde in der Folgezeit auf eine gewaltig verbreitete Basis gestellt worden. Das Genus Epigramm hat gerade in jüngster Zeit eine wesentliche Bereicherung erfahren (z. B. durch die Poseidipp-Rolle in Mailand). Das Paradebeispiel jedoch ist Menander; waren bis zum Ende des 19. Jh.s von seinen in der Antike hoch geschätzten Komödien nur isolierte Fragmente bekannt, so verfügen wir heute über eine ganze Serie nahezu vollständiger Stücke, die z. T. mit Erfolg im modernen Theater wiederaufgeführt wurden. Neben all diesen hehren Namen dürfen aber nicht die Hunderte, ja Tausende von auf Papyrus erhaltenen literarischen Fragmenten unerwähnt bleiben, die sich keinem Autor namentlich haben zuweisen lassen, weil der Text anderweitig unbekannt war, weil die spärlichen Reste zu wenig Hinweise geben oder weil uns der Name, selbst wenn er erhalten wäre, nichts bedeuten würde. Diese Fragmente enthalten oftmals Reste von Literatur allerersten Ranges, aber natürlich auch manches von nur ephemerer Bedeutung. Sie veranschaulichen in jedem Fall auf eindrucksvolle Weise, wie schmal der Ausschnitt aus der riesigen Fülle der antiken Literatur ist, den die mittelalterliche Überlieferung uns erhalten hat. Schließlich ist der Blick an dieser Stelle noch auf die Werke aus dem Umfeld der alten christlichen Kirche zu lenken, die von den Klassischen Philologen gerne ignoriert werden, die aber dennoch unbestreitbar ein Teil der antiken Literatur sind. Zwei Beispiele seien genannt: Großes Aufsehen erregt hat die Entdeckung von Fragmenten früher, bis dahin unbekannter Evangelien neben den vier kanonischen. Der Papyrusfund von Tura im Jahre 1941 hat uns mehrere vormals als verschollen geltende Werke des großen Theologen Origenes und umfangreiche, viele Bände umfassende Bibelkommentare des Kirchenlehrers Didymos von Alexandria beschert, die gleichfalls zuvor als verloren angesehen werden mußten.

Die Ausbeute für die lateinische Literatur ist wegen des nur seltenen Vorkommens lateinischer Papyri weniger spektakulär, doch sind auch hier gerade aus den letzten Jahrzehnten einige bemerkenswerte Entdeckungen zu nennen, z. B. zwei kurze Gedichte des als Erfinder der lateinischen Liebeselegie berühmten Cornelius Gallus, ein wohl aus dem 4. Jh. n. Chr. stammendes hexametrisches Gedicht auf Alkestis und ein Fragment vermutlich aus dem 11. Buch des Titus Livius.

Bislang war nur von Werken antiker Autoren die Rede, die durch Papyrusfunde erstmals ans Licht getreten sind. Doch auch für Texte, die bereits vorher durch die mittelalterliche Überlieferung bekannt waren, sind die Papyri von enormer Bedeutung, weil sie uns die Qualität dieser mittelalterlichen Tradition besser zu verstehen und zu beurteilen helfen (I 3.2.1). Sehr häufig gehen nämlich alle vorhandenen Handschriften eines bestimmten Werkes auf ganz wenige Exemplare – zwei oder drei, mehrheitlich gar nur ein einziges – zurück, die sich über die 'dunklen' Jahrhunderte ins Mittelalter gerettet haben, wo sie, ein schmaler (und oft nur zufälliger) Ausschnitt aus der breiten antiken Überlieferung, zum Ausgangspunkt (Archetypus) einer erneuten Verbreitung wurden. Die Papyruszeugnisse, die leicht um 1000 Jahre und mehr älter sein können als die ältesten bisher bekannten Überlieferungsträger, sind unabhängig von dem Archetypus (bzw. den Archetypi) und enthalten daher potentiell einen richtigen Text, wo die Fassung des Archetyps (und damit aller seiner Abkömmlinge) fehlerhaft ist. Natürlich bedeutet das höhere Alter der Papyrusüberlieferung nicht automatisch, daß sie besser sein muß: Auch Papyri enthalten zahlreiche Fehler, so daß jeder einzelne Fall kritisch zu prüfen ist. Die Verläßlichkeit der mittelalterlichen Tradition erweist sich – je nach Autor – als unterschiedlich: In dem einen Fall, wenn die Ausgangslage gut ist, bringen die Papyri nur selten mit einer neuen Lesart eine Verbesserung, im anderen Fall, d. h. wenn die mittelalterliche Überlieferung als schlecht gelten muß, häufen sich die aus Papyruslesarten resultierenden Korrekturen. Ein immer wieder genanntes Beispiel für Letzteres sind die *Argonautika* des Apollonios von Rhodos; man hat errechnet, daß die Papyri hier in durchschnittlich jedem zehnten Vers geholfen haben, eine Korruptel zu heilen.

Besondere Erwähnung verdienen die frühptolemäischen Homer- und Platonpapyri, deren Text oft extreme, durch Zusätze, Auslassungen und Umstellungen gekennzeichnete Divergenzen gegenüber der mittelalterlichen Überlieferung aufweist. Die Bewertung dieser 'wilden' oder 'extravaganten' Textfassungen ist umstritten; unbestreitbar ist jedoch aufgrund dieser Zeugen, daß der Text der im 4. und 3. Jh. v. Chr. im Umlauf befindlichen Abschriften der genannten Autoren sich ganz erheblich von dem unterschied, der in der Folgezeit von den antiken Philologen als der maßgebliche erarbeitet wurde (und der grundsätzlich identisch ist mit dem, den wir heute in den wissenschaftlichen Ausgaben lesen). Papyrushandschriften des griechischen *Alten* und *Neuen Testaments* – die ältesten des ersteren stammen noch aus vorchristlicher Zeit, des letzteren aus den Jahrzehnten um die Mitte des 2. Jh.s n. Chr. – haben uns die frühe Geschichte der christlichen Bibel in ganz neuem Licht erscheinen lassen.

Auch für die Literaturgeschichte können Papyri mit Texten schon bekannter Autoren gelegentlich überraschend neue Erkenntnisse vermitteln. Der Romanautor Chariton, über dessen Lebenszeit aus der Antike keine Nachrichten erhalten sind, war lange Zeit aufgrund stilistischer Überlegungen und wegen der Theorien, die man sich über die Geschichte dieser Literaturgattung gemacht hatte, sehr spät (im 6. Jh. n. Chr.) angesetzt worden. Papyri, die aus paläographischen Gründen mit Sicherheit aus dem 2. bzw. 2./3. Jh. n. Chr. stammen, haben demgegenüber bewiesen, daß Chariton nicht ans Ende, sondern an den Anfang der Geschichte des griechischen Romans gehört. Während man früher den epischen Dichter Triphiodor (*IV 3.6.1*) für einen Epigonen des Nonnos (*IV 4.4.5*) von Panopolis hielt, wissen wir nun aufgrund eines Papyrus aus dem 3./4. Jh. n. Chr. (P. Oxy. 41, 2946), daß er vielmehr als dessen Vorläufer anzusehen ist.

Schließlich haben die Funde literarischer Papyri auch einen soziologischen Aspekt: Sie führen uns vor Augen, wie viele und welche griechischen Autoren in den Kleinstädten und Dörfern Mittel- und Oberägyptens, also weit weg von den Kulturzentren der Alten Welt, überhaupt bekannt waren, und lassen durch den Vergleich der relativen Häufigkeit der Funde sogar erahnen, wie oft die jeweiligen Autoren abgeschrieben und daher wohl auch gelesen wurden.

Natürlich war Homer, genauer gesagt Homers *Ilias*, das bei weitem am häufigsten abgeschriebene Buch; denn an der *Ilias* lernten die jungen Griechen Schreiben und Lesen. Bei einem weit über dem Durchschnitt liegenden Anteil der *Ilias*-Papyri handelt es sich daher um private oder für den Schulbetrieb bestimmte Abschriften. Eine Statistik über die Häufigkeit der klassischen Autoren, die 1968 anhand der bis dahin veröffentlichten literarischen Papyri, Ostraka usw. angefertigt wurde (W. H. Willis, «A Census of the Literary Papyri from Egypt», *GRBS* 9, 1968, 205–241), zeigt Homer mit insgesamt 657 Texten als den absoluten Spitzenreiter, wobei 454 Texte der *Ilias* entstammen und nur 136 der Odyssee. Weit hinter Homer lagen damals auf den folgenden zehn Plätzen Demosthenes (83 Texte), Euripides (75), Hesiod (74), Kallimachos (50), Platon (44), Isokrates (43), Pindar (35), Thukydides (33), Aischylos (28) und Menander (25). In der Zwischenzeit sind zahlreiche neue Papyri veröffentlicht worden; das Bild mag sich in Einzelheiten geringfügig verändert haben, aber die generelle Tendenz würde sich bei einer Wiederholung der Statistik sicherlich bestätigen. Vergleichbare Ergebnisse zeitigte im übrigen eine ähnliche Untersuchung von J. Krüger, *Oxyrhynchos in der Kaiserzeit. Studien zur Topographie und Literaturrezeption* (Frankfurt am Main u. a. 1990), die sich allein auf die in der mittelägyptischen Stadt Oxyrhynchos gefundenen Papyri beschränkte.

Griechische (und lateinische) Sprachwissenschaft: Nicht nur die literarischen Papyri sind für die Klassische Philologie von Interesse, sondern in nicht minderem Maße die weitaus zahlreicheren dokumentarischen Texte. Sie manifestieren (wie die griechischen Inschriften) auf unvergleichliche Weise die Geschichte der griechischen Sprache über einen Zeitraum von rund 1000 Jahren. Während die literarischen Erzeugnisse der nachklassischen Zeit weitestgehend archaisierend die Sprachform imitieren, die für das jeweilige Genus, dem sie angehören, seit seiner Entstehung verbindlich war (obwohl die griechischen Dialekte beispielsweise überhaupt nicht mehr gesprochen wurden), geben die dokumentarischen Papyri Zeugnis von der Entwicklung der lebendigen Sprache (*III 2.1.1*). Dabei gibt es freilich auch Unterschiede: Verwaltungsurkunden (besonders die auf höheren Verwaltungsebenen entstandenen) und ebenfalls bis zu einem gewissen Grade private Verträge (überhaupt alles, was von gebildeten Schreibern geschrieben wurde) verwenden über die Jahrhunderte hinweg gleichbleibend das nachklassische Gemeingriechisch, eine Kunstsprache, die auf dem alten attischen Dialekt basiert. In Privatbriefen wenig gebildeter Schreiber hingegen begegnet oft recht unverfälscht die Volkssprache, so wie sie von der großen Masse der Bevölkerung gesprochen wurde. Orthographische Fehler lassen erkennen, welchen Veränderungen die Aussprache im Laufe der Zeit unterlag, und die Neuerungen in Formenlehre und Syntax, die der Purist als fehlerhaft gebrandmarkt hätte, sind gleichfalls deutlich und unverblümt dokumentiert.

Aufzeichnungen privaten Charakters belegen ferner oft Termini für Geräte und dergleichen aus der handwerklichen, landwirtschaftlichen oder häuslichen Sphäre, die in literarischen Werken kaum verwendet werden, und erweitern auf diese Weise unsere Kenntnis des Wortschatzes der griechischen Sprache. In römischer und byzantinischer Zeit übernimmt das Griechische derartige Spezialwörter (vor allem für Kleidungsstücke) in zunehmendem Maße aus fremden Sprachen, vornehmlich aus dem Lateinischen (*III 2.2.4*), aber über das Lateinische auch aus germanischen, keltischen und anderen Idiomen. Auf diese Weise werden die Papyri zu Quellen ersten Ranges für die historische Sprachwissenschaft insgesamt.

Das in den beiden letzten Absätzen Gesagte gilt *mutatis mutandis* auch für die sehr viel selteneren lateinischen dokumentarischen Papyri, Ostraka usw. Auch sie gehören – neben lateinischen Graffiti und ähnlichen Inschriften – zu den wichtigsten Zeugnissen für das sog. Vulgärlatein. In dieser Hinsicht, aber auch inhaltlich, sind ihnen die in jüngster Zeit bekannt gewordenen dünnen Holztäfelchen aus Vindolanda (Britannien) verwandt, an deren Bearbeitung bezeichnenderweise ebenfalls Papyrologen beteiligt sind (zuletzt A. K. Bowman – J. D. Thomas, *The Vindolanda Writing Tablets. Tabulae Vindolandenses* II, London 1994).

4.2.2 Althistorische Wissenschaften

Zumindest ebenso hoch wie die Bedeutung der literarischen Papyri ist diejenige der erheblich zahlreicheren dokumentarischen Texte einzuschätzen; je nach Interessenlage wird man sogar bereit sein, ihnen einen noch deutlich höheren Rang zuzubilligen, lassen sie doch vor unseren Augen ein so facettenreiches und detailliertes Bild vom Leben in der griechisch-römischen Antike entstehen, wie dies vor dem Bekanntwerden der Papyri undenkbar war und wie es andere Quellengattungen nicht annähernd leisten können. Die wichtigsten der in diesem Zusammenhang zu nennenden Aspekte sollen im folgenden skizziert werden.

Vorweg ein Wort zur Periodisierung: Der Zeitraum von ca. 1000 Jahren ägyptischer Geschichte (o. *4.1*), mit dem die Papyrologie sich befaßt, gliedert sich aufgrund der äußeren Ereignisse in drei etwa gleich lange Perioden, die ptolemäische, die römische und die byzantinische. Der Wechsel von der ersten zur zweiten ist durch das Jahr 30 v. Chr. (Ägypten wird römische Provinz) deutlich markiert; wo dagegen der Beginn der 'byzantinischen' Zeit anzusetzen sei, ist ein in der Geschichtsschreibung vielfach diskutiertes Problem. Die Papyrologen neigen dazu, die Grenze erheblich früher als sonst üblich zu ziehen: Für Ägypten brachte die Regierungszeit Diocletians so tiefgreifende Neuerungen, daß man das Jahr seines Regierungsantritts (284 n. Chr.) als den Wendepunkt betrachtet.

Ereignisgeschichte: Dieser Bereich hat bisher am geringsten von den Papyrusfunden profitiert, doch haben sie auch hier ihren Beitrag geleistet. Da die Urkunden oft auf den Tag genau datiert sind, und zwar (bis zum Ausgang des 3. Jh.s n. Chr.) unter Angabe des Regierungsjahres des jeweils herrschenden Souveräns, geben sie häufig viel genaueren Aufschluß über die Chronologie der Regierungswechsel als historiographische Zeugnisse. Diese Feststellung trifft sowohl für das ptolemäische Königshaus als auch für die römischen Kaiser zu: Die zahlreichen Kaiser-Wechsel im 3. Jh. n. Chr. sind ebenso dokumentiert wie die erfolglosen Versuche von ptolemäischen Gegenkönigen und römischen Usurpatoren, die Macht an sich zu reißen, etwa der von Haronnophris und Chaonnophris unter Ptolemaios IV. und V. (vgl. *Pap. Lugd.-Bat.* 27, Leiden 1995, 101–137) oder der des Avidius Cassius unter Marcus Aurelius und der des Domitius Domitianus unter Diocletian. Kriegerische Auseinandersetzungen (auch solche außerhalb Ägyptens) haben gleichfalls ihre Spuren hinterlassen, jedoch in erstaunlich geringem Maße. Die herausragende historische Bedeutung der Papyruszeugnisse liegt auf anderen Gebieten.

Verwaltungsgeschichte: Dank der Papyri und Ostraka kennen wir heute den Apparat, mit dessen Hilfe Ägypten während der drei erwähnten Perioden verwaltet wurde, unvergleichlich besser als in irgendeiner anderen Region der antiken Welt. Offizielle Korrespondenz (erhalten in Hunderten von Exemplaren) zwischen den Amtsträgern auf den verschiedenen Verwaltungsebenen läßt vor unseren Augen eine ausgeprägte Bürokratie wieder auferstehen, die in jeder kleinen Amtsstube Berge von Verwaltungsakten produzierte; hier offenbart sich die Verwaltungshierarchie und manifestieren sich die Formen, in denen die Beamtenschaft miteinander verkehrte; die Belege dokumentieren die Themenkreise (Rechtsetzung und Rechtsprechung, Finanz- und Steuerwesen, usw.), mit denen man sich befaßte, veranschaulichen die Methoden, mit denen man auftretenden Problemen zu begegnen suchte, und sprechen für den hohen Organisationsstand, mit dem man getroffene Entscheidungen publik machte, sowie für die Sorgfalt, mit der man, z. B. durch die Anlage zentraler und lokaler Archive, den Überblick über die Zahl und Zusammensetzung der Bevölkerung, aber auch über deren Besitzverhältnisse und Rechtsgeschäfte, evident erhielt.

Bemerkenswerterweise sind deutlich mehr Informationen über die unterste, lokale Verwaltungsebene in den Kleinstädten und Dörfern des flachen Landes und auch noch über die mittlere Ebene in der Verwaltung der Gaue erhalten als über die obersten, in Alexandria ansässigen Amtsträger und ihren Apparat. Das hängt damit zusammen, daß die große Masse der Funde aus den dauerhaft trockenen Gegenden Ägyptens südlich des heutigen Kairo stammt, während sich aus den feuchten Gebieten des Deltas und aus Alexandria selbst Papyri nur durch besondere Umstände bis in unsere Zeit haben erhalten können.

Mag man auch mit manchen typisch ägyptischen Besonderheiten rechnen müssen (zumal von den Historikern der römischen Zeit wird oft im Vergleich zu anderen Provinzen des Reichs die Sonderrolle Ägyptens hervorgehoben), so können dennoch unsere am Falle Ägyptens gewonnenen Erkenntnisse in ihren großen Zügen auch auf andere Regionen der antiken Welt übertragen werden.

Wirtschaftsgeschichte: Wichtigster Wirtschaftsfaktor war im hellenistisch-römischen Ägypten ebenso wie in der antiken Welt überhaupt die Landwirtschaft. Entsprechend zahlreich sind in der papyrologischen Dokumentation die Texte mit Bezug auf Ackerbau (im weitesten Sinne) und Viehhaltung. Wir sehen, wie die Verteilung von Grund und Boden sich im Laufe der Jahrhunderte veränderte, und erfahren, mit welchen Methoden welche Produkte zu welchen Zeiten angebaut wurden. Wichtigste Feldfrucht war stets der Weizen; in Weizen wurden auch die Pachtzinsen für Staatsland und die Steuern für privates Ackerland erhoben. Unsere Zeugnisse lassen uns nachvollziehen, wie das Steuergetreide von den Dorftennen zu den Nilhäfen und von dort nach Alexandria transportiert wurde, um der Versorgung dieser Weltstadt und später der Roms und dann Konstantinopels zu dienen. Von beträchtlicher Bedeutung war in manchen Gegenden Ägyptens auch der Anbau von Wein.

Alle bereits in der Antike ausgeübten handwerklichen Tätigkeiten spielen auch in den Papyri ihre Rolle, darunter eine besonders wichtige die textilverarbeitenden (Weberei, Färberei, Walkerei usw.). Unsere Kenntnis der verschiedenen Gewerbezweige verdanken wir den unterschiedlichsten Dokumententypen, z. B. Verträgen über den Verkauf oder die Vermietung von Werkstätten, in denen die Ausstattung dieser Räumlichkeiten bisweilen detailliert beschrieben wird, sowie Arbeits- und Lehrlingsverträgen, welche die Pflichten und Rechte der Beteiligten präzise umreißen.

Der Handel beschränkte sich keineswegs auf den innerägyptischen Warenverkehr. Dessen Umfang zeigt sich u. a. in Hunderten von Torzollquittungen, die in den Zollstationen am Rande der Oase Faijum, des antiken arsinoitischen Gaues, ausgestellt wurden; zu zahlen war der Zoll von Esel- oder Kameltreibern, die die Zollstationen auf ihrem Weg in die Oase oder aus der Oase passierten; in den Quittungen wird die Last der Transporttiere genau spezifiziert. Mehrere Texte erwähnen auch ausländische Waren, z. B. Weinsorten und Kleidungsstücke, und zusammen mit ihrer lebenden Ware brachten Sklavenhändler, um ihre Rechte an den Sklaven dokumentieren zu können, in Kleinasien oder im Vorderen Orient aufgesetzte Kaufverträge nach Ägypten, wo sie uns erhalten blieben. Ein vor wenigen Jahren veröffentlichter Wiener Papyrus aus dem 2. Jh. n. Chr. (*SB* 18, 13167) berichtet gar von einem ägyptischen Handelsunternehmen in Indien.

Unzählige Papyri und Ostraka erwähnen Preise für Nahrungsmittel, Immobilien, Dienstleistungen und vieles andere mehr, gewähren damit Einblick in die Preisentwicklung über Jahrhunderte hin, und helfen uns z. B. auch, die Gründe für inflationäre Entwicklungen zu verstehen. In Zusammenarbeit mit der Numismatik leistet die Papyrologie einen wichtigen Beitrag zur Klärung geldgeschichtlicher Fragen.

Sozialgeschichte: Es gibt kaum einen dokumentarischen Text unter den Papyri, Ostraka usw., der nicht auch zu besserer Einsicht in das Zusammenleben der Menschen in der Antike beitrüge. Unzählige Themen werden berührt; das riesige Quellenmaterial ist von der althistorischen Forschung bei weitem noch nicht gesichtet, geschweige denn umfassend ausgewertet worden.

Hier nur einige wenige Beispiele: Eine Monographie aus jüngster Zeit hat sich den Urkundentyp der Haushaltsdeklarationen, leicht irreführend oft auch 'Zensusdeklarationen' genannt, zum Gegenstand gemacht (R. S. Bagnall – B. W. Frier, *The Demography of Roman Egypt*, Cambridge 1994). Diese Deklarationen mußten in römischer Zeit von allen Hausbesitzern in einem 14jährigen Zyklus eingereicht werden; in ihnen waren alle Bewohner eines Hauses unter Angabe von Alter, Geschlecht und Familienrelationen zu verzeichnen. Die bislang publizierten rund 300 Exemplare ermöglichten detaillierteste demographische Untersuchungen etwa über die Größe und Zusammensetzung der Haushalte, die zahlenmäßige Relation von Frauen und Männern, deren unterschiedliche Lebenserwartung, das jeweilige Heiratsalter bzw. Alter bei der Geburt der Kinder, den durchschnittlichen Altersabstand zwischen den Kindern, die (nicht seltenen) Geschwisterehen, Wiederverheiratung nach dem Tod des Partners, usw. – Forschungen zur Rolle der Frau im griechisch-römischen Ägypten haben ergeben, daß diese offenbar größere Rechte und Freiheiten besaß als ihre Geschlechtsgenossinnen in anderen Gegenden der antiken Welt. Besonders in der römischen Epoche begegnen wir z. B. überraschend oft Frauen, die über beträchtlichen Landbesitz verfügten. – Kriminalität, das Spannungsverhältnis zwischen Stadt und Land, die (relativ geringe) Bedeutung und die Lebensumstände der Sklaven wären andere hier zu nennende Themen.

Rechtsgeschichte: Als von den Nachfolgern Alexanders d. Gr. in Ägypten ein griechisch geprägtes Königtum etabliert wurde, führte dies u. a. zu einem Zusammentreffen griechischer und ägyptischer Rechtsvorstellungen; eine ähnliche Situation trat erneut ein, als das Land 300 Jahre später römische

Provinz wurde. In unseren Quellen – Zeugnissen der Rechtssetzung (Gesetzestexten, Erlassen, Edikten), Eingaben, Prozeßprotokollen und unzähligen Privaturkunden wie Testamenten, Heiratsurkunden und den unterschiedlichsten sonstigen Verträgen – spiegeln sich Nebeneinander, Miteinander und teilweise Verschmelzung der verschiedenen Rechtssysteme.

Aus der 2. Hälfte des 2. Jh.s n. Chr. stammt ein griechisches Fragment des ägyptischen Rechtsbuchs (P.Oxy. 46, 3285), dessen originale demotische Version in einem Papyrus des 3. Jh.s v. Chr. erhalten ist, und noch im 3. Jh. n. Chr., d. h. rund 500 Jahre nach seiner Abfassung, wurde ein Schreiben des 2. Ptolemäerkönigs kopiert (P.Vind.Tandem 1); ganz offenbar interessierte man sich für diese Texte, weil sie Rechtsvorschriften enthielten, denen man immer noch Geltung beimaß. Ähnlich signifikante Beispiele ließen sich für die Bedeutung der Papyri als Quellen des römischen Rechts anführen.

Kulturgeschichte: Nicht nur die literarischen Papyri (o. *4.2.1*), sondern auch die dokumentarischen Texte sind Zeugnisse ersten Ranges für die Bildung und den Lebensstil einer eher kleinstädtisch und dörflich geprägten Gesellschaft.

Wir besitzen zahlreiche Dokumente aus dem Schulbetrieb, angefangen von Federproben und unbeholfenen Schreibversuchen mit Alphabetreihen über Übungen im Silbentrennen und einfachen Rechenübungen bis hin zu Nacherzählungen der homerischen Epen, rhetorischen Stilübungen und komplizierten geometrischen Aufgaben. Eigenhändige bzw. von einem Schreibhelfer vollzogene Unterschriften in Privatverträgen und amtlichen Schriftstücken lassen auf den Stand der Alphabetisierung in der Bevölkerung schließen. Wir lesen in den Papyri nicht nur von dem hochberühmten und weitgereisten Boxer Herminos alias Moros aus Hermupolis und anderen zur städtischen Elite gehörenden privilegierten Athleten und Künstlern, von denen viel häufiger auch in Inschriften die Rede ist, sondern erfahren aus Verträgen mit Musikern, Tänzern und anderen Unterhaltungskünstlern auch von Festlichkeiten, die die Dorfgemeinschaft ausrichtete und beging. – In Ehe- und Scheidungsverträgen, in Anzeigen von Einbruchsdiebstählen, in Inventarverzeichnissen von Pfandleihern und anderen Listen, deren Bestimmung uns oftmals nicht mehr erkennbar ist, werden Wertgegenstände wie Schmuck, Götterbilder (mit Nennung des Materials, aus dem sie gefertigt sind) und Kleider (mit Bezeichnung der Stoffart und der Farbe) sowie andere Objekte der Haushaltseinrichtung aufgeführt. Die Texte geben damit Informationen über die Ausstattung der Privathäuser mit derartigen Gegenständen und ergänzen so die Ergebnisse archäologischer Forschung. – Ganz besonders müssen die 'Privatbriefe' (im Gegensatz zur 'offiziellen' Korrespondenz) herausgehoben werden, von denen bislang schätzungsweise über 4000 Exemplare veröffentlicht worden sind. Ihr Inhalt ist freilich oft geschäftlicher Natur und sagt dann entsprechend wenig über die Lebenssituation und den geistigen Hintergrund der Briefpartner aus. Es gibt jedoch auch in großer Zahl Familienbriefe und Korrespondenz zwischen engen Freunden; hier werden Liebe, Freundschaft und sonstige zwischenmenschliche Beziehungen, Freude über glückliche Ereignisse, Schmerz und Mitgefühl bei Todesfällen und anderen Schicksalsschlägen, religiöse Empfindungen zum Ausdruck gebracht, ferner allgemeine Lebensweisheiten und gelegentlich auch philosophische Spekulationen vorgetragen, teils in schlichter und volkstümlicher, in anderen Fällen gebildeter und mit literarischen Anklängen aufgeputzter Sprache. In jedem Fall sprechen diese Briefe den heutigen Leser unmittelbar an und vermitteln ihm den Eindruck einer direkten Begegnung mit dem menschlichen Individuum, das vor vielen Jahrhunderten gelebt hat.

Religionsgeschichte: Halbliterarische religiöse Texte, Papiere aus ehemaligen Tempelarchiven, aber auch öffentliche Verwaltungsurkunden geben Einblick in den Kultus und das tägliche Leben in den heidnisch-ägyptischen Tempeln, die Auswahl der Priester und die ihnen auferlegten Riten; sie berichten von den wirtschaftlichen Aktivitäten der Tempel und ihrer Bewohner in Landwirtschaft und Handwerk, vom Verkauf von Priesterämtern und Pfründen. Wiederum sind es die einfachen Leute, deren Religiosität hier in höherem Maße als durch andere Quellengattungen beleuchtet wird. Kleine Zettelchen mit Fragen an Orakelgötter veranschaulichen etwa das Verfahren beim Losorakel; zum festen Formular der Privatbriefe gehört die Erwähnung des Gebets bei einem Gott für die Gesundheit des Empfängers. Befremdlich mag die weite Verbreitung des Glaubens an die Wirksamkeit von Magie erscheinen, die zahlreich erhaltene Zaubertexte belegen. Unter ihnen wecken umfangreiche magische Lehrbücher auf Papyrus immer wieder ganz besonders das Interesse der Religionswissenschaftler (*PGM* I Nr. 1–5). Auch für die Geschichte des frühen Christentums sind die dokumentarischen Papyri und Ostraka (abgesehen von der o. 4.2.1 erwähnten literarischen Bereicherung, die wir ihnen verdanken) von eminenter Bedeutung.

Eine Serie erhaltener *Libelli* aus der Zeit des Kaisers Decius oder die eidliche Erklärung (P.Oxy. 33, 2673; 304 n. Chr.) des Lektors einer (geschlossenen) Kirche, daß diese Kirche keinerlei Vermögen habe, legen von den Verfolgungen Zeugnis ab. Das Archiv des melitianischen Klostervorstehers Nepheros aus der Mitte des 4. Jh.s (P.Neph.), die Urkunde von 589 n. Chr., in der ein Mönch die Freilassung seines Sklaven ausspricht (P.Köln 3, 157), oder Verträge über die Veräußerung einer Eremitage etwa der gleichen Zeit (P.Dub. 32–34) sind drei willkürlich herausgegriffene Testimonien für Dokumente aus den Anfängen des Mönchtums. Zahlreich sind die Texte aus byzantinischer Zeit, die Organisation und wirtschaftliche Lage von Kirchen und Klöstern, von Klerus und Ordensleuten beleuchten. Und wiederum sind die Privatbriefe zu nennen; schon vom Ausgang des 3. Jh.s besitzen wir einzelne Exemplare, die durch gewisse Formalien, typisch christliches Gedankengut oder gar Anspielungen auf Bibelstellen den Glauben ihres Schreibers offenbaren.

Die voranstehende Übersicht ist alles andere als vollständig, konnte aber vielleicht einen Eindruck davon vermitteln, wie reich und vielgestaltig die Informationen sind, die uns die papyrologischen Textzeugen an die Hand geben; sie bieten ein Abbild des menschlichen Lebens in der Antike in seiner ganzen Breite.

4.3 Literaturhinweise, Hilfsmittel

Umfassende Einführung: Orsolina Montevecchi, *La papirologia* (Milano ²1973); immer noch grundlegend für die historischen und juristischen Aspekte: L. Mitteis – U. Wilcken, *Grundzüge und Chrestomathie der Papyruskunde*, *I. Historischer Teil* (Wilcken); *II. Juristischer Teil* (Mitteis) (Leipzig–Berlin 1912; ND Hildesheim 1963). Aus jüngerer Zeit: H.-A. Rupprecht, *Kleine Einführung in die Papyruskunde* (Darmstadt 1994) (mit ausführlichen Literaturhinweisen); R. S. Bagnall, *Reading Papyri, Writing Ancient History* (London–New York 1995). Eine Darstellung der ägyptischen Gesellschaft in der Spätantike, besonders im 4. Jh. n. Chr.: R. S. Bagnall, *Egypt in Late Antiquity* (Princeton 1993).

Papyrus- und Ostrakapublikationen sollten nach J. F. Oates – R. S. Bagnall – W. H. Willis, *Checklist of Editions of Greek and Latin Papyri and Ostraca and Tablets* (Atlanta [4]1992) zitiert werden. Separat (in Zeitschriften usw.) veröffentlichte dokumentarische Texte werden in dem von F. Preisigke begründeten, später von E. Kießling und heute von H.-A. Rupprecht herausgegebenen *Sammelbuch Griechischer Urkunden aus Ägypten* (= *SB*) erneut abgedruckt, dessen 20. Band Ende 1996 kurz vor dem Erscheinen steht. Die überaus zahlreichen Berichtigungsvorschläge, die zu den publizierten dokumentarischen Texten ständig veröffentlicht werden, sammelt die ebenfalls von F. Preisigke ins Leben gerufene, jetzt von P. W. Pestman und H.-A. Rupprecht betreute *Berichtigungsliste der Griechischen Papyrusurkunden aus Ägypten*, erschienen bisher Bd. I (Berlin–Leipzig 1922) – IX (Leiden 1995).

Die Papyri, Ostraka usw. mit klassischen literarischen Texten verzeichnet R. A. Pack, *The Greek and Latin Literary Texts from Greco-Roman Egypt* (Ann Arbor [2]1965) (Vorabdrucke aus der geplanten 3. Auflage für das Material einzelner Autoren in verschiedenen Zeitschriften und Festschriften, vgl. auch unten zu elektronischen Hilfsmitteln). Zu den christlichen Texten: J. van Haelst, *Catalogue des papyrus littéraires juifs et chrétiens* (Paris 1976); *Repertorium der griechischen christlichen Papyri, I Biblische Papyri* (PTS 18, 1976), *II Kirchenväter-Papyri* (PTS 42, 1995).

Zur Sprache der dokumentarischen Papyri: F. Preisigke (E. Kießling – H.-A. Rupprecht), *Wörterbuch der griechischen Papyrusurkunden mit Einschluß der griechischen Inschriften . . . aus Ägypten*; die ersten drei Bände (Berlin 1925–1993) umfassen das bis 1927 erschienene Material, eine 2. Serie mit dem Material von 1927–1940 ist im Erscheinen begriffen (Bd. IV.5 bis ζωφυτέω Wiesbaden 1993); vgl. auch unten elektronische Hilfsmittel. E. Mayser, *Grammatik der griechischen Papyri aus der Ptolemäerzeit mit Einschluß der gleichzeitigen Ostraka und der in Ägypten verfaßten Inschriften*, Bd. I–III (Berlin–Leipzig 1906–1934), Bd. I.1[2] bearb. von H. Schmoll (Berlin 1970), I.2[2] (Berlin–Leipzig 1938), I.3[2] (Berlin–Leipzig 1936). F. Th. Gignac, *A Grammar of the Greek Papyri of the Roman and Byzantine Periods, I. Phonology* (Milano 1976), *II Morphology* (Milano 1981).

Elektronische Hilfsmittel (Stand Ende 1996): Eine papyrologische Spezialbibliographie, die von der Fondation Égyptologique Reine Élisabeth in Brüssel herausgegebene *Bibliographie papyrologique*, wird seit einigen Jahren als elektronische Datenbank auf Disketten vertrieben; ältere Jahrgänge sollen in Kürze auf CD erhältlich sein; Vorteile: eine früher unerreichbare Aktualität und neuartige Abfragemöglichkeiten. – Der Text von momentan etwa 70% aller bislang veröffentlichten dokumentarischen Papyri und Ostraka ist in codierter Form in der auf CD verbreiteten Volltextdatenbank *Duke Databank of Documentary Papyri* erfaßt, die an der Duke University (Durham, NC) erstellt wird. In ihr können mit Hilfe von Suchprogrammen komplexe Suchoperationen nach Wörtern und Namen durchgeführt werden; ältere Hilfsmittel, z. B. Listen von Belegstellen, werden dadurch weitgehend überflüssig. – Das elektronische *Heidelberger Gesamtverzeichnis der griechischen Papyrusurkunden Ägyptens*, erarbeitet am Institut für Papyrologie der Universität Heidelberg in Zusammenarbeit mit der Heidelberger Akademie der Wissenschaften, soll insbesondere Abfragen nach chronologischen und geographischen Kriterien ermöglichen; Auszüge aus der zur Zeit mehr als 30.000 Datensätze umfassenden Datenbank, die vollständig ebenfalls auf CD verbreitet werden soll, sind im Internet abfragbar (Adresse: http://www.rzuser.uni-heidelberg.de/~gv0/gvz.html). – An der Katholischen Universität Löwen (Belgien) ist eine elektronische Datenbank in Arbeit, die Informationen über alle literarischen Texte enthält und einmal Werke wie die von Pack und van Haelst (s. o.) ersetzen soll (auch hier ist an Verbreitung auf CD gedacht). Elektronische Hilfsmittel, insbesondere solche, die über internationale Netze zugänglich sind, werden schon in nächster Zukunft noch ungemein an Bedeutung gewinnen.

5 Epigraphik

Georg Petzl

Vorbemerkungen: Der hier nur begrenzt zur Verfügung stehende Raum macht es notwendig, auf ausführlichere Abhandlungen zu verweisen. L. Robert hat 'l'épigraphie' dargestellt in «L'histoire et ses méthodes» (*Encyclopédie de la Pléiade,* Paris 1961, 453–497 = L. R., *Op. Min.* V 65–109), am besten zu benützen in der mit Anmerkungen ergänzten Übersetzung H. Engelmanns: *Die Epigraphik der Klassischen Welt,* Bonn 1970): vorzüglich geschrieben mit besonderem Hinblick auf die Bedeutung der Epigraphik für die Geschichtswissenschaft, aber auch mit vielem Grundsätzlichen. Einen sehr guten Überblick vermittelt G. Klaffenbach, *Griechische Epigraphik* (Göttingen ²1966); für weiteres s. F. Bérard – D. Feissel – P. Petitmengin – M. Sève (Hrgg.), *Guide de l'épigraphiste* (Paris ²1989; sehr hilfreiche «Bibliographie choisie des épigraphies antiques et médiévales») Nr. 1–9; 1829; 1873.

Die folgenden Abschnitte vermitteln lediglich einen summarischen Überblick über griechische Epigraphik, mit jeweils anschließend angeführten vertiefenden bibliographischen Hinweisen (G mit Zahl bezieht sich auf die Nummer im o. g. *Guide*) bzw. mit illustrierenden Beispielen, denen viele weitere zugesellt werden könnten.

Abkürzungen: *Bull. ép.*: s. *5.4.4*; *CEG*: P. A. Hansen, *Carmina Epigraphica Graeca ...* I, II (Berlin – New York 1983, 1989); *G*: s. o.; *IK*: s. zu *5.4.2*; *MEFRA*: G 1785; Robert (L.), *Hell.*: G 1710.

5.1 Einleitung

5.1.1 Gegenstand der griechischen Epigraphik sind mit griechischen Buchstaben geschriebene Inschriften; Spezialabhandlungen widmen sich Texten, die in Linear B oder kyprischer Silbenschrift geschrieben sind.

Griech. Alphabet: s. *5.2.1*. Linear B: G 1325–1351; 1863f.; 2008–2010. Kyprische Silbenschrift: G 176f.; 1832; 2011.

5.1.2 Zeitliche und räumliche Eingrenzung des von griechischer Epigraphik abgedeckten Gebietes: ab etwa dem 8. Jh. v. Chr.; eine verbindlich festgelegte Untergrenze gibt es nicht (z. B. Zeit Kaiser Justinians; Fall von Konstantinopel). Griechische Inschriften werden im gesamten Mittelmeergebiet, aber auch an entfernten Stätten griechischer Kolonisation und des römischen Reiches gefunden.

5.1.3 Schriftträger sind vor allem Stein und Metall, s. u. zu *5.3.1*.

5.2 Beitrag der Inschriften zu den verschiedenen Gebieten der griechischen Altertumskunde

Vorbemerkung: Eine einzelne Inschrift kann zu mehreren der im folgenden genannten Punkte in Beziehung stehen, wie etwa der Fall eines Weihepigramms aus Pergamon (H. Müller, *Chiron* 19, 1989, 499–553; *SEG* 39, 1334;

Abb. 1) zeigt. Es wurde um 220 v. Chr. gedichtet und steht auf der Basis einer (verlorenen) Statue, die einen tanzenden Satyrn ('Skirtos') darstellte (vgl. *5.2.8*); es ist in Phalaikeen abgefaßt (vgl. *5.2.4*) und bedient sich des dorischen Dialekts (vgl. *5.2.3*); Krasis wird einmal graphisch wiedergegeben, ein andermal nicht (vgl. *5.2.1*). Übersetzung: «Der Sohn des Deinokrates, Dionysodoros aus Sikyon, hat mich, den weinliebenden Skirtos zu deinen Ehren, Sohn der Thyone [= Dionysos], und zu Ehren von König Attalos aufgestellt (das Werk stammt von Thoinias, das Sujet aber ist von Pratinas angeregt). Möge beiden lieb sein der, der mich geweiht hat» (vgl. W. D. Lebek, *ZPE* 82, 1990, 298). Das Epigramm ist aufschlußreich für das intellektuelle Leben im Pergamon des späten 3. Jh.s (vgl. *5.2.2*), ebenso für die Dionysos-Verehrung in dieser Stadt (vgl. *5.2.6*). Dionysodoros ist als Flottenkommandant unter Attalos I. bekannt, der seinerseits Mitadressat der Weihung ist; beider gutes Verhältnis zueinander ist von politischer Bedeutung (vgl. *5.2.5*). Pratinas gilt traditionell als 'Erfinder' des Satyrspiels (vgl. *5.2.4*). Der Skulpteur Thoinias aus Sikyon ist auch durch andere Quellen bezeugt (vgl *5.2.8*).

Abb. 1. Statuenbasis mit Weihepigramm *SEG* 39, 1334 (Pergamon, um 220 v. Chr.).
Photo Pergamon-Grabung 87 / 125-5 (E. Steiner)

5.2.1 S c h r i f t: In der frühen Zeit gibt es regional verschiedene Ausprägungen des Alphabets (Abb. 2). Später kann sich die äußere Gestaltung einer Inschrift an die zeitgenössische 'Buchschrift' anlehnen (Annäherung der Majuskel- an Kursivschrift; Anordnung in Kolumnen; alphabetische Anordnung von Eintragungen; Ein- bzw. Ausrückungen; Gebrauch diakritischer Zeichen [z. B. *Paragraphaí*], Abkürzungen; Farbigkeit [rot, blau, schwarz, golden]; individuelle Eigenheiten von Schreibern, verschiedene Hände; Schreibübungen, -unsicherheiten, -fehler, Korrekturen, Tilgungen). – Inschriften können auf dieselben Quellen wie literarische Werke zurückgehen oder den antiken Schriftstellern selber als Quelle dienen. Das Nebeneinanderstellen des (authentischen) Inschriftentextes und der literarischen Überlieferung löst mitunter textkritische Probleme.

Abb. 2. *IG* I³ 1088 (um 500 v. Chr.) «Ich bin ein Grenzstein der Agora.»
Beispiel einer archaischen Inschrift aus Athen. Nach H. A. Thompson – R. E. Wycherley, *The Athenian Agora* ... XIV: *The Agora of Athens* ... (Princeton 1972), Plate 64(a).

Alphabet: A. Kirchhoff, *Studien z. Gesch. d. griech. Alphabets* (Gütersloh ⁴1887); G 859. Annäherung an Kursive: *IG* XII 5,872, Abb.: O. Kern, *Inscriptiones Graecae* (Bonn 1913), Tab. 35; L. Robert, *Hell.* 11–12,588 (eingerückte Pentameter); *Op. Min.* III 1564; V 518. Kolumnen: Inschr. des Diogenes von Oinoanda (s. u. *5.2.7*). Alphabetisierung: *Annuario* (G 1754) 1963–4,165–202, Nr. IXff. (3. Jh. v. Chr.), *IK* 24,704–706; G 1890 (alphabet. Orakel). Ausrückungen, Paragraphai: Fasten-, Didaskalieninschr., Siegerlisten (s. u. *5.2.4*), Inschrift im Archilocheion (s. u. *5.2.4*), des Isyllos (s. u. *5.2.6*), des Diogenes von Oinoanda (s. u. *5.2.7*). Abkürzungen: G 864. Farbigkeit: *SEG* 33,679 (Wechsel rot-blau[?] je Zeile). Eigenheiten von Schreibern: S. V. Tracy, G 863; ders., *Attic Letter-Cutters of 229 to 86 B. C.* (Berkeley 1990) und: *Athenian Democracy in Transition* (Berkeley 1995). Verschiedene Hände: *EA* 22 (1994), 73, Nr. 59. Schreibübungen: J. Bousquet, *BCH* 116 (1992), 183f. Unsicherheit des Schreibers: *IK* 23,364,1f. Fehler, Korrekturen: *EA* 22,78, Nr. 61,1–2. Tilgungen: korrigierend durch den Schreiber: *EA* 22,27, Nr. 18,3; zur nachträglichen Unkenntlichmachung einer Textpassage: *Syll.*³ 401, Abb. J. Kirchner – G. Klaffenbach, *Imagines* (G 862), Taf. 35,86. Inschr. u. Lit. auf gemeinsame Quelle zurückgehend bzw. Abhängigkeit d. Lit. von Inschr.: Sprüche der Sieben Weisen (s. u. *5.2.7*); Herodot, Thukydides, Pausanias (s. u. *5.4.1*). Textkritisches: [Dem.] 43,57 ist überliefertes εἴση οἱ (statt εἷς οἱ) aus ΗΕΣΗΟΙ der archaischen Schreibung der Inschrift entstanden (vgl. *IG* I³ 104,17); für Umdichtung μὴ χωρῶν, πολυώνυμος zu μηδὲ λόγῳ χωρούμενος s. u. zu *5.2.6*; für Herodot (ἀχνυόεντι – ἀχλυόεντι) und Pausanias (αὐτ[ις] – ἄνδρες) s. u. zu *5.4.1*.

5.2.2 Philologiegeschichte: Inschriften belegen die Wertschätzung der Beschäftigung mit Literatur (Erwähnung junger *philomusoi, philologoi*). Andererseits haben hellenistische Gelehrte Inschriftentexte zum Objekt ihres Interesses gemacht und Sammlungen veranstaltet. In Anthologien von Gedichten fanden u. a. von Monumenten abgeschriebene Eingang.

Philomusos, philologos u.ä.: (Adjektiv, Substantiv, Name) L. Robert, *Hell.* 13,45–58; L. u. Jeanne Robert, *Claros* I 1 (Paris 1989), 11, col. I 1–7 mit Komm. S. 19f. Hellenist. Sammlungen von Inschr.: s. *5.4.1*. Monumentalepigramme in der Anthol. Pal.: G 1295.

5.2.3 Sprache: Inschriften sind Quellen für die Kenntnis von Aufbau und Geschichte der griechischen Sprache: frühe Stufen, z. T. nur in Sonderformen der Schrift faßbar (z. B. Linear B; kyprische Silbenschrift, s. oben *5.1.1*); Dialekte; Differenzierung von öffentlich genormter und vulgärer Sprache; die über viele Jahrhunderte sich vollziehende Sprachentwicklung. Ein Text kann in mehrere Sprachen übersetzt aufgezeichnet sein. Bestimmte Vokabeln bzw. Verwendung von Vokabeln sind nur inschriftlich bezeugt; Inschriften können auch einige Belege für Namen sein oder deren spezielle Verwendung an bestimmten Orten oder zu bestimmter Zeit illustrieren.

Dialekte, Volkssprache, histor. Grammatik: G 38–41; 271; 785; 890–912; 1854; 1971. Multilinguen: der Stein von Rosette, *OGI* 90; Xanthos: H. Metzger, *La stèle trilingue du Létôon* (Paris 1979). Vokabular: Th. Drew-Bear, *Glotta* 50 (1972), 61–96; 182–228. Namen: G 936–953; 1973; 1985.

5.2.4 Literatur: Die Geschichte der griechischen Literatur wird in mannigfacher Weise durch Inschriften beleuchtet. Die Fasten- und Didaskalieninschriften z. B. sowie die Siegerlisten liefern zur attischen Tragödie und Komödie Namen von Autoren, Schauspielern, Titel von Stücken, Daten und anderes mehr. Literarischen Genera sind Inschriftenklassen an die Seite zu stellen (Konsolationsliteratur – Trostdekrete und Grabschriften; literarische Briefe – epigraphisch erhaltene [Herrscher-, Philosophen- usw.] Briefe; für Aretalogien und Hymnen s. u. zu *5.2.6*). Biographisches (in Chroniken) und Legendäres zu Autoren ist inschriftlich überliefert; so z. B. für Archilochos auf seinem Heroon zu Paros, wo u. a. von seiner Berufung zum Dichter erzählt wird und Auszüge aus seinem Werk gegeben werden. Die große Menge der in gebundener Sprache abgefaßten Inschriften sowie Kunstprosa (etwa die Inschriften des Antiochos von Kommagene) erlauben Beobachtungen zu Prosodie, Metrik und Stil. Vereinzelt findet sich in Stein gehauene Notenschrift (Abb. 3).

Abb. 3. *IK* 36,1, Nr. 219 (Tralleis, 1.–2. Jh. n. Chr.) Grabsäule des Seikilos mit Epigramm und Lied; Beispiel für Notenschrift.
Nach E. Pöhlmann, *Denkmäler altgriechischer Musik* (Nürnberg 1970), Abb. 15.

Fasten, Didaskalien usw.: G 725; 1160–1162; *SEG* 38,162. Trostdekrete: O. Gottwald, «Zu den griech. Trostbeschlüssen», *Commentationes Vindobonenses 3* (1937) 5–19; L. Robert, *Op. Min.* VI 82–93 (R. Merkelbach, *ZPE* 18,1975, 146–148); L. Robert, *Hell.* 13,134–147 (R. Merkelbach, *ZPE* 6,1970,47–49; 13, 1974,276; Charlotte Roueché, *Performers and Partisans at Aphrodisias*, London 1993,228–230, Nr. 89f.); N. Ehrhardt, *Laverna* 5 (1994), 38–55. Briefe: C. B. Welles, *Royal Correspondence in the Hellenistic Period* (vgl. G 671f.); kaiserliche Briefe in J. H. Oliver, *Greek Constitutions of Early Roman Emperors* (Philadelphia 1989); für Briefe des Diogenes von Oinoanda bzw. Epikur (?) s. u. zu *5.2.7*. Archilocheion: *SEG* 35,916f. Epigramme: G. Kaibel, *Epigrammata Graeca ex lapidibus conlecta* (Berlin 1878) = G 761; vgl. G 762–770; 1306–1310; 1960. Kunstprosa: H. Dörrie, *Abh. Ak. Göttingen* 60 (1964; Inschr. d. Antiochos v. Kommagene); Stil und Rhythmus d. Inschr. d. Diogenes von Oinoanda, Smith a.O. (u. *5.2.7*) 110–112. Notenschrift: E. Pöhlmann, *Denkmäler altgriech. Musik* (Nürnberg 1970) 54–76 mit Abb.; M. L. West, *Ancient Greek Music* (Oxford 1992) 279f., Nr. 11–15; Annie Bélis, *Les hymnes à Apollon* (*Corp. inscr. Delphes* III, Paris 1992).

5.2.5 Geschichte: Inschriften entstammen jeweils einer bestimmten Zeit und einem bestimmten Raum. Es gibt also kaum ein epigraphisches Zeugnis, das nicht sein historisches und geographisches Umfeld besser verstehen hilft;

umgekehrt kann es auch nur in diesem Umfeld und aus ihm heraus begriffen werden. Darstellungen der antiken politischen Geschichte und Institutionen, besonders aber der Sozial-, Wirtschafts- und Kulturgeschichte stützen sich auf Inschriften; z. B. in Bezug auf Erziehung und Schule, Arbeitsleben und Finanzwesen, auf die Entwicklung der Agonistik und das Platzgreifen von Gladiatorenspielen im griechischen Osten, auf Gesetzgebung und Rechtspflege. Historische Geographie ist auf Inschriften als Quellen angewiesen.

'Historische' Inschriften, politische Institutionen: s. *5.4.3*; G 1171–1176; 1991–1994; 2005; für Pausanias s. zu *5.4.1*. Sozial-, Wirtschaftsgeschichte: G 695–698; 1114–1120; 1140; 1149; 1858; 1942. Schule: G 1155–1159. Agonistik: G 721 f. Gladiatoren: G 723. Gesetz und Recht: R. Koerner, *Inschriftl. Gesetzestexte d. frühen griech. Polis* (Köln u. a. 1993); H. van Effenterre – F. Ruzé, *Nomima* (u. *5.4.3*); G 703; M. N. Tod, *International Arbitration amongst the Greeks* (Oxford 1913); 'fremde Richter': L. Robert, *Op. Min.* V 137–154; Ph. Gauthier, *Journ. Savants* 1994, 165–195. Historische Geographie: G 186; Meilensteine: G 701; 1943 f.

5.2.6 Religion: Die weit gefächerte Skala von Inschriften, die das religiöse Leben beleuchten, reicht von öffentlichen bis zu ganz persönlichen Dokumenten (z. B. Feste, Heilige Gesetze, Orakel, Hymnen, Aretalogien, Weihung, Danksagung, Schuldbekenntnis, Fluch, Zauber; Abb. 4). Sie verhelfen zu einem chronologisch und geographisch differenzierten Bild z. B. von den jeweils verehrten Gottheiten, den Kultgepflogenheiten, der Terminologie. Vieles Lokale ist nur epigraphisch belegt. Verschiedene Religionen (darin eingeschlossen das frühe Juden- und Christentum) durchdrangen sich wechselseitig, wie etwa die inschriftlich bezeugte Verehrung des 'Höchsten Gottes' (*Theos Hypsistos*), pagane und christliche Akklamationen usw. zeigen.

Abb. 4. 'Orphische' Goldlamelle (Petelia, 4 Jh. v. Chr.)
Nach G. Zuntz, *Persephone* (Oxford 1971), Plate 29.

Feste, Kulte: z. B. G 1235–1241. Heilige Gesetze: G 727–730. Orakel: H. W. Parke – D. E. W. Wormell, *The Delphic Oracle* (Oxford 1956); L. Robert, *Op. Min.* V 617–639 (ein in Oinoanda inschriftlich erhaltenes Orakel aus Klaros, das auch literarisch überliefert ist; Umdichtung des Originals [Inschr.] μὴ χωρῶν, πολυώνυμος zu μηδὲ λόγῳ χωρούμενος mit christlicher Tendenz; vgl. Jeanne u. L. Robert, *Bull. ép.* 1979, 506); s. o. zu *5.2.1* (Alphabetisierung); G 1296. Hymnen, Aretalogien: *IG* IV 1², 128 (Inschrift des Isyllos) – 135; E. Bernand, *Inscr. métr. de l'Egypte* (Paris 1969) Nr. 175 (Isis-Hymnen); *IK* 5, 41 (Isis-Aretalogie in Kyme, von einer Stele in Memphis abgeschrieben); H. Engelmann, *The Delian Aretalogy of Sarapis* (Leiden 1975); Apollon-Hymnen: s. zu *5.2.4*. Weihungen, Danksagungen: L. Robert, *BCH* 107 (1983) 511–597 (= ders., *Docum. d'Asie Min.*, Paris 1987, 355–441); F. T. van Straten, «Gifts for the Gods», in: H. S. Versnel (Hrg.), *Faith, Hope and Worship* (Leiden 1981) 65–151; G 734f. Schuldbekenntnis: G. Petzl, *EA* 22 (1994). Fluch, Magie: J. H. M. Strubbe in: Ch. A. Faraone – D. Obbink (Hrgg.), *Magika Hiera* (New York 1991) 33–59; ders. in: J. W. van Henten – P. W. van der Horst (Hrgg.), *Studies in Early Jewish Epigraphy* (Leiden 1994) 70–128 (jüdisch); G 63; 746–749; 1288; 1956; G. Zuntz, *Persephone* (Oxford 1971) 277–393 («The Gold Leaves»). Lokale Kulte: J. Keil, «Die Kulte Lydiens», in: *Anatolian Studies W. M. Ramsay* (Manchester 1923) 239–266; L. Robert, *BCH* 107 a. O. (s. o.); B. Freyer-Schauenburg – G. Petzl, *Die lykischen Zwölfgötterreliefs* (Bonn 1994); M. B. Hatzopoulos, *Cultes et rites de passage en Macédoine* (Athen 1994). Juden- und Christentum: Strubbe (s. o.); G 251; 281; 750–755; 1254–1263; 1851; 1957f.; 2003. Theos Hypsistos: S. Mitchell, *Anatolia* II (Oxford 1993) 43–51. Akklamationen: z. B. «Groß / einzig ist der Gott und seine Macht . . .», E. Peterson, *ΕΙΣ ΘΕΟΣ* (Göttingen 1926).

5.2.7 Philosophie, Medizin: Das Bestreben, den Bürgern eines Gemeinwesens philosophisches Gedankengut buchstäblich 'vor Augen zu stellen', hat dazu geführt, daß es inschriftlich auf zentralen Plätzen festgehalten wurde. So z. B. die Sprüche der Sieben Weisen, die auch literarisch überliefert sind. Man hat sie auf Thera und in Kyzikos gefunden, der Aristoteles-Schüler Klearchos von Soloi hat sie bis in den äußersten Osten des Alexanderreiches gebracht: Lebensregeln für die in der Fremde angesiedelten Griechen. Eine auf einer Stoa eingemeißelte Inschrift sollte die Bürger des lykischen Oinoanda mit den Lehren epikureischer Philosophie vertraut machen. Das monumentale Werk hadrianischer Zeit wird einem begeisterten Anhänger namens Diogenes verdankt, und weit mehr als die Hälfte liegt noch unausgegraben unter der Erde. Um dieselbe Zeit befaßten sich Plotina und Hadrian mit Problemen der Nachfolge in der Leitung der Schule Epikurs zu Athen; dies geht aus inschriftlichen Kopien ihrer Schreiben hervor. – Aspekte antiker Heilungsmethoden werden durch epigraphische Zeugnisse beleuchtet. In Heiligtümern (z. B. dem Asklepieion zu Epidauros) aufgestellte Berichte über Heilungswunder gehören einem Grenzgebiet zwischen Religion und Medizin an. Ehreninschriften für Personen, die als öffentlich bestallte Ärzte in Gemeinden wirkten, lassen Rückschlüsse auf die Organisation des Gesundheitswesens zu.

Sprüche der Sieben Weisen: *IG* XII 3,1020; *IK* 26,2; L. Robert, *Op. Min.* V 510–551. Diogenes von Oinoanda: M. F. Smith, *Diogenes of Oinoanda, The Epicurean Inscription* (Neapel 1993). Schreiben der Plotina und Hadrians: Oliver (o. *5.2.4*) Nr. 73f. Heilungsberichte: *Syll.*³ 1168–1173; H. Müller, *Chiron* 17 (1987), 193–233 (*SEG* 37, 1019). Öffentliche Ärzte: G 1152; vgl. G 1153f.

5.2.8 Archäologie: Zwischen Archäologie und Epigraphik bestehen mannigfache Verbindungen: Inschriften werden durch Reliefs illustriert oder beziehen sich auf bildliche Darstellungen; Künstler signierten ihre Werke; Kunstgegenstände werden in Inventarlisten von Heiligtümern beschrieben; Bauinschriften geben u. a. Aufschluß über Technik und architektonische Termini, Werkstücke in Steinbrüchen wurden beschriftet. Aufträge erteilte man oft nach vorangehender Ausschreibung (*ekdosis*); Architekten hatten bei ihrer Bewerbung Modelle miteinzureichen. – Epigraphik und Numismatik: Darstellungen von Münzen nehmen Bezug u. a. auf politische, mythische, religiöse, sportliche usw. Ereignisse, Einrichtungen und Programme, die auch epigraphisch belegt sind; Vergleichbares gilt für Münzlegenden (z. B. Namen von herausragenden Persönlichkeiten, Beamten, Gottheiten, Orten; Ehrentitel usw.). Münzemissionen spiegeln wirtschaftliche und politische Gegebenheiten wider, die ihrerseits Gegenstand von Inschriften sein können.

Inschriften – bildliche Darstellungen: Marion Meyer, *Die griech. Urkundenreliefs* (Berlin 1989); D. Pinkwart, *Das Relief des Archelaos von Priene* ... (Kallmünz 1965). Künstlersignaturen: G 718–720. Inventare, Kunstgegenstände: *OGI* 214 (s. *SEG* 41,952); J. Pouilloux (G 29) p. 140–145. Architektur, Wettbewerb: G 715–717; 1972; Marie-Christine Hellmann, *Recherches sur le vocabulaire de l'architecture grecque* ... (Paris 1992); *SEG* 33,1040,9f. Steinbruch-Inschr.: Th. Drew-Bear, *MEFRA* 106 (1994), 747–844. Zur engen Verknüpfung von Epigraphik und Numismatik vgl. G 1315–1318. Inschriften zur Münzprägung: *SEG* 26,72 (Silberprägung in Athen); M. N. Tod (u. *5.4.3*) Nr. 112 (Vertrag zwischen Mytilene und Phokaia).

5.3 Materielle Beschaffenheit der Schriftträger und Fundzusammenhänge; Aufnahme von Inschriften

5.3.1 Schriftträger: Die Epigraphik beschäftigt sich vor allem mit Inschriften, die in Stein gemeißelt sind (Stele, Altar, Basis, Gebäude- oder Felswand usw.), weitere Schriftträger sind Metall (Bronzeplatten, Gold-, Silber-, Bleilamellen, Gewichte), Keramik, Mosaiken. Andere sind nicht oder nur in geringem Umfang erhalten (Holz, ggf. mit weißer Farbe oder Wachs überzogen, Textil; Akontios schrieb den Schwur, den er Kydippe in den Mund legen wollte, bekanntlich auf einen Apfel [Ovid, *Heroides* 20 und 21; Aristainetos I 10]).

5.3.2 Fundsituationen: Inschriften können heute noch an derselben Stelle wie in der Antike sichtbar sein, etwa an Gebäuden, Felswänden, Statuen (z. B. in Ägypten auf dem 'Memnon-Koloss' und in Abu-Simbel) usw. eingegraben; oder sie werden durch Grabungen freigelegt. Viele Steine sind aber schon im Altertum aus ihrem Zusammenhang gelöst und wiederverwendet, neu beschriftet, anders zugeschnitten usw. worden. Man transportierte (und transportiert) sie als Baumaterial, Schiffsballast und Handelsware; die äußere Gestalt, das Formular und der Inhalt einer Inschrift können darauf hinweisen, daß der aktuelle Fundort mit dem ursprünglichen Platz ihrer Aufstellung nicht übereinstimmt, daß es sich um einen 'wandernden Stein' handelt. Museen beherbergen z. T. beträchtliche epigraphische Sammlungen (etwa Athen, London, Paris, Leiden, Manisa [Türkei] usw.).

'Memnon-Koloss', Abu-Simbel: G 321; Meiggs-Lewis (u. *5.4.3*) Nr. 7. 'Wandernde Steine', Museen: L. Robert, *Op. Min.* VII 225–275; 637–671; H. W. Pleket, *The Greek Inscriptions in the 'Rijksmuseum van Oudheden' at Leyden* (Leiden 1958); H. Malay, *Greek and Latin Inscriptions in the Manisa Museum* (Wien 1994); G 658–668; 1936–1938.

5.3.3 Aufnahme von Inschriften: Der 'Epigraphiker im Felde' sollte nach Möglichkeit jede Inschrift, der er begegnet, dokumentieren; denn er ist vielleicht nicht der erste, der sie zu Gesicht bekommt, wohl aber möglicherweise der letzte. Zur Beschreibung gehören Angaben zu den Maßen, zu Material und Erhaltungszustand, ebenso zum Fundzusammenhang; eine Skizze gibt einen Begriff vom Äußeren des Monuments, besonders aber Photos und Abdrücke der Inschriften. Für letztere ist vor allem der Papierabklatsch zu nennen: saugfähiges Papier wird auf die gereinigte Schriftfläche mit einem feuchten Schwamm angedrückt. Mit einer Bürste wird das nunmehr plastische Papier kräftig auf die Steinoberfläche und in die Buchstabenprofile hineingeschlagen. Vorzugsweise nachdem er getrocknet ist, wird der Abklatsch vom Stein genommen. Die dem Stein zugewandte Seite gibt ein besonders klares (spiegelverkehrtes) Bild von der Inschrift; sie ermöglicht unter günstigen Lichtverhältnissen, die oftmals vor dem Stein selber fehlen, Studium des Textes und Photographie (um den ursprünglichen Schriftverlauf abzubilden, ist das Negativ spiegelverkehrt abzuziehen). Mit einer Rolle kann auch flüssiger Latex (ggf. in mehreren Schichten, mit Bandagen verstärkt) auf die Schriftfläche aufgetragen werden; nachdem er getrocknet ist, wird er wie ein Papierabklatsch behandelt, ist aber möglicherweise nicht von gleicher Haltbarkeit. Ein guter Abklatsch weist gegenüber dem Original kaum Qualitätseinbußen auf und ist meist leichter zu handhaben und bequemer zu archivieren als der Stein.

Abklatschtechnik: G 855.

5.4 Kurze Skizze der Beschäftigung mit Inschriften; epigraphische Veröffentlichungen; bibliographische Hilfsmittel

5.4.1 Frühe 'Epigraphiker': Inschriftlich fixierte Texte sind von griechischen Autoren (z. B. Herodot, Thukydides, Pausanias u. a.) als Quellen benützt worden; z. T. haben sie sie vom Stein selber abgeschrieben (z. B. bei Weihungen), z. T. bedienten sie sich der in Archiven aufbewahrten Vorlagen. Im Hellenismus wurden Sammlungen herausgebracht, die als Vorläufer der nach Themen bzw. Orten gegliederten Corpora gelten können. Als frühester 'epigraphischer Reisender' der neueren Zeit ist der Kaufmann Cyriacus von

Ancona zu nennen (1. Hälfte 15. Jh.), dessen zahlreiche Kopien griechischer Inschriften nur teilweise erhalten sind. Ab der 2. Hälfte d. 17. Jh.s werden mehr und mehr Reisen in den griechischen Osten unternommen und dabei auch Inschriften kopiert, teilweise von Laien (Diplomaten, Kaufleuten, Ingenieuren, Militärs usw.), teilweise von Altertumswissenschaftlern. Man stellte Sammlungen zusammen – sowohl in Buchpublikationen als auch konkret als Lapidarien (z. B. die Sammlung des Earl of Arundel oder das Lapidario Maffeiano zu Verona).

Was hier (und z. T. in *5.4.2*) nur angedeutet werden kann, findet sich ausführlich dargestellt bei W. Larfeld, *Handbuch der griechischen Epigraphik* I (Leipzig 1907) 16–171. – Herodot, Thukydides, Pausanias u. a.: Herodot überliefert u. a. 5,77,4 ein Weihepigramm (textkrit. Problem ἀχνυόεντι – ἀχλυόεντι, s. *SEG* 35,21; 1774 [= Stephanie West, «Herodotus' Epigraphical Interests», *CQ* 35, 1985, 278–305]; 39, 1789; 40,24; 43, 1250); Thukydides u. a. 6,54,7 die Weihung des Jüngeren Peisistratos *CEG* I 305; 5,47 den Vertrag *IG* I³ 83; vgl. C. Meyer, *Die Urkunden im Geschichtswerk des Thukydides* (München 1955); Pausanias überliefert 7,5,3 das auch inschriftlich erhaltene Gründungsorakel für das hellenistische Smyrna (*IK* 24,647,2–3; der Stein hat besseres αὐτ[ις] anstelle des handschriftlichen ἄνδρες); zu Pausanias und den Inschriften (hinsichtl. Mythologie, Archäologie, Geschichte) s. Ch. Habicht, *Pausanias und seine 'Beschreibung Griechenlands'* (München 1985) 64–92. Zu dem inschriftlich und literarisch überlieferten Orakel von Klaros und der in Memphis abgeschriebenen Isis-Aretalogie von Kyme s. o. *5.2.6*. Klearchos von Soloi schrieb persönlich in Delphi die Sprüche der Sieben Weisen ab, s. o. *5.2.7*. Hellenistische Sammlungen sind nur in Fragmenten u. a. des Philochoros von Athen, des Makedonen Krateros und des Polemon von Ilion bekannt. Cyriacus von Ancona: G 833–835. Sammlung des Earl of Arundel, des Sc. Maffei: D. E. Haynes, *Archaeology* 21 (1968), 85–91 und 206–211; G 668.

5.4.2 Inschriftencorpora: Mit dem von A. Böckh begonnenen, von J. Franz, E. Curtius, A. Kirchhoff und H. Röhl zu Ende geführten *Corpus Inscriptionum Graecarum* (*CIG*), 4 Bde Berlin 1828–77, wurde eine erste groß angelegte Sammlung von nur griechischen Inschriften unternommen; das Material ist darin größtenteils geographisch gegliedert. Die Herausgeber stützten sich auf frühere Publikationen bzw. handschriftliche Kopien. Der Zustrom an weiteren Inschriften führte (und führt) zur Einrichtung neuer geographischer Corpora. Der Herausgeber eines Corpus sollte die Inschriften möglichst selber vergleichen, reichlich Abbildungen geben sowie ausreichende Angaben zum Schriftträger machen. Äußere Form der Corpora (vom unhandlichen Folianten bis zum bequem 'faßbaren' Band), Aufbau und Dichte der Kommentierung sowie Erschließung des Materials (Indices, Konkordanzen) fallen unterschiedlich aus; die Skala reicht von kaum kommentierter Vorlage der Texte bis zum Corpus, das eine Gesamtschau anstrebt (L. und Jeanne Roberts [einzig erschienener] 2. Band von *La Carie, Histoire et géographie historique avec le recueil des inscriptions antiques*, Paris 1954). Es werden auch Corpora zusammengestellt, die einem bestimmten Thema (z. B. profanen bzw. heiligen Gesetzen [o. *5.2.5* und *5.2.6*], Finanzwesen) gewidmet sind bzw. deren Inschriften gemeinsamen Charakter aufweisen (z. B. Gedichte, Amphorenstempel). Der Zustrom an neuem Material hält an, Inschriftencorpora werden rasch ergänzungsbedürftig; man macht sich elektronische Datenverarbeitung zunutze, um neue Corpusformen zu erproben und einen besseren Zugriff auf das in ihnen gegebene Material zu ermöglichen.

Einige der auf das *CIG* folgenden geographischen Corpora: *Inscriptiones Graecae (IG), Tituli Asiae Minoris (TAM), Inscriptiones Graecae in Bulgaria repertae (IGBulg), Inscriptiones Graecae Urbis Romae (IGUR), Inscriptions grecques et latines de la Syrie (IGLS), Inschriften griechischer Städte aus Kleinasien (IK)*; vgl. G 51–333; 1832–1836; 1876–1894 mit vielen weiteren Titeln und kurzen Beschreibungen. Zu thematischen bzw. typologischen Corpora vgl. L. Robert, *Op. Min.* III 1604f.; G 669–819; 1849–51.

5.4.3 Auswahlsammlungen: Während mit Corpora vollständige Materialvorlage angestrebt wird, können Auswahlsammlungen sich auf besonders lohnende Stücke beschränken: sei es ohne thematische Einengung, sei es mit bestimmten Schwerpunkten. Derartige Sammlungen eignen sich z. B. für den Unterricht. Um den Inhalt von Inschriften einem weiteren Benutzerkreis zu erschließen, werden Inschriftentexten in zunehmendem Maß Übersetzungen beigegeben. Auch nimmt die Zahl der Auswahlsammlungen zu, die auf den Abdruck des Griechischen verzichten und die Dokumente nur in Übersetzung – mehr oder minder ausführlich kommentiert – vorlegen.

Auswahlsammlungen (a) ohne thematische Einengung: W. Dittenberger, *Sylloge inscriptionum graecarum* (Leipzig ³1915–24; abgekürzt *Syll.*³ od. *SIG*³) oder *Orientis graeci inscriptiones selectae* (Leipzig 1903–5; *OGI[S]*), beide gut kommentiert; Ch. Michel, *Recueil d'inscriptions grecques* (Bruxelles 1900–1912 [Suppl.]), fast ohne Kommentar, vgl. G 28; (b) mit Schwerpunkten: die beiden Bände *A Selection of Greek Historical Inscriptions*, von R. Meiggs – D. M. Lewis bzw. M. N. Tod (Oxford ²1988 bzw. 1948), s. G 25–41; 695; 1831; H. van Effenterre – F. Ruzé, *Nomima* I–II (Rom–Paris 1994–5); (c) nur in Übersetzung: R. S. Bagnall – P. Derow, *Greek Historical Documents: The Hellenistic Period* (Chico 1981); J.-M. Bertrand, *Inscriptions historiques grecques traduites et commentées* (Paris 1992); K. Brodersen – W. Günther – H. H. Schmitt, *Historische griechische Inschriften in Übersetzung* I (Darmstadt 1992); G 689f.; 1939–1941.

5.4.4 Neufunde und ihre Erschließung: Auf Surveys oder Grabungen gemachte Inschriften-Neufunde werden in Zeitschriften, Reihen, Monographien, Grabungspublikationen usw. vorgelegt. Seit über 100 Jahren wird versucht, durch Zusammenfassungen über diesen Zuwachs und weitere die Epigraphik betreffende Arbeiten einen Überblick zu gewähren. Das in der *Revue des Etudes Grecques* erscheinende *Bulletin épigraphique (Bull. ép.)* gibt vor allem kritisch wertende Analysen von Neuerscheinungen, gelegentlich mit Abdruck von Texten bzw. -auszügen. Für die Jahre 1938 bis 1984 werden diese Analysen Jeanne und L. Robert verdankt (1938/9 zusammen mit R. Flacelière). Der exemplarische Charakter und hohe Nutzen waren Anlaß, diese Bulletins nachzudrucken und (gegenwärtig bis ins Jahr 1977) nach «mots grecs, publications, mots français» zu erschließen: ein Beispiel dafür, wie sehr epigraphische Arbeiten auf den Schultern einzelner ruhen und in ihrem Charakter durch diese bestimmt werden. Das gilt auch für das *Supplementum Epigraphicum Graecum (SEG)*, in dem der Wiederabdruck von Texten (soweit nicht in Corpora gegeben) im Vordergrund steht. Der Nutzen liegt auf der Hand: neue die Epigraphik betreffende Abhandlungen sind in ihrer Fülle für den einzelnen kaum mehr zu überblicken, manches erscheint in entlegenen Publikationen. Mit Hilfe des *SEG* wird dies leichter zugänglich; man sollte also nach Möglichkeit immer auch die *SEG*-Nummer(n) für eine Inschrift angeben. Dieser Nutzen ist in den von H. W. Pleket und R. Stroud (mit einem internationalen Helferkreis) erstellten Bänden 26ff., die im jährlichen Rhythmus sich jeweils mit der Ernte der Jahre 1976/7, 1977 usw. befassen, gegenüber den früheren erhöht: jeder Band deckt den gesamten geographischen Raum ab, vereinzelt werden kritische Bemerkungen und Verbesserungen gegeben, Kurzanzeigen von Büchern, detaillierte Indices.

Zeitschriften: s. G 1750–1795; 2049; *Arkeoloji Dergisi* (Izmir); im vorangehenden zitiert: *Bulletin de Correspondance Hellénique* (*BCH*), *Epigraphica Anatolica* (*EA*), *Zeitschrift für Papyrologie und Epigraphik* (*ZPE*). Reihen: s. G 1813–1828; *Monumenta Asiae Minoris Antiqua* (*MAMA*); *Regional Epigraphic Catalogues of Asia Minor* (*RECAM*). Zusammenfassende Übersichten: G 820–829.

II

Geschichte der griechischen Philologie

1 Griechische Philologie im Altertum
NIGEL WILSON

Vorbemerkung: Grundlegend zu diesem Thema ist R. Pfeiffer, *History of classical scholarship: from the beginnings to the end of the Hellenistic age* (Oxford 1968; rez.: N. Wilson, *CR* 19, 1969, 366–372); deutsche Übersetzung (von M. Arnold; mit Berichtigungen): *Geschichte der klassischen Philologie: von den Anfängen bis zum Ende des Hellenismus* (München ²1978).

1.1 Griechische Philologie vor den Alexandrinern
1.1.1 Die Anfänge der Philologie

Philologie entsteht aus dem aufmerksamen Lesen von Literatur und aus dem Bedürfnis, die sich daraus ergebenden Fragen zu beantworten. Im archaischen Griechenland war die Dichtung ein bedeutendes Element der Schulbildung, und Lehrer müssen es bald nötig gefunden haben, den Stoff zusammenzustellen, der für die Befriedigung der Wißbegier ihrer Schüler gebraucht wurde. Wir kennen weder die Pioniere dieses Vorgangs noch die Stufen, in denen sie ihre Methoden entwickelten; unser Unwissen ist entweder eine Folge des allgemeinen Mangels an Zeugnissen über das 7. und 6. Jh. v. Chr. oder der Unfähigkeit hellenistischer und späterer Gelehrter, die Entwicklung ihrer Kunst in einer historischen Perspektive zu verstehen (doch ist dies weniger wahrscheinlich, da die Alten für die Vorstellung des *protos heuretes* gelegentlich durchaus Interesse aufbrachten).

Auf jeden Fall war das Studium Homers seit frühester Zeit von größter Bedeutung, und wir können zwei plausible Annahmen über die in den Schulen angewandten Praktiken machen: Zum einen mußten seltene oder unverständliche Wörter durch Synonyme erklärt werden; die Zusammenstellungen solcher Erklärungen, die in verschiedenen Papyri und mittelalterlichen Handschriften erhalten sind (weil sie irrtümlich dem viel späteren Gelehrten Didymos zugeschrieben wurden, sind sie allgemein als 'D-Scholien' bekannt), sind modifizierte und verbesserte Versionen von Zusammenstellungen, die im 5. Jh. oder noch früher existierten.

Die zweite Annahme betrifft ein Konzept, dessen Erfindung bedeutsame Folgen hatte. Es sieht so aus, als sei Theagenes von Rhegion (um 530 v. Chr.) der erste gewesen, der nicht nur über Leben und Datierung Homers schrieb, sondern auch allegorische Deutung anwandte; man mag sich vorstellen, daß er Schwierigkeiten dabei fand, einer Klasse junger Schüler Episoden Homers wie die Geschichte von Ares und Aphrodite in *Odyssee* 8 oder Heras Täuschung des Zeus in *Ilias* 14 zufriedenstellend zu erklären, und daher in der Allegorie eine Möglichkeit sah, die Ansicht zu stützen, daß Homer Unterweisung in moralischen Fragen enthalte. Diese Ansicht ist in einem Teil des erhaltenen Scholien-Corpus zur *Ilias* (den sogenannten exegetischen Scholien) weit verbreitet; und obwohl Scholien sicherlich ein Erzeugnis einer sehr viel späteren Zeit sind, könnten sie in dieser Hinsicht den Geist, in dem frühe Interpreten Homers an ihre Aufgabe gingen, durchaus widerspiegeln. Es muß unsicher bleiben, ob die allegorische Deutungsweise im 5. und 4. Jh. sehr populär war (Plat. *Crat.* 407b scheint auf sie anzuspielen); sie wurde aber von den Stoikern bevorzugt und findet sich in einem der sehr wenigen Werke antiker Philologie, die in ihrer ursprünglichen Form überlebt haben, einer kurzen Schrift, die unter dem Namen eines Herakleitos geht und in der Regel erst ins 1. Jh. n. Chr. datiert wird (u. *1.2.6*).

1.1.2 Philologie im 5. und 4. Jh. v. Chr.

Im 5. Jh. schrieb ein anderer Bewohner von Rhegion, Glaukos (ein Zeitgenosse Demokrits), ein Buch mit dem Titel Περὶ τῶν ἀρχαίων ποιητῶν καὶ μουσικῶν. Die wenigen Fragmente (bei Müller, *FHG* II 23f.) erlauben uns nicht anzunehmen, daß es mehr als eine Sammlung von Anekdoten war; doch wurden offensichtlich chronologische Fragen zur Sprache gebracht. Ein früher Lehrer, der ein Leben Homers oder eine Art Vorwort zu seinen Gedichten geschrieben zu haben scheint, war der Dichter Antimachos (um 400 v. Chr.; fr. 129–148 Wyss [= 165–187 Matthews]). In den Scholien erhaltene Nachrichten zeigen an, daß er einige Textverbesserungen vorschlug (z. B. in *Il.* 21,397. 23,870. 24,71 und *Od.* 1,85). In welcher Form diese Vorschläge festgehalten und weitergegeben wurden, ist unklar. Andere Hinweise darauf, wie Dichtung untersucht wurde, lassen sich den *Daitaleis* des Aristophanes entnehmen (fr. 233 K.-A.), wo ein Vater seinen Sohn über unklare Wörter bei Homer abfragt, sowie dem Agon zwischen Aischylos und Euripides in den *Fröschen*. Andeutungen ähnlicher Tätigkeit können auch die Behandlung eines Simonides-Gedichts in Platons *Protagoras* 338E und des Pindar-Fragments 169 Sn.-M. in *Gorgias* 484B sein.

Diese beiden Stellen sind zur Erklärung einer höchst vagen Aussage bei Isokrates, *Antidosis* 45, herangezogen worden, wo Gruppen von Prosa-Schriftstellern aufgeführt werden und es von der zweiten Gruppe heißt, sie bestehe aus denen, die über Dichter geschrieben hätten. Auch wenn unklar bleibt, was Isokrates meint, sollte man hier eine Schrift seines Gegners Alkidamas mit dem Titel *Museion* erwähnen, die die Beschreibung eines Wettkampfs zwischen Homer und Hesiod enthielt. Bruchstücke davon sind offenbar in P.Lit.Lond. 191 und P.Mich. 2754 erhalten; letzterer stammt vom Ende des Textes und enthält eine frivole Anekdote.

Isokrates' Bemerkung wird vielleicht besser durch den Kommentar zu einem orphischen kosmogonischen Gedicht erhellt, der im Derveni-Papyrus entdeckt wurde (provisorischer Text in *ZPE* 47, 1982, Appendix). Die Erörterung in diesem Kommentar verdient kaum, 'philologisch' genannt zu werden; die Deutung philosophischer Gedanken steht offensichtlich im Mittelpunkt.

Der Papyrus stammt wahrscheinlich aus der Mitte des 4. Jh.s und ist daher zeitgleich mit Aristoteles, dessen Rolle in der Entwicklung der Philologie in neueren Darstellungen geleugnet oder heruntergespielt worden ist. Diese Tendenz scheint auf eine unangebracht enge Definition dessen zurückzugehen, was Philologie darstellt; wenn man jedenfalls die Fragmente betrachtet, die aus zwei verlorenen Schriften des Aristoteles, *Über Dichter* und *Schwierige Fragen bei Homer* (Nr. 70–77 und 142–179 in der Ausgabe von V. Rose, Leipzig 1886), erhalten sind, dann läßt sich sein Anspruch schwerlich bestreiten. Die Vorstellung von Aristoteles als dem Erfinder der Literatur-Philologie erhält Unterstützung durch die Ansicht, die ein gebildeter Mann um die Wende vom 1. zum 2. Jh. n. Chr. schriftlich festgehalten hat. In seiner kurzen Abhandlung über Homer (*or.* 36 [53],1) sagt Dion Chrysostomos: «Aristoteles, mit dem, wie man sagt, die Kritik und die Kunst der Grammatik begann, bespricht den Dichter in vielen seiner Dialoge, wobei er ihn zumeist bewundert und ihm Reverenz erweist; ebenso Herakleides Pontikos.» Man sollte hier auch die Bücher von Aristoteles' Schüler Eudemos von Rhodos zur Geschichte der Geometrie, Arithmetik und Astronomie erwähnen (fr. 133–149 Wehrli), auch wenn ihr Gegenstand kein philologischer war; diese Schriften entstanden wahrscheinlich aus dem Wunsch, die Entwicklung der Wissenschaft in teleologischen Begriffen nachzuzeichnen.

1.2 Philologie in Alexandria

1.2.1 Die alexandrinische Bibliothek und ihre Folgen

Aristoteles und seine Nachfolger verfolgten ein sehr weites Spektrum intellektueller Interessen und bauten wahrscheinlich eine große Bibliothek auf, doch bildeten literarische Studien nicht den Kern ihrer Tätigkeit. Die konkurrierende Institution, die die Ptolemäer früh im 3. Jh. errichteten, war in mancher Hinsicht anders: Unter ihren Mitgliedern befand sich eine Anzahl Dichter, und der Wunsch der Könige, eine vollständige Sammlung der griechischen Literatur anzulegen, sorgte für einen – vielleicht unerwarteten – Anreiz, weiter über die Texte nachzudenken. Als man die gesammelten Abschriften genauer prüfte, um sie katalogisieren zu können, entdeckte man, daß einige beachtliche Abweichungen voneinander oder vom allgemein akzeptierten Text aufwiesen; der bemerkenswerteste Fall waren die homerischen Gedichte, von denen Abschriften aus einer Reihe entfernter Städte (Sinope und Massalia eingeschlossen) eintrafen. Ferner waren da Texte zweifelhafter Authentizität. Der Vorgang des handschriftlichen Abschreibens muß bereits zu diesem Zeitpunkt begonnen habe, die Lesbarkeit vieler Bücher zu beeinträchtigen. In einem Zeitraum von ungefähr 150 Jahren reagierten die Bibliothekare und andere Mitglieder des Museion so erfolgreich auf die Herausforderungen, die ihre Bibliothekssammlungen ihnen stellten, daß man ihnen das

Verdienst zuweisen kann, viele für die Philologie immer noch grundlegende Prinzipien erfunden zu haben. Hunderte von gelehrten Abhandlungen und Monographien wurden veröffentlicht, und die wichtigsten literarischen Texte wurden in einer Form, die man heute 'wissenschaftliche Edition' nennen würde, herausgegeben.

Die Kunde über die alexandrinische Bibliothek ist überraschend spärlich; ein nützlicher Abriß bei Mostafa El-Abbadi, *Life and fate of the ancient Library of Alexandria* (Paris ²1992).

1.2.2 Prinzipien der alexandrinischen Philologie

Obwohl die aus dieser Zeit und den frühen nachchristlichen Jahrhunderten erhaltenen philologischen Schriften an Zahl außerordentlich wenige sind, läßt sich doch bis zu einem gewissen Grad ein Bild von der alexandrinischen Philologie rekonstruieren, vor allem aus den Randnotizen, die man in antiken und mittelalterlichen Handschriften findet. Ein kurzer Abriß muß sich auf die Leistungen einiger weniger führender Persönlichkeiten konzentrieren; andererseits darf man nicht Instrumente oder Methoden der Kritik übersehen, die sich nicht mit Sicherheit einem Individuum zuschreiben lassen.

Ein einschlägiger Fall ist die Maxime, daß man Homer mit Hilfe von Homer deuten solle ("Ομηρον ἐξ 'Ομήρου σαφηνίζειν), oder in anderen Worten: daß der Versuch, Unklarheiten in einem Text zu lösen, mit einer Heranziehung anderer Schriften des gleichen Autors beginnen sollte. Früher glaubte man, dieses Prinzip sei eine Erfindung Aristarchs, doch kamen daran Zweifel auf, weil der früheste Gewährsmann für diesen Satz Porphyrios ist (3. Jh. n. Chr.) und weil er mit einem Verb in einer Bedeutung formuliert ist, die in Aristarchs Zeit für dieses Verb wahrscheinlich nicht geläufig war.

Diese Argumente sind nach meiner Meinung nicht entscheidend (vgl. dazu *CR* 21 (1971) 172 und *PCPhS* 22 (1976) 123); dennoch bleiben Zweifel am Ursprung dieses kritischen Prinzips, das als eines der wichtigsten gelten darf. Galen, *De comate secundum Hippocratem* (7 p. 646 K.) wendet ein vergleichbares Prinzip bei Hippokrates an (vgl. C. Schäublin, *Untersuchungen zu Methode und Herkunft der antiochenischen Exegese,* Köln–Bonn 1974, 159 Anm. 14; zu den Ursprüngen dieses Prinzips vgl. dens., *MH* 34, 1977, 221–227). An einer anderen Stelle (*De pulsuum dignotione,* 8, p. 958K) präsentiert Galen das Prinzip in einer allgemeingültigen Form (ἕκαστον τῶν ἀνδρῶν ἐξ ἑαυτοῦ σαφηνίζεσθαι). Angesichts solcher Unsicherheiten soll im Folgenden das Unzulängliche einer rein chronologischen Darstellung der Leistungen der hellenistischen Philologen durch den Hinweis auf einige Vorstellungen wettgemacht werden, die sonst übersehen werden könnten, weil sie nicht ausdrücklich mit berühmten Gestalten des Museion von Alexandria verbunden sind.

Eine weitere wichtige Konzeption, die ein Licht auf die Schwierigkeiten bei der Deutung des Materials wirft, ist die des 'Unangemessenen' (ἀπρεπές, ἀπρέπεια). Sie wird oft als ein Grund dafür verwendet, Homerversen ihre Echtheit zu bestreiten. Man muß nur bis *Il.* 1,29–31 lesen (wo Agamemnon die Bitten des Chryses um die Freilassung seiner Tochter zurückweist), um eine Anmerkung mit dem Inhalt zu finden: «Die Verse werden verworfen, weil sie die Intensität des Gedankens und der Drohung schwächen; denn Chryses wäre zufrieden gewesen, wenn sie mit dem König gelebt hätte, und es ist auch für Agamemnon unangemessen, solche Dinge zu sagen.» Viele Anmerkungen dieser Art kommen in den Überresten der antiken Homer-Kommentare (und gelegentlich auch anderswo, vgl. *Schol. Ap. Rhod.* 1,1207) vor. Man darf annehmen, daß die Grundvorstellung auf Aristoteles zurückgeht (vgl. *Rhet.* 2, 21 p. 1395a5, 3, 3 p. 1406a13 und fr. 100 Rose), aber es mag sich um eine Idee handeln, die zeitweise in peripatetischen Kreisen eine Rolle spielte und dann in allgemeinerer Form von einem oder mehreren der Alexandriner angewendet wurde (vgl. N. Wilson, *SCO* 33, 1983, 103–5).

1.2.3 Philologen im späten 4. und früheren 3. Jh. v. Chr.

Die uns erhaltenen spärlichen Zeugnisse deuten darauf hin, daß in den Jahrzehnten zwischen dem Tod des Aristoteles und der Herausbildung des Museion als größter und am besten organisierter Bibliothek der bekannten Welt die Philologie sich weiter entwickelte. Aristoteles' Schüler Dikaiarch interessierte sich für die Handlungen der Euripides- und Sophokles-Stücke und schrieb über die dionysischen Wettkämpfe. In Alexandria waren die Gelehrten oft selbst Dichter; frühe Beispiele sind Philitas von Kos und Lykophron. Philitas (*IV 2.1.2*) war der Erzieher des späteren Ptolemaios II. (geb. 308 v. Chr.); der Zweck seines Wörterverzeichnisses (ἄτακτοι γλῶσσαι) ist unsicher, da es auch Wörter aus Dialekten enthielt, die offenbar keine literarische Bedeutung hatten. Lykophron (*IV 2.2.2*) schrieb ein Werk über Komödie in wenigstens neun Büchern (Ath. 11, 485D), das Erklärungen seltener Wörter mit einschloß.

Eine wichtige Gestalt, vor allem wegen seiner Arbeit an Homer ist Philitas' Schüler Zenodot, der auch Ptolemaios II. unterrichtete und der erste Bibliothekar des Museion wurde.

Die Art und die Qualität seiner Homer-'Ausgabe' (vor dem Hintergrund antiker Bücherherstellung muß dieser Begriff mit Vorsicht gedeutet werden [*I 1.4.1*]) wurden viel diskutiert: Systematische Behandlung bei K. Nickau, *Untersuchungen zur textkritischen Methode des Zenodotos von Ephesos* (Berlin 1977); ein neuer Ansatz bei H. van Thiel, *ZPE* 90 (1992) 1–32 und 115 (1997) 13–36. Seine Ergebnisse führen dazu, die Verantwortung für viele grobe Fehler von Zenodot auf Aristonikos zu übertragen; diese Fehler werfen weiterhin ein bedenkliches Licht auf die Qualität mancher antiken Textkritik.

Unstritig ist, daß Zenodot den Obelos – einen waagerechten Strich am linken Rand des Textes – als ein Zeichen erfand, um darauf hinzuweisen, daß er die so markierte Zeile oder Zeilen nicht für echt hielt; glücklicherweise führte dieses Vorgehen nicht zur Auslassung der Zeilen in später angefertigten Abschriften. Offenbar notierte Zenodot auch viele stichhaltige linguistische Parallelen zu Merkmalen homerischer Verskunst; dabei plazierte er kurze Anmerkungen über die Zeilen oder in den Raum zwischen den Kolumnen.

Obwohl die frühe Geschichte der Bibliothek und des Museion im Dunkeln liegt, wurde eine große Sammlung von Büchern offensichtlich schon früh zusammengetragen, und die Bibliothekare sahen sich infolgedessen mit verschiedenen Aufgaben konfrontiert. Galen (15 p. 105 K.) glaubte – wahrscheinlich zu Recht –, daß das starke Verlangen der Könige nach einer vollständigen Sammlung griechischer Autoren zur Produktion von Fälschungen führte, die unvorsichtig aufgenommen wurden und später entlarvt werden mußten. Bei vielen Autoren wurden bald Fragen nach der Echtheit ihnen zugeschriebener Schriften gestellt.

Wie man im einzelnen Fortschritte bei der Entwicklung von Kriterien zur Entdeckung von Fälschungen erzielte, ist kaum bekannt, doch sei darauf hingewiesen, daß im späteren Altertum einige Gelehrte unter der von Dionysios Thrax zur wichtigsten Aufgabe des Textkritikers erhobenen κρίσις ποιημάτων die Identifizierung unechter Werke verstanden. Vgl. N. Wilson SCO 33 (1983) 106–108.

Eine wesentliche Vorbedingung der Echtheitskritik bestand darin, grundsätzliche Vorstellungen von Bibliographie zu entwickeln; dies war eine Leistung des Kallimachos, der selbst nicht den Posten des leitenden Bibliothekars innehatte. Nur sehr spärliche Fragmente (429–453 Pf.) sind noch von seinen *Pinakes* vorhanden, einem 120 Bücher umfassenden Verzeichnis von «in allen Bildungszweigen hervorragenden Personen und ihren Werken». Wir können nicht sagen, wie sehr Kallimachos bei jeder Beschreibung ins Einzelne ging, aber verschiedene Fragmente können zumindest die Spannweite der hier gegebenen Informationen exemplifizieren: Kallimachos gab an, was er für den korrekten Titel hielt (448), die von einem Autor benutzten Quellen (429), den Zeitpunkt des ersten öffentlichen Vortrags eines Redners (Demosthenes 354/3 v. Chr.: 432); er äußerte auch Zweifel daran, daß ein bestimmtes Gedicht von Pythagoras stammte (442), und hielt fest, daß er Euripides' *Andromache* einem gewissen Demokrates zugewiesen gefunden hatte (451). Einige von Kallimachos' Ansichten wurden in Frage gestellt (vgl. fr. 444–447), und Aristophanes von Byzanz stellte später eine Ergänzung mit Berichtigungen zusammen (fr. 368f. Slater); aber ein wichtiger Schritt war gemacht worden, und er wurde zum Vorbild für die konkurrierende Bibliothek, die später in Pergamon gegründet wurde (vgl. fr. 439 Pf. und Dion. Hal. *Dinarchus* 11).

Sobald man einmal Abschriften von Texten erhalten und katalogisiert hatte, wurden wahrscheinlich weitere Schritte erforderlich, um die Bedürfnisse eines intelligenten Lesers zu befriedigen. Eine mögliche Quelle von Schwierigkeiten war, daß manche aus Attika gelieferten Bücher alt genug gewesen sein könnten, um noch im alt-attischen Alphabet geschrieben worden zu sein und deswegen für einen Leser oder Abschreiber, der an die Zweideutigkeiten dieser Schrift nicht gewöhnt war, gelegentlich eine Falle zu bieten.

Das scheint in Ps.-Dem. or. 43,57 geschehen zu sein, wo der Fehler letztlich auf die Verlesung einer Steininschrift zurückgeht; auch in Scholien gibt es manchen Verweis auf das alte Alphabet (ἀρχαία σημασία), z. B. zu Ar. *Av.* 66, Pind. *Nem.* 1,34, *Ilias* 11, 104. Vgl. auch Schol. *Il.* 7,238. 21,363, *Od.* 1,52 und Eur. *Phoen.* 682. Zu Homer-Abschriften vgl. R. Janko, *The Iliad: a commentary* IV (Cambridge 1992) 34–37. Janko vermerkt auch, daß einige Vasen des 5. Jh.s Leser darstellen, die Bücher im alten Alphabet studieren. Vgl.

auch J. B. Hainsworth zu der Form καιροσέων in *Od.* 7,107 in *A commentary on Homer's Odyssey* I (Oxford 1988) 328.

Nicht weniger wichtig war die Erkennung von Stellen, wo bereits ein Abschreibefehler (γραφικὸν σφάλμα, ἁμάρτημα) passiert war. Das früheste datierbare Auftreten dieses Gedankens scheint in Polyb. 12,4a,6 (wo es um Zahlzeichen in einer Ephoros-Stelle geht) und 34,3,11 (mit bezug auf *Od.* 12,105) zu sein (*I 3.1*). Andere Belege sind selten: einer in *Schol. Pind. Ol.* 7,5, ein weiterer in *Schol. Il.* 8,346f., eine Bemerkung, die sich Nikanor (um 130 n. Chr.) zuweisen läßt.

1.2.4 Die Höhepunkte der alexandrinischen Philologie

Das Museion und die Bibliothek von Alexandria blieben noch etwa anderthalb Jahrhunderte das Hauptzentrum der Philologie. In der Generation nach Zenodot und Kallimachos sind mehrere Fortschritte mit dem Namen des Aristophanes von Byzanz (etwa 255–180) verbunden. Er führte einige weitere kritische Zeichen zum Gebrauch in den Homertexten ein, verbesserte die zuvor verwendete äußerst rudimentäre Interpunktion und erfand ein System zur Kennzeichnung der griechischen Akzente. Ihm wird auch die Kolometrie zugeschrieben, d. h. die Aufteilung lyrischer Verse in Zeilen, die die metrische Form wiedergeben (*IV 6.1*). Diese war in frühen Papyri durch die seltsame Praxis verdeckt worden, den Text so zu schreiben, als sei er Prosa (das bekannteste Beispiel ist P. Berol. 9875, die *Perser* des Timotheos, aber es gibt ein weiteres in P. Berol. 13270, einige um 300 v. Chr. abgeschriebene *Skolia*).

Aristophanes' Leistung als Metriker ist vielleicht überbewertet worden, da ein Stesichoros-Papyrus (P. Lille 76), der von Fachleuten auf etwa 250 v. Chr. und auf jeden Fall vor Aristophanes' Wirkungszeit datiert wird, den Text bereits in angemessener Zeilenaufteilung arrangiert zeigt. Andererseits ist Skepsis gegenüber seinem Wirken als Textkritiker und Editor von lyrischen und dramatischen Texten unnötig, auch wenn das volle Ausmaß seiner Arbeit und viele Einzelheiten im Dunkeln bleiben. Oberflächlich betrachtet ist die deutlichste Spur seines editorischen Wirkens das Vorhandensein von Inhaltsangaben (ὑποθέσεις) zu Komödien und Tragödien; aber die meisten Texte dieser Art, die sich in den mittelalterlichen Handschriften erhalten haben und ihm zugeschrieben werden, sind unecht.

Zwei Beispiele seiner textkritischen Arbeit verdienen hier eine Erwähnung: In Ar. *Thesm.* 162 stellte er fest, daß einige Abschriften den Namen Achaios präsentierten, wofür er richtig Alkaios einsetzte (vgl. das Schol. ad loc.); es ist auch bekannt, daß er sich Zenodots Vorschlag widersetzte, Anakreon fr. 408 PMG zu verbessern, wo das Epitheton κεροέσσης in seinem Bezug auf eine Hirschkuh in Widerspruch zu den Tatsachen der Zoologie stand (Aelian *NA* 7,39; Aristophanes fr. 378 Slater). Die berühmteste ihm zugeschriebene Bemerkung findet sich im Scholion zu *Od.* 23,296, wo wir erfahren, daß er und Aristarch diesen Vers für das Ende des Gedichts hielten; aber diese Notiz wurde, wie es oft vorkommt, so sehr verkürzt, daß sie jede Darlegung seiner Gründe für diese Ansicht eingebüßt hat.

Im späteren Altertum wurde Aristarch (etwa 216–144) als der Kritiker par excellence angesehen. Seine Ausgabe Homers war mit einem noch kunstvolleren Apparat kritischer Zeichen versehen; er hat sich in der venezianischen Handschrift der *Ilias* aus dem 10. Jh. weitgehend erhalten. Aristarch erweiterte ferner den Bereich gelehrten Schrifttums, so daß er nun auch fortlaufende Kommentare zu den Texten umfaßte, von denen Auszüge – zugegebenermaßen in stark veränderter und verkürzter Form – in der gleichen venezianischen Handschrift überliefert sind.

Die kritischen Zeichen sollten dem Leser eine Vorstellung davon geben, welche Art von Anmerkung in dem Kommentar zu finden war, der damals als selbständiges Buch angefertigt werden mußte. Der Kommentar ergänzte die kurzen Bemerkungen zum Text, die um diesen herum arrangiert waren. Zur Deutung der Zeugnisse, die Papyri und mittelalterliche Handschriften liefern, vgl. H. van Thiel, *ZPE* 90 (1992) 20–31 und 115 (1997) 17–33.

Von den zahlreichen Stellen in den Homer-Scholien, die Aristarch namentlich nennen, seien hier einige ausgewählt, um eine Vorstellung von der Reichweite seiner Tätigkeit zu geben. Zu *Il.* 1,423f. zitierte er die Lesarten von nicht weniger als fünf Abschriften des Textes, die ihm bekannt waren. In 3,262 und anderswo setzte er offenbar keine von ihm vorgezogenen abweichenden Lesarten in den Text. Seine sprachlichen Beobachtungen umfaßten die Regel, daß die dreisilbige Form des Verbs ἐθέλω in Homer die Norm ist (zu 1,277) und daß das Wort σῶμα bei Leichnamen, nicht aber bei lebendigen Körpern verwendet wird (zu 3,23). In 10,53 und an mehreren anschließenden Stellen wird offenbar auf eine separat veröffentlichte Abhandlung über die Topographie des griechischen Lagers vor Troja verwiesen.

Bis zu dieser Zeit hatte Dichtung im Mittelpunkt des Interesses von Gelehrten und Kritikern gestanden, aber Aristarch schrieb auch Kommentare zu Prosa-Autoren. Ein Fragment seiner Arbeit zu Herodot ist in P. Amherst 2,12 ans Licht gekommen.

Nach einem späten Gewährsmann (Proklos, *In Platonis Timaeum* 20D p. 76,1f. ed. Diehl) war Krantor (etwa 335–275) «der erste Erklärer Platons» und damit der erste Prosa-Kommentator. Krantor ging es aber zweifellos mehr um philosophische als andere Fragen. P. Moraux, in: G. Cambiano (Hrg.), *Storiografia e dossografia nella filosofia antica* (Neapel 1986) 133 ist hinsichtlich Krantors Tätigkeit als Kommentator ziemlich skeptisch; er schließt sich Pfeiffers (a. O., 272 Anm. 80) Ansicht zur Bedeutung des Wortes ἐξηγεῖσθαι (bezogen auf Poseidonios) an.

1.2.5 Erhaltene Werke hellenistischer Philologen

Sehr wenige Werke hellenistischer Philologie sind in anderer Form als in den kurzen, fast immer anonymen Auszügen auf uns gekommen, die sich in den Randkommentaren mittelalterlicher Handschriften erhalten haben. Die noch erhaltenen lohnt es hier aufzuzählen:

(1) Der Astronom und Geograph Hipparch schrieb ein Werk in drei Büchern über die *Phainomena* des Arat und Eudoxos, das wahrscheinlich aus der Zeit um 150 v. Chr. stammt und zahlreiche sachliche Fehler korrigieren sollte. Die Einleitung gibt an, daß bereits mehrere Kommentare zu Arat exi-

stierten; Hipparchos glaubt, der beste von ihnen stamme von seinem eigenen Zeitgenossen Attalos; er weist darauf hin, daß der Zauber von Arats Versen (ποιημάτων χάρις) ihnen Glaubwürdigkeit verliehen habe und daß ihr Schöpfer dem Eudoxos gefolgt sei, ohne selbst irgendetwas geprüft zu haben.

(2) Viel besser bekannt ist die kurze *Ars grammatica* (τέχνη γραμματική) des Dionysios Thrax (Blütezeit etwa 150–90), deren Echtheit heftig bestritten wurde.

Vgl. V. Di Benedetto, *ASNP* 27 (1958) 169–210, und 28 (1959) 87–118, sowie Pfeiffer a. O. 324–328. H. Erbse, *Glotta* 58 (1980) 244–258 gelangte zu dem Schluß, daß Pfeiffer die traditionelle Zuschreibung zu Recht akzeptierte.

Es ist einigermaßen überraschend, daß der Autor keine Fragen der Syntax, des Stils oder der Textkritik behandelt. Seine sechs Abschnitte befassen sich mit (1) lautem Lesen (ἀνάγνωσις), (2) der Erläuterung poetischer Tropen (ἐξήγησις), (3) der Erklärung veralteter Wörter (γλῶσσαι) und Inhalte (ἱστορίαι), (4) Etymologie, (5) Analogie, d. h. dem Fehlen grammatikalischer Regelmäßigkeit (ἀναλογίας ἐκλογισμός), und (6) Literaturkritik, vorausgesetzt, dies ist die richtige Deutung des Ausdrucks κρίσις ποιημάτων.

(3) Ein Werk unsicherer Datierung (oft wird es erst ins 1. Jh. n. Chr. gesetzt) ist eine kurze und einem sonst unbekannten Herakleitos zugeschriebene Abhandlung über das Thema Allegorie bei Homer (der ursprüngliche Titel könnte Ὁμηρικὰ προβλήματα gewesen sein). Es besteht aus 79 Kapiteln zu Dingen bei Homer, von denen man glaubte, sie ließen sich in allegorischen Kategorien erklären. Bemerkenswerterweise hat sich dieser Text nicht nur in mittelalterlichen Handschriften erhalten, sondern Auszüge von ihm finden sich auch unter den Scholien in Homer-Handschriften (eine ähnliche doppelte Überlieferung gibt es für das spätere Werk des Porphyrios zu Homer).

(4) Der produktivste antike Philologe war bekanntlich Didymos (spätes 1. Jh. v. Chr.). Von einer angeblichen Produktion von 3500 oder noch mehr Schriften hat sich nur eine sehr unvollständig in P. Berol. 9780 erhalten. Sie beschäftigt sich mit Demosthenes *or.* 9–11 und 13, hauptsächlich aus historischer Perspektive und ist von nicht allzu hoher Qualität (vgl. dazu Stephanie West, *CQ* 64, 1970, 288–296).

(5) Von philologischer Arbeit, die außerhalb Alexandrias oder von Männern ohne Verbindungen mit Alexandria getan wurde, etwa von Angehörigen der Schule von Pergamon, ist nur wenig erhalten geblieben; doch sollten die Fragmente einer Abhandlung des Demetrios Lakon (etwa 150–75), eines epikureischen Philosophen, erwähnt werden, die sich mit textlichen und inhaltlichen Problemen in den Werken des Meisters beschäftigte (P. Herc. 1012, ediert von E. Puglia, *Demetrio Lacone: Aporie testuali ed esegetiche in Epicuro*, Neapel 1988). Der Verfasser ist wohlunterrichtet über Fehler, die Schreiber machen können, und an einer Stelle (col. 41) stellt er die Vermutung auf, daß ein Alpha von einem Wurm weggefressen und ein Abschreiber dazu verleitet worden sei, eine falsche Verbesserung vorzunehmen (τροφῆς anstelle von ταφῆς).

1.2.6 Weitere Leistungen hellenistischer Philologie

Um unser Bild von der besten Arbeit, die hellenistische Philologen leisteten, zu vervollständigen, müssen noch einige Vorstellungen und Beobachtungen angeführt werden, die – beim gegenwärtigen Stand unseres Wissens – keiner bestimmten Person zugewiesen werden können. Begonnen sei mit einer möglicherweise noch vor-hellenistischen, die sich in den sogenannten D-Scholien findet (die letztlich auf Material zurückgehen, das in der frühesten Phase der Homer-Exegese verwendet wurde, o. *1.1.1*): Die Notiz zu *Il.* 1,611 vermerkt, daß allein dieses Buch keine homerischen Gleichnisse aufweise.

Was immer aber der Beitrag der frühen Schullehrer und der Schule des Aristoteles gewesen sein mag, das Hauptverdienst für die Fortschritte in der Methode gehört den Alexandrinern. Wir haben bereits gesehen, daß Aristarch vielleicht der Erfinder des Prinzips war, daß jeder Autor selbst der beste Wegweiser zu seinem eigenen Wortgebrauch ist (*1.2.2*). Hätte man dieses Prinzip bis zu seiner letzten Konsequenz angewendet, dann hätte es zur Verwerfung aller sprachlichen Phänomene geführt, die man nur einmal im jeweiligen Autor findet, und dies hätte möglicherweise drastische Folgen für die Textkritik gehabt. Glücklicherweise aber bemerkte jemand die Notwendigkeit, auch das komplementäre Prinzip zu formulieren, daß nämlich viele einmalige Ausdrücke bei Homer vorkommen (Schol. zu *Il.* 3,54).

Das Studium der homerischen Sprache führte auch zu der Erkenntnis, daß das, was ein bestimmter Artikel zu sein schien, ein Demonstrativpronomen war (Schol. zu *Il.* 1,12), und zu einem Verständnis der Tmesis (Schol. zu *Il.* 1,67). Man nahm das Phänomen 'dichterische Freiheit' zur Kenntnis; es ist vielleicht überraschend, daß es dafür drei Begriffe gab: ποιητικὴ ἄδεια, ἀρέσκεια, ἐξουσία. Literarische Kritik wurde nicht vernachlässigt, fällt aber außerhalb des Rahmens dieses Kapitels. Vgl. dazu N. J. Richardson, *CQ* 30 (1980) 265–287. Die unschätzbaren Indices zu H. Erbses *Scholia Graeca in Homeri Iliadem* (Berlin 1969–1988) sind der gegebene Ausgangspunkt für weitere Forschung.

Obwohl Homer in der bis jetzt gegebenen Darstellung den Löwenanteil hat, sollte darauf hingewiesen werden, daß alle größeren Autoren – vor allem die in der Schule behandelten – die Aufmerksamkeit der Kritiker erweckten; deren Ergebnisse sind in verkürzter und oft recht wirrer Form in den Randscholien mittelalterlicher Handschriften noch sichtbar. Während die Scholien zu Homer das vollständigste Bild bieten, sind auch die zu Aristophanes, den Tragikern und einigen anderen Autoren (z. B. Pindar) aufschlußreich. Stil und Inhalt sind im ganzen derselbe; die an den Rändern verwendeten kritischen Zeichen aber sind seltsamerweise nicht so und nicht dann aus den Homertexten übernommen, wie und wann sie angebracht gewesen wären.

Während z. B. die *diple* (>) bei Homer das am häufigsten verwendete Zeichen war, um das Vorhandensein einer Bemerkung von allgemeinem Interesse anzuzeigen, war das Zeichen, das für den gleichen Zweck (wenn auch seltener) in Dramentexten verwendet wurde, der Buchstabe Chi (der zum Verb χιάζειν führte, das kein Pendant in einem von der *diple* abgeleiteten Verb gefunden hat). Eine Übersicht über die in Papyri dichterischer Texte verwendeten Zeichen gibt R. L. Fowler, *ZPE* 33 (1979) 24–28. Zum Gebrauch solcher Zeichen in Platon-Papyri vgl. M. W. Haslam zu P.Oxy. 3326. Der Papyrus eines philosophischen Textes, in dem sich sowohl die *diple* als auch Chi findet, wurde als P.Oxy. 3656 publiziert. Laut DL 3,65 soll eine andere Gruppe von Zeichen in Platon-Abschriften verwendet worden sein.

Dramentexte warfen überdies Fragen auf, die den Erforscher der Epik selten (wenn überhaupt) beschäftigten. Aufmerksame Kritiker vermerkten z. B. das Phänomen des Anachronismus im euripideischen Drama.

Vgl. z. B. *Schol. Eur. Hec.* 254. 573, *Hipp.* 953 und dazu den wertvollen Artikel von Patricia E. Easterling, *JHS* 105 (1985) 1–10. Der Begriff Anachronismus taucht gelegentlich auch in Erörterungen zu Homer auf: Bei *Il.* 17,602 lehnen die Scholien die Ableitung des Namens Alektryon vom Wort für 'Hahn' ab, weil dieser Vogel Homer noch nicht bekannt gewesen sei. In *Il.* 18,600f. verursachte die Erwähnung einer Töpferscheibe eine Diskussion: Wie Seneca, *Ep.* 90,31, berichtet, war Poseidonios der Meinung, das Anacharsis die Töpferscheibe erfunden habe und Homer sie deshalb nicht erwähnen konnte. Die gleiche Ansicht wurde von Ephoros vertreten, wird aber von Strabon (7,3,9 p. 303C) zurückgewiesen, der behauptet, daß Homer früher sei und Ephoros wieder einmal einen Fehler gemacht habe. Ob diese Frage von Gelehrten in Alexandria diskutiert wurde, ist unsicher.

Ein weiteres Gebiet, das Aufmerksamkeit erforderte, war die Metrik: Für Aristophanes haben wir beträchtliche (in die Scholien aufgenommene) Überreste der metrischen Analyse eines Heliodor (1. Jh. n. Chr.). Ob antike Philologen die lyrischen Metren in der griechischen Tragödie wirklich verstanden, ist unklar; die einzige Bemerkung, die ein Licht auf diese Frage wirft, ist ein schlecht erhaltenes Scholion zu *Prom.* 128 ff., das sich vielleicht von einer Beobachtung des Aristophanes von Byzanz herleitet: Es behandelt diese Verse als Anakreonteen, d. h. als Ioniker, und fügt verallgemeinernd hinzu, daß die Tragödiendichter dieses Metron gern in Klageversen verwendeten: Eine Alternative (die in dieser Notiz, wie sie heute erhalten ist, nicht genannt wird) ist, die Zeilen choriambisch aufzufassen (*IV 6.5.1*).

Die Fragmente des Heliodor wurden abgedruckt und erörtert von J. W. White, *The verse of Greek comedy* (London 1912) 384–421; zum *Prometheus*-Scholion vgl. G. Zuntz, *SB Wien* 443 (1984) 30–5. Die spätere metrische Abhandlung des Hephaistion zeigt sehr wenig Interesse an Lyrik.

1.3 Antike Philologie seit dem späten 1. Jh. v. Chr.

1.3.1 Didymos

Die Fortschritte der Philologie in späthellenistischer und römischer Zeit lassen sich nur schwer skizzieren. In den Augen der Alten war Didymos eine bemerkenswerte Gestalt, und sei es nur wegen der Masse seiner Produktion. Auf seine nur unsichere Beherrschung der Kunst, Kommentare zu schreiben, wurde bereits hingewiesen (*1.2.5*), und es gibt noch weitere Anzeichen der ungleichmäßigen Qualität seiner Arbeit; eines davon findet sich in dem oben (*1.2.4*) erwähnten Scholion zu Ar. *Thesm.* 162, wo er für die absolute Dummheit seiner Ablehnung einer von Aristophanes von Byzanz gemachten Konjektur kritisiert wird.

Nan V. Dunbar, *Aristophanes: Birds* (Oxford 1995) 39f. weist darauf hin, daß Didymos 64mal in den Aristophanes-Scholien zitiert wird, davon 33mal in den *Vögeln*. An einigen von diesen Stellen ist sein Kommentar nützlich, häufig aber auch nicht überzeugend. Er wird auch einige Male in den *Lexeis* des Harpokration kritisiert (z. B. Γ 2, Λ 31, Ο 7, Π 9 und 124, Φ 5).

1.3.2 Philologie in der Kaiserzeit

In römischer Zeit wurde einiges von der Energie, die der Philologie hätte gewidmet werden können, in die Anliegen der attizistischen Bewegung (*III 2.2.5*; *IV 3.1.1*) abgelenkt, und die Produktion lexikographischer Hilfsmittel für den angehenden Schreiber korrekter, d. h. archaisierender, attischer Prosa wurde nun zu einer Priorität. Die erhaltenen Werke des Phrynichos, Pollux und Moiris bezeugen diese Aktivität. Leser klassischer Prosa-Texte, die nun als Vorbilder dienten, erhielten Hilfestellung von noch mehr spezialisierten Lexika, etwa dem Harpokrations (Λέξεις τῶν δέκα ῥητόρων).

Traditionellere literaturwissenschaftliche Studien wurden nicht völlig vernachlässigt, wie sich aus den Büchern des Heliodor und Hephaistion über Metrik ersehen läßt, während der *Ilias* Homers die besondere Ehre zuteil wurde, eine vollständige korrekte Interpunktion zu erhalten. Viele Fragmente dieser Arbeit des Nikanor ('blüht' um 130 n. Chr.) finden sich noch in den Scholien; sie war vielleicht eine Reaktion auf das Bedürfnis des Schullehrers, im Umgang mit dem wichtigsten Text des Lehrplans die erste Forderung der *Techne* des Dionysios Thrax zufriedenstellend zu erfüllen.

Der Attizismus konnte freilich üble Ergebnisse zeitigen, z. B. den Glauben, Homer sei ein attischer Autor. Sogar der sachkundige Phrynichos, der normalerweise auf die von den Attizisten gewahrten Unterscheidungen achtet, macht in einem Stichwort seiner *Ekloge* (324 in der Ausgabe von E. Fischer, Berlin 1974) den Fehler, zur Unterstützung der Regel, daß der Optativ von δίδωμι im Attischen mit dem Diphthong οι anstatt mit dem langen Vokal ω gebildet wird, Hom. *Od.* 6,180 zu zitieren. Ein anderer wohlgeübter Exponent der damaligen Mode, Aristides (*Panathenaicus, or.* 1,328 L.-B.), nimmt Homer als einen der Ruhmestitel athenischer Bildung in Anspruch, da er aus Smyrna, einer athenischen Kolonie, stammte, und die Scholien zu dieser Stelle behaupten – aufgrund der Form Πηληιάδεω in *Il.* 1,1 –, daß Homer Attisch schreibe. Ähnlich berichtete ein D-Scholion zu *Il.* 2,371, daß einige Leute Homer für einen Athener hielten, und bei Pseudo-Plutarch, *De Homero* 2,1 (p. 7,10 Kindstrand) wird diese Ansicht bis zu Aristarch und Dionysios Thrax (fr. 47a, ed. K. Linke, Berlin 1977) zurück verfolgt. Linke vermerkt (S. 68), daß diese Vorstellung auf Formen wie ἕως basieren muß, die in den Text anstelle von ἦος eindrangen. Vgl. jetzt auch M. Hillgruber, *Die pseudoplutarchische Schrift De Homero* (Stuttgart–Leipzig 1994) 86.

Weitere wichtige sprachliche Arbeit in dieser Zeit (2. Jh. n. Chr.) wurde von den Alexandrinern Apollonios Dyskolos und seinem Sohn Herodian geleistet. Der Vater schrieb umfänglich über Grammatik und griechische Dialekte (Arbeiten über Pronomina, Adverbien, Konjunktionen und Syntax sind erhalten); der Sohn war in gleicher Weise produktiv, aber nur eine kurze Abhandlung von ihm, Περὶ μονήρους λέξεως (*Über Wörter mit unregelmäßigen Formen*), ist in ihrer ursprünglichen Form auf uns gekommen. Seine anderen

Werke wurden oft von späteren Autoren ausgeschlachtet und exzerpiert. Sein Hauptwerk war eine Abhandlung über Akzentsetzung in 20 Büchern, die er dem Kaiser Marc Aurel widmete.

1.3.3 Philologie im jüdischen und christlichen Bereich

Das hellenistische Alexandria war auch die Heimat einer großen jüdischen Gemeinde, in der Griechisch zur hauptsächlich verwendeten Sprache wurde. Diese Gemeinde las das *Alte Testament* in der *Septuaginta*-Übersetzung und in ihren weniger erfolgreichen Konkurrenten, die von Aquila, Symmachos und Theodotion angefertigt wurden. Offenbar um die Mitte des 2. Jh.s v. Chr. unternahm Aristobulos in einem an den König gerichteten Werk die Auslegung von schwierigen Stellen zum Nutzen eines griechisch-sprachigen Publikums. Eines seiner Anliegen war es, mit Ausdrücken wie 'die Hand Gottes' fertigzuwerden, die eine anthropomorphe Gottesvorstellung implizierten. Metapher und Allegorie waren hier griffbereite Werkzeuge; doch scheint Aristobulos' Verwendung der Allegorie begrenzter gewesen zu sein als später in Philons (*IV 3.7*) umfangreichen Schriften über biblische Themen, die sich ebenfalls an ein griechisch-sprachiges Publikum richten.

Zu Aristobulos vgl. N. Walter, *Helikon* 3 (1963) 353–372 und dens., *Der Thoraausleger Aristobulos* (Berlin 1964). Ob Aristobulos Verbindungen zum Museion hatte, ist unsicher; doch erörtert er in einer Behandlung der Bedeutung der Zahl Sieben die Homerstelle *Od.* 5,262 (fr. 5 = Eus. *Praep. ev.* 13,12,14f.). An anderer Stelle interpretiert er die Anfangsverse von Arats *Phainomena*, wo er das Wort 'Gott' an die Stelle von 'Zeus' setzt und damit von der üblichen Praxis griechischer Kommentatoren abweicht (fr. 4 = Eus. *Praep. ev.* 13,12,6f.).

Alexandria wurde bald eines der Hauptzentren des Christentums, und bis zum frühen 3. Jh. hatte sich die Organisation der Kirche so weit entwickelt, daß es zumindest eine Spezialschule für das fortgeschrittene Studium der heiligen Texte gab. Die von den Heiden praktizierten Interpretationsmethoden wurden von den Lehrern der neuen Kirche übernommen, und die Kirchenbehörden scheinen keinen systematischen Versuch gemacht zu haben, den heidnischen Standard-Lehrplan durch christliche Texte zu ersetzen.

Der erste bemerkenswerte Lehrer war Origenes, in Alexandria von 202 bis 223, danach in Caesarea bis 253 tätig. Er machte oft Gebrauch von der Allegorie, um die Heilige Schrift zu erklären, war aber auch in der Lage, andere Mittel der paganen Philologie zu nutzen. Er paßte zwei der in Gebrauch befindlichen kritischen Randzeichen seinen Bedürfnissen an: Ein Obelos markierte eine Stelle, die in der griechischen *Septuaginta*, aber nicht in der hebräischen Bibel stand, während ein Asterisk anzeigte, daß die hebräische Fassung mit anderen Fassungen als der *Septuaginta* übereinstimmte. In seiner *Hexapla* (*IV 3.8.6*) ging Origenes bei der Konstituierung eines kritischen Apparates weiter als jeder Heide, indem er eine Ausgabe des Alten Testaments in sechs Kolumnen einrichtete (Hebräisch, Hebräisch in griechischen Buchstaben, anschließend die vier griechischen Übersetzungen).

Vgl. B. Neuschäfer, *Origenes als Philologe* (Basel 1987), dazu N. Wilson, *CR* 39 (1989) 136. Die 1941 in Tura entdeckten acht Papyrus-Codices (*I 4.2.1*) erweiterten beträchtlich das Corpus der Werke des Origenes und des späteren alexandrinischen Gelehrten Didymos des Blinden (313–398), dessen Schriften in der Reihe *Papyrologische Texte und Abhandlungen* (Bonn 1968 ff.) herausgegeben werden.

Exegese mit geringerer Betonung der Allegorie war charakteristisch für diejenigen christlichen Lehrer, die man sich allgemein als rivalisierende 'Schule von Antiochia' (*IV 4.3.5*) vorstellt (ob es dort tatsächlich eine reguläre Institution oder nur eine Abfolge von Einzelpersonen gab, bleibt unklar). Unter ihren führenden Gestalten waren Diodor von Tarsos (gest. 394) und Theodoros von Mopsuestia (etwa 350–428). Sie näherten sich den heiligen Texten aus einer grammatikalischen und historischen Perspektive. Obwohl sie nicht über Origenes' Kenntnis des Hebräischen verfügten, waren sie sich eines entscheidenden Umstandes bei Übersetzungen offenbar stets bewußt, nämlich daß Wörter, die einander übersetzen, keine identischen semantischen Felder haben. Theodoros' Bruder Polychronios unterzog sich der Mühe, die Faktoren zusammenzustellen, die zu Unklarheiten im Bibeltext führen (*II 2.1.3*).

Die Arbeit der Antiochener muß aus Fragmenten rekonstruiert werden, die viel kärglicher sind als die des Origenes und hauptsächlich in Katenen (u. *1.3.5*) erhalten sind. Grundlegende moderne Studie: C. Schäublin, *Untersuchungen zu Methode und Herkunft der Antiochenischen Exegese* (Köln–Bonn 1974); dort 125 Anm. 161 zu dem Gesichtspunkt 'semantische Felder'.

Unsicherheit in Angelegenheiten, die in der Kirche für wichtig gehalten wurden, konnte die Textkritik beleben. In Joh. 19,14 heißt es, Jesus sei in der sechsten Stunde verurteilt worden, während sich in Mc. 15,25 die Kreuzigung in der dritten Stunde ereignet (an jeder Stelle hat eine kleine Minderheit der vorhandenen Handschriften die jeweils andere Lesart, was auf einen Versuch zurückgeht, die Berichte zu harmonisieren). Petros, der Bischof von Alexandria (gest. 311), versuchte die Frage dadurch zu klären, daß er sich auf das Zeugnis des eigenhändig von Johannes geschriebenen Exemplares berief, das als Gegenstand der Verehrung in einer Kirche in Ephesos aufbewahrt wurde (*Chronicon Paschale* p. 11,5–9 und 411,15–18 Dindorf). Es gibt noch Spuren einer gelehrten Erörterung des Problems durch andere Kritiker: Ein in einer Katene in *PG* 22, 1009B erhaltenes Fragment des Eusebios (etwa 260–340) äußert die Ansicht, daß «dies ein Schreiberfehler ist, der von den ursprünglichen Kopisten des Evangeliums übersehen wurde; denn da der Buchstabe Gamma die dritte Stunde und das besondere Zeichen die sechste anzeigt und diese einander sehr ähnlich sind, wurde fälschlich das die dritte Stunde bezeichnende Gamma – weil sein langer Strich zu einer Krümmung wurde – in das besondere Zeichen, das die sechste Stunde bezeichnet, umgewandelt».

Dieses 'besondere Zeichen' war in Wirklichkeit die späte Form des Digamma, die als das Zahlzeichen für Sechs verwendet wurde und den Namen Jesus symbolisierte, der im Griechischen sechs Buchstaben hat. Die Alexandriner nannten dieses Zeichen auch γαβέξ und spielten dabei mit dem Gebrauch von Buchstaben als Zahlzeichen und mit dem Faktum, daß 3 × 2 × 1 und 3 + 2 + 1 sechs ergibt. Vgl. die Notiz des Ammonios (5. oder 6. Jh.; Text Nr. 596 bei J. Reuss, *Johannes-Kommentare aus der griechischen Kirche*, Berlin 1966); ferner S. Bartina, *Verbum Domini* 36 (1958) 16–37. Heidnische Kritiker haben wahrscheinlich weniger an einen Rückgriff auf das Autograph eines Autors gedacht (immerhin wäre vorstellbar, daß man in den philosophischen Schulen Bemühungen dieser Art unternahm). Auch eine ins Einzelne gehende paläographische Erörterung ist nur selten bezeugt; abgesehen von dem Fall des Demetrios Lakon (o. *1.2.5*) ist auf den Bericht des Photios (*Bibliotheke*, cod. 279,531a30-b21) hinzuweisen, daß Helladios (4. Jh.) den Versuch unternahm, die einmalige Form τέττα in *Il.* 4,412 dadurch zu beseitigen, daß er eine paläographische Erklärung des mutmaßlichen Fehlers anbot.

1.3.4 Heidnische Philologie der Spätantike

Die heidnische literarische Philologie im späten römischen Reich ist nie der Gegenstand einer umfassenden Monographie gewesen. Es mag nur ein Zufall der erhaltenen Überlieferung sein, daß das wichtigste Zeugnis für diese Philologie ein Werk des vielseitigen Gelehrten und erbitterten Christengegners Porphyrios (234–etwa 301; *IV 3.5*) darstellt, der besser bekannt ist für seine Einführung in Aristoteles' logische Schriften, die von allen in Byzanz mit diesen Schriften Befaßten gelesen wurde.

Die uns interessierende Abhandlung des Porphyrios sind die *Quaestiones Homericae*. Der Widmungsbrief an Anatolios und Kap. 11 verweisen auf das Prinzip, daß Homer aus Homer erklärt werden muß (*1.2.2*); es wird nicht explizit dem Aristarch zugeschrieben. Das Niveau der Erörterung ist nicht hoch; Kap. 13 etwa – über Ausdrücke für Zorn bei Homer – ist weitschweifig.

Buch 1 des Porphyrios wird vom Vaticanus gr. 305 überliefert, einige Partien sind auch als Auszüge in Handschriften der Scholien erhalten; Edition der Vatikan-Handschrift (zusammen mit der Parallel-Überlieferung) von A. R. Sodano (Neapel 1970).

Ein Exkurs in Kap. 8 beschäftigt sich mit einer von Philemon (um 200 n. Chr.) in seinen Σύμμικτα περὶ Ἡροδοτείου διορθώματος aufgeworfenen Frage zum Text von Hdt. 1,92, wo alle Philemon zugänglichen Handschriften des Textes ἐν Βραγχίδῃσι τῇσι Μιλησίων lasen. Dies verursachte eine Schwierigkeit, denn kein Grieche würde Branchidai als feminin behandeln, schon gar kein so präziser Schriftsteller wie Herodot. Philemon schlug eine kleinere Textänderung (τῇ statt τῇσι) vor, weil er annahm, daß ein Schreiber die Buchstaben σι eingefügt habe; er wußte, daß die Texte der Historiker und Dichter voller Fehler waren, und spricht von unbeholfenen Verbesserungsversuchen und falschen Lesungen, die bereits in der Überlieferung verankert seien. Er fand dann aber noch einen Textvorschlag des Alexander von Kotyaion (τῆς – zu ergänzen: χώρης oder γῆς – statt τῇσι), den er für ausgezeichnet hielt. Als er jedoch weiterlas, kam er zu einer anderen Stelle (2,159), wo die weibliche Form erneut auftrat, was ihn zu der Annahme führte, daß die feminine Form ein ionisches Idiom (und kein Schreiberfehler) sein müsse. Auch moderne Philologen haben noch ihre Schwierigkeiten mit der Stelle.

Während der größte Teil der philologischen Arbeit des Hellenismus und der römischen Kaiserzeit verloren ist oder aus kurzen Fragmenten rekonstruiert werden muß, war das Schicksal den Schriften der Platon- und Aristoteles-Kommentatoren gnädiger. Diese sind hier von einem gewissen Interesse, denn einige von ihnen skizzieren in einer Vorrede ein empfohlenes Vorgehen, um mit den Fragen fertigzuwerden, die man an jeden Text, sei er philosophisch oder nicht, stellen sollte. Dieses Schema, das später im Westen als *accessus ad auctores* bekannt war, war Variationen unterworfen, aber charakteristischerweise pflegten die zusammengestellten leitenden Gesichtspunkte das Leben des Autors, den Titel seines Werkes, die Gattung, zu der es gehört, die Intention des Autors, die Anzahl der Bücher, ihre Reihenfolge und die Frage nach ihrer Echtheit einzuschließen. Die Aristoteles-Kommentatoren mögen die Erfinder dieser Methode sein; allerdings schreibt Elias (einer der spätesten von ihnen [*IV 4.4.1*], der nicht weniger als zehn Leitbegriffe anbietet) sie dem Neuplatoniker Proklos zu, und es gibt Andeutungen, daß sie in rudimentärer Form bereits früher existierte.

Vgl. dazu D. van Berchem, *MH* 9 (1952) 79–87 (der unter anderem einen *accessus* in sechs Teilen in Phoibammons Einführung in Hermogenes, *De ideis* vermerkte), ferner Schäublin a. O. 66f., der verschiedene Vorwegnahmen des *accessus* zitiert. Auf Elias, *In Categorias* 107,24 Busse (Berlin 1900) wurde von J. Shiel, *Medieval and Renaissance Studies* 4 (1958) 225f. hingewiesen. Zur Tradition in Westeuropa vgl. E. R. Curtius, *Europäische Literatur und lateinisches Mittelalter* (Bern 1948) 228.

1.3.5 Scholien und Katenen

Die Spätantike erlebte einen revolutionären Wechsel in der Art und Weise, wie philologische Arbeit 'gespeichert' und weitergegeben wurde. Die Übernahme des Codex als reguläre Buchform (*I 1.3.2–3*) gewährte die Möglichkeit, an den Rändern eine viel größere Quantität von Anmerkungen und Kommentar unterzubringen; Vieles davon war bisher nur in separaten Büchern zugänglich gewesen. Die große Zahl von Kommentaren und anderen Werken machte Verkürzungen und Verschmelzungen erforderlich. Dieser Prozess scheint in der Spätantike begonnen zu haben; sein Ergebnis war die Entstehung der Scholien. Man wendet diesen Begriff auf Randkommentare zu heidnischen Texten an, aber eine parallele Entwicklung fand auch bei theologischen Kommentaren statt; das Ergebnis ist als Katenen (σειραί) bekannt.

Es gibt sowohl Unterschiede als auch Ähnlichkeiten zwischen diesen beiden Arten von kommentierendem Material: Als die hellenistischen und späteren Schriften zu einem klassischen paganen Text miteinander verschmolzen wurden, machten sich die Kompilatoren normalerweise offensichtlich nicht die Mühe, zu Anfang jedes Exzerptes den Namen des Kommentators oder den Titel des Werkes, aus dem das Exzerpt stammte, zu zitieren. Dieses mangelnde Interesse an der Identität der Quelle und der Umstand, daß es eine große Menge unnötiger Wiederholung in den Scholien gibt, wo fast gleichlautende Quellen verwendet wurden, sind ernsthafte Mängel und stellen den unbekannten Kompilatoren ein schlechtes Zeugnis aus.

Bei den Katenen ist die Lage anders: Hier ist es übliche (wenn auch nicht konstante) Praxis, die Namen der ursprünglichen Autoren zu erhalten. Vielleicht geschah dies, weil Theologen interessiert waren zu wissen, ob eine Deutung von einer der größten Autoritäten stammte; freilich wurden auch Zitate aus Origenes und Theodoros von Mopsuestia nicht aus den Katenen beseitigt, nachdem die Kirche ihre Lehren für anfechtbar erklärt hatte. Es bleibt unsicher, ob die Nennung der Namen ein bewußter Versuch ist, die Gestaltung der Scholien zu überbieten; wenn dies jemand nachgewiesen werden könnte, hätte man einen Terminus ante quem, denn die Erfindung der Katenen wird dem Prokop von Gaza (etwa 460–530; *IV 4.4.3*) zugeschrieben. Da Gaza in den Tagen Prokops einen blühenden literarischen Zirkel hatte und er und seine Kollegen heidnischer Literatur gegenüber wohlwollend eingestellt waren, ist es denkbar, daß sowohl Scholien als auch Katenen hier ihren Ursprung hatten.

Die Bedeutung der Katenen zur Erhellung des Ursprungs der Scholien-Corpora wurde zuerst von G. Zuntz erkannt (*Byzantion* 13, 1938, 631–690 und 14, 1939, 545–613, beide zusammen mit einem Nachwort und sechs Tafeln Berlin 1975 nachgedruckt). Vgl. N. Wilson, *CQ* 17 (1967) 244–256, *CQ* 18 (1968) 413, *GRBS* 12 (1971) 557f., *CR* 27 (1977) 271 (Rez. von Zuntz' Buch), *Scholars of Byzantium* (London ²1996) 33–36 und in: C. Questa – R. Raffaelli (Hrgg.), *Il libro e il testo* (Urbino 1984) 105–110. Exegetischer Kommentar und Randscholien sind Kategorien von Erklärungsmaterial, die im Prolog zu den Scholien zu Ps.-Dionysios Areopagites (*PG* 4,21C) genannt, aber nicht im Einzelnen beschrieben sind. Diese Scholien wurden früher Maximus Confessor zugeschrieben (etwa 580–662), jetzt hält man Johannes von Skythopolis (1. Hälfte des 6. Jh.s) für ihren Autor; vgl. B. R. Suchla, *NAG* 1980 Nr. 3, bes. 41–53. 56f.

Über Gaza ist nicht viel bekannt. Die philosophischen Kommentatoren vermitteln uns eine gewisse Vorstellung von Niveau und Breite geistiger Tätigkeit in Athen und Alexandria. Es gab eine juristische Schule in Berytos (Beirut), während von einer geringen philologischen Aktivität in Konstantinopel noch Spuren vorhanden sind. Vielleicht die bezeichnendste Episode, die aus der Regierungszeit Justinians (527–565; *V 4.4*) festgehalten zu werden verdient, ereignete sich auf einer Synode, die der Patriarch 532 einberief, um sich mit den Lehren des Häretikers Severus auseinanderzusetzen: Hypatios, der Bischof von Ephesos, vertrat die Ansicht, daß Werke des Dionysios Areopagites nicht als Zeugnis angeführt werden sollten, weil sie nicht echt seien. Seine Gründe lassen sich aus der Inhaltsangabe (erhalten in Photios' *Bibliotheke,* cod. 1) des darauf antwortenden Pamphletes erschließen, das von einem sonst unbekannten Theodoros verfaßt wurde. Leider scheint sich Hypatios' Meinung nicht durchgesetzt zu haben, und die Fälschungen genossen noch ein Jahrtausend unangefochtener Autorität.

2 Griechische Philologie in Byzanz

NIGEL WILSON

Vorbemerkung: In diesem Kapitel soll eine kurze Darstellung dessen versucht werden, was ich ausführlich in *Scholars of Byzantium* (London 1983, 2. verbesserte und ergänzte Ausgabe 1996) behandelt habe; dort auch ausführliche bibliographische Hinweise. Von den Rezensionen der ersten Auflage sei als hilfreichste die von K. Alpers, *CP* 83 (1988) 342–360 genannt. Wenn das Buch nur wenig zur Erhellung der Bibel-Philologie beigetragen hat, dann deshalb, weil zum einen mir selbst hierzu detaillierte Kenntnisse fehlen und zum anderen keine Spezialstudien vorhanden waren, auf deren Grundlage man einen allgemeinen Überblick hätte versuchen können.

2.1 Von der Spätantike zur Renaissance des 9. Jh.s

2.1.1 Die 'dunklen Jahrhunderte'

Die Historiker haben keine einheitliche Meinung zu der Frage, an welchem Punkt die Antike ihr Ende gefunden habe. Der Beginn der byzantinischen Periode wird abwechselnd ins Jahr 330 gesetzt, als Konstantinopel die neue Hauptstadt des östlichen Reiches wurde, oder ins Jahr 527 (Thronbesteigung Justinians) oder ins Jahr 641 (Tod des Kaisers Heraclius); dieses letzte Datum, das mit dem Aufstieg des Islam und einer Verschiebung im Kräftegleichgewicht des Mittelmeerraums zusammenfällt, hat einen guten Anspruch darauf, den Vorzug zu erhalten. Das geistige Leben, das seit dem Ende des 6. Jh.s auf einem Tiefstand verharrt war, erholte sich nicht bis zum Ende des 8.; wir haben so gut wie keine Nachricht über höhere Bildung in dieser Zeit. Innerhalb der recht kleinen Zahl von Handschriften, die sich in Unzialschrift erhalten haben, ist es schwierig, auch nur mit einiger Sicherheit diejenigen herauszufinden, die während dieser dunklen Zeit entstanden sein und deshalb als Zeugnisse dienen könnten. Als im 9. Jh. die Erneuerung einsetzte, war der Kanon der in der Schule zu lesenden Bücher offensichtlich im Wesentlichen unverändert geblieben, und fast alle Texte, die sich bis zum Ende der Antike erhalten hatten, waren immer noch zugänglich – wenn man nur wußte, in welcher Bibliothek sie zu finden waren. Die anscheinend einzige Ausnahme ist Menander; obwohl um 600 noch einige seiner Stücke wahrscheinlich bekannt waren, lassen sie sich nicht mit Sicherheit zu einem späteren Zeitpunkt in einer byzantinischen Bibliothek aufspüren.

Zusammen mit den Texten erbten die Byzantiner die Philologie und die Erziehungsideale der Antike, vor allem die Kultivierung eines archaisierenden attischen Stils. Ein gesunkener Lebensstandard und das Aufhören des Nachschubs an Papyrus, der eine preiswerte Quelle für Schreibmaterial gewesen war, machten die Arbeit von Lehrern und Philologen schwieriger. Ein ernster

Rückgang beim Umfang der der Öffentlichkeit zugänglichen Texte wäre unausweichlich gewesen, hätte es nicht zwei Erfindungen gegeben, die am Ende des 8. Jh.s gemacht worden zu sein scheinen: Die in der Regel große Unzialschrift wurde durch die Minuskel ersetzt – was in großem Ausmaß Schreibmaterial einsparte –, und in der benachbarten arabischen Welt begann die Produktion von Papier. Während die Zunahme der Papierverwendung schwer zu verfolgen ist, wurde offenbar innerhalb eines Jahrhunderts die Minuskelschrift für fast alle Texte verwendet, und die Zahl der noch existierenden Handschriften, die sich ins 9. Jh. datieren lassen, ist groß genug, um anzuzeigen, daß es ein wirkliches Neu-Erwachen geistigen Lebens gab. Von diesem Punkt an läßt sich die Geschichte wieder aufnehmen.

Die Zeugnisse sind nur spärlich, doch scheint gewisse Arbeit an den Katenen während der dunklen Zeit weiter stattgefunden zu haben: Ein Vorwort zu einigen Katenen zu den Prophetenbüchern, das einem sonst unbekannten Johannes Drungarios zugeschrieben wird, gehört ins 7. oder 8. Jh.; vgl. F. Faulhaber, *Die Propheten-Catenen nach römischen Handschriften* (Rom 1899) 56–58. 190–202; vor kurzem wurde die Frage noch einmal detailliert untersucht von G. Dorival, *Les chaînes exégétiques grecques sur les Psaumes* (Louvain 1986). Aber obwohl Katenen oft durch zahlreiche Hinzufügungen oder Auslassungen verändert wurden (vgl. z. B. die Beschreibung von Evangelien-Katenen durch J. Reuss, *Matthäus-, Markus- und Johannes-Katenen*, Münster 1941), können Zeit und Identität der Theologen, die diese Änderungen vornahmen, nur selten festgelegt werden. Abgesehen von Photios ist die einzige andere uns bekannte herausragende Gestalt Niketas, Diakon und Lehrer an der Hagia Sophia am Ende des 11. Jh.s und später Metropolit von Herakleia in Thrakien (sein Matthäus-Kommentar ist darin vielleicht ungewöhnlich, daß er kaum noch Material derjenigen Kirchenväter enthält, die man nicht mehr für orthodox hielt; vgl. Reuss a. O. 107).

2.1.2 Attizismus und Grammatik

Die Fortsetzung der attizistischen Tradition zeitigte allmählich tiefer einschneidende Folgen. Die Entwicklung der gesprochenen Sprache hatte einen Punkt erreicht (*III 2.2.1* u. *3.2*), wo wirkliche Anstrengung von jedem gefordert war, der eine Prosa schreiben wollte, die als Nachahmung der Klassiker gelten konnte. Die konkrete Aufgabe, die Einzelheiten der klassischen Grammatik und Syntax einzuschärfen, nahm einen größeren Teil der Zeit und Energie eines Lehrers in Anspruch. Der Schüler brauchte mehr als ein herkömmliches Wörterbuch des attischen Sprachgebrauchs; weitere Handbücher mußten her, und eine Reihe von Schulbüchern wurde nun in der Tat geschrieben. In der Spätantike hatte Theodosios (um 400) seine *Kanones*, Listen korrekter attischer Formen, zusammengestellt. Sie erwiesen sich als nützlich für die Schulen, und Erläuterungen zu ihnen wurden von Johannes Charax verfaßt, der auch auf Herodians grammatikalische Schriften zurückgriff, um kurze Abhandlungen über Enklitika und Orthographie zu schreiben. Die Erläuterungen zu den *Kanones* wurden von dem Mönch und späteren (840–860) Patriarchen von Alexandria Sophronios verkürzt; die Zeit des

Charax kann nicht sicher festgelegt werden. Eine andere Gestalt, deren Zeit nur schwierig zu fixieren ist, war Georgios Choiroboskos (etwa 750–800?); er scheint ein Archivar beim Patriarchat in Konstantinopel gewesen zu sein. Unter seinen Schriften befindet sich ein weitschweifiger Kommentar zu den *Kanones* – etwa siebenmal so lang wie das Handbuch des Theodosios – und eine Serie von grammatikalischen Zergliederungsübungen, die die Psalmen als Übungstext verwenden. Es gibt ferner – eher unerwartet – eine Reihe von Anmerkungen zu der antiken Metrik-Abhandlung des Hephaistion (*IV 6.1*), offenbar dazu gedacht, Gebildeten bei ihrer Nachahmung einiger weniger klassischer Versformen zu helfen. Ein verbreitetes Handbuch (entstanden 810–813) war der Syntax-Wegweiser des Michael Synkellos (etwa 761–848), der in Edessa schrieb.

2.1.3 Photios

Die erste Persönlichkeit mit einem unbestreitbaren Anspruch darauf, als herausragender Philologe eingestuft zu werden, ist Photios (etwa 810–893; *IV 5.2.4*). Obwohl seine Laufbahn eher der staatlichen Bürokratie und der Kirche gewidmet war als irgendeiner Erziehungs-Institution, können uns seine Schriften mehr über literarische Studien sagen als diejenigen der meisten anderen Byzantiner. Sein Lexikon ist eines in einer Reihe von Nachschlagewerken, die dazu gedacht waren, den Bedürfnissen nicht nur von Lesern der Klassiker, sondern auch von angehenden attizistischen Schriftstellern zu dienen. Seine theologische Produktion schloß Arbeiten zu den Evangelien mit ein; obwohl sich kein zusammenhängender Text erhalten hat, wurde doch eine ganze Reihe seiner Beobachtungen in Katenen bewahrt. Als Mann von außergewöhnlich großer Belesenheit und mit feinem Sinn für literarischen Stil hatte er viele Gelegenheiten, seine philologische Begabung anzuwenden, und wir haben das Glück, daß er viele seiner Erfahrungen aufgezeichnet hat. Die meisten Zeugnisse stammen aus der sogenannten *Bibliotheke* (der Titel ist traditionell und praktisch, stammt aber nicht von ihm und impliziert etwas irreführend, daß es sich um eine Wiedergabe der Bestände seiner privaten Bibliothek handelt; trotzdem werde ich der üblichen Praxis folgen, die jedes Kapitel als 'Codex' zitiert). Dieses umfangreiche Werk (1600 Seiten in einer modernen Ausgabe) ist eine Beschreibung der Bücher, die Photios privat gelesen hat und nicht in der Gesellschaft seines Bruders oder des informellen Zirkels, der sich in seinem Haus traf; aus ihm ersehen wir, wie Photios die Traditionen früherer Philologie fortführte.

Obwohl Photios keine bibliographischen Einzelheiten über die von ihm zu Rate gezogenen Texte zu geben brauchte – er schrieb Inhaltsangaben für seinen Bruder und keinen Literatur-Leitfaden für eine breitere Öffentlichkeit –, hält er gelegentlich bedeutende Fakten fest. Er berichtet, daß er eine alte Abschrift lese (cod. 77), daß er mehr als eine Abschrift gesehen habe (cod. 77. 88. 111. 119. 200), daß er bis jetzt keine vollständige Abschrift gefunden habe (cod. 35 und 224). In cod. 199 und 200 notiert er das Vorhandensein verschiedener Text-Rezensionen, in denen die Zahl der Kapitel verschieden war. Mehrere Stellen zeigen ein Interesse an zweifelhafter Autorschaft oder Echtheit: Cod. 1, bereits in *II 1.3.5* erwähnt, präsentiert die Argumente, die gegen die Authentizität des Dionysios Areopagites angeführt wurden; einem modernen Leser scheinen sie überzeugend, aber Photios macht nicht mehr als eine ganz leichte Andeutung, daß er sie akzeptierte. In cod. 48 vermerkt er Unsicherheiten über Titel und Verfasserschaft eines Werkes, das er als Josephus, *Über das Weltall* zitiert; er hatte mindestens drei Abschriften mit unterschiedlichen Titeln gesehen, und in den Randnotizen in einer von ihnen fand er eine Bemerkung, daß der wahre Verfasser Gaius geheißen habe. In cod. 88 und 89 beschäftigt er sich mit verschiedenen Autoren des Namens Gelasios; in 219 rätselt er über zwei Schriften des Oreibasios, die sich nur in Titel und Widmung voneinander unterscheiden. Bei Diadochos von Photike (cod. 201) erregt eine Stelle bei ihm Anstoß, und er äußert seine Hoffnung, daß sie von einer anderen Hand hinzugefügt wurde. Von einem Text über die Enthauptung Johannes' des Täufers (cod. 274) erklärt er, er sei aufgrund seiner Argumentation und seiner Kenntnis der Heiligen Schrift der Zuweisung an Johannes Chrysostomos unwürdig. Aber er gibt keine Einzelheiten, so daß wir selbst urteilen könnten. Beim Lesen einer Reihe von Abhandlungen des Eulogios (Patriarch von Alexandria 580–607) entdeckt sich Photios dabei (cod. 230 p. 270a17–20), wie er die Ansichten des Kyrillos von Alexandria erörtert; dabei wendet er ein in der heidnischen Philologie entdecktes Prinzip an (*II 1.2.2*), indem er sagt: «Wer könnte ein beeindruckenderer oder verläßlicherer Interpret des Kyrillos sein als Kyrillos selbst, um zu zeigen, daß sein Denken rein und unberührt von häretischen Elementen ist?» Ähnliche Bemerkungen dieser Art stehen in 275b41f. und in cod. 229 p. 259b39. Ein weiteres Motiv ist von religiösen Beweggründen inspiriert: In cod. 229 wird Ephraem (Patriarch von Antiochia 526–545) mit dem Gedanken zitiert (255a24–30), daß «die heiligen Väter sagen, man solle nicht ein Wort isoliert und mit böswilligem Geist untersuchen, sondern der frommen Intention des Schreibers Aufmerksamkeit schenken». In diesem Sinne werden Athanasios, Kyrillos von Alexandria und Johannes Chrysostomos zitiert. In ähnlicher Weise hatte Eulogios das von ihm bei früheren Vätern (einschließlich Basilius von Caesarea) gefundene Prinzip bekräftigt, daß man Texte nicht auf der Grundlage nur eines Abschnitts beurteilen oder nur einige Teile isolieren und benutzen dürfe, um damit die Beweggründe des Schreibers in Zweifel zu ziehen (cod. 225 p. 240a26–b12).

Das Bedürfnis der Kirche, den rechten Glauben zu wahren, verlieh der Suche nach Wahrheit verstärkte Bedeutung. Ein Indiz hierfür sieht man in cod. 229 (254b7–16), wo Photios von einer Abhandlung des Ephraem sagt: «Dies aber ist klar: Auch wenn die gegenwärtige Untersuchung nicht bis zur Wahrheit vordringt, bringt sie dennoch die Seele nicht in Gefahr. Wenn Nachforschungen zum Glauben sich von der Wahrheit abwenden, dann bringen sie großes Unglück über die Seele; deshalb ist es unbedingt erforderlich, selbst an einer kurzen Silbe festzuhalten, die zur Wahrheit beiträgt. Bei der Erforschung von Fragen, die mit dem wahren Glauben verbunden sind, ist es schön, wenn sie ihr Ziel, die Wahrheit, erreicht; verfehlt sie dieses Ziel, so ist dies zwar nicht schön, bringt aber dennoch kein Verderben über die Seele».

Obwohl Vieles bei Photios unsere Bewunderung erregt, unterscheidet er sich in einer wichtigen Hinsicht von seinen klassischen Vorgängern: Deren Werke hatten in der Regel eine genügend weite Zirkulation, um sicherzustellen, daß sie Einfluß ausübten; in der *Bibliotheke* schrieb Photios mehr zum Nutzen seines Bruders als zur Belehrung gebildeter Kreise, und es gibt Hinweise, daß diese faszinierende Materialsammlung viel weniger stark konsultiert wurde, als sie es verdient gehabt hätte.

Manche bedeutenden Werke der byzantinischen Literatur sind nur in je einer Handschrift erhalten. Die *Bibliotheke* hatte ein etwas besseres Schicksal, denn sie findet sich in den Handschriften Marcianus gr. 450 (frühes 10. Jh.), 451 (12. Jh.) und Parisinus gr. 1266 (13. Jh.); alle übrigen Handschriften scheinen Produkte der späteren Phasen der italienischen Renaissance zu sein und datieren von etwa 1500 oder später. Die übrigen Zeugnisse für den Gebrauch des Werkes in Byzanz findet man bei A. Diller, *DOP* 16 (1962) 389–396 (mit einigen Addenda wieder abgedruckt in seinen *Studies in Greek manuscript tradition*, Amsterdam 1983).

Es gibt andere Äußerungen des Photios – in einem in 'normaler' Weise veröffentlichten Werk –, die einen noch schlagenderen Beweis seiner kritischen Fähigkeiten liefern. In Kap. 152 der *Amphilochia* gibt er – mit geringfügigster Anpassung – einen kurzen (und stark verkürzten) Text des Polychronios (*II 1.3.3*), Bischof von Apameia und Bruder des Theodoros von Mopsuestia, wieder; er besteht aus einer Zusammenstellung der Ursachen für Unklarheiten im Bibeltext, und die Punkte 4 und 5 betreffen Interpunktion und Akzentsetzung. Es war zweifellos dieser Text, der im ersten Kapitel der *Amphilochia* als Grundlage für einen bemerkenswerten Exkurs gedient hat. Dort denkt Photios über eine aus der fehlerhaften Schreibweise eines Verbs sich ergebende Schwierigkeit nach, die in *Sprüche* 8,22 zu einer Sinnverschiebung führt, und im Anschluß daran bemerkt er: «Nicht nur die Hinzufügung oder Weglassung eines Buchstabens kann Verwirrung und Verfälschung in großem Umfang hervorrufen, sondern bereits der ungenaue Gebrauch eines Akzents kann ein Wort trotz identischer Buchstabierung in ein anderes verwandeln und den Sinn zu einer völlig unangebrachten Bedeutung verschieben oder einen gottlosen Gedanken oder lächerlichen Unsinn hervorbringen. Was spreche ich von Buchstaben? Schließlich führt sogar das geringste aller Zeichen, das Interpunktionszeichen, zu großer Häresie jeder Art, wenn es falsch verwendet oder übersehen oder falsch plaziert wird.» (1,742–749)

Dieses Prinzip wendet Photios dann auf die Schwierigkeit in 2 *Cor.* 4,4 an («die Ungläubigen, deren Verstand der Gott dieser Welt mit Blindheit geschlagen hat, um sie daran zu hindern, das vom Evangelium des Ruhmes Christi verbreitete Licht zu sehen, der das Bild Gottes ist»). Häretiker hatten diese Stelle aufgegriffen, um bei Paulus Unterstützung für den manichäischen Dualismus zu finden. Photios glaubt, daß – obwohl diese Kritiker mit ihren eigenen Argumenten widerlegt werden könnten – die Schwierigkeit gar nicht erst aufgetreten wäre, wenn der Text an der richtigen Stelle interpungiert worden wäre; im Anschluß an einige Frühere, die sich mit der Stelle beschäftigt hatten, empfiehlt er die Einfügung eines Kolon (zur Markierung einer ganz leichten Pause) zwischen den Wörtern «Gott» und «dieser Welt»; die Wörter bedeuten dann, daß Gott den Verstand der Ungläubigen dieser Welt mit Blindheit schlägt. Zum Unglück für Photios gibt es zwei Gründe, weshalb seine Erörterung fehlerhaft ist: Zum einen ist keine verläßliche Tradierung der Interpunktion in Bibel-Handschriften bezeugt, zum anderen (und dies ist wichtiger) verlangt Photios von uns, im Wortlaut des Griechischen ein Hyperbaton anzunehmen, das höchst unwahrscheinlich ist und als solches von jedem qualifizierten und feinfühligen Leser der Sprache hätte erkannt werden sollen. Dennoch ist Photios' Wissen über verschiedene Ursachen von Textentstellung und sein Versuch, sie in den Griff zu bekommen, beachtlich; nicht viele spätere byzantinische Gelehrte zeigten ein ähnlich hoch entwickeltes Bewußtsein.

2.2 Philologie in mittelbyzantinischer Zeit

2.2.1 Das 10. Jahrhundert

Nach Photios gibt es eine lange Zeitspanne, in der sich philologische Tätigkeit von hoher Qualität nur schwer aufspüren läßt. Obwohl die Herstellung von Handschriften auf einem vernünftigen Niveau gehalten wurde, scheint es, als hätten die vorhandenen Mittel ein geregeltes Abschreiben der ungewöhnlichen Bücher, die Photios gelesen hatte, nicht erlaubt. Die Geschichte der Erziehungsinstitutionen läßt sich nicht wirklich zufriedenstellend nachzeichnen; private Schulen, die auf einer Grund- und einer fortgeschrittenen Stufe tätig waren, wurden gelegentlich durch Einrichtungen höherer Bildung ergänzt (man weiß Manches über einige Mitglieder des Personals des Patriarchen-Seminars im 12. Jh.). Aber Männer, die in der sonstigen byzantinischen Geschichte wohlbekannte Gestalten sind, verdienen in dieser Skizze kaum mehr als eine kurze Erwähnung. Der Bücherliebhaber Arethas (etwa 850–935) hat sicher eine günstige Wirkung auf die Erhaltung und das Studium antiker Autoren ausgeübt, da er so viele kalligraphische Handschriften in Auftrag gab; doch als Philologe kann er nicht allzu hoch eingestuft werden. Der antiquarisch interessierte Kaiser Konstantin VII. Porphyrogennetos (912–959; *IV 5.2.4*) initiierte ein Projekt, um eine Enzyklopädie menschlichen Wissens in 53 Abschnitten zusammenzustellen. Wir wissen nicht, wie weit das Unternehmen gedieh, und besitzen auch nicht alles, das ihm zusammenzubringen gelang; aber wir haben Grund, ihm für die Erhaltung von Material, das aus keiner anderen Quelle mehr bekannt ist, dankbar zu sein. Ob er oder seine Helfer dabei Gelegenheit hatten, wirklich philologisches Talent zu entfalten, bleibt unklar. Eine andere ein wenig jüngere Kompilation verdient ebenfalls Erwähnung: Die *Suda* (früher als *Suidas* bekannt) ist ein riesiges Lexikon in der attizistischen Tradition, ergänzt durch zahlreiche Artikel, die Sach-Informationen vermitteln sollen, so daß das Ergebnis eine Kreuzung zwischen einem Wörterbuch und einer Enzyklopädie ist. Sie scheint geschätzt worden zu sein, denn die Zahl der vorhandenen Abschriften ist größer, als man für ein so langes Werk hätte erwarten können (in der modernen Ausgabe von Ada Adler kommt sie auf 2.785 Seiten – für jeden Kopisten eine furchteinflößende Aufgabe).

2.2.2 Das 11. Jahrhundert

Der prominenteste 'Intellektuelle' des 11. Jh.s war Michael Psellos (1018 bis 1078?; *IV 5.2.5*). Er war nicht nur Professor für Philosophie und ein Berater, der am Hof Vertrauen genoß, sondern auch ein vielseitiger Gelehrter mit einer gewandten Feder; doch war seine Gelehrsamkeit auf vielen Gebieten oberflächlicher, als er wohl zugegeben hätte. Nur einige wenige seiner unzähligen Schriften sind hier von Interesse: seine Abhandlungen über den Stil verschiedener christlicher und heidnischer Autoren. Während seine Begeisterung für diese Klassiker offenkundig ist und er sicherlich das Gefühl hatte, als Schriftsteller von ihrem genauen Studium profitiert zu haben, ist das Fehlen von Zitaten, die seine Urteile hätten belegen und stützen können, eine Schwäche. Andererseits gereicht es ihm zur Ehre, daß er in einer Abhandlung, wo er die Romane des Heliodor und des Achilleus Tatios (*IV 3.3.2*) vergleicht, zu Recht die komplexe Erzählstruktur bei Heliodor hervorhebt. Die seltsamste Schrift in dieser Gruppe ist eine, die als Antwort auf die Frage verfaßt wurde, ob Euripides bessere Verse schreibt als Georgios von Pisidien (*IV 5.2.1*), ein im 7. Jh. schreibender Verfasser von iambischen Versen über historische und theologische Themen und der letzte, der noch in der Lage war, die klassischen Regeln der Prosodie zu beachten. Schon der bloße Gedanke, daß es sinnvoll sein könnte, so ungleichartige Autoren zu vergleichen, deutet an, wie schwierig es für die Byzantiner war, die griechische Tragödie wirklich zu begreifen; und die Schrift selbst – auch wenn sie nur in einer einzigen beschädigten Handschrift erhalten und bereits deshalb oft nur schwer verständlich ist – ist ohne jeden Zweifel eine höchst enttäuschende Leistung.

Zu diesen beiden Abhandlungen des Psellos vgl. A. R. Dyck, *Michael Psellus, the essays on Euripides and George of Pisidia and on Heliodorus and Achilles Tatius* (Wien 1986). Merkwürdigerweise könnten drei bedeutende Euripides-Handschriften (Parisinus gr. 2713, Marcianus gr. 471 und Jerusalem, Taphou 36) während der Jahrzehnte geschrieben worden sein, in denen Psellos' Einfluß auf seinem Höhepunkt stand.

Psellos beschäftigte sich eifrig mit Platon und vermittelte diesen Enthusiasmus seinem Schüler Johannes Italos, dessen Befürwortung bestimmter Lehren ihn in Schwierigkeiten mit kirchlichen Amtsstellen brachte; die daraus resultierende Verurteilung enthielt auch zwei aufschlußreiche Bannflüche: Der erste war gegen «diejenigen» gerichtet, «die durch einen Kursus hellenischer Studien gehen und sich nicht nur aus Bildungsgründen belehren lassen, sondern diesen nichtssagenden Ideen folgen und an sie wie an die Wahrheit glauben», der zweite gegen «diejenigen, die aus eigenem Antrieb eine Darstellung unserer Schöpfung zusammen mit anderen Mythen erfinden und die die platonischen Ideen als wahr annehmen». Diese Beschränkungen der Gedankenfreiheit wurden jedoch nicht so weit getrieben, daß man auf der Entfernung irgendwelcher Texte aus dem Lehrplan bestanden hätte, noch weniger, daß man die Verbrennung heidnischer Texte verlangt hätte (eine Strafe, die man häretischen Autoren gelegentlich zumaß).

2.2.3 Eustathios und seine Zeitgenossen

In den anschließenden Generationen – als das Patriarchen-Seminar blühte – finden wir unter dem Lehrpersonal auch einen Professor für Rhetorik, dessen Pflichten auch Vorlesungen über die heidnischen Klassiker umfaßt haben dürften. Der prominenteste Inhaber dieses Lehrstuhls war Eustathios (etwa 1115–1195), der diesen Posten aufgab, als er um 1175 zum Bischof von Thessalonike bestellt wurde. Das gewichtigste seiner vielen Werke ist der Kommentar zur *Ilias*, eine gewaltige Kompilation aller verfügbaren Scholien, die – wie die *Suda* – für nützlich genug befunden wurde, um trotz ihrer Länge recht oft abgeschrieben zu werden. Das noch erhaltene Autograph (Laurentianus 59,2 + 3) zeigt, daß Eustathios sein Bestes tat, um sein Werk zu erweitern und zu verbessern, indem er kleine Papierstreifen mit den erforderlichen zusätzlichen Anmerkungen einklebte. Das Spektrum seiner Interessen war groß: Er arbeitete auch über die *Odyssee*, Pindar, Aristophanes und Dionysios Periegetes, und möglicherweise war er für die Auffindung einer Handschrift verantwortlich, die die sogenannten 'alphabetischen' Stücke des Euripides enthielt, die nicht im Schul-Lehrplan inbegriffen waren. Einige Philologen heutiger Zeit haben die These vertreten, Eustathios sei ein brillanter Textkritiker gewesen, dem viele ausgezeichnete Lesarten in der Epitome der *Deipnosophistai* des Athenaeus zuzuschreiben seien; doch bleibt dies zweifelhaft, denn seine übrigen Schriften erwecken nicht den Eindruck einer ungewöhnlich wachen kritischen Begabung, und während einige der fraglichen Konjekturen innerhalb der Reichweite eines intelligenten Lesers liegen, gibt es eine Stelle, wo die Verbesserung ein Spezialwissen in Namenkunde voraussetzt, das kein Byzantiner besessen haben kann.

Mehrere ungefähre Zeitgenossen des Eustathios müssen kurz erwähnt werden. Einer seiner Vorgänger im Seminar war Niketas von Herakleia, der o. (2.1.1) erwähnte Katenen-Schreiber. Ein weiterer Kollege im Klerus war Gregorios, Bischof von Korinth, dessen am besten bekanntes Werk eine kurze und durchschnittliche Abhandlung über die Dialekte des Altgriechischen war. Prinzessin Anna Komnene (IV 5.2.6) schrieb nicht nur in der *Alexias* die Geschichte der Regierung ihres Vaters, sondern fand auch noch Zeit, neue Tendenzen in den Aristoteles-Studien zu fördern; das Ergebnis waren Kommentare zu *De generatione animalium*, den *Parva naturalia*, der *Nikomachischen Ethik*, der *Rhetorik* und der *Politik*. Isaak Tzetzes (gest. 1138) zeigte als Lehrer ein seltenes Interesse an lyrischer Metrik, indem er über diesen Aspekt bei Pindar schrieb; sein Werk stützt sich auf die Scholien und das Handbuch des Hephaistion. Isaaks Bruder Johannes (etwa 1110–1180) war ebenfalls Lehrer, und seine umfangreichen Schriften sind von wohlgemuter Geschwätzigkeit geprägt. Als Philologe ist er zutiefst mittelmäßig, aber seine gelegentlichen Zitate aus nicht mehr erhaltenen Werken sind wertvoll. Ähnliches gilt für die Schriften einer erfreulicheren Persönlichkeit: Michael Choniates (etwa 1138–1222) war ein Kollege des Eustathios und wurde Bischof von Athen. Er besaß eine Abschrift von Kallimachos' *Hekale* (*IV 2.4.2*) und zitierte mit großem Vergnügen daraus, was ihn zu einer unserer besten Quellen für dieses Gedicht macht. Konstantinos Stilbes, ein weiteres Mitglied des Patriarchen-Seminars – er wurde 1204 Metropolit von Kyzikos – verfaßte in den Jahren unmittelbar vor seiner Bischofswahl eine sehr kurze Abhandlung über die Schwierigkeiten, in dem riesigen Schriftencorpus des Johannes Chrysostomos Echtes und Unechtes zu unterscheiden. Er zeigt sich bewußt, daß alte Handschriften keine Garantie für Echtheit sind und falsche Zuschreibungen sehr leicht aufkommen; er zitiert hierzu den höchst einschlägigen Fall des Proklos, Bischof von Konstantinopel (gest. 446/7). Auch stilistische Kriterien werden angeführt, aber man wünschte sich, Stilbes hätte spezifische Beispiele und eine ausführliche Darlegung seiner Gedanken zu dieser Frage gegeben.

Eine sehr wichtige Gruppe von Handschriften, die sich jetzt in die zweite Hälfte des 12. Jh.s datieren läßt, ist das Produkt eines Lehrers namens Johannikios, der sich die Arbeit des Abschreibens häufig mit einem Kollegen teilte, der – seiner Handschrift nach zu urteilen – offenbar westlicher Herkunft war. Die Zahl von Handschriften, die inzwischen dem Johannikios und seinem Kollegen zugeschrieben werden kann, beträgt fast zwanzig, und die von ihnen gebotene Qualität der Textüberlieferung ist oft sehr hoch. Ob dies zum Teil einer Fähigkeit zur Emendation zuzuschreiben ist, bleibt unklar; ebenso unsicher ist die Quelle für die Vorlagen, die die beiden Schreiber benutzten: Einige Experten glauben, daß sie eher auf Sizilien als in der byzantinischen Hauptstadt arbeiteten. Es sei vermerkt, daß medizinische und aristotelische Texte das Hauptinteresse von Johannikios und seinen Auftraggebern (oder auch beiden) bildeten, und daß sechs der Handschriften Randbemerkungen in Latein aufweisen, die von der Hand eines der führenden Übersetzer der damaligen Zeit, Burgundio von Pisa (1110–1193) geschrieben sind.

2.3 Byzantinische Philologie nach 1204

Während der südlichste Teil Italiens und einige Gegenden Siziliens weiter zweisprachig waren, verharrten der größte Teil Italiens und das übrige Westeuropa in Unkenntnis des Griechischen und hatten nur mit Unterbrechungen Kontakte zu Byzanz. Die Situation änderte sich drastisch und dauerhaft im Jahr 1204, als der Vierte Kreuzzug Konstantinopel plünderte. Damals müssen die letzten Abschriften vieler Texte zerstört worden sein; Michael Choniates' Abschrift der *Hekale* verschwand wahrscheinlich im folgenden Jahr, als die Kreuzfahrer Athen erreichten. Die byzantinische Exilregierung in Nikaia tat – mit begrenzten Mitteln – ihr Bestes, um die Bildung zu fördern, und nach der

Rückgewinnung der alten Hauptstadt 1261 durch die Palaiologen-Familie fand wieder ein schrittweises Anwachsen literarischer Tätigkeit statt. Diese letzte Periode des Reiches brachte in der Tat – trotz schweren wirtschaftlichen Drucks – einige Philologen hervor, die zu herausragender Arbeit fähig waren. Die aus dieser Zeit erhaltenen Handschriften sind relativ zahlreich, und man kann in ihnen die Handschrift einiger führender Persönlichkeiten entdecken.

2.3.1 Philologie in der frühen Palaiologen-Zeit

Die erste bedeutendere Gestalt ist Maximos Planudes (etwa 1255–1305), der die ungewöhnliche Eigenschaft besaß, sehr gut Latein zu beherrschen; er übersetzte eine Reihe von Texten (darunter Ovid), von denen er einige von anstößig erscheinenden Stellen reinigte. Er oder Angehörige seines Zirkels könnten auch für eine begrenzte Anzahl ähnlicher 'Reinigungen' im Text einiger Schriften Plutarchs verantwortlich gewesen sein; überraschenderweise ist dies allerdings ein sehr seltenes Phänomen in der Geschichte der byzantinischen Philologie, und im allgemeinen machte man keinen Versuch, an Stellen bei Aristophanes oder anderen Autoren, die durchaus hätten anstößig erscheinen können, Eingriffe vorzunehmen. Planudes nahm sich auch die Freiheit, aus der *Griechischen Anthologie* Gedichte über homosexuelle Themen auszulassen, aber er führte keine systematische Zensur durch. Einen großen Teil seiner Zeit widmete er der Vorbereitung einer vollständigen Edition des Plutarch, eines seiner Lieblingsautoren. Seine beachtlichste Tätigkeit als Textkritiker zeigt sich in seiner Behandlung der *Phainomena* des Arat (*IV 2.5.3*): Planudes war in Astronomie genügend bewandert, um zu bemerken, daß verschiedene Stellen in diesem Gedicht nicht mehr dem aktuellen Kenntnisstand entsprachen; daher strich er sie in seinem Exemplar (Edinburgh, Advocates' Library MS. 18.7.15) durch und schrieb an den Rand eine korrekte Darstellung in eigenen Versen. Alle Texte, die als Handbücher dienen konnten, waren im Prinzip der Gefahr solcher Revisionen – um sie auf den neuesten Stand zu bringen oder andere Verbesserungen vorzunehmen – ausgesetzt; literarische Texte entgingen aus naheliegenden Gründen für gewöhnlich einer solchen Behandlung.

Obwohl Planudes mit der vollen Breite klassischer Dichtkunst vertraut war, hatte er kein besonderes Interesse an Dramentexten. Auf diesem Gebiet wurde ein herausragender Beitrag von Demetrios Triklinios geleistet, der anscheinend eine gewisse Verbindung zu Planudes hatte (neben einer zu Thomas Magister, dem Autor eines attizistischen Lexikons, der sich auch selbst intensiv mit dem klassischen Drama beschäftigte). Triklinios, der etwa 1305–1320 in Thessalonike tätig war, fand das einzige Exemplar der 'alphabetischen' Stücke des Euripides (Florenz, MS. Laur. 32.2) und versah es mit Anmerkungen und Verbesserungen. Er verstand auch Metrik besser als jeder seiner Kollegen und war, nachdem er Hephaistion gelesen hatte, in der Lage, sein Wissen anzuwenden, um viele Tragödien- und Komödienstellen, vor allem in iambischen Partien, zu korrigieren; seine Versuche, Chorlyrik zu emendieren, waren weniger glücklich, obwohl ihm das Prinzip der strophischen Responsion bewußt war. Er revidierte das vorhandene Scholien-Corpus zu mehr als einem Autor und vereinfachte es auf eine Weise, die Schülern, welche vom 'Gewicht' antiker Bildung in Schrecken versetzt wurden, willkommen gewesen sein mag, weniger dagegen modernen Philologen, die danach streben, jede Spur hellenistischer Gelehrsamkeit zurückzugewinnen; er verfaßte auch eigene Anmerkungen zur Metrik jedes Teils der von ihm kommentierten Stücke und bezeichnete sie als «unsere». Auch wenn seine Arbeit von unterschiedlicher Qualität war, erscheint sein Name oft im kritischen Apparat moderner Ausgaben, was von keinem anderen byzantinischen Philologen gesagt werden kann.

Noch einige weitere Gestalten der frühen Palaiologen-Zeit mögen hier Erwähnung verdienen. Der Patriarch Gregorios von Zypern (gest. 1290) ist für seine Sammlung von Sprichwörtern bekannt, die tatsächlich nur die Verkürzung einer bereits bestehenden Sammlung darstellt. Vor kurzem hat die Analyse von Handschriften klassischer Texte, die er selbst abschrieb oder in Auftrag gab, ein bemerkenswertes Resultat ergeben: Bei Sophokles-Exzerpten in der Handschrift Escorial X.1.13 stellte sich heraus, daß sie fünf Lesarten enthalten, die vorher aus keiner Handschrift bekannt, aber von verschiedenen modernen Philologen konjiziert worden waren. Da die übrigen Texte aus seiner Privatbibliothek keine ähnlichen Überraschungen bereithalten und es wenig Anzeichen dafür gibt, daß der durchschnittliche byzantinische Philologe fähig war, solche Konjekturen zu machen, stammen die fünf Lesarten wahrscheinlich aus einer guten Quelle, deren Entdeckung Gregorios gelungen war. Wie Planudes und andere Zeitgenossen wird er sein Bestes getan haben, um vernachlässigte Bibliotheken aufzuspüren, in der Hoffnung, den Vorrat an Texten zu vergrößern; es gibt Grund zu der Annahme, daß damals eine Reihe wichtiger Handschriften ans Licht gebracht wurde, und die von ihm angefertigten Abschriften erklären, warum die Textkritiker die Maxime *recentiores non deteriores* beachten (*I 3.6.1*). Es ist allerdings nicht immer leicht zu entscheiden, ob eine gute Lesart in einer Handschrift dieser Zeit eine Konjektur oder das Wiederauftauchen alter Überlieferung darstellt; deswegen gab es die lange Debatte um den Wert der Sophokles-Handschrift Parisinus gr. 2712, von der man jetzt annimmt, daß sie einen alten Überlieferungszweig repräsentiert. Auf der anderen Seite sehen einige Lesarten, die sich in einer Abschrift von Euripides' *Phoinissen* finden (MS. Ambr. L 39 sup.), so aus, als ob sie Emendationsversuche sein könnten; wenn das so ist, folgt daraus, daß Triklinios nicht der einzige Kritiker im frühen 14. Jh. war, der bei seinem Umgang mit korrupten Texten einen gewissen Grad an Kompetenz zeigt.

Zu Gregorios vgl. I. Pérez Martín, *El patriarca Gregorio de Chipre (ca. 1240–1290) y la transmisión de los textos clásicos en Bizancio* (Madrid 1996) 94. Zur Maxime *recentiores non deteriores* vgl. den gleichnamigen Artikel von R. Browning in *BICS* 7 (1960) 11–21, wieder abgedruckt in seinen *Studies on Byzantine history, literature and education* (London 1977). Die *Phoinissen*-Handschrift wird behandelt in D. J. Mastronarde – J. M. Bremer, *The textual tradition of Euripides' Phoenissae* (Berkeley 1982) 57 f.

Die von Planudes und anderen unternommenen Nachforschungen sorgten wahrscheinlich dafür, daß der Vorrat an zugänglichen klassischen Texten größer war als in den Jahren, als das Reich von Nikaia aus regiert wurde; es ist aber unwahrscheinlich, daß Philologen der Palaiologen-Zeit viel mehr antike Texte lesen konnten als wir heute. Die durch die Ereignisse von 1204–5 verursachten Verluste wurden nicht bedeutend vergrößert, als Konstantinopel 1453 in die Hände der Türken fiel. Ein wesentlicher Verlust, der sich in diesem Jahr ereignet haben könnte, war die Zerstörung eines vollständigen Textes der *Bibliotheke* des Diodorus Siculus; aber man findet es außerordentlich selten, daß Palaiologen-Philologen aus irgendeinem klassischen Text Stellen zitieren, für die es keine frühere Quelle gibt. Eine der wenigen Ausnahmen von dieser Regel ist **Theodoros Metochites** (etwa 1270–1332; *I 2.1* und *IV 5.2.8*), der wichtigste Minister des Kaisers Andronikos II. Palaiologos und ein Verfasser zahlreicher Abhandlungen, der hin und wieder die einzige Quelle für ein Dichterzitat oder ein Faktum der antiken Geschichte zu sein scheint. Er schrieb auch über viele klassische Autoren, und seine beachtenswerteste Abhandlung ist ein Vergleich des Demosthenes mit Aelius Aristides. Wie andere Byzantiner behandelt er die attizistischen Autoren der Zweiten Sophistik auf einer Stufe mit den klassischen Schriftstellern, die sie nachahmten; was Metochites' Bemerkungen heraushebt, ist die Tatsache, daß er den wichtigsten Unterschied zwischen dem politischen Rahmen, in dem Demosthenes wirkte, und den Bedingungen des Römischen Reiches versteht.

2.3.2 Die letzte Phase der byzantinischen Philologie

Nach Metochites' Tod gibt es nicht mehr viel festzuhalten. Erhaltene Handschriften beweisen, daß die Schulen bis zum Ende des 14. Jh.s und darüber hinaus den herkömmlichen Lehrplan weiterhin unterrichteten, und Abschriften der von Triklinios und anderen hergestellten Revisionen verschiedener Texte sind zahlreich. Philologische Tätigkeit auf einem mit der Arbeit des Planudes oder Triklinios vergleichbaren Niveau ist dagegen nur schwer zu entdecken. Metochites' Schüler **Nikephoros Gregoras** (etwa 1293–1361) war ein kompetenter Historiker, Teilnehmer an religiösen Kontroversen und Astronom; er 'edierte' Ptolemaios' Abhandlung über Musik, in dem Sinn, daß er versuchte, den Text zu verbessern und Lücken auszufüllen; eine gewisse Anzahl seiner Vorschläge hat bei modernen Fachleuten Zustimmung gefunden. Auch außerhalb der Hauptstadt gibt es gelegentliche Anzeichen philologischer Tätigkeit. In Mistra war der Hofzirkel des Despoten von Morea ein kleineres Zentrum der Handschriftenherstellung. **Simon Atumanus**, der 1348 zum Bischof von Gerace in Kalabrien bestellt und 1366 auf den Bischofssitz von Theben versetzt wurde, verdient nicht nur deshalb Beachtung, weil er die wichtige Euripides-Handschrift *Laurentianus 32.2* besaß, sondern auch, weil er Hebräisch lernte und eine neue Übersetzung des Alten Testaments herzustellen versuchte. Eine weitere Gestalt aus den nunmehr in raschem Niedergang befindlichen zweisprachigen Gemeinden Süditaliens war Nikolaos von Reggio, der für Robert von Anjou (König von Neapel 1308–1345) medizinische Texte übersetzte; seine Galen-Übersetzungen sind wertvoll, besonders in den ein oder zwei Fällen, wo das griechische Original nicht mehr existiert.

Am Ende des 14. Jh.s verdient der Patriarchen-Notar und spätere Bischof von Selymbria Johannes Chortasmenos (etwa 1370–1436) kurze Erwähnung. Er rief neu die praktische Gewohnheit ins Leben, die Blätter in jeder Lage seiner Bücher zu numerieren; die Byzantiner hatten die spätantike Praxis der Blattzählung nicht beibehalten. Chortasmenos war klug genug, um einige Randbemerkungen in einer Abschrift von Aristoteles' *Physica* (MS. Ambr. M 46 sup.) als von Kaiser Theodoros Laskaris von Nikaia (1222–1256) stammend zu identifizieren – ein seltenes Beispiel paläographischer Fähigkeiten. Er bewahrte auch die schöne illuminierte Handschrift des Kräuterbuchs des Dioskurides (Wien, MS. Med. gr. 1), indem er den Einband reparierte, so daß sie weiterhin in einem Krankenhaus benutzt werden konnte; leider fand er allerdings (vielleicht waren es auch die Ärzte) die Unzialschrift des frühen 6. Jh.s so wenig ansprechend, daß er alle leeren Zwischenräume auf den Seiten mit seiner eigenen Abschrift des Textes füllte, und seine Handschrift hat keine kalligraphischen Qualitäten. Sehr wahrscheinlich war er es auch, der Diophantos las und für die Niederschrift eines unbarmherzigen Fluches am Rand der Handschrift Madrid 4678 zu 2,8 verantwortlich war: «Diophantos, möge deine Seele beim Teufel weilen dafür, daß du dir so viele Probleme von solcher Schwierigkeit ausgedacht hast!»

In den letzten Jahrzehnten von Byzanz hielten Mistra und Konstantinopel die Traditionen so gut aufrecht, wie sie konnten; beide konnten noch einiges von Bedeutung nach Italien übermitteln. In der Hauptstadt gab es noch Lehrer, die Italiener anziehen konnten; von diesen unternahm eine Anzahl die gefährliche Reise, um die alte Sprache zu lernen. Eine Schule, die von Georgios Chrysokokkes geleitet wurde (er ist als in den Jahren 1420–1428 tätiger Kopist bekannt), hatte unter ihren Schülern den späteren Kardinal Bessarion; zusätzlich aber erhielt Chrysokokkes auch Aufträge von Humanisten, die zu Besuch kamen, etwa von Filelfo und Aurispa. In Mistra war die herausragende Gestalt Georgios Gemistos Plethon, ein Platoniker, dessen religiöse Orthodoxie oft angezweifelt worden ist. Auch er lehrte Bessarion und hinterließ einen beträchtlichen Eindruck, als sie beide 1439 zum Konzil von Florenz kamen. Obwohl nicht länger glaubhaft ist, daß er Lorenzo de Medici zur Gründung der Platonischen Akademie in Florenz inspirierte, war sein Ruhm so bedeutend, daß Sigismondo Malatesta – nachdem er vergeblich versucht hatte, ihn an seinen Hof in Rimini zu holen – 1465 seine Gebeine in Mistra ausgrub und wenigstens sie nach Rimini brachte. Diese überspannte Geste ist freilich weniger wichtig als die Arbeit der zahlreichen Byzantiner (Bessarion eingeschlossen), die sich in Italien niederließen und ihr Wissen einem neuen und höchst empfänglichen Publikum vermittelten (*II 3.1*).

3 Griechische Philologie in der Neuzeit

ERNST VOGT

3.1 Die Bedeutung einer Beschäftigung mit der Geschichte der Philologie

Die Beschäftigung mit der Geschichte der griechischen wie der lateinischen Philologie ist für ein altertumswissenschaftliches Studium unerläßlich. Sie macht mit den wichtigsten Vertretern des Faches, ihren Arbeitsgebieten und ihren Hauptwerken bekannt. Sie führt in die verschiedenen methodischen Verfahrensweisen ein, zeigt deren Möglichkeiten und Grenzen auf und trägt zur eigenen methodischen Schulung bei. Und schließlich zwingt sie dazu, sich über das eigene Tun Rechenschaft zu geben, und dient so der Selbstreflexion, der Bestimmung des eigenen Standortes und damit unmittelbar dem Selbstverständnis.

Allgemeine Literatur: F. A. Eckstein, *Nomenclator philologorum* (Leipzig 1871). Biographisches Material in alphabetischer Anordnung. Im Anhang ein knapper *Nomenclator typographorum*. – W. Pökel, *Philologisches Schriftsteller-Lexikon* (Leipzig 1882). Biobibliographisches Nachschlagewerk. – C. Bursian, *Geschichte der classischen Philologie in Deutschland von den Anfängen bis zur Gegenwart* (München–Leipzig 1883). Materialreiches Nachschlagewerk. – L. v. Urlichs, *Grundlegung und Geschichte der klassischen Altertumswissenschaft*, in: Handbuch der klass. Altertumswiss., hrg. v. I. Müller, 1. Band (Nördlingen 1886), 1–126. – J. E. Sandys, *A History of Classical Scholarship*, 3 Bde. (Cambridge I ³1920, II 1908, III 1908). Umfassende Gesamtdarstellung. – W. Kroll, *Geschichte der klassischen Philologie* (Leipzig 1908). Knapper Abriß. – A. Gudeman, *Grundriß der Geschichte der klassischen Philologie* (Leipzig–Berlin 1909). Überwiegend prosopographisch orientierte Darstellung. – Ders., *Imagines philologorum* (Leipzig–Berlin 1911). Bildnisse der bedeutendsten Philologen von Manuel Chrysoloras bis Eduard Zeller. – U. v. Wilamowitz-Moellendorff, *Geschichte der Philologie* (Leipzig 1921, ND 1997). Souveräner Überblick. Engl. Ausg.: *History of Classical Scholarship*. Transl. from the German by A. Harris. Ed. with introd. and notes by H. Lloyd-Jones (Oxford 1982). – E. J. Kenney, *The classical text. Aspects of editing in the age of the printed book* (Berkeley–Los Angeles–London 1974). – R. Pfeiffer, *History of Classical Scholarship 1300–1850* (Oxford 1976). Dt. Ausg.: *Die Klassische Philologie von Petrarca bis Mommsen* (München 1982). – H. Lloyd-Jones, *Classical survivals. The Classics in the modern world* (London 1982) – L. D. Reynolds – N. G. Wilson, *Scribes and Scholars. A guide to the transmission of Greek and Latin Literature* (Oxford ³1991). Vorzügliche Darstellung von hervorragenden Kennern. – A. Grafton, *Defenders of the text. The tradition of scholarship in an age of science. 1450–1800* (Cambridge, Mass. 1991). – Ders., in: *The Oxford Classical Dictionary*. Third Edition. Edited by S. Hornblower and A. Spawforth (Oxford–New York 1996), 1365–1367 s. v. «scholarship, classical, history of».

3.2 Renaissance und Humanismus (15./16. Jh.)

3.2.1 Byzantiner als Vermittler der griechischen Literatur und ihre italienischen Schüler

Während im Osten das Byzantinische Reich seinem Ende entgegenging (1453 Einnahme von Konstantinopel durch die Türken), machte sich im Italien der Renaissance zunehmend ein unmittelbares Interesse an den Texten auch des griechischen Altertums geltend. Damit wuchsen den im Westen als Diplomaten oder anderweitig tätigen Griechen ebenso wie ihren vor den Türken nach Italien geflohenen Landsleuten, deren erste Sorge die Sicherung ihres Lebensunterhaltes sein mußte, wichtige neue Aufgaben in der Vermittlung ihrer Muttersprache und des klassischen Erbes zu. Schon 1396 war der byzantinische Diplomat Manuel Chrysoloras (um 1350–1415) nach Florenz gerufen worden und hatte ab 1397 dort, in Pavia und in Venedig mit dem Unterricht des Griechischen begonnen. Zu seinen Schülern zählten Leonardo Bruni (1369–1444), der Platon, Aristoteles, Demosthenes und Plutarch ins Lateinische übersetzte, und Guarino da Verona (1374–1460), der ihm 1403 bei seiner Rückkehr nach Konstantinopel folgte, dort einige Jahre bei ihm studierte und dann seinerseits in Verona, Florenz, Padua und vor allem Ferrara als Lehrer des Griechischen wirkte.

In engem Zusammenhang mit diesen Tätigkeiten steht das wachsende Interesse an griechischen Handschriften, für deren Erwerb die Situation des Byzantinischen Reiches kurz vor dessen Zusammenbruch die denkbar besten Bedingungen bot. Die Schiffsladung mit 238 Manuskripten, die der aus Sizilien stammende Giovanni Aurispa (1369–1459) im Jahre 1423 von Konstantinopel nach Italien überführte, ist lediglich ein besonders eindrückliches Beispiel für den Strom der Handschriften, der nun aus dem Osten nach Italien floß.

Ein anschauliches Bild der fieberhaften Suche nach Handschriften mit noch unbekannten Texten und der häufig nicht unbedenklichen Mittel, sich in ihren Besitz zu setzen, hat Conrad Ferdinand Meyer am Beispiel des in dieser Hinsicht besonders erfolgreichen Poggio Bracciolini (1380–1459) in seiner Novelle *Plautus im Nonnenkloster* (1881) gezeichnet.

Die bedeutendste Gestalt der in Italien als Diplomaten, Lehrer und Übersetzer tätigen gelehrten Griechen, zu denen u. a. der streitbare Georgios Trapezuntios (um 1395–1484), Theodoros Gaza (um 1400–1478) und Demetrios Chalko(ko)ndyles (1424–1511) gehören, ist (Johannes?) Bessarion (1403?–1472). Aus Trapezunt gebürtig und zeitweilig dem Kreis um den eigenwilligen Erneuerer des Platonismus Georgios Gemistos Plethon (um 1355–1452; *II 2.3.2*) in Mistra zugehörig, stieg der energische Befürworter einer Union von Ost- und Westkirche auf dem Konzil von Ferrara-Florenz (1438/39) zum Kardinal und schließlich zum lateinischen Titularpatriarchen von Konstantinopel auf. Seine kleine Schrift über die Auslegung von Joh. 21,22 nimmt bereits textkritische Argumentationsformen einer späteren Zeit in überraschender Weise voraus. Bedeutend sind seine Übersetzungen der aristotelischen *Metaphysik* und der *Memorabilien* Xenophons. 1468, vier Jahre vor seinem Tode, setzte er testamentarisch die Republik Venedig zur Erbin seiner reichen Handschriftensammlung ein und schuf damit die Grundlage der Bibliotheca Marciana.

Da eine für das Studium der Originale hinreichende Kenntnis des Griechischen zunächst auf einen kleinen Kreis beschränkt blieb, kam zuverlässigen und die Urtexte möglichst adäquat wiedergebenden Übersetzungen in das Lateinische eine besondere Bedeutung zu. Und in der Tat sind auf diesem Gebiete Leistungen vollbracht worden, die ihren Wert bis heute behalten haben, zumal dann, wenn die handschriftlichen Vorlagen dieser Übersetzungen inzwischen verlorengegangen sind. Unter den um die Übersetzung griechischer Literatur verdienten Italienern nehmen Francesco Filelfo (1398–1481), Marsilio Ficino (1433–1499), Lehrer an der auf Anregung von Georgios Gemistos Plethon 1459 gegründeten Platonischen Akademie in Florenz und bahnbrechender Übersetzer Platons und Plotins, sowie Angelo Poliziano (1454–1494), der führende klassische Philologe Italiens im 15. Jahrhundert, herausragende Plätze ein.

3.2.2 Der Buchdruck und seine Folgen

Die Erfindung des Buchdrucks mit beweglichen Lettern um die Mitte des 15. Jh.s trug wesentlich zur Verbreitung des antiken Schrifttums bei. Ein lediglich in einer einzigen Handschrift erhaltener Text entging nun der Gefahr des völligen Verlustes. Zudem war der Erwerb einer gedruckten Ausgabe in der Regel erheblich preisgünstiger als die Anfertigung einer Handschrift.

Wichtige Auswirkungen hatte der Druck auch auf die philologische Arbeit an und mit den Texten. Bot die handschriftliche Druckvorlage einen korrupten oder unverständlichen Wortlaut, so fühlte der Herausgeber sich zur Herstellung eines in sich stimmigen Textes herausgefordert. Lagen ihm mehrere Handschriften in voneinander abweichenden Fassungen vor, so hatte er die einzelnen Varianten gegeneinander abzuwägen und eine Entscheidung zu treffen. Exemplarisch für die Meisterung der hier sich stellenden Aufgaben ist die Zusammenarbeit des italienischen Druckers Aldus Manutius (Aldo Manuzzi, 1449–1515), dessen 1494 in Venedig gegründete Druckerei eine große Zahl griechischer Texte, darunter nicht wenige Editiones principes, herausbrachte, mit dem aus Kreta stammenden griechischen Gelehrten Markos Musuros (1470–1517), «den man wol als das bedeutendste emendatorische talent bezeichnen muß, welches das griechische volk bisher hervorgebracht hat» (Wilamowitz). Bereits 1471 waren in Mailand die Ἐρωτήματα («Fragen») des Manuel Chrysoloras als die erste griechische Grammatik im Druck erschienen. Zu den frühesten gedruckten griechischen Autoren gehören Homer (Florenz 1488), Hesiod, Isokrates und Theokrit (Mailand 1493) sowie die *Grie-*

chische Anthologie (Florenz 1494). 1495–98 brachte Aldus Manutius die Editio princeps des Aristoteles, 1498 diejenige des Aristophanes heraus, denen zahlreiche weitere folgten.

Neben den *Aldinae* gewannen vor allem die von Filippo Giunti herausgegebenen *Editiones Iuntinae* Bedeutung. Gleichwohl dauerte es bis in die Mitte des 16. Jh.s, bis die Mehrzahl der griechischen Autoren im Druck vorlag.

Die wichtigsten Editiones principes außer den bereits genannten sind: Sophokles, Herodot und Thukydides Venedig 1502, Euripides Venedig 1503, Demosthenes Venedig 1504, Plutarchs *Moralia* Venedig 1509, Pindar und Platon Venedig 1513, Xenophon Florenz 1516, Strabon und Pausanias Venedig 1516, Plutarchs *Vitae* Florenz 1517, Aischylos Venedig 1518, Hippokrates Venedig 1526, Polybios Hagenau 1530, Diogenes Laertios Basel 1533, Dion Chrysostomos Venedig 1551.

3.2.3 Der Humanismus nördlich der Alpen

Früh schon hatte der Humanismus begonnen, in das Gebiet nördlich der Alpen auszustrahlen. Einer der ersten eigenständigen Vertreter ist hier der zeitweilig in Heidelberg lehrende Rudolf Agricola (Huysman, Huusman, 1444–1485), der bei Theodoros Gaza in Ferrara studiert hatte und u. a. mit einer Übersetzung des pseudoplatonischen Dialogs *Axiochos* hervortrat. Europäischen Rang gewann dann Desiderius Erasmus von Rotterdam (1469?–1536). In den Niederlanden und in Paris ausgebildet und zeitweilig dem Kreis um Aldus Manutius in Venedig zugehörig, war er vor allem in England, Deutschland und der Schweiz tätig. Die bedeutendste seiner philologischen Leistungen (nur von diesen kann hier die Rede sein) ist seine 1516 bei Froben in Basel erschienene Ausgabe des griechischen *Neuen Testamentes*, an der das Bestehen auf dem Vorrang des griechischen Originals vor der *Vulgata* ebenso bemerkenswert ist wie die Überzeugung, daß der Text philologisch nicht anders zu behandeln sei als der eines profanen Autors, Grundsätze, in denen ihm freilich Laurentius Valla (1407–1457), dessen *Adnotationes in Novum Testamentum* er 1505 herausgegeben hatte, und Bessarion wenigstens ansatzweise bereits vorausgegangen waren. Die Spannweite seiner editorischen Tätigkeit bezeugen seine Ausgaben des Plutarch (1514), Origenes (1527) und Aristoteles (1531) sowie seine Editio princeps der *Geographie* des Ptolemaios (1533). Von weitreichender Wirkung war seine Schrift *De recta Latini Graecique sermonis pronuntiatione* (1528), in der er gegen Reuchlin und Melanchthon, die sich für die itazistische (neugriechische) Aussprache des Altgriechischen einsetzten, die z. T. schon vor ihm vertretene, aber nach ihm so genannte 'erasmische' (etazistische) Aussprache befürwortete. Neben Erasmus waren es u. a. Johannes Reuchlin (1455–1522), Johannes Cuno (um 1462–1513), Willibald Pirckheimer (1470–1530) und Reuchlins Großneffe Philipp Melanchthon (1497–1560), der 'Praeceptor Germaniae', die sich durch Grammatiken, Ausgaben und Übersetzungen um die Verbreitung des Griechischen besonders verdient gemacht haben.

Literatur: G. Voigt, *Die Wiederbelebung des classischen Alterthums oder das erste Jahrhundert des Humanismus*, 2 Bde (Leipzig ³1893). – G. Cammelli, *I dotti bizantini e le origini dell'umanesimo*, 3 Bde (Florenz 1941–1954). – R. R. Bolgar, *The Classical Heritage and its beneficiaries* (Cambridge 1954). – H.-G. Beck, *Kirche und theologische Literatur im byzantinischen Reich* (München 1959). – E. Walser, *Poggius Florentinus. Leben und Werke* (Leipzig–Berlin 1914). – L. Mohler, *Kardinal Bessarion*, 3 Bde (Paderborn 1923–1942). – P. O. Kristeller, *Il pensiero filosofico di Marsilio Ficino* (Florenz 1953). – R. Marcel, *Marsile Ficin* (Paris 1958). – P. Michele, *La vita e le opere di Angelo Poliziano* (Livorno 1916). – R. Stupperich, *Erasmus von Rotterdam und seine Welt* (Berlin–New York 1977). – M. Sicherl, *Johannes Cuno. Ein Wegbereiter des Griechischen in Deutschland* (Heidelberg 1978). – N. Holzberg, *Willibald Pirckheimer. Griechischer Humanismus in Deutschland* (München 1981). Für die griechischen Studien in Deutschland um 1500 insgesamt wichtig. – H. Scheible, *Melanchthon. Eine Biographie* (München 1997).

3.3 Das Werden einer Wissenschaft (16.–18. Jh.)

3.3.1 Von Budé bis Montfaucon

Im Laufe des 16. Jh.s vollzieht sich der die weitere Entwicklung bestimmende Wandel von einer in erster Linie humanistischen Antrieben folgenden Beschäftigung mit den griechischen Autoren zu einer stärker wissenschaftlich ausgerichteten Arbeit an ihnen. Die Bemühungen gehen dabei zum einen auf eine möglichst gründliche Kenntnis der Sprache, um so Kriterien für die zuverlässige Herstellung der Texte zu gewinnen, zum anderen auf eine intensive Sachforschung im Hinblick auf deren allseitiges Verständnis. Ein besonderes Verdienst kommt hier zunächst Frankreich zu, das mit Guillaume Budé (Budaeus, 1467–1540), dem 'französischen Erasmus', bereits einen bedeutenden Vertreter des Humanismus gestellt hatte, auf dessen Anregung die Gründung des Collège de France zurückgeht und der später der wichtigsten französischen Sammlung griechischer und lateinischer textkritischer Ausgaben den Namen geben sollte ('*Collection Budé*'). An der Drucker- und Philologendynastie der Stephani (Estienne) sowie an den Arbeiten von Vater und Sohn Scaliger läßt sich der nun eintretende Wandel aufschlußreich verfolgen.

Robertus Stephanus (1503–1559), seinerseits bereits der Sohn eines durch die Verlegung humanistischer Werke bekanntgewordenen Druckers (Henricus Stephanus, um 1460–1520), führte die Druckerei seines Vaters ab 1526 in Paris und, als Hugenotte aus Frankreich vertrieben, ab 1550 in Genf fort. In der 1551 von ihm gedruckten Ausgabe des *Neuen Testamentes* findet sich zum ersten Mal die bis heute gültige Verseinteilung des Textes. Wie immer man über die (von dem jüngeren Scaliger hart gerügten) philologischen Fähigkeiten seines Sohnes Henricus II. (1528 oder 1531–1598) urteilen mag, dessen Vulgattexte z. T. bis in das 19. Jh. hinein die herrschenden blieben, unbestreitbar ist das Verdienst, das er sich mit dem 1572 in 5 Bänden publizierten *Thesaurus Graecae linguae* erwarb, einem Unternehmen, das ihn nach eigenem Bekunden an den Rand des finanziellen Ruins trieb («At Thesaurus me hic de divite reddit egenum / Et facit ut iuvenem ruga senilis aret»). In der 1831–1865 in Paris erschienenen Neubearbeitung ist das Werk bis heute das umfangreichste Wörterbuch der griechischen Sprache geblieben. Auf seine dreibändige Platonausgabe von 1578 geht die maßgebende Zitierweise der platonischen Dialoge zurück.

Zwar ist auch Julius Caesar Scaliger (1484–1558) als Herausgeber griechischer Autoren (Aristoteles, Theophrast) nicht ohne Bedeutung gewesen, doch beruht sein Ruhm vor allem auf den 7 Büchern seiner *Poetik* (postum 1561/62), die zusammen mit dem *Art poétique* (1674) von Nicolas Boileau-Despréaux (1636–1711) die Praxis des Dichtens ebenso wie die dichtungstheoretische Diskussion bis in das späte 18. Jh. hinein bestimmt hat. Demgegenüber gehört sein Sohn Joseph Justus Scaliger (1540–1609), der 1562 zum reformierten Glauben übertrat und 1593 als Nachfolger von Justus Lipsius Professor in Leiden wurde, ohne zu Vorlesungen verpflichtet zu sein, zu den bedeutendsten Sprachkennern und Sachforschern Frankreichs. Neben seinen zahlreichen Ausgaben griechischer und lateinischer Texte schuf er mit seinen beiden Werken *De emendatione temporum* (1583) und *Thesaurus temporum* (1606) das Gerüst einer wissenschaftlichen Chronologie. Mit seinen in zehn Monaten ausgearbeiteten Indices zu der Sammlung lateinischer Inschriften (1603) des niederländischen Philologen Janus Gruter (1560–1627) legte er den Grund für die Epigraphik als eine moderne Wissenschaft.

Scaligers Schwiegersohn Isaac Casaubonus (1559–1614) ist als Editor und Kommentator nicht weniger bedeutend als durch seine kritischen und exegetischen Beiträge, unter denen seine Abhandlung über das griechische Satyrspiel *De satyrica Graecorum poesi et Romanorum Satira* (1605) sowie die Einleitung zu seiner Ausgabe des Polybios (1609) herausragen. Wie er steht die gesamte niederländische Gräzistik des 17. Jh.s (ihre namhaftesten Vertreter sind G. J. Vossius, J. Meursius, D. Heinsius, J. G. Graevius und J. Gronovius) unter Scaligers Einfluß, bis dieser schließlich von dem Bentleys abgelöst wird.

Unter den in Neuland vorstoßenden Franzosen verdienen noch Charles du Fresne Sieur du Cange (1610–1688) und Bernard de Montfaucon (1655–1741) genannt zu werden: du Cange brachte 1688 sein *Glossarium ad scriptores mediae et infimae Graecitatis* heraus, dem 1678 ein entsprechendes Werk für die späte Latinität vorausgegangen war. Der gelehrte Benediktiner Bernard de Montfaucon wurde mit seiner *Palaeographia Graeca* (1708), in der er weit über 10.000 griechische Handschriften untersucht hatte, um Kriterien für die Datierung von Manuskripten auf Grund des Schriftcharakters zu gewinnen, zum Begründer der griechischen Paläographie, wie Jean Mabillon (1632–1707) es mit seinem Werk *De re diplomatica* (1681) für die lateinische gewesen war.

3.3.2 Von Bentley bis Porson

Mit Richard Bentley (1662–1742), in Oulton bei Wakefield in Yorkshire geboren und von 1699 bis zu seinem Tode Master des Trinity College in Cambridge, übernimmt England die Führung in den klassischen Studien. Die seiner Erstausgabe des Johannes Malalas beigegebene *Epistula ad Millium* (1691) brachte neben anderem die Entdeckung der Synaphie in anapästischen Systemen, die Rekonstruktion des Lexikons des Hesych und eine monographische Behandlung des Ion von Chios. Grundlegend in Echtheitskritik und Erklärung war sein Werk *A dissertation upon the Epistles of Phalaris, Themistocles, Socrates, Euripides and others and the Fables of Aesop* (zuerst 1697, erweitert 1699), in dem er mit Hilfe der in den Briefen enthaltenen Anachronismen deren Unechtheit nachwies. Ein frühes Musterbeispiel einer Fragmentsammlung ist seine Edition der Kallimachosbruchstücke in der Kallimachosausgabe (1697) des Graevius (1632–1703). Das seine kühnen Konjekturen rechtfertigende stolze und selbstbewußte Wort «Nobis et ratio et res ipsa centum codicibus potiora sunt» (in seiner Horazausgabe von 1711 zu carm. 3,27,13) behauptet seinen Wert unabhängig von der Tatsache, daß er selbst gelegentlich einen allzu exzessiven Gebrauch von dieser Regel machte. Sorgfältige Beobachtung der homerischen Metrik führte ihn zur Erschließung des Digamma, eine Annahme, die sich zunächst durch die sprachwissenschaftliche Forschung und später auch durch Inschriftenfunde bestätigte. So hat er auf vielen Gebieten bahnbrechend gewirkt. Insbesondere die niederländische Schule des 18. Jh.s mit ihren führenden Vertretern Tiberius Hemsterhuys (1685–1766) und Ludwig Valckenaer (1715–1785) steht ganz in seinem Bann.

Unter den Deutschen ragen im 17. und 18. Jh. Johann Albert Fabricius, Johann Jacob Reiske und der in Leiden wirkende David Ruhnken hervor. Johann Albert Fabricius (1668–1736) schuf mit seiner 14bändigen *Bibliotheca Graeca* (1705–1728) ein bis heute unentbehrliches bibliographisches Nachschlagewerk, das die einschlägige Literatur von der Erfindung des Buchdrucks bis etwa 1700 verzeichnet (4. Aufl. von G. Ch. Harles in 12 Bänden 1790–1809, Index 1838).

Die Fortsetzung des griechischen (und des lateinischen) Fabricius bilden die *Bibliotheca scriptorum classicorum et Graecorum et Latinorum* von W. Engelmann und E. Preuß (Leipzig ⁸1880–1882, für die Zeit von 1700 bis 1878), das gleichnamige Werk von R. Klußmann (Leipzig 1909–1913, für die Jahre 1878 bis 1896), die *Bibliographie de l'antiquité classique 1896–1914* von S. Lambrino (Paris 1951, nur Bd. I mit den Autoren und Texten) und *Dix années de bibliographie classique, 1914–1924* (Paris 1927–1928). Für die Jahre ab 1924 erscheint jährlich die von J. Marouzeau begründete Bibliographie *L'année philologique*. Wichtigstes bibliographisches Orientierungsmittel ist daneben die jedem zweiten Heft der Rezensionszeitschrift *Gnomon* beigegebene *Bibliographische Beilage*.

Johann Jacob Reiske (1716–1774), als Arabist gleich vorzüglich wie als Gräzist, trat mit einer Reihe wichtiger Textausgaben hervor, deren bedeutendste seine *Oratores Graeci* in 12 Bänden sind (1770–1775). Ihr 3. Band ist Lessing gewidmet, der ihm Handschriften aus Wolfenbüttel gesandt hatte. David Ruhnken (1723–1798) gab mit seiner *Historia critica oratorum Graecorum* (1768) die erste wissenschaftliche Behandlung der griechischen Rhetorik.

Der zweite große Vertreter Englands in diesem Zeitraum ist Richard Porson (1759–1808). Seine Bedeutung liegt zum einen in der von ihm glänzend geübten Kunst der Textherstellung, in der die ihm eigene Verbindung von Sprachbeherrschung und methodischer Kritik vor allem in den Tragikertexten zu zahlreichen schlagenden Verbesserungen führte, zum anderen in der sorgfältigen Beobachtung metrischer Erscheinungen, wobei ihm die Entdeckung des nach ihm benannten Gesetzes, der sogen. Porsonschen Brücke (*IV 6.3.3*), gelang (zuerst in seiner kommentierten Ausgabe der euripideischen *Hekabe* von 1802).

Literatur: L. D. Reynolds–N. G. Wilson, *Scribes and scholars. A guide to the transmission of Greek and Latin Literature* (Oxford ³1991). – A. Grafton, *Defenders of the text. The tradition of scholarship in an age of science 1450–1800* (Cambridge, Mass., 1991). – J. Bernays, *Joseph Justus Scaliger* (Berlin 1855). – A. Grafton, *Scaliger. A study in the history of Classical Scholarship*, 2 Bde (Oxford 1983–1993). – M. Pattison, *Isaac Casaubon* (Oxford 1892). – C. O. Brink, *English Classical Scholarship. Historical Reflections on Bentley, Porson, and Housman* (Cambridge–New York 1985).

3.4 Das 19. Jahrhundert

3.4.1 Die Begründung einer Wissenschaft vom Altertum

Trotz der großen Leistungen insbesondere der französischen Gräzistik im 16.–18. Jh. hatte in der Romania stets die lateinische Literatur im Vordergrund des Interesses gestanden. Bezeichnend ist das Urteil Voltaires: «Homère a fait Virgile dit-on; si cela est, c'est sans doute son plus bel ouvrage». Demgegenüber trat in der 2. Hälfte des 18. Jh.s im Zusammenhang mit dem Geniekult in England (R. Wood, *Essay on the original genius of Homer*, London 1769) und vor allem dann in Deutschland, wo Johann Joachim Winckelmann (1717–1768) mit seiner *Geschichte der Kunst des Alterthums* (1764) bahnbrechend wirkte, eine Hinwendung zu den Griechen ein, an der führende Vertreter des literarischen Lebens der Zeit wie Lessing (1729–1781), Wieland (1733–1813), Herder (1744–1803), Goethe (1749–1832), Schiller (1759–1805) und Wilhelm von Humboldt (1767–1835) wesentlichen Anteil hatten.

Den Übergang von einer überwiegend antiquarischen Forschung zu einer auf die Rekonstruktion des antiken Lebens in seiner Gesamtheit zielenden Wissenschaft bezeichnet der seit 1763 in Göttingen lehrende Gesner-Schüler Christian Gottlob Heyne (1729–1812), neben dessen *Vergil* (1775) seine kommentierte Ausgabe der *Bibliothek* Pseudo-Apollodors (1782) ihre Bedeutung bis heute behalten hat.

Mit Heynes Schüler Friedrich August Wolf (1759–1824), der sich 1777 selbstbewußt als 'studiosus philologiae' in Göttingen immatrikulierte, hat die Philologie ihre Stellung als 'ancilla' anderer Wissenschaften endgültig hinter sich gelassen. Das 1787 von Wolf in Halle begründete Seminarium Philologicum übte schon bald in ganz Deutschland eine große Anziehungskraft aus. Wolfs *Prolegomena ad Homerum* (1795), mit denen er die neuzeitliche Analyse der homerischen Dichtungen einleitete, haben die moderne Homerforschung nachhaltig bestimmt, auch wenn ihre Ergebnisse sich letztlich nicht haben halten lassen. Wolfs Hauptverdienst liegt in der von ihm entwickelten Konzeption einer umfassenden, alle auf die alte Welt bezüglichen Einzeldisziplinen zu einer Einheit zusammenschließenden Altertumswissenschaft. Mit dieser Konzeption, die er in regelmäßig abgehaltenen Vorlesungen sowie in einem 1807 veröffentlichten, Goethe gewidmeten Beitrag im einzelnen darlegte, hat er der Philologie als einer historischen Wissenschaft den Weg gewiesen. Indem es jedoch dieser Wissenschaft um das Verständnis ihrer Gegenstände als historischer Phänomene ging, war damit zugleich deren normativer Wert in Frage gestellt.

3.4.2 Deutsche Philologen des 19. Jh.s

Die weitere Entwicklung ist dadurch gekennzeichnet, daß einerseits die Kenntnis der griechischen Sprache sich mehr und mehr vervollkommnete und die Textkritik auf eine methodische Grundlage gestellt wurde, andererseits die Erforschung der verschiedenen Sachbereiche des Altertums entscheidende Fortschritte machte.

Der bedeutendste Vertreter der ersten Richtung ist Gottfried Hermann (1772–1848), der die griechische Sprache in einer bisher nicht erreichten Weise beherrschte. Mit seinen *Orphica* (1805) und seiner Ausgabe des Aischylos (postum 1852) schuf er Meisterwerke der Edition, mit seinen *Elementa doctrinae metricae* (1816) eine grundlegende Behandlung der griechischen Metrik. Für die Ausbildung einer methodischen Textkritik waren die Arbeiten von Karl Lachmann (1793–1851), auch wenn er wichtige Vorläufer besaß, insbesondere seine Ausgabe des *Neuen Testamentes* (1831), von fundamentaler Bedeutung.

Die Erforschung des antiken Lebens wurde von Wolfs Schüler August Böckh (1785–1867), dessen hermeneutische Position sich unter dem Einfluß Schleiermachers gebildet hatte, mit seinem streng aus den Quellen, vor allem aus den Inschriften, erarbeiteten Werk *Die Staatshaushaltung der Athener* (1817) auf eine völlig neue Basis gestellt. Mit den nach seinem Tode veröffentlichten Vorlesungen über *Encyclopädie und Methodologie der philologischen Wissenschaften*, in denen er als «die eigentliche Aufgabe der Philologie das Erkennen des vom menschlichen Geist Producirten» bestimmte, hat er auch einen wichtigen theoretischen Beitrag zur Methodik und Hermeneutik seines Faches geleistet.

Allenthalben drang die Forschung nun in neue Bereiche vor. Franz Bopp (1791–1867) entdeckte die Verwandtschaft der indoeuropäischen Sprachen und wurde der Begründer der Vergleichenden Sprachwissenschaft. Johann Gustav Droysen (1808–1884), bedeutend auch als Übersetzer des Aischylos und des Aristophanes, erforschte in seiner *Geschichte des Hellenismus* die nachklassische Epoche als eine eigenständige Phase der griechischen Geschichte.

Neben Böckh haben vor allem Friedrich Gottlieb Welcker (1784–1868) und Böckhs in Griechenland früh verstorbener Schüler Karl Otfried Müller (1797–1840) wegweisend gewirkt, Welcker mit seinen Werken zum epischen Kyklos, zur griechischen Tragödie und zur Mythologie, Karl Otfried Müller mit seinen Arbeiten zu Geschichte, Kunst und Literatur der Griechen. Friedrich Ritschl (1806–1876), der Lehrer Nietzsches («der einzige geniale Gelehrte, den ich bis heute zu Gesicht bekommen habe», *Ecce homo*), dessen größte Verdienste im Bereich der lateinischen Literatur (Plautus) liegen, hat seine Bedeutung durchaus auch in der griechischen Philologie und zudem mit seinen Überlegungen zu einer methodischen Hermeneutik und Kritik. In Otto Jahn (1813–1869) verbindet sich eine umfassende Kenntnis des Altertums mit einer eindringenden Interpretationskunst, die den archäologischen Zeugnissen ebenso zugute kam wie denen der Literatur. Von ihm stammt auch eine bedeutende Mozartbiographie. Dem lange in Bonn an Universität und Bibliothek zugleich wirkenden Jacob Bernays (1824–1881) sichern seine Studien zu Heraklit, Aristoteles (vor allem zu dessen *Poetik*) und Theophrast einen festen Platz in der Philologiegeschichte des 19. Jh.s. Die antike und die vergleichende Religionswissenschaft finden ihren herausragenden Vertreter in Hermann Usener (1834–1905). Nietzsches Freund Erwin Rohde (1845–1898) eröffnet mit seinen Werken über den griechischen Roman und seine Vorläufer (1876) und über Seelenkult und Unsterblichkeitsglauben der Griechen (*Psyche*, 1890–1894) der Literatur- wie der Religionsgeschichte neue Perspektiven.

3.4.3 Corpora und Fragmentsammlungen, Papyri und wissenschaftliche Zeitschriften

Mit dem von August Böckh im Rahmen der Berliner Akademie der Wissenschaften inaugurierten *Corpus Inscriptionum Graecarum*, das dann in dem von Theodor Mommsen (1817–1903) begründeten *Corpus Inscriptionum Latinarum* sein lateinisches Gegenstück und in den *Inscriptiones Graecae* seinen Nachfolger erhielt, beginnt das Zeitalter der von wissenschaftlichen Akademien getragenen Großforschung. In ihre Obhut nahm die Berliner Akademie auch die Gesamtausgabe des Aristoteles von August Immanuel Bekker (1785–1871) mit der bis heute maßgebenden Zitierweise der Schriften des Philosophen (1831–1836, Index von Hermann Bonitz 1870), der 1882ff. die *Commentaria in Aristotelem Graeca* folgten. In Kommissionen, die auf Anregung von Adolf

Harnack bzw. von Hermann Diels begründet wurden, nahm sich die Berliner Akademie darüber hinaus einer Reihe *Griechische Christliche Schriftsteller* (*GCS*) bzw. eines *Corpus Medicorum Graecorum* (*CMG*) an.

Umfassende Fragmentsammlungen schufen August Meineke (1790–1870) für die Komikerfragmente (1841) und August Nauck (1822–1892) für die Tragikerfragmente (1856, ²1889). Beide werden erst jetzt nach und nach ersetzt, Meineke durch die *Poetae Comici Graeci* von R. Kassel und C. Austin (1983 ff.), Nauck durch die *Tragicorum Graecorum Fragmenta* von B. Snell, St. L. Radt und R. Kannicht (1971 ff.). Hermann Diels (1848–1922) legte mit seinen *Doxographi Graeci* (1879), in denen er die gesamte doxographische Überlieferung des Altertums aufarbeitete, den Grund für seines Lehrers Hermann Usener (*3.4.2*) *Epicurea* (1887), für seine eigene Sammlung *Die Fragmente der Vorsokratiker* (zuerst 1903) und für die *Stoicorum Veterum Fragmenta* (1903–1905) von Hans von Arnim (1859–1931), aber auch für die späteren Auflagen der monumentalen *Geschichte der griechischen Philosophie* (zuerst 1844–1852) von Eduard Zeller (1814–1908).

Im trockenen Sand Ägyptens, vornehmlich im Fayum und in Oxyrhynchos, trat zunächst zufällig und sodann in planmäßig durchgeführten Grabungen eine große Zahl von griechischen Papyri auch mit literarischen Texten zutage, die das Bild der griechischen Literatur wesentlich erweiterten (*I 4.2.1*). Für bereits bekannte Texte stellen sie in der Regel einen unabhängigen Zweig der Überlieferung dar. Wesentlicher noch ist der Gewinn für die Kenntnis anderweitig verlorener Literatur.

Die wichtigsten Funde betreffen die *Partheneia* Alkmans, Alkaios, Sappho, Stesichoros, die religiösen Dichtungen (vor allem die *Paiane*) Pindars, Bakchylides, Satyrspiele von Aischylos (*Diktyulkoi*) und Sophokles (*Ichneutai*), die *Perser* des Timotheos (einer der ältesten erhaltenen Papyri überhaupt, 4. Jh. v. Chr.), Reden des Hypereides, die sogen. *Hellenika von Oxyrhynchos* (Geschichtswerk), die Ἀθηναίων πολιτεία des Aristoteles, Menander (u. a. *Epitrepontes, Dyskolos*), die *Aitia* und die *Iamboi* des Kallimachos sowie die *Mimiamben* des Hero(n)das.

Parallel zu diesen Funden begannen im letzten Viertel des Jahrhunderts die systematischen Ausgrabungen in Griechenland (Olympia 1875 ff., Delphi 1880 ff., Knossos 1900 ff.), die das Bild des Altertums in anderer Hinsicht erheblich veränderten.

In das 19. Jh. fällt schließlich die Entstehung großer altertumswissenschaftlicher Zeitschriften, von denen hier wenigstens die drei wichtigsten genannt seien. 1827 wurde von B. G. Niebuhr, A. Böckh, C. A. Brandis und J. C. Hasse das «Rheinische Museum für Jurisprudenz, Philologie, Geschichte und griechische Philosophie» als die älteste heute noch bestehende philologische Zeitschrift begründet. Seit 1833 erschien es unter der Leitung von F. G. Welcker und A. F. Naeke als *Rheinisches Museum für Philologie* und wurde ab 1841 von F. Ritschl und F. G. Welcker als dessen 'Neue Folge' fortgeführt. 1846 folgte der *Philologus*, 1866 schließlich der von Mommsen gegründete *Hermes*.

So manifestierte sich in allen Bereichen der altertumswissenschaftlichen Forschung ein seiner selbst gewisser Glaube an einen ständigen unaufhaltsamen Fortschritt der Erkenntnis.

3.4.4 Wilamowitz

Den Höhepunkt dieser Entwicklung bildet die weit in das 20. Jh. hineinreichende Wirksamkeit von Ulrich von Wilamowitz-Moellendorff (1848–1931). Geboren auf dem Gut Markowitz in der Provinz Posen, ausgebildet in der alten, auch von Nietzsche besuchten Fürstenschule zur Pforte und an den Universitäten Bonn und Berlin, hatte er Lehrstühle in Greifswald (1876–1883), Göttingen (1883–1897) und Berlin (1897–1921) inne. In seiner Lehr- und Forschungstätigkeit repräsentiert er die Altertumswissenschaft noch einmal in einem umfassenden Sinne. Sein *Herakles* von 1889 gab, neben dem Text des euripideischen Dramas und einem das Stück allseitig erschließenden Kommentar, nicht nur eine ausführliche Behandlung der Heraklesgestalt vor und bei Euripides, sondern bot zugleich eine Überlieferungsgeschichte des Tragikertextes, die dessen Schicksale zum ersten Male kontinuierlich durch die Jahrhunderte hindurch verfolgte. In ähnlicher Weise erfuhren später die Textgeschichte der griechischen Lyriker (1900) und die der griechischen Bukoliker (1906) eine eingehende Behandlung. Seine außergewöhnliche Beherrschung der griechischen Sprache, seine Sachkenntnis und sein kritischer Scharfsinn machen seine Editionen der *Hymnen* und *Epigramme* des Kallimachos (zuerst 1882), der Ἀθηναίων πολιτεία des Aristoteles (1891, zusammen mit Georg Kaibel), der *Perser* des Timotheos (1903), der griechischen Bukoliker (1905) und des Aischylos (1914) zu Mustern ihrer Art. In Interpretationen und Kommentaren erschloß er, außer dem euripideischen *Herakles*, u. a. die Tragödien des Aischylos (ebenfalls 1914), Menanders *Epitrepontes* (1925), den *Ion* des Euripides (1926), die aristophanische *Lysistrate* (1927) und Hesiods *Erga* (1928). Von seiner außergewöhnlichen Kenntnis der antiken Welt bis in ihre entlegensten Bereiche hinein zeugt nicht zuletzt die lange Reihe seiner Monographien: *Antigonos von Karystos* (1881), *Homerische Untersuchungen* (1884), *Aristoteles und Athen* (2 Bde, 1893), *Die griechische Literatur des Altertums* (1905), *Staat und Gesellschaft der Griechen* (1910), *Sappho und Simonides* (1913), *Die Ilias und Homer* (1916), *Platon* (2 Bde, 1919), *Griechische Verskunst* (1921), *Pindaros* (1922), *Hellenistische Dichtung in der Zeit des Kallimachos* (2 Bde, 1924), *Die Heimkehr des Odysseus* (1927) und sein großes Alterswerk *Der Glaube der Hellenen* (2 Bde, 1931–1932). Hinzuzunehmen sind seine *Geschichte der Philologie* (1921) und seine sehr persönlichen *Erinnerungen 1848–1914* (1928), in denen der Achtzigjährige sich und seinen Lesern Rechenschaft ablegte über sein Gelehrtenleben und über seine wissenschaftlichen Überzeugungen – «Letzter, der die griechische Welt, wie sie die fortschreitende Forschung erschloß, in ihrer Ganzheit noch einmal umfaßt hat» (Karl Reinhardt).

Literatur: W. W. Briggs–W. M. Calder III (Hrgg.), *Classical Scholarship. A biographical encyclopedia* (New York–London 1990). Würdigungen von insgesamt 50 Altertumswissenschaftlern von Chr. G. Heyne bis A. Momigliano, mit Werkverzeichnissen und Literaturangaben. Die dort verzeichnete Literatur wird hier in der Regel nicht noch einmal aufgeführt. – H. Lloyd-Jones, *Blood for the ghosts. Classical influences in the nineteenth and twentieth centuries* (London 1982). – Ders., *Greek in a cold climate* (London 1991). – M. Hoffmann, *August Böckh. Lebensbeschreibung und Auswahl aus seinem wissenschaftlichen Briefwechsel* (Leipzig 1901). – W. M. Calder III – A. Köhnken – W. Kullmann – G. Pflug (Hrgg.), *Friedrich Gottlieb Welcker. Werk und Wirkung* (Stuttgart 1986). – S. Timpanaro, *La genesi del metodo del Lachmann* (Padua ²1981). – C. W. Müller, *Otto Jahn. Mit einem Verzeichnis seiner Schriften* (Stuttgart–Leipzig 1991). – M. Fraenkel (Hrg.), *Jacob Bernays. Ein Lebensbild in Briefen* (Breslau 1932). – H. I. Bach, *Jacob Bernays. Ein Beitrag zur Emanzipationsgeschichte der Juden und zur Geschichte des deutschen Geistes im 19. Jh.* (Tübingen 1974). – R. L. Fowler, «Ulrich von Wilamowitz-Moellendorff», in: *Classical Scholarship. A Biographical Encyclopedia* (s. o.), 489–522 (mit reicher Literatur).

3.5 Auf der Suche nach neuen Wegen (20. Jh.)

3.5.1 Die Krise des Historismus

Gerade die an Ergebnissen so reiche historische Erforschung des Altertums in allen seinen Phasen und allen seinen Bereichen war es aber nun, die allmählich zu einer immer stärkeren Relativierung ihrer Gegenstände führte. Das durch diese Entwicklung ausgelöste Unbehagen artikulierte sich zum ersten Male unüberhörbar bei Friedrich Nietzsche (1844–1900) in der zweiten seiner 'Unzeitgemäßen Betrachtungen' *Vom Nutzen und Nachteil der Historie für das Leben* (1874). 1886 schickte er einer neuen Ausgabe seines Erstlingswerkes *Die Geburt der Tragödie* (zuerst 1872) den *Versuch einer Selbstkritik* voraus, in dem er bekannte, er habe sich in diesem Buche an die Aufgabe herangewagt, «die Wissenschaft unter der Optik des Künstlers zu sehn, die Kunst aber unter der des Lebens». Das hier und bald auch anderweitig zum Ausdruck kommende Unbehagen an den problematischen Seiten einer konsequent auf eine geschichtliche Erklärung der Phänomene ausgerichteten Wissenschaft sollte sich in den kommenden Jahrzehnten dramatisch verschärfen und den Historismus schließlich in eine tiefe Krise führen.

Gewiß setzte sich die philologische Arbeit auch in den bewährten Formen höchst erfolgreich fort, in Deutschland (auf das wir uns hier aus Raumgründen konzentrieren müssen) etwa bei den Wilamowitzschülern Eduard Schwartz (1858–1940) und Felix Jacoby (1876–1959): bei Eduard Schwartz u. a. mit dem großangelegten Unternehmen einer Edition der Konzilsakten (Ausgaben der Euripidesscholien und mehrerer griechischer Kirchenväter, darunter der *Kirchengeschichte* des Euseb, waren vorausgegangen). Von Felix Jacoby erschien nach seiner Sammlung der Fragmente von Apollodors *Chronik* (1902) und der Ausgabe des *Marmor Parium* (1904) 1909 im 9. Band der Zeitschrift *Klio* eine umfangreiche Abhandlung «Über die Entwicklung der griechischen Historiographie und den Plan einer neuen Sammlung der griechischen Historikerfragmente». Nach langjährigen Vorarbeiten konnte er im Jahre 1923 den 1. Band seines monumentalen Werkes *Die Fragmente der Griechischen Historiker* (*FGrHist*) vorlegen. Spätere Bände der Sammlung sind dann freilich in Leiden erschienen, da Jacoby 1939 Deutschland verlassen mußte. Er teilte dieses Schicksal mit einer ganzen Reihe weiterer deutscher Philologen, die wegen des Nationalsozialismus ins Ausland, vor allem nach England und in die Vereinigten Staaten, gehen mußten und dadurch der Klassischen Philologie in diesen beiden Ländern starke, bis heute wirksame Impulse vermittelten. Genannt seien hier Eduard Fraenkel, Hermann Fränkel, Paul Friedländer, Kurt von Fritz, Werner Jaeger, Paul Maas und Rudolf Pfeiffer. Von Rudolf Pfeiffer (1889–1979), Eduard Fraenkel (1888–1970) und Paul Maas (1880–1964) wurden grundlegende Editionen und Kommentare außerhalb von Deutschland veröffentlicht: Pfeiffers *Callimachus* (2 Bde, Oxford 1949–1953), Fraenkels *Agamemnon* (3 Bde, Oxford 1950) und die Ausgabe der *Cantica* des byzantinischen Kirchendichters Romanos (*IV 5.2.1*) von Paul Maas und C. A. Trypanis (2 Bde, Oxford 1963–1970). Schon 1927 hatte Maas in seiner *Textkritik* eine Einführung von mathematischer Klarheit in diese Disziplin gegeben. Spezialprobleme der Überlieferungsgeschichte und der Textkritik wurden fruchtbar behandelt von dem auf eine jüngere Generation italienischer Philologen stark wirkenden Wilamowitzschüler Giorgio Pasquali (1885–1952) in seiner *Storia della tradizione e critica del testo* (zuerst 1934).

Neben diesen fest in der Tradition verwurzelten Vertretern der griechischen Philologie meldete sich jedoch schon bald eine neue Generation zu Wort, für die der Einfluß Nietzsches und Jacob Burckhardts sowie die Erfahrungen des 1. Weltkrieges prägend gewesen waren. Starke Anregungen empfing die rasch an Boden gewinnende geistesgeschichtliche Interpretation in der griechischen Philologie u. a. von der Kunstgeschichte (1915 waren Heinrich Wölfflins weit über sein eigenes Fach hinaus einflußreiche *Kunstgeschichtliche Grundbegriffe* erschienen) und insbesondere von der Germanistik (1923 Begründung der *Deutschen Vierteljahrsschrift für Literaturwissenschaft und Geistesgeschichte* durch den Germanisten Paul Kluckhohn und den Philosophen Erich Rothacker). Stil und Stilwandel, innere Form und Gestalt eines Autors traten nun in den Mittelpunkt des Interesses, so bei Paul Friedländer (1882–1968) in seinem *Platon* (1928) und bei Karl Reinhardt (1886–1958) in seinen Büchern über Parmenides (1916), Poseidonios (1921 ff) und Sophokles (1933). Bei Werner Jaeger (1888–1961) standen neben seiner editorischen Arbeit (Aristoteles, Gregor von Nyssa) der Versuch, die Entwicklung des aristotelischen Denkens zu rekonstruieren (1923), und seine geistesgeschichtlich orientierte *Paideia* (1934 ff.), bei Bruno Snell (1896–1986) neben seinen Ausgaben von Pindar, Bakchylides und den *Tragici minores* seine an Hegel anknüpfenden Studien zur Entstehung des europäischen Denkens bei den Griechen unter dem Titel *Die Entdeckung des Geistes* (zuerst 1946), Hermann Fränkels (1888–1977) Werk

Dichtung und Philosophie des frühen Griechentums (zuerst 1951) ging seiner Ausgabe des Apollonios Rhodios voraus. Kurt von Fritz (1900–1985) suchte das Denken des Aristoteles für die Gegenwart fruchtbar zu machen, Wolfgang Schadewaldt (1900–1974) nahm, zumal in seinen Homer-Interpretationen, Anregungen der Phänomenologie Husserls und der Existenzialontologie Heideggers auf. Das 1925 von Werner Jaeger in Verbindung mit anderen gegründete Rezensionsorgan *Gnomon* wurde zur international führenden kritischen Zeitschrift für die gesamte klassische Altertumswissenschaft.

3.5.2 Einflüsse nach 1945

Nach dem Ende des 2. Weltkriegs bildeten sich in den Geisteswissenschaften und insbesondere in der Literaturwissenschaft Forschungsrichtungen heraus, die neue Zugänge zu den alten Texten eröffneten. Des Romanisten Ernst Robert Curtius (1886–1956) weit ausgreifendes Werk *Europäische Literatur und lateinisches Mittelalter* (zuerst 1948) schärfte den Blick für die Traditionszusammenhänge der europäischen Literatur, hob die Toposforschung auf eine neue Stufe und arbeitete einer modernen Rezeptionsforschung vor, der es nicht allein um die Auf- und Übernahme literarischer Formen und Motive, sondern darüber hinaus um die produktive Aneignung von Texten durch den Rezipienten (Hörer, Zuschauer, Leser) geht. In diesem Zusammenhang gewann die Frage von Mündlichkeit und Schriftlichkeit in der vorhellenistischen griechischen 'Literatur' (Vortrags- und Aufführungsbedingungen) eine besondere Aktualität. Schon Milman Parry (1902–1935) hatte mit seinen Untersuchungen zu den festen Epitheta und zu den Formeln in der homerischen Dichtung (1928) den Anstoß zur Oral-Poetry-Forschung gegeben. Überlegungen, die zunächst im Zusammenhang mit der Genese der homerischen Dichtung angestellt worden waren, wurden nun im Hinblick auf die Darbietungsformen der Texte auf andere Gattungen der griechischen 'Literatur' übertragen.

Die im Jahre 1952 dem britischen Architekten Michael Ventris (1922–1956) gelungene Entzifferung der sogen. Linearschrift B als einer Silbenschrift mit griechischem Inhalt warf nicht nur neues Licht auf die griechische Frühgeschichte, sondern auch auf die Vorgeschichte der homerischen Dichtung (*III 1.1.1–2*). Erste Folgerungen für eine neue Einschätzung der Beziehungen Griechenlands zum Vorderen Orient wurden hier u. a. von Albin Lesky (1896–1981) gezogen. Die von dem Griechen Johannes Th. Kakridis (1901–1992) begründete Neoanalyse sucht Unstimmigkeiten und Widersprüche, die in der homerischen Dichtung begegnen, durch die Übernahme von Motiven aus vorhomerischer Epik zu erklären.

Für die Diskussion hermeneutischer Probleme in den verschiedenen Philologien hat der Philosoph Hans Georg Gadamer (geb. 1900) mit seinem Buch *Wahrheit und Methode* (zuerst 1960) wesentliche Anstöße gegeben. In den letzten Jahrzehnten hat die griechische Philologie verstärkt Anregungen der neueren Literaturwissenschaft in fruchtbarer Weise aufgenommen, außer in der schon genannten Rezeptionsforschung vor allem in der Erzählforschung und in der Erforschung der Intertextualität, die das Verständnis der Beziehungen zwischen einzelnen Texten (Zitate, Anspielungen, Parallelen, Quellen u. s. w.) erheblich gefördert hat. In der Erforschung der griechischen Religion, ihrer Kulte, Rituale und Opfer wirken anthropologische Fragestellungen besonders stimulierend. Zunehmend an Bedeutung gewonnen hat auch die Frage nach geschlechtsspezifischen Auswirkungen auf die Entstehung von Literatur.

In ersten Ansätzen beginnen gegenwärtig Gedanken moderner Literaturtheoretiker wie Michail M. Bachtin (1895–1975), Roland Barthes (1915–1980), Gérard Genette (geb. 1930) und Jacques Derrida (geb. 1930) auf die griechische Philologie zu wirken, zur Zeit freilich noch stärker in Frankreich, in Italien und in den Vereinigten Staaten als in Deutschland und England.

So wertvoll derartige Anregungen im einzelnen sind, so bergen sie doch die Gefahr in sich, daß der für die griechische Philologie lebensnotwendige Zusammenhang mit den altertumswissenschaftlichen Nachbardisziplinen, angesichts einer ständig zunehmenden Spezialisierung heute ohnehin schwerer als je zu halten, sich weiter lockert und allmählich verlorengeht. Wichtigste Aufgabe der griechischen Philologie bleibt die verantwortungsbewußte Bewahrung und Erschließung der griechischen Texte. Unabdingbare Voraussetzung dafür ist eine möglichst gründliche Kenntnis der griechischen Sprache in allen ihren Nuancen. Die Interpretation der Texte hat, unter Vermeidung einer vorschnellen und kurzschlüssigen Aktualisierung ('fausse reconnaissance'), im Bewußtsein der hermeneutischen Implikationen dieses Prozesses zu erfolgen, wobei es vor allem darum geht, an ihnen gerade auch das Fremd- und Andersartige wahrzunehmen. Nur so vermag der Umgang mit ihnen der Erweiterung und Bereicherung des eigenen Denkens und Lebens zu dienen.

Literatur: *La Filologia Greca e Latina nel Secolo XX. Atti del Congresso Internazionale Roma 1984*. Premessa Sc. Mariotti, 3 Bde (Pisa 1989, Biblioteca di Studi Antichi 56, 1–3). Nach Ländern gegliederte Darstellung zahlreicher Verfasser. – C. J. Classen, «La Filologia Classica Tedesca 1918–1988», in: *Atti delle Giornate delle Nationes*, a cura di A. Destro (Bologna 1989, Acta Germanica IV), 165–189. Materialreicher Überblick. – *Classical Scholarship. A biographical encyclopedia* (s. o. nach *3.4.4*). – A. Rehm, *Eduard Schwartz' wissenschaftliches Lebenswerk* (München 1942, SB Bayer. Akad. d. Wiss., Philosoph.-histor. Abt. 1942, 4). – H. Lloyd-Jones, *Blood for the ghosts* (s. o. nach *3.4.4*). – Ders., *Greek in a cold climate* (s. o. nach *3.4.4*). – H. Flashar (Hrg.), *Altertumswissenschaft in den 20er Jahren. Neue Fragen und Impulse* (Stuttgart 1995). – E.-R. Schwinge (Hrg.), *Die Wissenschaften vom Altertum am Ende des 2. Jahrtausends n. Chr.* (Stuttgart–Leipzig 1995). – R. G. Renner – E. Habekost (Hrgg.), *Lexikon literaturtheoretischer Werke* (Stuttgart 1995). – D. P. Fowler and P. G. Fowler, in: *The Oxford Classical Dictionary*. Third Edition (s. o. nach *3.1*), 871–875 s. v. «literary theory and classical studies».

III

Geschichte der griechischen Sprache

1 Vom Mykenischen bis zum klassischen Griechisch

K̲l̲a̲u̲s̲ S̲t̲r̲u̲n̲k̲

Vorbemerkung: Der folgenden Darstellung ist ein im Verhältnis zu ihrem komplexen Gegenstand knapp bemessener Raum vorgegeben. Sie muß daher auf vieles verzichten und sich darauf beschränken, die ältere griechische Sprachgeschichte nur in gewissen Grundzügen zu skizzieren. Die unvermeidlich auch subjektive Auswahl dessen, was in solchem Rahmen unbedingt an- oder ausgeführt, was an offenen Fragen und dazu bestehenden unterschiedlichen Auffassungen wenigstens genannt werden sollte, wird manchen mit Recht manches vermissen lassen. Um solche Mängel einigermaßen auszugleichen, wird abschnittsweise – auch dies wiederum mit geforderten erheblichen Restriktionen – auf einige aktuellere Sekundärliteratur verwiesen, die jeweils weitere Informationen und Hinweise bereithält. Ein derzeitiger zusammenfassender Überblick über die Geschichte des Griechischen wie der hier intendierte fußt seinerseits insgesamt auf schon vorhandenen und teilweise wesentlich ausführlicheren Behandlungen des Themas. Auch unter diesen kommt es vorrangig auf neuere Darstellungen aus den letzten vier Dezennien an. Nur sie konnten naturgemäß das frühgriechische Mykenisch einbeziehen, das erst zu Beginn der zweiten Hälfte des 20. Jh.s durch die Entzifferung der Linearschrift B auf seinen inschriftlichen Dokumenten bekannt und zugänglich geworden ist. Ältere, für Quellenlage und Forschungsstand ihrer Zeit repräsentative und nach wie vor wertvolle Beschreibungen der griechischen Sprachgeschichte von Forschern wie P. Kretschmer, J. Wackernagel, A. Meillet und E. Schwyzer sind wiederum unschwer den bibliographischen Angaben in den hier zu nennenden einschlägigen Titeln jüngeren Datums zu entnehmen:

    E. Risch, «Griechisch», in: C. Andresen – H. Erbse et al. (Hrgg.), *Lexikon der Alten Welt* (Zürich–Stuttgart 1965) 1165–1173; O. Hoffmann – A. Debrunner – A. Scherer, *Gesch. d. griech. Sprache. I. Bis z. Ausgang d. klass. Zeit* (Berlin 1969); R. Hiersche, *Grundzüge d. griech. Sprachgeschichte* (Wiesbaden 1970); A. Heubeck, «Sprache. I. Griech. Sprache», in: K. Ziegler – W. Sontheimer – H. Gärtner (Hrgg.), *Der Kleine Pauly. Lexikon d. Antike.* Bd. 5 (München 1975) 323–327; L. R. Palmer, *The Greek Language* (London – Boston 1980; dt. Übersetzung v. W. Meid, Innsbruck 1986); M. Meier-Brügger, «Abriß d. Griech. Sprachgeschichte», in: ders., *Griech. Sprachwissenschaft.* Bd. I (Berlin–New York 1992) 61–86.

Abkürzungen

a) T e x t e d i t i o n e n: für die myk. Tafeln s. die Hinweise u. nach *1.1.2* (zu den Siglen nach Fundorten u. *1.1.1*); sonst: *ICS²: Les inscriptions chypriotes syllabiques. Recueil critique et commenté* par O. Masson (Paris ²1983); *IEG: Iambi et elegi Graeci ante Alexandrum cantati.* Ed. M. L. West. I–II (Oxford ²1989–1992); *LP: Poetarum Lesbiorum fragmenta.* Edd. E. Lobel – D. Page (Oxford 1955); Merkelbach – West: *Fragmenta Hesiodea.* Edd. R. Merkelbach et M. L. West (Oxford 1967); *PMG: Poetae Melici Graeci.* Ed. D. L. Page (Oxford 1962, corr. 1967); Rabe: *Hermogenis opera.* Ed. H. Rabe (Leipzig 1913); Voigt: *Sappho et Alcaeus. Fragmenta.* Ed. Eva-Maria Voigt (Amsterdam 1971).

    b) S e k u n d ä r l i t e r a t u r: M. Meier-Brügger, «Abriß»: s. o. nach der Vorbemerkung.

    c) S p r a c h e n, D i a l e k t e: ark.: arkadisch; arm.: armenisch; av.: avestisch; hom.: homerisch; myk.: mykenisch; osttoch.: osttocharisch (= toch. A); toch. AB: tocharisch, ost-, west-; urgr.: urgriechisch; uridg.: urindogermanisch; westtoch.: westtocharisch (= toch. B). Abkürzungen, bei denen nur «-isch» zu ergänzen ist (z. B. ion.: ionisch), sind hier ausgespart.

Umschrift, Symbole

Die Transliteration von Linear B-Notationen ist kursiv gehalten, deren anschließende lautliche Wiedergabe erscheint recte zwischen zwei Schrägstrichen ('Phonemklammern'), Beispiel: *wo-ze* /worzei/. Vorangestellter Asterisk (*) kennzeichnet ein folgendes Segment (Laut, Form) als nicht belegt, aber erschlossen, nachgestellter Asterisk ein voranstehendes solches als gegenstandslos (weder belegt noch erschlossen). Das Zeichen > steht für «entwickelt zu», das Zeichen < für «entstanden aus».

1.1 Das Mykenische

1.1.1 Quellen

Die von M. Ventris und J. Chadwick 1953 bekanntgemachte Entzifferung der mit Syllabogrammen und Ideogrammen operierenden Linearschrift B ergab, daß die damit geschriebenen Dokumente aus der 2. Hälfte des 2. Jt.s. v. Chr. in einem frühen Dialekt des Griech., dem sog. 'Mykenisch', abgefaßt sind. Das myk. Quellenmaterial besteht überwiegend aus Tontafeln und Fragmenten solcher, daneben in geringerem Ausmaß auch aus Tonsiegeln und beschrifteten Gefäßen oder Gefäßscherben. Es stammt im wesentlichen aus zerstörten myk. Herrschaftszentren, einerseits des nördlichen Kreta mit Knossos (Sigel KN) und – einstweilen nur spärliche Funde erbringend – Chania (Sigel KH), andererseits des Festlands: Pylos (Sigel PY) im westlichen Messenien (beim heutigen Ano Englianos), wie Knossos ein besonders reichhaltiger Fundort, sodann Mykene (Sigel MY) sowie – bislang weniger ergiebig – Tiryns (Sigel TI) und Theben (Sigel TH). Gefäß(fragment)e mit Linear B-Aufschriften sind ferner in Eleusis, Kreusis, Mamelouka und Orchomenos gefunden worden. Auf dem Festland werden die in katastrophenbedingten Bränden gehärteten und dadurch erhaltenen Tontafelbestände jeweils ans Ende des 13. Jh.s v. Chr. datiert, während die ebenfalls durch eine Brandkatastrophe konservierten Tontafeln aus Knossos chronologisch umstritten sind: einer von einigen Gelehrten vertretenen neueren Auffassung, wonach die dortigen Urkunden als etwa zeitgleich mit denen aus Pylos, Mykene usw. anzusehen seien, steht ihre Frühdatierung gegenüber, wie sie schon vom Ausgräber Sir A. Evans (Ende SM II bzw. um 1400 v. Chr.) und ähnlich wieder – teilweise mit gewissen, in die erste oder sogar zweite Hälfte des 14. Jh.s v. Chr. zielenden Abweichungen – von manchen Forschern in Reaktion auf den erwähnten Spätansatz verfochten wurde. Bei den Tontafeln der einzelnen Fundorte handelt es sich weitgehend um Dokumente aus Archiven der Paläste oder auch – so in Mykene – aus deren Umgebung. Die Urkunden enthalten meist in palatialen Registraturen offenbar im Zusammenhang mit der zentralen Verwaltung zugehöriger Regionen erarbeitete Anordnungen und Aufstellungen von fälligen Abgaben, Zuteilungen, Beständen usw. für den Zeitraum eines Jahres. Die archäologisch zu entsprechenden Gruppen zusammengefaßten und mit großen Kennbuchstaben versehenen Listen beziehen sich auf Personen, Nutztiere, Produkte aus Landwirtschaft und Handwerk, auf Metalle, Waffen, Geräte und Haushaltsgegenstände.

Für die sprachliche Erschließung des Myk. bieten diese Quellen zwar einerseits zahlreiche Informationen zur Onomastik (Personen- und Ortsnamen) sowie zum appellativischen und pronominalen Wort- und Formenschatz. Sie setzen ihr aber andererseits auch gewisse Grenzen. So lassen sich das verbale Wort- und Formengut und die Satzsyntax des Myk. wegen der diesbezüglich unzureichenden Beleglage nur lückenhaft erfassen. Außerdem impliziert das Syllabar von Linear B zahlreiche Defizite. Diese ergeben sich u. a. aus fehlenden Notationen von Vokallängen, von zweiten Bestandteilen der *i*-Diphthonge, von Konsonanten im Wort- und Silbenauslaut, von Distinktionen unter Liquiden (*r* : *l*) und Artikulationsarten der Okklusive (Tenues : Mediae – außer bei den Dentalen –: Tenues aspiratae). Dadurch bewirkte Unklarheiten oder Mehrdeutigkeiten (z. B. gibt *pa-te* sowohl /patēr/ als auch /pantes/ und potentiell Du. oder Pl. Part. */pʰante/*, */pʰantes/* wieder) beeinträchtigen stellenweise, d. h. wenn der gegebene Kontext einschließlich allfälliger Ideogramme nicht disambiguierend wirkt, die linguistische wie die philologisch-historische Auswertung der Dokumente. Moderne Interpreten sind daher in einer ungünstigeren Lage als die mit den in Frage kommenden Gegenständen und den Gestaltungsweisen der Buchungen unmittelbar vertrauten myk. Registratoren, die Griechisches in Linear B wie in einer Kurzschrift notiert und auch wieder gelesen haben werden.

1.1.2 Sprachliche Befunde

Vom Griech. des 1. Jt.s v. Chr. hebt sich das Myk. allgemein durch zwei Besonderheiten ab. Erstens läßt es infolge des um mehrere Jahrhunderte höheren Alters seiner Quellen naturgemäß einen deutlich archaischeren Sprachstand erkennen. Zweitens verfügt es über eine Anzahl spezifischer Merkmale. Von diesen treten die einen – zahlenmäßig begrenzt, aber erklärungsbedürftig – als Varianten innerhalb des Myk. selbst auf. Die anderen kommen so oder ähnlich auch in verschiedenen Mundarten des 1. Jt.s v. Chr. vor und betreffen den dialektalen Status des Myk. im gemeingriech. Rahmen.

Archaische Charakteristika finden sich im Laut- und Formensystem sowie im Wort- und Namenschatz des Myk. Sie sind vielfach – nunmehr belegte – Vorstufen zugehöriger Erscheinungen des späteren Griech. Zur Illustration dessen einige exemplarische Fälle:

a) Lautliches: Es fehlen noch Vokalkontraktionen jeglicher Art, also einschließlich relativ früher, die in allen Varietäten des späteren Griech. bereits vollzogen sind; so erscheint z. B. der Ausgang des Inf. Präs. Akt. thematischer Verben noch mit offener Vokalverbindung *-e-e*, Typ myk. *e-ke-e*, später dialektal verteilt ἔχειν oder ἔχην. – Unsilbisches *u̯* (transliteriert: *w*) ist in allen Positionen durchweg bewahrt. Ähnliches gilt nur partiell – d. h. nach Ausweis von Schreibvarianten mit und ohne *j* weniger regelmäßig – für unsilbisches *i̯* (transliteriert: ẏ) im Anlaut (wenn später h-) vor und im Inlaut zwischen Vokalen. – Die grundsprachlichen Labiovelare und die biphonematische Gruppe *$\widehat{ku̯}$ sind noch nicht, wie im 1. Jt. v. Chr., mit Labialen oder Dentalen zusammengefallen. Es heißt z. B. -qe /-k^{w}e/ statt τε, qo-u-ko-ro /g^{w}oukoloi/ statt βουκόλοι und i-qo /$^{(h)}$ikk^{w}oi/ statt ἵπποι. Zahlreiche Beispiele solcher Gegebenheiten stehen im Einklang mit früheren bloßen Rekonstrukten, die von der älteren Forschung vor der Entzifferung von Linear B durch Vergleich differierender Lautgestalten der betreffenden Wörter in späteren griech. Dialekten und/oder ihrer Entsprechungen in verwandten Sprachen gewonnen worden waren. Umgekehrt veranlaßten etliche andere myk. Repräsentanten griechischer Wörter aber auch Modifikationen in deren Herleitungen. So kann etwa gr. ἕνεκα nicht mehr ohne weiteres auf *ἔνϝεκα zurückgeführt werden und dürfte hom. εἵνεκα eher metrische Dehnung enthalten, da das Wort myk. als e-ne-ka (nicht: e-ne-we-ka*) erscheint. Gr. ἅπαντ-, πάντ-, früher zu ved. śá-śvant- «zahlreich, all» gestellt und wegen dessen -śv- mit ursprünglichen *(-)$\widehat{ku̯}$- angesetzt, enthält gemäß myk. pa-te /pantes/ usw. etymologisches *p- und muß nun anders – an toch. AB pont- «all, jeder, ganz» – angeschlossen werden.

b) Morphologisches: Belegte Formen primärer Komparative und der Partizipien Perf. Akt. sind noch von s-Stämmen (mit verhauchtem Stammkennzeichen) dieser Kategorien gebildet: Typen myk. Du. (Pl.) m. f. me-zo-e /mezo^{h}e(s)/, n. me-zo-a$_2$ /mezoha/: hom. μείζονες, (Akk. Sg. m.) μείζονα (doch att. vornehmlich auch noch – im Verhältnis zu den myk. Formen kontrahiert – μείζους, -ω); a-ra-ru-wo-a /ararwo^{h}a/: hom. ἀρηρότα, te-tu-ko-wo-a (und -a$_2$) /t$^{(h)}$et$^{(h)}$uk^{h}woha/ mit zudem ursprünglicherer Schwundstufe der Wurzel: hom. τετευχώς (-ότ-), ferner e-qi-ti-wo-e TH Wu 75 /ek^{wh}t^{h}iwo^{h}e(s)/ «verendete (sc. Schweine)», vgl. hom. (3. Sg. Perf. Med.) ἔφθιται. Nach Ausweis von dazu passenden Befunden einiger verwandter Sprachen sind die Flexionsstämme auf -s- bei beiden Formenkategorien als die ältesten anzusehen. – Synkretismus war im myk. Kasussystem weniger fortgeschritten, möglicherweise in einigen Punkten aber auch schon anders entwickelt als im späteren Griech. Die größere Vielfalt der myk. Kasus gilt prinzipiell für die Ausdrucks- wie für die Inhaltsseite der Deklinationsparadigmen, ersteres freilich je nach Stammklasse, teilweise aufgrund von Mehrdeutigkeiten der Linear B-Notationen an den Wortschlüssen, mit unterschiedlicher Evidenz. Mit Sicherheit hat es im Myk. noch den Instrumental als ererbten distinkten Kasus gegeben. Am deutlichsten ist er bei der 3. Deklination. Dort ging er im Singular auf -e /-ē/ < uridg. *-eh$_1$, im Plural auf -pi /-p^{h}i/ < uridg. *-bhi(s) aus; ein solcher Instr. Sg. liegt adverbal z. B. bei in KN und PY gut belegten Fügungen des Typs a-ja-me-na (-no) e-re-pa-te /... elep^{h}antē/ «eingelegt (?) mit Elfenbein» vor; die gleiche Form zeigt sich wegen ihrer Parallelstellung mit adnominalem Instr. Pl. auf -pi besonders klar in einer Serie aus PY: Ta 641.1 ti-ri-po e-me po-de /tripōs $^{(h)}$emē pode/ «ein Dreifuß mit einem Fuß» neben Ta 642.3 to-pe-za... e-re-pa-te-jo po-pi /torpeza... elep^{h}antejois popp^{h}i/ «ein Tisch... mit Füßen aus Elfenbein». Zu beachten ist ein weiterer Archaismus in /(h)emē/ der erstgenannten Tafel: der *m*-Stamm des Zahlwortes für «1» (vgl. lat. *sem-el*) ist im Paradigma noch nicht wie später zum *n*-Stamm (ἑνός, ἑνί usw. analogisch nach Nom.-Akk. n. ἕν) verallgemeinert.

Als Fallbeispiele aus der Verbalflexion mögen mehrfach belegtes (-)*e-e-si* /eʰensi/ «sie sind» und PY Na 520.B *ki-ti-je-si* /ktiensi/ «sie kultivieren, (be)wohnen» dienen. Die erste dieser beiden Wurzelpräsensformen bietet den noch unkontrahierten Vorläufer von ion.-att. εἰσί und mit /eʰ-/ die gleiche Wurzelstufe wie das Part. (-)*e-o* /(-)eʰōn/, *a-pe-o-te* /apeʰontes/ und später die abgewandelte 3. Pl. hom. ἔ-ᾱσι, dazu allgemein die 1. und 2. Pl. mit oder aus ἐσ- (att. ἐσμέν restituiert gegenüber ion. εἰμέν; ἐστέ). Die zweite gehört zum medialen Partizip myk. (*ko-to-na*) *ki-ti-me-na* /(ktoinā) ktimenā/ «kultivierte (Landparzelle)», hom. ἐϋ-κτίμενον (n.) «wo es sich gut wohnt» und erweist damit ein primäres Paradigma 3. Sg. */kteisi/, 3. Pl. /ktiensi/, das ved. 3. Sg. kṣéti «wohnt, verweilt», 3. Pl. kṣiyánti genau entspricht. Im nachhom. Griech. ist dafür ein thematisches, zum sigmatischen Aorist (hom. κτίσσε, κτίσαι) neu geschaffenes Präsens κτίζω eingetreten. Zur verbalen Stammbildung ist myk. *wo-ze* /worzei/ «(be)arbeitet» mit zugehörigen Formen ein hier einschlägiges Beispiel; es setzt wie av. vərəziieiti «wirkt» und got. waúrkjan «machen, wirken» einen uridg. Präsensstamm *u̯r̥ǵi̯e/o- fort. Im späteren Griech. erscheint diese ererbte Bildung durch ἔρδω - < *ἐρσδω < *(ϝ)εργι̯ω, wohl in Anlehnung an (ϝ)έργον – und ῥέζω ersetzt.

c) Wort- und Namenschatz: Soweit aus den Tafeln erkennbar, haben – ausgenommen hier wie später existierende Lehnwörter (z. B. KN *ki-to* /kʰitōn/ «Leibrock; Hemd», PY *ku-ru-so* /kʰrusos/ «Gold» aus dem Semitischen) und ägäische Substratelemente (z. B., mit Suffix /-ntʰo-/, KN *a-sa-mi-to* /asamintʰos/ «Badewanne») – viele Wörter und Namen des Myk. spezifisch griech., dazu oft erbwörtliches Gepräge. Aber nur mit Einschränkungen finden sie sich in der Sprache des 1. Jt.s v. Chr. wieder. Offenbar ist manches in den dazwischen liegenden, auf umwälzende Katastrophen folgenden 'dunklen' Jahrhunderten verlorengegangen. Anderes erscheint im späteren Griech. nur mit deutlichen Veränderungen fortgesetzt.

All das zeigt sich exemplarisch bei der Terminologie für Wagen und Wagenbau, bei Benennungen von Funktionsträgern der hierarchisch gegliederten myk. Herrschaftsstruktur, an Bezeichnungen für Handwerker, Waren und Sachen im weitesten Sinne, vereinzelt auch an sog. grammatischen 'Formwörtern' usw. Der (zweirädrige Streit-)Wagen heißt in KN *i-qi-ja* /(ʰ)ikkʷiā/, in PY *wo-ka* /wokʰā/. Das erste Wort, Ableitung von *i-qo* (s. oben a) «Pferd», existiert später nicht mehr, das zweite könnte nur indirekt, d. h. mit vom Gen. Pl. ὀχέων ausgehendem Wechsel der Stammklasse, in hom. ὄχεα (n.) fortleben. Das in KN und PY vorkommende Neutrum myk. *a-mo* /(ʰ)armo/, Pl. *a-mo-ta* /(ʰ)armota/ kehrt, abgesehen von dialektalem *o* statt *a* aus *-n̥(t-)* der zweiten Silbe, in späterem, seit Homer geläufigem ἅρμα, ἅρματα wieder; bemerkenswert ist bei diesem Lexem der Bedeutungsunterschied zwischen «Rad, Räder» im Myk. und «Wagen» im späteren Griech.: Es ist also nachträglich als 'pars pro toto' in die durch Verlust älterer wie der myk. Wagen-Wörter entstandene Lücke des griech. Vokabulars nachgerückt.

Myk. *wa-na-ka* /wanaks/ bezeichnet den ranghöchsten Herrscher, und ähnliche Bedeutungskomponenten hat das Wort teilweise im 1. Jt. v. Chr. auch noch (ἄναξ bezogen auf Zeus, Agamemnon usw.). Dagegen meint myk. *qa-si-re-u* /gʷasileus/, anders als sein jüngeres formales Pendant βασιλεύς (bei Homer Titel des Priamos, Odysseus usw.), einen Notabeln deutlich niedrigerer Rangstufe, der gewisse mittlere Funktionen (so als Vorsteher oder Aufseher von Bronzeschmieden) wahrnahm (vorgeschlagene Wiedergaben: «(local) headman», «chief», «chef» u. ä.). Neben weiteren myk. Titeln wie beispielsweise dem des *ra-wa-ke-ta* /lāwagetās/, das dem *wa-na-ka* in der Rangordnung anscheinend direkt folgenden Würdenträgers, die ebenfalls zwar formale, aber inhaltlich nicht mehr voll vergleichbare Gegenstücke im späteren Griech. (u. a. λᾱγέτας bei Chorlyrikern «Held») haben, gibt es schließlich bezeichnenderweise auch solche wie *da-mo-ko-ro* und *ko-re-te*: wie auch immer °-*ko-ro* und *ko-re-te* zu interpretieren sein mögen, sie haben die dunklen Jahrhunderte lexikalisch nicht überdauert.

Das in der Folgezeit zwischen Abwandlung und Untergang schwankende Schicksal jener durch den Ruin der myk. Reiche besonders betroffenen Bezeichnungen von Ranginhabern und Funktionsträgern teilten außer Ausdrücken aus der Sachkultur auch die Personennamen (PN) der myk. Ära. Zahlreiche ein- und besonders zweigliedrige PN wie *a-ko-to* /Aktōr/, *ka-sa-to* /Ksanthos/, *a-ke-ra-wo* /Agelāwos/, *e-u-me-de* /Eumēdēs/ sind bei Homer und/oder sonst im späteren Griech. wieder anzutreffen. Andere erweisen sich zwar als typische griech. Bildungen, fehlen aber in nachmyk. Zeit: z. B. *e-u-ko-me-no* /Eukhomenos/, PN aus Part. wie *ku-ru-me-no* /Klumenos/, das seinerseits überlebt hat (Κλύμενος bei Hom., Pind. usw.); *o-ku-na-wo* /Ōkunāwos/ «der schnelle Schiffe hat», Possessivkompositum vom Typ hom. Εὔνηος «der gute Schiffe hat» usw. Manche myk. PN, im 1. Jt. ebenfalls nicht belegt, mögen später lediglich abgewandelt worden sein, mithin wenigstens indirekt weiterbestehen. So hat M. Meier-Brügger für myk. *e-ke-da-mo* /(H)ekhedāmos/ und *e-ka-no* /(H)ekhānōr/, verbale Rektionskomposita wie *a-ke-ra-wo* (s. o.), bedenkenswert argumentiert, es sei im Vorderglied /(H)ekh(e)-/ noch mit ursprünglichem «überwinden», «besiegen» (wie im zugehörigen ved. Verbalstamm *saha-* «ds.», in got. *sigis* «Sieg» usw.) zu rechnen. In den myk. Namen seien somit die Gesamtbedeutungen «einen Dāmos (Landstrich) besiegend» bzw. «Männer besiegend» ebenso anzunehmen wie in ihren jüngeren Ersatzbildungen Νικόδημος, Νικάνωρ (Νίκανδρος) mit deren später – nach bei ἔχ(ε)- eingetretenem semantischen Wandel von *«besiegen» zu «haben, halten» – deutlicheren Vordergliedern.

Natürlich ist es zu weiteren Veränderungen lexikalischer myk. Archaismen gekommen, wie sie überall und immer wieder, greifbar vor allem in von (kultur)geschichtlichen Entwicklungen unabhängigen Teilen eines Wortschatzes, vor sich gehen. So tritt in KN und PY etwa das Formwort (Präposition, Vorderglied nominaler und verbaler Komposita) *e-pi* /epi/ auch mit einer Variante *o-pi* /opi/ auf. Als ehemaliger, u. a. auch in ved. *ápi* «dazu» fortgesetzter Lokativ eines Wurzelnomens mit Flexionsablaut ($*h_1ep$-/h_1op-) muß das Wort die Vokalfarben seiner beiden myk. Varianten aus verschiedenen Kasus des einstigen Paradigmas bezogen haben. Gegenüber der alten myk. Dublette hat sich im späteren Griech. schließlich ἐπί allein durchgesetzt, während ὀπ(ι)- nur noch in einigen Erweiterungen und Zusammensetzungen, namentlich ὄπι(σ)θεν, ὀπίσ(σ)ω, ὀπώρα, ὀπιπεύω, fortbesteht.

Einheitlichkeit, Varietäten. Trotz räumlich relativ breit gestreuter Fundorte der Dokumente auf dem Festland einerseits und auf Kreta andererseits weist das Myk. – abgesehen von vereinzelten lexikalischen Fällen (z. B. KN *i-qi-ja*: PY *wo-ka* «Wagen», s. oben c) – intern keine nennenswerten dialektalen (im Sinne von 'diatopischen') Unterschiede auf. Es ist also insofern von bemerkenswerter Einheitlichkeit. Ebensowenig zeigen sich zwischen PY und KN signifikante Abweichungen diachroner Art: bei gewissen Varianten, die verschiedene Entwicklungsstufen des jeweils selben Phänomens zu reflektieren scheinen, ergibt sich kein einheitliches Bild: Fällen, deren archaischere Variante in KN, deren rezentere in PY häufiger belegt ist, stehen andere mit umgekehrter oder gleichwertiger Verteilung auf die beiden Fundorte gegenüber. So deutet sich nach Y. Duhoux einerseits in PY ein vergleichsweise fortgeschrittenerer Zustand z. B. darin an, daß /opi/ (s. oben c) dort weitaus seltener denn in KN als Präposition verwendet erscheint; anderseits bleibt in KN morphologisch überkommenes (also nicht bloß als phonetischer Gleitlaut nach *i*- fungierendes) -*j*- zwischen Vokalen häufiger unberücksichtigt als in PY, so bei rezenterem -*e-o* /-eos/ (entsprechend hom. -εος, att. kontr. -οῦς) gegenüber -*e-jo* /-ejos/ im Ausgang der Stoffadjektive. Derartigen Befunden lassen sich demnach bestenfalls Ansätze getrennter Entwicklungen, nicht aber ein generell älterer respektive jüngerer Sprachzustand auf Kreta oder auf dem Festland entnehmen. Dieses linguistische Ergebnis paßt übrigens, für sich genommen, eher zu einer mehr oder weniger radikalen Spät- als zur Frühdatierung der Knossos-Tafeln (s. oben *1.1.1*).

Im Gegensatz zu dialektalen und diachronen Unterschieden, die ihm weitgehend fehlen, verfügt das Myk. jedoch über einige miteinander wechselnde sprachliche Phänomene eines dritten Typs. In PY treten im wesentlichen drei formale Merkmale neben ihrer üblichen myk. Realisierung auch in bestimmten Abweichungen auf. (1) Endung des Dat. Sg. der 3. Deklination: neben vorherrschendem -*e* /-ei/ mitunter -*i* /-i/, so von Poseidon neben Dat. *po-se-da-o-ne* vereinzelt (PY Un 718.1) *po-se-da-o-ni*; (2) Neutra mit Suffix *-mn̥: neben vorherrschendem -*mo* (*-n̥ > -*o*) gelegentlich -*ma* (*-n̥ > -*a*), so häufig *pe-mo* /spermo/, aber mehrfach auch *pe-ma* /sperma/ «Same (Saatgut)»; (3) vor Labial außer gängigem -*i*- /-i-/ seltener auch -*e*- /-e-/, z. B. von Artemis neben Dat. Sg. PY 219.5 *a-ti-mi-te* Gen. Sg. PY 650.5 *a-te-mi-to*.

Aus dem Umstand, daß diese konkurrierenden Erscheinungen teilweise verschiedenen Schreibern (paläographisch festgestellten 'Händen') zugeordnet werden können, hat zuerst E. Risch den Schluß gezogen, sie stammten aus zwei diversen, von den jeweiligen Schreibern bevorzugten Schichten des Myk.; seiner Klassifizierung zufolge sind die hier jeweils an erster Stelle genannten, im ganzen Sprachgebiet verbreiteten und auch in PY häufiger belegten Alternanten Elemente des 'Standardmykenisch' ('mycénien normal'), die anderen solche eines 'Sondermykenisch' ('mycénien spécial'). Wahrscheinlich entsprach die erste Schicht der offiziellen Hoch- und Amtssprache, die zweite einem gesprochenen Substandard, den manche Schreiber in die von ihnen beschrifteten Urkunden haben mit einfließen lassen. So gesehen, mögen die beiden Schichten eher verschiedene 'Soziolekte' als, gemäß Rischs Terminus, 'Dialekte' gewesen sein. In diese Auffassung fügt sich schließlich gut der bereits von Risch selbst vermerkte Umstand, daß die genannten Charakteristika des 'mycénien normal' dem späteren Griech. weitgehend abhanden gekommen sind, während diejenigen des 'mycénien spécial' ins 1. Jt. hinein überlebt haben (vgl. mit den jeweils zweiten Varianten der obigen myk. Beispiele hom. Dat. Sg. Ποσειδάων-ι, hom. und sonst σπέρμα, Ἀρτέμιδος). Parallelen für zwischen verschiedenen Sprachschichten divergierende Entwicklungen dieser Art bieten sich – mutatis mutandis – an. Die romanischen

Sprachen etwa sind bekanntlich nicht aus der lateinischen Schriftsprache, sondern aus – freilich auch regional differierenden – Varietäten des umgangssprachlichen Lateins hervorgegangen.

Gesamtdarstellungen, Einführungen: M. Ventris – J. Chadwick, *Documents in Mycenaean Greek* (Cambridge ²1973); A. Heubeck, *Aus d. Welt d. frühgriech. Lineartafeln* (Göttingen 1966); St. Hiller – O. Panagl, *Die frühgriech. Texte aus myk. Zeit* (Darmstadt 1976); J. T. Hooker, *Linear B. An Introduction* (Bristol 1980, ²1983); M. Meier-Brügger, «Abriß» 43–46 (mit Lit.). Derzeit maßgebliche Texteditionen nach Fundorten: Übersichten u. a. bei Meier-Brügger, «Abriß» 44–45, I. Hajnal, *Studien z. myk. Kasussystem* (Berlin–New York 1995) IX–X. Datierungsfragen, Linearschrift B: A. Heubeck, «Schrift» = *Archaeologia Homerica* Bd. III Kap. X (Göttingen 1979) X 23–54. Grammatik: E. Vilborg, *A Tentative Grammar of Mycenaean Greek* (Göteborg 1960); C. J. Ruijgh, *Études sur la grammaire et le vocabulaire du grec mycénien* (Amsterdam 1967); O. Szemerényi, *Scripta minora* Bd. 3 (Innsbruck 1987) 1253–1272 (von 1967). 1326–1337 (von 1968). Wortschatz: F. A. Jorro, *Diccionario Micénico.* I–II (Madrid 1986–1993) mit bibliogr. Angaben (auch zu früheren Lexika). Namen: O. Landau, *Myk.-griech. Personennamen* (Göteborg 1958); M. Meier-Brügger, «Ἔχω u. seine Bedeutung im Frühgriech.», *MH* 33 (1976) 180–181: G. Neumann, «Wertvorstellungen u. Ideologie in d. Personennamen d. myk. Griechen», *AAWW, Phil.-hist.* 131 (1995) 127–166. Zu d. sprachl. Varianten: E. Risch, *Kl. Schr.* (Berlin–New York 1981) 451–458 (von 1966). 276–277 (von 1979); Y. Duhoux, «Linéaire B crétois et continental: Éléments de comparaison», in: P. H. Ilievski – L. Crepajac (Hrgg.), *Tractata Mycenaea* (Skopje 1987) 105–128. Kongreßberichte: J. P. Olivier (Hrgg.), *Mykenaïka. Actes du IXe Colloque . . . Athènes 1990* (Athènes–Paris 1992), darin XVII–XVIII Anführung d. acht vorherigen Tagungsberichte seit 1956. Forschungsbericht: J. T. Hooker, «Mycenology in the 1980's», *Kratylos* 36 (1991) 32–72.

1.2 Epichorische Dialekte

1.2.1 Quellen

Wie das Myk. aus den Linear B-Tafeln (s. oben *1.1.1*), sind auch die epichorischen Dialekte des 1. Jt.s v. Chr. hauptsächlich aus Inschriften der jeweiligen Regionen bekannt, wobei diejenigen von Kypros in einem gegenüber Linear B weiterentwickelten Syllabar, die anderen in Alphabetschriften gehalten sind (dazu auch *I 5.2.3*). Als Originalquellen haben die epigraphischen Denkmäler auch sprachlich besonderes Gewicht. Dialektbezogene Angaben spätantiker Grammatiker und Lexikographen sind dagegen weniger authentisch. Besonderen Wert besitzen die älteren, vom 8. Jh. v. Chr. an zunächst spärlich einsetzenden Dokumente. Nur mit gewissen Einschränkungen für die altgriech. Dialektologie brauchbar sind die in relativ großer Zahl vorliegenden Inschriften seit dem ausgehenden 4. Jh. v. Chr.: auf ihnen finden sich neben genuin dialektalem Gut oft Elemente der nach der Alexanderzeit zunehmend Einfluß gewinnenden Koine.

Einen großen Teil der Inschriften machen meist in Stein gehauene Gesetze, Verträge, Volksbeschlüsse usw. aus. Diese reflektieren jeweils eine weitgehend normierte Amts- und

Urkundensprache ihrer Zeit und Gegend, taugen also nicht etwa als Quellen regionaler Volks- oder Umgangssprache. Während gelegentlich literarischen Texten (so des Hipponax, des Aristophanes und anderer Komödiendichter) einiges zu volkssprachlichem Wort- und Formengut zu entnehmen ist, geben sonstige Typen epigraphischer Zeugnisse wie z. B. die bereits 1894 von P. Kretschmer behandelten griech., insbesondere att. Vaseninschriften oder die großenteils aus dem 3. Jh. v. Chr. stammenden att. Fluchtafeln auch manche umgangs- oder vulgärsprachlichen Besonderheiten lautlicher Art zu erkennen.

1.2.2 Das Mykenische und die Dialekte des 1. Jt.s v. Chr.

Zum Gesamtbild der griech. Dialekte gehört neben denjenigen des 1. Jt.s auch das Myk. Unabhängig von seiner Altertümlichkeit (s. oben *1.1.2*) verfügt es über auffällige Züge eines frühen griech. Dialektes. Sie entsprechen vielfach solchen bestimmter späterer Mundarten (s. unten *1.2.3*).

Doch weisen einige andere Merkmale das Myk. auch als einen Dialekt sui generis aus. Das gilt zumal für die oben (*1.1.2* Ende) angedeuteten Eigenheiten des Standardmyk., die innerhalb der griech. Mundarten des 1. Jt.s v. Chr. keine Gegenstücke haben. Darüber hinaus belegen nach Ansicht mehrerer Forscher Verwendungen des myk. Instrumentals (Sg. und Pl.) auch für adverbiale Angabe räumlicher Herkunft – in Opposition zum myk. Dativ/Lokativ für Angabe der Ortsruhe – insbesondere bei Toponymen einen spezifisch myk. Kasussynkretismus von Instr./Abl. (also nicht: Gen./Abl.) einerseits und Dat./Lok. anderseits: z. B. PY Ma 221.1 u. ö. *pa-ki-ja-pi* /Sp^{h}agiāp^{h}i (?)/ «aus S.» gegenüber PY Cn 608.6 u. ö. *pa-ki-ja-si* /Sp^{h}agiānsi (?)/ «in S.» vom ON *pa-ki-ja-ne* (einem Plurale tantum). Weiter deuten vereinzelte Indizien ebenfalls eine gewisse dialektale Eigenständigkeit des Myk. an. So erscheint dort ein von den *o*-Stämmen her übertragener Nom./Akk. Dualis auf /-ō/ bei femininen Wörtern der 1. Deklination, Substantiva wie *to-pe-zo* /torpezō/ «(zwei) Tische», *ko-to-no* /ktoinō/ «(zwei) Landparzellen» inbegriffen. Diese Formen sind insofern besonderer dialektaler Natur, als sie im 1. Jt. v. Chr. nur sporadisch vorkommen und dann auf attributive Wörter (vor allem Artikel, gelegentlich Adjektiva auf att. Inschriften, Part. καλυψαμένω f. Hes. *Op.* 198) beschränkt geblieben sind. In solchen Wortarten dürften die femininen Duale von *ā*-Stämmen auf -ō entstanden sein (z. B. zur Bewirkung von Homoioteleuta in Syntagmen mit Communia wie in inschriftlich mehrfach belegtem att. τὼ θεώ «die (beiden) Göttinnen», von Demeter und Kore; im Anschluß an Adjektive zweier Endungen mit Dual auf -ω m. f. usw.). So gesehen, hat das Myk. also jene Entwicklung mit seinen Dualen auch von Substantiva (f.) der *ā*-Stämme des Typs *to-pe-zo, ko-to-no* schon im 2. Jt. v. Chr. weiter als alle späteren Dialekte vorangetrieben. Eine solche im Myk. somit früh eingetretene, aber systematisch konkurrenzlos fortgeschrittene Erscheinung wird nur als Charakteristikum eines unabhängigen Dialektes verständlich.

In groben Umrissen zeichnen sich folgende fünf **Hauptgruppen epichorischer griech. Dialekte des 1. Jt.s v. Chr.** ab: (1) Ionisch-Attisch;

(2) Arkadisch-Kyprisch; (3) Äolisch (Lesb., Thessal., Böot.); (4) Westgriechisch, bestehend aus dem 'Dorischen' im engeren Sinne (Mundarten der südlichen und östlichen Peloponnes, am Saronischen Meerbusen, auf den südlichen Inseln der Ägais einschließlich Rhodos' und Kretas) sowie dem Nordwestgriechischen (Eleisch, Lokr., Phok., Ätol. u. a.); (5) Pamphylisch.

Im einzelnen sind die Verhältnisse in mancher Hinsicht komplexer: Innerhalb der erwähnten Dialektgruppen gibt es räumlich begrenztere Mundarten, darunter solche, die in mehr oder weniger entlegenen Kolonien jeweiliger Mutterstädte existierten. Die inschriftlichen Quellen zu den einzelnen Gruppen differieren nach Alter, Zahl und Umfang beträchtlich, so daß sie für die Dialektologie unterschiedlichen Wert haben. Viele dialektale Merkmale sind nicht auf jeweils nur eine der genannten Gruppen oder Untergruppen beschränkt, sondern verbinden als sog. 'Isoglossen' zwei oder mehrere von ihnen. Die Isoglossen rühren teils aus älteren verwandtschaftsbedingten Zusammenhängen, teils aus jüngeren kontaktbedingten Interferenzen unter den beteiligten Dialektgruppen oder Dialekten her. Vor allem solche Übereinstimmungen, die auf Interferenzen beruhen, unterstreichen die Fragwürdigkeit ungemischter 'reiner' Dialekte.

So hat z. B. innerhalb des Äol. das Lesb. einige Züge mit dem Ion. gemein, das Böot. und insbesondere die westlichen Mundarten des Thessal. (in der Thessaliotis und Hestiaiotis) solche mit dem Westgriech.; im südkleinasiatischen Pamphyl. – lokalisiert in einer Exklave inmitten nichtgriech.-anatolischer Sprachlandschaften – finden sich mehrere Elemente ark.-kyprischen und dorischen Typs nebeneinander.

Trotz alledem trifft der oben gebotene Katalog als deskriptive Übersicht über die im klassischen Griech. erkennbaren Dialektverbände zu. Für letztere gibt es neben anderen jeweils auch exklusive Charakteristika wie die folgenden (ein ausgewähltes Beispiel für jede Dialektgruppe): η aus 'urgr.' *$\bar{a}$ in (1), abgesehen von att. '$\bar{a}$-purum' (nach ε, ι, ϱ); Präverb/Präposition πός in (2); labiale Okklusive aus ehemals labiovelaren auch vor e-Lauten, z. B. thess. πέττα\-ρες, lesb. πέσυρες «vier», in (3); Futurum auf -σέω in (4); -(ν)δ- statt -ντ-, z. B. πέδε für πέντε, γένοδαι für γένωνται in (5).

1.2.3 Gliederung der griechischen Dialekte

Die Ursprünge der im 1. Jt. bestehenden griech. Dialektgruppen bzw. älterer Gliederungen, aus denen sich diese erst entwickelt haben mögen, sind seit langem unterschiedlich beurteilt worden und nach wie vor nicht einvernehmlich geklärt. In der neueren Forschung muß das Problem im Gegensatz zur früheren unter Einbeziehung des Myk. angegangen werden. Da mit diesem nur ein einziger griech. Dialekt aus der Zeit vor 1200 v. Chr. bekannt ist, haben alle Rückschlüsse auf Mundartverhältnisse jener frühen Periode von einem angemessenen, d. h. die chronologischen Unterschiede berücksichtigenden Vergleich zwischen Gegebenheiten des Myk. einerseits und der klassischen griech. Dialekte anderseits auszugehen.

Etliche Merkmale der Mundarten des 1. Jt.s weichen, wie E. Risch 1955 gezeigt hat, in ihren jeweiligen Entstehungszeiten deutlich voneinander ab. Die jüngeren, nach 1200 v. Chr. anzusetzenden unter ihnen fallen als Kriterien für eine Dialektgliederung im 2. Jt. v. Chr. naturgemäß aus. Unter mehreren anderen gehören dazu auch die oben (*1.2.2* Ende) zu (1), (3) und (5) erwähnten Charakteristika. Damit spricht beispielsweise myk. /ā/ (wie in *ma-te* /mātēr/) gegenüber ion.-att. η (wie in μήτηρ) nicht gegen die Möglichkeit, daß das Myk. und das spätere Ion.-Att. zur gleichen frühgriech. Dialektgruppe gehört haben können. Für die Frage, ob dies tatsächlich der Fall war oder nicht, müssen also, soweit möglich, jeweils ältere Gemeinsamkeiten oder Unterschiede herangezogen werden.

Vor allem von Vertretern der früheren Forschung (P. Kretschmer u. a.) wurde damit gerechnet, daß eine auch außersprachlich-stammesbedingte – und sich mit den klassischen literarischen Dialekten (s. unten *1.3.1*) großenteils deckende – Dreigliederung in Ion.(-Att.), Äol. und Dor. zugleich ursprünglich gewesen sei. In diesem Schema sind a) das Arkad.-Kypr. und b) das (später erschlossene) Myk. nicht enthalten. Dem Manko a) wurde von manchen Gelehrten mit der Annahme einer früheren Gruppe ('Achäisch', 'Zentralgriech.') begegnet, aus der sowohl das Äol. als auch das Arkad.-Kypr. hervorgegangen seien. Doch abgesehen davon, daß neben Isoglossen auch elementare Divergenzen zwischen dem Äol. und dem Arkad.-Kypr. existieren (z. B. Inf. Akt. auf lesb. -μεναι, thess.-böot. -μεν gegenüber ark.-kypr. -ναι), ergab sich nach 1953 das Problem, ob b) das Myk. sich seinerseits ohne weiteres in eine solche für das 2. Jt. v. Chr. anzusetzende Gruppe einordnen lasse. Im Rahmen der eingangs erwähnten heterogenen Vorstellungen über frühe Gliederungen griechischer Dialekte wurden dann unterschiedliche Zuordnungen auch des Arkad.-Kypr. und des Myk. vorgeschlagen.

Große Beachtung fand die – freilich keineswegs zur communis opinio gediehene – Auffassung, daß das Arkad.-Kypr. und das Myk. nach Ausweis gewichtiger, in das 2. Jt. v. Chr. zurückreichender Isoglossen besonders eng mit dem Ion.-Att. verwandt seien. E. Risch, der 1955 ähnlich wie kurz zuvor W. Porzig dementsprechend die These einer ehemaligen größeren Einheit 'Südgriechisch' (Porzig: 'Ostgriechisch') aufstellte und später (so 1979) weiter ausbaute, stützte diese auf folgende frühe Gemeinsamkeiten: Myk., ark.-kypr., ion.(-att.) Assibilation von *ti, τι zu si, σι, unterblieben in den westgriech. und festlandäol. Mundarten; -*te*, -τε statt westgr. -κα, lesb. -τα in Adverbien und Konjunktionen des Typs *o-te*, ὅτε; *i-je-ro*/-*eu*, ἱερός/-εύς usw. gegenüber westgr.-böot. ἰαρός/-εύς usw.; ark.-kypr., ion.(-att.) -σ- statt geminiertem westgr.-äol. -σσ- (böot. -ττ-) aus *-τι- in Fällen wie τόσος < *τοτιος (myk. *to-so* graphisch doppeldeutig) gegenüber τόσσος; εἰ «wenn» (kypr. ē, myk. ?) gegenüber westgr.-äol. αἰ; Inf. Akt. auf -ναι (myk. ?) statt auf westgr., thess., böot. -μεν, lesb. -μεναι (s. o.); *o*-farbiger Wurzelvokal beim Verbum für «wollen» (ion.-att. βουλ-, ark.-kypr. βολ-, myk.?) gegenüber *e*-farbigem (thess. βελλ-, böot. βειλ-, westgr. δειλ- und δηλ-).

Auf Grund wiederholt aus dieser Merkmalliste ebenfalls hervorgehender westgriech.-äol. Übereinstimmungen – mit einigen Abweichungen des Lesb. wie σι, βολλ-, bei denen dieses vom Ion. beeinflußt erscheine – setzte Risch als Gegenstück zu 'Südgriechisch' ein entsprechendes 'Nordgriechisch' an: darin seien im wesentlichen das spätere Äol. und Westgriech. enthalten gewesen.

Dieses eindrucksvolle Gesamtmodell ist freilich nicht ohne manche Ergänzungen, Modifikationen und Gegenentwürfe von seiten anderer geblieben. Darauf kann hier nicht im einzelnen eingegangen werden. Zu betonen ist aber, daß das von Risch gezeichnete Bild durchaus noch Anlaß zu Fragen nach Art der beiden folgenden bietet: (1) Deuten die vorhandenen relevanten Befunde a) alle auf zwei derartige Dialektgruppen im späten 2. Jt. v. Chr., oder gibt es b) auch solche, die die Möglichkeit anderer Konstellationen in jener Frühzeit offenlassen? (2) Ist das Myk. eher a) im Rahmen eines umfassenden 'Südgriech.', b) in einer alten Verbindung speziell mit den Vorläufern nur des späteren Ark.-Kypr. oder c) als letztlich völlig eigenständiger Dialekt (s. oben *1.1.2* Ende; *1.2.2* Anfang) denkbar?

Einige Gesichtspunkte sprechen für die Bejahung der Teilfrage b) unter (1). Exemplifiziert sei das an Hand einiger Umstände, die sich etwa zugunsten der von manchen Forschern befürworteten Möglichkeit b) unter (2) anführen lassen: Außersprachliche Plausibilität einer vordor.-'achäisch'-myk. Bevölkerungsschicht auf der Peloponnes – von dort nach Kypros übergreifend, auf dem Festland durch die Dorier in das Rückzugsgebiet des arkad. Berglandes abgedrängt – und auf Kreta; dazu nichtdor. Elemente des klassischen kret. Dialekts (z. B. Plural οἰ, αἰ des Artikels, Demonstrativum ὄνυ), die Y. Duhoux 1988 einem vordor. Substrat nicht nur ark.-kyprischen, sondern letztlich auch myk. Gepräges zuschreiben wollte (auf den Linear B-Tafeln kommen sie – so oder anders – nicht vor); myk. Dat. Pl. *pe-i* /sp^{h}ei^{h}i/ oder /sp^{h}e^{h}i/ wie ark. Dat. Pl. σφεῖς «ihnen» *IG* V 2: 6,10.18 oder σφέσι *SEG* 37, Nr. 340,15 (wenn mit restituiertem -σ-). Die Vokalisierung von *r̥* zu myk. *or*/*ro* wie in *wo-ze* /worzei/ (s. oben *1.1.2* b), *qe-to-ro* /k^{w}etro-/ «vier» weicht ebenfalls von der zu ion.-att. (sowie westgr.) αρ/ρα ab und tritt entsprechend im Ark.-Kypr. (kypr. 3. Pl. Aor. /katewοrgon/ «schlossen ein, belagerten» *ICS*² 217 A 1, vom Typ ἔδρακον mit schwundstufiger Wurzel; ark. τέτορτο- usw.) auf. Allerdings ist diese Vokalisierung auch äolisch (στρότος usw.) und zudem weder im Myk. noch im Ark.-Kypr. die allein vorkommende (es gibt dort jeweils auch Fälle mit *ar*/*ra* – zum Teil freilich in Namen und sonstigen Wanderwörtern –, s. das Material bei Morpurgo Davies 1968). Aus beiden Gründen ist die Erscheinung als myk.-ark.-kypr. Isoglosse etwas zu relativieren.

Neben solchen mehr oder weniger eindeutigen Übereinstimmungen gibt es aber bezeichnenderweise auch gravierende Unterschiede zwischen dem Myk. und Arkad.-Kyprischen, bei denen ersteres mit dem Ion.-Att. zusammengeht: so etwa bei den Verba vocalia, deren thematische myk. Flexion (PY Eq 213.1 *to-ro-qe-jo-me-no* /trok^{w}ejomenos/ einer athematischen des Ark.-Kypr. (Typ ark. *IG* V 2 : 6,3–4 ἀδικήμενος, ἀδικέντα) gegenübersteht. Die Bewertung dieser Diskrepanz hängt nicht zuletzt vom unklaren (nachmyk.?) Alter der – geneuerten – athematischen Flexion von Verba vocalia im Ark.-Kypr. (und Äol.) ab. Sind demnach alles in allem weder ein uniformes 'Südgriech.' (im Sinne Rischs) noch innerhalb dieses Bereichs eine bestimmte kleinere Gruppe (wie Myk.-Ark.-Kypr.) vollends erwiesen, so gilt das ebenso für Rischs 'Nordgriech.'. Auch hier bleiben selbst nach einer ergänzenden These J. L. García-Ramóns (1975), der zufolge sich ein eigenständiges Äol. (Protothessal.) überhaupt erst in nachmyk. Zeit herausgebildet habe, manche nicht hinreichend geklärte Unstimmigkeiten bestehen: z. B. wiederum die oben genannte Isoglosse der *o*-Vokalisierung von *r̥*, die die äol. Dialekte – bei relativ bester Beleglage im Lesb. – bedingt mit dem Ark.-Kypr. und wahrscheinlich dem Myk., aber weder mit dem Westgriech. noch mit dem Ion.-Att. verbindet.

Insgesamt ist es also bisher nicht gelungen, auf irgendeine Weise eine völlig widerspruchsfreie dialektale Gliederung des Griech. im 2. Jt. v. Chr. als Vorstufe der klassischen Dialekte zu rekonstruieren. Das mag daran liegen, daß die letztlich dürftigen noch verfügbaren Materialbefunde nicht dafür ausreichen, womöglich komplexere dia- und soziolektale Realitäten jener frühen Periode mit all ihren Querverbindungen und deren Überschneidungen klar sichtbar zu machen. Jedenfalls behält eine griech. Dialektkarte des 2. Jt.s v. Chr. und der dunklen Jahrhunderte nach 1200 v. Chr. zweifellos selbst noch reichlich dunkle Stellen.

Allgemein: R. Schmitt, *Einführung in die griech. Dialekte* (Darmstadt 1977), darin 23–25 Liste wichtiger früherer Handbücher u. Inschriftensammlungen, 124–133 Forschungsgeschichte zur Herausbildung der Dialekte (mit Lit.); Y. Duhoux, *Introduction aux dialectes grecs anciens* (Louvain-La-Neuve 1983); M. Meier-Brügger, «Abriß» 76–80 (mit Lit.; 76–78: u. a. neuere Behandlungen einzelner Mundarten u. Dialektgruppen mit Querverweisen u. in der Bibliographie, 14–38, aufgelösten Abkürzungen, dazu jetzt noch L. Threatte, *The Grammar of Attic Inscriptions. II. Morphology*, Berlin–New York 1996); Monique Bile – Cl. Brixhe – R. Hodot, «Les dialectes grecs, ces inconnus», *BSL* 79/1 (1984) 155–203. Myk. u. spätere Dialekte, Dialektgliederung: E. Risch, *Kl. Schr.* (s. oben nach *1.1.2*) 206–221 (von 1955). 269–289 (von 1979) u. a.; J. L. García-Ramón, *Les origines postmycéniennes du groupe dialectal éolien* (Salamanca 1975); O. Panagl, «Die linguistische Karte Griechenlands während der dunklen Jahrhunderte», in: Sigrid Deger-Jalkotzy (Hrg.), *Griechenland, die Ägäis u. die Levante während der 'Dark Ages' vom 12. bis zum 9. Jh. v. Chr.* SB Wien, Phil.-hist. 418 (1989) 321–348 (mit Lit.); Anna Morpurgo Davies, «The Treatment of $*\mathring{r}$ and $*\mathring{l}$ in Mycenaean and Arcado-Cyprian», in: *Atti . . . del I⁰ Congresso Internazionale di Micenologia*. Vol. 2 (Roma 1968) 791–812; dies., «Mycenaean and Greek Language», in: Anna Morpurgo Davies – Y. Duhoux (Hrgg.), *Linear B: A 1984 Survey* (Louvain-La-Neuve 1985) 75–125; dies., «Mycenaean, Arcadian, Cyprian and some questions of method in dialectology», in: *Mykenaïka* (s. oben nach *1.1.2*) 415–431; Y. Duhoux, «Les éléments grecs non doriens du crétois et la situation dialectale grecque au IIe millénaire», in: W. F. Bakker – C. Davaras – R. F. Willetts (Hrgg.), *Cretan Studies*. Vol. I (Amsterdam 1988) 57–72; C. J. Ruijgh, «Le mycénien entre le proto-indo-européen et le grec historique», in: R. Treuil et al. (Hrgg.), *Les civilisations égéennes du Néolithique et de l'Age du Bronze* (Paris 1989) 401–410. Dialektbesonderheiten d. Myk. (Kasussynkretismus, Duale d. 1. Deklin. auf -$\bar{o}$): H. Hettrich, «Zum Kasussynkretismus im Myk.», *MSS* 46 (1985) 111–122 (mit Lit.); I. Hajnal, *Studien* (s. oben nach *1.1.2*); K. Strunk, «Einige sprachliche Befunde d. Myk. u. ein Problem d. idg. Verbalflexion», Abschn. 3.1.2–3.1.2.2, erscheint in: *Akten d. 10. Mykenolog. Kolloquiums Salzburg 1995*.

1.3 Literarische Dialekte

1.3.1 Vier Gruppen

Die einzelnen Literaturdialekte des Griech. entsprechen nur bedingt denjenigen epichorischen Mundarten, auf denen sie basieren. Im Gegensatz zu diesen sind sie nicht regional gebunden und vielfach auf bestimmte mundartliche Merkmale beschränkt. Literarische Dialekte sind das Ionische, das Äolische, das Attische und das Dorische; innerhalb dieser Großgruppen spielen – anders als bei den epichorischen Dialekten – Lokalmundarten und ihre speziellen Eigenarten nur gelegentlich eine beiläufige Rolle. Entsprechend selten finden sich in literarischen griech. Texten zweifelsfreie sprachliche Spuren regionaler oder lokaler Herkunft ihrer antiken Verfasser. Zuweilen stellt sich die Frage, ob bestimmte Dialektformen auf einen Autor selbst zurückgehen oder erst im Verlauf der Textgeschichte aufgekommen sind.

1.3.2 Altepische Sprache: fünf Typen heterogener Erscheinungen

Abgesehen von einigen frühen Versinschriften aus der zweiten Hälfte des 8. Jh.s v. Chr. (att. Dipylonkanne, Nestorbecher von Pithekussai) setzt tradierte griech. Dichtung mit den homerischen Epen, wohl ebenfalls im 8. Jh. v. Chr. zuerst aufgezeichnet, ein. Die ihnen eigene altepische Sprache ist in der Folgezeit nicht nur für die jüngere griech. Epik kanonisch geblieben, sondern hat formal auch andere Gattungen griechischer Poesie nachhaltig beeinflußt.

Formal charakteristisch für das frühgriech. Epos (d. h. zunächst für *Ilias* und *Odyssee*, danach mit einigen Abwandlungen für die Dichtungen Hesiods und die sog. hom. Hymnen) sind der Hexameter und die mit ihm verknüpfte 'homerische' Sprache. Diese vereinigt in sich eine Fülle heterogener Erscheinungen. So gibt es in ihr:

(1) Älteres neben Jüngerem: z. B. prosodisch nachwirkendes neben unberücksichtigt gebliebenem Digamma, etwa K 579, ξ 78 usw. μελιηδέα (ϝ)οῖνον (Elision von -α oder Hiat verhindert) neben Σ 545, γ 46, *Hymn. Hom. Cer.* 206 μελιηδέος οἴνου (keine Positionsbildung); offene neben kontrahierten Vokalen, etwa ἐμέο neben ἐμεῦ, ἐμοῦ (zu ἐμός); adverbialer Kasus auf -φι(ν), oft in instrumentaler Funktion wie etwa Φ 501 κρατερῆφι βίηφιν (vgl. oben *1.1.2* b zu myk. -*pi*; Alter der Numerusindifferenz von hom. -φι umstritten) neben instrumentalem Dat. wie etwa Ω 42 μεγάλῃ τε βίῃ; Formen von υἱύς (*u*-Stamm, vgl. westtoch. *soy*, osttoch. *se* «Sohn») neben υἱός (*o*-Stamm); zum Ausdruck auch des Irrealis in Protaseis von Kondizionalsätzen Optativ (entsprechend dem in vedischen mit *yád* eingeleiteten Bedingungssätzen: Potentialis und Irrealis formal ursprünglich nicht differenziert) wie N 485 εἰ γὰρ ὁμηλικίη γε γενοίμεθα neben präteritalem Indikativ wie E 312 (u. a.) εἰ μὴ ἄρ' ὀξὺ νόησε; in präventiven Prohibitivsätzen vereinzelt reliktafter Imperativ/Injunktiv Aor. Δ 410, ω 248 μή . . . ἔνθεο (wie ved. *mā́* + Injunktiv Aor.) neben geläufigem Konjunktiv Aor., Typ I 33 μή τι χολωθῇς, E 684 μὴ . . . με . . . ἐάσῃς.

(2) Metrisch zum Teil fest verankerte nichtionische Elemente neben ionischen der Hauptschicht: z. B. Genetive Sg. Pl. auf -ᾱο, -ᾱων ('Ἀτρείδαο usw.) wie myk., böot., ark.-kypr. (dort Sg. auf -ᾱυ) neben solchen auf -εω, -έων ('Ἀτρείδεω usw.) wie ion.; Formen von ἄμμε(ς), ὔμμε(ς) wie in äol. Dialekten neben solchen von ion. ἡμεῖς, ἡμέας; Inf. auf -μεναι wie lesb.-äol. (ἔμμεναι zusätzlich mit äol. *-εσμ- > -εμμ-) neben ionischem auf -ναι (εἶναι dazu mit ion. *-εσν- > -ειν-); Dat. Pl. konsonantischer Nominalstämme auf -εσσι, Typ πόδεσσι(ν), wie u. a. in äol. Dialekten neben ion. Formen auf -σι, Typ ποσ(σ)ί(ν); Modalpartikel κε(ν) wie äol. und kypr. neben ion. ἄν; Konjunktion αἰ wie äol. (und westgriech.) neben ion. εἰ; usw.

(3) Dichtersprachliches neben Normalsprachlichem: z. B. durch metrische a) Dehnung dem Hexameter oder b) 'Zerdehnung' bestimmten Konstellationen innerhalb eines Verses adaptierte Wörter und Formen wie a) ἀκάματο- neben prosodisch problem-

losem ἀμήχανο-, b) ὁρόω(ντες) neben normal kontrahiertem ὁρῶ(ντες); künstliche, beispielsweise durch Verschiebungen von Wortgrenzen innerhalb bestimmter Verskontinua teils in der Vor- und Frühgeschichte der epischen Sprache (Typ ὀκρυόεις neben und statt κρυόεις), teils erst in nachhom. Bearbeitungen (Typ νήδυμος ὕπνος statt normalem ἥδυμο-ὕπνο- wie später noch Simon. fr. 599 *PMG*) entstandene Gebilde: s. M. Leumann, *Hom. Wörter* (Basel 1950) 49–50. 44–45.

(4) **Dialektal gemischte neben natürlichen (sprachwirklichen) Formen**: z. B. 3. Sg. Aor. ἤμβροτε (Augment mit ion., -ρο- <-*r̥- mit nichtion. Lautung neben Impf. ἡμάρτανε (η- und -αρ- ion.), Aor. ἄμαρτε (augmentlos, -αρ- ion.); Dat. Pl. νήεσσι(ν) mit ion. -η- und nichtion. Endung -εσσι neben einschließlich Endung ion. νηυσί(ν).

(5) **Wiederholte, überwiegend an bestimmten Verspositionen (oft am Versende) fixierte Formeln neben frei generierten Fügungen.** Usw. – Mehr und Genaueres zu derartigen Variationen insgesamt bei Forssman (1991).

Theorien zur Entstehung der hom. Kunstsprache. Die Koexistenz von zahlreichen heterogenen Bestandteilen der oben angedeuteten Art weist die hom. Sprache als eine 'Kunstsprache' sui generis aus. Sie ist großenteils unter besonderen Bedingungen einstmals mündlichen Vortrags epischer Stoffe ('oral poetry') zustande gekommen. Die Aöden waren damit bei ihren Improvisationen imstande, erstens auch mit in seiner Quantitätsabfolge unpassendem Wort- und Formengut metrisch korrekte Hexameter zu kreieren und zweitens auf vorgegebenen Versatzstücken (Formeln) aufzubauen. Zum anzunehmenden Werdegang des dergestalt komplexen epischen Kunstdialektes und zur Herkunft seiner Bestandteile gibt es eine lange wechselvolle, nach wie vor nicht abgeschlossene Forschungsgeschichte. Hier muß es bei einigen kurzen Bemerkungen dazu bleiben.

Nichtion. Elemente wie u. a. oben – unter (2) und (4) – genannte sind offenbar in erster Linie solche äolischer Provenienz. Deren Anteil an der hom. Sprache neben demjenigen der überwiegend ionischen Charakteristika wurde meist im Rahmen einer Art 'Sukzessionstheorie' erklärt: Orale epische Poesie sei aus dem äolischen Thessalien (der Heimat Achills) zu den Ionern gelangt, und bei diesen habe ihre gebundene Sprache, abgesehen von stehengebliebenen (vor allem metrisch geschützten) äolischen Relikten ihr hauptsächlich ionisches Gepräge erhalten. Etliche Forscher – nach früheren in neuerer Zeit wiederholt besonders C. J. Ruijgh – rechnen aus bedenkenswerten Gründen mit einem der äol. Phase noch vorausliegenden 'achäischen' Entwicklungsstadium epischer Dichtung auf der vordorischen Peloponnes (Heimat Nestors, Agamemnons, Menelaos'/Helenas). Für eine solche Annahme sprechen z. B. lexikalische, teilweise, wie ἰητήρ «Arzt» mit Suffix -τήρ, οἶος «allein, ein», exklusive Isoglossen zwischen der hom. Sprache einerseits, dem Myk. und/oder Arkad.-Kypr. anderseits, dazu einige diesen Bereichen zumindest anteilig gemeinsame grammatische Besonderheiten wie Aoriste auf -ξα zu Verba auf -ζω.

Von anderen wurde eine solche eigens 'achäische' Frühphase bestritten, so z. B. mehrfach von A. Heubeck – jedenfalls im Hinblick auf eine myk.-hom. Traditionskette – und von M. Peters (1986). Einige Gelehrte haben die 'Sukzessionstheorie' sogar in bezug auf eine äolische Vorstufe in Frage zu stellen versucht. Auch danach ist zwar zumindest ein gewisser Grundstock homerischer Äolismen (Infinitive auf -μεναι usw.) nicht zweifelhaft – anders, aber insoweit überholt K. Strunk (1957) –, sei aber nicht als Hinterlassenschaft eines generell äolischen Durchgangsstadiums des Epos zu verstehen, sondern auf die eine oder andere sonstige Weise in die epische Kunstsprache geraten: so als – poetologisch gesehen – bewußt gesetzte «Farbtupfer» auf ionischer «Grundfarbe» zur «Erhöhung» der Aussagen (A. Heubeck 1981); infolge vorgeschichtlicher epischer Interferenzen zwischen Ionern im Osten der vordor. Peloponnes und Äolern westlich davon (M. Peters 1986); als Produkt gegenseitiger Durchdringung zunächst je eigenständiger und gleichgewichtiger Fortsetzungen mykenischer Epentradition einerseits im äol., anderseits im ion. Bereich (G. C. Horrocks 1987). Dem möglichen Vorteil derartiger Hypothesen (Deutung des komplexen Befundes nicht aus einem bloßen Nacheinander epischer Dialektschichten) steht ihr Nachteil gegenüber, weniger als die 'Sukzessionstheorie' den im Homertext metrisch-prosodisch nicht durch ion. Äquivalente ersetzbaren Äolismen gerecht zu werden.

Für das ion. Hauptkontingent der hom. Sprache schließlich ist neben dem Ostion. verschiedentlich auch das Westion. (von Euböa, Oropos) ins Spiel gebracht worden: unter Verweis auf westion. (eher als att.) Lautungen in hom. ξενιο-, Λ 470 μονωθείς neben ostionischen in hom. ξεινιο-, ο 386 μουνωθέντα (P. Wathelet 1981; C. J. Ruijgh 1985); wegen Fehlens einiger spezifisch ostion. Merkmale (wie der lautlich mit κο-, κω realisierten Formwörter κοτε, κως usw. aus interrogativ-indefinitem Stamm *kʷo-) bei Homer (dort nur ποτε, πως usw.), s. M. L. West (1988).

Die epische Sprache Hesiods und der hom. Hymnen. Die hesiodischen und unter Hesiods Namen überlieferten Dichtungen sowie die sog. hom. Hymnen, von denen auch die größeren jünger als Hesiod (dieser wohl um 700 v. Chr.) sein dürften, stehen verslich und sprachlich deutlich in der Kunsttradition, die mit den hom. Epen ihren Höhepunkt fand. Trotz dem somit sprachlich unverkennbar 'homerischen' Gesamteindruck, den die Werke Hesiods und die hom. Hymnen vermitteln, weichen beide Korpora mit einer Anzahl jeweiliger Details von *Ilias* und *Odyssee* sowie voneinander ab. Die betreffenden Einzelheiten stellen mehrfach Neuerungen oder Weiterentwicklungen gegenüber hom. Befunden, gelegentlich auch unabhängig von Homer bewahrte Archaismen oder verwendete Dialektformen dar; ferner kommen von Homer nicht gebrauchte oder bei ihm nur latent (z. B. in Ableitungen) vorhandene Wörter (Wortformen, Wortbedeutungen) vor.

So hat man beispielsweise bei Hesiod wie in den hom. Hymnen im Verhältnis zu Homer (insbesondere *Ilias*) statistisch einen relativen Rückgang prosodischer und satzphonetischer Nachwirkungen des Digamma sowie einiger morphologisch älterer gegenüber jüngeren Formen festgestellt (Janko 1982). Des weiteren finden sich bei Hesiod einzelne unhomerische Äolismen: z. B. in dem hybriden τριηκόντων von *Op.* 696 (ion. -η- in äol. – bei einem Kardinalzahlwort über diejenigen für «eins» bis «vier» hinaus – flektierter Kasusform); in *Op.* 666, 693 κανάξαις (äol. < *καϝϝαξ- < *κατϝαξ- ~ hom. Α 459 αϝέρυσαν, äol. < *άϝϝερυσ- < *άνϝερυσ-); in *Op.* 526 3. Sg. Präs. δείκνυ (äol. wie bei Herodian II 832,37 Lentz als äol. bezeugte 3. Sg. Präs. ζεύγνυ). Ob solche Äolismen bei Hesiod persönliche Hintergründe haben – etwa seine eigene Mundart aus dem böot. Askra und/oder diejenige seines Vaters aus dessen Heimat Kyme –, sei dahingestellt; immerhin fehlen exklusive Böotismen, die im ersten Falle vor allem zu erwarten wären. Von den gewöhnlich als Dorismen klassifizierten Erscheinungen der Hesiodtexte sind nach Anna Morpurgo Davies (1964) die meisten dialektal mehrdeutig oder anders (z. B. als bloße Archaismen) erklärbar. Einziger spezifischer – auf unklare Weise in Hesiods Literaturdialekt gelangter – Dorismus bleibt danach *Op.* 698 τέτορ'(α), fr. 411 Merkelbach – West τέτ(τ)ορας; dies ist zugleich ebenfalls eine archaische Form, deren zugehöriger Nominativ τέτορες sich vornehmlich mit arm. *č'ork'* «vier» vergleichen läßt.

Aus der immensen Literatur zur Sprache des frühgriech. Epos eine auch nur repräsentative Auswahl zu bieten, verbietet der hier verfügbare Raum. Älteres findet sich in den gängigen Handbüchern und Hilfsmitteln, wichtige neuere Arbeiten bei M. Meier-Brügger, «Abriß» 80–82. In den obigen Ausführungen erwähnt oder u. a. für sie einschlägig sind folgende Titel. Allgemein: P. Chantraine, *Grammaire homérique*. I (Paris ³1958) – II (Paris 1953); E. Risch, *Wortbildung der hom. Sprache* (Berlin–New York ²1974). Zu oben *1.3.2:* B. Forssman, «Schichten der hom. Sprache», in: J. Latacz (Hrg.), *Zweihundert Jahre Homerforschung* (Stuttgart–Leipzig 1991) 259–288. Zur hom. Kunstsprache: A. Heubeck, «Zum Problem der hom. Kunstsprache», *MH* 38 (1981) 65–80; ders., «Homer und Mykene», *Gymnasium* 91 (1984) 1–14; G. C. Horrocks, «The Ionian Epic Tradition: Was there an Aeolic Phase in its Development?», in: *Studies ... Chadwick = Minos* 20–22 (1987) 269–294; O. Panagl, «Mykenisch und die Sprache Homers: Alte Probleme – neue Resultate», in: *Mykenaïka* (s. oben nach *1.1.2*) 499–513; M. Peters, «Zur Frage einer 'achäischen' Phase des griech. Epos», in: Annemarie Etter (Hrg.), *o-o-pe-ro-si. Festschr. für E. Risch* (Berlin–New York 1986) 303–319; C. J. Ruijgh, *L'élément achéen dans la langue épique* (Assen 1957); ders., «Le mycénien et Homère», in: *Linear B: A 1984 Survey* (s. oben nach *1.2.3*) 143–190; ders., «D'Homère aux origines de la tradition épique», in: J. P. Crielaard (Hrg.), *Homeric Questions* (Amsterdam 1995) 1–96; K. Strunk, *Die sogenannten Äolismen der homerischen Sprache* (München 1957); P. Wathelet, *Les traits éoliens dans la langue de l'épopée grecque* (Rom 1970); ders., «La langue homérique et le rayonnement littéraire de l'Eubée», *AC* 50 (1981) 819–833; M. L. West, «The Rise of the Greek Epic», *JHS* 108 (1988) 151–172. Zur Sprache Hesiods und der hom. Hymnen: R. Janko, *Homer, Hesiod and the hymns. Diachronic development in epic diction* (Cambridge 1982); Anna Morpurgo Davies, «'Doric' features in the language of Hesiod», *Glotta* 62 (1964) 138–165; H. Troxler, *Sprache und Wortschatz Hesiods* (Zürich 1964); O. Zumbach, *Neuerungen in der Sprache der hom. Hymnen* (Winterthur 1955).

1.3.3 Epische und sonstige poetische Sprache

Mit dem am Anfang der tradierten griech. Literatur stehenden frühgriech. Epos war zugleich eine poetische griech. Literatursprache entstanden. Beide, die Gattung des Epos und die ihr zugehörige Kunstsprache, stellten für jedwede Dichtung der Folgezeit maßgebliche Bezugspunkte dar. Nach ihrer jeweiligen relativen Nähe oder Ferne zum Epos, nicht zuletzt zu dessen formaler, insbesondere metrischer Gestaltung bemessen sich auch wesentliche sprachliche Charakteristika der einzelnen späteren Gattungen. Unterschiedliche Grade sprachlicher Orientierung am alten Epos finden sich bezeichnenderweise mehrfach sogar beim selben nachhom. Dichter, dann nämlich, wenn er sich in verschiedenen Gattungen äußert. Zwei Beispiele mögen das verdeutlichen:

Archilochos' Ionisch ist kaum von ungefähr in den Hexametern und Pentametern (Distichen) seiner Elegien – anders als in den Fragmenten seiner sonstigen Dichtungen (Iamben usw.) – mit einigen nichtion. Homerismen (andere fehlen auch hier) durchsetzt. Diese sind lautlicher, morphologisch-lexikalischer und phraseologischer Art: z. B. fr. 15 *IEG* τόσσον, nichtion. -σσ- < *-τι̯-; fr. 5,2 *IEG* κάλλιπον, ohne Augment und mit nichtion. Apokope des Präverbs κατά wie I 364, χ 156; fr. 1,1 *IEG* Ἐνυαλίοιο, nichtion. Gen. auf -οιο wie vom selben Namen N 519, Y 69; fr. 13,3 *IEG* πολυφλοίσβοιο θαλάσσης, dieser Gen. in derselben Versschlußformel (im Anschluß an die Zäsur nach dem dritten Trochäus) wie bei Homer mehrfach. Umgekehrt tritt etwa die auch in ion. Inschriften gut belegte, bei Homer aber nur sehr begrenzt vorhandene Krasis nicht in den Elegien, jedoch öfter in den (alltagssprachlichem Rederhythmus nahestehenden) Iamben (und Trochäen) des Archil. auf; diese von A. Scherer (1963, 99) beobachtete Verteilung wird im Prinzip auch durch den später bekanntgewordenen Kölner Archil.-Papyrus bestätigt, wo fr. 196a,9 *IEG* die Krasis ἐγὼ‿ἀνταμειβόμην (zu lesen ἐγὠνταμειβόμην?) innerhalb der epodischen Strophe im iamb. Trimeter vor dem Hemiepes-Kolon steht.

Im lesbisch-äolischen Melos reflektieren die meisten Gedichtfragmente der Sappho und des Alkaios mit ihren (dem Epos fremden) Versen fester Silbenzahl – teils stichisch angeordnet, teils in Strophen kombiniert – den einheimischen Dialekt mit gelegentlichen epischen Einsprengseln. Im Gegensatz zu solchen 'normal poems' (Lobel) gibt es eine besonders bei Sappho erkennbare kleine Gruppe von Fragmenten, die a) Hexameter oder b) bestimmte, solchen ähnelnde, stichisch angeordnete äol. Maße mit fester Silbenzahl (sog. 'äol. Daktylen') aufweisen. Offenbar im Zusammenhang damit enthalten sie gehäuft prosodische und sprachliche Elemente aus dem Epos. Aufschlußreich für den erwähnten Typ b) ist namentlich das Sapphofragment 44 LP und Voigt. Es bietet neben 'äol. Daktylen' in einem stichisch gereihten Vierzehnsilbler (⏑⏑ – ⏑⏑ – ⏑⏑ – ⏑⏑ – ⏑⏑) und einem inhaltlich epischen Thema (Ankunft Hektors und seiner Braut Andromache in Troja) relativ zahlreiche Erscheinungen aus der hom. Kunstsprache: z. B. 44,7 ἐνί statt sonst lesb. ἐν; 44,12 κατά und πτόλιν statt sonst lesb. κάτ (apokopiert) und πολι-; 44,16 Περάμοιο, Gen. Sg. auf -οιο (vom Namen in lesb. Lautung) statt sonst gewöhnlich auf lesb. -ω, ausgenommen Alc. fr. 367,1 LP und Voigt, wo ἐρχομένοιο ebenfalls in 'äol. Daktylen' eines Sechzehnsilblers (⏑⏑ – ⏑⏑ – ⏑⏑ – ⏑⏑ – ⏑⏑ – ⏑) begegnet; 44,12 φίλοις, 21 θέοι[ς, Dat. Pl. auf -οις statt auf sonst – vor konsonantischem Anlaut nachweislich – überwiegendes lesb. -οισι, -αισι (außer beim Artikel).

Folgerungen. Bei Archilochos und bei den lesb. Melikern bedingen sich also metrische und sprachliche Affinitäten zur epischen Diktion gegenseitig. Das heißt umgekehrt: mundartlich vergleichsweise reiner zeigt sich bei Archilochos ion. Dichtung außerhalb seiner Elegien, bei Sappho und Alkaios entsprechend lesbische Monodie in deren zahlreicheren 'normalen' Gedichten.

1.3.4 Dialekte und Sprachformen nachhomerischer Poesie und Prosa

Auch bei den weiteren überlieferten Werken nachhomerischer Poesie und Prosa bis zur klassischen Zeit ergibt sich kein völlig uniformes genosbedingtes Bild ihrer Sprachgestalt. Nur in Grundzügen ist diese durch einen jeweils als Rahmen vorgegebenen Dialekt charakterisiert. Festzuhalten bleibt, daß die Denkmäler nachepischer Poesie und Prosa selbst innerhalb einer Gattung oder eines Darstellungstyps vielfach von Autor zu Autor gewisse sprachlich variierende Eigenheiten aufweisen, die sich an vielen Einzelheiten zeigen. Solche Besonderheiten haben generell mannigfache Ursachen: zwischenzeitlich eingetretene sprachwirkliche Veränderungen; sprachliche Imitationen differierender Vorbilder; sporadisch eingeflossene Züge aus der heimischen Mundart eines Autors (diese ausgeprägt bei den Melikern: s. oben *1.3.3* und unten); dessen zumal in Wortwahl und Syntax zum Ausdruck kommender formaler Gestaltungswille; auch erst nachträglich und nicht überall gleichermaßen in der Textgeschichte (alexandrinische Bearbeitungen, Handschriftenabfolgen) erfolgte Eingriffe. Dem allen läßt sich adäquat nur sehr ausführlich mit Erörterung zahlreicher einschlägiger Details für die in Frage kommenden Dichter und Prosaisten der archaischen und klassischen Zeit nachgehen. Hier kann nur noch eine pauschale Übersicht in Stichworten über die Sprachformen der nachhom. Literatur geboten werden.

Den einzelnen nachepischen Dichtungsgattungen dienten folgende literarische Dialekte als Gerüste.

Elegie: Stark mit Epizismen durchsetztes Ionisch, bei einigen Dichtern auch nichthomerisches wie in κως des Kallinos, κοτε des Kallinos und Mimnermos; attisch eingefärbt bei Solon (teils η, teils ᾱ-purum nach ι, ρ); vereinzelt Dorisches in den *Theognidea* (z. B. 785 Gen. Sg. Εὐρώτᾱ).

Epigramm: Lokaldialekte mit – z. T. diesen lautlich angeglichenen – Anleihen an Epos und Elegie, die formal wegen ihrer Distichen besonders nahestand.

Sprechversdichtung (Iambus und Trochäus): Alltagssprachliches Ionisch bei Archilochos, Semonides, Hipponax (bei den ersteren mit solchen epischen Elementen stilisiert, die zugleich ionisch waren oder als lautlich altionisch angesehen werden konnten); Attisch bei Solon.

Melos (keine einheitliche Kunstsprache der Gattung, deutliche Orientierung an Heimatmundarten der Dichter): Äolisch, a) lesbisches bei Sappho, Alkaios (zu Homerismen s. oben *1.3.3*), b) böotisches bei Korinna (aus Tanagra, Zeit umstritten); Ionisch bei Anakreon (aus Teos).

Chorlyrik: Dorisch, unter erheblichen Beimengungen epischer, gelegentlich exklusiv ionischer (z. B. Bacchyl. 11,13 ὑμνεῦσι, 15 ἵλεῳ) und äolischer Provenienz (auch nichtepischer wie lautlich -οισ- < *-ονσ- im Part. Präs. Akt. f. auf -οισα usw., wohl aus dem frühen lesb. Melos des 7. Jh.s v. Chr.); dabei variiert das Mischungsverhältnis der beteiligten Mundarten zwischen den einzelnen Chorlyrikern (z. B. dorische Anteile erheblich bei Alkman und Pindar, eingeschränkt bei Simonides und Bakchylides); vereinzelt Böotisches bei Pindar (aus Kynoskephalai, Theben), etwa ἐν + Akk. neben ἐς, εἰς, Imp. δίδοι *Ol.* 1,85. 6,104.

Drama. (1) Tragödie: Attisch, großenteils stilisiert, mit zahlreichen epischen, dorischen, einigen exklusiv ionischen (z. B. Θρῆξ; πρευμενής <*πρηυ-: att. πρᾱο-) und äolischen (z. B. φαεννός: hom.-poet. φαεινός; vereinzelt πεδ-: att. μετ-) Zügen; nichtatt. Elemente – mit unterschiedlicher Verteilung von Einzelerscheinungen und Frequenzen – in Dialog- und Chorpartien, dorische konzentriert auf bestimmte Dialektkennzeichen, vor allem – wenn nicht z. T. womöglich auch äol.-lesbischen Ursprungs – ā (Alpha impurum) für att. η (aus urgr. *ā), Genetive Sg. auf -ā < -āo (Typ Οἰδιπόδā Aesch. *Sept.* 725 und öfter) und Pl. auf -ᾶν < -άων der 1. Deklination, dazu z. B. Akk. νιν eines anaphorischen Pronomens.

(2) (Alte) Komödie. a) Sizilische (nur in Fragmenten des Epicharm und Sophron greifbar): Dorisch in Varietäten (gesamt- und verschiedene lokaldorische Elemente), außerdem nichtdor. Details, z. B. neben dor. Dat. Pl. auf -οις wenige solche auf (ep.-ion.?) -οισι bei Epicharm. b) Attische (außer in Fragmenten anderer Dichter am ausführlichsten in den erhaltenen Stücken des Aristophanes dokumentiert): Attisch, gehobene Umgangssprache Athens aus dem späten 5. bis frühen 4. Jh. v. Chr. mit att. Lautungen -ττ- und -ρρ- (statt -σσ- und -ρσ-), konkurrierenden Formen wie Ar. *Vesp.* 717 ἔδοσαν neben *Nub.* 968 παρέδωκαν (letzterer Typ auch bei Euripides, doch nicht bei den älteren Tragikern), ξύν neben σύν usw., dazu an bestimmten Stellen gezielt Vulgäres (in Interjektionen, Flüchen, Wortwahl, Phrasen); Episches, Dichtersprachliches, Dorisches – ähnlich der Tragödie – in Dialog- und Chorpartien, vielfach zum Zwecke der Parodie mit Imitationen und Zitaten von Stellen aus Tragödie und Chorlyrik; eigener Dialekt einer handelnden Person aus einer anderen griech. Polis z. B. bei einem spartanischen Herold im Dialog Ar. *Lys.* 980–1013, einer Ansammlung von sonst im att. Drama nicht üblichen (lakonischen) Dorismen.

Die Prosa bis zur klassischen Zeit hebt sich sprachlich durch zwei allgemeine Umstände von der nachhom. Poesie ab: (1) Sie blieb auf das Ionische und Attische beschränkt, im Dorischen und Äolischen ist es zu keiner literarischen Prosa gekommen. (2) Historiographie und philosophische Prosa waren dazu als 'Gattungen' nicht an einen der zwei erstgenannten Dialekte gebunden. Beide haben sowohl in einem mehr oder weniger reinen Ionisch (so nach Ausweis des Erhaltenen insbesondere durch Hekataios, Herodot einerseits, Heraklit, Demokrit, Anaxagoras anderseits) als auch in entsprechendem Attisch (so durch Thukydides, Xenophon und Spätere einerseits, Platon, Aristoteles usw. anderseits) ihren Ausdruck gefunden. Dagegen fungiert für die medizinische Fachliteratur des *Corpus Hippocraticum* (abgesehen von darin hauptsächlich der Überlieferung anzulastenden fremden Elementen) im wesentlichen nur das Ionische, für den Verfasser der Ἀθηναίων πολιτεία, für Gorgias, die Redner usw. nur das Attische als sprachliche Basis.

Unabhängig von ihrer im großen und ganzen gegebenen gemeinsamen Orientierung entweder auf das Ionische oder das Attische hin gab es zwischen Prosaisten derselben mundartlichen Ausrichtung doch auch unverkennbare sprachliche Unterschiede. Diese betrafen vorwiegend Wortwahl, Satzbau und Stil; das zeigt sich exemplarisch am schon in der Antike – Hermog. Περὶ ἰδεῶν 2,399 = p. 411, 12–16 Rabe – bemerkten Gegensatz zwischen dem schlichten Ionisch des Hekataios und einem kunstvoll gestalteten des Herodot. Aber ebenso prägten einzelne ungewöhnliche Dialektmerkmale die Literatursprache bestimmter Autoren: z. B. die von Thukydides und Antiphon entgegen dem Usus anderer att. Prosaiker verwendeten unatt. bzw. ion. Lautgruppen -σσ-, -ρσ- anstelle von att. -ττ-, -ρρ- (Typen πράσσω statt πράττω, θαρσέω statt θαρρέω).

Ausführlichere Gesamtdarstellungen der nachepischen Literatursprache finden sich in den oben (nach der Vorbemerkung) erwähnten Beschreibungen der griech. Sprachgeschichte; immer noch mit heranzuziehen sind insoweit ferner: E. Schwyzer, *Griech. Grammatik*. I (München 1939) 108–116; *Handbuch d. griech. Dialekte*. Bd. I von A. Thumb – E. Kieckers (Heidelberg [2]1932) 217–226, Bd. II von A. Thumb – A. Scherer (Heidelberg [2]1959) 8–14. 79–83. 225–244. 297–310. Dazu gibt es zahlreiche Arbeiten (Monographien und Aufsätze) über die Sprache einzelner griech. Autoren, neuere großenteils verzeichnet bei M. Meier-Brügger, «Abriß» 82–85; speziell zu oben *1.3.3–1.3.4* sei außerdem noch verwiesen auf: J. T. Hooker, *The Language and Text of the Lesbian Poets* (Innsbruck 1977); E. Risch, «Sprachl. Betrachtungen z. neuen Archilochos-Fragment», in: ders., *Kl. Schr.* (s. oben nach *1.1.2*) 363–373 (von 1975); A. Scherer, «Die Sprache des Archilochos», in: *Entretiens* 10 (Vandœuvres-Genève 1963) 89–116; Ekaterini Tzamali, *Syntax und Stil bei Sappho, MSS-Beih.* N.F. 16 (Dettelbach 1996); Chr. Verdier, *Les éolismes non-épiques de la langue de Pindare* (Innsbruck 1972).

2 Von der Koine bis zu den Anfängen des modernen Griechisch

Robert Browning (†)

2.1 Die Herausbildung der hellenistischen Koine

2.1.1 Entstehung und allgemeine Charakteristik der Koine

Die altgriechische Gesellschaft war 'multidialektal': Jeder Stadtstaat führte seine öffentlichen Geschäfte – seine Beziehungen zu anderen Stadtstaaten eingeschlossen – in seinem regionalen Dialekt. Diese regionalen Dialekte waren untereinander verstehbar. Im Lauf des 5. Jh.s v. Chr. wurde der attische Dialekt allmählich zu einer Art Lingua franca. Er war die Verwaltungssprache des athenischen Reiches. Der Piräus war der größte Hafen in Griechenland und das Zentrum eines weitgespannten Handelsnetzes; athenische Amtsträger und Siedler waren in anderen Städten etabliert; Angehörige anderer griechischer Staaten wohnten in Athen als Metöken; weitere wurden vom kulturellen Prestige der Stadt angezogen. Nicht-athenische Schriftsteller wählten oft lieber Attisch als ihren einheimischen Dialekt, z. B. Anaxagoras von Klazomenai in Kleinasien und Gorgias von Leontinoi in Sizilien. Seit dem frühen 4. Jh. war Attisch zur normalen Sprache literarischer Prosa geworden.

Es wurde dann auch die Sprache des makedonischen Hofes unter Philipp II. (382–336) und die Verwaltungssprache des Reiches, das er in Illyrien, Thrakien und Griechenland schuf. Dieses 'ausgedehnte' Attisch übernahm viele sprachliche Eigenarten aus anderen griechischen Dialekten, besonders aus dem Ionischen (vgl. Ps.-Xenophon, *Ath. Pol.* 2,8). Die Eroberung Persiens durch Alexander d. Gr. und die anschließende Gründung griechischer Städte – mit Siedlern von überall aus der griechischen Welt – in Kleinasien, Syrien, Mesopotamien, Ägypten und darüber hinaus machte das 'ausgedehnte' Attisch zum allgemeinen Verständigungsmittel (κοινὴ διάλεκτος) der neuen griechischen Diaspora und bis zu einem gewissen Ausmaß auch der einheimischen Bevölkerung der eroberten Gebiete. Die regionalen Dialekte des alten Griechenland blieben in Gebrauch, begannen aber allmählich vor der κοινὴ διάλεκτος zurückzuweichen, die sowohl zum normalen Mittel der Prosa (sowohl der literarischen als auch der Fachprosa) und zur Umgangssprache der Diaspora wurde. Die literarische Koine zeigte verschiedene Stilebenen und verschieden großen Einfluß der attischen Literatur; die volkssprachliche Koine war durch regionale und soziale Unterschiede gekennzeichnet. Beispiele für die literarische Koine sind die *Historien* des Polybios und das *Neue Testament*. Unsere Kenntnis der subliterarischen volkssprachlichen Koine leitet sich fast vollständig aus den – vom 4. Jh. v. Chr. bis zum 6. Jh. n. Chr. reichenden – Tausenden von Papyrus-Briefen und -Dokumenten ab, die in Ägypten ausgegraben wurden (*I 4.2.1*).

Das Koine-Griechisch blieb nicht einförmig und unverändert; doch ist es schwierig und manchmal unmöglich, die Veränderungen, die seine Entwicklung kennzeichneten, zu datieren. Natürlich gingen die Veränderungen in Aussprache, Morphologie, Syntax und Wortschatz nicht abrupt vor sich, sondern alte und neue Merkmale existierten oft lange Zeit nebeneinander. Unterschiede im sozialen Status und in der Bildung machten sich in der Sprache bemerkbar: Ein Dorfältester oder ein niedriger Steuerbeamter im ptolemäischen Ägypten verwendeten eine andere Sprachebene als ein Rhetoriklehrer in Antiochia; ferner kann mangelnde Erfahrung im Schreiben zu Rechtschreibefehlern führen, die nicht die Wirklichkeit der Aussprache oder Morphologie widerspiegeln. Unter diesen Vorbehalten lassen sich die Veränderungen, die in der hellenistischen Zeit (etwa 323–30 v. Chr.) stattfanden, wie folgt darstellen.

2.1.2 Lautlehre

Vokale. Das komplexe attische Vokalsystem wurde durch ein System mit sechs Vokalen ersetzt: *a, e, i, o, u, ü*. Diphthonge wurden vereinfacht: αι > *e*, ει > *i*, οι > *ü*, αυ > *av*, ευ > *ev*. In ursprünglich langen Diphthongen ging das zweite Element verloren. Gleichzeitig veränderte sich die prosodische Struktur der Sprache, da die Vokallänge keine Bedeutung mehr hatte. Dies war verbunden mit der Ersetzung der Tonhöhe durch die (dynamische) Betonung als das hervorhebende Kennzeichen der akzentuierten Silbe in einem Wort.

Konsonanten. Stimmhafte Verschlußlaute begannen als Reibelaute (Frikative) ausgesprochen zu werden. Die zu '*v*' wechselnde Aussprache von β ist orthographisch durch Schreibungen wie κατεσκέβασαν statt κατεσκεύασαν belegt; die 'Frikativisierung' von γ und δ führt nicht zu orthographischen Änderungen und ist dementsprechend schwer zu datieren. Aspirierte Verschlußlaute können in manchen griechischen Dialekten recht früh zu Frikativen geworden sein (vgl. Apollonios Dyskolos, *De constr.* p. 54 Uhlig), aber es gibt wenige überzeugende Belege für ihre Frikativisierung in der hellenistischen Koine. Von Anfang an verschmähte das Koine-Griechisch das spezifisch attische -ττ- (aus stimmlosem gutturalem Verschlußlaut +*i*) zugunsten des panhellenischen -σσ-, außer in einigen wenigen attischen Wörtern, für die es in anderen Dialekten keine genauen Verwandten gab, z. B. ἥττων, ἡττάομαι, ἥττημα. Die Hauchung, die bereits in vielen Dialekten verschwunden war, wurde auch in der Koine fortgelassen (Psilosis).

2.1.3 Morphologie

Koine-Griechisch vermied Dualformen bei Nomina, Pronomina, Adjektiven und Verben. Bestimmte attische Nominalformen erhielten eine andere Struktur, z. B. νεώς, λεώς > ναός, λαός, κέρως > κέρατος, κρέως > κρέατος, ὑγιής, ὑγιᾶ > ὑγιής, ὑγιῆ, θάσσων > ταχύτερος (freilich mit zahlreichen Ausnahmen).

Bestimmte kontrahierte attische Verbformen wurden in der Regel durch unkontrahierte ionische Formen ersetzt, z. B. ἐδεῖτο durch ἐδέετο. Athematische Präsens-Stämme wurden durch thematische Äquivalente ersetzt, so die zahlreichen Formen auf -νυμι durch Entsprechungen auf -νύω, während die überkommenen Formen ἵημι, ἵστημι, τίθημι, δίδωμι im allgemeinen erhalten blieben, obwohl die thematischen Praesentia ἱστάω und ἱστάνω gelegentlich in Papyri aus dem 3. Jh. v. Chr. bezeugt sind. Der anomale Präsens-Indikativ οἶδα, οἶσθα, οἶδε usw. (ursprünglich ein Perfekt) wurde gelegentlich zu οἶδα, οἶδας, οἶδε, οἴδαμεν, οἴδατε, οἴδασι in ionischen und attischen Texten des 5. Jh.s umstrukturiert, und diese Formen werden in der hellenistischen Koine häufiger. Schwache Aorist-Endungen tendieren seit dem 3. Jh. v. Chr. dazu, die des starken Aorists zu ersetzen, und es gibt häufige Verwechslungen zwischen Imperfekt- und Aorist-Flexionen, z. B. ἔγραφα, ἔγραψες. Die Endung der 3. Pers. Plur. -σαν beginnt -ον, -αν im Aorist zu ersetzen und greift auf das Imperfekt über: Ἦλθοσαν erscheint bereits in der *Septuaginta*, und ἐγράφοσαν ist in hellenistischen Papyri belegt. Aber diese Änderungen sind nicht systematischer Natur. Mediale Futura von aktiven Praesentia beginnen seit dem 3. Jh. v. Chr. in literarischen und subliterarischen Texten durch aktive Formen ersetzt zu werden (z. B. ἀκούσω), bleiben aber Ausnahmen. Mediale Aoriste werden oft durch Passiv-Formen ersetzt (z. B. ἀπεκρίθην anstelle von ἀπεκρινάμην). Diese beiden Änderungen lassen die spätere Beseitigung des Mediums vorausahnen. Der Optativ wurde in der hellenistischen volkssprachlichen Koine ungebräuchlich – besonders in der indirekten Rede und in Bedingungssätzen – und überlebte hauptsächlich noch in Ausdrücken des Wünschens, oft in stereotypisierten Phrasen wie μὴ γένοιτο. Der Versuch, literarische Vorbilder nachzuahmen, führte manchmal zu einem nicht korrekten Gebrauch des Optativs.

2.1.4 Syntax

In der Beziehung zwischen Teilsätzen ersetzt die parataktische Beiordnung nun oft die hypotaktische Unterordnung: Καί leitet häufig Final-, Konsekutiv-, Temporal- und andere Nebensätze ein (vgl. H. Ljungvik, Beiträge zur Syntax der spätgriechischen Volkssprache, Uppsala 1932, 54–86). In der Rektion der Präpositionen beginnen Unsicherheiten aufzutauchen: Der Gebrauch von διά mit Akkusativ und mit Genitiv wird oft verwechselt, ἀπό mit Genitiv steht häufig mit partitivem, separativem und kausalem Sinn, z. B. *Acta Ap.* 12, 14 ἀπὸ τῆς χαρᾶς οὐκ ἤνοιξε τὸν πυλῶνα.

2.1.5 Wortschatz

Es kommt zu ausgedehnter Ableitung von Substantiven, Adjektiven und Verben durch den Gebrauch überkommener Suffixe. Substantive, bei denen die Unterscheidung zwischen Stamm und Suffix unklar ist oder die anomal flektiert werden, tendieren dazu, durch Synonyme mit transparenterer Struktur ersetzt zu werden.

So wird z. B. ναῦς, νηός/νεώς durch πλοῖον ersetzt, οἶς, οἰός durch πρόβατον, ὗς, ὑός durch χοῖρον, οὖς, ὠτός durch ὠτίον, ἀρήν, ἀρνός durch ἀμνός, γραῦς, γραός durch γραῖς, γραΐδος oder γραΐδιον.

Es gibt einige Wortbedeutungs-Änderungen in der hellenistischen Zeit, z. B. διάφορον = 'Bargeld', ἔξοδος = 'Ausgaben, Kosten', κοίμησις = 'Tod' (*Septuaginta*, möglicherweise ein Hebraismus), παιδεύω = 'bestrafen', χρηματίζω = 'genannt/betitelt werden'.

2.2 Die Koine in römischer Zeit

Die römische Zeit (etwa 30 v. Chr. – etwa 600 n. Chr.) erlebte die Weiterentwicklung vieler Veränderungen, die in der vorangehenden Periode begonnen hatten, daneben aber auch viele Neuentwicklungen.

2.2.1 Lautlehre

η wird zu *i* und fällt dadurch mit ι und ει zusammen; ο und ω erhalten die gleiche Länge und die gleiche offene Aussprache. Daher stimmen nun die Endungen -ῃς, -ῃ mit -εις, -ει und -ομεν mit -ωμεν überein, wodurch die Unterscheidung zwischen Präsens-Indikativ- und Präsens-Konjunktiv-Formen verwischt wird. Schreibweisen wie ὑγιγαίνεις legen nahe, daß sich die Frikativisierung stimmhafter Verschlußlaute nunmehr auf gutturale Verschlußlaute ausdehnt. In Silben, die unmittelbar auf betonte Silben folgen, kommt es zur Synizese von zwei aufeinander in Hiat folgenden Vokalen: So erscheinen -ιος und -ιον als -ις und -ιν, was zum Auftauchen einer neuen Gruppe von sächlichen Deminutiva auf -ιν, -άριν usw. führt (z. B. ζευγάριν). Lateinische Lehnwörter zeigen die gleiche Entwicklung (z. B. σουδάριν).

2.2.2 Morphologie

In maskulinen Substantiven der a-Deklination wird die Genitiv-Singular-Endung -ου häufig durch -η ersetzt (z. B. στρατιώτης, στρατιώτη).

Bei den Verben macht sich Verwechslung zwischen Aorist und Perfekt bemerkbar: Sowohl Perfekt- als auch Aorist-Formen auf -κα werden häufiger, und Perfekte auf -κα lösen frühere Formen ab (z. B. γεγράφηκα anstelle von γέγραφα). Die Personen-Endungen der beiden Zeiten werden oft verwechselt, vor allem die der 3. Pers. Plur. -αν und -ασι (z. B. ἐπήλθασιν, ἀπελήλυθαν). Dies ist nicht nur ein Fall von lautlicher oder morphologischer Verwechslung, sondern hier zeigt sich eine Veränderung im Aspekt-System des griechischen Verbs: Während das klassische Griechisch zwischen vergangenen Ereignissen und dem gegenwärtigen Ergebnis vergangener Ereignisse unterschied, entwickelte das Koine-Griechisch allmählich ein System von zwei Aspekten – verwandt mit dem des Russischen und anderer slawischer Sprachen –, das zwischen punktueller und durativer oder wiederholter Handlung unterschied; diese Unterscheidung ist im Neugriechischen voll ausgebildet (vgl. P. Mackridge, *The modern Greek language*, Oxford 1985, 102–134).

Das überkommene Futur machte keine solche Unterscheidung, fiel aber nun ebenfalls – als Ergebnis lautlicher Veränderungen – oft in seiner Form mit dem Aorist-Konjunktiv zusammen. Dieser und andere Faktoren trugen zu seiner Umbildung im Koine-Griechisch bei. Dank dem Einfluß der literarischen Koine blieb das überkommene Futur im Gebrauch, wurde aber zunehmend von periphrastischen Konstruktionen abgelöst, in denen einem Infinitiv (Präsens oder Aorist) ein μέλλω, βούλομαι, θέλω, ὀφείλω und immer häufiger ein ἔχω voranging. Ein neuer Konditional, in dem diese Hilfsverben im Imperfekt erschienen, nahm die Stelle des veraltenden Indikativs oder Optativs mit ἄν ein. Gelegentlich tritt auch ein weiterer Futur-Ersatz auf: ἵνα mit Konjunktiv (Präsens oder Aorist). Diese Umbildung des Futurs war kein einfacher, geradliniger Prozeß; während der ganzen Spätantike und des frühen Mittelalters wird Zukünftigkeit durch eine ganze Palette verschiedener Verbformen ausgedrückt: das ererbte Futur, den Präsens-Indikativ, den Aorist-Konjunktiv, in wenigen Fällen den Optativ, periphrastische Konstruktionen mit dem Infinitiv und ἔσομαι, gefolgt von einem Partizip Präsens.

So treten in der *Geistlichen Wiese* des Johannes Moschos (frühes 7. Jh., *IV* 5.2.1) 55 ererbte Futurformen, viel mehr Indikativ-Präsens- und Aorist-Konjunktiv-Formen, einige wenige Optative und eine Reihe von periphrastischen Konstruktionen auf. Verschiedene Futur-Konstruktionen erscheinen oft im gleichen Satz, z. B. κοιμηθῶ εἰς τὴν ὁδὸν τοῦ λέοντος καὶ τρώγει με (2960c). Diese Instabilität endete erst, als sich das neugriechische Futur mit θα + Konjunktiv Präsens oder Aorist etablierte (*2.4.2*).

Vielleicht war es das Bestreben, Fortdauer zu betonen, das in der Koine den Gebrauch von Präsens- und Imperfekt-Konstruktionen mit εἰμί/ἦν und anschließendem Partizip Präsens begünstigte (z. B. ἦν διδάσκων). Die Beispiele für diese Konstruktion im *Neuen Testament* mögen auf aramäischen Einfluß zurückgehen; aber die Tatsache, daß im tzakonischen Dialekt des Neugriechischen eine entsprechende periphrastische Konstruktion den normalen Indikativ Präsens und Imperfekt darstellt, legt nahe, daß die Konstruktion sich spontan im Griechischen entwickelte.

Die römische Zeit erlebte auch bedeutsame Veränderungen in Morphologie und Syntax des Substantivs. Eine alle Substantive berührende Veränderung war das beginnende Verschwinden des Dativs. Der altgriechische Dativ hatte viele Funktionen des indogermanischen Lokativs und Instrumentals übernommen, und er blieb in der literarischen Koine auch weiterhin häufig; aber seine funktionelle Mehrdeutigkeit führte zur raschen Entwicklung von Präpositional-Ausdrücken, die seine hauptsächlichen Funktionen zuerst in der subliterarischen und später auch in der literarischen Koine übernahmen: Εἰς mit Akkusativ übernahm die ursprüngliche eigentliche Dativ-Funktion und auch die Lokativ-Funktion (und löste darin ἐν mit Dativ ab), während διά mit dem Genitiv und μετά mit dem Genitiv die instrumentale Funktion übernahmen. Die spätere Verwendung des Genitivs im Sinne eines Dativs deutet sich in Wendungen wie σύ μου νίπτεις τοὺς πόδας (*Joh.* 13,6) an, wo der Status des Personalpronomens zweideutig ist.

Eine weitere morphologische Entwicklung ist der Übergang von immer mehr Substantiven der konsonantischen Deklination in die a-Deklination: μήτηρ, μητέρα, μητρός wird abgelöst von μητέρα, μητέραν, μητέρας, in Analogie zu χώρα, χώραν, χώρας. Die Analogie gründet auf der gebräuchlichen Akkusativ-Form auf -ν (μητέραν ist bereits in ptolemäischer Zeit belegt). In einer ähnlichen Analogie wird λιμήν, λιμένα, λιμένος umgebildet zu λιμένας, λιμέναν, λιμένα. In der a- wie auch der konsonantischen Deklination wurde die Unterscheidung zwischen Nominativ Plural auf -ες und Akkusativ Plural auf -ας allmählich zugunsten einer gemeinsamen Nominativ- und Akkusativ-Endung auf -ες aufgegeben. Die o-Deklination bewahrte ihr ererbtes Paradigma (mit Singular auf -ος, -ον, -ου und Plural auf -οι, -ους, -ων), das im modernen Griechisch noch existiert. Sächliche Substantive des s-Stamms auf -ος erhielten sich unverändert, wurden manchmal aber von weniger anomalen Deminutiva auf -ιον abgelöst.

2.2.3 Syntax

Die Ersetzung hypotaktischer durch parataktische Konstruktionen bei Final-, Konsekutiv- und anderen Nebensätzen (*2.1.4*) setzte sich fort, und die Einleitung solcher Nebensätze durch καί wurde häufig (z. B. μὴ ἀκούσῃς αὐτῶν καὶ πέμπεις τί ποτε ἐκεῖ). Es gab keine systematische Unterscheidung mehr zwischen verallgemeinernden und besonderen Relativ- und Temporalsätzen. Die A.c.I-Konstruktion in der indirekten Rede wurde immer mehr durch ὅτι, ὅπως oder πῶς mit folgendem Indikativ ersetzt. Die Zahl der regelmäßig gebrauchten Partikeln nahm sowohl in der literarischen als auch in der volkssprachlichen Koine ab.

2.2.4 Wortschatz

Die Hauptquelle von Lehnwörtern war in der Koine des Römischen Reiches das Lateinische. Viele Begriffe aus Militär und Verwaltung wurden übernommen, ebenso Bezeichnungen von Münzen, Maßen, Steuern u. ä. Diese Lehnwörter gelangten ins Griechische über die gesprochene Sprache oder die subliterarische Sprache der Büros von Steuerbeamten, der Lagerhäuser von Quartiermeistern usw.

Das literarische Griechisch der Zeit pflegte diese lateinischen Entlehnungen zu meiden: Bemerkenswerterweise gebraucht der Evangelist Markus κεντυρίων, während Lukas und Matthäus ἑκατοντάρχης, -ος sagen. Beispiele für lateinische Lehnwörter sind βενεφικιάριος, κοδράντης, κουστωδία, ὁσπίτιον, κιβάριον, κῆνσος.

Die meisten dieser Lehnwörter sind Substantive. Die 'Einpassung' lateinischer Verben ins Koine-Griechisch war schwierig, weil man für zwei Wortstämme (Präsens und Aorist) sorgen mußte. Die am häufigsten wortbildenden Verbalsuffixe wie -ίζω und -εύω waren kennzeichnend für Verben, die von Substantiven abgeleitet wurden. Es gab allerdings einige wenige Verbal-Lehnwörter wie βιγλεύω und ῥογεύω, von denen später die Substantive βίγλα und ῥόγα der volkssprachlichen Koine abgeleitet wurden.

2.2.5 Attizismus

Gegen Ende des 1. Jh.s v. Chr. und in der ersten Hälfte des folgenden Jh.s begannen Grammatik- und Rhetorik-Lehrer eine neue Lehre zu verbreiten, die besagte, daß man keine Veränderung der griechischen Sprache zulassen dürfe, da jede Veränderung Verfall bedeute, und daß das einzige 'korrekte' Griechisch das sei, das attische Autoren des 5. und 4. Jh.s v. Chr. verwendet hatten; das Koine-Griechisch sei – sowohl in seiner literarischen Form als auch als allgemeine Sprache aller Schichten – als ein Produkt von Ignoranz und Vulgarität abzulehnen. Diese Lehre beherrschte sowohl Bildung und Erziehung als auch den größten Teil der schöpferischen Literatur bis in die Spätantike. Nicht alle Autoren hielten sich streng an die Vorschriften dieses sogenannten 'Attizismus' (*IV 3.1.1*). Dionys von Halikarnass war ein strikter Attizist, Plutarch schlug einen Mittelweg ein, philosophische und wissenschaftliche Autoren wie Epiktet und Galen machten weiterhin Gebrauch von der literarischen Koine. Grammatiker schrieben Abhandlungen über tolerierbare und nicht tolerierbare morphologische, syntaktische und lexikalische Formen und Ausdrücke: So wurde εὐχαριστεῖν zugunsten von χάριν εἰδέναι abgelehnt, κράββατος zugunsten von σκίμπους, βρέχειν zugunsten von ὕειν, φάγομαι zugunsten von ἔδομαι, ἦς zugunsten von ἦσθα, ἐδέετο zugunsten von ἐδεῖτο. Während sich vornehmlich Persönlichkeiten des öffentlichen Lebens, Literaten und besonders Lehrer mit dem archaisierenden Attizismus beschäftigten, tauchen manche seiner Merkmale auch in den Privatbriefen einfacher Individuen auf, hier durch sozialen oder kulturellen Geltungsdrang hervorgerufen.

Die Gründe für diese puristische Bewegung – die Parallelen in anderen Sprachgemeinschaften hat – waren vielfältig. Die zunehmende Diskrepanz zwischen gesprochener Sprache und manchem Schrifttum der eigenen Zeit auf der einen Seite und der Sprache der literarischen Texte, auf denen Erziehung und Bildung beruhten, auf der anderen stellten für Grammatiklehrer ein Problem dar. Rhetoriklehrer – die gegen einen blumigen und Neologismen verwendenden Stil, wie er im 1. Jh. v. Chr. geläufig war, reagierten – ermutigten ihre Schüler, klassische Vorbilder nachzuahmen. In den griechischen Städten des Römischen Reiches blickte die gebildete Führungsschicht nostalgisch auf die Tage der griechischen Freiheit zurück. Wahrscheinlich erhielt und verbreitete sich der Attizismus auch deshalb, weil er für diese städtischen Eliten zum Merkmal einer gemeinsamen Kultur wurde, die sie miteinander teilten und die sie sowohl von ihren römischen Herren als auch von ihren weniger privilegierten Mitbürgern unterschied. Wie auch immer – die attizistische Bewegung legte das Fundament für die *Diglossie*, die die griechische Sprache seit der späteren Antike kennzeichnete.

2.3 Die Entwicklung des Griechischen in byzantinischer Zeit

2.3.1 Quellen

Unsere Kenntnis der griechischen Sprache im früheren Mittelalter (etwa 600–1100) ist fast vollständig von literarischen Texten abhängig. Mit dem Ende des 7. Jh.s verschwanden Papyrusdokumente und -briefe. Nur wenige grammatische Texte haben sich erhalten, und diese wenigen (wie die zahlreichen Kommentare und Abhandlungen des Georgios Choiroboskos aus dem frühen 9. Jh.) nehmen nur selten auf die gesprochene Sprache Bezug. Einige literarische Texte der Zeit zeigen Schwankungen zwischen dem Purismus der Attizisten und der Volkssprache. Zu ihnen gehören das *Chronicon paschale* (um 630; *IV 5.2.1*), die *Chronographia* des Theophanes (um 814; *IV 5.2.3*), die *Chronik* des Georgios Monachos (um 867; *IV 5.2.4*) und eine Reihe von *Heiligenleben* sowie bestimmte Schriften des Kaisers Konstantin VII. Porphyrogennetos (reg. 912–959; *IV 5.2.4*), von denen der kaiserliche Autor erklärt, sie seien um des leichteren Verständnisses willen in einfacher und alltäglicher Sprache geschrieben. Aufschlußreiche Hinweise zum 'Stand' der Sprache liefern die sogenannten protobulgarischen Inschriften des 8. und 9. Jh.s, die auf bulgarischem Gebiet von Khanen und anderen Würdenträgern aufgestellt wurden. Sie sind – mit wenigen Ausnahmen – auf Griechisch (der Lingua franca des Balkan) von Männern verfaßt, die wenig Kontakt mit der literarischen Überlieferung hatten; wahrscheinlich handelte es sich um griechische Bewohner der von den Bulgaren eroberten Städte. Wie alle von 'Halbgebildeten' verfaßten Dokumente müssen auch diese mit Vorsicht gebraucht werden (vgl. V. Beševliev, Die protobulgarischen Inschriften, Berlin 1963).

Angesichts des Mangels und der Art der Zeugnisse ist es sehr schwierig, die Veränderungen, die sich während dieser Zeit in der Sprache vollzogen, genauer zu datieren; zweifellos existierte Altes und Neues oft generationenlang nebeneinander her.

2.3.2 Lautlehre

Einiges Licht auf die Lautung des in dieser Zeit gesprochenen Griechisch werfen griechische Lehnwörter im Syrischen, Arabischen, Lateinischen, Altslawischen, Armenischen, Georgischen und mittelalterlichen Hebräischen. Der slawische Personenname čurila (von Κύριλλος) etwa legt nahe, daß noch im 9. Jh. υ immer noch ü gesprochen wurde und noch nicht zu *i* geworden war. Dies wird bestätigt durch aus dem 10. Jh. stammende georgische Umschreibungen griechischer Namen und anderer Wörter, die konsequent zwischen υ, οι und ι, η, ει unterscheiden (vgl. Neli A. Macharadze, «Zur Lautung der griechischen Sprache in der byzantinischen Zeit, *JÖB* 29, 1980, 144–158). Seit dem 11. Jh. aber fallen υ, οι dann in der Alltagssprache klar mit ι, η, ει zusammen, wenn auch einige Puristen vielleicht noch weiterhin eine Unterscheidung zwischen den beiden Vokalen gemacht haben.

Eine Unterscheidung zwischen einfachen und doppelten Konsonanten wurde in der Sprache der Hauptstadt Konstantinopel nicht mehr länger gemacht, obwohl einige Dialekte des Neugriechischen (etwa das Zypriotische) diese Unterscheidung immer noch bewahren.

Das Schluß-ν begann in dieser Zeit (außer vor Anfangsvokal im folgenden Wort) weggelassen zu werden, wird aber in vielen neugriechischen Dialekten immer noch gesprochen. Diese Veränderungen strahlten wahrscheinlich von

Konstantinopel aus, verbreiteten sich aber nie ganz durch die griechischsprachige Welt.

Eine weitere phonetische Änderung, die in dieser Zeit früh wahrnehmbar zu werden beginnt, ist das Verschwinden von unbetonten Anfangsvokalen mit Ausnahme von α. So wird ἡμέρα zu μέρα, εὑρίσκω zu βρίσκω, ὁσπίτιον zu σπίτι, οὐδέν zu δέν, ὑψηλός zu ψηλός, ὡσάν zu σάν, ἐκβαίνω zu βγαίνω. Dies waren zunächst wahrscheinlich 'Allegro-Formen', die mit vollständigen Formen abwechselten.

Diese phonetische Änderung führte zu mehreren morphologischen Entwicklungen, die sich bis zum Neugriechischen voll ausgebildet haben: a) Das syllabische Augment verschwand, außer wenn es betont war. Es wird aber oft durch Analogiebildung wiederhergestellt und existiert noch in einigen neugriechischen Dialekten, selbst wenn es nicht betont wird. – b) αὐτό, αὐτήν, αὐτοῦ usw. wird zu τον, την, του usw., Formen, die als enklitische Pronomina der 3. Pers. fungieren (2.3.3); mit dem bestimmten Artikel haben sie nichts zu tun. – c) εἰς τόν, εἰς τήν usw. wird zu στόν, στήν usw. – d) Neue volkssprachliche Verbalpräfixe entwickeln sich, z. B. ἐξυπνῶ > ξυπνῶ, ἐξέλαβα > ξέλαβα, ἐξανα- > ξανα; ξεκόβω wird in Analogie zu ξέκοψα gebildet. – e) In bestimmten Nominalendungen kommt es zur Synizese von Vokalen im Hiat, wodurch -έα, -ια zu -ι̯α wird.

2.3.3 Morphologie

a) **Nomina und Pronomina**. Der Dativ überlebte im volkssprachlichen Griechisch nur in erstarrten Phrasen, z. B. δόξα τῷ θεῷ. Die Umbildung der Nominalparadigmata, die schon früher begonnen hatte, wurde weiterentwickelt und systematisiert. Nomina der Vokalstämme (incl. derjenigen, die ursprünglich konsonantische Stämme hatten) zeigen nun eine Flexion auf drei Endungen: -ς, -ν, -∅.

Männliche Substantive werden daher im Singular folgendermaßen flektiert: Nom. -ς (z. B. πατέρας), Akk. -ν (πατέραν), Gen. -∅ (πατέρα); weibliche Substantive werden so flektiert: Nom. -∅ (z. B. μητέρα), Akk. -ν (μητέραν), Gen. -ς (μητέρας). Ursprüngliche Vokalstamm-Nomina (der α-Deklination) werden in dieses Schema eingefügt (z. B. ναύτης/ναύτην/ναύτη, ταμίας/ταμίαν/ταμία). Dies hatte bei männlichen Substantiven eine Änderung der Genitiv-Endung zur Folge. Feminina erforderten keine solche Änderung (πύλη/πύλην/πύλης). Die Plural-Flexion war für Maskulina und Feminina gleich: -ες, -ες, -ων. Substantive des Neutrums behielten verschiedene zweiendige Paradigmen sowohl im Singular als auch im Plural bei, daher δῶρον/δώρου, γένος/γένους, κρέας/κρέατος, ὄνομα/ὀνόματος im Singular, δῶρα/δώρων, γένη/γενῶν, κρέατα/κρεάτων, ὀνόματα/ὀνομάτων im Plural.

In Analogie zu φυγάς/φυγάδες und πατρίς/πατρίδες verbreitete sich ein neuer Plural mit ungleicher Silbenzahl und wurde von Nomina konsonantischer Stämme auf solche mit Vokalstamm ausgedehnt. Manchmal existierten Formen gleicher Silbenzahl neben Formen mit ungleicher Silbenzahl. Letztere hatten den Vorteil, daß sie den Stammvokal des Singulars bewahrten, der sonst von den Pluralendungen -ες/-ων verschlungen worden wäre. Viele neue Pluralformen mit ungleicher Silbenzahl sind im mittelalterlichen Griechisch belegt, z. B. νοικοκύρης – νοικοκύρηδες, φουρνάρης – φουρνάρηδες. Im Neugriechischen sind Pluralformen mit ungleicher Silbenzahl in Nomina des ε- und des ου-Stamms normal, z. B. καφές – καφέδες, παππούς – παππούδες.

Überkommene weibliche Substantive auf -ος wurden oft entweder durch männliche oder sächliche Formen ersetzt (ὁ πλάτανος, ὁ ἄμμος, τὸ βάσανον, τὸ ἀμπέλι) oder erhielten eine weibliche Endung (z. B. ἡ ἀσβόλη bei Dioskurides und Galen), oder ein Synonym trat an ihre Stelle (z. B. ὁ δρόμος für ἡ ὁδός).

οἱ löst häufig αἱ als weibliche Nominativ-Pluralform des bestimmten Artikels ab, obwohl eine eigene weibliche Akkusativ-Pluralform (τάς, τές, τίς) beibehalten wird. Im Neugriechischen dient οἱ sowohl als männliche wie als weibliche Form.

Die Umformung der Personalpronomina ist zeitlich schwer zu bestimmen; sie vollzog sich in mehreren Phasen. Die betonten Formen der obliquen Kasus der 1. Pers. Sing. ἐμέ/ἐμοῦ/ἐμοί (wahrscheinlich in Analogie zu ἐγώ gebildet), sind bereits in den homerischen Gedichten geläufig. Betonte Formen der 2. Pers. Sing., die auf Analogie zur 1. Pers. Sing. basieren, sind in der Spätantike gut belegt. Gleichzeitig beginnt eine neue 1. Pers. Plur. (ἐμεῖς/ἐμᾶς, mit einer enklitischen Form μας), die auf der Analogie zur Singularform basiert, zu erscheinen und schon bald auch eine 2. Pers.-Plur.-Form ἐσεῖς/ἐσᾶς, enklitisch σας.

Dieser Prozeß kontinuierlicher analogischer Umbildung führt zu dem Paradigma: ἐγώ/ἐμέ, με/ἐμοῦ, μου – ἐμεῖς/ἐμᾶς (μᾶς); ἐσύ/ἐσέ, σε/ἐσοῦ, σου – ἐσεῖς/ἐσᾶς (σᾶς).

Ein weiterer Analogie-Prozeß führt zu den Formen ἐμέν/ἐσέν (2. Jh.), in denen das Schluß-ν ein Akkusativ-Kennzeichen ist. Diese Formen werden ihrerseits als Stämme aufgefaßt, denen ein weiteres Akkusativ-Kennzeichen angefügt wird und ergibt ἐμένα/ἐσένα (beide 4. Jh.). Als auch das Schluß-α aufhört, als ein Akkusativ-Kennzeichen wahrgenommen zu werden, wird ein weiteres Schluß-ν angefügt, was zu den Formen ἐμέναν/ἐσέναν führt, die sich in den *Ptochoprodromika*-Gedichten des 12. Jh.s und in viel späteren volkssprachlichen Gedichten finden. In der volkssprachlichen Dichtung des 14. Jh.s (dazu u.) sind alle Formen – ἐμέ, ἐμέν, ἐμένα, ἐμέναν – und die ihnen korrespondierenden der 2. Pers. zu finden, wobei die Verwendung einer Form oft durch die Erfordernisse der Metrik bestimmt wird.

Das Pronomen der 3. Pers. αὐτός, ursprünglich ein rückverweisendes und später ein Demonstrativ-Pronomen, wurde – in Analogie zu den Personalpronomina der 1. und 2. Pers. – mit enklitischen Formen ausgestattet.

Dies ergab folgendes Paradigma: αὐτός/αὐτόν (τον)/αὐτοῦ (του) – αὐτή/αὐτήν (την)/αὐτῆς (της) – αὐτό/αὐτό (το)/αὐτοῦ (του), mit den korrespondierenden Pluralformen αὐτοί/αὐτούς (τους)/αὐτῶν (των) – αὐτές/αὐτάς τες, τις)/αὐτῶν (των) – αὐτά/αὐτά (τα)/αὐτῶν (των).

Das überkommene Relativpronomen ὅς, ἥ, ὅ hatte zu wenig 'Masse' und tendierte daher dazu, durch ὅστις usw. ersetzt zu werden. Das gebräuchlichste Relativpronomen in obliquen Kasus ist jedoch seit späthellenistischer Zeit τόν, τήν, τό (z. B. τὰ βουίδια τὰ ἐλάβατε, ἐκεῖνο τὸ ἐφάγαμεν). Im Mittelalter erscheinen zunehmend ὅπου, ὁποῦ, ποῦ, ὁποῖος als Relativpronomina.

b) Verben. Die 'unpersönlichen' Verbformen Infinitiv und Partizip blieben in Gebrauch, aber ihr Anwendungsbereich war begrenzt.

Der Infinitiv erscheint in final-konsekutiver Funktion, als Objekt des Hoffens, Versprechens usw. und als Substantiv mit vorangestelltem bestimmtem Artikel; seine Verwendung in der indirekten Rede beschränkt sich auf literarische Texte klassizistischer Tendenz. Partizipien werden – in adverbieller Funktion – auf die Kennzeichnung von Nebenumständen beschränkt; immer häufiger wird ihr Platz von Nebensätzen eingenommen. Oft werden dabei Zeit, Kasus und Geschlecht verwechselt (z. B. ἡ ψυχὴ βοᾷ λέγοντα). Seit dem späten 10. und dem 11. Jh. wird ein undeklinierbares Präsens-Partizip auf -οντα adverbiell oder – seltener – prädikativ gebraucht; dies ist der Vorläufer der neugriechischen Gerundivform auf -οντας. Passiv-Partizipien auf -όμενος und -μένος bleiben in Gebrauch und werden gelegentlich vollständig dekliniert (wahrscheinlich unter puristischem Einfluß).

Ein neues periphrastisches Perfekt erscheint: ἔχω + Partizip Perfekt Passiv, mit einem Äquivalent im Passiv: εἶμαι + Partizip Perfekt Passiv. Ein neuer Konjunktiv mit vorangestelltem Kennwort νά (ἵνα) beginnt den Infinitiv in final-konsekutiver Funktion abzulösen.

Nur wenige von den überkommenen Präsensstamm-Suffixen bleiben wortbildend: -ίζω, -άζω, -εύω bilden Verben, die sich von Substantiven ableiten. Ein neues Verbalstamm-Suffix, -ν-, verbreitet sich während dieser Zeit: δένω löst δέω ab, φέρνω φέρω, χύνω χέω, στέλνω στέλλω, περνάω περάω. Kontrahierte Praesentia auf -όω werden umgebildet zu -ώνω; viele neue Praesentia auf -αίνω, -ύνω und -άνω begegnen in den Texten dieser Zeit.

Das 'Sein' ausdrückende Verb εἰμί macht eine komplexe Entwicklung durch, deren genauer Verlauf nicht klar ist: Mediopassive Imperfektformen ἤμην, ἦσο, ἦτο begegnen schon in der *Septuaginta*, vielleicht weil ἦν nicht leicht aufschlüsselbar war. Zusammen mit dem mediopassiven Futur ἔσομαι, ἔσται führte dies zur Erscheinung eines mediopassiven Präsens εἶμαι, εἶσαι usw. Die 3. Pers. Sing. und Plur. εἶναι leitet sich wahrscheinlich von dem ursprünglich nicht verbalen ἔνι = ἔνεστι ('sein, an einem Ort sein, möglich sein') ab. Es gibt gewisse Indizien dafür, daß in der Spätantike ἔνι als Singular und εἶναι als Plural fungiert (vgl. H. Eideneier, «Mittelgriechisch εἶναι», *Glotta* 54, 1976, 106–117).

2.3.4 Wortschatz

Kopulative (*dvandva*) Komposita werden häufig, z. B. ὑποκαμισοβράκιον, τοξοφάρετρον, ἀνδρόγυνος ('verweichlichter Mann' im klassischen Griechisch). Viele neue Adjektiv-Komposita mit Verb-Bestandteil treten in Erscheinung (z. B. θεόβλαστος, χρυσοστοίβαστος), wie auch Verbalkomposita, in denen der erste Bestandteil keine Präposition ist (z. B. ἀσπροφορέω, ὀφθαλμοπλανέω).

Die Hauptquelle für Lehnwörter ist immer noch Latein; doch sind wegen des Rückgangs der Zweisprachigkeit neue Begriffe der Verwaltungssprache nun seltener als in der Vergangenheit. Einige lateinische Lehnwörter werden aus dem gesprochenen Latein des Balkan bezogen, z. B. Δομεντζίολος (Theophylaktos Simokattes) und πε(ν)τζμέντον (impedimentum), die die Frikativisierung von dentalen Verschlußlauten vor Palatalvokalen zeigen, wie sie für das östliche Latein charakteristisch ist (vgl. H. Mihăescu, *La langue latine dans le sud-est de l'Europe*, Bukarest–Paris 1978, 196f.). Im späteren Teil dieser Zeit ist nicht immer klar, ob ein Lehnwort aus dem Lateinischen oder aus dem Italienischen kommt. Die lateinisch/italienische Infinitiv-Endung -are führt zu dem Verbal-Suffix -άρω, das im späteren Mittelalter häufig wird und noch im Neugriechischen 'fruchtbar' ist. Zu den nicht-lateinischen Lehnwörtern gehören άμερουμνής, άμιράς, μασγίδιον (arabisch), τζιτζάκιον (turkisch, vielleicht chasarisch), ζιγγίβερ (unbekannter Herkunft).

2.4 Die Herausbildung des Neugriechischen

2.4.1 Quellenlage

Wenn es einen Sinn hat zu fragen, wann das Neugriechische entstanden ist, dann muß die Antwort lauten, daß die wesentlichen Entwicklungen ungefähr zwischen 600 und 1100 stattfanden, obwohl viele der besonderen Veränderungen, die von der Koine zum Neugriechischen führten, bereits früher auftauchten. Eine genaue zeitliche Eingrenzung ist unmöglich, denn im allgemeinen fehlen die Quellen, die die Strukturen normaler Umgangssprache während dieser Zeit widerspiegeln würden. Schon die bloße Tatsache des Schreibens modifiziert bzw. entstellt unausweichlich die Eigenarten spontanen lebendigen Sprechens, und in der mittelalterlichen griechischen Gesellschaft war der Einfluß literarischer 'Tonlagen' – des attizistischen Purismus, der Verwaltungssprache, der kirchlichen Predigt und formeller Sprechakte – ungewöhnlich stark. Was sich als Nachahmung eines zwanglosen gesprochenen Griechisch ausgibt, hat fast immer einen 'makaronischen' Charakter; dies ist das Ergebnis der kulturellen Kontinuität und der vergleichsweise ungebrochenen Bildungstradition, die die Geschichte der griechischen Gesellschaft auszeichnen.

2.4.2 Eine neue 'Kunstsprache'

Erst im 14. Jh. ist ein substantielles Corpus von Literatur – gänzlich in Versen und meistens Unterhaltungsliteratur (*IV 5.2.8*) – vorhanden, das die Volkssprache nachahmt, aber diese Nachahmung ist keine zuverlässige: Die Sprache dieser Gedichte enthält zu viele alternative Formen, als daß sie die Widerspiegelung einer bestimmten regionalen Mundart sein könnte.

Präsens-Indikative der 3. Pers. Plur. auf -ουσι und -ουν sind fast gleich häufig, wie auch Imperfekt- und Aorist-Formen auf -ασι und -αν, und diese zwei Formen, die für verschiedene Dialekte im Neugriechischen charakteristisch sind, begegnen oft im gleichen Vers. Zwei Beispiele aus der kürzlich publizierten Editio princeps des Πόλεμος τῆς Τρωάδος illustrieren diese Eigenart: ὅταν τὰ ἀηδόνια κελάδουν καὶ τὰ πουλία λαλοῦσιν (V. 127), Ἦλθαν ἐκαταλάβασι πάντες οἱ Καβαλλάριοι (V. 135).

Periphrastische Futura mit θέλω sind häufiger als solche mit ἔχω, eine Konstruktion, die jetzt als periphrastisches Perfekt verwendet zu werden beginnt. Das θέλω-Futur nimmt mehrere Formen an: θέλω + Infinitiv, θέλω νά + Konjunktiv, θενά + Konjunktiv, gelegentlich ἐννά + Konjunktiv (charakteristisch für den modernen zypriotischen Dialekt) usw. Finalsätze werden mit νά, ὅπως νά, διὰ νά, τάχα νά usw. eingeleitet. Die Passiv-Endung der 1. Pers. Plur. Präsens Indikativ erscheint als -όμεσθα, -όμαστεν, -όμασθεν, -όμεσταν, -όμεστε und -όμεθα (letztere dank gelehrtem Einfluß).

Βασιλεύς und βασιλέας, γυνή und γυναῖκα, οὗτος, τοῦτος und ἐτοῦτος (in Analogie zu ἐκεῖνος), πᾶς, ἅπας und ὅλος erscheinen nebeneinander, ferner Genitiv und Akkusativ als Dativ-Ersatz (moderne griechische Dialekte sind zwischen diesen beiden Konstruktionen geteilt). Sächliche Substantive auf -μα bilden ihren Genitiv Singular auf -ματος und -μάτου.

Eine vorläufige Erklärung dieser Situation ist, daß im 14. Jh. eine 'Kunstsprache' für Dichtung existierte, die ein Amalgam verschiedener regionaler Dialekte war. Der wahrscheinlichste Ort für die Herausbildung eines solchen Amalgams ist Konstantinopel, wo Sprecher von überall aus der griechischen Welt zusammenkamen. Es ist unsicher, wo der größte Teil dieser quasi-volkssprachlichen Literatur verfaßt wurde, aber einige Gedichte scheinen in die Peloponnes, nach Epirus und auf die Ionischen Inseln zu gehören. Die soziologischen Implikationen, die sich aus dieser Herausbildung einer zweiten Literatursprache in der griechischen Gesellschaft ergeben, verdienen es, weiter studiert zu werden.

2.5 Literaturhinweise

S. G. Kapsomenos, *Die griechische Sprache zwischen Koine und Neugriechisch. Berichte zum XI. Internationalen Byzantinisten-Kongreß* II 1 (München 1958). – A. Debrunner, *Geschichte der griechischen Sprache II. Grundfragen und Grundzüge des nachklassischen Griechisch*. Zweite Aufl. bearb. v. A. Scherer (Berlin 1969). – G. N. Hadzidakis, Σύντομος ιστορία τῆς Ἑλληνικῆς γλώσσης (Athen ²1947). – Ders., *Einleitung in die neugriechische Grammatik* (Leipzig 1892, ND Hildesheim 1977). – G. Babiniotes, Συνοπτικὴ ἱστορία τῆς Ἑλληνικῆς γλώσσης (Athen 1985). – H. Tonnet, *Histoire du grec moderne. La formation d'une langue* (Paris 1993). – A. Meillet, *Aperçu d'une histoire de la langue grecque* (Paris ⁸1975) 259–366. – M. Triantaphyllides, Νεοελληνικὴ γραμματική. Ἱστορικὴ εἰσαγωγή (Thessaloniki 1938). – F. Gignac, *A grammar of the Greek papyri of the Roman and Byzantine periods*, 2 Bde (Mailand 1976–81). – V. Bubeník, *Hellenistic and Roman Greece as a sociological area* (Amsterdam–Philadelphia 1989). – R. Browning, «The language of Byzantine Literature», in: S. Vryonis (Hrg.), *The past in Medieval and Modern Culture* (Malibu 1978) 103–133. – Ders., *Medieval and Modern Greek* (Cambridge ²1983). – E. Kriaras, Λεξικό τῆς Μεσαιωνικῆς Ἑλληνικῆς γραμματείας, τόμος ιγ΄, βιβλιογρφία καὶ εὑρετήρια των δώδεκα τόμων (Thessaloniki 1994) 96–248.

[Robert Browning übernahm es, dieses Kapitel der 'Einleitung' zu schreiben, als das Projekt bereits in einem fortgeschrittenen Stadium war; er hat sich gewissenhaft an den damals schon recht engen zeitlichen Rahmen gehalten, und er war noch in der Lage, die deutsche Übersetzung seines Manuskripts zu prüfen und gutzuheißen, bevor ihn sein Krebsleiden am 11. März 1997 aus dem Leben nahm. Mit der Trauer über seinen Tod können Herausgeber und Leser daher doch auch große Dankbarkeit dafür verbinden, daß er diesen Beitrag noch vollenden konnte.]

IV

Geschichte der griechischen Literatur

1 Griechische Literatur bis 300 v. Chr.

ENZO DEGANI

Der folgende Abriß will eine erste Annäherung an das Studium der griechischen Literatur sein, dabei aber auch über 'kleinere' Autoren und Genera orientieren. Eine nützliche «Bibliografia della letteratura greca» findet sich in *Lo spazio letterario della Grecia antica III*, hrg. von G. Cambiano, L. Canfora und D. Lanza (Roma 1996), 179–810, im folgenden mit «BLG» abgekürzt.

Weitere Abkürzungen: *Ar.*: Aristophane, Entretiens Hardt 38 (1993); *CPFST*: *Corpus dei papiri filosofici greci e latini. Studi e testi* (III, Florenz 1988); *CPFTL*: . . . *Testi e lessico I/1* (Florenz 1989); *DSGL*: F. Della Corte (Hrg.), *Dizionario degli Scrittori Greci e Latini* (Mailand 1987); *FCMS*: *Frammenti della commedia greca e del mimo nella Sicilia e nella Magna Grecia. Testo e comm.* di A. Olivieri (I, Neapel ²1946; II, ²1947); *MK*: H.-G. Nesselrath, *Die attische Mittlere Komödie* (Berlin–New York 1990); *NFPhot.*: *New Fragments of Greek Literature from the Lexicon of Photius*, ed. with a comm. by K. Tsantsanoglou (Athen 1984); *PE*: *Poetarum elegiacorum testimonia et fragmenta*, edd. B. Gentili – C. Prato (Leipzig: I, ²1988; II, ²1985); *PT*: E. Corsini (Hrg.), *La Polis e il suo teatro I–II* (Padua 1986–1988); *SCG*: R. Bianchi Bandinelli (Hrg.), *Storia e civiltà dei Greci* (II/3, Mailand 1979) 255–350; *SFA*: C. Diano, *Studi e saggi di filosofia antica* (Padua 1973); *SPA*: C. Diano, *Saggezza e poetiche degli antichi* (Vicenza 1968); *St.*: M. L. West, *Studies in Greek Elegy and Iambus* (Berlin–New York 1974); *TI*: R. Pretagostini (Hrg.), *Tradizione e innovazione* [...]. *Scritti in onore di B. Gentili* (Rom 1993). Zu den weiteren Abkürzungen vgl. das allgemeine Abkürzungsverzeichnis.

A. ARCHAISCHE UND SPÄTARCHAISCHE ZEIT

1.1 Die archaische griechische Literatur: Einleitende Bemerkungen

Trotz unzweifelhafter Einflüsse des Orients zeigt die archaische griechische Literatur in Inhalten und Formen Züge eindeutiger Originalität.

Mit ihren Gattungen wurde die griechische Literatur zum Vorbild für die römische und alle nachfolgenden europäischen Literaturen. Dabei tendierte jede Dichtungsgattung dazu, den Dialekt des Gebietes beizubehalten, in dem sie entstanden war (vgl. *III 1.3.4*); die Prosa dagegen verwendete den Dialekt des jeweils vorherrschenden Stammes: in archaischer Zeit Ionisch, in klassischer Attisch, danach eine 'Gemeinsprache', die κοινή (*III 2.1.1*).

Die homerischen Dichtungen sind die ersten erhaltenen Werke der griechischen Literatur, bezeugen aber die Existenz einer schon Jahrhunderte alten Tradition; vgl. Simonetta Grandolini, *Canti e aedi nei poemi omerici* (Pisa–Rom

1996). Wesentliche Charakteristika dieser ersten literarischen Produktion waren Versdichtung, mündlicher Vortrag vor Publikum, mündliche Tradierung und häufige Verbindung mit Musik.

Das Schreiben in Prosa – und damit auch die langsame Verbreitung der Schriftlichkeit – begann erst in der 2. Hälfte des 6. Jh.s. Zwar existierte die Alphabetschrift bereits seit dem 8. Jh., aber fast nur berufsmäßig Schriftkundige (z. B. die Rhapsoden, vgl. Xen. *Mem.* 4,2,10) besaßen Texte (in der Regel auf Papyrus: *I 1.3.1*).

BLG 181–224.

1.2 Die Epik

1.2.1 Vorhomerische und homerische Epik

Die Epik, die am weitesten in der griechischen Welt verbreitete Dichtung, erzählte vor allem Geschichten von Göttern und Menschen, aber auch von den Anfängen der Welt, von Geschlechtern und Städten, von Ackerbau und Schiffahrt und noch vielem mehr (auch die philosophische Spekulation wurde zunächst in epischen Versen dargelegt). Von dieser riesigen Produktion haben nur *Ilias* und *Odyssee* überlebt. Sie stellen nicht den Anfang, sondern den Höhe- und Schlußpunkt einer langen Tradition dar, die im griechischen Mutterland in mykenischer Zeit (18./17.–12. Jh., vgl. *PAA* 70, 1995, 251–254) aufblühte und während der 'dunklen Jahrhunderte' (11.–9. Jh.) in den griechischen Kolonien Kleinasiens zur Reife kam. Ihr Metrum war der daktylische Hexameter (*IV 6.3.1*), ihr Dialekt der ionische, jedoch mit vielen Beimischungen aus dem Äolischen und Mykenischen (*III 1.3.2*), reich an äquivalenten Ausdrücken und 'Formeln', d. h. Stücken mit gleichbleibender metrischer Struktur aus zwei oder mehr austauschbaren Wörtern. Dieser Formelreichtum weist darauf hin, daß der Stoff vor seiner Fixierung in *Ilias, Odyssee* und anderen (verlorenen) Gedichten mündlich abgefaßt, vorgetragen und weitergegeben wurde. Die Epik spielte auf der Schwelle der archaischen Zeit eine panhellenische kulturelle Rolle und ließ alle Griechen an den gleichen Erinnerungen, Traditionen und Kenntnissen teilhaben.

In einer ersten Phase der Geschichte der archaischen Epik begleiteten die 'Aöden' oder 'Rhapsoden' ihren Vortrag mit einem Saiteninstrument; in einer zweiten ergriff der Sänger stattdessen den Stab (ῥάβδος) des Redners und trug seine Verse ohne Musikbegleitung vor. Die Rhapsoden waren in Korporationen vereinigt; deren bekannteste, die Homeriden in Chios, sah in Homer ihren Stammvater. Berühmt ist der Rhapsodenagon, an dem Hesiod, der Dichter des Friedens, über Homer, den Sänger des Krieges, triumphiert haben soll (vgl. den pseudohomerischen *Wettkampf zwischen Homer und Hesiod, 1.2.2*).

BLG 225–227.

1.2.2 Ilias und Odyssee

In der Antike wurde die historische Realität **Homers** nie bezweifelt; doch erzählte man nur Legendenhaftes über ihn.

Die *Vita Homeri* wie auch der *Wettkampf zwischen Homer und Hesiod* machen aus ihm einen alten, armen und blinden Rhapsoden. Der Autor eines der Hymnoi nennt sich «den Blinden, der in Chios wohnt» (3,172); daher die Legende von der Blindheit. In Rivalität mit Chios (vgl. Simonides fr. 19,1 West) beanspruchten noch andere Städte (z. B. Smyrna und Kolophon), Homers Geburtsort zu sein. Herodot (2,53,2) setzte sein Leben um 850 an. Studien zu Homer verfaßten bereits im 4. Jh. der Dichter Antimachos (vgl. *1.15.7*) und Aristoteles (vgl. M. Sanz Morales, *El Homero de Aristóteles*, Amsterdam 1994). Den alexandrinischen Grammatikern (*II 1.2.1–6*) verdanken wir die Fixierung der Verszahl, die Einteilung der beiden Werke in je 24 Bücher und eine eingehende exegetische und textkritische Behandlung.

Schon den Homer-Editoren und -Kommentatoren in Alexandria entgingen weder die Unterschiede zwischen *Ilias* und *Odyssee* noch die vielfältigen Probleme in den beiden Gedichten. Die sogenannten Χωρίζοντες (u. a. Xenon und Hellanikos) behaupteten, die beiden Epen müßten verschiedenen Autoren gehören. Einige Jahrhunderte später schrieb der Autor der Schrift 'Vom Erhabenen' (*IV 3.1.1*) die *Ilias* der Jugend und die *Odyssee* dem Alter Homers zu (9,13). In gewisser Weise sind damit moderne Auffassungen vorweggenommen, die überwiegend annehmen, daß die beiden Gedichte im Abstand von etwa einer Generation verfaßt wurden. Schon in der Antike gab es auch die verbreitete Meinung, die vielen διαφωνίαι in der homerischen Dichtung seien dadurch zu erklären, daß sie erst spät schriftlich fixiert wurde (Ios. *C.Ap.* 1,12): der athenische Tyrann Peisistratos (6. Jh.) habe die verstreuten Gesänge Homers in einem Corpus sammeln lassen, damit sie an den Panathenäen rezitiert würden. Hier zeichnen sich Themen der 'Homerischen Frage' ab, die in der Neuzeit Generationen von Gelehrten beschäftigt hat.

Bereits François Hédelin, Abbé d'Aubignac vertrat in seinen *Conjectures académiques ou Dissertation sur l'Iliade* (1664 vorgelegt, aber erst 1715 anonym publiziert) die These, die *Ilias* sei nur eine späte Sammlung von zu verschiedenen Zeiten verfaßten «petites tragédies» gewesen (ähnliche Schlüsse bei Giambattista Vico im 3. Buch seiner *Scienza nuova seconda*, 1730). Eine erst mündliche Überlieferung, dann schriftliche Abfassung zur Zeit des Peisistratos setzen Robert Wood's *Essays on the Original Genius and Writing of Homer* (London 1769) und dann vor allem Friedrich August Wolfs *Prolegomena ad Homerum* (1795) voraus: Jedes der beiden Gedichte bestehe aus einer Sammlung kurzer Rhapsodien verschiedener Autoren, unter denen eben Homer eine wichtige Position gehabt habe. Seit Wolf lassen sich fünf Hauptrichtungen der Forschung ausmachen: (1) Die 'Unitarier' – die ersten waren M. Cesarotti (1730–1808) und G. W. Nitzsch (1790–1861) – verteidigten die traditionelle Zuweisung von *Ilias* und *Odyssee* an Homer; das hohe Alter der Gedichte (so wie wir sie haben) werde dadurch bewiesen, daß ein großer Teil des Kyklos sie voraussetze. Die Unitarier sahen die Inkongruenzen des Textes als späte Interpolationen an und erklärten sie mit gekünstelten (oft psychologisierenden) Interpretationen. (2) Gerade auf solche inneren Widersprüche konzentrierten sich die 'Analytiker'; sie lösten die beiden Gedichte in Teile auf und hielten davon einige für 'homerisch', andere für früher oder später. Einer ihrer ersten und radikalsten Vertreter war K. Lachmann (1793–1851), der in der *Ilias* 16 bis 18 ursprüngliche «Einzellieder» entdeckte, die dann zur Zeit des Peisistratos zusammengefügt worden seien. Der *Odyssee* widmete sich besonders A. Kirchhoff (1826–1908), der einen ungeschickten «Bearbeiter» postulierte, der im

7. Jh. vier «Kleinepen» verschiedener Zeit zusammengestoppelt habe. Indessen leugneten die 'Analytiker' nicht immer die Existenz eines 'unitarischen' Moments in der Entstehung der Gedichte: Laut G. Hermann (1772–1848) gingen auf Homer zwei ursprüngliche Gedichte zurück (Zorn Achills bzw. Heimkehr des Odysseus); diese Theorie wurde bis zu P. Von der Mühll (*Kritisches Hypomnema zur Ilias*, Basel 1952) vielfach weiterentwickelt. Es war dabei sehr umstritten, ob die Einheit am Anfang oder am Ende des Entwicklungsprozesses oder sogar mitten in seinem Verlauf anzusetzen sei (z. B. nahm Wilamowitz an, Homer habe im 8. Jh. einige vorhomerische «Einzelgedichte» und «Kleinepen» unter dem Leitmotiv des Zorns und Todes Achills vereinigt, an die sich *Posthomerica* verschiedener Länge angelagert hätten). (3) Nach dem 1. Weltkrieg entstand als Reaktion auf den analytischen Rationalismus die 'neo-unitarische' Strömung, die – mit W. Schadewaldt (1900–1974) als Hauptvertreter – ihre Aufmerksamkeit vor allem auf die häufigen «Vorhersagen» und «Fernverbindungen» zwischen den verschiedenen Teilen der Epen richtet, die weder einem Redaktor noch einer zufälligen oder zu verschiedenen Zeiten erfolgten Zusammenfügung zuzuschreiben seien. (4) Vertreten vor allem von J. Th. Kakridis (1901–1992), nehmen die 'Neo-Analytiker' Tendenzen der analytischen Kritik wieder auf und wollen die 'Quellen' der homerischen Gedichte in sehr alten Gesängen mit Bezug auf Troja (Memnon) oder andere Sagen (Meleager, Argonauten) aufspüren. (5) Mit den Untersuchungen von Milman Parry – 1928–1932 veröffentlicht und von verschiedenen Nachfolgern (A. B. Lord, G. B. Kirk, J. B. Hainsworth, A. Hoekstra u. a.) weiterverfolgt – über die Natur der 'Formel' (vgl. *1.2.1*) wurde die 'Oral poetry'-Strömung geboren, die in den homerischen Gedichten das Ergebnis einer langen mündlichen Tradition sieht; diese Strömung hat die homerische Frage nicht gelöst, aber auf eine neue Grundlage gestellt: Die Wiederholung von Halbversen, Versen, typischen Szenen wird nun richtiger als ein Charakteristikum der Epik und ihres Stils erkannt, der als mündlicher eben repetitiv ist.

Die Gedichte wollen 'historische' Ereignisse erzählen; in der Tat hat die Archäologie gezeigt, daß Troja wirklich existierte und um 1260 zerstört wurde, und daß auch die anderen bei Homer als reich und mächtig erwähnten Städte (Mykene, Tiryns, Pylos, Theben u. a.) dies in mykenischer Zeit wirklich waren. Vielleicht waren sogar die homerischen Helden reale (wenn auch von der Sage transformierte) Gestalten. Dennoch läßt sich als 'historisch' nur der Hintergrund der Dichtungen bezeichnen.

Schematisch lassen sich in den Dichtungen Anteile dreier Zeitalter unterscheiden: des mykenischen (Streitwagen, Bronzewaffen, hoher Wert des Eisens), der 'dunklen Jahrhunderte' (phönizische Kaufleute, politische Strukturen) und der archaischen Zeit; aber die aus diesen Schichten zusammengesetzte Welt hat höchstens in der Phantasie der Aöden existiert. Vielleicht besangen sie den Trojanischen Krieg bereits in der spät- und submykenischen Zeit (etwa 11. Jh.), aber die dargestellte Welt ist im wesentlichen die des 10. und 9. Jh.s. Die mykenischen Elemente in ihr sind nur 'Fossilien'; die Bezüge zum 8. Jh. weisen wohl darauf hin, daß die Texte damals ihre definitive Form erhielten.

Beide Epen wurden zu dauerhaften ethischen und literarischen Vorbildern in der griechischen Erziehung und Kultur. Die *Ilias* (etwa 16.000 Verse) besingt die Tüchtigkeit des aristokratischen Kriegers (Achill); die *Odyssee* (etwa 12.000 Verse) preist demgegenüber Beharrlichkeit, Erdulden, gegenseitige Treue und die μῆτις, die Intelligenz und Verschlagenheit zugleich ist.

Die *Ilias* ist um den Zorn und die Rache Achills herum konstruiert; die *Odyssee* handelt von Odysseus' Rückkehr von Troja, und in diese Handlung ist die Reise seines Sohnes Telemach verflochten, der sich auf die Suche nach seinem Vater begibt. So hat die *Ilias* Einheit von Ort und Handlung, die *Odyssee* einen erheblich komplexeren Aufbau, der verschiedene Handlungsfäden bald unterbricht, bald wieder aufnimmt.

Die *Ilias* ist reich an Kämpfen, stellt aber auch Schönheit (Helena), Liebe (die Begegnung zwischen Hektor und Andromache), Freundschaft, Gastlichkeit dar; in Gleichnissen führt sie alle Aspekte des Lebens und der Natur vor. Solche Gleichnisse sind in der *Odyssee* seltener; sie beschreibt Meer, Land sowie das häusliche Leben der Adligen wie der kleinen Leute direkter.

In der *Odyssee* spielen die Frauen, die Jungen, die Alten und die Kaufleute gegenüber der *Ilias* eine erheblich stärkere Rolle; neu ist auch das Interesse an 'niedrigen' Figuren (der Sauhirt Eumaios, der Hund Argos, der Bettler Iros, die Amme Eurykleia u. a.). Odysseus ist noch wie die alten Helden, hat aber auch neue Qualitäten: Er weiß allem Unvorhergesehenen zu begegnen, ist hartnäckig bei der Verfolgung eines Ziels, aber flexibel in den Mitteln und täuscht nötigenfalls eine andere Identität vor.

In der *Ilias* sind die Götter als Anstifter, Helfer oder Protagonisten allgegenwärtig; sie sind unsterblich, im übrigen aber den Menschen gleich und auf keinen Fall Vorbilder an Tugend; nicht selten werden sie mit feinem Humor – bis an die Grenze der Parodie – vorgeführt.

Man denke an die Erzählung vom Ehebruch zwischen Ares und Aphrodite (*Od.* 8,266–366). Dieses Bild des Göttlichen wird bald die Attacken des Xenophanes (vgl. *1.3.3*), aber auch allegorische Rettungsversuche (vgl. *1.6*) auf den Plan rufen.

Neben der Universalität des Inhalts gründet der Erfolg von *Ilias* und *Odyssee* darauf, daß sie (wie schon die Antike bemerkte) anders als die kyklischen Gedichte um eine einzelne Handlung herum strukturiert und auf ein Ziel ausgerichtet sind, mithin den ersten genialen Versuch darstellen, ein wirklich organisches Werk zu schaffen.

Ausg.: *Ilias* ed. H. van Thiel (Hildesheim 1996); *Odyssee* ed. H. van Thiel (Hildesheim 1991). BLG 227–252.

1.2.3 Andere Homer zugeschriebene Werke

Auf das 7. und 6. Jh. gehen die 15 sogenannten 'Epigramme' zurück, volkstümliche Gelegenheitsgedichte verschiedenen Inhalts (in der pseudo-herodoteischen *Vita Homeri*, ed. T. W. Allen, *Homeri Opera* V, überliefert). BLG 254. – Die wahrscheinlich im 1. Jh. v. Chr. geschriebene *Batrachomyomachie* erzählt in etwa 300 Hexametern eine epische Schlacht zwischen Fröschen und Mäusen. Homerisch sind Sprache (mit den Namen der Protagonisten als lustigen Neubildungen), Stil und Anlage der Szenen (in die auch Götter verwickelt sind); die Komik entsteht aus dem Kontrast zwischen 'hohem' formalen Apparat und 'niedriger' Fabel-Thematik. Die große Zahl der Handschriften bezeugt den Erfolg des Werks; es wurde in der Neuzeit zum Archetypus des komischen Heldengedichts. – Komm. Ausg. R. Glei (Frankfurt a. M. u. a. 1984). BLG 253f.

Für Aristoteles war Homer der Urvater jeder Art von Dichtung: der Tragödie mit *Ilias* und *Odyssee*, der Komödie mit dem *Margites*. Dieses auf das 7. oder 6. Jh. zurückgehende Gedicht hatte als Protagonisten einen Tölpel (μάργος), der u. a. in der Hochzeitsnacht nicht wußte, wie er sich verhalten sollte. In den erhaltenen 9 Fragmenten folgen epische Hexameter und iambische Trimeter, feierlicher Stil und realistische Vulgarismen, unregelmäßig aufeinander. Das Werk wurde sehr geschätzt (u. a. von Kallimachos) und überlebte bis ins 12. Jh.

Ausg.: *IEG* II 69–77. BLG 254–256; *DSGL* 1010–1012. – Zur Zuschreibung des *Margites* und der *Batrachomyomachie* an Pigres von Halikarnass vgl. H. Wölke, *Untersuchungen zur Batrachomyomachie* (Meisenheim 1978) 54–58.

Unter der Bezeichnung *Homerische Hymnen* sind 33 Gedichte in Hexametern und episch-homerischer Sprache erhalten, die jeweils einer Gottheit gewidmet sind; es handelt sich um Prooimia (vgl. Thuc. 3,104,4) verschiedener Zeit (seit dem 7. Jh.) und verschiedenen Umfangs, die in Rhapsoden-Wettkämpfen als Auftakt für die Rezitation dienten.

Zum Teil gibt es interne Datierungsindizien: Der *Hymnos an Demeter* setzt voraus, daß Eleusis noch nicht zum athenischen Staat gehört, und ist deshalb vor 550 anzusetzen. Jungen Datums ist der Hymnos an Ares (8), da die in ihm enthaltenen astrologischen und orphischen Elemente in voralexandrinischer Zeit undenkbar sind.

Die Hymnen an Demeter (2), Apollon (3), Hermes (4) und Aphrodite (5) sind 293 bis 580 Verse lang und vorwiegend erzählender Natur, die übrigen erheblich kürzer; ihr Inhalt – mit Ausnahme des *Hymnos an Dionysos* (7; 59 Verse) – beschränkt sich auf ein Lob des Gottes und schließt mit einer Bitte um Beistand. In den größeren Hymnen konzentriert sich die Erzählung im Vergleich zu *Ilias* und *Odyssee* auf das Wesentliche, ist mit volkstümlich anmutenden Elementen durchsetzt und gelegentlich witzig. Der *Hymnos an Apollon* besteht aus einem Nebeneinander von zwei ursprünglich selbständigen Gedichten: Das erste feierte den Gott als Patron von Delos (V. 1–178), das zweite die Einrichtung seines Orakels in Delphi (V. 179–546). Der *Hymnos an Aphrodite* erzählt – mit zum Teil raffinierter Sinnlichkeit – die Liebe der Göttin zu dem Sterblichen Anchises. Ein unbekümmert-festlicher Humor beherrscht den *Hymnos an Hermes*; er schildert den Diebstahl der Rinder Apollons durch das neugeborene göttliche Wunderkind.

Ausg.: T. W. Allen (*Homeri Opera* V, Oxford 1946); komm. Ausg.: F. Càssola (Mailand 1975). BLG 254–256.

1.2.4 Die kyklische Ependichtung

Der antike Kollektivtitel 'Epischer Kyklos' bezeichnet eine große Reihe von Gedichten, die Mythen von den ersten Anfängen bis zum Ende der Heroenzeit (Tod des Odysseus) behandelten. Dazu gehörten auch *Ilias* und *Odyssee*; die übrigen Werke sind bis auf etwa 120 Verse verloren. Sie wurden zwischen dem Ende des 8. und dem 6. Jh. aufgeschrieben.

Der *Kyklos* (*PEG* 1–105) begann mit einer *Theogonie*; es folgten eine *Titanomachie* und zwei 'Kykloi', die den Ereignissen um Theben bzw. um Troja gewidmet waren. Der erste bestand aus *Ödipodie* (6600 Verse), *Thebais* (7000 Verse), *Epigonoi* (7000 Verse) und *Alkmeonis*; der zweite aus den *Kyprien* (11 Bücher), *Ilias, Aithiopis* (5 Bücher), *Kleiner Ilias* (4 Bücher), *Iliupersis* (2 Bücher), *Nostoi* (5 Bücher), *Odyssee* und *Telegonie* (2 Bücher). Die Zuschreibung dieser Werke an verschiedene Dichter (oft auch an Homer – jedoch seit Herodot mit Zweifeln –, dem ursprünglich vielleicht der ganze Kyklos zugeschrieben wurde) ist widersprüchlich: Die *Kyprien* wurden Stasinos (7. Jh.), aber auch Hegesias und Hegesinos zugewiesen; die *Titanomachie* Arktinos, aber auch Eumelos von Korinth (vgl. *1.2.6*); die *Aithiopis* und die *Iliupersis* ebenfalls Arktinos, letztere aber auch Lesches von Mytilene. Diesem wurde auch die *Kleine Ilias* zugeschrieben, ebenso jedoch dem Thestorides von Phokaia und dem Kinaithon von Sparta (7./6. Jh.); letzterer wird auch als Autor der *Ödipodie* und der *Telegonie* angegeben, die jedoch im allgemeinen dem Eugammon von Kyrene (6. Jh.) zugewiesen wird. Als Schöpfer der *Epigonoi* galt Antimachos von Teos, als der der *Nostoi* Hagias von Troizen (beide aus unbekannter Zeit).

Aristoteles (*Poet.* 23,1459a 29-b7) warf der Kyklos-Dichtung das Fehlen dramatischer Einheit vor, und die Alexandriner brandmarken sie als schwerfällig und antiquiert; doch bildete sie bis zum Ende der klassischen Zeit vor allem für Chorlyriker und Tragödiendichter ein unvergleichliches Reservoir an Erzählstoff.

Ausg.: *PEG*. BLG 252f.

1.2.5 Hesiod

Mit Hesiod (Ende 8. Jh.) führt sich ein Dichter erstmals selbst in sein Werk ein; so ist er der erste europäische Dichter, dessen historische Person uns bekannt ist: Er war ein kleiner Landbesitzer, im ständigen Kampf mit einem unsicheren Alltag und einer wenig idealen sozialen Wirklichkeit. Seine künstlerische Absicht richtet sich nicht mehr auf die Vergangenheit, sondern die Gegenwart; auch den Mythos gestaltet er in einer Perspektive, die in die aktuelle Herrschaft des Zeus mündet.

In den *Werken und Tagen* erzählt Hesiod, daß sein Vater Kyme in Kleinasien verließ und nach Askra in Böotien übersiedelte; er selbst sei einmal von Aulis nach Chalkis gefahren, um erfolgreich an den Leichenspielen zu Ehren des Amphidamas teilzunehmen (zwischen 730 und 700); sein Bruder Perses habe das eigene Erbteil verschleudert und dann versucht – von korrupten Richtern unterstützt –, ihm das seine zu nehmen. Im Prolog der *Theogonie* nennt Hesiod explizit seinen eigenen Namen. Ihm wurden in der Antike etwa 15 Werke zugeschrieben, von denen nur die *Theogonie* (1022 Verse, doch bilden 1021f. bereits den Anfang der *Ehoiai* = fr. 1,1f.) und die *Werke und Tage* (828 Verse) sicher echt sind. Beide sind nicht frei von Inkongruenzen und Interpolationen; heute beschränkt sich der Verdacht meist auf die Schlußpartien (*Theog.* 886ff.; *Op.* 765ff.).

Bestritten wird Hesiods Verfasserschaft beim *Frauenkatalog*, der in den antiken Sammlungen direkt mit der *Theogonie* verbunden war (über 1000 Verse auf Papyrus erhalten): Seine 5 Bücher bildeten ein großes genealogisches Fresko der sterblichen Frauen, die von Göttern geliebt wurden, und hießen auch *Ehoiai* (nach der stereotypen Übergangsformel ἢ οἵη vor den einzelnen Abschnitten). Vielleicht ist ein ursprünglicher Kern des Werkes authentisch. Die Zuschreibung des *Schildes des Herakles* an Hesiod verwarf bereits Aristophanes von Byzanz (II *1.2.4*). Von anderen Werken (*Große Ehoiai, Die Hochzeit des Keyx, Melampodie, Katabasis des Peirithoos, Die idaeischen Daktylen, Die Lehren des Chiron, Die großen Werke, Astronomie, Aigimios, Ornithomanteia, Epikedion für Batrachos*) sind nur die Titel und einige Fragmente erhalten.

Die zuerst verfaßte *Theogonie* behandelt die Entstehung der Welt und der Götter (vgl. *VI 3.1.4*). Das Universum erscheint hier als ein unermeßliches göttliches Ganzes: Die Gottheiten sind meistens (wie bei Homer) anthropomorph, einige sind noch Elemente, andere bereits Abstraktionen, deren Genealogie die Bezüge von Ursache und Wirkung illustriert. Die göttliche Welt entwickelt sich hin zur aufgeklärten Herrschaft des Zeus; dabei überwindet Hesiod die amoralische Dimension der homerischen Götter: Bei ihm sind die Götter tatsächlich die Garanten der Gerechtigkeit und vergelten das Gute und Böse, das die Menschen anrichten.

Das Werk beginnt mit dem berühmten Proömium, in dem sich Hesiod an den Tag erinnert, an dem ihn die Musen zum Dichter einsetzten (V. 1–115). Es folgt der kosmogonische Teil (V. 116–210). Aus der Verbindung des Titanen Iapetos mit der Okeanide Klymene entsteht Prometheus, der für die Menschheit von grundlegender Bedeutung wird (V. 507–616). Danach besiegen Zeus und die anderen Kinder des Kronos die Titanen (V. 617–819); mit dem Sieg über Typhoeus, dem letzten Sohn der Gaia, wird der Triumph des Zeus endgültig (V. 820–880). Hesiods Quellen und sein Verhältnis zu den anderen Theogonien und Kosmogonien der archaischen Zeit sind nicht präzisierbar (vgl. *1.2.4* und *1.2.6*). Jedenfalls zeigen sich Spuren alter nichtgriechischer Traditionen: Die Abfolge Uranos – Kronos – Zeus begegnet analog bereits in ugaritischen und hethitischen Texten.

Die hesiodeische 'Dichterweihe' wird bedeutende Nachfolger sowohl in Griechenland (Kallimachos, Theokrit) wie auch in Rom (Ennius) finden. Mit dem Hinweis der Musen, sie wüßten sowohl lügenhafte als auch wahre Worte zu sprechen, gibt ein Dichter erstmals zu, daß Dichtung nicht immer wahrhaftig ist.

Die *Werke und Tage* sind als Reihe von Ermahnungen zu einem ehrenhaften und arbeitsamen Leben an den Bruder Perses gefaßt.

Wichtige Teile sind die Wiederholung des Prometheus-Mythos mit einem unheilvollen Anhang, dem Mythos von der ersten Frau, Pandora (V. 42–105), in der Hesiod – wie die hebräische Tradition in Eva – die Quelle allen Übels sieht (die hesiodeische Misogynie – vgl. auch *Op.* 373–375 – wird bei den Iambographen ihre Fortsetzung finden [*1.3.2*]); der düstere Mythos von den fünf Zeitaltern (die Gold-, Silber-, Bronze-, Heroen- und Eisenzeit) (V. 106–201); die Fabel vom Habicht und der Nachtigall mit der Moral, daß das allein herrschende Prinzip in der Welt die Willkür des Stärkeren sei (V. 202–212).

Dieses einzigartige Lehrgedicht adelt die realen Erfahrungen des bäuerlichen böotischen Publikums und gibt Inhalten eine Stimme, die der homerischen Epik völlig fremd sind. An die Stelle der leuchtenden Heldenwelt tritt eine düstere Weltanschauung, die die Menschheit auf abschüssiger Bahn zu Unrecht und Gewalt sieht. Doch steht am Ende keine fatalistische Resignation: Rettender Anker sind Arbeit und Gerechtigkeit; auf ihnen ruht das Auge des Göttlichen. Hesiod verdammt den auf üble Weise erworbenen Reichtum und lobt den auf ehrlichen Schweiß begründeten; in einer Gesellschaft, die den für reich hielt, der nicht zu arbeiten brauchte, ist seine Aufforderung, sich nicht der Arbeit, sondern des Müßiggangs zu schämen (V. 311), eine geradezu revolutionäre Botschaft.

In ihrer 'Architektur' (aneinandergereihte Inhalte, Wiederholungen und Redundanzen u. ä.) erscheinen die hesiodeischen Gedichte archaischer als die homerischen. Ein rauher, ländlicher Humor zeigt sich in metaphorisch-verrätselten Bezeichnungen wie ἡμερόκοιτος («der am Tag schläft») als Bezeichnung für den Dieb (*Op.* 605) und ἀνόστεος («ohne Knochen») für den Polypen (*Op.* 524) u. ä. (*Op.* 533, 571, etc.).

Komm. Ausgg.: M. L. West (*Theogony*, Oxford 1966; *Works and Days*, Oxford 1978). BLG 256–260. *Schild*: komm. Ausg. C. F. Russo (Florenz ²1965); Fragmente: Ausg. R. Merkelbach – M. L. West (Oxford 1967), vgl. H. Maehler, «Neue Fragmente eines Hesiodpapyrus in West-Berlin», *ZPE* 15 (1974) 195–207; dazu M. L. West, *ZPE* 18 (1975) 191; 57 (1984) 33–36. BLG 260f.

1.2.6 Andere Epiker

Von einigen Epen des 7. und 6. Jh.s, die andere Sagen als die des Kyklos behandelten (*Phoronis, Danais, Phokais, Meropis, Minyas*), gibt es nur vage Nachrichten.

Die einem Karkinos von Naupaktos zugeschriebenen *Naupaktia* hatten Bezug zur Argonautenfahrt; die *Korinthiaka* des Eumelos von Korinth (offenbar ein Zeitgenosse Hesiods) feierten den alten Ruhm dieser Stadt. Asios von Samos (6. Jh.?) verfaßte Genealogien und ein mit satirischen Spitzen versehenes Werk über die Gebräuche seiner Landsleute; und Kreophylos von Samos (7. Jh.?) schilderte die *Eroberung von Oichalia* (wenigstens 2 Bücher) durch Herakles. Die Herakles-Epik war besonders reich (doch gab es auch *Theseiden*): Autor einer *Herakleia* (2 Bücher) war Peisander von Kamiros (7. Jh.). Viel antikes Lob erhielten die *Herakleia* (14 Bücher) des Panyassis von Halikarnass, der als Verwandter (wahrscheinlich Onkel) Herodots schon ins 5. Jh. gehört. Panyassis verfaßte auch Ἰωνικά in Pentametern über die Gründung der ionischen Kolonien. Komm. Ausg.: V. J. Matthews (Leiden 1974). BLG 252f.

Die Sentenzen des Phokylides von Milet (1. Hälfte 6. Jh.; *PE I* 135–140; vgl. *1.3.3*) wurden in der Antike sprichwörtlich. Sicher unecht sind ein Epigramm (*FGE* 159) und ein gnomisches Gedicht von 230 Hexametern (ed. P. Derron, Paris 1986). BLG 278.

Das 6. Jh. war auch eine Zeit religiöser Spannungen; ein Widerhall dessen sind die (namentlich delphischen) Orakel, kurze Hexametergedichte in verrätselt-epischer Sprache.

Vom Kult Apollons durchdrungen war auch das Werk des Aristeas von Prokonnesos, eines mit schamanischen Fähigkeiten begabten Wundertäters (laut *Suda* Zeit des Kroisos und Kyros, 560–528). Die ihm zugeschriebenen *Arimaspeia* (*PEG* 144–154) berichteten von einer phantastischen Reise in den Norden, wo er Wunderdinge über dortige Völker erfuhr. Eine andere halblegendäre Figur ist der Hyperboreer Abaris (*FGrHist* 34: verschiedene Gedichte und eine *Theogonie* in Prosa). Magische Fähigkeiten wurden auch dem Kreter Epimenides zugeschrieben (*VS* 3); er war u. a. Autor einer *Theogonie* in 5000 Hexametern.

Theogonien wurden auch Musaios (*VS* 2) und Orpheus (*VS* 1), dem mythischen Begründer der gleichnamigen bedeutenden religiösen Bewegung, zugewiesen (vgl. *VI 5.4.4*). Wenigstens ungefähr 50 Versdichtungen schmückten sich mit Orpheus' Namen; die uns erhaltenen (*Argonautika, Lithika*, 87 Hymnen an verschiedene Gottheiten) gehören der späten Kaiserzeit an (*IV 4.2.6; IV 3.6.1*). Die orphischen *Theogonien* – eine von ihnen, genannt Ὀρφικά, wurde von Onomakritos, dem unter den Peisistratiden tätigen Sammler (und Fälscher) von Orakeln, verfaßt – lassen einen wohl alten Kern erkennen. Die berühmteste von ihnen, die *rhapsodische Theogonie*, machte aus der Zeit (Χρόνος) das oberste Prinzip; ebenso die des Pherekydes von Syros (*VS* 7), die als das erste Werk in Prosa gilt (6. Jh.).

Orakel: Komm. Ausg. H. W. Parke – D. E. Wormell (I–II, Oxford 1956); Aristeas: Komm. Ausg. P. Bolton (Oxford 1962); Orpheus, *Theogonien*: ed. O. Kern (Berlin 1922), *Hymnen*: ed. W. Quandt (Berlin 1962). Vgl. A. Masaracchia (Hrg.), *Orfeo e l'orfismo* (Rom 1993); M. L. West, *Early Greek Philosophy and the Orient* (Oxford 1971).

1.3 Lyrik

1.3.1 Ursprung und Gattungen

Als 'Lyrik' bezeichneten die alexandrinischen Grammatiker nur die zur Lyra (oder einem vergleichbaren Saiteninstrument) gesungene Dichtung, d. h. jene Gattung, die man in der Regel 'Melik' (von μέλος, 'Lied') nennt und in 'monodische' (d. h. Einzelgesang) und 'chorlyrische' (von einem tanzenden Chor ausgeführt) unterteilt. Seit römischer Zeit wird jedoch unter 'Lyrik' auch die elegische und iambische Dichtung verstanden, deren Vortrag im Gesang mit Aulos-Begleitung bzw. im Rezitativ (παρακαταλογή) stattfand.

Gemeinsam sind den lyrischen Gattungen neue, mehr mit dem Leben des Einzelnen verbundene Themen (Alltag, Freundschaft, Liebe, Politik, Ethik, Religion), mündliche Tradierung (daher die Vorliebe für Allegorie, Metapher, Parataxe) und nicht zuletzt das sprechende (aber nicht ohne weiteres 'autobiographische') Ich, das gern eine exemplarische Rolle annimmt; der archaische Dichter drückt damit Gefühle oder Vorstellungen aus, die von seinem eigenen Kreis oder von der ganzen Gemeinschaft geteilt werden (vgl. S. Slings [Hrg.], *The Poet's I in Archaic Greece*, Amsterdam 1990; Maria Grazia Bonanno, in: I. Gallo – L. Nicastri [Hrgg.], *Biografia ed autobiografia degli antichi e dei moderni*, Napoli 1995, 23–39).

Iambos, Elegie und Monodie waren meist auf das Symposion beschränkt (zu dem der Thiasos Sapphos ein weibliches Pendant darstellt); die Chorlyrik richtete sich an ein großes Publikum vor allem in Heiligtümern. Entsprechend den Vortragssituationen gab es verschiedene Typen der Melik: Dithyramben waren für Dionysos, Hymnoi, Hyporchemata ('Gesänge mit Tanz') ursprünglich für Apollon, Nomoi und Paiane ebenfalls für Apollon bestimmt; ferner gab es Epinikien (für Wettkampfsiege), Hymenaioi und Epithalamia (für Hochzeiten), Partheneia (von unverheirateten Mädchen aufgeführt), Prosodia (Prozessionslieder) und Skolia (Gesänge verschiedener Art bei Gastmählern).

BLG 261–268.

1.3.2 Der Iambos

Der Iambos (ein vorgriechisches, offenbar mit διθύραμβος, θρίαμβος u. ä. verwandtes Wort) scheint ursprünglich mit ländlichen Riten für Demeter und Dionysos verbunden zu sein, die Spott und skurrile Witze aller Art (ἴαμβοι) enthielten; daher der Hang der iambischen Dichtung zu λοιδορία, αἰσχρολογία und γελοῖον. Tadel und Verspottung des Lasters sind die Hauptfunktion des Iambos; doch hat er manchmal auch ernste, lehrhaft-moralisierende Töne. Seine Sprache war das Ionische, seine Metren der antiheroische iambische

Trimeter, der bewegt-aggressive trochäische Tetrameter und die Epode, oft mit iambisch-trochäischen Rhythmen (vgl. *IV 6.3.3. 3.5.4*).

Auch andere Metren mit scherzhaftem Inhalt konnten ἴαμβοι genannt werden, vgl. *DSGL* 1005f.

Archilochos von Paros (Mitte 7. Jh.; vgl. fr. 122: wohl die Sonnenfinsternis vom 6. April 648) nahm an Kolonialunternehmen seiner Heimat teil, lebte dann auf Thasos und fand gemäß Überlieferung den Tod in der Schlacht. Die etwa 300 erhaltenen Fragmente (davon 17 elegische, vgl. *1.3.3*) bestätigen vollauf den großen Dichterruhm (er galt als ὁμηρικώτατος, aber auch als ψογερός und βαρύγλωσσος), den die Antike ihm zuerkannte.

Die Trimeter (fr. 18–87) zeichnen sich durch Invektive, Sarkasmus und eine grobe und gewaltsame Sprache aus. Friedlichere Töne bieten die Tetrameter (fr. 88–167), wo der Dichter sich an seine Mitbürger (fr. 109) und an den eigenen θυμός (fr. 128) wendet und über den Menschen und seine Ungerechtigkeiten nachdenkt (fr. 130–134). In den von exuberanter Polymetrie gekennzeichneten Epoden (fr. 168–204) finden sich 'ernste' und vielbewunderte Verse (fr. 191 und 193), aber das σκῶμμα ist im Ganzen vorherrschend. In der berühmten «Kölner Epode» (fr. 196a) wird die ehemalige Geliebte Neobule (vgl. fr. 118) als sittenloses und nicht mehr erstrebenswertes Geschöpf dargestellt (vgl. fr. 184 und 188?). Bemerkenswert sind im Sprachlichen die erfundenen Namen mit etymologischem Witz (vgl. fr. 115) und die klingenden Patronymika epischer Tradition, die elenden Wichten einen paradoxen Adelstitel verleihen (vgl. fr. 250).

Ed.: *IEG* I. BLG 269–274; *Ar.* 23–27.

Archilochos' samischer (vgl. fr. 7,69f. W.) Zeitgenosse Semonides erhielt die Bezeichnung «von Amorgos», weil er die Kolonisation dieser Insel leitete. Von seinen Elegien (2 Bücher) ist nichts, von der *Archäologie der Samier* nur der Titel erhalten. In seinen etwa 40 iambischen Fragmenten taucht seine Hauptzielscheibe (vgl. Luc. *Pseudol.* 2) Orodokides nicht auf. Berühmt ist seine Satire gegen die Frauen (fr. 7), in der diese grotesk in 10 jeweils von einem Tier (Sau, Fuchs u. ä.) oder einem Element (Erde, Meer) abgeleitete Arten eingeteilt werden, die alle – mit Ausnahme der arbeitsamen 'Bienen-Frau' – das unseligste Geschenk darstellen, das Zeus dem Menschen machen konnte.

Ed.: *IEG* II; komm. Ausg.: E. Pellizer – G. Tedeschi (Rom 1990). BLG 274f.; *Ar.* 27f.

Hipponax' (letzte Jahrzehnte des 6. Jh.s) etwa 180 Fragmente – meistens Hinkiamben (*IV 6.3.4*) – zeigen einen Dichter mit vielfältigen Ausdrucksmöglichkeiten, die ihn zum Vorläufer sowohl der Komödien- als auch der alexandrinischen Dichter machten (vgl. *Aevum Ant.* 8, 1995, 105–136).

Die Antike sah in ihm den Meister der λοιδορία und αἰσχρολογία; in der Tat wimmeln seine Verse von grausam verspotteten Gestalten (etwa Bupalos), die als anrüchige Individuen mit bewundernswerter Anschaulichkeit vor Kulissen gezeichnet sind, in denen Diebstahl, Zank, Drohungen, Prozesse, Gewalt und vor allem sexuelle Abenteuer, die zu den unanständigsten der Antike gehören, den Ton angeben. Hinzu kommen burleske Vergleiche zwischen Mensch und Tier, magische Praktiken, Sprichwörter, Misogynes, rohe idiomatische Ausdrücke, oft auch fremdes Kauderwelsch, das der gelehrte Dichter beflissen ins Griechische übersetzt. Diese ausgeprägte Vorliebe für das Exotische und Ungewöhnliche wird später von Kallimachos, Herondas, Lykophron, Nikander u. a. geschätzt.

Mit etwa 70 Hapax legomena ist die Sprache des Hipponax voll von pittoresken Schimpfwörtern und funkelt von zweideutigen Witzen, von eines Aristophanes würdigen komischen Metaphern und Hyperbeln. Eine allgegenwärtige parodistische Ader reicht von Einzelwörtern bis zu ganzen Szenen; zu Recht erklärte Polemon (fr. 45 Preller) Hipponax zum εὑρετὴς τῆς παρῳδίας und zitierte dazu vier Hexameter (fr. 128 W. = 126 Dg.), die in epischem Metron, Sprache und Stil nicht mehr die Taten eines Helden, sondern die Missetaten eines Schlemmers darstellen.

Ausg.: *IEG* I; E. Degani (Stuttgart – Leipzig ²1991); vgl. Chr. Theodoridis, «Neue Zeugnisse zu Hipponax aus dem Lexikon des Photios», *Eikasmos* 2 (1991) 33–35 (dazu *Gnomon* 65, 1993, 482f.). BLG 276f.; *Ar.* 28–36.

Von Ananios (Zeit des Hipponax oder bald danach) sind 6 Fragmente erhalten (iambische Trimeter und trochäische Tetrameter, beide gelegentlich 'hinkend'), die dem ψόγος und der αἰσχρολογία fernstehen und stattdessen Moralistisches, liebenswürdige mythologische Parodie und einen gastronomischen Kalender (fr. 5), das erste Beispiel hedyphagetischer Poesie in der griechischen Literatur, enthalten.

Ausg.: *IEG* II. *Ar.* 19–21.

In Attika nimmt der Iambos bei Solon die strengen Töne des Lehrgedichtes an: Mit seinen Trimetern und Tetrametern (die Epoden sind vollständig verloren) warnte der große Gesetzgeber seine Mitbürger vor den Gefahren der Demagogie und verteidigte sein eigenes politisches Werk (fr. 32–40, vgl. *1.3.3*).

Ein Iambograph war wahrscheinlich auch Susarion von Megara, der angebliche 'Erfinder' der attischen Komödie (vgl. *1.8.3*; *IEG* II 167f.).

Ausg.: *IEG* II. BLG 275f.; *DSGL* 1021–1023.

1.3.3 Die Elegie

Die Elegie kennzeichnet metrisch das elegische Distichon (IV *6.3.2*), sprachlich der ionische Dialekt. Die Antike glaubte, die Elegie sei ursprünglich ein θρῆνος (d. h. Totenklage) gewesen, und leitete ἔλεγος (wahrscheinlich phrygisch; vgl. arm. *elegn* 'Flöte') von ἒ ἒ λέγειν ab.

Threnodisch waren in der Tat die verlorenen ἔλεγοι des Klonas von Tegea oder Theben (7. Jh.), des Sakadas von Argos und des Echembrotos aus Arkadien (beide 1. Hälfte 6. Jh.); erstes erhaltenes Beispiel ist Archilochos' berühmte 'Elegie an Perikles' (fr. 13 W.).

Die uns erhaltenen elegischen Zeugnisse zeigen jedoch eine von Anfang an bunte Thematik kriegerischer, politischer und symposiastischer Art.

Die 'Kampfparänese' hatte ihre Hauptvertreter in Kallinos von Ephesos (25 erhaltene Verse) und Tyrtaios von Sparta (beide Mitte 7. Jh.). Die Elegien des Tyrtaios (etwa 150 und etwa 100 weitere unvollständig erhaltene Verse), der auch verlorene *Marschlieder* in lakonischem Dialekt verfaßte, genossen hohes Ansehen in der griechischen Welt und machten aus ihm den Dichter par excellence eines kollektiven Heldentums, wie es die Hoplitentaktik erforderte, die sich inzwischen durchgesetzt hatte (vgl. V *1.2.7*). Tyrtaios war der erste leidenschaftliche Besinger Spartas; in seiner *Eunomia* (fr. 1–4 W.) pries er die spartanische Verfassung als von Apollon selbst eingesetzt.

Ausgg.: *IEG* II; *PE* I; Tyrtaios: komm. Ausg. C. Prato (Rom 1968). BLG 268f.

In den etwa 40 erhaltenen Distichen des Mimnermos von Smyrna (7./6. Jh.; fr. 20 W.: wohl die Sonnenfinsternis vom 28. Mai 585) tritt erstmals das Thema Liebe – verbunden mit melancholischen und pessimistischen Tönen (vgl. fr. 2) – in den Vordergrund. Von der geliebten Flötenspielerin Nanno empfing eine Gedichtsammlung ihren Namen, die auch mythische (fr. 12) und historische (fr. 9) Exkurse enthielt. In einer *Smyrneis* besang Mimnermos die Kämpfe seiner Mitbürger gegen den Lyderkönig Gyges (vgl. fr. 13–13a und vielleicht 14).

Ed.: *IEG* II; *PE* I; komm. Ausg.: A. Allen (Stuttgart 1993). BLG 275.

Mimnermos wünschte nicht länger als 60 Jahre zu leben (fr. 6); Solon (640–560) aber schlug ihm vor, dies auf 80 Jahre zu erhöhen (fr. 20,4 W.; vgl. fr. 18). Der berühmte Gesetzgeber ist der älteste uns bekannte athenische Dichter. Zu seinen Iamben vgl. *1.3.2*; seine Elegien (über 100 Distichen) enthalten politische Paränese und verherrlichen Gleichheit und soziale Gerechtigkeit. Eindrucksvolle Zeugnisse für Solons politische und allgemeine Weltanschauung sind die *Eunomia* (fr. 4) und die *Musenelegie* (fr. 13; wahrscheinlich vollständig).

Ausg.: *IEG* II; *PE* I. BLG 275f.

Unter dem Namen des Theognis von Megara ist ein Corpus von 1389 Versen (dem Geliebten Kyrnos gewidmet und in 2 Bücher unterteilt) erhalten, eine im wesentlichen für das Symposion bestimmte gnomologische Sammlung, bei der ein ursprünglicher Kern durch sukzessive Anlagerungen erweitert wurde; dabei wurden auch Stücke von anderen Dichtern (Tyrtaios, Mimnermos, Solon, vielleicht Euenos von Paros) aufgenommen. Das Echte vom Unechten zu trennen, war stets die erste (oft aussichtslose) Aufgabe der Theognis-Kritik.

Platon (*Leg.* 630a) nannte Theognis einen Bürger von Megara Hyblaia, was schon Didymos und Harpokration bestritten; immerhin bezeugen die Verse 783–788 ein Exil des Dichters auf Euboia, in Sparta und auch in Sizilien. Nach der heute vorherrschenden Meinung fällt Theognis' ἀκμή in die letzten Jahrzehnte des 7. Jh.s (vgl. etwa *St.* 65–71); die Verse 773–782, in denen auf eine drohende Persergefahr hingewiesen wird (vgl. auch 757–764) gehören einem anderen megarischen Dichter (nach West, *IEG* I 211, vielleicht Philiadas, vgl. *FGE* 78f.).

Ein verläßliches (aber nicht ausschließliches) Zeichen der Echtheit ist die Apostrophe an Kyrnos (der bisweilen auch mit dem Patronymikon 'Polypaides' bezeichnet wird), die man vor allem im Anfangsteil in vielen Gedichten findet (insgesamt 306 Verse). Daß diese Apostrophe die σφρηγίς darstellt, die der Dichter nach eigenen Worten (V. 19–23) seinem Werk aufdrücken will, um unrechtmäßige Aneignungen oder Fälschungen zu verhüten, ist unter verschiedenen Hypothesen (vgl. zuletzt G. Cerri, *QS* 17/33, 1991, 21–40; *TI* 377–391) immer noch die wahrscheinlichste (F. Jacoby).

Inhaltlich überwiegen die ethisch-politischen Ermahnungen; auch der erotische Teil (2. Buch) ist von einem adligen Erziehungsideal geprägt. Die eingefleischten Werte der Aristokratie werden kompromißlos hochgehalten (ständige Polemik gegen den δῆμος; Furcht vor einem Tyrannen; nostalgische Klage um eine bessere Vergangenheit).

Oft mit Theognis zusammengestellt wurde der sentenzenreiche Phokylides von Milet (6. Jh.), aus dessen Elegien wir ein einziges, noch dazu zweifelhaftes Distichon haben (*PE* 135, vgl. *IEG* II 95).

Theognis: Ausg. *IEG* I; Komm. Ausg. (mit Phokylides) M. L. West (Oxford 1978). BLG 277f.

Eine bedeutende Gestalt war der Dichter-Philosoph Xenophanes von Kolophon (etwa 565–470; vgl. *1.6.2*). Er verfaßte vor allem *Sillen* (wenigstens 5 Bücher), parodistisch-satirische Hexametergedichte mit eingefügten iambischen Trimetern (wie im *Margites*, vgl. *1.2.3*); in frühhellenistischer Zeit greift Timon von Phleius diese Dichtung wieder auf (*IV 2.3*). Zu Xenophanes' Götter- und Dichterkritik vgl. *VII 1.2.1*. Auch die Überreste von Xenophanes' Elegien zeigen bissigen Schwung: fr. 2 W. mokiert sich über den Sport (vgl. später Euripides fr. 282 N.²), fr. 7a W. verspottet die Seelenwanderungslehre der Pythagoreer.

Ausgg.: *IEG* II; *PE* I (mit den Sillen); komm. Ausg. J. H. Lesher (Toronto u. a. 1992). BLG 588f.

1.3.4 Die Melik

Die moderne Unterscheidung zwischen monodischer und chorlyrischer Dichtung war der Antike fremd; eine klare Trennung der beiden Gattungen entsprach auch nicht der dichterischen Praxis der archaischen Lyrik, die eine große Fülle verschiedener Gelegenheiten für den Gesangsvortrag umfaßte: Derselbe Dichter konnte monodische und chorlyrische μέλη verfassen; so kann man Sappho, Alkaios und Anakreon als vornehmlich monodische, Simonides, Pindar und Bakchylides als vornehmlich chorlyrische Dichter bezeichnen. Der alexandrinische Kanon melischer Dichter umfaßte Pindar, Bakchylides, Sappho, Anakreon, Stesichoros, Ibykos, Alkaios und Alkman, denen dann noch Korinna hinzugefügt wurde (*PMGF* T A–B).

Die zur Begleitung eines Saiteninstrumentes gesungene monodische Lyrik hatte eine eher einfache metrische Struktur (logaödische, glykoneische, alkäische, sapphische u. a. Strophen; vgl. *IV 6.5.2*), verschiedenenartigen Inhalt und keinen festgelegten Dialekt (Äolisch bei Alkaios und Sappho, Ionisch bei Anakreon).

Sappho und Alkaios lebten auf Lesbos, das sich – als Heimat Terpanders (vgl. *1.3.5*) – einer erstrangigen dichterisch-musikalischen Tradition rühmte, aber Ende des 7./Anfang des 6. Jh.s auch der Schauplatz erbitterter Kämpfe zwischen feindlichen Adelsparteien war. An diesen Kämpfen nahm Alkaios sein ganzes Leben hindurch teil: Er kämpfte zunächst an der Seite des Pittakos um Sigeion (wobei er seinen Schild wegwarf: fr. 401 B) und gegen den neuen Tyrannen Myrsilos; Pittakos aber verständigte sich mit seinem Rivalen, und Alkaios verfluchte ihn aus dem Exil (fr. 129).

Alkaios' Werk (etwa 400 oft sehr kleine Fragmente sind erhalten) umfaßte vor allem «Kampflieder» (στασιωτικά); diese kräftige und eindringliche Poesie preist die aristokratischen Tugenden, jubelt über den Tod des Tyrannen, treibt die Gefährten zum Handeln und verfolgt mit iambographischer Heftigkeit die Gegner. Viele von Alkaios' Bildern wurden bald Gemeingut, angefangen von der allegorischen Darstellung der Polis als eines Schiffes im Sturm (fr. 208a). Seine μέλη hatten in Rom ein bedeutendes Nachleben (Horaz).

In der gleichen Zeit wie Alkaios lebte Sappho. Etwa von 604 bis 596 war sie im Exil in Sizilien; nach ihrer Rückkehr leitete sie einen weiblichen Thiasos (mit Kult der Aphrodite und der Musen), in dem junge Adelsmädchen auf die Ehe vorbereitet wurden. Ihre von den Alexandrinern in 9 Bücher eingeteilte Dichtung war – mit Ausnahme der für die Öffentlichkeit bestimmten Epithalamia – mit den kultischen und erzieherischen Aktivitäten dieses Thiasos verbunden.

Sapphos etwa 200 erhaltene Fragmente handeln meist von der Liebe in Hinsicht auf die Gefährtinnen des Thiasos. Außer dem Bittgebet an Aphrodite (fr. 1 V.) sind das Gedicht für die ferne Freundin Anaktoria (fr. 16), die Beschreibung der Symptome erotischer Leidenschaft (fr. 31; u. a. von Theokrit, Lukrez, Catull und Horaz nachgeahmt), die Gedichte zum Abschied von den Gefährtinnen (fr. 94 u. a.), der Preis der Schönheit der nach Lydien als Braut gegangenen Atthis (fr. 96) und die Epithalamia hervorzuheben, die gern volkstümliche Elemente aufgreifen und bisweilen – wie im Epithalamion für Hektor und Andromache (fr. 44) – viele Homerismen enthalten.

Ausg.: Eva M. Voigt (Amsterdam 1971); *SLG* 259–312. BLG 278–285.

Anakreon von Teos (2. Hälfte 6. Jh.; Tod um 485) schrieb als Hofdichter hauptsächlich Unterhaltungsdichtung.

Er war in Samos am Hof des Polykrates, ging nach dessen Tod (522) nach Athen zu Hipparch, nach dessen Ermordung (514) schließlich anscheinend zu Echekratidas, dem Herrscher von Pharsalos. Sein Werk wurde von den Alexandrinern in 3 Bücher μέλη, 1 mit Iamben (vgl. *1.3.2*) und 1 mit Elegien (*IEG* II 30f.) unterteilt; 18 unter seinem Namen überlieferte Epigramme sind wahrscheinlich unecht (*FGE* 133–146).

Als Gastmahldichter par excellence versichert Anakreon, jeden zu lieben, «der die glänzenden Gaben der Musen und Aphrodites vereinigt und liebreicher Freude gedenkt» (fr. eleg. 2 W.). Seine Nachwirkung bezeugen vor allem die *Anacreontica*, eine Sammlung von 60 kurzen Gedichten verschiedener Zeit und Herkunft (*IV 3.6.2*; ed. M. L. West, Stuttgart–Leipzig ²1993).

Die etwa 160 melischen Fragmente sind vor allem dem Wein und der (hetero- wie homosexuellen) Liebe gewidmet. Der einzigartige Faustkampf des Dichters mit Eros (*PMG* 396), der Vergleich eines Mädchens mit einem verängstigten Hirschkälbchen oder einem nicht gezähmten Stutenfüllen (*PMG* 408 und 417) sind einige der berühmtesten Motive dieser raffiniert-eleganten Dichtung, die auch zu lasziven (vgl. *PMG* 407 und 439) und satirischen Tönen fähig ist: In der Zeichnung des Emporkömmlings Artemon (*PMG* 372 und 388) und den für das schöne Geschlecht reservierten maliziösen Epitheta (*PMG* 350, 446, 480, etc.) kommt Anakreon den Iambographen nahe; in seiner Sprache setzt er Homerismen zuweilen parodistisch ein (*PMG* 347, 11–18).

Ausgg.: *PMG*; *SLG* 313–315. BLG 285–287.

Die an großen Polis- oder panhellenischen Festen vorgetragene Chorlyrik zeichnet sich durch komplexe metrische Strukturen (in Triaden aus Strophe, Antistrophe und Epode; *IV 6.5.2*) und verschiedenartigen Inhalt aus; sie feierte die Werte einer Gemeinschaft und förderte deren Zusammenhalt sowohl auf Polis- wie auf panhellenischer Ebene. Der Chorgesang verbreitete sich zunächst vor allem in der dorischen Welt (daher war seine Sprache dorisierend); im 7. Jh. war vor allem Sparta der Mittelpunkt dieser blühenden dichterisch-musikalischen Kultur.

In Sparta errang Terpander von Antissa als erster den Sieg im Kitharoden-Agon zu Ehren von Apollon Karneios (eingerichtet zwischen 676 und 673) und begründete eine Schule (κατάστασις), die wichtige Neuerungen einführte, darunter die Ersetzung der dorischen Lyra mit vier Saiten durch die lydisch-lesbische Lyra mit sieben Saiten. Die Überlieferung schrieb Terpander (von dem 6 sichere Fragmente erhalten sind; komm. Ausg. Antonietta Gostoli, Rom 1990) auch die Erfindung des Barbitos (eines anderen Saiteninstruments) und des Skolions sowie die Reform des kitharodischen Nomos zu; er dichtete ferner kitharodische Prooimia, die den *homerischen Hymnen* vergleichbar sind. Zu einer zweiten κατάστασις, in der die Aulodie vorherrschend war, gehörten u. a. Thaletas von Gortyn (der 'Erfinder' des Hyporchema) und Sakadas von Argos (Dichter eines berühmten auletischen Nomos, der Apollons Kampf mit dem Python-Drachen beschrieb). Bedeutender Erneuerer des Dithyrambos war der am Hofe Perianders von Korinth (also zwischen 625 und 585) tätige Arion von Methymna (vgl. *1.8.1*).

Hüter der religiösen, politischen und ethischen Werte Spartas war der Lakone (oder Lyder?) Alkman (2. Hälfte 7. Jh.), der vor allem als Autor von Partheneia (2 Bücher von insgesamt 6) beruhmt wurde. Er dichtete auch Paiane, Hymnoi und Gedichte für Syssitien und Gymnopaidien.

Das umfangreichste seiner etwa 180 Fragmente, das sogenannte 'Louvre-Partheneion' (*PMGF* 1) – zugleich das wichtigste erhaltene Zeugnis der Chorlyrik – war einer sonst unbekannten Göttin (Aotis) gewidmet und beschrieb eine nächtliche Feier. Es zeichnet sich durch eine lebhafte (für den spartanischen Bereich vielleicht typische, vgl. Plut. *Lyc.* 18,9) Homoerotik unter den zehn Choreutinnen aus. Der Pythagoreer Archytas schrieb (bei Athen. XIII 600f, test. zu *PMGF* 59a–b) dem Dichter selbst das zu, was dieser seinen Choreutinnen in den Mund gelegt hatte, und machte so aus Alkman den 'Erfinder' der erotisch-lasziven Lyrik (vgl. Calame 558f. und 561).

Alkmans Themen reichten von kosmogonischen Reflexionen (*PMGF* 5) bis zu Frivolem und Scherzhaftem (*PMGF* 17; 107 u. a.); häufig sind autobiographische Anmerkungen (mit dem eigenen Namen in der 3. Pers.). Unter den titellosen Fragmenten findet sich jenes berühmte, in dem der Dichter als κηρύλος zusammen mit den Eisvögeln über die Wogen fliegen möchte (*PMGF* 26), und das noch berühmtere 'notturno' (*PMGF* 89).

Ausg.: *PMGF*; komm. Ausg.: C. Calame (Rom 1983). BLG 287–289.

Als großer Neuerer vollzog Stesichoros von Matauros (um 630–Mitte 6. Jh.) eine Verschmelzung von epischer Erzählung und lyrischen Formen (vgl. Quint. 10,1,62), wobei er den Hexameter durch die Versmaße und komplexen Strukturen der Chorlyrik ersetzte.

Er hieß eigentlich Teisias; seinen sprechenden Beinamen erhielt er von seiner Tätigkeit in Himera als «Gründer von Chören». Von seinem Oeuvre, das die Alexandriner in 26 Bücher einteilten, hatte man bis 1967 nur etwa 100 winzige Fragmente; seitdem haben mehrere Papyrusfunde (mit ungefähr 150 nahezu vollständigen Versen) unsere Kenntnisse beachtlich erweitert, darunter vor allem der 'Lille-Papyrus' (komm. Ausg.: P. Parsons, *ZPE* 26, 1977, 7–36; J. M. Bremer, in: ders. u. a. [Hrgg.], *Some Recently Found Greek Poems*, Leiden 1987, 128–174), in dem Iokaste den Konflikt zwischen Eteokles und Polyneikes abzuwenden versucht.

Die Titel seiner vielen Gedichte beziehen sich fast alle auf Themen der kyklischen Epen. Die Behandlung dieser Stoffe (in Daktylo-Anapästen und Daktyloepitriten; *IV 6.5.2*) war umfänglich: Stesichoros' *Orestie* umfaßte wenigstens 2 Bücher, die *Geryoneis* mehr als 1300 Verse.

Dies hat an monodische anstelle von chorlyrischer Darbietung denken lassen (vgl. aber *TI* 347–361; Francesca D'Alfonso, *Stesicoro e la performance*, Rom 1994), was die Angaben der Überlieferung auf den Kopf stellen würde. Diese schreibt Stesichoros auch päderastische Gedichte (*PMGF* TB 23) und kleinere Liebesgedichte mit traurigem Ende (*PMGF* 277–280) zu, die vielleicht einem gleichnamigen Dithyrambiker des 4. Jh.s gehören (*PMG* 841; vgl. jedoch L. Lehnus, *SCO* 24, 1975, 191–196; D'Alfonso, a. O. 89–103).

Diese Werke (die von den Tragikern vielfach benutzt wurden) stehen der Epik sehr nahe, wie Sprache, Stil und die ausgedehnten Erzählpartien zeigen (wichtig sind Reden). Gegenüber dem Epos neu sind die psychologische Vertiefung der Personen (Kallirhoe, Iokaste; das Ungeheuer Geryones wird in heroischem Licht dargestellt) und zahlreiche Änderungen am Mythos (oft durch Notwendigkeiten der Aufführung bedingt).

Ein Beispiel dafür ist die Helena-Geschichte, von der Stesichoros wenigstens drei Versionen schrieb (vgl. E. Cingano, *QUCC* 41, 1982, 21–33): Zuerst ist sie als Ehebrecherin für den Krieg verantwortlich (*PMGF* 190, vgl. 223), dann wird sie teilweise rehabilitiert (*PMGF* 193) und schließlich von jeder Schuld freigesprochen (*PMGF* 192); wahrscheinlich mußte sich der Dichter mit diesen Palinodien den Ansprüchen seines dorischen Publikums anpassen, das die vergöttlichte spartanische Heroine kultisch verehrte.

Ausg.: *PMGF*. BLG 289–292.

Ibykos von Rhegion wird in den antiken Quellen oft mit Stesichoros zusammengebracht, u. a. weil auch er in großem Umfang mythische Themen (Kyklisches, Herakles, Argonauten, Meleager) besang.

So schreibt man ihm Stesichoros' *Leichenspiele für Pelias* zu (vgl. Athen. 4,172d) oder auch denselben Ausdruck oder dasselbe Motiv (vgl. E. Cingano, *AION*(filol) 12, 1990, 189–208). Ibykos' Werk wurde in 7 Bücher eingeteilt; erhalten sind etwa 170 Fragmente (mit 130 mehr oder weniger vollständigen Versen).

Doch wurde der Mythos bei Ibykos anders als bei Stesichoros verkürzt behandelt und in einen enkomiastischen Rahmen gestellt, etwa in der Ode an Polykrates (wahrscheinlich der Sohn des Tyrannen), wo der Dichter in einer geschickten Praeteritio vom Trojanischen Krieg zum Preis der Schönheit des Jünglings gelangt (*PMGF* S151). Ibykos war vor allem berühmt als Sänger der Ephebenliebe; manche der vielen Fragmente seiner παιδικά heben in origineller Weise die quälende Macht des Eros hervor (*PMGF* 286f.).

Wahrscheinlich lassen sich bei Ibykos auch die ersten Epinikien erkennen (vgl. *PMGF* S 166 und 220f.; J. P. Barron, *BICS* 31, 1984, 13–24; E. A. B. Jenner, *BICS* 33, 1986, 59–66).

Ausg.: *PMGF*. BLG 292f.

Simonides von Keos (etwa 556–468), ein vielseitiger Lyriker neuen Typs, wurde als angesehener Berufsdichter von reichen und mächtigen Patronen umworben.

Er hielt sich u. a. am Hof des Hipparch in Athen, in Thessalien bei den Skopaden und Aleuaden und in Sizilien bei Hieron von Syrakus auf. Unter seinen Gönnern war auch Themistokles (vgl. *PMG* 627, vgl. *PT* I 41–47). Simonides wurde sprichwörtlich für seine Geldgier (vgl. bereits Xenophanes fr. eleg. 21 W.), genoß aber wegen seiner sentenzenreichen Verse auch den Ruf eines Weisen (berühmt seine Definition der Dichtung als «sprechender Malerei», Plut. *Mor.* 346f). Die Antike schrieb ihm 56 Siege in dionysischen Wettkämpfen, die Erfindung der Mnemotechnik und einiger Buchstabenzeichen, ferner viele Epigramme (vgl. *1.4.1*) und sogar Tragödien zu. Zusammenhängende Stücke seiner Elegien wurden kürzlich auf Papyrus gefunden (*IEG* II 114–137); von seiner melischen Produktion sind etwa 150 (vielfach sehr kurze) Fragmente erhalten (meist aus Epinikien, Threnoi und Enkomia).

Wie bei Epigramm und Elegie spielte Simonides auch in der Entwicklung von Epinikion und Threnos eine wichtige Rolle.

Wahrscheinlich wandelte sich bei ihm – wenn nicht schon bei Ibykos (vgl. o.) – das Epinikion von einem für alle gleichen Lied (wie der aus Archilochos fr. 324 W. bekannte καλλίνικος) zu einem individuellen Gedicht für bestimmte Auftraggeber. Im Epikedion galt Simonides' *in commovenda miseratione virtus* manchen antiken Kritikern als unerreichbar (Quint. 10,1,64)

Seine Auftraggeber waren nicht nur adlige und bemittelte Privatleute; in staatlichem Auftrag feierte er die großen Schlachten der Perserkriege und gab damit den in diesen Kämpfen geweckten panhellenischen Gefühlen erstmals eine Stimme.

Dies zeigen die Fragmente der Elegie über die Schlacht von Plataiai (fr. eleg. 10–17 W.). Die Seeschlacht von Artemision besang er in lyrischem (*PMG* 532–535) und in elegischem Versmaß (fr. eleg. 1–4), die von Salamis in lyrischem (*PMG* 536). Die Elegie für die Gefallenen von Marathon (vgl. *Vita Aesch.* 8) ist verloren, von dem Gedicht auf die Toten der Thermopylen ein bemerkenswertes Fragment erhalten (*PMG* 531).

Als moderner Intellektueller (Lessing nannte ihn den «griechischen Voltaire») stellt Simonides den traditionellen aristokratischen Werten offen unheroisch-menschlichere Prinzipien gegenüber; sein Enkomion auf Skopas (*PMG* 542) zeigt klar ethischen Relativismus (vgl. 541). Von dieser nüchternen Weltanschauung her erklären sich (bei Pindar und Bakchylides undenkbare) distanziert-ironische Töne, die nicht selten in seinen Epinikien zutage treten.

Vgl. *PMG* 507, 509, 514 (der Wagenlenker Orillas, Sieger des pellenischen Mantels, wird mit einem Fischer verglichen, der sich vor Hunger ins eiskalte Meer stürzt, vgl. H. Fränkel, *Dichtung und Philosophie des frühen Griechentums*, München ³1969, 495), 515 (die Maultiere als «Töchter der schnellfüßigen Pferde», vgl. Arist. *Rhet.* 1405b 24–28).

Mit der 'Klage der Danae' (*PMG* 543) – deren Pathos Simonides bewundernswert in der 1. Person auszudrücken weiß – tritt erstmals die Mutterliebe in der griechischen Literatur auf.

Ausg.: *PMG*. BLG 293f.

Bakchylides von Keos (spätes 6. Jh.–Mitte 5. Jh.) war ein Dichter mit eigener Individualität; doch hat der Vergleich mit Pindar seinen Ruhm schon in der Antike oft verdunkelt.

Er wirkte an vielen Orten. *Epin.* 13 für den Aigineten Pytheas ist von etwa 480; 468 wurde er Pindar vorgezogen, den olympischen Sieg des Hieron von Syrakus zu besingen (*Epin.* 3). Von seinem Werk haben wir 14 Epinikien (4 olympische, 2 pythische, 3 isthmische und 3 nemeische) und 6 Dithyramben, ferner Fragmente von Epinikien, Dithyramben und Gedichten anderer Gattungen (Hymnoi, Paiane, Partheneia, Prosodia, Hyporchemata, Enkomia und erotisch-symposiastische Gedichte).

Die Epinikien gliedern sich wie bei Pindar in καιρός (Anlaß des Sieges mit Lob des Siegers, seiner Familie und seiner Heimat), μῦθος (Erzählung göttlicher oder menschlicher Taten) und γνώμη (sentenzenhafter Schluß). Typisch für Bakchylides ist die weitläufig-ausführliche, fast epische Mythenerzählung, allerdings mit lyrisch-pathetischen Beigaben (vgl. die tragischen Geschichten von Kroisos, *Epin.* 3, und Meleager, *Epin.* 5).

Auch die Dithyramben lassen dem Mythos breiten Raum: Die *Jünglinge oder Theseus* (17) feiern die athenische Seemacht, die der legendären des Minos gegenübergestellt wird; *Theseus* (18) ist ein Dialog zwischen einem Chor von Athenern und dem König Aigeus und wirkt wie eine Nachbildung des Übergangs von der dithyrambischen Dichtung zur Tragödie (vgl. *1.8.1*).

In Wahrheit zeigt sich hier der Einfluß des reifen aischyleischen Dramas (vgl. zuletzt V. Di Benedetto – E. Medda, *La tragedia sulla scena. La tragedia greca in quanto spettacolo teatrale*, Turin 1997, 398f.). Aus seinen symposiastischen Enkom,ia stammt das hervorragende, ist das sehr an Anakreon erinnernde fr. 20B Sn.-M..

Ausg.: B. Snell – H. Maehler (Leipzig [10]1970); J. Irigoin (Paris 1993). BLG 294–297.

Anders als der ältere, aber zukunftsgewandte Simonides ist Pindar (518 bis etwa 438) der hartnäckige Vertreter einer inzwischen im Untergang begriffenen Weltanschauung; doch wiesen ihm die Alexandriner unter den Lyrikern den Ehrenplatz zu, und für Horaz war er unnachahmliches Vorbild (*Carm.* 4,2,1–8) – was Reichtum und Großartigkeit seiner Bilder, die Ausdruckskraft und ebenso die strenge und komplexe Herbheit seines Stils bestätigen.

Sein erstes datierbares Werk stammt von 498 (*Pyth.* 10), sein letztes von 446 (*Pyth.* 8). Seine Auftraggeber waren Könige und Tyrannen, Stadtregierungen (vor allem Theben und Aigina), Priesterkollegien (vor allem das delphische) und Privatleute. Die perserfreundliche Haltung seiner Heimat Theben erklärt sein Schweigen zu Marathon (490) in dem 486 für den Alkmeoniden Megakles geschriebenen Epinikion (*Pyth.* 7). Als er später Athen als «Bollwerk Griechenlands» und den Sieg vom Artemision feierte (fr. 76f.), trug ihm dies von Athen eine beachtliche Belohnung und von Theben eine schwere Strafe ein. Sein umfangreiches Werk wurde in 17 Bücher eingeteilt: Die ersten 11 umfaßten die religiösen Gedichte (*Hymnoi, Paiane*, 2 Bücher *Dithyramben*, 2 Bücher *Prosodia*, 3 Bücher *Partheneia*, 2 Bücher *Hyporchemata*), die übrigen 6 die weltlichen (*Enkomia, Threnoi*, 4 Bücher *Epinikien*). Von all dem sind nur die *Epinikien*-Bücher erhalten, von denen je eines einem der vier panhellenischen Hauptfeste gewidmet ist; so haben wir 14 *Olympische*, 12 *Pythische*, 11 *Nemeische* und 9 *Isthmische Oden*. Von den anderen 13 Büchern sind etwa 350 Fragmente (großenteils auf Papyrus) erhalten.

Die Epinikien (mit ihrer dreiteiligen Struktur wie bei Bakchylides) feiern den sportlichen Wettkampf als etwas Heroisches und Heiliges: Mit dem Sieg hat der Gott – Zeus in Olympia und Nemea, Apollon in Delphi, Poseidon am Isthmos – dem adligen Wettkampfteilnehmer erlaubt, jene Gaben (Kraft, Mut, Geschicklichkeit) zur Geltung zu bringen, die die Götter ihm und oft auch den anderen Angehörigen seiner Familie und seiner Polis geschenkt haben. Der Sieg ist für sich allein ein vergänglicher Ruhm, den aber der Dichter über die Grenzen von Zeit und Raum ausdehnen kann. Das Lob des Siegers – Zentrum des Epinikions – ist mit einem ethisch-religiösen Werturteil (γνώμη) verbunden, das von einem Mythos paradigmatisch illustriert wird: Er zeigt ein heroisches Verhaltensvorbild und wird in verkürzter, anspielungsreicher Form evoziert (lange Erzählungen werden explizit vermieden: *Pyth.* 4,247f.; 8,28–32 u. a.). Trotz mancher Auslassungen war das Publikum in der Lage, die Botschaft zu verstehen, weil es den 'Code' und die Werteskala kannte.

Von der eigenen Kunst sagt Pindar in *Ol.* 2,83–88, er habe im Köcher «viele schnelle Pfeile, die zu den Verständigen (συνετοῖσιν) sprechen, die aber für die breite Masse der Übersetzer bedürfen», und der wahre σοφός sei der, «der viele Dinge von Natur (φυᾷ) weiß», während die μαθόντες nur Raben sind, die gegen den göttlichen Adler krächzen (vgl. *Nem.* 3,80–83); daß sich dies gegen die Rivalen Simonides und Bakchylides richtet (so die antiken Erklärer), ist nicht auszuschließen. Pindar dichtete also trotz öffentlichem Anlaß hauptsächlich für ein ausgewähltes Publikum, das seinen komplexen Oden folgen konnte.

Unter den Fragmenten gibt es beachtenswerte Reste der *Threnoi, Hymnoi, Paiane* und *Dithyramben*. Alle zeichnen sich – auch in ihrer durch ihre Bestimmung und Inhalt geprägten Verschiedenheit (fr. 128c Sn.-M. gibt die älteste Definition der Bereiche einzelner literarischer Genera) – durch einen unverwechselbaren Stil aus und dokumentieren die absolute Bedeutung der Götter in der pindarischen Welt.

Für Pindars Religiosität ist die Verbindung zum delphischen Orakel grundlegend; doch hatte der Dichter auch an Vorstellungen teil, die mit mysterienhaften Konzeptionen wie dem Orphismus verbunden waren; vgl. fr. 129–131b der *Threnoi* und die große Heilsvision in *Ol.* 2. Ähnliches gilt für pythagoreische Vorstellungen (sizilische Auftraggeber!) – Wichtige Fragmente sind auch von den *Enkomia* erhalten; dies die alexandrinische Bezeichnung für die symposiastischen Gedichte, die Pindar selbst σκόλια nannte (fr. 122,11).

Pindars vorwiegend dorisch gefärbte Sprache enthält auch epische Elemente, Äolismen und gelegentliche Böotismen; den feierlichen Stil machen symbolisch-expressive Begriffe, kühne Neubildungen, Metaphern und weite Hyperbata besonders schwierig.

Ausg.: B. Snell – H. Maehler (Stuttgart–Leipzig I, [8]1987; II, 1989); *Threnoi*: komm. Ausg. Maria Cannatà Fera (Rom 1990); *Paiane*: komm. Ausg. G. Bona (Cuneo 1988). BLG 297–310.

Die Dichterin Korinna von Tanagra genoß vor allem in der römischen Welt (wo man ihre Gedichte in der Schule las) bemerkenswerten Ruhm.

Sie soll nach der Überlieferung eine Rivalin Pindars und eine Schülerin der Myrtis gewesen sein (vgl. u.). Von ihrem Werk (5 Bücher) haben wir noch Zitat- und längere Papyrusfragmente (*PMG* 654–689).

Korinnas Gedichte waren erzählenden Charakters und, wie die Titel zeigen, böotischen Geschichten gewidmet. In einem Gedichtanfang erklärt sie, sie wolle «schöne Geschichten (ϝεροῖα) für die Tanagräerinnen im weißen Peplos» singen, die der Stadt große Freude bringen sollen (*PMG* 655 fr. 1,1–5).

Ihr Gedicht über den Wettkampf zwischen Helikon und Kithairon, den Eponymen der entsprechenden Berge (*PMG* 654 fr. 1 col. I) endet – gegen die Tradition – mit dem Sieg des zweiten (wahrscheinlich um ein Publikum von Plataiern zu erfreuen, deren Stadt sich am Hang dieses Berges erhob).

Korinnas Sprache bewahrt deutliche Spuren des epichorischen böotischen Dialekts; ihr Stil ist klar und bündig (schmückende Epitheta und Metaphern sind selten). Die Metrik der längeren Fragmente gründet sich auf kurze regelmäßige Strophen.

Ausg.: *PMG*; komm. Ausg.: D. Page (London 1953). BLG 310f.; G. Burzacchini, Eikasmos 1 (1990) 31–35; 2 (1991) 39–90; 3 (1992) 47–65; *TI* 403–412.

Von verschiedenen anderen Melikern sind nur wenige Fragmente erhalten: Myrtis war eine Böoterin aus Anthedon und behandelte in einem Gedicht den Mythos des tanagräischen Heros Eunostos (*PMG* 716, vgl. *TI* 395–401). Andere berühmte Dichterinnen waren Telesilla von Argos (*PMG* 717–726) und Praxilla von Sikyon (*PMG* 747–754), beide 1. Hälfte 5. Jh. Von Telesilla erhielt der 'Telesilleus' (*IV* 6.5.2) seinen Namen, der schon Alkman bekannt, von ihr aber für ganze Gedichte verwendet wurde. Praxilla verfaßte Hymnoi und Dithyramben; daß sie auch παροίνια genannte Gedichte fürs Symposion gedichtet habe (vgl. *PMG* 749f.), scheint dagegen unmöglich. Ein bedeutender Neuerer in musikalischer Theorie und Organisator dithyrambischer Agone war Lasos von Hermione, der am Hof des Hipparch den Orakelfälscher Onomakritos (vgl. *1.2.6*) entlarvte: Außer der ersten Abhandlung Περὶ μουσικῆς verfaßte er auch melische Gedichte (*PMG* 702–706, komm. Ausg. G. Brussich, *QLCG* 3, 1975/76, 85–134); vgl. G. A. Privitera, *Laso di Ermione nella cultura ateniese e nella tradizione storiografica* (Rom 1965).

1.4 Anonyme Dichtung

1.4.1 Das Epigramm

Das Epigramm bestand ursprünglich aus einer kurzen Versinschrift (in der Regel Hexameter, gelegentlich begleitet von anderen Metren), die auf verschiedene Materialien eingegraben war. Sein Anlaß war stets ein realer, meist ein Gedenken oder eine Weihung.

Die ältesten Funde mit Epigrammen sind die 'Dipylonvase' (*CEG* 432) und der berühmte 'Nestorbecher' (*CEG* 454), beide aus der 2. Hälfte des 8. Jh.s. Auf dem Nestorbecher stehen ein iambischer Trimeter (mit choriambischem Anfang) und dann zwei Hexameter (zu solcher für parodistisch-satirische Dichtung typischen Mischung vgl. *DSGL*

1010f.); mit ihnen verspricht der Becher seinem Benutzer erotische Stimulanz (zum parodistischen Bezug auf Hom. *Il.* 11,632ff., vgl. V. Buchheit, *Gymnasium* 75, 1968, 521f.; anders C. O. Pavese, *ZPE* 114, 1996, 1–23) und evoziert erstmals das sympotische Thema 'Wein und Liebe'. Vom Anfang des 7. Jh.s stammt die Inschrift auf der böotischen Statuette des Mantiklos (*CEG* 326), vom Ende die, die in Thasos den Kenotaph des Freundes des Archilochos, Glaukos (Sohn des Leptines) schmückte (*GVI* 51a).

Während des 6. Jh.s kommt das elegische Distichon auf, das bald zur häufigsten metrischen Verbindung wird; zu den ersten Beispielen gehört die Kypseliden-Inschrift im Zeus-Tempel von Olympia (vor 582, vgl. *FGE* 397f.). Das sprechende Denkmal ist ein häufiges Charakteristikum in den (vor allem Grab-) Epigrammen dieser Zeit; sie zeigen Kürze, nüchtern-strengen Stil und unpersönlich-anonymen Tonfall. Nach den Perserkriegen steuerten zu einer üppigen Produktion von Inschriften bisweilen auch gestandene Dichter bei: Simonides wurden etwa 90 Epigramme zugeschrieben (*FGE* 186–302), die man allerdings nur selten als sicher authentisch bezeichnen kann (z. B. *FGE* 195f., vgl. Hdt. 7,228,3). Eindringlich-knapp – vgl. das berühmte Distichon für die bei den Thermopylen gefallenen Spartaner (*GVI* 4) – sind die Staats-Epigramme für die großen Kollektiv-Bestattungen; weniger zurückhaltend im Gefühlsausdruck sind private Grabaufschriften (bisweilen von ausgezeichneter Machart und Ausdrucksstärke, z. B. *CEG* 161, vom Anfang des 5. Jh.s).

Ausgg.: *GVI*; *FGE*; *CEG*; BLG 267 und 459–463.

1.4.2 Das Skolion

Im Umkreis des aristokratischen Symposions nahm auch ein besonderer Gesangstyp Gestalt an: das Skolion, dessen (wahrscheinlich nicht-griechischer) Name im Altertum damit erklärt wurde, daß die Gäste bei seinem Vortrag sich in unregelmäßiger Reihenfolge abgelöst hätten (vgl. σκολιός, 'gewunden').

Bei Athenaeus (15,694c–695f) ist ein Corpus von 25 attischen Skolia vom Ende des 6. und Beginn des 5. Jh.s erhalten. Am berühmtesten sind die Skolia mit dem Namen *Harmodios* und *Leipsydrion*: Das erste (in 4 erhaltenen Versionen) preist die Tyrannenmörder Harmodios und Aristogeiton (*PMG* 893–896), das zweite erinnert an die um 513 bei Leipsydrion gefallenen Alkmaioniden (*PMG* 907).

Ausg.: *PMG* 884–917; komm. Ausg.: Elena Fabbro (Rom 1996). BLG 267.

1.4.3 Volkstümliche Dichtung

In Griechenland sang man im Alltagsleben wie auch bei besonderen Anlässen (religiöse Feste, Begräbnisse, Kriegszüge): So gibt es verschiedene Arbeitslieder, für die Ernte (z. B. der *Lityerses*), für die Weinlese (*Linos*), fürs Getreidemahlen (*PMG* 869) u. ä., ferner Kinderlieder (vgl. PMG 852), Hochzeitslieder (oft schlüpfrig), Klagelieder, Kriegslieder (z. B. die spartanischen ἐμβατήρια) und natürlich Liebeslieder (vgl. *PMG* 850).

Das bekannteste Beispiel solcher Literatur ist das rhodische Schwalbenlied (*PMG* 848; für eine gute Ernte); Wiederholungen und Anaphern, einfache Syntax und starke Rhythmisierung zeigen seine volkstümliche Art.

Ausg.: *PMG* 847–883. Vgl. G. Lambin, *La chanson grecque dans l'antiquité* (Paris 1992).

1.5 Die volkstümliche Erzählung

Vor allem in Ionien gab es wohl seit alter Zeit in subliterarischer Form die Novelle, die gelegentlich dank der Erzählfreude von Autoren wie Herodot an die 'Oberfläche' kam.

Wahrscheinlich nahm auch die Überlieferung zu den 'Sieben Weisen' – Persönlichkeiten der 1. Hälfte des 6. Jh.s – früh Gestalt an und wurde bis zur Spätantike kontinuierlich weiter ausgeformt (vgl. B. Snell, *Leben und Meinungen der Sieben Weisen*, München ⁴1971).

Die Fabel ist anonymer Ausdruck volkstümlicher Weisheit, großenteils orientalischer Herkunft und reproduziert oft die Resignation der unteren Schichten angesichts sozialer Ungerechtigkeiten mit unterschwelliger Polemik, wobei sie Gestalten der Tierwelt verwendet. Neben Hesiod (*1.2.5*) bietet Archilochos die ersten Fabel-Beispiele mit Anspielungen auf die Geschichte vom Adler und Fuchs (fr. 174 W.) und mit der vom Fuchs und Affen (fr. 185–187). Mit Äsop erlangt die Fabel eine eigene literarische Form mit festgelegten Strukturen und Themen.

Wie Homer hat auch die Gestalt Äsops in der Überlieferung mythische Züge angenommen; der sogenannte *Äsop-Roman* – der sich im 6. Jh. unter dem Einfluß des orientalischen *Roman des Aḥiqar* bildete und in zwei kaiserzeitlichen Versionen (G und W) erhalten ist – beschreibt Äsops Häßlichkeit und tragikomische Abenteuer. Seit dem 5. Jh. ist Äsop als 'Schöpfer von Fabeln' (λογοποιός) par excellence bekannt (vgl. Hdt. 2,134,3f.).

Die älteste äsopische Fabelsammlung wurde am Ende des 4. Jh.s von Demetrios von Phaleron (fr. 112 Wehrli) zusammengestellt; das erhaltene Corpus mit etwa 500 Fabeln geht auf Redaktionen zwischen dem 1. und 14. Jh. zurück. Daß die Fabeln in Prosa waren, bezeugt Platon (*Phd.* 61a–b). Die Hauptfiguren der kurzen einfachen Erzählungen sind Tiere (bisweilen auch Götter, Menschen und Pflanzen), die sich durch eine feststehende Typologie auszeichnen (der schlaue Fuchs, der gierige Wolf u. ä.) Das (auch durch die Schule begünstigte) Corpus verbreitete sich im ganzen Abendland.

Ausg.: E. Chambry (Paris 1927); A. Hausrath – H. Hunger (Leipzig, I/1, ³1970; I/2, ²1959); *Äsop-Roman*: ed. B. E. Perry, *Aesopica* (I, Urbana 1952); M. Papathomopoulos (Ioannina 1989). BLG 494f.; M. Papathomopoulos, *Aesopus revisitatus* (Ioannina 1989).

1.6 Philosophisch-wissenschaftliche Literatur

Am Beginn des 6. Jh.s wird Ionien zur Wiege der Philosophie und der Wissenschaft (die damals nicht zu trennen sind), zuerst in dem für kulturelle Einflüsse aller Art offenen Milet; dabei vermittelte der Orient nicht nur kosmogonische Mythen, sondern auch wissenschaftliche (vor allem geometrische und astronomische) Kenntnisse. Aus Milet stammen Thales, Anaximander und Anaximenes (*VS* 11–13; *VII 1.2.1*; *VII 2.1*).

Thales wurde bald zu den Sieben Weisen gerechnet; er soll eine *Astrologia nautica* (B 1) verfaßt haben, die jedoch auch Phokos von Samos (*VS* 5) zugeschrieben wurde. Von Anaximanders Prosa-Werk *Über die Natur* sind einige Fragmente erhalten (B1–5); in Prosa schrieb auch Anaximenes. Die Themen der milesischen Philosophen werden am Ende des 5. Jh.s von Hippon von Samos (VS 38) und von Diogenes von Apollonia (*VS* 64) aufgenommen und weiterentwickelt.

Ein Mystiker-Philosoph war Pythagoras von Samos (*VS* 14; *VII 1.2.2*). Die überlieferten Pythagoras-Viten sind wenig verläßlich. Vom unteritalischen Kroton aus verbreitete sich die pythagoreische Lehre bald in andere griechisch-italische Städte, doch wurden ihre Anhänger aufgrund ihrer aristokratischen Couleur bald verfolgt und zerstreut. Lysis von Tarent (*VS* 46) floh nach Theben und gründete dort die pythagoreische Gemeinschaft, der Philolaos (vgl. *1.11.1*) angehörte, während Archippos (*VS* 46) später nach Tarent zurückkehrte; der bedeutendste Vertreter der dortigen Gemeinschaft wurde dann Archytas (vgl. *1.11.1*). Unter den vielen namentlich bekannten Pythagoreern sind von Bedeutung Alkmaion von Kroton (*VS* 24; 6./5. Jh.; seine Abhandlung *Über die Natur* in ionischer Prosa ist das erste Werk der Medizin), Menestor von Sybaris (*VS* 32; Anfang 5. Jh.; Botanik) und der Mathematiker Hippasos von Metapont (*VS* 18; Mitte 5. Jh.; *VII 2.3.2*).

Bald nach Pythagoras kam auch der Dichterphilosoph Xenophanes (vgl. *1.3.3*; *VII 1.2.1*) nach Großgriechenland. Nach der Überlieferung ist er Lehrer des Parmenides und Begründer der sogenannten 'eleatischen Schule'; aufgrund seines monotheistischen Pantheismus muß er jedenfalls als Vorläufer des eleatischen Monismus betrachtet werden.

Xenophanes' Beobachtungen zu Phänomenen der Natur (vgl. *VS* 21 A 33, B 32) standen in einem Gedicht in Hexametern (*Über die Natur*: B 23–41). Seine heftige Kritik an der homerischen Mythologie führte bald zu einer apologetisch-allegorischen Homer-Interpretation; ihr Begründer war in der 2. Hälfte des 6. Jh.s Theagenes von Rhegion (*VS* 8; *II 1.1.1*), dem dann Metrodoros von Lampsakos (*VS* 61) und am Ende des 5. Jh.s der Historiker Stesimbrotos von Thasos (*FGrHist* 107 F 21–25) folgten.

Mit Parmenides beginnt eine neue Richtung nicht mehr physikalisch-spekulativer, sondern metaphysisch-ontologischer Art (*VS* 28; *VII 1.2.4*).

Von Parmenides' Hexameter-Gedicht *Über die Natur* sind etwa hundert Verse erhalten (B 1–19); im eindrucksvollen Prooemium stellt der Dichter sich selbst auf dem Weg zum Reich der Wahrheit dar (B 1). Parmenides' Lehre wurde von Zenon von Elea (*VS* 29; *VII 1.2.4*) und Melissos von Samos (*VS* 30) fortgeführt, die *Über die Natur* in Prosa schrieben.

Der eleatischen Seins-Konzeption stellt sich die Lehre Heraklits (*VS* 22; *VII 1.2.3*) entgegen.

Sein Werk *Über die Natur* in ionischer Prosa, von dem wir etwa 130 Fragmente haben, war eine Reihe von Maximen und Aphorismen, die in einer ebenso eindringlich-knappen wie feierlich-änigmatischen Sprache gehalten waren. Von daher rührt Heraklits Beiname, 'der Dunkle'. Im 4. Jh. versuchte ein Herakliteer, Skythinos von Teos, seine schwierigen Sätze in trochäische Tetrameter zu bringen (*IEG* II 97 f.).

Der letzte Vertreter der archaischen Philosophie ist Empedokles (*VS* 31; *VII 1.2.5*).

Aus den vielen ihm zugeschriebenen Werken (u. a. Tragödien, öffentliche Reden, eine Abhandlung über Medizin in 600 Versen) haben wir nur Fragmente aus zwei Hexametergedichten, *Über die Natur* und *Reinigungen*. Als Dichter wurde Empedokles von Aristoteles als «Homernachahmer und von bemerkenswerter Ausdrucksfähigkeit, reich an Metaphern und geschickt in der Verwendung aller Künste der Dichtung» bezeichnet (*VS* 31 A 1,57).

Ionische Schule: komm. Ausg. A. Maddalena (Florenz 1963); Pythagoreer: komm. Ausg. Maria Timpanaro Cardini (I–III, Florenz 1958–1964); Xenophanes: vgl. *1.3.3*; Parmenides: komm. Ausg. M. Untersteiner (Florenz 1956); Heraklit: komm. Ausg. C. Diano – G. Serra (Mailand 1980). Empedokles: vgl. *VII 1.2.5*. BLG 582–593 und 594–603; SFA 1–49; SPA 289–301.

1.7 Geschichtsschreibung

Auch die historische Forschung (ἱστορίη, d. h. Ermittlung von Tatsachen durch Autopsie) hatte ihren Ursprung in Ionien. Geographisch-ethnographische Interessen (z. T. von Schiffahrt und Handel stimuliert) und das Bedürfnis, Mythen und Legenden der Vergangenheit rational zu erklären, führten zu einer reichen, aber fast vollständig verlorenen Produktion von Periploi und Periegesen, Sammlungen von Nachrichten über verschiedene Völker, Lokalchroniken, Genealogien. Die späteren griechischen Historiker nannten diese ihre ersten Vorgänger Logographen, 'Schreiber in Prosa'.

Am Ausgang des 6. Jh.s verfaßte Skylax von Karyanda (*FGrHist* 709) einen *Periplus der Gegenden jenseits der Säulen des Herakles* (über eine Reise, die er im Auftrag Dareios' I. von Indien zum Persischen Golf unternommen hatte) und eine Γῆς περίοδος, eine Beschreibung der Erde mit beigefügter Karte; von diesem Werk ist eine Bearbeitung aus der Mitte des 4. Jh.s auf uns gekommen (*GGM* I 15–96, mit Zusätzen und Verkürzungen verschiedener Zeiten; vgl. A. Peretti, *Il Periplo di Scilace. Studio sul primo portolano del Mediterraneo*, Pisa 1980 und dens., *SCO* 38, 1988, 13–138). Skylax schrieb auch über den karischen Helden Herakleides von Mylasa und wurde damit zum ersten Biographen.

Der bekannteste Logograph ist Hekataios von Milet (etwa 560–490; *FGrHist* 1), ein echter Vorläufer und – trotz immer neuer Meinungsverschiedenheiten – Vorbild Herodots.

Hekataios hatte bedeutenden Anteil an den dramatischen Jahren des Ionischen Aufstandes (499–497). Sein geographisch-ethnologisches Werk in 2 Büchern (je eines Europa und Asien gewidmet) erhielt später den Titel *Periegesis*; ihm war auch eine Weltkarte beigegeben, die die bereits von Anaximander entworfene verbesserte. In den 4 Büchern *Genealogien* waren mythische und historische Ereignisse dargestellt und nach Generationen geordnet: Hekataios wählte aus dem Mythos aus, was ihm rational vertretbar zu sein schien; dabei stellte er sich radikal gegen die «lächerlichen Geschichten» seiner Vorgänger (fr. 1a), d. h. vor allem die Theogonien und Kosmogonien der epischen Dichter.

Andere Logographen der 1. Hälfte des 5. Jh.s: Περσικά schrieben Dionysios von Milet (*FGrHist* 687) und Charon von Lampsakos (*FGrHist* 262, auch *Annalen der Lampsakener*), Λυδιακά Xanthos von Sardes (*FGrHist* 765). Akusilaos von Argos (*FGrHist* 2) verfaßte *Genealogien* in 3 Büchern (über Götter, Heroen und Menschen) und eine *Kosmogonie* (oder *Theogonie*), die Hesiods Werk in Prosa wiedergab. Pherekydes von Athen (*FGrHist* 3) rekonstruierte in seinen 10 Büchern Ἱστορίαι die genealogischen Stammbäume der Heroen aus epischer Tradition und lokalen (vor allem athenischen) Legenden.

Einige neue Hekataios-Fragmente in *NFPhot*. 28f. BLG 312–316.

1.8 Dramatische Dichtung

1.8.1 Die Ursprünge

Die Ursprünge der dramatischen Dichtung gehören zu den meistdiskutierten Problemen der griechischen Literatur. Die antiken Nachrichten dazu sind spärlich, bruchstückhaft und nicht selten widersprüchlich; sogar die Worterklärung von τραγῳδία und κωμῳδία ist umstritten.

Nach der Feststellung, daß δράματα so heißen, weil sie «handelnde Personen» (δρῶντες) nachahmen, schreibt Aristoteles: «Die Dorer beanspruchen Tragödie und Komödie für sich ... und nehmen als Indiz dafür die Bezeichnung: Sie sagen nämlich, daß sie ihre Dörfer κῶμαι nennen, die Athener dagegen δῆμοι, als ob die κωμῳδοί nicht vom κωμάζειν so genannt würden, sondern weil sie ... durch die Dörfer zogen. Und sie behaupten, sie bezeichneten 'tun' mit δρᾶν, die Athener aber mit πράττειν» (*Poet.* 3, 1448a28–b2). Aristoteles wählt die richtige Etymologie von κωμῳδία: κωμῳδός ist der 'Sänger des κῶμος', des dionysischen Festtrubels. Zu τραγῳδία haben beide antiken Erklärungen in der Neuzeit Anhänger gefunden: τράγων ᾠδή, 'Gesang der Böcke', d. h. der dionysischen Satyrn (τράγοι = Σάτυροι, vgl. *EM* 764,5f.), und ἐπὶ τράγῳ ᾠδή, 'Gesang für den Bock', nämlich als Preis im Wettkampf. Eine neue Erklärung von J. J. Winkler, in: ders. u. a. (Hrgg.), *Nothing to do with Dionysos? Athenian Drama in its Social Context* (Princeton 1990) 20–62: τράγοι = ἔφηβοι).

Aristoteles läßt in einem berühmten Passus der *Poetik* (4,1449a7–25) die Tragödie von den ἐξάρχοντες des Dithyrambos abstammen, die Komödie von denen der Phallos-Prozessionen. Die Tragödie, so weiter Aristoteles, brauchte einige Zeit, um anstelle der kurzen μῦθοι und der mit ihrem ursprünglichen σατυρικόν verbundenen λέξις γελοία größeren Umfang und Ernst zu erwerben; sie ging auch vom «satyrhaft-tänzerischen» trochäischen Tetrameter zum umgangssprachlichen iambischen Trimeter über.

Einer Phase zwischen den satyrhaften Inhalten des urtümlichen Dithyrambos und der entwickelten Tragödie scheinen die bei Herodot (5,67,5) erwähnten «tragischen Chöre» in Sikyon anzugehören. Herodot erzählt auch, Arion von Methymna sei der erste gewesen, der einen Dithyrambos verfaßte, benannte und in Korinth aufführen ließ (1,23); das *Suda*-Lexikon nennt Arion εὑρετής der «tragischen Art (τρόπος)» und fügt hinzu, er habe in Versen redende Satyrn eingeführt (α 3886); eine späte Nachricht, die sich auf die Autorität Solons beruft (fr. 30a W.), berichtet, Arion habe das erste Drama aufgeführt. All dies bildet die Grundlage einer immer noch offenen Diskussion. In Arion sieht man heute vor allem den großen Erneuerer des Dithyrambos; das von Aristoteles hergestellte Band zwischen Dithyrambos und Tragödie wird durch Nachrichten zum Dithyrambos als chorlyrischem Gedicht zu Ehren des Dionysos bestätigt, mit dem die Tragödie in mehrerer Hinsicht verbunden ist, vor allem durch den festlichen Aufführungsanlaß.

In einer verlorenen Schrift schrieb Aristoteles den entscheidenden Schritt, dem tragischen Chor einen Schauspieler zur Seite zu stellen, wahrscheinlich Thespis zu (vgl. Themist. *or.* 26, 316d = *TrGF* I 1 T 6).

Die Rolle des Thespis wurde von den Aristoteles-Schülern Herakleides Pontikos und Chamaileon weiter ausgebaut; die hellenistische Zeit machte ihn zum alleinigen Erfinder der Tragödie: Er sei mit seinem berühmten Karren (vgl. Hor. *Ars* 276) zur Zeit der Weinlese durch Attika gezogen, um seine Schauspiele aufzuführen.

Die aristotelische Theorie wurde – mit Modifikationen – in der Neuzeit aufgegriffen; doch versuchte man auch, unter Zuhilfenahme der Ethnologie Vorläufer der Tragödie in urtümlichen Riten zu erkennen (W. Ridgeway; G. Murray; A. Dieterich; W. Burkert).

Als die tragischen Chöre dann gerade den göttlichen Patron ihrer Aufführungen völlig vergaßen, entstand das Satyrspiel (mit seinem Satyrchor unter der Leitung des alten Silen), das mit seiner Huldigung an Dionysos die burleske Atmosphäre des ursprünglichen Dithyrambos wieder aufleben ließ.

Die ersten Satyrspiele wurden sicher – entgegen der dann gültigen Praxis (vgl. *1.13.1*) – in den Wettkämpfen vor den Tragödien und wahrscheinlich für sich aufgeführt.

Die am Beginn der Komödie stehenden Phallos-Prozessionen waren ebenfalls κῶμοι zu Ehren des Dionysos, in denen man den Phallos trug und obszöne Scherzworte wechselte.

Eine Vorstellung von diesen Ritualen geben neben den Vasenbildern ein Abschnitt der *Acharner* des Aristophanes (241–279) und ein Passus des Historikers Semos von Delos (*FGrHist* 396 F 24): Nach dem Gesang auf Dionysos wendet sich der Chor direkt an die Zuschauer und verspottet sie; dies spiegelt sich dann in zwei grundlegenden Teilen der Alten Komödie wider, der Parabase und dem Agon (vgl. *1.14.1*).

Aristoteles räumt ein, daß man hinsichtlich der ältesten Geschichte der Komödie (die erst 487/6 zu offiziellen Wettkämpfen zugelassen wurde, vgl. u.) nicht viel weiß, betont aber, daß «die Kunst, Handlungen zu konstruieren, ... aus Sizilien kam» (*Poet.* 5,1449b5–7). Die traditionelle neuzeitliche Theorie sieht den Ursprung der attischen Komödie in der Verschmelzung der volkstümlichen dorischen Posse mit dem phallischen κῶμος.

Gegen diese 1893 von A. Körte formulierte Hypothese haben sich manche Zweifel erhoben, auch an der Existenz einer dorischen Posse im 6. Jh. Neuere Studien suchten daher die Urzelle der Komödie in einer einzigen Quelle, die man in anderen archaischen κῶμοι aufzuspüren glaubte (ithyphallische Kulttänze, Hymnen mit Götteranrufungen, Prozessionen in Tierverkleidung u. a.), ohne den weiteren Entstehungsprozeß überzeugend zu erklären. Dem Antiquar Sosibios Lakon (*FGrHist* 595 F 7) zufolge waren die umherziehenden Schauspieler der dorischen Posse unter verschiedenen Namen bekannt. Zu den 'Phlyaken' – komischen Kobolden mit enormen Bäuchen, Gesäßen und Phalloi – gibt es seit dem Ende des 5. Jh.s eine reiche Vasenbild-Dokumentation (Szenen aus dem Alltagsleben und Mythenparodien). Von der megarischen Posse, die von den attischen Komikern wegen ihrer Grobheit gebrandmarkt wurde (Ar. *Vesp.* 57, Eup. fr. 261 K.-A., Ecph. fr. 3 K.-A.), weiß man, daß sie feste Masken verwendete, unter ihnen den Koch Maison mit seinem Sklaven Tettix.

Für Aristoteles ist der literarische Archetypus der Komödie der alte Iambos, da beiden Gattungen die Mimesis 'minderwertiger' Personen gemeinsam sei (*Poet.* 4,1448b 32–1449a6).

Das ὀνομαστί κωμῳδεῖν entspricht der ἰαμβικὴ ἰδέα (1449b8). Da unter ähnlichen Umständen entstanden, hatten Iambos und Komödie nicht wenige formale (Metron) und inhaltliche Elemente gemeinsam; vgl. *PT* II 157–179; R. M. Rosen, *Old Comedy and the Iambographic Tradition* (Atlanta 1988).

Die dramatischen Agone fanden an mit dem Dionysos-Kult verbundenen Festen statt.

Das bedeutendste waren die Großen (oder Städtischen) Dionysien (März–April), von Peisistratos um 535/6 eingerichtet und bis 487/6 Tragödienaufführungen vorbehalten. Die 440 begründeten Lenäenaufführungen fanden im Januar–Februar statt und waren fast ausschließlich der Komödie gewidmet. Tragödienwettkämpfe (meistens Wiederaufführungen) gab es auch an den Kleinen (oder Ländlichen) Dionysien in attischen Demen (Dezember–Januar). Organisation und Leitung dieser Feste hatten der Archon Eponymos (Große Dionysien), der Archon Basileus (Lenäen) und der Demarch (Kleine Dionysien).

BLG 374–376.

1.8.2 Tragödie und Satyrspiel

Am ersten tragischen Wettbewerb um 535 nahm als Autor wie auch als Schauspieler Thespis (*TrGF* 1) aus dem attischen Demos Ikaria teil. Ihm schrieb die Antike die Einführung der wichtigsten formalen Elemente des Dramas zu: Prolog, Dialogpartien, Maskengebrauch.

Die unter seinem Namen überlieferten 4 Stücktitel und ebensovielen Fragmente stehen unter dem Verdacht, spätere Fälschungen zu sein: Man wußte schon in der Antike, daß Herakleides Pontikos Dramen unter Thespis' Namen in Umlauf gebracht hatte. – Zweifelhaft sind auch die Nachrichten über Choirilos (angeblich 160 Tragödien und 13 Siege; erhalten ein Stücktitel und wenige Fragmente, *TrGF* 2). Er begann mit Aufführungen um 520 und hatte zwischen 499 und 496 Aischylos und Pratinas als Rivalen.

Besser unterrichtet sind wir über Phrynichos, der zuerst um 510 siegte, als erster (gemäß Überlieferung) weibliche Personen auf die Bühne brachte und einen Prolog verwandte. Er öffnete die Tragödie auch für die Darstellung zeitgenössischer Ereignisse, zunächst mit der *Einnahme Milets* (wahrscheinlich 493/2 unter dem Archontat des Themistokles aufgeführt), später mit den *Phoinissen*, die den Sieg von Salamis feierten und von Themistokles als Choregen ausgestattet wurden (zu Phrynichos' politischen Neigungen vgl. *SCG* 256–258).

Über die außerordentliche Wirkung der *Einnahme Milets* berichten verschiedene Quellen, zuerst Herodot (6,21,2). Aischylos ahmte mit den *Persern* 472 nicht nur das Thema der *Phoinissen*, sondern auch den Anfangsvers (fr. 8) und die Wahl der Perspektive (von seiten der Besiegten) nach. Von Phrynichos sind etwa 20 Fragmente und 10 Stücktitel erhalten (*TrGF* 3); seine Melodien waren noch am Ende des 5. Jh.s berühmt (vgl. Ar. *Thesm.* 164 u. a.).

Pratinas von Phleius galt als εὑρετής des Satyrspiels. Die Überlieferung schreibt ihm einen Sieg und 18 Tragödien und 32 Satyrspiele zu, was beweisen würde, daß diese auch separat aufgeführt wurden (vgl. *1.8.1*). Pratinas war vielleicht schon tot, als sein Sohn Aristias 467 mit seines Vaters Stücken *Perseus, Tantalos* und dem Satyrspiel *Die Ringer* den zweiten Preis (nach Aischylos und vor Polyphrasmon) erhielt.

Erhalten sind einige interessante Fragmente, lyrische Partien, deren Herkunft aus Dramen nicht immer sicher ist (*TrGF* 4 = *PMG* 708–713). In fr. 3 (laut Bezeugung ein Hyporchema) protestiert ein Chor von Satyrn heftig gegen die Anmaßungen des αὐλός gegenüber der ἀοιδά.

Als Satyrspielautor war auch Aristias berühmt; sein erster Sieg ist auf etwa 460 anzusetzen; 8 kurze Fragmente und einige Titel von Tragödien und Satyrspielen (*Kyklops*) sind erhalten (*TrGF* 9).

Ausg.: *TrGF* I²; Satyrspiele: komm. Ausg. V. Steffen (Poznán 1952). BLG 376–387.

1.8.3 Komödie

Das Verdienst, rudimentär-improvisierte mimische Formen zu einem Kunstwerk gemacht zu haben, gebührt Epicharm (späteres 6.–Mitte 5. Jh.), dem ersten Vertreter des sizilischen Theaters; laut Aristoteles war er Vorläufer der attischen Komödie (*Poet.* 5,1449b6f.; vgl. 3, 1448a33f.), laut Platon der beste Vertreter der Komödie schlechthin (*Tht.* 152e).

Aristoteles nennt ihn «erheblich älter als Chionides und Magnes» (vgl. u.), doch muß das Stück, in dem Epicharm sich über Ausdrücke der *Eumeniden* des Aischylos mokierte (vgl. fr. 214 K.), nach 458 geschrieben sein. Epicharm war lange am Hof der Deinomeniden in Syrakus (491–465) tätig; in den Νᾶσοι ging es um eine Streitigkeit zwischen Hieron und Anaxilaos von Rhegion im Jahre 477 (vgl. fr. 98). Seine reiche Produktion (35 bis 52 Dramen, je nach Quelle) wurde von Apollodoros von Athen (2. Jh.) in 10 Büchern gesammelt; auf uns gekommen sind etwa 40 Stücktitel und etwa 250 Fragmente (umfangreiche auf Papyrus).

Die Überreste zeigen einen begabten Dichter mit überraschenden Einfällen, burlesken Vergleichen, einzigartigen Personifikationen (wie Λόγος καὶ Λογίνα), aber auch einen *poeta doctus*, der Anregungen zur Parodie aus Epik (Homer, Hesiod, Kyklos), Lyrik (Stesichoros, Pindar), Tragödie (Aischylos) sowie aus zeitgenössischer Rhetorik (Korax) und Philosophie (Pythagoras, Heraklit) bezieht und sein sizilisches Dorisch für Antithesen, Hyperbeln, subtile Zweideutigkeiten und Wortwitze zu verwenden weiß. Seine Metren sind größtenteils Iamben, Trochäen und stichisch verwandte Anapäste (die *Tänzer* und der *Sieger* waren ganz in anapästischen Tetrametern geschrieben); dagegen gibt es keine Spur von lyrischen Versmaßen, und ein Chor ist bisher nicht nachweisbar. Unsicher ist auch der Umfang seiner Dramen (offenbar nicht mehr als 400 Verse) und die Zahl der Schauspieler; einige Partien scheinen die Anwesenheit von drei Personen auf der Bühne nahezulegen (vgl. fr. 6 und 34).

Themen der Mythenparodie überwiegen; ihre Hauptfiguren sind Odysseus und Herakles, der Held des maßlosen Appetits. Bisweilen erscheint die mythologische Ausrichtung nicht im Titel: In *Herr und Frau Rede* trat Pelops – gegen die Überlieferung – als Gast des Zeus auf (Epicharm ändert Mythen häufig: im *Kyklops* wird Polyphem – wie später im *Kyklops* des Euripides und in den *Odysses* des Kratinos – als grotesker Koch dargestellt). Andere Stücke inspirierten sich am Alltagsleben: *Der Bauer, Die Frau von Megara, Die Raubzüge, Die Festbesucher, Hoffnung oder Reichtum* (hier erschien ein ausgeprägter Parasit).

In vielen Fragmenten nimmt Gastronomisches – mit nicht enden wollenden Wagenladungen von Köstlichkeiten – großen Raum ein (in fr. 58 wird Ananios zitiert). Auffällig ist auch das fast völlige Fehlen von Aischrologie und iambischer Invektive, die Epicharm wahrscheinlich explizit ablehnte.

In fr. 88 scheint der Dichter sich von seinen Vorgängern, den ἰαμβισταί (vgl. Athen. 5,181c) zu distanzieren. Spärlich sind die Bezüge auf die zeitgenössische politische Wirklichkeit: Vgl. außer den erwähnten Νᾶσοι die *Wurst* (Ὀρύα), die vielleicht metaphorisch auf ein σύστημα πολιτικόν anspielte (Hesych. o 1295).

Charakteristisch für Epicharm ist auch das Zeichnen von Typen und der häufige Gebrauch von Sentenzen, die ihm den Ruf eines moralistisch-philosophischen Dichters par excellence brachten.

Schon bald zirkulierte eine bedeutende Zahl von meist philosophisch-wissenschaftlich ausgerichteten Werken unter seinem Namen, die sogenannten *Pseudepicharmea*, deren Unechtheit schon im 4. Jh. von Aristoxenos und dann auch von den Historikern Philochoros und Apollodor erkannt wurde. Einige Fälscher sind namentlich bekannt: Axiopistos (5./4. Jh., eine Sammlung von *Sentenzen* und ein *Kanon*) und Chrysogonos (2. Hälfte 5. Jh., das Gedicht *Politeia*). Unecht waren ferner ein medizinisches (*Chiron*) und ein kulinarisches Werk (Ὀψοποιΐα), ferner u. a. ein physikalisches Gedicht, das Ennius' *Epicharmus* als Vorlage diente.

Einem anderen Vertreter der sizilischen Komödie, Phormis (oder Phormos, gemäß den antiken Quellen ein Zeitgenosse Epicharms und Lehrer der Söhne Gelons), wurden Neuerungen bei Bühnenbild und Schauspielerkostümierung zugeschrieben. Erhalten sind ein Fragment (= Epich. fr. 18, Phormis von Kaibel zu Unrecht abgesprochen) und 7 mythologische Stücktitel, nicht alle sicher. Ein weiterer sizilischer Komödiendichter war Deinolochos, aus Syrakus oder Akragas; unsere Quellen schwanken, ob er Sohn oder Schüler oder Rivale Epicharms ist, und schreiben ihm 14 Dramen zu. Erhalten sind 14 Fragmente und ein Dutzend Stücktitel, fast alle mythologisch.

Ausg.: *CGF* 88–145 (Epich.), 148 (Phorm.), 149–151 (Dein.); *CGFP* 78 (Dein.), 81–91 (Epich.); *FCMS* I 3–137 (Epich.), 138 (Phorm.), 138–143 (Dein.). BLG 433–436.

Susarion, der angebliche 'Erfinder' der attischen Komödie, ist eine kaum faßbare Gestalt: Geboren in Megara Nisaia oder Ikaria (wie Thespis), habe er in Athen als erster bei Wettkämpfen zwischen 582 und 560 gesiegt (*Marm. Par.* 239 A 39).

Die spärlichen Nachrichten über ihn sind widersprüchlich (*PCG* VII 661–665). Ein megarischer Ursprung ist wahrscheinlicher (Susarion ist kein attischer Name), aber das einzige Fragment ist in ionischem Dialekt und spricht in Ton und Thema für die Hypothese, daß Susarion ein Iambograph (vgl. *1.3.2*) war (*St.* 183f.).

Mit Chionides und Magnes nimmt die attische Komödie laut Aristoteles (*Poet.* 3,1448a34) ihren Anfang. Chionides (3 Stücktitel und 8 unbedeutende Fragmente sind erhalten) war der Sieger des ersten staatlichen Komödienagons 486. Magnes errang 11 Siege (einen 472), doch kam nach solchen jugendlichen Erfolgen laut Aristophanes (*Eq.* 520–525) später ein Abstieg. Auch von Magnes gibt es noch einige Stücktitel (*Lyder, Frösche, Vögel* u. ä.) und 8 kurze Fragmente. Die Stücke der beiden waren nicht länger als 300 Verse; sie bestanden also wohl aus Chorliedern mit locker verbundenen Zwischen-Szenen.

Ausg.: *PCG* IV 72–76 (Chion.); V 626–631 (Magn.). BLG 433–436.

B. KLASSISCHE ZEIT

1.9 Die Philosophie

1.9.1 Die Aufklärung in Athen

In der Geschichte des griechischen Geisteslebens ist die Ankunft des Anaxagoras (*VII 1.2.5*) in Athen (zwischen 464 und 462) von grundlegender Bedeutung. Auf sein Prinzip ὄψις τῶν ἀδήλων τὰ φαινόμενα (*VII 2.1*), als «die Revolution des Jahrhunderts» bezeichnet (*SPA* 142), gründet sich die Geschichtsschreibung des Thukydides, die Medizin des Hippokrates und die Wissenschaft des Aristoteles. Als Ratgeber und Freund des Perikles stand Anaxagoras dreißig Jahre lang im Zentrum des athenischen kulturellen Lebens; die Überlieferung macht ihn zum Lehrer des Perikles und des Thukydides, des Euripides und des Sokrates.

In Athen veröffentlichte Anaxagoras (wahrscheinlich 456/5) sein einziges Werk (A 37), *Über die Natur* (B 1-22; vielleicht das erste in Athen veröffentlichte Buch). Seine berühmtesten Theorien wurden rasch von den Tragikern verbreitet: zur rein patrilinearen Zeugung (A 107, vgl. *Aesch. Eum.* 657–666), zur Unzerstörbarkeit der Materie (B 3, vgl. Eur. fr. 839 N.[2]), zur ursprünglichen Einheit von allem (B 1, vgl. Eur. fr. 484 N.[2]), zum Ursprung der Nilschwelle (A 91, vgl. Aesch. *Suppl.* 559, fr. 300 R.; Soph. fr. 882 R.; Eur. *Hel.* 2, fr. 228 N.[2]) und zur Sonne als «heißem Klumpen» (A 72, vgl. Eur. *Or.* 6 und 983f., fr. 783 N.[2], Crit. *TrGF* 43 fr. 19,35 u. a.). Im von der τύχη beherrschten Universum des Anaxagoras, in dem «keine πρόνοια θεῶν existiert» und «die εἱμαρμένη ein Name ohne Sinn ist» (A 66), war für die Götter kein Platz (cf. *SFA* 50–61).

Als erster entwarf Anaxagoras eine Theorie des Fortschritts, die aus dem Menschen – im Rahmen einer linearen und säkularisierten Konzeption der Zeit – den einzigen εὑρετής von τέχναι und den einzigen Künstler der Geschichte macht.

Ordnungsprinzip von allem ist der Νοῦς, d. h. der zum Gott erhobene menschliche Intellekt (vgl. den 'anaxagoreischen' Euripides in fr. 1018 N.[2], *Tr.* 886, fr. 913 Sn.; vgl. *SPA* 145f.). Über die Entwicklung des Menschen hatten schon andere nachgedacht (Anaximander, Xenophanes, Empedokles), aber bei ihnen ist diese Entwicklung göttlich und zyklisch bestimmt; bei Anaxagoras hat das Werden an irgendeinem Punkt von Zeit und Raum einen Anfang und entwickelt sich entlang einer geraden Linie; Gottheit und εἱμαρμένη weichen der mechanischen Notwendigkeit und der Tyche (*SPA* 141f.).

Diese 'weltliche' Weltanschauung – von den Tragikern rezipiert, von Sophokles in der *Antigone* bekämpft (V. 332–375; vgl. Aesch. *Ch.* 585–595, *Prom.* 442–506, Eur. *Suppl.* 195–218, fr. 27 N.[2], Crit. *TrGF* 43 fr. 19, Moschio *TrGF* 97 fr. 6 u. a.) – beherrscht die attische Kultur der 2. Hälfte des 5. Jh.s; selbst Sokrates ist insoweit Anaxagoreer, als er das Handeln vom Wissen gelenkt werden lassen will.

Schüler des Anaxagoras war Archelaos von Milet (oder Athen), laut Überlieferung ein Lehrer des Sokrates (*VS* 60): in seiner *Physiologia* erschienen die Fortschrittstheorie (A 4) und vielleicht schon die sophistische Gegenüberstellung Nomos-Physis (A 1). Das atomistische System des Demokrit (*VS* 68; *VII 1.2.5*) ging von den gleichen methodischen Prinzipien wie Anaxagoras aus (vgl. A 111) und entwickelte detaillierter die Geschichte menschlicher Zivilisierung (B 5; von Epikur aufgegriffen). Demokrit schrieb etwa 60 Werke, zu Astronomie und Geographie, Mathematik und Naturwissenschaften, Medizin und Landwirtschaft, Literaturkritik und Linguistik (u. a. *Über Homer oder: Über die Angemessenheit des Ausdrucks und über Glossen*; er übersetzte auch die berühmte Säule des Aḥiqar aus dem Akkadischen (B 299, vgl. Maria Jagoda Luzzatto, QS 18/36, 1992, 17–30). Erhalten sind etwa 300 Fragmente in ionischer Prosa. Demokrits erkenntnistheoretischer Pessimismus wurde von seinen Schülern Metrodoros von Chios (*VS* 70) und Anaxarchos von Abdera (*VS* 72; nicht zufällig der Lehrer Pyrrhons) weiterentwickelt.

Anaxagoras: komm. Ausg. D. Sider (Meisenheim 1981); *CPFTL* 10; BLG 593f.; *SFA* 50–66; 189–209; *SPA* 119–165; 289–301; C. Diano, «Anassagora padre dell'Umanesimo e la melete thanatou», *GCFI* 52 (1973) 162–177. Demokrit: komm. Ausg. R. Löbl (Würzburg 1988). BLG 603–607; *SFA* 72–74.

1.9.2 Die Sophisten

Anaxagoras' Fortsetzer, die Sophisten (*VII* 1.3.1), konzentrieren sich auf die φύσις des Menschen und stellen mit ihrem erkenntnistheoretischen Skeptizismus und ihrer zersetzenden Kritik auf jedem Gebiet dem späteren philosophischen Denken neue und gewichtige Probleme.

Die Eliminierung der Götter erschüttert die traditionellen, auf der Religion gegründeten Werte. Dem νόμος, der zu einer utilitaristischen zeit- und ortsbedingten Konvention wird, tritt die φύσις gegenüber, die Griechen und Barbaren, Herren und Sklaven auf die gleiche Stufe stellt; die Gerechtigkeit ist nun der Nutzen des Stärkeren und die Politik die Anwendung dieses Rechtes (vgl. den euripideischen Eteokles in *Phoen.* 499–525, den Kyklopen in *Cycl.* 316–346 und die Athener im 'Melier-Dialog', Thuc. 5,84–113).

Der erste und berühmteste Repräsentant der Sophistik war Protagoras von Abdera (*VS* 80; *VII* 1.3.1). Perikles beauftragte ihn, die Gesetze für die 444/443 gegründete Kolonie Thurioi abzufassen; in Euripides' Haus stellte er seine Schrift *Über die Götter* vor. Zu seinen zahlreichen Werken gehörten *Über den Urzustand*, worin er die Geschichte der menschlichen Zivilisierung darlegte (C 1 = Plat. *Prot.* 320c–322e), und die Schrift *Wahrheit oder Niederwerfende Reden*, in der der Homo-mensura-Satz stand (B 1).

Wie die anderen Sophisten betrieb auch Protagoras linguistische und grammatische Studien (A 24 und 26; A 27f. zum Geschlecht der Nomina; A 29f.: Homer-Exegese).

Gorgias von Leontinoi (*VS* 82; *VII* 1.3.1), Redelehrer und Redner (vgl. 1.12.1), gelangte in seiner Schrift *Über das Nichtseiende oder über die Natur* (B 3) zu einem radikalen Nihilismus, der die Lehre des Parmenides auf den Kopf stellte.

Prodikos von Keos (*VS* 84; um 465–nach 399) schrieb *Über die Natur des Menschen* (oder *Über die Natur*) und *Horai* (wahrscheinlich ländliche Gottheiten am Beginn der Zivilisation). Diese Schrift enthielt u. a. die Allegorie von 'Herakles am Scheidewege' (B 1f.) und skizzierte eine Geschichte des menschlichen Fortschritts, in der die Götter als Vergöttlichung von natürlichen Phänomenen und Gaben oder als Menschen verstanden wurden, die sich besonders verdient gemacht hatten (B 5). Prodikos' linguistische Studien, vor allem zu Etymologie und Synonymik (A 11–20), waren berühmt.

Antiphon (*VS* 87; *VII 1.3.1*) war wahrscheinlich mit dem gleichnamigen Redner (vgl. *1.12.3*) und Politiker (dem Inspirator des Staatsstreichs der Vierhundert 411, vgl. Thuc. 8,68,1f.) von Rhamnus (479–411) identisch.

Zu dieser schon in der Antike (vgl. A 2) diskutierten Frage zuletzt Isabella Labriola (Hrg.), *Antifonte. La verità* (Palermo 1992) 76–82. Antiphons Werk *Über die Wahrheit* (in wenigstens 2 Büchern; Fragmente auf Papyrus) stellt den νόμος dem Naturrecht (φύσις) gegenüber, das als die einzige (physische und ethische) Wahrheit angesehen wird (B 44A–B). Dies ist allerdings kein Bekenntnis zum Anarchismus; vgl. die Schrift *Über die Eintracht*, die eine ebenso harmonisch wie aristokratisch von σωφροσύνη und φιλία geleitete Gemeinschaft skizzierte (B 44a–71). Antiphon war auch der Erfinder der τέχνη ἀλυπίας, einer 'Kunst' zur Bekämpfung und Verhinderung des Schmerzes (A 6, cf. *SFA* 289f.).

Der enzyklopädisch veranlagte Hippias von Elis (*VS* 86) bezeichnete das Gesetz als die Natur verletzenden «Tyrann» (C 1 = Plat. *Prot.* 337c–338b).

Von seiner umfänglichen Produktion in Prosa und Versen (Epen, Tragödien, Dithyramben, Epigramme) ist nichts erhalten geblieben. Er lieferte wichtige Beiträge zu den physikalisch-mathematischen Wissenschaften und legte mit seiner *Liste der Sieger in Olympia* erste Grundlagen der Chronologie; die *Völkernamen* bezeugen historisch-ethnographische und linguistische Interessen. Das Miszellanwerk mit dem Titel *Sammlung* (Auszüge, Zitate und Notizen zu den verschiedensten Gebieten) macht ihn zum ersten antiken Doxographen.

Einer der bezeichnendsten Vertreter der Sophistik ist Kritias (*VS* 88; um 460–403), Platons Onkel mütterlicherseits, Schüler des Sokrates und politischer Hauptakteur in Athen während der letzten Phase des Peloponnesischen Krieges.

Er war in den Hermenskandal verwickelt, an der Regierung der Vierhundert (411) beteiligt, dann in Thessalien im Exil. Er betrat Athen wieder nach dem Sieg Spartas, gehörte zu den Führern des blutigen Regimes der Dreißig und starb während des Angriffs gegen die in Munychia versammelten Demokraten des Thrasybulos.

Kritias' fragmentarisch erhaltenes Werk entwickelt – modifizierend – die atheistische und anthropozentrische Geschichtssicht der anderen Sophisten weiter.

Eine Partie über den Ursprung der Zivilisation aus dem Satyrspiel *Sisyphos* skizziert die Religion (= Götterfurcht) als die Erfindung eines genialen Mannes, ein Zwangsmittel, das auch im Verborgenen auf die Gemüter wirken kann (B 25). Außer Dramen (B 10–29 = *TrGF* 43) verfaßte Kritias ein Hexametergedicht über Anakreon (B 1) und Elegien (B 2–9 = *IEG* II 52–56), darunter *Verfassungen in Versen*, deren Fragmente eine deutliche Bewunderung Spartas bezeugen (B 6–9). Er schrieb auch in Prosa *Verfassungen, Aphorismen* und *Prooemien politischer Reden*.

Andere Sophisten trieben die Herrschaft des Naturrechts ins Extrem, so Thrasymachos von Chalkedon (2. Hälfte 5. Jh.; *VS* 85 B 6a; vgl. *1.12.1*) und der sonst unbekannte Kallikles im platonischen *Gorgias* (482c–486d). Zu einer Versöhnung zwischen νόμος und φύσις gelangte dagegen der 'Anonymus Iamblichi' (*VS* 89); die Schrift heißt so, weil der Neuplatoniker Iamblich aus ihr umfangreiche Abschnitte überliefert hat.

Sophisten: komm. Ausg. M. Untersteiner (I–II, Florenz ²1961; III, Florenz 1954), M. Untersteiner – A. Battegazzore (IV, Florenz 1962); Antiphon: *CPFTL* 17, 1–2; Ausg. L. Gernet (Paris ²1954); Protagoras: komm. Ausg. A. Capizzi (Florenz 1953). BLG 607–612; *SFA* 67–72.

1.9.3 Sokrates und die Sokratiker

Die sehr verschiedenartigen Zeugnisse, mit denen Sokrates' (*VII 1.3.2*) philosophische Persönlichkeit rekonstruiert werden muß, reichen von der Idealisierung durch seine Schüler bis zur Demythisierung durch seine Gegner, die sogenannte 'sokratische Frage' ist eines der meistdiskutierten Probleme der griechischen Philosophie.

Mit dem Todesurteil gegen ihn 399 rächte sich die restaurierte athenische Demokratie an dem Mann, der unter seinen Schülern Kritias, Charmides (auch Alkibiades) und noch andere Antidemokraten und Spartafreunde gehabt hatte. Unter Sokrates' Namen sind – offenkundig unechte – Briefe und elegische Distichen (*IEG* II 138f.) überliefert.

Die Überlieferung macht aus Sokrates einen Schüler des Anaxagoras und des Anaxagoreers Archelaos. Daß er die Naturwissenschaften nicht ganz außer Acht ließ, bevor er sich ethischen Fragen zuwandte, zeigen wohl die *Wolken* des Aristophanes; vgl. die Bezüge auf 'Meteorologie', Atheismus und Anaxagoras in der platonischen *Apologie* (26c–e) wie auch in Xenophons *Memorabilien* (4,7,5–7). Auch der platonische Sokrates gibt zu, sich anfänglich von der Lehre des Anaxagoras angezogen gefühlt zu haben (*Phaed.* 97b–98c). Zu diesen Fragen F. Turato (Hrg.), *Aristofane. Le Nuvole* (Venedig 1995) 9–61.

Sokrates' Tod hat eine Blüte von Dialogen mit ihm als Hauptfigur hervorgerufen; diese λόγοι Σωκρατικοί bezeichnet Aristoteles als neue literarische Gattung (*Poet.* 1,1447b 11).

Zu dieser Produktion gehören die *Dialoge* Platons, die sokratischen Schriften Xenophons (*Memorabilien, Oikonomikos, Symposion, Apologie des Sokrates*) und die fast vollständig verlorenen anderer Schüler des Sokrates: des Aischines von Sphettos (*Alkibiades, Aspasia, Axiochos, Kallias, Miltiades* u. a.) und des Phaidon von Elis. Daneben gab es aber auch eine antisokratische Literatur, vor allem vertreten durch die *Anklage gegen Sokrates* des Rhetors und Sophisten Polykrates von Athen; den Inhalt dieser 393/392 veröffentlichten Schrift (II 222 Baiter-Sauppe) kennt man großenteils dank einiger als Antwort auf sie verfaßten Schriften (vor allem dank der spätantiken *Apologie des Sokrates* des Libanios [*IV 4.2.1*]): Sokrates erscheint hier als Gefahr für die athenischen demokratischen Institutionen. Mit (verlorenen) *Apologien des Sokrates* antworteten Lysias, Theodektes von Phaselis, Demetrios von Phaleron, Theon von Antiochia und Plutarch.

Einige Interpreten und Fortsetzer von Sokrates' Denken sollen regelrechte Schulen gegründet haben, die bis in vorgerückte hellenistische Zeit existierten: die megarische, die kynische und die kyrenäische, alle nur in sehr geringfügigen Fragmenten faßbar und untereinander recht verschieden (aufgrund von Sokrates' wenig systematischer, offener 'Lehre').

Die megarische Schule geht auf Euklid von Megara (etwa 435–365) zurück; er schrieb 6 Dialoge und entwickelte Sokrates' Lehren auf ethischem und dialektischem Gebiet weiter. Typisch für ihn und seine Schüler (darunter Stilpon von Megara) ist 'eristisches' Argumentieren. Antisthenes von Athen war zuerst Schüler des Gorgias (vgl. die

2 erhaltenen rhetorischen Übungen, *Aias* und *Odysseus*), dann des Sokrates. Er pflegte seine Anhänger im Gymnasion des Kynosarges um sich zu scharen, nach dem die kynische Schule benannt sein soll, falls die Bezeichnung nicht eher mit dem von den Kynikern geführten 'Hundeleben' zu verbinden ist. Die Kyniker erstrebten αὐτάρκεια (Selbstgenügsamkeit) und predigten die Befreiung von jeglichem Bedürfnis und von gesellschaftlichen Konventionen. Antisthenes schrieb etwa 60 Werke, die in der Antike wegen ihres Stils und der Reinheit ihres Attisch geschätzt wurden. Sein 'Nachfolger' war Diogenes von Sinope (etwa 410–323). Er trieb den kynischen Rigorismus ins Extrem und lehnte jede Form zivilen Lebens im Namen eines idealen Kosmopolitismus ab. Er schrieb u. a. Dialoge und Tragödien (verloren), ist aber vor allem die Hauptfigur einer reichen biographischen, doxographischen und apophthegmatischen Tradition. Sein Schüler Krates von Theben (365–285; *SH* 347–369) verfaßte 'Tragödien' (d. h. wohl Parodien), kurze satirische Gedichte (παίγνια) und die Parodie Πήρη ('Ranzen'), die er als ideale Stadt besang, in der besitzlose Menschen glücklich leben könnten. Gründer der kyrenäischen Schule war Aristipp von Kyrene (etwa 435–356), der die Tugend in der Lust (ἡδονή) ansiedelte ('Hedonismus'). Wir kennen von ihm die Titel von 25 Dialogen und verschiedenen anderen Schriften, darunter eine *Geschichte der Libyer* in 3 Büchern.

Sokratiker: Ausg. G. Giannantoni (I–IV, Neapel ²1990–1991); Briefe: komm. Ausg. J. Sykutris (Paderborn 1933); Megariker: komm. Ausg. K. Döring (Amsterdam 1972); Antisthenes (Deklamationen): Ausg. Fernanda Decleva Caizzi (Mailand-Varese 1966); Kyrenaiker: komm. Ausg. E. Mannebach (Leiden 1961). BLG 612–615; 650; *SFA* 75–78.

1.9.4 Platon und die Akademie

Der Philosophie eine vor allem ethische Ausrichtung zu geben, auf politischer wie pädagogischer Ebene, war das grundlegende Ziel Platons (*VII 1.4*) im Rahmen einer umfassenden metaphysischen Konstruktion ('Ideenlehre').

Seine entscheidende Begegnung mit Sokrates fand um 407 statt. Nach der Rückkehr aus Sizilien 387 eröffnete er seine Schule, die nach dem dem Heros Akademos heiligen Ort benannte Akademie. Alles von Platon Geschriebene ist überliefert, aber nicht alles, was sich mit seinem Namen schmückt, ist authentisch, angefangen von 23 Epigrammen (vgl. *1.15.8*) und 13 Briefen (nur der 6., 7. und 8. werden in der Regel als echt angesehen). Das übrige besteht aus der *Apologie des Sokrates*, den unechten *Definitionen* und 41 Dialogen, von denen sieben bereits in der Antike Platon aberkannt wurden (*Über das Gerechte, Über die Tugend, Demodokos, Sisyphos, Eryxias, Axiochos, Halkyon*); wenigstens ebenso viele sind dieser Liste noch hinzuzufügen (*Alkibiades I* und *Alkibiades II, Hipparchos, Anterastai, Theages, Minos, Kleitophon*). Das *Corpus Platonicum* wurde in Trilogien (Aristophanes von Byzanz) und in Tetralogien (Thrasyllos von Alexandria?) eingeteilt; aufgrund sprachlich-stilistischer Analyse ist man inzwischen zu einer chronologischen Dreiteilung gekommen (dazu *VII 1.4.1*); der *Menexenos* wird dabei teils zu ersten, teils zur zweiten, der *Parmenides* und *Theaitetos* teils zur zweiten, teils zur dritten Gruppe gerechnet. Der *Timaios* (über den Ursprung der Welt) sollte zusammen mit dem unvollendeten *Kritias* (über den Kampf von Ur-Athen gegen das mythische Atlantis) und dem nie geschriebenen *Hermokrates* eine Trilogie über die Geschichte der Welt bilden; die *Epinomis*, die sich wie eine Fortsetzung der *Gesetze* gibt, stammt vielleicht von einem Schüler, Philippos von Opus.

Die Dialoge legen – vor allem durch den Mund des Sokrates, der in der Regel ihre Hauptfigur ist – die Dreh- und Angelpunkte der platonischen Lehre dar. Sie tun dies ohne strenge Systematik und mit häufigem Rückgriff auf eine neue Mythologie, deren großartige Parabeln 'intuitiv' illustrieren sollen, was wahrnehmbare Erfahrung transzendiert (längst Vergangenes oder Eschatologisches: Unsterblichkeit der Seele, Leben 'jenseits' des Irdischen u. ä.).

Diese Mythen treten den 'traditionellen' falschen und tadelnswerten gegenüber, die in den Büchern 2 und 3 des *Staates* zusammen mit der althergebrachten dichterisch-musischen Erziehung (Homer, Hesiod, Tragiker) verworfen werden. In den *Gesetzen* mildert Platon dieses Urteil, läßt die Dichtung unter den harmlosen Vergnügungen wieder zu und räumt der Musik einen erzieherischen Wert ein.

Als Verschmelzung der sophistischen Dialektik, des attischen Dramas und des sizilischen Mimos (vgl. *1.15.2*) ist der platonische Dialog auch ein großes Kunstwerk: Seine Prosa, die von der Abstraktion bis zu dichterischem Schwung alles ausdrücken kann, macht aus Platon einen der größten griechischen Schriftsteller.

Aus der Akademie (*VII 1.4.5*) gingen bedeutende Mathematiker, Astronomen und Geographen hervor wie Eudoxos von Knidos (*VII 2.3.3*) und Herakleides Pontikos (etwa 390–310), der auch (verlorene) Dialoge über Dialektik, Ethik, Literaturgeschichte und Philologie schrieb. Die unmittelbaren Nachfolger Platons als Leiter der Akademie, Speusipp von Athen und Xenokrates von Chalkedon, verfaßten zahlreiche Schriften (von denen einige Fragmente erhalten sind) und entwickelten die Ideenlehre in mathematischer Richtung weiter, Xenokrates mit einer starken pythagoreisch-astrologischen Komponente. Ein Mathematiker war auch Hermodoros von Syrakus, Biograph und Herausgeber Platons.

Platon: Ausgg. vgl. u. *VII 1.4.4*. BLG 616–627. *SFA* 78–180. Speusipp: komm. Ausg. L. Tarán (Leiden 1982). Xenokrates und Hermodoros: komm. Ausg. Margherita Isnardi Parente (Neapel 1982). Eudoxos: komm. Ausg. F. Lasserre (Berlin 1966). Herakleides Pontikos: komm. Ausg. F. Wehrli (Basel–Stuttgart [2]1969). Philippos von Opus: komm. Ausg. F. Lasserre (Neapel 1987). BLG 652f.

1.9.5 Aristoteles und der Peripatos

Aristoteles' (*VII 1.5*) Versuch, der platonischen Welt der Ideen eine empirische Basis zu geben, endet in einer radikalen Umkehr des Platonismus.

Etwa 50 Schriften (nicht alle echt) von den ungefähr 200 Aristoteles zugeschriebenen sind auf uns gekommen. Er selbst hatte sie in veröffentlichte ('exoterische', weil zur Verbreitung außerhalb – ἔξω – seiner Schule bestimmt) und unveröffentlichte ('akroamatische' oder 'esoterische' zum internen Schulgebrauch, in Form von mehr oder weniger ausgearbeiteten Notizen) unterteilt. Von den exoterischen sind nur Fragmente erhalten (mit Ausnahme der aus einer Sammlung von 158 Verfassungen erhaltenen *Verfassung der Athener*).

Die exoterischen Schriften umfaßten Dialoge platonischen Typs (*Eudemos oder über die Seele*, *Protreptikos oder Ermunterung zur Philosophie*, *Über die Philosophie*, *Gryllos oder über die Rhetorik*, *Über die Ideen*, *Über die Dichter* u. a.), Abhandlungen über Ethik (*Über die Erziehung*), Politik (*Über das Königtum*), Literatur (*Über die Tragödien*) und gelehrte Arbeiten wie die *Didaskalien* (Nachrichten zur Aufführung von etwa 1580 Tragödien und 970 Komödien), die Verzeichnisse der *Olympischen Sieger* und der *Pythischen Sieger*, eine *Sammlung von rhetorischen Handbüchern* (τέχναι), die Schrift *Homer-Probleme* u. a. Der wirkungsvoll-klare Stil der exoterischen Schriften wurde in der Antike uneingeschränkt gelobt (Dion. Hal. *Imit.* 2,4; Cic. *Acad.* 2,119).

Trotz ihrer fehlenden formalen Ausarbeitung machen die akroamatischen Schriften Aristoteles zum wahren Begründer wissenschaftlicher, nüchtern-präziser Prosa. Sie blieben dank abenteuerlichen Wechselfällen erhalten, und zwar in einer systematisch-vereinheitlichten Anordnung, die ihrem Schöpfer sicher fremd war.

Zur Überlieferungsgeschichte und zum genaueren Aufbau des Corpus vgl. *VII 1.5.1*. Unecht sind u. a. die Schrift Περὶ κόσμου und die *Rhetorica ad Alexandrum*, ein Werk des Historikers Anaximenes von Lampsakos.

Aristoteles' Nachfolger in der Schulleitung wurde 322 sein Lieblingsschüler Theophrast von Eresos (etwa 370–287; *VII 1.5.3*), der die Forschungen seines Lehrers nicht ohne eigene Beiträge fortsetzte.

Unter seiner Leitung zählte der Peripatos bis zu 2000 Schülern; zwischen 317 und 307 übte er als Ratgeber seines Schülers Demetrios von Phaleron (vgl. u.) auch einen gewissen politischen Einfluß aus. Von Theophrasts 226 Werken zu nahezu allen Gebieten des Wissens sind vollständig nur die *Pflanzenkunde* (9 Bücher), die *Aitiologie der Pflanzen* (6 Bücher) und die *Charaktere* erhalten. Wir haben ferner etwa 200 Fragmente, verschiedene (bisweilen umfangreiche) Auszüge (*Über Steine, Über das Feuer, Über die Winde* u. ä.) und eine Zusammenfassung der *Metaphysik* (wo der Schüler hier und da vom Meister abweicht). Unter den verlorenen Schriften waren die *Lehren der Physikoi* und die *Gesetze* grundlegend für die Geschichte der Wissenschaft und das vergleichende Verfassungsrecht; die Abhandlung *Über den Stil* entwickelte die Theorie der vier unverzichtbaren Stilerfordernisse (Reinheit, Deutlichkeit, Angemessenheit, Gefälligkeit) und enthielt in nuce vielleicht schon die (dann in der Kaiserzeit dominierende) Unterscheidung der drei Stilarten (hohe, mittlere und niedrige).

Bei den anderen Peripatetikern tendieren die Einzeldisziplinen dazu, sich von der Philosophie zu lösen. Dikaiarch von Messene (geb. um 376) beschäftigte sich mit Ethik, Politik, Literaturgeschichte (Dichterbiographien, Dokumente über musische Agone u. ä.), Kulturgeschichte (*Das Leben Griechenlands*) und Geographie (*Beschreibung der Erde*, mit Karte). Hier muß auch der Forschungsreisende Pytheas von Massalia (*VII 2.3.4*) erwähnt werden, der zur Zeit Alexanders in dem Werk *Über den Okeanos* seine Reisen bis in die Arktis beschrieb. Umfassendere Interessen hatten Phainias von Eresos (Botanik, Geschichte, Literaturkritik und Philosophie) und Aristoxenos von Tarent, ein Autor von 453 Buchrollen, der uns vor allem als Biograph von Philosophen (Pythagoras, Archytas, Sokrates, Platon u. a.) und noch mehr als Musikwissenschaftler (vgl. *1.11.2*) bekannt ist. Eudemos von Rhodos, der Editor der *Eudemischen Ethik*, handelte als erster über die Geschichte der Geometrie, der Arithmetik und der Astronomie; Autolykos von Pitane schrieb zwei erhaltene Werke über sphärische Geometrie. Im Auftrag des Aristoteles selbst schrieb Menon eine Geschichte der Medizin, von der uns ein Papyrus (der 'Anonymus Londinensis') einen Auszug wiedergegeben hat. In Verbindung mit dem Peripatos stand auch der (an Ruhm nur hinter Hippokrates stehende) Diokles von Karystos, der als erster über Medizin in Attisch schrieb. Schüler mehr des Theophrast als des Aristoteles war Demetrios von Phaleron, der von 317 bis 307 Athen als Gouverneur im Auftrag Kassanders von Makedonien regierte (*V 2.4.1*); später hatte er in Alexandria als Ratgeber Ptolemaios' I. Soter sicher Anteil an der Gründung der Bibliothek und des Museion. Er sammelte als erster die Fabeln Äsops und die Sprüche der Sieben Weisen, schrieb über Literaturkritik, Homer-Exegese, Ethik, politische Geschichte und legte die Prinzipien seiner Regierung in den Schriften *Über die zehn Jahre* und *Über die Verfassung* dar. Von all dem gibt es nur noch Fragmente; die erhaltene Schrift Περὶ ἑρμηνείας zeigt peripatetischen Einfluß, stammt aber erst aus späterer Zeit.

Aristoteles, Ausg.: vgl. *VII 1.5.2* a. E.; *CPFTL* 24; Fragmente: Ausg. O. Gigon (Berlin–New York 1987). BLG 627–639; *SFA* 180–185. Theophrast: ed. F. Wimmer (Paris 1866); Fragmente: Ausg. W. W. Fortenbaugh u. a. (I–II, Leiden u. a. 1992). Dikaiarch: komm. Ausg. F. Wehrli (Basel–Stuttgart ²1967). Pytheas: komm. Ausg. H. J. Mette (Berlin 1952). Phainias: komm. Ausg. F. Wehrli (Basel–Stuttgart ²1969). Eudemos: komm. Ausg. F. Wehrli (Basel–Stuttgart ²1969). Autolykos: ed. Germaine Aujac (Paris 1979). Menon: komm. Ausg. W. H. S. Jones (Cambridge Mass. 1947). Diokles: ed. M. Wellmann (Berlin 1901). Demetrios: komm. Ausg. F. Wehrli (Basel–Stuttgart ²1968). BLG 654–657: 711.

1.10 Geschichtsschreibung

1.10.1 Herodot

Mit Herodot von Halikarnass (um 484–nach 430) konzentrieren sich die breiten Interessen der Logographen (vgl. *1.7*) auf menschliches Handeln; damit wird Herodot in der Tat zum *pater historiae* (Cic. *Leg.* 1,5).

Herodot besuchte nahezu alle damals bekannten Länder (u. a. Ägypten, Mesopotamien und Skythien); in Athen war er in Verbindung mit den angesehensten Persönlichkeiten der Umgebung des Perikles und hielt öffentliche Vorträge aus seinem Werk: Anläßlich seiner Übersiedlung in das 444/3 gegründete Thurioi soll ihm Sophokles eine Ode gewidmet haben (vgl. *1.13.3*). Auf die alexandrinischen Grammatiker gehen Titel und Einteilung seiner *Historien* (in 9 Büchern, jedes nach einer Muse benannt) zurück. Der Zusammenstoß zwischen Griechen und Persern nimmt nur die letzten 5 Bücher ein, während der Anfangsteil aus einer Reihe von λόγοι besteht, die das Perserreich und die Völker, mit denen es in Kontakt kam, behandeln; deshalb hat man vermutet, daß Herodot ursprünglich eigenständige Abhandlungen vor allem geographisch-ethnographischen Charakters geplant hatte, später aber – in Zusammenhang mit seinem Aufenthalt in Athen – die Perserkriege in den Vordergrund stellte und damit dem Werk eine neue Dimension gab; jedenfalls haben die *Historien* das Aussehen von Περσικά, die Schritt für Schritt der Expansion des Perserreiches bis zu seiner schließlichen dramatischen Erschütterung folgen. Innere Inkongruenzen und Widersprüche zeigen, daß das Werk nicht abschließend revidiert wurde. Vielleicht blieb es auch ohne Abschluß: Die unbedeutende Episode an seinem Ende (die Eroberung von Sestos 478) kann kaum als Epilog dienen.

Herodot besaß die Gewissenhaftigkeit im Umgang mit Zeugnissen, die Voraussetzung jeder ίστορίη ist; seine Primärquelle ist all das, was er selbst gesehen (Denkmäler, Dokumente, Sammlungen von Orakeln u. ä.) oder von Zeugen erfahren hat, die ihm verläßlich erschienen.

Andererseits sind zahlreiche Fehler zum Teil sicher auf die Schwierigkeit der Aufgabe zurückzuführen (nicht immer verläßliche Informanten oder Dolmetscher u. ä.). Herodot wurde schon in der Antike Unzuverlässigkeit vorgeworfen, angefangen bei Ktesias (*FGrHist* 688) und Aristoteles (*Gen. an.* 3,5,756b6–8); Plutarchs Schrift *Über die Bosheit Herodots* betont seine angebliche Parteilichkeit.

Herodots Werk gewährt Märchenhaftem, Paradoxem und Übernatürlichem breiten Raum; exotisch-sensationelle Erzählungen, Wunder, Träume, Orakel, nicht zuletzt die Vorstellung vom φθόνος θεῶν (aufgrund dessen die Gottheit jemand wie Xerxes bestraft, der die der menschlichen Natur gesetzten Grenzen überschreitet) – all dies steht einer konsequenten Methodologie noch im

Weg. Auf der anderen Seite wurde der literarische Wert der *Historien* stets gerühmt: Einflüsse des Epos zeigt die Fähigkeit, die unzähligen anekdotisch-fabulistischen Abschweifungen immer wieder zum zentralen Thema (Aufstieg und Fall des persischen Reiches) zurückzuführen; Einfluß der Tragödie zeigt sich in der den individuellen Schicksalen aufgeprägten dramatischen Spannung, den Dialogen und Reden und dem Gefühl, daß jeder menschliche Plan eitel ist. Flüssigkeit und Anmut des Stils wurden schon in der Antike einmütig gelobt.

Ausg.: K. Hude (I–II, Oxford ³1927); H. B. Rosén (I–II, Leipzig 1987–1997). BLG 316–324.

1.10.2 Thukydides

Mit Thukydides (um 460–nach 404) verläßt die ἱστορίη definitiv die Sphäre der Theologie und Dichtung und konstituiert sich als Wissenschaft mit eigenem definierten Ziel. Während der kaum eine Generation ältere Herodot noch Geisteshaltungen und Fragen der archaischen Zeit widerspiegelt, hat Thukydides bereits Anaxagoras hinter sich, und sein ganzes Werk stellt mit seiner methodischen Strenge die Überwindung seines Vorgängers dar.

Thukydides besaß in Thrakien Land und einflußreiche politische Verbindungen; die Überlieferung nennt ihn einen Schüler des Anaxagoras und des Antiphon (vielleicht aus 8,68,1 f. abgeleitet). Er wurde 424 zum Strategen gewählt, konnte jedoch den Verlust von Amphipolis an Brasidas nicht verhindern und wurde deshalb zu einer zwanzigjährigen Verbannung gezwungen, während deren er die Entwicklung des Krieges aus der Nähe (vor allem von der Peloponnes aus) verfolgen konnte (5,26,5). Nach dem Ende des Krieges wurde er laut Pausanias (1,23,9) mit einem besonderem Dekret in die Heimat zurückgerufen und starb bald darauf. Sein Werk erhielt den Namen Ἱστορίαι (oder Συγγραφή) oder Πελοποννησιακά und wurde in 8 Bücher eingeteilt.

Das Werk, das den Peloponnesischen Krieg vom Beginn bis zur Kapitulation Athens umfassen sollte (431–404), wie der 'zweite Prolog' ausdrücklich sagt (5,26), bricht abrupt während der Ereignisse von 411 ab und erscheint – vor allem in Buch 8 und in längeren Partien des Buches 5, die beide keine der charakteristischen Reden enthalten – nicht abgeschlossen. Dies hat um die Mitte des 19. Jh.s die 'thukydideische Frage' entstehen lassen, die oft zur Zergliederung des Werkes in verschiedene Kompositionsschichten geführt hat. Heute erkennt man vorsichtiger an, daß es – abgesehen von gewissen Inkongruenzen und teilweise verschiedenen Redaktionsstadien (Thukydides machte immer wieder Hinzufügungen, Änderungen, Verschiebungen) – einer einheitlichen Inspiration entspringt und sich als ein im wesentlichen kohärentes und organisches Ganzes darstellt.

Seine Fortsetzung sind die Anfangspartien der *Hellenika* Xenophons, die sogenannten Θουκυδίδου Παραλειπόμενα (vgl. *1.10.3*). Eine neue Hypothese möchte wegen der Nachricht, daß Xenophon «die unedierten Bücher des Thukydides bekannt gemacht habe» (DL 2,57), Xenophon auch die (auf thukydideischen Notizen beruhende) Abfassung von Thuc. 5,25–83 zuweisen, wodurch das zwanzigjährige Exil (5,26,5) nicht Thukydides', sondern Xenophons Leben zuzuschreiben wäre (L. Canfora, *Tucidide continuato*, Padua 1970;

Gnomon 55, 1983, 403–410; L. Canfora [Hrg.], Venedig 1996, XLII–LIX und 1331–1334); vgl. aber F. Ferlauto, *Il secondo proemio tucidideo e Senofonte* (Palermo 1983).

Thukydides' programmatische Erklärung in 1,22,4 – sein Verzicht auf Märchenhaftes (μυθῶδες) und sein Anspruch, mit seiner Darstellung von Geschehnissen, «die entsprechend der menschlichen Natur sich gleich oder ähnlich in Zukunft erweisen werden», einen nützlichen und bleibenden Besitz (κτῆμα ἐς αἰεί) zu bieten –, ein Meilenstein in der Geschichtsschreibung, zeigt das Bewußtsein, etwas völlig Neues vorzustellen: Die Geschichte ist hier *magistra vitae* nicht im banalen moralistischen Sinn, sondern als Instrument, um die dem historischen Prozeß immanenten Gesetze erkennen und damit der Zukunft begegnen zu können, auf der Basis von Anaxagoras' Prinzip des εἰκάζειν.

Nach einer 'Archäologie' (2–19) der griechischen Geschichte von den Anfängen bis zur Gegenwart (auf der Basis von kritisch interpretierten mythischen und literarischen Zeugnissen) präsentiert Buch 1 grundlegende methodologische Kapitel (20–22), die die einer Indizienforschung innewohnenden Schwierigkeiten und das eigene Arbeitsprogramm erläutern. Wichtig ist die klare Unterscheidung zwischen vordergründigen und tieferreichenden Ursachen (23,5f.). Mit Buch 2 beginnt die nach Jahren und Jahreszeiten unterteilte Darstellung des Krieges selbst; zwei bedeutende Episoden sind hier die von Perikles für die Gefallenen des ersten Kriegsjahres vorgetragene Leichenrede (35–46) und die Beschreibung der Seuche, die 430 Perikles selbst das Leben kostete (47–54). Das in den Büchern 2–4 angewandte Dreijahresschema wird in Buch 5 unterbrochen, das die Ereignisse zwischen 422/1 und 416/5 umfaßt; eine für ihre politisch-historische wie ethische Dichte berühmte Partie ist der 'Melier-Dialog' (84–116). Die Bücher 6–7 bilden einen einheitlichen, um die Sizilische Expedition (416/415–413/412) zentrierten Block, während Buch 8 bis zum athenischen Seesieg bei Kyzikos gelangt (411).

Der künstlerische Aspekt des Werkes tritt vor allem in den Reden (mit deutlichem Einfluß der sophistischen Antilogien) und in den großen Erzählepisoden (von der Pest bis zur Sizilischen Expedition) hervor, die von ebenso starkem wie gebändigtem Pathos durchdrungen sind. Der sehr persönliche und komplexe, auf *variatio* gegründete Stil wurde bereits in der Antike gelobt, aber auch damals schon aufgrund seiner syntaktischen Anomalien für schwierig befunden.

Ausg.: K. Hude (I–II, Leipzig 1913–²1925); H. S. Jones – J. E. Powell (I–II, Oxford ²1942); G. Alberti (I–II, Rom 1972–1992; III im Druck). BLG 324–335; SFA 63–65.

1.10.3 Xenophon

Xenophon (430–nach 355) nimmt in vielem – mit der Vielzahl literarischer Genera, mit seinem Leben als Soldat und von der Polis losgelöster Verbannter, mit seinem Ideal einer universalen Monarchie – die hellenistische Zeit vorweg.

Er war Schüler des Sokrates und gehörte zur Klasse der Ritter. 401 schloß er sich in Sardes dem von dem Jüngeren Kyros zur Entmachtung seines Bruders Artaxerxes gesammelten griechischen Söldnerkorps an. Nach Kyros' Tod bei Kunaxa und der Ermordung der griechischen Söldnerführer durch Artaxerxes leitete Xenophon den denkwürdigen 'Rückzug der Zehntausend' von Mesopotamien bis nach Byzanz. Dann schloß er sich den gegen Persien entsandten spartanischen Truppen an und kämpfte 394 an der Seite des

Königs Agesilaos bei Koroneia sogar gegen Athen. Um 390 schenkte ihm der spartanische Staat ein Landgut bei Skillus (auf der Peloponnes), wo er sich zwanzig Jahre der Landwirtschaft, Pferdezucht, Jagd und Abfassung verschiedener Schriften widmete. Nach der Schlacht bei Leuktra (371) mußte er nach Korinth fliehen. In Athen wurde inzwischen der Bann gegen ihn aufgehoben, doch scheint er nie in seine Vaterstadt zurückgekehrt zu sein. In der athenischen Reiterei dienten indessen seine beiden Söhne, und der eine von ihnen, Gryllos, fiel bei Mantineia (362); die zahlreichen zu seinen Ehren verfaßten Enkomien bezeugten Xenophons wiedererlangtes Ansehen unter seinen Mitbürgern.

Als Historiker kommt Xenophon selten über ein oberflächliches Kriegstagebuch hinaus (mit breitem Raum für Götter, Träume und Orakel); als Philosoph erfaßt er nur die marginaleren Aspekte des sokratischen Denkens, das er auf eine sentenzenreiche Pädagogik reduziert. Er war jedoch ein talentierter Literat (vgl. Cic. *Orat.* 32) und hat das Verdienst, neuen Genera wie der Autobiographie und dem historisch-enkomiastischen Roman den Weg bereitet zu haben.

Seine Produktion läßt sich in historische, politische, philosophische und 'technische' Schriften unterteilen. Zur ersten Gruppe gehören die *Anabasis* (7 Bücher: die Revolte des Kyros und die Rückführung der griechischen Söldner durch Xenophon selbst; er spricht von sich in der 3. Person, stellt sich aber ins Zentrum der Ereignisse), der *Agesilaos* (ein emphatisches Lob des spartanischen Königs, seines Freundes und Beschützers) und die *Hellenika* (7 Bücher: Fortsetzung von Thukydides' Werk bis zur Schlacht von Mantineia 362). Die Anfangspartie 1–2,3,10 schließt direkt an Thukydides an und bietet auch sonst 'Thukydideisches' (annalistisches Prinzip, einen unpersönlichen Ton, sprachliche Besonderheiten, gedankliche und stilistische Dichte); daher die Hypothese, daß diesem Teil Thukydides-Bruchstücke zugrundeliegen könnten (vgl. *1.10.2*). Politische Schriften sind die idealisierende *Verfassung Spartas* und die *Kyrupädie* (8 Bücher), eine Art historischer Roman über das Leben (als Ergebnis einer exemplarischen Erziehung, die spartanische Disziplin und sokratische Moral vereint) des persischen Reichsgründers Kyros. Philosophische Schriften sind die *Memorabilien* (4 Bücher; Sammlung von Sprüchen und Taten des Sokrates), der *Oikonomikos*, ein 'Anhang' zu den *Memorabilien*, in dem Sokrates über häusliche und Landwirtschaft spricht, das *Symposion*, in dem er von Schönheit und Liebe redet, und die *Apologie des Sokrates*. 'Technische' Schriften sind der *Hipparchikos* (die Pflichten eines Reitereiführers), *Über die Reitkunst*, *Kynegetikos* (Echtheit umstritten), *Hieron* (ein Dialog zwischen dem syrakusanischen Tyrannen und dem Dichter Simonides) und die *Poroi* (über die Vermehrung der Einkünfte des athenischen Staates).

Ausg.: E. C. Marchant (I–V, Oxford 1900–1920). BLG 335–348.

1.10.4 Andere Geschichtsschreiber

Unter den zahlreichen nur fragmentarisch erhaltenen Geschichtsschreibern sind vor allem Ktesias von Knidos und Philistos von Syrakus zu erwähnen (beide 5./4. Jh.). Ktesias (*FGrHist* 688) war seit 405 Arzt am Hof Artaxerxes' II. und erzählte in seinen Περσικά (23 Bücher) die Geschichte Persiens von den Zeiten des legendenhaften assyrischen Königs Ninos bis 398; geographisch-ethnographische Abschweifungen, novellistische und exotische Elemente und dramatische Effekte nahmen breiten Raum ein. Philistos (*FGrHist* 556) war ein Historiker thukydideischer Art und ein bedeutender Politiker (Parteigänger zuerst des Dionysios I., dann seines Nachfolgers; er starb 356 im Kampf gegen Dion); seine Σικελικά (13 Bücher) behandelten die Geschichte Siziliens von den Anfängen bis zur Herrschaft Dionysios' II. (362).

BLG 353.

Dem thukydideischen Modell folgt auch ein umfangreicher Papyrus, der nach seinem Fundort üblicherweise *Hellenika von Oxyrhynchos* genannt wird: er schildert Ereignisse von 396–395 und läßt einen bedeutenden Historiker erkennen, der von Thukydides typische Ausdrucksweisen, annalistische Anordnung und gewissenhafte Auswertung der Zeugnisse übernimmt und der Parallel-Darstellung Xenophons merklich überlegen ist. Als Autor des Werkes hat man – ohne schlüssigen Beweis – Kratippos (*FGrHist* 64), Androtion (*FGrHist* 324), Daimachos von Plataiai (*FGrHist* 65) und noch andere vermutet.

Ausg. M. Chambers (Stuttgart–Leipzig 1993); BLG 352.

Einfluß der Rhetorik zeigt sich vor allem bei Schülern des Isokrates: Die universalgeschichtlichen *Historien* (30 Bücher) des **Ephoros von Kyme** (*FGrHist* 70) erstreckten sich von der dorischen Invasion bis zu Philipp II.; **Theopomp von Chios** (*FGrHist* 115) setzte mit seinen *Hellenika* (12 Bücher) Thukydides bis zur Schlacht von Knidos (394) fort und beschrieb in den *Philippika* (58 Bücher) mit zahlreichen ethnographischen, mythischen, philosophischen und historisch-kulturellen Exkursen – die Herrschaft Philipps II. Seinen Stil zeichnen kraftvolle formale Ausarbeitung und die Suche nach Effekten aus.

BLG 351 f.

Der Zeit zwischen 386 und 356 waren die *Hellenika* (10 Bücher) des **Kallisthenes von Olynth** (*FGrHist* 124) gewidmet, eines Schülers und vielleicht Großneffen des Aristoteles; als offizieller Geschichtsschreiber Alexanders (der ihn 327 allerdings zum Tode verurteilte) begründete er mit den *Taten Alexanders* einen fruchtbaren Zweig panegyrischer Historiographie. In ähnlicher Weise ließ der Rhetor Anaximenes von Lampsakos (*FGrHist* 72) seinen 12 Büchern *Hellenika* (von den Anfängen der Welt bis zur Schlacht von Mantineia 362) Werke über die Taten Philipps und über die Alexanders folgen.

Lehrer des Anaximenes war der Rhetor Zoilos von Amphipolis (*FGrHist* 71), der 3 Bücher über griechische Geschichte von den Anfängen bis zum Tod Philipps II., eine Geschichte von Amphipolis sowie grammatische Werke und Übungen sophistischen Typs verfaßte. Er polemisierte scharf gegen Isokrates, Platon und vor allem Homer (*Gegen die Dichtung Homers*, 9 λόγοι) und wurde deshalb 'Geißel Homers' ('Ομηρομάστιξ) genannt.

Mit Alexander beschäftigten sich (u. a.) Kleitarch von Alexandria (*FGrHist* 137), Onesikritos von Astypalaia (*FGrHist* 134) und Aristobulos von Kassandreia (*FGrHist* 139). Eine detaillierte *Seefahrt entlang der indischen Küste* schrieb Alexanders Admiral Nearchos (*FGrHist* 133); Ptolemaios Lagu (*FGrHist* 138) – Alexanders Adjutant und später als Ptolemaios I. Soter König von Ägypten – gilt in der Antike als der verläßlichste der 'Alexanderhistoriker'.

BLG 354 f.

Unter den Autoren von Monographien, die einzelnen Völkern und Städten gewidmet sind, ragt Hellanikos von Lesbos (*FGrHist* 4; 5. Jh.) hervor, dessen reiche Produktion Werke über Sitten und Gebräuche und über mythische Überlieferungen griechischer und fremder Völker im Stil der frühen Logographen umfaßte. Er schrieb auch eine Ἀτθίς (*FGrHist* 323a) in 2 Büchern und versuchte zum ersten Mal eine vergleichende Chronologie auf der Grundlage verschiedener Amtsträger-Listen zu etablieren. Damit begann die 'Atthidographie', die sich seit der Mitte des 4. Jh.s mit athenischer Lokalgeschichte beschäftigte; ihre bekanntesten Vertreter sind Androtion, Kleidemos, Demon, Phanodemos, Melanthios und – der bedeutendste – Philochoros (*FGrHist* 328; 4./3. Jh.), Autor verschiedener gelehrter Werke; seine Ἀτθίς (17 Bücher) behandelte die Ereignisse bis zum Beginn der Regierung des Antiochos I. (um 268) oder II. (261) von Syrien.

Mit Hippys von Rhegion (*FGrHist* 554; 5. Jh.) und Antiochos von Syrakus (*FGrHist* 555; Περὶ Ἰταλίας und Σικελικά vom mythischen König Kokalos bis zum Frieden von Gela 424) beginnt die italogriechische Historiographie. Herodoros von Herakleia (*FGrHist* 31; 5./4. Jh.) stellte Mythen (*Geschichte des Herakles, Argonautika, Geschichte der Pelopiden*) rationalisierend-allegorisch dar.

BLG 349 f.

1.10.5 Politische Pamphletliteratur

Die während des Peloponnesischen Krieges (um 415?) verfaßte und unter den Schriften Xenophons überlieferte *Verfassung der Athener* ist das wichtigste Beispiel einer aufkommenden politischen Pamphletliteratur. Die Schrift, die Cobet 1858 als Dialog zu erweisen suchte, scheint als Sprecher zwei Oligarchen zu haben, einen (spartanischen?) mit traditioneller Ausrichtung und einen zweiten (wahrscheinlich der Autor) mit extremen Tendenzen; er analysiert klar die Schwächen und die Stärken des demokratischen Systems. Das kleine Werk zeichnet sich durch einen kräftigen und wirkungsvollen Stil aus. Seine bereits von Böckh (1850) und mit neuen Argumenten von L. Canfora (*Studi sull'Athenaion Politeia pseudo-senofontea*, Turin 1980, 79–90) vertretene Zuschreibung an Kritias hat manches für sich (vgl. Pollux 8,25; *A & R* 29, 1984, 186 f.).

Komm. Ausgg.: E. Kalinka (Leipzig–Berlin 1913); G. Serra (Rom 1979); vgl. W. Lapini, *Commento all' Athenaion Politeia pseudo-senofontea* (Florenz 1997). BLG 348 f.

Stesimbrotos von Thasos (*FGrHist* 107) verfaßte neben einer Abhandlung *Über die Mysterien* und allegorischen Homer-Interpretationen (vgl. *1.6.2*) 430/29 ein aggressives Pamphlet gegen die athenische Hegemonialpolitik (*Über Themistokles, Thukydides* [Sohn des Melesias] *und Perikles*).

1.11 Wissenschaftliche Literatur

1.11.1 Spezialwissenschaften

Das Hervortreten der Wissenschaften in der klassischen Zeit begleitet eine spezifische (aber so gut wie völlig verlorene) literarische Produktion; zur Ergänzung der Behandlung der Sophisten (*1.9.2*), Akademiker (*1.9.4*) und Peripatetiker (*1.9.5*) reichen hier einige Hinweise.

Theoretische Schriften über Kunst verfaßten Iktinos, der Architekt des Parthenon, und der Bildhauer Polyklet (*VS* 40; *VIII 2.2.5*). Agatharchos von Samos (Zeitgenosse des Aischylos) schrieb über die von ihm erfundene Bühnenbildmalerei (Vitruv. 7 pr. 11) und Sophokles *Über den Chor* (test. 2 R.). Über Städtebau handelte der Architekt Hippodamos von Milet (*VS* 39; *VIII 2.5.4*), der auch der erste uns bekannte 'Politologe' war und wie Phaleas von Chalkedon (um 400; *VS* 39) ein Vorläufer der platonischen Staats-Utopie. Mit Mathematik beschäftigten sich der Pythagoreer Hippokrates von Chios (*VS* 42; 2. Hälfte 5. Jh.), Bryson von Herakleia und Theodoros von Kyrene (*VS* 43), ein von Platon hochgeschätzter Pythagoreer und wahrscheinlich Fortsetzer von Hippasos' Werk (vgl. *1.6*). Ein großer Mathematiker und Musikwissenschaftler war Archytas von Tarent (*VS* 47), auch er ein Freund Platons. Mehr Astronomen als Mathematiker waren Oinopides von Chios (*VS* 41; 5. Jh.), Euktemon und Meton von Athen, die Reformer des attischen Kalenders (*VII 2.3.3*), und Philolaos von Kroton (*VS* 44; ebenfalls 5. Jh.; *VII 1.2.2*). Der pythagoreische Astronom Hiketas von Syrakus (*VS* 50; 5. Jh.) war vielleicht der erste, der behauptete, die Himmelskörper seien unbeweglich und die Erde drehe sich um sich selbst. Geographie und Ethnographie fanden einen Fortsetzer in Phileas von Athen (5. Jh.), dem Verfasser einer Γῆς περίοδος, die später von Stephanos von Byzanz benutzt wurde. Von den zahlreichen militärtechnischen Abhandlungen des Aineias Taktikos (4. Jh.; vielleicht mit Aineias von Stymphalos zu identifizieren, vgl. Xen. *Hell.* 7,3,1), sind die Πολιορκητικά (über in einer belagerten Stadt zu ergreifende Maßnahmen) erhalten, in einem schmucklosen, die κοινή antizipierenden Attisch, mit instruktiven sozioökonomischen Analysen und historischen Beispielen.

Bryson: komm. Ausg. K. Döring (Amsterdam 1972). Aineias Taktikos: Ausg. A. Dain (Paris 1967); komm. Ausg. M. Bettalli (Pisa 1990). BLG 725–729. 732–735.

1.11.2 Medizin

In der 2. Hälfte des 5. Jh.s erlangt auch die Medizin autonomen Status (*VII 2.3.6*). Unter dem Namen des **Hippokrates** von Kos (um 460–370?) ist eine bedeutende heterogene Sammlung von Schriften erhalten, die ebenso komplexe wie ungelöste Probleme stellen.

Das *Corpus Hippocraticum* umfaßt 58 zwischen 430 und 300 v. Chr. verfaßte Abhandlungen (in 73 Büchern) – darunter den berühmten *Eid* – in ionischem Dialekt, die in Struktur, Stil, methodischer Anlage, Voraussetzungen und Ergebnissen recht verschieden sind. Eine immer noch offene Frage (der Galen ein Buch widmete) ist, wieviel von diesem Corpus wirklich auf Hippokrates zurückgeht. Daß er seine Kunst in eine universale Erkenntnis der Natur eingliederte und jeden Einzelfall von allgemeinen Prinzipien herleitete, scheint Plat. *Phdr.* 270c–d zu bestätigen. Nicht hippokratisch wäre damit die Schrift *Über die alte Medizin* (wahrscheinlich um 425), deren Verfasser gerade die Tendenz bekämpft, die Medizin in theoretische, gleichsam naturphilosophische Schemata einzupassen, und stattdessen eine auf die Analyse von Einzelfällen gegründete empirische Praxis propagiert.

Zu den ältesten und bedeutendsten Schriften des Corpus gehören *Über Lüfte, Wasser, Örtlichkeiten* (zum Einfluß von Geographie und Klima auf Individuen wie auf ganze Völker), *Über die heilige Krankheit*, die die Epilepsie nicht auf göttliche Einflüsse, sondern auf natürliche (also heilbare) Umstände zurückführt, und der *Prognostikos*, eine Studie von Krankheitssymptomen (um 410), die bis ins 19. Jh. in Gebrauch blieb. «Künftige Entwicklungen aus gegenwärtigen Vorfällen voraussehen» ist die Aufgabe des Arztes (§ 1): dieses Prinzip des Anaxagoras zeigt sich auch in den klinischen Notizen, die der Schrift *Über die Krankheiten* (4 Bücher) und den *Epidemien* ('Aufenthalte in fremden Ländern', 7 Bücher) beigegeben sind. Die von Polybos, dem Schwiegersohn des Hippokrates, stammende Schrift *Über die Natur des Menschen* (um 400) legt die der Lehre des Empedokles nachgebildete 'Theorie der vier Säfte' dar. Weitere schreibende Ärzte des 4. Jh.s waren Euryphon, Philistion und Mnesitheos.

Corpus Hippocraticum: zu den Ausgg. vgl. *VII 2.3.6*, ferner: ed. E. Littré (I–X, 1839–1861); *Vet. med.* / *Eid*: J. L. Heiberg (*CMG* I 1, 1927); *Aër.*: H. Diller (*CMG* I 1,2, 1970); *Morb.sacr.*: komm. H. Grensemann (Berlin 1968); *Prog.*: B. Alexanderson (Stockholm 1963); *Vict.*: R. Joly (*CMG* I 2,4, 1984); *Nat.hom.*: J. Jouanna (*CMG* I 1,3, 1975). BLG 690–710. Andere Ärzte: Ausg. M. Wellmann (Berlin 1901); Euryphon und Philistion (*Anon. Lond.*): komm. Ausg. W. H. S. Jones (Cambridge 1947); Mnesitheos: komm. Ausg. Janine Berthier (Leiden 1972). BLG 711f.

1.11.3 Musiktheorie

Ein bedeutender Vertreter der Musiktheorie war Damon, der Lehrer und Ratgeber des Perikles; seine Ansichten zum ethisch-pädagogischen (und damit auch politischen) Wert der verschiedenen Tonarten und Rhythmen übernahmen Platon und Aristoteles.

In seinem *Areopagitikos* behauptete Damon den tiefgreifenden Einfluß der Musik auf den Charakter des Einzelnen wie auch der Gemeinschaft, denn «nirgends gibt es Erschütterung des Stiles der Musik ohne die der wichtigsten politischen Gesetze» (*VS* 37 B 10); von den verschiedenen Melodientypen seien daher diejenigen fruchtbar zu machen, die – wie die dorische – eine positive erzieherische Funktion hätten.

Ähnlich konservativ wie Damons Einstellung war die des Peripatetikers Aristoxenos von Tarent (*1.9.5*), der sich noch in der 2. Hälfte des 4. Jh.s zur veralteten strengen Musik der großen attischen Tragödie bekannte. Seine zahlreichen Abhandlungen bildeten die Grundlage aller späteren Musiktheorie; 3 Bücher *Elemente der Harmonie* und ein Teil des 2. Buches der *Elemente der Rhythmik* sind erhalten.

Damon: komm. Ausg. Maria Timpanaro Cardini (vgl. *1.6*) III 346–365; Aristoxenos, *Harm.*: Ausg. Rosetta Da Rios (Rom 1954); *Rhythm.*: komm. Ausg. L. Pearson (Oxford 1990); vgl. *CPFSL* 11–30; Fragm.: komm. Ausg. F. Wehrli (Basel–Stuttgart ²1967). BLG 217f.

1.12 Die Redekunst

1.12.1 Anfänge

Praxis und Lehre der Beredsamkeit begannen in Sizilien, vor allem in Syrakus, wo die dem Fall der Tyrannis (466/5) folgenden Eigentums-Rückforderungen dem Wirken des Korax und seines Schülers Teisias Auftrieb gaben, die das erste *Lehrbuch der Rhetorik* (Τέχνη) verfaßten.

Basierend auf dem Argument des 'Wahrscheinlichen' (εἰκός), war diese Τέχνη – und die voraristotelischen Τέχναι überhaupt – wohl vor allem eine Sammlung von Übungen in usum scholarum oder von zu memorierenden Exempla (vgl. T. Cole, *QUCC* 52, 1986, 7–21).

Mit dem Sturz des Thrasydaios (471) zeigte sich in Akragas offenbar ein ähnliches Phänomen: Hier wurde Empedokles, der Lehrer des Gorgias, als εὑρετής der Rhetorik angesehen, und von hier stammte Gorgias' Schüler Polos. Zu Beginn des Peloponnesischen Krieges kamen Gorgias, Polos und selbst Teisias (er war nach der Überlieferung der Lehrer des Isokrates wie auch des Lysias) nach Athen, wo die Demokratie ideale Bedingungen für ein Aufblühen der Beredsamkeit bot. Hier trafen sie mit den Sophisten zusammen, die der Beredsamkeit (einem integralen Bestandteil ihres Lehrprogramms) die Würde einer autonomen Wissensform verliehen.

'Stammvater' der eigentlich rhetorischen Strömung der Sophistik war Gorgias, der das magisch-psychagogische Element von musikalisch angeordneten Worten erfaßte, seine Formen theoretisch erschloß und in Reden praktisch demonstrierte; die berühmtesten waren der *Epitaphios* für athenische Gefallene im Peloponnesischen Krieg, der in Delphi gehaltene *Pythikos* und der vom panhellenischen Ideal (vgl. Isokrates) inspirierte *Olympikos*. Erhalten sind das *Enkomion auf Helena* und die *Verteidigung des Palamedes*, Übungsstücke, die wahrscheinlich zu einer verlorenen Τέχνη gehörten (vgl. *VS* 82 B 12–14). Ein Abschnitt des *Enkomion auf Helena* (B 11,8–15) stellt die allmächtigen Fähigkeiten des Wortes und einer der Dichtung angeglichenen Beredsamkeit heraus; dieser Konzeption entspricht eine rhythmisch-musikalische Prosa mit dichterischen Worten und Metaphern und mit typisch 'gorgianischen' rhetorischen Figuren (Antithese, Isokolon, Homoioptoton, Paronomasie, Homoioteleuton). Später wird Aristoteles diese ποιητικὴ λέξις als ein Vergnügen für die ἀπαίδευτοι bezeichnen (*Rhet.* 3,1,1404a 24–28).

Schüler des Gorgias waren neben dem Redner Isokrates und den Rhetoren-Sophisten Polos und Alkidamas der Tragiker Agathon, der Philosoph Antisthenes und der Dithyrambograph Likymnios. Rhetorische Τέχναι verfaßten ebenfalls Polos (vgl. R. W. Fowler, *Mnemosyne* 50, 1997, 27–34), die Sophisten Lykophron und Polykrates, der Rhetor Theodoros von Byzanz, der Tragiker Theodektes (vgl. *1.12.4*) und Euenos von Paros (5./4. Jh., auch als Elegiker bekannt).

Ein bedeutender Rhetoriklehrer war der Sophist Thrasymachos, der in seiner Μεγάλη τέχνη (*VS* 85 B 3–7a) u. a. den Mitteln zur Erregung von Mitleid (ἔλεος) nachging; er beschäftigte sich ferner mit den gorgianischen Figuren, mit Prosarhythmus (Cic. *Orat.* 39. 175; Aristoteles, *Rhet.* 3,8,1409a 2f., macht aus ihm den Erfinder der päonischen Klausel) und mit den Arten der Deklamation (ὑπόκρισις). Er schrieb auch symbuleutische Reden. Seine Fragmente zeigen einen von den künstlichen Symmetrien des Gorgias weit entfernten Stil; Theophrast betrachtete ihn als erstes Beispiel für eine mittlere λέξις zwischen hoch und niedrig (fr. 685F.).

Vgl. *1.9.2*; Gorgias (*Enkomion auf Helena*): Ausg. F. Donadi (Rom 1982). BLG 507f. Sammeledition aller Redner (mit Fragmenten, Briefen, Scholien): J. G. Baiter – H. Sauppe (I–II, Zürich 1839–1850); C. Müller (I–II, Paris 1847–1858).

1.12.2 Die verschiedenen Arten der Rede

Die Produkte der Redekunst wurden in drei Typen unterteilt: Der 'deliberative' (γένος συμβουλευτικόν) umfaßte die Reden mit spezifisch politischen Zielen, der 'gerichtliche' die Anklage- und Verteidigungsreden in Prozessen; sie wurden von professionellen Redeschreibern ('Logographen', die nicht mit denen in *1.7* zu verwechseln sind) vorbereitet und dann von dem vor Gericht geladenen Bürger auswendig vorgetragen. Der 'epideiktische' (oder 'demonstrative') Typ betraf öffentliche Reden bei festlichen Anlässen (Erinnerung an Verstorbene, Lob wohlverdienter Personen, Verbreitung von Ideen allgemeinen Interesses); aus diesem Typ wird sich der literarische Vortrag als virtuose Demonstration der Fähigkeit entwickeln, über verschiedene (auch paradoxe) Themen zu sprechen (*IV 3.2.2*).

1.12.3 Die zehn attischen Redner

Der älteste im hellenistischen Kanon der zehn als Stilvorbilder anerkannten attischen Redner ist Antiphon, wahrscheinlich mit dem gleichnamigen Sophisten identisch (vgl. *1.9.2*). Von ihm sind 15 Reden erhalten, drei für wirkliche Fälle, während die übrigen (in drei Tetralogien mit je zwei kurzen, alternativ angeordneten Anklage- und Verteidigungsreden unterteilt) Übungen für den Schulgebrauch sind und vielleicht zu seiner verlorenen Τέχνη gehörten. Sein kräftiger, knapper Stil steht dem des Thukydides nahe, als dessen Lehrer er galt.

Ausg.: L. Gernet (Paris 1923); *CPFTL* 17,3f.; BLG 510–512.

Andokides (kurz vor 440–nach 392/1) schrieb seine drei erhaltenen Reden aus purer Notwendigkeit der Selbstverteidigung.

Nach der durch den Hermenskandal von 415 veranlaßten freiwilligen Verbannung versuchte er eine Rückkehr 411 und 407, als er die Rede *Über die Rückkehr* vortrug. Nach dem Fall der Dreißig 403 wieder in Athen zugelassen, wurde er 399 angeklagt, die Mysterien von Eleusis profaniert zu haben, und rechtfertigte sich mit der Rede *Über die Mysterien*. 392/1 nahm er an einer Gesandtschaft nach Sparta teil und mußte sich bald darauf mit der dritten Rede, *Über den Frieden mit Sparta*, gegen den Vorwurf des Verrats verteidigen. Nach neuerlicher Verbannung ist nichts mehr von ihm bekannt. Eine vierte Rede *Gegen Alkibiades* ist unecht.

Ausg.: G. Dalmeyda (Paris 1930); vgl. *1.12.1*. BLG 509f.

Das Werk des Lysias (etwa 445–380) – des größten Vertreters der Gerichtsrhetorik – ist nicht nur für unsere Kenntnis des Rechts und des öffentlichen wie Privatlebens im damaligen Athen wichtig, sondern spielt auch eine eminente Rolle in der rhetorischen Stilgeschichte: Es galt als Modell des 'schlichten' und damit wahrhaft klassischen Stils.

Als Sohn eines reichen Metöken siedelte Lysias mit fünfzehn Jahren nach Thurioi über, wo er rhetorische Studien offenbar unter der Leitung des Teisias absolvierte. Gegen 412 zwang ihn das anti-athenische Klima in Unteritalien, nach Athen zurückzukehren, wo ihn sein Reichtum und seine Sympathien für die Demokratie zu einem Opfer der Dreißig machten. Mit Thrasybulos, dem er Waffen und Geld geliehen hatte, kehrte er nach Athen zurück, erhielt aber von der wiederhergestellten Demokratie weder das Bürgerrecht noch die beschlagnahmten Besitztümer und mußte sich deshalb der Tätigkeit als Logograph gegen Bezahlung widmen.

Von den 233 Reden, die man in der Antike für echt hielt, sind nur 34 auf uns gekommen, darunter viele zweifelhaft. Epideiktisch sind der *Epitaphios* (für die Gefallenen im Korinthischen Krieg) und der unvollständige *Olympikos*; alle anderen sind Gerichtsreden. Die berühmteste ist die *Gegen Eratosthenes*, die Lysias 403 gegen den Verantwortlichen am Tod seines Bruders selbst hielt. Andere berühmte Reden sind *Gegen Agoratos* (ein Denunziant unter den Dreißig), *Für den Krüppel* (Einklagung staatlicher Unterstützung), *Gegen die Getreidehändler, Zugunsten der Tötung des Eratosthenes* (eines von einem betrogenen Ehemann getöteten Ehebrechers). Juristische Kompetenz und dialektische Wendigkeit werden hier in einer klaren faktenbezogenen Sprache (und bisweilen mit subtilem Humor) dargeboten; Lysias' größte Meisterschaft aber liegt in der «Ethopoiie», d. h. in der Fähigkeit, sich ganz in die Natur einer anderen Person hineinzuversetzen.

Ausg.: T. Thalheim (Leipzig ²1913), *NFPhot.* 35–37; vgl. *1.12.1.* BLG 514–516.

Mit Isokrates (436–338), dem größten Vertreter epideiktischer Beredsamkeit, gelangt die Kunstprosa gorgianischer Tradition auf ihren Höhepunkt und zeigt äußerste formale Ausarbeitung: Umfangreiche Perioden ordnen um einen Kern herum die sekundären Gedanken an und bieten sie mit vielfachen rhetorischen Figuren dar, streben rhythmische Kadenzen an und achten streng auf den Klang (Eliminierung des Hiats).

Die Überlieferung zählt zu Isokrates' Lehrern Teisias, Gorgias, den Politiker Theramenes, Prodikos, selbst Sokrates. Da er im Dekeleischen Krieg seine Besitztümer verloren hatte (*or.* 15,161), widmete er sich von 402 bis 391 dem Redenschreiben; um 390 eröffnete er seine *rhetoris officina* (Cic. *De or.* 2,57), aus der u. a. der Politiker Timotheos, der Tragiker Theodektes, die Historiker Androtion, Ephoros und Theopomp und die Redner Isaios, Lykurgos und Hypereides hervorgingen. Er stand mit den eminentesten Personen seiner Zeit in Kontakt (doch sind die neun unter seinem Namen überlieferten Briefe größtenteils von zweifelhafter Authentizität). Er war konservativ und der radikalen Demokratie abgeneigt; in der Außenpolitik propagierte er stets eine panhellenische Einheit gegen den ewigen Feind Persien (freilich mit Anpassungen an die wechselhafte politische Geographie des 4. Jh.s). Er starb fast hundertjährig bald nach der Schlacht bei Chaironeia.

Von den 60 in hellenistischer Zeit unter seinem Namen zirkulierenden Reden sind 21 erhalten (*An Demonikos* – ethische Lehren in Briefform – ist vielleicht unecht). Sechs sind Gerichtsreden, die übrigen (nach der Eröffnung der Schule geschrieben) epideiktisch. Rhetorische Übungen sind *Helena* und *Busiris* (in der Form eines Briefes an den Rhetor Polykrates), während *Gegen die Sophisten* und *Über den Austausch* 'Manifesten' über die eigene Schule gleichkommen: Die erste steht am Beginn von Isokrates' Lehrtätigkeit und entwirft ein Erziehungsprogramm, das sich radikal vom sophistischen Relativismus abhebt und die Beredsamkeit als Grundlage der Bildung vorstellt; in der zweiten (von 354) entwickelt der 82jährige Isokrates eine leidenschaftliche Verteidigung der pädagogisch-rhetorischen Mission, die seinem Leben Sinn gegeben hatte.

Ein gewisser Megakleides hatte Isokrates angeklagt, aus seinem Unterricht enorme Gewinne gezogen zu haben, und beantragt, dem Redner eine 'Trierarchie' (d. h. die Kosten für die Ausrüstung einer Triere) zu übertragen oder ihn für den Fall seiner Ablehnung gemäß athenischem Recht zum 'Austausch des Besitzes' zu zwingen. Isokrates ließ sich auf den Prozeß ein (356) und verlor. Zur Verteidigung seiner Reputation verfaßte er daraufhin *Über den Austausch* als Verteidigungsrede gegen einen imaginären Ankläger.

Die übrigen Reden sind politisch: Der *Panegyrikos* (um 380) vertritt die These, daß die Vereinigung der Griechen gegen Persien unter athenischer Hegemonie erfolgen müsse; im *Philippos* von 346 ist der makedonische König zur Hauptfigur des panhellenischen Projekts geworden. Dazwischen sind die Reden für König Nikokles von Salamis auf Zypern (kurz nach 374) angesiedelt: *An Nikokles* (über die Pflichten eines Herrschers), *Nikokles* (über die Pflichten der Untertanen) und *Euagoras* (Lob des kurz vorher verstorbenen Königs, ähnlich angelegt wie der *Agesilaos* Xenophons). *Plataikos* (373) und *Archidamos* (Beginn der 360er Jahre) entstanden unter dem Eindruck der drohenden thebanischen Hegemonie; *Über den Frieden* propagiert 355 den Verzicht auf alle imperialistischen Ansprüche Athens. Ebenfalls um 355 schlägt der *Areopagitikos* in utopischer Weise vor, dem alten Areopag die Aufsicht über die ethische und politische Erziehung der Bürger zurückzugeben. Im *Panathenaikos* (entstanden 342–339) treten die konstruktiven Vorschläge zurück vor einem der Vergangenheit zugewandten (und gegenüber der Gegenwart in Täuschung befangenen) Lob Athens.

Ausg.: G. Mathieu – E. Brémond (I–IV, Paris 1928–1962); vgl. *1.12.1.* BLG 516–521.

Isaios (etwa 420–340) ist laut Überlieferung Schüler des Isokrates und Lehrer des Demosthenes und schrieb außer einer Τέχνη etwa 50 Reden; die auf uns gekommen 11 (eine unvollständig) haben alle mit Erbrechtsprozessen zu tun, der längere Auszug einer 12. (bei Dionysios von Halikarnass [*IV 3.1.1*]) stammt aus einem Bürgerrechtsprozeß. Isaios' Stil zeichnen klare Argumentation und Einfachheit der Sprache aus (Nähe zu Lysias).

Ausg.: T. Thalheim (Leipzig ²1903), *NFPhot.* 35; vgl. *1.12.1.* BLG 510.

Lykurg (390–324, Schüler des Isokrates und Platon) war auch ein wichtiger Politiker.

Er war antimakedonisch eingestellt und wurde nach Chaironeia (338) zum Schatzmeister des Staates gewählt, ließ wieder eine bedeutende Flotte bauen, Athen mit zahlreichen Gebäuden (darunter dem ersten Steinbau des Dionysostheaters) verschönern und nicht zuletzt einen offiziellen Text der drei großen Tragödiendichter herstellen.

Von seinen 15 in der Antike bekannten Reden ist nur die *Gegen Leokrates* (einen nach Chaironeia aus Athen geflohenen Deserteur) erhalten; sie ist reich an langen Dichterzitaten, bietet jedoch wenig Eleganz und Anmut, sondern gründet sich ganz auf der Wahrheit ihrer Behauptungen und der Hervorhebung (δείνωσις) der Tatsachen.

Ausg.: N. C. Conomis (Leipzig 1970); vgl. *1.12.1.* BLG 512.

Im Rednerkanon stand **Hypereides** (um 390–322) gleich hinter Demosthenes: Natürlichkeit, Scharfsinn und Überzeugungsfähigkeit waren seine hervorstechendsten Eigenschaften (vgl. bereits den Autor Περὶ ὕψους 34).

Von den antiken Quellen wird Hypereides als gepflegter Lebemann beschrieben, doch war er auch zu durchdachtem politischen Engagement fähig. Er kämpfte rastlos für die hellenische Freiheit zusammen mit Demosthenes und trennte sich von ihm nur während der Harpalos-Affäre; in der Erhebung nach Alexanders Tod standen die beiden wieder auf der gleichen Seite. Nach der Niederlage ließ Antipatros ihn hinrichten.

Die Hypereides zugeschriebenen 56 oder 77 Reden gingen während des Mittelalters vollständig verloren; dank Papyri sind aber 6 wieder aufgetaucht: Nahezu vollständig sind *Für Euxenippos* (Orakelfälschung) und *Gegen Athenogenes* (Landbetrug); fragmentarisch *Gegen Philippides, Für Lykophron, Gegen Demosthenes* und der *Epitaphios* für die Gefallenen des Lamischen Krieges (323). Aufgrund seiner Darstellung des alltäglichen Lebens, seiner geistreichen Lebendigkeit und seiner geschickten Argumentationen erscheint Hypereides als würdigster Fortsetzer der Kunst des Lysias. Sein Stil ist klar, verfeinert, brillant; seine Sprache zeigt Erscheinungen, die auf die hellenistische κοινή vorausweisen.

Ausg.: G. Colin (Paris 1946), *NFPhot.* 31–34; vgl. *1.12.1.* BLG 512f.

Bei Demosthenes (384–322), dem größten Vertreter der politischen Redekunst, bildet das öffentliche Leben den Hintergrund seiner Biographie wie auch seines literarischen Werks.

Unter seinem Namen überliefert sind 61 Reden (42 gerichtliche, 17 symbuleutische, 2 epideiktische), 56 'Proömien' und 6 Briefe. Die politischen Reden (mit der Ausnahme von *Über Halonnesos*, vielleicht von Hegesippos) gelten im allgemeinen als echt, von den Gerichtsreden nur die gegen die Vormünder (umstritten ist aber die dritte *Gegen Aphobos*); von den übrigen wurden einige schon in der Antike anderen Autoren wie Deinarch oder Apollodoros zugeschrieben (sicher unecht ist *Gegen Neaira* mit vielen Informationen über die Lage der Frau im Athen des 4. Jh.s). Die zwei epideiktischen Reden sind unecht (*Erotikos*) oder verdächtig (*Epitaphios*). Die Briefe sind nahezu sicher apokryph.

Schon als Jüngling mußte sich Demosthenes in der Gerichtsredekunst versuchen, um das Familienerbe zurückzubekommen, das unehrenhafte Vormünder verschleudert hatten; dazu verfaßte er 5 Reden, 3 *Gegen Aphobos* und 2 *Gegen Onetor*, die seine außerordentlich frühe Reife bezeugen. Anschließend schrieb er Reden für andere; nach dem sogenannten 'Bundesgenossenkrieg' (357–355) richtete sich sein Interesse ganz auf die Politik (*V 2.2.3*). Die Reden *Gegen Androtion, Gegen Timokrates* und *Gegen Leptines* haben das Ziel, Personen von der politischen Bühne zu verdrängen, die sich der Richtung des Eubulos (*V 2.2.2*) widersetzten. Die außenpolitischen Reden *Über die Symmorien, Für die Megalopoliten* und *Für die Freiheit der Rhodier* fordern die athenische Führung auf, überall einzugreifen, wo eine Volkspartei zu verteidigen ist. In der Rede *Gegen Aristokrates* (352 oder 351) erscheinen die ersten Hinweise auf Philipp von Makedonien; von 351 oder 349 stammt die *Erste Philippika*; auf die Jahre 349 und 348 gehen die drei *Olynthischen Reden* zurück (anläßlich der Belagerung Olynths durch Philipp). 348 sah sich Athen gezwungen, Verhandlungen einzuleiten, die zum 'Frieden des Philokrates' (346) führten; an der nach Makedonien geschickten Gesandtschaft nahmen sowohl Aischines (der dann von Demosthenes beschuldigt wurde, er habe sich kaufen lassen) als auch Demosthenes teil, der aus diesem Anlaß *Über den Frieden* schrieb. Bereits 344 aber gibt es die *Zweite Philippika*, und Demosthenes richtete nun gegen Aischines eine Anklage auf Verrat, zunächst über den Strohmann Timarchos (345), dann auch direkt (343); die in diesem Prozeß von Demosthenes und Aischines vorgetragenen Reden (beide heißen *Über die Truggesandtschaft*) sind erhalten: Aischines wurde mit knapper Not freigesprochen. Von 341 stammen *Über die Ereignisse auf der Chersones* und die *Dritte Philippika*, ebenso die *Vierte Philippika* (echt?). Demosthenes' Ansehen war inzwischen auf seinem Höhepunkt: 340 und 339 erhielt er einen goldenen Kranz für Verdienste um die Stadt. Als Ktesiphon 336 noch einmal diese Ehre für Demosthenes vorschlug, wollte Aischines über einen formalen Einwand das gesamte politische Werk seines Gegners in Frage stellen. Beide im zugehörigen Prozeß (330) gehaltenen Reden, Aischines' *Gegen Ktesiphon* und Demosthenes' *Für den Kranz*, sind erhalten; Demosthenes triumphierte, und Aischines mußte Athen für immer verlassen.

Demosthenes' letzte Jahre waren weniger ruhmreich: 324 floh Harpalos, der Schatzmeister Alexanders, mit einer riesigen gestohlenen Geldsumme nach Athen; er wurde verhaftet, konnte aber entkommen, weil ein Teil des Geldes den Weg zu Politikern fand, die dann seine Flucht begünstigten. Als einer von ihnen wurde Demosthenes zu einer enormen Geldstrafe verurteilt und, weil er nicht zahlen konnte, ins Gefängnis gesteckt. Er entkam jedoch nach Troizen. 323 kehrte er zurück, als Athen sich nach Alexanders Tod vom Makedonenjoch zu befreien versuchte (*V 2.3.7*). Um nach der Niederlage nicht in Antipaters Hände zu fallen, gab er sich auf der Insel Kalaureia selbst den Tod.

Als Politiker wurde Demosthenes verschieden beurteilt, seine literarischen Qualitäten aber stets hoch bewertet; für das ganze Altertum war er der größte der Redner. Als Synthese der Vorzüge des Lysias und des Isokrates achtet seine Beredsamkeit ebenso sehr auf den Inhalt wie auf die Form (teils in ausgearbeiteten Perioden, teils in schnellen und einhämmernden Wortfolgen).

Ausg.: S. H. Butcher – W. Rennie (I–III, Oxford 1903–1931); vgl. *1.12.1*. BLG 522–527.

Aischines (etwa 390–315), ein keineswegs mittelmäßiger Redner, wurde von der Gestalt seines großen Rivalen überschattet.

Er war zunächst staatlicher ὑπογραμματεύς und dramatischer Schauspieler, bevor er in die Politik ging. 348 unterstützte er als Gegner Philipps die Sache Olynths, schloß sich aber später den Makedonenfreunden an und wurde Demosthenes' erbittertster Gegner. Im Korruptionsprozeß wurde er freigesprochen, unterlag aber im Kranzprozeß und ging ins Exil nach Rhodos, wo er eine Rhetorikschule eröffnete.

Neben 12 (sicher unechten) Briefen sind 3 Reden überliefert, die alle mit den erwähnten Prozessen zu tun haben. In der Rede *Gegen Timarchos* (345) wird die Unwürdigkeit des Anklägers nachgewiesen, in der *Über die Truggesandtschaft* (343) die Haltlosigkeit der von Demosthenes erhobenen Vorwürfe; die mit logischer und juristischer Kraft durchgeführte Anklagerede *Gegen Ktesiphon* (330) vertritt die These, Demosthenes' Politik sei für das Desaster von

Chaironeia verantwortlich. Aischines' Stil hat nicht das Mitreißende des demosthenischen, zeigt aber Würde, Angemessenheit und Klarheit.

Ausg.: M. R. Dilts (Stuttgart–Leipzig 1997); vgl. *1.12.1.* BLG 521 f.

Als Nachahmer des Lysias und Demosthenes zeigt Deinarch (360–nach 292) keinen einheitlichen und persönlichen Stil und wurde schon von Dionys von Halikarnass nicht für ein würdiges Mitglied des Rednerkanons gehalten.

Deinarch war Redenschreiber und unterstützte die makedonenfreundliche Partei; er wurde 307 von Demetrios Poliorketes verbannt und konnte erst 292 zurückkehren. Von seiner umfangreichen Produktion (angeblich über 160 Reden) sind 3 Reden überliefert, die sich alle auf den Harpalos-Fall beziehen.

Ausg.: N. C. Conomis (Leipzig 1975); cf. *1.12.1.* BLG 510.

1.12.4 Andere Redner

Unter den Rednern außerhalb des Kanons wurden Demades' (380–319) Einfallsreichtum und Witz gerühmt. Er pflegte seine Reden jedoch zu improvisieren und kümmerte sich auch nicht um ihre Niederschrift; so bestritt schon die Antike, daß von ihm je ein Text existiert habe.

Als Makedonenfreund suchte er gegenüber den Makedonenkönigen zu vermitteln. Er wurde in den Harpalos-Prozeß und auch in die Diadochenkämpfe verwickelt und von Kassander hingerichtet. Erhalten ist eine Sammlung von geistreichen und bissigen Aussprüchen (die sogenannten Δημάδεια), die kaum alle echt sind.

Komm. Ausg.: V. De Falco (Neapel ²1954); vgl. *1.12.1.* BLG 513 f.

Unter dem Namen des Sophisten Alkidamas von Elaia sind der *Odysseus* (eine imaginäre Rede des Helden gegen Palamedes) und *Gegen die Sophisten* (Verteidigung einer auf Improvisation basierenden Redekunst gegen die Praxis, geschriebene und dann auswendig gelernte Reden zu rezitieren) überliefert. Ein *Physikon*, ein *Messeniakos* und eine Sammlung von Vermischtem mit dem Titel *Museion* (darin auch ein *Wettkampf zwischen Homer und Hesiod*) sind verloren. – Komm. Ausg.: G. Avezzù (Rom 1982).

Dem Historiker Anaximenes (vgl. *1.10.4*) gehören wahrscheinlich zwei Stücke des *Corpus Demosthenicum* (11–12) und die *Rhetorica ad Alexandrum* im *Corpus Aristotelicum*. – Ausg.: M. Fuhrmann (Leipzig 1966).

Der Sophist Polykrates (vgl. *1.9.3*) schrieb u. a. die rhetorische Übung *Busiris* und eine Τέχνη; in der Τέχνη (II 247 f. B.-S.) des Tragikers Theodektes (vgl. *1.13.4*) läßt sich das erste Beispiel eines technisch-normativen Handbuchs erkennen, wie man es später in der hellenistisch-römischen Zeit finden wird (vgl. T. Cole, QUCC 52, 1986, 12 f.).

1.13 Tragödie und Satyrspiel

1.13.1 Vorbemerkung

Das Theaterschauspiel war im Athen des 5. Jh.s keineswegs nur einfache weltliche Unterhaltung, sondern galt auch als eine pädagogische Institution ersten Ranges. Die tragischen Stoffe sind zumeist dem Mythos entnommen, der nun allerdings – im Lichte neuer ethischer und weltanschaulicher Forderungen – einer Prüfung unterzogen wird: Das tragische Drama feiert keine großen

Familien, bestätigt keine aristokratischen Traditionen, sondern stellt sich dem Problem des Menschen und seines Geschicks, legt seine Fehler, seine Schuld und sein Elend bloß gegenüber einem göttlichen Universum, das Anwalt von Gerechtigkeit, aber auch unergründlich feindselig sein kann. Das tragische Geschehen prüft nicht zuletzt das Handeln des Individuums innerhalb eines von der Bürgergemeinschaft geteilten Werterahmens; das Theater ist daher etwas wesentlich 'Politisches', ein Prozeß der Erkenntnis und Selbsterkenntnis einer Gesellschaft, die aus dem Redestreit, d. h. dem λόγος, einen Eckstein ihres Lebensstils gemacht hatte.

Die konstitutiven Elemente einer Tragödie waren folgende: Der Prolog ging dem Einzug des Chores voraus, konnte aber entfallen (vgl. die *Perser* und die *Schutzflehenden* des Aischylos); er entsprach einem ersten Akt und erhielt erst bei Euripides die Funktion, in die Vorgeschichte einzuführen. Die Parodos war das Einzugslied des Chores, der seinen Platz in der Orchestra bezog. Die Epeisodia (in der Regel 4) entsprechen ungefähr unseren Akten und wurden durch die Stasima, die 'Standgesänge' des Chores (ebenfalls in der Regel 4), unterbrochen. Die Exodos schließlich war der Gesang, den der Chor vor dem Verlassen der Orchestra anstimmte. Der Chor verlor im Laufe des 5. Jh.s immer mehr an Bedeutung; sein Koryphaios (Chorführer) sprach im Namen des Chores mit den Schauspielern. Neben Parodos und Stasima konnte der Chor auch innerhalb eines Epeisodions singen und mit einer Person einen lyrischen Dialog (einen 'Kommos') beginnen. Die Einzelpersonen wurden von zwei (seit Sophokles drei) Schauspielern dargestellt, von denen jeder mehr als eine (sowohl männliche als auch weibliche) Person verkörpern konnte. Sie trugen im Sprechvers vor, konnten aber auch Monodien singen; eine solche Entwicklung zum 'Melodram' wird vor allem von Euripides gefördert. Die Sprechverspartien verwendeten in der Regel den iambischen Trimeter und den attischen Dialekt; die Gesangspartien waren in lyrischen Metra gehalten und hatten einen dorischen 'Überzug'. Schauspieler und Choreuten trugen Masken, die im Lauf der Vorstellung gewechselt werden konnten. Kostüme machten die verschiedenen Personen für das Publikum erkennbar.

Die Vorführungen fanden ausschließlich während der Dionysosfeste statt und hatten Wettkampfcharakter: Unter den Konkurrenten wählte der Archon drei Dichter aus, von denen jeder eine Tetralogie (drei Tragödien mit anschließendem Satyrspiel) darbot. Jeder zum Wettkampf zugelassene Dichter erhielt einen Chor, dessen Ausstattung ein reicher Bürger, der 'Chorege', übernahm. Solche Choregien waren kostspielig, aber begehrt, weil sie Ehre, Privilegien und Ruhm eintrugen. Die Entscheidung über die beste Tetralogie fällte eine Kommission aus zehn erlosten Bürgern (einer aus jeder der zehn Phylen). Nach dem Wettkampf wurden 'Didaskalien', d. h. ein offizielles Dokument mit den Titeln der Stücke, den Namen der Dichter und Choregen, dem Urteil der Jury und dem Namen des eponymen Archonten, redigiert und archiviert. Aristoteles sammelte sie in einem (verlorenen) Werk, aus dem die alexandrinischen Gelehrten schöpften und auf das die kurzen Notizen über die Wettkämpfe und die Chronologie der Dramen zurückgehen, die sich noch in unseren Handschriften finden.

Nach einer antiken Definition (Demetr. *Eloc.* 169) war das Satyrspiel eine τραγῳδία παίζουσα zur Entspannung (διάχυσις) der Gemüter nach den tragischen Spannungen. Autoren und Schauspieler waren die gleichen wie in der Tragödie, ebenso die Struktur, die Themen und die Personen. Dagegen stellte der Chor mit seiner triebgesteuerten (auf Bauch und Sexualität ausgerichteten) Natur eine burleske Umkehr allen heroischen Geistes dar.

Mit einem Ziegenfell um die Lenden und erigiertem Phallos ausgestattet, erscheinen die Satyrn oft als Sklaven eines monströsen Helden (Busiris, Polyphem u. a.), von dem sie am Ende durch einen anderen Helden (Herakles, Odysseus u. a.) befreit werden. Die Sprache zeigt Kolloquiales und komische Neubildungen, das Metrum Freiheiten, die der Tragödie fremd sind.

BLG 374–387.

1.13.2 Aischylos

Der wahre Begründer der attischen Tragödie ist für uns Aischylos (525/4–456); aus diesem Grund steht er unter den klassischen, der nahezu zeitgleiche Pindar (*1.3.4*) dagegen noch unter den spätarchaischen Dichtern. Beide haben aber die gleiche ethisch-religiöse Spannung, Vorliebe für den erhabenen Stil, weit ausholende Perioden und kühne Metaphern gemeinsam.

Aischylos kämpfte in allen Schlachten der Perserkriege. 476/5 (oder 471/0) ging er an den Hof Hierons von Syrakus, ebenso noch einmal 458; nach seinem Tod in Gela (sein angeblicher selbstgedichteter Grabspruch: *FGE* 131 f.) wurde er in Athen mit einem Volksbeschluß geehrt, der jedem Entlastung von den Kosten der Choregie zugestand, der Aischylos' Dramen auf die Bühne brachte; ein ähnliches Privileg erhielten Sophokles und Euripides nicht vor 386. Er begann in den Jahren 499/6 aufzuführen und errang 484 den ersten seiner 13 Siege (deren Zahl zusammen mit den postumen auf 28 stieg). Von seiner Produktion kennen wir 82 Stücktitel, davon wenigstens 79 sichere. Erhalten sind neben 490 Fragmenten (davon etwa 40 unechten) 7 Tragödien: die *Perser* (472 zusammen mit dem *Phineus*, dem *Glaukos Potnieus* und dem Satyrspiel *Prometheus der Feuerbrenner*), die *Sieben gegen Theben* (467; letztes Stück einer Trilogie zusammen mit *Laios* und *Oidipus*, dazu das Satyrspiel *Sphinx*), die *Schutzflehenden* (wahrscheinlich um 460, erstes Stück einer Tetralogie, die noch *Aigyptioi, Danaiden* und das Satyrspiel *Amymone* umfaßte), die *Orestie* (458), die einzige erhaltene Trilogie des attischen Theaters aus den Stücken *Agamemnon, Choephoren* und *Eumeniden* (danach das verlorene Satyrspiel *Proteus*), der *Gefesselte Prometheus*, der mit dem *Befreiten Prometheus* und *Prometheus der Feuerbringer* eine Trilogie bildete, deren Datum unbekannt, deren Reihenfolge unsicher und deren Echtheit umstritten ist: Gerade der im *Gefesselten Prometheus* dargestellte tyrannische (von dem sonst typisch aischyleischen obersten Walter der Gerechtigkeit sehr verschiedene) Zeus ist eines der Argumente, die seit dem 19. Jh. an der Echtheit des Stücks haben zweifeln lassen. Stilistische, lexikalische, metrische, szenische und Kompositionsgründe lassen es in der Tat innerhalb der uns bekannten aischyleischen Produktion aus dem Rahmen fallen und scheinen ein Abfassungsdatum nicht vor 430 nahezulegen.

Aischylos teilte nicht den resignierten Pessimismus vieler archaischer Dichter; die weitreichenden soziopolitischen Veränderungen, die er aktiv miterlebte, brachten ihn zu dem Glauben, daß Völker, Städte, Familien und Individuen nur dann stürzen, wenn sie die Ordnung und Gerechtigkeit des Zeus verletzen.

Die bei Aischylos erkennbaren historisch-politischen Elemente weisen auf eine konsequent demokratische Orientierung hin: Die *Perser* wurden unter der Choregie des jungen Perikles inszeniert und feiern die Leistung des Themistokles; in den *Eumeniden* ist der von Athene als φόνων δικασταί (V. 483) instituierte Gerichtshof gerade der Areopag, der von Ephialtes stark eingeschränkt worden war (462/1). Auch das 461 zwischen Argos und Athen geschlossene Bündnis findet eine Entsprechung in dem Lobpreis auf das gastfreundliche und demokratische Argos in den *Schutzflehenden* (V. 605–624) und in der dreifachen feierlichen Preisung der *Eumeniden* (V. 287–291; 667–673; 762–774). Zu weiteren Anspielungen politischer Natur vgl. *SCG* 258–280, *PT* II 20–26.

Im Zentrum des aischyleischen Theaters stehen Handeln und Schuld, die Suche nach einer Erklärung, wie jeder für seine Handlungen verantwortlich ist, obwohl alles durch göttlichen Willen geschieht und der Einzelne durch einen Erbmakel in Schuld verstrickt sein kann. Aischylos glaubt an die (noch archaische) kausale Verknüpfung ὄλβος – κόρος – ὕβρις – ἄτη; der Begeher einer schlechten Handlung nimmt unweigerlich auch ihre Konsequenzen auf sich (*Ag.* 1564 παθεῖν τὸν ἔρξαντα, *Ch.* 313), und Lernen entsteht aus Leiden (*Ag.* 177 πάθει μάθος). Ein gesteigertes ethisch-religiöses Gefühl läßt ihn sich aber oft von traditionellen Vorstellungen entfernen, z. B. von dem (noch von Herodot hochgehaltenen) Glauben an den φθόνος θεῶν: Die Götter sind nicht neidisch auf Wohlergehen, aber unerbittlich bei der Bestrafung von Ungerechtigkeit (*Ag.* 750–781). Ihre Allmacht hebt jedoch den menschlichen Willen weder auf, noch bestimmt sie ihn.

Die *Perser* versuchen die außerordentliche Niederlage eines unermeßlichen Heeres zu erklären und eine universell gültige Norm für menschliches Verhalten zu finden: daher die Vorstellung eines Zeus, der jeden Mißbrauch gerecht bestraft; diese Bestrafung bekommt zusätzlich die Funktion einer Ermahnung für zukünftige Generationen. Eine solche Aufwertung menschlicher Verantwortlichkeit neben göttlichem Handeln ist ein aischyleisches Leitmotiv. In den *Sieben gegen Theben* erkennt Eteokles, daß er den väterlichen Fluch, der die Auslöschung des γένος mit sich bringt (V. 653–655), erfüllen wird, wenn er persönlich seinem Bruder entgegentritt, aber er wählt ohne Zögern die Rettung Thebens. In den *Schutzflehenden* sieht Pelasgos sich vor dem Dilemma, den Flüchtigen Schutz zu gewähren und damit Argos in einen Krieg zu verwickeln oder den Schutz zu verweigern und damit den Zorn des Zeus ἀφίκτωρ auf sich zu ziehen. Auch im *Agamemnon* besteht ein Dilemma des Titelhelden darin, entweder seine Tochter Iphigenie zu opfern, damit die griechische Expedition nach Troja aufbrechen kann, oder auf diese Expedition – deren Anführer er ist – zu verzichten. Diese Trilogie ist ferner die Geschichte einer großen Familie, in der jedes Mitglied Ahnenschuld geerbt hat und zugleich von persönlicher Schuld (von der Greueltat des Atreus bis zum Muttermord Orests) gezeichnet ist; am Ende finden die traurigen Geschicke des γένος ihre Beilegung innerhalb der Strukturen der πόλις (der Areopag als Bollwerk der Gerechtigkeit und des geordneten sozialen Zusammenlebens).

Aischylos' Dramen sind statisch in der Handlung und stark auf den Chor ausgerichtet; die Personen (auch so bemerkenswerte wie Eteokles und Klytaimestra) erscheinen in archaischer Weise monolithisch. Aischylos war aber auch ein großer Neuerer: Auf ihn gehen der zweite Schauspieler, die inhaltliche Verknüpfung der Trilogie (die Verbindung der Einzeltragödien zu einem großen Gesamt-Drama) und unzählige Bühneneinfälle zurück (vgl. *Vita* 14).

Die Fragmente bestätigen u. a. die – dem Dichter selbst zugeschriebene – Behauptung, seine Dramen seien «Portionen (τεμάχη) der großen Bankette Homers» gewesen (test. 112a).

Die *Myrmidonen* waren die Dramatisierung des Todes des Patroklos (*Il.* 16–18), wobei Aischylos aber auch Neuerungen einführte (die Freundschaft zwischen Achill und Patroklos war hier Liebe); in den *Phrygern, oder: Loskauf Hektors* (vgl. *Il.* 24) wurde auf die Bühne eine riesige Waage gebracht, um Hektors Leichnam zu wiegen. Homerische Themen dramatisieren auch *Kirke, Ostologoi, Penelope, Proteus, Psychagogoi, Psychostasia, Semele* und – wahrscheinlich – die *Karer, Nereiden* und *Sisyphos der Steinwälzer* (vgl. S. Radt, *Prometheus* 12, 1986, 1–9).

Für die Antike war Aischylos auch der größte Satyrspieldichter; die auf uns gekommenen Überreste zeigen, wie dieser ποιητὴς σεμνός par excellence auch leichte und lustige Themen mit souveräner Meisterschaft behandeln konnte.

Lebendig und frisch wirken die umfangreichen Papyrusfragmente aus den *Theoroi oder Isthmiastai* (wo die Satyrn als Möchtegern-Athleten in einen lustigen Streit mit Dionysos geraten) und vor allem die *Netzfischer* (wo der 'Fischfang' aus der Lade besteht, in der Danae mit dem kleinen Perseus eingeschlossen ist). Von anderen Satyrspielen haben wir nur die Stücktitel, spärliche Nachrichten und einige Fragmente.

Ausg.: M. L. West (Stuttgart 1990); Fragmente: *TrGF* III; Elegien: *IEG* II 28f.; *PE* II 55f. (vgl. *FGE* 130–132). BLG 388–402.

1.13.3 Sophokles

Sophokles (497/6–406) gehört ganz dem 'goldenen' Jahrhundert der griechischen Literatur an.

Er bekleidete bedeutende öffentliche Ämter: Er war Präsident der Hellenotamiai (443/2) und Stratege zuerst mit Perikles (441/0), dann mit Nikias (428/7); 413 wurde er unter die 10 Probulen gewählt, die mit der Vorbereitung der Regierung der Vierhundert beauftragt wurden. Nach seinem Tod wurde er als Heros mit dem Beinamen Δεξίων verehrt, weil er zeitweilig in seinem Haus die Statue des Asklepios beherbergt hatte, als der Kult dieses Gottes in Athen eingeführt wurde (420; Sophokles schrieb darauf auch einen Paian: *PMG* 737). Er war befreundet mit Herodot, dem er 442 eine Ode gewidmet zu haben scheint (fr. eleg. 5 W., vgl. aber *FGE* 304f.). Tragische Dichter waren auch sein Sohn Iophon (*TrGF* 22) und sein Enkel Sophokles der Jüngere (*TrGF* 62), der nach dem Tod seines Großvaters den *Oidipus auf Kolonos* auf die Bühne brachte. Sophokles debütierte 468 mit dem *Triptolemos* und errang etwa 20 Siege; er schrieb über 120 Stücke (wir kennen 123 Titel, von denen 7 unsicher sind). Neben ungefähr 1150 Fragmenten sind 7 Tragödien erhalten: *Aias* (zwischen 456 und 446), *Antigone* (nahezu sicher 442), *Trachinierinnen* (bald nach 438), *König Oidipus* (vielleicht bald nach 415, vgl. SPA 155–165, SCG 287–291), *Elektra* (vielleicht zwischen 420 und 410), *Philoktet* (409) und *Oidipus auf Kolonos* (401 oder wahrscheinlicher 405). Ein Papyrus (ungefähr 450 Verse, davon ein Drittel nahezu vollständig) hat uns bedeutende Reste des Satyrspiels *Ichneutai* (Datum unbekannt) wiedergegeben.

Sophokles' Hauptinteresse gilt nicht den (undurchschaubar erscheinenden) Göttern und auch nicht dem Problem von Schuld und Strafe, sondern der Reaktion des Menschen auf den Jammer, der ihn überfällt und ein intimer Bestandteil seiner Natur ist. Dem Übermaß an Übeln setzt der sophokleische Held eine leidenschaftlich-edle und unerbittliche Festigkeit entgegen, die sich bis zur Selbstvernichtung treu bleibt und in ihrer Zurückweisung jeglichen Kompromisses schließlich in eine gigantische Einsamkeit führt.

In größter Ehrfurcht vor der traditionellen Religion, die er annimmt, ohne wie Aischylos ihre Prinzipien zu prüfen oder wie Euripides ihren Inhalt kritisch zu untersuchen, bekämpft Sophokles die neue anthropozentrische Sicht der Welt (Anaxagoras) und den Relativismus der Sophisten. In der *Antigone* wird die Theorie des Fortschritts umfänglich vorgestellt, aber die unzähligen εὑρήματα des Menschen sind ohne den Respekt vor den ererbten Gesetzen und der «durch die Eide ... geheiligten Gerechtigkeit» illusorisch (V. 332–375). Antigone opfert sich im Namen dieser ewigen Prinzipien, während der aufgeklärte Kreon, Vertreter einer weltlichen Staatsräson, in die Tragödie seiner Familie das Geschick Thebens hineinziehen wird. Die leidenschaftliche Berufung auf die ἀρχαῖοι Ζηνὸς νόμοι ist ein eindringliches Leitmotiv (vgl. *El.* 1090–1097, *OR* 863–872, *OC* 1381f., etc.); ähnlich die Verteidigung der Mantik, besonders im *König Oidipus*. Hier ist Iokaste, die unablässig die Orakel anschwärzt (V. 711f. 720–725. 857f. u. a.), die erste, die ihre Wahrheit erfährt; auch Oidipus, der sich rühmt, mit seiner γνώμη die Scharlatanerie der Seher lächerlich gemacht zu haben (V. 387–398), muß schließlich seine Nichtigkeit vor der Macht der Götter zur Kenntnis nehmen. In der *Elektra* ist selbst der Muttermord, da von Apollons Orakel angeordnet, eine erlaubte und sogar geschuldete Tat; die bei Aischylos so bedeutenden Erinnyen werden nicht einmal erwähnt (diesen kompromißlosen 'Delphismus' zeigten auch verlorene Stücke wie *Kreusa, Chryses, Hermione*). Die Ablehnung der Sophistik ist besonders deutlich im *Philoktet*, wo Odysseus, für den der Zweck die Mittel rechtfertigt (V. 79–85), dem ἄδικος λόγος der *Wolken* des Aristophanes außerordentlich nahekommt; seiner skrupellosen Ethik stellt sich die in Neoptolemos verkörperte adliger Prägung entgegen. Vgl. *SCG* 280–292, *PT* II 26–29.

Auch Sophokles galt als großer Satyrspieldichter (vgl. Dioskorides, *AP* 7,37). Die 'Spürhunde' (*Ichneutai*) und einige Fragmente anderer Dramen zeigen in der Tat eine feine komische Ader.

Das Thema der *Ichneutai* ist (mit Modifikationen) das des homerischen *Hermeshymnos*: Um die ihm geraubte Herde zurückzubekommen, vertraut sich Apollon Silen und den Satyrn an. Deren aufgeregte Fährtensuche wird dann von geheimnisvollen Tönen unterbrochen, die aus dem Bauch der Erde zu kommen scheinen; dies ist der kleine Hermes – so erklärt seine Amme Kyllene –, der seiner mit Saiten aus Rindsleder neugeschaffenen Leier Töne entlockt, und damit haben die Satyrn den Dieb; im verlorenen Schlußteil dürften sich Apollon und Hermes versöhnt haben. Umfangreiche Papyrusfragmente gibt es auch vom *Inachos* (Vater der in eine Kuh verwandelten Io). Von anderen Stücken sind nur der Titel oder einige Verse oder Glossen erhalten.

Zu den dramaturgischen Neuerungen des Sophokles gehören die Einführung des dritten Schauspielers, die Verringerung der Rolle des Chors und die Aufgabe der Inhaltstrilogie aischyleischen Typs (mit der anscheinend einzigen Ausnahme einer *Telephie*); der Mythos ist hier eben nicht mehr archaisch am γένος orientiert, sondern am Helden als Individuum. Sophokles' Personen sind überlebensgroß, aber weniger statuenhaft als die des Aischylos und bisweilen nicht ohne Schattierungen (z. B. Deianira).

Wie Aischylos war auch Sophokles ein eifriger Nachahmer Homers und erwarb sich sogar den Titel eines «tragischen Homer» (test. 115a–b). Die Dramatisierung ganzer homerischer Episoden ist allerdings seltener als bei Aischylos und beschränkt sich auf *Nausikaa oder die Wäscherinnen, Niptra* und vielleicht *Die Phaiaken*. Schon die Antike (test. 136) hob Sophokles' Abhängigkeit vom epischen Kyklos (vor allem im Trojastoff) hervor, vgl. dazu (und zu den Fragmenten allgemein) S. Radt, *Entretiens Hardt* 29 (1983) 185–231.

Sophokles mied Aischylos' schwülstige Ausdrucksweise und kühne Metaphern; seine Sprache strebte nach Geschmeidigkeit und Natürlichkeit. Die Antike sah sehr bald in ihm den vollkommenen Tragiker und nannte seinen Stil einen 'mittleren', zwischen dem prunkhaften des Aischylos und dem einfachen des Euripides.

Sophokles selbst gab drei Phasen seiner stilistischen Entwicklung an (test. 100): Die erste sei vom ὄγκος des Aischylos beeinflußt, die zweite zeichne sich durch einen rauhen und gekünstelten Stil (πικρὸς καὶ κατάτεχνος) aus, die dritte sei ganz auf die Darstellung des Charakters der Personen gerichtet (ἠθικώτατος). Die erhaltenen Tragödien scheinen alle der dritten Phase anzugehören, die außerordentliche ethopoietische Fähigkeiten zeigt; von den anderen beiden finden sich Spuren in den Fragmenten (Radt a. O. 213–215).

Ausg.: H. Lloyd-Jones – N. G. Wilson (Oxford 1990); R. D. Dawe (Stuttgart–Leipzig ³1996); Fragmente: *TrGF* IV; Elegien: *IEG* II 165f.; *PE* II 58f. BLG 402–415.

1.13.4 Euripides

Euripides (485/4–406) ist zwar Zeitgenosse des Sophokles, aber Schöpfer eines neuen Theaters, das sich den kulturellen Fragen der Epoche öffnet und von einer durchgehenden Entmystifizierung traditioneller Werte bestimmt ist, angefangen bei den religiösen: Τύχη oder Götter? ist Euripides' gequälte Frage. In diesem Theater wird der mythische Held einerseits auf gemeinmenschliche Maße reduziert, andererseits zum Sprachrohr der Mühsale und Ressentiments großer sozialer Gruppen gemacht.

Die Überlieferung nennt Euripides einen Schüler des Anaxagoras (vgl. *1.9.1*), und dieser hatte sicher einen entscheidenden Einfluß auf ihn; sie setzt ihn auch in Beziehung mit Archelaos, mit den Sophisten Protagoras und Prodikos und mit Sokrates. 408 ging er (wie Agathon und Timotheos) an den Hof des Königs Archelaos von Makedonien; zwei Jahre später starb er dort, und seine letzten Werke (*Bakchen, Alkmeon in Korinth, Iphigenie in Aulis*) wurden von einem gleichnamigen Sohn oder Neffen aufgeführt. Euripides wurden ein Grabgedicht für die vor Syrakus Gefallenen (vgl. *1.15.8*) und ein Epinikion für den (416?) im Wagenrennen in Olympia siegreichen Alkibiades zugeschrieben (*PMG* 755f.); dessen Echtheit wurde aber schon in der Antike bezweifelt (vgl. Plut. *Dem.* 1,1). 455 nahm er erstmals an tragischen Wettkämpfen teil (*Peliaden*); er schrieb 22 Tetralogien (wir kennen 82 sichere Titel), errang jedoch nur 5 Siege (den ersten 441, einen postum). Außer ungefähr 1100 Fragmenten und dem Satyrspiel *Kyklops* sind 17 Tragödien auf uns gekommen: *Alkestis* (438 anstelle eines Satyrspiels nach der Trilogie *Kreterinnen, Alkmeon in Psophis, Telephos* aufgeführt), *Medea* (431), *Herakliden* (vielleicht 430), *Hippolytos* (428), *Andromache* (zwischen 429 und 425), *Hekabe* (um 425–424), *Schutzflehende* (423 oder 422), *Herakles* (um 416), *Troerinnen* (415: drittes Drama einer Trilogie aischyleischen Typs, die außerdem *Alexandros, Palamedes* und das Satyrspiel *Sisyphos* umfaßte), *Iphigenie bei den Taurern* (vielleicht 414 oder 413), *Elektra* (vielleicht 413; nach anderer Meinung – aus metrischen Gründen – zwischen 421 und 417), *Helena* (412), *Ion* (411), *Phoinissen* (vielleicht zwischen 411 und 409), *Orestes* (408), *Iphigenie in Aulis* und *Bakchen* (beide postum aufgeführt). Der *Rhesos* (eine Dramatisierung des nächtlichen Unternehmens des Odysseus und Diomedes gegen das Lager der Trojaner, vgl. *Il.* 10) ist unecht: Euripides' gleichnamiges Stück ist verloren, das erhaltene stammt von einem unbekannten Autor des 4. Jh.s.

Gemäß einer bei Aristoteles festgehaltenen Anekdote pflegte Sophokles zu sagen, er habe seine Personen so gezeichnet, «wie sie sein müssen», Euripides dagegen, «wie sie sind» (*Poet.* 25,1460b 33f.). Euripides bringt den Menschen mit allen seinen Fehlern und Widersprüchen auf die Bühne und hat dabei auch einer ganzen Reihe niedriger und marginalisierter Personen, die sich bei ihm verständiger, oft sogar edler Überlegungen fähig zeigen, literarische Würde zuerkannt. Auch die Frauen finden bei Euripides bemerkenswerten Raum; über ihre Benachteiligungen sagt er seinem Publikum vorher nie gehörte Dinge (vgl. *Med.* 230–251).

Für Aristophanes war Aischylos der Lehrer der πόλις par excellence, Euripides aber mit seinem zersetzenden Rationalismus ihr Verderber. In der Tat wies Euripides seinen Mitbürgern keine Sicherheiten oder Modelle zur Deutung der Wirklichkeit; sein Theater ist eins der ebenso verzweifelten wie vergeblichen Suche nach einem Ordnungsprinzip inmitten der Unordnung der menschlichen Dinge. Erdrückt von einer Welt, in der sich keine höhere Ethik abzeichnet, kann der euripideische Held höchstens in sich selbst und im freundschaftlich-solidarischen Umgang mit seinesgleichen einen rettenden Anker finden. In dieser Hinsicht stehen der euripideische Herakles, der ein Leben in Erniedrigung akzeptiert, da ihn die brüderliche Freundschaft des Theseus stützt, und der sophokleische Aias an genau entgegengesetzten Punkten.

Liest man das euripideische Werk 'politisch', zeigt sich ein allmählicher Übergang von uneingeschränkter Anerkennung des perikleischen Programms zu entschiedener Ablehnung jedes Imperialismus und zu pazifistischen Positionen, die Euripides in mancher Hinsicht Aristophanes annähern. Der glühende Patriotismus der früheren Stücke – *Medea* (vgl. V. 824–845), *Herakliden*, die *Andromache* mit ihrem radikalen Antilakonismus (vgl. V. 445–463) – weicht seit den späten 420er Jahren einer immer entschiedener werdenden Einstellung gegen den Krieg: vom verlorenen *Kresphontes* (vgl. fr. 453 N.[2]) und *Erechtheus* (vgl. fr. 60 A.) zu den *Schutzflehenden*, zum *Herakles* (der mit der Umarmung zwischen dem Helden des dorischen Stammes und dem mythischen Ahnherrn Athens endet), zu den *Troerinnen* (einer unerbittlichen Anprangerung der Schrecken des Krieges und Verdammung jeglichen imperialistischen Unternehmens am Vorabend der Sizilischen Expedition), zu den dramatischen Appellen der *Helena* (V. 1151–1160). Parallel dazu (vgl. bereits *Suppl.* 238–245) wird – sowohl gegen arrogante Reiche als auch gegen Demagogen – die entscheidende Rolle der 'Mittelschicht' hervorgehoben, etwa der αὐτουργοί, im wesentlichen dargestellt von jenen Bauern, die – wie der Ehemann Elektras im gleichnamigen Stück – diejenigen sind, «die allein das Land retten» (*Or.* 920). Auch das 412 zwischen Sparta und Persien abgeschlossene Bündnis hinterließ bei Euripides Spuren: Der Dichter, der sich in der *Andromache*, der *Hekabe*, den *Troerinnen* mit menschlicher Sympathie auf die Seite der Barbaren gestellt hatte, zeichnet sie nunmehr als roh, grausam, unzivilisiert und Sklaven von Natur (vgl. *IA* 1401). In der *Iphigenie in Aulis* nimmt die Expedition gegen Troja die Züge einer gerechten panhellenischen Unternehmung gegen den immerwährenden Feind an, für die es sich zu opfern lohnt (vgl. *SCG* 292–310, *PT* II 29–33).

Der *Kyklops* ist das einzig uns vollständig überlieferte Satyrspiel, aber die Satyrn sind hier nur noch Zuschauer des Geschehens. Diese reduzierte Chorrolle ist nicht der einzige Unterschied im Vergleich zu den uns bekannten Stücken des Aischylos und Sophokles: Selbst bei seinen (zum Teil schwerfälligen) Scherzen liebt der *Kyklops* ethisch-soziale Bezüge und philosophische Gedanken; der Agon zwischen Odysseus und Polyphem führt die Antithese νόμος – φύσις vor, und die ῥῆσις des letzteren (V. 316–346) läßt in ihrem hedonistischen Materialismus aktuelle sophistische Vorstellungen anklingen (Gesetz des Stärkeren u. ä.).

Der *Kyklops* scheint satirisch die sophistisch-extremistischen Tendenzen zu spiegeln, die in der damaligen oligarchischen Strömung anzutreffen sind; vgl. L. Paganelli, *Echi storico-politici nel Ciclope euripideo* (Padua 1979). Von weiteren 8 Satyrspielen kennen wir die Titel und einige Fragmente; in fr. 282 N.[2] findet sich ein heftiger Ausfall gegen die Athleten, die – ähnlich wie bei Xenophanes – als Parasiten der Gesellschaft angesehen werden. Vgl. im übrigen L. Campo, *I drammi satireschi della Grecia antica* (Mailand 1940) 52–62.

Besonderer Wesenszug des Euripides ist eine kühne Experimentierfreude, die ihn auf jedem Gebiet neue Effekte suchen ließ, von seinen Zeitgenossen aber nicht sehr geschätzt wurde.

In den *Fröschen* kritisiert Aristophanes der Reihe nach die von Euripides in die Tragödie eingeführten Neuerungen (Entheroisierung der Hauptpersonen, Einführung niedriger Charaktere, rhetorische Spitzfindigkeiten, skandalöse Leidenschaften usw.). Typische Strukturelemente des euripideischen Dramas sind der exponierende Prolog, der Agon (d. h. die dialektische Konfrontation zweier Personen, die breiten Raum erhält), die häufige Verwendung des *deus ex machina* (dessen Funktion darin liegt, am Ende die 'Knoten' der Handlung zu lösen oder das weitere Schicksal der Personen und die Begründung eines Kultes zu verkünden), die weitere Reduktion der Chorpartien (die immer weniger mit der Handlung verbunden sind) und die Einfügung von Monodien, die den Einfluß der neuen Dithyrambographen Phrynis und Timotheos (vgl. *1.15.1*) zeigen, in die Epeisodia.

Nach seinem Tode wurde Euripides gründlich aufgewertet: Er wurde von Menander aufgegriffen, von den Alexandrinern studiert, von Dichtern wie Ennius, Pacuvius, Accius zum Vorbild genommen. Bereits Aristoteles ließ es – mit Vorbehalten – an Anerkennung nicht fehlen (*Poet.* 13,1453a 28–30). Gemessen an seinen Vorgängern war sein Theater realistisch und zeichnete sich durch raffiniertere Verwicklungen, eine spektakulärere und an Bühneneinfällen reiche Handlung, Peripetien, unerwartete Lösungen, einen der Alltagssprache näheren Stil und eine modernere Musik aus.

Ausg.: J. Diggle (I–III, Oxford 1981–1994); Fragmente: *TGF; SE; NFE; NFPhot.* 58–62. BLG 415–433.

1.13.5 Andere Tragödiendichter

Neben Aischylos, Sophokles und Euripides räumte der alexandrinische Tragikerkanon auch Ion von Chios (etwa 490–422) und Achaios von Eretria (5. Jh.) einen Platz ein. **Achaios** war vor allem als Satyrspieldichter berühmt; das Werk des vielseitigen **Ion** – er war auch lyrischer Dichter, Historiker und Philosoph – war in hellenistischer Zeit der Gegenstand von Kommentaren (Aristarch, Didymos) und Monographien (Baton).

Ion pflegte Beziehungen mit Kimon, Themistokles, Aischylos und Sophokles. Seine Stückeproduktion begann um 450 und belief sich auf etwa zehn Tetralogien; erhalten sind 11 Titel (darunter das geheimnisvolle Μέγα δρᾶμα) und 68 kurze Fragmente (*TrGF* 19). Er schrieb außerdem Dithyramben, Enkomia und Hymnoi (*PMG* 740–746; *SLG* 316), Elegien (*IEG* II 79–82), in Prosa (*FGrHist* 392) eine *Gründung von Chios*, Reise-Erinnerungen (*Epidemiai*) und ein kosmologisches Werk unklaren Inhalts, den *Triagmos* (*VS* 36). Von seinem Zeitgenossen Achaios (*TrGF* 20) sind etwa 20 Titel und 55 Fragmente erhalten, vor allem aus Satyrspielen.

Große Bedeutung in der Geschichte der Tragödie hatte Agathon (448/6– nach 405); in Platons *Symposion* feiert er seinen ersten Sieg (Lenäen 416). Er ist stark beeinflußt von der gorgianischen Rhetorik und vom neuen Dithyrambos und reduzierte den Chorgesang zu bloßen musikalischen Intermezzi (ἐμβόλιμα), führte die chromatische Tonleiter in die Tragödie ein und ersetzte einmal den Mythos sogar durch eine frei erfundene Geschichte (vgl. Arist. *Poet.* 9,1451b 21f.). Dieses Experiment blieb allerdings folgenlos; auch die – von Euripides geteilte – Tendenz, komplizierte Handlungsverläufe zu entwickeln, wurde vom Publikum nicht geschätzt (vgl. *Poet.* 18,1456a 18f.).

Gegen 407 ging Agathon – wie Timotheos und Euripides – an den Hof des Archelaos in Pella, wo er einige Jahre später starb. Wir haben 34 Fragmente und 6 Stücktitel (*TrGF* 39).

Von zahlreichen anderen Tragödiendichtern des 5. Jh.s sind nur der Name, einige Stücktitel und einige Verse erhalten; manche kennt man nur dank der Witze der Komödiendichter. Tragische Dichter waren Euphorion und Euaion, die Söhne des Aischylos (*TrGF* 12f.): Ersterer errang 4 Siege mit Stücken seines Vaters und triumphierte 431 über Sophokles und Euripides (*Medea*). Dem Sophokles Sohn Iophon (*TrGF* 22) schreibt die Überlieferung 50 Stücke und einen Sieg (435) zu, dem Sophokles-Enkel Sophokles dem Jüngeren (*TrGF* 62) etwa zehn Tetralogien mit 7 Siegen. Ein Neffe des Aischylos war Philokles, der seinen ersten Sieg über Sophokles' *König Oidipus* errang; von seinen 100 Tragödien sind nur die Titel von zwei Tetralogien übrig (*TrGF* 24). Einen Sonderfall bildet Neophron von Sikyon (*TrGF* 15), angeblich Autor von 120 Tragödien, dessen *Medea* (der einzige uns bekannte Titel) laut Dikaiarch (fr. 63 W.) von Euripides in seinem gleichnamigen Stück nachgeahmt worden sein soll; in Wahrheit deutet der Stil der 24 daraus erhaltenen Verse eher auf das 4. Jh. hin.

An Quantität steht die Tragödienproduktion des 4. Jh.s der des 5. in nichts nach, auch wenn sie mit Ausnahme des *Rhesos* vollkommen verloren ist. Der Chor, der in der Tragödie immer öfter durch Monodien ersetzt wird oder nur noch chorlyrische Intermezzi hat, verliert niemals ganz seine Bedeutung im Satyrspiel, das nun danach strebt, ein autonomes Genos zu werden: Seit wenigstens 341 (vgl. DID A 2a) wird es einzeln am Beginn der Agone präsentiert. Gleichzeitig nähert es sich immer mehr der Komödie an und gibt bisweilen auch der Satire und politischen Aktualität Raum (vgl. I. Gallo, *Dioniso* 61, 1991, 151–168).

Als erstem nach Aischylos errichteten die Athener Astydamas dem Jüngeren (*TrGF* 60) eine Bronzestatue. Etwa 20 Stücktitel (darunter die Satyrspiele *Herakles* und vielleicht *Hermes*) und etwa zehn unbedeutende Fragmente sind von ihm erhalten. In dieser Zeit waren die Berührungen zwischen Rhetorik und Tragödie zahlreich, und nicht wenige versuchten sich auf beiden Gebieten. Zu ihnen gehört Aphareus, der Sohn des Sophisten Hippias und zweimaliger Sieger an den Dionysien wie auch an den Lenäen; nur wenige Stücktitel sind erhalten (*TrGF* 73). Berühmt auch für seine rhetorische τέχνη (vgl. *1.12.4*) war Theodektes von Phaselis, dem man 50 Stücke und sieben Siege zuschrieb (*TrGF* 72). Wir haben von ihm 9 Titel (darunter der nicht-mythologische *Mausolos*) und etwa 20 Fragmente (mit Vorliebe für moralisierenden Monolog, Pathos und Rätsel). Der Einfluß der Rhetorik ist auch bei Chairemon deutlich, den Aristoteles wegen seiner ἀκρίβεια mit einem Logographen verglich und dessen Werk er als mehr zur Lektüre denn zum Vortrag geeignet bezeichnete (*Rhet.* 3,12,1413b 12f.). Wir haben von ihm 10 Titel und 43 Fragmente mit insgesamt etwa 80 gekünstelten Versen (*TrGF* 71). Sein *Kentauros* vermischte eine große Zahl verschiedener Metren und wurde deshalb von Aristoteles getadelt (*Poet.* 1,1447b 20–23; 24,1460a 1f.). Ein anderer erfolgreicher Tragiker (mit 11 Dionysiensiegen) war Karkinos der Jüngere, dem 160 Stücke zugeschrieben werden; auf uns gekommen sind etwa 10 Titel und ebenso viele Fragmente (*TrGF* 70). Unter den Autoren der 2. Hälfte des Jh.s sei Timokles erwähnt (von dem gleichzeitigen Komödiendichter dieses Namens zu unterscheiden, vgl. *1.14.4*), der an den Dionysien von 340 mit dem Satyrspiel *Lykurgos* siegte (*TrGF* 86); zu Python von Katane oder Byzanz und seinem Satyrspiel *Agen* vgl. *IV 2.2.1*.

Ion: komm. Ausg. A. von Blumenthal (Stuttgart–Berlin 1939); mit Testimonien und neuen Fragmenten (*SLG* 316; *NFPhot.* 62f.): L. Leurini (Amsterdam 1992). BLG 387f.

1.14 Die Komödie

1.14.1 Vorbemerkung

Das Theater der Komödie – ebenfalls eng mit der Polis verknüpft – wollte unterhalten, zugleich aber auch erziehen und verband mit dem γελοῖον das ebenso unabdingbare σπουδαῖον (vgl. Ar. *Ach.* 500, *Ran.* 391f., 686f.).

Ureigene Bestandteile der Komödie waren der Agon (eine Konfrontation zwischen zwei sich bedrohenden und verspottenden Widersachern) und die Parabase: An einem bestimmten Punkt, meist nach dem Agon, verließen die Schauspieler die Bühne, die Choreuten legten ihre Mäntel und Masken ab und wandten sich direkt an die Zuschauer, indem sie vor ihnen «vorbeigingen» (παραβαίνειν); daher der Name Parabase zur Bezeichnung der Gesänge und Rezitative, die diesen wichtigen Komödienteil bilden. Als Pause in der Handlung brach die Parabase die Bühnenillusion; der Dichter ließ den Chor alles sagen, was er wollte, ohne notwendigen Bezug zur Handlung des Stücks. Zu den Komödienwettkämpfen, die wie die der Tragiker organisiert waren (vgl. *1.13.1*), wurden 5 Konkurrenten (in den Jahren 426–421 und 415–404 wegen der prekären wirtschaftlichen Lage wahrscheinlich nur 3) mit je einem Stück zugelassen. Der Chor bestand aus 24 Choreuten, die in den seltsamsten Verkleidungen auftraten (als Frösche, Wespen, Vögel u. a.). Die Sprechpartien waren im zeitgenössischen Attisch (mit Kolloquialismen und Vulgarismen) gehalten, die Chorpartien in erhabenerem Stil mit dorischer Patina. Die Schauspieler trugen eine komische Maske und – wie sich aus Vasenbildern und einigen Aristophanes-Partien ergibt – einen großen Leder-Phallos als Erbe phallischer Vorläufer-Riten.

Der polemische Bezug auf Aktuelles war nahezu für die ganze Komödiendichtung des 5. Jh.s charakteristisch. Mit παρρησία und ὀνομαστὶ κωμῳδεῖν machten die Komödiendichter das demokratische Establishment ebenso wie jede weltanschauliche und kulturelle Neuheit zum Gegenstand ihres Spotts.

Innerhalb des 'karnevalesken', von der Polis selbst organisierten Rahmens des Dionysosfestes waren subversive Ziele nicht wirklich vorgesehen, aber die Komödienaufführung war nicht die Feier eines Karnevals: In manchen Fällen wurde die außerordentliche Redefreiheit der Komödiendichter zu einer gefürchteten politischen Waffe.

Daher die restriktiven κηρύγματα des Morychides (440/39) und des Syrakosios (415/4; dazu A. Sommerstein, CQ 36, 1986, 101–108) zum ὀνομαστὶ κωμῳδεῖν. Aristophanes (vgl. *Ach.* 377–382) wurde 426 von Kleon wegen der Aufführung der *Babylonioi* vor Gericht gebracht; daß die Komödiendichter den Ruf des Sokrates mit ihren ständigen Angriffen beschmutzt hatten, sagt Platon in klaren Worten (*Apol.* 18b–d; 19c). Zur politischen Ausrichtung der Archaia vgl. *SCG* 311–350, *PT* II 33–45.

Die Überlieferung hat – mit einiger Wahrscheinlichkeit seit Aristophanes von Byzanz (vgl. *MK* 180–187) – die attische Komödie in eine Alte, Mittlere und Neue eingeteilt. Die konventionellen Abgrenzungen der ersten sind die Jahre 486 (Einrichtung von Komödienwettkämpfen an den Dionysien) und 388 (Aristophanes führt sein letztes erhaltenes Stück, den *Plutos*, auf), der Anfangspunkt der dritten ist 322 (Beginn von Menanders Wirken); zwischen 388 und 322 ist daher die Μέση anzusetzen (ihre ἀκμή fällt wohl in die Jahre 380–350). Die Ἀρχαία, von der wir etwa 50 Dichter kennen, zeichnet sich – abgesehen von dem auf Epicharm (*1.8.3*) zurückgehenden Strang – durch politischen und persönlichen Spott und durch massive Aischrologie aus. Die Μέση verzichtet darauf weitgehend und gibt Parodien (vor allem mythischen), gastronomischen Exkursen und früher vernachlässigten Figuren (Sklaven, Köchen, Parasiten) breiten Raum. Die Νέα (vgl. *IV 2.2.3*) wird eine bürgerliche Charakter- und Typen-Komödie mit Verwicklungen und Intrigen, aber ohne Parabase, Agon und Chor sein.

Zu den Merkmalen der Μέση, die sie nicht nur als reines Übergangsphänomen erscheinen lassen, vgl. *MK* 188–330. – *BLG* 433–438.

1.14.2 Die Alte Komödie

In der kurzen Skizze der Komödiengeschichte, die Aristophanes in den *Rittern* bietet (V. 518–539), wird **Kratinos** (kurz vor 480–um 420) mit einem reißenden Strom verglichen, der Bäume und Widersacher umstürzt und entwurzelt; dieser 'archilocheische' Kratinos ist höchstwahrscheinlich der erste große Vertreter der ἰαμβικὴ ἰδέα auf attischem Boden.

Kratinos siegte dreimal an den Lenäen (zuerst um 438) und sechsmal an den Dionysien (zuerst um 453, zuletzt 423); wir haben von ihm 28 Stücktitel (davon etwa 10 mit mythologischem Charakter) und etwa 510 kurze Fragmente. Nur von wenigen Komödien lassen sich einige Handlungslinien erkennen.

Kratinos bot u. a. phantasievolle Handlung und Mythenparodie nach der Art Epicharms, er war jedoch vor allem der unerbittliche Zensor des Perikles und seiner Zeit; er bekämpfte den Sittenverfall, die Einführung neuer Kulte (Bendis), gottlose Philosophen und nach Neuerungen strebende Dichter und Musiker.

Die *Odysses* verzichteten auf Politisches und stellten die berühmte Polyphem-Episode der *Odyssee* dar; dabei kam Polyphem – wie im *Kyklops* Epicharms – als Koch daher (fr. 150 K.-A.). Mythenparodie enthielten sicher der *Busiris* und die *Dionysoi*; doch schloß ein solches Thema politische Anspielungen nicht aus (vgl. fr. 228) oder war sogar nur Schein: Im *Dionysalexandros* (vielleicht 430) verbirgt sich unter der Hülle eines Dionysos, der sich seinerseits als Paris verkleidet hat, Perikles, der allegorisch auch in der *Nemesis* und offen in verschiedenen anderen Stücken aufs Korn genommen wurde (z. B. *Thrakerinnen*); in den *Cheirones* wird er 'Kopfsammler' (fr. 258 κεφαληγερέτας, nach Zeus' homerischem Epitheton νεφεληγερέτης) genannt. In den an archilocheischen Reminiszenzen reichen *Archilochoi* (nach 449, vgl. fr. 1) wollte sich Kratinos vielleicht als Archilochos redivivus darstellen. Außerordentlich originell war *Die Flasche* (Πυτίνη), mit der er am Ende seiner Karriere (423) über Aristophanes triumphierte, der ihn im Jahr zuvor noch als trägen Trunkenbold verspottet hatte (*Eq.* 535): Hier erschien Kratinos selbst als Figur und verteidigte sich vor den Anklagen seiner Gattin Komödie, die sich von ihm scheiden lassen wollte, weil er die Flasche vorziehe und hinter jungen 'Weinen' herlaufe; Kratinos antwortete mit einem brillanten Lobpreis auf des Weines inspirierende Tugenden.

Unter Kratinos' Zeitgenossen war auch Telekleides ein unbeugsamer Gegner des Perikles. Er siegte dreimal an den Dionysien und fünfmal an den Lenäen; wir haben etwa 70 Fragmente und 9 Stücktitel. In den *Amphiktyones* wurde das mythische Goldene Zeitalter – wahrscheinlich im Kontrast zur kummervollen Gegenwart – gepriesen (fr. 1); Klage um die Vergangenheit (diesmal die historische Zeit des Themistokles) gab es auch in den *Prytaneis*. Ein literarisches Thema behandelten vielleicht die *Hesiodoi*.

Wenig jünger als Kratinos war Krates (gest. vor 424), für Aristoteles das Verbindungsglied zwischen sizilischer und attischer Komödie, da er auf die ἰαμβικὴ ἰδέα verzichtete, λόγοι καὶ μῦθοι darstellte und das Komische eher im Allgemeinen als im Aktuellen suchte (*Poet.* 5,1449b 7–9).

Aristophanes dagegen kritisiert Krates' banale Einfälle und seine politische Abstinenz (*Eq.* 537–539; *Vesp.* 1177–1180; *Eccl.* 76–78; fr. 347; cf. SCG 316–319). Krates errang um 451/0 den ersten von 3 Siegen; erhalten sind 60 Fragmente und 11 Stücktitel, von denen einige (*Die Nachbarn, Die Rhetoren*) an Typenkomödien denken lassen. In den *Theria* (nach 430) erscheint das Motiv vom Goldenen Zeitalter und eine Art mechanisierter Zivilisation mit selbstbeweglichen Lebensmitteln und Geschirr (fr. 16f.); der Chor aus wilden Tieren (vgl. den Stücktitel) legt der Menschheit nahe, die vegetarische Lebensweise pythagoreischer Prägung anzunehmen (fr. 19). Krates' urbane Kunst liebt weder λοιδορία noch αἰσχρολογία. Epicharm folgend bringt er erstmals die Figur des Betrunkenen auf die komische attische Bühne (vgl. Athen. 10,429a); aus der dorisch-sizilischen Tradition übernimmt er auch den fremdländisch sprechenden Arzt (fr. 46).

Als Vorläufer der späteren Komödie hatte Krates zu seiner Zeit keine große Wirkung; sein Schauspieler und Nacheiferer Pherekrates allerdings «nahm ebenfalls vom λοιδορεῖν Abstand, erfand μῦθοι und führte mit Erfolg neue Sujets ein» (test. 2a, 7f.). Das von Pherekrates Erhaltene zeigt uns einen erfindungsreichen Dichter, der verschiedene Aspekte der Μέση und Νέα vorwegnahm.

Er siegte einmal an den Dionysien (vielleicht 437), zweimal an den Lenäen; wir haben von ihm 19 Stücktitel (nicht alle sicher) und 288 Fragmente. Das λοιδορεῖν fehlt nicht völlig: Im *Cheiron* prangert die Μουσική die bösartigen Neuerungen eines Melanippides, Phrynis, Kinesias und Timotheos an (fr. 155). Das Motiv des Goldenen Zeitalters als Schlaraffenland wird in den *Metalles* (fr. 113) und in den *Persern* (fr. 137) breit entwickelt. Die

Krapataloi (angeblich die Bezeichnung für 'Hades-Drachmen') nehmen die aristophanischen *Frösche* vorweg, denn sie boten eine Katabasis und eine Erscheinung des Aischylos. Eine Mythenparodie waren die *Ameisenmenschen*; die Charakterkomödie kündigt sich in Titeln wie *Der Vergeßliche, Die Guten* und *Die Wilden* (Lenäen 420, mit einem Chor aus Misanthropen) an. Stücke mit Hetärennamen als Titel sind Vorläufer der Nea; in der *Korianno* kam das Nea-Motiv der Rivalität zwischen Vater und Sohn, wenn es um eine Hetäre geht, vor (vgl. fr. 77f.).

Zu der in der antiken Literaturkritik häufig bezeugten Trias der Dichter der Alten Komödie (vgl. Hor. *Sat.* I 4,1) gehörte neben Kratinos und Aristophanes Eupolis, «ebenso erhaben wie anmutig und treffend in seinen σκώμματα» (test. 34,6f.). Die erhaltenen Fragmente lassen einen markanten und politisch konsequent engagierten Autor erkennen. Im Vergleich zu anderen Komödiendichtern nahm Eupolis eine weniger starre Haltung gegenüber Perikles ein.

Eupolis begann als Dichter ganz jung 429 und starb um 410; er siegte aber siebenmal (viermal an den Dionysien und dreimal an den Lenäen). Wir kennen 16 Stücktitel und etwa 490 Fragmente: Die *Prospaltioi* (429) kritisierten wahscheinlich die militärische Taktik des Perikles (der sich vielleicht in fr. 260 selbst verteidigte). Die *Taxiarchen* (vielleicht 427) stellten die Bemühungen des Generals Phormion dar, aus dem unkriegerischen Dionysos einen Soldaten zu machen. Im *Goldenen Zeitalter* (424) wurde das Athen Kleons sarkastisch als ein irdisches Paradies dargestellt; die *Poleis* (vielleicht 422 oder 420) prangerten die tyrannische Ausbeutung der athenischen Bündnerstädte an. Der *Marikas* (Lenäen 421) attackierte den Demagogen Hyperbolos, die *Schmeichler* (Dionysien 421) den steinreichen Kallias, der inmitten von gierigen Parasiten (darunter Protagoras) den Besitz seines Vaters verschleuderte. Die *Baptai* (kurz vor 415) griffen Alkibiades als Verehrer der thrakischen Göttin Kotyto an. In den *Demen* (vielleicht 412) stiegen vier bedeutende Persönlichkeiten der Vergangenheit – Solon, Miltiades, Aristeides und Perikles – aus dem Hades empor, um Athen nach der sizilischen Niederlage beizustehen.

Ein Zeitgenosse des Eupolis und Aristophanes war der Komödiendichter Platon (aktiv zwischen 427 und 385). Seine Produktion geht von einer sehr politischen Anfangsphase zu wachsender Distanz vom Aktuellen (mit harmlosen Mythenparodien) über.

Er errang seinen ersten Sieg 414. Wir haben von ihm 31 Stücktitel (nicht alle sicher) und etwa 300 Fragmente. Einige Stücke heißen nach Politikern: *Hyperbolos* (vor 417), *Peisandros* (vor 411), *Kleophon* (405). Politischer Natur waren auch *Hellas oder die Inseln*, die *Siege*, die *Metöken*, das *Bündnis*, der *Betrübte* (gegen Kleon und Anmaßungen der politischen Klasse gerichtet), die *Gesandten*. Die *Sophistai* attackierten die modernen Dichter und Musiker, die *Skeuai* die modernen Tragiker Melanthios, Morsimos, Sthenelos und vielleicht Euripides. Unter den Mythenstücken ist das bekannteste der *Phaon* (391, nach dem Fährmann, in den sich Sappho verliebt haben soll; das Stück enthielt auch eine Satire gegen das Eindringen orgiastischer Kulte in Athen). Auf Mythenparodien weisen auch Titel wie *Adonis, Daidalos, Die Wollkämmer oder Kerkopen, Europa, Io, Laios, Die lange Nacht* (komische Version der Geschichte von Zeus und Alkmene), *Der malträtierte Zeus* (mit Herakles als entartetem Sohn) und *Menelaos* hin.

Hermippos schrieb auch archilocheische Iamboi und verkörpert wie wenige die aggressiv-politische Strömung der Archaia; doch pflegte er auch Epos- und Tragödienparodie.

Als bitterer Feind des Perikles strengte er einen erfolglosen Prozeß gegen Aspasia an (Plut. *Per.* 32,1). Er war an den Lenäen viermal (zuerst spätestens 429), an den Dionysien zuerst 435 siegreich. Erhalten sind 10 Stücktitel und 94 Fragmente. Politisch ausgerichtet sind die *Moiren* (um 430), die *Bäckerinnen* (zwischen 421 und 418), die *Demotai,* die *Soldaten* und die *Korbträger,* in die ein längeres Stück Epos-Parodie eingefügt war (fr. 63). Der *Agamemnon* war wohl eine Parodie des gleichnamigen Aischylos-Stücks, die Mythenparodie (*Europa, Kerkopen*) nimmt bereits Themen der Μέση vorweg, die *Geburt der Athene* z. B. Göttergeburtsstücke des Anaxandrides, Nikophon, Araros u. a. (dazu H.-G. Nesselrath, «Myth, Parody, and Comic Plots: The Birth of Gods and Middle Comedy», in: G. W. Dobrov [Hrg.], *Beyond Aristophanes,* Alpharetta 1995, 1–27).

Phrynichos, der 436/2 oder 432/28 begann, wurde von Aristophanes als trivialer Poetaster hingestellt (*Ran.* 12–14), war aber – nach dem Erhaltenen zu urteilen – ein vielseitiger und origineller Dichter, dem nicht selten die Gunst des Publikums zufiel.

Wir haben von ihm etwa 90 Fragmente und 10 Stücktitel: Politische Themen behandelten *Ep(h)ialtes, Komastai* und die *Jäterinnen*; gegen Sokrates richtete sich der *Konnos* (Sokrates' Musiklehrer), literarische Polemik entwickelten die *Tragödiendichter oder Freigelassenen* und die *Musen,* die 405 zusammen mit den *Fröschen* aufgeführt wurden und das gleiche Thema behandelten, dabei aber Sophokles (nicht Aischylos) Euripides gegenüberstellten. Die für die Nea typische Charakterkomödie nahm der *Einzelgänger* vorweg (dritter Platz an den Dionysien von 414).

Wie Phrynichos wurde auch **Ameipsias** von Aristophanes geschmäht, den Ameipsias aber zweimal besiegte: 423 wurde sein *Konnos* (ebenfalls ein Sokrates-Angriff) zweiter vor den *Wolken,* und 414 seine *Komastai* erste vor den *Vögeln.* Von Ameipsias existieren noch etwa 40 Fragmente.

Komödiendichter der ausgehenden Archaia: Von **Archipp** haben wir 6 Stücktitel und 61 Fragmente. In den *Fischen* müssen die Athener einen Vertrag mit den Fischen schließen, die – des Verspeistwerdens überdrüssig – Geiseln genommen haben; zur Auslösung dieser Gefangenen sollen die notorischsten Feinschmecker ins Meer geworfen werden. **Strattis** war zwischen 409 und 375 aktiv; erhalten sind etwa 90 Fragmente und 18 Stücktitel, von denen einige auf Tragödienparodie hindeuten, andere sich mit Personen des zeitgenössischen Kulturlebens befassen, wie der *Kinesias* (Dithyrambendichter) und der *Kallippides* (tragischer Schauspieler). Etwa 100 Fragmente haben wir von **Theopomp** (noch zwischen 370 und 360 aktiv), dessen 20 Stücktitel meistens auf Mythenparodien hindeuten (*Admetos, Theseus* u. a.); andere leiten sich von Hetären ab, weitere beziehen sich wahrscheinlich auf Politisches (*Der Frieden, Medos*).

Ausg.: *PCG* II/IV/V/VII. BLG 436f.

1.14.3 Aristophanes

Der einzige Dichter der Alten Komödie, von dem ganze Stücke erhalten sind, ist Aristophanes (um 450–um 386/5).

Er begann 427 mit den *Daitales,* die (vielleicht an den Dionysien) den zweiten Platz erhielten; ihre Inszenierung vertraute er dem διδάσκαλος Kallistratos an (dazu G. Mastromarco, *QS* 5/10, 1979, 153–196). Ebenso verfuhr er mit den *Babylonioi,* die an den Dionysien von 426 vielleicht erste wurden, und mit den *Acharnern.* Die *Babylonioi* trugen ihm eine Gerichtsklage von Kleon ein (vgl. *Ach.* 377–382). Die *Acharner* (1. Preis an den Lenäen von 425) sind das erste von 11 vollständig erhaltenen Stücken; die anderen sind:

Ritter (erste an den Lenäen von 424), *Wolken* (dritte an den Dionysien von 423), *Wespen* (zweite an den Lenäen von 422), *Frieden* (zweite an den Dionysien von 421), *Vögel* (zweite an den Dionysien von 414; Regie des Kallistratos), *Thesmophoriazusen* (411), *Lysistrate* (411, Regie des Kallistratos), *Frösche* (erste an den Lenäen von 405; Regie des Philonides), *Ekklesiazusen* (Lenäen 392 oder 391) und *Plutos* (388, vielleicht Lenäen). Die letzten Stücke, *Kokalos* (erster an den Dionysien von 387) und *Aiolosikon*, wurden von seinem Sohn Araros aufgeführt. Wir kennen die Titel von 46 Stücken, und von den nicht erhaltenen haben wir 976 Fragmente.

In Aristophanes' 40jähriger Tätigkeit lassen sich drei Phasen unterscheiden: Die erste (bis zum Nikias-Frieden 421) zeichnet sich durch großes politisches Engagement mit pazifistischer und antidemagogischer Tendenz aus; in den Parabasen betont der Dichter stolz die Originalität und Überlegenheit der eigenen Kunst und stellt sich als neuen Herakles dar (vgl. G. Mastromarco, *RFIC* 117, 1989, 410–423). Auf kulturellem Gebiet kämpft er heftig gegen jede als schädlich für die Polis betrachtete Neuerung. Den aggressiv-persönlichen Spott ergänzt eine vor allem sexuell und skatologisch ausgerichtete αἰσχρολογία, teils grob explizit, teils in zweideutigen Metaphern, Wortspielen und virtuosen Einfällen aller Art.

In den *Daitales* war das Leitmotiv der Kontrast zwischen zwei Formen der Erziehung, der traditionellen und der neuen sophistischen, die zur Depravation führt. Die *Babylonioi* prangerten die von Kleon propagierte Politik der Ausbeutung der Bundesgenossen an. Ein dezidiertes Antikriegsstück sind die *Acharner*, die *Ritter* eine heftige Attacke gegen Kleon. In den *Wolken* richtet sich der Angriff gegen die neue Bildung und vor allem gegen einen als Anaxagoreer dargestellten Sokrates. Die *Wespen* verspotten die von Kleon geförderte athenische Prozeß-Sucht. Im *Frieden* fliegt der des Krieges überdrüssige Bauer Trygaios wie Bellerophon, allerdings auf einem riesigen Mistkäfer, in den Himmel und kann dort mit Hilfe des panhellenischen Chores die von Polemos gefangengehaltene Friedensgöttin befreien. Pazifistisch ausgerichtete Werke waren wohl auch die *Bauern* (vielleicht 424) und die *Lastschiffe* (vielleicht 423).

Die Komödien der zweiten Phase (bis zur athenischen Niederlage von 404) zeigen bedeutsame Änderungen: Der größere Teil der Stücke inspiriert sich zwar weiterhin an aktuellen Themen, aber ihre Behandlung ist allgemeiner; dem direkten politischen Angriff wird die Utopie oder Theaterkritik vorgezogen. Jetzt werden auch die Parabasen häufiger, die eng mit dem Gang der Handlung verbunden sind, ohne Hinweise auf den Komödiendichter und sein dichterisch-politisches Engagement zu geben (vgl. G. Mastromarco, *Dioniso* 57, 1987, 75–93).

In den *Vögeln* (die z. B. über die damals in Gang befindliche Sizilische Expedition schweigen) fliehen zwei alte Männer aus Athen zu den Vögeln, um eine neue Stadt, Nephelokokkygia ('Wolkenkuckucksheim'), zu gründen. In den *Thesmophoriazusen* schickt Euripides einen als Frau verkleideten Verwandten zum Thesmophorienfest; dieser Spion wird aber gefangengesetzt, und Euripides kann ihn erst am Schluß gegen das Versprechen freibekommen, nichts Böses mehr gegen die Frauen zu sagen. In der *Lysistrate* zwingen die Frauen von ganz Hellas unter der Führung der athenischen Titelheldin ('die die Heere auflöst') durch einen Sexualstreik ihre Männer zum Frieden. In den *Fröschen* steigt der Theatergott Dionysos in den Hades, um den verstorbenen Euripides wieder heraufzuholen, wohnt einem Wettkampf zwischen Euripides und Aischylos bei und nimmt dann den letzteren zum Wohle der Tragödie wieder auf die Erde mit. Andere Stücke dieser Periode waren die *Horai* (zwischen 420 und 412), die sich gegen die Einführung neuer Kulte in Athen richteten, und die *Heroen* (um 414), in denen der Heroenkult gegen die neuen Gottheiten verteidigt wurde.

In dieser Periode fallen auch Stücke, die wahrscheinlich Tragödien- oder Mythenparodien waren, etwa der *Amphiaraos* (Lenäen 414, Regisseur Philonides) und die *Danaiden* (wohl nach 420). Auf die gleichnamigen Stücke des Aischylos oder Sophokles bezogen sich die *Lemnierinnen*; ob der *Anagyros* (zwischen 415 und 412) Tragödien über Phaidra und Hippolytos oder über Oidipus parodierte, bleibt unsicher. Parodien gleichnamiger Euripides-Stücke waren wohl der *Polyidos* (zwischen 415 und 408) und die *Phoinissen* (nach 412).

In der dritten und letzten Phase zeigt sich eine tiefergehende Veränderung in Inhalt und Form: Die *Ekklesiazusen* (wo die Frauen die Macht ergreifen und einen Sexualkommunismus einführen) und der *Plutos* (wo der Gott des Reichtums wieder sehend wird) zeigen kein wirkliches Interesse an der Politik mehr; die Herrschaft der Frauen ist nur ein Beispiel für eine lächerliche 'verkehrte Welt', während das alte Thema der ungerechten Besitzverteilung im *Plutos* in abstrakt-moralisierender Art und Weise dargeboten wird. Die Mythenparodien *Aiolosikon* und *Kokalos* betrachtete die antike Exegese sogar als die ersten Beispiele für die Mittlere und die Neue Komödie. Auch in den Strukturen dieser Stücke zeigt sich eine klare Entwicklung: Die Parabase verschwindet völlig, und mit ihr findet eine drastische Reduzierung der funkelnden Vielfalt lyrischer Metren statt, die die aristophanische Komödie der ersten beiden Phasen ausgezeichnet hatte. Die Aischrologie hat seit ihrem Höhepunkt in den *Rittern* ständig abgenommen (vgl. *Dioniso* 57, 1987, 43f.).

Bemerkenswerterweise richtet Aristophanes, der in seiner Anfangsphase die gebildeten Zuschauer zu seinen bevorzugten Adressaten erklärt hatte, in seinen letzten Jahren die Aufmerksamkeit auch auf ein gröberes Publikum (vgl. den Schlußappell in den *Ekklesiazusen*, V. 1154–1156 und dazu *PT* 185–204.

Die inhaltliche Geschlossenheit der aristophanischen Komödie liegt vor allem in der zentralen Stellung des komischen Helden: Die Anlage des Stücks besteht in der Planung eines Projekts durch ihn und dann in der Verwirklichung dieses Plans. In diesem Ablauf gibt es zwei wesentliche Aspekte: die Unzufriedenheit des Helden, die die Grundidee erzeugt und sich in durchaus ernster Kritik an Phänomenen der zeitgenössischen Wirklichkeit äußert, und das vom Helden angewandte Mittel (paradox und daher Quelle des Lachens), um die Situation auf den Kopf zu stellen. Aus der Überschneidung dieser beiden Ebenen entsteht die einzigartige Koexistenz des Ernsten und Witzigen in der aristophanischen Kunst, die ferner eine unerschöpfliche *vis comica*, genialer Einfallsreichtum und vielseitige Ausdrucksmöglichkeiten kennzeichnen.

In der Metrik alternieren die Sprechverse Iambus, Trochäus und Anapäst (in vielfältigen Kombinationen) mit reichhaltigst variierten lyrischen Partien. Den Stil kennzeichnet eine ähnliche Überfülle von 'Tonarten' von realistisch-erdverbundener Beobachtung bis zum luftig-lyrischen Scherz reiner Phantasie, von parodistisch-karikierender Deformierung bis zur subtilsten Spitzfindigkeit. Die Sprache ist ein gesprochenes Attisch von kaleidoskopartiger Vielfalt; manche Personen drücken sich in anderen Dialekten oder – wie z. B. der skythische Bogenschütze in den *Thesmophoriazusen* – in einem grotesken Kauderwelsch aus, das als Quelle von Komik sicher sehr erfolgreich war.

Manche Faktoren (enge Verbindung mit einer fernen und weitgehend unbekannten historischen Wirklichkeit; angeblich unmoralische Themen; metaphorische Zweideutigkeit) beeinträchtigten Aristophanes' Nachwirkung. In Rom zog man Menander vor; die Alexandriner aber waren vom vielstimmigen Glanz seines *sermo urbanus* fasziniert und studierten ihn gründlich: Aristophanes von Byzanz edierte, Didymos Chalkenteros kommentierte ihn; ein Grammatiker hadrianischer Zeit wählte die Komödien aus, die auf uns gekommen sind.

Ausg.: V. Coulon (I–V, Paris 1923–1930); Fragmente: *PCG* III 2. BLG 438–449.

1.14.4 Die Mittlere Komödie

Gegenüber der Archaia erscheint die Μέση losgelöster von der Aktualität (vgl. Krates); doch lebt die ἰαμβικὴ ἰδέα in philosophischer und literarischer Polemik weiter, bisweilen auch in persönlichen Attacken. Das Traditionelle und das Neue sind besonders bei Eubulos (Blütezeit um 375) deutlich, der in der Antike als μεθόριος zwischen Ἀρχαία und Μέση galt.

Er siegte sechsmal an den Lenäen und schrieb 104 Stücke; erhalten sind etwa 150 Fragmente und 58 Stücktitel. Die ἰαμβικὴ ἰδέα zeigen der *Dionysios* (gegen den gleichnamigen Tyrann von Syrakus) sowie Ausfälligkeiten gegen verschiedene Völker, besonders Böoter und Thebaner (fr. 11. 33. 38. 66 u. a.). Der Archaia steht auch die Aischrologie nahe (z. B. fr. 118) und die Verwendung von Dialekten zur Erzeugung von Komik (fr. 11). Andererseits ist Parodie breit bezeugt, die einen Mythos oder seine – meist euripideische – Tragödienversion nachgestaltet (*Antiope, Bellerophon, Ion, Ixion* u. a.; wörtliches Aufgreifen euripideischer Verse in fr. 6,2. 67,10 u. a.). Gastronomisches ist häufig (in fr. 64 eine 'Apotheose' des Aals mit Parodie von Eur. *Or.* 37). Zahlreiche Titel zeigen auch einen Beruf an oder sind von Hetärennamen abgeleitet (vgl. die spätere Nea).

Der politischste der Μέση-Dichter war vielleicht Timokles, Lenäensieger zwischen 330 und 320 (28 Stücktitel und 42 Fragmente erhalten); er stellte korrupte Politiker (u. a. Demosthenes und Hypereides) an den Pranger (*Delos, Heroes, Ikarioi Satyroi*).

Der größere Teil der 57 Μέση-Dichter sind für uns nur Namen. Unter den besser dokumentierten nimmt Antiphanes (um 406–332?) einen wichtigen Platz ein.

Er begann in den Jahren 388–385 und errang 13 Siege (8 an den Lenäen). Die Quellen schreiben ihm zwischen 260 und 365 Stücken zu. Uns sind 140 Titel und 327 Fragmente (mit insgesamt etwa 1000 Versen) überliefert.

Als vielseitiger Dichter kritisierte er ebenso philosophische Abstrusitäten (fr. 120) wie dithyrambischen und tragischen Schwulst (fr. 1. 110. 205), stellte menschliche Typen dar, pflegte Gastronomisches, Mythen- und Tragödienparodie, Literaturkritik. Demetrios von Phaleron widmete ihm eine eigene Schrift (fr. 74 Wehrli).

Einige von den etwa 30 mythologischen Stücktiteln erinnern an Tragödien des 5. Jh.s (*Bakchen, Helena, Philoktet, Medea* u. a.) und wendeten wohl die entsprechenden tragischen Vorbilder ins Komische. Andere blicken auf die Nea voraus und weisen auf eine Charakterschilderung (*Der in sich selbst Verliebte*) oder auf Verwandtschaftsbindungen hin (*Die Schwestern, Die Zwillinge*), auf geographische Herkunft (*Die Frau von Korinth*) oder Hetären (*Chrysis, Malthake, Melissa* u. a.). Die *Poiesis* hatte ein literarisches Thema und stellte die größere Schwierigkeit der Aufgabe des Komödiendichters im Vergleich zum Tragiker heraus (fr. 189).

Anaxandrides brachte gemäß einer antiken Quelle als erster Liebesgeschichten auf die Bühne und nahm so ein Hauptmotiv der Nea vorweg (dazu H.-G. Nesselrath, *HSPh* 95, 1993, 181–195). Der Peripatetiker Chamaileon hat in seiner Schrift *Über die Komödie* Anaxandrides' exzentrische Persönlichkeit anschaulich geschildert (fr. 43 Wehrli).

Er nahm wenigstens zwischen 376 und 348 (*MK* 194f.) an Wettkämpfen in Athen teil und errang 10 Siege, davon 7 an den Dionysien (zuerst 376). Von 65 Stücken sind etwa 80 Fragmente und 41 Stücktitel erhalten. Etwa 15 davon sind mythologisch, andere nehmen Menander vorweg (*Samia*). Das Erhaltene zeigt aber auch Interesse an zeitgenössischen Ereignissen: fr. 6 verspottet den Stil des Dithyrambendichters Timotheos; der Spott gegen ägyptische Religion in fr. 40 läßt sich vielleicht mit dem Eintreffen einer ägyptischen Gesandtschaft in Athen 360/59 zusammenbringen. In fr. 42 (*Protesilaos*) stellt ein Sklave das Bankett, das seine Herren demnächst ausrichten werden, dem exotisch-lächerlichen gegenüber, das bei der Hochzeit des Iphikrates mit der Tochter des Thrakerfürsten Kotys stattfand. Gastronomische Tiraden ähnlicher (für die Μέση sehr typischer) Art finden sich bei den Dichtern Mnesimachos (fr. 4), Sotades von Athen (fr. 1) und Dionysios von Sinope (fr. 2), von denen wir sonst sehr wenig haben.

Der letzte und berühmteste Dichter der Μέση ist Alexis (etwa 370–270; Onkel oder Lehrer Menanders), dessen Tätigkeit sich noch weit in die Zeit der Nea hinein fortgesetzt hat. Sein Werk zeigt einerseits noch das Vorhandensein einer – gemilderten – ἰαμβικὴ ἰδέα (auch der Chor hat in manchen Fällen noch eine gewisse Rolle), andererseits aber alle Eigenarten der Nea. Einige seiner Stücke wurden von Römern nachgestaltet: der *Karchedonios* von Plautus (*Poenulus*), der *Demetrios* von Turpilius und Ennius.

Alexis schrieb 245 Stücke und errang mehrere Siege an den Dionysien (einen 347) und wenigstens 2 an den Lenäen; erhalten sind 138 Stücktitel und etwa 340 Fragmente. Die Themen stammen oft aus dem Alltagsleben; etwa 15 Titel beziehen sich auf (parodierte) mythologische und tragische Sujets. Im *Linos* lädt der Titelheld den Herakles ein, sich ein Buch aus seiner Bibliothek auszuwählen, und der unverbesserliche Vielfraß greift sich ein Kochbuch (fr. 140). Gastronomisches ist überall: Rezepte (fr. 38. 138. 191–193 u. a.), Lebensmittelkataloge (z. B. fr. 115 und 177–179). Zuvor unbedeutendere Figuren bekommen jetzt eine wichtigere Rolle: der Parasit (*MK* 313–315), der Koch (*MK* 302–305), auch Hetären (*Polykleia, Atthis* u. a.). Die ἰαμβικὴ ἰδέα zeigt sich im Spott gegen Philosophen (Platon, Aristipp; vgl. fr. 1. 37. 99. 151. 185 u. a.) und gegen pythagoreische Asketen (fr. 201 und 223).

Ausg.: *PCG* I/V/VII. Eubulos: komm. Ausg. R. L. Hunter (Cambridge 1983); Alexis: komm. Ausg. W. G. Arnott (Cambridge 1996). BLG 437f.

1.15 Weitere Gattungen

1.15.1 Nomos und Dithyrambos

Der Dithyrambos erfährt merkliche Neuerungen im metrisch-musikalischen Bereich und verliert die Feierlichkeit, die er noch in der spätarchaischen Chorlyrik bewahrt hatte; analog entwickelt sich gleichzeitig der Nomos (der Ritualgesang zu Ehren Apollons), so daß eine Unterscheidung zwischen beiden Genera schließlich unmöglich wird. Die strophische Responsion verschwindet, die Musik wird anspruchsvoller und aufdringlicher, der Text reduziert sich auf die Funktion, die musikalischen Experimente zu unterstützen; der Wortlaut wird preziöser, der Stil schwülstiger. All dies erregte einerseits konservativen Widerstand, hatte aber auch einen starken Einfluß auf das Theater des Euripides und die ganze weitere Entwicklung des Dramas, da es die Übertragung von Musik und Gesang vom Chor auf die Schauspieler begünstigte.

Von der Lyrik dieser Zeit sind nur noch wenige Fragmente vorhanden (vgl. die Hinweise a. E. dieses Kapitels); eine Ausnahme bildet Timotheos von Milet (etwa 450–360): Von seinem Nomos *Die Perser* hat ein Papyrus – wenn auch lückenhaft – 240 Verse bewahrt. Das Werk behandelt den Sieg von Salamis, konzentriert sich dabei jedoch auf marginale und kuriose Aspekte; es ist voller malerischer Effekte, komplizierter metrischer Einfälle, rätselhafter Umschreibungen und barocker Wortzusammensetzungen.

In der Anklagerede, die die Μουσική in Pherekrates' *Cheiron* gegen ihre Verderber richtet (fr. 155 K.-A.), wird Timotheos zusammen mit seinem Lehrer Phrynis von Mytilene und Melanippides von Milet genannt. Dem Phrynis schreibt die Überlieferung die Aufnahme neuer Metren in den Nomos (neben dem traditionellen Hexameter) zu, dem Melanippides die Einfügung von Instrumentaleinlagen (ἀναβολαί) und astrophischen Gesangsteilen in die chorlyrische Struktur des Dithyrambos. Von Pherekrates wird auch der Athener Kinesias erwähnt, eine bevorzugte Zielscheibe der Komödiendichter wegen seiner 'luftigen' dithyrambischen Kompositionen und seines Atheismus.

Verschiedene Nachrichten lassen das recht bewegte Leben des Philoxenos von Kythera (435/4–380/79) erkennen: Er fiel am Hof Dionysios' I. in Ungnade (wegen seiner Kritik an Dionysios' Dichtkunst oder wegen einer Hetäre) und wurde in die syrakusanischen Steinbrüche gesperrt, konnte aber fliehen. Unter den 24 ihm zugeschriebenen Dithyramben war *Kyklops oder Galateia* (vor 388) der berühmteste, auch deshalb, weil das Publikum – zu Recht oder zu Unrecht – in Polyphem, Galateia und Odysseus den syrakusanischen Tyrannen, seine Lieblingshetäre und den Dichter selbst angedeutet sah. Das Kernmotiv des Werks war die groteske Liebe zwischen dem Monstrum und der anmutigen Nymphe; es wurde von Aristophanes parodiert (*Plut.* 290–301) und von Theokrit wieder aufgegriffen (*Id.* 11).

Philoxenos schrieb auch eine verlorene *Genealogie der Aiakiden* in Versen, einen burlesken Hymenaios in Ephesos (*PMG* 828), und ein Δεῖπνον in Daktyloepitriten, von dem noch umfängliche Fragmente in einer an dithyrambischen Wortzusammensetzungen reichen Sprache erhalten sind (vgl. *1.15.8*).

Ausg.: *PMG* 757–766 (Melanippides), 768–773 (Likymnios), 774–776 (Kinesias), 777–804 (Timotheos), 805–812 (Telestes), 814–836 (Philoxenos; fr. 836 wird fälschlich Philoxenos von Leukas zugewiesen), 837 (Polyidos); Timotheos: komm. Ausg. T. H. Janssen (Amsterdam 1989, mit dem Text von Wilamowitz, Leipzig 1903). BLG 268 und 311.

1.15.2 Der Mimos

Das mimische Element der Dramen Epicharms (vgl. *1.8.3*) verfestigte sich zu einer eigenen 'kleineren' Theaterform, dem Mimos, der in Stücken geringer Länge Situationen, Verhaltensweisen und Figuren des Alltagslebens 'nachahmte' (μμεῖσθαι). Seine erste Blüte erlangte er in Sizilien mit Sophron von Syrakus (2. Hälfte 5. Jh.). Von ihm gibt es noch etwa 170 winzige Fragmente und etwa 10 Titel, die schon in der Antike in 'männliche' (*Der Bote, Der Thunfischer* u. a.) und 'weibliche' (*Die Schwiegermutter, Die Ärztinnen, Die Heiratsvermittlerinnen* u. a.) eingeteilt wurden. Diese realistischen kleinen Lebensbilder wurden sowohl von Platon (der sie in Athen bekannt machte und Anregungen für seine Dialoge aus ihnen bezog) als auch von Theokrit und Herondas sehr geschätzt, die sich an ihm inspirierten. Von Sophrons Sohn und Nachfolger Xenarchos ist so gut wie nichts erhalten.

Ausg.: *CGF* 152–181 und IXf. (Sophron), 182 (Xenarchos); komm. Ausg. *FCMS* II 59–143 und 143–146. BLG 457f.; vgl. Melina Pinto Colombo, *Il mimo di Sofrone e di Senarco. Studio dei frammenti e nuove indagini sui rapporti con la commedia di Epicarmo e sulle origini del mimo greco* (Florenz 1934).

1.15.3 Die Hilarotragödie

Auch die Phlyakenposse (vgl. *1.8.3*) erlangte am Ausgang des 4. Jh.s als Tragödienparodie literarische Würde und erhielt den Namen 'Hilarotragödie' oder auch 'fabula Rhinthonica' nach ihrem εὑρετής Rhinthon (geb. in Syrakus, gest. in Tarent; sein Lob in *AP* 7,414). Von ihm haben wir etwa 30 sehr kurze Fragmente und 9 Stücktitel; sein bevorzugtes Objekt komischer Verzerrung waren die Dramen des Euripides. Dank Rhinthon löste sich die improvisierte italische Posse nicht auf, sondern konnte auf den römischen Bereich übergreifen. Seiner Produktion steht die des in Alexandria tätigen Sopatros von Paphos nahe; seine 25 Fragmente parodieren Aischylos, Sophokles und vor allem wieder Euripides.

Rhinthon: Ausg. *CGF* 183–189, vgl. *CGFP* 223; komm. Ausg. *FCMS* II 7–24. Vgl. M. Gigante, *Rintone e il teatro in Magna Grecia* (Neapel 1971). Sopatros: Ausg. *CGF* 192–197; komm. Ausg. *FCMS* II 27–42. Vgl. Gigante, a.O. 89–95.

1.15.4 Epik

Nach Panyassis scheint das mythisch-heroische Epos erschöpft; ein Vorbote späterer hellenistischer Epik mit historischer Themenwahl ist Choirilos von Samos (vor 399 gestorben). Seine *Perseïs* besang den athenischen Sieg über Xerxes; die etwa 100 erhaltenen Hexameter zeigen Berührungspunkte mit Herodot, bei dem Choirilos als geflohener Sklave Zuflucht und Freundschaft gefunden haben soll. Das Proömium weist darauf hin, daß es jetzt notwendig ist, immer neue Sujets zu finden (fr. 1 B.), während für die alten Dichter die «Wiese der Musen» noch unberührt war (fr. 2).

Die historische Epik pflegte auch Empedokles (*Expedition des Xerxes*, *VS* 31 A1 § 57). Choirilos von Iasos (*SH* 333–335) war wahrscheinlich der Autor eines Werks über den Lamischen Krieg (323–322), feierte die Taten Alexanders und erhielt «königliches Geld» für «ungepflegte und schlecht geborene Verse» (so Horaz, *Epist.* 2,1,232–234, vgl. *Ars* 357f.). Enkomiastische Epik war schon mit Lysander entstanden, für den ein gewisser Antilochos (*SH* 51), Nikeratos von Herakleia (*SH* 564f.) und sogar Antimachos gedichtet hatten; um die Mitte des 4. Jh.s praktizierte sie Anaximenes von Lampsakos (*FGrHist* 72; *SH* 45) für Philipp II.

Verschiedene Wege der Erneuerung schlug Antimachos von Kolophon (Ende 5./Anf. 4. Jh.) ein, der erste Dichter-Philologe (Homer-Edition): Er stellte weiterhin den Mythos ins Zentrum seines Werks, aber in gelehrter und in aitiologischer Perspektive, und nahm damit den Hellenismus vorweg. Sein berühmtestes Werk – neben der elegischen *Lyde* (vgl. *1.15.7*) – war die *Thebais* (in wenigstens 5 Büchern; Feldzug der Sieben gegen Theben). Die ungefähr 60 Fragmente zeigen *aemulatio Homeri*, aber auch Suche nach neuen, überraschenden Details und seltenen und schwierigen Wörtern.

Choirilos: Ausg. *PEG* 187–208; komm. Ausg. Paola Radici Colace (Rom 1979). BLG 252. Antimachos: ed. B. Wyss (Berlin 1936), zu ergänzen mit *SH* 52–79; komm. Ausg. V. J. Matthews (Leiden 1996). BLG 463.

1.15.5 Das Epyllion

Eine Vorwegnahme des hellenistischen Epyllions (*IV 2.4.2*) ist die *Spindel*, in der Erinna von Tenos oder Telos (wahrscheinlich Anf. 4. Jh.) den vorzeitigen Tod ihrer Freundin Baukis beklagte. Laut *AP* 9,190 umfaßte das Werk 300 Verse und wurde von einer Neunzehnjährigen geschrieben; Asklepiades (*AP* 7,11) betont, daß niemand mit Erinna hätte wetteifern können, wenn sie nicht vorzeitig gestorben wäre. Neben einigen Fragmenten indirekter Überlieferung hat ein Papyrus etwa 50 Verse (davon viele verstümmelt) des Gedichts ans Licht gebracht; es ist in einer eigentümlichen Mischung aus Dorisch und Äolisch (der Sprache Sapphos) geschrieben, bildet in vieler Hinsicht – von metrischen Besonderheiten bis zum Geschmack an der Miniatur – einen Vorläufer hellenistischer Dichtung und zeigt eine Dichterin von großem Talent. Der alles andere als naive Ton hat zu der interessanten, aber unbeweisbaren Hypothese geführt, daß sich hinter Erinnas Namen ein anderer Dichter verberge (M. L. West, «Erinna», *ZPE* 25, 1977, 95–119).

Ausg.: *SH* 400–406. BLG 463; C. Neri, *Studi sulle testimonianze di Erinna* (Bologna 1996) 129–138 (setzt das *floruit* Erinnas auf 396).

1.15.6 Der Iambos

Iamben alter Prägung schrieb noch in der 2. Hälfte des 5. Jh.s der Komödiendichter Hermipp (*1.14.2*); wir haben davon 8 Fragmente (*IEG* II 67–69). Von anderen mehr oder weniger gelegentlich in diesem Genos Tätigen ist viel weniger (bisweilen nur der Name) erhalten. Der ernste Strang der Iambographie lebt am Ausgang des 4. Jh.s in den Γνῶμαι des Chares wieder auf. Spuren einer solchen paränetischen Produktion sind auch für den Stoiker Zenon (*SH* 852–852A) und für den Akademiker Krantor von Soloi bezeugt (*SH* 345f.); schärfer waren die iambischen Παίγνια des Kynikers Krates (*SH* 362–368).

Ausgg.: vgl. *1.3.2*; Chares; Ausg. S. Jaekel (*Menandri sententiae*, Leipzig 1964, 26–30); D. Young (*Theognis*, Leipzig 1961, 113–118).

1.15.7 Die Elegie

Die Elegie wurde weiter gepflegt, vor allem von Antimachos (vgl. *1.15.4*). Seine *Lyde* (*IEG* II 37–43) war eine Sammlung von mythisch-erzählenden Elegien, die in 2 oder mehr Büchern verschiedene unglückliche Liebesgeschichten darstellte, die den Dichter nach dem Tod seiner Geliebten trösten sollten. Von Asklepiades (*AP* 9,63) und Poseidipp (*AP* 12,168) geschätzt, von Kallimachos (fr. 398 Pf.) und anderen aber als zu weitschweifig beurteilt, ist die *Lyde* von großer literaturgeschichtlicher Bedeutung, als Werk eines *poeta doctus* (der auch homerische Studien betrieb, fr. 129–148 Wyss), das in vieler Hinsicht (Gelehrsamkeit, Glossen, Neologismen, Umschreibungen) die Alexandriner vorwegnimmt.

Von anderen Elegikern ist so gut wie nichts erhalten geblieben. Am Ende des 4. Jh.s bedient sich Krates von Theben des elegischen Distichons für seine witzig-parodistischen Gedichte (*SH* 359–361).

Ausgg.: vgl. *1.3.3*; Antimachos: Ausg. Wyss (vgl. *1.15.4*) 32–40; *IEG* II 37–43; *PE* II 108–124. BLG 463; Nachwirkung des Antimachos: Wyss XL–LIX.

1.15.8 Das Epigramm

Das klassische Epigramm entwickelt sich einerseits zu bewegteren und anmutigeren (bisweilen schwülstigen) Formen, andererseits betont es, vor allem im Sepulkralbereich, einen didaktisch-idealisierenden Zweck (der Verstorbene als Paradigma der Tugend). Der Einfluß der Elegie, Tragödie, Rhetorik (bisweilen auch der Sophistik) führt zu einem Pathos, das sich manchmal in dialogischer Form ausdrückt. Nicht wenige berühmte Dichter sollen Epigramme verfaßt haben (Aischylos: *FGE* 130–132; Sophokles: *FGE* 303–305; Euripides: *GVI* 21, vgl. aber *FGE* 129 und 155f.), doch haften an solchen Zuschreibungen begründete Zweifel.

Im 4. Jh. reichert sich das Epigramm mit neuen formalen Strukturen an (Vergleich des Verstorbenen mit einem Heros, Kontrastierung seiner jetzigen Situation mit seinem früheren Leben, u. ä.); auf der inhaltlichen Ebene erhalten die gnomische Reflexion und die Tendenz, Götter und Menschen zu 'humanisieren', mehr Raum, so daß nun 'niedrige' und antiheroische Motive erscheinen. Dies bezeugen die angeblichen Epigramme Erinnas (vgl. *1.15.5*), die freilich – wie auch die vielen Platon zugeschriebenen (*FGE* 125–127) – das Ergebnis späterer Ausarbeitung zu sein scheinen. Bisweilen fügen die Dichter den eigenen Namen in das Gedicht ein und treten damit aus der Anonymität heraus (vgl. *FGE* 587f.; *CEG* 819, epp. II–III). In der Folgezeit verbreitet sich das Epigramm immer mehr auch außerhalb des Kreises der Dichter und verliert bisweilen seine traditionellen Züge.

Vgl. *1.4.1*; Erinna: komm. Ausg. *HE* I 97f., II 281–284; vgl. *FGE* 155, *SH* 403. BLG 463; Neri (vgl. *1.15.5*) 195–201.

1.15.9 Das Skolion

In der 2. Hälfte des 5. Jh.s tritt die symposiastische Unterhaltung aus der aristokratischen Sphäre heraus und wird nun in einem weiten und heterogenen kulturellen Milieu praktiziert, für das häufig alte erfolgreiche Skolia (z. B. der *Harmodios* jetzt unter demokratischen Vorzeichen) und auch Partien aus früherer Dichtung wiederverwendet wurden (vgl. Ar. *Vesp.* 1222–1248). Auf das 5. Jh. gehen vielleicht die 6 den Sieben Weisen zugeschriebenen Gedichte zurück (exemplarische Weisheitsmaximen, *SH* 521–526). In voralexandrinische Zeit gehören auch die drei Papyrusfragmente aus dem 'Lied von Elephantine' (*PMG* 917).

Vgl. *1.4.2*. Komm. Ausg. in K. Fabian – E. Pellizer – G. Tedeschi (Hrgg.), Οἰνηρὰ τεύχη. *Studi triestini di poesia conviviale* (Alessandria 1991); Fabbro (vgl. o. *1.4.2* a. E.) XXX–XXXV.

1.15.10 Parodistische und gastronomische Dichtung

Auch die (vor allem epische) Parodie wird eine literarische 'Gattung' und bildet (wie das Satyrspiel zur Tragödie) einen lustigen Anhang in den Rhapsodenagonen. Der erste Autor von Παρῳδίαι, Hegemon von Thasos (2. Hälfte 5. Jh.), der mit seiner *Gigantomachia* großen Erfolg hatte und auch Komödiendichter war (vgl. *PCG* V 546f.), erinnert sich in einem bemerkenswerten Fragment geistreich an die schwierigen Anfänge seiner Karriere (Brandt 42–44).

Ein besonderer Strang der Parodie war der gastronomische: Vom Δεῖπνον Hegemons ist nur noch der Titel erhalten, von Matron von Pitane aber haben wir ein zwischen 305 und 300 verfaßtes Ἀττικὸν δεῖπνον (122 Hexameter), belebt durch geschickt entstellte episch-militärische Bilder (die Speise als zu bezwingender Feind, der Gastgeber als General, der sein Heer mustert, u. ä.). Jede Zutat der Sprache oder des Ausdrucks stammt aus dem Epos, dessen Formeln in einer 'Einlegearbeit' verarbeitet sind, die der Centonentechnik sehr nahesteht.

Eine gastronomische Dichtung anderen Typs gab im 4. Jh. anstelle von Beschreibungen Regeln zum Besten und bot geradezu Rezepte an – eine Art Parodie des Lehrgedichts. Begründet wurde sie von Terpsion, dem «ersten, der eine *Gastrologia* geschrieben und seinen Schülern beigebracht hat, welche Speisen zu meiden seien» (Athen, 8,337b = Clearch. fr. 78 Wehrli). Aus einem Fragment des Komödiendichters Platon (fr. 189 K.-A.: Hexameter mit kulinarischen Vorschriften) ist uns Philoxenos von Leukas bekannt; verschiedene seiner Ausdrücke wird Archestratos gewichtig aufnehmen.

Dieser Archestratos von Gela (2. Hälfte des 4. Jh,s), «father of western gastronomy» (A. Rapp) schrieb eine Ἡδυπάθεια, aus der Athenaeus 62 Fragmente mit ungefähr 330 Hexametern erhalten hat; er nennt den Dichter den «Periegeten der Küche» (3,116f; vgl. 7,294a) «Hesiod oder Theognis der Feinschmecker» (7,310a). Das Gedicht hatte – trotz der moralisierenden Verurteilung durch Peripatetiker, Stoiker und Christen – bemerkenswerten Erfolg nicht nur in der griechischen Welt (besonders bei Komödiendichtern), sondern auch in der lateinischen: Ennius hatte es bei seinen *Hedyphagetica* sicher vor Augen (vgl. Var. 35–36 ~ *SH* 187,1–3).

Reste parodistisch-gastronomischer Dichtung: komm. Ausg. P. Brandt (Leipzig 1888); *SH* 132–192 (Archestratos), 534–540 (Matron). Vgl. *Alma Mater Studiorum* 3/2 (1990) 33–50; 4/1 (1991) 147–155; *RAIB* 79 (1990/1991) 67–80.

2 Hellenismus

RICHARD HUNTER

2.1 Einleitung

2.1.1 Allgemeine Charakteristika

Nur ein Bruchteil der griechischen Literatur, die zwischen der Zeit Alexanders d. Gr. und Octavians Sieg über Kleopatra 31 v. Chr. geschrieben wurde, ist erhalten: Von der Dichtung wurde das meiste im 3. Jh. in Alexandria geschrieben oder ist mit Alexandria verbunden. Wegen dieses Umstandes hat sich oft die Frage gestellt, wie man 'hellenistische' von 'alexandrinischer' Literatur unterscheiden kann, zumal beide Begriffe – wenigstens bis vor kurzem – nicht nur chronologisch oder geographisch, sondern auch mit einem Qualitäts-, ja fast einem moralischen Urteil konnotiert waren. Bei der Frage nach Bedeutung und Abgrenzung des Begriffs 'Hellenismus' spielt die Literatur jedenfalls eine zentrale Rolle. Es ist sehr bedauerlich, daß wir wenig griechische Dichtung aus dem späten 2. und dem 1. Jh. v. Chr. haben, also der Periode, die einen größeren formenden Einfluß auf die römische Dichtung gehabt haben muß; von Parthenios z. B. sind nur noch etwa dreißig unzusammenhängende Verse und darüberhinaus einige einzelne Wörter vorhanden (*SH* 606–66). In der Prosa dominieren in dieser Zeit Wissenschaft und Historiographie, dabei sowohl 'lokale' Chroniken als auch Universalgeschichten; beide Arten haben übrigens dichterische Pendants (*2.4.1; 2.5.2f.*).

Die zunehmende Trennung von 'populärer' und 'elitärer' (oder 'gelehrter') Kultur in der nachklassischen griechischen Welt tritt besonders stark in der Poesie zum Vorschein, wobei das Drama eine gewisse Ausnahme bildet (*2.2.1*). Ein Gedicht von so hochentwickeltem Raffinement wie Theokrit 15 (es beschreibt, wie zwei einfache Frauen ein Fest im Ptolemäerpalast besuchen) zeigt diese Trennung (und macht sie zugleich zum Thema). Eine 'elitäre' dichterische Kultur blühte unter dem Patronat mächtiger Dynastien, die durch die 'Inbesitznahme' des kulturellen Erbes ihr Ansehen und ihre Ansprüche auf Hegemonie in der griechischen Welt zu mehren versuchten. Die großen Zentren der Dichtung im 3. und 2. Jh. sind die Höfe der Ptolemäer in Alexandria, der Antigoniden in Pella und der Seleukiden in Antiochia. Die Entwicklung hatte freilich schon viel früher begonnen: Gegen Ende des 5. Jhs. hatte Makedoniens König Archelaos nicht nur Dramatiker wie Agathon und Euripides nach Pella geholt, sondern auch den epischen Dichter Choirilos von Samos, der eine Zeitlang auch im Gefolge des spartanischen Admirals Lysander war; zusammen mit Choirilos war bei den 'Lysandreia' von 404 in Samos auch Antimachos von Kolophon, dessen elegische *Lyde* zu einem Prüfstein alexandrinischen Geschmacks werden sollte (*2.4.1*).

Die allmähliche Konzentration bedeutender Dichter in den Zentren der Macht trug dazu bei, daß sich eine Klasse von Dichtern von den traditionellen öffentlichen Anlässen für Dichtung trennte: Mit dem Ende des 5. Jh.s war die große Zeit der Chorlyrik vorüber; in Athen und auch anderswo wurden immer noch Tragödien und Komödien geschrieben und aufgeführt (2.2.1), aber das, was man die 'Gesangskultur' Griechenlands genannt hat, machte langsam einer 'Buchkultur' Platz. Obwohl nicht-lyrische Dichtung natürlich ständig vorgetragen und aufgeführt wurde, las man die große Dichtung der Vergangenheit zunehmend in Buchtexten, und dieser Wandel der Rezeption dürfte entscheidend für ein Dichten gewesen sein, das immer mehr die Hauptquelle seiner Kreativität im 'Umschreiben' früherer Dichtung fand. Das Aufkommen von 'Gedichtbüchern' während des 4. und 3. Jh.s (Herondas, Kallimachos' *Iamben*, die Epigrammatiker, möglicherweise Theokrit u. a.) – eine Entwicklung mit grundlegenden Implikationen für die römische Dichtung – ist zum Teil ein direktes Ergebnis der Art und Weise, wie Dichter nun ihre archaischen und klassischen Vorbilder lasen. Ferner brachen die allmähliche Trennung von metrischer und musikalischer Form und die Entstehung getrennter Gruppen von 'Dichtern' und 'Musikern' die bisherige Verbindung zwischen dichterischem Anlaß und dichterischer Form. Aus all dem entstand das, was wir als 'Literatur' kennen, und führte zu Dichtern, die sich in einer zuvor kaum gekannten Vielfalt von Formen ergingen. Timon von Phleius (2.3) soll «epische Gedichte, 60 Tragödien, Satyrspiele, 30 Komödien, *Sillen* und Kinaedenverse» geschrieben haben, «wenn er von der Philosophie ausruhte» (DL 9, 110); am meisten überrascht, daß dies in der hellenistischen Welt ganz normal scheint, obwohl es eine echte Revolution darstellt. Im 13. *Iambos* beruft sich Kallimachos auf Ion von Chios als einen 'Präzedenzfall' des 5. Jh.s und entgegnet auf Kritik daran, daß er in einer Vielzahl dichterischer Formen (*polyeideia*) schreibe: «Wer hat gesagt: 'Du schreib' Elegien und du Hexameter, und das Los der Götter hat dich zu einem Tragödiendichter gemacht'? Niemand, denke ich!» (fr. 203, 30–3); im literarischen Umfeld des 3. Jh.s überrascht diese Antwort viel weniger als die Kritik (wenn sie denn wirklich existierte).

Die Verschiebungen im kulturellen Umfeld der Dichtung zeigen sich formal am bemerkenswertesten darin, daß die große Mehrheit 'elitärer' hellenistischer Dichtung in daktylischen Hexametern oder elegischen Distichen geschrieben ist. Lyrische Verse gibt es zwar noch, aber vor allem in 'populärer' Dichtung oder in experimenteller stichischer Form (z. B. Theokrit 28–30); verschwunden sind die Strophen archaischer und klassischer Lyrik. Die Hauptgelegenheit, Dichtung vorzuführen, war nun die öffentliche Rezitation, sei es vor einem kleinen 'höfischen' Auditorium oder an öffentlichen Dichterfesten; dabei waren Hexameter und elegische Verse die beiden Rezitations-Metren par excellence. Sie waren immer schon die am weitesten verbreiteten und geographisch wie gattungsmäßig am wenigsten spezialisierten der griechischen Verskunst gewesen. Der Hexameter war das Versmaß Homers, des

'Dichters' par excellence, und schon allein der Gebrauch des Hexameters bedeutete in der hellenistischen Zeit, daß man gegenüber Homer Position bezog (vgl. schon Erinnas Hexameter-'Threnodie' *Die Spindel, SH* 401). Wenn in Theokrit 16, 20 der potentielle Gönner seinen potentiellen Lobdichter mit den Worten abspeist «Wer würde schon einem anderen Dichter zuhören? Homer reicht für alle!», dann ist er nicht einfach geizig, sondern stellt gerade die Frage, die kein Dichter ignorieren konnte. Eine der Antworten eines Kallimachos oder Theokrit auf diese Herausforderung lag darin, dem Hexameter eine rhythmische Struktur und Musikalität abzugewinnen (vgl. *IV 6.3.1*), die Homers Herrschaft über ihn brach.

Wir wissen viel mehr über 'elitäre' Dichtung in dieser Zeit als über 'populäre' Werke und Darbietungen. Verallgemeinert man die Unterschiede zwischen beiden, läuft man Gefahr, zu sehr zu vereinfachen, denn die Beeinflussung zwischen ihnen spielte sich wohl nicht nur in einer Richtung ab: So wie Theokrit und Herondas literarische Versionen des 'populären' Mimos schufen (*2.2.4*), reproduzierte umgekehrt der Mimos Themen des hohen klassischen Dramas in seiner eigenen Sprache. Hier ist das sogenannte *Fragmentum Grenfellianum* auf einem Papyrus des 2. Jh.s v. Chr. besonders interessant: ein *Paraklausithyron* ('Lied des ausgesperrten Liebhabers'), das von einer Frau (die aber wahrscheinlich von einem Mann gespielt wurde) vor der Tür des sie verschmähenden Geliebten vorgetragen wird (vgl. *CA* p. 177–9). Dieses Lied besteht aus Dochmiern und Anapästen, doch stammen Sprache und Dialekt überwiegend aus der volkssprachlichen *Koine*; 'elitäre' Poesie dagegen verwandte weiterhin die Dialekte, das Vokabular und den Stil der klassischen Dichtung. Vielleicht spielte die allmähliche Entwicklung der auf dem Attischen basierenden *Koine* (*III 2.1.1*) eine besondere Rolle bei der zunehmenden Kluft zwischen einer das *koinon* bewußt meidenden Dichtung und der Unterhaltung gewöhnlicher Leute.

Zum Begriff einer 'Hellenistischen Literatur' s. Kassel, *Abgrenzung*; Gelzer in Bulloch, *Images* 130–151. Zu den verschiedenen hier skizzierten Entwicklungen s. Bing, *Muse*; Cameron, *Callimachus*; Hunter, *Theocritus* (Kap. 1); Fantuzzi, 'Contaminazione' und 'Sistema'.

2.1.2 Dichtung und Gelehrsamkeit

Mit dem Wachstum einer 'Buchkultur' wird es möglich, die Dichtung der Vergangenheit systematisch zu erforschen. Bereits im 4. Jh. waren klassische Dichter Gegenstand einer blühenden anekdotischen und biographischen Literatur; auch die Interpretation Homers hatte eine lange Geschichte seit dem 5. Jh. (*II 1.1.1*). Das ständig zunehmende Zurückgreifen auf Bücher trug zu der Einsicht bei, daß keine zwei Texte desselben Gedichts identisch waren, daß Texte sich mit der Zeit offenbar verändern, und daß auch Wörter in verschiedenen Texten oder an verschiedenen Stellen innerhalb desselben Textes Verschiedenes bedeuten können. Da vor allem Dichter mit der Dichtung der Vergangenheit beschäftigt waren, ist es kaum überraschend, daß viele führende Dichter des 3. Jh.s auch Gelehrte, *philologoi*, waren (*II 1.2.3*). Die Anschauungsweisen, die diese 'Philologie' mit sich brachte, sollten die Art, in der neue Dichtung geschrieben wurde, grundlegend beeinflussen.

Wie andere hellenistische Könige trachteten Ptolemaios I. und seine Nachfolger in Alexandria danach, an ihrem Hof möglichst viele Dichter und Gelehrte zu versammeln. Zentral für die ptolemäische Selbstdarstellung gegenüber der griechischen Welt und wenigstens zum Teil auch für ihren Erfolg verantwortlich war die neue Institution des *Museion* ('Musen-Heiligtum') und die ihm angeschlossene berühmte Königliche Bibliothek (*II 1.2.1*). Die Ptolemäer wollten für diese Bibliothek nicht nur die besten, sondern *alle* Texte erwerben und mit dieser Sammlung geradezu ein 'Haus' der gesamten griechischen Kultur schaffen. Mit der durch dieses Sammeln (und das mit ihm verbundene Katalogisieren und Einteilen) angestrebten Aneignung des Wissens und des griechischen kulturellen Erbes verbinden läßt sich die herausragende Stellung, die in der zeitgenössischen Dichtung aitiologische Erzählungen einnehmen, die nicht nur die Ursprünge hellenischer Einrichtungen und Rituale erklärten, sondern auch die zeitliche Trennung zwischen 'modernen' Dichtern und diesen Ritualen aufhoben (*2.5.2*). Auch das in der Dichtung vorherrschende Verfahren, frühere Dichtung umzubilden und neu zu deuten, zeigt zum einen das Bedürfnis nach kultureller Kontinuität, zum anderen aber auch die Anerkennung von Bruch und Wandel. Die für die Zeit typischen Akrosticha, Rätsel und metrischen Experimente können die 'philologische' Haltung der Dichter aufzeigen; zugleich vermittelte diese Philologie ein Bewußtsein von der eigenen Identität.

Zenodot (*II 1.2.3*), der erste Bibliothekar der alexandrinischen Bibliothek und der bedeutendste Homer-Experte seiner Zeit, soll ein Schüler des Philitas von Kos gewesen sein, den man als den ersten in einer Reihe bedeutender 'Dichter-Gelehrter' betrachten kann. Philitas demonstriert auch die zunehmende Verbindung zwischen Dichtern und politischen Gönnern: Er soll Erzieher des späteren Ptolemaios II. Philadelphos gewesen sein, der 308 auf Kos geboren wurde. Philitas' gelehrte Tätigkeit richtete sich vor allem auf die Erklärung Homers und die Sammlung seltener dichterischer und dialektaler Ausdrücke (*glossai*), vgl. Pfeiffer, *Geschichte* 116–121. Die Verwendung solcher *glossai* ist ein auffälliger Zug der hellenistischen Dichtung und spiegelt nicht nur gelehrte Interessen, sondern zeigt auch, wie 'elitäres' Dichten – als ein sich selbst erzeugendes System – bewußt auf Abstand zu 'normaler' Sprechweise achtet. Daß die homerischen Gedichte die bei weitem reichste Quelle solcher *glossai* waren, erhöhte noch das Ansehen des Hexameters als poetisches Medium *par excellence* (vgl. auch Arist. *Poetik* 1459b 34-7). Über Philitas' Dichtung wissen wir nur wenig; er schrieb offenbar erzählende Gedichte (*2.4.2*) sowohl in Hexametern (den *Hermes*) als auch in elegischen Versen (die *Demeter*), ferner Epigramme und andere Gelegenheitsgedichte (*Paignia*) und ist damit ein deutlicher Wegweiser der alexandrinischen Avantgarde. Zu Philitas vgl. *CA* p. 90–6; W. Kuchenmüller, *Philetae Coi reliquiae* (Diss. Berlin 1928); *SH* 673–5; P. E. Knox, *PLLS* 7 (1993) 61–83.

Zenodots Nachfolger im Amte des Bibliothekars, Apollonios von Rhodos und Eratosthenes, waren sowohl Dichter als auch Gelehrte; ebenso Euphorion von Chalkis, den Antiochos III. zum Bibliothekar in Antiochia machte. Das bedeutendste Beispiel für die Personalunion von Gelehrten und Dichtern aber ist Kallimachos von Kyrene, der Autor der *Pinakes* (fr. 429–53), einer Art beschreibenden Katalogs (im wesentlichen nach Gattungen geordnet) der Bestände der alexandrinischen Bibliothek und damit mehr oder weniger der gesamten griechischen Literatur. Seine gelehrten Forschungen und umfassenden Kenntnisse der Prosaliteratur lieferten seiner Dichtung viele ihrer Inhalte; er führte in ihr auch die gelehrte Angewohnheit ein, seine Quellen namentlich zu nennen (vgl. fr. 75, 54), und er verfaßte zahlreiche Prosa-Schriften, deren Themen (z. B. Flüsse, Nymphen, 'wundersame Erscheinungen') für seine Dichtung von offenkundiger Bedeutung sind. Sein Vokabular spiegelt oft zeitgenössische gelehrte Diskussion (besonders zu Homer), aber sein ganzer Stil zeigt (und verlangt damit auch von seinem Leser) eine außerordentliche Vertrautheit mit dem griechischen literarischen Erbe und mit den verschiedenen Ebenen des literarischen und nicht-literarischen Griechisch. Mit Kallimachos' Namen verbinden sich wenigstens zwei dichterische Bewegungen, eine in Alexandria und eine im spätrepublikanischen und augusteischen Rom; doch gelang es keinem anderen Dichter jemals, seinen einzigartigen Stil wirklich zu reproduzieren.

Zu Museion und alexandrinischer Bibliothek s. Pfeiffer, *Geschichte*; Fraser, *Alexandria*; R. Blum, *Kallimachos und die Literaturverzeichnung bei den Griechen* (Frankfurt 1977); Weber, *Dichtung*. Zu den Reflexen gelehrter Tätigkeit in alexandrinischer Dichtung s. auch A. Rengakos, *Der Homertext und die hellenistischen Dichter* (Wiesbaden 1993). Kallimachos: Fragmente bei R. Pfeiffer, *Callimachus* (Oxford 1949–1953); Cameron, *Callimachus*.

2.2 Dramatische und para-dramatische Dichtung

2.2.1 Die hellenistische Tragödie

Während die Tragödie im 5. Jh. fast vollständig auf Athen beschränkt war, wurden tragische Stücke im 4. Jh. zunehmend und besonders seit Alexanders Eroberungszügen überall in der griechischen Welt geschrieben und aufgeführt. Die leider nur geringen Überreste der hellenistischen Tragödie lassen immerhin vermuten, daß die hellenistische Welt mehr als nur eine Form des 'tragischen' Textes und seiner Aufführung kannte. Da Tragödien nicht mehr an das kulturelle und weltanschauliche Leben einer einzigen Stadt gebunden waren, wurden sowohl alte als auch neue Texte für Aufführungen und Wiederaufführungen in vielfältiger Weise verfügbar. Wahrscheinlich aber waren viele 'Tragödien' des 3. Jh. nur mehr 'Buchpoesie'; sie waren nicht mehr spezielle Darstellungen der grundlegenden Auffassungen einer Gemeinschaft, sondern einfach eine weitere Gattung, an der Dichter sich versuchen konnten.

Die Tragödie blühte in Alexandria (vgl. Theokrit 17, 112–14). Späte Zeugnisse datieren in die Zeit des Ptolemaios II. Philadelphos eine Gruppe von tragischen Dichtern, die als die 'Pleiade' bekannt ist, doch weiß man weder, ob diese Bezeichnung eine zeitgenössische war, noch wie viele Dichter der 'Pleiade' tatsächlich in Alexandria arbeiteten. Die offenbar völlige Meidung metrischer Auflösungen und der correptio Attica (*IV 6.2.2, 3.3*) bei diesen Dichtern bringt die Tragödie in eine größtmögliche Ferne von der Alltagssprache wie auch von der zeitgenössischen Komödie; diese metrische Form – wie auch die zunehmend kunstvollere Kostümierung – kennzeichnete die Tragödie als abgehoben und stilisiert. Eine derartige Entwicklung paßt aber wohl auch wiederum zu einer zunehmend 'verbücherten' Kultur; denn eine solche metrische Praxis gehört vielleicht ebenso sehr in den Bereich des Lesens und Rezitierens wie in den der echten 'dramatischen' Aufführung.

Auffällig in dieser Zeit ist die Prominenz des Satyrspiels (vgl. Horaz, *Ars* 234f.); wenigstens ein Mitglied der 'Pleiade', Sositheos, scheint auf diesem Gebiet besonders berühmt gewesen zu sein. Das archaische Satyrspiel mit seiner charakteristischen Mischung von hochpoetischer Diktion und lasziven Chor scheint für den hellenistischen Geschmack besonderen Reiz gehabt zu haben; doch hatten manche Stücke außer dem Satyrchor wahrscheinlich wenig mit ihren attischen Vorfahren gemeinsam. Besonders bemerkenswert ist der *Agen* des Python, eine politische Satire gegen Harpalos, die unter Alexanders Schirmherrschaft (und vielleicht sogar mit ihm als Rolle) während seiner Feldzüge im Osten aufgeführt wurde. Harpalos war auch eine Zielscheibe der Komödiendichter, und der *Agen* war wohl nicht das einzige Satyrspiel, das sich in Stil und Thema den traditionellen Bereichen der Komödien näherte.

Einige Tragödientitel lassen vermuten, daß Themen aus der Zeit- oder jüngeren Geschichte (was im 5. Jh. nur sehr gelegentlich vorkam) nun zunahmen; es ist auch kaum überraschend, daß die Tragödie an der hellenistischen Vorliebe für mythische Geschichten außerhalb der vertrauten Bereiche partizipierte. Beide Tendenzen lassen sich bis zu einem gewissen Grad an einem Fragment illustrieren, das aus einer Dramatisierung der aus dem 1. Herodotbuch bekannten Gyges-Geschichte stammt (Adesp. 664 K.-Sn.). Von möglicherweise großer Bedeutung für die hellenistische Tragödie sind Horaz' Bemerkungen zur Gattung in *Ars poetica* 153–294: In V. 185–8 mißbilligt er die Vorführung schauerlicher Vorgänge auf offener Bühne, *coram populo*: Vielleicht gab es also eine Tendenz zum Melodramatischen und Schockierenden. In V. 189f. befürwortet Horaz das 'Fünf-Akt-Gesetz': Es ist in der Tat nicht unwahrscheinlich, daß die Komödie, die regelmäßig die Fünf-Akt-Einteilung anwandte, und die Tragödie sich in dieser Strukturierung trafen, da die Bedeutung des Chores in beiden Gattungen abgenommen hatte; in den Papyri gibt es Beispiele für Texte von klassischen Tragödien, in denen die Chorpartien ausgelassen sind. Die Fünf-Akt-Einteilung könnte somit ein weiteres Erbe sein, das Seneca dem hellenistischen Drama verdankt.

In diesem Zusammenhang ist auf die *Exagoge* des Ezechiel hinzuweisen: Sie wurde vielleicht im 2. Jh. und vielleicht in Alexandria von einem hellenisierten Juden geschrieben, bietet eine dramatisierte Fassung der Flucht des Moses und der Juden aus Ägypten zum 'Gelobten Land', folgt dabei wie das 'Gyges'-Drama eng einem existierenden Prosa-Text (der *Septuaginta*) und könnte ein 'Lesedrama' gewesen sein. Was von der *Exagoge* noch erhalten ist, scheint durch Zeit- und Ortswechsel in 'Akte' eingeteilt zu sein (was in der klassischen Tragödie äußerst selten ist), und so kann man annehmen, daß sie ursprünglich fünf solcher Akte hatte; ihre Metrik allerdings ist nicht die der 'Pleiade', sondern versucht eher, die Praxis der klassischen Tragödie (besonders des Euripides, dessen stilistischen Einfluß man vor allem im Prolog spürt) zu reproduzieren.

2.2.2 Die *Alexandra* des Lykophron

Zusammen mit der Tragödie sei die *Alexandra* des Lykophron betrachtet (wahrscheinlich der alexandrinische Dichter-Gelehrte, obwohl einige Gelehrte das Werk ins 2. Jh. datieren). Ihre 1474 Trimeter sind eine einzige Rede, in der Priamos von Prophezeiungen Kassandras berichtet wird (vgl. Eur. *Tr.* 427–43). Der seinem Thema angemessene geheimnisvoll-verrätselte Stil, die gesuchte Diktion und die strenge metrische Form, die Auflösungen nahezu ganz vermeidet (vgl. den alten Iambos und die hellenistische Tragödie) machen dieses Gedicht zu einem extremen Beispiel für das Bemühen, Dichtung als völlig eigene Form des Sprechens zu kennzeichnen.

Spätere hellenistische Kritiker sahen in der *Enargeia* – der Fähigkeit, Zuhörer oder Leser die beschriebenen Ereignisse geradezu 'sehen' zu lassen – die vornehmliche Tugend oder auch das Ziel einer Dichtung (zumal der erzählenden); und laut Ps.-Longin wird der Begriff *Phantasia* «auf solche Fälle» angewendet, «wo man infolge emotionaler Inspirierung (ὑπ' ἐνθουσιασμοῦ καὶ πάθους) das zu sehen glaubt, was man beschreibt, und es auch seinen Zuhörern vor Augen stellt» (*De subl.* 15,1); Kassandra verhält sich genau nach diesem Rezept, aber das Ergebnis ist ein völliges Verfehlen der *Enargeia*.

Die Überreste der hellenistischen Tragödie bei B. Snell – R. Kannicht, *Tragicorum Graecorum Fragmenta* (*TrGF*) (1, Göttingen ²1986; 2, Göttingen 1981). Zum Lesedrama vgl. O. Zwierlein, *Die Rezitationsdramen Senecas* (Meisenheim am Glan 1966). Zur *Exagoge* vgl. *TrGF* 1, 128; H. Jacobsen, *The Exagoge of Ezekiel* (Cambridge 1983); B. Snell, *Glotta* 44 (1967) 25–32. Zum *Agen* s. *TrGF* 1, 91; Fantuzzi, 'Sistema'. – *Alexandra*: Text von E. Scheer (Berlin 1881–1908), mit Scholien. Kommentare: C. von Holzinger (Leipzig 1895); M. Fusillo – A. Hurst – G. Paduano (Mailand 1991). Studien: K. Ziegler, *RE* 13, 2316–81; Wilamowitz, *Hellenistische Dichtung* 2, 143–64; M. Fusillo, *ASNP* 14 (1984) 495–525; Stephanie West, *JHS* 104 (1984) 127–51.

2.2.3 Menander und die Neue Komödie

In den hundert Jahren nach dem Tod Alexanders d. Gr. wurden Hunderte von komischen Stücken überall in der griechischen Welt geschrieben und aufgeführt; diese Art von Komödie hat den Namen 'Neue Komödie' erhalten, um sie von der 'Alten Komödie' des Aristophanes und seiner Zeitgenossen zu unterscheiden. Die wichtigsten Dramatiker der Neuen Komödie – Menander, Alexis, Diphilos, Philemon und Apollodoros – arbeiteten alle in Athen, obwohl von ihnen nur Menander (etwa 342–290) ein athenischer Bürger von Geburt gewesen zu sein scheint. Innerhalb der hellenistischen und römischen

Welt erlangte die Neue Komödie eine beträchtliche erzieherische und ethische Bedeutung und übte großen Einfluß auf andere Gattungen der antiken Literatur aus; letztlich ist sie der Ursprung der ganzen europäischen Tradition der Charakter- und Sittenkomödie.

Wichtige Zeugnisse für die Aufführung dieser Komödien bilden die vielen erhaltenen Darstellungen auf Gemälden und Mosaiken, die erhaltenen Masken und schriftliche Berichte über Kostüme und Aufführungspraxis. Dagegen überlebten keine Manuskripte der Neuen Komödie die 'Dunklen Jahrhunderte', wir sind daher auf Papyrusfunde, Zitate bei späteren Autoren und die lateinischen Bearbeitungen des Plautus und Terenz angewiesen. Dank den Papyri gibt es wieder ein vollständiges Stück (*Dyskolos*), große Teile von sechs anderen (*Aspis, Epitrepontes, Misumenos, Perikeiromene, Samia* und *Sikyonioi*) und Szenen von ungefähr einem Dutzend weiterer Stücke Menanders, dazu eine große Menge fragmentarischer Texte, die sich keinem bestimmten Dichter sicher zuweisen lassen. Die römischen Bearbeitungen enthalten vieles, was kein griechisches Pendant gehabt haben kann; dennoch haben sie das griechische Ambiente im wesentlichen bewahrt und bieten uns – bei vorsichtigem Umgang mit ihnen – einen reichen Fundus für das Studium der hellenistischen Komödie.

Die römischen Stücke, deren griechische Originale oder Dichter man kennt, sind: a) Plautus, *Asinaria* (Demophilos, *Onagos*); *Bacchides* (Menander, *Dis exapaton*), besonders wichtig, weil das griechische Original zu *Bacch.* 494–560 erhalten ist; *Casina* (Diphilos, *Klerumenoi*); *Cistellaria* (Menander, *Synaristosai*); *Mercator* (Philemon, *Emporos*); *Rudens* (Diphilos); *Stichus* (Menander, *Adelphoi I*); *Trinummus* (Philemon, *Thesauros*). b) Terenz, *Adelphoe, Andria, Eunuchus, Heauton Timorumenos*, alle von gleichnamigen Stücken Menanders; *Hecyra* (Apollodor, *Hekyra*); *Phormio* (Apollodor, *Epidikazomenos*).

Soweit bekannt, waren Menanders Stücke alle in fünf 'Akte' eingeteilt, und wahrscheinlich galt dies für die Neue Komödie insgesamt. Die Akte sind in den Papyri durch den Vermerk XOPOY ('Auftritt des Chores') voneinander getrennt, und es wird nur jeweils am Ende des 1. Aktes explizit auf den Chor hingewiesen. Wahrscheinlich hatten die Chorlieder oft nichts mit dem gerade gespielten Stück zu tun und wurden auch nicht eigens von den Dichtern geschrieben. Der zentrale 'Knoten' der Handlung ist oft am Ende des 4. Akts gelöst; der fünfte kann dann noch etwas Unerwartetes auf die Bühne bringen (Gorgias' Heirat im *Dyskolos*, Moschions Posse in der *Samia*). Im allgemeinen wird die dramatische Form eines Menanderstücks durch drei Strukturprinzipien bestimmt, die sich gegenseitig ergänzend oder kontrastierend aufeinander einwirken können: die Standard-Einteilung in fünf Akte, die Eigendynamik der Handlung und die Abfolge verschiedener Darstellungsformen wie Monolog/Dialog, Trimeter/Tetrameter, Farce/'hohe Komödie' u. ä.

Alle Menanderstücke, soweit überprüfbar, haben zu Beginn oder in der Mitte des 1. Aktes einen Prolog, den entweder eine der menschlichen Figuren zum Publikum spricht (*Samia*) oder ein göttliches Wesen, das im Stück zwar nicht mehr auftritt, dessen Einfluß jedoch auf verschiedene Weise spürbar werden kann (*Aspis, Dyskolos, Heros, Perikeiromene, Phasma, Sikyonioi*). Wahrscheinlich war ein solcher Prolog Standardpraxis bei allen Dichtern der Neuen Komödie; dies dürfte ein Teil des beträchtlichen Erbes sein, das die Neue Komödie in Inhalt und Form Euripides verdankt.

Menanders Stücke – und nahezu sicher die der Neuen Komödie insgesamt – sind fast ganz in iambischen Trimetern ohne musikalische Begleitung geschrieben und kommen damit alltäglichem Sprechen sehr nahe (vgl. Aristoteles, *Rhet.* 3, 1 p. 1404 a 32). Das einzige andere Versmaß, das Menander in größerem Umfang verwendet, ist der (laut Aristoteles, *Rhet.* 3, 8 p. 1409 a 1, *Poet.* 4 p. 1449 a 23, schnelle und lebendige) trochäische Tetrameter. Menanders Wortschatz ist im wesentlichen eine literarische Auswahl aus dem attischen Wortschatz des 4. Jh.s; generell ist das Niveau dieser Sprache – wie das der Neuen Komödie als ganzer – bemerkenswert frei von der Vulgarität, die Aristophanes kennzeichnet.

Das zentrale Anliegen der Neuen Komödie ist die Fortdauer des *Oikos*, d. h. des größeren Familienverbandes und des mit ihm verbundenen Besitzes. Dieses Bemühen ist erfolgreich, wenn es zu einem Eheversprechen mit der Aussicht auf Kinder (und damit Fortbestand des *Oikos*) kommt. Hierin stimmt die Neue Komödie mit der allgemeinen Ausrichtung klassischer griechischer Literatur überein; was sie von dieser abhebt, ist das Fehlen einer ausdrücklichen Ausrichtung auf die *Polis*. Stattdessen schenkt man nun seine Aufmerksamkeit den minutiösen sozialen und rechtlichen Strukturen, die die Grundlage des *Oikos*-Systems bilden, und ein explizites Interesse an den größeren Themen der zeitgenössischen politischen und militärischen Geschichte fehlt. Die Neue Komödie war so nicht mehr an die gesellschaftlichen Gepflogenheiten einer besonderen Stadt gebunden und konnte – zumindest unter den gebildeten Schichten – in der hellenistischen Kultur als echte vereinigende Kraft wirken; die in Menanders Stücken empfohlenen besonderen Tugenden der φιλανθρωπία und μετριότης (einer Verbindung von Großzügigkeit, Selbsterkenntnis und Mitgefühl) konnten dazu beitragen, die Kluften zwischen den sozialen und ökonomischen Gruppen zu überbrücken.

In ihren ethischen Anliegen und in ihrer Konzentration auf individuelles Glück läßt sich die Neue Komödie als wahrhaft 'hellenistisch' ansehen. Verhinderte Sehnsüchte, verwechselte oder verlorene Identität, Verstellen und Erkennen haben mit Ängsten zu tun, die keineswegs eine Erfindung der Moderne sind; daß die Figuren in diesen Stücken am Ende überleben und sogar triumphieren, kann solche Ängste besänftigen. Die Figuren und die Gesellschaft, die Menander darstellt, und ihre Zweifel und Unsicherheiten sind dem Publikum vertraut genug, um in ihm ähnliche Beunruhigungen hervorzurufen; dies wird jedoch ausgeglichen durch eine durchgehende leicht ironische Distanziertheit von den Schwierigkeiten dieser Figuren, und auch dies läßt sich 'hellenistisch' nennen.

Texte der Neuen Komödie bei R. Kassel – C. Austin, *Poetae Comici Graeci* (Berlin/New York 1983 ff.); F. H. Sandbach, *Menander* (Oxford ²1990). Kommentare: A. W. Gomme – F. H. Sandbach (Oxford 1973); U. von Wilamowitz-Moellendorff, *Menander: Das Schiedsgericht* (Berlin 1925); E. W. Handley, *The Dyskolos of Menander* (London 1965). Weitere Literatur und Bibliographie: H.-D. Blume, *Menanders Samia* (Darmstadt 1974); S. Goldberg, *The Making of Menander's Comedy* (London 1980); E. W. Handley – A. Hurst, *Relire Ménandre* (Genf 1990); N. Holzberg, *Menander. Untersuchungen zur dramatischen Technik* (Nürnberg 1974); R. L. Hunter, *The New Comedy of Greece and Rome* (Cambridge 1985);

Körte, *RE* 15, 707–61; G. Vogt-Spira, *Dramaturgie des Zufalls. Tyche und Handeln in der Komödie Menanders* (München 1992); Netta Zagagi, *The Comedy of Menander* (London 1994). Zu den Kostümen u. ä.: T. B. L. Webster, *Monuments Illustrating New Comedy* (London ²1969); L. Bernabò Brea, *Menandro e il teatro greco nelle terracotte liparesi* (Genua 1981).

2.2.4 Para-dramatische Dichtung

Aus den *Chreiai* ('Anekdoten') des Machon sind etwa 470 iambische Trimeter in Athenaeus' *Deipnosophistai* erhalten. Machon, der auch Komödien schrieb, berichtet von Begebenheiten mit Hetären, Parasiten und Dichtern (Diphilos: V. 258 ff. Gow; Euripides: V. 402 ff. Gow; Philoxenos: V. 64 ff. Gow), aber auch politischen Größen (Ptolemaios, Demetrios Poliorketes). Oft ist Sex dabei, wird aber eher mit Witzeleien als Obszönitäten behandelt. Machon bezog seinen Stoff aus der Anekdotenliteratur in Prosa, die im späteren 4. und im 3. Jh. blühte (z. B. Lynkeus von Samos). Er spricht von seinen 'Hörern' (V. 189 Gow), aber der Charakter seiner Sammlung bleibt unklar; eine derartige Versifizierung von Prosa-Schriften ist jedoch ein gängiges hellenistisches Phänomen.

Herodas (oder Herondas) verfaßte wahrscheinlich um die Mitte des 3. Jh.s *Mimiamboi* in Hinkiamben. Sieben Gedichte (70 bis 129 Verse lang) haben sich mehr oder weniger vollständig auf einem 1891 publizierten Papyrus erhalten; ein achtes (der *Traum*) ist teilweise lesbar, und es gibt noch Reste von weiteren. Gedicht 2 und wahrscheinlich 4 spielen auf Kos, Gedicht 1 außerhalb von Ägypten, weist aber auf die Pracht Alexandrias hin, und Gedicht 8 bezieht sich sehr wahrscheinlich auf die literarischen Fehden im alexandrinischen Museion. Wie Kallimachos in seinen *Iamboi* (3) beansprucht Herodas als sein Vorbild im Gebrauch der Hinkiamben den Hipponax (Gedicht 8), und die *Mimiamboi* sind in einer schöpferischen Annäherung an dessen archaisches Ionisch geschrieben, Stil und Thematik sind jedoch mehr der Komödie und dem Mimos des Sophron verpflichtet: Man erlebt eine Kupplerin (Gedicht 1), einen Bordellbesitzer (Gedicht 2), einen Schulmeister (Gedicht 3), einen Tempelbesuch (Gedicht 4, vgl. Theokrit 15), die unersättliche Lüsternheit der Frauen (Gedicht 5, 6, 7); nichts kommt jedoch der obszönen Unverblümtheit des alten Iambos nahe. Die *Mimiamboi* sind ein typisches Kind ihrer Zeit: modern und archaisierend, gelehrt und 'vulgär', und bewußt ironisch in ihrem Anspruch auf 'Realismus'. Sie brauchen ein Publikum, das den schöpferischen Widerstreit zwischen gelehrter Diktion und Metrum auf der einen Seite und 'vulgärer' Thematik auf der anderen zu goutieren weiß.

Jeder *Mimiambos* (außer Gedicht 8) hat mehr als einen Sprecher (Gedicht 2 nur in ganz geringem Umfang); jedes Gedicht setzt die Anwesenheit von stummen Statisten voraus. Es ist sehr umstritten, ob die *Mimiamboi* geschrieben wurden, um nur gelesen oder von einem einzelnen Mimen (dies die verbreitetste moderne Auffassung) oder von einer Mimentruppe gespielt zu werden. Ihr gelehrter Charakter legt nahe, daß Herodas an die Möglichkeit eines Lesepublikums dachte – er könnte sie sogar entsprechend in einer Sammlung arrangiert haben (vgl. die programmatische Partie 1, 69–72) –, doch läßt sich die Frage aus internen Indizien nicht entscheiden. Vgl. G. Mastromarco, *Il Pubblico di Eron-*

da (Padua 1979, engl. Übers. 1984); R. Hunter, *Antichthon* 27 (1993) 31–44; W. Puchner, *Wiener Studien* 106 (1993) 9–34.

Bukolische Dichtung: Die bukolische oder Hirtendichtung war eine hellenistische Schöpfung mit größter Bedeutung für die europäische Dichtung. Acht Hexametergedichte des Theokrit von Syrakus stellen Wechselreden und Lieder von Rinder- und Ziegenhirten (in einem Fall auch Landarbeiter) teils erzählend, teils mimetisch dar. Theokrit hob damit offenbar etwas auf eine höhere literarische Ebene, was im westdorischen Raum bereits in einer erheblich einfacheren 'Mimen'form existierte. Er schrieb auch 'Stadt-Mimen' (*Idyll* 2; 15; vielleicht 14), die dem Erbe Sophrons und Epicharms verpflichtet scheinen. Die rasche Popularität der bukolischen Form bezeugen Theokrit-Imitationen, die oft unter seinem Namen überliefert wurden (*Idyll* 8; 9; 20; 27; P. Vind. Rainer 29801), ferner das *Adonidos Epitaphion* des Bion (vielleicht spätes 2. oder frühes 1. Jh.), der *Epitaphios Bionis* des Pseudo-Moschos und die *Eklogen* Vergils. Obwohl offenbar kein Dichter-Gelehrter im wörtlichen Sinne, hat Theokrit deutliche Beziehungen zum Hof in Alexandria (z. B. *Idyll* 14; 15; 17); *Idyll* 13 und 22 sind eng mit den entsprechenden Erzählungen in den *Argonautika* des Apollonios von Rhodos verbunden.

Die griechische Literatur enthielt immer schon 'bukolische' Elemente (die Vergleiche in der *Ilias*; den Kyklopen der *Odyssee*, der dann in *Idyll* 6 und 11 zu einer vollentwickelten 'bukolischen' Figur wird; vgl. auch die Epigramme der fast gleichzeitigen Anyte von Tegea); doch erst Theokrit entwickelte eine Form, in der Ausgewogenheit von Vers und Klang, sparsamer Wortschatz und hochentwickelte dichterische Sensibilität die scheinbare Zufälligkeit der Natur kunstvoll in Schranken halten. In Theokrits Schöpfung einer friedlichen und von Genuß und *Hasychia* ('Ruhe') bestimmten Natur läßt sich nicht nur der Ausdruck einer Sehnsucht erblicken, die man heute 'Eskapismus' nennen würde, sondern auch eine dichterische Entsprechung zu Gedanken, die ihre philosophische Äußerung im Epikureismus fanden. Es gibt dabei einen klaren Unterschied zwischen der mimetischen Schärfe, mit der Theokrit die bukolische Welt darstellt, und der sentimentalen Romantik späterer Hirtendichtung. Theokrits Bewußtsein von der Neuheit seines Unterfangens ist am stärksten spürbar in *Idyll* 1, dem Lied des Thyrsis über Daphnis – des ersten 'bukolischen Sängers' über (zugleich) den ersten Gegenstand eines bukolischen Liedes –, und in *Idyll* 7, in dem eine dichterische 'Initiation' (derjenigen Hesiods in der *Theogonie* nachgebildet) vorführt, wie der ganze Reichtum archaischer Literatur nunmehr in der Bukolik erneuert wird.

Machon: A. S. F. Gow, *Machon* (Cambridge 1965). – Herodas. Text: I. C. Cunningham (Leipzig 1987). Kommentare: W. Headlam – A. D. Knox (Cambridge 1922); L. Massa Positano (Gedichte 1–4, Neapel 1970–73), I. C. Cunningham (Oxford 1971). Weitere Literatur: Mastromarco (o. unter Herodas); V. Schmidt, *Sprachliche Untersuchungen zu Herondas* (Berlin 1968); F.-J. Simon, Τὰ κύλλ' ἀείδειν. *Interpretationen zu den Mimiamben des Herodas* (Frankfurt 1991); C. Miralles, *Aevum Antiquum* 5 (1992) 89–113; R. Hunter, 'Plautus and Herodas', in: Lore Benz et al. (Hrgg.), *Plautus und die Tradition des Stegreif-*

spiels (Tübingen 1995) 155–170. – Theokrit. Text: A. S. F. Gow (Cambridge 1952); C. Gallavotti (Rom ³1993). Kommentare: Gow; P. Monteil (Paris 1968); K. J. Dover (London 1971); R. L. Hunter (Cambridge 1998). Weitere Literatur: B. Effe (Hrg.), *Theokrit und die gr. Bukolik* (Darmstadt 1986); B. Effe – G. Binder, *Die antike Bukolik* (München 1989), M. Fantuzzi, «Teocrito e la poesia bucolica», in: Cambiano (1993) 145–95; Kathryn J. Gutzwiller, *Theocritus' Pastoral Analogies* (Madison 1991); D. M. Halperin, *Before Pastoral* (New Haven/London 1983); M. Annette Harder et al. (Hrgg.), *Theocritus* (Groningen 1996); A. E.-A. Horstmann, *Ironie und Humor bei Theokrit* (Meisenheim am Glan 1976); Hunter, *Theocritus*; C. Segal, *Poetry and Myth in Ancient Pastoral* (Princeton 1981); G. Serrao, *Problemi di poesia alessandrina I: Studi su Teocrito* (Rom 1971); K.-H. Stanzel, *Liebende Hirten. Theokrits Bukolik und die alexandrinische Poesie* (Leipzig–Stuttgart 1995); Wilamowitz, *Die Textgeschichte der gr. Bukoliker* (Berlin 1906).

2.3 Satirische und iambische Dichtung

Die aggressiven Traditionen des alten Iambos und der attischen Alten Komödie (*IV 1.3.2; 1.8.1; 1.14.2*) führte der Hellenismus in einer bemerkenswerten Vielfalt dichterischer Formen fort; doch wich dabei der unbarmherzige persönliche Angriff ethischen Anliegen, die in den moralisierenden 'kynischen' *Meliamboi* des Kerkidas von Megalopolis (kurzen daktyloepitritischen Gedichten, die erneut 'hohes' Versmaß mit 'niedriger' Thematik verbanden) und in den Hinkiamben des Phoinix von Kolophon zum Ausdruck kamen.

Wie Herodas berief sich Kallimachos auf Hipponax als maßgebliches Vorbild für seine iambischen und lyrischen *Iamboi*; anders als Hipponax' aggressive Invektiven erkunden sie aber die Möglichkeiten von Ironie und Anspielung auf verschiedenen Wegen: mit einer Geschichte von den Sieben Weisen (1), einer äsopischen Fabel (2), einer Klage über den derzeitigen Niedergang (3), einem Rangstreit zwischen zwei Bäumen (4), einer rätselhaften Prophezeiung (5). *Iambos* 6 enthielt offenbar eine detaillierte Darstellung der Maße und Kosten der Zeus-Statue von Olympia. Die ganze Sammlung implizit und *Iambos* 13 explizit beschäftigen sich mit dem Wesen von (literarischer) 'Gattung': Sie betonen, daß das Bemühen um 'historische Echtheit' nur Geschichte, nicht aber Dichtung hervorbringen wird; *Iamboi* 1 und 13 richten sich an die *Philologoi*, denn in ihnen nimmt die ironische Erkenntnis eines Spitzen-*Philologos*, daß literarische Philologie auch ins Absurde führen kann, konkrete Gestalt an.

Davon recht verschieden ist die Art der hexametrischen *Silloi* ('schieläugige Verse'), mit denen Timon von Phleius die Vorstellungen dogmatischer Philosophen in ausgeklügelter Homer-Parodie verspottete und offenbar Xenophanes als sein Vorbild beanspruchte. Timon verfocht den Skeptizismus Pyrrhons (*VII 1.6.3*); seine Ansichten und sein Homerisieren haben aber auch Verbindungen mit den Kynikern (vgl. Krates von Theben; *VII 1.6.2*). Ferner verdankt er viel moralisierenden Interpretationen der *Odyssee* und dem Philosophenspott in der Komödie des 4. Jh.s. Die satirischen Schriften des Menipp von Gadara, genannt ὁ σπουδογέλοιος, waren von ähnlicher Art; sie bestanden wahrscheinlich aus einer Mischung von Prosa und Versen (vgl. Probus zu Verg. *Ecl.* 6, 31), einer Form mit bedeutendem Nachleben.

Spott gegen mächtige Figuren der Politik findet sich nur bei Sotades von Maroneia, dem *Protos Heuretes* der 'Kinaedendichtung' (Strabon 14, 1, 41). Der ionische 'Sotadeus', in seiner Flexibilität genauso 'unmännlich' und 'subversiv' wie der 'kinaedische' Dichter selbst, zeigt seine Möglichkeiten am deutlichsten bei Sotades' Neufassung der *Ilias* in Sotadeen.

Kerkidas: E. Livrea, *Studi Cercidei* (Bonn 1986); L. Lomiento, *Cercidas* (Rom 1993). – Phoinix: *CA* p. 231–6; G. A. Gerhard, *Phoinix von Kolophon* (Leipzig–Berlin 1909); W. D. Furley, *MD* 33 (1994) 9–31. – Kallimachos, *Iamboi*: C. Dawson, *YClS* 11 (1950) 1–168; D. L. Clayman, *Callimachus' Iambi* (Leiden 1980); M. Puelma Piwonka, *Lucilius und Kallimachos* (Frankfurt 1949); M. Depew, *TAPhA* 122 (1992) 313–30; Cameron, *Callimachus* 141–173. – Timon: *SH* 775–840; M. Di Marco, *Timone di Fliunte, Silli* (Rom 1989); A. A. Long, *PCPhS* 24 (1978) 68–91. – Sotades: *CA* p. 238–45; L. Escher, *De Sotadis Maronitae reliquiis* (Diss. Gießen 1913); M. Bettini, *MD* 9 (1982) 59–105.

2.4 Erzählende Epik

2.4.1 Mythologische und historische Epik

Abgesehen von Apollonios' *Argonautika* wissen wir wenig über hellenistische Großepik. Rhianos von Kreta – noch ein Dichter, der auch Gelehrter war – schrieb sowohl mythologische Epik (eine *Herakleis*) als auch Werke zur Geschichte bestimmter Gegenden (*Achaika, Eliaka, Thessalika*). In seinen *Messeniaka* behandelte er den Zweiten Messenischen Krieg; wenn *SH* 923 und 946f. aus diesem Werk stammen, dann waren Rhianos' Stil und Ausdrucksweise recht konventionell.

Apollonios von Rhodos war Bibliothekar unter Ptolemaios II. oder (auch) Ptolemaios III. und schrieb gelehrte Werke über ältere Dichtung. Seine verlorenen Gedichte umfaßten auch mehrere 'Ktiseis', d. h. Erzählungen über die Gründungslegenden von Städten, und dieses Interesse an Aitiologie – wie auch die deutlichen Beziehungen zwischen Teilen der *Argonautika* und erhaltenen Kallimachos-Versen – zeigen seine große Nähe zu Kallimachos.

Die *Argonautika* erzählen die Argonautensage in vier Büchern mit insgesamt 5835 Versen. Apollonios zog dazu sehr stark Pherekydes von Athen heran, ebenso die umfangreiche geographische und historiographische Literatur des 4. und frühen 3. Jh.s; bei den zahlreichen Aitiologien von Kulten und Riten in den *Argonautika* zeigt sich Apollonios diesen Schriften besonders verpflichtet. Seine dichterischen Quellen umfassen alte Epik (vor allem die *Naupaktia*), die elegische *Lyde* des Antimachos – ein in Alexandria heftig umstrittenes Gedicht – und besonders Pindars 'Argonautika', die *4. pythische Ode*. Mit ihrem umfassenden geographischen Horizont sind die *Argonautika* ein echter Repräsentant der Nach-Alexander-Kultur.

Apollonios' Jason ist ein Held, der auf Überredung und List vertraut (vgl. Odysseus). An der Stelle des homerische Vertrauens auf *arete* sind eine für Jason charakteristische 'Ratlosigkeit' (*amechania*) und ein weitreichender Pessimismus getreten, der an die dunklere Seite der attischen Tragödie erinnert. Während Magie und Märchenhaftes bei Homer nur eine geringe Rolle spielen, hatten sie in der Argonautensage stets einen bedeutenden Platz. Gleiches gilt für die Liebe der kolchischen Prinzessin Medea: Mit ihr wird der griechische Held mittels einer 'psychologischen' Erzählung 'erkundet', zu deren Tiefe und Intensität es in früherer Epik nichts Vergleichbares gibt; auch hier dürfte der Einfluß der attischen Tragödie spürbar sein.

Apollonios' grundlegendes dichterisches Verfahren besteht in der schöpferischen Umbildung Homers, von sprachlichen Einzelheiten bis zu großräumigen Erzählstrukturen, und ist am deutlichsten in größeren Abschnitten: Der Katalog der Argonauten (1, 23–233) enspricht dem homerischen Schiffskatalog; die Beschreibung eines Mantels, den Jason auf seinem Weg zu Hypsipyle trägt (1,721–767) geht zurück auf den Schild des Achill; das Treffen von Hera, Athena und Aphrodite auf dem Olymp zu Beginn von Buch 3 hat viele Vorläufer bei Homer; die Szenen im Palast des Aietes korrespondieren mit den Szenen im Phäakenland; und die Fahrt im westlichen Mittelmeer spielt die Abenteuer des heimkehrenden Odysseus nach. Auch einzelne Gestalten verdanken viel homerischen Vorgängern, z. B. Jason dem Odysseus, Medea der Nausikaa und der Kirke, Phineus dem Teiresias usw. Wie wichtig die Variation (*Poikilia*) ist, zeigt sich u. a. in der Gliederung der Erzählung, sowohl innerhalb der einzelnen Bücher (in Buch 2 etwa stehen Szenen mit Handlung in scharfem Kontrast zu langen ethnographischen und geographischen Partien) als auch zwischen ihnen; Buch 3 bildet als streng gefügtes Drama eine eigene Einheit.

Die Sprache der *Argonautika* ist grundsätzlich die Sprache Homers, angereichert durch Analogiebildungen und durch die Nutzung des dichterischen Erbes der Jahrhunderte, die Apollonios von Homer trennen. Allerdings meidet Apollonios in seinem Stil fast gänzlich Selbstwiederholungen, wörtliche Wiederholungen Homers und Wiederholungen von typischen Szenen. Darin – wie in der viel ausgedehnteren Verwendung des Enjambement – liegt die Größe des Unterschiedes zwischen mündlicher und schriftlicher Epik. Apollonios' Umgang mit dem Hexameter ist dem des Kallimachos ähnlich, ohne sich aber genauso streng auf bestimmte Vers-Strukturen zu beschränken.

Die *Argonautika* wurden bald zur Standard-Version der Argonautensage, und zahlreiche Papyri, eine reiche indirekte Überlieferung sowie ein wertvolles Scholien-Corpus bezeugen ihre Verbreitung im späteren Altertum. Apollonios' Medea ist ein wichtiges Vorbild bereits für Moschos' Darstellung der Europa (*2.4.2*). Durch Catulls Zeitgenossen Varro von Atax wurden die *Argonautika* in lateinische Hexameter übertragen, und diese Übersetzung oder das Original war ein wichtiges Vorbild für Catulls 64. Gedicht; Ähnliches gilt für die *Aeneis*, vor allem bei der Fahrt der Trojaner in Buch 3 und bei der Darstellung der Beziehungen zwischen Aeneas und Dido.

Zum hellenistischen 'Epos' allgemein vgl. K. Ziegler, *Das hellenistische Epos* (Leipzig ²1966; ital. Übersetzung mit Einl. von M. Fantuzzi 1988); Cameron, *Callimachus*. – Rhianos: Carla Castelli, *Riano Epico, Messeniaca* (Diss. Mailand 1993); dies., *RIL* 128 (1994) 73–87; M. M. Kokolakis, Ῥιανὸς ὁ Κρής, ἐπικὸς τοῦ 3ου π. Χ. αἰῶνος (Athen 1968); W. R. Misgeld, *Rhianos von Bene und das historische Epos im Hellenismus* (Diss. Köln 1968);

Bing, *Muse* 51–6. – Apollonios. Text: H. Fränkel (Oxford 1961); F. Vian (Paris 1974–81, Buch 3 ²1993). Scholien; C. Wendel, *Scholia in Apollonium Rhodium Vetera* (Berlin 1935). Kommentare: G. W. Mooney (Dublin 1912). Buch 1: A. Ardizzoni (Rom 1967). Buch 3: R. Hunter (Cambridge 1989); M. Campbell (V. 1–471, Leiden 1994). Buch 4: E. Livrea (Florenz 1973). Fragmentarische Werke: *CA p.* 4–8. Weitere Literatur: M. Campbell, *Echoes and Imitations of Early Epic in Apollonius Rhodius* (Leiden 1981); J. F. Carspecken, *YClS* 13 (1952) 33–143; E. Delage, *La Géographie dans les Argonautiques d'Apollonios de Rhodes* (Bordeaux 1930); M. Fantuzzi, *Ricerche su Apollonio Rodio* (Rom 1988); H. Fränkel, *Noten zu den Argonautika des Apollonios* (München 1968); M. Fusillo, *Il tempo delle Argonautiche* (Rom 1985); P. Händel, *Beobachtungen zur epischen Technik des Apollonios* (München 1954); H. Herter, *Jahresberichte über die Fortschritte der Altertumswissenschaft* 285 (1944–1955) 213–410; ders., *RE* Suppl. 13, 15–56; R. Hunter, *The Argonautica of Apollonius. Literary Studies* (Cambridge 1993); G. Paduano, *Studi su Apollonio Rodio* (Rom 1972); A. Rengakos, *Apollonios von Rhodos und die antike Homererklärung* (München 1994).

2.4.2 Epyllion

Erzähltexte begrenzten Umfangs gibt es bereits in früher Epik und Hymnendichtung (vgl. Demodokos' Lied von der Liebe zwischen Ares und Aphrodite in *Odyssee* 8) und in der Lyrik (vgl. Pindar, *Pyth.* 4; Bakchylides); sie wurden dann aber ein Charakteristikum hellenistischer Dichtung. Zu dieser wachsenden Vorliebe für kürzere Erzählungen trug sowohl bewußtes Nachdenken über literarische Ästhetik bei als wiederum auch die Verbreitung von Buchtexten. Meistens handelte es sich dabei um Hexameter-Gedichte, aber auch erzählende Elegien sind bekannt (Eratosthenes, *Erigone*; vgl. bereits die *Demeter* des Philitas).

Der Begriff 'Epyllion' ist für diese Art Dichtung in der Antike nicht belegt; er wird heute verwendet, um zwei große Gedicht-Gruppen zu bezeichnen: einerseits Werke wie die *Hekale* des Kallimachos, den *Hermes* des Eratosthenes (vgl. *SH* 397) und die mythologischen Gedichte des Euphorion, die Hunderte von Versen und mehr umfassen konnten und offenbar mehr als nur eine Erzählung enthielten; andererseits auch kürzere Gedichte von 100 bis 200 Versen (die *Europa* des Moschos, die *Megara*, Theokrit 24). Typisch hellenistisch ist an diesen Gedichten die Verwendung seltener Mythen, die wichtige Rolle der Aitiologie und ein Interesse, mit komplexen Baustrukturen zu experimentieren (vgl. Catull 64 u. 68). Die *Hekale* (vgl. u.) und die *Europa* schließen eine oder mehr Geschichten oder Beschreibungen innerhalb der Haupterzählung ein, und diese Art 'Miniaturisierung' der Erzählstruktur der *Odyssee* war wahrscheinlich ein wiederkehrendes Element des hellenistischen Erzählstils: Gedichte, deren Umfang den Unterschied zu den homerischen Gedichten bewußt demonstrierte, stellten sich zugleich der Herausforderung, etwas Vielfältiges und Komplexes darzubieten und es nicht bei Vereinfachung und banaler 'Einheitlichkeit' zu belassen.

Die vielleicht 1200 Hexameter umfassende *Hekale* des Kallimachos erzählte, wie Theseus auf seinem Weg zum Kampf gegen den Stier von Marathon im ländlichen Attika von einer Frau namens Hekale bewirtet wurde, als er in ihrer Hütte Schutz von einem Unwetter suchte. Nach seiner Rückkehr vom Stierkampf mußte er feststellen, daß Hekale gestorben war; er benannte deshalb den örtlichen Demos nach ihr und begründete ein Heiligtum des Zeus

Hekaleios. Das Werk scheint voller aitiologischer Anspielungen auf attische Altertümer und Gebräuche gewesen zu sein, für die Kallimachos offensichtlich attische Lokalgeschichten benutzte. Die Beschreibung des ländlichen Lebens Hekales und der althergebrachten Bauernspeisen, die sie Theseus vorsetzte (vgl. Eumaios und Odysseus) war später der berühmteste Teil des Werkes; Ovids Erzählung von Philemon und Baucis (*Met.* 8, 626ff.) ist nur die bekannteste seiner Nachbildungen.

Hinsichtlich ihrer Gattung steht die *Hekale* sicherlich der Epik am nächsten; dies zeigen das Metrum, der Gebrauch 'epischer' Vergleiche (sonst bei Kallimachos sehr selten), die scheinbare Abwesenheit der (in den *Aitia* und den *Hymnen* so vertrauten) auktorialeingreifenden Stimme des Dichters und auch ein Stil und Wortgebrauch, der Homer näher steht als derjenige der *Hymnen*. In einer größeren Episode dieses Werkes erzählte eine Krähe einem anderen Vogel die Sage von Erichthonios und prophezeite, daß der weiße Rabe eines Tages in einem schwarzen verwandelt würde, weil er Apollon schlechte Nachrichten gebracht habe; hier zeigt sich die erwähnte Vorliebe für 'Geschichten innerhalb von Geschichten'.

Zum Epyllion: W. Allen, *TAPhA* 71 (1940) 1–26; W. Bühler, *Die Europa des Moschos* (Wiesbaden 1960); Cameron, *Callimachus* 437–53; M. M. Crump, *The Epyllion from Theocritus to Ovid* (Oxford 1931); B. Effe, *RhM* 121 (1978) 48–77; Kathryn J. Gutzwiller, *Studies in the Hellenistic Epyllion* (Königstein 1981); S. Koster, *Antike Eposttheorien* (Wiesbaden 1970); G. Perotta, *Scritti minori* II (Rom 1978) 34–53. – Zur *Hekale*: A. S. Hollis, *Callimachus, The Hecale* (Oxford 1990).

2.5 Katalog- und didaktische Dichtung

2.5.1 Katalogdichtung in hesiodeischer Tradition

Alle nicht-dramatischen hellenistischen Dichter mußten Stellung zu Homer beziehen, und wenigstens *einen* Weg dazu bot die hesiodeische Tradition an: Der hesiodeische *Frauenkatalog* und die *Theogonie* (IV 1.2.5) zeigten, wie ein früher Dichter Nachrichten sammelte und 'katalogisierte', und dies dürfte die gelehrten 'Katalogisierer' der hellenistischen Zeit angeregt haben; die 'technischen' (auf *Technai* ausgerichteten) *Werke und Tage* boten aitiologisch interessierten Dichtern, die vor dem Hintergrund einer echten Revolution wissenschaftlicher Erkenntnislage schrieben, geradezu eine aitiologische Erklärung der Welt an. Das hesiodeische Erbe tritt in vielfacher Weise zutage: Die *Leontion* des Hermesianax von Kolophon trug in drei elegischen Büchern erotische Geschichten zusammen, um ihren Autor vielleicht für den Verlust seiner Geliebten zu trösten (vgl. die *Lyde* des Antimachos); etwas ähnliches leisteten für die päderastische Liebe die *Erotes oder Kaloi* des Phanokles; ein erhaltenes Fragment erzählt, wie Orpheus durch thrakische Frauen getötet wurde, «weil er als erster ... das Begehren von Frauen zurückwies». Sowohl die Verwendung der hesiodeischen Form für einen 'anti-hesiodeischen' *Katalog hübscher Jünglinge* als auch die Gegenüberstellung von homo- und heterosexueller Liebe (vgl. Asklepiades XXXVII Gow-Page) zeigen typisch hellenistischen Geschmack. Nikander von Kolophon trug mythische Metamorphosen (*Heteroiumena*, vgl. Ovids *Metamorphosen*) zusammen, Euphorion und andere verfaßten Kataloge von Flüchen gegen ungenannte Feinde (vgl. die *Ibis*-Gedichte des Kallimachos und Ovid); doch es war erneut Kallimachos, der zeigte, wie poetische Tradition nicht nur verwendet, sondern auch erneuert werden konnte.

2.5.2 Die *Aitia* des Kallimachos

Kallimachos' *Aitia*, ein elegisches Gedicht von etwa 6000 Versen in vier Büchern, behandelten die Ursprünge von Gebräuchen und Kulten überall in der griechischen Welt. Sie schöpften dazu lokale Geschichtswerke und Chroniken dichterisch aus; einige dieser Quellen werden vom Dichter selbst oder von seinen antiken Kommentatoren genannt. (Früher war die alte Dichtung ihrerseits eine bedeutende Quelle dieser Chroniken gewesen.) In Buch 1 und 2 bestanden die einzelnen *Aitia* in Antworten der Musen auf Fragen des Dichters, der sich selbst als im Traum auf den Helikon versetzt darstellte, wo die Musen ihn – wie einst Hesiod – unterwiesen; die Bücher 3 und 4 (vielleicht erheblich später verfaßt) verwendeten dieses Gliederungsprinzip nicht mehr. Die Leitlinien des Werkes waren offenbar ein Streben nach Abwechslung in Thematik und Umfang der einzelnen *Aitia*, eine Tendenz zur Zusammenstellung verwandter Geschichten sowie eine Strukturierung, die vor allem Ringkomposition und Wiederholung wichtiger Motive erkennen läßt. Die *Aitia* wurden Kallimachos' bekanntestes Werk; in Rom machten sie ihn zu einem der führenden (vielleicht *dem* führenden) griechischen Elegiker. Die längste zusammenhängende erhaltene Partie stammt aus der Geschichte von Akontios und Kydippe in Buch 3; ein glücklicher Zufall, denn dieses *Aition* übte großen Einfluß auf die römische Dichtung aus (Vergil, *Ecl.* 2 und 10; Properz 1, 18; Ovid, *Her.* 20–21) und bietet damit eine seltene Gelegenheit, die kallimacheische Tradition genauer zu verfolgen.

In einem programmatischen und polemischen Prooemium (fr. 1) antwortet Kallimachos auf angebliche Kritik daran, daß er nicht «ein zusammenhängendes Gedicht in vielen tausend Versen über Könige oder Helden» geschrieben habe. Das bezieht sich offensichtlich mehr auf den Stil des Werkes als auf seine 'Gattung'; Kallimachos lehnt auch nicht (wie man ihn oft versteht) lange Gedichte als solche ab, sondern vielmehr die Länge als ein gültiges ästhetisches Kriterium. Worauf es ankommt, ist *techne* ('dichterische Kunst'), wie lang ein Gedicht auch sein mag. Dabei beruft sich Kallimachos auf die besondere Beziehung zwischen Hesiod und den Musen als sein legitimierendes Vorbild; das doppelte Vorbild des Hesiod und des Odysseus – dessen 'realen' Fahrten entspricht die geistige Reise des Dichters – läßt sich überall in den Fragmenten aufspüren.

Buch 3 und 4 waren von Gedichten zu Ehren Berenikes II. eingerahmt; Buch 3 begann mit einem elegischen Epinikion (der 'Victoria Berenices', *SH* 254–269), das einen Wagensieg des Gespanns der Königin an den nemeischen Spielen feierte. Das Haupt-*Aition* dieses Gedichtes (vielleicht 200 Verse) scheint der Ursprung der mit den nemeischen Spielen verbundenen Opfer und Siegeskränze gewesen zu sein, vielleicht auch der Ursprung der Spiele selbst. Das pindarische Erbe des Gedichtes erkennt man klar an seinem Zweck, an der Auswahl des Mythos und an dessen aitiologischer Ausrichtung: Herakles galt als ein Ahnherr der Ptolemäer, und Berenikes Sieg wiederholt in der Gegenwart einen Triumph der vorbildhaften Vergangenheit. Der Mittelteil der *Victoria* erzählt die Geschichte, wie Herakles auf seinem Weg zum Kampf mit dem nemeischen Löwen von dem einfachen Bauern Molorkos bewirtet wird (vgl. Theseus und Hekale); dabei wird Herakles' Heldentat durch die Beschreibung von Molorkos' ländlichem Leben und von seinem Kampf gegen dessen 'wahre' Plagen (z. B. Mäuse) an den Rand gedrängt. Das korrespondierende Gedicht am Ende von Buch 4 ist in seiner Konzeption vollkommen anders: Berenike hatte gelobt, sie werde den Göttern eine Locke ihres Haares weihen, wenn ihr Mann unversehrt aus dem syrischen Krieg zurückkehre; die Locke verschwand dann aber aus dem Tempel, und der gelehrte Astronom Konon verkündete, er habe sie als neues Sternzeichen in der Nähe von Löwe und Jungfrau identifiziert. In Kallimachos' Gedicht (von Catull in seinem Gedicht 66 übersetzt) äußert die Locke ihr Bedauern darüber, daß sie sich nicht mehr auf dem Kopf der Königin befindet (fr. 110); so verbinden sich in diesem ingeniösen Enkomion brillant Ironie, Erotik und Trauerbekundung.

2.5.3 'Didaktische' Epik

Überall in der Dichtung spiegelt sich hellenistische Gelehrsamkeit wider, von der Geographie der *Argonautika* bis zu den phantasievollen mathematischen Gedichten des Archimedes und Eratosthenes. Die alten Dichter waren die Wächter nicht nur des gesellschaftlichen Gedächtnisses, sondern auch 'technischer' Kunde gewesen; in hellenistischer Zeit aber war das Medium, in dem 'Wissen' weitergegeben wurde, die Prosa, und die einzige Sachkenntnis, die Dichter noch für sich beanspruchen konnten, lag eben darin, Dichtung hervorzubringen. So wie die frühesten Prosaschriftsteller auf die Autorität der Dichter zurückgegriffen hatten, bezogen die Dichter nun ihrerseits Stoff aus Prosawerken. Von den vielen noch bekannten Namen und Werktiteln sind nur drei Gedichte tatsächlich erhalten geblieben: Die *Theriaka* und *Alexipharmaka* des Nikander von Kolophon (wahrscheinlich 2. Jh.) behandeln in 'kallimacheischen' Hexametern giftige Tiere und Heilmittel gegen Gifte; die *Phainomena* des Arat von Soloi (1154 Hexameter; frühes bis mittleres 3. Jh.) sind eine Darstellung der Fixstern-Konstellationen sowie ihrer Konjunktionen, ferner von Wetterzeichen durch Himmelskörper und andere Naturerscheinungen. Sowohl die Art dieses Gedichts wie auch sein Nachleben (Cicero, Germanicus, Verg. *Georg.* 1, Avienus u. a.) machen es zu einem wichtigen Dokument.

Für die Sternzeichen war Arat den (vielleicht schon ein Jh. früher geschriebenen) Prosa-*Phainomena* des großen Astronomen Eudoxos stark verpflichtet; die 'Wetterzeichen' verdanken viel einer verlorenen Abhandlung (vielleicht Theophrasts) aus dem 4. Jh., uns kenntlich vor allem aus einer erhaltenen Prosafassung (= Theophr. fr. VI Wimmer), die wahrscheinlich jünger ist als Arat.

In der einleitenden 'Hymne an Zeus' stellt Arat sein Gedicht als eine Neufassung von Hesiods *Werken und Tagen* (*IV* 1.2.5) vor, und die zweiteilige Struktur seines Werkes und sogar die metrische Technik scheint Hesiod verpflichtet. Die bekannteste Partie der *Phainomena*, der Mythos von Parthenos-Dike (V. 96–136), bildet weitgehend Hesiods 'Zeitalter-Mythos' nach. Die

Werke und Tage stellen einen allmächtigen und allwissenden Zeus dar, dem es zwar um Gerechtigkeit geht, dessen Geist jedoch wechselhaft und schwer zu erkennen ist; der Zeus der *Phainomena* steht den Menschen offen und gütig durch himmlische 'Zeichen' bei. Arat ist damit deutlich dem frühen Stoizismus (*VII 1.6.2*) verpflichtet; so deutet er den Zeus Hesiods als Vorwegnahme von Konzeptionen, die seiner eigenen Zeit vertraut waren.

Zur hesiodeischen Tradition vgl. Cameron, *Callimachus*; Hannelore Reinsch-Werner, *Callimachus Hesiodicus* (Berlin 1976); B. Effe, *Dichtung und Lehre. Untersuchungen zur Typologie des antiken Lehrgedichts* (München 1977). – Hermesianax: *CA* p. 96–106. – Phanokles: *CA* p. 106–9.– Kallimachos, *Aitia*. Text: fr. 1–190 Pfeiffer; *SH* 238–277. Kommentare: G. Massimilla (Pisa 1996), Bücher 1–2; K. Fabian (Alexandria 1992), Buch 2. Weitere Literatur: Cameron, *Callimachus*; W. Wimmel, *Kallimachos in Rom* (Wiesbaden 1960); M. Asper, *Onomata Allotria. Studien zur poetologischen Metapher bei Kallimachos, Pindar und Aristophanes* (Diss. Freiburg i. Br. 1994); Therese Fuhrer, *Die Auseinandersetzung mit den Chorlyrikern in den Epinikien des Kallimachos* (Basel 1992); P. Parsons, *ZPE* 25 (1977) 1–50; L. Koenen, in: Bulloch (1993) 25–115. – Nikander. Text: O. Schneider (Leipzig 1856); A. S. F. Gow – A. F. Scholfield (Cambridge 1953). Weitere Literatur: G. Pasquali, *Scritti filologici* (Florenz 1986) 1, 340–87; H. Schneider, *Vergleichende Untersuchungen ... Nikandros von Kolophon* (Wiesbaden 1962); J. M. Jacques, *Ktema* 4 (1979) 133–149. – Arat. Text und Kommentar: J. Martin (Florenz 1956); M. Erren (München 1971); D. A. Kidd (Cambridge, demnächst). Weitere Literatur: J. M. Jacques, *REA* 52 (1960) 48–61; W. Ludwig, *Hermes* 91 (1963) 425–48; M. Erren, *Die Phainomena des Aratos von Soloi* (Wiesbaden 1967); Mary Pendergraft, *Aratus as a Poetic Craftsman* (Diss. North Carolina 1982); dies., *Syllecta Classica* 6 (1995) 43–67; R. Hunter, *Arachnion* 2 (1995) 1–34.

2.6 Hymnen und Enkomien

Die Abfassung und Aufführung von Hymnen blühte auf allen Ebenen der hellenistischen Gesellschaft; Inschriften haben lyrische Hymnen und Paeane bewahrt, die vermutlich weiterhin eine Rolle im Kult spielten (vgl. *CA* p. 132–6. 162–172). Die politischen Umwälzungen des späteren 4. Jh. hatten zudem das Wohlergehen von Städten (und später ganzen Reichen) in die Hand großer Machthaber gelegt, die nun mit ähnlichen Begriffen gefeiert wurden wie früher die göttlichen 'Retter' oder 'Beschützer' der Städte; das früheste erhaltene Beispiel ist der ithyphallische athenische Hymnos auf Demetrios Poliorketes (*CA* p. 173–4). In Alexandria lebten die Ptolemäer – die sich in der Nachfolge eines Königs (Alexander) sahen, der noch zu Lebzeiten zum 'Gott' geworden war – in einer Sphäre, in der alles 'religiös' war; die alexandrinische 'Hof'dichtung hat daher einen deutlich hymnischen Charakter. Hier zeigt sich erneut die Bedeutung Hesiods: Seine *Theogonie* (*IV 1.2.5*) betont die Beziehungen zwischen Zeus und mächtigen Männern (*basileis*) und zwischen mächtigen Männern und Dichtern (*Theog.* 80–103), und beides ist für Dichter, die an hellenistischen Höfen und unter dem Patronat neuer *basileis* schreiben, eminent wichtig. Die Analogie zwischen dem Herrn des Olymp und dem großen König auf Erden war in der Theorie des hellenistischen Königtums ein

Gemeinplatz, und die Dichtung zeigt ähnliche Tendenzen: Kallimachos' *Zeushymnos* enthält eine ausgedehnte Nachbildung der *Theogonie* zum größeren Ruhme des Ptolemaios.

Die *homerischen Hymnen* (*IV 1.2.3*) haben zwar in den Papyri wenig Spuren hinterlassen und waren offenbar auch kein Gegenstand ausgedehnter alexandrinischer Exegese; als Vorbilder für 'elitäre' Dichtung spielten sie dennoch eine offensichtlich große Rolle: Sechs Hymnen des Kallimachos sind erhalten (auf Zeus, Apollon, Artemis, Delos, Athena und Demeter); von Theokrit haben wir Hymnen auf die Dioskuren (22), Herakles (24), Dionysos (26) und Adonis (15, 100–44) sowie Enkomien auf Ptolemaios II. (17) und Hieron von Syrakus (16). Wie das mythologische Erzählen allgemein orientieren sich die Hymnen an der Vergangenheit, um die Gegenwart zu beglaubigen; sie nehmen damit Anteil an den Verfahrensweisen, mit denen hellenistische Dichter einerseits die Verbindung mit der Vergangenheit suchten, andererseits aber auch Distanz zu ihr anzeigten. Wie die alten Hymnen enthüllen diese Gedichte das machtvolle Wesen der Götter; deren Macht zeigt sich aber auch in der Komplexität des Dichtens, die sich bei Kallimachos oft mit einer amüsierten Verspieltheit verbindet.

In seinem *Apollonhymnos* macht Kallimachos die *sphragis* des homerischen Apollonhymnos (V. 165–78) zur seinen, indem er Apollon persönlich seine Unterstützung der ästhetischen Prinzipien seines Dichters erklären läßt (*hAp* 105–13). Auch die 'homerische' Beschreibung des delischen Götterfestes hat Kallimachos' Hymnos beeinflußt; anstatt jedoch eine solche Beschreibung in seinen Hymnos einzufügen, 'dramatisiert' Kallimachos ihn dadurch, daß er *ihn* umgekehrt in ein Fest zu Ehren des Gottes einfügt, das sozusagen während des Vortrags des Hymnos stattfindet. Ähnlich – aber mit Verbindungen eher zur dorischen Tradition des Chorgesangs als zu der der ionischen Rhapsoden – sind der 'mimetische' 5. Hymnos auf Athena (in Distichen) und der 6. auf Demeter: Der erstere 'spielt' an einem argivischen Fest, an dem Athenas Statue im Fluß Inachos gebadet wird. Innerhalb dieses Rahmens erzählt der Dichter/Chorführer die Geschichte von Teiresias, der, während er auf dem Helikon in Böotien jagte, versehentlich sah, wie Athena und seine Mutter Chariklo in der Quelle Hippokrene badeten, und deshalb mit Blindheit bestraft wurde; damit treten zwei 'Bäder der Pallas' nebeneinander, und aus der Teiresias-Geschichte wird ein warnendes Exemplum für die argivischen Männer. Im 6. Hymnos bestraft Demeter Erysichthon für seine Frevel mit unaufhörlichem Hunger; ausführlich wird geschildert, wie Erysichthons Eltern den dadurch hervorgerufenen Zusammenbruch ihrer gesellschaftlichen Welt zu verheimlichen suchen.

Literatur zu den Hymnen und Enkomien: A. W. Bulloch, *Callimachus. The Fifth Hymn* (Cambridge 1985); N. Hopkinson, *Callimachus. Hymn to Demeter* (Cambridge 1984); W. Meincke, *Untersuchungen zu den enkomiastischen Gedichten Theokrits* (Diss. Kiel 1965); F. Griffiths, *Theocritus at Court* (Leiden 1979); Hunter, *Theocritus*; ders., *MD* 29 (1989) 9–34; Bing, *Muse*; M. Haslam–A. Henrichs, in: Harder, *Callimachus* 111–47.

2.7 Epigramm

Kein literarisches Genos ist für das hellenistische Zeitalter kennzeichnender als das Epigramm. Es hat seine Wurzeln zum einen in 'wirklichen' *epigrammata* ('Aufschriften'), die in der frühesten Zeit zu einem Grab gehörten oder etwas zur Schau stellen sollten (z. B. den Eigentümer oder Hersteller eines Gegenstandes), zum anderen in der sympotischen und erotischen Dichtung der archaischen Zeit (Sappho, Anakreon, Theognis u. a.) und wurde dann zu einer universellen literarischen Ausdrucksform. Seine Kürze machte es nicht nur jedem zugänglich, der ein elegisches Distichon bilden konnte, sondern auch zu einer Herausforderung für große Dichter. Die Hunderte von noch erhaltenen Epigrammen sind lediglich ein Bruchteil derer, die einst geschrieben wurden. Unsere Hauptquelle, die sogenannte *Anthologia Palatina*, geht auf Sammlungen des Meleager von Gadara (um 100 v. Chr.), der selbst ein bedeutender Epigrammatiker war, und des Philippos von Thessalonike (wahrscheinlich Zeit Neros) zurück. In der frühesten Zeit bestanden 'Epigramme' aus Hexametern; dann aber wurde das elegische Distichon vorherrschend und verdrängte schließlich alle anderen Formen, obwohl sich noch eine Anzahl Epigramme in lyrischen und iambischen Versmaßen aus dem 4. und 3. Jh. erhalten hat.

Entsprechend seinen literarischen Vorläufern dominieren im Epigramm erotische und sympotische Themen; dabei nahm Asklepiades von Samos (spätes 4./frühes 3. Jh.) offenbar einen bedeutenden Platz ein. Gleichwohl blieben literarische Versionen von 'wirklichen' epigrammatischen Anlässen (Grabaufschriften, Tempelweihungen u. ä.) wichtig, und Leonidas von Tarent schrieb Gedichte, die 'Genreszenen' aus dem Leben einfacher Leute darstellten. Bei der Vermittlung griechischer dichterischer Themen an die römischen Neoteriker war das erotische Epigramm ein bedeutender Träger und auch ein wichtiger Vorläufer der Elegien des Tibull, Properz und Ovid.

Text und Kommentare: H. Beckby, *Anthologia Graeca* (München ²1968), mit wichtiger Einleitung und Bibliographie; A. S. F. Gow–D. L. Page, *The Greek Anthology: Hellenistic Epigrams* (Cambridge 1965); dies., *The Greek Anthology: The Garland of Philip and Some Contemporary Epigrams* (Cambridge 1968). Wichtig für die Geschichte des Genos ist P. A. Hansen, *Carmina Epigraphica Graeca* I–II (Berlin–New York 1983, 1989). Weitere Literatur: A. Cameron, *The Greek Anthology from Meleager to Planudes* (Oxford 1993); D. H. Garrison, *Mild Frenzy* (Wiesbaden 1978); S. Tarán, *The Art of Variation in the Hellenistic Epigram* (Leiden 1979); G. Giangrande, *Scripta Minora Alexandrina* (Amsterdam 1980–1985); *L'Epigramme Grecque* (Entretiens 14, Vandoeuvres-Genève 1968); P. Kägi, *Nachwirkungen der älteren gr. Elegie in den Epigrammen der Anthologie* (Diss. Zürich 1917); G. Pfohl (Hrg.), *Das Epigramm* (Darmstadt 1969); R. Reitzenstein, *Epigramm und Skolion* (Gießen 1893).

2.8 Geschichtsschreibung

Vieles von dem, was von der riesigen Produktion literarischer Prosa in der hellenistischen Zeit überlebt hat, läßt sich nicht einfach als 'Geschichte', 'Philosophie', 'Wissenschaft' o. ä. klassifizieren; die Schriften eines Poseidonios etwa widersetzen sich solchen einfachen Zuweisungen (*VII 1.6.2*), und die Monographie peripatetischer Tradition über ein einzelnes Thema oder eine historische Gestalt enthielt oft Stoff aus allen diesen Gebieten. In der Geschichtsschreibung gesellten sich zu den früheren Traditionen der Lokalgeschichte nunmehr 'Universalgeschichten' (κοιναὶ ἱστορίαι), die die Geschichte der ganzen griechischen oder griechisch-römischen Welt darzustellen trachteten (sei es diachronisch oder für eine bestimmte Zeit). Diese Entwicklung muß mit den veränderten Perspektiven in Verbindung gebracht werden, die zunächst durch die Eroberungen Alexanders sowie die großen Reiche seiner Nachfolger und dann durch den Aufstieg Roms geschaffen wurden.

Der bedeutendste hellenistische Geschichtsschreiber, dessen Werk sich noch in größerem Umfang erhalten hat, ist Polybios von Megalopolis (Achaia); seine *Historien* in 40 Büchern sollten ihren griechischen Lesern zeigen, «wie und mit welcher Art von Verfassung die Römer nahezu die ganze bewohnte Welt in weniger als 53 Jahren unter ihre Herrschaft brachten» (1, 1, 5). Die Bücher 1–5 sind vollständig erhalten, daneben längere Auszüge aus den übrigen. Von besonderem Interesse ist Polybios' Darstellung der 'gemischten' römischen Verfassung in Buch 6. Polybios schrieb mit den Vorteilen zugleich des von außen Kommenden wie des 'Eingeweihten': Von 167 bis 150 v. Chr. lebte er in Rom als eine der Geiseln, die das Wohlverhalten des achäischen Bundes garantieren sollten; er stand dabei in freundschaftlicher Beziehung zu Scipio Aemilianus und konnte daher das Verhalten der römischen senatorischen Elite ganz aus der Nähe beobachten. In der außerordentlich raschen Ausbreitung der römischen Macht sah Polybios das Wirken der *Tyche*, die hier aber nicht als 'blinder Zufall' oder ein sich rationaler Analyse widersetzendes 'zufälliges Zusammentreffen' aufgefaßt wird – obwohl *tyche* diese Bedeutungen oft genug im Werk hat –, sondern eher als eine zweckgerichtete, teleologische Macht (1, 4, 1), die mit ihrer Vereinigung der bekannten Welt unter römischer Herrschaft in Analogie zu der synoptischen Perspektive von Polybios' eigenem Geschichtswerk steht.

Für Polybios hat das Studium der Geschichte ein praktisches und moralisches Ziel: Es ist eine «Erziehung und Schulung für politische Betätigung» (1, 1, 2). Der 'Nutzen' (τὸ χρήσιμον) der Geschichte (1, 4, 11) ist damit sehr verschieden von dem 'Nutzen' (τὸ ὠφέλιμον) den Thukydides für sein Werk in Anspruch nahm (1, 22, 4). Gleichwohl scheint Polybios – anders als die meisten anderen hellenistischen Geschichtsschreiber – mehr als nur ein Lippenbekenntnis zum thukydideischen Modell der Geschichtsschreibung abgelegt zu haben; er übt harte Kritik an Historikern, die er um der Wirkung ihrer Darstellung willen Zuflucht zu dick aufgetragenem Pathos oder gar zu Erfindungen und Fälschungen nehmen sieht. Sein Werk stellt das bemerkenswerteste Erinnerungszeugnis an die giechische Begegnung mit Rom dar, das sich erhalten hat.

F. W. Walbank, *A Historical Commentary on Polybius* (3 Bde, Oxford 1957–1979); ders., *Polybius* (Berkeley 1972); H. Tränkle, *Livius und Polybius* (Basel–Stuttgart 1977); A. M. Eckstein, *Moral Vision in the Histories of Polybios* (Berkeley 1995).

Sehr verschieden in der Konzeption – obgleich ebenfalls 40 Bücher umfassend und ebenfalls ein Produkt langen Aufenthaltes in Rom – war die *Bibliothek der Geschichte*, Βιβλιοθήκη ἱστορική, des Diodor von Sizilien, die unter

Caesar und Octavian geschrieben wurde. Diodors Werk erstreckte sich von der Erschaffung der Welt bis zum Jahr 54 v. Chr. Die Bücher 1-5, die ungefähr die Geschichte der Welt im 'mythischen' Zeitalter umfassen, und 11–20 (von den Perserkriegen bis 302 v. Chr.) sind vollständig erhalten. Wie Polybios sah Diodor zugleich ein praktisches Ziel im Studium der Geschichte – es rege zur Nachahmung der großen Männer der Vergangenheit an (1, 1–2) – und einen allgemeineren moralischen Zweck, eng verbunden mit dem Studium der Philosophie (1, 2, 2–3). Obwohl der Wert Diodors gewöhnlich nur nach dem seiner Quellen bemessen wird, an die er sich eng anschließt, machen der handbuchartige Charakter seines Werkes und die Ziele, mit denen er es ausstattet, dieses zu einem bedeutenden Dokument späthellenistischer Kulturgeschichte. Die moderne Forschung hat sich zu oft mit der (häufig nicht mehr ergründbaren) Historizität dessen auseinandergesetzt, was Diodors Quellen enthielten, anstatt sich mit der Art und Weise zu beschäftigen, in der er die Vergangenheit rekonstruiert, oder mit den Zielen, um deretwillen er dies tut; über diese Themen bleibt noch viel zu sagen.

E. Schwartz, *RE* 5, 1 (1905) 663–704; K. S. Sacks, *Diodorus Siculus and the First Century* (Princeton 1990).

2.9 Bibliographie

Diese Bibliographie enthält nur allgemeine Werke zur hellenistischen Literatur sowie Titel, die in den Abschnitts-Bibliographien abgekürzt zitiert wurden.

Textsammlungen: *CA* = J. U. Powell (Hrg.), *Collectanea Alexandrina* (Oxford 1925); *SH* = H. Lloyd-Jones–P. Parsons (Hrgg.), *Supplementum Hellenisticum* (Berlin–New York 1983).

Sekundärliteratur: P. Bing, *The Well-Read Muse. Present and Past in Callimachus and the Hellenistic Poets* (Göttingen 1988); A. W. Bulloch et al. (Hrgg.), *Images and Ideologies: Self-definition in the Hellenistic World* (Berkeley 1993); ders., 'Hellenistic Poetry', in: *The Cambridge History of Classical Literature I* (Cambridge 1985) 541–621; F. Cairns, *Generic Composition in Greek and Roman Poetry* (Edinburgh 1972); G. Cambiano–L. Canfora–D. Lanza (Hrgg.), *Lo spazio letterario della Grecia antica I* 2 (Rom 1993); A. Cameron, *Callimachus and his Critics* (Princeton 1995); M. Fantuzzi, «La contaminazione dei generi letterari nella letteratura greca ellenistica: rifiuto del sistema o evoluzione di un sistema?», *Lingua e Stile* 15 (1980) 433–50; ders., 'Il sistema letterario della poesia alessandrina nel III sec. A. C.', in: Cambiano (1993) 31–73; P. M. Fraser, *Ptolemaic Alexandria* (Oxford 1972); M. Annette Harder et al. (Hrgg.), *Callimachus* (Groningen 1993); R. L. Hunter, *Theocritus and the Archaeology of Greek Poetry* (Cambridge 1996); G. Hutchinson, *Hellenistic Poetry* (Oxford 1988); R. Kassel, *Die Abgrenzung des Hellenismus in der gr. Literaturgeschichte* (Berlin 1987 = *Kleine Schriften* 154–173); A. Körte–P. Händel, *Die hellenistische Dichtung* (Stuttgart 1960); P. J. Parsons, «Poesia ellenistica: testi e contesti», *Aevum Antiquum* 5 (1992) 9–19; R. Pfeiffer, *Geschichte der Klassischen Philologie von den Anfängen bis zum Ende des Hellenismus* (München ²1978; urspr. engl., Oxford 1968); R. Pretagostini, *Ricerche sulla poesia alessandrina* (Rom 1984); L. Rossi, «I generi letterari e le loro leggi scritte e non scritte nelle letterature classiche», *BICS* 18 (1971) 69–94; E.-R. Schwinge, *Künstlichkeit von Kunst: Zur Geschichtlichkeit der alexandrinischen Poesie* (München 1986); F. Susemihl, *Geschichte der gr. Literatur in der Alexandrinerzeit* (Leipzig 1891–2); G. Weber, *Dichtung und höfische Gesellschaft* (Stuttgart 1993); U. von Wilamowitz-Moellendorff, *Hellenistische Dichtung* (Berlin 1924); G. Zanker, *Realism in Alexandrian Poetry* (London 1987).

3 Kaiserzeit

HEINZ-GÜNTHER NESSELRATH

Abgekürzt zitierte Literatur: Morgan – Stoneman: J. R. Morgan – R. Stoneman (Hrgg.), *Greek Fiction: The Greek Novel in Context* (London–New York 1994); Reardon: B. P. Reardon, *Courants littéraires grecs des IIe et IIIe siècles après J.-C.* (Paris 1971); Schmeling: G. Schmeling (Hrg.), *The Novel in the Ancient World* (Leiden 1996); *Spaz. lett.*: G. Cambiano – L. Canfora – D. Lanza, *Lo spazio letterario della Grecia antica*, vol. I: *La produzione e la circolazione del testo*, Tomo III: *I Greci e Roma* (Roma 1994); Swain: S. Swain, *Hellenism and Empire: Language, Classicism and Power in the Greek World A. D. 50–250* (Oxford 1996).

3.1 Einleitung: Allgemeine Charakteristika – Abgrenzung des Zeitraums

Im Jahre 30 v. Chr. wird der letzte hellenistische Großstaat römisch; die römischen Bürgerkriege sind vorbei, und die Mittelmeerwelt tritt in eine mehrhundertjährige Friedenszeit ein. Griechische Autoren, die den römischen Herrschaftsanspruch zuvor weitgehend ignoriert oder gar bekämpft hatten, lernen nunmehr, mit dieser Herrschaft zu leben und sogar ihre Vorteile zu genießen. Diese Neuorientierung macht sich zuerst in dem Werk eines griechischen Literaten bemerkbar, der sich im gleichen Jahr in Rom niederläßt: Dionysios von Halikarnass begrüßt im Reich des Augustus die Möglichkeit eines neuen Aufschwungs griechischer Bildung und Literatur nach langem Niedergang; inhaltlich bestimmt er diesen Aufschwung als Orientierung an den bedeutenden Werken vor allem attischer Prosa des 5. und 4. Jh.s v. Chr.

Das Jahr 30 darf daher aus politischen wie aus literarhistorischen Gründen als Anfang der kaiserzeitlichen griechischen Literatur gelten; der Beginn der spätantiken Literatur läßt sich am ehesten in die Übergangszeit setzen, in der der von Augustus begründete Prinzipat vom Dominat des Diocletian und Konstantin abgelöst wurde. Zuvor (nach der Mitte des 3. Jh.s n. Chr.) geht der breite Strom griechischer Literatur beträchtlich zurück; als er im 4. Jh. wieder bedeutend zunimmt, tut er dies unter stark gewandelten Vorzeichen: Die heidnisch-griechische Literatur hat nun in der christlichen einen mächtigen, bald übermächtigen Konkurrenten bekommen (*IV 4.1*).

3.1.1 Klassizismus und Attizismus

Der von 30 bis wenigstens 8 v. Chr. in Rom tätige Dionys von Halikarnass ist der erste kaiserzeitliche griechische Autor, von dem ganze Werke erhalten sind: ein Geschichtswerk (*3.4.1*) und das umfangreichste aus der Antike noch erhaltene literaturkritische Oeuvre. In der Vorrede zu Περὶ τῶν ἀρχαίων ῥητόρων ist die klassizistische Ausrichtung der kaiserzeitlichen griechischen Literatur erstmals programmatisch formuliert; das Werk behandelt eine Reihe von attischen Rednern. Weitere Themen des Dionys sind das Verhältnis zwischen der aristotelischen *Rhetorik* und Demosthenes (im 'Ersten Brief an Ammaios'), Geschichtsschreibung (Περὶ Θουκυδίδου, 'Zweiter Brief an Ammaios', 'Brief an Pompeius Geminus') und Stilistik allgemein (Περὶ μιμήσεως – großenteils verloren – und Περὶ συνθέσεως ὀνομάτων). Vielleicht noch etwas früher als Dionys tauchten bei seinem Zeitgenossen Caecilius von Kale Akte klassizistische (Περὶ τοῦ χαρακτῆρος τῶν δέκα ῥητόρων, Σύγκρισις Δημοσθένους καὶ Αἰσχίνους) und wohl auch attizistische Tendenzen auf (Κατὰ Φρυγῶν, Τίνι διαφέρει ὁ 'Αττικὸς ζῆλος τοῦ 'Ασιανοῦ; von allem nur Fragmente erhalten); eine bemerkenswerte Öffnung ins Römische könnte die Σύγκρισις Δημοσθένους καὶ Κικέρωνος demonstriert haben.

In z. T. polemischer Reaktion auf Caecilius entsteht im 1. Jh. n. Chr. eines der originellsten Produkte antiker Literaturkritik, die *Schrift vom Erhabenen* (Περὶ ὕψους, 'Pseudo-Longin'). Mit ihrer Suche nach dem Erhaben-Großartigen in der Literatur ist sie ein wichtiges Dokument für die Abkehr von der auf die kleine Form bedachten Dichtung des Hellenismus (35,4); 'Pseudo-Longin' zieht Homer, Sophokles, Pindar anderen (zwar sorgfältiger, aber auch weniger 'groß' arbeitenden) Vertretern ihrer Gattungen eindeutig vor (33,4).

Zu dem zunächst inhaltlich-stilistisch ausgerichteten Klassizismus gesellt sich dann auch ein lexikalisch-normativer Attizismus: Zwischen der Mitte des 2. und dem Anfang des 3. Jh.s entstehen die lexikalischen Werke des **Phrynichos, Pollux** und **Moiris**. Die immer dezidiertere Ablehnung alles 'Nicht-Attischen' (Phrynichos verwirft sogar den Sprachgebrauch Menanders) hatte schwerwiegende Folgen: Die hellenistische Prosa-Literatur ging fast ganz unter, weil sie den stilistischen Ansprüchen der Folgezeit nicht mehr genügte; da hingegen der Attizismus bis zum Ende von Byzanz gültiges Stilideal blieb, hat sich attizistische Prosa aus der Kaiserzeit in einem Umfang erhalten, der den jeder anderen griechischen Literaturepoche übersteigt.

A. Dihle, «Der Beginn des Attizismus», *A & A* 23 (1977) 162–177; Th. Gelzer, «Klassizismus, Attizismus und Asianismus», in: H. Flashar (Hrg.), *Le Classicisme à Rome aux Iers siècles avant et après J.-C.* (Genf 1979) 1–55. Literaturkritik: D. A. Russell, *Criticism in Antiquity* (Berkeley – Los Angeles 1981); ders., «Greek criticism of the Empire», in: G. A. Kennedy (Hrg.), *The Cambridge History of Literary Criticism I* (Cambridge 1989) 297–329. Zu Dionys: S. F. Bonner, *The literary treatises of Dionysius of Halicarnassus: A study in the development of critical method* (Cambridge 1939); Th. Hidber, *Das klassizistische Manifest des Dionys von Halikarnass: Die Praefatio zu De oratoribus veteribus* (Stuttgart-Leipzig 1996). Pseudo-Longin: Komm. Ausgabe von D. A. Russell (Oxford 1964). Zu den attizistischen Lexika: Swain 51–56.

3.1.2 Die 'Zweite Sophistik'

Zwischen der Mitte des 1. und 3. Jh.s n. Chr. blüht im griechischen Kulturleben jene Erscheinung, die Philostrat (*3.2.3*) als 'Zweite Sophistik' bezeichnet hat (*Vitae Soph.* I pr., p. 2,26f. K.); er läßt sie zwar mit dem Redner Aischines (*IV. 1.12.3*) beginnen, nennt aber als nächsten erst Niketes von Smyrna (späteres 1. Jh. n. Chr.). Anders als die Sophisten des 5. und frühen 4. Jh.s v. Chr. (*VII 1.2.1*) hat die 'Zweite' Sophistik freilich weniger mit Philosophie als mit Rhetorik zu tun. Von Kleinasien aus verbreitet sie sich fast über das ganze Reich; ihre Träger (die 'Sophisten') sind Rhetoren, die z. T. teuren 'Privatunterricht' geben, z. T. auf staatlichen Lehrstühlen in Rom und Athen installiert sind, die viel reisen, als 'Konzertredner' (L. Radermacher) gern vor Publikum auftreten und die Schulrhetorik zum Unterhaltungsmedium der gebildeten Führungsschichten machen (*3.2.2*).

Zu Begriff und Umschreibung Swain 1–100; G. W. Bowersock, «Philostratus and the Second Sophistic», in: Patricia E. Easterling – B. M. W. Knox (Hrgg.), *The Cambridge History of Classical Literature I: Greek Literature* (Cambridge 1985) 655–662 u. 863–866; S. Nicosia, «La seconda sofistica», *Spaz. lett.* 85–116; zu G. Anderson, *The Second Sophistic: A cultural phenomenon in the Roman Empire* (London 1993) vgl. H.-G. Nesselrath, *GGA* 247 (1995) 217–233; E. L. Bowie, «Greeks and their past in the Second Sophistic», in: M. I. Finley (Hrg.), *Studies in Ancient Society* (London–Boston 1974) 166–209. Vgl. jetzt auch: Th. Schmitz, *Bildung und Macht. Zur sozialen und politischen Funktion der Zweiten Sophistik in der griechischen Welt der Kaiserzeit* (München 1997).

3.2 Die Rhetorik

3.2.1 Die rhetorische Theorie

Die Schulrhetorik wird in der Kaiserzeit abschließend ausgebaut. Die 'Stasis-Lehre' (στάσις = 'Standpunkt', den ein Redner anklagend oder verteidigend zu dem fraglichen Sachverhalt zu entwickeln hat) des Hermagoras von Temnos (2. Jh. v. Chr.) bringen im 2. Jh. n. Chr. Minukianos und vor allem Hermogenes von Tarsos in Περὶ στάσεων in ihre endgültige Form. In *Über Stilformen* (Περὶ ἰδεῶν) beschreibt Hermogenes 7 verschiedene Stilarten (mit Unterteilungen); zwei weitere Werke, Περὶ εὑρέσεως und Περὶ μεθόδου δεινότητος, werden ihm fälschlich zugeschrieben. Vor allem stilistische Fragen behandeln auch die unter Aristides' (*3.2.2*) Namen überlieferten τέχναι ῥητορικαί (ebenfalls 2. Jh.), die 12 ἰδέαι unterscheiden. Im 3. Jh. verfaßt Apsines von Gadara neben anderen theoretischen Schriften die letzte vollständig erhaltene rhetorische Τέχνη; gegen Ende dieses Jh.s schreibt der Rhetor Menander von Laodikeia Kommentare zu Demosthenes (eine der Grundlagen der Demosthenes-Scholien), zu Minukianos und Hermogenes, dazu wenigstens die zweite der ihm zugeschriebenen Abhandlungen Περὶ ἐπιδεικτικῶν. Seit dem 1. Jh. n. Chr. entstehen mehrere Sammlungen von 'Vorübungen' (Προγυμνάσματα; die älteste stammt von Aelius Theon), die mit Beispielen die in der Rhetorikschule geübten Grundformen der Rede vermitteln.

Das rhetorische System geht dann als propädeutisches Fach in die neuplatonische Lehrtradition ein: Porphyrios (*VII 1.7.2*) kommentiert Minukianos, doch treten an dessen Stelle schon bald die Schriften des Hermogenes, die seit dem 4. Jh. von Neuplatonikern (Sopatros, Syrianos) kommentiert und bis zum Ende von Byzanz für die rhetorische Schulung kanonisch werden.

M. Heath, *Hermogenes, On Issues: Strategies of Argument in later Greek rhetoric* (Oxford 1995);
D. A. Russell – N. G. Wilson, *Menander Rhetor*, ed. with transl. and comm. (Oxford 1981).

3.2.2 Die rhetorische Praxis

Die drei seit Aristoteles unterschiedenen Formen der Rhetorik werden weiter praktiziert: 'Echte' Gerichtsreden treten sehr zurück, symbuleutische Reden – Adressen an Stadtgemeinden und Provinzialkörperschaften sowie Gesandtschaftsreden (namentlich vor dem Kaiser) – behalten eine gewisse Funktion. Der größte Teil der Rhetorik der Kaiserzeit ist epideiktischer Art: Fest-, Huldigungs- und Begrüßungsreden; Vorträge zur Unterhaltung eines entsprechend gebildeten Publikums, bestehend aus 'Vorreden' (προλαλιαί, διαλέξεις) und einstudierten (μελέται) oder improvisierten (αὐτοσχέδιοι λόγοι) Deklamationen. Die Redner versetzen sich in fiktive Gerichtsfälle und in große Entscheidungs-Situationen der 'klassischen' griechischen Geschichte, sie geben aber auch Lobreden auf unwürdige oder absurde Gegenstände (ἄδοξα, παράδοξα) zum besten. Die meisten von ihnen (Niketes [*3.1.2*], Skopelianos von Klazomenai, Hadrianos von Tyros, Alexander Peloplaton u. a.) sind nur noch aus Philostrats *Vitae Sophistarum* (*3.4.2*) und epigraphischen Zeugnissen bekannt; von Polemon von Laodikeia sind außer seinen aus späteren Bearbeitungen kenntlichen *Physiognomonika* zwei (heute abstrus anmutende) Μελέται erhalten. Redner mit umfänglicherem erhaltenen Oeuvre werden im folgenden näher vorgestellt.

G. W. Bowersock, *Greek Sophists in the Roman Empire* (Oxford 1969), dazu als Korrektiv: E. L. Bowie, «The importance of sophists», YClS 27 (1982) 29–59; D. A. Russell, *Greek declamation* (Cambridge 1983); G. Anderson, «The *pepaideumenos* in action: Sophists and their outlook in the early Roman Empire», in: *ANRW* II 33,1 (1989) 79–208; L. Pernot, *La rhétorique de l'éloge dans le monde gréco-romain I–II* (Paris 1993); J.-J. Flinterman, *Power, Paideia & Pythagoreanism: Greek identity, conceptions of the relationship between philosophers and monarchs and political ideas in Philostratus'* Life of Apollonius (Amsterdam 1995) 29–51. Zu Polemon (und Favorinos, s. u.) jetzt Maud W. Gleason, *Making men: Sophists and self-presentation in Ancient Rome* (Princeton 1995).

Dion von Prusa, genannt 'Chrysostomos' (etwa 40–112), genoß als Angehöriger einer reichen bithynischen Familie im Rom der flavischen Kaiser beträchtliches Ansehen bis zur Verbannung durch Domitian; sein daraufhin einsetzendes kynisierendes Wanderleben endete mit dessen Tod. Unter Nerva und Trajan 'rehabilitiert', verbrachte Dion seine letzten Lebensjahrzehnte in Prusa, wo er im politischen Leben der Stadt noch eine bedeutende Rolle spielte. Die Chronologie seines umfänglichen Oeuvres ist zum Teil sehr umstritten; es umfaßt 'sophistische' Paradoxographie (das *Lob des Haares* ist z. T. in Synesios' [*IV. 4.3.7*] *Lob der Kahlköpfigkeit* erhalten; der Τρωικός stellt Homers Trojanischen Krieg auf den Kopf), Abhandlungen über moralphilosophische Themen (*Über die Knechtschaft, Über die Freiheit, Über das Schicksal, Über den Neid, Über die Philosophie*) und lebendige Dialoge um den Kyniker Diogenes, ferner literaturgeschichtliche Essays und politisch-moralische Adressen an verschiedene Stadtgemeinden der östlichen Reichshälfte. Bedeutsam wegen ihres kunstästhetischen und religiösen Gehalts sind der Ὀλυμπικός und der Βορυσθενιτικός, wegen ihres politischen die vier Reden Περὶ βασιλείας, in denen Dion vor Trajan ein kynisch-stoisch geprägtes Ideal der Monarchie entwickelt, wegen seines sozialpolitischen der Εὐβοικός; die *Bithynischen Reden* geben Einblick in die Lage von Provinzstädten im Osten des Reiches. Früher schied man, Synesios (*IV 4.3.7*) folgend, einen zunächst 'sophistischen' von einem späteren 'philosophischen' Dion; das ist inzwischen aufgegeben: Die bei ihm allgegenwärtige Rhetorik hat teils mehr, teils weniger philosophischen Gehalt.

C. P. Jones, *The Roman World of Dio Chrysostom* (Cambridge, Mass. 1978); P. Desideri *Dione di Prusa: Un intellettuale greco nell'impero romano* (Messina 1978); B. F. Harris, «Dio of Prusa; a survey of recent work», in: *ANRW* II 33,5 (1991) 3853–3881; D. A. Russell, *Dio Chrysostom, Orations 7, 12, 36* (Cambridge 1992); Swain 187–241.

Favorinos (etwa 80–150) stammt aus dem gallischen Arelate, wurde aber gleichwohl ein bedeutender Vertreter der griechischen sophistischen Rhetorik; die wichtigste Quelle zu seinem Wirken ist – neben Philostrat – Gellius. Von Favorins Reden sind zwei unter Dions Namen erhalten (Κορινθιακός or. 37, Περὶ τύχης or. 64), eine dritte (Περὶ φυγῆς) auf einem Vatikan-Papyrus; andere Werke sind nur in Fragmenten erkennbar (*3.3.3; 3.5.3*). Favorins unendlich reicher Schüler Herodes Atticus hat mehr Spuren als großzügiger Bauherr (*VIII 4.2.2*) denn als Redner hinterlassen; eine erhaltene Μελέτη (Περὶ πολιτείας) ahmt so perfekt die rhetorischen Vorbilder der Klassik nach, daß sie öfters für eine echte Rede des 5. Jh.s v. Chr. gehalten wurde.

A. Barigazzi, «Favorino di Arelate», in: *ANRW* II 34,1 (1993) 556–581; E. Amato, *Studi su Favorino: Le orazioni pseudo-crisostomiche* (Salerno 1995). – W. Ameling, *Herodes Atticus, I: Biographie; II: Inschriftenkatalog* (Hildesheim 1983); L. Holford-Strevens, *Aulus Gellius* (Oxford 1988) 72–92 («Favorinus») und 99–103 («Herodes Atticus»).

Das bemerkenswerteste Faktum im Leben des Aelius Aristides (117–etwa 180) ist die langdauernde psychosomatische Krise, die ihn lange Jahre Zuflucht im Heiligtum des Asklepios in Pergamon suchen ließ. Verlauf und schließliche Überwindung der Krankheit hat Aristides in den Ἱεροὶ λόγοι festgehalten, einem für die Antike einzigartigen Werk, das in oft sprunghaft-assoziierender Darstellungsweise u. a. 130 Träume berichtet, in denen Asklepios selbst dem Kranken Therapie-Anweisungen gab. Aristides' rhetorische Erfolge dürften vor allem nach seiner Gesundung (in den 150er Jahren) anzusetzen sein: In Städtereden fordert er wie Dion von Prusa zu einträchtigem Zusammenleben auf; seine große Rede 'Auf Rom' zeichnet ein idealisiertes, aber nicht völlig unzutreffendes Bild von der römischen Herrschaft als kulturfördernder und einheitsstiftender Ordnungsmacht. Den Wiederaufbau der Stadt Smyrna nach dem verheerenden Erdbeben von 177 oder 178 fördern bewegende Appelle an die kaiserliche Zentralgewalt. Wie sehr auch Aristides der klassischen Vergangenheit verhaftet ist, zeigen seine einfühlsam geschriebenen Μελέται zu Entscheidungssituationen der griechischen Geschichte des 5. und

4. Jh.s v. Chr., sein *Panathenaikos* auf die politischen Großtaten der alten Athener und seine umfängliche Verteidigung der Rhetorik und der großen athenischen Staatsmänner, an denen Platon im *Gorgias* Kritik übte (or. 2–4 L.-B.). Prosa-Hymnen auf Götter des klassischen Griechenland runden diese Rückwärtsgewandtheit auch in religiöser Beziehung ab.

    C. A. Behr, «Studies on the biography of Aelius Aristides», in: *ANRW* II 34,2 (1994) 1140–1233; ders., *Aristides and the sacred tales* (Amsterdam 1968); H. O. Schröder, «Publius Aelius Aristides: Ein kranker Rhetor im Ringen um den Sinn des Lebens», *Gymnasium* 95 (1988) 375–380. – R. Klein, *Die Romrede des Aelius Aristides. Einführung* und *Textband* (Darmstadt 1981, 1983); J. W. Day, *The glory of Athens. The popular tradition as reflected in the Panathenaicus of Aelius Aristides* (Chicago 1980); Swain 254–297.

3.2.3 Philostrat

Eine bedeutende Gestalt nicht nur des rhetorischen Kulturbetriebs seiner Zeit, sondern auch ihrer moralisch belehren und unterhalten wollenden Literatur ist Philostrat (etwa 165–245), der 'Erfinder' der Zweiten Sophistik (*3.1.2*). Zunächst ein typischer Sophist, fand er dann Zugang zum Kreis der Kaiserin Julia Domna (Frau des Septimius Severus). Zu seinem vielseitigen Oeuvre gehören neben den biographie-ähnlichen *Vitae Sophistarum* (*3.4.2*) und der roman-artigen *Vita Apollonii* (*3.4.3*) die *Eikones* (Beschreibungen von Bildern mit meist mythischem Sujet, zum Teil durch Erklärungen und Interpretationen erweitert), bei denen man bis heute streitet, ob ihnen wirkliche oder erdachte Bilder zugrundeliegen, ferner Briefe (zumindest mehrheitlich fiktiv; *3.3.4*), der Dialog *Heroicus* (zum Heroenkult: einem der Dialogpartner, einem Weinbauern am Hellespont, erscheint regelmäßig der vor Troja gefallene Protesilaos und korrigiert u. a. die homerische Darstellung des Trojanischen Krieges), der monographische *Gymnastikos* (zu verschiedenen Aspekten des Sports, aber auch eine Kritik an seinen falschen 'modernen' Methoden), schließlich wohl auch der unter den Schriften Lukians überlieferte kurze Dialog *Nero*.

    Bei diesem Philostrat handelt es sich wahrscheinlich um 'Philostrat II' (zu seinem Leben und Werk jetzt Flinterman [o. *3.2.2*] 15–28); seinem Vater ('Philostrat I') werden von der *Suda* (die insgesamt 3 Philostrate nennt) wohl zu Unrecht *Nero* und *Gymnastikos* zugewiesen. Es gab auch noch 'Philostrat III' (er ist wohl der Verfasser einer Abhandlung über Briefstil), Neffe und Schwiegersohn von II, und 'Philostrat IV', Sohn von III und Enkel von II, der Autor einer zweiten Serie der *Eikones*; vgl. jetzt Flinterman 5–14. – G. Anderson, *Philostratus: Biography and Belles-Lettres in the Third Century A.D* (London 1986).

3.3 Die Unterhaltungsliteratur

Die kaiserzeitliche Rhetorik (*3.2.2*) diente großenteils der Unterhaltung eines gebildeten Publikums; als 'Unterhaltungsliteratur' lassen sich aber auch noch andere literarische Formen bezeichnen, die jetzt aufblühen und der späteren europäischen Literatur zu Vorbild und Anregung geworden sind.

3.3.1 Lukian

Lukian aus Samosata am Euphrat (etwa 120–nach 180) beginnt als typischer Redekünstler der Zweiten Sophistik, schlägt dann aber eigene Wege ein. Nach rhetorischer Ausbildung in Ionien und nach Wanderjahren, die ihn auch in den Westen des Reiches führen, ist er offenbar längere Zeit in Athen und im griechischen Mutterland; hier bildet er die literarischen Formen aus, die ihn gegenüber der herrschenden Deklamationsrhetorik marginalisieren, aber seinen Nachruhm sichern. Seine literarische Sonderstellung weiß er auch in fiktionalen Werken (*Der doppelt Verklagte, Der Fischer*) sehr geschickt zu präsentieren. Er rühmt sich, die Komödie, den philosophischen Dialog und noch weitere literarische Formen (vor allem die menippeische Satire) neu miteinander zu verbinden (Προμηθεὺς εἶ ἐν λόγοις 5–7; *Bis Acc.* 33). Die platonische Dialogform füllt er mit neuen Inhalten: Der *Hermotimos* verwirft alle dogmatische Philosophie zugunsten eines lebensnahen Skeptizismus, *Das Schiff oder: Die Wünsche* entlarvt witzig-erbarmungslos menschliche Illusionen, im *Anacharsis* diskutieren der gleichnamige Skythe Anacharsis und der weise Solon über Sinn und Unsinn des Sports, im *Widerlegten Zeus* werden die Schicksalsvorstellungen des stoisierenden Göttervaters von einem kecken Kyniker ad adsurdum geführt. Lukians berühmteste (freilich in der Abgrenzung umstrittene) Schriftengruppe sind die menippeischen Satiren, die Werke des Menipp von Gadara in neuer dialogischer Form präsentieren (u. a. *Ikaromenipp, Nekyomantie, Charon, Zeus als Tragöde, Das Gastmahl*); ihre Kennzeichen sind phantastische Reisen, satirische Darstellung der griechischen Götter, Spott gegen borniertem menschlichen Dünkel aller Art. Menipp ist Erbe der attischen Alten Komödie, auf die Lukian im *Timon* auch direkt zurückgegriffen hat. Von der Neuen Komödie sind die *Hetärengespräche* mit ihrer spöttisch-einfühlsamen Darstellung dieser 'Berufsgruppe' und ihrer 'Kunden' inspiriert. In den *Götter-* und *Meergötter-Gesprächen* nimmt Lukian die oft allzumenschlichen Schwächen der griechischen Götter aufs Korn; das größte Nachleben aber hatten die *Totengespräche* mit ihrer dezidiert kynischen Moral. Großes Erzähltalent zeigen die Grusel- (*Philopseudeis*) und Freundschaftsgeschichten (*Toxaris*); Parodie, Satire und Fabulierlust verbinden sich in Lukians wohl genialster Schöpfung, den *Wahren Geschichten*. Die zeitgenössische Historiographie wird in *Wie man Geschichte schreiben soll* verspottet, die Rhetorik und ihr Attizismus im *Rhetorenlehrer* (vgl. auch *Lexiphanes* und *Das Gericht der Vokale*), gegen zeitgenössische Scharlatane richten sich *Alexander* und *Peregrinos*.

J. Bompaire, *Lucien Écrivain: Imitation et création* (Paris 1958); Jennifer Hall, *Lucian's Satire* (New York 1981); C. P. Jones, *Culture and Society in Lucian* (Cambridge, Mass.– London 1986); Swain 299–329; R. B. Branham, *Unruly Eloquence: Lucian and the Comedy of Traditions* (Cambridge, Mass.–London 1989); M. D. Macleod, «Lucianic Studies since 1930, with an appendix ...», in: *ANRW* II 34,2 (1994) 1362–1421; E. Braun, *Lukian: Unter doppelter Anklage. Ein Kommentar* (Frankfurt a. M. 1994); C. Robinson, *Lucian and His Influence in Europe* (London–Chapel Hill 1979).

3.3.2 Der griechische Roman

Liebe und Abenteuer sind die Hauptingredienzien des griechischen Romans; bevor sie dort zusammenkommen, werden sie bis zum späten Hellenismus in bereits bestehenden Genera vorgebildet: im Epos (Abenteuer: *Odyssee;* Liebe: Apollonios Rhodios), in der Geschichtsschreibung (Ktesias), in der Neuen Komödie (Happy End des bürgerlichen Paares nach manchen Irrungen); seit dem frühen 3. Jh. v. Chr. tritt eine zunehmend märchenhaftere Reisefabulistik (Euhemeros, Iambulos) hinzu. Auf solchem Nährboden entstehen vielleicht schon im 2. Jh. v. Chr. die ersten (nur fragmentarisch erhaltenen) Romane unbekannter Autoren: Das möglicherweise älteste Beispiel ist der *Ninos-Roman* (über einen assyrischen Herrscher, der sonst vor allem aus Diodor bekannt ist); im *Metiochos und Parthenope*-Roman ist der Titelheld der Sohn des Marathonsiegers Miltiades, die Titelheldin die Tochter des Tyrannen Polykrates von Samos. 'Para'-historisch ist auch der wohl älteste ganz erhaltene Roman (vielleicht noch 1. Jh. v. Chr.?), Τὰ περὶ Χαιρέαν καὶ Καλλιρόην des Chariton von Aphrodisias: Die Titelheldin ist die Tochter des syrakusanischen Staatsmannes Hermokrates, die immer mehr in die Geschicke des großen Perserreichs hineingezogen wird, bevor sie am Ende mit ihrem Chaireas glücklich nach Syrakus zurückkehren kann. Alle übrigen (vollständig oder in Auszügen überlieferten) Romane gehören der Kaiserzeit an, hauptsächlich dem 2. Jh. n. Chr.

Vor allem die bis jetzt gefundenen Papyrusfragmente und erhaltenen Zusammenfassungen zeigen sehr verschiedene Ausformungen der 'Gattung' Roman (die in der Antike noch gar nicht als solche galt): Die *Phoinikika* des Lollianos kitzeln die Sensationslust mit kannibalischen Menschenopfern, sexuellen Orgien und Gespenstererscheinungen; der in einer griechischen Epitome und in der Bearbeitung des Apuleius erhaltene *Eselsroman* ist eine zum Teil deftige Schelmengeschichte; in den *Wundern jenseits von Thule* des Antonius Diogenes dominiert die Reisefabulistik (das vor einem bösen ägyptischen Priester fliehende Geschwisterpaar Derkyllis und Mantinias gelangt im Lauf von 24 Büchern durch die ganze bekannte antike Welt und weit darüber hinaus), während Erotisches nur episodischen Charakter hat; in den *Babyloniaka* des Jamblichos dagegen ist die erotische neben der Abenteuerkomponente erheblich stärker.

<small>Susan A. Stephens – J. J. Winkler (Hrgg.), *Ancient Greek novels: The fragments* (Princeton 1995); Susan A. Stephens, «Fragments of lost novels», in: Schmeling 655–683.</small>

In den ganz (oder als längere Epitome: Xenophons *Ephesiaka*?) erhaltenen Romanen steht die Liebe allerdings im Vordergrund. In den *Ephesiaka* des Xenophon von Ephesos wird ein junges Paar auf seiner Hochzeitsreise von Piraten verschleppt, auseinandergerissen und erst am Schluß nach einer Fülle von sehr episodenhaft erzählten Fährnissen wieder vereinigt. – Erheblich raffinierter ist Achilleus Tatios' *Leukippe und Kleitophon* konzipiert: Die durchgehende Ich-Erzählung (Nähe zum Eselsroman) spielt virtuos sowohl mit typischen Elementen des trivialeren Sensationsromans (eine Ritualmord-Kannibalismus-Sequenz entpuppt sich als Schein) als auch mit prüden Konventionen der 'anständigeren' Romane (der Haupheld schläft einmal mit einer anderen Frau als der Hauptheldin); Handlungsschemata von Vorgängern werden umgedreht (bei Chariton steht die Hauptheldin zwischen zwei Männern, bei Achilleus der Hauptheld zwischen zwei Frauen) und überboten (verdoppelte Gerichtsverhandlung gegenüber der 'einfachen' bei Chariton). Auch Achilleus' psychologischer Realismus beeindruckt, doch machen zahlreiche Exkurse und Ekphraseis die Lektüre für den heutigen Leser mitunter zu einer Geduldsprobe. – Der auf Lesbos spielende Roman *Daphnis und Chloe* des Longos, der aus der hellenistischen Bukolik und (gegen Ende) aus der Neuen Komödie schöpft (wie dort entdecken Daphnis und Chloe erst am Schluß ihre wahre Identität), transponiert typische Elemente der Gattung (Krieg, Piraten, Trennung, Wiedervereinigung) ins 'Miniaturhafte', und an die Stelle äußerer Abenteuerreisen tritt die innere Entwicklung der beiden jugendlichen Titelfiguren. – In den *Aithiopika* des Heliodor ist der Höhepunkt des 'idealen griechischen Liebesromans' erreicht; kein anderer Autor bietet so atmosphärisch dichte Detailschilderungen, so subtile psychologische Porträts (gerade auch böser Figuren wie der Perserin Arsake) und eine so kunstvolle Gesamtkomposition: Die *Aitiopika* beginnen mitten in der Geschichte und holen deren Anfänge in einer langen Ich-Erzählung nach, dies aber nicht wie *Odyssee* 9–12 in einem zusammenhängenden Stück, sondern in zwei Blöcken (2,24,5–5,1,3 und 5,17,1–33,3). An dramatisch-theatralisch zugespitzten Höhepunkten (z. B. 7,6,4–7,4) erreichen Heliodors Bezüge auf frühere Literatur und deren Verarbeitung virtuose Vielschichtigkeit.

N. Holzberg, *Der antike Roman* (München–Zürich 1986; überarb. engl. Fassung 1995); B. P. Reardon, *The form of Greek Romance* (Princeton 1991); zu allen Aspekten jetzt Schmeling. – Consuelo Ruiz Montero, «Chariton von Aphrodisias: Ein Überblick», in: *ANRW* II 34,2 (1994) 1006–1054; Reardon, in: Schmeling 309–335. – Consuelo Ruiz Montero, «Xenophon von Ephesos: Ein Überblick», in: *ANRW* II 34,2 (1994) 1088–1138. – Gegen die immer wieder vertretene These, daß Xenophons Text in seiner erhaltenen Form nur eine Epitome sei, richtet sich J. N. O'Sullivan (*Xenophon of Ephesus: His compositional technique and the birth of the novel,* Berlin–New York 1995); doch machen die Sprünge im Erzähl-Duktus eine Verkürzung weiterhin wahrscheinlich. – B. P. Reardon, «Achilles Tatius and Ego-Narrative», in: Morgan – Stoneman 80–96. – R. Merkelbach, *Die Hirten des Dionysos* (Stuttgart 1988); J. R. Morgan, «*Daphnis and Chloe*: Love's own sweet story», in: Morgan – Stoneman 64–79; R. Hunter, in: Schmeling 361–386. – J. R. Morgan, «History, romance and realism in the *Aithiopika* of Heliodoros», *ClAnt* 1 (1982) 221–265; ders., in: Schmeling 417–456. J. J. Winkler, «The mendacity of Kalasiris and the narrative strategy of Heliodoros'*Aithiopika*», *YClS* 27 (1982) 93–158; T. Paulsen, *Inszenierung des Schicksals: Tragödie und Komödie im Roman des Heliodor* (Trier 1992). Immer noch umstritten ist die Abfassungszeit der *Aithiopika*: Gegen T. Szepessys («Le siège de Nisibis et la chronologie d'Héliodore», *AAntHung* 24, 1976, 247–276) Argumente für eine Frühdatierung ins 3. Jh. n. Chr. hat zuletzt G. W. Bowersock («The *Aethiopica* of Heliodorus», in: ders., *Fiction as History: Nero to Julian,* Berkeley 1995, 149–160) wieder das 4. Jh. propagiert, geht dabei aber nur auf einen Teil von Szepessys Argumenten ein (vgl. auch Swain 423 f.). – Die These, die griechischen Romane seien keine Unterhaltungsliteratur, sondern Texte zur Einführung von Eingeweihten in bestimmte Mysterien gewesen (R. Merkelbach, *Roman und Mysterium in der Antike*, München–Berlin 1962; ders., *Isis Regina – Zeus Sarapis*, Stuttgart–Leipzig 1995, 335–484), kann nicht als erwiesen gelten, auch wenn in den Romanen viel religiöses Bewußtsein ihrer Zeit und ihrer Leser zum Ausdruck kommt (R. Beck, «Mystery religions, aretalogy and the Ancient Novel», in: Schmeling 131–150); geheime Initiationstexte wären kaum in die 'normalen' Überlieferungsstränge von Handschriften und Papyri gelangt.

3.3.3 Die 'Buntschriftsteller'

Typische kaiserzeitliche Unterhaltungsliteratur ist auch die Darbietung verschiedenster Wissens- und Bildungs-Güter in der Form von möglichst abwechslungsreich gestalteten Sammelwerken, 'Buntschriftstellerei' (Poikilographie) genannt. Nicht erhalten sind Favorinos' (*3.2.2*) Παντοδαπὴ ἱστορία in 24 Büchern und Ἀπομνημονεύματα (Sammlung von Philosophen-Anekdoten; Quelle des Diogenes Laërtios). In den *Mirabilia* des Phlegon von Tralles (Auszüge in *FGrHist* 257 F 36) ging es um Paradoxes und Furchterregendes aller Art. Kriegslisten verschiedenster Völker bieten die acht Bücher *Strategemata*, die Polyaen dem Marc Aurel und Lucius Verus zu Beginn des Partherkrieges (162) widmete. Der gelehrteste unter den Buntschriftstellern ist Athenaeus von Naukratis (2. Hälfte 2. Jh.); aus reichhaltigen Quellen präsentieren seine *Deipnosophistai* – im Rahmen eines 15 Bücher währenden Gastmahls – Zitatenschätze aus unzähligen verlorenen Werken und haben damit maßgeblich zum Bestand der heutigen philologischen Fragmentsammlungen beigetragen.

Die Gastmahls-Situation wird wiederholt von katalogartigen Aufzählungen verdunkelt; dies hat die These begünstigt, daß die *Deipnosophistai* in ihrer vorliegenden Form nur ein Auszug aus einem viel längeren Original seien; vgl. jetzt aber J. Letrouit; «A propos de la tradition manuscrite d'Athénée: une mise au point», *Maia* 43 (1991) 33–40. Nur in einer Epitome sind Buch 1 bis 3 Mitte und ein Stück von Buch 15 erhalten.

Aelian von Rom oder Praeneste (etwa 170–235) suchte und fand wie Favorinos (*3.2.2*) als 'Westler' Zugang zur griechischen Rhetorik. Er begann als Sophist, verlegte sich dann aber auf die (Bunt-)schriftstellerei: Seine Ποικίλη ἱστορία präsentiert bunte historische Denkwürdigkeiten, Περὶ ζῴων ἰδιότητος ebenso bunte Tiergeschichten, in denen Tieren oft in stoischer Weise Anteil am göttlichen Logos zugeschrieben wird. 'Philosophischere' Schriften Aelians (*3.5.2*) sind verloren; zu den Briefen vgl. u. *3.3.4*.

P. Krentz – E. L. Wheeler, *Polyaenus, Stratagems of War*, 2 vols. (Chicago 1994; Text u. Übers.). – B. Baldwin, «Athenaeus and his work», *AClass* 19 (1976) 21–42; Alessandra Lukinovich, «The play of reflections between literary form and the sympotic theme in the Deipnosophistae of Athenaeus», in: O. Murray (Hrg.), *Sympotica: a symposium on the symposium* (Oxford 1990) 263–271.

3.3.4 Briefliteratur

Neben der 'echten' Epistolographie (Herodes Atticus [*3.2.2*] z. B. war auch ein bedeutender Briefschreiber) blüht in der Kaiserzeit auch die fiktiv-literarische (nach Anfängen im Hellenismus: Anacharsis-Briefe). Im frühen 1. Jh. n. Chr. scheinen die 24 Hippokratesbriefe entstanden zu sein; ein unter dem Namen des Apollonios von Tyana (*3.4.3*) gehendes Briefcorpus mag einen authentischen Kern haben, erfuhr aber Erweiterungen bis in die Spätantike. Die Briefe des 'Chion' von Herakleia (wahrscheinlich 1. Jh.) sind ein bemerkenswerter Vorläufer des späteren europäischen Briefromans: in 17 Briefen entwickelt sich der junge Chion vom Philosophenschüler zum gereiften Mann, der im Kampf gegen den Tyrannen seiner Heimatstadt den Tod finden wird.

Der bedeutendste Vertreter einer seit dem 2. Jh. blühenden sophistisch-fiktionalen Briefliteratur ist Alkiphron, für dessen Beeinflussung durch Lukian (*3.3.1*) manches spricht: Wie Lukian im Dialog läßt Alkiphron im Brief 'typische' Gestalten der komischen Literatur des 4. Jh.s v. Chr. wiederauferstehen: Fischer, Landleute, Parasiten und Hetären. Buch 4 (Hetären) enthält die längsten und kunstvollsten Briefe, u. a. das bemerkenswerte Briefpaar Menander – Glykera (*ep.* 4,18f). Künstlerisch weniger vollendete Brief-Corpora schrieben Aelian (*3.3.3*; 20 Ἐπιστολαὶ ἀγροικικαί) und Philostrat (*3.2.3*; insgesamt 73 Briefe, davon 55 erotischen Inhalts; 18 weitere sind an benannte, davon wohl 9 an historische Personen gerichtet, *ep.* 73 – eine Apologie der Sophistik – an die Kaiserin Julia Domna).

J. Schneider, «Brief», *RAC* 2 (1954) 573f.; E. Suárez de la Torre, «La epistolografía griega», *EClás* 23 (1979) 19–46; R. J. Penella (Hrg.), *The letters of Apollonius of Tyana* (Leiden 1979); N. Holzberg, «Chion», in: Schmeling 645–653.

3.4 Geschichtsschreibung und verwandte Genera

3.4.1 Historiographische Literatur im engeren Sinne

Aus keiner anderen Epoche der griechischen Literatur haben so viele Geschichtswerke überlebt wie aus der Kaiserzeit; ihr Attizismus bewahrte sie vor dem Schicksal ihrer hellenistischen Vorgänger. Gleichwohl ging noch weitaus mehr verloren; wie rege das historiographische Treiben war, zeigt in eindrucksvoller Momentaufnahme Lukians *Wie man Geschichte schreiben soll*.

Klassizistische Rückorientierung und Interesse an Rom sind zwei Hauptmerkmale der kaiserzeitlichen griechischen Historiographie. Dionysios von Halikarnass ist der erste Grieche, der eine Frühgeschichte Roms bis zum Jahr 264 v. Chr. schreibt (wo Polybios einsetzt); von den zwanzig Büchern seiner Ῥωμαϊκαὶ ἀρχαιότητες sind die ersten zehn noch vollständig erhalten. Dionys will anhand einer Vielzahl von ihm konsultierter Quellen zeigen, daß die Römer als Nachfahren echtbürtiger Griechen ein von Anfang an vorbildliches

Gemeinwesen konstituiert haben – eine beachtliche Kehrtwende gegenüber den zu seiner Zeit vorherrschenden negativen griechischen Meinungen über die römischen Ursprünge; seine diesem Ziel dienende argumentative Leistung wird oft unterschätzt. Zugleich möchte Dionys das praktisch umsetzen, was er in seinen literarkritischen Schriften theoretisch propagiert (*3.1.1*); er wird so zum Begründer der klassizistischen griechischen Geschichtsschreibung.

E. Gabba, *Dionysius and the History of Archaic Rome* (Berkeley 1991). Eher als späthellenistisch sind wohl die nur in Fragmenten erhaltenen – etwa gleichzeitig entstandenen – historiographischen Werke des vor allem als Geograph (*VII 2.3.4*) bekannten Strabon (43 Bücher Ἱστορικὰ ὑπομνήματα als Fortsetzung des Polybios, *FGrHist* 91) und des Nikolaos von Damaskos (vor allem eine riesige Universalgeschichte in 144 Büchern, die aus Xanthos, Ktesias, Hellanikos, Ephoros, Poseidonios u. a. schöpft und noch in byzantinischen Exzerpten greifbar ist; *FGrHist* 90) zu bezeichnen.

Das 2. Jh. ist die eigentliche Blütezeit klassizistischer griechischer Historiographie. Arrian (etwa 95–175) aus Nikomedia in Bithynien, Hörer und 'Herausgeber' des Philosophen Epiktet (*LAT VIII 4.3.1*), durchläuft unter Hadrian eine bedeutende Karriere im römischen Staatsdienst (Suffekt-Konsulat 129) und verfaßt noch als Statthalter von Kappadokien erste kleine Schriften: einen *Periplus* des Schwarzen Meeres, eine Τέχνη τακτική und eine Darstellung seiner erfolgreichen Alanenabwehr (stammt daraus die erhaltene Ἔκταξις κατὰ Ἀλανῶν?). Nach Hadrians Tod läßt Arrian sich in Athen nieder und schreibt eine Reihe größerer Geschichtswerke: Verloren (*FGrHist* 156) sind Παρθικά, zehn Bücher Diadochengeschichte bis 321/0 v. Chr. und acht Bücher Βιθυνικά, außerdem Biographien der Sizilier Dion und Timoleon; erhalten ist die *Anabasis*, aufgrund der von ihr benutzten hellenistischen Quellen die zuverlässigste antike Darstellung des Alexanderzugs (*V 2.3.2*). Arrian schätzte dieses Werk offenbar höher als seine illustre Staatskarriere und wollte der 'Homer' Alexanders sein (vgl. das 'zweite Prooemium' 1,12,2–5). Eine *Indike*, die nicht nur in ihrem ionischem Dialekt an Herodot erinnert, tritt ergänzend hinzu. Arrians großes Vorbild ist Xenophon: Er schreibt nicht nur eine *Anabasis* mit gleicher Buchzahl, sondern auch einen *Kynegetikos*, und seine Ἔκταξις erinnert an die *Kyrupädie*.

Ph. A. Stadter, *Arrian of Nicomedia* (Chapel Hill 1980); B. Bosworth, *A historical commentary on Arrian's History of Alexander*, vol. I (Books I–III) (Oxford 1980), vol. II (Books IV–V) (Oxford 1995); ders., «Arrian and Rome: The minor works», in: *ANRW* II 34,1 (1993) 226–275; Swain 242–248.

Appian von Alexandria (etwa 95–165) schrieb in fortgeschrittenem Alter eine römische Geschichte in 24 Büchern (davon zehn erhalten, die übrigen aus Inhaltsangaben und Auszügen bekannt), die nicht annalistisch, sondern geographisch nach den Völkern gegliedert ist, mit denen die Römer nacheinander in Konflikt gerieten (Vorbild Herodots?); besonders wichtig sind die fünf Bücher der römischen Bürgerkriegsgeschichte, die einzige noch vollständig erhaltene Darstellung dieser Epoche. Art und Verläßlichkeit der Darstellung schwanken je nach den benutzten Quellen. Die lange Vorrede zeigt Appians ungeteilte Bewunderung für die römische Herrschaft und kaisertreue Einstellung (die römischen Kaiser sind für ihn Nachfahren der ebenfalls bewunderten Ptolemäer).

K. Brodersen, «Appian und sein Werk», in: *ANRW* II 34,1 (1993) 339–363; I. Hahn (G. Németh), »Appian und Rom», in: *ANRW* II 34,1 (1993) 364–402; M. Hose, *Erneuerung der Vergangenheit: Die Historiker im Imperium Romanum von Florus bis Cassius Dio* (Stuttgart–Leipzig 1994) 142–355.

Cassius Dio (etwa 155–235), der bedeutendste griechische Historiker der Kaiserzeit, gelangte als Sohn eines römischen Senators und Konsuls auch selbst auf mehrere wichtige Statthalterposten und zweimal zum Konsulat (229 Consul ordinarius zusammen mit Kaiser Severus Alexander). Seine schließlich 80 Bücher umfassende römische Geschichte hatte zwei Vorstufen (vgl. 72,23): eine Schrift über die Vorzeichen, die Septimius Severus die Herrschaft voraussagten, und eine Geschichte der Jahre, in denen Severus an die Macht kam. Die vollständig erhaltenen Bücher 36–60 (sie stellen die Zeit von 68 v. bis 47 n. Chr. dar) bilden u. a. ein wichtiges Korrektiv zu Tacitus' *Annalen*, da sie andere Quellen benutzen. Das meiste Übrige ist noch in byzantinischen Exzerpten, in der Epitome des Xiphilinos und im Universalgeschichtswerk des Zonaras erkennbar. Für Dio ist das römische Reich selbstverständlich und notwendig, aber Appians ungebrochenes Vertrauen auf die römische Größe hat er nicht mehr, da inzwischen die inneren und äußeren Schwierigkeiten dieses Reiches immer sichtbarer werden.

F. Millar, *A study of Cassius Dio* (Oxford 1964); B. Manuwald, *Cassius Dio und Augustus* (Wiesbaden 1979); G. Wirth, in: Cassius Dio, übers. von O. Veh, Bd. 1 (München–Zürich 1985) 7–60; Hose (s. o.) 356–451; Swain 401–408.

Herodian (unter Philippus Arabs) schreibt über seine eigene Zeit vom Tod Marc Aurels (180) bis zur Thronbesteigung Gordians III. (238); sein Werk hat weitgehend die Form aufeinanderfolgender Kaiserbiographien. Den Historiker Herodian hat man oft zu seinen Ungunsten mit Cassius Dio verglichen, den Schriftsteller (der es versteht, abgerundete Episoden rhetorisch und dramatisch zu stilisieren) gelegentlich positiver gewürdigt. – Im späteren 3. Jh. zeigt der Athener Dexippos nicht nur historiographische, sondern auch politisch-militärische Tätigkeiten (Photios *Bibl*. 82 hat ihn einen ἄλλος . . . Θουκυδίδης genannt); er trägt mit den unter seiner Führung gesammelten Griechen wesentlich dazu bei, die 267/8 Athen verwüstenden Heruler wieder zu vertreiben. Seine Werke umfaßten einmal 4 Bücher Diadochengeschichte (im Anschluß an Arrian?), eine Universalgeschichte bis Claudius Gothicus und wenigstens drei Bücher Σκυθικά, die die zunehmenden Einfälle germanischer Stämme vielleicht von 238 bis zur Regierungszeit Aurelians darstellten. Längere Fragmente sind erhalten (*FGrHist* 100); in fr. 28 spricht Dexippos selber vor einem Kampf zu seinen Männern.

Umfangreiche Einführung zu Herodian in der griech.-engl. Ausgabe von C. R. Whittaker (London 1969–70); vgl. jetzt auch F. L. Müller, *Herodian, Geschichte des Kaisertums griech. u. dt.* (Stuttgart 1996) 9–26. – F. J. Stein, *Dexippus et Herodianus rerum scriptores quatenus Thucydidem secuti sint* (Diss. Bonn 1957); F. Millar, «P. Herennius Dexippus: The Greek world and the Third Century invasions», *JRS* 59 (1969) 12–29.

3.4.2 Biographische Literatur

Der antike Biograph par excellence ist Plutarch (etwa 40–120; *3.5*): Er schrieb zunächst Einzelbiographien (u. a. zu den römischen Kaisern bis vor Vespasian), von denen vier erhalten sind (Arat, Artaxerxes, Galba, Otho) und danach das bedeutendste biographische Corpus der Antike, die wahrscheinlich zwischen 96 und 120 entstandenen Βίοι παράλληλοι, von deren insgesamt 23 Paaren wohl nur das erste, Epaminondas – Scipio, verlorengegangen ist. Die vergleichende Nebeneinanderstellung je eines Römers und eines Griechen (ein gewisses Vorbild bei Cornelius Nepos) zeigt Plutarchs Offenheit gegenüber Rom, aber auch seine Überzeugung von der Gleichwertigkeit der Griechen neben den politisch dominanten Römern. Plutarch möchte vor allem Wesen (φύσις) und Charakter (ἦθος) der betreffenden Person darstellen (wozu persönliche Details sich oft besser eignen als große geschichtliche Ereignisse: *Alex.* 1,1 f.) und grenzt sich daher von der Geschichtsschreibung ab, aus der er gleichwohl viel geschöpft hat (auch aus verlorener). Eine Biographie soll vor allem positive moralische Impulse auslösen (*Pericl.* 1,4. 2,2f.), auch beim Verfasser selbst (*Aem.* 1,1–2. 5), negative Beispiele können heilsam abschrecken (*Demetr.* 1,5f.), doch sollen auch die Fehler vorbildlicher Personen nicht verschwiegen werden (*Cim.* 2,2–5).

C. P. Jones, *Plutarch and Rome* (Oxford 1971); D. Russell, *Plutarch* (London 1973); A. Wardman, *Plutarch's Lives* (London 1974); C. B. R. Pelling, «Plutarch: Roman Heroes and Greek culture», in: M. Griffin – J. Barnes (Hrgg.); *Philosophia togata* (Oxford 1989) 199–232; Barbara Scardigli (Hrg.), *Essays on Plutarch's Lives* (Oxford 1995).

In seinen zwei Büchern *Vitae Sophistarum* (sie behandeln acht 'philosophische' Sophisten wie Dion von Prusa und Favorinos und fünfzig 'eigentliche', davon neun der 'ersten' Zeit) hat Philostrat (*3.2.3*) aus schriftlichen (Briefe), vor allem aber mündlichen Quellen Nachrichten über die zusammengetragen, die er für die bedeutendsten Vertreter der von ihm 'erfundenen' Zweiten Sophistik (*3.1.2*) hielt; neben zahlreichen Anekdoten hält er dabei auch viel Wertvolles zum Wesen der kaiserzeitlichen Rhetorik als Bildungs- und Unterhaltungsmacht fest. Ein 'philosophisches' Gegenstück zu diesen Sophisten-'biographien' sind die *Leben und Meinungen berühmter Philosophen* des Diogenes Laërtios (*VII 1.1.1*); das Werk ist ganz von der Qualität seiner Quellen (einer Reihe vorheriger Kompilationen) abhängig, doch enthält es auch bemerkenswerte Original-Dokumente (mehrere Philosophentestamente; 3 Lehrbriefe Epikurs).

Susanne Rothe, *Kommentar zu ausgewählten Sophistenviten des Philostratus: Die Lehrstuhlinhaber in Athen und Rom* (Heidelberg 1989); S. Swain, «The reliability of Philostratus' *Lives of Sophists*», *ClAnt* 10 (1991) 148–163.

3.4.3 Zwischen Biographie und Roman: *Vita Apollonii* und *Alexander-Roman*

Philostrats (*3.2.2; 3.4.2*) acht Bücher auf den im 1. Jh. n. Chr. lebenden pythagoreischen Wander- und Wunderphilosophen Apollonios von Tyana (Τὰ ἐς τὸν Τυανέα Ἀπολλώνιον) tragen Züge der hellenistischen Aretalogie und nehmen z. T. die spätere christliche Hagiographie vorweg.

F. Lo Cascio, *La forma letteraria della Vita di Apollonio Tianeo* (Palermo 1974); Maria Dzielska, *Apollonius of Tyana in legend and history* (Rom 1986); E. Bowie, «Apollonios of Tyana: Tradition and reality», in: *ANRW* II 6,2 (1978) 1652–1699; ders., «Philostratus as writer of fiction», in: Morgan – Stoneman 181–199; Flinterman (*3.2.2*).

Sowohl frühe historische Darstellungen als auch fingierte Briefe Alexanders und Gespräche mit indischen Weisen u. ä. liegen dem *Alexander-Roman* zugrunde, der als Kompilation (Arrian und Curtius Rufus wurden mitbenutzt) wahrscheinlich im 3. Jh. n. Chr. in Ägypten entstand und dem Aristoteles-Großneffen Kallisthenes zugeschrieben wurde. Der griechische Text liegt heute in fünf frühbyzantinischen Rezensionen vor; die älteste erschließbare Fassung ist Rezension α (Vorlage für Julius Valerius Polemius' lateinische Übersetzung im 4. Jh.). Der *Alexander-Roman* wurde in 35 Sprachen übersetzt und in 200 Fassungen verbreitet.

R. Stoneman, «The Alexander Romance: From history to fiction», in: Morgan – Stoneman 117–129; ders., in: Schmeling 601–612.

3.4.4 Antiquarische Literatur: Pausanias

Zwischen 150 und 180 bereiste Pausanias das griechische Mutterland und hielt seine Eindrücke von den gesehenen Denkmälern sowie zahlreiche mit ihnen verbundene Mythen und Geschichten in einer (nicht vollendeten?) *Periegesis* von zehn Büchern fest. Besondere Aufmerksamkeit gilt religiösen Dingen (Kulten, Kultbildern u. ä.) und der Geschichte des freien Griechenland (bis 146 v. Chr.), weshalb Rom – ungeachtet der positiv empfundenen Gegenwart mit ihren philhellenischen Kaisern – eher kritisch beurteilt wird. Pausanias steht in der Tradition hellenistischer geographisch-ethnographischer Literatur, doch geht er in seiner Verbindung detaillierter Ortsbeschreibung mit zahlreichen Exkursen in die religiöse und mythische Geschichte dieser Orte deutlich darüber hinaus.

Ch. Habicht, *Pausanias und seine 'Beschreibung Griechenlands'* (München 1985); J. Bingen (Hrg.), *Pausanias historien*, Entretiens 41 (Vandoeuvres – Genève 1996); K. W. Arafat, *Pausanias' Greece. Ancient artists and Roman rulers* (Cambridge 1996); Swain 330–356.

3.5 Philosophische Literatur

Die kaiserzeitlichen Fortentwicklungen in der 'Schul-Philosophie' sind in *VII 1.4.5; 6.3; 7.1–2* behandelt; hier geht es um 'allgemeiner weltanschauliche', auch popularphilosophische Schriften. Ihre Vielfalt zeigt, daß philosophisches Denken trotz der Dominanz der Rhetorik weiter lebendig war.

G. A. Kennedy, «Later Greek philosophy and rhetoric», *Ph & Rh* 13 (1980) 181–197; J. Hahn, *Der Philosoph und die Gesellschaft: Selbstverständnis, öffentliches Auftreten und populäre Erwartungen in der hohen Kaiserzeit* (Stuttgart 1989).

Der Kynismus, im 4. Jh. v. Chr. ein wichtiger Vorläufer der Stoa (*VII 1.6.2*), erwacht in der Kaiserzeit zu neuem Leben. In der Tradition des literarischen Kynismus des 4. und 3. Jh.s v. Chr. (Krates, Menipp, die 'Predigten' des Teles) steht Oinomaos von Gadara (2. Jh. n. Chr.); aus seiner Γοήτων φώρα ('Entlarvung der Schwindler') sind längere Fragmente in der *Praeparatio Evangelica* des Eusebios [*IV 4.3.4*] erhalten, in denen Oinomaos dem Gott Apollon die Absurdität, Zweideutigkeit und Unmoral seiner Orakel vorhält.

Marie-Odile Goulet-Cazé, «Le cynisme à l'époque impériale», in: *ANRW* II 36,4 (Berlin–New York 1990) 2720–2833; J. Hammerstaedt, «Der Kyniker Oenomaus von Gadara», in: *ANRW* II 36,4 (Berlin–New York 1990) 2834–2865.

Bedeutende Zeugnisse des kaiserzeitlichen Stoizismus sind die Schriften Epiktets und Marc Aurels (dazu *LAT VIII 4.3.1–2*). Stoischen Hintergrund haben auch eine als 'Tafel des Kebes' bekannte populärphilosophisch-allegorische Schrift und die Fragmente der Schriften Περὶ προνοίας und Περὶ θείων ἐναργειῶν ('Über göttliche Manifestationen') des Aelian (*3.3.3*). Als späten Vertreter des akademischen Skeptizismus (*VII 1.5.3*) kann man den Sophisten Favorinos (*3.2.2*) mit seinen (nur fragmentarisch erhaltenen) Schriften *Plutarch, Gegen Epiktet, Alkibiades, Über die* (stoische) καταληπτικὴ φαντασία und vor allem *Über die pyrrhonischen Tropoi* betrachten. Die eigentlich zukunftsträchtige Philosophie der Epoche ist der (Mittel-) Platonismus (*VII 1.4.5*); er hat den wachsenden religiösen Bedürfnissen der Zeit am meisten zu bieten. Das weite Spektrum der dem Platonismus zumindest nahestehenden Autoren weist auf seine zunehmend dominanter werdende Rolle hin; neben ihm kann sich nach dem 3. Jh. nur noch der Kynismus halten.

Dem Mittelplatonismus nahe steht Plutarch (*3.4.2*), dessen *Moralia* den größeren Teil seines riesigen Schrifttums ausmachen: 78 Schriften sind erhalten (darunter 12 unechte); es gab einmal erheblich mehr. Die Themen reichen von Auseinandersetzungen mit anderen Schulen (Epikur, Stoa) und Darlegungen platonischer Philosophie (*Über die Seelenentstehung im Timaios*) über Praktisch-Moralisches (u. a. Bruderliebe, Bekämpfung von Zorn, falsche Scham, Schmeichelei, Regeln für die Ehe) bis zu deklamatorischen Essays mit Nähe zur zeitgenössischen Rhetorik (*Über die Tyche der Römer, Über den Ruhm der Athener*); ferner gibt es pädagogische, politische, theologisch-religiöse, physikalisch-naturphilosophische, historische, literaturhistorische und sogar tierpsychologische Schriften; die neun Bücher *Symposiaka* mit ihrer Fülle meist kürzerer Dialoge über verschiedene (keineswegs nur auf Essen und Trinken bezogene) Themen stehen der Buntschriftstellerei (*3.3.3*) nahe. Die verwendeten literarischen Formen reichen von listenartigen Zusammenstellungen bis zu anspruchsvollen Dialogen in platonisch-aristotelischer Tradition (vgl. z. B.

Über das Daimonion des Sokrates [575A–598F], wo ein in einer Jenseitsvision gipfelnder Dialog mit einer spannenden Hintergrundhandlung verknüpft ist).

F. E. Brenk, «An Imperial heritage: The religious spirit of Plutarch of Chaironeia», in: *ANRW* II 36,1 (1987) 248–349; P. Donini, «Plutarco e la rinascita del Platonismo», in: *Spaz. lett.* 36–60; *ANRW* II 33,6 (1992) ist zur Gänze Plutarch gewidmet (mit Nachträgen in II 34).

Von Maximos von Tyros (etwa 125–185?) sind 41 platonisierende Διαλέξεις (darunter eine Reihe von 'Paaren' mit jeweils entgegengesetzter These) in gefälliger rhetorischer Aufmachung (mit vielen Exempla und homerischen Reminiszenzen), aber mit wenig philosophischem Tiefgang erhalten. Da Galens (*VII 2.3.6*) Vorbild nicht nur Hippokrates, sondern auch Platon ist, hat er auch hier eine Erwähnung verdient. In seinem immensen Oeuvre gab es einmal 32 Schriften über Logik und 23 über Moralphilosophie. Gerade medizinische Beobachtungen führen Galen zur Annahme eines höchsten Wesens, das alles im Körper aufs beste konzipiert habe (vgl. *De usu partium* 4 p. 76–78 K.).

Maximos hatte die Ehre, gleich zwei neue kritische Editionen zu erhalten: G. L. Koniaris (Berlin–New York 1995) und M. B. Trapp (Stuttgart–Leipzig 1994). – Zu Galen Reardon 46–63; Swain 357–379.

Seit dem späteren 2. Jh. wird der Platonismus zum Hauptträger der geistigen Auseinandersetzung mit dem Christentum: Der noch unter Marc Aurel entstandene Ἀληθὴς λόγος des Kelsos ist aus der Widerlegung des Origenes (*3.8.5*) rekonstruierbar; er behandelte die zweifelhaften Anfänge des Christentums, wertete es als Religion ab und suchte die Überlegenheit traditioneller heidnischer Lehren zu erweisen. Auf den Plotin-Schüler Porphyrios (*VII 1.7.2*), der ein umfangreiches philosophisches und philologisches Oeuvre schuf (u. a. Kommentare zu Platon- und Aristoteles-Schriften, ferner zu Homer und zu den *Chaldäischen Orakeln*) geht die bedeutendste, bis auf wenige Fragmente verlorene antike Schrift gegen das Christentum zurück (Κατὰ Χριστιανῶν in 15 Büchern); ein Beispiel für seinen Scharfsinn ist der Nachweis der späten Entstehung des Buches *Daniel*.

Giuliana Lanata, *Celso: Il discorso vero* (Mailand 1987); R. J. Hoffmann, *Celsus, On the true doctrine* (New York 1987); ders., *Porphyry's Against the Christians* (Amherst 1994).

Im 1. Jh. n. Chr. leben pythagoreische (*VII 1.2.2*) Strömungen wieder auf (Apollonios von Tyana [*3.2.3*], Moderatus von Gades, Nikomachos von Gerasa, Numenios von Apameia [*VII 1.4.5*]). Das synkretistisch-religiöse-Denken des Numenios hat Parallelen in dem seit dem 2. Jh. entstehenden *Corpus Hermeticum* und den gegen Ende des 2. Jh.s in Hexametern abgefaßten *Chaldäischen Orakeln,* die nicht nur Lehren über eine oberste göttliche Dreiheit (Vater – Nus – eine weibliche Lebenskraft), sondern auch Anweisungen über asketische Lebensführung und magische Praktiken (Theurgie [*IV 4.2.2*]) enthalten.

A. J. Festugière, *La révélation d'Hermès Trismégiste* (Paris 1944–45); Ruth Majercik, *The Chaldean Oracles* (Leiden 1989).

3.6 Dichtung

Inschriftliche und andere Zeugnisse lassen erkennen, daß Dichtung auch in der Kaiserzeit in großem Umfang weiterhin entstand und bei zahlreichen Festen und Wettkämpfen eine wichtige öffentliche Rolle spielte; die anschließenden Bemerkungen können nur auf Erhaltenes eingehen.

E. Heitsch, *Die griechischen Dichterfragmente der römischen Kaiserzeit* 1²/2 (Göttingen 1963/4); N. Hopkinson, *Greek poetry of the Imperial period. An anthology* (Cambridge 1994); E. L. Bowie, «Greek Poetry in the Antonine Age», in: D. A. Russell (Hrg.), *Antonine Literature* (Oxford 1990) 53–90; ders., «Greek Sophists and Greek Poetry in the Second Sophistic», in: *ANRW* II 33,1 (Berlin–New York 1989) 209–258. Nachrichten über kaiserzeitliche Tragödien: *TrGF* I p. 312–317.

3.6.1 Hexameterdichtung: Epik und Lehrgedicht

Von einst umfangreicher epischer Produktion (Nestor von Laranda verfaßte *Metamorphoseis*, eine Ἰλιὰς λειπογράμματος, eine *Alexandrias* und didaktische Werke, sein Sohn Peisandros *Theogamiai* in 60 Büchern; *Gigantenkämpfe* schrieben der Sophist Skopelian [*3.2.2*] und ein Dionysios von Samos [?], Dionysos-Epik der gleiche und ein Soterichos zu Diocletians Zeit) ist nur wenig übriggeblieben: die 14 Bücher *Posthomerica* des Quintus von Smyrna (3. Jh.; die Herkunft wird aus 12,308–313 erschlossen und bleibt unsicher) füllen die 'Lücke' zwischen dem Ende der *Ilias* und dem Beginn der *Odyssee*. Quintus bietet alle typischen Ingredienzien des homerischen Epos und beherrscht das epische 'Handwerk'; ein großer Dichter ist er nicht. Auf seinen Spuren wandelt die kurze *Iliupersis* (691 Verse) des Triphiodor, der aufgrund von POxy 2946 nicht später als etwa 300 geschrieben hat, während er früher nach Nonnos (*IV 4.4.5*) datiert wurde. – Aus dem 2. oder 3. Jh. stammt ein vielleicht für einen Kulturverein geschriebenes Corpus von 87 orphischen Hymnen, in denen eine Reihe von Göttern (auch Abstrakta; im Mittelpunkt steht Dionysos) angerufen wird.

F. Vian, *Recherches sur les* Posthomerica *de Quintus de Smyrne* (Paris 1959); ders. (Hrg.), *Quintus de Smyrne 1–3* (Paris 1963–1969); U. Dubielzig, *Triphiodor: Die Einnahme Ilions. Ausgabe mit Einf., Übers. und krit.-exeg. Noten* (Tübingen 1996).

In der Lehrdichtung werden Astronomie (Dorotheos von Sidon, 1. Jh. n. Chr.) und Astrologie ('Manethon', *Apotelesmatika* aus dem 2. und 3. Jh., eine Sammlung aus längeren und kürzeren Gedichten eher trockenen Inhalts) behandelt. Aus den 42 Büchern *Iatrika* (identisch mit den in *AP* 7,158 erwähnten *Chironides*?) des Markellos von Side (der auch zwei kürzere Gedichte auf Herodes Atticus' verstorbene Gattin Regilla schrieb) über Tiere und Pflanzen als Heilmittel sind 101 Verse über Fische erhalten (Heitsch 63). Unter Hadrian schrieb ein Dionysios von Alexandria eine Περιήγησις τῆς οἰκουμένης in 1186 Hexametern von beachtlicher literarischer Qualität; das (infolge des riesigen Stoffes) notgedrungen Katalogartige wird durch farbige Ekphraseis aufgelockert. Das Werk wurde in der Spätantike von Avienus und Priscus ins Lateinische übersetzt und in Byzanz ausführlich von Eustathios (*IV 5.2.6; II 2.2.3*) kommentiert.

    Chr. Jacob (tr., comm.), *La description de la terre habitée de Denys d'Alexandrie, ou la leçon de géographie* (Paris 1990); K. Brodersen, *Dionysius von Alexandria, Das Lied von der Welt* (Hildesheim 1994); zu der von Isabella O. Tsavari veröffentlichten Textgeschichte und Ausgabe der Περιήγησις (beide Joannina 1990) vgl. M. Reeve, *CR* 41 (1991) 306–309.

Die in den *Halieutika* des Oppian von Korykos (Kilikien) beschriebene Fischwelt (Marc Aurel und Commodus gewidmet) wird dem Leser vor allem durch eine weitgehende 'Vermenschlichung' und durch ausführliche 'homerische' Vergleiche nahegebracht (in 2,408-418 überfällt ein Oktopus eine Krabbe wie ein Wegelagerer, der einem betrunkenen Nachtschwärmer auflauert). Die ebenfalls einem Oppian zugeschriebenen *Kynegetika* sind mehrere Jahrzehnte später Caracalla gewidmet und in Stil und Metrik merklich andes als die *Halieutika*. – Als belehrende Dichtung lassen sich vielleicht auch die 200 wahrscheinlich im 1. oder 2. Jh. im hipponaktischen Hinkiambus (*IV 6.3.4*) geschriebenen Μυθίαμβοι Αἰσώπειοι des Babrios bezeichnen.

3.6.2 Epigrammdichtung und Lyrik

Die Epigrammdichtung kann sich quantitativ, zum Teil auch qualitativ mit der hellenistischen Epigrammatik (*IV 2.7*) messen. Lukillios (Zeit Neros) und Nikarchos verfassen Spottgedichte, Rufinus (etwa 60–80) erotische, Straton von Sardes (unter Hadrian) homoerotische Poesie. Daneben werden unzählige Epigramme zu allen möglichen Anlässen auf Stein geschrieben, sowohl von professionellen Dichtern als auch von Dilettanten.

Gedichte in der Tradition Anakreons (*IV 1.3.4; IV 6.5.1*) wurden seit dem 2. Jh. v. Chr. immer wieder geschrieben; erhalten sind 60 anonyme *Anacreontea*, die vor allem von Wein und Liebe handeln. Von dem unter Hadrian in anapästischen Versmaßen (Apokrota, Paroemiaci, Prokeleusmatiker; *IV 6.5.1*) dichtenden Mesomedes kann man noch 13 dorisierende Stücke (davon 3 mit musikalischen Notationen) lesen (Heitsch 2).

An lyrischen Versen versuchten sich auch Sophisten (Bowie 1989, 214–255): Hippodromos, Philostrat (*3.2.3*), Aelius Aristides (*3.2.2*). Ferner entstanden chorlyrische *Prosodia* für Wettkämpfe und Hymnen zu Ehren römischer Kaiser (oder mit ihnen verbundener Personen: zu einem Antinoos-Hymnos vgl. W. D. Lebek, *ZPE* 12, 1973, 101–137).

3.7 Jüdische Literatur in griechischer Sprache

Das jahrhundertelange Zusammenleben griechischer und jüdischer Kultur in Alexandria (wo in hellenistischer Zeit die erste griechische Bibelübersetzung, die *Septuaginta*, entstand) kulminiert in Philon (um 20 v.–nach 41 n. Chr.), der gläubiger Jude und zugleich profunder Kenner der griechischen Philosophie (und wichtiger Zeuge des Mittelplatonismus: *VII 1.4.5*), ferner der griechischen Grammatik und Philologie ist. Dies befähigt ihn zu umfänglicher Exegese zahlreicher biblischer Texte; seine vor allem von der Stoa angeregte allegorische Erklärungsweise (*II 1.1.1*) übt großen Einfluß auf spätere christliche Autoren aus (*3.8.5*). Philon schrieb auch eine Vielzahl von Abhandlungen über philosophische Themen (etwa 30 sind erhalten, manche davon nur in lateinischer Übersetzung), ferner einen Bericht über seine Gesandtschaft an Caligula (*Legatio ad Gaium*) und eine Schrift zur Verteidigung der jüdischen Gemeinde gegen den römischen Präfekten, der das Pogrom von 38 auslöste (*Ad Flaccum*).

    S. Sandmel, *Philo of Alexandria. An introduction* (New York–Oxford 1979); R. Radice – D. T. Runia, *Philo of Alexandria. An annotated bibliography 1937–1986* (Leiden 1988); D. T. Runia, *Philo in early Christian Literature. A survey* (Assen 1993).

Nur wenige Jahrzehnte nach Philon spiegelt das Schicksal des **Flavius Josephus** (37/8–100) die Abkapselung von der griechisch-römischen Kultur wider, die das Judentum nach der Niederschlagung des jüdischen Aufstandes 66–70 (*V 3.4.4*) vollzog. Diesem Aufstand, den Josephus nach seiner Gefangennahme größtenteils aus römischer Sicht miterlebt, widmet er sein erstes großes Werk, den *Jüdischen Krieg* in sieben Büchern. Ihm folgen (bis 93/4) 20 Bücher Ἰουδαϊκαὶ ἀρχαιότητες, mit denen Josephus einem griechisch-römischen Publikum die jüdische Geschichte nahebringen will (sie klingen nicht nur im Titel an die Ῥωμαϊκαὶ ἀρχαιότητες des Dionys von Halikarnass [*3.4.1*] an). Die jüdische Überlieferung (und ihre Unabhängigkeit von anderen Kulturen) verteidigt Josephus in *Gegen Apion* (entstanden zwischen 93/4 und 96; Apion war ein etwas früherer alexandrinischer Grammatiker, der gegen Alter und Echtheit der jüdischen Traditionen polemisiert hatte); Josephus' Argumente sind noch den christlichen Apologeten dienlich. In einer *Autobiographie* verteidigt er schließlich gegen Justus von Tiberias (*FGrHist* 734) seine Rolle im jüdischen Aufstand (z. T. in Widerspruch zu seiner eigenen Darstellung im *Jüdischen Krieg*) und sucht das römische Vorgehen zu rechtfertigen. Diese eindeutige Parteinahme am Lebensende zeigt, wie der Brückenschlag zwischen Judentum und griechisch-römischer Antike, den Josephus in seinen früheren Werken jedenfalls versucht hatte, letztlich mißlungen ist.

    L. H. Feldman, «Flavius Josephus revisited: the man, his writings, and his significance», in: *ANRW* II 21,2 (1984) 763–862; K.-S. Krieger, *Geschichtsschreibung als Apologetik bei Flavius Josephus* (Tübingen 1994); E. Nodet (Hrg.), *Flavius Josèphe, Les Antiquités Juives*, vol. I–II (Paris ²1992/1995).

3.8 Christliche Literatur in griechischer Sprache

Vorbemerkung: Der folgenden (notgedrungen sehr kurzen) Skizze liegen zugrunde: B. Altaner – A. Stuiber, *Patrologie. Leben, Schriften und Lehre der Kirchenväter* (Wien ⁹1981); H. Drobner, *Lehrbuch der Patrologie* (Freiburg i. Br. 1994); C. Moreschini – E. Norelli, *Storia della letteratura christiana antica greca e latina I: Da Paolo all' età costantiniana* (Brescia 1995).

3.8.1 Anfänge

Die etwa zwischen 50 und 58 entstandenen Briefe des Apostels Paulus enthalten die ältesten liturgischen, hymnischen und Glaubensformeln des Christentums und dokumentieren die ersten Schritte, mit denen sich der neue Glaube aus dem Judentum herauslöst; unbestritten echt sind nur *1 Thess, 1 und 2 Cor, Gal, Phil, Philem* und *Röm*, die anderen später entstanden. Die drei *Johannes-Briefe* sind Weiterentwicklungen von Gedanken des *Johannes-Evangeliums* (*3.8.2*); die übrigen Apostel-Briefe sind gegen Ende des 1. Jh.s entstandene Traktate (der jüngste Bestandteil des *NT* ist der noch etwas spätere *2. Petrus-Brief*). Der *Barnabas-Brief* (Anfang 2. Jh.) ist ein wichtiges Zeugnis für die zunehmende Abgrenzung vom Judentum.

Seit dem Ende des 1. Jh.s erscheinen die ersten nicht mit Apostel-Namen verbundenen Sendschreiben: der *1. Clemens-Brief* (benannt nach dem dritten Petrus-Nachfolger), die sieben Briefe des Ignatios von Antiochia und der Brief des Bischofs Polykarp *An die Philipper*. Etwa gleichzeitig entstehen erste Unterweisungs-Schriften zum innerkirchlichen Gemeindeleben (die 1873 erstmals als selbständiges Manuskript gefundene *Didache* u. a.). Die Rhetorik der (1936 entdeckten) Predigt *Über das Osterfest* des Meliton von Sardes (Mitte 2. Jh.) zeigt deutliche Affinitäten zur zeitgenössischen Zweiten Sophistik (*3.1.2*). Seit dem 2. Jh. entstehen auch die ältesten Darstellungen vom standhaften Leiden und Sterben christlicher Märtyrer, die von Eusebios großenteils in seine *Kirchengeschichte* (*IV 4.3.2*) aufgenommen wurden.

3.8.2 Evangelien und Apokalyptik

Die Entstehung und 'Kanonisierung' der vier *NT*-Evangelien ist im einzelnen noch nicht abschließend geklärt. Die drei sogenannten 'synoptischen' sind vielleicht zwischen 70 und 90 (Reflexe auf die Zerstörung Jerusalems) entstanden. Das *Markus-Evangelium* ist das kürzeste und älteste; *Matthaeus-* und *Lukas-Evangelium* scheinen aus dem *Markus-Evangelium* und der 'Logien-Quelle' (Sammlung von Aussprüchen Jesu) geschöpft zu haben und zeigen gegenüber Markus eine sorgfältigere griechische Stilisierung (vor allem Lukas); vgl. *III 2.2.4*. Im *Lukas-Evangelium* und seiner Fortsetzung, der *Apostelgeschichte*, zeichnet sich die Ablösung vom Judentum und die Öffnung ins römische Reich hinein deutlich ab. Das *Johannes-Evangelium* wurde in seiner heutigen Gestalt wohl bis zum Ende des 1. Jh.s ausgeformt. Um 170 verband Tatian (*3.8.4*) diese vier Evangelien (und vielleicht apokryphes Material) im *Diatessaron* zu einem Gesamttext, von dem wegen Tatians Bruch mit der Orthodoxie heute nur noch Fragmente (auch von zahlreichen Übersetzungen) erhalten sind.

Neben den kanonischen Evangelien entstehen seit dem Ende des 1. Jh.s weitere evangelien-artige Schriften (z. T. mit gnostischer Tendenz), die inzwischen durch Funde in Ägypten (Nag Hammadi 1948) besser bekannt geworden sind; neben die *Apostelgeschichte* treten apokryphe Apostelakten. Angesichts solcher Texte wird es immer dringlicher, 'echte' Überlieferung von falscher zu sondern: Im frühen 2. Jh. bemüht sich Papias von

Hierapolis (*Erklärungen der Worte des Herrn*, in Zitaten und Fragmenten bei späteren Autoren erkennbar) um die lückenlose Sicherung der Tradition; die *Hypomnemata* des Hegesippos (wichtige Quelle für Eusebios' *Kirchengeschichte* [*IV 4.3.2*]) wollen in der 2. Hälfte des 2. Jh.s die authentischen Traditionen zur Bischofs-Sukzession vor allem in Rom und Korinth bewahren.

Mit der *Geheimen Offenbarung des Johannes*, einer Vision von Weltende und Weltgericht vor dem Hintergrund drohender Christenverfolgung, beginnt gegen Ende des 1. Jh.s die christliche apokalyptische Literatur. Mit dieser Literatur verwandt ist der um die Mitte des 2. Jh.s entstandene *Hirt des Hermas*, der aus vier Visionen und einer fünften besteht, die ihrerseits zwölf Anweisungen und zehn Gleichnisse enthält; der 'Hirte' ist der Engel, der zu Beginn der fünften Vision Hermas als Vermittler und Interpret der Offenbarung erscheint.

3.8.3 Häretiker und orthodoxe Gegenstimmen

Seit dem 2. Jh. werden christliche Autoren zunehmend gezwungen, für das 'wahre' Christentum gegen 'falsche' Lehren Stellung zu nehmen: Die Montanisten werden als Unruhestifter bekämpft, die Traditionen in Frage stellen; auch gegen Marcion, der in seinen (nicht erhaltenen) *Antithesen* als wahre Überlieferung nur die Paulus-Briefe und das Lukas-Evangelium gelten läßt und in den übrigen biblischen Texten nur einen minderen Demiurgen-Gott verkündet sieht, richten sich viele Widerlegungsbemühungen (Justinus Martyr, *Syntagma gegen Marcion und alle Häresien*; Tertullian, *Contra Marcionem*). Noch weiter gehen die gnostischen Lehren; ihre Vertreter waren lange nur aus den Schriften ihrer Gegner bekannt (Justin, Irenaeus, Hippolytos); dank den Funden von Nag Hammadi sind inzwischen auch – allerdings anonyme – Texte (in Koptisch) aus dem 2. und 3. Jh. vorhanden. Das erste große Werk gegen diese Lehren ist der Ἔλεγχος καὶ ἀνατροπὴ τῆς ψευδωνύμου γνώσεως (vollständig nur in einer lateinischen Übersetzung) des Irenaeus von Lyon, das unter Papst Eleutherus (174–189) entsteht; das erste Buch stellt die verschiedenen gnostischen Systeme (auch die Lehren Marcions und Tatians) dar, die folgenden vier Bücher widerlegen sie. Verfasser einer noch umfangreicheren antihäretischen Schrift (Κατὰ πασῶν αἱρέσεων ἔλεγχος in 10 Büchern) ist Hippolytos von Rom (frühes 3. Jh.), der als Verfasser zahlreicher polemischer, apologetischer, exegetischer Schriften bezeugt ist. In den ersten vier Büchern des Ἔλεγχος (Buch 2–3 und ein Teil des vierten sind verloren) wurden heidnische Traditionen (Philosophenlehren, Mysterienkulte, Astrologie und Magie) als Nährboden der verschiedenen Irrlehren vorgestellt und dann in Buch 5–9 widerlegt; Buch 10 faßt zusammen. Hippolyts apologetische Schrift Πρὸς Ἕλληνας καὶ πρὸς Πλάτωνα ἢ καὶ περὶ τοῦ παντός ist nur in Fragmenten und in Photios' byzantinischer Zusammenfassung erhalten; zu seiner *Chronik* und der des Julius Africanus vgl. *IV 4.3.2*.

3.8.4 Die christliche Apologetik

Seit dem frühen 2. Jh. versuchen christliche Autoren, ihren Glauben gegen Mißverständnisse und Polemiken der heidnischen Umwelt zu verteidigen. Die ersten Apologien dieser Art richten Quadratos und Aristeides von Athen an Hadrian; sie sind nur in Fragmenten oder späteren Bearbeitungen und Übersetzungen erhalten. In der Mitte des 2. Jh.s schreibt Justinus Martyr, der als früherer Anhänger verschiedener Philosophenschulen über eine profunde griechische Bildung verfügt, seine *Erste* und *Zweite Apologie* sowie den *Dialog mit dem Juden Tryphon*; sein syrischer Schüler Tatian verfaßt neben dem erwähnten *Diatessaron* (*3.8.2*) den Λόγος πρὸς Ἕλληνας mit scharfen Angriffen auf die gesamte griechische Kultur. An Marc Aurel und Commodus richtet sich die Πρεσβεία περὶ Χριστιανῶν des Athenagoras; wenig später schreibt Theophilos von Antiochia seine drei Bücher *An Autolykos*, in denen er einem Heiden die Überlegenheit der christlichen Religion darzulegen versucht und dazu auf Philon und Flavius Josephus (*3.7*) zurückgreift. Der Διασυρμὸς τῶν ἔξω φιλοσόφων des Hermias verbindet Apologetik mit Satire; die anonyme Schrift *An Diognet* hebt das Neue am Christentum hervor und zeichnet sich unter allen apologetischen Schriften durch das literarischste Griechisch aus.

3.8.5 Clemens und Origenes

Gegen Ende des 2. Jh.s erhält die geistige Auseinandersetzung des Christentums mit seiner Umwelt durch Clemens von Alexandria und Origenes eine neue Qualität.

Clemens (etwa 140/50–etwa 220?) war gründlich philosophisch gebildet und wahrscheinlich sogar in die eleusinischen Mysterien eingeweiht, bevor er zum Christentum übertrat. Er verfolgt in seinen Werken einen mehrteiligen Bildungsgang: Sein *Protreptikos* (der Titel knüpft an die philosophischen Werbeschriften seit Aristoteles an) will zeigen, daß die Gottesvorstellungen griechischer Philosophen in der durch den göttlichen Logos (Christus) gewährten Offenbarung übertroffen und vollendet werden. Der *Paidagogos* richtet sich an ein bereits getauftes Publikum und enthält – entsprechend der These, daß alle Menschen des göttlichen Logos wie eines 'Pädagogen' ('Kinder-Führers') bedürfen (Buch 1) – detaillierte Anweisungen für rechtes christliches Verhalten in allen Lebenssituationen (Buch 2 und 3). Die Στρωματεῖς ('Teppiche', unvollendet: nach sieben Büchern folgt ein achtes, das nur Skizzen und Vorarbeiten enthält) erinnern in Titel und Aufbau an die gleichzeitige Buntschriftstellerei (*3.3.3*). In ihnen wendet sich Clemens gegen griechische Philosophie und Gnosis zugleich; sein Ideal ist der 'christliche Gnostiker', der jüdische, heidnisch-griechische und christliche Traditionen in sich vereinigt und dadurch zur höchsten menschenmöglichen Erkenntnis Gottes gelangt.

Origenes (185–253/4), der Nachfolger des Clemens in der Leitung der alexandrinischen Katechetenschule, war zunächst in Alexandria, später auch in

Jerusalem und Caesarea tätig, wo er sich 232 endgültig niederließ und bis zur Verfolgung des Kaisers Decius (250) lehrte und schrieb. Als erster christlicher Autor unternimmt er eine umfassende Bibel-Kommentierung, und zwar in dreifacher Weise: in kurzen sogenannten *Scholien*, in voluminösen *Kommentaren* zu den einzelnen Büchern der Bibel und in zahlreichen *Homilien* (Predigten). Weil Origenes zunehmend in den Verdacht der Häresie geriet (im 5. und 6. Jh. wurden einige seiner Lehren offiziell verurteilt), ist von seinem riesigen exegetischen Werk nur noch ein Bruchteil erhalten (z. B. von den 32 Büchern zum *Johannes-Evangelium* die Bücher 1, 2, 6, 10, 13, 19, 20, 28, 32), auch dies oft nur in lateinischer Übersetzung. Origenes sucht hinter dem Literalsinn des Textes stets noch eine weitere Bedeutungsebene freizulegen. Diese im wesentlichen allegorische Auslegungsweise geht auf Philon (*3.7*) zurück; Origenes ist ihr erster großer Systematiker in der christlichen Theologie.

Als Philologe (*II 1.3.3*) versucht Origenes, eine zuverlässige Grundlage des griechischen Bibeltextes zu schaffen, indem er neben den in griechische Buchstaben transliterierten hebräischen Text die *Septuaginta* und weitere griechische Bibelübersetzungen stellt; so entstand eine Synopse in offenbar zwei verschiedenen Ausführungen (vgl. Eus. *H.E.* 6,16,4), die je nach Anzahl der neben den *Septuaginta*-Text gestellten Spalten *Tetrapla* oder *Hexapla* genannt wurde.

Unter den nicht-exegetischen Abhandlungen sind vor allem zwei hervorzuheben: In den vier Büchern Περὶ ἀρχῶν – sie fragen nach den ἀρχαί: Gott, Materie, Mensch, höhere Wesen, Freiheit – entwickelt Origenes Lehren, die mit der späteren christlichen Orthodoxie kaum vereinbar waren; daher ist das Werk als ganzes nur noch in einer – teilweise glättenden – lateinischen Übersetzung des Rufinus erhalten. In den acht Büchern *Gegen Kelsos*, den ersten Verfasser eines großen antichristlichen Traktats (*3.5*), führt Origenes gegen dessen Thesen die allegorische Bibelauslegung, die immer noch geschehenden Wunder bei den Christen und ihr sittenstrenges Leben ins Feld. Weitere Schriften dieses vielleicht fruchtbarsten Autors der Antike (nach Hieronymus *Adv. Ruf.* 2,22 verfaßte er 2000 'Bücher') sind ein Traktat *Über das Gebet* (u. a. erste systematische Kommentierung des Vaterunser), eine *Ermunterung zum Martyrium* und die *Disputation mit Herakleides* (ein stenographisch aufgezeichneter Dialog des Origenes, der 1941 in Tura [*I 4.2.1*] ans Licht kam).

3.8.6 Die Nachfolger und Gegner des Origenes

Origenes' Einfluß ist bei allen folgenden griechischen christlichen Schriftstellern spürbar. Julius Africanus (*IV 4.3.2*) bestreitet in einem Brief an Origenes die Echtheit der an das *Buch Daniel* angehängten Susanna-Geschichte; seine Κεστοί ('Stickereien', in 24 Büchern) waren ein Sammelwerk vielfältigsten Inhalts (darunter nicht wenig Zauberei und Magie) in der Art der heidnischen Buntschriftstellerei (*3.3.3*). Von den Schriften des Origenes-Schülers Dionysios von Alexandria hat sich nur wenig erhalten (2 Bücher *Über die Verheißungen* zeigen scharfsinnig, daß die *Geheime Offenbarung* nicht vom Apostel

Johannes stammt). Eine *Dankrede an Origenes* wird dem Gregorios Thaumaturgos zugeschrieben; sie gewährt aufschlußreiche Einblicke in Origenes' Schule in Caesarea. Deren späterer (gegen Ende des 3. Jh.s) Leiter Pamphilos, der Lehrer des Eusebios (*IV 4.3.2*), schrieb eine *Apologie des Origenes* in fünf Büchern (nur das erste ist – in der lateinischen Übersetzung des Rufinus – erhalten). Von dem Origenes-Gegner M e t h o d i o s von Olympos sind die meisten Schriften (*Aglaophon oder über die Auferstehung, Über die Willensfreiheit, Über das Leben und über vernünftiges Handeln*) nur in altslawischer Übersetzung erhalten; sein einziges auf Griechisch überliefertes Werk (Συμπόσιον ἢ περὶ ἁγνείας) ist ein Gegenstück zum *Symposion* Platons: Statt über den Eros werden hier Vorträge über die Keuschheit gehalten.

3.8.7 Christliche Dichtung

Hymnen sind bereits in Paulus-Briefen und im *Lukas-Evangelium* (*Magnificat, Benedictus*) eingelegt. Seit der Mitte des 2. Jh.s entstehen eigenständige christliche Dichtungen: die 42 *Oden Salomons* (in rhythmischer Prosa, im Parallelismus ihrer Glieder den Psalmen vergleichbar) und die christlichen Teile der *Sibyllinischen Orakel*, an deren heidnischen Kern sich bereits seit dem 2. Jh. v. Chr. jüdische Teile angelagert hatten; in den Büchern 1 und 2 sowie 6–8 gibt es nun beträchtliche christliche Erweiterungen.

Sibyll. Orakel: D. S. Potter, *Prophecy and history in the crisis of the Roman Empire* (Oxford 1990).

3.9 Abschließende bibliographische Hinweise

Neuere Überblicksdarstellungen der in diesem Kapitel behandelten griechischen Literatur bieten A. Dihle, *Die griechische und lateinische Literatur der Kaiserzeit von Augustus bis Justinian* (München 1989) 62–441 und J. Sirinelli, *Les enfants d'Alexandre: Le littérature et la pensée grecques 334 av. J.-C. – 519 ap. J.-C.* (Paris 1993) 203–446. Immer noch lesenswert (und darin zukunftsweisend, daß er nicht-christliche und christliche griechische Literatur gemeinsam behandelt) ist U. v. Wilamowitz-Moellendorff, *Die griechische Literatur des Altertums,* ND Stuttgart-Leipzig 1995 (urspr. in: P. Hinneberg, *Die Kultur der Gegenwart* I 8, Leipzig ³1912, 218–275).

Editionen der besprochenen Texte sind im allgemeinen aus der jeweils zitierten Sekundärliteratur zu ersehen und hier nur in besonders aktuellen Einzelfällen genannt; vgl. im übrigen *IV 4.6*.

4 Spätantike

JÜRGEN HAMMERSTAEDT

Abgekürzt zitierte Titel: Baldwin, *Studies*: B. Baldwin, *Studies on late Roman and Byzantine history, literature and language* (Amsterdam 1984); Blockley: R. Blockley, *The fragmentary classicising historians of the later Roman Empire. Eunapius, Olympiodorus, Priscus and Malchus* 1–2 (Liverpool 1981/3; im 2. Bd. engl. übersetzte Textedition); Calderone: S. Calderone (Hrg.), *La storiografia ecclesiastica nella tarda antichità* (Messina 1980); Croke – Emmet: B. Croke – Alanna M. Emmet (Hrgg.), *History and historians in late antiquity* (Sidney 1983); den Boeft – Hilhorst: J. den Boeft – A. Hilhorst (Hrgg.), *Early Christian poetry. A collection of essays* (Leiden etc. 1993); Heitsch: E. Heitsch, *Die griechischen Dichterfragmente der römischen Kaiserzeit* 1^2–2 (Göttingen 1963–4); Martindale: J. R. Martindale, *The prosopography of the later Roman Empire* 2–3 A/B (Cambridge 1980–92); *Spaz. Lett.*: G. Cambiano – L. Canfora – D. Lanza (Hrgg.), *Lo spazio letterario della Grecia antica* 1,3 (Roma 1994).

4.1 Einleitung

Der Aufstieg des Christentums bestimmte Leben und Literatur dieser Epoche. Nach dem Wegfall äußerer Bedrohung wurde es bald Staatsreligion (*V 4.3*) und löschte bis zum 6. Jh. die heidnischen Kulte weitgehend aus – nicht aber die pagane Kultur, die es sich vielfältig zunutze machte. Die kulturelle Bedeutung Roms ging mit der Reichsteilung und dem Zusammenbruch des Westreichs (476 n. Chr.) weiter zurück, ohne jedoch ganz zu erlöschen.

Abgesehen vom Aufkommen neuer literarischer Formen und Inhalte änderte sich auch das Selbstverständnis der Autoren, die seit dem 4. Jh. stärker auch Autobiographisches einfließen ließen und sogar über religiöse bzw. philosophische Selbsterfahrung dichteten. Auf Prosaklauseln und poetische Metrik schlug durch, daß die Aussprache jetzt keine Vokalquantitäten mehr unterschied und nicht Tonhöhe, sondern Lautstärke die Akzente markierte (*III 2.1.2*).

Westlicher Einfluß im Osten: Elizabeth Fisher, «Greek translations of Latin literature in the 4th cent. A.D.», *YClS* 27 (1982) 173–215; Lateinkenntnis ägyptischer Dichter im 4./5. Jh.: Al. Cameron, *Historia* 14 (1965) 494–496. Eine Renaissance erlebte das Römertum in Byzanz unter Justinian I. (zu Johannes Lydos *4.4.2*; auch die in Nordafrika tätigen lateinischen Dichter Dracontius [spätes 5. Jh.] und Coripp [6. Jh.] waren auf Ostrom ausgerichtet). Umgekehrt bestand stärkerer Einfluß (Ammian, Claudian: *4.3.2*; *4.2.6*). Ins Lateinische übersetzten Marius Victorinus und Boethius philosophische, Rufin, Hieronymus, Gennadius von Marseille und noch im 6. Jh. Cassiodor patristische Texte (*Historia tripartita* aus den 'Synoptikern': *4.3.2*). Vgl. *Cristianesimo latino e cultura greca sino al sec. IV* (Roma 1993). – A. Marcone, «Tra paganesimo e cristianesimo. Gli sviluppi dell'autobiografia nel IV secolo d.C.»: ebd. 7–18.

4.2 Profane Literatur: Konstantin bis Theodosius II. (450)

4.2.1 Sophistik

Die Literatur des 4. Jh.s wurde durch die Sophistik bestimmt, die sich von der Reichskrise des 3. Jh.s erholt hatte. Sie imitierte die alten attischen Redner und nun auch Aelius Aristides und wehrte vulgärsprachliche Einflüsse ab. Auch das Christentum lehnten viele Sophisten ab; Julians Restauration feierten sie. Ganz verschloß sich die Sophistik dem Christentum allerdings nicht (Prohairesios) und prägte selbst den Stil vieler Kirchenväter.

Viel ist von Libanios (314–ca. 393) bewahrt, zur Hälfte Mustertexte für die Rednerschule (teils unecht). Zu Julian fühlte er sich besonders hingezogen; doch auch mit dessen christlichen Nachfolgern Valens und Theodosius I. arrangierte er sich. Sieben Reden an bzw. über Julian sind erhalten (or. 12–18), darunter seine längste, der Jahre nach Julians Tod vollendete *Epitaphios*. Ebenfalls nachträglich entstanden Reden, die zwischen Julian und den Antiochenern schlichten sollten (or. 15f.). Während Johannes Chrysostomos, nach Socr. *Hist. eccl.* 6,3,4 Libaniosschüler, im Jahr 387 mit Predigten in den antiochenischen Säulenaufstand eingriff (*Stat.* 1–21), sind die Reden des Libanios hierzu (or. 19–23) rein literarisch. Anlaß zu Reden gab auch die Schule, z. B. wenn Schüler unbeliebte Lehrer auf Teppichen in die Höhe schnellten (or. 58,18). Neben seiner (später aktualisierten) Autobiographie (or. 1) vermitteln über 1600 *Briefe* ein Bild seiner Persönlichkeit.

Während Libanios in Antiochia rein als Sophist wirkte, war Themistios (ca. 317–388) in Konstantinopel zugleich Philosoph und hoher Politiker. Selbst der strenge Christ Theodosius I. berief ihn zum Erzieher des Kronprinzen Arcadius. Die von Plotin neu belebte Philosophie Platons verband er mit der des Aristoteles und erläuterte ihre Schriften durch Paraphrasen (*praef. in Aristot. an. post.*: *CAG* 5,1,1,1–12). Mehrfach (bes. or. 21) rechtfertigte er, daß er, wie einst Dion von Prusa (*IV* 3.2.2), öffentlich in moralischen Vorträgen philosophierte.

Immer öfter setzte er zwischen den beiden letzten Akzenten des Satzes eine gerade Anzahl unbetonter Silben (Meyersches Gesetz), was dem neuen akzentuierenden Klangempfinden mehr entsprach als die klassischen quantitierenden Klauseln. Etwas andere Satzschlüsse beachtete Himerios, bei dem Julian, Gregor von Nazianz und Basilius von Caesarea hörten, schon durchgängig. In seinen teils nur im Auszug enthaltenen Gelegenheits-, Schul- und Musterreden zitiert er oft aus der Lyrik und durchbricht in Stil und Inhalt fast die Gattungsschranken der Prosa. Von anderen Sophisten sind außer Resten eines Panegyrikos auf Julian nur Lehrschriften und Musterreden erhalten. Beide Funktionen kombinieren die *Progymnasmata* des Libaniosschülers Aphthonios, deren Erfolg wohl auch auf striktem Einsatz rhythmischer Klauseln beruhte.

Als Lachares von Athen (Mitte 5. Jh.) über quantitierenden Prosarhythmus schrieb, wandte er selbst akzentuierende Klauseltechnik an.

E. Pack, «Libanio, Temistio e la reazione giulianea», in: *Spaz. lett.* 651–697. – G. A. Kennedy, *Greek rhetoric under Christian emperors* (Princeton 1983); Averil Cameron, *Christianity and the rhetoric of empire* (Berkeley–Los Angeles 1991). – B. Schouler, *La tradition hellénique chez Libanios* 1–2 (Paris 1984); G. Fatouros – T. Krischer (Hrgg.), *Libanios* (Darmstadt 1983). – J. Vanderspoel, *Themistius and the imperial court* (Ann Arbor 1995); H. J. Blumenthal, «Themistius. The last Peripatetic commentator on Aristotle?», in: R. Sorabij (Hrg.), *Aristotle transformed. The ancient commentators and their influence* (London 1990) 113–123; O. Ballériaux, «Thémistius et le Néoplatonisme», *RPhA* 12 (1994) 171–200. – W. Hörandner, *Der Prosarhythmus in der rhetorischen Literatur der Byzantiner* (Wien 1981) 26–37. 51–71; Ch. Klock, *Untersuchungen zu Stil und Rhythmus bei Gregor von Nyssa* (Frankfurt 1987) 219–256. – T. D. Barnes, «Himerius and the 4th cent.», *CPh* 82 (1987) 206–225; H. Gärtner, «Himerios«, *RAC* 15 (1991) 167–173. – A. Guida, *Un anonimo panegirico per l'imperatore Giuliano* (Firenze 1990).

4.2.2 Philosophie und Religion

Philosophie lehrten im 4. Jh. nur noch Neuplatoniker (*VII 1.7.2*). Jamblich (gest. vor 326) maß auch der Religion und rituellen Handlungen Bedeutung bei (θεῖα ἔργα: 'Theurgie') und setzte durch methodisch betriebene Kommentierung Platons, des Aristoteles, der *Chaldäischen Orakel* sowie mit einer Darstellung der pythagoreischen Philosophie seine Spielart des Neuplatonismus durch. Daneben fand innerhalb der Schule fast nur Theodoros von Asine und außerhalb davon der Kynismos vereinzelte Anhänger. Ein Kreis um den Jamblichschüler Aidesios verlegte sich in Pergamon auf kultisch-magische Praktiken und prägte, vor allem in Person des Maximos, den jungen Julian.

G. O'Daly, «Jamblich», *RAC* 16 (1994) 1243–1259; zu Entsprechungen seiner Hermeneutik in antiochenischer Exegese: B. D. Larsen, *Jamblique de Chalcis exégète et philosophe* (Aarhus 1972) 449–453; W. Deuse, *Theodoros von Asine* (Wiesbaden 1973); A. Marcone, «L'imperatore Giuliano, Giamblico e il neoplatonismo», *RSI* 96 (1984) 1046–1052.

Während bereits Plotin (*Enn.* 2,9) die Gnostiker und Porphyrios (*IV 3.5*) und Hierokles, der selbst an den diocletianischen Verfolgungen teilnahm, das Christentum (*4.3.4*) angriffen, verfaßte Alexander von Lykopolis Ende des 3. Jh.s eine philosophische Widerlegung der Lehren Manis, den er als christlichen Häretiker ansah. Dessen Religion, die sich trotz Diocletians Verbot auch im römischen Reich verbreitete, löste heftigen Widerstand christlicher Autoren aus (*4.3.4*). Wohl Mitte des 4. Jh.s wurde eine als Biographie angeordnete Exzerptsammlung aus Berichten, die meist Manis eigene Lebensschilderung wiedergeben, aus dem Syrischen ins Griechische übersetzt; sie ist in einem winzigen Codex erhalten (*I 1.3.3*).

A. Villey (Übers. Komm.), *Alexandre de Lycopolis. Contre la doctrine de Mani* (Paris 1985). – L. Koenen – Cornelia Römer, *Der Kölner Mani-Kodex* (Opladen 1988); die Serie der Teilkommentare schloß dies., *Manis frühe Missionsreisen nach der Kölner Manibiographie* (Opladen 1994) ab.

4.2.3 Literarische Anthologie:
Epitomisierung (Beispiel: Iatrosophistik); Literaturgeschichte

Als Hilfe für Redner und Sophisten faßte Sopatros (1. Hälfte 4. Jh.?) literarisches Wissen aus fremden Prosaschriften zu ἐκλογαὶ διάφοροι zusammen. Fast ganz erhalten ist die thematisch angelegte Anthologie heidnischer Dichtung und Prosa (bis zu Themistios), mit der Johannes Stobaios der Bildung seines vergeßlichen Sohnes aufhelfen wollte und dadurch uns noch Einblick in manches sonst verlorene Werk gewährt. Die Zusammenfassung bekannten Wissens beschäftigte jetzt auch Philologie (*II 1.3.5*), Naturwissenschaft und Medizin. Julian veranlaßte seinen Leibarzt Oribasios zu einem Auszug aus Galen (*VII 2.3.6*), später aus allen besten Ärzten. Daraus legte dieser selbst eine praxisnahe Synopse in 9 Büchern an und widmete Eunap (*4.2.5*) vier Bücher Kuren und Rezepte für medizinische Laien.

Über Philosophen, Sophisten und 'Iatrosophisten' (Ausdruck erst Anfang 6. Jh. belegt) im Athen des 4. Jh.s berichten Eunaps *Sophistenviten* (*4.2.5*). Später führte Hesych von Milet in seinem *Onomatologos*, dessen literarhistorische Nachrichten ins *Suda*-Lexikon eingegangen sind (*II 2.2.1*), Grammatiker und Ärzte neben Dichtern, Philosophen, Historikern, Rednern, Sophisten und Spezialschriftstellern als eigene Klasse.

Zur umstrittenen Identität des Sopatros R. Henry, *AC* 7 (1938) 291–293. Anders als Johannes Stobaios referiert er die Exzerpte in eigenen Worten (zu seinem Stil Phot. *Bibl.* cod. 161,104b13f.). Die Verbindung von Medizin und Rhetorik (Iatrosophistik) am Beispiel Galens erläutert L. T. Pearcy, in: *ANRW* 2,37,1 (1993) 445–456. – R. J. Penella, *Greek philosophers and sophists in the 4th cent. A.D.*, Studies in Eunapius of Sardis (Leeds 1990).

4.2.4 Julian, heidnischer Kaiser und Schriftsteller

Neben einem aufschlußreichen Briefwechsel verfaßte Julian während seiner kurzen Regierung (361–363) Schriften von historischem und, trotz aller Flüchtigkeit, literarischem Interesse. Die wieder offiziellen heidnischen Feste erläuterte er allegorisch (*Auf die Göttermutter Kybele*; *Auf den Götterkönig Helios*) und maßregelte Kyniker, die sein neuplatonisches Heidentum zersetzten (*Gegen den Kyniker Herakleios*; *Gegen die unwissenden Kyniker*). Als er von Antiochia zu seinem Perserfeldzug aufbrach, hinterließ er ein Pamphlet, in dem er den Spott über sich und seine ungepflegte Philosophentracht mit Selbstironie parierte (*Antiochenische Rede, oder: Der Barthasser*). Mit erstaunlicher Respektlosigkeit hatte er sich schon früher über Kaiser ausgelassen, die in seinem von Lukian inspirierten *Symposion* (*oder: Caesares*) z. T. schlecht wegkamen. Die Christen suchte er durch das Rhetorenedikt zu isolieren. Nach gründlichem Studium christlicher Schriften stellte er in drei Büchern *Gegen die Galiläer*, deren erstes in Cyrills Widerlegung größtenteils bewahrt ist (*4.3.4*), die christliche Theologie als mißratene Mischung aus Jüdischem und Hellenischem hin und wies Widersprüche der Bibel auf.

Zu den *Caesares* H.-G. Nesselrath, *MH* 51 (1994) 30–44; Emanuela Masaracchia, *Giuliano imperatore contra Galilaeos* (Roma 1990); A. Guida, in: ΟΔΟΙ ΔΙΖΗΣΙΟΣ – *Le vie della ricerca. Studi in onore di F. Adorno* (Firenze 1996) 241–252 (neue Fragmente); Matilde Caltabiano (Komm. Übers.), *L'epistolario di Giuliano Imperatore* (Napoli 1991). – G. W. Bowersock, *Julian the Apostate* (London 1978); Polymnia Athanassiadi-Fowden, *Julian. An intellectual biography* (London – New York 1992); J. Bouffartigue, *L'empereur Julien et la culture de son temps* (Paris 1992).

4.2.5 Profane Historiographie

Nach der Konstantinischen Wende entstand ein halbes Jahrhundert lang keine Zeitgeschichte von heidnischer Warte. Einen Umschwung bewirkte Julians Regierung. Magnos von Karrhai und Eutychian, wie Ammian einst Mitkämpfer Julians, verherrlichten den Kaiser in seinem unglücklichen Perserfeldzug (*FGrHist* 225f.), Oribasios (*4.2.3*) lieferte ein Memorandum über Julians Taten für das Geschichtswerk seines Freundes Eunapios von Sardes (ca. 345–ca. 420; vgl. fr. 15 Blockley). Dieser setzte die 270 endende Chronik Dexipps (*IV 3.4.1*) bis 404 fort (auszugsweise erhalten) und stellte Julian als Höhepunkt hin, wobei er eine rhetorische Ausgestaltung der Genauigkeit im Detail vorzog. Heftige Ausbrüche gegen Christen als Ursache für den Niedergang des Reichs sind in zweiter Edition gemildert. In der Krisenzeit nach 396 schrieb Eunap seine *Sophistenviten* (*4.2.3*). Anders als er konzentrierte sich der weitgereiste, politisch aktive Olympiodor von Theben auf die westlichen Ereignisse von 407 bis 425 (Phot. *Bibl.* cod. 80). Mit detaillierten Angaben, oft störenden Exkursen und schmucklosem Ausdruck wollte er kein Geschichtswerk anfertigen, sondern Material dazu bieten. Indem er die Rettung des Westens vor Barbarenangriffen okkulten Kräften zuschrieb, vertrat er heidnische Sicht, ohne die Christen allzu scharf anzugreifen. So konnte er sein Werk Theodosius II. widmen, für dessen Schwiegervater Leontius er einst einen Sophistiklehrstuhl in Athen erwirkt hatte.

Kein griechisches Geschichtswerk konnte sich freilich mit der Darstellung des 4. Jh.s von Ammianus Marcellinus messen (s. *LAT IV 3.4.3.2*). Bezeichnenderweise wurde Eutrops 369 veröffentlichtes *Breviarium* schon bald griechisch übersetzt (Paeanius); Fisher (o. *4.1*) 189–193; Enrica Malcovati, *RendIst Lomb, Class Lett, ScMor e storiche* 77 (1943–4) 273–304. – Blockley; A. Baldini, *Ricerche sulla Storia di Eunapio di Sardi* (Bologna 1984); K. S. Sacks, *History and theory* 25 (1986) 52–67. – J. F. Matthews, «Olympiodorus of Thebes and the history of the West», *JRS* 60 (1970) 79–97; Baldwin, *Studies* 217–336; Livrea wies Olympiodor ein Gedicht über einen Blemyerkrieg zu (*4.2.6*). – A. Momigliano, «Pagan and Christian historiography in the 4th cent. A.D.», in: ders. (Hrg.), *The conflict between paganism and Christianity in the 4th cent.* (Oxford 1963) 79–99; Baldwin, *Studies* 191–205; Maria Cesa, *AIIS* 8 (1983–4) 93–114; lateinische und griechische spätantike Historiographie: A. Demandt, *Gymnasium* 89 (1982) 255–272; Croke – Emmet 1–12.

4.2.6 Dichtung

Die Dichtung trat noch stärker als in den vorangehenden Jahrhunderten hinter der Prosa zurück. Tragödie und Komödie waren dem Ausdruckstanz (Pantomimos) und subliterarischen Mimen gewichen. Nach Quintus von Smyrna bzw. Triphiodor (*IV 3.6.1*) und vor Nonnos ist das mythologische Epos (abgesehen von Claudians in Teilen erhaltener griechischer *Gigantomachie*) nur durch die sogenannten 'orphischen' *Argonautika* vertreten. Gut belegt, meist auf Papyri, ist Gelegenheitsdichtung über Taten gegenwärtiger Personen. Historisches Epos und Enkomion lassen sich hier kaum unterscheiden.

A. Müller, «Das Bühnenwesen in der Zeit von Constantin bis Iustinian», *NJbb* 23 (1909) 36–55. Die Apollonios Rhodios eng folgenden orphischen *Argonautika* datiert M. L. West, *The Orphic poems* (Oxford 1983) 37f. nicht vor dem 4. Jh., F. Vian, *Les Argonautiques orphiques* (Paris 1987) nach Nonnos. – Bald nach 400 feiert ein Gedicht den Sieg eines Generals Germanos (E. Livrea, *Anonymi fortasse Olympiodori Thebani Blemyomachia*, Meisenheim am Glan 1978). Von der dauernden Bedrohung Südägyptens durch die Blemyer handeln wohl auch zwei thebanische Gedichte des 5. Jh.s, das *Encomium ducis Thebaidos* (Heitsch S 10; ungeachtet des ordentlichen Versbaus aufgenommen bei Leslie S. B. MacCoull, *Dioscorus of Aphrodito*, Berkeley 1988, 131–134) und die Bitte um Rückkehr eines panegyrisch gefeierten Feldherrn (Heitsch nr. 36). Der bedeutende Dichter Kyros von Panopolis (*4.4.5*) schrieb ein kurzes Enkomion auf Kaiser Theodosius II. (*Anth. Pal.* 15,9). Zur Rolle gelehrter, oft auch ins Zeitgeschehen eingreifender heidnischer Berufsdichter aus Ägypten im 4./5. Jh.: Al. Cameron, *Historia* 14 (1965) 470–509. – T. Viljamaa, *Studies in Greek encomiastic poetry of the early Byzantine period* (Helsinki 1968).

Neben Enkomien zeugen Hochzeitsgedichte, Epikedien, Ethopoiien und, besonders im 6. Jh., Ekphraseis vom steigenden Einfluß der Rhetorik. Jambische Prooemien zu Hexametern oder Distichen imitierten die Abfolge einleitender διαλέξεις und eigentlicher μελέται in rhetorischer Prosa (*IV 3.2.2*).

Epikedien auf Juradozenten von Berytos (Heitsch nr. 31f.; 4. Jh.) bieten z. T. identische Versatzstücke. Jambisch eröffnet wurde auch ein historisches Fragment (5. Jh.; Heitsch nr. 33). Den frühesten Beleg stellen wohl auf das Ende des 3. Jh.s datierbare Jamben dar, falls sie die Hexameter desselben Papyrus auf einen Maximus einleiten (Heitsch nr. 27f.). Ethopoiien des 4. Jh.s: Heitsch nr. 26 (und 21); vgl. auch M. Crusius, *Philologus* 64 (1905) 144–146; P.Oxy. 3537 (3./Anfang 4. Jh.): Ethopoiie und Antinoos-Enkomion (wohl vom Schreiber verfaßt); dazu A. Barigazzi, *Prometheus* 11 (1985) 1–10. Al. Cameron, «Pap.Ant. III. 115 and the iambic prologue in late Greek poetry», *CQ* 64 (1970) 110–29; Viljamaa aO. 68–97; R. Keydell, «Epithalamium», *RAC* 5 (1962) 934f.; A. Garzya, «Retorica e realtà nella poesia tardoantica», in: ders., *Il mandarino e il quotidiano* (Napoli 1984) 75–112.

Über Lehrgedichte wissen wir kaum Sicheres. Naumachios, der Ratschläge für Mädchen und Ehefrauen in flüssige, von Johannes Stobaios exzerpierte Hexameter faßte, könnte der Platoniker der 2. Hälfte des 4. Jh.s sein. Die 'orphischen' *Lithika* schildern Kräfte von Steinen in einem für ein Lehrgedicht beispiellos verschachtelten Dialog des Dichters mit einem Gewährsmann, der seinerseits Belehrungen des Sehers Helenos an Philoktet erzählt; Klagen über die Verfolgung der Magie könnten auf das Ende des 4. Jh.s hindeuten. Ins 4. Jh. gehören wohl auch die spätesten der 6 Bücher, die aus verschiedenen Gedichten kombiniert und dem Astrologen Manethon zugeschrieben sind (*IV 3.6.4*). In Jamben, wie sie zuerst Apollodor von Athen didaktisch einsetzt (2. Jh. v. Chr.), faßte Helladios von Antinoupolis (Mitte 4. Jh.; Christ?) vier Bücher *Chrestomathien* mit Schwerpunkt auf attischer Sprache und Realien.

R. Halleux – J. Schamp, *Les lapidaires grecs* (Paris 1985) 51–57 datierten die orphischen *Lithika* allerdings 1. Hälfte 2. Jh. n. Chr.; B. Effe, *Dichtung und Lehre* (München 1977) 220–226. – Weitere von Photios (*Bibl.* cod. 279) neben der *Chrestomathie* erwähnte Gedichte des 4. Jh.s experimentierten mit Jamben sogar für Enkomien; J. Hammerstaedt, *ZPE* 115 (1997) 105–116.

Mit beißendem Witz und zugleich volkstümlicher wie poetischer Sprache dichtet der arme, stockheidnische Schulmeister **Palladas** aus Alexandria in neuartig autobiographischen Epigrammen über seine Geschicke; er belebt aber auch die verschüttete Tradition von Trink-, Weih- und Spottepigramm.

Irene G. Galli Calderini, *Vichiana* 16 (1987) 103–134. Entgegen der einstigen Datierung (Wende 4./5. Jh.) ist er wohl 319 geboren: Al. Cameron, *The Greek Anthology from Meleager to Planudes* (Oxford 1993) 90. 322–324.

4.3 Christliche Literatur: Konstantin bis Chalkedon (451)

Die christliche Literatur wuchs kräftig und entwickelte neue Formen. Vorerst widmete sie sich nur christlicher Thematik, machte sich jedoch die profane Sophistik und Philosophie formal und gedanklich zunutze. Nur wenige lehnten pagane Bildung ganz ab (Epiphanios von Salamis). Wohl nicht lange nach Julians Regierung rechtfertigte **Basilius von Caesarea** die Lektüre einer nach moralischen Kriterien getroffenen Auswahl paganer Schriften als Propädeutik für das schwierige Bibelstudium (*An die Jugend über den nützlichen Gebrauch der heidnischen Literatur*).

Über das Verhältnis der Kirchenväter zur rhetorischen Bildung Klock a. O. (*4.2.1*) 7–216. – Ch. Gnilka, *ΧΡΗΣΙΣ. Die Methode der Kirchenväter im Umgang mit der antiken Kultur* 1 (Basel–Stuttgart 1984), 2 (Basel 1993).

4.3.1 Literarische Formen christlicher Prosa

In den Gottesdienst gehörte die wichtigste Form christlicher Prosa, die **Predigt** exegetischen, aber auch dogmatischen, apologetischen oder paränetischen Inhalts, die vor allem anläßlich von Festlichkeiten immer stärker auf rhetorische Technik zurückgriff. Die Erhaltung unzähliger, mehr oder weniger improvisierter Predigten, wie derjenigen des **Johannes Chrysostomos**, des berühmtesten aller Prediger, verdankt man Stenographen. Im 5. Jh. gingen Fähigkeit und Bereitschaft zum Predigen zurück: Man las fertige Predigten aus Homiliaren ab.

Bedeutende **Briefsammlungen** sind u. a. von Basilius von Caesarea, Gregor von Nyssa, Gregor von Nazianz, Johannes Chrysostomos, Synesios und Theodoret überliefert. Die ca. 2000 Briefe des Abtes Isidor von Pelusion (bis ca. 435) bieten oft kurze Auszüge, meist über Fragen der Exegese, während die über 1000 dem Asketen Neilos von Ankyra zugeschriebenen Briefe (bis ca. 420 datierbar) oft aus Versatzstücken, meist aus Johannes Chrysostomos, bestehen. Gegenwartsbezogener waren z. B. Synodalbriefe. Dionys von Alexandria (gest. um 265; *IV 3.8.8*) erweiterte wohl zuerst die Mitteilung des Ostertermins mit seelsorgerischer und dogmatischer Belehrung. Erhalten sind 29 solcher Osterfestbriefe Cyrills von Alexandria.

Gegen Ende des 3. Jh.s schrieb Methodios von Olympos (*IV 3.8.6*) szenisch gestaltete 'platonische' Dialoge z. B. über Enthaltsamkeit, Willensfreiheit und Auferstehung; doch lag der Polemik des 4. Jh.s mehr das Streitgespräch vor Publikum (Adamantiosdialog; Archelaosakten) oder gar der 'Dialog' mit Zitaten aus Schriften des Gegners (Basil. *Adv. Eunom.*, vgl. *4.3.3*; Cyrill. Alex. *Adv. Iul.* Buch 2ff.). Basilius von Caesarea forderte, Dialogpartner nicht zum Zweck der künstlerischen Gestaltung, sondern nur zur polemischen Abwertung bekannter Vertreter von Irrlehren zu charakterisieren (*Epist.* 135); doch lebte der künstlerische Dialog im späteren 4. Jh. noch einmal auf (Apollinarios von Laodikeia; Gregor von Nyssa, *Über die Unsterblichkeit der Seele; Gegen das Schicksal*). Palladios von Helenopolis (Anfang 5. Jh.; *4.3.6*) kleidete gar die Vita des Johannes Chrysostomos in einen Dialog mit Anklängen an Platons *Phaidon*.

Für Bibelerklärung und bald auch in Mönchsliteratur etablierte sich seit Euseb (Περὶ τῶν ἐν εὐαγγελίοις ζητημάτων καὶ λύσεων) die aus der Philologie bekannte Einkleidung in Fragen und Antworten.

Christlichen Zwecken wurde auch die Form des Florilegiums dienstbar gemacht. Während eine mit *Philokalie* betitelte Zusammenstellung besonders die Exegese (*4.3.5*) des Origenes (*IV 3.8.5*) illustrieren sollte, bot man auch schon Väterstellen als Einlage oder Zugabe theologischer Schriften (Basil. *Spir.* 71–73). Beweiskraft gewannen solche bald auch selbständigen dogmatischen Florilegien aber erst im christologischen Streit (*4.3.3*), als Cyrill von Alexandria mit ihnen eine Form dogmatischer Auseinandersetzung begründete, die bis ins 8. Jh. bestanden hat (*Doctrina patrum de incarnatione verbi*).

A. Olivar, *La predicación cristiana antigua* (Barcelona 1991); E. Mühlenberg – J. van Oort (Hrgg.), *Predigt in der alten Kirche* (Kampen 1994). – Epistolographische Anweisungen: Greg. Naz. *Epist.* 51. D. Roques, *Synésios de Cyrène et la Cyrénaïque du Bas-Empire* (Paris 1987); Al. Cameron, «The authenticity of the letters of St. Nilus of Ancyra», *GRBS* 17 (1976) 181–196; zu Isidor und Neilos M. Kertsch, *JÖByz* 42 (1992) 29–39; P. Évieux, *Isidore de Péluse* (Paris 1995). – W. Hoffmann, *Der Dialog bei den christlichen Schriftstellern der ersten vier Jhh.* (Berlin 1966); B. R. Voss, *Der Dialog in der frühchristlichen Literatur* (München 1970). – H. Dörrie – H. Dörries, «Erotapokrisis», *RAC* 6 (1966) 342–370; Ch. Schäublin, *Untersuchungen zu Methode und Herkunft der antiochenischen Exegese* (Köln–Bonn 1973) 55–65. – E. Junod, «Basile de Césarée et Grégoire de Nazianze sont-ils les compilateurs de la Philocalie d'Origène?», in: *Memorial J. Gribomont* (Roma 1987) 349–361; M. Richard, «Les florilèges diphysites du Ve et VIe siècle», in: ders., *Opera minora* 1 (Turnhout–Leuven 1976) nr. 3.

4.3.2 Christliche Historiographie

Das christliche Geschichtsbild offenbarte sich zuerst in Chroniken, mit denen schon Sextus Julius Africanus und Hippolyt (*IV 3.8.3*) die griechisch-römische Historie in eine christliche integriert und die Priorität der Juden vor den Griechen bewiesen hatten. Eusebios von Caesarea (ca. 260–ca. 340) vervollständigte zuerst seine kritische Behandlung der Chronographie aller Völker mit parallelen Zeittabellen (Χρονικοὶ κανόνες) in einer universalen, mit den wichtigsten Ereignissen ausgestatteten Zeitskala. Sie wurden von Hieronymus übersetzt und erweitert; die vorhergehende Chronographie ist nur auf Armenisch (fast ganz) bewahrt.

Momigliano a. O.; Übersicht: F. Winkelmann, «Historiographie», *RAC* 15 (1991) 746–765; A. A. Mosshammer, *The Chronicle of Eusebius and Greek chronographic tradition* (Lewisburg – London 1979) 65; B. Croke, «The origins of the Christian world chronicle», in: Croke – Emmet 116–131.

Nur dürre Chroniken konnten die ganze Weltgeschichte bieten; die verlorene *Christliche Geschichte* Philipps von Side dagegen (von der Schöpfung bis mindestens 426 n. Chr.) schwoll auf 36 Bücher zu je 24, also auf insgesamt 864 Teilbände! (E. Honigmann, *Patristic studies*, Città del Vaticano 1953, 83–93.) Indessen preßte Sozomenos vor seiner ausführlichen *Kirchengeschichte* (s. u.) die Zeit von Christi Himmelfahrt bis zum Untergang des Licinius in 2 Bücher (*Hist. eccl.* 1,1,12).

In einer *Kirchengeschichte* breitete Euseb aus, was er in seiner Chronik nur skizzieren konnte. Neben dem äußeren Geschehen, dessen rascher, für das Christentum günstiger Fortgang mehrere aktualisierende Ausgaben bis 323 erforderte, bot er Literaturgeschichte und knüpfte mit der Abfolge herausragender Christen an die διαδοχαί der Philosophenschule an. Mit wörtlich zitierten Urkunden, aber ohne erdachte Reden wich er vom herkömmlichen historiographischen Stil ab. Sein Anfang des 5. Jh.s von Rufin lateinisch übersetztes und fortgeführtes Werk begründete eine literarische Gattung.

Gelasios von Caesarea erweiterte Euseb mit einer (schwer rekonstruierbaren) Geschichte der Zeit des Arianerstreits. Eine selbständige Kirchengeschichte gab erst wieder Philostorgios heraus, der den Niedergang des Reichs von Arius bis 425 mit der (immer ablehnenderen) Haltung der Kaiser gegenüber der Lehre des Jungarianers Eunomios erklärte (fast nur bei Photios erhalten). Die Rolle des Christentums im Staat erforderte jetzt, wie auch bei Sokrates und Sozomenos, stärkeres Eingehen auf profane Ereignisse (Rechtfertigung bei Socr. *Hist. eccl.* 5 praef.). Diese beiden Anwälte, zusammen mit Theodoret oft Synoptiker genannt, führten die Gattung zu ihrem Höhepunkt. Während die in zweiter Bearbeitung von 305 bis 439 reichende Darstellung des Sokrates durch Genauigkeit und wertvolle literarische Zeugnisse hervorsticht, hat Sozomenos daraus eine legendenhaftere, aber gefälligere Schilderung gestaltet. Die 449/50 rasch hingeworfene *Kirchengeschichte* Theodorets verherrlicht vor allem den Sieg über das Arianertum. Trotz reichen Aktenmaterials steht sie Sokrates an Zuverlässigkeit, Sozomenos an Eleganz nach.

R. M. Grant, *Eusebius as church historian* (Oxford 1980); Calderone 135–157; D. Timpe, «Was ist Kirchengeschichte?», in: *Festschr. R. Werner* (Konstanz 1989) 171–205. Euseb ist wichtige Quelle für Hieronymus, *De viris illustribus*, die erste, 477/8 durch Gennadius von Marseille fortgesetzte Geschichte griechischer und lateinischer christlicher Literatur. –

Gelasios von Caesarea: F. Winkelmann, *ByzF* 1 (1966) 346–385; P. Nautin, *RÉByz* 50 (1992) 163–183. – G. Zecchini, «Filostorgio», in: A. Garzya (Hrg.), *Metodologie della ricerca sulla tarda antichità* (Napoli 1989) 579–598; Sokrates/Sozomenos: M. Mazza, «Sulla teoria della storiografia cristiana», in: Calderone 335–389; G. Ch. Hansen, *Sokrates. Kirchengeschichte* (Berlin 1995) Praefatio. Keine Zeitgeschichte bot das unselbständige Werk des Gelasios von Kyzikos (nach 475), der als letzter die Konstantinische Zeit mit Schwerpunkt auf Nizäa behandelte. Allgemein: G. F. Chesnut, *The first Christian histories. Eusebius, Socrates, Sozomen, Theodoret, and Evagrius* (Macon ²1986).

4.3.3 Polemisch-dogmatische Literatur

Eine an griechischer Philosophie geschulte rationalere theologische Beobachtungsweise führte im 4. Jh. zu Streit über die Trinität. Arius (gest. 336; zu seiner *Thalia* u. *4.3.7*), Presbyter in Alexandria, hielt den Gottessohn für ein geringeres Wesen (οὐσία) als den Vater. Die Auseinandersetzung wurde in Pamphleten, auf allgemeinen Konzilien (zuerst Nizäa 325) und Synoden, und auch mit Gewalt geführt. Gegen die Arianer stellte vor allem Athanasios (ca. 295–373) Gottvater und Sohn als wesensgleich hin (ὁμοούσιοι). Sein Wirken als Bischof Alexandrias rechtfertigte er in Denkschriften und Briefen in umgangssprachlichem Stil (Koine) und redundanter Formulierung, doch voll mitreißender Leidenschaft. Für seinen postumen Triumph sorgten die drei gelehrten Kappadokier, Basilius von Caesarea (ca. 330–379), dessen Bruder Gregor von Nyssa und Gregor von Nazianz, Freund des Basilius seit der Studentenzeit (*4.2.1*), durch Unterscheidung dreier trinitarischer ὑποστάσεις (πρόσωπα/ἰδιότητες) und einer οὐσία (φύσις).

Der Jungarianer Eunomios beantwortete den Ἀνατρεπτικός des Basilius gegen seine *Verteidigung* von 360/1 mit der (verlorenen) Ἀπολογία ὑπὲρ ἀπολογίας. Ihr wiederum entgegnete Gregor von Nyssa für seinen verstorbenen Bruder mit mehreren Schriften. Gregor von Nazianz galt wegen seiner Vorträge von 380 (*or. 27–31*) seit dem 5. Jh. als der Θεολόγος schlechthin. – T. D. Barnes, *Athanasius and Constantius* (Cambridge, Mass. – London 1993); Christel Butterweck, *Athanasius von Alexandria. Bibliographie* (Opladen 1995); Margarete Altenburger – F. Mann, *Bibliographie zu Gregor von Nyssa* (Leiden etc. 1988); J. Mossay, «Gregor von Nazianz», *TRE* 14 (1985) 164–173 (Lit.); P. J. Fedwick (Hrg.), *Basilius of Caesarea. Christian, Humanist, Ascetic* 1–2 (Toronto 1981); *Basilio di Cesarea, la sua età, la sua opera e il basilianesimo in Sicilia* 1–2 (Messina 1983).

Neuen Anlaß zu Polemik (vgl. *4.3.1*) bot im 5. Jh. der Streit um Christi menschliches und göttliches Leben. Gegen Proklos von Konstantinopel behauptete Nestorios, seit 428 Bischof der Stadt, daß Jesus von Maria als Mensch geboren sei und erst dann die göttliche Natur empfangen habe. Während Theodoret ihm zustimmte, ließ Cyrill von Alexandria 431 auf dem Konzil von Ephesos (*ACO* 1) Nestorios absetzen. Indessen begründeten Cyrills Anhänger Eutyches und Dioskoros mit der Formel einer Mischung göttlicher und menschlicher Natur in Christus einen Monophysitismus, der trotz der 451 in Chalkedon (*ACO* 2) erzielten Einigung auf zwei unvermischte Naturen in der einen Person Christi besonders im außergriechischen Osten weiterbestand.

A. Grillmeyer, *Jesus der Christus im Glauben der Kirche* 1; 2,1; 2,2 (Freiburg ³1990; ²1991; 1989).

4.3.4 Die Apologetik

Die Apologetik konnte sich nun auf literarische Angriffe wie den des Hierokles konzentrieren. Sein Vergleich Jesu mit Apollonios von Tyana (*IV 3.4.3*) verärgerte Laktanz (*Div. inst.* 5,2,12–5,4,1; s. *LAT IV 3.4.2.1*) und bewog Euseb zur erhaltenen Gegenschrift. Der Porphyriosschrift *Gegen die Christen* (*IV 3.5*) entgegneten Methodios von Olympos, Euseb, Apollinarios von Laodikeia und noch Anfang des 5. Jh.s Philostorgios (vgl. *4.3.2*), während strittig ist, wen die wenigstens z. T. erhaltene Schrift mit dem mutmaßlichen Titel *Erwiderung bzw. der Eingeborene (Sohn) gegen die Heiden* des Makarios von Magnesia (Ende 4. Jh.) bekämpft.

Weiteren Anlaß gab Julian. Auf seine antichristliche Schrift (*4.2.4*) erwiderte Theodor von Mopsuestia, dessen Fragmente sachlichen Ton zeigen, und wohl bald darauf Philipp von Side (verloren). Noch gegen Mitte des 5. Jh.s widerlegte Cyrill von Alexandria sie in einem umfangreichen Werk. Mit Julians Regierung rechneten die *Schandsäulenreden* Gregors von Nazianz (*or.* 4f.) ab, während Johannes Chrysostomos Julians Tod und den Brand des antiochenischen Apollontempels als Vergeltung für die Fortschaffung der Gebeine eines Märtyrers hinstellte (*Über den heiligen Babylas und gegen die Heiden*).

Beginnend mit dem Rundbrief eines alexandrinischen Bischofs (Theonas? P. Ryl. Gr. 469; Ende 3. Jh.) wurden zahlreiche Schriften gegen den Manichäismus (*4.2.2*) verfaßt, von denen die des Hegemonios (*Archelaosakten*), Serapion von Thmuis, Titus von Bostra und Didymos des Blinden mehr oder weniger erhalten sind (die drei letzten dringend neu zu edieren). Weitere Gegenschriften sind bei Epiphanios (*Adv. haeres.* 66,21,3), Theodoret (*Haeret. fab.* 1,26) und Herakleianos von Chalkedon bezeugt, der wie Johannes von Caesarea, Zacharias Scholastikos (vgl. *4.4.3; 4.5.1*) und Paul der Perser die Manichäer noch Anfang des 6. Jh.s bekämpfte (Phot. *Bibl.* cod. 83,65a4ff.).

Die wenigen Werke, die im 4. Jh. gegen die Juden gerichtet waren, zielten nicht auf deren Bekehrung, sondern die Rechtfertigung christlichen Glaubens. Eine 'Rundumverteidigung' gegen heidnische wie jüdische Kritik unternahm der junge Athanasios in seinem Doppelwerk *Gegen die Heiden* und *Über die Menschwerdung des Wortes*. Vor allem aber widerlegte Euseb in seiner *Praeparatio evangelica* die heidnische Religion und Mythologie mit Exzerpten aus oft nur so bewahrten heidnischen und jüdischen Schriftstellern und bezog in der *Demonstratio evangelica* im Gegensatz zur jüdischen Sicht die Verheißungen des AT auf das Christentum. Vor allem auf Eusebs *Praeparatio* und die *Teppiche* des Clemens (*IV 3.8.5*) stützte sich das letzte große apologetische Werk, Theodorets *Heilung der heidnischen Krankheiten bzw. Erkenntnis der Wahrheit des Evangeliums aus der heidnischen Philosophie*.

W. Speyer, «Hierokles I», *RAC* 15 (1991) 103–109; A. Guida, *Teodoro di Mopsuestia. Replica a Giuliano imperatore* (Firenze 1994); Überblick über antichristliche Literatur bei P. de Labriolle, *La réaction païenne* (Paris 1948). – W. W. Klein, *Die Argumentation in den griechisch-christlichen Antimanichaica* (Wiesbaden 1991); K. Fitschen, *Serapion von Thmuis. Echte und unechte Schriften* (Berlin – New York 1992) mit Übersetzung der Manichäerschrift. – H. Schreckenberg, *Die christlichen Adversus-Judaeos-Texte* (Frankfurt a. M.–Bern ²1990; chronologische Übersicht und Bibliographie; heidnisches Pendant: M. Stern, *Greek and Latin authors on Jews and Judaism 1–3*, Jerusalem 1974–1984). – Zu Theodoret: P. Canivet, *Histoire d'une entreprise apologétique au Ve siècle* (Paris 1958).

4.3.5 Exegese

Origenes (*IV 3.8.7*) hatte pagane Philologie für die Herstellung des Bibeltextes genutzt, diesen aber mit Hilfe aller, auch profaner Wissenschaften sprachlich und historisch erklärt und nach dem Vorbild antiker Dichterexegese seinem Inhalt moralischen Nutzen abgewonnen. Deren Grundsätze bewogen ihn letztlich auch zur Annahme mehrfachen Schriftsinns: Er deutete das *AT* nicht nur wörtlich und moralisch, sondern auch allegorisch als Ankündigung von Christi Kommen. Die alexandrinische Exegese beeinflußte auch die Kappadokier, vor allem Gregor von Nyssa, freilich eher in erbaulichen als in wissenschaftlichen Werken. In Alexandria wurde sie von Didymos dem Blinden (313–398) vertreten. Er lehrte auch Rufin und Hieronymus. Hörermitschriften seiner *AT*-Exegese tauchten 1941 in den Turapapyri auf (*I 4.2.1*).

Heidnischer Spott, aber auch die allegorische Mythenerklärung Julians (*4.2.4*) und seiner Freunde weckten Mißbehagen an allegorischer Exegese bei Diodor von Tarsos (gest. vor 394) und besonders Theodor von Mopsuestia (ca. 352–428). Sie standen der antiochenischen Schule (*II 1.3.3*) vor und ließen neben sprachlich-historischer und moralischer Exegese, die stark in den Predigten von Theodors Freund Chrysostomos hervortritt, nur eine 'typologische' *Theoria* zu, die die historischen Ereignisse im *AT* als vorausdeutende Entsprechungen zu neutestamentlichem Heilsgeschehen interpretierte.

Weniger extrem trieben im 5. Jh. Cyrill von Alexandria (gest. 444) alexandrinische, Theodoret (gest. ca. 466) antiochenische Exegese. Von diesem sind fast alle Kommentare erhalten; sie erweisen ihn als bedeutendsten Exegeten seiner Zeit.

Porphyrios parodierte allegorische Bibelexegese durch Gleichsetzung Achills mit Christus und Hektors mit Satan: G. Binder, *ZPE* 3 (1968) 81–95. – 'Alexandriner': B. Neuschäfer, *Origenes als Philologe* (Basel 1987); Bärbel Kramer, «Didymus von Alexandria», *TRE* 8 (1981) 741–746; Mariette Canévet, *Grégoire de Nysse et l'herméneutique biblique* (Paris 1983). – 'Antiochener': Schäublin (o. *4.3.1*); G. Rinaldi, «Diodoro di Tarso, Antiochia e le ragioni della polemica antiallegorista», *Augustinianum* 33 (1993) 407–430; J. N. Guinot, *L'exégèse de Théodoret de Cyr* (Paris 1995). – Ch. Schäublin, «Zur paganen Prägung der christlichen Exegese», in: J. van Oort–U. Wickert (Hrgg.), *Christliche Exegese zwischen Nicaea und Chalcedon* (Kampen 1992).

4.3.6 Darstellung beispielhafter Lebensführung, christliche Paränese

Während Eusebs *Leben Konstantins*, Biographie und Enkomion des ersten christlichen Herrschers, in christlicher Literatur keine Nachfolge fand, regte das im 4. Jh. begründete Lebensideal des Einsiedler- und Mönchtums zu zahlreichen Schilderungen des Lebens christlicher Asketen und Heiliger an. Mit seinem *Leben des Antonius* (gest. 356) begründete Athanasios die Hagiographie. Bald folgten Sammlungen wie die *Historia monachorum in Aegypto* (Anfang 5. Jh.), die um 420 von Palladios von Helenopolis verfaßte *Historia Lausiaca* und Theodorets *Gottgefällige Geschichte bzw. Der Asketenstaat*. Beginnend mit der ursprünglich koptischen Mönchsregel des Klostergründers Pachomios (gest. 346) entstanden praktische und spirituelle Anweisungen für Mönche, die seit Euagrios Pontikos (gest. 399) oft in Spruchsammlungen, im 5. Jh. auch in Briefsammlungen einflossen (*4.3.1*). Paränetische Predigten und Traktate konnten, wie die 18 *Taufkatechesen* Cyrills von Jerusalem (entstanden 350), Taufbewerber vorbereiten oder aber, wie bei Johannes Chrysostomos, die Popularphilosophie (*IV 3.5*) ersetzen.

Christine Mohrmann (Einl.) – G. J. M. Bartelink (Ed.) – P. Citati u. S. Lilla (Übers.), *Vita di Antonio* (Milano 1974); zu Spruchsammlungen: E. von Ivánka, *ByzZ* 47 (1954) 285–291; R. Draguet, *BAB* 5,47 (1961) 134–149.

4.3.7 Christliche Dichtung

Hexameter und jambischer Trimeter spielten bis zu Julians Rhetorenedikt fast keine Rolle. Dagegen errang die Lyrik, die zunächst für Gottesdienste bestimmt war, seit dem 3. Jh. auch literarische Bedeutung. Der *Erzieher* des Clemens (*IV 3.8.5*) und das *Symposion* des Methodios von Olympos (*4.3.1; IV 3.8.6*) gipfeln in Hymnen mit volkstümlichen lyrischen Metra.

Anapäste (beliebt bei Mesomedes; *IV 3.6.2*) verwenden neben Clem. Al. *Paed.* 3,101,3 ein ähnlicher, rein gottesdienstlicher Hymnus aus dem späten 3. Jh. (Heitsch nr. 45,2) und ein Abecedarius des 4. Jh.s (nr. 45,3; vgl. zuletzt A. Kehl, *JbAC* 15, 1972, 109–116.). Die im 3. Jh. vordringende akzentuierende Aussprache (*III 2.1.2*) ließ für lange Silben auch kurze betonte gelten (vgl. Heitsch nr. 45,4: 4. Jh.; P. Köln 172: 4./5. Jh., dazu Cornelia Römer, in: *Papyrologica Coloniensia* 7,4, Opladen 1982, 39–43; A. Dihle, «Die Anfänge der griechischen akzentuierenden Dichtkunst», *Hermes* 82, 1954, 182–199). Auch das Versmaß aus dreieinhalb Jamben in Method. *Symp.* 11 quantitiert nicht streng (vgl. P. Bodmer 47: spätes 4. Jh., dazu M. Bandini, *MH* 48, 1991, 164f.; Greg. Naz. *Carm.* 2,1,30, dessen Verse B. Wyss, *MH* 6, 1949, 204 jedoch anders analysiert). Die 24 Strophen dieses Methodioshymnus folgen dem Alphabet. Solche Abecedarien (oft auch in den Versanfängen), die schon im hebräischen *AT* begegnen, wurden im 4. Jh. für Gebete und moralische Ermahnungen beliebt (Heitsch nr. 45,4; P. Bodmer 47; Greg. Naz. *Carm.* 1,2,30). Im Hebräischen wurzeln auch die schon im NT auftretenden Prosahymnen, die je 2 oder 3 Satzglieder beliebiger Silbenzahl mit einer gleichbleibenden Zahl von Wortakzenten rhythmisieren (vgl. L. Koenen, «Ein christlicher Prosahymnus», in: *Antidoron M. David*, Leiden 1968, 32–34); zu allen antiken hymnischen Phänomenen: M. Lattke,

Hymnus (Freiburg, CH 1991). – Anfang des 4. Jh.s gab Arius (*4.3.3*) seiner Theologie in den volkstümlichen Metra seiner *Thalia* die Form von Schlachtrufen (nach M. L. West, *JThS* 33, 1982, 98–105 akatalektische ionische Tetrameter): Karin Metzler, in: dies. – F. Simon, *Ariana et Athanasiana* (Opladen 1991) 11–45.

Mit klassischer Dichtung wetteiferten griechische Christen wohl erst nach dem Rhetorenedikt, als Apol(l)inari(o)s von Laodikeia eine 'Ersatzliteratur' geschaffen haben soll, die nach Aufhebung des Edikts unterging. An anspruchsvoller Lyrik sind neben sporadischen lyrischen Versmaßen Gregors (s. u.) nur 9 Hymnen des Synesios zu nennen. Auf Dorisch, aber in neuartigen (*Hymn.* 6,1–6 Terzaghi) jambischen und anapästischen Metra verbindet er, der 411 trotz Festhaltens an seiner Ehe und an unchristlichen philosophischen Lehren Bischof wurde, Christliches mit neuplatonisch-synkretistischen Vorstellungen.

H. Lietzmann, *Apollinaris von Laodicea und seine Schule* 1 (Tübingen 1904); Sozom. *Hist. eccl.* 5,18,3–5 nennt ein homerisches Epos (Geschichte Israels bis Saul), menandrische Komödien, euripideische Tragödien (vgl. *Christus patiens*, s. u.) und pindarische Lyrik über biblische Stoffe, was Socr. *Hist. eccl.* 3,16,3–5 alles dem auch Apolinarios heißenden Vater zuweist. Zu Zweifeln an diesen Nachrichten H. Fuchs, «Bildung», *RAC* 2 (1954) 354. Die Apolinarios zugeschriebene hexametrische Psalmenparaphrase datierte J. Golega, *Der homerische Psalter* (Ettal 1960) um 460/70; E. Livrea, *Nonno di Panopoli. Parafrasi del Vangelo di S. Giovanni canto XVIII* (Napoli 1989) 39 Anm. 12 hielt ihre Abfassung vor Nonnos und sogar ihre Echtheit für möglich. – Zu Gregors Lyrik Wyss. a. O. (*MH* 6); Th. Nissen, «Die byzantinischen Anakreonteen», *SBAW* 1940, 3,6–13, auch zu Synesios; S. Vollenweider, *Neuplatonische und christliche Theologie bei Synesios von Kyrene* (Göttingen 1985).

Die seit 1984 bekannte *Vision des Dorotheos* schildert in holprigen Hexametern dessen Bemühen um einen Platz in der Hierarchie von Gottes Himmelspalast. Neueste Edition: A. H. M. Kessels–P. W. van der Horst, *VChr* 41 (1987) 313–359; dazu J. Bremmer, in: den Boeft – Hilhorst 253–261; von weiteren 8 Gedichten aus demselben Codex teilte E. Livrea, *ZPE* 100 (1994) 175–187 den Abecedarius des Dorotheos *Auf Abraham* mit. Zwei Ethopoiien von Kain (zu dieser J.-L. Fournet, *ZPE* 92, 1992, 253–266) und Abel und der Gebrauch von Hexametern bzw. Distichen weisen in die Zeit nach dem Rhetorenedikt. J. Bremmer, *ZPE* 75 (1988) 82–88 nahm in der *Visio* das Kaiserzeremoniell des späteren 4. Jh.s wahr.

Auch das vielfältige Alterswerk Gregors von Nazianz, das mit profaner Verskunst (und Rhetorik) konkurrierte (*Carm.* 2,1,39,47–53), ohne sie bloß mit biblischem Stoff zu ersetzen, blieb ohne Nachfolge. Neben Epigrammen, z. T. mit konventioneller Thematik und extremer Variation (auf seine Mutter gleich 52 Grabgedichte!), verfaßte er u. a. Invektiven gegen kirchliche Gegner. Seine Lehrgedichte dogmatischen und moralischen Inhalts wirken wie in nachlässige Verse gegossene Prosa, die wohl auch hinter seiner im Griechischen beispiellosen Briefdichtung steht. Die auch in der Metrenübertragung auf fremde Gattungen (Hexameterinvektive: 2,1,13) bemerkbare Künstlichkeit wird oft durch eine fast moderne Unmittelbarkeit eigenen Erlebens und Empfindens aufgewogen. Neuartig sind ausführliche autobiographische Gedichte (z. B. 2,1,11: fast 2000 Trimeter).

Ch. Jungck, *Gregor von Nazianz. De vita sua. Einl., Text, Übers., Komm.* (Heidelberg 1974). Die meisten Gedichte sind noch nicht kritisch ediert. – R. Keydell, in: *Atti VIII*

CongrInternStudByz (Palermo 1951) 134–143; B. Wyss, «Gregor II», *RAC* 12 (1983) 808–814; K. Demoen, in: den Boeft – Hilhorst 235–252. Die Echtheit des *Christus patiens*, eines Tragödiencento über Christi Kreuzigung und Auferstehung aus über 2600 Euripidesversen, ist ganz unsicher (vgl. *IV 5.2.6*); F. Trisoglio, *RSC* 22 (1974) 351–423 (zu den bis ins 12. Jh. reichenden Einordnungen); vgl. A. Garzya, *Sileno* 10 (Roma 1984) 237–240. Nach dem Vorbild von Basilius, *An die Jugendlichen* (o. *4.3*) dichtete Gregors Vetter Amphilochios von Ikonion ein Lehr- und Mahngedicht an Abgänger der Elementarschule (*Jamben an Seleukos*).

Christliche Dichtung bestand im 5. Jh. neben Epigrammen und Troparien (*4.5.4*) hauptsächlich in Paraphrasen weiter. Eudokia, die 440 geschiedene Gattin von Kaiser Theodosius II., übertrug Bücher des *AT* in Hexameter und dichtete eine z. T. erhaltene Paraphrase der Kyprianlegende. Im Gegensatz zu solcher Dichtung voller Prosodieverstöße wäre die kaum spätere, aufgrund ihrer Betonung der übermenschlichen Göttlichkeit Christi besser vor Chalkedon (451) passende Paraphrase des Johannesevangeliums dem Nonnos (*4.4.5*), der als ihr Autor überliefert ist, zuzutrauen. Der Dichter folgt nicht sklavisch der biblischen Vorlage, sondern gestaltet und interpretiert sie. Doch haben alle Versuche dichterischer Umsetzung der Schriftworte wenig Anklang gefunden.

Bewertung Eudokias bei P. van Deun, in: den Boeft – Hilhorst 273–282; zu ihrem Leben Al. Cameron, *YClS* 27 (1982) 217–289. Sie überarbeitete den von Patrikios begonnenen Homercento über das Leben Jesu, der später mit Centonen von Optimus und Kosmas von Jerusalem vermengt wurde (nur z. T. ediert); G. Salanitro, «I centoni», in: *Spaz. lett.* 757–774. Ein ekphrastisches Bäderepigramm von ihr trat in Gadara zutage; S. Busch, *Versus balnearum* (erscheint demnächst). – A. Hilhorst, «The cleansing of the temple (John 2,13–25) in Juvencus and Nonnus», in: den Boeft – Hilhorst 61–76; Datierung des Nonnos nach Livrea, *Nonno* a. O.; weitere Hypothesen ders., *Prometheus* 13 (1987) 113–123, doch wird seine Autorschaft weiterhin bezweifelt bei B. Coulie–L. F. Sherry, *Thesaurus Ps.-Nonni quondam Panopolitani, Paraphrasis Evangelii S. Ioannis* (Turnhout 1995). Entsprechend divergieren die Erklärungen des Verhältnisses zum heidnischen Stoff der *Dionysiaka* (*4.4.5*).

4.4 Profane Literatur: Markian (450) bis Justinian I. (565)

4.4.1 Philosophie

Zur heidnischen Hochburg wurde die Schule von Athen. Ihre Blüte erlebte sie 450–485 unter Proklos, dessen vielseitiges Schaffen (vgl. *4.4.5*) verschollene *Handhaben gegen die Christen* einschloß. Justinian I. löste 529 die Schule auf, doch noch der vielbelesene Simplikios (1. Hälfte 6. Jh.) schrieb Kommentare zu Aristoteles und Epiktet.

Ins Zentrum 'neuplatonischer Hagiographie' rückte Marinos seinen Vorgänger Proklos, und Damaskios seinen Lehrer Isidor (ed. C. Zintzen, Hildesheim 1967). Eine Proklosvita des Marinos lag auch in Hexametern vor (Suda μ 198), wie sie zudem Christodor von Koptos über die Proklosschüler dichtete (Joh. Lyd. *Mag.* 3,26). Patricia Cox, *Biography in Late Antiquity* (Berkeley 1983).

Alexandria war bis zum Anfang des 5. Jh.s nur Zentrum der Mathematik und Naturwissenschaft, wie z. T. erhaltene Werke Theons und Titel seiner Tochter Hypatia zeigen, die u. a. Synesios lehrte. Parteigänger Cyrills ermordeten sie 415. Der mit Ethik befaßte Hierokles von Alexandria (1. Hälfte 5. Jh.) und ab ca. 470 vor allem der Proklosschüler Ammonios formten die alexandrinische Schule, aus der Aristoteleserklärer wie Simplikios (s. o.) und die Christen David und Elias hervorgingen (2. Hälfte 6. Jh.). Man publizierte Protokolle der Lehre (σχόλια) – oft im Namen des Mitschreibers – und stilistisch reifere, durchgehende Kommentare (ὑπομνήματα). Nicht nur philosophische und theologische Schriften sind von Johannes Philoponos erhalten (gest. nach 570), der mit platonischer, aristotelischer und eigener Doktrin auch den Schöpfungsbericht nach den Erkenntnissen naturwissenschaftlicher Kosmologie auslegte (*De opificio mundi*).

D. Blank, *Ammonius, On Aristotle On interpretation 1–8* (London 1996); zu David und Elias J.-P. Mahé, in: Ilsetraut Hadot (Hrg.), *Simplicius. Commentaire sur les catégories* 1 (Leiden 1990) 189–207; E. Lamberz, «Proklos und die Form des philosophischen Kommentars», in: J. Pépin – H. D. Saffrey (Hrgg.), *Proclus. Lecteur et interprète des anciens* (Paris 1987) 1–20; F. Romano, «La scuola filosofica e il commento», in: *Spaz. lett.* 587–611; C. Scholten, *Antike Naturphilosophie und christliche Kosmologie in der Schrift 'De opificio mundi' des Johannes Philoponos* (Berlin – New York 1996).

4.4.2 Profane Historiographie

Die Zeitgeschichte des Priskos von Panion umfaßte ca. 40 Jahre. Sie setzte wohl 433/4 mit Attila ein, den der Rhetor mit einer Gesandtschaft 448 besucht hatte. Seine nicht nur sprachliche, sondern wohl auch inhaltliche Nachahmung des Thukydides und Herodot erschwert die historische Auswertung. Nicht einmal seine Religion scheint durch (zu diesem Phänomen Averil u. Al. Cameron, *CQ* 58, 1964, 316–328). Fast nur dem Ostreich gelten die Βυζαντιακά des Sophisten Malchos von Philadelphia über die bewegten Jahre 473 bis 491. Wie Priskos bietet er weniger Militär- als Diplomatiegeschichte, z. B. ein Rededuell Theoderichs mit dem Gesandten Adamantios, und berichtet über literarische Persönlichkeiten (Pamprepios). Nach Photios war er Christ, was die Fragmente nicht verraten. Erhalten sind die 6 Bücher Νέα ἱστορία des heidnischen Beamten Zosimos, der um 500 die römische Kaisergeschichte von Augustus bis Diocletian skizzierte, mit einer breiteren Fortsetzung aber nur bis 410 kam. So bietet seine unselbständige Darstellung alles andere als 'Neue Geschichte'; für uns ist sie jedoch die einzige erhaltene griechische Schilderung der Spätantike aus heidnischer Sicht.

Zu Priskos und Malchos Blockley; B. Baldwin, «Priscus of Panium», in: ders., *Studies* 255–298; Zosimosforschung 1971–1987 im Anhang zur Edition von F. Paschoud Bd. 3,2 (Paris 1989) 79–117; Cesa (o. 4.2.5).

Das Bestreben, Byzanz als Nachfolgerin Roms aufzubauen, förderte das Studium römischer Realien. Johannes Lydos (geb. 490), von Justinian I. zum Lateinprofessor berufen, schrieb über den römischen Kalender und seine Feste (*De mensibus*), über die Wirksamkeit göttlicher Vorzeichen (*De ostentis*) und, voll gelehrter Abschweifungen, aber auch mit Angaben bezüglich seiner eigenen Beamtenlaufbahn, *Über die Ämter des römischen Staates.* – M. Maas, *John Lydus and the Roman past* (London etc. 1992).

4.4.3 Die Rednerschule von Gaza

Letzter Hort der Sophistik war die Schule von Gaza. Dort kleidete der Hieroklesschüler (*4.4.1*) Aeneas die Bekehrung eines Neuplatonikers zum Christentum in einen Dialog (*Theophrastos*, so der Name des Bekehrten), nach dessen Vorbild Zacharias (vgl. *4.5.1*) einen Disput u. a. mit seinem früheren Philosophielehrer gestaltete (*Ammonios*). Von Prokop, dem bekanntesten Gazäer (Anfang 6. Jh.; *II 1.3.5*), sind u. a. Ekphraseis einer Kunstuhr und eines Bilderzyklus erhalten. Mit den (in klassischer Tradition stehenden) mythologischen Szenen ging der christliche Rhetor (vgl. *4.5.2*) ohne jede Bedenken um. Die Satzklauseln rhythmisierte er streng (Meyersches Gesetz; o. *4.2.1*). Noch weitergehende Verfeinerung (Hiatmeidung) übte sein Schüler Chorikios, z. B. in seiner *Verteidigung der Mimenschauspieler* (vgl. die Verteidigung der Pantomimen in Lib. or. 64, gegen Aristides [*IV 3.2.2*]).

K. Seitz, *Die Schule von Gaza* (Heidelberg 1892); G. Downey, «The Christian schools of Palestine, *HLB* 12 (1958); Aeneas und Platonismus: M. Wacht, *Aeneas von Gaza als Apologet* (Bonn 1969); N. Aujoulat, *VChr* 41 (1987) 55–85; F. K. Litsas (Einf., Übers., Komm. von ausgewählten Reden), *Choricius of Gaza*, Diss. Chicago (1980); Lia Raffaella Cresci, «Imitatio e realia nella polemica di Coricio sul mimo», *Koinonia* 10 (1986) 49–66.

4.4.4 Unterhaltungsliteratur

Das Christentum hatte Schauspiel, Mythographie und Romane (*IV 3.3.2*) verdrängt. Dem Bedürfnis nach leichter Unterhaltung half erbauliche Mönchs- und Heiligenliteratur ab (*4.3.6*). Daneben hielt sich noch die Sensationsberichterstattung (Paradoxographie). Bloße Einzelstücke sind die 50 'Aristainetos'-Briefe (2. Hälfte 5./Anfang 6. Jh.), eine geschickt stilisierte Fortführung der im 2. Jh. (*IV 3.3.4*) aufgekommenen, im 7. Jh. noch von Theophylaktos Simokattes (*IV 5.2.1*) gepflegten Hetärenbriefe, sowie der *Philogelos*, eine Sammlung z. T. recht alter Witze (frühestens 4., eher 5. Jh.)

Paradoxographie: Timotheos von Gaza (um 500; M. Haupt, *Opuscula* 3,2, Leipzig 1876, 274–302), Philo von Byzanz, *Über die 7 Weltwunder* (hochrhetorisiert), und sogar Damaskios (Phot. *Bibl.* cod. 130; vgl. *4.4.1*). – W. G. Arnott, «Pastiche, pleasantry, prudish eroticism. The letters of 'Aristaenetus'», *YClS* 27 (1982) 291–320; J.-R. Vieillefond (Ed., Übers., Lit.), *Aristénète. Lettres d'amour* (Paris 1992). – A. Thierfelder (Ed., Übers.), *Philogelos. Der Lachfreund* (München 1968); B. Baldwin (Übers., Komm.), *The Philogelos or Laughter-lover* (Amsterdam 1983); Stephanie West, *CQ* 86 (1992) 287–288.

4.4.5 Dichtung

Die *Dionysiaka* des Nonnos von Panopolis, die längste erhaltene griechische Dichtung (48 Bücher), belebten das mythologische Epos neu. Den vom Feldzug Alexanders, des 'neuen Dionysos', inspirierten Zug gegen Indien hatten schon die *Bassarika* des Dionysios und Soterichos geschildert (*IV 3.6.1*). Doch greift Nonnos inhaltlich weit über deren Stoff hinaus und läßt die Haupthandlung hinter Exkursen zurücktreten. Es gibt Zeichen redaktioneller Unfertigkeit, doch lag Nonnos mehr an effektvoller Gestaltung der einzelnen Szene. Eine 'barocke', zu Wiederholung, Redundanz und Übertreibung neigende Sprache voller Anspielungen auf Homer, hellenistische Dichtung und spätere Epik bis Triphiodor (*IV 3.6.1*), seltene Begriffe, neue Wortzusammensetzungen und Wendungen und vor allem strengste Regeln für den Hexameter machen seinen freilich nicht ohne Vorgänger entwickelten Stil aus, der alle gehobene Epik und Epigrammatik (*IV 5.2.1*) des ausgehenden 5. und 6. Jh.s geprägt hat.

Literatur bei N. Hopkinson (Hrg.), *Studies in the Dionysiaca of Nonnus* (1994). – 'Nonnianisch' dichtete schon vor Christodor von Koptos (s. u.) und Kolluthos von Lykopolis (*Raub der Helena*) wahrscheinlich Pamprepios von Panopolis, der letzte dezidiert heidnische Dichter, ein jambisch eingeleitetes Kleinepos über einen Tagesablauf auf dem Lande (fr. 3 Livrea) und ein Enkomion (fr. 4) auf den athenischen Archon Theagenes (Martindale 2,1063f.; spätestens 476). Ein Enkomion auf [Ἡρά]κλειος (Heitsch nr. 34) gilt vielleicht dem Vandalenzug (470 n. Chr.) eines 474/5 umgekommenen Haudegens (Martindale 2,541f.: Heraclius 4). Nonnos selbst (*Dion.* 16,321 f.; 20,372 f.) kennt wohl ein Klagelied (441/2 n. Chr.) des Kyros von Panopolis (*Anth. Pal.* 9,136; *4.2.6*); an umgekehrte Abhängigkeit dachte Al. Cameron, *YClS* 27 (1982) 239.

Musaios, wohl ein Christ, schildert die Begegnung und heimliche Liebe zwischen Hero, der in einem Turm abgeschirmten Kyprispriesterin, und Leander, der nachts durch den Hellespont zu ihr schwimmt, bis die aussichtslose Liebe mit seinem Ertrinken und ihrem Sprung vom Turm endet. Der hellenistische, von Musaios romanhaft ausgestaltete Stoff lebt in Literatur (Schiller, Grillparzer), Kunst und Musik fort.

Kommentar: K. Kost, *Musaios. Hero und Leander* (Bonn 1971). – Die Niederwerfung der Isaurier 497/8 war Stoff für Geschichtswerke (Kapiton der Lykier; *FGrHist* 750) und zeitgeschichtliche Epen (Ἰσαυρικά von Christodor und Panolbios, vielleicht Pamprepios). Auch Stadtgeschichte wurde gedichtet (Πάτρια Christodors). Mit den Dichtungen auf [Ἡρά]κλειος und Theagenes (s. o.) sind Reste eines Enkomions überliefert (wohl kaum von Pamprepios), vielleicht auf Kaiser Zeno (R. C. McCail, *JHS* 98, 1978, 38–63), oder Überbleibsel der Περσικά (nach 505) des Kolluthos: A. Cameron, *YClS* 27 (1982) 236f. Anm. 82. Jamben des 6. Jh.s auf einen Archelas (Martindale 3,105; Archelaus 2?) dürften verlorene Hexameter eingeleitet haben: Al. Cameron, *CQ* 64 (1970) 119–129.

Sieben kurze theologisch-philosophische Hymnen sind fast der ganze Rest des dichterischen Werks von Proklos (*4.4.1*). Ihre Vorlage sind die homerischen und orphischen Hexameterhymnen. Im Laufe des 6. Jh.s behauptete sich der (nonnianische) Hexameter nur in Epigramm und Ekphrasis (*IV 5.2.1*). Um 500 übertrug Marianos gar die Hexameter alexandrinischer Poeten in Jamben (Zwölfsilber?: *IV 5.1.4*). Nicht viel später entstanden Jamben auf die Arbeiten des Herakles. Den Hexameter, einst unverzichtbares Merkmal, gab das historische und mythologische Epos ganz auf: Dem Georgios Pisides (7. Jh.) zugewiesene 90 nonnianische Hexameter wären bloß Nachläufer; seine zeitgeschichtlichen Epen dichtete er in Zwölfsilbern (*IV 5.2.1*). Auch inhaltlich wurden die Grenzen des Epos eingerissen. Erhalten sind längere hexametrische Ekphraseis von Bauten und Kunstwerken, die früheste, über 80 Statuen in den Zeuxippthermen von Konstantinopel, von Christodor (Anfang des 6. Jh.s; zu späteren Ekphraseis *IV 5.2.4*).

Neben Epigrammen und Ekphraseis (*IV 5.2.1*) enthält der Codex der *Anthologia* Palatina auch 60 Wein- und Liebeslieder in Anakreonteen (*IV 6.5.1*) und Hemijamben. Einige entstanden vor dem 4. Jh. (*IV 3.6.2*), vielleicht schon vor Gellius (nr. 1. 4. 6–20), andere wohl im 5./6. Jh. (nr. 2. 5. 35–60), manche beachten Quantitäten, andere verstoßen dagegen. Der Vers lebt fort in Byzanz (*IV 5.1.4*). In Gelegenheitsgedichten und Ethopoiien des Johannes von Gaza (Bergk[4] 3,342–348) und Georgios Grammatikos (ebd. 3,364–375; wohl auch 362–364), teils mit Prologen in anderen Metra (meist Jamben), bewirkt die Syntax, nicht die Metrik, eine strophische Gliederung.

M. Erler, «Interpretieren als Gottesdienst. Proklos' Hymnen vor dem Hintergrund seines Kratylos-Kommentars», in: G. Boss – G. Seel (Hrgg.), Proclus et son influence (Zürich 1987) 179–217. Dem Proklos wies M. L. West, *CQ* 64 (1970) 300–304 den 8. homerischen Hymnus auf Ares zu. – B. Knös, «Ein spätgriechisches Gedicht über die Arbeiten des Herakles», *ByzZ* 17 (1908) 397–429. – M. L. West, *Carmina Anacreontea* (Leipzig 1984); Nissen a. O. (*4.3.6*) 13–26; Renata Gentile Messina, «Nota alle anacreontee di Giovanni di Gaza», in: *Studi di filologia bizantina* 4 (Catania 1988) 33–39.

4.5 Christliche Literatur: Chalkedon bis Justinian I.

Nestorianismus und Monophysitismus (Hauptvertreter: Severos von Antiochia, 1. Hälfte 6. Jh.) wurden weiterhin zäh verteidigt und boten Anlaß für dogmatische Polemik (vor allem durch Leontios von Byzanz), in die Justinian selbst mit Erlassen und (wohl unter Anleitung verfaßten) Traktaten eingriff. Im übrigen gab man die frühere Beschränkung auf christliche Themen auf und drang ein in einstige Domänen des Heidentums, Sophistik (*4.4.3*), politisch-militärische Historiographie (*4.5.1*), oder profane Epigrammdichtung. Während die Dogmatik des 4. Jh.s nur Termini und Methoden griechischer Philosophie aufgriff, wurden nun philosophische Systeme verchristlicht (*4.4.1*; *4.5.3*); in der sogenannten 'Tübinger Theosophie' (unter Zeno entstanden) finden sich Weissagungen heidnischer Götter, vorchristlicher und neuplatonischer Philosophen, des Hystaspes und der Chaldäer als von Gott eingegebene Offenbarungen ausgelegt.

M. Amelotti – Livia Migliardi Zingale, *Scritti teologici ed ecclesiastici di Giustiniano* (Milano 1977); H. Erbse, *Theosophorum Graecorum fragmenta* (Stuttgart–Leipzig 1995) XIX–XXIV.

4.5.1 Christliche Historiographie

Zacharias Rhetor bzw. Scholastikos, einst Monophysit, später Bischof von Mytilene (1. Hälfte 6. Jh.; *4.3.4*; *4.4.3*), schilderte die Zeit von 450 bis 491 (Tod Zenos). Sein σύγγραμμα überlebte verkürzt in einem syrischen Sammelwerk. Auch erzählte er das Leben des Monophysiten Severos von Antiochia bis zu dessen Bischofsweihe 512 mit interessanten Angaben über seinen Kampf gegen heidnischen Kult und Aberglauben (syrisch überliefert). Wohl die Jahre 450–ca. 540 behandelte Basilius von Kilikien (1. Hälfte 6. Jh.), während der Monophysit Johannes Diakrinomenos (unbewußt?) Theodorets Darstellung fortführte (von 429 bis Zeno). Fragmentarisch erhalten ist die Erweiterung bis Justin I. (518–527), die Theodoros Anagnostes (Anfang 6. Jh.) seinem synoptischen Auszug aus Sokrates, Sozomenos und Theodoret folgen ließ (hiervon Buch 1–2 ganz erhalten). Vollständig bewahrt ist nur die Fortsetzung der 'Synoptiker' durch den streng orthodoxen Euagrios Scholastikos (geboren wohl 536/7), eine wertvolle Quelle für späteren Nestorianismus und Monophysitismus (431–594). Indem sie die nun eng mit kirchlichem Geschehen verknüpfte Profangeschichte einbezieht, markiert sie das Ende der reinen Kirchenhistorie.

Weiteren Aufschwung nahm die Hagiographie. Als historiographische Leistung stechen die auf Panegyrik verzichtenden Mönchsviten Cyrills von Skythopolis (ca. 524–558) hervor.

E. Honigmann, «Zacharias of Mytilene», in: ders. a. O. 194–204; Pauline Allen, *Evagrius Scholasticus the church historian* (Leuven 1981); Chesnut a. O.

4.5.2 Katenen

Bibelexegeten wie Olympiodor von Alexandria (1. Hälfte 6. Jh.) blickten bereits auf eine lange Tradition zurück *(4.3.5)*. Wohl seit dem späteren 5. Jh. kam man dazu, Erklärungen früherer Exegeten aneinanderzureihen *(II 1.3.5)*. Die frühesten erhaltenen (z. T. noch heute ungedruckten) Ἐκλογαί dieser Art legte Prokop von Gaza (vgl. *4.4.3*) an. Im Mittelalter sprach man hierbei von Katenen ('Ketten'-Kommentaren).

Ursula und D. Hagedorn, Olympiodor Diakon von Alexandria. Kommentar zu Hiob (Berlin–New York 1984); G. Dorival, Les chaînes exégétiques grecques sur les Psaumes. Contribution à l'étude d'une forme littéraire 1–3 (Leuven 1986–1992).

4.5.3 Spekulatives Weltbild

Den Litteralsinn bei der Bibelauslegung *(4.3.5)* trieb der sogenannte Kosmas Indikopleustes (Mitte 6. Jh.), der nie wirklich in Indien war, in seiner illustrierten *Christlichen Topographie* auf die Spitze: Entgegen dem Wissen um die Kugelform der Erde *(VII 2.3.4)* leitete er ihre Gestalt aus dem *AT* als rechteckiges Fundament eines Gebäudes her, dessen Wände das Himmelsgewölbe trügen (Joh. Philop. *Opif. mund.* erwiderte wohl hierauf: *4.4.1*). Spekulative Schriften unter dem aus *Apg.* 17,34 bekannten Namen des Dionysios Areopagites formten um 500 das neuplatonische System des Proklos *(4.4.1)* zu einem weltlichen und himmlischen, in Triaden strukturierten Gottesstaat um. Noch in der 1. Hälfte des 6. Jh.s wurden sie zu einem kommentierten Corpus vereint, bald auch übersetzt und wirkten bis in die mittelalterliche Scholastik.

Wanda Wolska, *La Topographie Chrétienne de Cosmas Indicopleustès* (Paris 1962); P. Rorem, *Pseudo-Dionysius* (Oxford 1993); Neuausgabe in *PTS* (1990 ff.).

4.5.4 Christliche Dichtung

Im 1. Buch der *Anthologia Palatina* stehen christliche Epigramme, meist über Kirchenbauten und biblische Themen. In der neuen Rhythmik des Hymnus (vgl. *4.3.7*) entstanden kurze liturgische Gedichte aus Versen von gleicher bzw. aus wiederkehrenden Strophen mit Versen von verschiedener Silben- und Akzentzahl. Vom 6. Jh. an gehören diese Troparien fest in den Gottesdienst.

J. Bauer, «Zu den christlichen Gedichten der Anthologia Graeca», *JÖByz* 9 (1960) 31–40. – Troparien: P. Maas, *Frühbyzantinische Kirchenpoesie 1. Anonyme Hymnen des V–VI Jh.s* = KlT 52/3 (Berlin ²1931) 1–10. Die ältesten zuweisbaren (antiphonischen) Troparienverse dichtete Auxentios (Mitte 5. Jh.; *vit. Auxent.* 46, *PG* 114, 1416).

4.6 Hilfsmittel

4.6.1 Literaturgeschichte

Ausführlich: W. Schmid – O. Stählin, *W. von Christs Geschichte der griechischen Literatur* 2,2 = *HbAW* 7,2,2 (München ⁶1924) 943–1121.1372–1492). Überblicksdarstellungen der kaiserzeitlichen Literatur: A. Dihle (München 1989) 399–618; H. Görgemanns (Stuttgart 1988; zweisprachige Anthologie); J. Sirinelli (Paris 1993) 447–565 (vgl. *IV 3.9*). – H. Hunger, *Die hochsprachliche profane Literatur der Byzantiner* = *HbAW* 12,1–2 (München 1978).

O. Bardenhewer, *Geschichte der Altkirchlichen Literatur* 3 (Freiburg i. Br. ²1923) 1–364; 4 (1924) 1–317; 5 (1932) 1–176; A. Puech, *Histoire de la littérature grecque chrétienne 3. Le IVᵉ siècle* (Paris 1930); M. Simonetti, *La letteratura cristiana antica greca e latina* (Firenze / Milano 1969); H. Drobner, *Lehrbuch der Patrologie* (Freiburg i. Br. 1994). – J. B. Bauer, «Forschungsbericht Christliche Antike 7», *AAHG* 44 (1991) 1–72.

4.6.2 Editionen christlicher Texte

Verzeichnis der Kommentare, Editionen und Einzelstudien über Schriften christlicher Autoren: M. Geerard, *Clavis Patrum Graecorum* 1–5 (Turnhout 1983–7). Die erst z. T. ersetzte *Patrologia Graeca* von J.-P. Migne (168 Bde., 1857–1868) druckt Ausgaben und lateinische Übersetzungen griechischer und byzantinischer christlicher Texte nach. Moderne Spezialreihen: *Die Griechischen Christlichen Schriftsteller der ersten Jhh.* (Berlin 1897 ff.); *Corpus Christianorum, Series Graeca* (Turnhout/Leuven 1977 ff.; nachnizänische Autoren); *Sources Chrétiennes* (Paris 1942 ff.; griechische, lateinische, orientalische Texte mit französischer Übersetzung). – Übersetzungen: *Bibliothek der Kirchenväter* (Kempten ¹1869–1888; Kempten–München ²1911–1931); *Bibliothek der griechischen Literatur. Abteilung Patristik* (Stuttgart 1971 ff.; gründlich kommentiert); *Fontes Christiani* (Freiburg 1990; zweisprachig, oft Neuausgaben). – Übertragungen in Koptisch, Syrisch, Äthiopisch, Armenisch, Georgisch, Arabisch, Gotisch, Altslawisch ediert und übersetzt in *Patrologia Orientalis* und *Corpus Scriptorum Christianorum Orientalium*.

4.6.3 Sprach- und Sachinformation

Das massenhaft erhaltene Schrifttum ist weniger erforscht als Texte früherer Epochen und stellt lohnende Aufgaben. Die meisten paganen und wichtige christliche Texte liegen auf CD-ROM vor (*Thesaurus linguae Graecae*, Version D, Irvine 1992).

Sprache

LSJ mit Supplement (Oxford 1995); F. Montanari, *Vocabolario della lingua greca* (Torino 1996); speziell, aber veraltet: E. A. Sophocles, *Greek lexicon of the Roman and Byzantine periods (from B.C. 146 to A.D. 1100)* (Cambridge, Mass. 1887); Schwerpunkt Theologie: G. W. H. Lampe, *A patristic Greek lexicon* (Oxford 1961). Es fehlt eine Grammatik für spätantikes Griechisch (vgl. *III 2.5*).

Realien

Ausführlich (neben *RE*): *Reallexikon für Antike und Christentum* (Stuttgart 1950ff.); *Theologische Realenzyklopädie* (Berlin/New York 1977ff.); *Dictionnaire de Théologie Catholique* (Paris 1930–1967); kompakt, viele Einzellemmata: *Lexikon für Theologie und Kirche* (Freiburg i. Br. ³1993ff.); *Dizionario patristico e di antichità cristiane 1–2* (Casale Monferrato–Genova 1983–1988).

Bibliographische Information

Année Philologique (Paris); *Revue d'Histoire Ecclésiastique* (Louvain-La-Neuve/Leuven); *Elenchus of Biblica*, früher *Elenchus bibliographicus biblicus* (Rom); *Bibliographia Patristica* (Berlin–New York). – Aufsätze von Al. Cameron mit Aktualisierungen nachgedruckt, in: ders., *Literature and society in the early Byzantine world* (London 1985).

5 Abriß der byzantinischen Literatur
ATHANASIOS KAMBYLIS

Vorbemerkung: Die byzantinische Literatur gehört zwar nicht unmittelbar zum Studium der griechischen Philologie, ist aber mit ihr aufs engste verbunden: Zum einen stellt sie, soweit sie sprachliches und gattungsmäßiges Ergebnis der Nachahmung griechischer Vorbilder ist, eine Fortsetzung der griechischen Literatur der Antike dar; zum anderen sind byzantinische Literaten und Gelehrte als Abschreiber, Editoren, Kommentatoren oder auch als Nachahmer stets mit den antiken literarischen Hervorbringungen beschäftigt; der Weg zur griechischen Antike führt daher über Byzanz. So ist es folgerichtig, daß im Konzept dieser 'Einleitung in die griechische Philologie', die zusammen mit der 'Einleitung in die lateinische Philologie', ihre Vorgängerin, die ehrwürdige 'Einleitung in die Altertumswissenschaft' ersetzen soll, zum ersten Mal ein 'Abriß der byzantinischen Literatur' vorgesehen wurde. Der dafür zur Verfügung stehende Raum kann allerdings dem gewaltigen Umfang der mehr als tausendjährigen literarischen Produktion der Byzantiner (darunter noch einiges Unedierte), die den Umfang der erhaltenen altgriechischen Literatur um ein Vielfaches übersteigt, sowie auch der Expansion der byzantinischen Studien (zumal nach dem zweiten Weltkrieg in Europa und in den USA) nur sehr summarisch gerecht werden.

5.1 Grundlagen und Voraussetzungen

5.1.1 Byzantinische Philologie

In byzantinischer Zeit: Die Beschäftigung mit literarischen Hervorbringungen der Byzantiner beginnt bereits in byzantinischer Zeit. Agathias ediert im 6. Jh. eine Sammlung *(Kyklos)* von eigenen und Epigrammen zeitgenössischer Dichter. Im 9. Jh. berücksichtigt Patriarch Photios in seiner *Bibliotheke* (*5.2.4*) neben antiken auch frühbyzantinische, überwiegend theologische Autoren. Um 900 stellt Konstantinos Kephalas eine Epigrammanthologie zusammen, die durch eine anonyme Erweiterung um 980 jene Form erhält, in der sie als *Anthologia Palatina* im Cod. Palat. gr. 23 überliefert ist; sie enthält Epigramme vom 7. Jh. v. Chr. bis zum 10. Jh. n. Chr. Byzantinisches enthalten auch fast alle Sammelwerke und Enzyklopädien des 10. Jh.s (*5.2.4*).

Im 11. Jh. schreibt Michael Psellos einen 'komparatistischen' Essay über Euripides und Georgios Pisides zu der Frage: *Wer schrieb die besseren Verse, Euripides oder Pisides?* Im 12. Jh. verfaßt Ioannes Zonaras Erläuterungen zu den Kanones des Ioannes Damaskenos auf die Wiederauferstehung und erklärt 'poetologische' Termini aus dem Bereich der liturgischen Dichtung; Theodoros Prodromos schreibt einen bisher nur teilweise edierten Kommentar zu den Kanones des Kosmas Melodos und Ioannes von Damaskos auf die Herrenfeste, der Erzbischof Eustathios von Thessalonike einen Kommentar zum iambischen Kanon des Ioannes von Damaskos (oder Ioannes Arklas) auf das Pfingstfest und behandelt dabei auch Echtheitsfragen. Im 13. Jh. ediert Maximos Planudes die nach ihm benannte *Anthologia Planudea*. Um die Wende vom 13. zum 14. Jh. verfaßt Nikephoros Kallistos Xanthopulos Erklärungen bzw. Kommentare zu liturgischen Dichtungen; im 15. Jh. liefert Markos Eugenikos (Bruder des Ioannes E.) Worterklärungen zu den iambischen Kanones des Ioannes Damaskenos (?).

Vom 15. bis zum Beginn des 19. Jh.s. Erste vage Konturen beginnt die byzantinische Philologie im Rahmen des italienischen Humanismus im 15. Jh. anzunehmen. Der Anteil der Byzantiner selbst am Aufblühen der Klassischen Studien im Italien dieser Zeit – als Griechischlehrer, Verfasser von Grammatiken, Handschriftensammler, Herausgeber von griechischen Texten – ist hinreichend bekannt. Die Edition altgriechischer Texte herrscht vor; aus dem byzantinischen Bereich werden zunächst Werke gedruckt, die zum Verständnis der klassischen Literatur beitragen (Lexika) oder in irgendwelcher Weise eng mit dieser Literatur zusammenhängen: die homerischen Epen 1488, die *Batrachomyomachie* 1486, die *Galeomyomachia* des Theodoros Prodromos (*5.2.6*) und die *Anthologia Planudea* 1494, das *Etymologicum Magnum* und das *Suda*-Lexikon 1499 (alles in Erstedition). Die Editionstätigkeit im 16. Jh. bezieht volkssprachliche Texte der byzantinischen Ära ein; auch dem Bedarf der orthodoxen Kirche an liturgischen Büchern (u. a. mit Texten der byzantinischen Hymnographie) wird entsprochen. Im 16. Jh. bringen deutsche und französische Gelehrte Handschriften in ihre Heimat nördlich der Alpen; neue Bibliotheken entstehen (z. B. in Paris). Vornehmlich byzantinische Geschichtsschreiber erscheinen jetzt: Hieronymus Wolf (1516–1586) veranstaltet die Erstedition von Ioannes Zonaras (1577), Niketas Choniates (1577), beide aus dem 12. Jh., und (teilweise) Nikephoros Gregoras (1562) aus dem 13./14. Jh. Im 16. Jh. erwacht das Interesse des deutschen Protestantismus an den unter türkischem Joch lebenden orthodoxen Griechen: Martin Crusius (Crausz, 1526–1607) vermittelt in seiner *Turcograecia* (1584) reiches Quellenmaterial zur Geschichte von Byzanz, faßt die griechische Literatur von Homer bis in seine eigene Zeit (die beginnende neugriechische einbegriffen) als eine Einheit auf und gibt zugleich der Philologie gegenüber der Archäologie den Vorzug (*Germanograecia* 1585).

Im 17. Jh. wird die Edition byzantinischer Texte fortgesetzt: David Höschel (1556–1617) ediert Prokop (1607), die Epitome der *Alexias* der Anna Komnene (1610) u. a.; voraus ging Theologisches und Literarisches, z. B. 1595 die *Mystagogia* des Maximos (6. Jh.), und 1601 Photios' *Bibliotheke* (ed. pr.). In Holland ediert Meurs (Meursius) Texte von Leon VI., Konstantinos VII. Porphyrogennetos, K. Manasses, Theophylaktos Simokattes, und gibt 1614 das erste Wörterbuch der byzantinischen Vulgärsprache mit dem bezeichnenden Titel *Glossarium graeco-barbarum* heraus. In Frankreich wird Philippe Labbe (Labbaeus, 1607–1667) mit der Edition des *Corpus Historiae Byzantinae (Byzantis)* beauftragt; zwischen 1648–1711 erscheinen 42 Bände (mit Text und lat. Übersetzung), an denen mehrere europäische Gelehrte beteiligt sind. Herausragend ist Charles Dufresne du Cange (1610–1688), der Begründer der byzantinischen historischen Studien in Frankreich; sein *Glossarium ad scriptores mediae et infimae Graecitatis* (1688), ein Wörterbuch der byzantinischen Volkssprache, leistet bis heute wertvolle Dienste. In Antwerpen beginnt die Edition der *Acta Sanctorum* (1643), eine Schatzkammer griechischer Heiligenleben (seit nunmehr dreieinhalb Jahrhunderten fortgesetzt). Für das 18. Jh. sind neben Bernard de Montfaucon, *Palaeographia Graeca* (1708), Michel Lequien, *Oriens Christianus* (I–III, 1740) und Johannes Jakob Reiske, *De cerimoniis aulae Byzantinae* (I–II, 1751–54) vor allem zu nennen: Johann Albert Fabricius, *Bibliotheca Graeca* (1705–1728 in 14 Bänden; 4. Aufl. von Harles 1790–1809 in 12 Bänden mit Registerband 1828). Mit dem Ende des 18. Jh.s setzt Stagnation ein: Die Aufklärung sieht in Byzanz eine Zeit des Verfalls und des Despotismus (Montesquieu, Voltaire, in Deutschland Hegel, in England Gibbon), der Neuhumanismus orientiert sich am idealisierten Bild der griechischen Antike. Das wahre Bild des byzantinischen Staates und der byzantinischen Kultur bleibt für lange Zeit unbekannt, und dies ist auch der Beschäftigung mit den Texten der byzantinischen Zeit nicht förderlich.

Vom Beginn des 19. bis zum Ende des 20. Jh.s. Die Situation der byzantinischen Studien ändert sich seit dem 3. Jahrzehnt des 19. Jh.s: Die griechische Revolution von 1821, der europäische 'Philhellenismus', die Entdeckung des griechischen Volksliedes, auf das auch Goethe aufmerksam wurde, führen zu einem intensiveren Interesse für die Geschichte des Landes, auch für die Zeit vor der jetzt zu Ende gehenden Turkokratia, also für Byzanz; Romantik und Historismus verstärken dieses Interesse. In Griechenland besinnt man sich auf die eigene und damit auf die byzantinische Vergangenheit, die in der Orthodoxie und ihren Hymnen noch Gegenwart ist. Die byzantinischen philologischen Studien erfahren dadurch – zunächst in Verbindung mit der Klassischen Philologie, dann aber allmählich auch unter Miteinbezug der neugriechischen Philologie – neuen Aufschwung: In Deutschland wird ein neues *Corpus scriptorum historiae Byzantinae* von B. G. Niebuhr (1776–1831) begründet und von I. Bekker (1785–1871) fortgesetzt; in den Jahren 1828–1897 erscheinen 50 Bände, meistens Abdrucke (mit lat. Übersetzung) des Pariser Corpus (textkritisch nur selten ein Fortschritt). Ausschließlich Abdrucke enthält auch die in Frankreich (1800–1875) erschienene, 161 Bände umfassende *Patrologia Graeca* (ed. J. P. Migne).

Gegen Ende des 19. Jh.s sind vor allem Carl de Boors Editionen historischer Werke hervorzuheben: Nikephoros Patriarches (1880), Theophanes Confessor (I–II, 1883–85), Theophylaktos Simokattes (1887), Georgios Monachos (1904). G. L. F. Tafel (1787–1860) lenkt mit seiner Edition der *opuscula* des Eustathios von Thessalonike (1832) das Interesse auf rhetorische Werke, Zachariä von Lingenthal auf die Rechtsquellen (*Ius Graecoromanum* I–VII, 1856–84), A. Ellissen (1815–1872) präsentiert mit den *Analekten der mittel- und neugriechischen Literatur* (I–V, 1855–62) Texte der (hoch- und volkssprachlichen) byzantinischen Literatur. W. Wagner (1843–1880) widmet sich der byzantinischen volkssprachlichen Dichtung: *Medieval Greek Texts* (1870), *Carmina graeca medii aevi* (1874), *Rhodische Liebeslieder* (1879), *Trois poèmes grecs du moyen âge inédits recueillis* (1881).

Tafel erkennt als einer der ersten die Bedeutung der byzantinischen Philologie als eigenständiger Disziplin. Die Verselbständigung des Faches verwirklicht sich durch und mit Karl Krumbacher (1854–1909); äußeres Zeichen dafür ist die Errichtung einer Professur für Mittel- und Neugriechische Philologie an der Universität München (1896) und die Gründung des Mittel- und Neugriechischen Seminars ebendort (1897). Voraus gehen entsagungsvolle Arbeiten im Bereich der Sprache und Literatur (Editionen und literaturwissenschaftliche Abhandlungen), die *Geschichte der byzantinischen Litteratur* (1892, [2]1897, völlig umgearbeitet und mit Beiträgen von A. Ehrhard zur theologischen Literatur sowie von H. Gelzer zur byzantinischen Geschichte) und die Gründung der *Byzantinischen Zeitschrift* (1892), bis heute das Zentralorgan der internationalen Byzantinistik. Krumbacher ist somit der Begründer der systematisch und methodisch als selbständige Disziplin arbeitenden modernen Byzantinistik, die neben der Philologie auch byzantinische Geschichte, Kunst- sowie Rechtsgeschichte und darüber hinaus alle weiteren Teildisziplinen umfaßt. Die Entwicklung in Deutschland (München) hat Signalwirkung: Auch in anderen Ländern werden entsprechende Lehrstühle errichtet und neue Zeitschriften ins Leben gerufen. In Deutschland bleibt der Münchner Lehrstuhl bis in die 60er Jahre unseres Jh.s der einzige; dann folgen weitere Professuren auch an anderen Universitäten des Landes. Die Entwicklung in Deutschland sowie die internationale Entwicklung des Faches überhaupt im 20. Jh. ist genauer nachzulesen in: Enrica Follieri (Hrg.), *La filologia medievale e umanistica greca e latina nel secolo XX,* vol. I–II (Rom 1993).

5.1.2 'Byzantinische Literatur': eine begriffliche Klärung

'Byzantinisch' ist ein Neologismus, geht aber auf Byzantion (Βυζάντιον) zurück, d. h. die Stadt, die um 660 v. Chr. von griechischen Kolonisten aus Megara gegründet wurde. Einen 'byzantinischen' Staat (Βυζαντινὴ αὐτοκρατορία) hat es nicht gegeben; die Byzantiner nannten ihr Reich βασιλεία τῶν Ῥωμαίων (Reich der Rhomäer). Der Begriff 'Byzantinus' im heutigen Sinn wurde erstmals von dem Humanisten Hieronymus Wolf verwendet, der die Errichtung eines *Corpus Historiae Byzantinae* vorschlug; endgültig durchgesetzt wurde er durch Ph. Labbe, den Begründer des Pariser byzantinischen Corpus (vgl. *De historiae Byzantinae scriptoribus emittendis protrepticon* 1648). Im Zusammenhang mit Literatur sowie mit allen Formen des staatlichen und kulturellen Lebens der Byzantiner ist der Terminus heute üblich, in Verbindung mit 'Sprache' dagegen ungeeignet und zu vermeiden (*5.1.4*).

Zum Begriff 'Literatur': Für das, was die Römer mit *litteratura* bezeichneten, ist aus byzantinischer Zeit wie aus der griechischen Antike nichts Entsprechendes überliefert; die Byzantiner verwendeten den Terminus λόγοι, der (neben γράμματα) auch in der Antike gebraucht wurde, und meinten damit alles Geschriebene, sowohl die Literatur im engeren Sinne (Schöne Literatur, *belles lettres*) als auch Schriften über Gegenstände aus allen Wissensbereichen. Diesem Verständnis von 'Literatur' sind die Gelehrten der neueren Zeit gefolgt; der vorliegende Abriß muß sich angesichts der Knappheit des zur Verfügung stehenden Raumes allerdings im wesentlichen auf die 'Schöne Literatur' beschränken.

5.1.3 Zeitliche und räumliche Eingrenzung

Zur byzantinischen Literatur gehören prinzipiell alle in der Zeit des Bestehens des byzantinischen Staates und auf seinem Territorium entstandenen Werke.

Zeit: Zwar sind auf ein bestimmtes Jahr datierte zeitliche Einschnitte in der politischen wie in der Geistesgeschichte stets problematisch, doch ist das Jahr 1453 für das Ende des byzantinischen Staates so bedeutend und endgültig, daß unter den Forschern Einigkeit herrscht. Die Auffassungen über den Beginn des byzantinischen Staates (und seiner Literatur) variieren: 324 (Alleinherrschaft Konstantins d. Gr.) bzw. 330 (Gründung Konstantinopels) oder 395, als Theodosius I. das Römische Reich unter seine Söhne teilte (von weiteren Vorschlägen kann hier abgesehen werden). Das Datum 324 bzw. 330 ist insofern vorzuziehen, als Konstantin durch die Annahme der neuen Religion den Prozeß der allmählichen Entwicklung des heidnischen Gottkaisertums zum christlichen Gottgnadentum eingeleitet hat.

Geographischer Raum. Die Grenzen des byzantinischen Reiches änderten sich im Laufe der Jahrhunderte immer wieder: Die größte Ausdehnung erlebte es unter Justinian (6. Jh.) und in der Zeit der makedonischen Dynastie (9./10. Jh.), die größte Schrumpfung in der Zeit vor dem Fall von Konstantinopel. Den Kern des Reiches bildeten immer Kleinasien und die Balkanhalbinsel. Bezüglich der Literatur sind als byzantinisches Territorium auch Gebiete wie Sizilien in der Zeit der Normannenherrschaft (12. Jh. und danach) oder das Gebiet um Konstantinopel und Griechenland in der Zeit der lateinischen Herrschaft (1204–1261) aufzufassen.

5.1.4 Sprache und Metrik

Die Herkunft des byzantinischen Reiches aus dem Römischen Reich und seine ethnische Zusammensetzung (Vielvölkerstaat) bedingten, daß auf seinem Territorium neben dem Griechischen auch andere Sprachen (Latein, Syrisch, Armenisch, Koptisch, Georgisch, Slawisch etc.) verwendet wurden, in denen ebenfalls Literaturen entstanden; doch die Hauptsprache (vor allem, nachdem spätestens im 7. Jh. das Latein auch in der Gesetzgebung und Administration ersetzt wurde) war immer das Griechische; so bedeutet 'byzantinische Literatur' gemeinhin die Literatur der Byzantiner in griechischer Sprache. Diese ist in ihrer sprachlichen Ausprägung allerdings nicht einheitlich; man unterscheidet die *archaisierende* (die den attischen Dialekt oder die attizistische Sprache der Zweiten Sophistik nachahmt), die *geschriebene Koine* (die griechische Gemeinsprache der Kaiserzeit, in Fachschriften verwendet) und die *Volkssprache* (die eine Fortentwicklung der gesprochenen Koine darstellt und erst spät in die Literatur Eingang findet). Diese Stufen erscheinen nie rein ausgeprägt; die Entscheidung für die eine oder die andere hat jeweils intellektuelle und soziale Unterscheidungen zur Folge. (In der Forschung der letzten Jahre spricht man lieber von drei Stilebenen: hoch, mittel, niedrig; berücksichtigt werden müßten im Bereich der Literatur freilich auch die 'Bilderwelt' und das 'Zitatengut'.)

Die Metrik der byzantinischen Dichtung ist akzentuierend; antike Versmaße leben fort, gehen aber allmählich zur Akzentuierung über (Ausnahme: der Hexameter). Der *iambische Trimeter* entwickelt sich zum *Zwölfsilber* mit Binnenschluß nach der 5. bzw. 7. und häufigster Betonung der 5. Silbe, die *Anakreonteen* werden (in der Endphase) unter Aufgabe der Prosodie zu Achtsilbern mit 'trochäischem' Duktus. In der Dichtung nach dem 10. Jh. dominiert der neu entstandene στίχος πολιτικός oder *Fünfzehnsilber* mit Zäsur nach der 8. Silbe und 'iambischem' Duktus (das 1. und/oder 2. Hemistichion beginnt gelegentlich 'trochäisch' bzw. 'anapästisch'). Den genannten Versarten gemeinsam ist die Paroxytonierung des Versschlusses. Neu ist ebenfalls die akzentuierende Metrik in der liturgischen Dichtung, die dem Melos untergeordnet bleibt; die strophischen Systeme bestehen aus akzentuierend-rhythmischen Versen ungleicher Länge.

5.1.5 Herkunft und Entstehung der byzantinischen Literatur; die Gattungen

So wie das byzantinische Reich die Fortsetzung des römischen darstellt, setzt die byzantinische Literatur die altgriechische fort; sie knüpft unmittelbar an die griechische Literatur der Kaiserzeit der ersten Jahrhunderte an und übernimmt deren Vorbilder aus der klassischen Zeit, auf die sie bis zum Ende der byzantinischen Ära fixiert bleibt: die μίμησις (in Sprache und Literatur) ist somit kein neues, sondern ein ererbtes Phänomen. Wie die hellenistische Literatur wächst auch die byzantinische weitestgehend auf philologischem Boden: byzantinische Literaten sind oft zugleich Philologen. Die Byzantiner übernehmen das gesamte Arsenal der literarischen Gattungen der vorangehenden Epoche, und wie dieser Lyrik und Tragödie fehlten, fehlen sie grundsätzlich auch der byzantinischen, in der aus naheliegenden Gründen auch die politische Rede nicht erscheint. Die Allgegenwart der Rhetorik in der byzantinischen Literatur geht auf die Rhetorisierung der Literatur zurück, die bereits vorher eingesetzt hatte.

Diese historisch-genetische Betrachtungsweise gilt neben der hochsprachlichen profanen Literatur auch für das theologische Schrifttum. Bei ihm muß man zwischen theologischer 'Wissenschaft' und theologischer 'Literatur' im engeren Sinne unterscheiden. Zur letzteren gehören vor allem Homiletik (geistliche Beredsamkeit), Hagiographie (Heiligenviten) und Hymnographie; in der Hymnographie unterscheidet man zwischen allgemein religiöser Dichtung einerseits und rein liturgischer andererseits. Die Homiletik knüpft an die Rhetorik an, die Hagiographie an die antike Biographie (Plutarch). Die μίμησις beschränkt sich in beiden auf die Sprache. In der Hymnographie, in der zu einem geringen Teil ebenfalls μίμησις zu beobachten ist, entwickelt sich etwas Neues; da prosodische Gedichte (zumal in einer für die Gemeinde schwer verständlichen Sprache) für die Liturgie ungeeignet waren, begann man in der orthodoxen Kirche nach dem Beispiel der Häretiker (und um der von ihnen ausgehenden Gefahr zu begegnen), kleinere Gesänge in akzentuierend-rhythmischer Metrik und einer einfacheren Sprache zu komponieren; daraus (und wohl auch unter dem Einfluß der syrischen Dichtung) entsteht im 5./6. Jh. eine neue Gattung, das Kontakion (spätere Bezeichnung für ein strophisches System), und etwa Ende des 7. Jh.s noch eine weitere (aus dem Kontakion entwickelte) neue Gattung, der Kanon. Kontakien werden bis zum 9. Jh. geschrieben, Kanones bis zum Ende der byzantinischen Ära und darüberhinaus. Die liturgische Dichtung der Byzantiner, in der sich ein neues, von christlichem Glauben bestimmtes Gefühl ausspricht, ist eine genuin byzantinische Schöpfung.

Die genannten hochsprachlichen Gattungen beherrschen mehrere Jahrhunderte lang das literarische Leben der Byzantiner vollständig; zwar tritt bereits in frühbyzantinischer Zeit die gesprochene Koine dazu in 'Konkurrenz' (Hinweise darauf und Spuren der Existenz einer 'volkssprachlichen' Dichtung liefern Historiker und Chronisten vom 6.–12. Jh.), doch erst vom 12. Jh. an erscheinen erste Werke einer volkssprachlichen Literatur, die in den folgenden Jahrhunderten zunehmen und verschiedenen Gattungen angehören. In diesen Dichtungen, in denen nahezu ausnahmslos die Volkssprache (angereichert mit Elementen der Hochsprache) und als neuer Vers der *stichos politikos* herrschen, artikuliert sich (namentlich in den Versromanen und in der Liebespoesie) ein neues Lebensgefühl; hier hat sich originäre byzantinische Dichtung freigemacht vom Korsett der klassizistischen Sprache und Literatur und von dem in der theologischen Literatur absolut geltenden Dogma.

5.1.6 Träger der Literatur

Die meisten byzantinischen Literaten gehören einer Bildungselite an und bekleiden in Staat und Kirche hohe Ämter: Sie sind Kaiser, Patriarchen, Bischöfe oder Erzbischöfe, Hofbeamte usw.; ein Berufsliterat wie Theodoros Prodromos ist Ausnahme. Auch Autorinnen finden sich, z. B. die Dichterin Kassia und die Historikerin Anna Komnene.

5.1.7 Überlieferung

Im Unterschied zur antiken ist der größte Teil der byzantinischen Literatur erhalten: Zum nicht Erhaltenen zählen z. B. die Schriften der Bilderstürmer, die nach der Wiederherstellung der Ikonenverehrung zerstört wurden, oder Plethons Werk über die Gesetze, das als heidnisch verbrannt wurde (*5.2.8*). Überliefert ist diese Literatur zum größten Teil in Handschriften, und zwar weniger in Pergament- als in Papierhandschriften. Nur wenig ist auf Papyrus (Dioskoros von Aphrodito; Briefe) und Stein (Inschriften) überliefert worden. Anders als die Klassische Philologie ist die byzantinische in der glücklichen Lage, Autographa mehrerer Autoren der profanen hochsprachlichen Literatur zu besitzen, deren Zahl durch neue Funde noch ständig wächst. Dies hat Konsequenzen für die Edition der Texte, auch hilft es, mit größerer Sicherheit über neue Gewohnheiten der Byzantiner im Bereich der 'Grammatik' (z. B. Worttrennung bzw. Zusammenschreibung, Enklise, Interpunktion) zu urteilen. In der liturgischen Dichtung läuft neben der eigenständigen Überlieferung der

Texte (z. B. der Kontakien des Romanos) die Überlieferung in Musikhandschriften, darüber hinaus auch im Rahmen der liturgischen Bücher, die ihre endgültige Form in der Kodifizierung des 11. Jh.s gefunden haben (z. B. Oktoechos, Triodion, Pentekostarion u. a.). Im Bereich der volkssprachlichen Literatur (Versdichtungen) ist in den letzten Jahrzehnten über das Problem der mündlichen Überlieferung von der Entstehung eines Werkes bis zu seiner Aufzeichnung aus dem Gedächtnis viel diskutiert worden; auch hier ergeben sich (wenn auch andersartige) Konsequenzen für die Edition dieser oft in mehreren voneinander stark divergierenden Versionen überlieferten Texte.

5.1.8 Probleme der Darstellung

Die byzantinische Literaturgeschichtsschreibung hat noch nicht eine angemessene Form der Darstellung ihres Gegenstandes gefunden, was am Gegenstand selbst liegen mag: In der klassischen Literatur der Antike läßt sich die allmähliche Entstehung der Genera in ihrer zeitlichen Abfolge betrachten, und ihre Vertreter pflegen auch nur jeweils eine Gattung (nach Alexander d. Gr. ändert sich die Situation freilich); daraus ergibt sich ein klares Prinzip periodischer und zugleich gattungsmäßiger Darstellung. Dagegen haben wir es in der byzantinischen Literatur mit der Übernahme bereits vorhandener Gattungen zu tun, zu denen später neue kommen (5.1.5), sowie vor allem mit dem Typus des Literaten, der in verschiedenen Gattungen tätig ist. Hinsichtlich Sprache und Inhalt ist die Situation ähnlich: Einige Literaten verwenden sowohl die Hoch- als auch die Volkssprache, andere wiederum behandeln profane wie auch religiöse Themen oder widmen sich auch der liturgischen Dichtung. Die seit Krumbacher vertraute Dreiteilung der byzantinischen Literatur in *theologische, hochsprachliche profane* und *Volksliteratur* ist zwar zur Sichtung und Einordnung des Materials geeignet, aber unlogisch, weil sie sich auf zwei unterschiedliche Prinzipien, Inhalt und Sprache, stützt; dadurch wird manches getrennt, was zusammengehört. Vielleicht hilft aus dem Dilemma heraus, als oberstes Prinzip ein chronologisches (nach Perioden) zu wählen und innerhalb der Perioden die Behandlung der verschiedenen Gattungen getrennt vorzunehmen; die einzelnen Autoren wären im Rahmen derjenigen Gattung zu behandeln, in der sie sich besonders hervorgetan haben. Dies wird im folgenden versucht.

5.2 Epochen der byzantinischen Literatur

Abweichend von der traditionellen – und im Ganzen auch von der Literaturgeschichtsschreibung übernommenen – Einteilung der politischen Geschichte von Byzanz in drei große Perioden (früh-, mittel-, spätbyzantinische Zeit) wird die Literatur hier in kleinere und differenziertere Perioden untergliedert; dies spiegelt das Erscheinungsbild der byzantinischen Literatur in der Geschichte genauer wider. Historische und soziokulturelle Zusammenhänge, Entwicklungslinien und Problemkreise können nur andeutungsweise berücksichtigt werden.

5.2.1 Frühbyzantinische Zeit: Altes und Neues Umstrukturierung der Genera (324/330–um 650)

Die Übergangsperiode von der Antike zum Mittelalter bedeutet für die Altertumswissenschaft das Ende der antiken Welt, für die Byzantinisten den Beginn eines neuen Zeitalters; sie ist beides, denn antike Elemente leben fort und neue christlich-byzantinische finden bereits ihren Niederschlag.

Im 4. und 5. Jh. ist die Dominanz der Antike unverkennbar; es ist auch die Zeit der Hochblüte der Patristik sowie der dogmatischen Auseinandersetzungen innerhalb des Christentums, bei denen (alt)griechische Begrifflichkeit eine bedeutende Rolle spielt. Traditionelle Literaturgattungen leben z. T. in verschiedenen Zentren, auch der Provinz, fort; es ist eine Literatur der 'Diaspora'. (In der Konzeption der vorliegenden 'Einleitung' wird diese Zeit der Spätantike zugerechnet und im Kap. *IV 4* behandelt.).

Das justinianische Zeitalter (vom Beginn d. 6. bis zum Beginn d. 7. Jh.s). Die relative 'Eigenständigkeit' dieser Zeit hat zwei Ursachen. Zum einen verkörpert Justinian (527–565), der das alte römische Reich wiederherstellen will, die byzantinische Kaiseridee, wie sie sich seit Konstantin entwickelt, in ganz typischer Weise, und die Literatur der Zeit entsteht in z. T. engem Bezug zu diesem Kaiser und seinen Taten, zum anderen sind in dieser Literatur Relikte der antiken Kultur zwar noch vorhanden (etwa die Rhetorenschule von Gaza: *IV 4.4.3*), die heidnischen Elemente sind jedoch bedeutend weniger und schwächer geworden. Im Unterschied zu vielen Autoren des 4. und 5. Jh.s sind die des 6. Jh.s Christen; die meisten stammen aus der Peripherie des Reiches, strömen aber jetzt in die Hauptstadt und scharen sich um den Kaiser, womit die Provinz an literarischer Bedeutung verliert. Neue Literaturgattungen entstehen (oder werden vervollkommnet; Kontakion, Hagiographie), alte erleben eine neue Blüte (Historiographie, Chronistik, Epigrammatik).

In der Historiographie ragt Prokopios von Kaisareia in Palästina (um 500–nach 562) als bedeutendster Historiker der Zeit und überhaupt der gesamten byzantinischen Ära hervor; in seinem Hauptwerk Ἱστορίαι bzw. Ὑπὲρ τῶν πολέμων λόγοι berichtet er über die Kriege gegen Perser, Vandalen und Goten (527–552); die Bautätigkeit der justinianischen Zeit behandelt er in Περὶ κτισμάτων; in deutlichem Gegensatz zur Grundhaltung dieser beiden Werke steht die scharfe Invektive Ἀνέκδοτα (*Historia arcana*) gegen das Kaiserpaar sowie gegen Belisar und dessen Gattin. Prokop verfügt über Sachkenntnis, und sein Werk besitzt hohen Quellenwert; seine fundierte klassische Bildung zeigt sich in der Mimesis: Sein Vorbild in Stil und Sprache ist Thukydides.

Agathias aus Myrina in Kleinasien (536–582) setzt mit seinem (unvollendeten) Geschichtswerk Ἱστορίαι, in dem er über die Kriege gegen Goten, Vandalen, Franken und Perser berichtet, Prokop fort; er behandelt die Zeit von 552–558. Sein mit dichterischen Ausdrücken und Bildern überladener Stil und eine stark antikisierende Ausdrucksweise sind dem Quellenwert der Darstellung nicht förderlich, doch stellt er für bestimmte Ereignisse die einzige Quelle dar. Von ihm sind auch mehrere Epigramme überliefert, antikisierend in Versmaß, Sprache, Stil und Inhalt; sie bildeten einen Teil seiner Anthologie *Kyklos* (*5.1.1*). Nicht erhalten sind die Δαφνιακά (erotische Mythen in epischem Versmaß).

Der dritte Historiker der justinianischen Zeit ist Menandros Protektor (2. Hälfte 6. Jh.); in seiner Ἱστορία behandelt er in nachahmendem Anschluß an Agathias die Zeit von 558–582. Von dem Werk, das von späteren Historikern häufig benutzt wurde, sind nur Fragmente erhalten, die aber eine sachliche Darstellung und hohen Quellenwert zeigen. Von Menandros' Epigrammen ist eines in der *Anthologia Palatina* überliefert. Auch von zwei weiteren Historikern dieser Zeit, Theophanes Byzantios und Ioannes aus Epiphaneia, sind nur Fragmente erhalten.

Zur 'historiographischen' Literatur im weitesten Sinne gehören folgende drei Autoren der Zeit, die sich nicht mit byzantinischer Zeitgeschichte beschäftigen: Kosmas Indikopleustes, Χριστιανικὴ τοπογραφία (*IV 4.5.3*), Stephanos von Byzanz, Ἐθνικά, und Ioannes Lydos, Περὶ μηνῶν, Περὶ διοσημειῶν und Περὶ ἀρχῶν τῆς Ῥωμαίων πολιτείας (*IV 4.4.2*).

Ist Prokop der Begründer der byzantinischen Historiographie als Zeitgeschichte, in der charakteristischerweise der jeweils spätere Historiker seinen Vorgänger fortsetzt, so begründet Ioannes Malalas aus Antiocheia (etwa 490–578) mit seiner *Chronographia* die byzantinische Chronistik als Weltchronik, die von der Erschaffung der Welt bis in die Zeit des Autors führt, ferner in einer einfacheren, volkstümlichen Sprache verfaßt ist und mehr Wundergeschichten enthält als die profane Zeitgeschichte; sie möchte ein breiteres Publikum u. a. auch 'unterhalten'. Malalas' Werk hat als 'Prototyp' auf die spätere byzantinische sowie orientalische und slavische Chronistik und die westliche Annalistik nachgewirkt. Möglicherweise ist der überlieferte Text ein Auszug späterer Zeit; die slavische Übersetzung des 10./11. Jh.s enthält einen vollständigeren Text. Quellenwert besitzt die *Chronographia* nur für die Geschichte des beginnenden 6. Jh.s.

Die für die konstantinische und nachkonstantinische Zeit so charakteristische neue Gattung der Kirchengeschichte (*IV 4.3.2*) ist nur noch schwach vertreten und nun auch der Profangeschichte verpflichtet (Euagrios, Ἐκκλησιαστικὴ ἱστορία, und Theodoros Anagnostes, *Historia tripartita* und Ἐκκλησιαστικὴ ἱστορία; zu beiden und zu Kyrillos von Skythopolis, dem bedeutendsten Hagiographen der Zeit, *IV 4.5.1*).

Aus dieser Zeit stammt auch der früheste byzantinische Fürstenspiegel, Agapetos' Ἔκθεσις κεφαλαίων παραινετικῶν. Das kleine, Justinian gewidmete Werk in reiner Hochsprache und voll rhetorischer Kunstmittel verbindet Antikes und Christliches, übte Einfluß auf die späteren Fürstenspiegel aus und wurde bis in die Neuzeit im Schulunterricht verwendet.

Das Epigramm pflegten neben Agathias einige zeitgenössische Dichter, von denen der wichtigste Paulos Silentiarios ist; von ihm sind etwa 80 Epigramme überliefert (ebenfalls im *Kyklos* enthalten), in denen das erotische Element dominiert. Paulos' wichtigstes Werk ist die Ekphrasis der Hagia Sophia – mit wertvollen Informationen über die Großkirche – in Hexametern (mit zwei Prologen in iambischen Trimetern), die den Dichter als Nonnianer (*IV 4.4.5*) erweisen.

Der bedeutendste liturgische Dichter der Zeit und der gesamten byzantinischen Ära ist Romanos Melodos aus Emesa († 555); nach der Legende schuf er um die 1000 Hymnen (Kontakien); 85 sind unter seinem Namen überliefert, von denen 59 als echt gelten. Inhaltlich beziehen sie sich auf

Themen des *Alten* und *Neuen Testaments* oder auch der Hagiographie (?). Sprache des Kontakions ist die Koine der Zeit, angereichert mit rhetorischen Kunstmitteln wie Antithese und Homoioteleuton im Inneren des akzentuierend-rhythmischen Verses; auch die Form des Dialogs weiß Romanos geschickt anzuwenden. Charakteristisch für seine (vielfach narrative) Dichtung ist, daß er in einer Zeit, die an die klassische Literatur wieder anknüpft, Vertreter dieser Literatur in seinen Kontakien namentlich angreift. Das schönste Kontakion, das heute noch in der orthodoxen Kirche eine bedeutende Rolle spielt, ist der sog. *Akathistos Hymnos*; weder Autor noch Entstehungszeit sind allerdings geklärt.

Die Zeit des Herakleios (610–um 650). Die Literatur dieser Zeit, die in der politischen Geschichte das Schreckensregiment des Phokas (602–610) von der justinianischen trennt, zeigt folgende Charakteristika: Die Grundhaltung ist christlich; die Historiographie hebt sich in Inhalt (zeitliche Verschiebung) und Form von der vorausgehenden ab; der unepische 'iambische Trimeter', der sich allmählich zum sog. 'byzantinischen Zwölfsilber' entwickelt, wird in epischen Dichtungen verwendet und 'erobert' fast vollständig die Epigrammatik; Anakreonteen (zum ersten Mal mit Akrostichis) werden wieder für religiöse Themen verwendet; die Hagiographie wird intensiver gepflegt.

Die unterbrochene historiographische Kette wird durch Theophylaktos Simokattes wieder aufgenommen; im Anschluß an Menandros Protektor behandelt der rhetorisch geschulte Autor in seiner Οἰκουμενικὴ ἱστορία die Zeit von 582–602. Er stützt sich dabei auf gute Quellen, doch leidet sein Werk an unklarer Chronologie und an einem schwülstigen Stil. Er hat außerdem eine Sammlung von Musterbriefen für den Schulunterricht sowie ein 'naturwissenschaftliches' Werk (*Quaestiones physicae*) hinterlassen. Die nach 630 entstandene, anonym überlieferte und unter dem Namen *Chronicon Paschale* bekannte Weltchronik ist eine Kompilation aus früheren Quellen, die bis zum Jahre 629/30 reichte (erhalten bis 628), und für die Zeit von 602 an (Phokas und Herakleios) eine wichtige, selbständige Quelle; sie ist die erste Weltchronik, die das Datum 21.3.5509 als chronologischen Ausgangspunkt annimmt, somit in die Nähe des Datums 1.9.5509 kommt, von dem die sog. byzantinische Ära für die Erschaffung der Welt ausgeht.

Wichtige Quelle für die Zeitgeschichte sind die historisch-enkomiastischen Epen des (ersten Hofpoeten) Georgios Pisides, der die Ereignisse als Augenzeuge erlebt; bei ihm entwickelt sich der iambische Trimeter zum Dodekasyllabos. In den Dichtungen der ersten Periode *(Expeditio Persica, Bellum Avaricum, Heraclias)* verherrlicht er die Leistungen des Herakleios; später schreibt er theologisch-moralische Gedichte (z. B. 'Über das menschliche Leben', 'Auf die Eitelkeit des Lebens'), die ihn als sensiblen Beobachter erweisen. Auch in zahlreichen Epigrammen behandelt er geistliche und weltliche Themen; ein umfangreiches Gedicht über die Erschaffung der Welt (*Hexa-

emeron, mit Zeitbezügen) bezeugt seine philosophisch-theologische Bildung. Pisides befolgt im wesentlichen die Grammatik der Koine, zeigt jedoch auch puristische Tendenzen; sein reiches Vokabular enthält auch Neuprägungen.

Zeitgeschichtliche Bezüge finden sich auch in den hagiographischen Texten der 1. Hälfte des 7. Jh.s; Ioannes Moschos oder Eukratas (540/50–619/634) verfaßt eine Vita des Ioannes Eleemon, die nach seinem Tode Sophronios (um 560–638, Patriarch von Jerusalem 634–38) vollendet. Ioannes schrieb auch die *Geistliche Wiese*, kurze Erzählungen in einfacher Sprache über Wüstenmönche; Sophronios verfaßte (neben einem Enkomion und dem Wunderbericht über Kyros und Ioannes) 23 anakreontische Oden mit Akrostichis über religiöse Themen sowie Epigramme. Leontios von Neapolis (6./7. Jh., eher 1. H. des 7. Jh.s) schrieb ebenfalls eine Vita des Ioannes Eleemon in volkstümlicher Sprache, eine weitere des Symeon Salos von Edessa und eine nicht erhaltene des Spyridon, Bischof von Trimythus auf Zypern. Ioannes Klimax oder Klimakos (vor 579–um 650) verfaßt die *Scala Paradisi*, in der er in 30 Stufen (nach den 30 Jahren des verborgenen Lebens Jesu Christi) den Weg zum Himmel durch Bekämpfung der Laster und Erwerbung der Tugenden zeigt. Er steht in der Tradition der *Apophthegmata Patrum* und des Euagrios.

5.2.2 Die 'dunklen Jahrhunderte' (650–800)
Geistiger Niedergang, Stagnation der Literatur?

Als 'dunkle Jahrhunderte' sieht man die Periode an (man dehnte sie früher bis um 850 aus), in der die von der antiken Literatur ererbten literarischen Genera plötzlich verstummen: Die Reihe der Historiker seit Prokopios, die die Zeitgeschichte fast lückenlos darstellen, wird nach Theophylaktos Simokattes unterbrochen; ähnlich ergeht es auch den anderen antiken Gattungen. Ein Grund dafür könnte der Rückgang der Bildung gewesen sein, der als Folge des Verlustes der kulturell für das Reich wichtigen ägyptischen und syro-palästinensischen Provinzen auftrat, die das Reich mit Handschriften versorgten. Die 'dunklen Jahrhunderte' werden oft mit dem Bilderstreit (726–787 und 815–843) in Zusammenhang gebracht, doch die beiden Erscheinungen decken sich zeitlich nicht: Der 'Bruch' mit der literarischen Tradition der Antike setzt um die Mitte des 7. Jh.s ein, d. h. lange vor Beginn der 1. Phase des Bilderstreits (726). Die intensive Forschung der letzten Jahre hat das bisherige Bild dieser Zeit korrigiert: Die alten Gattungen treten zwar als solche nicht mehr in Erscheinung, doch ist die Kenntnis antiker Ausdrucksformen auch jetzt nachweisbar und die sprachlich-stilistische (auch metrische) Mimesis, wenngleich eingeschränkt, vorhanden. Die literarischen Aktivitäten der Byzantiner verlagern sich von der profanen auf die theologische Literatur, insbesondere die liturgische Dichtung. Auf der Grundlage der akzentuierend-rhythmischen Metrik entsteht als neue Gattung der Kanon, eine im Unterschied zum Kontakion kompliziertere und reichere poetisch-musikalische Komposition, bestehend aus neun Oden, außerdem dogmatischen Charakters; seine Sprache ist eine gehobene Koine.

Als Erfinder des liturgischen Kanons wird Andreas von Kreta (um 660–740) angesehen: Nicht unbedingt ein begnadeter Dichter, hat er mehrere kleinere und den 'Großen Kanon' (Μέγας Κανών) mit insgesamt 250 Strophen komponiert, der heute noch in der griechischen orthodoxen Kirche gesungen wird; auch einzelne Kirchenlieder sind von ihm überliefert. Ferner hat er ein iambisches Gedicht religiösen Inhalts in 128 Versen unter strenger

Wahrung der Prosodie komponiert sowie zahlreiche Homilien und Panegyriken hinterlassen. Neben ihm tun sich in der neuen Gattung Kosmas Melodos (um 675–752, auch K. Hagiopolites, K. von Jerusalem, K. Maiuma genannt) und Ioannes von Damaskos (um 675–749) hervor. Beide schreiben Kanones auf die Herren- und die Muttergottesfeste, die später gern kommentiert werden (5.1.1). Kosmas, der Kanonesdichter *par excellence*, ist selber Autor eines Kommentars zu den Dichtungen des Gregor von Nazianz (IV 4.3.7). Seine Kanones sind einfacher als die des Damaszeners, jedoch wie bei Romanos reich an rhetorischen Figuren. Ioannes von Damaskos greift über die akzentuierend-rhythmische Metrik auf den iambischen Trimeter der Antike zurück und komponiert unter Beibehaltung des Strophensystems auch drei iambische Kanones, deren Echtheit allerdings bereits von Eustathios von Thessalonike angezweifelt wurde. Als Theologe ist er der große Systematiker, bemüht, das bisherige dogmatisch-theologische Wissen als System zu präsentieren (vgl. Πηγὴ γνώσεως, Ἔκθεσις τῆς ὀρθοδόξου πίστεως); auch seine drei Reden gegen die Ikonoklasten sind zu nennen. Seine Übersetzung des hagiographisch-erbaulichen Romans Βαρλαὰμ καὶ Ἰωάσαφ in einfachere Sprache (ein vielgelesenes Buch, wie die große Anzahl der erhaltenen Handschriften zeigt) bleibt als erstes Beispiel einer Volksliteratur zunächst ohne Fortsetzung. Neben dem Systematiker Ioannes von Damaskos ist Maximos der Bekenner (580–662) der letzte originelle Theologe von Byzanz, der zusammen mit seinem Freund Thalassios den Versuch unternimmt, die euagrianische Mystik zu erneuern; auch Homilien des Patriarchen Germanos I. (715–730) seien hier wegen ihrer rhetorischen Kunst und der Fähigkeit des Autors, neue Komposita zu schaffen, erwähnt. Die Hagiographie schafft in einer Zeit, da die profane Geschichtsschreibung verstummt, neue Heldenbilder; die an rhetorischen Stilelementen reiche Vita des Theodoros von Sykeon (7. Jh.) sowie das zweite Buch der *Miracula sancti Demetrii* ragen hier hervor.

Aus dem Vorangehenden geht zweierlei hervor: Zum einen hat es in den 'dunklen Jahrhunderten' eine anspruchsvolle Literatur gegeben; zum anderen hat sich der Schwerpunkt verlagert. Die religiöse Literatur dominiert, doch überlebt die Kenntnis antiker Formen auch in dieser Zeit, zumindest partiell (s. o.); so sollte man eher von einer 'Zeit des relativen Schweigens' sprechen.

5.2.3 Vormakedonische Zeit (um 780–um 850)
Rückgriff auf alte Genera und Neubeginn

In der Forschung der letzten Jahre hat diese Zeit sowohl gegenüber der vorangehenden (5.2.2) als auch gegenüber der folgenden Epoche (5.2.4) an eigenem Profil gewonnen und wird deswegen hier von beiden unterschieden; da sie jedoch unmittelbar mit der makedonischen Zeit und der sich in ihr vollziehenden Neuorientierung der Bildung und Literatur zusammenhängt, erscheint es sinnvoll, ihre Vorläuferrolle in ihrer Bezeichnung zu unterstreichen. In dieser Zeit setzt kurz vor Eirenes Thronbesteigung (780) plötzlich eine Literaturproduktion ein, die sich nach dem Sieg über die Ikonoklasten (787) verstärkt; sie hat die klare Tendenz, Unterbrochenes wiederaufzunehmen und damit die vernachlässigten alten Genera neu zu beleben. Das Interesse für Sprache und Literatur der Antike erwacht neu, wie zeitgenössische Quellen vom Beginn des 9. Jh.s bezeugen: Theodoros Studites (s. u.) bittet in dieser frühen Zeit seinen Schüler Naukratios, ihm ein Lexikon zu schicken (ep. 152 Fatouros); er macht ihn außerdem auf die Bedeutung der 'Grammatik' in den Auseinandersetzungen mit den Ikonoklasten aufmerksam (ep. 49 Fatouros). Ignatios Diakonos (s. u.) berichtet in seiner *Vita Tarasii*, daß er nicht nur klassische Dichtung, sondern auch die Prinzipien der metrischen Kunst von Tarasios (um 730–806) gelernt habe (die Lebensdaten des Tarasios belegen, daß lange vor Beendigung des Bilderstreites antike Autoren wieder gelesen werden); Leon der Mathematiker oder Philosoph (s. u.) kennt und erklärt Platon.

Das historische Interesse manifestiert sich in vier Werken einer Chronisten-Trias: Die Ἐκλογὴ χρονογραφίας des Georgios Synkellos (gest. kurz nach 810), die bis 284 reicht, zeichnet sich in ihrer thematisch angeordneten Darstellung durch sorgfältige Quellenbenutzung aus. Die Χρονογραφία des Theophanes Confessor (760–817/8) behandelt die Zeit von 285–813 und folgt einem streng chronologischen System (mit Angabe mehrerer Chronologien); das bescheidene Auftreten des Autors (Bescheidenheitsmotiv) fand eifrige Nachahmer, vor allem unter den Chronisten. Die Sprache scheint die gesprochene Koine der Zeit widerzuspiegeln. Für die Jahre 769–813 ist Theophanes die einzige byzantinische Quelle, für 602–769 eine Parallelquelle zu Nikephoros. Das Werk wurde auch für das westliche Mittelalter in der Übersetzung des Anastasius Bibliothecarius (9. Jh.) wichtig. Von Nikephoros (750–828, Patriarch 806–815) sind zwei Werke erhalten, die Ἱστορία σύντομος (*Breviarium*), in zwei Versionen überliefert, und das Χρονογραφικὸν σύντομον, das eine schlichte (später ergänzte) Herrscherliste von Adam bis 829 bietet; Anastasius Bibliothecarius hat sie übersetzt und in die *Chronographia tripartita* aufgenommen. Das *Breviarium*, von hohem Quellenwert, behandelt die Zeit von 602–769, d. h. schließt unmittelbar an Theophylaktos Simokattes an und will damit offensichtlich die in der Historiographie in der Zwischenzeit entstandene Lücke ausfüllen; in der Sprache ist das Bemühen des Autors erkennbar, die Koine der Zeit antikisierend zu gestalten.

Die Hagiographie kann sich in dieser Zeit freier entfalten, auch nach dem erneuten Ausbruch des Ikonoklasmus (815), der die Ikonophilen nicht sonderlich eingeschüchtert zu haben scheint. Heiligenviten werden jetzt in leicht verständlicher Sprache geschrieben; erwähnt seien die *Vita Stephani iunioris* des Stephanos Diakonos (vollendet 806), die *Vita Philareti* des Niketas von Amneia (geschr. 812/3; mit dem großzügigen Philaretos, der sein Hab und Gut verteilt, wird ein neuer Typus des Heiligen in die Hagiographie eingeführt), ferner die *Vita Tarasii* und *Vita Nicephori* des Ignatios Diakonos. Die liturgische Dichtung und ihre Formen werden weiter gepflegt: Die Brüder Theodoros († 845) und Theophanes (um 778–844) Graptoi komponieren Kanones (der zweite 162 an der Zahl); Kassia, die bedeutendste byzantinische Dichterin, schreibt z. T. ergreifende liturgische Lieder, die heute noch in der griechischen orthodoxen Kirche gesungen werden. Daneben wird jetzt auch die Wiederbelebung poetischer Formen der profanen Literatur versucht; Kassias Epigramme in antiken Versmaßen, in denen sie die Prosodie beachtet, beeindrucken durch Frische, Unmittelbarkeit und Stärke des Gefühls; ihre Sentenzen sind von poetischer Eleganz.

Theodoros Studites (759–826) schreibt als erster nach den 'dunklen Jahrhunderten' Epigramme (einige schon vor 800) in Zwölfsilbern unter Beachtung der Prosodie über Themen aus dem Klosterleben. In seiner Auseinandersetzung mit vier Epigrammatikern aus dem Lager der Ikonoklasten um 815 kann er mit seinen Epigrammen (Figurengedichte mit Akro-, Meso- und Telostichis) zeigen, daß er die Dichtkunst besser beherrscht als jene; diese Verbindung von theologischer mit literarischer Kritik ist so überraschend wie bezeichnend für die Zeit des neuen Aufbruchs. Von seinen Prosawerken sind hier neben Katechesen, Homilien und Panegyriken vor allem die vielen Briefe zu nennen, in denen er unter anderem auch sein wortschöpferisches Talent offenbart. Michael Synkellos (um 761–846) schreibt neben liturgischen Hymnen auch ein anakreontisches Gedicht mit alphabetischer Akrostichis und Anaklomenon auf die Wiederherstellung der Ikonen; Ignatios Diakonos (um 770/80–nach 845) beschäftigt sich als erster wieder mit der griechischen Tragödie und verfaßt neben den erwähnten Heiligenviten auch poetische Werke in verschiedenen Kunstformen: einen Versdialog in 143 iambischen Trimetern (hier mehrere Zitate aus Tragödien des Sophokles und Euripides), weitere Gedichte im selben Versmaß sowie Anakreonteen (96 Verse) in der Form des Michael Synkellos und Tetrasticha zu den Äsopischen Fabeln (Paraphrase). Ignatios hat auch Epigramme in Hexametern bzw. elegischen Distichen hinterlassen. Leon der Mathematiker (um 790/800–nach 869) schreibt gelehrte Epigramme (z. T. Buchepigramme) in Hexametern bzw. elegischen Distichen und ein 638 Hexameter umfassendes Gedicht Ἰώβ, u. a. eine Consolatio, in der pagane und christliche Exempla vorgeführt werden. Leon führt direkt zur nächsten Epoche hinüber.

5.2.4 Makedonische Zeit (um 850–1000)
Wiederaufleben des Studiums der Antike und Enzyklopädismus

Die Bezeichnung dieser Periode knüpft sich an die makedonische Dynastie, deren bedeutendste Vertreter zwischen 867–1025 herrschen; die ersten von ihnen sind auch am kulturellen Geschehen der Zeit stark beteiligt. Der endgültige Sieg über den Ikonoklasmus (843) stärkt das Selbstbewußtsein der Byzantiner und setzt die geistigen Kräfte frei für den einsetzenden kulturellen Aufschwung. Bereits vorher ist die Einsicht in die Bedeutung von grammatischen und lexikalischen Studien und die Hinwendung zu antiken Ausdrucksformen zu beobachten; jetzt folgt eine bewußte Rückbesinnung auf die Vergangenheit und eine systematische Beschäftigung mit Sprache und Literatur des Altertums. Die Neugründung der hauptstädtischen Hochschule durch den Kaisar Bardas unter Michael III. (842–867) stärkt die Vormachtstellung von Konstantinopel als Bildungszentrum und trägt wesentlich zur Entfaltung dieser Bewegung bei.

Das geistige Bild der Epoche prägen drei Persönlichkeiten: Der Patriarch Photios (um 810–nach 893, Patriarch 858–867, 877–886; *II 2.1.3*), ein ökumenischer Geist, erlebt die neuen Tendenzen mit und trägt zu diesen mit seinen Schriften selbst bei: sein *Lexikon* ist reich an Zitaten antiker Autoren, seine *Bibliotheke* als bedeutendste 'Literaturgeschichte' des Mittelalters heute noch die einzige Informationsquelle über viele verlorene Werke der Antike. Arethas, der Erzbischof von Kaisareia (Mitte 9. Jh.–932 bzw. vor 944), trägt durch das Abschreiben alter Handschriften und die kritische Bearbeitung und Kommentierung von Texten zur Erhaltung vieler Werke des Altertums bei. Der Kaiser Konstantin VII. Porphyrogennetos (905–959) schließlich sorgt für die Kodifizierung des Wissens auf verschiedenen Gebieten in enzyklopädischen Werken (Geschichte, Medizin, Zoologie, Landwirtschaft); im 10. Jh. entsteht das enzyklopädische Lexikon der *Suda*. Symeon Metaphrastes machte die (in einem höheren Stil umgeschriebenen und bearbeiteten) Heiligenviten für die Liturgie in einer Sammlung (*Menologion*, in 10 Teilen) zugänglich. Um 900 war bereits die Epigrammsammlung des Konstantinos Kephalas entstanden.

Neue literarische Werke entstehen in alten und neuen Genera: Leon Diakonos behandelt in seiner Ἱστορία die Zeit von 959–976, eine der erfolgreichsten Perioden der byzantinischen Geschichte; Georgios Monachos (oder Hamartolos) vollendet sein Χρονικὸν σύντομον, das von Adam bis 842 reicht, etwa 866/7; er ist ein typischer Vertreter der sog. 'Mönchschronik' und schreibt eine einfachere, leicht verständliche Sprache. Sein Werk wird zunächst bis 948 von Symeon Logothetes (2. Hälfte 10. Jh.) fortgesetzt, später noch einmal bis 963. Eine Fortsetzung (813–886) erfährt im 10. Jh. auch die Chronik des Theophanes Confessor (= Theophanes Continuatus) auf Anregung von Konstantinos Porphyrogennetos. Buch 5, die *Vita Basilii* ist das Werk des Kaisers selbst, der hier die antike literarische Form der Kaiservita für die byzantinische Historiographie wiederentdeckt, was später Nachahmer findet. Zuvor war dieselbe Zeit (813–886) auch in einem im Auftrag desselben Kaisers entstandenen und unter dem Namen Joseph Genesios bekannten Werk mit dem Titel Βασιλεῖαι (= Kaiserbiographien) behandelt. Konstantinos Porphyrogennetos hinterläßt weitere wichtige Zeitdokumente (*De thematibus, De cerimoniis aulae Byzantinae, De administrando Imperio*), ferner Briefe sowie liturgische und andere Dichtungen. Aus dem 10. Jh. stammt möglicherweise die in der Tradition Lukians stehende Satire (in Dialogform) Φιλόπατρις, in der Polemik gegen die Heiden (Reaktion auf die Zeit des Enzyklopädismus?) sowie latente Opposition gegen die Orthodoxie enthalten ist.

Das 9. und 10. Jh. sind die große Zeit der Hagiographie. Von den zahlreichen Heiligenviten seien als wichtigste genannt die *Vita Euthymii patriarchae* (?), die *Vita Basilii iunioris* (von dem Mönch Gregorios), die *Vita Ignatii patriarchae* (von Niketas David Paphlagon), die Vita des Andreas Salos (von Nikephoros), ein hagiographischer 'Roman' u. a. Die dominierende Gestalt im Bereich der Hagiographie der Zeit ist der bereits genannte Symeon Metaphrastes (identisch mit dem Chronisten Symeon Logothetes), der selbst zahlreiche Viten verfaßt und in sein *Menologion* aufgenommen hat; er hat auch Gedichte liturgischen und nicht liturgischen Charakters hinterlassen. Die wichtigsten Vertreter der liturgischen Dichtung sind Joseph Hymnographos (816–886), mit dem die Hymnographie in dieser Zeit eine neue Blüte erlebt (er dichtet in der Art des Kontakion, widmet sich aber vor allem dem Kanon, den er reformiert) und der etwas jüngere Anastasios Traulos (Quaestor), der mit der Kanon-Form spielt, indem er den iambischen Trimeter, von akzentuierend-rhythmischen Formen unterbrochen, einführt.

In der antikisierenden Dichtung der Zeit begegnen Anakreonteen (prosodisch bzw. nicht prosodisch), iambische Trimeter (in der Form des Dodekasyllabos, der sich zum beliebtesten Vers der Byzantiner entwickelt), Hexameter κατὰ στίχον und elegische Distichen; manche Dichter pflegen mehr als eine dieser Formen (und dazu auch noch die liturgische Dichtung); die Themen sind vielfältig, religiös und (vor allem) weltlich, ferner nicht an die Versart gebunden. Anakreonteen schreiben Metrophanes von Smyrna, Arsenios von Kerkyra (akzentuierend) und Konstantinos Sikeliotes (antikisierend). Anakreonteen und Epigramme (die allmählich zur Mode werden) verfassen Leon Magistros (Choirosphaktes; um 824–nach 919), der auch liturgische Dichtungen und außerdem einen etwa tausend Zwölfsilber umfassenden, noch unedierten Abriß der Theologie (Χιλιόστιχος θεολογία) hinterließ, und Kaiser Leon VI., der auch kirchlicher Dichter ist und ferner iambische Gedichte sowie sog. Krebsverse (Καρκίνοι) schreibt. Konstantinos Rhodios (870/80–931) verfaßt Epigramme und Spottgedichte auf Leon Choirosphaktes und Theodoros Paphlagon sowie eine Ekphrasis der sieben Wunder Konstantinopels und der von Justinian I. erbauten Apostelkirche in 981 Zwölfsilbern. Der bedeutendste Dichter der Zeit ist Ioannes Geometres (auch Kyriotes genannt, † um 990); er greift auf antike Vorbilder zurück und hinterläßt eine weite Palette von Dichtungen in eleganten iambischen und hexametrischen Versen über mythologische, kunsthistorische Themen und Tagesereignisse aller Art; auffallend für die Zeit ist seine Selbstironie.

Etwas Neues und Zukunftsweisendes sind vier Dichtungen mit weltlichen Stoffen im sog. *Stichos politikos* (eingebunden in ein Strophensystem mit siebensilbigem Refrain), die zu Beginn des 10. Jh.s am Hofe von Kaiser Leon VI. entstehen und in dem berühmten Codex Scylitzes Matritensis überliefert sind. Ihre Sprache ist schlicht und allgemein verständlich, ohne aber die gesprochene Volkssprache zu repräsentieren. Die Volkssprache finden wir in den Heldenliedern, die (ebenfalls in Fünfzehnsilbern) sehr wahrscheinlich jetzt entstehen und die Auseinandersetzungen der Byzantiner mit den Arabern an der Ostgrenze widerspiegeln. Es ist offenbar die Zeit der großen Heldengesänge, die man als 'akriteisch' bezeichnet, d. h. zum Umkreis des Epos von Digenes Akrites (*5.2.6*) zählt.

5.2.5 'Nachmakedonische' Zeit (1000–um 1080) Reaktion und Nachwirkung?

Obwohl in dieser Zeit noch meist Mitglieder der makedonischen Dynastie herrschen, ist hier die Bezeichnung 'nachmakedonisch' bewußt gewählt, da man die Literatur dieser Jahre einerseits als Reaktion auf die trockene Beschäftigung mit der Antike und den strengen Enzyklopädismus der eigentlichen makedonischen Zeit, andererseits als deren Nachwirkung begreifen kann. Es ist eine Zeit der Spannungen und Widersprüche, aber auch der literarischen Höhepunkte (vor allem in der Dichtung und Geschichtsschreibung), die man in der vorangegangenen Epoche vergeblich sucht.

Bereits um die Wende des 10. zum 11. Jh. tritt uns ein Dichter entgegen, dessen Werk zur Weltliteratur gehört, der Mystiker Symeon Neos Theologos (949–1022). Seine Hymnen stehen wie ein 'erratischer Block' außerhalb der vorgegebenen Formen orthodoxer Frömmigkeit, weit entfernt von Sprache und Metrik der antikisierenden Dichtung der Zeit; ihre in schlichter Sprache gehaltene Aussage (metrisch in Fünfzehn-, Zwölfsilbern und Anakreonteen) zeigt die unmittelbare Ergriffenheit eigener mystischer Erfahrung; in den mitgeteilten Erlebnissen und Visionen des Dichters liegt etwas Neues und Einmaliges. Dieser Ausbruch individuellen religiösen Erlebens nimmt sich wie eine Reaktion auf die ordnende und enzyklopädisch orientierte Sammeltätigkeit des 10. Jh.s aus.

In der 1. Hälfte des Jh.s wirkt einer der bedeutendsten byzantinischen Epigrammatiker, Christophoros Mytilenaios (1000–1050), dem 145 Gedichte sicher zugeschrieben werden können; hier verwendet er (seine liturgischen Dichtungen ausgenommen) antike Metra, Anakreonteen, zum größten Teil Iamben und Hexameter (diese sogar vielleicht als einziger im 11. Jh.). Er dichtet über religiöse (Verse für den Heiligenkalender) und weltliche Themen aller Art (mit oft persönlich gehaltenen Alltagsszenen); er beobachtet scharf und zeichnet sich durch eine schlichte Sprache sowie durch einen feinen, in der byzantinischen Dichtung nicht gerade häufigen Humor aus; alles Übungsmäßige, Artifizielle fehlt. Diese selbständige Dichterpersönlichkeit repräsentiert etwas Neues, auch wenn sie in Verstechnik und Stoffwahl in der Tradition eines Ioannes Geometres steht.

Ioannes Mauropus (um 1000–1075 oder 1081), Metropolit von Euchaita, ein maßvoller Prediger und einer der sympathischsten byzantinischen Dichter, schreibt sowohl liturgische (etwa 150 Kanones) als auch profane Dichtung (Epigramme und Gelegenheitsgedichte, durchweg in Zwölfsilbern, in deren Thematik er Christophoros Mytilenaios ähnelt). Aufschlußreich für seine Haltung gegenüber der Antike ist ein Epigramm, in dem er Christus bittet, Platon und Plutarch seine Gnade zu erweisen. Neue, nie gehörte Töne schlagen zwei Epigramme auf sein Haus an, in dem er ganz persönlich sein inniges Verhältnis zu diesem bekundet. Im Gegensatz zur bloßen 'Kodifizierung' des antiken Wissens im 10. Jh. versucht er, aus diesem für seine Zeitgenossen ein Wertsystem herauszudestillieren; er wird deswegen zu Recht als echter Humanist apostrophiert.

Auch sein Schüler, der Schriftsteller und Staatsmann Michael Psellos (1018–1079), die beherrschende Gestalt des Jh.s, betrachtet das antike Erbe als etwas durchaus Lebendiges, mit dem man sich auseinandersetzen muß; er hat dies in Bezug auf Platon, Aristoteles und den Neuplatonismus getan und versucht zu einem humanistischen Weltbild aus antiken und christlichen Elementen zu gelangen. Die Kirche wirft ihm daraufhin Unglauben vor und droht mit Exkommunikation, der er aber geschickt zu entgehen weiß. (Sein Schüler Ioannes Italos wurde allerdings 1082 als Häretiker verurteilt.) Psellos verkörpert im 11. Jh. den Gelehrtentypus des Polyhistor: Der Bogen seiner literarischen Produktion reicht von der Theologie (mit Hagiographie und liturgischer

Dichtung) über Philosophie, Naturwissenschaften, Philologie (mit Grammatik und Rhetorik), Musik, Geschichte und Literatur bis zur Jurisprudenz. Immer spricht er aus eigener Erfahrung; seine Epigrammatik zeichnet Schärfe des Ausdrucks aus, er begründet die Teilgattung des Lehrgedichts in Fünfzehnsilbern, seine große Leistung aber liegt in der Historiographie: In seiner Χρονογραφία, die den Zeitraum 976–1077 behandelt (wobei er nach alter historiographischer Tradition Leon Diakonos fortsetzt), verläßt er das übliche trockene chronologische Schema der Chronistik und bietet, nach Regierungszeiten der Kaiser geordnet, eine lebendige Darstellung (in einem zu Recht gerühmten unnachahmlich eleganten Stil) der inneren Geschichte der Zeit. Für die Kulturgeschichte der Zeit wichtig ist auch Psellos' umfangreiche Korrespondenz.

Im Stil archaisierend und manieriert hebt sich dagegen die Ἱστορία des Michael Attaleiates, der auf der Grundlage von Selbsterlebtem den Zeitraum 1034–1067 (später fortgesetzt bis 1097) behandelt, von seinen Vorgängern ab. Ioannes Skylitzes (2. Hälfte 11. Jh.) versteht sich mit seiner Σύνοψις ἱστοριῶν (um 1084) als Fortsetzer des Theophanes Confessor. Überraschend persönlich ist das Στρατηγικόν eines nicht identifizierten Kekaumenos vom Ende dieser Periode, in seiner Art singulär in der byzantinischen Literatur; es enthält militärisch-taktische und staatspolitische Ratschläge an den Sohn des Autors. So bereitet diese aufgeschlossen-aufklärerisch wirkende kurze Zeit den Boden vor für die Ende des Jh.s einsetzende Öffnung gegenüber fremden (östlichen) Kulturen und die Rezeption orientalischer Sagenstoffe; dies führt in die nächste Periode.

5.2.6 Das Zeitalter der Komnenen (1081–1204)
Klassizismus und Aufkommen der volkssprachlichen Literatur

Aus praktischen Gründen wird hier auch die Zeit der Angeloi (1185–1204) miteinbezogen. Die Komnenen sind nicht nur in der politisch-militärischen und wirtschaftlichen Geschichte der Zeit wichtig, sie geben auch in der Theologie und der Literatur den Ton an. Literarhistorisch führt eine direkte Linie von der 'makedonischen Zeit' über die 'nachmakedonische' des 11. Jh.s in die hier zu behandelnde Epoche, die antike Literatur kommentiert und, soweit möglich, interpretiert, antike Genera wiederaufnimmt und intensiv pflegt, in der sich zugleich aber auch volkstümliche und volkssprachliche Literatur entfalten und man sich fremden Kulturen gegenüber öffnet – insofern auch eine Zeit der Widersprüche. Hagiographie und (stärker) liturgische Dichtung werden vernachlässigt. Mit Theodoros Prodromos kommt der Typus des Berufsliteraten und Intellektuellen auf; der bereits im 11. Jh. mit Psellos erscheinende Typus des Polyhistors lebt fort (Ioannes Tzetzes).

Die Gattung der Geschichtsschreibung erreicht im Werk der hochgebildeten und ehrgeizigen Prinzessin Anna Komnene (1083–1153/4) einen neuen Höhepunkt; ihre 'Αλεξιάς, ein 'großes byzantinisches Prosa-Epos', das die Taten ihres Vaters Alexios' I. bis zu seinem Tod 1118 beschreibt, steht zwischen Geschichte und Enkomion, besitzt aber angesichts des reichen Quellenmaterials, das der Autorin durch Archive und mündliche Erzählungen von Augenzeugen zur Verfügung stand, hohen Wert. Annas Vorbilder sind Thukydides und Polybios, ihre Sprache ist attizistisch-puristisch (manchmal entschuldigt sie sich, wenn sie sich gezwungen sieht, einen Ausdruck aus der Volkssprache zu benutzen), die Darstellung ist erfrischend lebendig. Mit diesem historischen und literarischen Dokument des 12. Jh.s setzt Anna das unvollendet gebliebene Geschichtswerk ihres Gemahls Nikephoros Bryennios (1062– um 1137), Ὕλη ἱστορίας, fort, das die Zeit von 1070–1079 behandelt. Die *Alexias* ihrerseits wird durch die Ἐπιτομή des Ioannes Kinnamos (nach 1143–?) fortgesetzt, die die Zeit von 1118–1176 behandelt; Kinnamos' Stil ist archaisierend, der Quellenwert des Werkes hoch.

Dem bedeutendsten Chronisten der Zeit, Ioannes Zonaras, und seiner Ἐπιτομὴ ἱστοριῶν, in gehobener Koine geschrieben, verdanken wir reiches Quellenmaterial für die Zeit bis 1110. Konstantinos Manasses (1130–1187) ist Autor einer romanhaften Chronik (bis 1081) in Fünfzehnsilbern, und außerdem des Romans *Aristandros und Kallithea*, ebenfalls in Fünfzehnsilbern. Auch Michael Glykas' Chronik, eine Kompilation aus älteren Quellen mit eigenen Zusätzen, reicht bis 1118; sein Bittgedicht aus dem Kerker an Kaiser Manuel I. in Fünfzehnsilbern gehört zu den ältesten Denkmälern der volkssprachlichen Literatur (s. u.). Die Weltchronik des Georgios Kedrenos hat keinen besonderen Quellenwert; ihr zweiter Teil (811–1057) ist mit Skylitzes identisch.

Einem einzigen historischen Ereignis, der Eroberung Thessalonikes durch die Normannen (1185), ist der Augenzeugenbericht des Eustathios von Thessalonike (1115– 1195/6) gewidmet. Bekannt vor allem durch Kommentare und Interpretationen zu antiken Dichtern (Homer, Aristophanes, Pindar, Dionysios Periegetes; II 2.2.3), verfaßt er auch eine Reihe von Traktaten und Reden geistlichen und weltlichen Inhaltes, Briefe und Kanones und zeigt Interesse für die Volkssprache.

In der Rhetorik und geistlichen Beredsamkeit, die im 12. Jh. eine Hochblüte erlebten, haben sich viele Byzantiner hervorgetan; neben Eustathios sei hier nur Nikephoros Basilakes (1115–1182) genannt, von dem wir auch eine Schriftstellerautobiographie besitzen.

Ein einzigartiges Phänomen stellen die vier reinsprachlichen Liebesromane dar, die in der Tradition des kaiserlichen Romans stehen, und offenbar einem Bedürfnis der Gesellschaft des 12. Jh.s entsprechen: der Roman des K. Manasses (s. o.); Theodoros Prodromos (s. u.), *Rodanthe und Dosikles*, in 4605 byzantinischen Zwölfsilbern und 9 Hexametern; Niketas Eugenianos (nach dem Vorbild des Prodromos), *Drosilla und Charikles*, in 3557 Zwölfsilbern und 83 Hexametern; sowie Eustathios Makrembolites, *Hysmine und Hysminias* (der einzige Prosa-Roman). Die Autoren der spätantiken und der byzantinischen Romane bezeichnen ihre Werke als δρᾶμα bzw. δραματικόν; offenbar stellen sie eine Art Ersatz für das in beiden Epochen fehlende Theater dar. Die 'personae dramatis' sind zwar fiktiv, doch konnte die Forschung der letzten Jahre einige von ihnen mit existierenden Personen der Zeit identifizieren.

Unter dem Namen des Gregorios von Nazianz, kaum aber dem Kirchenvater zuzuschreiben und eher ins 12. Jh. zu datieren, ist das Passionsspiel Χριστὸς πάσχων überliefert, ein *cento* aus 2602 Trimetern, die großenteils antiken Tragödien (zu einem Drittel Euripides) entnommen sind.

Anonym (oder Theodoros Prodromos zuzuschreiben?) überliefert ist die Satire Τιμαρίων in Dialogform (nach der Art von Lukians *Nekyomantie*) gestaltet; auch hier bezieht sich der Text z. T. auf Personen und Verhältnisse der Zeit, die Handlung ist antichristlich. Die Κατομυομαχία ist eine in Trimetern abgefaßte beißend-ironische dramatische Parodie des schon erwähnten talentierten Hofpoeten, Rhetors, Theologen und Philosophen Theodoros Prodromos (1. Hälfte 12. Jh.); er ist einer der vielseitigsten Dichter der Zeit, neben Philologie und Theologie in den meisten Gattungen der Literatur tätig und beherrscht sowohl die antiken prosodischen Verse als auch den (akzentuierenden) Fünfzehnsilber; genannt seien seine *Historischen Gedichte* (in den wichtigsten Versformen), zahlreiche Epigramme (in Zwölfsilbern und elegischen Distichen) auf die Haupterzählungen des *Alten* und *Neuen Testaments*, satirische Gedichte und Dialoge im Stil Lukians u. a. m. Strittig ist, inwieweit unser Autor mit 'Ptochoprodromos' bzw. dem Autor der volkssprachlichen sog. *Ptochoprodromika* (s. u.) identisch ist.

Ähnlich vielfältig, aber eher Versifikator als Dichter ist der Polyhistor Ioannes Tzetzes (1110–1185), bekannt durch zahlreiche Lehrgedichte auf antike Autoren (Homer, Hesiod, Aristophanes, Lykophron, Oppian, Nikandros, Hermogenes, Porphyrios). Wie Psellos verwendet Tzetzes den Fünfzehnsilber; literaturhistorisch interessant sind seine oft schwierigen Briefe, zu deren besserem Verständnis er die Ἱστορίαι (= *Chiliades*), in 12674 politischen Versen verfaßte; diesem Werk verdanken wir zum großen Teil die Kenntnis des Hipponax (*IV 1.3.2*).

Um die Wende des 11. zum 12. Jh. begegnen uns in Konstantinopel die begabten Dichter Nikolaos Kallikles, der in der Tradition des Christophoros Mytilenaios Gelegenheitsgedichte und Epigramme schrieb, sowie Philippos Monotropos (Solitarius), Autor der Διόπτρα (Streitgespräch zwischen Leib und Seele in Fünfzehnsilbern), der er später die Κλαυθμοί (Klage) voranstellte, eine Paränese an die Seele. Erzeugnisse der byzantinischen 'Provinz' sind das kunstvolle Abdankungsgedicht in 1057 Zwölfsilbern des Nikolaos III. Muzalon, damals Erzbischof von Zypern, und 24 Epigramme des Eugenius von Palermo in griechischer Sprache.

Der Weg von der klassizistischen zu der parallel zu ihr entstehenden volkssprachlichen Literatur führt über zwei Werke der volkstümlichen Literatur, Übersetzungen bzw. Adaptionen orientalischer Vorlagen in Prosa und schlichter Hochsprache vom Ende des 11. Jh.s: Der *Syntipas-Roman* ist eine von Michael Andreopulos auf Grund der syrischen Übersetzung vorgenommene Bearbeitung des Sindbad-Sagenkreises (von hier aus ist dieser Stoff u. a. ins *Decamerone* des Boccaccio übergegangen); auch Fragmente einer älteren Übersetzung haben sich erhalten. Die Erzählung Στεφανίτης καὶ Ἰχνηλάτης ist eine von Symeon Seth im Auftrag Alexios' I. angefertigte Übersetzung aus dem Arabischen des Werkes *Kalilah va Dimnah*, das seinerseits auf das Sanskrit-Werk *Pañcatantra* zurückgeht. Beide Werke wollen ein breites Publikum unterhalten; die Sprache bleibt in der Nähe der klassizistischen Literatur.

Mit z. T. namentlich, z. T. anonym überlieferten Dichtungen in Fünfzehnsilbern hat die volkssprachliche Literatur im 12. Jh. ihr 'Debüt'; dazu gehören: 1. das Corpus der sog. *Ptochoprodromika* (unter dem Namen des Theodoros Prodromos, Ptochoprodromos), vier Gedichte meist autobiographischen und zeit- bzw. sozialkritischen Inhalts; der Dichter beschreibt seine Erfahrungen als Ehemann, Mönch im Kloster, verarmter Lehrer. Ptochoprodromos ist dann zum Sammelbegriff für den Betteldichter geworden. Die Gedichte sind z. T. in mehreren, stark voneinander abweichenden Versionen erhalten, was vielleicht mit ihrer Überlieferung (mündlich) zusammenhängt. 2. Das paränetische Gedicht Σπανέας stammt von einem Alexios (ältester Sohn des Kaisers Ioannes II. Komnenos) und ist ebenfalls in verschiedenen Versionen überliefert. 3. Vom Kerkergedicht des Michael Glykas war bereits die Rede; seine uneinheitliche Sprache enthält volkssprachliche Elemente. 4. Schließlich gehört sehr wahrscheinlich in das 12. Jh. das anonym und ebenfalls in mehreren, sowohl sprachlich als auch inhaltlich voneinander divergierenden, Versionen überlieferte byzantinische Epos des *Digenes Akrites*. Der Name des Helden verweist einerseits auf seine Herkunft aus zwei 'Geschlechtern' *(Digenes)*, zwei Glaubens- und Kultursphären, andererseits auf die byzantinische Einrichtung des Grenzsoldaten, *miles limitaneus* (*Akrites* aus ἄκραι = Grenze). Das Gedicht spiegelt (wie die epischen Lieder, 5.2.4) die Grenzkämpfe der Byzantiner gegen die Araber wider. Die Frage, welche Version die ursprüngliche ist, beschäftigt noch die Forschung; viel spricht für die volkssprachliche Version, auf die der Text des cod. Escorialensis (15. Jh.) zurückgeht. Das Digenes-Epos und die epischen Lieder sind die bedeutendste Leistung der Byzantiner auf dem Gebiet der Volksliteratur; beide wirken in der griechischen Volks- und Kunstdichtung bis heute nach.

5.2.7 Die Zeit der byzantinischen 'Nachfolgestaaten' (1204–1261) Literatur in der Isolation?

Von den Staaten, die nach der Einnahme Konstantinopels durch die Kreuzfahrer auf dem früheren byzantinischen Territorium entstanden sind, fühlt sich das Kaiserreich von Nikaia (begründet von Kaiser Theodoros I. Laskaris) zu Recht als der eigentliche Nachfolgestaat des byzantinischen Reiches; die Familie Laskaris hat bis zur Restauration geherrscht.

Hier leben und wirken einige Gelehrte und Schriftsteller klassizistischen Gepräges: Niketas Choniates (1115/7–1217), der prominenteste 'Flüchtling', behandelt in seiner Χρονικὴ διήγησις im Anschluß an Anna Komnene die Zeit von 1118–1206; er erlebte die Verfälschung des Kreuzzugsgedankens und die Einnahme Konstantinopels durch die Kreuzfahrer, und aus den letzten Worten seiner Geschichte sprechen Resignation und Verachtung der 'Barbaren'. Zu seinen Quellen gehören frühere historische Werke und mündliche Berichte; Teile seiner Darstellung beruhen auf Autopsie. Die Mimesis auf allen Ebenen ist bemerkenswert (man hat von einem «überzüchteten Zitieren» gesprochen); das Werk erlangt hohen literarischen Rang. Niketas hat außerdem Reden, Briefe, ein Gedicht und das unter dem Namen Θησαυρὸς ὀρθοδοξίας bekannte Werk hinterlassen, eine 'Panoplia' in der Art des Zigabenos. Georgios Akropolites (1217–1282) setzt mit seiner Χρονικὴ συγγραφή Niketas' Werk fort;

er behandelt die Ereignisse von 1203–1261 und ist somit der Historiker des byzantinischen Reststaates von Nikaia. Er huldigt mit Besonnenheit der Mimesis, seine Darstellung ist klar und gilt als verläßlich; er hat auch Gedichte hinterlassen. Von Nikephoros Blemmydes (1217–1272) besitzen wir neben verschiedenen Werken zur Philosophie eine Autobiographie, in die Elemente der Hagiographie eingegangen sind, und einen Fürstenspiegel, Βασιλικὸς ἀνδριάς, den er für seinen Schüler, den späteren Kaiser Theodoros II. Dukas Laskaris (1254–1258) schrieb; dieser war ebenfalls literarisch tätig und hat neben theologischen Werken Reden, Enkomien und Kanones auf die Gottesmutter geschrieben.

Auch einige Namen aus der Provinz seien ewähnt: Michael Choniates (1158–1222; *II 2.2.3*), Bruder des Niketas und Schüler des Eustathios von Thessalonike, ehemals Erzbischof von Athen, lebte nach 1204 in Emigration auf der Insel Keos; er schrieb Katechesen, Epitaphien, Reden und zahlreiche, historisch interessante Briefe (alles in elegantem Stil), und einige Gedichte; ihn interessieren auf die künstlerische Kreativität bezogene Probleme. Demetrios Chomatenos (Mitte 12. Jh.–um 1236), u. a. Bischof von Ochrid, hinterließ außer kanonischen Schriften kulturgeschichtlich wertvolle Briefe, die Vita und Akoluthie des hl. Klemens, auf den er auch Kanones verfaßte. In Süditalien schrieben die Dichter Ioannes Grassos, Ioannes und Nikolaos von Otranto und Georgios von Kallipolis zur Zeit des Stauferkaisers Friedrich II. Epigramme.

5.2.8 Die Palaiologenzeit (1261–1453)
Neuer Umgang mit der antiken Tradition; Emanzipation der volkssprachlichen Dichtung und erneute Umstrukturierung der Genera

Die Palaiologen wußten, daß sie mit der Rückeroberung Konstantinopels keinen gesunden Organismus übernahmen; der Verfall hatte bereits mit der Restauration begonnen. Der Ursachen waren viele, vor allem die aufkommende türkische Großmacht im Osten und der Katholizismus im Westen. Die Lage zwang die ganze Führungsschicht zu einer neuen Sicht der Dinge, und so sind für die Zeit und ihre Literatur die Neigung zur Reflexion und Skepsis bezeichnend, in der Geschichtsschreibung (s. u.) ebenso wie in der Essayistik (*Hypomnematismoi*) des Theodoros Metochites (*II 2.3.1*), ferner in den theologischen Auseinandersetzungen zwischen Anhängern (Gregorios Palamas u. a.) und Gegnern (Barlaam u. a.) des Hesychasmus (einer neuen Form der östlichen Mystik) und zwischen den Befürwortern und Gegnern der Union mit der Kirche des Westens, die hier aus Raumgründen nicht weiter verfolgt werden können.

Die Literatur dieser Zeit umfaßt folgende drei Bereiche: 1. Die in der vorangehenden Epoche vernachlässigte Hagiographie (Gregorios Kyprios) und die liturgische Dichtung (Ioannes und Markos Eugenikos) erwachen zu neuem Leben, ohne allerdings frühere Leistungen zu erreichen oder viel Neues zu bieten. 2. Der Umgang mit dem antiken Erbe nimmt neue Formen an; die philologische Beschäftigung mit ihm erreicht einen hohen Grad an Wissenschaftlichkeit (vgl. die Texteditionen des Planudes, Moschopulos, Thomas Magistros, Triklinios; *II 2.3.1*). Im Bereich der Mimesis ist die Haltung gegenüber der antiken Literatur zwiespältig: Für Metochites (1270/1–1332) ist die klassische Literatur nach wie vor Maßstab und verbindliches Vorbild (vgl. seine hexametrischen Gedichte); doch erwächst aus dem Bewußtsein ihrer Unerreichbarkeit das Gefühl persönlichen Unvermögens, und es entstehen erste Zweifel an ihrer absoluten Gültigkeit angesichts einer als Krise empfundenen Gegenwart. Uneingeschränkt positiv gegenüber der Antike dagegen ist die Haltung des Philosophen Georgios Gemistos Plethon (1355–1451; *II 2.3.2*); er erhofft sich von einer Wiederherstellung der altgriechischen Religion die Lösung für die Probleme der Zeit und die Rettung des Reiches. Das führt zu einer heftigen Reaktion des gelehrten Patriarchen Gennadios II. Scholarios, der das Hauptwerk Plethons, die Νόμων συγγραφή verbrennen läßt (nur Fragmente sind erhalten). 3. Ungebrochen und naiv ist der Umgang mit der Antike, vornehmlich mit dem antiken Erzählgut (trojanischer Sagenkreis), in der volkssprachlichen Literatur, die im 13./14. Jh. eine stürmische Entwicklung erlebt; als Möglichkeit seit langem angelegt und sich hier und da manifestierend, bedarf sie in dieser Zeit des Umbruchs nur weniger Anregungen und Anstöße, um sich von der Hochsprache und dem 'philologischen' Einschlag der klassizistischen Literatur sowie vom Dogma der Kirche zu emanzipieren: Antike, orientalische und westliche Stoffe und Vorbilder trugen dazu bei. Es entstehen neue Literaturgattungen, fast ausschließlich Versdichtungen (zum größten Teil in Fünfzehnsilbern), die fast alle anonym überliefert sind. Vergleicht man die klassizistische und die parallel zu ihr entstehende volkssprachliche Literatur, gewinnt man den Eindruck, daß die Leistungen der ersten eher in der Prosa liegen, die der zweiten in der Dichtung; damit gewinnt die volkssprachliche innerhalb der sog. 'Schönen Literatur' an Gewicht.

Auch die Geschichtsschreibung geht neue Wege. Georgios Pachymeres (1242–1310) schlägt schon im Prooimion seiner Συγγραφικαὶ ἱστορίαι (Darstellung der Zeit von 1260–1308) pessimistische Töne an: Die Tyche spielt bei ihm an Stelle der göttlichen Vorsehung eine wichtige Rolle; in Sprache (archaisierend) und Stil folgt er antiken Vorbildern; von ihm besitzen wir außer Prosaschriften einige autobiographische Hexameter. Nikephoros Gregoras (1290/1–1360) sieht noch das Göttliche in der Geschichte wirken; bei der Form seiner Ἱστορία Ῥωμαϊκή (zur Zeit von 1204–1359) fühlt er sich dem Gesetz der Mimesis verpflichtet, in ihrem Inhalt der Idee der Reichsgeschichte. Dagegen sind die Ἱστορίαι (zu den Jahren 1320–1356) des Kaisers Ioannes VI. Kantakuzenos (1347–1354) eher als eine Parteischrift zu betrachten, die die Taten ihres Autors rechtfertigen soll. Den endgültigen Verfall des Reiches und die Einnahme Konstantinopels miterlebt haben folgende Historiker, die die Ereignisse jeder von seiner Warte schildern: Laonikos Chalkokondyles (1423/30–1490) stellt die Türken in den Mittelpunkt seiner Ἀποδείξεις ἱστοριῶν (in archaisierender Sprache, Vorbilder: Herodot und Thukydides) und erkennt ihren historischen Legitimitätsanspruch an, etwas ganz Neues in der byzantinischen Geschichtsschreibung. Dukas (um 1401–um 1470) zieht für seine ohne Titel überlieferte Chronik (bis 1462) die Umgangssprache vor, verwendet aber ausgiebig antike mythologische Exempla; er vertritt die abendländische türkenfeindliche Einstellung. Georgios Sphrantzes (1401–1478) richtet sich gegen das christliche Abendland, das seine Hilfe versagt hat; sein Werk ist in zwei Formen überliefert: Das *Chronicon maius* (in Hochsprache) behandelt die Zeit von 1258–1478, das *Chr. minus* (in Volkssprache) die Jahre 1413–1478. Michael Kritobulos (nach 1400–1470) verherrlicht in seinen Ἱστορίαι (zu den Ereignissen von 1451–1467) die Leistungen des Eroberersultans Mehmed II., dessen Sekretär er gewesen ist; in Sprache und Stil ist er wiederum Thukydides verpflichtet.

Auf die Essayistik, die sich in dieser Zeit als die adäquate Form der Äußerung erweist, wurde bereits hingewiesen. In die Zeit paßt aber auch die Autobiographie, die sich jetzt besonderer Beliebtheit erfreut und seit ihrer Wiederentdeckung im 11. Jh. in der Palaiologenzeit einen Höhepunkt erlebt, wie die Schriftstellerbiographien des Gregorios II. Kyprios (1241–nach 1289)und Joseph Rhakendytes (um 1270–1330) sowie auffallend zahlreiche in anderen Literaturgattungen enthaltene biographische Äußerungen bezeugen. Von anderer Qualität ist der kritisch-satirische Dialog Ἐπιδημία Μάζαρι ἐν Ἅιδου (*Die Hadesfahrt des Mazaris*), eine Imitation der *Nekyomantie* Lukians aus dem beginnenden 15. Jh.; wegen seiner Verwandtschaft mit der Betteldichtung einerseits und seiner vielen umgangssprachlichen Elemente andererseits steht dieser Dialog der volkssprachlichen Literatur der Zeit nahe.

Der Liebesroman in der Volkssprache erlebt im 14./15. Jh. in neuer Form und mit neuem Inhalt, in dem griechische, orientalische und westliche Motive eine bunte Mischung bilden, eine beachtenswerte Blüte: Aus lauter 'Lust am Fabulieren' entstehen jetzt fünf Ritterromane, in Fünfzehnsilbern und bis auf einen anonym überliefert: als Titel tragen sie die Namen des Liebespaares, dessen Abenteuer sie erzählen: Der älteste, Καλλίμαχος καὶ Χρυσορρόη, mit vielen Märchenzügen, stammt möglicherweise von einem Mitglied der Palaiologenfamilie und bildet gleichsam das Bindeglied zwischen dem Roman der Komnenenzeit und dem der Palaiologenzeit; Βέλθανδρος καὶ Χρυσάντζα sowie Λίβυστρος καὶ Ῥοδάμνη zeigen neben den byzantinischen auch westliche (der zweite auch orientalische) Elemente; Ἰμπέριος καὶ Μαργαρώνα überträgt den altfranzösischen Sagenstoff von *Pierre de Provence et la belle Maguellone* in griechisches Milieu; Φλώριος καὶ Πλατζιαφλώρα (mit griechischen und orientalischen Elementen) geht auf ein toskanisches *Cantare di Fiorio e Biancifiore* zurück. Hinzu kommen die Bearbeitung des zur Weltliteratur des Mittelalters gehörenden *Apollonios-Romans* (möglicherweise ein 'Rückwanderer'), die Bearbeitungen des *Alexanderromans* und die vier Versionen des *Belisarliedes* (eher eine Paränese); den Stoff der Ἰλιάς (in 8000 trochäischen Versen) des Konstantinos Hermoniakos und der in zwei Versionen überlieferten Ἀχιλληΐς, deren Achilleus im Kreis von fränkischen Rittern erscheint, liefert der trojanische Sagenkreis; dazu gehört auch der Πόλεμος τῆς Τρωάδος, eine Übersetzung in 14401 Fünfzehnsilbern des Troja-Romans von Benoit de Ste. Maure.

Besonderer Beliebtheit im Volk erfreuten sich satirische Poesien und gesellschaftskritische Tiergeschichten: Γαδάρου, λύκου καὶ ἀλουποῦς διήγησις ὡραία (*Schöne Geschichte von Esel, Wolf und Fuchs*), Συναξάριον τοῦ τιμημένου γαδάρου

(*Die Legende vom ehrbaren Esel*), Διήγησις παιδιόφραστος (oder πεζόφραστος) τῶν τετραπόδων ζώων (*Vierfüßlergeschichte*), Πουλολόγος (*Vogelbuch*), Ὀψαρολόγος (*Fischbuch*). In diesem Zusammenhang sind auch die Διήγησις τοῦ Πωρικολόγου (*Obstbuch*) sowie der gereimte *Physiologos* (mit moralischer Deutung; die Sprache weist Elemente der Volkssprache und der Koine der Originale auf) zu erwähnen.

Von bemerkenswerter Originalität und Frische ist die Liebespoesie, die im 14./15. Jh. wahrscheinlich auf Rhodos entsteht. Die Ἐρωτοπαίγνια (*Liebesspiele*) umfassen verschiedene Gedichte: ein Liebesalphabet, Disticha, Hekatologa (= 'Hundert Worte') u. a. Sie gehören zum Kostbarsten der byzantinischen volkssprachlichen Dichtung und sind etwas Neues, das in der neuzeitlichen griechischen Liebespoesie Fortsetzung findet. Wir befinden uns bereits im 'Anbruch der Neuzeit'.

5.3 Bibliographie

Einführungen: P. Schreiner, *Byzanz* (München [2]1994, mit Grundbibliographie: 175–220).

Handbücher: K. Krumbacher, *Geschichte der byzantinischen Litteratur* (München [2]1897); H. G. Beck, *Kirche und theologische Literatur im byzantinischen Reich* (München 1959); ders., *Geschichte der byzantinischen Volksliteratur* (München 1971); H. Hunger, *Die hochsprachliche profane Literatur der Byzantiner*, 2 Bde (München 1978); G. Moravcsik, *Byzantinoturcica I. Die byzantinischen Quellen der Geschichte der Türkvölker* (Berlin [2]1958); G. Podskalsky, *Theologie und Philosophie in Byzanz* (München 1977); G. Ostrogorsky, *Geschichte des byzantinischen Staates* (München [3]1963).

Nachschlagewerke: W. Buchwald – A. Hohlweg – O. Prinz, *Tusculum-Lexikon griechischer u. lateinischer Autoren des Altertums und des Mittelalters* (München [3]1982); A. P. Kazhdan u. a. (Hrgg.), *The Oxford Dictionary of Byzantium*, 3 Bde (New York–Oxford 1991).

Lexika: Ch. Du Cange, *Glossarium ad scriptores mediae et infimae Graecitatis* (Lyon 1688, ND Graz 1958); E. A. Sophocles, *Greek lexicon of the Roman and Byzantine Periods* (Cambridge, Mass. 1887, ND o. J.); D. Demetrakos, *Μέγα λεξικὸν τῆς Ἑλληνικῆς γλώσσης* (Athen 1936, ND o. J.); G. W. H. Lampe, *A Patristic Greek Lexicon* (Oxford 1961–1968); E. Kriaras, *Λεξικὸ τῆς μεσαιωνικῆς ἑλληνικῆς δημώδους γραμματείας* (Thessalonike 1968ff.); E. Trapp u. a., *Lexikon zur byzantinischen Gräzität* (Wien 1994ff.).

Texteditionen: Für Einzelausgaben der Autoren sei auf die Nachschlagewerke verwiesen; hier nur die großen Editionsreihen und wichtigsten Textsammlungen: *Corpus Scriptorum Historiae Byzantinae*, 50 Bde (Bonn 1828–1897; *CSHB*); *Corpus Fontium Historiae Byzantinae*, bisher 35 Bde (erscheint seit 1967ff. in verschiedenen Ländern; *CFHB*); J.-P. Migne (Hrg.), *Patrologiae cursus completus. Series graeca*, 161 Bde (Paris 1857ff.; *PG*); *Sources Chrétiennes* (Paris 1942ff.; *SC*); W. Christ – M. Paranikas, *Anthologia Graeca carminum christianorum* (Leipzig 1871, ND 1963); R. Cantarella, *Poeti bizantini I–II* (Mailand 1948, [2]1992); É. Legrand, *Bibliothèque grecque vulgaire*, 10 Bde (Paris 1880–1913); W. Wagner, *Carmina graeca medii aevi* (Leipzig 1874); E. Kriaras, *Βυζαντινὰ ἱππoτικὰ μυθιστορήματα* (Athen 1955).

Übergreifende Darstellungen, Monographien und Aufsätze (Werke in Auswahl, die die vorstehenden Ausführungen ergänzen): H. G. Beck, *Das byzantinische Jahrtausend* (München 1988); ders., «Das literarische Schaffen der Byzantiner. Wege zu seinem Verständnis», *SB Österr. Ak. Wiss., Phil.-hist. Kl. 294, Bd. 4, Abh.* (Wien 1974);

R. Browning, «The Language of Byzantine Literature», in: Sp. Vryonis (Hrg.), *The 'Past' of Medieval and Modern Greek Culture* (Malibu 1978) 103–134; H. Hunger, *Das Reich der Neuen Mitte* (Graz 1965); ders., «Stilebenen in der Geschichtsschreibung des 12. Jh.s: Anna Komnene und Michael Glykas», *Byz. Stud. / Ét. Byz.* 5 (1978) 139–170; R. J. H. Jenkins, «The Hellenistic Origins of Byzantine Literature», *DOP* 17 (1963) 37–52; A. Kazhdan, «Der Mensch in der byzantinischen Literaturgeschichte», *JÖByz* 28 (1979) 1–21; ders., *Studies on Byzantine Literature of the Eleventh and Twelfth Centuries* (Cambridge 1984); P. Lemerle, *Le premier humanisme byzantin. Notes et remarques sur enseignement et culture à Byzance des origines au Xe siècle* (Paris 1971; engl. erweiterte Übers. Canberra 1986); C. Mango, *Byzantine Literature as a distorting mirror* (Oxford 1975); P. Speck, «Ikonoklasmus und die Anfänge der Makedonischen Renaissance», in: *Varia I* (= *ΠΟΙΚΙΛΑ BYZANTINA* 4, Bonn 1984) 175–210; I. Ševčenko, «Levels of style in Byzantine prose», *JÖByz* 31,1 (1981) 289–312; ders., «The Palaeologan Renaissance», in: W. Treadgold (Hrg.), *Renaissances before the Renaissance* (Stanford 1984) 144–171; W. Treadgold, «The Macedonian Renaissance», ebd. 75–98.

Zeitschriften (Abkürzungen in Klammern): *Byzantinische Zeitschrift* (*ByzZ*, Leipzig 1892 ff.; mit Bibliographie); *Byzantinoslavica* (*ByzSlav*, Prag 1929 ff.; mit Bibliographie); *Byzantion* (Brüssel 1924 ff.); *Dumbarton Oaks Papers* (*DOP*, Washington 1973 ff.); *Epeteris Etaireias Byzantinon Spudon* (*EEBS*, Athen 1924 ff.); *Jahrbuch der Österreichischen Byzantinistik* (*JÖByz*, Wien 1969 ff.); *Revue des Études Byzantines* (*REByz*, Paris 1941 ff.); *Rivista di Studi Bizantini e Neoellenici* (*RSBN*, Rom 1964 ff.); *Vizantiskij Vremennik* (*Viz. Vrem.*, St.-Petersburg – Moskau 1894 ff.).

6 Griechische Metrik

RICHARD KANNICHT

Metrische Zeichen und Abkürzungen

–	Länge/Longum (*elementum longum*)	‖‖	Strophenende
∪	Kürze/Breve (*elementum breve*)	⊗	Gedichtanfang oder -ende
×	Anceps (*elementum anceps*): Länge oder Kürze	::	Personen- oder Sprecherwechsel
∪̱	Länge häufiger als Kürze	*an*	Anapäst, anapästisches Metron: ∪∪ – ∪∪ –
∪̄	Kürze häufiger als Länge	*ba*	Baccheus: ∪ – –
∪∪	Doppelkürze, für die Länge eintreten kann	*cho*	Choriambus: – ∪∪ –
		cr	Creticus: – ∪ –
∪∪	Länge, für die Doppelkürze eintreten kann	*da*	Dactylus: – ∪∪
		dim	Dimeter
∪∪	in (z. B.) × ∪∪ ∪ –: geteiltes (aufgelöstes) Longum	*do*	Dochmius: ∪̄ – – ∪ –
		hex	Hexameter
^	Λ(εῖμμα): Verkürzung um ein Element: Vorn 'Akephalie', hinten 'Katalexe'	*ia*	Iambus, iambisches Metron: × – ∪ –
		ion	Ionicus: ∪∪ – –
|	gefordertes/regelmäßiges Wortende	*ith*	Ithyphallicus: – ∪ – ∪ – –
⋮	erstrebtes, mehr oder weniger häufiges Wortende	*lec*	Lekythion: – ∪ – ∪̄ – ∪ –
		sp	Spondeus: – – (– –)
⋮∪⋮ oder ⋮–∪⋮	Wechselschnitte: gefordertes/regelmäßiges Wortende vor oder hinter ∪ bzw. – ∪	*tetr*	Tetrameter
		trim	Trimeter
⌒, ∪∪	Brücken: Wortende zwischen den Elementen gemieden/verboten	*tro*	Trochäus, trochäisches Metron: – ∪ – ×
‖	Vers- oder Periodenende		

Für die D- und E-Glieder der Daktyloepitriten und die äolischen Kola *gl* (Glyconeus) usw. siehe 6.5.2.

In Stellenangaben beziehen sich bloße Zahlen auf folgende Ausgaben: M. L. West, *Iambi et Elegi Graeci* (²1989/92); D. L. Page, *Poetae Melici Graeci* (*PMG*) (1962) und *Supplementum* (S) *Lyricis Graecis* (1974) bzw. *Poetarum Melicorum Graecorum Fragmenta* (*PMGF*) I (Alcm. Stesich. Ibyc.), post D. L. Page ed. M. Davies (1991); E. Lobel et D. L. Page, *Poetarum Lesbiorum Fragmenta* (1955) und Eva-Maria Voigt, *Sappho et Alcaeus. Fragmenta* (1971).

6.1 Gegenstand und Geschichte der griechischen Metrik

Gorgias (*Hel.* 9) definiert ποίησις als Rede, deren Rhythmus metrisch gebunden und in Versmaßen geregelt ist (λόγος μέτρον ἔχων). Gegenstand der Metrik als philologischer Disziplin ist danach die μετρικὴ τέχνη als Verskunst der griechischen Poesie: die systematische Beschreibung und historische Darstellung, nach Möglichkeit auch die ästhetische Interpretation ihrer metrischen Bauformen. Die folgende Einführung konzentriert sich auf die Verskunst der archaischen und klassischen Poesie.

Die Geschichte der Metrik beginnt im ptolemäischen Alexandria mit der editorischen Maßnahme der Philologen, die im 4. Jh. v. Chr. vielfach noch ungegliedert wie Prosa geschriebenen Texte der Melik in ihren Ausgaben in wiederkehrende, vertraute, überschaubare Versglieder (κῶλα) von etwa dimetrischem Umfang abzuteilen und sie so als metrisch strukturierte und strophisch organisierte Liedtexte praktisch lesbar und philologisch kontrollierbar zu machen. Die alexandrinische Gliederung der Lieder Pindars und des attischen Dramas hat sich über Papyri und Handschriften bis in die Drucke des 18. Jh. nahezu unverändert erhalten.

Ob die ptolemäischen Philologen bereits einer bestimmten Theorie gefolgt sind, ist nicht bekannt. Die Metrik Heliodors (1. Jh. n. Chr.) und Hephaistions von Alexandria (2. Jh.) ist von der älteren Rhythmik beeinflußt (namentlich in der Reduktion der Verse und Kola auf 'Fuß' [πούς] oder 'Schritt' [βάσις]). Ihre metrische Arbeit hat sich in unserer z. T. problematischen Terminologie niedergeschlagen; in der metrischen Behandlung der Liedtexte ist sie über eine sterile Kolometrie, d. h. die schematische Messung und Zerlegung der in den Ausgaben abgeteilten Kola, nicht hinausgekommen.

Für die voralexandrinischen Texte vgl. den Timotheospapyrus Pack[2] 1537 (*PMG* 791) oder die Inschrift des Isyllos *IG* IV[2] 1, 128 E (*CA* p. 133–6), für die alexandrinischen den Bakchylidespapyrus Pack[2] 175 in Snell-Maehlers Teubnerausgabe; R. Pfeiffer, *Gesch. d. Kl. Phil.* ([2]1978) 229–34 und G. Zuntz, *An Inquiry into the Transmission of the Plays of Eur.* (Cambridge 1965) 27–35. – Hephaestionis *Enchiridion* ed. M. Consbruch (Leipzig 1906); J. M. van Ophuijsen, *Hephaistion on Metre,* Mnemosyne Suppl. 100 (1987); J. Irigoin, *Les scholies métriques de Pindare* (Paris 1958).

Die moderne griechische Metrik ist nach den Vorarbeiten von R. Porson, G. Hermann, A. Böckh und ihren Schülern maßgeblich von Wilamowitz, Paul Maas, Bruno Snell und nunmehr Martin West entwickelt und ausgearbeitet worden. Ihre Arbeiten liegen weitgehend auch dieser Skizze zugrunde und sind stets für alles Weitere heranzuziehen.

U. v. Wilamowitz-Moellendorff, *Griechische Verskunst* (Berlin 1921); P. Maas, *Griechische Metrik* (Berlin 1923 [Gercke-Norden, *Einleitung in die Altertumswissenschaft* I 7]), mit den addenda et corrigenda 1927/1929/1961 *Greek Metre,* transl. by H. Lloyd-Jones (Oxford 1962); B. Snell, *Griechische Metrik* (Göttingen [4]1982); M. L. West, *Greek Metre* (Oxford 1982) – hierzu M. Haslam, *CPh* 81 (1986) 90–5 – und *Introduction to Greek Metre* (Oxford 1987). – Weiteres bei Snell 1–2; die von C. M. J. Sicking vorgelegte *Griechische Verslehre* (München 1993 [*HbAW* II 4]) versucht die Metrik methodisch und terminologisch durch eine neu gefaßte Rhythmik zu überwinden; vgl. M. L. West, *GGA* 246 (1994) 183–97.

6.2 Die prosodischen Grundlagen der griechischen Metrik

6.2.1 Quantitierender Rhythmus und musikalischer Akzent

Während die germanischen Sprachen ihren Rhythmus mit dynamischem Akzent durch den Wechsel von betónten und únbetónten Silben erzeugen, hat das Altgriechische seinen Rhythmus unabhängig von seinem musikalischen Wortakzent quantitierend durch den Wechsel von langen und kurzen Silben erzeugt. Dieser von den antiken Quellen eindeutig bezeugte Sachverhalt ist in seiner Bedeutung erst von Fr. Nietzsche (1871) verstanden und der Metrik erst von P. Maas (1923) zugrundegelegt worden. Zumindest in der Theorie waren damit der Bentley'sche 'Iktus' als die Längen dynamisch markierender Versakzent (ὠ κοίνον αὐτάδέλφον Ἰσμηνής κάρα Soph. *Ant.* 1) überwunden und die überlieferten Wortakzente als musikalische Betonungszeichen (eben als *ac-centus* = προσ-ῳδίαι, LSJ s.v. II) rehabilitiert. In der Praxis des Lesens ist mit einiger Übung zwischen dem theoretisch Verstandenen und unserer dynamisch akzentuierenden Sprache ein Kompromiß erreichbar, der die griechischen Verse einigermaßen analog zum Klingen bringt.

Zur «Theorie der quantitierenden Rhythmik» Fr. Nietzsche, *Philologica II* (*Nietzsches Werke*, GA Bd. XVIII 3. Abt.) ed. O. Crusius (Leipzig 1912) 283ff., zusammenfassend 335–6; zu «Bentley's *schediasma 'de metris Terentianis'* and the modern doctrine of ictus in classical verse» E. Kapp, *Mnemosyne* III 9 (1941) 187–94 (= *Ausgew. Schr.* [1968] 311–17); zur praktischen Frage «Wie spricht man griechische Verse?» G. Zuntz, *Drei Kapitel zur griechischen Metrik*, SB Wien 443 (1984) 5–27.

6.2.2 Längen und Kürzen

Die metrische Regelung des natürlichen Sprachrhythmus führte auf Sequenzen, in denen feste Längen mit Kürze bzw. Anceps oder Doppelkürze alternieren (... – ∪ – × – ∪ – ... / ... – ∪ ∪ – ∪ ∪ – ... / ... – ∪ ∪ – × – ∪ – ...). Die stabilen Träger des Rhythmus waren dabei stets die festen Längen (für die Rhythmiker die θέσεις, für West die *[loci] principes*, für Sicking die «markierten Elemente»). Die sprachliche Grundlage der Metrik ist daher die Prosodie der Silben.

Nach griechischer Auffassung (Dion. Hal. *Comp.* 15) sind die 'Vokale' (τὰ φωνήεντα) die 'tönende' Substanz der Silben. Die langen Vokale (η und ω, ᾱ, ῑ und ῡ) sowie die Diphthonge bilden lange Silben, die kurzen Vokale (ε und ο, ᾰ, ῐ und ῠ) kurze Silben: μῆ–νῐ–νᾰ–ει–δε θε–ᾱ ... Schließen jedoch kurze Silben konsonantisch und lautet die folgende Silbe konsonantisch an, so werden sie durch den Zeitaufwand für die Artikulation der Konsonanten'ballung' prosodisch lang: ᾱν–δρᾱ μοῑ (*6.2.3*) ἐν–νε–πε Μοῡ–σᾱ πο–λῡτ–ρο–πον ... (sog. Positionslänge). Die Doppelkonsonanten ζ, ξ und ψ wirken entsprechend; bei Homer kann auch ϝ (Digamma) entsprechend wirken (A 33 ἑδ–(ϝ)ει–σεν, 606 ἔβᾱν (ϝ)οἶκόνδε).

Eine metrisch relevante Besonderheit bildet muta cum liquida, d. h. die Konstellation Verschlußlaut mit liquidem (λ, ρ) oder nasalem (μ, ν) Dauerlaut.

Bei Homer und in der Lyrik hat auch diese Konstellation meist die Wirkung von zwei Konsonanten. Doch bei anlautender muta mit ϱ kündigt sich schon im Epos die Öffnung des Verschlusses in die liquida und damit die einkonsonantische Artikulation an (ἔπεᾰ π'τεροεντᾰ π̆ροσηῠδᾱ, δειλοισι β̆ροτοισιν), die sich dann im Attischen mit Ausnahme schwer artikulierbarer Gruppen (γμ, γν, δμ, δν) als correptio Attica durchsetzt und im Sprechvers der Komödie verbindlich herrscht (6.3.3). Im Sprechvers der Tragödie ist correptio in der Wortfuge die Regel, im Wortinnern herrscht dagegen erhabene Inkonsequenz: Eur. *IT* 3 ἐξ ἧς Ἀ͡τρεὺς ἔβλαστεν· Ἀτ'ρέως δὲ παῖς – – '∪' – × – ∪ | '–'∪ – ∪ – ||.

Zu Silbenbildung und muta cum liquida A. M. Devine – L. D. Stephens, *The Prosody of Greek Speech* (Oxford 1994) 21–84.

6.2.3 Hiat

Die Kollision (σύγκρουσις) von aus- und anlautenden Vokalen (lat. *hiatus*) wird innerhalb des Verses zunehmend streng gemieden. Bei Homer und Hesiod sind echte Hiate noch erlaubt (*Il.* A 24. 30. 39. 42), doch dominieren die Mittel der Hiatvermeidung: Elision auslautender kurzer Vokale, Kürzung auslautender langer Vokale und Diphthonge durch anlautenden Vokal ('Hiatkürzung') wie in *Od.* α 1 2 ἄνδρᾰ μοῐ ἔννεπε ̆ ... / πλᾰγχθῆ ἔπεῐ (in der Melik auf doppelkürzige Versmaße beschränkt), und als συνεκφώνησις (κρᾶσις, συνίζησις) bezeichnete Silbenverschmelzungen wie in Archil. 23, 13 ἐγὼ͡ οὗτος (∪ – ∪).

Bei Homer und Hesiod sind zahlreiche Hiate durch nachwirkendes ϝ (Digamma) gedeckt, also Scheinhiate (in *Il.* A 1–100 zehn Fälle: 4 δὲ (ϝ)ελώρια, 7 τε (ϝ)άναξ usw.). – Echter Hiat ist natürlich unbeschränkt in der Versfuge erlaubt und wird daher in der Lieddichtung (6.5) oft zum entscheidenden Indiz für Versende.

6.2.4 Brevis in longo

Griechische Verse enden stets mit einem festen oder einem ausklingenden Longum (... – ∪ – ||, ... – ∪∪ – – ||). Das letzte Longum kann jedoch durch eine kurze Silbe gebildet werden, die dann durch die Pause am Versende die Qualität einer Länge bekommt (Quint. *Inst.* 9, 4, 93). P. Maas hat dafür den Begriff (syllaba) brevis in (elemento) longo geprägt. In der Tat handelt es sich hier grundsätzlich nicht um ein Anceps, weil dies eben (z. B. in 'x' – ∪ –) metrisch und prosodisch wirklich lang oder kurz ist.

Brevis in longo ist also eine Erscheinung des Versendes und wird daher in der Lieddichtung (6.5) wie der Hiat (6.2.3) oft zum entscheidenden Indiz für Versende.

6.2.5 Wort und Wortbild

Die innere Gliederung der Verse beruht weitgehend auf erstrebten und gemiedenen Wortenden. Im Griechischen bilden jedoch zahlreiche Funktionswörter (als Prae- oder Postpositiva) mit den Inhaltswörtern Wortgruppen oder (nach P. Maas) Wortbilder (vgl. Devine-Stephens [6.2.2] 291–375).

Die Fluchtafel von Teos (*CIG* 3044; Meiggs-Lewis nr. 30) von ca. 470 v. Chr. gliedert den Text durch Kola (:) instruktiv in Wörter und Wortbilder: A 1–5 ὅστις : φάρμακα : δηλητήρια : ποιοῖ : ἐπὶ Τηίοισιν : τὸ ξυνὸν : ἢ ἐπ' ἰδιώτηι : κεῖνον : ἀπόλλυσθαι : καὶ αὐτὸν : καὶ γένος : τὸ κένο : κτλ., B 35–8 ὃς ἂν ταστήλας (τὰς στήλας) : ἐν ἧισιν ἤπαρῆ (ἡ ἀπαρή) : γέγραπται : ἢ κατάξει : ἢ φοινικήια : ἐκκόψει : κτλ.

Daraus ergibt sich dann in Homer *Il.* A 4 ἡρώων αὐτούς-δὲ | Zäsur nach dem 3. Breve und in A 38 ... Τένεδοιό-τε (ϝ)ῖφῖ (ϝ)ἀνάσσεις ‖ Einhaltung der Hermann'schen Brücke (*6.3.1*), in Soph. *Trach.* 718 πῶς-οὐκ-ὀλεῖ καὶ-τόνδε; δόξῃ-γοῦν ἐμῇ ‖ Hephthemimeres und Einhaltung der Porson'schen Brücke (*6.3.3*).

6.3 Die stichischen Standardverse ('Sprechverse')

Unter diesen Begriff fallen die Verse, die κατὰ μέτρον gebaut und κατὰ στίχον gereiht die Verszeilen des Epos und (distichisch) der Elegie, des Iambos und des Dramas bilden.

Wenn man sie zur Unterscheidung von den 'Singversen' der Lieddichtung 'Sprechverse' nennt, sollte man berücksichtigen, daß das alte Epos 'ἀοιδή' war (Hom. *Od.* θ 471–521), daß auch der ῥαψ-ῳδός das ᾄδειν noch im Namen trägt, und daß sogar das Deklamieren einer tragischen Rhesis 'Singen' genannt werden konnte (Ar. *Nub.* 1371 [R. Kassel, *Kl. Schr.* 384–5]).

6.3.1 Der daktylische Hexameter

Der Vers des Epos und Lehrgedichts, des Rätsel- und Orakelspruchs war für die Griechen der 'Hexameter' (Hdt. 1,47,2; Eur. fr. 83,21 Austin): sein Metron war für sie also im Anschluß an die Rhythmiker der daktylische 'Fuß' $-\cup\cup$.

Der homerische Hexameter: Die Analyse von *Il.* A 1–32 führt induktiv bereits auf das alle wesentlichen Befunde und Regeln zusammenfassende Generalschema

$$\underline{1}\,\overline{\underline{\cup}}\,\underline{2}:\overline{\underline{\cup}}\,\underline{3}:\cup\overline{\underline{\cup}}\,\underline{4}:\widehat{\cup\cup}\,\underline{5}\,\overset{[-]}{\cup\cup}\,\underline{6}-\|.$$

Zweielementigkeit ist im 1. und 2. *da* häufiger (ca. 40%) als im 4. (ca. 30%) und im 3. (ca. 20%), selten dagegen im 5. (ca. 5%): hier soll der daktylische Duktus nach $\underline{1}\,\overline{\underline{\cup}}\,...\,\underline{4}\,\overline{\underline{\cup}}$ in $\underline{5}\cup\cup\,\underline{6}-\|$ offenbar noch einmal rein hervortreten.

Ein Vers wie *Il.* A 11 οὕνεκα τὸν Χρύσην | ἠτίμασεν ἀρητῆρα (... | $-\underline{4}\cup\cup\,\underline{5}-\,\underline{6}-\|$) hieß nach dem feierlich spondeischen Metrum (*PMG* 941) σπονδειάζων (Cic. *Att.* 7, 2, 1). – Der 6. *da* gilt als katalektisch (*da*ᴧ) und bildet mit $\underline{6}-\|$ den klingenden Versschluß.

Regelmäßiges Wortende und damit Zäsur (τομή) liegt kurz vor der Versmitte in $\underline{3}:\cup\,\cup$, d. h. entweder nach dem 3. Longum (πενθ-ημι-μερής = 'nach $^5/_2$ = $2^1/_2$ Metren') oder – im Verhältnis 4 : 3 häufiger – nach dem folgenden Breve (κατὰ τρίτον τροχαῖον).

Häufige und z. T. einschneidende Wortenden in $\overset{2}{\mid}\overline{\cup\cup}$ (τριθ-ημι-μερής) und $\overset{4}{\mid}\overline{\cup\cup}$ (ἐφθ-ημι-μερής) sowie nach $\overset{4}{\mid}\widehat{\cup\cup}\mid$ (bukolische Dihärese) tragen oft stärker zur geschmeidigen Gliederung des Verses bei als die obligate Zäsur in $\overset{3}{\vphantom{|}}\vdots\cup\vdots\cup$, aber es ist zweifelhaft, ob sie deshalb als (fakultative) Einschnitte gelten müssen. Wird jedoch $\overset{3}{\vphantom{|}}\cup\cup$ überdeckt (bei Homer ca. alle 100 Verse 1mal), so tritt stets $\overset{4}{\mid}\overline{\cup\cup}$ ein, meist in Verbindung mit $\overset{2}{\mid}\overline{\cup\cup}$ wie A 145 ἢ Αἴας | ἢ Ἰδομενεὺς | ἢ δῖος Ὀδυσσεύς, A 218 ὅς κε θεοῖς | ἐπιπείθηται, | μάλα τ' ἔκλυον αὐτοῦ.– H. Fränkel, *Wege und Formen frühgriechischen Denkens* (München ²1960) 100–56 sieht den *hex* generell durch 3 Zäsurbereiche in 4 Kola gegliedert.

Nach zweielementigem 2. und 4. *da* ist Wortende tendenziell gemieden: Offenbar soll der Versschluß $\overset{5}{\vphantom{|}}\cup\cup\overset{6}{\vphantom{|}}-\parallel$ nicht in $\overset{3}{\vphantom{|}}\cup\cup\overset{4}{\vphantom{|}}-\mid$ antizipiert und in folgendem $\overset{1}{\vphantom{|}}\cup\cup\overset{2}{\vphantom{|}}-\mid$ iteriert werden. In $\overset{4}{\vphantom{|}}\widehat{\cup\cup}$ ist mit sehr seltenen Ausnahmen die Hermann'sche Brücke beachtet. Ihr Grund könnte in der Häufigkeit der Zäsur $\overset{3}{\vphantom{|}}\cup\mid\cup$ und des Wortendes in $\overset{5}{\vphantom{|}}\cup\mid\cup\overset{6}{\vphantom{|}}-\parallel$ liegen: ... $\overset{3}{\vphantom{|}}\cup\mid\cup\overset{4}{\vphantom{|}}\cup\mid\cup\overset{5}{\vphantom{|}}\cup\mid\cup\overset{6}{\vphantom{|}}-\parallel$ ließe den Vers 'klappern'.

Die Häufigkeit von $\mid\cup\overset{6}{\vphantom{|}}-\parallel$ kommt daher, daß Wörter der Form $\cup--$ sonst nur noch in $\mid\cup\overset{2}{\vphantom{|}}-\mid$ oder $\mid\cup\overset{4}{\vphantom{|}}-\mid$ Platz hätten, wo sie gemieden werden. – In Hesiods regelwidrigem Vers *Theog.* 319 ἡ δὲ | Χίμαιραν | ἔτικτε | πνέουσαν | ἀμαιμάκετον πῦρ entsteht das 'Klappern' durch $-\cup\mid\cup-\cup\mid\cup-\cup\mid\cup-\cup\mid\cup-\cup\cup--\parallel$.

Im kallimacheischen Hexameter erreicht die hellenistische Verfeinerung des homerischen Verses durch strengere und subtilere Strukturierung ihren Höhepunkt. Seine wichtigsten Züge sind: Bevorzugung von $-\cup\cup$, ausnahmslos Zäsur in $\overset{3}{\vphantom{|}}\vdots\cup\vdots\cup$ mit deutlicher Bevorzugung von $\overset{3}{\vphantom{|}}\cup\mid\cup$ sowie Beschränkung der übrigen Einschnitte auf $\overset{2}{\vphantom{|}}:\cup\cup$ und (besonders häufig) $\overset{4}{\vphantom{|}}\cup\cup:$, strenge Durchführung der bei Homer erst erstrebten Brücke $\overset{2}{\vphantom{|}}:\overline{\cup\cup}\overset{3}{\vphantom{|}}$ und $\overset{4}{\vphantom{|}}:\overline{\cup\cup}\overset{5}{\vphantom{|}}$, und absolute Einhaltung der Hermann'schen Brücke.

6.3.2 Das elegische Distichon

Das ἐλεγεῖον (Crit. fr. 4, 3 West, Thuc. 1, 132, 2) ist das 2zeilige Versmaß der (ursprünglich aulodischen) Elegie und (seit dem 6. Jh.) des Epigramms. Seiner Bauform nach gehört es zu den Epoden (*6.4*), seiner Verwendung und Verbreitung nach jedoch eher zu den Standardversen. Es verbindet mit dem *hex* (*6.3.1*) den sog. Pentameter:

$$-\overline{\cup\cup}-\overline{\cup\cup}-\mid-\cup\cup-\cup\cup-\parallel,$$

einen asynartetischen Klauselvers, der 2mal das ἡμεπές (*hem*) bzw. das πενθημιμερές-Stück des *hex* wiederholt (Heph. *Ench.*15,14). Im *hex* des ἐλεγεῖον tritt diese Zäsur deshalb gegenüber $\overset{3}{\vphantom{|}}\cup\vdots\cup$ signifikant zurück.

In dem unsinnigen Begriff 'Pentameter' (Hermesian. fr. 7,36 Powell, Dion. Hal. *Comp.* 25,17; nicht bei den Metrikern) werden mechanisch die je $2^1/_2$ *da* des *hem* addiert.

6.3.3 Der iambische Trimeter

Das ἰαμβεῖον (μέτρον) (Ar. *Ran.* 1133. 1204, Arist. *Poet.* 4 p. 1449a 21. 25) ist ursprünglich neben dem *tro tetr* (*6.3.5*) einer der beiden Standardverse des Iambos und verdankt dieser Gattung auch seinen Namen (Archil. 215, Arist.

p. 1448b 31–4). Durch Solons Iamben sind beide Verse in Athen heimisch und zum Schauspielerversmaß des Dramas geworden.

Aristoteles hat das ἰαμβεῖον als das μάλιστα λεκτικὸν τῶν μέτρων empfunden und dies damit belegt, daß in der διάλεκτος am ehesten ἰαμβεῖα vorkämen (p. 1449a 24–7 ~ Rhet. 3, 8 p. 1408b 32–5). Die Geschichte des Verses zeigt aber, daß er hierbei nur die locker gebauten *trim* des alten Euripides und der Komödie im Ohr gehabt haben kann.

Der Begriff τὸ τρίμετρον (Ar. *Nub.* 642) legt als Elementargruppe nicht den 'Fuß' (∪ –), sondern das Metron × – ∪ – fest.

Der Trimeter der Jambographen: Archilochos, Semonides und Solon bauen ihre *trim* in der Grundform

$$\overset{1}{\times} - \cup - \overset{2}{\times} \vdots - \cup \vdots - \overset{3}{\times} \overset{\frown}{-} \cup - \;\|$$

noch sehr streng: mit obligater Zäsur im 2. Metrum, mit weit überwiegend reinem Alternieren der Longa mit Breve oder Anceps und mit strikter Beobachtung der Porson'schen Brücke bei langem 3. Anceps.

Die Brücke vermeidet am Versende die Wiederholung des rhythmischen Effekts, der in der Hauptzäsur mit dem häufigen Wortbild (...) $\cup - \overset{2}{-}$ | geradezu erstrebt wird: in Archil. 23 lauten 9 der 14 *trim* (64%) $\overset{1}{\times} - \cup - \overset{2}{-}$ | (2 ...$\overset{2}{\cup}$ |, 3 ...$\overset{2}{\times} - \cup$ |).

Wörter oder Wortbilder mit 2 oder 3 Kürzen erzwingen jedoch auch hier schon vereinzelt die Teilung eines Longum: Archil. 22, 2 οὐδ' ἐρατός $\overset{1}{-} \cup \cup$, 20 κλαίω τὰ Θασίων $\overset{1}{-} - \cup \cup \overset{2}{-}$ |, 49, 7 $\overset{2}{\times}$ | περὶ πόλιν πωλουμένῳ (~ 112, 6 und Sol. 37, 1; auch Semon. 10?) : $\overset{2}{\times}$ | $\cup \cup \cup -$ ist auch im Drama noch der bei weitem häufigste Fall.

Der Trimeter der Tragödie: Aischylos, Sophokles und der frühe Euripides bauen ihre *trim* ähnlich streng, erlauben jedoch in 1–2% der Verse die Mittelzäsur $\overset{2}{\times} - : \cup -$ (oft, bei Euripides stets mit Elision verbunden, also vielleicht Quasizäsur nach der elidierten Silbe?), lassen neben moderater Teilung der Longa (in etwa 6,4% der Verse) auch ohne Eigennamenzwang 'anapästischen' Versanfang zu ($\cup \cup - \cup -$) und bewahren die Porson'sche Brücke zuweilen mit großzügigeren Wortbildern (Eur. *Andr.* 230 $\overset{2}{\times}$ | τῶν κακῶν γὰρ μητέρων).

Größere metrische Freiheiten erzwingen bei allen Tragikern die hexametergerecht gebildeten Eigennamen des heroischen Personals: vgl. z. B. Eur. *IT* 1ff.

Euripides hat den *stilus severus* seiner frühen Dramen (*Alc., Med., Hipp.*) durch zunehmende Teilung der Longa, durch Lockerung prosodischer Regeln und durch freiere Verteilung schwieriger Wortbilder im Vers stetig liberalisiert und im *stilus liberrimus* der letzten Stücke (*Or., Bacch., IA*) das Maximum an Auflösungen (39,4% im *Or.* [nach Ceadel]) erreicht.

Der von G. Hermann erkannte Prozeß ist von Th. Zieliński grundlegend analysiert und zum Instrument der Datierung entwickelt worden (*Tragodumenon libri tres* [Krakau 1925] II. «De trimetri evolutione»); vgl. A. M. Devine – L. D. Stephens, «Rules for Resolutions: The Zielińskian Canon», *TAPhA* 110 (1980) 63–79; B. E. Ceadel, «Resolved Feet in the Trimeter of Eur. and the Chronology of the Plays», *CQ* 35 (1941) 66–89; M. Cropp – G. Fick, *Resolutions and Chronology in Eur., BICS* Suppl. 43 (1985).

Das Generalschema des euripideisch liberalisierten *trim* der Tragödie ist (ohne die Eigennamenlizenzen)

$$\underset{1}{\overset{\frown}{\underset{\times}{\smile\smile}}}\overset{\frown}{\smile\smile}\ \cup\ \underset{2}{\overset{\frown}{\smile\smile}}_{\times}:\overset{\frown}{\smile\smile}:\ \cup\ :\underset{3}{\overset{\frown}{\smile\smile}}_{\overline{\times}}\overset{\frown}{\smile\smile}\ \cup - \|$$

Der freieste euripideische *trim* ist fr. 641, 3 N.²: πενία δὲ σοφίαν ἔλαχε διὰ τὸ δυστυχές $\overset{1}{\smile\smile} - \cup \smile\smile \overset{2}{-} | \smile\smile \cup | \smile\smile \overset{3}{\cup} - \cup - \|$. Die weit überwiegende Zahl der Verse enthält jedoch nicht mehr als eine Teilung; 25% aller Teilungen fallen in den Versanfang, 50% in das 3. Longum nach der Hauptzäsur.

Das metrische Phänomen hat seinen Grund darin, daß Euripides die Sprache der Tragödie im Zuge seines Realismus (Ar. *Ran.* 936–91) zunehmend der διάλεκτος geöffnet hat, also z. B. kürzerreichen Komposita (ἀποδίδωμι, περιβαλεῖν) statt der erhabenen Simplicia (K. H. Lee, *Glotta* 46, 1968, 54–6, *AJPh* 92, 1971, 312–5).

Der Trimeter der Komödie: Die *trim* des Aristophanes und Menander sind von fast allen Regeln frei, die auch die lockersten *trim* des Euripides noch binden: sie dürfen zäsurlos sein, neben unbeschränkter Teilung der Longa jedes ×– und ∪– (außer dem letzten) 'anapästisch' realisieren (Ar. *Av.* 4–6 $\overset{1}{\smile\smile} - \cup - \overset{2}{-} | - \cup - \smile\smile - \cup - \overset{3}{\|} \cup \smile\smile \cup - \overset{1}{-} | - \smile\smile - \overset{2}{\cup} - \cup - \| \overset{3}{\cup} - \smile\smile - \overset{1}{-} |$ $\smile\smile - \overset{2}{-} - \cup - \|$) und die Porson'sche Brücke verletzen (Ar. *Av.* 1 ... ᾗ τὸ δένδρον φαίνεται). Die wichtigsten Regeln, die sie andererseits binden, sind die Meidung von Wortende ('zerrissenem Anapäst') und der Teilung des Longum ('Prokeleusmatiker') in 'anapästischem' ∪∪– (für ×– und ∪–), ausgedrückt in den Brücken $\overset{\frown}{\underset{\times}{\smile\smile}}$ und $\overset{\frown}{\cup\smile\smile}$, ferner die Erhaltung des rein iambischen Versschlusses ... ∪– ‖: Die kurze Paenultima ist (mit der offensichtlich gesuchten Ausnahme Ar. *Ran.* 1203, die die Regel bestätigt) unantastbar.

Die extreme metrische Freiheit ist bedingt und zugleich kompensiert durch das umgangssprachliche Attisch der Komödiensprache. Ein beliebiges Beispiel wie Ar. *Av.* 1ff. lehrt, welche metrischen Freiheiten allein die *correptio Attica* (*6.2.2*), der Artikelgebrauch oder die Komposita der διάλεκτος mit sich bringen. Erst solche ἰαμβεῖα können in der διάλεκτος wirklich vorgekommen sein (vgl. o. Aristoteles).

6.3.4 Der Hinkiambus

Als Variante des ἰαμβεῖον hat Hipponax in die Jambendichtung den χωλίαμβος (Heph. *Ench.* 1,5 mit schol. A pp. 4, 14; 101, 5–10 Consbr.) oder σκάζων (*AP* 7, 405) eingeführt (die weiteren Testimonia bei Degani [ed.], Hipponax 20ff.). Der später besonders von Kallimachos (*Iamb.* 1–4. 13) und Herondas gepflegte Vers 'lahmt' bzw. 'hinkt' dadurch, daß er keck an der empfindlichsten Stelle des *trim* (in der Paenultima) die Erwartung des Breve mit einem Longum düpiert:

$$\overset{1}{\times} - \cup - \overset{2}{\times} : - \cup : - \overset{3}{\cup} - \text{'}-\text{'} - \|.$$

Bei Hipponax sind diese χωλίαμβοι gelegentlich (7%) mit normalen ἰαμβεῖα ($\overset{3}{\times}-\cup-\|$) durchsetzt (z. B. 36,4; 39,4 W.). Das 3. Anceps ist bei Hipponax überwiegend, bei Herondas meist und bei Kallimachos stets eine Kürze: ... $-\overset{3}{-}---\|$ galt als nicht bloß χωλόν, sondern ἰσχιορρωγικόν (test. 34 Degani). Hipponax und Ananios haben den 'Hink'-Effekt auch auf den *tro tetr* übertragen.

6.3.5 Der trochäische Tetrameter

Der im (ῥυθμὸς) 'τροχαῖος' (Damon bei Plat. *Rep.* 3, 400b) bezeichnete Charakter trochäischer Verse läßt sich auch von uns noch oft wahrnehmen (Ar. *Ach.* 204 ff. mit schol. vet. 204a Wilson). τὸ τετράμετρον (Ar. *Nub.* 642) legt dem Vers nicht den 'Fuß' ($-\cup$), sondern das Metron $-\cup-\times$ zugrunde. Der *tetr* ist neben dem ἰαμβεῖον (*6.3.3*) bei Archilochos und Solon einer der beiden Standardverse des Iambos; in Athen ist er mit dem ἰαμβεῖον auch zum Versmaß des Dramas geworden.

Die genetischen Überlegungen des Aristoteles *Poet.* 4 p. 1449a 19–25 halten der historischen Kritik nicht stand: dazu und zur Geschichte der Verwendung des *tro tetr* näher *Gnomon* 45 (1973) 117 (= R. Kannicht, *Paradeigmata*, Heidelberg 1996, 158f.).

Archilochos und Solon bauen ihre *tetr* in der katalektischen Grundform (4 *tro*ᴧ $\|$)

$$\overset{1}{-}\cup-\overline{\times}\overset{2}{\frown}-\cup-\times\mid\overset{3}{-}\cup-\overline{\times}\overset{4}{\frown}-\cup-\|$$

wie ihre *trim* (*6.3.3*) streng: mit obligater Zäsur nach dem 2. Anceps (Mitteldihärese), mit seltener Teilung eines Longum (7%) und mit strikter Wahrung der Porson'schen Brücke bei langem 1. und 3. Anceps.

Zur Erklärung der Brücke s. o. *6.3.3*; Daß Porson sie im *tetr* an beiden Stellen selbst beobachtet hat, folgt aus *Tracts and Miscell. Criticisms* ed. Th. Kidd (London 1815) 197.

Die Tragiker (Aesch. *Pers.*, Eur. ab *Herc.* und *Tr.*) bauen den Vers ähnlich streng; Euripides steigert jedoch die Teilungsrate (bei Aischylos 14%) parallel zur Liberalisierung des *trim* (*6.3.3*) sprunghaft auf 37% bis 53% in den letzten Stücken (*Or., Bacch., IA*). Die Komiker ignorieren zwar auch hier die Porson'sche Brücke und lassen (ausgenommen Menander) statt der Mittelzäsur auch Wortenden in ... $\overset{2}{-}\cup-\vdots\times\overset{3}{-}\cup\vdots-$ ... zu, bauen ihre *tetr* aber im übrigen strenger als ihre *trim*, vor allem durch weitgehende Meidung von 'daktylisch' geformten Metren wie Ar. *Ach.* 318 τὴν κεφαλὴν ἔχων λέγειν $\mid\overset{3}{-}\cup\cup-\cup\overset{4}{-}\cup-\|$.

6.3.6 Weitere stichische Standardverse

In den vom Chor beherrschten Bauformen der Alten Komödie sind außer dem trochäischen vor allem zwei weitere Tetrameter zuhause:

Der katalektische iambische *tetr* (4 *ia*ᴧ$\|$)

$$\overset{1}{\times}-\cup-\overset{2}{\times}-\cup\vdots-\vdots\overset{3}{\times}\vdots-\cup-\overset{4}{\cup}--\|$$

teilt bei Aristophanes die Freiheiten des *trim* (6.3.3) und kehrt in strengerer Form bei Menander *Dysc.* 880–958 wieder;
der schon von Epicharm gepflegte katalektische anapästische *tetr* (4 *an*$_\wedge$ ||)

$$\overset{1}{\smile\smile-\smile} : \overset{2}{\smile\smile-\smile} | \overset{3}{\smile\smile-} - \overset{4}{\smile} - - ||$$

soll in der Tragödie allein von Phrynichos benutzt worden sein (3 T 12) und ist inzwischen in dem Satyrspiel(?)-Fragment adesp. F 646a (*Musa Tragica* 250-3) aufgetaucht. – Über die *an* s. u. 6.5.1.

Der vereinzelt für Ions *Omphale* (19 F 20) bezeugte akatalektische iambische *tetr* ist überraschend in Soph. *Ichn.* 298–328 in der Form

$$\overset{1}{x}-\cup-\overset{2}{x}-\cup- : \overset{3}{x} : -\cup-\overset{4}{x}\overset{\frown}{-}\cup-||$$

aufgetaucht: Die Hauptzäsur ist hier auffällig oft durch Wortende nach langem 2. Anceps ($\overset{1}{x}-\cup-\overset{2}{-}$|) antizipiert.

6.4 Epoden und Asynarteten

Bei Archilochos tritt als drittes Versmaß des Iambos eine Bauform auf, die zwischen den stichischen Standardversen und den strophisch organisierten 'Singversen' liegt und mit neuem Effekt auch rhythmisch heterogenes Versmaterial kombiniert. Baumaterial sind als Verse der *da hex* (6.3.1) und der *ia trim* (6.3.3) samt seiner katalektischen Form $\overset{1}{x}-\cup-\overset{2}{x}|-\cup-\overset{3}{\cup}--||$ (*ia trim*$_\wedge$) sowie als Kola die daktylischen Stücke $-\cup\cup-\cup\cup-$ (*hem*), $-\cup\cup-\cup\cup-\cup\cup-\overline{\cup}$ (*da tetr*), $x-\cup\cup-\cup\cup-x$ (x *hem* x) und die iambischen $x-\cup-x-\cup-$ (*ia dim*) und $-\cup-\cup--$ (*ith*). Die Kombinationen dieses Materials nennt Hephaistion 'Epoden', weil auf ein längeres Stück ein kürzeres (der [στίχος] ἐπῳδός) zu folgen pflegt (*De poem.* 7,2), 'Asynarteten', wenn heterogene Glieder wie unten (2) 5. und (3) 7. unverbunden eine Verszeile bilden (*Ench.* 15).

Die daktylischen Kola decken sich mit den Stücken, die im *hex* durch $\overset{3}{-}|\cup|\cup$ und $\overset{4}{-}\cup\cup$ | entstehen, der *ith* deckt sich mit dem 2. Teil des *ia trim*$_\wedge$. E. Kapp hat die Kola deshalb aus den Standardversen abgeleitet; unableitbar bleibt dann aber der *ia dim*. Die Mehrzahl der Verse und Kola tritt bei Alkman auch in der Melik auf.

In Archil. 168–196a finden sich die folgenden Epoden:

(1) 2gliedrig homogen:
    1. *ia trim* || *ia dim* ||| (172–81; Hippon. 118 W.)
    2. *da hex* || *da tetr*$_\wedge$ ||| (195)

(2) 2gliedrig heterogen:
    3. *ia trim* || *hem* ||| (182–7; Hippon. 115–7 W.)
    4. *da hex* || *ia dim* ||| (193–4)
    5. x *hem* x | (||?) *ith* || (|||?) (168–71)

(3) 3gliedrig heterogen:
    6. *ia trim* || *hem* || *ia dim* ||| (196/196a)
    7. *da tetr* | *ith* || *ia trim*$_\wedge$ ||| (188–92)

Das ἐλεγεῖον (*6.3.2*) wäre hier als 3gliedrig homogene Epode *da hex* ‖ *hem* | *hem* ‖‖ zu bestimmen. Zu weiteren Formen L. E. Rossi, «Asynarteta from the Archaic to the Alexandrian Poets», *Arethusa* 9 (1976) 207–29.

6.5 Die Verskunst der Lieddichtung

Das μέλος besteht nach Platon (*Rep.* 3,398 d) aus den drei Komponenten λόγος, ἁρμονία und ῥυθμός. Das eigentlich Liedhafte beruht jedoch besonders auf der ἁρμονία, der kunstvollen Vertonung des metrisch geformten Textes. Schon Kalypso hat ihr Lied am Webstuhl offenbar musikalisch komplizierter gesungen (ἀοιδιάουσ' ὀπὶ καλῇ *Od.* ε 61–2) als Demodokos sein episches Lied (ἀείδων, θ 72ff.), und das dürfte auch für die sonst im Epos bezeugten Lieder gelten (z. B. *Il.* A 472–4. 601–4, Σ 493–5. 569–72). Aber erst Terpanders Neuerungen haben im 7. Jh. jene Liedkunst ermöglicht, die überlieferungsgeschichtlich mit Alkman einsetzt und deren neue Qualität sich besonders sinnfällig in den Komponenten ἁρμονία und ῥυθμός entfaltete (Alcm. 14. 27. 38–41). Die Überlieferung der musikalischen Komponente liegt für uns weitgehend im Dunkel. Alexandria (*6.1*) hat sich nur noch um den Wortlaut der Texte gekümmert. Das spezifisch 'Melische' der Lieddichtung ist damit (bis auf ein paar Melodien auf Papyrus) für immer verklungen.

Zu Überlieferung und Verlust der musikalischen Komponente E. Pöhlmann, *WJA* N.F. 2 (1976) 53–72, Pfeiffer, *Gesch. d. Kl. Phil.* (²1978) 224–5, J. Herington, *Poetry into Drama* (Berkeley 1985) 43–5. – Umfassende Dokumentation des Musikwesens: A. Barker, *Greek Musical Writings* I–II (Cambridge 1984/89), grundlegend: M. L. West, *Ancient Greek Music* (Oxford 1992); in Kap. 10 ("The Musical Documents" 277–8/284–7) die wenigen klassischen Liedfragmente.

Für die Verskunst der Lieddichtung ist die Vielfalt ihrer metrischen Bauformen charakteristisch. In den Chorliedern der Lyrik und des Dramas ist bisher keine Wiederholung derselben Struktur aufgetaucht, d. h. jedes Chorlied ist metrisch (und war musikalisch) eine neue Schöpfung. Für die sachgerechte Analyse war der wegweisende Schritt die Überwindung der überlieferten Kolometrie (*6.1*) und die Wiedergewinnung der Kriterien für die Abteilung der genuinen Verse durch A. Böckh ('Böckh'sche Perioden').

Die Hauptstelle: *De metris Pindari* lib. III cap. XXII–V in *Pindari Opera . . .* [ed.] A. Boeckhius Vol. I 2 (Leipzig 1811) 308–38. Die Kriterien nach Böckh: *hiatus* und *syllaba anceps*, d. h. *brevis in longo* (*6.2.3*; *6.2.4*), häufige Interpunktion und volles Wortende (diese beiden Kriterien für die vielstrophigen Lieder Pindars heuristisch relevant), *usus rhythmicus* wie z. B. Katalexe und Klauseln (hierzu Laetitia P. E. Parker, *CQ* 26 [1976] 14–28). – Innerhalb der Verse (Perioden) herrscht grundsätzlich Synaphie ('Verknüpfung'), d. h. prosodische und metrische Kontinuität. Erstreckt sich ein Vers über mehr als eine Druckzeile, so wird die Kontinuität in metrisch korrekt edierten Texten durch Einrückung der zugehörigen Zeile(n) dargestellt.

6.5.1 Κατὰ μέτρον gebaute Verse

Die 'nach Metren' gebauten Singverse unterscheiden sich von den Standardversen (6.3) dadurch, daß sie Verse (Böckh'sche Perioden) beliebiger Länge bilden und in ihrer Binnenstruktur keinen festen Regeln unterworfen sind. Ihre Metren sind die der Standardverse (*da* und *an*, *ia* und *tro*), ferner Ioniker (*ion*), Choriamben (*cho*) und Kretiker (*cr*) sowie Dochmien (*do*). Sie treten einerseits in homogenen Strukturen, andererseits in vielfältigen Verbindungen miteinander auf.

Daktylen: Die melischen *da* der Lyrik und des Dramas sind überwiegend 3elementig (– ∪∪), in der Lyrik oft mit 'Vorschlag' ⌒, der sie steigend beginnen läßt, und mit Klauseln, die sie (nach äolischen Vorbildern?) 'iambisch' enden lassen (... – ∪∪ – ∪ – (–)).

Die älteste homogen daktylische Liedstrophe ist offenbar Alcm. 56

(1) ^{1}8 *da*$_\wedge$ ‖ (4 *da*   3 *da* – – |)   [a]
(3) ^{2}8 *da*$_\wedge$ ‖ (4 *da* | 3 *da* – – |)   [a]
(5) ^{3}4 *da*$_\wedge$ ‖ (3 *da* – – ‖)   } [b]
(6) ^{4}6 *da*$_\wedge$ (= *hex*) ‖‖

Die 4 Verse (Perioden) werden hier dadurch gesichert, daß ... – – | in (5) durch brevis in longo und in (6) durch formelhaften *hex*-Schluß als ... *da*$_\wedge$‖ erwiesen wird. Die Annahme einer Strophe wird durch die triadische Binnenstruktur a a b nahegelegt. – Eine ähnliche Strophe mit steigenden *da* bildet Ibyc. 287, wenn in (3) ἀπείρ⟨ον⟩α ... ⟨ἐσ⟩βάλλει ergänzt und (7) = (1) als Anfang der respondierenden Strophe gefaßt wird: 2mal [a] ⌒ 8 *da*$_{\wedge\wedge}$‖, dann [b] ^{3}– 4 *da*$_{\wedge\wedge}$‖ (brevis in longo) und ^{4}6 *da*$_\wedge$ (= *hex*) ‖‖.

In der triadischen Großbauform Strophe – Gegenstrophe – Epode treten *da* und Daktyloepitriten (6.5.2) bei Stesichoros auf, in der *Geryoneis* S7–87:

Str./Ant. ^{1}⌒ 3 *da*$_\wedge$ ‖ ^{2}⌒ 7 *da*$_\wedge$ ‖ ^{3}⌒ 5 *da*$_\wedge$ ‖ ^{4}⌒ 14 *da*$_{\wedge\wedge}$ ‖‖
Ep. ^{1}⌒ 7 *da*$_\wedge$ ‖ ^{2}14 *da*$_\wedge$ ‖ ^{3}(⌒?) 6 *da*$_{\wedge\wedge}$ ‖‖

Ein instruktives Beispiel für die melischen *da* der Tragödie bietet das Stasimon Eur. *Phoen.* 784–800 = 801–17. Einziges Kriterium für ‖ ist neben einem Hiat (788) Katalexe mit vollem Wortende, charakteristisches Merkmal ist der meist textgemäße Wechsel in der Länge der Verse mit dem Maximum von 10 und dem Minimum von 2 *da*: (784) 10 *da*$_\wedge$‖ 6 *da*$_\wedge$‖ 6 *da*$_\wedge$‖ (788) 4 *da*$_\wedge$‖ 6 *da*$_\wedge$‖ 2 *da*$_\wedge$‖ 4 *da*$_\wedge$‖ usw. In den *hex* (6 *da*$_\wedge$‖) wird stets die Zäsur $\frac{3}{}$|∪∪ eingehalten (in 786 = 803 jedoch die Hermann'sche Brücke verletzt); die 2 *da*$_\wedge$‖ heben emphatisch 790 αἵματι Θήβας ~ 807 πένθεα γαίας hervor.

Anapäste: Vom *tetr* (6.3.6) abgesehen, sind *an* vor allem in der Tragödie heimisch, rezitativ ('halblyrisch' Maas § 76) als sog. Marschanapäste und melisch ('lyrisch') als sog. Klageanapäste.

Genuine Marschanapäste begegnen außerhalb des Dramas charakteristisch in den spartanischen Hoplitenmarschliedern (Thuc. 5,70; Cic. *Tusc.* 2,37; Dio Chrys. *or.* 2,59)

PMG 857   ∪∪ – – –| ∪∪ – – – |
∪∪ – ∪∪ –| – – – ‖   4 *an*$_\wedge$

6.5 Die Verskunst der Lieddichtung

und 856 ⏑⏑ − − −| − − −‖ 2 an₍ₓ₎
　　　　− − ⏑⏑ −|⏑⏑ − −‖ ... 2 an₍ₓ₎ ...

Die Grundform des Metrons ist hier ⏜⏝ − ⏜⏝ −|, im Drama mit Teilbarkeit der beiden Longa ⏜⏝⏜⏝|, d. h. *an* bilden durch die Äquivalenz aller Elemente einen festen Takt: eben den Marschtakt.

Die Marsch-*an* der Tragödie bilden beliebig lange Perioden mit Zäsur (Dihärese) κατὰ μέτρον (gelegentlich um ein Element auf ... ⏑⏑ − ⏑|⏑ − ... verschoben) und enden erst mit der Katalexe im *paroemiacus* ⏜⏝⏜⏝ −:⏑⏑ − − ‖ (2 an₍ₓ₎); ihre Sprache ist attisch vokalisiert (sie sind also auch hierin nicht melisch), ihre Funktion ist primär der schreitende Vollzug von Ortsveränderung (vgl. z. B. Aesch. *Pers.* 1−64. 140−54. 532−47. 623−32. 908 ff.).

Zu der Konvention, die Perioden dieser *an* in den Ausgaben nach Dimetern abzuteilen: M. L. West, «Tragica I», *BICS* 24 (1977) 89−94.

Den Übergang von den 'Marsch'- zu den 'Klageanapästen' zeigt die Exodos Aesch. *Pers.* 908 ff.: (1) 908−21 in 17 an₍ₓ₎‖ :: 7 an₍ₓ₎‖ der Auftritt des Xerxes: metrisch und sprachlich halblyrisch rezitativ; (2) 922−30 in 18 *an*‖ (der letzte prokeleusmatisch ⏑⏑ ⏑⏑ ⏑⏑ − ‖) das Prooimion der Klage: metrisch durch die Zäsur κατὰ μέτρον noch rezitativ, durch zunehmend spondeische Metren (50%) und sprachlich durch gehäuft dorisches ᾱ jedoch schon melisch; und (3) 931 ff. dann in respondierenden Strophen z. T. singulär geformte melische *an*.

Euripides hat halblyrische *an* auch für lange Rezitative und lyrische 'Klageanapäste' für Monodien und Amoibaia verwendet (z. B. *Med.* 96−212, *Hec.* 59−215, *Tr.* 98−229).

Eine Probe aus Rezitativ (links) und Arie (rechts) Kreusas *Ion* 859 ff.:

862 ⏑⏑ − ⏑⏑ − | − − ⏑⏑ −|　　　881 − − − − − − − −|
　　− ⏝ − − |⏑⏑ − ⏑⏑ −|　　　　⏑⏑ − ⏑⏑ −|− − − −|
　　− ⏝ − − |⏑⏑ − ⏑⏑ −|　　　　⏑⏑ − ⏑⏑ − − − − −|
865 ⏑⏑ − − − |⏑⏑ − − −|　　　　− − − − |− − − −|
　　− − − ⏝| − ⏝ − −|　　　885 − − − − − − −|
　　− − ⏑⏑ − | − ⏝ − −|　　　　− − − − |− − −|
　　− − ⏑⏑ − |　　　　　　　　　− − − − − − −|
　　− − ⏑⏑ − |⏑⏑ − − ‖ ...　　　− − − − − − −| ...

Hervorstechende Merkmale der lyrischen *an* sind überwiegend spondeische Metra, häufig fehlende Zäsur, laufend auch katalektische Dimeter (*paroem*), und in der Sprache massiv dorische Vokalisation.

Jamben und Trochäen: Melische *ia* und *tro* treten in strenger Bauform zunächst in der Lyrik, dann in der Komödie auf:
(1) *ia* z. B. Alcm. 20 und Anacr. 427 in Dimeterreihen ×−⏑−×−⏑−| (Alcm. 20 mit gesuchter Pointe 3‖4 ... ὅκα ‖ σάλλει μὲν ...), Ar. *Ach.* 929−51

durch Katalexen klar gegliedert in dem triadisch gebauten Amoibaion

[a] 7 $ia_\wedge$|| ⫶ [a] 7 $ia_\wedge$|| ⫶
[b] 2 $ia_\wedge$|| ⫶ 2 $ia_\wedge$|| 8 $ia_\wedge$|||,

(2) *tro* z. B. Anacr. 417 in der Strophe 2 *tro* | 2 *tro* | 2 *tro* ⫶ 2 $tro_\wedge$||| und Ar. *Av.* 1470–93 durch Katalexen klar gegliedert in dem triadisch gebauten Stasimon

[a] 6 *tro* (der 4. – ∪ –)$_\wedge$|| [a] 6 $tro_\wedge$||
[b] 4 *tro* (der 2. – ∪ –)$_\wedge$|| 8 $tro_\wedge$|||.

In der Tragödie treten neben diesen Formen zwei gegensätzliche Varianten auf: 'leichte' Metren, in denen durch kurzes Anceps und Teilung der Longa die Kürzen dominieren (∪ ⏕ ∪ ⏕/⏕ ∪ ⏕ ∪), und 'schwere' Metren, in denen durch das Fehlen ('Unterdrückung', 'Synkopierung') von Anceps oder Breve oder beiden die Längen vorherrschen (∪ – – bzw. – – ∪, – ∪ –, – –).

Daß z. B. × – ∪ – – ∪ – ∪ – – | ein iambischer Vers ist, ist offenkundig. Umstritten ist jedoch, ob die in – ∪ – und ∪ – – 'fehlenden' Elemente durch trisemische Überlänge der benachbarten Longa (durch ⌞ ∪ – und ∪ – ⌟) kompensiert wurden, so daß der iambische Rhythmus erhalten blieb (dies die Doktrin des Aristoxenos und unsere am Takt geschulte Erwartung) oder aber wirklich 'fehlten', so daß der iambische Rhythmus in der Sequenz *ia cr ba* sozusagen stockend aus dem Tritt kam.

(1) Ein einführendes Beispiel für die tragischen *ia* ist Aesch. *Ch.* 22–31 = 32–41, wo aus dem Substrat der reinen *ia* die 'leichten' und die 'schweren' Metren (in 30 = 40 spondeische *da*) mit deutlich mimetischer Metrik und gesuchtem Kontrast hervortreten:

```
         ∪ – ∪ –    ∪ –∪–|                    2 ia
         ∪ – ∪ –    ∪|–∪–  ∪ – ∪–|            3 ia (= trim)
   24    ∪ – ∪ –    × –∪–  ×|⏕∪⏕  ∪⏕∪–|      4 ia
   26    ∪ – –       –∪–      – ∪–  ∪ – ∪–|   ba 2 cr ia
   28    ∪ – ∪ –    ∪ –∪–|                    2 ia
         ∪⏕∪⏕|  ∪ –∪–|                      2 ia
   30    – – – –    – – –∪∪   – –|            5 $da_\wedge$
         – ∪ –    ∪ –∪–|||                    cr ia
```

(2) Ein extremes Beispiel für die Möglichkeit expressiver Mischung 'schwerer' und 'leichter' Metren in tragischen *tro* ist Eur. *Hel.* 167–251, hier am 2. Strophenpaar demonstriert:

```
   191   –          –          –∪ –∪ –∪–|
         –                –∪   –∪ –|
         –                –∪   –   –∪|
   195              ⏕∪ ⏕∪|  ⏕∪ ⏕∪⫶ –∪–|
                   . . .
```

200   —   — ⏑   — ⏑ —|
     ⏔ ⏑ ⏔ ⏑| —   —
     — ⏑ — ⏑   ⏕ ⏑ —|
     ⏔ ⏑ ⏔ ⏑| ⏕ ⏑ —|
     ⏔ ⏑ ⏔ ⏑| — ⏑ —
         · · ·

196–9 sind entsprechend gebaute *lec*, 205–10 das Finale von 10 überwiegend 'leichten' *tro* in Synaphie wie in dem beispiellosen πνῖγος des ersten Strophenpaars. – Die Epode 229–51 vermittelt diese *tro* dann durch ambivalente Kola wie *lec* auch mit *ia*.

Ioniker und Choriamben. Ioniker (⏑⏑ — — *ion*) treten vereinzelt bei Alkman (46) und Alkaios (10), zahlreich bei Anakreon, im Drama vor allem bei Aischylos und in Euripides' *Bakchen* auf. Bei Anakreon sind sie charakteristisch mit dem 'Anacreonteus' ⏑⏑ — ⏑ — ⏑ — —| verbunden, einem vielleicht durch 'Anaklasis' aus 2 *ion* entstandenen Kolon (⏑⏑ — '— ⏑' ⏑ — —|→ ⏑⏑ — '⏑—' ⏑ — —| 'anacl.'), prominent in der Strophe 356 und 395

    4 *anacl* | ⏑⏑ — — ⏑⏑ — —|
              ⏑⏑ — ⏑ — ⏑ — —|||,

die Euripides *Cycl.* 495–518 parodisch in der Strophe

    6 *anacl* | ⏑⏑ — — ⏑⏑ — —
              ⏑⏑ — — ⏑⏑ — ⏑ — — —|||

zitiert (die Klausel = *Bacch.* 72).

In der *Perser*-Parodos treten *ion* κατὰ μέτρον in akatalektisch durchlaufenden Reihen auf, in die auch auf ⏑⏑ — (*ion*ᴧ) reduzierte Metren durch Synaphie integriert sind (70–2 ⏑⏑ — ⏑⏑ — — | ⏑⏑ — ⏑⏑ — — …): α' (65–80) 3 + 4 + 3 + 2 + 5 = 17 *ion* |||, β' 4mal 2 *ion* |, dann 2 *ion* ⁚ *anacl* |||, usw.

Die *Bakchen*-Lieder sind nur unwesentlich freier gebaut (gelegentlich geteilte Longa in ⏑⏑ — ⏕ oder ⏑⏑ ⏕ —), sehr frei dagegen durch hypermetrische *ion* wie ⏒⏑⏑ — — oder — ⏑⏑⏑ — das Lied Agathons Ar. *Thesm.* 101–29.

Choriamben (— ⏑⏑ — *cho*) stehen vorzugsweise in Verbindung mit *ia*, paradigmatisch in der Strophe Anacr. 388

    — ⏑⏑ —   — ⏑⏑ —| {— ⏑⏑ —
                      × — ⏑ —} × — ⏑ —||
    — ⏑⏑ —   — ⏑⏑ —⁚ {— ⏑⏑ —
                      × — ⏑ —} × — ⏑ —⁚
    × — ⏑ —   × — ⏑ —|||,

wo in den *tetr* das 3. Metron beliebig *cho* oder *ia* sein kann.

In Anacr. 378 ist mit dem offensichtlich für ⊗ ἀναπέτομαι mimetisch geteilten Longum der *tetr* ⏕ ⏑⏑ — — ⏑⏑ — — ⏑⏑ — ⏑ — —|| (3 *cho ba*) stichisch δι' ὅλου ᾄσματος wiederholt worden. Der *tetr* 3 *cho ba* || auch bei Sappho 128.

Einige Tragödienlieder (instruktiv Aesch. *Sept.* 720–33, *Prom.* 128–51, 397–414) und bereits Anacr. 346 fr. 1 haben ihre rhythmische Pointe offenbar darin gehabt, daß sie je

nach Einschätzung des Eingangs, der Klauseln und der respondierenden Wortenden (a) als
ion- und (b) als *cho-ia*-Sequenzen deutbar waren. Anacr. 346 fr. 1:

(a) – ∪∪ – ∪ – ∪ – – | (b) –   ∪∪ – ∪ – ∪ –
     ∪∪ – ∪ – ∪ – – | – | ∪∪ – ∪ – ∪ –
     ∪∪ – – ⋮ ∪∪ – ∪ – – ||| – | ∪∪ – – ⋮ ∪∪ – ∪ – – |||

Vgl. hierzu *Gnomon* 45 (1973) 120–2 (= R. Kannicht, *Paradeigmata*, Heidelberg 1996, 162–5) und G. Zuntz, *Drei Kapitel zur griech. Metrik*, SB Wien 443 (1984) 28–94.

Kretiker (–∪– *cr*, 'päonisch' –∪⏑⏑ *cr*⏑) sind in der Lyrik und in der Tragödie als Versmaß ganzer Strophen oder Perioden selten (Alcm. 58: 4 *cr* | – ∪ – – –||, Aesch. *Suppl.* 418–22 = 423–7 : 11 *cr* ||| und Eur. *Or.* 1420–24: 12 *cr* ||), in der Komödie dagegen (besonders beim frühen Aristophanes) umso häufiger. Das Stasimon Ar. *Ach.* 971–87 = 988–99 z. B. beginnt mit drei aus *cr* und *cr*⏑ gemischten Perioden zu 6 || 5 || 6 || Metren, es folgt 9mal der beliebte *tetr cr*⏑ *cr*⏑ *cr*⏑ *cr* ||, den Schluß bildet ein *tro tetr*ₐ |||.

Dochmien: In seiner Bauform ∪ – – ∪ – ist der *do* zwar ein Kolon; er wird aber in der Praxis wie ein Metron verwendet (Aesch. *Sept.* 79–80 ∪ – – ∪ – | ∪ ⏑⏑ – ∪ – | – ⏑⏑ ⏑⏑ ∪ – | ∪ ⏑⏑ – ∪ – |) und hat deshalb seinen systematischen Ort an dieser Stelle.

Mit dem Namen δόχμιος (ῥυθμός) hat die Rhythmik das 'schiefe', 'schräge' (d. h. ungerade) Zeitverhältnis in der Schrittfolge ∪ – | – ∪ – im Sinne von $\frac{3+5}{8}$ ausgedrückt (Aristid. Quint. 1,17, Choerob. zu Heph. p. 240, 1–6 Consbr.). Dieser rhythmischen Qualität entsprechend ist der *do* das Versmaß starker Affekte (Entsetzen, Verzweiflung, Angst, Freude) und daher als einziges griechisches Versmaß in eindeutiger Weise expressiv. Der *do* ist daher exklusiv ein Versmaß der Tragödie: In der Lyrik ist er bisher nicht sicher nachgewiesen; in der Komödie ist er Parodie oder Zitat der Tragödie.

Da die drei Longa teilbar sind und für die beiden Brevia auch Longa eintreten können, ergibt sich als Generalschema

$$\bar{\cup}\,\underline{\cup\cup}\,\underline{\cup\cup}\,\bar{\cup}\,\underline{\cup\cup}\,|.$$

Von den hierin enthaltenen 32 Formen ist jedoch ein Drittel gar nicht belegt und die Mehrzahl der übrigen mehr oder weniger selten: etwa 75% aller *do* haben eine der in $\bar{\cup}\,\underline{\cup\cup}$ – ∪ – schematisierten Formen, und die beiden absolut häufigsten sind ∪ – – ∪ – (etwa 25%) und ∪ ⏑⏑ – ∪ – (etwa 33%).

In den besonders stark dochmisch geprägten *Septem* des Aischylos sind an der in 78–107/108–49/150ff. sukzessiv sich ordnenden Parodos und an den epirrhematischen Amoibaia 203–44. 686–711 die wichtigsten metrischen Erscheinungen, insbesondere die Affinität zwischen *do* und *ia* (auch *trim*) instruktiv zu studieren.

Kombinationen: Die außerordentliche Fülle der Möglichkeiten, das in 6.5.1 beschriebene Versmaterial konstruktiv zu kombinieren, kann hier nur in drei Beispielen angedeutet werden.

(1) Die in *6.4* beschriebene Technik des Archilochos wird von Alkman 1,36–49 = 50–63 usw. durch die asynartetische Kombination von trochäischem und daktylischem

Material melisch angewendet: zunächst 4mal

$$-\cup-\overline{\cup}-\cup-\|$$
$$\underline{\cup}-\cup\cup-\cup--\|,$$

ein *lec* also (trochäisch? iambisch?) und der von West nach V. 57 benannte *hag(esichoreus)* (äolisch? daktylisch?), dann die klärende Entfaltung der beiden Motive in

3 *tro* ‖ 3 *tro* ‖ 4 *tro* ‖

$$4\,da\;|\;-\overline{\cup\cup}-\cup\cup-\cup\underline{\cup}-\;\|.$$

(2) In Aesch. *Eum.* 490–565 wird die lyrische Peripetie des Dramas metrisch durch das Spannungsverhältnis von *tro* und *ia* strukturiert. α' (die warnenden Prognosen): rhythmisch ambivalent *lec* | *2cr lec* | *2cr* | *cr 2lec* ‖, doch 496–8 in $-\cup\underline{\cup\cup}\cup-\cup-\times|\;2lec\;\|$ die trochäische Lösung. In β' weiter *lec*. -γ' (die Paränesen): zunächst weiter das *cr-lec*-Motiv, die autoritativen Zitate und Prinzipien markant in *da*, am Ende aber textgemäß der Umschlag in $\cup-\cup---\cup---\cup\cup--\cup--\|$: die Jamben, in die abschließend δ' (die Verheißung) gefaßt ist.

(3) Die von der Alten Komödie befehdete und parodierte Technik der Avantgarde, Texte frei durchzukomponieren (vgl. z. B. Eur. *Or.* 1369–1502: Ar. *Ran.* 1329–64) ist in der Arie des Epops Ar. *Av.* 227–62 in ein Potpourri der melischen Verskunst umgesetzt: 227–9 der Übergang vom Naturlaut zur Sprache (gefunden im *trim* 229 ἴτω τις ὧδε), dann in 5 Sätzen (230 ὅσοι, 234 und 238 ὅσα, 244 οἵ, 250 ὧν) der Aufruf der Vogelwelt, die 3 ersten mit *do*-Leitmotiv in bunter Mischung: (1) *2do* | $\cup$ *e* $\cup$ *D* | *D* (s. u. 6.5.2) | *3tro* |, (2) *do* ($\cup\underline{\cup\cup}\;\underline{\cup\cup}\;\cup\;\underline{\cup\cup}$) | *3tro* | *do* |, (3) *ion* | *do* | und eine Kaskade von 20 Brevia = *2ia do* (oder *do 2ia*) |, abgeschlossen von *2an* ($\cup\cup\;\underline{\cup\cup}\;\cup\cup\;\underline{\cup\cup}\;|\;\cup\cup---$) |, (4) und (5) dann jeweils homogen *cr* und *da*, 255 schließlich in gewichtigen *sp* die Begründung, 258 in *tro* die Wiederholung des Aufrufs und die Rückkehr von der Sprache in den Naturlaut.

6.5.2 Nicht κατὰ μέτρον gebaute Verse

Gemeinsames Merkmal der beiden Hauptformen nicht κατὰ μέτρον gebauter Verse (der Daktyloepitriten und der Aeolica) ist das Prinzip, in ihren Ablauf Sequenzen mit doppelter (...–∪∪(–) ...) und einfacher Kürze (...–∪(–) ...) zu integrieren.

Daktyloepitriten: Nach der daktylischen Gruppe –∪∪–∪∪– und der 'epitritischen' (d. h. im Zeitverhältnis 3:4/4:3 stehenden) Elementenfolge – ∪ : – – / – – : ∪ – benannt, setzen die Daktyloepitriten die Technik der Epoden und Asynarteten (*6.4*) fort, verschmelzen aber ihre heterogenen Gruppen 'synartetisch' eng miteinander (vgl. Heph. *Ench.* 15). Sie finden sich zuerst bei Stesichoros, sind bei Simonides, Pindar und Bakchylides das chorlyrische Versmaß und begegnen auch in den Stasima der Tragödie (singulär häufig in Eur. *Med.*).

Die Elementargruppen sind nach P. Maas

$$\begin{array}{ll} -\cup\cup-\cup\cup- & D \\ -\cup\cup- & d^1 \\ \cup\cup- & d^2 \end{array} \qquad \begin{array}{ll} -\cup-\times-\cup- & E \\ -\cup- & e \end{array}$$

Zwischen diese Gruppen tritt als Bindeglied meist ein (in der Regel langes) Anceps; ein solches Anceps kann auch den Anfang und den Schluß der Perioden bilden.

Die Strophe von Stesich. *PMGF* 222 (b) P.-Davies lautet in daktyloepitritischer Interpretation:

$$\overbrace{\qquad E \qquad}$$

D × D × e × e ×

1. – ⏑⏑ – ⏑⏑ – ⋮ ⏓ – ⏑⏑ – ⏑⏑ –   – ‖   D ⋮ × D – ‖
2.   – ⏑⏑ – ⏑⏑ – ⋮ ×   – ⏑ – – ‖   D ⋮ × e – ‖
3. – ⏑⏑ – ⏑⏑ – ⋮ × – ⏑⏑ – ⏑⏑ –   – ‖   D ⋮ × D – ‖
4. – ⏑⏑ – ⏑⏑ – | × – ⏑⏑ – ⏑⏑ – ⋮ ⏓   – ⏑ – – ‖   D | × D ⋮ × e – ‖
5. – ⏑⏑ – ⏑⏑ – | ×   – ⏑ – × – ⏑ –   – ‖‖

D | × E – ‖‖

Die gelegentlich 'daktylische' Doppelkürze im Anceps, durch die der 1. Vers z. B. zum *hex* wird, ist eine Eigenheit des Stesichoros.

Der Grundduktus D → e/E kehrt in vielen Variationen auch bei den Chorlyrikern wieder. Die metrische Partitur von Pind. *Pyth.* 12 würde mit Ausnahme eines einleitenden (langen) Anceps und eines letzten e – ‖‖ genau unter die Siglenspalte der stesichoreischen Strophe passen: ¹– D – D ‖ ²D – D| ³– D – E‖ ⁴D ⋮ – D‖ ⁵– D – E‖ ⁶– D   E‖ ⁷D × e‖ ⁸E – e –‖‖. Spätere Oden sind in der Durchführung raffinierter, aber im Prinzip nicht schwieriger.

Die metrischen Umschriften der pindarischen und bakchylideischen Lieder sind in den Snell-Maehler'schen Teubnerausgaben über den jeweiligen Texten und instruktiv gesammelt im Metrorum Conspectus Pind. II (1989) 178–83 und in der Praefatio *Bacchyl.* (1970) XXIII–XXIX dargestellt.

Die **äolischen Versmaße**: Ihre unverwechselbare Eigenart beruht darauf, daß – ⏑⏑ und – ⏑ innerhalb der unteilbaren Struktur einzelner Kola alternieren. Sie heißen 'äolisch', weil sie in der Verskunst von Sappho und Alkaios zuhause sind; doch haben sie sich von hier alsbald in nahezu alle Bereiche der Melik ausgebreitet. Das silbenzählende Prinzip (das z. B. die Teilung eines Longum ausschließt) ist jedoch auf die genuin äolische Verskunst beschränkt geblieben.

Die Grundkola äolischer Lieder sind mit ihren überwiegend antiken Namen:

der Glyconeus	⚬⚬ – ⏑⏑ – ⏑ –	*gl*
der Pherecrateus	⚬⚬ – ⏑⏑ – –	*ph*
der Hipponacteus	⚬⚬ – ⏑⏑ – ⏑ – –	*hipp*
der Telesilleus	× – ⏑⏑ – ⏑ –	*tel* (= ˰*gl*)
das Reizianum	× – ⏑⏑ – –	*reiz* (= ˰*ph*)
der Hagesichoreus	× – ⏑⏑ – ⏑ – –	*hag* (= ˰*hipp*)

Letztlich handelt es sich um die Varianten **eines** Grundkolons. ⚬⚬ bezeichnet die von G. Hermann als '(äolische) Basis' beschriebene Erscheinung zweier Ancepspositionen ××,

6.5 Die Verskunst der Lieddichtung

die jedoch in der Regel als – –, – ∪ oder ∪ –, nur ausnahmsweise als ∪ ∪ realisiert werden: die Meidung von ∪ ∪ ist in ∘∘ ausgedrückt. – Zum *hag* vgl. *6.5.1* a. E.

Bei Sappho und Alkaios pflegen die Grundkola nicht in schlichter Reihung wie Anacr. 358 *gl | gl | gl | ph* ||| oder in adesp. *PMG* 976 4*hag* || vorzukommen, sondern mit inneren und äußeren Erweiterungen.

Bei der inneren Erweiterung wird innerhalb des Grundkolons die 'choriambische' Elementenfolge – ∪ ∪ – (Index^c) oder die 'daktylische' Elementenfolge – ∪ ∪ (Index^d) 1- bis 3mal wiederholt: z. B. in den Verszeilen Sapph. 130/1. 115. 55

∘∘ – ∪ ∪ '– ∪ ∪' – ∪ – ||	*gl^d* ||
∘∘ – ∪ ∪ '– ∪ ∪ – ∪ ∪' – – ||	*ph^{2d}* ||
∘∘ – ∪ ∪ – '– ∪ ∪ – – ∪ ∪ –' ∪ – ||	*gl^{2c}* ||.

In Sapph. 94 ist ein solcher Vers mit dem Grundkolon zu einer triadisch gebauten Strophe verbunden: *gl* || *gl* || *gl^d* |||.

Bei der äußeren Erweiterung wird die äolische Gruppe vorn oder/und hinten um iambische Metren verlängert: vorn um (× – ∪ –) × – ∪ – (2) *ia* oder – ∪ – *cr*, hinten um × – ∪ – *ia* oder (häufiger) um ∪ – – *ba*. Ein einfaches Beispiel ist die singuläre Strophe Sapph. 96: *cr* 3*gl ba* |||. Das entscheidende Indiz für die Bestimmung dieser Verse liegt in den Ancepspositionen der äolischen Basis (in ∘∘ oder ×). Für die sapphische Strophe (Sapph. 1.2.5.16 usw., Alc. 34.42 usw.) ergibt sich dann die triadische Bauform

– ∪ – × – ∪ ∪ – ∪ – – ||	*cr hag* ||	[a]
– ∪ – × – ∪ ∪ – ∪ – – ||	*cr hag* ||	[a]
– ∪ – × – ∪ ∪ – ∪ ‿ × ⁚ – ∪ ∪ – – |||	*cr tel reiz* |||	[b],

für die alkäische Strophe (Alc. 72. 119. 129. 326 + 208 usw.) die triadische Bauform

× – ∪ – × ⁚ – ∪ ∪ – ∪ – ||	*ia tel* ||	[a]
× – ∪ – × ⁚ – ∪ ∪ – ∪ – ||	*ia tel* ||	[a]
× – ∪ – × – ∪ ‿ × ⁚ – ∪ ∪ '– ∪ ∪' – ∪ – – |||	2*ia hag^d* |||	[b].

In der sapphischen Strophe besteht die Erweiterung des 3. Verses in der Verschmelzung der beiden kürzeren Varianten des *hag*, in der alkäischen in der Verdoppelung des *ia* und in der inneren Erweiterung der längeren Variante des *tel*.

Der von der Tradition geadelte Vierzeiler der Ausgaben ist in beiden Strophen durch das irreführend häufige, aber eben nicht obligate Wortende in 3 … ∪ ‿ × ⁚ – ∪ ∪ … entstanden; Synaphie ist in der sapphischen Strophe gar nicht so selten (Sapph. 1,11/12. 19/20; 2,3/4; 16,3/4: Alkaios scheint stets Wortende zu haben), in der alkäischen dagegen äußerst selten (Alc. 75,13/[14 und 208,11]/12 V.)

Alle bisher bekannten Verse und Strophen der Verskunst der Lesbier sind im Conspectus Metrorum der Ausgabe von Eva-Maria Voigt (1971) 15–26 zusammengestellt.

Bei Anakreon und im attischen Drama dominieren als Bauform die Grundkola, zentral der *gl* und im Drama seine von P. Maas nach ihrem Entdecker *wil(amowitzianus)* genannte Variante ○○ − × − ∪∪ −.

Schon bei Sappho 96,7 (und 95,9) erscheint in der Strophe *cr 3gl ba* ||| als Äquivalent des *gl* das Kolon − ∪ − ∪ − ∪∪ −. Bei Anakreon 357,5 kehrt es in einer stichisch gebauten *gl*-Strophe in der Form − − − ∪ − ∪∪ − wieder und wird dann zum charakteristischen Kolon der äolischen Lieder der Tragödie, namentlich des Euripides. Es liegt nahe, es als 'anaklastische' Form des *gl* zu fassen: ○○ − ∪‘∪ −' ∪ −| → ○○ − ∪‘− ∪'∪ −|.

Ein instruktives Beispiel für die Verwendung des *wil* und die freiere Bauform der Kola ist Eur. *Phoen.* 202–308; hier die Strophe 202–13 = 214–25:

202 = 214	⌣ ∪ − ∪∪ − ∪ −|	*gl* |
	− × − ∪∪ − ∪ −|	*gl* |
	− − − ∪∪ − −|	*ph* |
205 = 217	− − − ∪∪ −|	ˬ*wil* |
	⌣ ∪ − ∪∪ ⌣ ∪ −|	*gl* |
	− − − ∪∪ − −||	*ph* ||
	⌣ ∪ − ∪∪ − ∪ ⌣	} 2 *gl* |
	− − − ∪∪ ⌣ ∪ −|	
{ 210	⌣ ∪ − − − ∪∪ −|	*wil* | }
{ = 222	⌣ ∪ − ∪∪ − ∪ −|	= *gl* | }
211 = 223	⌣ ∪ − ∪∪ − ∪ −|	*gl* |
	− − − ∪∪ − ∪ −|	*gl* |
	− − − ∪∪ − −|||	*ph* |||

In der Chorlyrik stehen neben den einfachen äolischen Strophen des Bakchylides die äußerst komplizierten, teils noch nicht ganz verstandenen, teils mit unserem Instrumentarium nur schwer beschreibbaren Aeolica Pindars. Den Weg zu ihrem Verständnis hat B. Snell in den die metrischen Strukturen sozusagen partiturhaft veranschaulichenden Analysen seiner Teubnerausgabe gewiesen. M. L. West ist auf diesem Weg bereits weiter vorangekommen. So ist Pindar denn auch in der Metrik ein weites Feld.

V
Geschichte der griechischen Welt

1 Archaische und klassische Zeit

Gustav Adolf Lehmann

1.1 Die mykenische (Vor-)Zeit

Zur Orientierung sind zunächst einige Vorbemerkungen erforderlich: Als eigentlicher *Beginn der antiken griechischen Geschichte* darf zu Recht die auf die Zeit um 2000 datierbare Einwanderung von indogermanischen Bevölkerungsgruppen in die Balkanhalbinsel gelten, die aus osteuropäisch-eurasiatischen Bereichen wesentliche Elemente der griechischen Sprache mitgebracht haben. Dabei trafen die Neuankömmlinge auf die überlegene Zivilisation einer auch zahlenmäßig starken ägäischen Vorbevölkerung (sog. Helladische Kultur). Im vorgerückten 3. Jahrtausend lassen sich – besonders eindrucksvoll in der Argolis (Lerna) – große, befestigte Siedlungsanlagen und Anfänge einer differenzierten Palastkultur (annähernd gleichzeitig mit dem Aufstieg der Kultur des frühminoischen Kreta im südlichen Ägäisbereich) beobachten.

1.1.1 Nach dem Umbruch um 2000 bedurfte es eines langen Prozesses der Akkulturation und Vermischung mit dem ägäischen Bevölkerungssubstrat, bis sich auf dem griechischen Festland, und zwar erneut in der Argolis, ein überregionales Zentrum – parallel mit der zweiten Blütezeit des minoischen Kreta der 'Neuen Paläste' – herausbilden konnte: Seit dem frühen 16. Jh. ('Späthelladisch'/Myk. I) steht der Fürstensitz von Mykenai im Mittelpunkt einer in enger Anlehnung an das kretische Vorbild als Hof- und Residenzkultur entwickelten mykenisch-frühgriechischen Kulturstufe. Bald traten weitere Palast- und Herrschaftszentren in Lakonien (Sparta/Menelaion, Amyklai), Messenien (Pylos), Boiotien (Theben, Orchomenos, Gla), Attika (Eleusis, Athen), Aitolien (Kalydon) sowie in Thessalien (Iolkos) hinzu, die im Rahmen einer erstaunlich einheitlichen, bürokratisch zentralisierten Verwaltung auch das jüngere System der kretischen Linear-Silbenschrift (Linear B; vgl. *III 1.1.1*) übernahmen. Diese frühgriechischen Königsburgen begegnen uns bezeichnenderweise auch als Zentren eigenständiger Sagenkreise innerhalb der späteren 'klassischen' Tradition und ihrer 'Rückerinnerung'. Seit der Mitte des 15. Jh.s hat offenbar eine festländisch-frühgriechische Dynastie und Herrenschicht sogar über Kreta und im Palastzentrum von Knossos geboten, während sich die Kontakte mit dem Großmächte- und Staatensystem im vorderasiatisch-ostmediterranen Bereich weiter intensivierten (s. H.-G. Buchholz, *Ägäische Bronzezeit*, Darmstadt 1987).

Auf die historisch – auch im Hinblick auf die homerische Sagentradition – wichtige Frage, ob es in dieser Epoche zumindest zeitweilig ein 'Agamemnon-Großreich' des Königs von Mykenai gegeben habe, lassen sich inzwischen anhand der Informationen aus zeitgenössischen ägyptischen und hethitischen Dokumenten deutlichere Antworten geben: neben dem kretisch-ägäischen Reich von Knossos (Kaptaru / Kaphthor / *Kafta = Kreta) begegnet hier das Reich von *Danaja (Danaoi-Ethnikon / Danaos-Mythos!) mit dem Zentrum von *Mukana – Mykenai, das neben den Kernlandschaften der Peloponnes und der Insel Kythera offenbar auch die Region der 'Thebais' umspannt hat. Darüber hinaus finden sich im Reichsarchiv der Hethiter (in Boghazköy-Hattuscha) für das 14. und 13. Jh. zahlreiche (zumeist jedoch sehr fragmentarische) Hinweise auf eine ägäische Macht von Achijawa (Achaiwoi – Ethnikon!), die am Westrand Kleinasiens und im Südosten der Ägäis als Rivale wie als unabhängiger Partner des hethitischen Großreiches aufzutreten vermochte (vgl. G. A. Lehmann, *Die mykenisch-frühgriechische Welt und der östliche Mittelmeerraum in der Zeit der 'Seevölker'-Invasionen um 1200 v. Chr.*, Opladen 1985, 8–12 u. dens., HZ 262, 1996, 1–38).

1.1.2 Parallel mit dem plötzlichen Zusammenbruch der anatolischen Zentren des Hethiterreiches sind in den Stürmen der 'Seevölker'-Bewegung, die schon geraume Zeit vor 1200 – aus Bereichen nördlich bzw. nordwestlich der mykenischen Welt – den Ägäisraum und das östliche Mittelmeerbecken zu infiltrieren begann, auch die großen, hochorganisierten Herrschaftszentren des frühgriechischen Festlandes und Kretas untergegangen. Der abrupte Verlust der Linear B-Schriftkultur kennzeichnet die Tiefe dieser historischen Zäsur, auch wenn sich im späten 12. Jh. noch einmal an einigen der alten Königsburgen, aber auch in zuvor eher als Randgebiete einzuschätzenden Regionen eine Spätblüte der mykenischen Residenzkultur (innerhalb der Phase Späthelladisch III C: ohne Palastverwaltung und Schriftlichkeit) zu entfalten vermochte (vgl. Sigrid Jalkotzy, in: J. Latacz [Hrg.], *Zweihundert Jahre Homer-Forschung*, Stuttgart–Leipzig 1991, 127–154).

1.2 Die 'Dunklen Jahrhunderte' und die Herausbildung des Polis-Gemeindestaates

1.2.1 Auf den Zusammenbruch der mykenischen Palastzentren, ihrer Zivilisation und des Kernbereichs ihrer politisch-sozialen Strukturen folgten in Griechenland nahezu vier 'Dunkle Jahrhunderte', deren geschichtliche Ereignisse weitgehend verschollen sind. Nur im Hinblick auf einige grundlegende Entwicklungen sowie elementare kulturelle und politisch-soziale Verhältnisse lassen sich hier historische Aussagen machen: So ist erst in spätmykenischer Zeit (12./11. Jh.) die Gräzisierung Zyperns durch eine massive Abwanderungsbewegung von der Peloponnes her erfolgt. Im Verlauf des 11./10. Jh. hat sich an diese Bewegung dann eine Zuwanderung nordwestgriechischer resp. 'dorischer' Bevölkerungselemente in die Küstenregionen der Peloponnes angeschlossen und damit die Basis für die Ausbildung des peloponnesischen Doriertums mit seiner charakteristischen, auf echten Ethnonymen basierenden Phylen-(= 'Stämme') Ordnung geschaffen.

Die peloponnesische Doriergemeinschaft hat man sich am ehesten als eine 'Stämme-Föderation' vorzustellen, welche einheimisch-frühgeschichtliche Bevölkerungsteile (die Phyle der 'Pamphyloi' – das 'Allerweltsvolk'), nordwestgriechische Zuwanderer (die Phyle der Dymanes) und als vornehmstes Element eine bereits etablierte ('Seevölker'-) Krieger-/Herrenschicht (die Phyle der 'heraklidischen' Hylleer, die ihrem ethnischen Ursprung nach offenbar dem adriatischen Raum entstammten) dauerhaft in einem größeren Herrschaftsverband zu integrieren vermochte (vgl. N. F. Jones, «The order of the Dorian Phylai», *CPh* 75, 1980, 197–205; A. Heubeck – G. Neumann, «Die Namen Hyllos u. Hylleis», *Glotta* 63, 1985, 4–7). Auf die Genese des peloponnesischen Doriertums folgte ca. 1000 v. Chr. die Dorisierung Kretas und der Dodekanes (bis an die kleinasiatische Küste) durch die Δωριέες τριχάικες («die in drei Abteilungen gegliederten Dorier», Hom. *Od.* 19, 177). Allein im isolierten Bergland Arkadiens – und auf Zypern! – konnte sich der alte ostgriechisch-peloponnesische Dialekt (*III 1.2.3*), der wichtige Übereinstimmungen mit der Linear B-Kanzleisprache der mykenischen Palastzeit aufweist, erhalten.

1.2.2 An die Stelle der mykenischen 'Reichszivilisation' war eine Vielfalt kleinerer 'Kulturgemeinschaften' sowie eigenständiger Regionen und Gemeinwesen getreten.

Charakteristisch für die tiefgreifenden Veränderungen in der Herrschaftsorganisation ist nicht zuletzt die Tatsache, daß sich der homerische, gemeingriechische Begriff für das 'Königtum' (βασιλεύς) von der (Linear B-) Amtsbezeichnung qa-si-re-u (*g^wasileus) eines lokalen Vorstehers der mykenischen Zeit herleitet, der offenbar räumlich wie administrativ von den eigentlichen Spitzenpositionen innerhalb der Palasthierarchie weit entfernt war (*III 1.1.2*); freilich wurde der Anspruch nicht nur auf die Anrede mit dem altehrwürdigen, mykenisch-frühgriechischen Königstitel *wanaks/ἄναξ, sondern generell auch auf eine sakrale Herrschergewalt von den 'Kleinkönigen' der 'Dunklen Jahrhunderte' aufrechterhalten.

An die Stelle der bürokratisch-zentral kontrollierten Ordnungen der Zeit der Linear B-Archive traten kleinere Lebens- (und Überlebens-) Gemeinschaften: neben dem lokalen 'Gemeinde'-Kollektiv (Demos) gentilizische, unter adliger Führung stehende Geschlechter- (Genos-) und Verwandschafts- (Phratrien-) Verbände, die sich ihrerseits in großen Stammesgemeinschaften (Phylen, s. o) zusammenfassen ließen (vgl. auch P. Funke, «Stamm und Polis», in: J. Bleicken [Hrg.], *Colloquium aus Anlaß d. 80. Geburtstages von A. Heuß,* Kallmünz Opf. 1993, 29–48).

1.2.3 Schon im 11./10. Jh. ist aus Mittelgriechenland und vor allem aus der (in der Katastrophenphase weniger heimgesuchten) Region Attika eine Kolonisationsbewegung, die sog. *Ionische Wanderung*, hervorgegangen, die den zentralen Ägäisraum und besonders die Westküste Kleinasiens erfaßte (wichtigste Siedlungen: Milet, Ephesos, Kolophon, Teos, Kyme sowie Smyrna und Phokaia).

Auch zur Levante hin sind, wie die Funde aus dem Siedlungs- und Herrschaftszentrum Lefkandi auf Euboia aus der Zeit der protogeometrischen Stilstufe (10. Jh.) gezeigt haben, die wechselseitigen Verbindungen niemals abgerissen; vgl. P. Blome, «Lefkandi u. Homer», *WJbb* 10 (1984) 9–22. So ist die geniale Erfindung eines phonetischen, leicht erlernbaren Alphabetsystems auf der Basis der kanaanäisch-phönikischen Konsonantenschrift (wahrscheinlich Ende 9. Jh.), das sich alsbald in verschiedenen Versionen über die ganze griechische Welt verbreitete, nur in einem verständnisvollen Austausch bzw. in einem engeren semitisch-griechischen Kontaktbereich (auf Zypern oder im nordsyrischen Al Mina?) möglich gewesen. Schriftgebrauch und -kultur konnten fortan in der griechischen Welt zum geradezu selbstverständlichen Gemeinbesitz weiter Bevölkerungskreise werden (vgl. A. Heubeck, «Schrift», in: H.-G. Buchholz [Hrg.], *Archaeologia Homerica,* Göttingen 1979, Bd. 3 Kap. X, 75–80 u. Chr. Marek, «Euboia und die Entstehung der Alphabetschrift», *Klio* 75, 1993, 27–44).

1.2.4 Wie die Ausgrabungen u. a. in Alt-Smyrna gezeigt haben, hat sich zuerst in den von der fremdstämmigen Bevölkerung des anatolischen Hinterlandes abgesonderten Ansiedlungen im ionischen Kolonisationsgebiet der Typus der autonomen Gemeindesiedlung (Polis: ursprüngl. Bedeutung 'Burg', 'Bollwerk') mit einem engen, dafür umso intensiveren Stadtleben und Gemeinschaftsgefühl, aber auch mit deutlich über das traditionelle Königtum hinausgreifenden Institutionen herausgebildet.

Dabei wurde die Abschließung der Polis-Gemeinden nach außen durch die rege Teilnahme und Teilhaberschaft der führenden Adelsgeschlechter an den großen Festgemeinschaften der überlokalen und überregionalen Heiligtümer (u. a. das Apollonheiligtum von *Delos,* das panionische Poseidon-Heiligtum am *Mykale*-Vorgebirge, das milesische Branchiden-Orakel von *Didyma*) mehr als kompensiert. Vom geistigen und sozialen Leben sowie der Staats- und Gesellschaftsordnung innerhalb der Adelskultur der früharchaischen Zeit läßt sich vor allem aus den großen homerischen Epen Aufschluß gewinnen, sofern der spezifische Charakter einer Heldendichtung und die Vielschichtigkeit in den fortwirkenden Traditionsbeständen und bewußt archaisierenden 'Rückerinnerungen' angemessen berücksichtigt werden (vgl. gegenüber den besonders von M. Finley, *Die Welt des Odysseus,* München 1979 [engl. Orig. 1954] inspirierten Interpretationsmustern den kritischen Forschungsüberblick von Fr. Gschnitzer, «Zur homerischen Staats- und Gesellschaftsordnung: Grundcharakter und geschichtliche Stellung», in: *Zweihundert Jahre Homer-Forschung* [o. *1.1.2*] 182–204); von einer vorstaatlich-'segmentären' Gesellschaft unter einem formlosen Regiment sog. Oikos-Herren ('big men') kann schlechterdings keine Rede sein.

1.2.5 Von Ionien aus hat der neue Typus gemeindestaatlich-städtischer Organisation, der auch auf schmaler lokaler Basis enorme Energien zu entwickeln vermochte, über die Inselwelt der Ägäis hinweg schließlich das griechische Mutterland mehr und mehr erfaßt; dort blieb freilich noch lange die dörfliche Siedlungsweise vorherrschend. In den mittel- und nordwestgriechischen Landschaften haben sich überdies die älteren stammstaatlichen Strukturen hartnäckig und schließlich – nach gründlicher Umformung zum Bundesstaat – sogar erfolgreich gegen das Selbständigkeitsstreben der lokalen Polis-Gemeinden behaupten können. Auf das Ganze der griechischen Staatenwelt gesehen, erlangte jedoch der kleinräumige Polis-Gemeindestaat spätestens im Zeitalter der Kolonisation (8.–6. Jh.; s. u. *1.3.1–2*) die Dominanz.

Mit dem Aufstieg des Polisstaates und den schon zu Beginn der Kolonisationsphase einsetzenden Rückwirkungen im sozialen und ökonomischen Bereich ist ein verfassungspolitisch fundamentaler Wandel offenkundig verbunden: die – teilweise schon im vorgerückten 8. Jh. absehbare – 'Mediatisierung' und konstitutionelle Umgestaltung des traditionellen Erbkönigtums, oft zu einem bloß sakralen Jahres-Wahlamt. Von diesem Umbruch haben zunächst die sozio-politisch und ökonomisch immer mächtiger werdenden Adelsgeschlechter profitiert. Statt in regellose Adelsherrschaft oder gar in den Zustand einer 'vorstaatlichen Anarchie' mündete die Entwicklung in vielen griechischen Staatswesen jedoch umgehend in eine Phase konstruktiver Neuordnungen – vor allem in der Ausgestaltung des Ämterwesens – und Weiterentwicklungen bereits bestehender Institutionen. In den griechischen Gemeinwesen auf Zypern, das ab 708 v. Chr. unter die Oberhoheit des Neuassyrischen Reiches geriet, blieb dagegen das traditionelle Stadtkönigtum mit seinen durchaus despotischen Zügen bestehen.

1.2.6 Der Triumph des grundbesitzenden Adels über die Königsmacht erwies sich zwar bald als irreversibel, doch war die Exklusivität seines Zugriffs auf die bestehenden Institutionen zumeist nur von kurzer Dauer. Die eigentliche Triebfeder für die seit dem frühen 7. Jh. mannigfach bezeugten verfassungspolitischen Aktivitäten in der griechischen Staatenwelt, die sich verschiedentlich bereits in Gesetzeskodifikationen niederschlugen, war vielmehr ein grundlegender Wandel im Heerwesen dieser Zeit (vgl. K.-J. Hölkeskamp, «Tempel, Agora u. Alphabet. Die Entstehungsbedingungen von Gesetzgebung in der archaischen Polis» in: H.-J. Gehrke [Hrg.], *Rechtskodifizierung u. Soziale Normen*, Tübingen 1994, 135–157). Mit der Wende zum 7. Jh. hat sich allgemein in der griechischen Welt (eine wichtige Ausnahme blieben das Reiterland Thessalien und seine im Norden und Nordwesten angrenzenden Nachbarlandschaften) die Kampfesweise des in festen Reihen gestaffelten Gewalthaufens (griech. Phalanx = 'Walze') eines schwergerüsteten Aufgebots aus mehrheitlich nichtadligen Schichten gegenüber den bisherigen Formen des ritterlichen Einzelkampfes adliger Berufskrieger, wie er noch in den homerischen Epen ganz im Vordergrund steht, durchgesetzt.

Schon die großen patriotischen Dichtungen eines Kallinos von Ephesos und Tyrtaios von Sparta (Mitte des 7. Jh.; *IV 1.3.3*) dokumentieren, wie an die Stelle der alten Adelsethik eines ganz persönlichen, kompetitiven Heldentums ein neuer, 'bürgerlicher' Wertekanon tritt, in dem Kameradschaft und Solidarität im Einsatz für das gemeinsame Polis-'Vaterland' an der Spitze stehen.

1.2.7 Mit dem Wandel im Kriegswesen vollzog sich in unterschiedlichen Formen auch ein prinzipieller Wandel im Bereich des Rechts und der politischen Institutionen des frühachraischen Polis-Staates. Gegen die auf ihrer traditionellen Führerstellung beharrenden Adelsgeschlechter setzte sich schließlich die Tendenz durch, allen freien Polisangehörigen, die für ihre Heimat in der Phalanx als Hopliten (d. h. als Krieger, die sich nach ihrem privaten Vermögen neben Schwert und langer Stoßlanze auch die äußerst kostspieligen Schutzwaffen – Metallhelm, Rundschild, Beinschienen und Brustpanzer – zu beschaffen hatten) mit Leib und Leben einstanden, ohne Rücksicht auf Erbcharisma und Abstammung politische Partizipations- und Bürgerrechte zu verleihen.

Die politischen Mitwirkungsrechte im Hopliten-/Bürger-Verband konnten noch hinsichtlich des besonderen Einsatzes innerhalb der Phalanxreihen selbst weiter abgestuft werden. Denn in den ersten Reihen der Phalanx, deren (relativ einfache) Taktik darauf hinauslief, den Feind im Zusammenstoß durch disziplinierten Massendruck zu überwältigen, hatten vornehmlich die wohlhabendsten Hopliten ihren Platz; nur sie konnten die Kosten für eine teure Vollrüstung (*Panhoplie*) aufbringen, mußten damit aber auch den gefährlichsten Anteil im Kampf auf sich nehmen.

Statt der Zugehörigkeit zu den alten Adelsgeschlechtern wurde daher allgemein das wirtschaftliche Leistungsvermögen des Hopliten-Phalanxkämpfers zum entscheidenden Kriterium bei der Zuteilung politischer Rechte und Entscheidungskompetenzen (vgl. U. Walter, *An der Polis teilhaben. Bürgerstaat und Zugehörigkeit im archaischen Griechenland*, Stuttgart 1993). Aber nicht Höhe und Gewicht der fallweise zu leistenden Beiträge, sondern die Rangabstufungen und die Binnengliederung der Hopliten-Phalanx als Gesamtverband der wahl- und entscheidungsberechtigten 'Krieger-Genossenschaft' standen im Zentrum der auf Schätzungsklassen (τιμή) basierenden 'Zensus'-Ordnungen, wie sie für die ausgeformte archaische Polis-Verfassung weithin charakteristisch geworden sind.

Weitere bibliographische Hinweise: gründliche Zusammenfassung der Forschungsdiskussion bei W. Schuller, *Griech. Geschichte* (München ³1990); s. auch die umfassende Darstellung von D. Musti, *Storia Greca* (Roma–Bari 1989); K.-W. Welwei, *Die griech. Polis* (Stuttgart 1983); Fr. Gschnitzer, *Griech. Sozialgeschichte von der mykenischen bis zum Ausgang der klassischen Zeit* (Wiesbaden 1981); Sigrid Deger-Jalkotzy (Hrg.), *Griechenland, die Ägäis u. die Levante während der 'Dark Ages'* (Wien 1983); J. Latacz, *Kampfparänese, Kampfdarstellung u. Kampfwirklichkeit in der Ilias, bei Kallinos u. Tyrtaios* (München 1977); V. D. Hanson (Hrg.), *Hoplites. The Classical Greek Battle Experience* (London–New York 1991).

1.3 Das Zeitalter der griechischen Kolonisation und der Ständekämpfe

1.3.1 In der Anfangsphase der großen Kolonisationsbewegungen, die ab der Mitte des 8. Jh.s schließlich alle Küstenbereiche der Mittelmeerwelt und des Schwarzen Meeres erfaßt haben, hat offensichtlich der Adel des euböischen Stammstaates der Abanten (Hom. *Il.* 2,536 ff.) eine wichtige Rolle gespielt. Wie die Funde aus Lefkandi (*1.2.3*) gezeigt haben, hat man hier schon im 10./9. Jh. über feste Beziehungen zur Levanteküste verfügt, wo gegen 800 griechische Handelsplätze bei Tell Sukas und Al Mina (nahe der Orontesmündung) angelegt wurden. Nach Ausweis der Funde (mit großen Anteilen euböisch-geometrischer Keramik) erfolgte nur wenig später weit im Westen die dauerhafte Festsetzung in einem *emporion* auf der Insel Pithekussai (Ischia) im Golf von Neapel, bei dessen Anlage offenkundig die Gewinnung von Rohstoffen wie hochwertiges Eisenerz, Kupfer, Blei etc. im Mittelpunkt des Interesses gestanden hat. Ab der Mitte des 8. Jh.s setzte mit der Gründung von Kyme – der Mutterstadt Neapels – der planmäßig anmutende Aufbau einer Kette euböisch-griechischer Siedlungskolonien ein, die die kampanische Küste, die Meerenge zwischen Unteritalien und Sizilien (Rhegion u. Zankle / später Messana) sowie Ostsizilien (Naxos, Katane und Leontinoi) miteinander und mit der griechischen Westküste verband – denn Korkyra ist zunächst eine euböische Kolonie gewesen, bevor es den Status einer Tochterstadt von Korinth erhielt. Ein weiteres Kolonisationsgebiet der euböischen Aristokratie stellte die Chalkidike-Halbinsel und die von thrakischen Stämmen besiedelte Nordküste der Ägäis dar (s. D. Knoepfler, «The calendar of Olynthus and the origin of the Chalcidians in Thrace», in: J.-P. Descoeudres [Hrg.], *Greek colonists and native populations*, Oxford 1990, 99–115).

Diese Entwicklung ist nicht ohne das konkrete Vorbild der gleichfalls erst im späten 9. Jh. einsetzenden West-Kolonisation der kanaanäisch-phönikischen Metropolen Sidon-Tyros (sowie Byblos und Arados) denkbar, die zu Beginn des 1. Jahrtausends lediglich auf Zypern (Kition) Fuß gefaßt hatten und sich im westlichen Mittelmeerraum noch auf rein saisonale Expeditionen zur Beschaffung von Rohstoffen beschränkten. Eine massive Auswanderungsbewegung aus den kanaanäischen Seestädten der Levante in das westliche Mittelmeer (bis zur iberischen und marokkanischen Atlantikküste) erfolgte dann primär unter dem brutalen Expansionsdruck des Neuassyrischen Großreiches auf die Staaten und Stämme Syriens (vgl. W. Mayer, *Politik und Kriegskunst der Assyrer*, Münster 1995, bes. 259–267). Demgegenüber rekrutierte die euböische Aristokratie die Siedler-Bevölkerung für ihre Stützpunkte in Unteritalien und Sizilien aus recht unterschiedlichen Einzugsbereichen – von benachbarten Festland-Regionen, aber auch von abhängigen Inseln und Küstenplätzen in der Ägäis. Mit diesen Kolonisten gelangten daher (neben entsprechenden Ortsnamen wie Kyme und Naxos) auch die Ethnonyme der südthessalischen *Hellânes* (*Megale Hellas / Magna Graecia* sowie *Pan-Héllenes*) und der boiotisch-attischen *Graes / Graikoi* um Tanagra und Oropos (= Graeci / Griechen) in den fernen Westen. Von dort aus stiegen sie sehr rasch zu umfassenden Selbst- bzw. Fremdbezeichnungen für die gesamte griechische Staaten- und Kulturwelt auf; der homerischen Zeit waren diese noch völlig unbekannt (vgl. H. E. Stier, *Die geschichtliche Bedeutung des Hellenennamens*, Opladen 1970). Der polare, von Anfang an jedoch hinzugehörende Gegenbegriff zu *Pan-Héllenes* (bald verkürzt zu *Héllenes*), nämlich βάρβαροι, verweist dabei lautmalend-drastisch auf die Sprachbarrieren gegenüber der fremden, unverständlichen Umwelt. Für die verbindliche Ausfüllung dieses für das Selbstverständnis der hellenischen Staatengemeinschaft außerordentlich wichtigen Begriffspaares sollten sich jedoch die verfassungspolitischen, soziokulturellen und religiös-ethischen Differenzen – spätestens mit dem Beginn des Zeitalters der Perserkriege (*1.6*) – als weitaus wichtiger erweisen. So wurden sogar die griechischsprachigen Stämme der Makedonen, die unter traditioneller Königsherrschaft in den frührarchaischen Zuständen der 'homerischen' Zeit verharrten, allgemein als ein nicht-hellenisches (= barbarisches) Volk eingestuft, und die ebenfalls unter monarchischem Regiment verbleibenden Molosser in Nordepeiros hatten es nur dem Erbcharisma ihrer aiakidischen Dynastie (als angeblich einziger Nachfahren des großen Achilleus) zu verdanken, daß ihrem Stammstaat nicht von vornherein die Zugehörigkeit zu der Gemeinschaft der Hellenen bestritten wurde.

1.3.2 Mit dem Zerfall des euböischen Stammesverbandes und den jahrzehntelangen Kämpfen zwischen den großen Polis-Zentren Chalkis und Eretria in der sog. Lelantischen Fehde (um die Lelantos-Fruchtebene zwischen den beiden Städten, 1. H. 7. Jh.) brach auch das euböische 'Kolonialreich' im Westen auseinander. Andere große Hafenstädte des griechischen Mutterlandes (Korinth, Megara und die nordpeloponnesische Küstenregion Achaia) und des Ägäisbereichs (die *poleis* von Rhodos, Thera, Phokaia u. a.) drängten in die hier entstandenen Lücken. Von nun an wurde der Verlauf der griechischen West-Kolonisation bis weit ins 6. Jh. hinein durch eine bunte Vielfalt von Unternehmungen charakterisiert, die sich in der Zusammensetzung der Auswanderer-Gruppen, ihrer Motive und Zielsetzungen erheblich unterschieden.

Bald umgab das Mittelmeerbecken – mit Ausnahme einiger Küstenstrecken (des phönikisch-karthagischen Bereichs in Nordwestafrika und Süd-Spanien, der etruskischen

Machtsphäre in Italien sowie des assyrischen Herrschaftsgebietes im östlichen Mittelmeerraum) – ein Kranz griechischer Pflanzstädte (*Apoikien*), die, als eigenständige Polis-Gemeinden begründet, zwar im staatlichen Kultwesen und in allen wichtigen Institutionen (von den Jahres-Magistraturen bis zu Kalender, Alphabetform und dialektaler Ausprägung der Staatssprache) ihrer Mutterstadt verpflichtet blieben, aber weder politisch noch wirtschaftlich von ihr abhängig waren. Aus den Herausforderungen und Problemen, die sich bei der kompletten Neugründung eines Polis-Staates stellten, ergaben sich noch zusätzliche Impulse für die schriftliche Ausarbeitung umfangreicher – und auch in durchaus zentrale Bereiche des zivilen und öffentlichen Rechts ausgreifender – Kodifikationen durch bevollmächtigte Gesetzgeber, von denen uns nur wenige Gestalten wie Zaleukos von Lokroi und Charondas von Katane schattenhaft bekannt sind.

Unteritalien und Sizilien mit Städten wie *Syrakus, Akragas, Selinus, Taras*/Tarent, *Sybaris, Kroton, Lokroi,* und *Poseidonia*/Paestum wurden ein fester Bestandteil der hellenischen Staatenwelt; bis nach Spanien stießen griechische Ansiedler vor. Ab 600 wurde das vom ionischen Phokaia aus begründete *Massalia*/Marseille zur zentralen Vermittlerin griechischer Kultureinflüsse bis nach Mitteleuropa hinauf. Im libyschen Nordafrika entstand in der nach der wichtigsten Ansiedlung *Kyrene* (Mutterstadt: Thera) benannten Kyrenaika ein bedeutendes griechisches Siedlungsgebiet, das bald auch mit dem libysch-ägyptischen Heiligtum des 'Zeus' Ammon in der Oase Siwa in Verbindung trat und dem dortigen Orakel zu wachsendem Ansehen in Hellas verhalf.

Von deutlich anderer Struktur war die (bis in die Zeit um 700 hinaufreichende) Kolonisationstätigkeit Milets, das über lange Zeit seine Dominanz im Bereich der Propontis und des Schwarzen Meeres behaupten und hier schließlich mehr als 80 Apoikien (zusammen mit den Sekundärgründungen) an günstigen Plätzen anzulegen vermochte: von *Sinope* und *Trapezus* an der pontischen Küste Kleinasiens über *Phasis* (bei Poti in Georgien) bis zu den Mündungsarmen der südosteuropäischen und russischen Ströme (u. a. *Istros, Tomis*/Konstanza, *Olbia* am Hypanis/Bug, *Tyras* am Dnjestr und die Berezan-Siedlung in der Dnjeprmündung) sowie zur klimabegünstigten Krim (u. a. *Theodosia; Pantikapaion*/Kertsch; vgl. N. Ehrhardt, *Milet und seine Kolonien,* Frankfurt a. M. 1983). Mit der dorischen Isthmos-Polis Megara, die am Bosporos *Chalkedon* und später auch *Byzantion,* ferner u. a. das pontische *Herakleia*/Eregli und *Mesambria*/Nessebar sowie *Chersonesos*/Sewastopol (auf der Krim) begründete, dürfte es hier Abstimmung und Kooperation gegeben haben. Der Handelsverkehr und besonders der Getreideexport aus den fruchtbaren Anbaugebieten Südrußlands brachte den milesischen Schwarzmeer-Kolonien großen Reichtum und verschaffte zugleich Milet einen solchen Rückhalt, daß dieses sich – anders als die meisten festlandionischen Polis-Staaten – im frühen 6. Jh. auch gegen das aufsteigende Lyderreich von Sardes machtpolitisch behaupten konnte. Erst 546 geriet die stolze Polis durch den Siegeszug Kyros' II., des Begründers des Achämenidenreiches (*1.4.3*), unter persische Fremdherrschaft.

Die skythischen Reitervölker an der Nordküste des Schwarzen Meeres öffneten sich einer gewissen Hellenisierung, so daß eine Symbiose mit den Kolonistenstädten im entstehenden Bosporanischen Reich schließlich möglich wurde. Vielerorts gerieten einheimische Stämme, vor allem in Sizilien und Unteritalien, unter die Herrschaft der mächtig aufblühenden Apoikie-Staaten. Andere Völkerschaften erschlossen sich ihrerseits der überallhin verbreiteten griechischen Poliskultur – so insbesondere die Fürsten und Städte der Etrusker.

1.3.3 Die Ursachen für die bis ins 6. Jh. ungebrochene Kolonisationsbewegung waren zum einen die – auch archäologisch faßbare – relative Überbevölkerung des griechischen Mutterlandes, andererseits aber auch Abenteuerlust, hochgespannte Gewinnerwartungen und der Ehrgeiz machthungriger Adliger. Denn für den verantwortlichen Begründer einer Polis (οἰκιστής) und sein Geschlecht waren Sonderrechte und hohe Ehren (sogar Heroisierung nach dem Tode) ausgesetzt, während die (Erst-)Ansiedler zumeist völlig gleiche Landanteile (κλῆροι) erhielten (W. Leschhorn, *'Gründer der Stadt'. Studien zu einem politisch-religiösen Phänomen der griechischen Geschichte,* Stuttgart 1984). Eine wesentliche Rolle aber dürften auch die politisch-sozialen Auseinandersetzungen zwischen dem vielerorts einem starken Desintegrationsprozeß unterworfenen Adelsstand und den aufsteigenden Schichten des Hoplitenverbandes bzw. des Demos (sowie auch zwischen einander befehdenden Adelsparteien) gespielt haben; für Apoikie-Gründungen wie die von *Taras*/Tarent (der einzigen 'Kolonie' Spartas) oder *Lokroi Epizephyrioi* ist ein solcher Motivhintergrund in unserem insgesamt dürftigen Quellenmaterial bezeugt.

Im Zeitalter der Kolonisation erlangte das Apollonheiligtum von Delphi eine weit über das eigentliche Griechenland hinausreichende religiöse und politische Autorität (s. P. Londey, «Greek Colonists and Delphi», in: *Greek Colonists and Native Populations* [o. *1.3.1*] 117–127). Durch die auf Anfrage erteilten Orakel zu privaten und politischen Angelegenheiten konnte die delphische Priesterschaft vielfältig Einfluß auf die griechische Staatenwelt und ihre Randmächte nehmen. Auch die mächtigen Könige des Lyderreiches (von Gyges bis Kroisos) gehörten zu den Freunden und Förderern Delphis. Im 1. 'Heiligen Krieg' (in den 90er Jahren des 6. Jh.s) wurde Delphi durch eine vom thessalischen Bundesstaat angeführte Mächtekoalition von der Kontrolle der Phoker-Polis Krisa befreit; die Leitung des Heiligtums übernahm ein Rat von Abgesandten und Vertretern eines Bundes der verschiedenen 'Umwohner'-Staaten bzw. -'Stämme' (*Amphiktyonie*, vgl. Kl. Tausend, *Amphiktyonie und Symmachie. Formen zwischenstaatlicher Beziehungen im archaischen Griechenland,* Stuttgart 1992); den bei Abschluß des Krieges eingerichteten Pythien-Festspielen wurde ab 582 der gleiche panhellenische Rang zuerkannt wie der penteterischen Feier im Zeus-Heiligtum von Olympia.

Die Ausweitung des Seeverkehrs und -handels führte auch im Kunstgewerbe, in der bildenden Kunst und der Architektur zu folgenreichen Begegnungen mit der orientalischen Welt, nachdem bereits um 700 Hesiod in seiner *Theogonie* – von orientalischen Weltbildern und Gedankengut hethitisch-churritischer Prägung unmittelbar beeinflußt (vermutlich über die noch bestehenden späthethitischen Staatswesen Kilikiens und Nordsyriens vermittelt) – die religiöse und mythische Tradition der Griechen systematisiert und in die von nun an gültige Form gebracht hatte (*IV 1.2.5*).

1.3.4 Um die Mitte des 7. Jh.s lernte man von den Staatswesen und Großreichen des Ostens auch die Formen monarchischer Allgewalt über eine in strikter Abhängigkeit gehaltene Untertanenbevölkerung kennen. Diesen Eindrücken entstammt der (nachhomerische und ungriechische) Terminus 'Tyrannos', der sich sprachlich offenbar von dem in den späthethitischen Staatswesen Südostanatoliens und Nordsyriens geläufigen (Groß-)Königstitel *tarwanis* herleitet, den möglicherweise auch die seit dem späten 7. Jh. über nahezu ganz West-Kleinasien gebietenden Lyderkönige der Mermnaden-Dynastie (*1.3.3*) verwendet haben.

In der griechischen Welt ist 'Tyrannos' jedoch keineswegs als offizieller Titel bzw. als 'neutraler' Terminus für eine Herrschaftsform oder gar einen Verfassungstypus (!) verstanden und verwendet worden; der emotional stark belastete Begriff bezeichnete vielmehr Usurpatoren, die seit der Mitte des 7. Jh.s (oft über die Bekleidung eines Führungsamtes, aber stets ohne spezifische Legitimation und fast immer mit Gewaltanwendung) die bestehenden politisch-sozialen Spannungen in ihren Staatswesen zur Aufrichtung ihrer persönlichen Herrschaft ausnutzten – mit dem Versprechen, durch einschneidende Maßnahmen sowohl die politische als auch die wachsende wirtschaftlich-soziale Krise zu meistern. Dabei sind die meisten Tyrannen offensichtlich sehr darum bemüht gewesen, ihre faktische Machtstellung möglichst reibungslos in die bestehenden Institutionen einzufügen, d. h. ohne einen eigenständigen Verfassungsneu- oder -umbau.

1.3.5 Für das Zeitalter der sog. Älteren Tyrannis im 7. und 6. Jh. lassen sich für mehr als 30 hellenische Staatswesen im Bereich des griechischen Mutterlandes und des Ägäisraums – zumindest zeitweilige – Tyrannisherrschaften belegen (unentbehrliche Materialsammlung: H. Berve, *Die Tyrannis bei den Griechen*, 2 Bde., München 1967). Gerade in den großen Poliszentren (oft Seehandelsmetropolen) im Isthmosgebiet (Korinth, Megara, Argos und Sikyon, später auch Athen) sowie in Ionien (Milet, Samos und Ephesos) sind langlebige, von markanten Herrschergestalten geprägte Tyrannenregime errichtet worden (*Kypselos* und *Periandros* von Korinth, *Orthagoras* und *Kleisthenes* von Sikyon, *Theagenes* von Megara, *Thrasybulos* von Milet u. a.); vor allem aber hat die am besten dokumentierte, recht späte Herrschaft des Peisistratos und seiner Söhne in Athen (*1.5.4*) unser Gesamtbild von der griechischen Tyrannis – vielleicht zu einseitig – bestimmt. Die in Aristoteles' *Politica* (5,10–11, 1310b–1315b) vertretene Auffassung, wonach die Tyrannen generell als Anführer des gegen den Adel revoltierenden Demos einzustufen seien, stellt – aus der Retrospektive – zweifellos eine grobe Vereinfachung und Verzerrung der historischen Vorgänge dar. Wie zeitgenössische Äußerungen in den Gedichtfragmenten *Solons* (*1.5.3*) und des *Alkaios* von Mytilene (*IV 1.3.4*) sowie aus dem *Corpus Theognideum* (*IV 1.3.3*) belegen, konnten Tyrannen, die ohnehin zumeist aus Adelsfamilien stammten und als Herrscher den Lebensstil reicher Adliger pflegten, auch im Bündnis mit den in ihren Vorrechten bedrohten bzw. entmachteten Adelsfaktionen zur Alleinherrschaft gelangen und sich in der Folgezeit auf kollaborierende Adelsgeschlechter stützen. Längerfristig mußte freilich jede Tyrannisherrschaft in ihren nivellierenden Konsequenzen die Strukturen der alten Führungsschicht erschüttern und schließlich zerstören.

Die griechische Tyrannis erweist sich somit als durchaus ambivalentes Krisenphänomen, das sich weder als politisch notwendiges 'Durchgangsstadium' auf dem Wege zum Verfassungsstaat historisch einordnen läßt noch als bloßer Sonderfall der archaischen Adelsherrschaft heruntergespielt werden kann. Die vollständige Konzentration der politischen Macht wie der Finanzkraft der Polis in der Hand des Tyrannen, der gewöhnlich über eine schlagkräftige Söldnertruppe verfügte, eröffnete neue Dimensionen einer persönlichen wie staatlichen Repräsentation und 'Baupolitik' – von gewaltigen Tempelneubauten und glanzvollen Festveranstaltungen in den Heiligtümern bis zu großen, dem

Gemeinwohl verpflichteten Anlagen wie dem *Eupalinos*-Tunnel in Samos oder dem berühmten *Enneakrunos*-Brunnenhaus in Athen, die den traditionellen Rahmen adligen Konkurrenzverhaltens sprengten. Manche Tyrannen nutzten auch nach außen hin die Möglichkeiten einer kohärent betriebenen Politik der Machtexpansion. Namentlich die Tyrannen Kypselos und Periandros von Korinth und im 6. Jh. *Polykrates* von Samos – in geringerem Umfang auch Peisistratos von Athen – haben sich durch die Pflege politischer Beziehungen nach Übersee, insbesondere zu den saïtischen Pharaonen in Ägypten, sowie durch planmäßige Anlage von Stützpunkten und Kolonien (diese blieben aber nunmehr von ihrer Metropole abhängig!) einen zeitweilig ausgedehnten maritimen Machtbereich geschaffen.

In der 2. Hälfte des 7. Jh.s setzte sich in Griechenland allmählich eine staatlich genormte Münzprägung durch (*VIII 6.2.3*), die zur Ablösung der alten Naturalwirtschaft und der bisherigen Formen des Tauschhandels führte (zum Datum L. Weidauer, *Probleme der frühen Elektronprägung*, Fribourg 1975, u. A. Furtwängler, *AA* 1995, 441–463). Während Handel und Gewerbe mit dem Übergang zur Münzgeld-Wirtschaft weiteren Aufschwung nahmen, geriet die Schicht der mittleren und kleineren Bauern und Pächter in Folge eines – bei knappem Geldumlauf – enorm hohen Zinssatzes und eines überaus strengen Schuldrechts in große Bedrängnis. Allgemein hatten zahlungsunfähige Schuldner mit ihrer Person und Familie für die Rückzahlung der Darlehen einzustehen und wurden gegebenenfalls in die Schuldsklaverei verkauft. Zu Beginn des 6. Jh.s spitzte sich nicht nur in Attika, dessen politisch-soziale Entwicklung wir ab der Mitte des 7. Jh.s etwas genauer erfassen können (*1.5*), die Verschuldungskrise weiter zu, so daß der Ruf nach revolutionärem Umsturz, nach Annullierung der Schuldenlasten und Neuaufteilung des Landes immer lauter wurde. So sind die ersten Jahrzehnte des 6. Jh.s die 'Hoch-Zeit' der Tyrannisregime und Usurpationsversuche geworden, wenngleich es in der Regel auch den erfolgreichsten Herrschergestalten nicht gelungen ist, eine Dynastie über mehr als 1–2 Generationen hin zu begründen.

Die Tyrannisherrschaften in den hellenischen Polisstaaten Siziliens und Unteritaliens, namentlich in Akragas, Syrakus und Kyme, haben sich im 6. Jh. politisch-militärisch vor andere Aufgaben gestellt gesehen: Hier ging es immer mehr darum, sich auf Abwehrkämpfe nicht nur gegen die einheimischen Stämme des Hinterlandes, sondern auch gegen die immer gefährlicher werdenden karthagisch-punischen und etruskischen Rivalen einzurichten, die sich zu Kooperation und sogar dauerhaftem Bündnisschluß gegen eine weitere Expansion des Westgriechentums zusammentaten (*1.3.6*). Im späten 6. und frühen 5. Jh. gelang es energischen Tyrannen in Sizilien, ausgedehnte, ganz auf die eigene Person und Familie zugeschnittene Territorialherrschaften neben den von ihnen politisch kontrollierten Poliszentren zu errichten, wobei sie auch vor der Zerstörung gewachsener Gemeindestaaten und der Deportation ihrer Bürgerbevölkerung – vornehmlich in die Metropole Syrakus – nicht zurückschreckten (*1.6.3*).

1.3.6 Bis gegen die Mitte des 6. Jh.s hatte die griechische Kolonisationsbewegung einen insgesamt von außen wenig gestörten Verlauf genommen; seit Beginn des 6. Jh.s war sogar im Nildelta mit Förderung seitens der Saïten-Pharaonen, die an einer dauerhaften Verbindung ihres Landes mit der griechischen Staatenwelt interessiert waren, die 'gesamt-hellenische' Kolonie *Naukratis* (die 'Schiffsmächtige') zu großer Blüte gelangt (Hdt. 2,178f.). Mit der Katastrophe des Lyderkönigs Kroisos gerieten jedoch 546/5 die ionischen Städte Kleinasiens, auch Milet (*1.3.2*), unter persische Fremdherrschaft. Der Siegeszug des Kyros rief in Ionien einen letzten großen Auswanderungsschub hervor, der von Phokaia aus – der Mutterstadt Massalias (*1.3.2*) und seiner zahlreichen Apoikien – ins westliche Mittelmeer gelenkt wurde. Dort hatte sich jedoch die Mächtekonstellation entscheidend verändert: Längst hatten die z. T. älteren phönikischen Ansiedlungen an den Küsten Westsiziliens, Sardiniens, Südspaniens und Nordwest-Afrikas an der großen tyrischen Kolonie *Karthago* (kanaan.-pun. 'Neustadt') ein politisches Zentrum und eine solidarisch handelnde Schutzmacht gefunden. Als sich 540 die ionischen Auswanderer aus Phokaia massiv auf Korsika niederließen (in der Kolonie *Alalia*/Aleria), schlossen die etruskischen Seestädte eine Allianz mit Karthago. Nach hartem Kampf mußten die Phokaier vor der Übermacht der karthagisch-etruskischen Flotte Korsika räumen – von nun an blieb das Griechentum im westlichen Mittelmeer auf lange Zeit in die Defensive gedrängt. Die überlebenden Kolonisten Alalias ließen sich in Unteritalien in *Elea*/Velia (südlich von Poseidonia/Paestum) nieder, wo sie in der Folgezeit ihre Unabhängigkeit verteidigen konnten und besonderen Ruhm durch die hier gegründete Schule ionischer Philosophie (die 'Eleaten': *VII 1.2.4*) gewannen.

Weitere bibliographische Hinweise: H. G. Niemeyer (Hrg.), *Phönizier im Westen* (Mainz 1982); J. Boardman, *Kolonien u. Handel der Griechen* (München 1981); G. Pugliese Carratelli (Hrg.), *Il Mediterraneo, le metropoleis e la fondazione delle colonie* (Mailand 1985); V. F. Gajdukevič, *Das Bosporanische Reich* (Berlin–Amsterdam 1971); J. Vinogradov, *Olbia* (Konstanz 1981); V. Parker, *Untersuch. zum Lelantischen Krieg u. verwandten Problemen der frühgriech. Geschichte* (Stuttgart 1997). Zur Krise der Adelsherrschaft s. auch P. Carlier, *La royauté en Grèce avant Alexandre* (Straßburg 1984); F. Gschnitzer (Hrg.), *Zur griechischen Staatskunde* (Darmstadt 1969); Elke Stein-Hölkeskamp, *Adelskultur u. Polis-Gesellschaft* (Stuttgart 1989); K. Raaflaub (Hrg.), *Anfänge politischen Denkens in der Antike. Die nahöstlichen Kulturen und die Griechen* (München 1993).

1.4 Der 'Kosmos' Spartas im 7. und 6. Jh.

1.4.1 Bald nach dem Ende des 1. Heiligen Krieges (*3.3*) scheiterte der Versuch des thessalischen Bundesstaates (mit einem Wahlmonarchen – ταγός/ 'Herzog' – an der Spitze des dominierenden Reiter-Adels), seine Herrschaft nach Mittelgriechenland auszudehnen, am Widerstand der Phoker und Boioter. Dagegen hatte die Krieger-/Bürger-Gemeinde von Sparta, das weiträumige Siedlungszentrum der Eurotas-Ebene Lakoniens umspannend, bereits zu Beginn des 7. Jh.s den Grund zu einer dauerhaften Machtstellung legen können. Die eigentümliche, angeblich erst nach einer Phase heftigster innerer Auseinandersetzungen (Hdt. 1,65,2f.; Thuc. 1,18,1f.) entstandene Staatsordnung dieser Krieger-Polis ('Kosmos'), deren Vollbürger sich stolz 'die Gleichen' (ὅμοιοι) nannten, wird in der legendarisch stark überformten Tradition mit dem Gesetzgeber *Lykurgos* und dem Orakelheiligtum von Delphi in Verbindung gebracht. Auch wenn uns hier mit der 'Großen Rhetra' (Plut. *Lyc.* 6, bereits in Tyrtaios' *Eunomia*-Gedicht paraphrasiert) die älteste Verfassungsurkunde der griechischen Geschichte in weithin authentischem Wortlaut vorliegt, so lassen sich doch die näheren Umstände des konstitutionellen Neubaus nicht mehr rekonstruieren: Das traditionelle hylleisch-heraklidische Königtum (*1.2.1*) wurde auf je zwei Erbmonarchen aus zwei dynastisch immer strikt voneinander getrennten Königshäusern (*Agiaden* und *Eurypontiden* – mit unterschiedlichen Traditionen und auch von nicht ganz gleichem Rang!) verteilt, die politische Entscheidungsgewalt jedoch an die Zustimmung der regelmäßig tagenden Heeresgemeinde, der Damos-Volksversammlung (annähernd 9000 wehrpflichtige Bürger/Krieger im späten 6. Jh.), gebunden, wobei wichtige Initiativ- und Kontrollrechte bei der *Gerusia* (einem Ältestenrat und Staatsgerichtshof von 28 auf Lebenszeit gewählten Mitgliedern) verblieben. Hinzu kam bald (spätestens zu Beginn des 6. Jh.s) das jährlich vom Damos zu wählende, eponyme Regierungskollegium der fünf *Ephoren*, ausgestattet mit umfassenden Kontrollrechten sowohl gegenüber den Königen wie insbesondere zur strengen Beaufsichtigung der großen, vom politischen Bürgerrecht ausgeschlossenen Bevölkerungsgruppen der *Periöken* und *Heloten* (*1.4.2*).

1.4.2 Mit der inneren Ausformung des 'Kosmos' (unter erzwungener Einbeziehung der alten, in mykenische Zeiten zurückreichenden Burgsiedlung von Amyklai) ist offenbar die Ausdehnung der Herrschaft Spartas über die gesamte, einen vorgriechischen Namen tragende Region Lakedaimon eng verbunden gewesen – ein Prozeß, der noch in modernen Darstellungen oft fälschlich (vgl. z. B. M. Clauss, *Sparta. Eine Einführung in seine Geschichte u. Zivilisation*, München 1983, 12f.) mit der Dorisierung Lakoniens zu Beginn der 'Dunklen Jahrhunderte' (*1.2.1*) zusammengezogen wird.

Die übrigen Lakedaimonier in den dorischen Siedlungen Lakoniens (die Periöken/ 'Umwohner') blieben, bei Wahrung ihrer persönlichen Freiheit und inneren Autonomie, den spartanischen Königen gegenüber zur Heeresfolge verpflichtet und wurden generell an die in Sparta getroffenen Entscheidungen für den Gesamtstaat 'der Lakedaimonier' gebunden. Eine weitere große Bevölkerungsgruppe in Lakonien, deren ethnische Stellung nicht näher bestimmt werden kann, wurde gewaltsam unterworfen und kollektiv als *Heloten* (im Status rechtloser Staatssklaven der herrschenden Bürgergemeinde) auf den κλᾶρος-Gütern der Spartiaten brutal niedergehalten. Während Handel, Gewerbetätigkeit und Bergbau nahezu ausschließlich in den Händen der Periöken lag, sollte der Angehörige des herrschenden Hopliten-Bürgerverbandes als Nutznießer der landwirtschaftlichen Zwangsarbeit der Helotenfamilien ein Berufskriegerleben unter allgemeiner sozialer Kontrolle (d. h. in ständiger militärischer Übung und 'Kasernierung' im spartanischen Siedlungszentrum) führen. Den weitgehenden Verzicht auf Privatsphäre und individuelle Entfaltungsmöglichkeiten hatte ein umfassendes staatliches Erziehungsprogramm abzusichern.

Einen Teil dieses auf forcierte Virilität ausgerichteten Erziehungssystems bildete die institutionalisierte Päderastie zwischen Knaben (ab dem 12. Lebensjahr) und erwachsenen Männern; von der Förderung homosexueller Beziehungen unter den Spartiaten erhoffte man sich eine Steigerung der militärischen Schlagkraft und des emotionalen Zusammenhalts im Kriege. Gleichzeitig eröffnete die weitgehende Trennung des Bürgers/Kriegers von seinem οἶκος für die auf den Landgütern lebenden spartanischen Frauen, die als 'Herrinnen' (δέσποιναι) in der Öffentlichkeit hohes Ansehen genossen, einen vergleichsweise großen gesellschaftlichen wie ökonomischen Freiraum.

Der ursprünglich zweifellos mächtige Adelsstand hatte sich in Sparta früh in den Rahmen der neuen, rigoros disziplinierten Hopliten-Politeia und ihres umfassenden Erziehungssystems (ἀγωγή) einfügen müssen; widerstrebende Gruppen sind offenbar zur Auswanderung genötigt worden (um 700 Gründung von *Taras*/Tarent durch spartanische Adelsgeschlechter).

Gegen Ende des 8. Jh.s konnte Sparta auch das außerordentlich fruchtbare Messenien unterwerfen, dessen zentrale Anbaugebiete in κλᾶρος-Landlosen unter die Kriegergemeinde aufgeteilt wurden und von den helotisierten Messeniern bewirtschaftet werden mußten. In der 2. Hälfte des 7. Jh.s geriet der spartanische 'Kosmos' jedoch durch einen langjährigen Aufstand der Messenier, die von den Arkadiern und der (bis dahin die gesamte östliche Peloponnes kontrollierenden) Groß-Polis Argos unterstützt wurden, in eine schwere Existenzkrise, die nur durch äußerste Anspannung aller Kräfte siegreich bestanden wurde (sog. 2. Messenischer Krieg, 3. Viertel 7. Jh.).

Seit dieser akuten Bestandsgefahr nahm das spartanische Staatswesen, das im 8. Jh. überaus regen Anteil am hellenischen Kulturleben genommen hatte (vgl. u. a. die lebensfrohen Lieder *Alkmans* [IV 1.3.4] und die Elegien des Tyrtaios, aber auch die Blüte des Kunsthandwerks im Lakonien des 7./6. Jh.), mehr und mehr die Züge eines mißtrauisch-starren Systems an, das sich gegen fremde Einflüsse und Neuerungen aller Art – sogar gegenüber der Münzgeldwirtschaft! – abzuschließen suchte. Auch die Sparta-Bilder bei Herodot und Thukydides lassen übereinstimmend erkennen, daß dieser Entwicklungsprozeß nicht in das 5. Jh. – bzw. erst in die Zeit nach den Perserkriegen (!) – herabdatiert werden kann (gegen L. Thommen, *Lakedaimonion Politeia*, Stuttgart 1996).

Die spezifische Musikkultur Lakedaimons mit großartigen Chorlied- und Tanz-Aufführungen behielt freilich ihr hohes Ansehen in ganz Hellas. Aber das institutionelle Gefüge des spartanischen 'Kosmos' wurde im Verlauf des 6. Jh.s kaum noch weiterentwickelt. Ebensowenig war man bereit, den Lakedaimoniern aus den Periöken-Gemeinden irgendeine Aufstiegsmöglichkeit in die herrschende Bürgerschaft der Spartiaten einzuräumen. Wohl aber wurden diejenigen unter den 'Gleichen', die im Kriegsdienst versagt hatten oder aus finanziellen Gründen den festgesetzten Anteil an ihrer *Syssitien*-'Speisegemeinschaft' nicht mehr erbringen konnten, zum Abstieg in einen 'Minderen'-Status (ὑπομείονες) genötigt; so mußte allein schon das Motiv der politisch-sozialen Statuswahrung auf eine rigorose Geburtenkontrolle und stetige Verminderung der Zahl der Vollbürger von Generation zu Generation hinwirken.

1.4.3 Gegen 560 wurde die kriegerische Expansion Spartas auf der Peloponnes durch eine Politik der Bündnisschlüsse mit den noch nicht unterworfenen Nachbarstaaten abgelöst. So entstand in Südgriechenland unter Spartas Führung in der 2. Hälfte des 6. Jh.s ein starkes Bündnissystem, dem sich in der Peloponnes auf Dauer allein das ambitionierte Argos, Spartas alte Rivalin, zu entziehen vermochte.

Mit der Herstellung enger Beziehungen sowohl zum Herrscher Lydiens (Kroisos, *1.3.3*) als auch zum ägyptischen Pharao *Amasis* fand Sparta – nahezu im Range einer anerkannten hellenischen Hegemoniemacht (Hdt. 1,69 u.

3,47) – Anschluß an das seit dem Untergang Assyriens (612) im Aufbau befindliche Großstaaten-System Vorderasiens, in das auch das Mederreich von Ekbatana und das Neubabylonische Reich Nebukadnezars II. (605–562) fest eingegliedert waren. Die siegreiche Erhebung des persischen Vasallenkönigs Kyros' II. (ca. 560–529; *1.3.6*) gegen seinen medischen Oberherrn Astyages (um 550) und die überraschende Katastrophe des Kroisos (546 v. Chr.), an die sich 539 die Kapitulation Babylons vor den Persern und schließlich 525/4 die Eroberung Ägyptens durch Kyros' Nachfolger Kambyses (529–522) anschlossen, führten jedoch zu einer völligen Veränderung der politischen Weltlage, auf die Sparta und die hellenische Staatenwelt insgesamt keinerlei Einfluß nehmen konnten. Immerhin lassen in der Folgezeit Spartas aufwendige Interventionen gegen die Seeherrschaft des Tyrannen Polykrates von Samos (*1.3.5*) im J. 524 und – mit wechselnden Frontstellungen – in Attika (511–506, *1.5.4–5*) erkennen, daß die Vormacht des 'Peloponnesischen Bundes' im späten 6. Jh. mehr und mehr bereit war, die Rolle eines wirklichen Hegemons in der Ägäiswelt zu übernehmen.

Bibliographische Hinweise: Zum raschen Zusammenbruch der thessalischen Herrschaft über Mittelgriechenland um 570 G. A. Lehmann, «Thessaliens Hegemonie über Mittelgriechenland im 6. Jh. v. Chr.», *Boreas* 6 (1983) 35–43. Zur antiken Tradition über das 'lykurgische' Sparta E. N. Tigerstedt, *The Legend of Sparta in Classical Antiquity*, 2 Bde (Uppsala 1974); zur Forschungsgeschichte s. die vorzügliche Einleitung von K. Christ (Hrg.), *Sparta* (Darmstadt 1986) 1–72; zur Interpretation der 'Großen Rhetra' Kl. Bringmann, «Die Große Rhetra u. die Entstehung des spartanischen Kosmos», ebd. 351–386; P. Oliva, *Sparta and her social problems* (Amsterdam 1971); A. Powell (Hrg.), *Classical Sparta: Techniques behind her success*, London 1989; A. Powell – St. Hodkinson (Hrgg.), *The Shadow of Sparta* (London–New York 1994).

1.5 Von Solon bis Kleisthenes: der Weg Athens zum demokratischen Verfassungsstaat

1.5.1 Eine wesentlich andere Entwicklung als Sparta nahm zur gleichen Zeit und unter durchaus vergleichbaren Rahmenbedingungen die Polis Athen: Eine entscheidende Grundtatsache der archaischen athenischen Geschichte stellt freilich die von Anfang an völlig einheitliche Integration zumindest des Hauptteils der Halbinsel Attika (der 'Landzunge' / ἀκτή bis nach Sunion, mit z. T. sehr ansehnlichen Siedlungszentren) in den von Athen und seiner Königsburg auf der Akropolis aus regierten Herrschaftsverband 'der Athener' dar – eine Leistung, die die Sagentradition auf einen umfassenden Synoikismos des Gründer-Königs Theseus zurückgeführt hat und in der wahrscheinlich noch ein Stück echter historischer Kontinuität aus der Zeit der mykenischen Residenzen zu erblicken ist. Lediglich Eleusis mit seinem großen Demeter-Heiligtum und einige Grenzbereiche im Norden und Nordosten Attikas sind erst in archaischer Zeit in den athenischen Polis-Verband einbezogen worden.

An den Kolonisationsbewegungen des 8. und 7. Jh. hat sich Athen – wie Sparta – kaum beteiligt: die Dynamik sowie der Positions- und Erfahrungsvorsprung der nahen euböischen Hafenplätze im 8. Jh. und später der Isthmos-Städte Megara und Korinth (*1.3.1; 1.3.2*) bieten eine hinreichende Erklärung für diese Abstinenz. Hinzu kam die enorme Größe des Polis-Territoriums (mehr als 2500 qkm), auf dem zunächst beträchtliche Möglichkeiten für einen umfassenden Landesausbau gegeben waren.

Von der vorsolonischen Geschichte und Verfassungsordnung Athens lassen sich nur wenige Gegebenheiten eruieren; bereits die gegen 400 einsetzende *Atthis*-Stadtgeschichte sah sich hier ohne Tradition und Gedächtnis auf bloße Konstruktionen verwiesen. Die letzten institutionellen Reste des traditionellen Königtums sind zu Beginn des 7. Jh.s beseitigt worden, jedenfalls reicht die überlieferte Eponymenliste der Polis für das neue Jahreswahlamt des 'Regenten'/ἄρχων bis zum Jahr 683 hinauf. Dem für die wichtigsten Regierungsaufgaben zuständigen 'Regenten' stehen von nun an, ebenfalls als gewählte Jahresmagistrate, der (Sakral-)'König'/βασιλεύς und der 'Kriegsanführer'/πολέμαρχος sowie das Richtergremium der sechs Thesmotheten zur Seite. Die wenigen für diese Zeit bezeugten Namen vom Amtsträgern verweisen sämtlich auf die großen attischen Adelsfamilien.

1.5.2 Nach der Mitte des 7. Jh.s wurde auch in Athen die Krise der Adelsherrschaft manifest; ein erstes Symptom stellte in den 30er Jahren der Usurpationsversuch des adligen Kylon (des Olympiasiegers von 640 im Doppellauf) dar, der mit einer Anhängerschar und Hilfstruppen seines Schwiegervaters, des Tyrannen Theagenes von Megara (*1.3.5*), die Akropolis besetzte (Hdt. 5,71 u. Thuc. 1,126,3f.). Die blutige Niederschlagung dieses Putschversuches durch den amtierenden Archon Megakles aus dem Alkmaioniden-Haus unter offener Verletzung des Sakral- und Asylrechts ('Kylonischer Frevel') führte zu einem anhaltenden Zerwürfnis mit weiteren Unruhen innerhalb der athenischen Adelsschicht.

Daher wird man die erste (bereits relativ umfangreiche) Kodifikation in Athen durch Drakon, einen autorisierten Gesetzgeber, nicht zuletzt als Versuch einer politischen Stabilisierung durch rigide Rechts- und Verfahrens-Sicherheit einzuschätzen haben (um 624).

1.5.3 Rund eine Generation später hatte sich die Krise in Athen erneut dramatisch verschärft. Dank umfangreicher Fragmente aus den politischen Gedichten Solons (*IV 1.3.3*) sind die politisch-sozialen Probleme am Ende des 7. Jh. noch recht gut erkennbar, vor allem die fatalen Wirkungen eines rigorosen Schuldrechts angesichts einer wachsenden wirtschaftlichen Bedrängnis des mittleren und kleinen Bauernbesitzes in Attika durch hohe Zinslasten (*1.3.5*) und Pachtabgaben. Mißerfolge der Athener im langwierigen Streit mit der Nachbarstadt Megara um den Besitz der Insel Salamis heizten die Krise noch zusätzlich an.

Ungeachtet der tiefen Kluft zwischen den dominierenden Adelskreisen und dem aufbegehrenden Demos wurde 594/3 Solon (aus dem hochadligen Medontiden-Haus), der sich in seinen Dichtungen öffentlich für einschneidende Reformen und einen umfassenden Ausgleich zwischen den Ständen –

im Zeichen einer wiederherzustellenden 'guten Ordnung/ Zuteilung' (εὐνομίη) exponiert hatte, zum Archon und 'Versöhner'/διαλλακτής mit außerordentlichen Vollmachten gewählt.

Das Reformwerk Solons – der den Anerbietungen aus *beiden* Lagern, ihn im Falle seiner Machtergreifung als Tyrann zu unterstützen, eine klare Absage erteilte – bestand zunächst in energischen Einzelmaßnahmen zur Bewältigung der akuten Krise, vor allem in einer überraschenden Annullierung der Darlehensschulden auf Landbesitz ('Lastenabschüttelung'/σεισάχθεια) und in dem Verbot, in Zukunft ruinierte Schuldner in die Sklaverei zu verkaufen (ferner in einem großzügigen Rückkauf zahlreicher versklavter Athener aus Staatsmitteln). Hinzu kamen die Festlegung einer Höchstgrenze für den Erwerb von Grundbesitz sowie ein allgemeines Ausfuhrverbot für alle landwirtschaftlichen Produkte aus Attika (mit Ausnahme des vorzüglichen, in der ganzen Mittelmeerwelt geschätzten athenischen Olivenöls).

Die ebenfalls geforderte Neuaufteilung des Landbesitzes lehnte Solon jedoch als Zwangsmaßnahme, die notwendig zu Blutvergießen und neuen Ungerechtigkeiten führen würde, entschieden ab. Im Hinblick auf die politisch-soziale Langzeitwirkung kommt eine noch größere Bedeutung dem umfangreichen Gesetzgebungswerk (den θεσμοί) Solons zu, das modernisierend in nahezu alle Lebensbereiche eingriff und als maßgeblicher Prosatext, auf hölzernen Pfeilern eingegraben, stets öffentlich zugänglich blieb (Materialsammlung bei E. Ruschenbusch, Σόλωνος Νόμοι, Wiesbaden 1966). Durch Neuregelungen, durch Amtsanweisungen und konkrete Verfahrensvorschriften hat Solons Kodifikation die Institutionen und Verfassungsstrukturen des athenischen Staates stark verändert. Dabei dürfen wir im Hinblick auf die in Aristoteles' *Athenaion politeia* und Plutarchs Solon-Biographie gebotenen Informationen für diese beiden Quellen (einschließlich der hinter ihnen stehenden *Atthis*-Tradition) eine zumindest allgemeine Vertrautheit nicht nur mit dem Corpus der solonischen Gedichte, sondern auch mit dem Gesetzeswerk selbst annehmen. Hingegen ist den nachweislich oft verfälschten Angaben in den attischen Gerichtsreden des 4. Jh.s mit äußerster Skepsis zu begegnen.

Mit der Neueinteilung des Bürgerverbandes in vier Einkommensklassen (nach dem landwirtschaftlichen Ertrag, der aber leicht in Geldbeträge umzurechnen war) wurden die politischen Mitwirkungsrechte des Einzelnen konsequent an seine Stellung in der Wehrverfassung angepaßt: Aus den adligen 'Rittern' (ἱππεῖς = 2. Klasse, mit einem Mindesteinkommen von 300 Scheffeln) wurde eine erste Klasse der 'Fünfhundertscheffler' (πεντακοσιομέδιμνοι) herausgehoben, die allein in die höchsten politischen Jahresämter gewählt werden konnten. Die Qualifikation für die Wahl in das neue Ratsgremium (von jährlich 400 aus den vier altattischen Phylen gewählten Athenern) wurde an das Mindesteinkommen der dritten Steuerklasse der Zeugiten (ζευγῖται = die 'Männer vom Joch/ Glied der Phalanx') gebunden, die das Gros des Phalanx-Heeres bildeten; ein ganz ähnlich strukturierter, aus den Phylen bestellter 'Demos-Rat' ist für diese Zeit in der Polis Chios dokumentiert. Der Unterschicht der Theten (θῆται = 'Lohnarbeiter'), die für den Hopliten-Wehrdienst nicht in Frage kamen, gestand Solon immerhin die Teilnahme an der Volksversammlung (ἐκκλησία) und dem Volksgericht (ἡλιαία) als oberster Gerichtsinstanz – und damit ganz bewußt die Basis für eine Aktivbürgerschaft – zu (vgl. z. B. Solon fr. 5 West). In die gleiche Richtung weist die Einführung der sog. Popularklage, d. h. des Klagerechts nicht nur für die unmittelbar Geschädigten, sondern in Rechtsfällen von allgemeinerem Interesse für *jeden* Athener.

Deutlicher konnte die Abkehr von den Ansprüchen und Gepflogenheiten der überkommenen Adelsherrschaft im öffentlichen Recht wie in der Terminologie des politischen

Systems kaum demonstriert werden. Auch der mächtige (Adels)-Rat vom Areopag wurde in seiner Zusammensetzung und in einem Teil seiner Funktionen umgeformt: Eintritt und lebenslängliche Mitgliedschaft konnte man nunmehr allein nach der Bekleidung eines der obersten Regierungs-Wahlämter (einschließlich des Kollegiums der sechs *Thesmotheten*, das inzwischen als Präsidium des Volksgerichtes fungierte) erlangen, wobei jedoch der Areopag auch in seiner neuen Rolle als kontinuierlich und vertraulich tagender 'Magistratsbeirat' (vergleichbar dem Senat der klassischen Römischen Republik) erhebliches politisches Gewicht – vor allem durch seine Zuständigkeit für die Rechenschaftsablegung der abtretenden Magistrate – behielt.

1.5.4 Nach dem Reform-Archontat Solons brach in Athen über ein Jahrzehnt hin immer wieder heftiger Parteienstreit aus, wobei der Kampf um die Besetzung des machtvollen eponymen Archontats im Mittelpunkt stand: Mehrmals kam eine gültige Archontenwahl nicht zustande, so daß in der offiziellen Eponymenliste ἀναρχία vermeldet werden mußte (Arist. *Ath.pol.* 13). 582/1 konnte der Archon Damasias über sein Amt als Jahres-'Regent' hinaus kurzfristig eine Tyrannis errichten. Nach seinem Sturz 580/79 wurde Athen zeitweilig von einem paritätisch aus jeweils fünf Adligen und Vertretern des Demos zusammengesetzten Archontenkollegium regiert, dem es offensichtlich gelang, den Streit um die höchsten Ämter, für die von nun an ein strenges Iterationsverbot galt, zwischen den beiden großen soziopolitischen 'Lagern' – gewissermaßen in solonischem Geist – zu beenden.

Auch in anderen Bereichen haben Solons Reformen ihre Bewährungsprobe durchaus bestanden: Gewerbetätigkeit und Handel nahmen, wie die enorme Verbreitung attischer Keramik im gesamten Mittelmeerraum ab ca. 580 deutlich zeigt, einen geradezu stürmischen Aufschwung. Für die im Verlauf des 6. Jh.s einsetzende Prägung athenischer Münzen (*VIII 6.2.6*) konnte man auf die Erträge der Silbergruben von Laureion (Südost-Attika) zurückgreifen. Die Polarisierung zwischen Adligen und Reichen einerseits und den bedrängten Kleinbauern und aufsteigenden Mittelschichten andererseits hatte offenbar erheblich an Brisanz verloren. In den 60er Jahren rückte ein neues Problem in den Vordergrund – nämlich die Frage, ob die politischen Bindekräfte der Polis überhaupt ausreichten, um die Spannungen zwischen den verschiedenen Regionen Attikas mit ihren unterschiedlichen Interessen und sehr ambitionierten Führungsgestalten auf Dauer auszuhalten. Die Einrichtung eines großen, mit hohem Aufwand in der zentralen Stadtsiedlung (ἄστυ) gefeierten 'Nationalfestes' der *Panathenaia* im Archontatsjahr des Philaiden *Hippokleides* 566/5 ist hierfür als Symptom zu werten, denn inzwischen wurde das politische Leben weithin von den Auseinandersetzungen zwischen drei als 'Regionalparteien' auftretenden Gruppierungen (mit Anführern aus hochadligen Familien) bestimmt: Der Anhang des Eteobutaden *Lykurgos* umfaßte die Πεδιεῖς/Πεδιακοί (= 'die aus der Ebene'), stützte sich also primär auf die reiche Kephissos-Ebene rund um das ἄστυ, während *Megakles*, der Enkel des für den 'Kylonischen Frevel' verantwortlichen Alkmaioniden, an der Spitze der Παράλιοι (= 'die von der Küste', d. h. West- u. Südwest-Attika) stand. Die starke Gruppierung der Διάκριοι (= 'die aus den Bergen' bzw. 'von jenseits der Berge', d.h. aus Nord- u. Ost-Attika) wurde von *Peisistratos* von Brauron, einem Adligen mit großen militärischen Verdiensten, dessen Familie sich von dem alten Königshaus der *Neleiden* herleitete, angeführt. Die in diesem 'Parteien'-Spektrum faßbaren regionalen Spannungen im athenischen Bürgerverband sind erst durch das Integrationsmodell der kleisthenischen Rats- und Phylenreform (*1.5.5*) langfristig überwunden worden.

Peisistratos' erste Anläufe zur Tyrannisherrschaft (561/0 u. 557/6) – der letztere zunächst im Bündnis mit Megakles – schlugen fehl; erst nach langem Exil, in dem Peisistratos enorme Geldmittel aus Minen in Makedonien und Thrakien hinzugewann, gelang 546/5 mit Söldnertruppen und auswärtiger Unterstützung eine Invasion Attikas und die Besetzung der athenischen Akropolis. An den Institutionen und Verfassungsstrukturen Athens wurde nur wenig geändert; als Herrschaftsmittel genügte die fortwährende (indirekte) Kontrolle über das Archontat. Als wertvoll für die Machtsicherung erwiesen sich die auswärtigen Beziehungen des Regimes, besonders zu den Tyrannen von Naxos (*Lygdamis*) und Samos (Polykrates, *1.3.5*). Aber auch an Rivalen aus den großen Adelshäusern Attikas ergingen unter der Herrschaft des Peisistratos und vor allem seiner Söhne (seit 528/7) lukrative Bündnisangebote: So hatte *Kleisthenes*, der Sohn des Megakles und spätere Reformer, 525/4 (d. h. unter der Tyrannis) das Amt des eponymen Archon inne, während die Philaiden unter dem älteren *Miltiades* mit Unterstützung aus Athen eine eigene Herrschaft auf Lemnos und der thrakischen Chersones errichten konnten. Auf dem gegenüberliegenden Ufer des Hellesponts entstand um Sigeion eine weitere athenische 'Satellitentyrannis' an der für die Getreideversorgung Attikas immer wichtiger werdenden Seehandelsroute in den Pontos. Allerdings gerieten diese Außenposten in der Ära des Großkönigs Dareios I. (522/1–486) bald unter eine administrativ wie finanzpolitisch enorm intensivierte persische Herrschaft.

Mit klugen Reformmaßnahmen gewann das Tyrannis-Regime in Athen – trotz eines relativ hohen Steuereinzugs – auch in der Landbevölkerung Rückhalt. Das aus Privatrache unternommene Attentat der (später zu Heroen der Demokratie stilisierten) Tyrannenmörder Harmodios und Aristogeiton 514, dem der Peisistratide Hipparchos zum Opfer fiel, markierte jedoch das Ende einer langen Phase politischer Stabilität, ökonomischen Aufschwungs sowie eines großzügigen Mäzenatentums am Tyrannenhof und einer glanzvollen Baupolitik in Athen (u. a. Baubeginn des Olympieion und eines neuen Athenatempels auf der Akropolis). Gegen die scharfen Repressionsmaßnahmen des überlebenden Peisistratossohns Hippias formierte sich nun im Inneren wie seitens der exilierten Gegner eine Widerstandsbewegung; Hippias wurde freilich erst 510 durch eine Intervention Spartas unter dem ehrgeizigen König Kleomenes I. zur Kapitulation gezwungen und begab sich nach Sigeion unter persische Oberhoheit.

1.5.5 In den anschließenden Parteikämpfen in Athen konnte sich – nach längeren Wirren – der Alkmaionide Kleisthenes mit einem komplexen Reformprogramm durchsetzen (ab 507), das die Ansätze der solonischen Staatsordnung unter dem neuen politischen Ordnungsbegriff der *Isonomia* (= 'gleichmäßige Zuteilung und Partizipation') vollendete. Als Verfassungsname konnte sich *Isonomia* in Athen auch neben dem später gebildeten Begriff 'Demokratia' (*1.7.1*) stets behaupten.

Im Unterschied zu Solon besitzen wir von Kleisthenes kein Selbstzeugnis, das die Motive und leitenden Gesichtspunkte des Reformers näher erläutern könnte; die athenische Aktiv-Bürgerschaft hat sich jedoch diese neue Ordnung schon im Krisenjahr 507 ganz zu eigen gemacht und sie gegen Putschversuche im Innern und erneute Interventionen des spartanischen Königs Kleomenes I. erfolgreich verteidigt. Ebenso widersetzte sich die Bürgerschaft der Aufforderung des persischen Vizekönigs in Sardes (nach 505), dem gestürzten Tyrannen Hippias die Rückkehr nach Athen zu gestatten; die Risiken, die sich aus der Feindschaft des achämenidischen Weltreiches ergeben mußten, nahm man bewußt in Kauf.

Kernstück der kleisthenischen Rats- und Phylenreform war eine Neugliederung des gesamten Bürgerverbandes (neben den weiter bestehenden vier gentilizischen, nun auch für neue Gruppen geöffneten attisch-ionischen Phylen). Um der Bildung regionaler Parteigruppierungen entgegenzuwirken, wurde Attika in drei neue Landschaftszonen eingeteilt: 'Stadt' (*mit* Kephissosebene und Küstenvorland), 'Küste' (von Eleusis bis nach Ostattika) und 'Binnenland'. Die seit alters bestehenden Landgemeinden (*Demen*) in diesen Bereichen – einschließlich der neu als δῆμοι-Gemeinden konstituierten Stadtviertel – wurden möglichst proportional zu ihrer Bürger-Bevölkerung jeweils in zehn Gruppen eingeteilt, von denen jede einzelne als Trittys (= 'Drittelteil') mit einer gleichgroßen Demen-Gruppe aus den beiden anderen Landesteilen zu einer neuen Phyle verbunden wurde. Jede dieser zehn neugebildeten Phylen war mit 50 Ratsherren am 'Volksrat', der βουλή der 'Fünfhundert', beteiligt, außerdem hatte sie ein Regiment (τάξις, ca. 900–1000 Mann) mit jeweils einem 'Kommandeur' (στρατηγός) – unter dem Oberbefehl der πολέμαρχος-Jahresmagistratur – zu der erheblich verstärkten Hoplitenarmee Athens zu stellen. Basis der neuen Polis-Ordnung aber waren die Demos-Gemeinden, deren Selbstverwaltung erheblich an Kompetenz gewann und in denen alljährlich die Ratsherren entsprechend der Bürgerzahl bestellt wurden. Jede der zehn Phylenabteilungen im Rat, die sich *proportional* aus Vertretern ganz Attikas zusammensetzten, führte als *Prytanen*-Ausschuß für ein Zehntel des Amtsjahres den Vorsitz sowohl in der βουλή als auch in der regelmäßig tagenden Ekklesia und bestimmte damit – unabhängig von den Führungsmagistraturen – über die politische Tagesordnung (einschließlich der Vorbeschluß-Vorlagen/προβουλεύματα des Rats an die Volksversammlung). Gleichzeitig erhielt der Rat der 'Fünfhundert' ein festes, großes Gebäude an der neu gestalteten Agora.

Kleisthenischen Ursprungs ist auch das ὀστρακισμός-Verfahren ('Scherbengericht', nach dem verwendeten Schreibmaterial), das eine Wiederkehr der Tyrannis verhindern sollte und zunächst eine alljährliche, geheime Abstimmung im Rat darüber vorsah, welcher Athener als 'gefährlich' einzuschätzen sei. Für den Fall, daß eine (relative) Mehrheit von mindestens 200 Ratsherren gegen einen bestimmten Politiker votierte, sollte dieser ohne Schaden an Ehre und Besitz auf zehn Jahre Attika verlassen müssen. Diese Institutionen wurde jedoch erst in der Ära des Themistokles – d. h. auf dem Höhepunkt der persischen Invasionsdrohung (*1.6.2*) – wirkungsvoll eingesetzt, und zwar nun in der Form eines allgemeinen Bürger-Referendums, bei dem bereits eine relative Mehrheit von mehr als 6000 *Ostraka*-Voten gegen einen einzelnen Politiker ausreichte (vgl. G. A. Lehmann, «Der Ostrakismos-Entscheid in Athen: von Kleisthenes zur Ära des Themistokles», *ZPE* 41, 1981, 85–99). Inzwischen ging es bei diesem 'negativen' Personalentscheid jedoch vorrangig darum, im Rahmen einer direkten Demokratie verbindliche Kursentscheidungen im Bereich der Außen- und Sicherheitspolitik Athens (und zugleich die Position der verantwortlichen Staatsmänner) längerfristig abzusichern (*1.6.2*).

Eine deutliche Stoßrichtung gegen den lokalen Machteinfluß der Adelsgeschlechter zeichnet sich in dem Gräberluxus-Verbot ab, das ebenfalls den kleisthenischen Reformgesetzen zuzuweisen ist und nach 500 lange Zeit streng eingehalten wurde; die Einrichtung einer monumentalen Staatsbegräbnis-Anlage für alle im Kriege gefallenen Athener im Kerameikos vor dem Dipylon-Tor stellte offenbar ein patriotisches Komplement zu dieser Neuregelung dar.

Bibliographische Hinweise: J. Bleicken, *Die athenische Demokratie* (Paderborn ²1994); Chr. Meier, *Die Entstehung des Politischen bei den Griechen* (Frankfurt a. M. ²1983);

K.-W. Welwei, *Athen. Vom neolithischen Siedlungsplatz zur archaischen Großpolis* (Darmstadt 1992); R. Develin, *Athenian Officials 684–321 B.C.* (Cambridge 1989); P. Oliva, *Solon. Legende und Wirklichkeit* (Konstanz 1988); M. Stahl, *Aristokraten und Tyrannen im archaischen Athen* (Stuttgart 1987); P. Siewert, *Die Trittyen Attikas und die Heeresreform des Kleisthenes* (München 1982); S. D. Lambert, *The Phratries of Attica* (Ann Arbor 1993).

1.6 Das Zeitalter der Perserkriege

1.6.1 Schon lange stand die griechische Staatenwelt unter dem Druck des achämenidischen Weltreiches, das unter Dareios I. in Thrakien und Makedonien bereits nach Europa übergegriffen hatte, als im Jahre 500 die unter der Aufsicht des Satrapen von Sardes stehenden ionischen Poleis sich gegen die persische Herrschaft und die von der Reichsregierung gestützten Tyrannen in den Städten erhoben. Während Sparta seine Unterstützung versagte, kamen Athen, das ohnehin persische Repressalien zu erwarten hatte (*1.5.5*), und Eretria mit Kriegsschiffen den stammverwandten Aufständischen zu Hilfe. Trotz erheblicher Anfangserfolge (zeitweilige Besetzung von Sardes und Anschluß der griechischen Städte in Karien, am Hellespont und auf Zypern) erlagen die Ionier nach sechsjährigem Kampf der persischen Übermacht; die blühende Metropole Milet wurde 494 grausam zerstört und die Bevölkerung an den unteren Tigris deportiert. Im Zuge einer Neuordnung wurde jedoch bei den übrigen ionischen Poleis – über Strafmaßnahmen hinaus – dem Bedürfnis nach einem autonomen Verfassungsleben entsprochen (vgl. Hdt. 6,43,3) und auf Wiedereinsetzung der Tyrannen verzichtet (493/2 Mission des Mardonios, des Schwiegersohns des Großkönigs). Die persische Regierung war freilich entschlossen, auch die Staaten des griechischen Mutterlandes, die den Aufstand unterstützt hatten, zu bestrafen. Damit war die Unabhängigkeit ganz Griechenlands bedroht und der Konflikt mit allen zum Widerstand entschlossenen hellenischen Staaten – diesmal unter der energischen Führung Spartas – unausweichlich.

Eine erste großangelegte Strafexpedition, die unter Mardonios' Führung mit Heer und Flotte an der thrakischen Küste nach Westen vorstieß, erreichte im Sommer 492 Hellas nur deshalb nicht, weil ein – zu dieser Jahreszeit in der Ägäis sehr häufiger – Etesien-Nordsturm den größten Teil der Schiffe am Vorgebirge der Athos-Halbinsel vernichtete. Zwei Jahre später folgten die Perser daher einem neuen Konzept: Ein Flottenverband mit einem starken Expeditionskorps an Bord stieß über die Kykladeninseln vor, eroberte und zerstörte Eretria auf Euboia und landete – beraten von dem Ex-Tyrannen Hippias – an der Ostküste Attikas. In der Strandebene von Marathon errang jedoch das attische Hopliten-Aufgebot, lediglich unterstützt von den boiotischen Plataiern, einen überraschenden Sieg über die persischen Elitetruppen des Achämenidenreiches.

1.6.2 Nunmehr stand das militärische Prestige des persischen Weltreiches auf dem Spiel; so rüsteten Dareios und seit 486 sein Sohn und Nachfolger Xerxes zu einem Rachefeldzug, der wiederum mit einem großen Reichsaufgebot – flankiert von der Reichsflotte, in der die phönikischen Kontingente dominierten – an der Küste Thrakiens entlang nach Griechenland hinein erfolgen sollte. In mehrjähriger Arbeit wurde ein breiter Schiffskanal durch die Athos-Halbinsel angelegt, um die gefährliche Passage um das Vorgebirge herum zu vermeiden (*1.6.1*), und zwei Pontonbrücken über die Meerenge am Hellespont geschlagen. Offenbar wurde auch eine Absprache mit Karthago getroffen (Diodor-Ephoros 11,1,4 u. 11,20,1 f.; unklar Hdt. 7,157–167), das mit seiner Mutterstadt Sidon-Tyros stets in enger Verbindung stand (*1.3.6*) und im Sommer 480 gleichzeitig mit der persischen Invasion Griechenlands einen großen Angriffsfeldzug auf Sizilien gegen Syrakus/Gela und Akragas durchführte. Damit war die Einkreisung der kleinräumigen, in ihrem Abwehrwillen keineswegs einigen Hellenenwelt – in den Bundesstaaten Thessalien und Boiotien war man mehrheitlich zum Anschluß an Persien bereit – in Ost und West nahezu vollendet.

Es war historisch von entscheidender Bedeutung, daß sich in den 80er Jahren in Athen der Politiker *Themistokles*, der schon 493/2 das Amt des eponymen Archon (*1.5.1*) bekleidet hatte, mit einem anspruchsvollen, aber auch riskanten strategischen Konzept durchsetzen und seine Führungsposition im Strategenamt dauerhaft absichern konnte: Nahezu alljährlich wurden zwischen 487 und 482 politische Grundsatzentscheidungen durch Ostrakismos-Abstimmungen (*1.5.5*) herbeigeführt. Themistokles' Plan basierte auf der Erkenntnis, daß eine reelle Chance, die drohende persische Groß-Invasion abzuschlagen, nur in einem Abwehrkampf zur See lag: Hier, in den schwierigen griechischen Küstengewässern, konnte die zahlenmäßige Überlegenheit der Perser nicht so stark ins Gewicht fallen wie in einem Landkrieg.

Trotz des erst wenige Jahre zuvor vom Hoplitenheer erfochtenen Sieges bei Marathon entschloß sich die athenische Ekklesia angesichts der elementaren Bedrohung, aus eigener Kraft – mit staatlichen Mitteln und großen Sonderleistungen (λειτουργίαι) der reicheren Bürger – eine Flotte von 200 Groß-Kampfschiffen (*Trieren*, mit jeweils 170 Ruderern und einem starken Seesoldaten-Kontingent an Bord) aufzubauen und Athen damit zur führenden griechischen Seemacht zu machen. Den harten und gefährlichen Ruderdienst auf den Trieren übernahmen vor allem die bislang vom Wehrdienst ausgeschlossenen ärmeren Bürger (*Theten, 1.5.3*), so daß die Wehrkraft Athens sich mit einem Schlage mehr als verdoppelte; zugleich aber war damit die entscheidende Voraussetzung für die Ausbildung der 'radikalen' attischen Demokratie geschaffen.

1.6.3 Die 481 von den zum Widerstand entschlossenen Staaten Griechenlands gebildete 'Eidgenossenschaft der Hellenen' übertrug zwar Sparta die Führung, übernahm jedoch den Kriegsplan des Themistokles, die militärische Entscheidung zur See zu suchen und zu Lande gegen die vom Großkönig selbst kommandierte Reichsarmee lediglich hinhaltenden Widerstand in Paß- und Riegelstellungen zu leisten. Im Hochsommer 480 konnte sich die vereinte Flotte der Hellenen (die zu mehr als der Hälfte aus athenischen Einheiten bestand) beim Artemision (an der Nordspitze Euboias) gegen die überlegene, von verlustreichen Nordstürmen jedoch bereits geschwächte Reichsflotte einigermaßen behaupten, während der Thermopylen-Paß nach tapferem Widerstand unter dem Spartanerkönig Leonidas durch Verrat verlorenging. Leonidas und eine kleine Freiwilligentruppe opferten sich in einem Verzweiflungskampf auf, damit die hellenische Flotte noch rechtzeitig ihren Rückzug nach Süden durch den schmalen Sund von Chalkis (zwischen Euboia und Boiotien) durchführen konnte.

Xerxes stieß durch Mittelgriechenland bis Athen vor, dessen Stadt und Burg vollständig zerstört wurden. Die Bevölkerung war noch rechtzeitig über See evakuiert worden; dagegen ist der Ereignisverlauf, wie er in dem angeblichen (erst im 4./3. Jh. in einer Inschrift von *Troizen* aufgezeichneten) Themistokles-Dekret vorausgesetzt wird, fiktiv und basiert – im Widerspruch zur zeitnahen Schilderung Herodots – auf einer patriotisch-athenischen Vulgattradition. Um dem Krieg rasch ein Ende zu machen, wagte Xerxes sodann einen übereilten Flottenangriff gegen die in der Bucht vor der Insel Salamis versammelten griechischen Schiffskontingente. Die hellenische Flotte war jedoch noch völlig intakt; sie brachte den persischen Geschwadern in den engen Gewässern eine entscheidende Niederlage bei (Ende September 480). Vor dem drohenden Gegenstoß der Hellenen gegen die persischen Verbindungslinien mußten der Großkönig und seine Elitetruppen fluchtartig nach Asien heimkehren; die relativ starke Landarmee, die er in Mittelgriechenland zurückließ, erlag im folgenden Jahr bei Plataiai der überlegenen Bewaffnung und Taktik des Hellenenheeres. Gleichzeitig wurde die in Ionien verbliebene Seestreitmacht der Perser am Vorgebirge Mykale vernichtet.

Auch in Sizilien hatten die verbündeten Tyrannen Gelon von Syrakus/Gela und Theron von Akragas im Sommer 480 gegen die Karthager einen vollständigen Sieg bei Himera errungen; Karthago konnte nach dieser Niederlage nur wenige Stützpunkte in Westsizilien behaupten und wagte 70 Jahre lang keinen neuen Vorstoß mehr. Unter Gelons Bruder und Nachfolger Hieron (478–466) erreichte die Tyrannis von Syrakus den Höhepunkt ihrer Macht und schuf die Basis für eine reiche Blütezeit des sizilischen Griechentums. 474 gelang es Hieron mit der syrakusanischen Flotte vor Kyme (*1.3.1*) auch die etruskische Seeherrschaft im Tyrrhenischen Meer zu brechen. In wenigen Jahren hatte sich in Ost und West das Zentrum der weltpolitischen Entscheidungen für die vorderasiatisch-mediterrane Ökumene in den Bereich der hellenischen Polisstaaten verlagert.

1.6.4 Athen, das – anders als Sparta mit seiner prekären Sicherheitslage im Inneren (*1.4.2*) – zu einem dauerhaften Engagement in Übersee bereit war, ging nach der Befreiung der westkleinasiatischen Griechenstaaten konsequent zu Gegenangriffen auf die persischen Stützpunkte im Ägäisbereich über. Um dauernden Schutz gegen neue persische Offensiven zu erlangen, bildete sich um die Vormacht Athen – zunächst noch in einer gewissen Anbindung an die 'Eidgenossenschaft' von 481 – aus Polisstaaten der Ägäisinseln, Westkleinasiens und Thrakiens ein auf ewige Zeiten abgeschlossenes Bündnissystem (sog. 1. Attischer Seebund), das durch abgestufte und regelmäßig neu veranlagte Beiträge der Mitgliedsstaaten eine gemeinsame Kriegskasse bildete, die aber unter alleiniger Kontrolle Athens verblieb. Damit sollten der Kriegseinsatz und Unterhalt der attischen Flotte finanziert werden; denn die meisten festlandionischen Städte, die zahlreich dem Seebund beitraten, stellten keine Schiffe und Truppen, sondern lösten ihren Anteil an der Kriegsführung mit (zunächst recht maßvollen) Geldzahlungen ab, die einen jährlichen Gesamt-'Tribut' (φόρος) von 460 Talenten ergaben. Schon bald zeichneten sich schwerwiegende Machtverschiebungen im Verhältnis Athens zu seinen zahlreichen Bundesgenossen sowie auch zu Sparta ab.

Zu Beginn der 60er Jahre konnten Flotte und Heer Athens unter der Führung des prospartanischen Philaiden Kimon in der Doppelschlacht am Eurymedon in Pamphylien (an der Südküste Kleinasiens) eine – von Persien mit großen Anstrengungen vorbereitete – Gegenoffensive schon im Ansatz zerschlagen. Die Serie katastrophaler Mißerfolge fügte dem Ansehen des Achämenidenreichs irreparablen Schaden zu; nationale Erhebungen in Babylonien, Syrien, Zypern, vor allem aber in Ägypten, rissen unter den wenig tatkräftigen Nachfolgern des Xerxes nicht mehr ab. Athen engagierte sich seit 460 mit einem starken Expeditionskorps am Freiheitskampf in Unterägypten; gleichzeitig fand die attische Flotte in den Griechenstädten Zyperns eine Operationsbasis gegen die phönikischen Metropolen, die den Kern der persischen Seemacht bildeten.

Bibliographische Hinweise: P. Siewert, *Der Eid von Plataiai* (München 1972); A. R. Burn – D. M. Lewis, *Persia and the Greeks* (London ²1984); J. M. Balcer, «The Persian Wars against Greece: A Reassessment», *Historia* 38 (1989) 127–143; M. A. Dandamayev, *Persien unter den ersten Achämeniden* (Wiesbaden 1976); R. N. Frye, *The History of Ancient Iran* (München 1984); W. Huss, *Geschichte der Karthager* (München 1985); P. Briant, *Histoire de l'Empire perse* (Paris 1996).

1.7 Athens Seeherrschaft und die Vollendung der 'radikalen' Demokratie

1.7.1 Vor allem in den Jahrzehnten der stürmischen Expansion nach dem Scheitern der Xerxes-Invasion entwickelte sich Athen zur 'radikalen' bzw. klassischen Demokratie, d. h. zum unmittelbar aus der Ekklesia heraus regierten Volksstaat. Schon 486 waren – offenbar auf Initiative des Themistokles – das so oft umkämpfte Archontat und die übrigen alten Führungsmagistraturen in *Losämter* umgewandelt und damit politisch entmachtet worden (Arist. *Ath. pol.* 22,5: Losung der insgesamt neun Amtsträger nunmehr aus 500 vorgewählten Kandidaten der ersten und zweiten Steuerklasse). An die Stelle des ἄρχων-'Regenten' und des πολέμαρχος-'Kriegsanführers', der noch bei Marathon als Oberfehlshaber fungiert hatte, trat mit dem *Kollegium* der (unbegrenzt wiederwählbaren) Strategen ein hierarchisch nicht strukturierter Kreis von Wahlmagistraten, über deren jeweilige Aufgabenbereiche – ohne starren Regelzwang – allein die Ekklesia zu befinden hatte; die Entscheidungsmöglichkeiten der Volksversammlung erweiterten sich damit beträchtlich. Im freien Zusammenwirken der Ekklesia mit dem – primär durch seine intellektuelle Eindruckskraft führenden, gleichzeitig jedoch über das Strategenamt für die Exekutive mit verantwortlichen – δημαγωγός ('Volksführer') Themistokles bildete sich in den kritischen 80er Jahren das spezifische Regierungssystem der klassischen Demokratie Athens heraus und wurde durch den grandiosen Abwehrerfolg von 480/79 glänzend bestätigt.

Auf längere Sicht mußte mit dieser Verfassungsreform freilich auch die Autorität des Areopag-Rates, in den alljährlich die gewesenen Archonten en bloc als Mitglieder auf Lebenszeit eintraten (*1.5.3*) und der die einzige gegenüber der Ekklesia noch selbständige Behörde darstellte, Schaden nehmen. 462 gewannen in Athen die Gegner der von Kimon betriebenen Politik eines engen Zusammengehens mit Sparta die Oberhand, wobei der junge Perikles (familiär mit den Alkmaioniden verbunden) bald die Führung dieser zugleich auf eine Vollendung der 'radikalen' Demokratie drängenden Strömung übernahm. Der auf Kimons Seite stehende Areopag verlor in dieser Auseinandersetzung – außer der Blutgerichtsbarkeit – alle seine Kompetenzen und Kontrollrechte an den Rat der 'Fünfhundert' sowie an das Volksgericht der (inzwischen regelmäßig in mehrere Gerichtshöfe mit jeweils vielen hundert Mitgliedern aufgeteilten) ἡλιαία. Aus dieser Phase leidenschaftlich geführten Parteienstreites stammen auch unsere frühesten Zeugnisse für den – keineswegs nur positiv verstandenen – Begriff 'Demokratia' (= 'Volksgewalt' / 'Volksdominanz').

457/6 erhielt auch die dritte Zensusklasse Zugang zu den Archontats-Losämtern, wobei die formale Abgrenzung zur Kategorie der Theten bald keine Rolle mehr spielte. Mit Ausnahme der Metöken (in Athen lebenden 'Gastarbeitern' aus anderen Staaten oder Freigelassenen) und der Sklaven galt nunmehr für die gesamte männliche Bürgerbevölkerung das Prinzip voller politischer Gleichheit, d. h. nicht nur bei Wahl und Abstimmung in der Ekklesia, sondern auch in der Befugnis, als Richter (oder als Anklagevertreter), als erloster Amtsträger oder als Ratsherr in den Institutionen des Gemeinwesens verantwortlich mitzuwirken. Nur für wenige Ämter – die der Schatzmeister der Polis und natürlich der Strategen – galten noch Besitzqualifikationen und persönliche Befähigung als zwingende Voraussetzungen. Beflügelt von seinen Erfolgen nahm der attische Demos im persönlichen Selbstverständnis wie im Bereich staatlich-kollektiver Repräsentation für sich vollauf die Standards der überlieferten Adelskultur in Anspruch.

Damit möglichst viele Bürger an den Ratssitzungen und Gerichtsterminen, aber auch an den Aufführungen der großen Staatsfeste teilnehmen konnten, wurden von nun an (bescheidene) Diäten gezahlt, die sich am Minimum eines Tagesverdienstes orientierten. Entsprechend ihrem Verständnis der Polis als 'großer Oikos-Familie' hat sich die attische Demokratie aber auch 'sozialstaatlichen' Verpflichtungen – bei der Kriegshinterbliebenen-Fürsorge und mit der Zahlung von Invalidenrenten bzw. Zuschüssen für erwerbsunfähige oder -behinderte Mitbürger – selbst in Zeiten großer Finanznot entschlossen gestellt.

Eine irritierende Eigentümlichkeit dieser so freiheitlichen Demokratie ist allerdings die – auch im Vergleich mit anderen hellenischen Gemeinwesen – sehr weitgehende Abdrängung der Frauen geradezu an den Rand der bürgerlichen Gesellschaft. Selbst bescheidene Möglichkeiten einer Teilnahme am Erwerbs- und Wirtschaftsleben, wie sie allenfalls für Frauen aus ärmeren Schichten (Marktfrauen, Hebammen u. a.) bestanden haben, waren an männliche Vormundschaft gebunden; strikte Zurückgezogenheit und Bindung an das Haus ihres Vaters oder Gatten war für die Athenerin nach den gültigen sozial-moralischen Normen die einzig anständige Lebensform. Im geselligen Beisammensein der Männer nahmen den Platz der Ehefrauen die käuflichen (oft sehr gebildeten und musisch qualifizierten) 'Gefährtinnen' / *Hetären* aus dem Sklaven- oder Freigelassenen-Stand ein.

1.7.2 Da eine zentrale Regierungsgewalt nicht bestand, fielen alle politischen Sachfragen und Entscheidungen (einschließlich der Detailprobleme des Staatshaushalts) – nach routinemäßiger Vorbereitung in der βουλή – in die Kompetenz der Volksversammlung; hier mußten die führenden Politiker in freier Konkurrenz immer wieder neu die Mehrheit der Bürger für sich und ihre Sache gewinnen. Um gleichwohl vor allem in der Außen- und Sicherheitspolitik (einer veritablen Großmacht!) einen kohärenten Kurs zu gewährleisten, wurde mit Bedacht und in größeren Abständen vom Instrument des

Ostrakismos (*1.5.5*) Gebrauch gemacht, wenn eine 'Richtlinien-Entscheidung' zwischen den Programmen und Anführern rivalisierender Parteiungen notwendig erschien. Die Grundlage dieser radikalen Verwirklichung der 'Einheit von Regierenden und Regierten' in der demokratischen Ordnung bestand in der Idee eines alle Bürger einbindenden, religiös fundierten Gesetzes- und Rechtsstaates, wobei das Prinzip der 'Demokratia' als Mehrheitsherrschaft stets dem älteren Ordnungsbegriff der ἰσονομία (*1.5.5*), nunmehr als 'Rechtsgleichheit' und 'Rechtsstaatlichkeit' verstanden, zugeordnet blieb (vgl. u. a. den perikleischen *epitaphios* bei Thuc. 2,37,1). Diesem Verfassungsverständnis entsprachen nicht zuletzt die Regelungen zur 'Normenkontrolle' (schon ab 462/1), wonach auch bereits gefaßte Ekklesia-Beschlüsse durch die Ankündigung einer Einspruchsklage wegen 'Gesetzwidrigkeit' (παρανόμων) bis zu einem Gerichtsentscheid suspendiert werden konnten.

Das System einer effektiven Regierung durch die Ekklesia, aber auch das Gerichtswesen Athens konnten freilich nur dann funktionsfähig bleiben, wenn der Kreis der Staatsangehörigen nicht wesentlich über die in der Ära des Perikles erreichte Zahl von rund 40.000 attischen Bürgern hinauswuchs. 451/0 brachte Perikles ein Gesetz über die Staatsbürgerschaft ein, wonach in Zukunft nur noch diejenigen Bürger sein sollten, die von Vaters *und* Mutters Seite her von Athenern abstammten. Damit sollten sowohl die 'internationalen' Familienverbindungen der attischen Adelshäuser getroffen als auch eine Überfremdung des Politen-Verbandes durch die im Handels- und Wirtschaftszentrum Athen stark wachsende Metöken-Bevölkerung ausgeschlossen werden. In der Blütezeit der perikleischen Ära standen der Bürgerbevölkerung von insgesamt ca. 120–140.000 Personen in Attika rund 30.000 Metöken (mit Familienangehörigen) sowie eine ethnisch heterogene Sklavenbevölkerung von schätzungsweise 60–80.000 Menschen gegenüber, die sich fast ausschließlich aus privatem Kaufsklavenbesitz rekrutierte. Das Zahlenverhältnis blieb also im ganzen einigermaßen ausgewogen. Die Sklavenarbeit, insbesondere im Bergbaubereich, stellte gewiß einen beträchtlichen Faktor im Wirtschaftsleben des klassischen Athen dar, war jedoch keineswegs – wie die Staatssklaverei der Heloten in Sparta (*1.4.2*) – die *Grundlage* des gesellschaftlichen und politischen Systems. Zeitgenössische Überlieferung bezeugt relativ humane und für Hellas ungewöhnlich günstige Lebensbedingungen für die meisten Sklaven innerhalb der Gesellschaft des demokratischen Athen; häufig waren sie als Handwerker und spezialisierte Arbeiter an ihrem Arbeitslohn mitbeteiligt, so daß für sie reelle Möglichkeiten bestanden, sich von ihrem Herrn und Besitzer freizukaufen und den Status eines Metöken zu erlangen (vgl. Ps.-Xenophon, *Ath. pol.* 1,10f.).

Mit dem Aufstieg zur See- und Hegemonialmacht fand auch die Staatsform der Demokratie nach attischem Muster immer weitere Verbreitung – nicht nur unter den Polisstaaten des Seebundes, sondern auch in der Peloponnes (*Elis; Mantineia*), wo Argos schon zu Beginn des 5. Jh.s eigenständig einen demokratischen Bürgerstaat ausgebildet hatte. In den 60er Jahren des 5. Jh.s wurden überall in der westgriechischen Staatenwelt die Tyrannisherrschaften gestürzt und Demokratien eingeführt, die sich zumindest oberflächlich am athenischen 'Modell' orientierten; die große, von Syrakus aus regierte Territorialherrschaft zerfiel, so daß die meisten der von den Tyrannen zerstörten und aufgehobenen Poliszentren wiedererstehen konnten. Im demokratischen Syrakus, das nach wie vor in seiner Politik hegemoniale Ambitionen verfolgte, blieb allerdings die Erinnerung an die Tyrannen Gelon und Hieron mit dem Prestige der siegreichen Schlachten gegen Karthager und Etrusker und dem glanzvollen Ausbau der Stadt, ihrer Tempel und ihres Kulturlebens verbunden.

1.7.3 Je mehr nach dem athenischen Sieg am Eurymedon (*1.6.4*) das Gefühl der Bedrohung durch das persische Reich in Griechenland zurückging, um so größer wurde das Mißtrauen im Bundesgenossensystem Spartas – vor allem seitens Korinths – gegenüber der neuen maritimen Großmacht. Mit der raschen Vollendung der attischen Demokratie seit den Reformen von 462/1 mußten sich die Gegensätze zwischen dem athenischen und spartanisch-peloponnesischen Machtblock noch weiter verschärfen; die Polarisierung zwischen 'oligarchisch-konservativer' Hopliten-Politeia und 'radikaler' Demokratie wuchs. Seit 460/59 kam es zu kriegerischen Konflikten, die einerseits die enorme militärische Kraft Athens – auch zu Lande – unter Beweis stellten, andererseits jedoch nach einem schweren Rückschlag in Ägypten (454 Katastrophe der Flotte und des attischen Expeditionskorps; vgl. *1.6.4*) deutlich zeigten, daß ein *Zweifrontenkrieg* gegen das Achämenidenreich und die Rivalen in Hellas die Polis überforderten. Nach einem erneuten – vergeblichen – Versuch, die Perser (und Phöniker) aus Zypern zu vertreiben (450/49), gelang es der athenischen Regierung 448, mit Persien definitiv einen Verständigungsfrieden (sog. Kallias-Frieden) zu vereinbaren: Gegen die Einstellung der See-Offensiven im östlichen Mittelmeerraum und die Rückgabe Zyperns verpflichtete sich der Großkönig, keine Angriffe mehr gegen den Ägäisbereich und die westkleinasiatischen Küstenstädte zu unternehmen, ohne dabei jedoch formell auf seinen Herrschaftsanspruch über Ionien zu verzichten. 446 vermochte Perikles einen Friedensvertrag mit Sparta (auf dreißig Jahre!) auszuhandeln, in dem Athen gegen Preisgabe der eroberten Positionen auf dem griechischen Festland die Anerkennung seiner maritimen Hegemonie und Vormachtstellung im Seebund erhielt; Streitfälle sollten in Zukunft einem Schiedsgerichtsverfahren unterworfen werden.

Athens Rückzug aus Mittelgriechenland wurde in Boiotien zur Aufrichtung einer effizienten neuen Föderationsordnung – auf der Basis einer Hopliten-Politeia – genutzt: Während die Gliedstaaten von Sektionen des jeweiligen Vollbürger-Verbandes regiert wurden, hatte man das Bundesgebiet in elf Bezirke eingeteilt, wobei größere Polis-Gemeinden mehrere Bezirke umfaßten (die Groß-Polis Theben schließlich sogar vier), kleinere dagegen zusammen einen Bezirk bildeten. Für jeden Bezirk (μέρος) konnten die Gliedstaaten auf der Bundesebene (κοινόν) jeweils 60 Abgeordnete in den entscheidungsberechtigten Bundesrat und je einen Regierungsmagistraten in das Kollegium der *Boiotarchen* (mit einjähriger Amtszeit) entsenden. Dafür hatte man einen adäquaten Beitrag zum Bundeshaushalt zu leisten und für das Bundesheer pro Bezirk 1.000 Hopliten und 100 Reiter zu stellen. So hat Boiotien in der perikleischen Ära das Modell einer konsequent ausgestalteten 'oligarchischen' *Repräsentativverfassung* verwirklicht, wobei sich in einigen Gliedstaaten (bes. Thespiai) eine starke proathenisch-prodemokratische Opposition zu behaupten wußte. In der Krisenphase der attischen Demokratie im Peloponnesischen Krieg (*1.8.3*) sollte sich allerdings zeigen, daß es in den Kreisen der athenischen Hopliten neben leidenschaftlichen Bewunderern Spartas auch viele Anhänger der boiotischen Verfassungs- und Gesellschaftsordnung gab.

1.7.4 Unmittelbar nach dem Kallias-Frieden hatte Athen einen Vorstoß unternommen, um auf der Basis der alten 'hellenischen Eidgenossenschaft' zu einer allgemeinen Friedensordnung für Hellas – einschließlich einer finanziellen Absicherung der großen athenischen Flotten-Streitmacht – zu gelangen (wahrscheinlich 447); diese Initiative war jedoch am Einspruch Spartas gescheitert (Plut. *Per.* 17). In Reaktion darauf hielt Athen – ungeachtet der Beendigung des Perserkrieges – an der straffen Organisation des Seebundes fest, nachdem man bereits 454 nach der schweren Niederlage in Ägypten (*1.7.3*) die Bundeskasse von Delos auf die Akropolis von Athen gebracht hatte. Damit stieg die Stadtgöttin Athena definitiv zur 'Reichsgöttin' auf, an die nunmehr von jedem *Phoros*-Beitrag eine Ehren-Quote (1/60) abzuführen war. Gleichzeitig ging man endlich an den Wiederaufbau der einst von den Persern zerstörten Akropolis mit den großen, klassischen Bauprojekten des Parthenon und der Propyläen (*VIII 2.5.1–2*).

Die jährlichen Beitragszahlungen der Bündnerstaaten haben zwar, wie die zahlreichen inschriftlichen Fragmente der Tributquoten-Listen ausweisen, in der Ära des Perikles den 478/7 festgelegten Gesamtbetrag von 460 Talenten (*1.6.4*) nie überschritten, so daß die Summe der übrigen Jahreseinkünfte Athens (aus indirekten Steuern, Zöllen, Gebühren etc.) stets erheblich höher lag. Gleichwohl wurde die von Athen mit großem Personalaufwand betriebene Präsenz im Bündnis-Gebiet von den abhängigen Polis-Staaten als wachsende Bedrohung ihrer Autonomie empfunden – nicht minder die rege Beschäftigung der attischen Ekklesia mit dem Erlaß von 'Reichsgesetzen', die für alle Bundesgenossen verbindlich waren. Andererseits bot die athenische Flotte, für die tatsächlich der größte Teil der Phoros-Gelder verwendet wurde, der Ägäiswelt wirksamen Schutz vor Piraterie sowie neuen persischen Übergriffen oder gar Expansionsversuchen.

Als besonders gravierender Eingriff wurde von den bundesgenössischen Poleis die Überweisung aller Kapitalprozesse an die Volksgerichtshöfe in Athen empfunden, wobei diese Maßregel in erster Linie dem Schutz proathenischer Politiker in den Bündnerstaaten dienen sollte (vgl. Ps.-Xenophon, *Ath.pol.* 1,16f.). Dagegen wurden das Münzgesetz (*Klearchos-Psephisma*), das alle abhängigen Staaten auf die ausschließliche Verwendung athenischen Geldes festlegte, und ebenso die exorbitante Erhöhung der Tributzahlungen um das Drei- bis Vierfache (*Thudippos-Psephisma*) offensichtlich erst in der Ära des Demagogen Kleon im Archidamischen Krieg (*1.8.1*) beschlossen. Seit den 60er Jahren erhoben sich wiederholt freiheitsstolze Bündner-Staaten gegen die Unterordnung unter die immer weiter intensivierte Herrschaft Athens. Nach der siegreichen Bewältigung der Samos-Krise (441–439), die sich zu einem regelrechten Bundeskrieg gegen die rebellierende Insel-Polis auswuchs, war jedoch innerhalb des Seebundes bei den noch über eigene Flottenkontingente verfügenden Staaten (Chios, Mytilene u.a.) kein Potential mehr vorhanden, um die attische Hegemonialmacht aus eigener Kraft herauszufordern.

Bibliographische Hinweise: A. H. M. Jones, *Athenian Democracy* (Oxford 1957); R. K. Sinclair, *Democracy and Participation in Athens* (Cambridge 1988); Chr. Meier – P. Veyne, *Kannten die Griechen die Demokratie? Zwei Studien* (Berlin 1988); P. J. Rhodes, *A Commentary on the Aristotelian Athenaion Politeia* (Oxford 1981); R. W. Wallace, *The Areopagus Council, to 307 B.C.* (Baltimore – London 1985); M. Ostwald, *From popular sover-*

eignty to sovereignty of law (Berkeley–Los Angeles 1986); B. D. Meritt – H. T. Wade-Gery – M. F. McGregor, *The Athenian Tribute Lists*, 4 Bde (Princeton 1939–1953); W. Schuller, *Die Herrschaft der Athener im Ersten Attischen Seebund* (Berlin–New York 1974); B. Smarczyk, *Untersuch. z. Religionspolitik u. polit. Propaganda Athens im Delisch-Attischen Seebund* (München 1990); E. Badian, «The Peace of Callias», *JHS* 107 (1987), 1–39; R. Sealey, *Women and Law in Classical Greece* (Chapel Hill–London 1990); Carola Reinsberg, *Ehe, Hetärentum und Knabenliebe im antiken Griechenland* (München 1989).

1.8 Die Krise der griechischen Staatenwelt im Peloponnesischen Krieg

1.8.1 Schon Jahre bevor 431 der große Krieg zwischen dem von Sparta angeführten Machtblock und Athen ausbrach, hatte Perikles immer wieder in der Ekklesia auf den heraufziehenden Konflikt hingewiesen. Er war überzeugt, daß Athen vor der neuerlichen Machtprobe nicht zurückschrecken dürfe, und vertraute gegenüber Spartas Ultimaten, die 432 keinerlei Raum mehr für Verhandlungen oder ein Schiedsgerichtsverfahren (*1.7.3*) ließen, auf die finanzielle und maritime Überlegenheit der Stadt, die durch eine gewaltige Mauerbefestigung (die 'Langen Mauern') mit dem Piräus – gegen Landangriffe uneinnehmbar – verbunden worden war. Perikles' Konzept sah vor, die zu erwartenden Invasionen der Peloponnesier hinter den 'Langen Mauern' abzuwarten und durch harte Gegenschläge der Flotte im Feindesland die Oberhand zu gewinnen. Lediglich das starke, in den 40er/30er Jahren neu aufgestellte Reiterkorps (Thuc. 2,13,8), das als ständige Eingreiftruppe bereitstand (und in der Selbstdarstellung der athenischen Bürgerschaft im Fries über der Cella des Parthenon geradezu überschwenglich gewürdigt worden ist!), sollte aktiv zur Landesverteidigung in Attika eingesetzt werden.

Dieser Kriegsplan hat sich langfristig durchaus bewährt, doch wurde das übervölkerte 'Festungsdreieck' Athen–Piräus–Phaleron in den Jahren 430–428 von einer Typhusepidemie heimgesucht, die mehr als ein Viertel der wehrfähigen Bürgerschaft dahinraffte; unter den Opfern befand sich auch der unersetzliche Perikles. Die Politiker zumeist nicht-adliger Herkunft, die Perikles' Nachfolger als führende 'Demagogen' bzw. Strategen des attischen Demos wurden (insbesondere der reiche Gerbereibesitzer Kleon), waren ihrer hohen politischen Verantwortung nicht gewachsen. Sie gaben, wie Thukydides als mitbeteiligter und mitleidender Augenzeuge konstatiert (2,65), ohne persönliche Unabhängigkeit den wechselnden Emotionen einer erregten Volksmasse immer wieder nach und vertraten – unbekümmert um die wachsende Polarisierung im Inneren – eine Kriegspolitik überhöhter Ansprüche sowie brutaler Machtausübung gegenüber Bundesgenossen und bezwungenen Gegnern.

In der nachperikleischen Zeit fanden in der Führungsschicht und vornehmen Jugend Athens mehr und mehr die Lehren einer auf dem 'Naturrecht' (φύσις) gründenden Gewaltmoral der damals vielbewunderten *Sophisten* (*VII 1.3.1*) Anklang, die gelegentlich sogar in diplomatischer Mission (Gorgias von Leontinoi 427) und nicht nur als Wanderlehrer in Athen auftraten, um gegen Honorar das Erbe der ionischen Naturphilosophie zu popularisieren und mit der Vermittlung einer neuen Rhetorik eine effizientere politische Elite auszubilden. Die sophistische 'Aufklärung' war nicht auf ein bestimmtes politisches und gesellschaftliches System festgelegt; von ihrer radikalen, den Rechtsstaat und seine Normen prinzipiell in Frage stellenden Ausprägung ging jedoch eine starke geistig-moralische Verführung aus, indem sie persönlichen Freiheits- und Machtgewinn gegenüber der Volksmasse versprach und rücksichtslose Gewaltanwendung als 'naturgemäß' verherrlichte. Mit dem Fortschreiten des Krieges von einer Kraftprobe zwischen zwei Bündnis- und Machtblöcken zu einem die ganze griechische Welt in Mitleidenschaft ziehenden Systemkonflikt, einem panhellenischen 'Bürgerkrieg', erfaßte die allgemeine geistige Krise bald auch die politischen Strukturen.

1.8.2 Mehrfach konnte Athen von Sparta, das unter den athenischen Seeinvasionen – vor allem nach der Besetzung von Pylos in Messenien (425) und der Gefangennahme von knapp 300 Lakedaimoniern, darunter 120 Spartiaten (ca. sieben Prozent der inzwischen stark verminderten ὅμοιοι-Aktivbürger!) – sehr zu leiden hatte, einen vorteilhaften Friedensschluß erlangen, wenn die von Kleon angeführte politische Mehrheit zu maßvoller Weitsicht imstande gewesen wäre. Schließlich gelang es den Gemäßigten unter der Führung des reichen Strategen *Nikias* nach empfindlichen Niederlagen Athens zu Lande – bei *Delion* gegen die boiotische Bundesarmee 424 und bei *Amphipolis* 422 in Thrakien gegen den Spartiaten *Brasidas* und seine improvisierte Truppe – 421 einen (auf 50 Jahre befristeten!) Frieden mit Rückkehr zum *status quo ante* abzuschließen – unter Hinnahme der von Athen am Korinthischen Golf und an der Westküste Griechenlands weiter ausgebauten Machtpositionen. Dies war der Erfolg, auf den die Politik des Perikles gezielt hatte: Schließlich hatten Sparta und seine Alliierten 431 den großen Krieg mit der Parole eröffnet, für die Wiederherstellung der Unabhängigkeit (ἐλευθερία καὶ αὐτονομία) aller hellenischen Staatswesen zu kämpfen; die Auflösung des athenischen Seebundes war damit verbindlich zum Kriegsziel erhoben worden. Bitter enttäuscht schlossen daher Korinth und andere peloponnesische Staaten eine neue Allianz mit der – bis dahin neutral gebliebenen – Demokratie von Argos und kündigten Sparta die Gefolgschaft auf (ohne jedoch an eine Fortsetzung des Krieges aus eigener Kraft gegen Athen denken zu können), so daß Sparta in seiner wachsenden Isolierung schließlich um ein Defensivbündnis mit Athen(!) nachsuchte.

Daß die Chancen, die der Nikias-Frieden zur Konsolidierung der athenischen Großmacht-Stellung (und mittelfristig zur Überwindung des machtpolitischen Dualismus in Hellas!) bot, ungenutzt blieben, lag einmal an dem allgemeinen Mißtrauen zwischen Athen und Sparta, vor allem jedoch an den Intrigen des ehrgeizigen Gegenspielers des Nikias, des ebenso hochbegabten wie skrupellosen *Alkibiades*. 420 erstmals in das Strategenkollegium gewählt, war Alkibiades (im Hause seines Onkels Perikles aufgewachsen) in den 20er Jahren zum Exponenten einer jungen, sophistisch geprägten Generation geworden, die der egalitären Demokratie grundsätzlich kritisch gegenüberstand. Ihm gelang es, die Annäherung Spartas an Athen zu hintertreiben und stattdessen einen Pakt mit der antispartanischen Allianz von Argos, Elis und Mantineia anzubahnen. Die Rivalität zwischen Nikias und Alkibiades lähmte zunehmend die athenische Außenpolitik, besonders nachdem Sparta mit dem Sieg über den argivischen 'Sonderbund' in der Schlacht bei Mantineia 418 seine Hegemonie in der Peloponnes wiederherstellen konnte. Den Versuch, durch einen Ostrakismos-Entscheid (1.5.5) die Polarisierung zu überwinden, konnten Alkibiades und Nikias jedoch durch geheime Absprachen und Anweisungen an ihre in informellen 'Clubs' (*Hetairien*) organisierten Anhängerschaften bei der Abstimmung im Frühjahr 417 unterlaufen; die längst fällige Grundsatzentscheidung kam nicht zustande. Mit dem (letzten) Ostrakismos des zweitrangigen Politikers *Hyperbolos* war aber nicht nur das 'Sicherheitsventil' der Demokratie zerstört; von nun an herrschte große Angst vor einem antidemokratischen 'Untergrund' in Athen und möglichen Umsturzaktionen der Hetairien, wie alsbald die maßlosen Reaktionen auf den Religionsfrevel der Hermenpfeiler-Verstümmelungen im Sommer 415 zeigten (vgl. Andoc. *or.* 1,34f. u. Thuc. 6,27f. u. 53–61).

Als Stratege der Jahre 417–415/4 war Alkibiades wesentlich verantwortlich für die Vergewaltigung der neutralen, dorischen Inselpolis Melos (Thuc. 5,84f.), wobei Sparta als 'Mutterstadt' bezeichnenderweise nicht einmal auf diese Herausforderung zu reagieren wagte. Der unentschiedene Parteienkampf in Athen hat ferner wesentlich dazu beigetragen, daß sich die Ekklesia 415 von Alkibiades zu der verhängnisvollen großen Expedition in den westgriechischen Raum überreden ließ – mit dem Hauptziel, Syrakus und ganz Sizilien der athenischen Herrschaft zu unterwerfen (Thuc. 6,1,1f. 84f. 90). Nach ersten Anfangserfolgen wurde Alkibiades, schon des längeren wegen Beteiligung an den Religionsfreveln verklagt, auf Betreiben seiner Gegner in Athen aus Sizilien abberufen und als Angeklagter einbestellt. Er konnte jedoch fliehen und erhielt in Sparta politisches Asyl, wo er das ganze Ausmaß der athenischen Expansionsziele in Sizilien enthüllte und für eine entschlossene Unterstützung des hart bedrängten Syrakus eintrat; das Resultat war die erfolgreiche Sizilien-Mission des Spartiaten Gylippos (Thuc. 6,93f.).

1.8.3 Nachdem Athen sich 414 durch leichtfertige Übergriffe sowohl mit dem Perserreich als auch mit Sparta in offenen Kriegszustand gebracht hatte, gewann Alkibiades bestimmenden Einfluß auf die spartanische Kriegsführung; er regte die *dauerhafte* Besetzung der Grenzfestung Dekeleia durch eine starke peloponnesische Truppe (ab 413) an, von wo Athen beständig unter Blockadedruck gehalten werden konnte. Im gleichen Jahr erlitt das athenische Expeditionskorps in Sizilien zusammen mit dem größten Teil der Flotte unter Nikias' unglücklicher Führung eine vollständige Katastrophe, während Alkibiades bei der Vermittlung eines Kriegsbündnisses zwischen Sparta und Persien mithalf. Die Vereinbarungen sahen – um den Preis der Unterstellung des 'befreiten' Ionien unter die Oberhoheit des Achämenidenreiches – die Ausrüstung einer Athen überlegenen peloponnesischen Flotte mit persischen Geldern vor.

Nach den schweren Rückschlägen von 413 und 412 vereinigten sich in Athen die antidemokratischen Kräfte zu einer Umsturzbewegung, die mit einer 'Doppelstrategie' aus Terrorismus und legaler 'Systemveränderung' im Sommer 411 die Machtergreifung eines 'Rates der Vierhundert' erzwang. Dieses Oligarchenregime scheiterte aber rasch an den eigenen Hoffnungen (u. a. auf einen leicht zu erreichenden Ausgleich mit Sparta und Persien) sowie an dem hartnäckigen Widerstand der zur Demokratie haltenden Flotte auf Samos. Diese Flottenstreitmacht konnte schließlich – unter der Führung des Alkibiades, der in der Krise von 411 erneut einen Seitenwechsel vollzog – auch die peloponnesische Seeoffensive in Ionien abfangen.

Auch nach dem Sturz der 'Vierhundert' (im Herbst 411) blieb in Stadt-Athen zunächst das nicht-demokratische Regime einer Hopliten-Politeia bestehen, bis der Triumph über die peloponnesische Flotte bei Kyzikos (Frühsommer 410) den entscheidenden Anstoß zu einer vollen Restauration der Demokratie gab. Während in Athen in den folgenden Jahren die innenpolitische Situation labil blieb, fand der spartanische Admiral Lysandros Unterstützung durch den persischen Prinzen Kyros d. J., der seit 408 als Vize-König in Kleinasien amtierte.

1.8.4 Erbitterte Machtkämpfe unter den führenden athenischen Politikern, die nach dem 'zweiten Sturz' des Alkibiades 407 noch an Schärfe zunahmen, führten im Herbst 406 im *Arginusen*-Prozeß zu dem fatalen Justizmord an den erfahrensten und loyalsten Strategen, so daß ein gut vorbereiteter Überraschungsangriff des Lysandros im Herbst 405 (bei *Aigospotamoi* im Hellespont) die letzte große Flotte Athens vernichten konnte. Das gesamte athenische 'Reichsgebiet' fiel in die Hand des Siegers; im Frühjahr 404 mußte auch die ausgehungerte Metropole in die bedingungslose Kapitulation einwilligen. Athens Festungswerke wurden geschleift, die noch vorhandenen Kriegsschiffe ausgeliefert und – unter dem Druck des Lysandros – im Sommer 404 in der Polis selbst eine radikal prospartanische Oligarchenregierung (das Regime 'der Dreißig') an die Macht gebracht, an deren Spitze Theramenes und Kritias (ein Onkel Platons) standen. Eine vollständige Vernichtung der athenischen Polis, wie sie von den haßerfüllten Nachbarstaaten (namentlich von Boiotien und Korinth) gefordert worden war, hatte die spartanische Regierung – mit Berufung auf Athens Leistungen in den Perserkriegen – abgelehnt (Xen. *Hell.* 2,2,19f.).

Gegen das Regime 'der Dreißig', das, gestützt auf eine lakedaimonische Garnison, mit blutigem Terror eine Umstrukturierung Athens nach dem Modell Spartas (mit einer Aktivbürgerschaft der 'Dreitausend') anstrebte, erhob sich schon im Winter 404/3 eine Widerstandsbewegung, der es nach einem heftigen Bürgerkrieg gelang, die spartanische Regierung für eine Restauration der Demokratie zu gewinnen – freilich um den Preis einer von Sparta garantierten Amnestie für die Bluttaten des gestürzten Regimes sowie einer Teilung Attikas durch die Etablierung eines separaten Oligarchenstaates in Westattika mit Eleusis als Zentrum. Die strikte Rückkehr zu den Prinzipien eines sanktionsbewehrten Rechtsstaates und vor allem die Einhaltung der Amnestie ermöglichten schon 401/400 die Wiedervereinigung des Bürgerverbandes und schufen die Voraussetzungen für einen erstaunlich raschen Wiederaufstieg in den 90er Jahren des 4. Jh.s. Auf diese positive Entwicklung fällt freilich der dunkle Schatten des 399 – gegen einen vermeintlichen sophistischen Urheber des nationalen Unglücks – geführten Prozesses gegen Sokrates (*VII 1.3.2*), einen loyalen attischen Bürger und unbequemen Frager, dessen geistige Tätigkeit tatsächlich gegen den Relativismus und die Gewaltmoral der radikalen Sophistik gerichtet gewesen war. Dieser Justizmord hat viele prominente Denker aus dem sokratischen Schülerkreis, darunter auch Platon (427–347), auf immer der restaurierten Demokratie entfremdet; gleichwohl wurde Athen zur Heimstatt der meisten im 4. Jh. gegründeten Philosophen-Schulen.

Bibliographische Hinweise: W. R. Connor, *The new politicians of fifth-century Athens* (Princeton 1971); G. E. M. De Ste. Croix, *The Origins of the Peloponnesian War* (London 1972); G. A. Lehmann, «Überlegungen zur Krise der attischen Demokratie im Peloponnesischen Krieg: vom Ostrakismos des Hyberbolos zum Thargelion 411 v. Chr.», ZPE 69 (1987) 33–73; E. F. Bloedow, *Alcibiades reexamined* (Wiesbaden 1973); D. Lotze, *Lysander und der Peloponnesische Krieg* (Berlin 1964); D. Kagan, *The Fall of the Athenian Empire* (Ithaca–London 1987).

1.9 Spartas Vorherrschaft und das Zeitalter der Hegemonialkriege im 4. Jh.

1.9.1 Der Gang der griechischen Geschichte in der 1. Hälfte des 4. Jh.s war vor allem durch die Auseinandersetzungen um die Wahrung der Freiheitsrechte der kleineren und mittleren Polisstaaten gegenüber den hegemonialen Ansprüchen der rivalisierenden größeren Mächte bestimmt. Schon kurze Zeit nach der Niederlage Athens wurde deutlich, daß die zunächst absolut dominierende Hegemoniemacht Sparta ihrer Aufgabe, als Garant der Autonomie der griechischen Staaten des Mutterlandes und des Ägäisraumes aufzutreten, nicht genügen konnte. Das Herrschaftssystem, das Lysandros im ehemaligen athenischen 'Reichsgebiet' errichtet hatte und das auf der Einsetzung von oligarchischen 'Zehner-Regierungen' (*Dekarchien*) und lakedaimonischen 'Ordnern' (*Harmostai*) in den nach wie vor tribut- und heerfolgepflichtigen Städten basierte, war ganz auf die Person des Siegers von Aigospotamoi zugeschnitten. Dieses System ließ sich schon mit Rücksicht auf die innere Balance der spartanischen Verfassungsordnung nicht aufrechterhalten, zumal bei den bislang selbständigen Alliierten, besonders in Boiotien und Korinth, längst Verbitterung über die hegemoniale Politik der Siegermacht herrschte. Nach dem Scheitern des von Sparta unterstützten Usurpationsversuchs Kyros' d. J. (401/400: *Anabasis* und Rückmarsch des Söldnerkorps der 'Zehntausend') war überdies das Verhältnis zum Achämenidenreich in offenen Krieg um den Status der ionischen Städte umgeschlagen (ab 400/399).

Der Kleinasien-Feldzug des jungen Königs *Agesilaos* mußte Ende 395 abgebrochen werden, da die Erhebung Boiotiens und Athens, denen sich Korinth und Argos anschlossen, Spartas Position sogar in der Peloponnes bedrohte. Während die Kämpfe in Hellas in einen zermürbenden Stellungskrieg um Korinth einmündeten (sog. Korinthischer Krieg), beendete der große Seesieg der persischen Reichsflotte, die von dem athenischen Emigranten *Konon* geführt wurde, 394 bei der Halbinsel *Knidos* (an der Südwestspitze Kleinasiens) die kurze Ära der spartanischen Seeherrschaft über die Ägäis.

1.9.2 Konons triumphale Rückkehr in den Piräus 393 und die Hilfe seiner Flottenmannschaften ermöglichten es Athen, die 'Langen Mauern' wiederherzustellen und Ressourcen für eine eigene Seerüstung zu gewinnen. Die Vorstöße einer neuen athenischen Flotte ab 390 und der Versuch, die Strukturen des alten Seebundes wiederzubeleben, führten jedoch sogleich zu einer Annäherung zwischen Sparta und dem Achämenidenreich, deren Gewicht schließlich 386 den Abschluß eines (unbefristeten) 'allgemeinen Friedens' der Hellenen (κοινὴ εἰρήνη) – auf der Basis eines großköniglichen Erlasses (sog. Königsfriede)! – erzwang. Ging es dabei dem Großkönig nur um seine Herrschaft über Ionien (sowie die Oberhoheit über das erneut abtrünnige Zypern), so wurde in dem Vertragsinstrument dieses Friedens erstmals explizit das Prinzip der Autonomie für alle Poleis, ob groß oder klein, als Grundlage der Beziehungen innerhalb der hellenischen Staatengemeinschaft anerkannt. Die zahlreichen Erneuerungen dieser κοινὴ εἰρήνη in der Folgezeit und die Ansätze, die εἰρήνη-Ordnung zu einem kollektiven Friedens- und Sicherheitssystem auszubauen, belegen, wie sehr der Friedensschluß von 386 in dieser Hinsicht einem elementaren Bedürfnis der griechischen Staatenwelt entsprochen hat.

Während Athens Wiederaufstieg zur Seemacht im 'Königsfrieden' ausdrücklich anerkannt worden war, konnte Sparta gerade die Autonomieklausel zur Festigung seiner Hegemonie auf dem griechischen Festland instrumentalisieren: Mit ultimativen Drohungen wurden die Auflösung des boiotischen Bundesstaates (*1.7.3*) sowie der (390 vollzogenen) Polis-Union zwischen Argos und Korinth durchgesetzt, wenig später sogar die demokratische Polis Mantineia zerschlagen; die Polis *Phleius* mußte ein prospartanisches Oligarchenregime akzeptieren. 383/2 überzog Sparta auch den *Chalkidischen Bundesstaat*, der sich (während des Peloponnesischen Krieges) um das Poliszentrum *Olynthos* gebildet hatte, mit Krieg: Höhepunkte dieser immer rücksichtsloseren Interventionspolitik waren die 382 erfolgte Besetzung der Akropolis von Theben, 380 die Unterwerfung von Olynthos und 378 sogar ein erfolgloser Vorstoß gegen den Piräus.

1.9.3 Mit der Befreiung Thebens 379 durch demokratische Exulanten (um Pelopidas) und der Gründung eines zweiten athenischen Seebundes, der – mit einem föderativen Bundesrat (συνέδριον) ausgestattet – für die volle Freiheit und Integrität seiner Mitglieder und der übrigen Hellenenstaaten eintrat und sich in seinem Gründungsmanifest (*Syll.* I³ 147) ausdrücklich als ein Organ der κοινὴ εἰρήνη-Ordnung definierte, setzte eine mächtige Gegenbewegung ein.

Bilaterale Allianzen hatten die Bildung des neuen Bundes vorbereitet: Athen verzichtete feierlich auf alle Ansprüche aus seinen früheren überseeischen Besitzungen; nicht einmal Privateigentum von Athenern sollte auf dem Territorium der Bündnerstaaten in Zukunft erlaubt sein. 376 konnte die attische Flotte bei Paros die Reste der spartanischen Seemacht vernichten, und 371 erlag das zahlenmäßig weit überlegene spartanisch-peloponnesische Heer bei Leuktra in Boiotien der Taktik der 'schiefen Schlachtordnung' des thebanischen Feldherrn *Epameinondas*. Mit einem Schlage rückte die radikale Polis-Demokratie von Theben, das sich die Landschaft Boiotien regelrecht einverleibte, zur führenden Landmacht in Griechenland auf, ohne freilich auf Dauer ein kohärentes Bündnissystem gestalten zu können.

1.9.4 Der Einmarsch der Thebaner in die Peloponnes 370 unter Epameinondas' Führung markiert eine Zäsur in der Geschichte der griechischen Staatenwelt: Die Befreiung Messeniens und die von den Thebanern geförderte Gründung eines neuen, antispartanischen Bundesstaates Arkadien (mit *Megale Polis* als Zentrum) beschränkten Spartas Territorium und direkten Machteinfluß dauerhaft auf die Region Lakonien; nur durch die Hilfe Athens, das nunmehr gegen Theben Front machte, wurde eine völlige Katastrophe der alten Vormacht von Hellas abgewendet. Das hellenische Staaten- und Mächtegefüge und die seit Generationen das politische Bewußtsein bestimmenden Konfliktlinien veränderten sich von Grund auf. Der erneute Sieg der Thebaner in der Schlacht bei Mantineia 362 besiegelte das Ende der spartanischen Hegemonie in der Peloponnes.

Der Tod des Epameinondas in dieser Schlacht – und zuvor bereits der Verlust des Pelopidas – entrissen den Thebanern jedoch ihre besten Feldherrn und begabtesten Politiker; Thebens Ekklesia verspielte bald durch eine sprunghafte Außenpolitik alle Chancen, seine militärischen Erfolge in dauerhaften Gewinn umzuwandeln. So scheiterte die vielversprechende κοινὴ εἰρήνη von 362/1 weniger an der Intransigenz Spartas, das sich mit dem Verlust seiner Macht (und eines Drittels seines Territoriums!) nicht abfinden wollte, als an dem zu geringen Engagement der beiden Mächte Theben und Athen, die sich auf eine kurzatmige Verfolgung eigensüchtiger Expansionsziele konzentrierten.

Besonders fatal wirkte sich die Verstrickung Thebens (und später auch Thessaliens) in den Phokischen Krieg (sog. 3. Heiliger Krieg 356–346) aus, der durch den räuberischen Zugriff der Phoker auf die Tempelschätze des Apollon-Heiligtums von Delphi und die Anwerbung einer großen Söldnerarmee zu einer Kriegskatastrophe eskalierte, die alle an der delphischen Amphiktyonie (*1.3.3*) beteiligten Staaten in Mitleidenschaft zog. Dieser Krieg eröffnete schließlich der aufsteigenden Randmacht Makedonien die Chance zur erfolgreichen Intervention und dem Heerkönig *Philipp II.* (*V 2.2.3*) den Eintritt in den Amphiktyonenrat von Delphi.

Ab 357 wurde auch die Großmachtstellung Athens, das sich von den anfänglichen Grundsätzen seiner Seebundspolitik mehr und mehr entfernt hatte, Annexionen vornahm (Samos) und seine Bundesgenossen wieder stärker in ein Untertanenverhältnis zu drücken versuchte, durch den erfolgreichen Abfall der leistungsfähigsten Poleis vom Seebund – Rhodos, Chios, Byzanz und Mytilene – erheblich reduziert (355).

1.9.5 Die Krise der hellenischen Staatenwelt seit dem Peloponnesischen Krieg läßt sich auch in der Geschichte der westgriechischen Poleis dokumentieren. Nach der Katastrophe der Athener vor Syrakus (413) nahm Karthago seine Angriffe auf die Polisstaaten Siziliens wieder auf; die enorme Schwächung Athens hatte das Risiko einer neuen Großoffensive auf der Insel (ab 409) offensichtlich kalkulierbar gemacht. Selinus, Akragas, Gela und Himera wurden von der Wucht der karthagischen Angriffe überrascht und nach der Eroberung brutal zerstört. Auch die Abwehrmaßnahmen von Syrakus, dessen Demokratie schon in den Jahren der athenischen Invasion Schwächen gezeigt hatte, waren zunächst unzureichend. In der höchsten Not gelang es dem 'bevollmächtigten Strategen' (*strategos autokrator*) Dionysios, auf antidemokratische Parteikräfte gestützt, seine Tyrannisherrschaft (405–367) an die Stelle des Verfassungsstaates zu setzen, den Vormarsch der Karthager mit Glück abzuwehren und einen Revanchekrieg (ab 397) vorzubereiten. Dabei konnte er sich – als Prototyp der sog. Jüngeren Tyrannis im 4. Jh. – auf das Vertrauen der spartanischen Regierung stützen. Die Umwandlung seines persönlichen Regiments zu einer charismatischen Herrschaft mit glanzvollem Hofleben und Aufbau einer Dynastie nimmt sich in vielem wie eine Antizipation der hellenistischen Monarchie (*V 2.4.2*) aus.

An der Spitze eines großen Söldnerheeres und einer vorzüglich gerüsteten Flotte schuf Dionysios in Ost- und Mittelsizilien (mit Stützpunkten im Adriaraum sowie in Unteritalien) eine straffe Territorialherrschaft, die über die damals größte Militärmacht unter den hellenischen Staaten verfügte. Gleichwohl wurde die Karthager-Gefahr – trotz mehrerer großer Offensiven (397–392; 382–375; 368/7) – nicht endgültig gebannt; wenn ein strategischer Sieg greifbar nahe erschien, war Dionysios aus Sicherheitsgründen nicht imstande, eine volle Mobilisierung des syrakusanischen Bürgeraufgebotes und seiner Flotte vorzunehmen. Dionysios' Sohn und Nachfolger, Dionysios II. (367–357 u. 347–344) konnte diese Herrschaft innerhalb der durch Bevölkerungsdeportationen aus Sizilien und Unteritalien gewaltig aufgestockten Groß-Polis von Syrakus nicht behaupten. 357 trat *Dion*, sein Onkel und ein begeisterter Freund und Schüler Platons, an die Spitze eines erfolgreichen Invasionsunternehmens, das von einer heterogenen Oppositionsbewegung getragen wurde. Bei dem Versuch, im befreiten Syrakus eine – ansatzweise – an platonischen Vorstellungen orientierte Aristokratie zu verwirklichen, stieß Dion auf starken Widerstand und fiel schließlich 354 einem Attentat aus den eigenen Reihen zum Opfer. Heftige Parteienkämpfe und die Selbständigkeitsbestrebungen der unterdrückten Polis-Gemeinden im syrakusanischen Machtbereich stürzten das Hellenentum Siziliens vollends ins Chaos. Erst seit 344/3 konnte der von Korinth (der Mutterstadt von Syrakus) entsandte integre Vermittler *Timoleon* die innere Ordnung in den sizilischen Polisstaaten auf der Basis einer gemäßigten Demokratie wiederherstellen und ein vom Prinzip der Autonomie bestimmtes Bündnissystem von Syrakus aus aufbauen. Der Machtbereich der Karthager, die 341 am Krimisos-Fluß eine schwere Niederlage erlitten, wurde wieder auf das westliche Drittel der Insel beschränkt (339). Für Mittel- und Ostsizilien setzte Timoleon (ab 337) – auch mit Hilfe seiner Heimatstadt Korinth – ein großes Kolonisationsunternehmen aus dem Mutterland in Gang, das den sikeliotischen Staaten neue Kräfte zuführte. Krisenhaft zugespitzt hatte sich auch die Situation der Poleis in Unteritalien, wo im letzten Drittel des 5. Jh. Städte wie Kyme oder Poseidonia von den Stämmen des Hinterlandes (*Samniten* bzw. *Lukaner*) eingenommen worden waren. Durch die Invasionen keltischer Völker, die seit Beginn des 4. Jh. die ganze Apenninhalbinsel immer wieder heimsuchten, wurde das Gefüge der italischen Stämme weiter erschüttert. Dem Druck der Lukaner und des Neustammes der *Bruttier* vermochten nur Kroton und Thurioi standzuhalten. Von Tarent als Helfer herbeigerufen, führte der spartanische König *Archidamos III.* ab 342 mit Söldnertruppen Krieg gegen die verbündeten Lukaner und Messapier, fand jedoch in einer Schlacht bei Mandonion 338 den Untergang. Auch die danach mit hohem Aufwand (ab 334) durchgeführte Hilfsexpedition des epeirotischen Monarchen Alexanders des Molossers (des Schwagers Alexanders d. Gr.) scheiterte mit dem Tode des Königs (331/0); sie verschaffte jedoch Tarent und den übrigen italiotischen Städten eine Atempause – bis zu ihrer Auseinandersetzung mit dem Aufstieg Roms.

1.9.6 Im Hinblick auf die griechische Welt im Ganzen ist zu konstatieren, daß das Hellenentum im 4. Jh. sich ungeachtet aller kriegerischen Wirren in stetem wirtschaftlichen und kulturellen Aufstieg befunden hat; auch die Bevölkerungszahl nahm ständig zu. Die zahlreichen Krisen und Umbrüche zwangen freilich viele dazu, ihren Lebensunterhalt als Söldner, oft in dem von Abfallbewegungen heimgesuchten Perserreich, zu suchen. Nachdem es einem führerlos gewordenen griechischen Söldnerkorps 401/0 gelungen war – nach dem Tode seines Dienstherrn, des Thronprätendenten Kyros' d. J. (*1.8.3*), in der Schlacht bei *Kunaxa* –, in siegreichen Kämpfen gegen die persische Reichsarmee und zahlreiche einheimische Völker den Rückweg zum Schwarzen Meer und zum Bosporus zu erzwingen, wurde der athenische Publizist *Isokrates* (*IV 1.12.3*) nicht müde, in politischen Sendschreiben für einen gemeinsamen Eroberungskrieg griechischer Staaten als konstruktiven Ausweg aus den erschöpfenden Hegemoniekämpfen zu werben; die wiederhergestellte Herrschaft des Achämenidenreiches über Ionien stellte er als Schmach für die Hellenen heraus. Als weder die großen Polis-Staaten noch herausragende Machthaber dieses 'panhellenische' Expansionsprogramm ernsthaft anzupacken vermochten, wandte sich Isokrates 346 mit einer Denkschrift an Philipp II. von Makedonien; hier sollten seine Ideen auf fruchtbaren Boden fallen.

Bibliographische Hinweise: P. Funke, *Homónoia und Arché. Athen u. die griech. Staatenwelt vom Ende des Peloponnes. Krieges bis zum Königsfrieden* (Wiesbaden 1980); M. Dreher, *Hegemon u. Symmachoi. Unters. z. Zweiten Athenischen Seebund* (Berlin–New York 1995); M. Jehne, *Koine Eirene* (Stuttgart 1994); J. Buckler, *The Theban Hegemony 371–362 B. C.* (Cambridge–London 1980); K. F. Stroheker, *Dionysios I. Gestalt und Geschichte des Tyrannen von Syrakus* (Wiesbaden 1958); H. E. Stier, *Der Untergang der klassischen Demokratie* (Opladen 1971); R. J. A. Talbert, *Timoleon and the Revival of Greek Sicily 344–317 B. C.* (Cambridge 1974); P. Cartledge, *Agesilaos and the Crisis of Sparta* (London 1987); J. Buckler, *Philipp II and the Sacred War* (Leiden–New York 1989).

2 Hellenismus

GUSTAV ADOLF LEHMANN

2.1 Vorbemerkungen zu Begriff und Epoche

Die Epochenbezeichnung des 'Hellenismus' für das Zeitalter makedonisch-griechischer Vorherrschaft über die Ökumene Vorderasiens – sowie der Öffnung des 'Ostens' für hellenische Sprache und Kultur durch umfassende Kolonisationsbewegungen – geht als Begriff auf J. G. *Droysen* (1808–1884) zurück. Droysen hat diesen Terminus jedoch unter wechselnden historiographischen bzw. geschichtsphilosophischen Aspekten mit recht unterschiedlichen Vorstellungen und geschichtlichen Inhalten verknüpft, wobei insbesondere die chronologische und regionale Abgrenzung zur historischen Entwicklung des kaiserzeitlichen griechischen Ostens im *Imperium Romanum* problematisch geblieben ist. Mit Roms Interventionen ab 200 (*2.5*), jedenfalls aber mit der sukzessiven Einrichtung römischer Provinzbereiche in den Kerngebieten des östlichen Mittelmeerraumes ist die Endphase des politischen Hellenismus erreicht – von der *provincia Macedonia* (148/146) über *Asia* (133/129), *Bithynia-Pontus* (74/62), *Syria* (62) bis zur Einverleibung der ptolemäischen Großmonarchie in das Römische Reich (30) als definitivem Endpunkt.

Die hier gewählte Periodisierung für den Hauptstrang der *politischen* Geschichte dieses Zeitalters setzt bereits mit der Mitte des 4. Jh.s ein und macht es so möglich, auf Frühformen der hellenistischen Monarchie (wie die Herrschaft des *Maussolos* von Karien und die Ausgestaltung seiner Residenzstadt *Halikarnassos*, das thrakische Odrysenreich [nach 330/20 mit dem Zentrum *Seuthopolis*], das bosporanische Reich der *Spartokiden* auf der Krim oder das an der Tyrannis des Dionysios [*V 1.9.5*] orientierte Stadtkönigtum in *Herakleia am Pontos*) und den Prozeß einer z. T. tiefreichenden 'Selbsthellenisierung' wenigstens hinzuweisen, der an den Rändern von Hellas – im Norden und im westlichen Vorderasien – z. T. schon eine Generation vor dem Asienzug Alexanders d. Gr. eingesetzt hatte. Diese vorbereitende Entwicklung hat erheblich dazu beigetragen, daß der Alexanderzug ab 334 den Durchbruch zu einer säkularen Wende bewirken konnte.

> *Bibliographische Hinweise*: J. Busche, *Der Begriff Hellenismus als Epochenname* (Frankf. a. M. 1974); R. Bichler, '*Hellenismus*'. *Geschichte und Problematik eines Epochenbegriffs* (Darmstadt 1983; zur Kritik vgl. R. Kassel, *Die Abgrenzung des Hellenismus in der griechischen Literaturgeschichte*, Berlin–New York 1987 = ders., *Kl. Schr.*, Berlin–New York 1991, 154–173).
> – S. Hornblower, *Mausolus* (Oxford 1982); D. P. Dimitrov – Maria Cicikova, *The Thracian City of Seuthopolis* (Oxford 1978), dazu K.-L. Elvers, *Chiron* 24 (1994) 241–266; V. P. Tolstikov, «Archäologische Forschungen im Zentrum von Pantikapaion», in: W. Schuller u. a. (Hrgg.), *Demokratie u. Architektur* II (München 1989) 69–80.

2.2 Makedoniens Aufstieg in der Ära Philipps II.

2.2.1 Das Kerngebiet Makedoniens, vor allem die niedermakedonische Schwemmlandebene in den Mündungsbereichen der Flüsse Haliakmon und Axios (Vardar), zu Lande vom hellenischen Süden (und lange Zeit auch von seiner Kulturentwicklung – s. *V 1.3.1*) durch das gewaltige Olympmassiv abgeriegelt, hat wegen der offenen Grenzen zum nördlichen und nordöstlichen Balkanraum als fruchtbares Bauernland (mit rohstoffreichen Nachbarregionen) beständig unter Randvölker-Einfällen zu leiden gehabt. Auch nach der 479 erreichten Befreiung von der persischen Fremdherrschaft (*V 1.6.4*) konnte die Erbmonarchie Makedoniens gegenüber der hellenischen Staatenwelt politisch nur eine unbedeutende Rolle spielen. Das Königshaus der *Argeaden*, dessen Herrscher gegenüber dem reisigen Landadel und den Fürstenhäusern der obermakedonischen Bergregionen (*Elimeia*, *Eordaia*, *Orestis* und *Lynkestis*) zumeist nur als patriarchalische Heerkönige auftreten konnten, war im 5. und frühen 4. Jh. fast immer – mit Ausnahme der Ära des energischen Königs *Archelaos* (413–399), des Begründers einer neuen Residenz in *Pella* (neben dem jetzt in Vergina lokalisierten alten Königssitz von *Aigai*) – abhängig von den jeweils dominierenden hellenischen Hegemoniemächten Athen, Sparta und Theben. Überdies ließen häufige Thronstreitigkeiten und illyrische oder thrakische Invasionen das Land nicht zur Ruhe kommen. Von den in Griechenland als hellenische Dynastie (seit *Alexander* I., ca. 495–450) anerkannten Königen gefördert, breiteten sich gleichwohl – auch durch Vermittlung der griechischen Kolonien am Küstensaum und auf der Chalkidike-Halbinsel – hellenischer Kultureinfluß und städtische Zivilisation mehr und mehr im Lande aus.

359 übernahm *Philipp* II., der im Alter von 15 Jahren längere Zeit als Geisel in Theben gelebt hatte und von der Persönlichkeit des Epameinondas (*V 1.9.3*), seiner Feldherrnkunst und seinen militärtechnischen Reformideen offenbar tief beeindruckt worden war, die Herrschaft in einer Zeit immenser äußerer und innerer Bedrohungen. Nach ersten Erfolgen als Reichsverweser gegen illyrische und thrakische Eindringlinge und nach der Ausschaltung mehrerer anderer Thronprätendenten ließ Philipp sich – gestützt auf sein persönliches Sieger-Charisma – von der Heeresversammlung zum König erheben (unter Verletzung der Thronrechte seines unmündigen Neffen Amyntas). Mit geschickter Diplomatie und durch unablässige, von ihm persönlich geführte Feldzüge gelang es Philipp schon bald, den makedonischen Machtbereich nach allen Richtungen hin auszudehnen – von der thrakischen Ägäisküste bis tief ins Binnenland und schließlich vom Schwarzen Meer bis an die Adria, im Norden sogar bis zur Donau.

Als dauerhafte Leistung erwies sich der Aufbau einer großen, bestens bewaffneten und ständig in Bewegung gehaltenen Armee, deren Formationen mit den Regionen, aber auch mit der Sozialstruktur Makedoniens eng verbunden waren: Hatte der Adel aller Kantone exklusiv in der 'Gefährten' (ἑταῖροι)-Reiterei oder auf Offiziersposten zu dienen, so war das (über viele Jahre) wehrpflichtige makedonische Bauerntum primär in den Phalanx-Regimentern organisiert, während die Elite-Einheiten der leichter bewaffneten Infanterie (u. a. die *Hypaspistai*) sich eher aus der Jugend der ärmeren Schichten ergänzten. Hinzu kamen Alliierte in Spezialeinheiten (z. B. Schleuderer u. Bogenschützen), ein starkes Söldnerkorps sowie ein hochbeweglicher, technischer Belagerungspark (mit Katapult-Geschützen etc.). Bis an das Ende seiner Monarchie und Selbständigkeit (168/7) blieb Makedonien das soldatische 'Volk in Waffen', das es unter Philipp II. und Alexander d. Gr. geworden war.

Mit der Einrichtung eines ständigen königlichen 'Pagen'-Korps (βασιλικοὶ παῖδες, wohl nach achämenidischem Vorbild) und eines großen, dem Herrscher persönlich verpflichteten 'Gefährten'-Stabes, der sich aus dem makedonischen Adel, aber auch aus hellenischen Parteigängern und Beratern sowie einflußreichen Emigranten rekrutierte, schuf Philipp für die königliche Zentralgewalt einen für diplomatische wie militärische Führungsaufgaben stets verfügbaren Machtapparat.

Um die Unterhaltskosten für die neue Armee und den Hofstaat zu bestreiten, reichten freilich weder Beutegewinne und heimische Ressourcen noch die enorme Steigerung der Tribute bzw. die zu reger Münzemission genutzten Einkünfte aus den eroberten thrakischen Gold- und Silberbergwerken aus. Makedonien blieb auf eine Politik rastloser Expansion und Interventionsbereitschaft festgelegt: Philipp II. und auch Alexander sahen sich in den Auseinandersetzungen mit der hellenischen Staatenwelt und später mit dem Achämenidenreich immer wieder vor die Notwendigkeit gestellt, mit der eben errungenen Machtposition zugleich die Existenz von Monarchie und Armee in die Waagschale zu werfen. Eine neue, auf ein charismatisch-persönliches Königtum ausgerichtete Konzeption zeigt sich bereits 357/6 in der Gründung der Kolonie 'Philippoi' (in Thrakien) – nach unserer Kenntnis der ersten, einen Herrschernamen tragenden Polis überhaupt. 'Philippoi' stellt somit den Ausgangspunkt für die lange Reihe der Alexanderstädte und späteren Gründungen von Diadochen und Dynasten dar (*2.2.4; 2.4.5*).

2.2.2 Schon 357 hatte Athen auf die makedonische Expansion im nordgriechisch-thrakischen Raum mit einer Kriegserklärung reagiert; der Ausbruch des Bundesgenossenkrieges (*V 1.9.4*) und drohende Verwicklungen mit dem mächtigen Satrapen Maussolos von Karien, der hinter den Aufständischen stand und sich schließlich Rhodos und Kos untertänig machte, verhinderten jedoch energischere Gegenmaßnahmen.

Nach dem Abbruch des Bundesgenossenkrieges kam es in Athen zu einem innenpolitischen Umschwung, der über die langjährige Dominanz einer neuen Politikergruppe um *Eubulos* hinaus wichtige Veränderungen im Verfassungssystem herbeiführte: Neben der Reaktivierung des Areopags als Beratungsorgan der Ekklesia wirkte sich vor allem die Errichtung eines 'Finanzkommissariats' als neues, verantwortliches Wahlamt (über eine Amtsperiode von vier Jahren!) für die zentrale *Theorikon*-('Schaugelder'-)Kasse positiv im Hinblick auf die innere Stabilität und programmatische Verstetigung der athenischen Politik aus. Wie in der Blütezeit des 5. Jh.s (*V 1.7.1*) war die Mehrheitsführerschaft in der Ekklesia nun wieder fest mit der Amtsverantwortung einer hohen Wahlmagistratur verbunden. Die erstaunlich raschen finanz- und sozialpolitischen Erfolge der Eubulos-Ära verdeckten zunächst die Risiken, die sich aus der allzu defensiven Grundeinstellung der 'regierenden' Gruppe im Bereich der Außen- und Sicherheitspolitik Athens ergaben; die Rüstungsaktivitäten beschränkten sich auf eine starke Vermehrung der in den Arsenalen bereitgestellten Schiffseinheiten. Der Krieg gegen Philipp wurde zugunsten eines begrenzten Engagements am Hellespont (zur Sicherung der Getreideversorgung über See aus dem pontischen Raum) vernachlässigt, den brennenden Problemen, die sich aus dem Desaster des Phokischen Krieges (V 1.9.4) im mittelgriechischen Raum ergaben, begegnete man mit Unentschlossenheit.

2.2.3 Die Unfähigkeit der athenischen 'Regierung', den strategischen Wert der in der kritischen Situation von 349 endlich erreichten Allianz mit den Chalkidiern von Olynthos zu erkennen und ihnen gegen den Makedonenkönig mit vollem Einsatz zu Hilfe zu kommen, hat den Überraschungssieg Philipps und damit eine wesentliche Machtverschiebung zugunsten Makedoniens begünstigt.

Nach der Zerstörung Olynths (348) und der Vernichtung des Chalkidischen Bundes formierte sich in Athen um *Demosthenes*, ursprünglich selbst ein Mitglied der Eubulos-Gruppe, eine entschlossene antimakedonische Opposition, ohne freilich den Gang der Ereignisse zunächst beeinflussen zu können. Ungefährdet konnte Philipp gegen die restlichen Positionen Athens an den Meerengen vorgehen und sein Engagement im Phokischen Krieg verstärken, wobei das von inneren Wirren heimgesuchte Thessalien bald unter seine Kontrolle geriet (Anerkennung als *Archon* der Thessaler auf Lebenszeit). 346 sah sich Athen – politisch wie militärisch ausmanövriert – gezwungen, mit Philipp einen *status quo*-Frieden zu schließen (sog. *Philokrates*-Frieden) und ihm freie Hand bei der Niederwerfung der Phoker und der Umgestaltung Mittelgriechenlands zu lassen: Schon im Sommer 346 mußte Phokis kapitulieren und wurde hart bestraft; Philipp erhielt persönlich Sitz und Stimme im Amphiktyonenrat von Delphi (V 1.9.4).

Die in der Eubulos-Gruppe lange Zeit genährten Hoffnungen auf einen Ausgleich mit Philipp waren grausam enttäuscht worden; aber erst 343/2 konnte sich Demosthenes im Ringen um die Mehrheitsführerschaft in Athen durchsetzen, um alle Ressourcen (auch die Mittel der Theorikon-Kasse!) und politischen Beziehungen auf die Vorbereitung einer neuen Auseinandersetzung mit Makedonien zu konzentrieren. Im Frühjahr 340 gelang es ihm, einen neuen, antimakedonischen Hellenenbund zusammenzubringen, so daß Philipps Offensive gegen die Städte am Bosporos, *Byzantion* und *Perinthos*, auf entschlossene Abwehr stieß und einen ernsten Rückschlag erlitt. 339 eröffnete der Makedonenkönig jedoch einen weiteren Kriegsschauplatz in Mittelgriechenland, wo ein neuer (4.) Heiliger Krieg um Delphi inszeniert worden war. Gegen Philipps überraschenden Vorstoß konnte Demosthenes in Theben – wenn auch nur mit großen Zugeständnissen an die hegemonialen Ambitionen der Boioter – ein Defensivbündnis zustandebringen. Nach Anfangserfolgen erlag die aus eigenständigen Einzelkontingenten bestehende Armee der Hellenen am 2. Aug. 338 bei Chaironeia der überlegenen Erfahrung und taktischen Beweglichkeit der Makedonen, deren Angriffsflügel unter dem Kommando des achtzehnjährigen Kronprinzen Alexander stand.

2.2.4 Seit der Niederlage bei Chaironeia haben die Staaten Griechenlands – bis zum Aufstieg der Römer zur Weltmacht (2.1) – immer nur partiell einmal aus dem Schatten der makedonischen Hegemoniemacht heraustreten können.

Während das besiegte Theben von Philipp hart behandelt wurde, erhielten die Athener, die glaubhaft ihre Bereitschaft zu einem Verzweiflungskampf (mit Evakuierungsmaßnahmen und einem Beschluß zur Sklavenbefreiung) demonstrierten, ein günstiges Friedensangebot: Zwar mußte der Seebund aufgelöst und die thrakische Chersones geräumt werden, doch sollten sie ihre überlegene Flotte, die Klerucheninseln (Lemnos, Imbros und Skyros) sowie die Kontrolle über Delos und Samos (V 1.9.4) behalten. Daher trat Athen auch aus freien Stücken der von Philipp 337 – nach einer (gegen Sparta gerichteten) Peloponnes-Expedition – begründeten Hellenen-Gemeinschaft ('Korinthischer Bund') bei, mußte jedoch bald erkennen, daß dieser εἰρήνη-Bund nur die Fassade für eine weithin auf Garnisonen und Satellitenregimen gestützte Herrschaft des Königs über die griechische Staatenwelt abgeben sollte. Den von Philipp begünstigten Oligarchien und Tyrannisherrschaften gewährte die Bundesakte geradezu eine Bestandsgarantie. Der wichtigste Beschluß des neuen (repräsentativ strukturierten) Ratsgremiums war die Proklamation des Königs zum 'bevollmächtigten Bundesfeldherrn' (στρατηγὸς αὐτοκράτωρ) für einen hellenischen 'Rachekrieg' gegen Persien (wegen der seit der Xerxes-Invasion noch ungesühnten Zerstörung der griechischen Heiligtümer, insbesondere der Akropolis von Athen!). Makedonische Vorhuten standen bereits in West-Kleinasien, als Philipp 336 in Aigai (Vergina) – bei der Hochzeitsfeier seiner Tochter Kleopatra mit Alexandros, dem Molosser-König von Epeiros (V 1.9.5) – einem Mordanschlag aus Privatrache erlag.

Bibliographische Hinweise: M. Errington, *Geschichte Makedoniens* (München 1986); D. Kienast, *Philipp II. von Makedonien u. das Reich der Achämeniden* (Wiesbaden 1973); G. L. Cawkwell, *Philip of Macedon* (London–Boston 1978); M. Andronikos, *Vergina. The royal tombs and the ancient city* (Athen 1984); M. H. Hansen, *Die Athenische Demokratie im Zeitalter des Demosthenes* (Berlin 1995); W. Eder (Hrg.), *Die athenische Demokratie im 4. Jh. v. Chr. Vollendung oder Verfall einer Verfassungsreform?* (Stuttgart 1995); J. Engels, *Studien zur politischen Biographie des Hypereides* (München ²1993).

2.3 Der Asienzug Alexanders d. Gr. und das makedonische Weltreich

2.3.1 Der erst 20jährige Alexander III. (d. Gr.), von Philipp planmäßig zum Nachfolger herangebildet, konnte nur mit großer Härte und raschen militärischen Aktionen den Ausbruch einer dynastischen Krise in Makedonien und gefährlicher Erhebungen in Hellas unterdrücken. Der hellenische Eirene-Bund verfügte dagegen kaum über eigene Bestandskraft: 335 mußte der König eiligst – mitten in Feldzügen zur Absicherung der makedonischen Nordgrenzen – persönlich in Mittelgriechenland intervenieren, um die rebellierenden Thebaner niederzuwerfen. Zur Abschreckung wurde die eroberte Stadt – formal auf der Basis eines Bundesbeschlusses! – zerstört und die Bevölkerung versklavt.

In dem Heer, mit dem Alexander im Frühjahr 334 – bei akuter Finanznot – nach Kleinasien übersetzte (ca. 30.000 Mann Infanterie und 5.000 Reiter), bildeten die hellenischen Bundestruppen nur ein bescheidenes Kontingent (rund 7.000 Mann), während in der Armee des persischen Großkönigs starke griechische Söldnertruppen dienten. Gleichwohl hat Alexander am 'panhellenischen' Rachekriegs-Programm bis zur Einnahme von Persepolis (und der Brandzerstörung des Xerxes-Palastes) festgehalten. Mit dem 'Rache'-Gedanken ließen sich die 'Befreiung' (und *demokratische* Neukonstituierung) der ionischen Poleis, aber auch die demonstrative Hinwendung zu den einheimischen Völkern und ihren genuinen Traditionen (in Lydien, Karien, Phrygien, später in Ägypten und Babylonien) leicht verbinden. Die Satrapienstruktur des Achämenidenreiches wurde dagegen grundsätzlich beibehalten.

Eine wichtige Rolle hat in der Vorstellungswelt des jungen Königs die Begeisterung für die Gestalten und das kriegerisch-adlige Ethos der homerischen *Ilias* gespielt; schließlich konnte Alexander mütterlicherseits für sich das Geschlechtscharisma der molossischen Aiakiden (mit ihrem 'Stammvater' Achilleus, *V 1.3.1*) in Anspruch nehmen. Auch in der Prinzenerziehung, die Alexander mit einem Kreis makedonischer und hellenischer Gefährten drei Jahre lang bei Aristoteles in Mieza (westl. von Pella) zuteil wurde, stand (neben Herodot-) Homerlektüre – im Rahmen einer breiten Allgemeinbildung – im Vordergrund. Alexanders 'Sehnsucht'/πόθος (ein Begriff, der auf ihn selbst zurückgeht!), die großen Stammväter-Heroen – Achilleus, Perseus oder Herakles – zu übertreffen, ist als innerer Antrieb bei großen Unternehmungen wie dramatischen Einzelaktionen stets von Bedeutung gewesen.

2.3.2 Das geschichtliche Verständnis der Gestalt Alexanders und seines Asienzuges wird – über die wechselnden Zeitgeist-Bindungen und politischen Erfahrungen der historischen Betrachter hinaus – durch eine sehr problematische Quellenüberlieferung beeinträchtigt: Dokumentarische Zeugnisse stehen kaum zur Verfügung, und die erhaltene, relativ umfangreiche literarisch-historiographische Tradition stammt erst aus wesentlich späterer Zeit und wird von durchaus verschiedenen Tendenzen bestimmt.

Während die offiziös-panegyrische Darstellung des Hofhistoriographen *Kallisthenes* (327 hingerichtet) unvollendet blieb (*FGrHist* 124), sind das romanhafte, in der Antike sehr populäre Alexander-Werk *Kleitarchs* von Alexandria (ca. 310, *FGrHist* 137) und seine von panegyrischer Phantasie bestimmte Tendenz (auch zum Ruhme des Diadochen *Ptolemaios* und seines Hofes) in der Bearbeitung Diodors (17. Buch) noch gut greifbar; diese (stark legendarische) 'Vulgata'-Tradition ist dann bei *Trogus-Justin* (Buch 11–12) und *Curtius Rufus* sekundär zum negativen Bild eines zum orientalischen Despoten entartenden Herrschers umgeformt worden. Hier haben offenbar Reaktionen auf die antirömische Alexander-Propaganda im griechischen Osten besonders während der *Mithradates*-Kriege (ab 89/88) sowie das Problem der *imitatio Alexandri* im Rom der ausgehenden Republik und des frühen Principats eine wichtige Rolle gespielt (vgl. u. a. die Polemik bei Liv. 9,17–19). Demgegenüber wird in der Biographie Plutarchs und dem *Anabasis*-Werk *Arrians* (*IV 3.4.1*) konsequent auf prominente und sachlich kompetente Augenzeugen unter den Alexander-Historikern zurückgegriffen (bes. *Aristobulos* von Kassandreia sowie Ptolemaios). Methodisch sind Sachkritik und historische Urteilsbildung daher entscheidend auf das Alexander-Werk Arrians angewiesen; allerdings konzentriert sich seine Darstellung einseitig auf die (auch in der Kaiserzeit noch aktuelle) militärische Virtuosität Alexanders im 'Kampf der verbundenen Waffen', während die konstruktiven politischen Leistungen und Konzeptionen nur am Rande berührt werden.

2.3.3 Alexanders Angriff traf das Achämenidenreich am Ende einer mehrjährigen dynastischen Krise (nach der Ermordung *Artaxerxes*' III. *Ochos*, 359–338): Eigenmächtigkeiten der kleinasiatischen Satrapen (Schlacht am Granikos 334) und der rasche makedonische Vormarsch durchkreuzten die Pläne der von dem Rhodier *Memnon* kommandierten persischen Flotte, den Aggressor in Kleinasien durch eine Seeoffensive in der Ägäis – nach der Strategie Konons im Kampf gegen Agesilaos 395/4 (*V 1.9.1*) – abzufangen und die antimakedonischen Kräfte in Hellas neu zu mobilisieren (mit dem spartanischen König *Agis* III. 332/1 an der Spitze). Im Gegenzug hielt Alexander auch nach seinem Sieg über die vom Großkönig *Dareios* III. persönlich geführte Reichsarmee bei *Issos* (Nov. 333) an dem Konzept fest, die gesamte östliche Mittelmeerküste in seine Hand zu bringen und der persischen Flotte alle Operationsbasen abzuschneiden; 332 erfolgten die Eroberung von Tyros (nach langer Belagerung) und Gaza sowie der Einmarsch in Ägypten, wo Alexander als Befreier von drückender Fremdherrschaft begrüßt wurde und sich zum Pharao krönen ließ.

Am Westrand des Nildeltas gründete der König mit sicherem Blick für die günstige Lage die große Hafenstadt und Metropole *Alexandria*, bevor er das mit Griechenland eng verbundene Orakelheiligtum der Oase Siwa (*V 1.3.2*) aufsuchte und dort von der Priesterschaft als Sohn des höchsten Gottes empfangen wurde – mit starker Ausstrahlung auf die hellenische Welt (Kallisthenes *FGrHist* 124 F 14). Diese Ehrung wurde von Alexander, der offensichtlich nach neuen Formen für seine Herrschaft über die – ihrem Selbstverständnis nach autonomen – griechischen Poleis suchte, dankbar aufgegriffen und schließlich zur Gottkönigsstellung gegenüber den hellenischen Staaten weiterentwickelt (*2.3.5*).

2.3.4 Die zweite Phase des Asien-Zuges begann 331 mit dem Ziel, den gesamten iranischen Raum sowie Nordwestindien zu erobern. Der Sieg in der Entscheidungsschlacht bei Gaugamela (Proklamation zum 'König von Asien': Plut. *Alex*. 34,1) eröffnete den Zugang zu den Reichsmetropolen Babylon, Susa und Persepolis, wo Alexander die gewaltigen Edelmetallmengen aus den Tributen, die hier generationenlang gehortet worden waren, ausmünzen und über Hofhaltung und Heer in den allgemeinen Verkehr bringen ließ, was in ganz Vorderasien und im Mittelmeerraum – mit einer enormen Steigerung des Wirtschaftslebens (nach ersten Anpassungskrisen) – einen wirklichen Welthandel entstehen ließ und wesentlich zur Verbesserung der Lebensbedingungen bei Siegern wie Besiegten beitrug (Ath. 6,231 e).

Nach der ostentativen Verbrennung des Xerxes-Palastes in Persepolis entließ Alexander die Kontingente des Hellenen-Bundes (Frühjahr 330); der 'Rachefeldzug' gegen Persien und Alexanders Aufgabe als Bundesfeldherr waren beendet. Von nun an führte der König den Krieg als legitimer Herr des Achämenidenreiches und Nachfolger des Dareios, der auf der Flucht in Medien von dem baktrischen Satrapen *Bessos* ermordet worden war. Nach einem dreijährigen verlustreichen Guerillakrieg in Nordost-Iran (Vorstoß in *Sogdiana* bis über den Jaxartes-/Syr darja-Strom und Gründung der nördlichsten Alexander-Stadt, heute Chodschent in Tadschikistan) gelang es Alexander, den ostiranischen Adel dauerhaft für sich zu gewinnen (Eheschließung mit der sogdischen Kriegsgefangenen *Roxane* nach *iranischem* Ritus). Gegen den vehementen Widerstand eines Teils seiner makedonisch-hellenischen Umgebung (Katastrophen des *Philotas, Parmenion, Kleitos* und *Kallisthenes*) wollte der König im Heer, in der Reichsverwaltung und im Hoflager eine weitgehende 'Verschmelzung' zwischen den Makedonen und Hellenen sowie den besiegten Orientalen herbeiführen (partielle Übernahme der persischen Königstracht und des Hofzeremoniells). Die Ansiedlung zahlreicher griechischer Söldner in Baktrien und Sogdiana ließ in Hochasien ein Zentrum hellenischer Kultur – in enger Symbiose mit dem ostiranischen Adel – entstehen, das im 3./2. Jh. als selbständiges *gräko-baktrisches* (und *-indisches*) Reich der '1000 Städte' (Strab. 15,1,3,686; Trogus-Justin 41,1,8) bis weit in das Gangesgebiet ausgriff und in der Kunst Indiens dauerhafte Spuren hinterließ.

Persönliches πόθος-Streben nach dem Okeanos und den Grenzen der Ökumene, aber auch das Bemühen des Herrschers um eine rasche politisch-militärische Integration der iranischen Führungsschichten motivierten den Feldzug über den *Hindukusch* nach Vorderindien (327–325). Das gesamte Fünfstromland und das Indus-Delta wurden nach heftigen Kämpfen ein Teil des Alexanderreiches. Den Weitermarsch bis in das Gangestal verweigerten jedoch die von den Strapazen und dem Monsunregen erschöpften Makedonen am *Hyphasisstrom* (Bias). Der Rückmarsch von der Indusmündung 325/4 nach Südwest-Iran sollte als kombinierte Operation von Flotte und Landstreitkräften die Ozeangrenze des Ökumenereiches erschließen und den Seeverkehr mit Indien neu beleben; während die See-Expedition (unter dem Kommando des Kreters *Nearchos*, FGrHist 133) erfolgreich verlief, erlitt das Heer beim Durchmarsch durch die Wüste *Gedrosiens* (Belutschistan) – trotz sorgfältiger Planung und Vorbereitung (G. Schepens, Zum Problem der 'Unbesiegbarkeit' Alexanders des Großen, AncSoc 20, 1989, 15–53) – schwerste Verluste.

2.3.5 Von Babylon aus wurden 324 aufwendige Kolonisationsunternehmungen in Südbabylonien und am Persischen Golf (unter starker Heranziehung der Phöniker) begonnen und die Umsegelung und Eroberung Arabiens vorbereitet. Darüber hinaus traf der Herrscher wichtige Entscheidungen für eine politische Neuordnung in der hellenischen Staatenwelt: Ohne Rücksicht auf die Bundesakte von 337 und die repressive Hellas-Politik des *Antipatros*, der als 'Stratege von Europa' und Statthalter Alexanders weithin dem Kurs Philipps II. folgte, wurde an der Olympien-Feier von 324 als königliches Dekret verkündet, die nach Zehntausenden zählenden politischen Verbannten in Griechenland (mehrheitlich eher antimakedonisch orientierte Demokraten und Patrioten!) seien sämtlich wieder in ihre Heimatstädte aufzunehmen. Offenkundig sollten die Staaten des Korinthischen Bundes nicht ihrer besten Kräfte beraubt bleiben, sondern zu einem dauerhaften inneren Ausgleich finden (Eingliederungsgesetze von *Mytilene* und *Tegea*: M. N. Tod, GHI II nr. 201, 202). Der 'Korinthische Bund' Philipps II. hatte ausgedient.

Für Athen und den aitolischen Bund stellte sich mit dem Verbannten-Dekret allerdings das Problem, ob sich auch die vertriebenen Einwohner von Samos (*2.2.4*) bzw. *Oiniadai* (in Akarnanien) auf diesen Erlaß berufen konnten. Trotz zunehmender Spannungen hielt Athen 324/3 an seiner – seit der Katastrophe Thebens (*2.3.1*) gegenüber Alexander befolgten – Politik eines vorsichtigen Attentismus (mit verstärkten Rüstungsanstrengungen) fest. Gleichzeitig hatte man sich in den hellenischen Staaten mit der Forderung auseinanderzusetzen, dem König einen Kult unter den Staatsgöttern einzurichten und seinen Anordnungen damit einen Rang – hoch über der autonomen Polis – zu verleihen, wie er bislang allenfalls dem delphischen Orakel zuerkannt worden war (vgl. dazu Arr. 7,23,2). Alexander verstand sich nicht mehr als Hegemon, sondern als Herr der Hellenen. Andererseits erfolgte die von ihm kurz vor seiner Erkrankung verfügte Abberufung des Antipatros aus Hellas-Makedonien ausdrücklich im Zeichen einer neuen Politik der 'Freiheit für die Hellenen' (Arr. 7,12,4).

2.3.6 Unmittelbar vor dem Aufbruch aus Babylon (das keineswegs als Reichshauptstadt vorgesehen war) zur Arabien-Expedition, für die Alexander neben einer großen Flotte am Persischen Golf eine neue Stufe der Integration asiatischer Kontingente in seiner Armee geschaffen hatte, wurde der noch nicht 33jährige König von einem Malariafieber hinweggerafft (10. Juni 323); sein (einbalsamierter) Leichnam fand später im Machtbereich des Diadochen Ptolemaios, im Königspalast von Alexandria, ein prunkvolles Grabmonument – verbunden mit der Einrichtung eines Kultes als Reichsgott.

Während die großen Völkerschaften Vorderasiens sich nach dem plötzlichen Tod des Herrschers ruhig – und auch in der Folgezeit loyal zu ihren (wechselnden) makedonischen Herren – verhielten, rebellierte die makedonische Phalanx in Babylon heftig gegen ihre adligen Kommandeure: Alexanders schwachsinniger Halbbruder *Arrhidaios* wurde zum König proklamiert und erhielt den programmatischen Thronnamen 'Philippos' (III.), später wurde auch der nachgeborene Sohn Alexanders von Roxane, Alexandros (IV.), als (Mit-)König anerkannt. Die Arabien-Expedition mußte abgebrochen werden; ebenso wurden alle kostspieligen, in Vorbereitung befindlichen Projekte (darunter die enorme Flottenrüstung für die Unterwerfung des westlichen Mittelmeerraumes: Diod. 18,4; vgl. Arr. 7,15,4f.) von der makedonischen Heeresversammlung kassiert. Auch die Politik der demonstrativen 'Völker-Verschmelzung' und Schaffung einer integrierten Machtelite wurde weitgehend rückgängig gemacht. Da ein mündiger Thronerbe fehlte und die königliche Familie tief zerstritten war, ging die Macht über die makedonische Heeresversammlung an Alexanders 'Generäle' über, die sich alsbald ein bestimmtes Herrschaftsgebiet oder gar die Reichsregentschaft zu sichern suchten. Die Konzeption einer kollektiven, zentralen Führung ohne die Argeaden-Dynastie – nur mit einem am Beratungsort der Militärregierung vollzogenen Alexander-Kult als Mittelpunkt ('Kult des leeren Thrones') – ist in der ersten Phase der Diadochenkämpfe wohl erwogen (Curt. Ruf. 10,6,15), aber nur von dem Griechen *Eumenes* von Kardia mit einigem Erfolg praktiziert worden (Diod. 18,60f.; Plut. *Eum.* 13).

2.3.7 Der offene Ausbruch der Diadochenkämpfe um das Alexanderreich wurde 323/2 noch durch die Brisanz des antimakedonischen Freiheitskampfes in Hellas aufgehalten ('Hellenischer'/Lamischer Krieg): Athen trat zusammen mit Aitolien an die Spitze der Bewegung und gründete einen neuen Hellenen-Bund (mit einem repräsentativen Allianzrat als ständigem Führungsorgan und einem integrierten Militärkommando). Das makedonische Herrschaftssystem in Griechenland brach zunächst fast völlig zusammen, Antipatros wurde nach schweren Niederlagen in Lamia eingeschlossen; die 'Revanche für Chaironeia' schien bereits gelungen.

Die dem 'Strategen von Europa' abverlangte Kapitulation vor dem Hellenen-Bund mußte unbedingt vermieden werden, doch konnte die makedonische Führung auch mit den aus Asien eintreffenden Verstärkungen keinen klaren Sieg über das in Thessalien kämpfende hellenische Heer erringen. Die Entscheidung wurde vielmehr zur See durch die noch von Alexander in Phönikien verstärkte Reichsflotte (*2.3.5*) errungen, die den hochgerüsteten Athenern in Seeschlachten am Hellespont und bei Amorgos schwere Niederlagen beibrachte (Juli 322). Nach Auflösung des Hellenen-Bundes sah sich Athen im Aug./Sept. 322 zur Kapitulation vor den makedonischen Kommandeuren Antipatros und *Krateros* gezwungen und mußte sich einem harten Diktat beugen: Der Piräus erhielt eine makedonische Garnison, die Demokratie wurde abgeschafft und durch eine Zensusverfassung ersetzt (*Phokion-Demades*-Regime bis 318). Demosthenes, Hypereides und andere prominente Politiker der Demokratie wurden zum Tode verurteilt. Der Ausbruch des 1. Diadochenkrieges (gegen den die Reichsregentschaft usurpierenden *Perdikkas*) führte jedoch schon gegen Jahresende 322 zum Abbruch des makedonischen Winterfeldzugs gegen das aitolische Bergland; die Unterwerfung Griechenlands blieb unvollendet.

Bibliographische Hinweise: H. Berve, *Das Alexanderreich auf prosopographischer Grundlage* (München 1926); U. Wilcken, *Alexander d. Gr.* (Leipzig 1931); H. Strasburger, *Ptolemaios und Alexander* (Leipzig 1934); E. Mederer, *Die Alexanderlegenden bei den ältesten Alexanderhistorikern* (Stuttgart 1936); J. Seibert, *Alexander d. Gr.* (Darmstadt 1972); Fr. Schachermeyr, *Alexander in Babylon und die Reichsordnung nach seinem Tode* (Wien 1970); ders., *Alexander d. Gr. Das Problem seiner Persönlichkeit und seines Wirkens* (Wien 1973); H. E. Stier, *Welteroberung und Weltfriede im Wirken Alexanders d. Gr.* (Opladen 1973); O. Weippert, *Alexander-Imitatio und römische Politik in republikanischer Zeit* (Diss. Würzburg 1972); A. Heuß, «Alexander d. Gr. und das Problem der historischen Urteilsbildung», HZ 225 (1977) 29–60; P. Högemann, *Alexander d. Gr. und Arabien* (München 1985); G. A. Lehmann, *Oligarchische Herrschaft im klassischen Athen. Zu den Krisen und Katastrophen der attischen Demokratie im 5. u. 4. Jh. v. Chr.* (Opladen 1997).

2.4 Die Diadochen-Reiche und die hellenistische Staatenwelt des 3. Jh.s im Überblick

2.4.1 Die Auflösung des Alexanderreiches vollzog sich in mehreren Phasen und krisenhaften 'Schüben': Die heftigsten Kämpfe unter den über Truppen und Gebietsteile verfügenden Machthabern entbrannten bereits 319/8 nach dem Tode des erst 321 (nach dem Sieg über Perdikkas) zum Reichsverweser bestellten Antipatros. Ab 315/4 stand im Zentrum der Auseinandersetzungen der Versuch des ehrgeizigen 'Strategen von Asien' *Antigonos Monophthalmos* und seines charismatisch-ritterlichen Sohnes *Demetrios Poliorketes*, die Einheit des Alexanderreiches unter ihrem Szepter gegen die Machtinteressen der übrigen Generäle und Satrapen aufrechtzuerhalten und für dieses Ziel auch die griechische Staatenwelt mit einer umfassenden Freiheitserklärung zu mobilisieren. Während der jahrzehntelangen Diadochenkämpfe konnte tatsächlich eine beachtliche Zahl von Staaten des griechischen Festlandes und der Ägäiswelt die politische Unabhängigkeit zurückgewinnen; einen Wendepunkt bildete hier die Befreiung Athens 307 durch Demetrios Poliorketes von makedonischer Garnisonierung und der langjährigen Oligarchie des *Demetrios von Phaleron*.

Neben *Kassandros* und *Lysimachos* (in Makedonien bzw. Thrakien) suchte vor allem Ptolemaios (I. Soter) – im sicheren Besitz Ägyptens und der Kyrenaika – den Ansprüchen des Antigonos in Syrien, Kleinasien und Hellas (und durch *Seleukos* in Babylonien und Iran) entgegenzutreten. Als Antigonos – nach der Ausmordung der Argeaden-Familie 310/9 (vor allem durch Kassandros) – 306 den universalen Königstitel annahm (P. Köln nr. 247), legten sogleich Ptolemaios und nach ihm auch alle anderen Diadochen das Königsdiadem Alexanders d. Gr. an. Damit war der Zerfall des Alexanderreiches in mehrere große Monarchien besiegelt; von der Ausbildung eines in sich regulierten, von gegenseitiger Anerkennung getragenen Mächte- und Staatensystems war man jedoch auch nach der Katastrophe des Antigonos 301 in der Entscheidungsschlacht gegen Lysimachos und Seleukos (I. Nikator) bei *Ipsos* (in Phrygien) weit entfernt.

2.4.2 Selbst der letzte Diadochenkrieg zwischen Seleukos und Lysimachos, der 281 zur Katastrophe des Lysimachos und seines großen – Kleinasien, Thrakien, Makedonien und Thessalien umspannenden – Reiches führte (Schlacht bei *Kurupedion*), bedeutete keineswegs das Ende für ehrgeizige Versuche unter den (auf die Rolle sieghaft-charismatischer Militärmonarchen festgelegten) Herrschern der hellenistischen Reiche, die bestehenden Mächtekonstellationen in kühnem Anlauf umzustürzen und sich auf das heroische Abenteuer einer *imitatio Alexandri* einzulassen. Das (auf dem Boden des Universalreiches usurpierte) Königtum der Diadochen-Monarchien ließ sich überdies – abgesehen von Makedonien bzw. den traditionellen, einheimischen Landeskönigs-Würden – begrifflich kaum umgrenzen: Das jeweilige 'Reich' wurde vielmehr offiziell als die persönlichen πράγματα ('Machtbesitz'/'Machtbereich') eines Herrschers bezeichnet, und bei gegeneinander gerichteten Herrschaftsansprüchen spielte die Vorstellung des 'speererworbenen Landes' (χώρα δορίκτητος) argumentativ eine wichtige Rolle (vgl. *Suda* β 147 s. v. βασιλεία). Schon Alexanders Königtum hatte am Ende alle ererbten (oder angeeigneten) legitimierenden Traditionen weit hinter sich gelassen.

Tatsächlich hatte Seleukos – der freilich noch 281 bei dem Versuch, auch den europäischen Machtbereich des Lysimachos unter seine Herrschaft zu bringen (und als siegreicher König nach Makedonien zurückzukehren!), am Hellespont einem Attentat zum Opfer fiel – eindrucksvoll demonstriert, daß die Wiederherstellung des universalen Alexanderreiches prinzipiell sehr wohl gelingen konnte. Zwar mußte Seleukos' Nachfolger *Antiochos* I. (281–261) den Europa-Feldzug abbrechen und sich schließlich auch in Kleinasien mit der Kontrolle über die Kerngebiete zufrieden geben, doch war die Seleukidenmonarchie seit 281 zur größten Machtbildung in Vorderasien geworden, die in ihrer Ausdehnung (von der Ägäisküste bis nach Ostiran) und intensiven Kolonisationstätigkeit am ehesten dem Alexanderreich entsprach und deren politischer Bestand für das Schicksal des Hellenismus in Asien von entscheidender Bedeutung gewesen ist.

Von der Idee, die unausgeführten 'Westpläne' Alexanders d. Gr. zu verwirklichen, sind – abgesehen von dem 'Erbe' des aiakidischen Vorfahren Alexanders des Molossers (*V 1.9.5*) – zweifellos auch Erwartungshorizont und Dimensionen der Feldzüge des *Pyrrhos von Epeiros* in Italien und Sizilien (280–275) bestimmt worden (Plut. *Pyrrh.* 4, vgl. Trogus-Justin 12,2,1f.). Hier hatte sich bereits der Machthaber Agathokles von Syrakus – im Anschluß an das 'Jahr der Könige' im Osten (306/5) – zum *basileus* proklamieren lassen, nachdem ihm (trotz des Scheiterns seines kühnen Afrika-Feldzuges gegen Karthago 310–307) eine Stabilisierung der Lage auf Sizilien gelungen war. Agathokles konnte sich seit 317, als nach dem Tode des Timoleon (*V 1.9.5*) Konflikte zwischen Alt- und Neubürgern, Oligarchen und Demokraten ausbrachen (und vom karthagischen Machtbereich aus eifrig geschürt wurden), im Bündnis mit der Demokratie von Syrakus als *strategos autokrator* in Zentral- und Ostsizilien behaupten. Nach der Annahme des *basileus*-Titels (304) unternahm er bezeichnenderweise ausgreifende Expeditionen nach Unteritalien (und an der Westküste Griechenlands ab 295 sogar Interventionen in die Diadochenkämpfe), bis sein Königtum schließlich durch dynastische Wirren (289) ein rasches Ende fand.

2.4.3 Die aufeinander folgenden Katastrophen des Lysimachos und Seleukos ließen im makedonisch-thrakischen Raum ein militärisches Vakuum entstehen, in das die schon seit langem unruhigen donaukeltischen Randvölker 279 mit einer verheerenden Invasion der Balkanhalbinsel hineinstießen. Während die Aitoler in Mittelgriechenland erfolgreichen Widerstand leisteten, geriet Makedonien in eine Phase schlimmer Anarchie: Das durch Philipp II. und Alexander geschaffene Grenzsicherungssystem an den offenen Nordflanken des Landes (*2.2.1*) ging verloren. Ab 278 setzten sich mehrere keltische Stammesgruppen massiv in Kleinasien fest, wo sie vom seleukidischen König Antiochos I. nur mit Mühe nach Zentralanatolien (*Galatien*) abgedrängt werden konnten.

Die Invasionen und Plünderungszüge der Kelten brachten auch in der Folgezeit über die Staaten Kleinasiens viel Leid und Bedrückung, trugen jedoch gleichzeitig dazu bei, daß Freiräume für die kleineren und mittleren Mächte entstanden (Memnon von Herakleia, *FGrHist* 434 F 11,3), die sich aus der Großreichsdominanz zu emanzipieren suchten: neben zahlreichen Polisstaaten u. a. das Fürstentum der *Attaliden* von Pergamon, die einheimischen Königreiche von Bithynien und Kappadokien-Pontos, sowie an der Südwestküste die mächtig aufblühende Insel-Polis Rhodos. 230 nahm *Attalos* I. von Pergamon (241–197) nach militärischen Erfolgen gegen die Galater den Königstitel an und erklärte sich damit offen zum Rivalen der Seleukidenmacht sowie aller anderen etablierten Mächte in Kleinasien.

In Griechenland gewann der aitolische Bundesstaat nach der Krise von 279 die Kontrolle über Delphi und wuchs zu einer starken Regionalmacht heran. Den Freiheitskampf der 60er Jahre des 3. Jh.s gegen das – unter dem neuen Herrscher *Antigonos Gonatas* (272–239), dem Enkel des Monophthalmos – wieder erstarkende Makedonien überließ Aitolien allerdings den alten Polis-Vormächten Athen und Sparta, die an der Spitze eines neuen Hellenen-Bundes und trotz der Unterstützung durch Ptolemaios II. Philadelphos die athenische Kapitulation von 262/1 nicht verhindern konnten. Diesmal verlor Athen nicht nur seine Demokratie, sondern wurde für lange Jahre unter direkte makedonische Militärverwaltung gestellt; bis 229 verblieben die verarmende Metropole und Attika unter der Kontrolle antigonidisch-makedonischer Garnisonen.

2.4.4 Gleichwohl war Makedonien auch in den folgenden Jahrzehnten nicht imstande, seine gefährdeten Nordflanken wirksam zu schützen, während die Urbanisierung im südlichen Zentralbereich (zwischen *Beroia* und *Amphipolis*) rasche Fortschritte machte. Gegenüber Griechenland kam die makedonische Monarchie über eine prekäre, sozusagen 'halbhegemoniale' Position kaum hinaus, da sie hier über kein konstruktives politisches Programm verfügte und nur auf die Sicherung der (noch aus der Ära des Demetrios Poliorketes stammenden) antigonidischen Stützpunkte – der 'Fußfesseln von Hellas' (Korinth, Chalkis u. a. m.) – fixiert war.

Ab 251 wurde das makedonische Herrschaftssystem auf der Peloponnes durch die stürmische Expansion des Bundesstaates Achaia – unter der Führung des bedeutenden Staatsmannes *Aratos* von Sikyon – immer stärker herausgefordert (243 Befreiung Korinths). Das achäische κοινόν zeichnete sich besonders durch die Fähigkeit aus, auch große Polis-Zentren, die zu Recht auf ihre politische Kultur und Geschichte stolz waren (Argos, Korinth, Megale Polis), dauerhaft als Gliedstaaten des Bundes zu integrieren: Nach 217 bildeten sich hier – wie auch in anderen griechischen Föderalstaaten – innerhalb der Bundesinstitutionen die Grundzüge einer demokratischen *Repräsentativverfassung* aus.

Gegen Gonatas' Nachfolger *Demetrios* II. (239–229) schlossen sich Aitolien und Achaia trotz fortbestehender Rivalitäten zu einer sehr erfolgreichen Allianz zusammen und konnten im Krisenjahr 229 – nachdem Demetrios II. in Kämpfen an der Nordgrenze gefallen war – den vorläufigen Rückzug der Makedonen aus einem Griechenland erzwingen, dessen politisches Gesicht inzwischen durch starke und lebensfähige Bundesrepubliken geprägt wurde (Aitolien, Achaia, Boiotien, Akarnanien und nach dem Untergang der Aiakiden-Dynastie 232 auch Epeiros).

Die in dieser Konstellation enthaltenen Chancen zur politischen Selbstbehauptung blieben jedoch ungenutzt, da Achaia sich in einen verlustreichen Krieg gegen die expansive Militärmonarchie *Kleomenes'* III. in Sparta verstricken ließ. Der spartanische Vollbürgerverband der ὅμοιοι (*V 1.4.2*) war im 3. Jh. schließlich auf das Regime einer kleinen plutokratischen Oberschicht zusammengeschrumpft, gegen das der junge, revolutionär gestimmte König Kleomenes, auf Söldnertruppen gestützt, 227 einen blutigen Staatsstreich führte – mit dem Programm einer Wiederherstellung der 'echten' lykurgischen Ordnung. In der Außenpolitik war Kleomenes ganz von der Idee beherrscht, Sparta zur Hegemoniemacht über einen erneuerten Peloponnesischen Bund zu erheben. Gegen diese tödliche Bedrohung entschloß sich der achäische Bundesstaat (unter Aratos' Führung) nach schweren Niederlagen zu einem Bündnis mit Makedonien – um den Preis der Rückkehr makedonischer Garnisonstruppen in die strategische Schlüsselstellung von Akrokorinth.

Geschickt wußte der König *Antigonos Doson* (229–221) diese unverhoffte Chance zu nutzen; 224 wurde unter einem (liberal ausgestalteten) Präsidium des makedonischen Königs ein neuer Hellenen-Bund als Defensivallianz begründet, dem außer Achaia auch Boiotien, Akarnanien, Epeiros und die weithin unter makedonischer Herrschaft stehenden Regionen Thessalien und Euboia angehörten. In der Schlacht bei *Sellasia* 222 siegte Antigonos über Kleomenes III.; das besetzte Sparta mußte der hellenischen Allianz beitreten, die auch nach dem plötzlichen Tod des Doson 221 (auf einem Illyrienfeldzug) fest zusammenhielt. Unter dem neuen, noch sehr jungen König *Philipp* V. (221–179) endete der Versuch der in die Isolierung geratenen Aitoler, das makedonische Allianzsystem im sog. Bundesgenossenkrieg (220–217) aufzusprengen, mit einer schweren Niederlage und territorialen Einbußen ihres Bundesstaates im Frieden von Naupaktos (Sommer 217).

Von diesem Prestigeerfolg beflügelt entschloß sich Philipp V. – unter dem Eindruck der römischen Niederlage gegen Hannibal am Trasimenischen See –, in eine Kriegsallianz mit Karthago einzutreten. 'Die Wolke aus dem Westen', die Hellas zu überschatten drohte und von der bereits auf dem Friedenskongreß in Naupaktos die Rede war (Polyb. 5,104), rückte damit gefährlich näher, auch wenn Philipp am Ende des sog. 1. Makedonischen Krieges (der für Rom nur ein kräftezehrender Nebenkriegsschauplatz im Hannibal-Krieg war) im Frieden von Phoinike 205 territorialen Zugewinn in Illyrien verzeichnen konnte und seine hegemoniale Stellung in Hellas vorläufig behauptete. Für unsere wichtigste historiographische Quelle, die großenteils erhaltenen *Historien* des *Polybios* von Megale Polis, markiert daher schon das Jahr 217 den Beginn einer schicksalhaften Vereinigung der politischen Sphären im Westen und Osten der Ökumene (συμπλοκὴ τῶν πράξεων, vgl. 4,28,5) im Prozeß des Aufstiegs der Römer zur Weltmacht.

2.4.5 Die wichtigste Bewegungsrichtung in der politischen Geschichte der hellenistischen Welt des 3. Jh.s bestimmte zweifellos der anhaltende Konflikt zwischen der ptolemäischen Großmonarchie und dem Seleukidenreich. Durch den nahezu vollständigen Verlust der historiographischen Tradition dieser Zeit sind für uns die Ereignisse und Leistungen der Regierung Antiochos' I., des Nachfolgers des Seleukos und Stabilisators des Seleukidenreiches, sowie der Ära seines Sohns *Antiochos* II. *Theos* (261–246), in denen die größte planmäßige Städtegründungs- und Kolonisationsbewegung des Altertums verwirklicht worden ist, weitgehend verschollen. Ähnlich steht es mit der politischen Orientierung ihres Gegenspielers *Ptolemaios* II. *Philadelphos* (283–246) und den politisch-militärischen Zielsetzungen in seinen drei 'Syrischen Kriegen' (279, 274–271; 260–253); auch die politische Konzeption hinter dem eigentümlichen Geschwister-Ehebund Ptolemaios' II. mit *Arsinoe* II. *Philadelphos* (ab 276) und die großen Ambitionen dieser Königin, die noch über ihren Tod hinaus (9. Juli 270 oder 268) für die ptolemäische Hellas-Politik als verbindlich galten, sind für uns nahezu unbestimmbar.

Dagegen läßt sich inzwischen durch Dokumente erhellen, daß *Ptolemaios* III. *Euergetes* 246 auf seinem berühmten Asienzug die dynastische Krise und den Tod Antiochos' II. (sog. *Laodike*-Krieg 246–241) zu seiner persönlichen Machtergreifung im gesamten Seleukidenreich und einer wirklichen Verschmelzung der beiden Monarchien zu nutzen suchte (W. Blümel, «Brief des ptolemäischen Ministers Tlepolemos an die Stadt Kildara in Karien», *EA* 20, 1992, 127–132). Dieser Generalangriff wurde von der seleukidischen Dynastie – um den Preis großer Gebietsverluste an den Küsten Nordsyriens und Kleinasiens – abgewehrt; der anschließende 'Bruderkrieg' zwischen *Seleukos* II. *Kallinikos* (246–225) und *Antiochos Hierax* stürzte das Reich jedoch in eine tiefe Krise. Im hellenisierten Ost-Iran (*2.3.4*) entstand unter eigenen griechischen Herrschern ein selbständiges Königtum, während sich in der nach Westen anschließenden Landschaft *Parthava/Parthien* (südöstl. des Kaspischen Meeres) skythisch-iranische Invasoren (*Parner*) festsetzten und das parthische Arsakidenreich begründeten. In Kleinasien konnten zeitweilig Attalos I. und – nach abenteuerlicher Heerfahrt (227) – sogar der neue Regent Makedoniens, Antigonos Doson, territoriale Gewinne aus dem Niedergang der Seleukidenmacht ziehen. Eine Wende trat erst unter der Regierung *Antiochos'* III. ('des Großen', 223–187) ein (*2.4.6*).

Das Seleukiden-Reich verfügte durch die intensive Gründung von Polis-Gemeinden und Militärsiedlungen auf Königsland in den Kerngebieten Nordsyriens, in Mesopotamien, Medien und Kleinasien über starke Ressourcen. Während die Finanz und Militäradministration straff auf die Reichsmetropole *Antiocheia* (am Orontes) hin zentralisiert war (Satrapiengliederung in der Nachfolge des Alexanderreiches – mit jeweils einem 'Generalkommando' in Sardes für Kleinasien und in Seleukeia am Tigris für die 'Oberen Satrapien'), waren nach Ausweis der dokumentarischen Quellen (Königsbriefe) die politisch-rechtlichen Beziehungen zwischen dem Herrscher und den Polisgemeinden seines Reiches, aber auch das Verhältnis zu einheimischen Fürstentümern und Tempelstaaten (u. a. in Süd-Babylonien) eher auf ein *hegemoniales* System ausgerichtet (mit dem König als verpflichtendem 'Wohltäter' im Mittelpunkt). Auch die Ptolemäermonarchie stellt sich nur für das Niltal als ein administrativ gleichmäßig durchgebildeter Territorialstaat dar; bezeichnenderweise wurde in Ägypten selbst nur eine einzige hellenische Polis (*Ptolemais* in Oberägypten) neu begründet. Die als Herrschaftspersonal dringend benötigten griechischen Einwanderer und auswärtigen Söldner wurden hier – abgesehen von der mächtigen Metropole Alexandria – zumeist unter der einheimischen Bevölkerung verstreut auf Königsland angesiedelt. Durch Modernisierung in allen Bereichen, intensive Kontrollen von Produktion und Außenhandel (sowie Ausnutzung der staatlichen Monopole im Wirtschaftsleben) konnten die Einkünfte der Ptolemäerkönige im 3. Jh. auf eine enorme Höhe gebracht werden.

2.4.6 Der 4. Syrische Krieg, den Antiochos III. ab 220 mit zunächst großem Erfolg gegen *Ptolemaios* IV. *Philopator* (221–204) eröffnete, kulminierte 217 in der Schlacht bei Raphia (mit Heeren von mehr als 80.000 Mann auf jeder Seite!); der Abwehrsieg der ptolemäischen Seite war aber nur dem massiven Einsatz einheimischer Truppen in der Phalanx zu verdanken.

Als den ägyptischen Kriegern auch danach die Gleichstellung mit der griechischen Soldaten- und Herrenschicht versagt blieb, rissen die Aufstände im Niltal nicht mehr ab. 206 machte sich die oberägyptische *Thebais* unter einem 'nationalen' Pharaonenregime für längere Zeit von der Ptolemäerherrschaft unabhängig (bis 186; Katelijn Vandorpe, «The chronology of the reigns of Hurgonaphor and Chaonnophris», *CE* 61, 1986, 294–310). Diese nachhaltige Schwächung der Ptolemäermacht führte in der akuten dynastischen Krise nach dem Tod Ptolemaios' IV. (204) zu dem fatalen Geheimvertrag zwischen Philipp V. und Antiochos III. (203/2) über die Aufteilung des Ptolemäerreiches. Inzwischen hatte Antiochos III. – nach Konsolidierung der seleukidischen Position in Kleinasien 214/13 – durch seine 'Anabasis' bis nach Ost-Iran und in die Grenzregion Nordwest-Indiens (212–205) einen enormen Machtgewinn (und zugleich ein an Alexander heranreichendes Prestige) errungen, während Philipp V. mit brutaler Gewalt neue Expansionsziele in der Ägäis und in Kleinasien verfolgte – gegen die ptolemäischen Besitzungen wie gegen Rhodos und Attalos I. von Pergamon. Der Geheimvertrag von 203/2, bei dem die Initiative wohl von Philipp ausgegangen sein dürfte, und die aufeinander abgestimmten Offensiven (202) der beiden mächtigsten Herrscher des Ostens waren für den (innenpolitisch sehr umstrittenen) Entschluß der Römer (201/0) von entscheidender Bedeutung, in Griechenland trotz der noch fortwirkenden Belastungen aus dem Hannibal-Krieg militärisch zu intervenieren.

Bibliographische Hinweise: Ed. Will, *Histoire politique du Monde Hellénistique*, 2 Bde (Nancy ²1982); H.-J. Gehrke, *Geschichte des Hellenismus* (München 1990); ders., «Der siegreiche König. Überlegungen zur hellenistischen Monarchie», *AKG* 64 (1982) 247–275; Amélie Kuhrt – Susan Sherwin-White (Hrgg.), *Hellenism in the East. The interaction of Greek and Non-Greek civilizations from Syria to Central Asia after Alexander* (Berkeley–Los Angeles 1987); J. A. O. Larsen, *Greek federal states* (Oxford 1968); G. A. Lehmann, «Das neue Kölner Historiker-Fragment (P.Köln nr. 247)», *ZPE* 72 (1988) 1–17; Claudia Bohm, *Imitatio Alexandri im Hellenismus* (München 1989); Chr. Habicht, *Athen. Die Geschichte der Stadt in hellenistischer Zeit* (München 1995); A. Heuß, *Stadt und Herrscher des Hellenismus in ihren staats- u. völkerrechtlichen Beziehungen* (Aalen ²1963); W. Orth, *Königlicher Machtanspruch u. städtische Freiheit. Untersuchungen zu den politischen Beziehungen zwischen den ersten Seleukidenherrschern und den Städten des westlichen Kleinasien* (München 1977); G. M. Cohen, *The Hellenistic settlements in Europe, the Islands and Asia Minor* (Berkeley–Los Angeles 1995).

2.5 Die römische Einmischung und der Untergang der hellenistischen Staatenwelt: ein Ausblick

Die quellenmäßig gut dokumentierte Epoche des Niedergangs der hellenistischen Staatenwelt und des Aufstiegs der Römer zur Weltmacht läßt sich nur unter voller Einbeziehung der Politik des römischen Senats in einer historischen Skizze erfassen. Dies ist hier schon aus Platzgründen ausgeschlossen (s. aber *LAT V 1.4*).

Tatsächlich hat für die griechischen Staaten nur noch in der kurzen Ära der philhellenischen 'Ostpolitik' des Oberkommandierenden *T. Quinctius Flamininus* (ab 198) eine greifbare Chance bestanden – nach dem römischen Sieg über Philipp V. (197 Schlacht bei *Kynoskephalai*), der Freiheitserklärung an den Isthmien 196 und dem vollständigen Abzug der Römer aus Hellas 194 –, zwischen der Großmacht im Westen und dem inzwischen weit nach Thrakien vordringenden Seleukidenreich ihre neu erlangte politische Selbständigkeit und territoriale Integrität zu wahren. Einen entscheidenden Wendepunkt bildete der von einer demagogischen Kriegspartei in Aitolien entfesselte und vom Seleukidenherrscher leichtfertig begonnene *Antiochoskrieg* (192–186), der in der politischen Öffentlichkeit Roms einen tiefen Schock hinterließ. Zwar hielten sich die Römer auch nach der Unterwerfung Aitoliens und ihren Siegen über Antiochos III. noch an das Prinzip einer indirekten Herrschaft im Osten (Frieden von *Apameia* 186), doch dominierten nun in der Haltung des Senats gegenüber den griechischen Mächten eine übertriebene Sorge vor antirömischen Bewegungen und (Geheim-)Allianzen sowie ein destruktives Mißtrauen, das von prorömischen Parteigängern aus verschiedenen Staaten eifrig geschürt wurde. So fiel schon 172 im Senat auf der Basis vager Anschuldigungen und Indizien für die angebliche Vorbereitung eines 'Revanchekrieges' durch Makedonien die folgenschwere Entscheidung zur Vernichtung der makedonischen Monarchie (*Perseus*-Krieg 171–168).

In der 2. Hälfte des 2. Jh.s sanken die griechische Staatenwelt und die nach wie vor in heftige Kämpfe gegeneinander verstrickten Monarchien des Ostens insgesamt zu Objekten der innerrömischen Machtkämpfe herab, wie u. a. die Vorgänge bei der Einrichtung der Provinz *Asia* in den Volkstribunatsjahren des Ti. und C. Gracchus 133 bzw. 123/2 deutlich zeigen (vgl. das historische Resümee bei Paus. 7,16,10–17,3). Die Jahre um 130 markieren eine schicksalhafte Wende auch für den Hellenismus in Vorder- und Mittelasien: Im Winter 130/29 fand der letzte bedeutende Seleukidenkönig *Antiochos* VII. *Sidetes* nach großen Erfolgen gegen die Parther mit seinem Heer in Medien den Untergang. Von nun an erstreckte sich das parthische Arsakidenreich bis an die Euphrat-Linie, während sich die Restbestände seleukidischer Herrschaft in Nordsyrien und Kilikien in dynastischen Wirren weitgehend auflösten; die hellenischen Poleis in Mesopotamien und Medien sahen sich dem Druck einer (relativ milden) Fremdherrschaft der in *Ktesiphon* am Tigris residierenden Großkönige ausgesetzt, die sich auf ihren Münzen allerdings gern als 'Philhellenen' titulieren ließen. In Hochasien dagegen wurde 129 das Zentrum des (inzwischen weit nach Indien hinein expandierenden) gräko-baktrischen Reiches (*2.4.5*) von einer innerasiatischen Nomadenvölker-Invasion vernichtet.

Die Versuche einer Großmachtbildung im pontischen Raum unter *Mithradates* VI. *Eupator* und der Verlauf seiner weite Teile Griechenlands und Kleinasiens erfassenden Kriege (89–85 und 74–63) waren insgesamt nur noch ein Epiphänomen innerhalb der ersten Phase der römischen Bürgerkriege. Ebenso bilden die hohen machtpolitischen Ambitionen der letzten großen Ptolemäerkönigin *Kleopatra* VII. *Philopator* (51–30) in ihren Verbindungen mit Caesar und Marcus Antonius lediglich eine farbige Facette innerhalb der politisch-personellen Konstellationen während der römischen Welt-Bürgerkriege (49–30), für die vornehmlich das erschöpfte Griechenland die Schauplätze zu stellen hatte (*Pharsalos, Philippi, Actium*). Trotz (kurzfristig bedeutender) territorialer Gewinne besaß die Ptolemäermonarchie schon längst keine eigene politische Basis mehr.

Welche Möglichkeiten zur positiven Partizipation und allmählichen Identifikation mit dem Imperium Romanum gerade die römische Herrschaft für die lokalen Oberschichten in den Städten des griechischen Ostens bereithielt, konnte freilich erst in der langen, regenerierenden Friedensperiode der römischen Kaiserzeit sichtbar werden.

Bibliographische Hinweise: E. S. Gruen, *The Hellenistic World and the Coming of Rome*, 2 Bde (Berkeley–Los Angeles 1984); J. Hopp, *Untersuchungen zur Geschichte der letzten Attaliden* (München 1977); B. C. McGing, *The foreign policy of Mithridates VI Eupator, King of Pontus* (Leiden 1986); G. Hölbl, *Geschichte des Ptolemäerreiches* (Darmstadt 1994).

3 Kaiserzeit

WALTER AMELING

3.1 Einleitung

Griechische Geschichte in der Kaiserzeit ist die Geschichte des hellenistischen Kulturraums innerhalb der Grenzen des Imperium Romanum. Der Hellenismus hatte den Raum griechischer Geschichte über Hellas, die kleinasiatische Küste und die Magna Graecia hinaus nach Osten erweitert, und der Sieg Octavians bei Actium (31 v. Chr.) hatte den letzten Nachfolgestaat des Alexanderreiches eliminiert und in der 'Griechen Land' die römische Herrschaft etabliert.

Dieser Raum war zugleich einheitlich und vielgestaltig: griechische Sprache und Kultur, die Bedeutung der Polis-Gesellschaft, römische Armee und Provinzialordnung, die Herrschaft eines Monarchen, der kultisch verehrt wurde, und die erstmals realisierte Zusammenfassung in einem einzigen politischen Gebilde – das waren Formen der Einheit, von denen der Osten viele mit dem lateinischen Westen teilte. Daneben gab es Unterschiede: einige Gebiete waren befriedet und trugen zur Finanzierung römischer Herrschaft bei, andere lagen am Rand, waren wirtschaftlich wenig entwickelt und erforderten dauernde militärische Präsenz, kosteten also Geld. Einheimische Kulturen existierten vielerorts weiter, setzten sich aber mit der griechischen Kultur auseinander und benutzten sie als Vehikel für eigene Traditionen. Die Kaiserzeit ist daher nicht nur durch die von Rom initiierten Veränderungen charakterisiert, sondern auch durch das Nebeneinander von Griechen und Nicht-Griechen, wobei Rom die Griechen oft bevorzugte.

Zuerst werden die Allgemeinheiten, d. h. die wichtigsten politischen Strukturen, die Form römischer Herrschaft und die Reaktion der Griechen, besprochen (*3.2; 3.3*), danach die verschiedenen Großräume vorgestellt (*3.4*).

3.2 Politische Einheiten und die Form römischer Herrschaft

Direkte und indirekte römische Herrschaft gab es im Osten schon vor 31 v. Chr.: Rom hatte Provinzen eingerichtet (Macedonia, Asia, Bithynia, Syria), hatte Städte in verschiedenen Formen an sich gebunden, herrschte mittels Königen und Dynasten, die ihre Macht römischer Patronage verdankten und der res publica (und später ihrem princeps) als Klienten verpflichtet waren. Octavian änderte an diesen Strukturen wenig: nur Ägypten wurde als neue Provinz eingerichtet, die anderen Königreiche blieben bestehen.

3.2.1 Die Rechtsstellung der Städte war nicht einheitlich; sie hing von Zufälligkeiten wie der Frage ab, auf welcher Seite sie während der Kriege des 2. oder 1. Jh.s v. Chr. gestanden hatten. Selbst die *civitates liberae* kannten Freiheit nur unter einem Statthalter, selbst für sie war Außenpolitik undenkbar, wurde spätestens im 2. Jh. ein *corrector* eingeführt, bei Irregularitäten griff der Statthalter ein, und es gab etliche *praefecti iure dicundo*. Ihr wichtigster Vorzug mag die Freiheit vom Tribut gewesen sein, denn auch andere Städte konnten eigene Gesetze erlassen, eigenen Rechten folgen und sich im Alltag ohne römische Einmischung verwalten. Die Poleis waren sich ihrer politischen Freiräume selbst nicht sicher und fragten deshalb oft auch in solchen Angelegenheiten, die sie in eigener Regie hätten lösen können, die römischen Autoritäten. Mit der Zeit ebneten sich die Unterschiede gegenüber Kaiser und Statthalter ein.

Die Poleis waren für die römische Herrschaft zentral: da Rom mit minimalem bürokratischen Aufwand herrschen wollte, war es auf einflußreiche und kooperationsbereite lokale Eliten angewiesen, die von den Städten gestellt wurden. Noch unter Augustus war die Urbanisierung des Ostens ganz ungleich: je weiter eine Landschaft vom Meer entfernt war, desto weniger Poleis gab es. Augustus förderte Städte gerade in wenig bevölkerten Gebieten, eher zur Festigung und Vorbereitung römischer Herrschaft als zur Hellenisierung. Seine Nachfolger vernachlässigten diese Politik etwas, aber sie lebte unter Trajan und Hadrian wieder auf.

Die städtischen Verfassungen blieben weitgehend gleich, aber der Unterschied zwischen Reich und Arm wurde wichtiger als der zwischen Bürger und Nicht-Bürger (eine bereits im Hellenismus angelegte Entwicklung). Demokratische Traditionen, so vorhanden, verschwanden und blieben nur noch als Namen: Die Volksversammlung wurde praktisch bedeutungslos, die Städte wurden ganz von einem Oberschichtsregiment nach römischem Vorbild dominiert. Die Hierarchie der Oberschicht bestimmte sich nach den geleisteten Ämtern. Die Bule, der Rat, wurde zu einer Organisation mit festen Mitgliedern, dem *ordo decurionum* entsprechend.

Die Aristokratie war schon im Hellenismus teilweise (wieder) der Polis entwachsen und pflegte weiträumige Beziehungen zu Standesgenossen. Die Städte verpflichteten sich die einflußreichen Leute gern, engten damit aber gleichzeitig ihren eigenen Spielraum ein. War früher die Beziehung zu einem König Kriterium für den Nutzen, den jemand einer Stadt brachte, so vermittelten die städtischen Eliten jetzt zwischen Polis und Kaiser (Senat, Statthalter). So wie sie einen Teil ihrer Macht durch die Nähe zu römischen Instanzen erhielten, so übte andererseits Rom durch sie als Stellvertreter Herrschaft aus. Die Kooperation der lokalen Eliten, sei es in der Verwaltung der Städte, sei es im Kaiserkult und den provinzialen Landtagen wurde honoriert: Während der ersten beiden Jahrhunderte erhielt fast die gesamte Oberschicht das römische Bürgerrecht; Familien, die in ihrer Stadt und der Provinz über Generationen prominent waren, stiegen in den Senat auf – ein Prozeß, der im 2. Jh. praktisch abgeschlossen war. Für die Städte bedeutete dies oft eine weitere Erleichterung des Zuganges zu Kaiser und Senat.

Im städtischen Leben kam der Lebensmittelversorgung, dem Gymnasium, den Festen zentrale Bedeutung zu. Alle drei Bereiche waren kostenintensiv – aber die Städte hatten kaum fest kalkulierbare Einkünfte, da sie auf direkte Steuern verzichteten und indirekte, auch wenn sie langsam vermehrt wurden, nicht ausreichten. Die Ausgaben überschritten fast immer die Einnahmen, weswegen die städtischen Finanzen immer strenger überwacht wurden, zuerst durch den Statthalter, dann durch spezielle *curatores*. Schließlich wurden die Städte immer abhängiger von der Munifizenz reicher Bürger, was das Regiment der Oberschicht festigte.

Ihre Einkünfte bezog die Aristokratie vor allem aus Landbesitz (allerdings erwähnen die – ideologisch fixierten – Quellen nur selten Gewinne aus e. g. Handel, Banken, Transport). Der größte Teil der Bevölkerung lebte auf dem Land und ernährte die Städte; dabei ist die Unterscheidung zwischen Stadt und Land mehr eine Frage der Lebensform als der politischen Zugehörigkeit: Land gehörte meist zum Territorium einer Polis. Überschüsse waren gering (Subsistenzwirtschaft), nicht nur für die Bauern, sondern auch für die (immer zahlreicher und größer werdenden) Güter: überall galt die Maxime, eher das Risiko zu minimalisieren als den Ertrag zu maximalisieren.

Neben der Landwirtschaft waren die städtischen Wirtschafts- bzw. Handwerkszweige zweitrangig: sie dienten mehr der Diversifizierung von Leistungen als der Wertschöpfung. Sklaven waren wichtiger im Haushalt als auf dem Land oder in 'Fabriken'. Auch bot sich hier keine strukturelle Möglichkeit zur Einkommensmehrung, denn jedes auf diese Art erworbene Vermögen wurde in Land angelegt, da sich nur so der soziale Aufstieg manifestieren ließ.

Die städtische Aristokratie stand also finanziell auf schwachen Füßen. Ihr Vermögen wurde durch die aufwendigen, über Generationen erbrachten Leistungen für die Städte aufgebraucht: das System der Polis funktionierte redistributiv. Daher versuchte diese Gruppe immer öfter, sich ihren Pflichten zu entziehen: Götter, Kaiser, Fremde, Frauen, Kinder tauchen als finanzierende Magistrate auf; die Amtszeit der Magistraturen wurde kürzer; der Drang zur Immunität nahm zu. Das war nur möglich, weil der politische Charakter der Ämter immer stärker zurück-, der liturgische immer stärker hervortrat. Um das Funktionieren der Städte zu sichern, wurde der Stand erblich und mit bestimmten Pflichten verbunden. Diese Entwicklung setzte je nach Gegend verschieden ein (in Kleinasien z. B. im 1. Drittel des 2. Jh.s), war aber am Ende des 2. Jh.s überall abgeschlossen.

Wo der Zwang für den Einzelnen wächst, kommt der Freiwilligkeit besondere Bedeutung zu: ein Teil des sozialen Lebens wurde durch freiwillige Leistungen finanziert ('euergetisme'), die mit der Zeit zu sozialen Pflichten wurden, von deren Erfüllung der Status in der Gesellschaft abhängen konnte. In der Oberschicht bildete der 'euergetisme' eine neben den Ämtern stehende, subtilere Hierarchie.

Die Poleis waren nicht isoliert: Verwandtschaften wurden mittels mythischer Vorfahren hergestellt, was auch hellenisierte Nicht-Griechen einschließen konnte; Homonoia-Verträge wurden geschlossen, die potentiell Isopolitie, Atelie, Isotelie und ἔγκτησις mit sich brachten. Neben den positiven Bindungen standen die Rivalitäten einzelner Städte: die äußeren Konflikte früherer Zeiten mußten im Rahmen der Provinzialordnung unkriegerisch umgeleitet werden: es ging um Titel, Rangstellungen, Vorrechte, um den Besitz und Rang von Wettspielen. Kaiser oder Senat waren die letzte Quelle dieser Ehren, die aber meist auf Antrag der Städte oder Landtage verliehen wurden, letztere ein innerprovinzielles Regulativ, das es dem Kaiser erleichterte, seine *beneficia* gerecht zu verteilen. Römisches Entscheiden diente dem inneren Frieden und reduzierte die finanziellen Aufwendungen der Städte, deren Rivalitäten oft mit Gewalt ausgetragen wurden und zu hypertropher, ruinöser Bautätigkeit führten. Ruhm und Rang einer Stadt zogen εὐεργέται an, gaben Anlaß zur Veranstaltung von Festen, Markttagen etc., brachten also zusammen mit auswärtigen Gästen und Händlern vor allem Geld.

Bei Anträgen in Rom war das Dossier der eigenen Mythen, Gründungsgeschichten und früherer Privilegien wichtig, weshalb Dichter, Historiker und Mythographen im Dienst dieser Ansprüche standen. Die Rivalitäten förderten den Lokalpatriotismus, verbesserten so die Selbstdefinition der Poleis und erleichterten ihre Integration in der streng hierarchisierten Welt. Die Münzen spiegeln Selbstauffassung und Verhältnis der Städte zur Umwelt wider, und schon die Tatsache der Münzprägung bis ins 3. Jh. demonstrierte eigene Staatlichkeit und eigenes Selbstbewußtsein. Über die Münzbilder sollten Rom und der Kaiser in die gewohnten Formen eingebunden und Ansprüche an ihn formuliert werden (Verteidigung nach Osten, innere Stabilität, Patronage).

Das von Hadrian gegründete Panhellenion bündelte diese Motive in einer die Provinzgrenzen überschreitenden Form: es war eine Gemeinschaft aller echten Griechen, die mit dem Kaiserkult und dem Kult der eleusinischen Gottheiten eng verbunden war. Griechische Vergangenheit und römische Gegenwart sollten von ihm als einander ergänzende Konzepte vermittelt werden.

Als Reaktion auf den äußeren Druck gab es im 3. Jh. eine Inflation der Titel, der Homonoia-Verträge, der Bürgerrechtsverleihungen. Man suchte zudem Selbstbestätigung in einer verstärkten Wendung zur eigenen Vergangenheit.

Besonders prominent wurden in dieser Zeit die Wettspiele: gymnische und musische Agone waren immer ein wichtiger Teil griechischen Lebens, und schon im Hellenismus hatten sich Künstler- und Sportlergilden gebildet; Erfolg in den Agonen brachte sozialen Aufstieg – wenn die Wettkämpfer nicht sogar aus der Oberschicht stammten (beliebt waren auch Gladiatorenkämpfe, die vor allem zum Kaiserkult gehörten). Die steigende Bedeutung der Agone erklärt sich mit dem Niedergang anderer Formen lokaler Munifizenz. Stiftungen öffentlicher Gebäude wurden wegen ihrer hohen Kosten seltener: Agone boten einen leichteren Weg, die Bedeutung einer Stadt darzustellen. Hier kamen griechische Traditionen und römischer Nutzen zusammen: Viele Agone wurden im Zusammenhang mit dem Kaiserkult eingerichtet und ihr Status mußte vom Kaiser bestätigt werden. Mit Titeln und Agonen konnte Rom Kompensation für andere Erscheinungen der Krise anbieten, während die Städte gerade in der Krise ihre Loyalität demonstrieren konnten.

3.2.2 Klientelkönige, Dynasten o. ä. verdankten Titel wie Macht den principes, waren durch Erziehung und Bürgerrecht in die römische Gesellschaft eingebunden, aber gleichzeitig von den hellenistischen Königsidealen erfüllt. Ihre Selbständigkeit war beschränkt: sie wurden oft wie Statthalter behandelt, oder waren abhängig von dem Statthalter einer benachbarten Provinz (e. g. Syria). Obwohl sie eigene Armeen zur Grenzsicherung und Unterstützung Roms hielten, trieben sie keine eigene Außenpolitik. Der Zweck dieser Königreiche war die Verwaltung und Entwicklung von Land, das wegen fehlender Hellenisierung und Urbanisierung noch nicht 'reif' für römische Herrschaft war. Damit fehlten auch die lokalen Eliten, durch die Rom zu herrschen gewohnt war. Auch wenn Rom die inneren Strukturen nicht berührte und die Arbeit den Dynasten überließ, nahm es bei der Entwicklung eigener Gebiete (z. B. Syrien) keine Rücksichten auf genaue Grenzen – ein weiterer Beleg für die prekäre Freiheit der Klientelstaaten. Manchmal versuchte Rom, Provinzen einzurichten, machte die Versuche aber teilweise wieder rückgängig – je nachdem, wie weit sich römische Vorstellungen realisieren ließen. Bis Trajan wurde das System der Klientelstaaten praktisch aufgelöst, so daß nun der ganze Osten unter direkter römischer Verwaltung stand. Provinzen wurden oft nach dem Tod eines lokalen Herrschers dort eingerichtet, wo Rom keine inneren oder äußeren Probleme mehr sah. Die zunehmende Provinzialisierung war also ein Zeichen für die zunehmende Beruhigung und zivilisatorische Homogenisierung der Randgebiete des Imperium Romanum.

3.2.3 Provinzeinteilung: 27 v. Chr. wurden die Provinzen in zwei Gruppen geteilt: die friedlicheren wurden als *provinciae senatus* von einem *proconsul* verwaltet, die grenznahen, 'bewaffneten' unterstanden als *provinciae populi Romani* einem *legatus Augusti pro praetore* (in kleineren Provinzen einem *praefectus* oder *procurator*). Die *proconsules* wechselten jährlich, die *legati* amtierten meist länger, d. h. in den *provinciae p. R.* war die Kontinuität der Verwaltung größer. Es gab die Tendenz, Senatoren aus dem Osten in östlichen Provinzen einzusetzen, aber nicht in ihrer Heimat.

Der Statthalter mußte vor allem für innere Ruhe sorgen und Recht sprechen, weshalb er zu bestimmten Tagen an den Vororten der Gerichtsbezirke weilte. In den Provinzen existierten zwar verschiedene Rechtsformen, gelegentlich mit indigenen Besonderheiten, aber in der Regel war der Statthalter die letzte Instanz des Rechtsweges: Seine am römischen Recht orientierten Entscheidungen sorgten für eine Vereinheitlichung des Rechts in den Provinzen; öfters drangen römische Rechtsformen bereits kurz nach der Provinzialisierung in alltägliche Transaktionen ein.

Aus älteren Städtevereinigungen entwickelten sich in den meisten Provinzen autonome Landtage (κοινά), die die Provinz gegenüber Rom vertraten. Die Städte, die das Koinon finanzierten, waren in ihm durch (teilweise mehrere) Abgeordnete vertreten. Wie die Poleis konnte es Gesandtschaften an den Kaiser schicken, empfing daher auch kaiserliche Reskripte (hauptsächlich in Sachen, die städtische Vorrechte, Steuern, Wirtschaft, innere Ordnung, Appellationen betrafen). Es entschied Streitigkeiten zwischen Städten, ehrte verdiente Bürger, prägte Münzen – vor allem aber oblag dem Landtag der provinziale Kaiserkult (einschließlich Bau und Erhaltung der Tempel), was zusammen mit den jährlichen Feiern den Zusammenhalt der Provinz festigte und ihr Gelegenheit zur Selbstdarstellung gab. Die Landtage gaben der provinzialen Führungsschicht die Chance zu politischer, die Grenzen der Polis überschreitender Aktivität, verschafften ihnen Ansehen und vielleicht den Aufstieg in die römische Gesellschaft.

3.2.4 Die Ostgrenze war während des 1. u. 2. Jh.s relativ ruhig; militärische Aktionen gingen fast nur von Rom aus. Im Osten waren daher weniger Truppen stationiert als im Westen, und selbst von diesen Truppen sicherte nur ein Teil die Grenzen, ein anderer kontrollierte die Klientelkönige oder sorgte für Ruhe in den Provinzen. Die Aufgaben an den Grenzen waren nicht nur von der Politik gegenüber Parthien oder Armenien bestimmt: an vielen Stellen ging die Welt des Imperium Romanum fließend in einen von nomadisierenden Stämmen bewohnten Steppengürtel über. Feste Grenzen gab es hier nicht: Rom begnügte sich mit der Kontrolle strategischer Punkte, mit deren Hilfe sich die Ost-West-Passagen in die Provinzen beherrschen ließen, und errichtete Stützpunkte an traditionellen Sammelstellen der Stämme, wobei es um Information und Machtdemonstration ging. In begrenztem Maß konnten Römer sogar als Schiedsrichter in interne Streitigkeiten eingreifen. Erst diese halbwegs erfolgreiche Politik schuf die Möglichkeit für die weite Ausdehnung des besiedelten Raumes in der Kaiserzeit.

Hatte Augustus eine Politik der Koexistenz mit den Parthern betrieben, so deutet die Disposition von Militär und Provinzen unter den Flaviern daraufhin, daß man zu einer nach Osten gerichteten Expansion übergehen wollte, was dann ernsthaft nach der Konsolidierung des Provinzialsystems unter Trajan erfolgte. Die Erfolge waren unterschiedlich, aber langfristig wurde Mesopotamien zu einem Bollwerk gegen die Parther; die griechischen Städte in Nordmesopotamien wurden unter Septimius Severus rasch zu *coloniae*. Erst die Thronbesteigung der Sassaniden (224) brachte Rom einen Gegner, der sich nicht nur als Nachfolger der Achaimeniden mit eigenen Expansionsplänen trug, sondern auch Möglichkeiten zur Umsetzung dieser Pläne hatte. Schon die Kriege an der Donaufront hatten den Osten in Mitleidenschaft gezogen (Kostoboken- und Herulerzug nach Griechenland [170/1 resp. 267/8], Goteninvasion nach Kleinasien [zwischen 253 u. 262]), aber mit den Sassaniden wurde die militärische Lage kritisch: ab der Mitte des 3. Jh.s war etwa ein Drittel der römischen Heere im Osten – mit nicht nur militärischen Folgen (der Aufstieg Antiochias zu seiner Bedeutung in der Spätantike bereitet sich vor).

Insgesamt waren die Jahre von 238–70 eine Zeit militärischer Probleme, verstärkt durch wirtschaftlichen Zusammenbruch und politische Zersplitterung; die Gefangennahme des Kaisers Valerian dokumentierte eindrucksvoll, daß Rom keinen dauerhaften Schutz mehr gewähren konnte, daß diese Aufgabe im Osten selbst gelöst werden mußte. Eine neue palmyrenische Monarchie agierte erfolgreich und im Sinn der Provinzialen gegen die Sassaniden, so daß ein östliches Sonderreich entstand, das durch seinen Erfolg den Anspruch auf Unabhängigkeit stellte. Ein Ende der Probleme im Osten brachten erst die Kaiser Gallien und Aurelian, die nicht nur erfolgreich gegen die Sassaniden vorgingen, sondern in West wie Ost (gegen Palmyra 273) die Einheit des Reiches wieder durchsetzten.

Die Anwesenheit der Legionen im Osten hatte enorme soziale und ökonomische Konsequenzen. Neben einheimische Steuern waren die Steuern für Rom getreten, die zu einem beträchtlichen Teil für die Legionen ausgegeben wurden: zu verrechnen ist dies mit dem Zuwachs an Kaufkraft für die (anderen) Regionen: das Heer funktionierte als Teil eines redistributiven Wirtschaftssystems.

Soldaten wurden in allen Provinzen rekrutiert; ca. 20–30% stammten aus dem Osten, hauptsächlich aus Thrakien und Syrien. Soldaten kehrten in ihre Heimat zurück, aber öfters blieben sie nach der Entlassung in der Provinz, in der sie zuletzt stationiert waren. Sie besaßen das römische Bürgerrecht, gehörten in kleineren Orten schon zur Oberschicht und waren Träger der Romanisierung.

Straßen wurden in erster Linie für die Legionen gebaut, doch erhöhten sie auch die interne Kommunikation, erleichterten Verwaltung und Handel. An den Straßen standen römische Posten, für den *cursus publicus* waren Spanndienste zu leisten (ἀγγαρεία).

Je weiter die Krise des 3. Jh.s ging, desto mehr Geld und Rekruten wurden nötig, d. h. die Besteuerung der Bevölkerung wurde immer wichtiger. Gleichzeitig wuchsen Desorganisation und Disziplinlosigkeit im Heer, was vor allem die unteren Schichten traf. Schikanen gab es nicht nur in den dichtbesiedelten Zentren, sondern auch im hintersten Winkel des Reiches. Im Gegensatz zu früheren Zeiten reagierte die Bürokratie nur noch, und ihre Maßnahmen griffen nur beschränkt. Die Bevölkerung wollte in vielen Gegenden ihre Wohnsitze verlassen oder auf Privatland ausweichen (hier begannen Kolonat und Patrociniumsbewegung, die zur Exterritorialität des großen Landbesitzes führten).

Das 3. Jh. hatte die Mangelhaftigkeit der bisherigen Strukturen klar gemacht: eine Verwaltung durch lokale Eliten, wodurch allein die Einmischung des Zentralstaates gering und die Steuern relativ niedrig blieben, war nur bei äußerer Ruhe möglich. Vom Ende des 3. Jh.s an stieg daher die Präsenz des Imperiums, und die lokalen Eliten verloren einen Teil ihrer privilegierten Stellung, da sie keine Macht mehr für Rom ausübten – was auch eine Veränderung der Poleis bedeutete.

3.3 Die Haltung zu römischer Herrschaft

Römische Herrschaft war in der Regel nur eine Fortsetzung der Herrschaft hellenistischer Könige; sie konnte in einigen Gemeinwesen mit langer, ruhmreicher Tradition (e. g. Athen) beklagt werden, bedeutete aber keine radikale Neuerung. Ernsthaften politischen Widerstand gab es nicht oder nur als Einzelhaltung: Philosophen, die sich jeder politischen Macht widersetzten, und Räuber (vielleicht besser: 'Sozialbanditen') waren die wichtigsten Ausnahmen. Roms Herrschaft hing von dieser Anerkennung ab; die jüdischen Aufstände zeigen trotz mangelnden Erfolges, daß Rom einen unwilligen Osten nicht hätte kontrollieren können.

Rom wurde akzeptiert, weil es zum Garanten der äußeren Sicherheit geworden war, und weil der Principat auch für den Osten ein Ende der Bürgerkriege gebracht hatte. Die Verwaltung, Rechtsprechung und Ordnung hatten sich im Vergleich zur republikanischen Zeit deutlich verbessert. Die Oberschicht in den Städten war mit den neuen Zuständen zufrieden; schließlich garantierte Rom ihre gesellschaftliche Stellung.

Rom war verkörpert im Kaiser, dessen Name und Bild in den Poleis allgegenwärtig waren. Das wichtigste Zeichen der politischen Loyalität war daher der Kaiserkult. Seine Wurzeln lagen im hellenistischen Gottmenschentum. In augusteischer Zeit wurden die Kultempfänger auf Mitglieder der *domus Augusta*, die allein noch als Wohltäter agieren konnten, beschränkt – später wurde häufig nur noch der Kaiser geehrt, schließlich überwogen Kulte, die einfach dem Kaisertum als Institution galten. Die Objektivierung und Institutionalisierung erleichterte die Kontinuität kaiserlicher Herrschaft. Meist entstand der Kult auf Initiative von unten (und bedurfte obrigkeitlicher Genehmigung), doch manchmal wirkten auch Kaiser oder Statthalter auf die Einrichtung hin.

Poleis und Provinzen waren die wichtigsten Träger des Kaiserkultes; auf dem 'Land' finden sich kaum Zeugnisse für ihn. Die vom Koinon der Provinz veranstaltete, jährliche Feier setzte ein zentrales Heiligtum voraus, und mit der Zeit gab es mehrere Städte einer Provinz, die einen oder mehrere 'anerkannte' Kaisertempel besaßen (*VIII 4.2.1*) und sich dann νεωκόροι nannten. Das Amt eines provinzialen Kaiserpriesters brachte viel Prestige; seine Inhaber kamen aus den vornehmsten und reichsten Familien und wurden oft mit dem römischen Bürgerrecht belohnt; häufig gelangten sie selber oder ihre Nachfahren in ritterliche oder senatorische Laufbahnen und damit in die Reichsaristokratie. Feste und Ämter banden den Kaiserkult in das Leben einer Provinz ein – begründeten aber auch eine reziproke Verpflichtung des Kaisers.

An der Ernsthaftigkeit des Kultes ist nicht zu zweifeln: die Kaiser waren θεοί, nicht θεῖοι, i. e. *dei*, nicht *divi*. Sie wurden wegen ihrer Macht als echte Götter verehrt; der Kult diente der Vergegenwärtigung einer mit herkömmlichen Mitteln nicht begreifbaren Macht und war damit der klarste Ausdruck für das Verhältnis zwischen Untertan und Herrscher – und für seine Akzeptanz; damit erhielt der Kaiserkult eine identitätsstiftende Funktion, die umso wichtiger wurde, je mehr die Religionen der Polis diese Funktion verloren.

Was es im 3. Jh. an Krisenbewußtsein gab, faßte römische Herrschaft nicht als Problem auf: Für alle, die nicht bei chiliastischen oder eschatologischen Erwartungen Zuflucht fanden, war Rom die einzige Kraft, von der ein fester Halt zu erwarten war. Da niemand die strukturellen Probleme wahrnahm, da man die Krise einzig als Krise der Außenpolitik sah, konnte man sie nicht zutreffend, von moralischen Kriterien abstrahierend, analysieren und daher auch keine praktischen Vorschläge zu ihrer Behebung machen.

3.4 Die einzelnen Landschaften

3.4.1 Griechenland: 'Griechenland' war politisch wie kulturell kein einheitliches Gebilde. Teile waren vollständig urbanisiert, aber je weiter man nach Norden kam, desto mehr nahmen andere Strukturen überhand. 'Griechenland' zerfiel in mehrere Provinzen (v. a. *Macedonia* u. *Achaia*) und in mehrere einzelne, landschaftliche Koina (Achaier, Boioter, Phoker, Arkader, Thessaler etc.).

Es gab zwar Ansätze zu einer Zusammenfassung der kleinen Koina (Πανέλληνες), die sich aber nicht durchsetzten. Nur die Provinzen Makedonien und Thrakien besaßen eigene Landtage.

Bereits in späthellenistischer Zeit war die Bevölkerung Griechenlands zurückgegangen und hatte sich in Städten konzentriert. Beide Trends kehrten sich in der Kaiserzeit nicht um. Damit sank die Intensität der Landwirtschaft, wurden Randlagen aufgegeben, kleiner Landbesitz ging zurück – während der Besitz wohlhabender, städtischer Familien wuchs (unabhängig hiervon war die Entwicklung kaiserlicher Domänen). Pacht wurde als Wirtschaftsform, die Städte als Wohnorte wichtiger, und zusammen mit dem Wunsch nach sozialer Absicherung führte beides zu einer Verstärkung der fast klientelartigen Bindungen an die wenigen Familien der Oberschicht, die – stadt- und landschaftsübergreifend – überall präsent waren. Zu den großen Landbesitzern gehörten auch einige Nicht-Griechen, aber für die meisten war Griechenland wegen der geringen Erträge und seiner Lage zwischen den Kerngebieten des Imperiums uninteressant.

Zu Beginn der Kaiserzeit war die Zahl der Poleis niedrig: sie waren klein und schwach, konnten viele ihrer Aufgaben nicht mehr wahrnehmen. Es gab verschiedene, teils von Rom, teils von den Städten initiierte, erfolglose Versuche, erneut zum Ackerbau zu reizen und neue Einwohner anzulocken; etliche kleine Poleis wurden zusammengelegt und Städte mit großen Territorien gegründet. Hierdurch sollten verarmte Gebiete planmäßig neu besiedelt und ein Strukturwandel eingeleitet werden. Am wichtigsten waren die römischen *coloniae* in Korinth (44 v.) und Patrai (15 v.), daneben die als Synoikismos durchgeführte Gründung (30 v.) der *civitas libera* Nikopolis (Actium; *VIII 4.2.4*).

Griechenland hatte wenig wirtschaftlich verwertbare Produkte; einige Städte, Korinth z. B., zogen Nutzen aus ihrer Lage, was das Handwerk als Wirtschaftsfaktor begünstigte. Große Teile Griechenlands 'profitierten' von ihrer Vergangenheit (z. B. Athen u. Sparta): In den ersten beiden Jahrhunderten erhielten sie politische und materielle Zugeständnisse; für Hellas sind mehr Besuche von Mitgliedern der *domus Augusta*, von Senatoren und Rittern bezeugt als für andere Teile der griechischen Welt, und es zog auch viele Besucher aus dem griechischen Kulturraum an. Der Bekanntheitsgrad einer Stadt bestimmte das Interesse der Allgemeinheit und Roms, mit ihm wuchs die äußere Hilfe, was die Aufrechterhaltung der inneren Ordnung erleichterte. Die Rückbesinnung auf die Vergangenheit, die sich auch in der Pflege von Heiligtümern und archaischen Ritualen äußerte, galt im übrigen nicht nur den 'Touristen', sondern auch der Bewahrung eigener Identität.

Im langen Frieden der Kaiserzeit gab es nur ganz vereinzelte, lokal begrenzte Unruhen. Wenig Soldaten standen in Griechenland, und es war von Außenpolitik nur durch Rekrutierungen betroffen, sieht man einmal von Kostoboken- und Herulereinfall ab. Beide wurden zwar aus eigener Kraft überwunden, aber dies täuscht nicht darüber hinweg, daß sich die Lage der Griechen mit dem 3. Jh. verschlechtert hatte: die Severer erwiesen ihnen nicht mehr dieselbe Reverenz wie ihre Vorgänger, und neben den allgemeinen Problemen der Zeit trug eine große Pest zum Verfall bei.

3.4.2 Kleinasien: Kleinasien war eines der großen Zentren griechischen Lebens – allerdings war der Einfluß griechischer Kultur nicht gleichmäßig, sondern nahm zum Landesinneren nach Osten hin ab. Griechisch war überall die wichtigste kulturelle Kraft, aber die Zahl der Nicht-Griechen, vor allem in den östlichen Gebieten, ist kaum einzuschätzen. In manchen Gegenden waren griechische und indigene Kultur schon im Hellenismus eine enge Verbindung eingegangen, z. B. an der Südküste. Personennamen und Kulte sind die besten Zeichen für die Bedeutung des einheimischen Substrats, und bis in die Kaiserzeit gab es lebende indigene Sprachen und Schriften. Da aber hauptsächlich aliterarische Gruppen ihre alte Kultur behielten, wissen wir hierüber nicht viel. Die Hellenisierung nahm ab, je weiter wir die soziale Stufenleiter heruntersteigen, und umgekehrt: je mehr man sich hellenisierte, desto näher waren Integration und Bürgerrecht der Städte mit weiteren Aufstiegsmöglichkeiten. Griechisch und Nicht-Griechisch war Teil der Dichotomie Stadt – Land, hing vom Grad der religiösen und sozialen Organisation ab.

Neben den Überresten einheimischer Kulturen gab es noch Reste anderer Nationalitäten mit ihren Sprachen und Eigenheiten: Iraner, Galater, Juden und Römer waren als mehr oder weniger angepaßte Sondergruppen vorhanden, und zwar nicht nur im städtischen, sondern auch im ländlichen Milieu.

Kleinasien war reicher als das Mutterland. Die unterschiedliche, durch die reiche geographische Gliederung bedingte Landesstruktur spiegelt sich auch in den Erwerbsmöglichkeiten wider. Die Landwirtschaft konnte größere Überschüsse erwirtschaften, agrarische Produkte (e. g. Leinen) wurden verarbeitet, und daneben brachten verschiedene Formen weiterverarbeitenden Gewerbes (Textil, Metall, Holz, Stein, Ton) Einkünfte. Handel ging über den eng begrenzten, lokalen Bereich hinaus, ging öfter als anderswo über die Grenzen der Provinzen.

Wegen dieser günstigen Rahmenbedingungen konnte sich Kleinasien relativ rasch von den desaströsen Folgen des Bürgerkrieges und der Partherinvasion erholen. Es gab aus wirtschaftlichen Gründen eine breitere Oberschicht als anderswo, und von ihr wurde der Wiederaufbau getragen, wurde die Blüte der kleinasiatischen Städte im 2. Jh. ermöglicht.

Die politischen Strukturen waren vielgestaltig: Neben Poleis existierten Tempelstaaten, ethnische Verbände oder autonome Dörfer. Eigene, rudimentäre politische Strukturen gab es auch bei den nicht-städtischen Einheiten, und der gemeinsame Kult war – wie in den Poleis – einer der wichtigsten Integrationsfaktoren. Einige solcher Gruppierungen wurden mit der Zeit zu Poleis, aber dieser Urbanisierungsprozeß war z. Zt. der Severer weitgehend abgeschlossen. Wenn man also in Kleinasien von einer neuen Urbanisierung redet, so geht es weniger um Neugründungen als um Adaption und Umwandlung bereits bestehender Strukturen.

Es gab kleinen und mittleren Landbesitz, aber das meiste Land scheint sich in den Händen der städtischen Oberschicht konzentriert zu haben. Neben den Lokalmagnaten besaßen vor allem Römer Land (vor Ort und als auswärtige 'Investoren'), aber auch Tempel (nicht nur 'Tempelstaaten'), schließlich der Kaiser, der in manchen Gegenden ausgedehnte Domänen besaß. Teilweise lagen Dörfer in riesigen Privatbesitzungen: ihre Einwohner konnten zwar nominell frei sein, lebten aber de facto in verschiedenen Formen der Abhängigkeit.

Das Leben auf dem Land war nicht immer sicher: wir hören von Banden und städtischen Polizeitruppen, denen die Kontrolle der χώρα oblag. Das Verlassen der angestammten Lebensform, das im ausgehenden 2. Jh. zunahm, und der Anschluß an Gruppen, die sich außerhalb des üblichen sozialen Rahmens bewegten, war eine Variante von «ἀναχώρησις» – ein Reflex der zunehmenden ökonomischen Belastung, der die Landbevölkerung ausgesetzt war.

In Kleinasien war wenig Militär stationiert; die armenische oder parthische Gefahr wurde hier nicht sehr hoch eingeschätzt. Erst im 3. Jh. änderte sich das durch Partherkrieg und Barbareninvasionen – aber gerade der Partherkrieg brachte für Gegenden wie Pamphylien und Kilikien eine neue Blüte: Sie lagen in sicherer Entfernung vom Kriegsschauplatz, besaßen aber dank ihrer Häfen wichtige Etappenstädte. Ihre strategische Bedeutung rief kaiserliches Interesse hervor, es gab für die Bedürfnisse der durchziehenden Heere eine enorme lokale Münzproduktion und noch einmal große Bauprojekte.

3.4.3 Syrien: Syrien war keine einheitliche Landschaft mit einheitlicher Bevölkerung. Als 'Syrer' galten in der Antike die Angehörigen der verschiedenen Völker semitischer Sprache (ohne die Juden). Die Lebensformen Syriens reichen von den phönizischen Stadtstaaten über 'caravan cities' bis zu nomadisierenden arabischen Stämmen. Die Völker fühlten keine gemeinsame Identität, ihre Zusammengehörigkeit definierte sich bestenfalls über die gemeinsame Zugehörigkeit zu einem politischen Großkörper (e. g. Seleukidenreich, Imperium Romanum), war also fragil. Nur in wenigen Gegenden (e. g. Edessa) wurde eigene Geschichte als Gegengewicht gegen fremde Kultureinflüsse gepflegt. Dauernde Zuwanderung aus arabischen Gebieten verstärkte die nicht-griechischen Traditionen und hielt die Verbindungen zwischen den verschiedenen Teilen der 'syrischen' Welt aufrecht.

Verkehrssprache war das Aramäische in seinen verschiedenen Dialekten; einheimische Schriftsysteme wurden weiter benutzt. Kulte und Namen zeigen, daß auch das Aramäische oft nur ein Mantel für andere, indigene Kulturen war. Das Griechische existierte als Sprache und Lebensform neben den anderen – wurde aber von allen als Kommunikations- und Übersetzungsmedium genutzt. Das Fortleben lokaler Kulturen zeigte sich in der Spätantike an ihrer starken Präsenz in allen Lebensbereichen (v. a. das Syrische als Literatur- und Kirchensprache).

Die Seleukidengründungen nördlich von Homs, die Städte der Dekapolis und Phöniziens waren seit dem 3. Jh. der Hellenisierung ausgesetzt und paßten sich rasch an: Sprache und Namen, Institutionen wie Gymnasium oder Theater sind Beweis hierfür (zudem lebten viele Griechen als Siedler dort). Weite Bereiche Nordsyriens, Mittel- und Südsyrien nebst Transjordanien waren kaum urbanisiert und damit auch kaum gräzisiert; dasselbe gilt für das Umland der Stadt. Diese Gegenden besaßen eine stark dörfliche Struktur, waren von Nomaden oder anderen Stämmen bewohnt und von entsprechenden Lebensformen geprägt. Daher war römische Herrschaft schwer aufzubauen, und es gab hier besonders viele Klientelstaaten, dauernd wechselnde Grenz- und Hoheitsverhältnisse. Als während des 1. Jh.s die (inzwischen rudimentär urbanisierten) Klientelstaaten aufgelöst wurden, war der Kaiser in vielen Fällen der Erbe der Könige, d. h. es entstanden große kaiserliche Domänen (auf deren Gebiet es nie mehr zur Stadtbildung kam).

Die Poleis waren genau wie in Kleinasien an Titeln, Rangfolgen, Agonen, mythischen Ursprüngen interessiert, fühlten sich also zur selben Welt gehörig – auch wenn manche gerade erst Stadt geworden waren. Auch die politischen Institutionen waren im wesentlichen dieselben wie in anderen Poleis. Trotzdem finden sich Unterschiede zwischen den 'seleukidischen' Städten und den Neugründungen: griechische Namen und zahlreiche Inhaber des römischen Bürgerrechts in den einen, indigene Namen und kaum römische Bürger in den anderen. Manche Städte besaßen also nur einen dünnen Firnis hellenistischer Kultur, und wer vor der Kaiserzeit nicht hellenisiert war, wurde dies auch jetzt nicht mehr.

Neben den Poleis entwickelten sich autonome Dörfer mit eigenem Ethnikon und eigenen Magistraten, deren Titel teils eigentümlich, teils in Anlehnung an Magistraturen der Poleis gebildet waren. Vielleicht handelte es sich hier um eine Vorstufe zur Bildung von Städten und damit zur Hellenisierung, doch gab es auch einheimische Traditionen für diese Siedlungs- und Verwaltungsform. Die Umwandlung von Dörfern zu Städten war in Syrien viel seltener als in Kleinasien.

Syrien war wie Kleinasien zu Beginn der Kaiserzeit von den Bürgerkriegen und der Partherinvasion betroffen. Rasch wurde neu gebaut, und der städtebauliche Einfluß römischer Vorbilder war stark. Den bis ins 3. Jh. hinein dauernden Aufschwung schaffte Syrien – mit Ausnahme der Großstadt Antiochia – größtenteils aus eigener Kraft, d. h. durch die eigene Oberschicht. Syrien war in der Antike als Handwerks- und Handelszentrum bekannt: Syrer waren als Händler überall zu finden; Handwerker produzierten Purpur, Glas, Metall und Keramik, dazu war das Land reich an Öl, Wein und Getreide. Vom Außenhandel profitierten besonders die am Meer gelegenen Städte, aber auch in Syrien war der Binnenmarkt wichtiger als der Ex- oder Import (allerdings lagen hier die Enden der Karawanenstraßen, die einen Teil des Indien- und Südarabienhandels trugen; hiermit hing der Aufstieg Petras und Palmyras zusammen).

Manche Gegenden, wie z. B. Nordsyrien, erfuhren mit der römischen Herrschaft einen wirtschaftlichen Wandel: dort dehnte sich die bebaute Fläche aus, in fast unbewohnten Gebieten wuchsen Dörfer. Die traditionelle Subsistenzwirtschaft wurde durch weiträumigen Anbau von Wein, vor allem aber von Oliven ergänzt, mit deren Hilfe auch schlechte Böden noch Ertrag gaben. Damit ging eine weitere soziale Differenzierung einher: wer die Investitionen für diese Umstellung aufbringen konnte, dessen Status stieg. Durch die Möglichkeit, unbebautes Land (teilweise aus kaiserlichem Besitz) zu bearbeiten, wurde eine aus Einheimischen und Römern bestehende Oberschicht gebildet, und die Dörfer konnten sich ihre wirtschaftliche und soziale Unabhängigkeit bewahren. Eine solche Entwicklung war nur bei relativer Ruhe möglich, aber der erst nach 250 spürbare, demographisch wie ökonomisch schwer zu quantifizierende Niedergang hing nicht allein von den Partherkriegen ab: diese betrafen Aristokratie und Städte stärker als die Dörfer. Dasselbe gilt auch für mögliche Folgen der Inflation, weshalb die um 250 in Syrien und anderen

Provinzen wütende Pest für die Änderungen auf dem Land verantwortlich gewesen sein wird, zumindest die Auswirkungen der Krise entscheidend verschärfte.

3.4.4 Judaea: In Judaea war das Aramäische die Verkehrssprache, aber daneben war auch das Griechische in täglichem Gebrauch. Auch hier standen Poleis neben indigenen Siedlungen – teilweise deutlich getrennt, teilweise ohne klare Grenzen ineinander greifend; Dörfer waren ein wichtiger Teil der sozialen Landschaft. Die Religion der Juden hatte – anders als die der Syrer – eigene Geschichtsvorstellungen und eigene hl. Texte ausgebildet. Daher war der Hang zur Bewahrung der eigenen Identität stärker als in Syrien, wo flexiblere Formen verschiedene Adaptionen ermöglicht hatten. Anders als in der jüdischen Diaspora führte die Attraktivität des Hellenismus in Judaea zu direkten Konfrontationen.

Rom erkannte überall lokale Rechte an – auch bei den Juden, wo aber Zivilrecht und Religion stärker miteinander verbunden waren als anderswo, so daß neben den üblichen staatlichen und sozialen Autoritäten auch mit der religiösen Autorität der Torah zu rechnen war – was die Verhältnisse komplizierte.

Schon im 2. Jh. v. war die Anerkennung weltlicher Herrschaft in Judaea ein Problem. Der von Augustus bestätigte König, Herodes, galt nicht allgemein als legitim; er war den Juden zu fremd und zu sehr von Rom abhängig. Herodes gründete Städte mit Namen wie Caesarea und Sebaste, förderte die anderen Poleis – was alles im Sinne Roms und der Hellenisierung war, aber keine Gegenliebe fand. Dieselben Probleme hatten auch spätere Könige, Tetrarchen etc., weshalb die Geschichte Judaeas bis in die Mitte des 2. Jh.s von einem Wirrwarr der verschiedensten Formen indirekter und direkter römischer Herrschaft gekennzeichnet war.

Der Tempel war die zentrale religiöse Institution für die Juden. Von ihm leiteten die Hohen Priester ihre religiöse und weltliche Macht ab, die sie in dem nicht von Königen beherrschten Teil des Landes zusammen mit einer Aristokratie ausübten. Tatsächlich waren sie aber von den Königen, Tetrarchen, Statthaltern abhängig, weshalb die Institution Autorität verlor – und mit ihr auch die Aristokratie, deren Macht die ausgeprägten dörflichen Strukturen eher abträglich waren. Roms Versuch, auch hier mittels einer Oberschicht zu herrschen, war daher zum Scheitern verurteilt.

Das Land war nicht arm (neben Wein, Getreide und Öl gediehen andere Früchte, manches konnte exportiert werden); Überbevölkerung führte aber dazu, daß sich kleine Höfe weiter verkleinerten. Die durch Rom und die Ansprüche der lokalen Herrscher gewachsene Steuerlast verhinderte zwar nicht die Bildung einer gehobenen Mittelschicht, führte aber auch zu einer großen Zahl abhängiger Schuldner: die gesellschaftlichen Spannungen äußerten sich in der Vielzahl von Räubern, i. e. Sozialbanditen, ferner in religiösen Bewegungen (manche Dicta der Jesusbewegung zeigen, wie soziale Entwurzelung und Wanderradikalismus zusammenhingen). Ein Gottes- und Freiheitsbegriff, der jede Form weltlicher Herrschaft problematisierte, der die religiöse und politische Erfüllung der Torah suchte, war im jüdischen Glauben potentiell angelegt und entfaltete sich jetzt. Alle eschatologischen, apokalyptischen, messianischen Gedanken trugen durch die ihnen innewohnende Naherwartung zur Radikalisierung der Situation bei. Schon vor 66 gab es viele kleine Unruhen.

Die politischen Ziele der Juden waren kaum einheitlich: manche wollten sich ganz aus der Welt zurückziehen, andere suchten den eigenen Staat, wieder andere wollten ein autonomes, aber tributpflichtiges Ethnos mit Rom als Ordnungsmacht. Insgesamt waren die Städter politisch angepaßter, die Landbevölkerung radikaler.

Die große Revolte von 66 brach wegen der Unfähigkeit der *procuratores* aus, vor allem aber weil Rom mit der alten Führungsschicht gebrochen hatte. Die dauernden Probleme hatten bewiesen, daß sie nicht in römischem Sinn agieren konnte; je weiter Rom sich von ihr abwandte, desto mehr Prestige und Wirkung verlor sie. Um ihre Macht zu erhalten, schlugen sich die Aristokraten auf die Seite der Oppositionellen; es kam aber angesichts der divergierenden Interessen zu keinem gemeinsamen Handeln der verschiedenen Gruppen. Selbst der Versuch, das Amt des Hohen Priesters zu erneuern, wurde nicht von allen getragen.

Die Konsequenzen der Niederlage können kaum überbewertet werden: das Amt des Hohen Priesters und das Opfer im Tempel verschwanden mit dessen Zerstörung. Aus der Tempelsteuer wurde der *fiscus Iudaicus*, durch den erst der Begriff 'Jude' religiös statt ethnisch definiert wurde. In Jabne versuchte man, das religiöse Leben ohne Tempel weiterzuführen, was eine der Grundlagen heutigen Judentums legte.

Auch der zweite große Aufstand, der unter dem Namen des Anführers Bar-Kosiba bekannt wurde (132–5), entstand vor einem Hintergrund religiöser und sozialer Spannungen. Fremde Landbesitzer, für die die Juden arbeiten mußten, waren häufiger geworden, viele freie Bauern wurden zu Pächtern oder Tagelöhnern, das Bandenwesen blühte. Es gab Spannungen zwischen assimilationsbereiten und traditionellen Juden, daneben wieder messianische Hoffnungen, Hoffnungen auf einen dritten Tempel und einen autonomen Staat unter einem 'Prinzen Israels' (Nasi). Der Anlaß des Ausbruches war wohl die Absicht Hadrians, Jerusalem in eine Colonia Aelia Capitolina umzuwandeln, vielleicht auch ein Gesetz, das die Beschneidung einschränkte. Wieder stammten die meisten Rebellen vom Land, hauptsächlich aus dem Süden Jerusalems. Diese Gegend wurde als Folge der Niederlage geradezu entvölkert, und im weiteren Umkreis von Aelia Capitolina gab es keine Juden mehr. Ihr Land wurde auf die Territorien mehrerer Poleis verteilt, Juden wurden hier zur Minorität, Galiläa nun als jüdisches Siedlungsgebiet wichtiger. Nicht-jüdischer Landbesitz nahm weiter zu und das Land 'paganisierte' sich, was zu zahlreichen Problemen des Miteinanders führte, die die rabbinische Kasuistik eingehend behandelte. Die Naherwartung und damit der politische Messianismus wurden aufgegeben, an die Stelle des Opfers trat endgültig das persönliche Befolgen der Gebote. Im 2. u. 3. Jh. wurden Synagogen wichtig, aber sie wurden von den lokalen Eliten gebaut und kontrolliert, und die Rabbiner entdeckten erst im Laufe des 3. Jh.s die Implikationen und den Nutzen der Synagogen für ihre Sache.

Auf die Aufstände folgte eine Zeit relativer Ruhe, auch wenn Judaea nicht unberührt von den Problemen des 3. Jh.s blieb (wenn z. B. Juden seit Septimius Severus überall Zugang zu städtischen Ämtern erhielten, so deshalb, weil geeignete Ratsherren und Beamte immer schwieriger zu finden waren). Immerhin stiegen Wohlstand und Bevölkerung – um den Preis der Akzeptanz Roms. Wesentlich zum modus vivendi trug im 2. u. 3. Jh. die neue entstandene Instanz des Nasi (Patriarchen) bei. Mit römischer Billigung und Unterstützung wurde er nicht nur einer der reichsten Landbesitzer und einflußreichsten Aristokraten, sondern auch Führer der Religionsgemeinschaft (über die Grenzen Palästinas hinaus allerdings erst im 4. Jh. – wie sich auch das rabbinische Judentum erst im 4. u. 5. Jh. als normative Form etablierte).

3.4.5 Ägypten: Mit dem Sieg Octavians wurde Ägypten eine normale Provinz, nicht etwa Privateigentum des *princeps*, hatte aber eine besondere Verwaltung: der Statthalter (*praefectus Aegypti*), die Kommandanten der Legionen, die Procuratoren etc. kamen alle aus dem Ritterstand. Der Wandel war größer als die Kontinuität: die *procuratores* bildeten das Zentrum der Verwaltung, und auf sie hin wurden die unteren Ebenen ausgerichtet. Die staatlichen Beamten der Ptolemäer wurden durch zeitlich befristete Beamte aus der Bevölkerung ersetzt. Die Ämter bildeten eine Art *cursus*-System, gewesene Beamten trafen sich in einem Koinon, das ein Substitut der Bule war. Die Bedeutung der Tempel wurde im Vergleich zu ptolemäischen Zeiten deutlich reduziert. Die Landlose (κλῆροι) der ptolemäischen Militärsiedler wurden endgültig in Privatland überführt. Die Steuern gingen fast ganz nach Rom, vor allem wurde eine Kopfsteuer eingeführt (wie in allen anderen Provinzen). In Verbindung mit ihr wurde die Gesellschaft in verschiedene Statusgruppen geteilt, wozu ein präziser, regelmäßig zu erneuernder Provinzialcensus nötig war.

Die Römer wollten Ägypten mittels des bekannten Modells der autonomen, sich selbst verwaltenden Städte kontrollieren; römische Bürokratie wurde so klein wie möglich gehalten. Dementsprechend wurden der Ober- und Mittelschicht Pflichten auferlegt, die bisher die Zentrale übernommen hatte. Da die Traditionen der griechischen Polis hier fehlten, mußte man viel früher als anderswo, nämlich schon im 1. Jh., das liturgische Zwangsbeamtentum einführen.

Die Bevölkerung war in verschiedene Statusgruppen eingeteilt: römische Bürger, dann die Bürger der Poleis, dann die Ägypter. Zwischen den beiden letzten Gruppen gab es die sog. ἐπικεκριμένοι, die formal über ihren Hellenisierungsgrad bestimmt wurden; sie stellten die meisten kleinen und mittleren Beamten. Es gab keine strenge Trennung zwischen den verschiedenen Gruppen, aber zahlreiche Animositäten, die sich auch gewaltsam äußern konnten. Selbst nach der Verleihung des römischen Bürgerrechts an alle Einwohner des Imperiums blieb die Einteilung bestehen. Ägypten war stark bevölkert (ca. 8 Millionen), allerdings stagnierte die Bevölkerung in der Kaiserzeit.

Die Regionalverwaltung unterstand vier Epistrategen, die den Strategen der ca. 40 Gauen vorgesetzt waren. Poleis gab es nur drei (ab 135: 4); die Hauptorte der Gaue hießen zwar Metropoleis, hatten aber den rechtlichen Status von Dörfern. Unter den Ptolemäern waren die Metropoleis mehr Lebensform als politische Größe: Gymnasium, Agone und alle Leistungen griechischer Kultur waren auf Poleis und Metropoleis beschränkt. Unter den Römern übernahmen die Metropoleis die Aufgaben, die andernorts die Poleis erfüllten, so daß sie sich mit der Zeit auch zu Poleis entwickelten. Um 200 war dies abgeschlossen: Alexandria und die anderen Städte erhielten die Erlaubnis, Stadträte einzuführen. Die Ratsherren waren zusammen mit den δεκάπρωτοι für die Steuereinnahmen verantwortlich, hatten also keine deliberativen, sondern nur exekutive Funktionen. Die Einnahmen sollten verbessert und die staatliche Exekutive von einem Teil ihrer Verantwortung auf den unteren Ebenen entlastet werden – letztlich mißlang dieser Versuch der Dezentralisierung und erneuten Verlagerung von Kosten und Aufgaben.

Trotz der Nachteile war ein beträchtlicher Teil der immer noch zweisprachigen Oberschicht in den neuen Städten bereit, sich mit dem Eintritt in den Rat weiter zu hellenisieren, indigene Namen abzulegen. Die Absorption bisher nicht völlig akkulturierter Bevölkerungsteile ging also bis ins 3. Jh. weiter – die politischen und sozialen Strukturen der Poleis waren immer noch attraktiv.

Die Wirtschaft Ägyptens war von der Nilschwelle abhängig; Höhe der Nilschwelle, der Steuern und begleitende administrative Maßnahmen waren fein aufeinander abgestimmt. Der Nil machte Ägypten zu einem wichtigen Getreide-Exporteur – nicht nur für Rom. Neben Getreide gediehen Wein, Öl, Gemüse etc. Was für den eigenen Bedarf nötig war, wurde im Land hergestellt, wobei aber manchmal über den lokalen Markt hinaus produziert wurde (z. B. Textilien in Oxyrhynchos). Ägyptische Produkte wurden fast nur über Alexandria ausgeführt; da Ägypten außerdem eine der wichtigsten Relaisstationen für den Indien- und Arabienhandel darstellte, war die Position Alexandrias als Umschlagsplatz unangefochten. Außer den Zöllen förderte der geschlossene Münzkreislauf Ägyptens die Gewinne des Staates.

Landbesitz war oft kleinteilig, aber es gab auch bedeutende Grundbesitzer aus den Poleis, die ihr Land vor Ort von Mitgliedern der lokalen Oberschicht verwalten ließen – während sie selber eine Reihe ritterlicher Ämter durchliefen (Senatoren, die von griechischen Ägyptern abstammen, gibt es vor dem 2. Jh. nicht, danach nur wenige). Ein Gutteil des Staatslandes und des patrimonium Caesaris wurde an hohe römische Würdenträger verpachtet, was die Entstehung von Großgrundbesitz förderte (οὐσίαι); ab dem 2. Jh. gingen die οὐσίαι wieder in Privatbesitz über, was die Grundlage für die Verhältnisse des 4. Jh.s legte.

Neben der Kopfsteuer war eine Bodensteuer zu zahlen (ca. 20% des Ertrages), dazu zahlreiche unwichtigere σταθμοί, Liturgien und schließlich Abgaben an den Grundherrn. Der 'normale' Bauer konnte für sich oft nur ein Drittel oder Viertel des Ertrages behalten. Steuerflucht ist daher ein weit verbreitetes, nicht nur periodisch auftretendes Symptom der Unzufriedenheit, und mit ihr hängen wieder die Räuberbanden zusammen, wie sie z. B. 165/6 im Delta bezeugt sind.

Nicht nur die Landbevölkerung war unruhig, auch in den Städten gab es gewalttätige Demonstrationen, die teilweise auch ein anti-römisches Element enthielten. In den Städten war das meist eine Sache der Griechen, in den Gauen auch eine der Einheimischen. Für ihren Widerstand gab es allerdings keine Kristallisationspunkte: Selbst wenn die ägyptischen Tempel den Zusammenhalt förderten, so gab es doch keinen Zusammenhang mehr zwischen Priesterschaft und weltlichen Eliten; Einheimische wurden nicht Beamte, so daß es auch auf diesem Weg keine Aufstiegsmöglichkeit für sie gab. Die Ägypter besaßen allerdings den Willen, ihre überkommenen Traditionen weiter aufrecht zu halten, so z. B. Sprache und Schrift: das Griechische wurde nicht allgemein akzeptiert, statt dessen entwickelte sich das Demotische zum Koptischen. Entfernt man sich aber etwas von den Sphären der Hochkultur, so findet man in der Folklore, in Zauberpapyri und hermetischen Schriften Zeichen einer griechisch-indigenen Kulturmischung, wie es sie ähnlich auch in anderen Teilen der griechischen Welt gegeben haben muß, die aber nicht überall so eindringlich dokumentiert ist.

Bibliographische Hinweise

Die Rahmenbedingungen griechischer Geschichte in der Kaiserzeit werden erklärt in: F. Millar, *The Emperor in the Roman World* (London 1977); J. Bleicken, *Verfassungs- und Sozialgeschichte des römischen Kaiserreiches I/II* (Paderborn 1978); F. Vittinghoff (Hrg.), *Handbuch der europäischen Wirtschafts- und Sozialgeschichte I* (München 1990)

Eine einzigartige Zusammenfassung des heutigen Kenntnisstandes bietet: M. Sartre, *L'orient romain* (Paris 1991; hervorragende Bibliographie).

Zu den verschiedenen Landschaften und Provinzen gibt es einzelne Studien in *ANRW* II 7, 1–10, 1 (Berlin 1979–88). Daneben sind zu nennen: S. Alcock, *Graecia Capta* (Cambridge 1993); D. Magie, *Roman Rule in Asia Minor* (Princeton 1950); St. Mitchell, *Anatolia* (Oxford 1993); F. Millar, *The Roman Near East* (Cambridge 1993); E. Schürer, *History of the Jewish People in the Age of Jesus Christ I–III* (Edinburgh [2]1973–87); A. K. Bowman, *Egypt after the Pharaohs, 332 B.C.–A.D. 642* (Berkeley 1986).

Kurz hingewiesen sei auf ein Buch, dessen Thema nicht erwähnt ist: Kathryn Lomas, *Rome and the Western Greeks 350 B.C.–A.D. 200* (London 1993).

Eine Wirtschafts- und Sozialgeschichte des Ostens gibt es nicht; das meiste Material findet sich immer noch bei T. Frank (Hrg.), *Economic Survey of Ancient Rome IV* (Baltimore 1938) und M. Rostovtzeff, *Social and Economic History of the Roman Empire* (Oxford [2]1957).

Wichtige Einzelaspekte: F. Quass, *Die Honoratiorenschicht in den Städten des griechischen Ostens* (Stuttgart 1993); H. Halfmann, *Die Senatoren aus dem östl. Teil des Imperium Romanum* (Göttingen 1979); J. Deininger, *Die Provinziallandtage der römischen Kaiserzeit* (München 1965); S. R. F. Price, *Rituals and Power* (Cambridge 1984); D. L. Kennedy (Hrg.), *The Roman Army in the East* (Ann Arbor 1996).

4 Spätantike

EDGAR PACK

4.1 'Spätantike': Kontinuitäten zwischen 'Dekadenz' und Innovation

'Spätantike' bezeichnet gegenüber älteren, in der Tradition von Gibbons *Niedergang und Fall* stehenden einseitigen Benennungen wie Dominat oder Bas-Empire als relativ neutraler Terminus zeitlich etwa die letzten drei Jahrhunderte des Imperium Romanum, sachlich das soziopolitische Gebilde, das im wesentlichen durch die Reformen Diocletians (284–305) und Konstantins (306–337) geschaffen und durch Justinian (527–565) ein letztes Mal zu mittelmeerumspannender Weite restituiert wurde und im 7. Jh. im Gefolge des Aufstiegs der muslimischen Araber selbst in den unter der Herrschaft Konstantinopels verbliebenen Gebieten Kleinasiens, Südosteuropas und Italiens seine 'antike' Form verlor, mithin dieselbe Epoche, die Byzantinisten 'frühbyzantinisch' nennen. Insoweit ist Griechische Geschichte in der Spätantike nicht einfach die Geschichte der durch griechisch-hellenistische Sprache und Kultur geprägten Räume des Römerreiches. Vielmehr unterliegen diese, gerade in der politischen Perspektive der um Wahrung oder Wiederherstellung der Reichseinheit bemühten kaiserlich-staatlichen Herrschaftsorganisation, einem strukturellen Zugriff und einer Aufgabenstellung, die von den für den (lateinischen) Westen geltenden nicht grundsätzlich verschieden oder zu trennen sind. Deshalb sind gewisse Überschneidungen mit dem entsprechenden Kapitel in der 'Einleitung in die lateinische Philologie' unvermeidlich.

Allerdings gibt es auch sachliche Gründe, die eine aufgeteilte Behandlung rechtfertigen können: Vor allem die zunächst nur arbeitsteilig verstandene Aufteilung des Kaisertums auf zwei oder mehr vollberechtigte oder halbautonome, jedenfalls aber auf Koordination ihres Handelns angewiesene Herrschaftsträger hat – z. T. anknüpfend an ältere regionale Eigentümlichkeiten der Provinzkonglomerate – unter dem Druck sowohl der Eigendynamik solcher Herrschaftsorganisation als auch angesichts der dann zu lösenden historischen Aufgaben eine unleugbare Tendenz zu einer faktischen Reichsteilung entstehen lassen, die in vielen Bereichen seit 364 bzw. 395 in der valentinianisch-theodosianischen Dynastie wirksam war und schließlich zu einem zunehmenden Auseinanderdriften von Ost und West führte. Im Westen fiel nach dem Tod des Theodosius (I., für die Christen des 'Großen') das Kaisertum schon bald als Kraft eigenen Gewichts aus, wurde zum Spielball rivalisierender Feldherrn und mußte nach dem Tod Valentinians III. (der sich immerhin 30 Jahre auf dem Thron halten konnte) und einem Zwischenspiel kurzlebiger Namenskaiser mit der Absetzung des Romulus Augustulus 476 (bzw. mit dem Tod des Iulius Nepos 480) nicht ohne Zutun des Ostens die römische Flagge vor den germanischen Nachfolgereichen streichen; dies läßt erkennen, wie sehr sich die Reichsteile auseinanderentwickelt hatten. Auch im kirchlich-christlichen Bereich, der nach dem Ende der 'Großen Verfolgung' (vornehmlich im Osten) und dem Aufstieg zur privilegierten und schließlich sogar einzigen Staatsreligion sein Verhältnis zu den weltlichen Ordnungen neu zu bestimmen hatte und dabei zum eigentlichen neuen Element innerhalb des soziopolitischen Systems wurde, lassen sich zahlreiche Beobachtungen anstellen, die für die Existenz und das Markanterwerden einer solchen Trennlinie sprechen (vgl. P. Brown, *Society and the Holy in Late Antiquity*, London 1982, 166–195; R. Markus, *The End of Ancient Christianity*, Cambridge 1990).

Der Einheitsgedanke blieb aber bis zum Ende der hier betrachteten Epoche im Herrschaftszentrum, dem Kaisertum, lebendig – nicht so sehr aus blankem Machtstreben, dem es nur zu oft an wirklichkeitsgestaltender Kraft fehlte, als im Sinne einer Herrschaftsideologie, die ihr legitimierendes Maß neben dem neuen Gottesgnadentum eusebianischer Provenienz immer auch in der Orientierung an der Größe und Leistung vergangener Herrscher, also einem idealisiert antiken Bezugsrahmen, suchte und fand.

Das Kaisertum als alleinige Quelle des Rechts, von der die staatliche und gesellschaftliche Reorganisation in den Jahren um 300 ihren Ausgang nahm, muß deshalb am Anfang der folgenden Skizze stehen (*4.2.1*); dem schließen sich Abschnitte zur Herrschaftsorganisation und zu der mit dieser verkoppelten Sozialordnung (*4.2.2–3*) an. Ein drittes Kapitel versucht die ambivalenten Beiträge des neuen Faktors Christentum und Kirche in einigen Hauptaspekten zu resümieren; das abschließende vierte möchte anhand der Hauptlinien auch der sog. Ereignisgeschichte zeigen, inwieweit die östliche, griechische Reichshälfte sich als die in mehr als einer Hinsicht stärkere (und glücklichere) erwies und so im 6. Jh. den Anspruch auf das antike Ganze einer mittelmeerischen Ökumene noch einmal eindrucksvoll und folgenreich, wenn auch letztlich scheiternd zum Ziel des politischen Strebens erheben konnte.

4.2 Das soziopolitische System

4.2.1 Das Kaisertum und die höfische Herrschaftszentrale

Die Neuordnung von Staat und Gesellschaft, die unter Diocletian und Konstantin in Reaktion auf die krisenhaften Erfahrungen des 3. Jh.s vorangetrieben wird und nach kaum zwei Generationen alle Bereiche auf neue Entwicklungslinien fixiert hat, beginnt beim Kaisertum selbst: Schon das auf Diocletian persönlich zurückgehende und durch seine Autorität verbürgte System einer Tetrarchie, das die schon bald nach Herrschaftsantritt geschaffene arbeitsteilige Samtherrschaft zweier gleichberechtigter *Augusti* 293 ablöste, war darauf angelegt, die Kaisererhebung bzw. -sukzession soweit wie möglich aus dem Einfluß der Heere herauszulösen und auf eine stabile, kontrollierbare Grundlage zu stellen.

Die Kombination zweier *seniores Augusti* mit zwei jüngeren, nachgeordneten *Caesares*, die zunächst militärische Erfahrung sammeln, sich auszeichnen und schließlich gleichsam automatisch in die Stellung der *Augusti* nachrücken sollten, war der Versuch, die Vorzüge des dynastischen Prinzips und des Prinzips der Adoption der Bestgeeigneten zu verbinden und ihre Nachteile zu vermeiden. Die herrschaftstheologische Überhöhung des auch familiär befestigten Kooperations- und Sukzessionssystems durch Beschwörung eines Schutzverhältnisses zwischen Jupiter und Diocletian und seinem *Caesar* Galerius (den

«Iovii»), zwischen Hercules und Maximian sowie seinem *Caesar* Constantius (den «Herculii») konnte natürlich das Auseinanderbrechen des ausgeklügelten Systems nicht verhindern, zeigt aber das epochencharakteristische Bemühen auch des nichtchristlichen Kaisertums, spirituelle Ressourcen zu mobilisieren und dadurch die 'Wahl' geeigneter Fortsetzer des eigenen Werks von den Zufälligkeiten einer situationsbedingten Ausrufung durch Heer, Senat und Volk freizumachen und ganz in das als Götterwille präsentierte herrscherliche Planen zu stellen. Die wirre Geschichte der Zweiten Tetrarchie, die nach dem freiwilligen Rückzug ihres Schöpfers und seines Mitaugustus die Tragfähigkeit des Systemgedankens zu beweisen hatte, dem Reich aber für die nächsten zwanzig Jahre mehr echte Bürgerkriege zumutete als selbst die Krise des 3. Jh.s, demonstrierte freilich, wie sehr das reibungslose Funktionieren eines solchen Sukzessionssystems von der Präsenz eines durch Autorität und Charisma als Garant wirkenden Seniors abhing; gleichwohl ist der Versuch, die Figur des Kaisers unter die Wahl und den Schutz der Gottheit zu stellen und damit seine jeweils notwendig werdende Ersetzung partiell den weltlichen Kräften zu entrücken, stilbildend für das spätantike Kaisertum geworden und hat, nunmehr unter christlichen Vorzeichen, namentlich im Osten seit dem 5. Jh. auch in einem entsprechenden Krönungszeremoniell Ausdruck gefunden.

Sakralisierung als Stabilisierungsversuch durch Erhöhung der Angriffsschwelle kennzeichnet seit Diocletian die kaiserliche Sphäre ganz allgemein: Insofern der Kaiser als Werkzeug göttlichen Willens handelt, wird das in seinem Besitz stehende Eigentum Gottes zur *res sacra*: der Palast (*sacrum Palatium*), das Schlafgemach (*sacrum cubiculum*), die schriftlichen Verlautbarungen (*sacrae litterae*), der herrscherliche Begleiterstab (*sacer comitatus*), usw. Dazu passen die zunehmende Abschirmung des Kaisers in der verschwiegenen Atmosphäre des Palastes, die strenge Regulierung der Begegnung mit dem Kaiser in Form der kniefälligen Ehrbezeugung (*adoratio*/προσκύνησις).

Sogar auf dem gewiß nicht erschütterungsfreien kaiserlichen Wagen stehend hat Constantius II. 357 bei seinem zeremoniellen Einzug in Rom der Kaiseridee durch statuarische Unbewegtheit und das Vermeiden alles dessen, was wie Schneuzen oder Schweißabwischen die Menschlichkeit des Kaisers verraten hätte, Ausdruck zu verleihen gesucht (Amm. 16,10,10 und vgl. J. Fontaine, in: *Romanitas-Christianitas. Festschrift J. Straub,* Berlin–New York 1982, 528–552). Wie sehr dieses Verhaltensmuster schon Mitte des 4. Jh.s zum etablierten und akzeptierten Bild des Kaisers gehörte, beleuchtet umgekehrt auch das Faktum, daß Julian mit seiner demonstrativen Rückkehr zum umstandslosen Gehabe eines *civilis princeps* Anstoß erregen konnte. Spätestens seit die Kaiser nicht mehr selbst die Heere führten, d. h. nach Theodosius bzw. im Osten Marcian, ist die hieratische Vorstellung des palastsässigen, abgeschirmten, in zeremonieller Gemessenheit sich bewegenden und sprechenden Darstellers einer theokratischen Kaiseridee zum 'byzantinischen' Klischee erstarrt, dem gegebenenfalls auch Kinderkaiser genügen konnten.

Unter der herrschaftstheologischen Hülle wirkten freilich weiterhin die seit langem bekannten, u. U. rivalisierenden Kräfte der weltlichen Wirklichkeit: Sofern nicht dynastisches Denken dem Vorgänger (bisweilen auch Familienangehörigen und sogar Frauen wie der Schwester des Theodosius II. oder der Gattin des Zeno) den entscheidenden Einfluß auf die Auswahl gestattete, kam dem Heer, vertreten bei der Kandidatensuche durch die führenden Offiziere, noch lange eine wichtige Rolle zu, insofern es dem Erwählten im Heerlager oder auf dem Marsfeld *per acclamationem* seine Zustimmung zu bezeugen hatte. Im Osten trat allerdings seit der Wahl Leos I. (457) neben das Heer auch der Senat und das Volk von Konstantinopel sowie die hohe Palastbeamtenschaft. Der Kirche in Gestalt des Patriarchen wurde erst nach und nach eine Beteiligung, namentlich an den Krönungsriten, von denen die Gültigkeit der Wahl allerdings nicht abhing, eingeräumt.

In dieser Relativierung des Einflusses des Heeres auf die Kaisererhebung in Ostrom zeigt sich auch die Bedeutung der neuen Hauptstadt, des von Konstantin nach dem Sieg über den letzten Rivalen Licinius als Kaiserresidenz gegründeten Konstantinopel (G. Dagron, *Naissance d'une capitale*, Paris 1974; Themenheft 'Constantinopel' der Zeitschr. *Hermeneus* 68, 1996, H. 2): Die dort ansässigen neuen Institutionen – der neue Senat und das Volk der Konstantinsstadt, die hohen Beamten der zentralen Dienste sowie (abgestuft in seiner 'politischen' Bedeutung) der Patriarch – konnten wegen ihrer räumlichen Nähe zum üblichen Ort der Kaisererhebung als Gegengewicht zum Heer dienen. Da aber die Grundlage aller Kaiserherrschaft auch in Ostrom das Heer blieb, war es für die Stabilität und Handlungsfähigkeit des östlichen Kaisertums auch zu einer Zeit, als die Kaiser sich in der Kriegführung von den Heermeistern vertreten ließen, von entscheidender Bedeutung, daß es – anders als im Westen, wo Reichsheermeister von der Statur eines Stilicho, Aëtius oder Ricimer den Kaiser in den Schatten rückten – gelang, den Vorrang des Kaisertums in der zivilen Verwaltung zu wahren und selbst so langfristig mächtige Militärs wie Ardabur und Aspar (5. Jh.) oder Belisarios und Narses (6. Jh.) im wesentlichen in loyaler Funktionsbeschränkung zu halten.

Soweit die christlich gewendete theokratische Legitimierung eine reale Herrschaftsressource war, vermochte das östliche Kaisertum diese umfassender zu nutzen als das westliche, dem das Bischofsamt und zumal das entstehende Papsttum eine gewisse Konkurrenz und Grenze boten, während die Vorstellung vom Kaiser als 'belebtem Gesetz' (νόμος ἔμψυχος) in eusebianisch überformter hellenistischer Tradition sowie auch die spirituellere Vorstellung von der Führungsaufgabe der kirchlichen Autoritäten selbst den im Rang dem Bischof von Rom seit dem Konzil von 381 gleichgestellten Patriarchen von Konstantinopel nie mehr als die Rolle eines «obersten Priesters der Orthodoxie» (N. Svoronos, *REByz* 9, 1951, 127) einräumten.

Die relative Stabilität des Kaisertums im Osten beleuchtet – neben dem weitgehenden Ausbleiben der im 4. und 5. Jh. für den Westen so charakteristischen Usurpationen (dazu F. Paschoud – J. Szidat [Hrgg.], *Usurpationen in der Spätantike*, Stuttgart 1997) – äußerlich allein schon die meist lange Regierungsdauer (der im Westen allein noch Valentinian III. mit 30 Regierungsjahren gleichkommt): Arcadius 13 Jahre (395–408), Theodosius II. 42 (408–450), Marcian 7 (450–457), Leo I. 17 (457–474) ebenso wie Zeno (474–491), dessen Regierungszeit als einzige eine Reihe von Usurpationsversuchen aufgrund dynastischer Rivalitäten erlebte, Anastasius 27 (491–518), Justinus 10 (518–527) und Justinian 38 Jahre (527–565). Anders als im Westen starb hier, soweit erkennbar, keiner der Herrscher des 5. und 6. Jh.s eines unnatürlichen Todes; einige wie Leo, Justinian und Anastasius erreichten ein ausgesprochen hohes Alter.

Auch der «rastlos tätige» Kaiser, der sich wie Justinian seiner ἀγρυπνία rühmen konnte, bedurfte zur Wahrnehmung, Beratung und Entscheidung der vielfältigen Reichsprobleme eines permanent verfügbaren Stabs kaiserunmittelbarer und daher ranghöchster Mitarbeiter. Diese schon unter Diocletian und Konstantin neustrukturierte Verwaltungsspitze bildet die ständige Begleitung des Kaisers und folgt, soweit dieser sich nicht dauernd im Palast als dem hauptstädtischen 'Hof', dessen Organisation nunmehr ein (oft einflußreicher) Eunuch als *praefectus sacri cubiculi* vorsteht (vgl. dazu Helga Scholten, *Der Eunuch in Kaisernähe*, Frankfurt/M. 1995), aufhält, dessen Bewegungen. Daher wird das Ensemble dieser höchsten Amtsträger zusammenfassend als *sacer comitatus* bezeichnet.

Ihm gehören – nach der im wesentlichen strikt durchgeführten Trennung militärischer und ziviler Funktionen – seit Konstantin an: als Militärs die *magistri militum* (*magister equitum* und *magister peditum*), die als Befehlshaber der erweiterten mobilen Feldarmee die durch Konstantin ihrer militärischen Funktionen entkleideten *praefecti praetorio* ersetzten und später, als im Osten wie im Westen weitere militärische *magistri* als Kommandeure regionaler Armeen hinzutraten, von diesen durch den Zusatz *in praesenti* oder *praesentales* als die 'Kaisernahen' unterschieden wurden; als Leiter der neugeordneten Zivilressorts der *quaestor sacri palatii*, der mit der Vorbereitung der Gesetzgebung und dem administrativ-rechtlichen Schriftverkehr befaßt war (zu ihm Jill Harries, in: *JRS* 88, 1988, 148–172; D. Vera, in: *Hestíasis. Studi … S. Calderone* I, Messina 1986 [ersch. 1988], 27–53), der *comes rerum privatarum* (Verwaltung des kaiserlichen Grundbesitzes), der *comes sacrarum largitionum*, dem – abgesehen von der Hauptsteuer *annona* – das Steuerwesen, die Münzprägung und die Beschaffung und Verarbeitung der Edelmetallressourcen unterstanden (zu beiden umfassend R. Delmaire, *Largesses sacrées et res privata*, Rom–Paris 1989) und schließlich der *magister officiorum* als Leiter der zentralen 'Büros' (*officia, scrinia*), der zahlreiche Befugnisse akkumulierte, den staatlichen Kurierdienst und u. U. heikle Sonderaufgaben 'nachrichtendienstlicher' Färbung, die *curiosi* bzw. *agentes in rebus*, organisierte, ja sogar im militärischen Bereich gewisse Verantwortlichkeiten übernehmen konnte, so in bezug auf die neugeschaffenen *scholae palatinae*, die die Prätorianer als Leibgarde und Palastwache ersetzten, die kaiserlichen Waffenfabriken und – seit Mitte des 5. Jh.s – im Osten sogar als Generalinspekteur der Grenztruppen (*limitanei*) (zu ihm M. Clauss, *Der magister officiorum*, München 1980; vgl. zum Vorstehenden insgesamt R. Delmaire, *Les institutions du Bas-Empire romain de Constantin à Justinien*, Bd. I: *Les institutions civiles palatines*, Paris 1995).

Diese Beamten bildeten auch die übliche, bei Bedarf erweiterte Besetzung des neuen kaiserlichen Rats, der das *consilium principis* ablöste und nun – wegen des Stehens bei förmlichem Zusammentritt – *consistorium* genannt wurde. Er diente der allgemeinen Erörterung der staatlichen Angelegenheiten, konnte aber auch Ort des Kaisergerichts sowie repräsentativer Raum des Staatszeremoniells, etwa bei Empfang von Gesandtschaften, sein.

Von nicht geringer Bedeutung für das Außenbild des Kaisers im Osten war darüber hinaus der Umstand, daß er – zumal im 5. und 6. Jh., als er nicht mehr selbst aus Gründen der Kriegführung abwesend war – in dem 330 von Konstantin eingeweihten und danach durch systematische Förderung vom Regierungssitz zur Hauptstadt des Ostreiches ausgebauten Konstantinopel ein (anders als im Westen) ständig verfügbares Forum für kommunikative Auftritte vor den zwar städtischen, aber in gewissem Sinne für die 'adlige' bzw. 'nichtadlige' Reichsbevölkerung stehenden Institutionen 'Senat' und 'Volk' besaß. Aus gutem Grund hat Constantius II. zwischen 359 und 361 durch Neurekrutierung geeigneter Kandidaten aus den Städten des Ostens auch diesen zweiten Senat auf eine nominelle Stärke von 2000 Mitgliedern bringen lassen und diese durch Privilegien (darunter die Schaffung dreier Rangklassen, von denen nur die höchste, die der *illustres*, nach 423/426 zur Anwesenheit in der Hauptstadt verpflichtet blieb) an das Kaisertum gebunden. Kaiser wie Julian konnten so bei passender Gelegenheit wie in alten Prinzipatszeiten jovial betonen, im Grunde gehörten sie ja selbst diesem *amplissimus ordo* an, und ihm durch Rechtsprechungskompetenzen, Mitwirkung an der Kaisererhebung und Gesetzgebung und andere Ehrbezeugungen seine staatliche Bedeutung beweisen (dazu zuletzt D. Schlinkert, *Ordo senatorius und nobilitas*, Stuttgart 1996; B. Näf, *Senatorisches Standesbewußtsein in spätrömischer Zeit*, Freiburg/Schw. 1995, 246–275; zur Rechtsprechung U. Vincenti, *La partecipazione del senato all'amministrazione della giustizia nei secoli III–VI d.C.*, Padua 1992). Ganz ähnlich kann auch das im Hippodrom versammelte 'Volk von Konstantinopel' nicht nur in der bisweilen rabiaten Gestalt der Zirkusparteien Mißstimmungen und Wünsche zum kaiserunmittelbaren Ausdruck bringen; es kann auch in quasi verfassungsmäßiger Stilisierung die formalisierte Rolle des *populus* wahrnehmen, etwa als Akklamationsorgan bei der Kaiserausrufung oder wenn die Verkündung eines als wichtig erachteten Gesetzes sich der altehrwürdigen Form des *Edictum ad populum* bedient (vgl. H. G. Beck, *Senat und Volk von Konstantinopel*, München 1966; zur Bedeutung dieses Umstands für des Kaisers Abhängigkeit vom Heer vgl. schon oben).

4.2.2 Heerwesen und Reichsverwaltung

In Fortführung älterer Ansätze, die schon im 3. Jh. der stärkeren Professionalisierung bei der Truppenführung dienten, haben Diocletian und insbesondere Konstantin die militärische Funktion aus den statthalterlichen Regelaufgaben herausgelöst und damit die Voraussetzung für die Ausbildung im allgemeinen streng geschiedener Militär- und Zivilkarrieren geschaffen. Bis auf gewisse Ausnahmen erscheint nun als Führer provinzialer oder regionaler Truppen vornehmlich ein *dux* genannter rein militärischer Kommandeur. Grundlegend ist weiterhin die Teilung der gegenüber der severischen Zeit annähernd verdoppelten Truppenbestände in die fest in den exponierten Grenzprovinzen stationierten *limitanei* und eine mobile Einsatztruppe, die unter Führung der *magistri militum* steht und im Prinzip mit dem Kaiser zu den jeweils akuten Kriegsschauplätzen zieht (d. h. *comitatenses* – «Begleittruppen»).

Die Legion wird nicht nur verkleinert; durch die vermehrte Rekrutierung auch barbarischer Kontingente (oft unter Beibehaltung ihrer Stammesführer) und durch die Schaffung kleinerer mobiler Waffengattungen, die auf die Kampftechnik der Feinde im Osten und Norden reagieren, verliert sie in dem eher bunten Erscheinungsbild der spätrömischen Armee ihre Geltung als einzigartige Verkörperung römischer Schlagkraft und Standfestigkeit. Auch daß in dieser Armee die wenn auch zahlenmäßig beschränkten privaten Truppen führender Militärs, die *buccellarii*, zum Einsatz kommen und dann Anspruch auf staatlichen Sold haben, wird das Erscheinungsbild des spätrömischen Heeres und seine Probleme mit u. U. doppelten Loyalitäten mitgeprägt haben.

Den Schwierigkeiten reichsinterner Rekrutierung suchen wie in anderen gesellschaftlich-staatlichen Bereichen gesetzliche Bestimmungen abzuhelfen, die mit ebenso großer Strenge wie zweifelhafter Wirksamkeit die Söhne von Soldaten oder Veteranen ebenfalls zur *militia armata* verpflichten, Strafen gegen Deserteure oder Kriegsdienstverweigerer sanktionieren oder in der Form einer neuen Steuer, des *aurum tironicum*, die Modalitäten der geldlichen Ablösung der Verpflichtung zur Rekrutenstellung seitens der Grundbesitzer festlegen.

Der Bereitstellung von Waffen, Ausrüstung und Militärkleidung dienten staatliche *fabricae*, die unter der Gesamtverantwortung des *magister officiorum* in den Grenzprovinzen geschaffen wurden und deren meist freie Arbeitskräfte wie alle staatswichtigen Produktivbereiche gewissen Berufsbindungen unterworfen wurden. Über Militärbauten zur Grenzsicherung unterrichten uns wie in diocletianischer so noch in justinianischer Zeit zahlreiche Bauinschriften.

Für alle Aspekte des spätrömischen Heeres vgl. den Überblick bei Pat Southern – Karen R. Dixon, *The Late Roman Army* (London–New York 1996); mit westlichem Schwerpunkt H. Elton, *Warfare in Roman Europe AD 350–425* (Oxford 1996); *buccellarii*: O. Schmitt, in: *Tyche* 9 (1994) 147–174; Deserteure: M. Vallejo Girvés, *Latomus* 55 (1996) 31–47; Kriegsdienstverweigerer: L. Wierschowski, *AncSoc* 26 (1995) 205–239; Spezialtruppen: M. Mielczarek, *«Cataphracti» und «Clibanarii»* (Lodz 1993); für eine Regionalstudie R. Alston, *Soldier and Society in Roman Egypt* (London–New York 1995) 143–155; grundlegend bleibt D. Hoffmann, *Das spätrömische Bewegungsheer und die Notitia Dignitatum*, 2 Bde (Düsseldorf 1969–70).

Daß auch der Dienst in der zivilen Reichsverwaltung als *militia* bezeichnet wird, ist kaum, wie es das pejorative Klischee vom spätantiken Zwangsstaat möchte, ein Beleg für eine um sich greifende 'Militarisierung' von Staat und Gesellschaft, sondern bezeichnet ganz einfach den «Staatsdienst», dessen Loyalitäts- und Korrektheitserwartungen von eben diesem Staat gerade deshalb oft im disziplinierenden Kommandoton eingeschärft wurden, weil die von geheiligten Traditionen wie Ämterkauf oder -vererbung, Sportelwesen und «Gefälligkeiten» geprägte 'Verwaltungs'-Realität diesen nicht ohne weiteres entsprach und jedenfalls von allem, was man ideal(typ)isierend 'okzidentale Verwaltungsrationalität' zu nennen pflegt, wesentlich verschieden war.

Dabei lassen sich die grundlegenden Neuordnungen durchaus in Teilen als Rationalisierungsschübe im Sinne der Stärkung von Staatlichkeit und Staatszweck deuten. Die Verkleinerung und Vermehrung der Provinzen von 50 auf etwa 100 mit der damit einhergehenden Verdoppelung des Verwaltungspersonals dient zunächst vor allem einer verbesserten gleichmäßigen Abschöpfung der von den Provinzialen erwarteten Leistungen für das Reich, macht im Prinzip aber auch die Leistungen, die das Reich (namentlich in der Gewährleistung der Rechtsordnung) für die Provinzialen zu erbringen hat, zugänglicher. Auch die Aufhebung der Sonderstellung Italiens im Westen und Ägyptens im Osten und ihre Eingliederung als reguläre Provinzen spiegelt u. a. diesen Zug zur 'Normalisierung'.

Je zahlreicher die unteren Verwaltungsebenen werden, auf denen der kaiserliche Wille in konkretes Handeln umzusetzen ist, und je zentralistischer sich die kaiserliche Regierung geriert, desto notwendiger wird die Ausbildung von Mittelinstanzen: In kaum zwei Generationen hat sich ein solcher Instanzenzug in zwei Ebenen zwischen Kaiser und Provinzen voll ausgebildet (abgeschlossen nach 360: K.-L. Noethlichs, *Historia* 31, 1982, 70–81; zuletzt J. Migl, *Die Ordnung der Ämter*, Frankfurt/M. 1994), wobei mehrere Provinzen zu D i ö z e s e n unter einem *vicarius* und diese wiederum zu Prätorianerpräfekturen regionalen Typs unter *praefecti praetorio* zusammengefaßt wurden. Von den sieben um 395 dem Osten zuzurechnenden Diözesen gehörten dabei z. B. allein fünf, nahezu der gesamte östliche Mittelmeerraum, zur riesigen Präfektur

Oriens. Auf diese Weise steht das neue Amt an der Spitze dieses Verwaltungszuges den zentralen Hofämtern an Rang und Macht kaum nach, und der «PPO» erscheint in den Quellen oft wie der «zweite Mann» nach dem Kaiser, vor allem in der Rechtsprechung (wo von seinen Urteilen seit konstantinischer Zeit auch nicht mehr an den Kaiser appelliert werden kann), aber auch bei der ihm obliegenden Organisation der Hauptsteuer, der zur Versorgung von Heer und Staatsapparat sowie der privilegierten Städte Rom und Konstantinopel unabdingbaren *annona*, für die seit Diocletian ein zwar regionale Traditionen und Benennungen berücksichtigendes, aber im Prinzip reichsweit demselben Grundgedanken der Verbindung von Boden- und Kopfsteuer gehorchendes System der Umlage einer budgetartigen fiskalischen Zielvorgabe auf die Provinzen und ihre Städte praktiziert wurde.

Auch wenn staatliche Instanzen somit in größerer Dichte und Nähe dem leistungspflichtigen oder rechtsuchenden Reichsbürger auf den Leib gerückt oder auch erreichbarer geworden sind, bieten die Rechtstexte – erwartbarerweise – nicht den Eindruck gewachsener Zufriedenheit auf allen Seiten: Klagen über Begünstigungen und Unterschleif, Absentismus und Inkuranz durchziehen historiographische Literatur und zeitgenössische Reden und brechen sich in der deklaratorischen Untersagungsrhetorik der Kaisergesetze, die freilich die strukturbedingten Mißbrauchsmöglichkeiten schon deshalb nicht in den Griff bekommen konnten, weil die Kaiser zu keiner Zeit mit Radikalmaßnahmen operieren und, da auf 'die Dienste' angewiesen, deren Tendenz, die eigenen Gruppen- und Individualinteressen zu fördern, allenfalls mit der halben Kraft 'exemplarischer' Bestrafung ahnden konnten. Auch das Prinzip der Kollektivhaftung der Büros für dort 'unterlaufene' Fehler und Mißbräuche (vgl. K. Rosen, *AncSoc* 21, 1990 [1991], 273–292) blieb als Versuch, hier Abhilfe zu schaffen, ebenso fragwürdig wie die der Selbstbegünstigung Tür und Tor öffnende 'weiche' Variante, dem Behördenchef selbst die Rechtsprechung in Fällen von Fehlleistungen seiner Untergebenen zu übertragen (zu Klagen und Regelungsversuchen K. L. Noethlichs, *Beamtentum und Dienstvergehen*, Stuttgart 1981; R. MacMullen, *Corruption and the Decline of Rome*, New Haven–London 1988; das Material für die Provinzialbüros bei Chr. Bruschi, *Les officiales provinciaux au Bas-Empire*, Thèse Aix-en-Provence 1975; Chantal Vogler, *Les gouverneurs et leurs bureaux au Bas-Empire romain: Étude sur la gestion administrative et financière des provinces*, Thèse Paris IV 1980, 2 Bde).

Als Geschädigte oder gar Verlierer infolge sowohl des Kompetenz- und Effizienzgewinns als auch der strukturellen Mißbrauchsanfälligkeit der erweiterten Reichsverwaltung erscheinen in den dominierenden Quellen in vieler Hinsicht die Städte und zumal ihre Führungsschichten.

4.2.3 Die Stadtgemeinden

Der klassische Polis- und *civitas*-Gedanke lebte auch unter den Bedingungen des Kaiserreiches weiter, das diesen Verbindungen eines städtischen Zentralorts und seines mehr oder weniger großen Umlands unter Führung der lokalen Magistrate und Dekurionenräte soviel Autonomie wie möglich einräumte und sie so zu den untersten Selbstverwaltungseinheiten des Reichssystems machte. Das hehre *civis*-Ideal, das noch in der Spätantike von Rhetoren wie dem

Antiochener Libanios, aber auch in kaiserlichen Verlautbarungen beschworen wird, scheint freilich durch das Anwachsen der staatlichen Forderungen und deren zunehmende Durchsetzung sowie durch eine Reihe sozialer Veränderungen, die z. T. in Reaktion auf diese reichsstaatlich-kaiserlichen Neuerungen oder durch diese begünstigt auftraten, erheblich bedroht.

Das durch die Reden und Briefe des Libanios und zahlreiche andere Quellen relativ gut bekannte syrische Antiochia, als wichtigste Stadt im Aufmarschgebiet zur Perserfront oft Kaiserresidenz und Sitz zahlreicher Verwaltungsbüros, bildet dafür in der Zeit zwischen Konstantin und Theodosius ein empirisches 'Großmodell', dessen Deutung vielfach auch die anderen Belege in ein generalisierendes Licht rückt (vgl. P. Petit, *Libanius et la vie municipale à Antioche au IVe siècle apr. J.-C.*, Paris 1955; J. H. W. G. Liebeschuetz, *Antioch. City and Imperial Administration in the Later Roman Empire*, Oxford 1972; zur Bewertung der julianischen Politik in diesem Horizont relativierend E. Pack, *Städte und Steuern in der Politik Julians*, Brüssel 1986; vgl. neuerdings H. U. Wiemer, *Libanios und Julian*, München 1995).

In Antiochia erscheint die Tätigkeit und die Freiheit der Lebensgestaltung der städtischen Führungsschicht vielfältig bedrängt durch die staatlichen Leistungserwartungen (namentlich im Hinblick auf die übliche liturgische Einbringung der Steuern durch die Kurialen), durch das präpotente Gehabe neureicher Mitglieder kaiserlicher Büros oder sonstiger Reichsbeamter, durch die Schwierigkeit, Steuern und sogar Pachtgebühr bei im Hinterland wirtschaftenden bäuerlichen Pächtern einzutreiben, die sich unter den illegalen Schutz (*Patrocinium*) mächtiger Militärs oder anderer *potentes* geflüchtet haben. Weit davon entfernt, den Personen, die sie bekleiden oder ausführen, Dank und Ansehen einzubringen, treiben *munera* und *honores* ihre Inhaber in den Ruin; kein Wunder, daß viele dieser ruhmlosen Last zu entfliehen suchen und z. B. – öfters begleitet von einem Empfehlungsschreiben desselben Libanios – Zuflucht in der Immunität gewährenden Karriere im Reichsdienst suchen, was die Last der Zurückgebliebenen nur noch weiter steigern mußte.

Wie überzeichnet ein solches aus einzelnen Fällen und einer grundsätzlichen Aversion gegen die christlichen Kaiser bei Libanios und anderen Vertretern der heidnischen Intelligenz konstruiertes Niedergangsgemälde auch sein mag, die in den Stadtgemeinden aufbrechenden Spannungslinien, die auch die kaiserliche Gesetzgebung wahrnimmt und in der für sie typischen Ambivalenz zu bekämpfen sucht, sind kaum zu leugnen. Die immer wieder eingeschärfte (offenbar der Einschärfung bedürfende) Bindung an den Kurialenstand und seine Pflichten machen die Autonomievorstellung zu einer irrealen, selbst wenn der (theoretisch mögliche) Verkauf des für die kurialen Verpflichtungen konstitutiven Besitzes die Privatautonomie nicht grundsätzlich in Frage stellte. Selbst der städtische Grundbesitz und die daraus erwirtschafteten Einkünfte wurden in staatliche Regie übernommen und nur zu einem Drittel wieder für städtische Aufgaben bereitgestellt, oft mit Zweckbindung für die von der Unsicherheit der Zeiten geforderte Anlage von Befestigungen oder zur Sanierung städtischer Gebäude und Anlagen. Vgl. A. Chastagnol, in: *Atti dell'Accad. Romanist. Constantiniana* VI (Perugia 1986) 77–104; J. Nollé, in: *Die Alte Stadt* 22 (1995) 30–50; allgemein J. Rich (Hrg.), *The City in Late Antiquity* (London–New York 1992); N. Christie – S. T. Loseby (Hrgg.), *Towns in Transition. Urban Evolution in Late Antiquity and the Early Middle Ages* (Aldershot Hants 1996).

In ganz ähnlicher Weise suchte der spätrömische Staat im übrigen auch zahlreiche andere stadtzentrierte Gewerbe wie Bäcker, Reeder, Fleischhändler usw. im Interesse der Versorgung zumal der Großstädte Rom und Konstantinopel und einiger anderer korporativ zu erfassen und auf generationsübergreifende Pflichterfüllung festzulegen; selbst im agrarischen Hinterland der Städte glaubte man das Steueraufkommen schon früh (332) nur durch die Bindung der Pächter an ihre Scholle sicherstellen zu können. Der städtischen Gewerbebevölkerung war überdies in Gestalt des vor allem in Gold zu zahlenden *chrysargyron* bzw. der *collatio lustralis* von Konstantin oder Licinius eine neue Steuer auferlegt worden, die in den Quellen allgemein als drückend bewertet wird (s. auch u.).

Schwer zu ermessen und auch durch glückliche Funde in den Villen spätrömischer *potentes* kaum zu verifizieren ist die oft behauptete Abziehung traditionell städtischer Gewerbe auf das Land in den patrocinal geschützten Machtbereich landsässiger Großgrundbesitzer. Sicher ist hingegen, daß sich die Physiognomie des städtischen Lebens einem markanten Wandel unterworfen sah, der auch die Rolle der traditionellen Führungsschichten betraf: Auf der einen Seite beginnt die lokale Schicht der Kurialen sich zunehmend in eine kleine Führungsgruppe (die *primates* oder *principales*) und eine weitgehend gesichtslose, anonyme, z. T. noch einmal in Untergruppen (τέλη) aufgegliederte Masse minderer Ratsmitglieder zu differenzieren, wobei die erstgenannte Gruppe bei allen städtischen Angelegenheiten, insbesondere wohl bei der Zuweisung der Steuereinbringungsmunera, federführend agiert, so daß langfristig das in früheren Zeiten so einheitlich wirkende Gruppenbewußtsein der Stadtelite zerbrechen mußte. Zum anderen demonstriert gerade auch die staatlich gewollte und bestätigte Wahl eines (seit Valentinian und Valens) an die Stelle des früheren *curator civitatis* tretenden *defensor plebis* oder *civitatis* durch den Dekurionenrat aus den Kreisen höherer staatlicher Funktionäre (nicht der Kurialen) die Ambivalenz der Mittel, mit denen die kaiserliche Gesetzgebung den Funktionsstörungen des städtischen Bereichs beizukommen suchte: Richtete sich der Schutzauftrag dieser neuen Beschwerdeinstanz gegen alle Bedrückungen städtischer Kreise (von den nichtprivilegierten *plebei* bis zu den Kurialen und *possessores*) durch staatliche Funktionsträger und *potentiores* aller Art, so machte die Institutionalisierung dieses staatlichen Funktionärs, der faktisch alsbald an die Spitze der städtischen Angelegenheiten rückte, erneut deutlich, wie wenig den traditionellen Leitungsstrukturen der Stadt zugetraut werden konnte, sich gegenüber dem gewandelten Reichsapparat zu behaupten.

Ein dritter Aspekt der Veränderungen innerhalb der städtischen Gesellschaft und ihrer Führung tritt gerade auch bei der Nomination der *defensores* zutage: Wie die darauf bezüglichen Regelungen des 5. Jh.s (*C. J.* 1,55,8 [409], wiederaufgenommen durch Anastasius *C. J.* 1,55,11 [505]) erkennen lassen, haben der Dekurionenrat und die Magistrate ihren Anspruch auf exklusive Führung der städtischen Geschäfte verloren: Neben dem Rat sollen bei der Benennung eines geeigneten Kandidaten, der nunmehr nicht nur Christ, sondern auch der Orthodoxie verpflichtet sein muß, mitwirken die auf dem Gebiet der Stadt lebenden (nichtkurialen) Grundbesitzer (*possessores*) und die *honorati* (wohl ehemalige Mitglieder des Staatsdienstes, die als solche eine privilegierte Rangstellung erworben hatten) sowie der Ortsbischof und seine Kleriker (vgl. dazu F. Vittinghoff, *Civitas romana*, Stuttgart 1994, 215–7. 231–4). Wenn diese Einbeziehung des christlichen Bischofs, die sich vorab gewiß durch die erwähnte Orthodoxieanforderung an den Kandidaten erklärt, in der den Westen betreffenden Gesetzgebung ganz isoliert steht — dort erlebt der Bischof seinen Aufstieg zur Zentralfigur der Stadtgemeinde im wesentlichen erst nach dem Zusammenbruch der staatlich-städtischen Verwaltung –, so deutet sich im östlichen Zusammenhang, den die Wiederaufnahme der Bestimmung durch Anastasius belegt, eine Entwicklung an, an deren Ende im 6. Jh. eine machtvolle, formalisierte Beteiligung des Bischofs auch an profanen Stadtgeschäften steht (vgl. z. B. *C. J.* 1,4,26 [530]); sie brachte die Ablösung des Rats als innerstädtisches Führungsgremium durch eine schmalere, aus Kurialen und Nichtkurialen rekrutierte weltliche Funktionselite und die Ausbildung eines festen zweiten, christlichen Pols (die zunächst im Faktischen bzw. in der Verleihung einzelner, begrenzter Rechte beginnt) innerhalb des städtischen Raums zu einem gewissen Abschluß. Vgl. D. Claude, *Die byzantinische Stadt* (München 1969); als regionale Fallstudie T. S. Brown, *Gentlemen and Officers. Imperial Administration and Aristocratic Power in Byzantine Italy A. D. 554–800* (Rom–London 1984).

4.3. Christentum und Kirche als Faktoren der Neugestaltung

Auch wenn man nicht in der Tradition Gibbons die spätantike Entwicklung einseitig als Niedergang ansehen und das Christentum dabei als wichtigsten Einzelfaktor bewerten kann (vgl. A. Momigliano, *Sesto contributo ...*, Rom 1980, 265–284), bildet das bedeutendste Element in der Transformation der soziopolitischen Verhältnisse zweifellos die Entfaltung des christlichen Bekenntnisses und seiner kirchlichen Organisation in den Städten, die nach dem letzten Vernichtungsversuch in der großen Verfolgung Diocletians schon bald privilegiert wurde. Der nunmehr frei erhebbare moralische und dogmatische Anspruch der christlichen Botschaft auf die wachsende Zahl der Kirchenmitglieder konnte gar nicht anders als alle Lebensbereiche (ein wenig) zu verändern oder doch in ein neues Licht zu rücken (zur Christianisierung im Unterschied zur 'Ausbreitung des Christentums' vgl. zuletzt P. Brown, *Die Entstehung des christlichen Europa,* München 1996).

Die Logik dieser Entwicklung hat sogar der letzte Kaiser, der dieser als unheilvoll beurteilten Flut Einhalt zu gebieten suchte, Julian, anerkannt, indem er bei seinem Bemühen, dem 'sterbenden Heidentum' neues Leben einzuhauchen, auf Formen der Organisation und moralische Erwartungen verfiel, die dem Erscheinungsbild der priesterlich-bischöflich geleiteten Gemeinde der Christen sehr ähnlich waren (vgl. *VI 2.4.1* a. E.).

Den Nutzen bei dieser Entwicklung hatten die privilegierten Kirchen, aber auch die Kaiser, die sich der geistlich-moralischen Autorität von Bischöfen und Klerikern schon bald zu bedienen suchten, während der traditionelle Funktionszusammenhang der Polis/Civitas gewissermaßen die Kosten des Wandels zu tragen hat. Ein fast arbeitsteiliges Denken wird z. B. greifbar in der Begründung, mit der Constantius II. die Freistellung von Klerikern von kurialen Verpflichtungen rechtfertigt (*C. Th.* 16,2,10; 14 [353. 357]). Ganz ähnlich hatte wohl schon Konstantin auch an die Entlastung der staatlichen Stellen gedacht, wenn er 318 die Möglichkeit eröffnete, daß sich die Parteien eines Zivilstreits der Schiedsgerichtsbarkeit des Bischofs (*episcopalis audientia*) anvertrauten, dessen inappellable Urteile (zumindest in späterer Zeit) staatlich vollstreckt wurden (vgl. etwa Maria Rosa Cimma, *L'episcopalis audientia nelle costituzioni imperiali da Costantino a Giustiniano,* Turin 1989), wenn Sklaven auch in der Kirche rechtsverbindlich freigelassen werden und Kleriker abgesehen von Kriminalfällen ihre Streitigkeiten vor dem kirchlichen Bischofsgericht austragen durften.

Selbst wenn der Einfluß der Kirche auf die inhaltliche Prägung der Gesetzgebung nicht überschätzt werden darf und allenfalls im Familien-, in gewissen Milderungen des Sklavenrechts oder in so expliziten Einzelbestimmungen wie der Einführung des «Sonntags» (321) angenommen werden kann, so setzt doch die Freistellung von der väterlichen Gewalt oder von städtischen *munera,* die erst nach einiger Zeit einschränkend präzisiert wird, die Kleriker in den Stand, sich wie eine neue Funktionselite innerhalb des städtischen Raums zu bewegen und dabei ihre sittlichen Lebensvorschriften, die ihre Verbindlichkeit nicht aus staatlicher Setzung ableiten, an die gesamte Bevölkerung, ohne Ansehen von Stand und Rang, mit jener *parrhesia* (nicht durch Rücksichten geprägten Rede) zu richten, die zuvor allenfalls Philosophen konzediert war; ebenso konnte sich das christliche Almosenwesen, das sich aus den Gaben der Gläubigen und dem wachsenden Kirchenvermögen finanzierte, als Ausdruck der *caritas* allen Bedürftigen («Armen») zuwenden und damit eine Grenze überwinden, die dem auf den 'Bürger' gerichteten Spendeverhalten antik-städtischer 'Euergeten' als Ausdruck politischen Ehrstrebens immer gezogen blieb.

Seit mit dem Verbot der blutigen Opfer unter Konstantin dem antiken Festwesen als der wiederkehrenden Gelegenheit identitätsstiftender Gemeinschaftserlebnisse für Städter und Besucher ein Kernbereich entzogen war, konnte gerade auch in Städten mit einer Bevölkerung, die auch oder vor allem an den Lustbarkeiten der antiken Religion interessiert war (wie es Joh. Chrysostomos nicht anders als der 'Apostat' Julian für Antiochia tadelt), der christliche Jahresrhythmus mit seinen Feiertagen und Gedächtnisfesten (vgl. *Le temps chrétien de la fin de l'Antiquité au Moyen Âge IIIe–XIIIe s.,* Paris 1984) in das Vakuum eindringen, und Bischöfe und Kleriker konnten vor aller Augen als Offizianten des Kults erscheinen, der die antiken Stadtkulte und ihre Priester, zumal in den im Vergleich zum Westen schon im 4. Jh. weitgehend christianisierten Städten des Ostens, ins Abseits gedrängt hatte. Die Erlaubnis, Erbschaften und Schenkungen anzunehmen, führte gerade im Umfeld der großen Städte zur Entstehung bedeutenden kirchlichen Grundbesitzes und Reichtums, der schon bald eine Christianisierung des Stadtbilds auch in baulicher Hinsicht durch Errichtung der bischöflichen Kathedralbasilika, von Oratorien und Klöstern innerhalb der Stadt oder von Memorialkirchen über den Gräbern von Märtyrern in den Nekropolen der alten Ausfallstraßen nach sich zog.

Das Mönchtum als stadtfern und stadtflüchtig am Rande der ägyptischen und syrischen Wüste entstandener Versuch, die asketischen Ideale der christlichen Weltverachtung ernstzunehmen und zu leben, erinnert freilich daran, daß aller Integrationsbereitschaft zum Trotz das Christentum nicht nur ein stabilisierender Faktor war, sondern in sich immer auch einen gedanklichen Bereich und spirituelle Strömungen bewahrte, die verhinderten, daß der kirchlich-christliche Raum und der weltlich-imperiale Raum in einer mit dem Imperium Romanum Christianum identischen Christenheit zur Deckung kamen.

Zwar lehnt sich die territoriale Gliederung der Kirche im allgemeinen an die weltlichen Sprengel (*civitas*, Provinz) an und übernimmt im zwischenkirchlichen Verkehr, in der Gewandung, im Protokoll der Synoden sowie im Recht der innerkirchlichen Verhältnisse manches Detail aus der zeitgenössischen Umwelt, aber sie geht nicht in dieser auf. Insofern hat die vielberedete 'Konstantinische Wende' (dazu zuletzt G. Bonamente, in: E. Dal Covolo – R. Uglione [Hrgg.], *Cristianesimo e istituzioni politiche*, Rom 1995, 91–122) beiden Seiten mehr neue Spannungen zugemutet, als Konstantin bei seiner Hinwendung zum Gott der Christen je bedenken konnte, Spannungen, die nie abschließend gelöst werden konnten und die ihren Beitrag zum Auseinanderfallen der mediterran-imperialen Ökumene geleistet haben.

An dieser Stelle muß zumindest an die weitreichenden Folgen der dogmatisch-christologischen Streitigkeiten erinnert werden, die sich in ihren subtilen Verästelungen bis ins 6. Jh. und darüber hinaus hinziehen, seit der alexandrinische Kleriker Arius im 1. Viertel des 4. Jh.s die Frage aufgeworfen hatte, in welchem Verhältnis zueinander die göttliche und die menschliche Natur Christi stünden. Erst diese oft mit der Unerbittlichkeit des Bewußtseins, daß es hier um die für das Seelenheil unabdingbare Wahrheit gehe, ausgefochtenen Kämpfe, die auch im einfachen Kirchenvolk mitvollzogen wurden und nicht selten zur Aufspaltung der christlichen Gemeinde in mehrere Kirchen unter verschiedenen Bischöfen innerhalb derselben Stadt führten, haben den an Ruhe und Ordnung interessierten Kaiser auf den Plan gerufen und genötigt, seine Macht und Autorität (legitimiert zunächst aus der Kompetenz des *pontifex maximus*) zur Befriedung durch Konzilien und zur Bestrafung (im allgemeinen Verbannung) kirchlicher Unruhestifter einzusetzen.

Die Geschichte der ersten reichsumspannenden, 'Ökumenischen' Konzilien (Nicaea 325, Konstantinopel 381, Ephesus 431, Chalkedon 451), die ausnahmslos im Osten tagten und neben Fragen der Sittenlehre und Kirchenorganisation vor allem der Ausarbeitung einer möglichst allseitig zustimmungsfähigen christologischen Glaubensformel galten, beleuchtet die Bedeutung dieser Thematik gerade für die östlichen Kirchen zwischen den meinungsbildenden Zentren Alexandria, Antiochia und Konstantinopel ebenso wie das Gewicht, das die Haltung der jeweiligen Kaiser für die Herbeiführung eines Einigungswillens hatte. Indem der Kaiser die Konzilsbeschlüsse ratifizierte und wie kaiserliche Gesetze behandelte, denen die Reichsbürger zu gehorchen hatten, seit Theodosius das orthodoxe Christentum 390/391 zur 'Staatsreligion' gemacht hatte, übernahm er auch die Verpflichtung, die sich Widersetzenden der weltlichen Gerichtsbarkeit zuzuführen. Der christliche Exklusivitätsgedanke hat daher, sobald er sich im Schutz des Staates entfalten konnte, auf durchaus nicht tolerante und oft brutale Weise in «Heiden» und Häretikern neue Randgruppen geschaffen und alte Außenseiter wie die Juden mit dem zusätzlichen Stigma der 'Gottesmörder' versehen und in vieler Hinsicht zu Bürgern zweiter Klasse gemacht (vgl. dazu u. a. K. L. Noethlichs, *Die gesetzgeberischen Maßnahmen der christlichen Kaiser des 4. Jh.s gegen Häretiker, Heiden und Juden*, Diss. Köln 1971; ders., *Das Judentum und der römische Staat*, Darmstadt 1996, 91–124; P. F. Beatrice [Hrg.], *L'intolleranza cristiana nei confronti dei pagani*, Bologna 1993 [zuvor in: *Cristianesimo nella Storia* 11, 1990, 441–615]; M. Salamon [Hrg.], *Paganism in the Later Roman Empire and in Byzantium*, Krakau 1991).

Von den öffentlichen Ämtern – trotz prominenter Ausnahmen noch im 6. Jh. – ausgeschlossen, überlebte 'altgläubige' Gesinnung am längsten in intellektuellen Zirkeln von Dichtern und Philosophen einerseits, in der Abgelegenheit ländlicher, staats- und bildungsferner Bereiche (*pagani* = «Dörfler») andererseits (vgl. jüngst umfassend F. R. Trombley, *Hellenic Religion and Christianization c. 370–529*, 2 Bde., Leiden 1993–94). Wer die zweideutige Haltung vieler 'Namenschristen' unwürdig fand, konnte sich nur ins Schweigen oder ins Ausland zurückziehen wie jene athenischen Philosophen, die sich zeitweise ins Perserreich berufen ließen, als Justinian 529 ihre 'Schule' geschlossen hatte, eine Ausweichmöglichkeit, die auch manche nestorianischen Christen wählten, als ihre dogmatische Richtung auf dem Konzil von Ephesus unterlegen war – eine konfessionelle Entwicklung, die ähnlich wie im Verhältnis arianischer Reichsbürger zu den in den Balkanraum eindringenden arianischen Germanen gelegentlich zu Konflikten zwischen staatlicher und religiöser Loyalität im syrisch-arabischen Grenzbereich führen konnte (vgl. S. P. Brock, in: *Studies in Church History* 18, Oxford 1982, 1–19).

4.4 Äußere Bedrohung und Reichsteilung: Warum hat das Ostreich das Westreich überlebt?

Auch wenn einseitige militärische Erklärungen des Zusammenbruchs der römischen Herrschaft im Westen als zu kurz greifend abgelehnt werden, hat sich doch in der Forschung ein gewisser Konsens darüber herausgebildet, daß die «entscheidende äußere Bedingung für den Untergang des Westreichs» (vgl. J. Martin, *LAT V 3.4.2*) die durch den Kontakt mit dem Reich geförderte und überhaupt erst ermöglichte «Ethnogenese» schlagkräftiger Großstämme an der Nordfront im 4. und 5. Jh. war, die das Reich unter permanenten Druck zu setzen vermochten. Wenn dies richtig ist, dann stellt sich unvermeidlich die Frage, wie es dem Ostreich gelingen konnte, dem Schicksal des Westens nicht nur zu entgehen, sondern nach dessen Untergang sogar noch einmal in der Zeit Justinians in einer großangelegten Aktion wesentliche Teile des Westens zurückzuerobern. Denn das Ostreich war wie der Westen ebensolchem äußeren Druck an mehreren Fronten ausgesetzt: im Osten dem lange Zeit als einziger ebenbürtiger Großstaat auftretenden Reich der Sasaniden, dessen ehrgeizige Könige mit Freude den Stachel ins Fleisch des östlichen Reichskörpers bohrten, im Norden den über die Donaufront drängenden, durch Koalition an Kraft gewinnenden germanischen Völkerscharen, deren natürliche Blickrichtung auf das aufstrebende Konstantinopel zielte, das keine 300 Meilen von der Grenze entfernt lag.

Nach den von persisch-sasanidischer Seite zugefügten Demütigungen des 3. Jh.s (Gefangennahme Valerians, Ermöglichung der Entstehung des Palmyrenischen Sonderreiches) war es Galerius und Diocletian 297/8 gelungen, dem Schahinschah von Iran und Nichtiran Narses einen langfristigen Frieden aufzuzwingen; dies hat – über die temporäre Vermeidung eines Dreifrontenkrieges hinaus – vielleicht erst eine wesentliche Voraussetzung dafür geschaffen, daß die begonnenen Reformen, die die Grundlagen des spätantiken Staats schufen, weitergeführt und zum «Greifen» gebracht werden konnten. Erst als hier Wesentliches geleistet war, setzte in den 30er Jahren das lustvolle Herrscherspiel der Provokationen durch den langlebigen und stolzen Schapur (Sapor) II. (309–379) wieder ein, der es noch erleben durfte, wie nach den ermüdenden Kampfvermeidungsstrategemen des Constantius II. der törichte Ehrgeiz des auf Kriegsruhm drängenden Julian, der in dem von ihm betriebenen Perserkrieg fiel, die Römer nach der Katastrophe des J. 363 zu einem schmachvollen Verlustfrieden nötigte.

Ganz ähnlich hatten schon die Erfahrungen des 4. Jh.s zu verstehen gegeben, daß auch die über die Donaugrenzen hereindrängenden Barbaren den Osten eher noch als den Westen in Verlegenheit bringen konnten. Im *Großen Frieden* von 332 hatte Konstantin noch hoffen dürfen, daß man auch größere Gruppen wie die terwingischen Goten durch Aufnahme in ein Föderatenverhältnis mit Heerfolge gegen Soldzahlung ruhigstellen und an sich binden könne. Die Schlacht von Adrianopel, in der 378 der Ostkaiser Valens gegen die von den Hunnen geschobenen Goten fiel, demonstrierte das Gegenteil. Mit Recht setzt man daher in das Jahrzehnt dieser Katastrophe üblicherweise den Beginn der «Völkerwanderungszeit»; denn Konstantinopel wurde zu einer Wende in seiner Behandlung der Barbarenfrage gezwungen: Den Goten des Fritigern mußten Siedlungsplätze innerhalb des Reiches (an der unteren Donau) eingeräumt werden, wo sie als *limitanei* (Bauern-Soldaten) unter ihren eigenen Führern zur Reichsverteidigung beitragen sollten. Damit siedelten barbarische – und arianische – Goten erstmals in der Reichweite einiger Tagesmärsche vor den Toren des inzwischen tatsächlich zur neuen Hauptstadt aufgestiegenen Zweiten Rom, und wenn es in den Jahren um 400 in Konstantinopel eine Phase rabiater antigotischer Intrigen und Propaganda gegeben hat, so entbrannte diese Polemik, die sich vorab gegen einzelne hochgestellte Persönlichkeiten in Palast und Verwaltung richtete, gewiß auch auf dem Hintergrund dieser umfassenden Bedrohung (vgl. J. H. W. G. Liebeschuetz, *Barbarians and Bishops*, Oxford 1990).

Gleichwohl hat sich das Ostreich trotz vergleichbarer äußerer Exponiertheit nicht den Weg aufzwingen lassen, der im Westen das Kaisertum für den Rest seiner 80 Jahre in den Schatten der militärischen Auseinandersetzungen und ihrer Führer, der Heermeister von der Statur eines Stilicho, eines Aëtius oder Ricimer, geraten ließ.

Zwar sind auch hier starke militärische Persönlichkeiten wie etwa die alanischen Heermeister Ardabur und Aspar, die schließlich nach 40 Jahren 471 ermordet werden, am nicht selten blutigen Ränkespiel um Macht und Einfluß beteiligt, und die aus den familiären Rivalitäten der neuen «isaurischen» Dynastie hervorgegangenen Usurpationsversuche der 70er und 80er Jahre des 5. Jh.s dokumentieren auch im Osten zeitweilig Konstellationen von Kaisertum und führenden Militärs von der Art, die mit dazu beigetragen hatte, daß der römische Staat des Westens kurz zuvor auseinandergebrochen, das Kaisertum erloschen war. Doch zeigt das Agieren selbst eines Flavius Illus, der nacheinander das zivile Amt des *magister officiorum* (477–481) und das des Reichsheermeisters für den Osten (481–483) bekleiden konnte und der es verstand, den bei seiner offenen Rebellion zu seiner Unterdrückung entsandten Leontius auf seine Seite zu ziehen und durch die Witwe des Kaisers Leo zum Kaiser krönen zu lassen, und dabei auch nicht davor zurückschreckte, an die Hilfe des als *rex* in Italien herrschenden Odoaker sowie an die Armenier und Sasaniden (welche freilich nach den Hungerjahren des Peroz und der vernichtenden Niederlage gegen die hephthalitischen Weißhunnen im Norden, bald darauf auch durch die religiössozialen Unruhen der Mazdakiten so geschwächt waren, daß sie Konstantinopel in der 2. Hälfte des 5. Jh.s nie gefährlich werden konnten) zu appellieren, aber schließlich nach vierjähriger Belagerung in einem isaurischen Kastell hingerichtet wurde, daß es im Osten nie auf Dauer zu einer Verselbständigung des militärischen Komplexes unter übermächtigen Führern gekommen ist.

Offenbar ist es dem östlichen Kaisertum bis weit ins 6. Jh. hinein gelungen, die gewiß nötigen Militärs durch eine starke Stellung der Palastressorts und der Reichsverwaltung gleichsam zivilistisch auszubalancieren und sich nicht vollständig dem schwankenden Kriegsglück und den daraus legitimierten Heerführern auszuliefern. Es ist bezeichnend, daß Konstantinopel auf die in der Mittelmeerwelt allseitige Bestürzung auslösende Plünderung Roms im J. 410 durch die Goten Alarichs nicht mit einer vermehrten Rekrutierung von Truppen und mit einer Hilfsaktion für den bedrohten Westen reagierte, sondern mit der Errichtung eines imposanten erweiterten Mauerrings um die eigene Stadt, die somit, solange die auf dem Balkan marodierenden Reiterbarbaren nicht auf Flotten umstiegen, in ihrer strategisch einzigartigen Position als Riegel für Kleinasien und den Osten dienen konnte. In der Tat sind ebendiese Theodosianischen Mauern erst 1000 Jahre später, 1453, überwunden worden. Statt auf unwahrscheinliche einmalige Vernichtungsschläge durch riesige Heere gegen die mobilen, oft wenig faßbaren barbarischen Gruppen zu setzen, nahm man in Kauf, daß diese – wie etwa die Hunnen zwischen 409 und 450 beinahe alljährlich – die nördlichen Gegenden des Reiches mit Raubzügen belästigten, und setzte darauf, daß man sie durch jährliche Tribute für eine Weile ruhig und den angerichteten Schaden begrenzt halten könne. Neben den unvermeidlichen Militäraktionen sind auf diese Weise Diplomatie und Subsidienzahlung zu den Signa oströmischer Außenpolitik im 5. Jh. geworden.

Kritiker einer solchen kostspieligen Politik mochten einwenden, so werde alljährlich das Geld der ausgepreßten Steuerzahler aus den nach Norden (bisweilen auch nach Osten) gerichteten Fenstern des Reichsgebäudes geworfen, aber daß das Geld offenbar vorhanden war und zum Überleben des Ostreiches beigetragen hat, spricht gegen das gängige Klischee eines ineffizienten und ungerechten, «korrupten» Steuersystems (s. o.), zumal bekannt ist, daß in manchen Gegenden, etwa Syriens oder Ägyptens (vgl. R. S. Bagnall, *Egypt in Late Antiquity*, Princeton 1993), ein leistungsfähiges Bauerntum noch im 5. und 6. Jh. existierte und daß andererseits die selbstbewußten, nach Herkunft und Denkweise nicht die traditionell-aristokratische Mentalität verkörpernden hohen Finanzbeamten nicht zögerten, gestützt auf den kaiserlichen Willen, auch die nun wirklich zahlungskräftigen Reichen, die Senatoren und anderen potenten *possessores*, zur Kasse zu bitten. So steht durchaus nicht fest, ob die oft bespöttelte *autopragia* (Selbstveranlagung), die im 5. und 6. Jh. manchen Grundbesitzern eingeräumt wurde, wirklich als eine Art Abdankung des Staats vor seinen genuinen Aufgaben verstanden werden darf.

Ohne Erfolg ist diese Ziviladministration offenkundig nicht gewesen, und es überrascht in dieser Perspektive vielleicht auch weniger, daß es der Osten war, der nach den ersten privaten Bemühungen in dieser Richtung um 300 (*Codex Gregorianus, Codex Hermogenianus*) in zwei aufwendigen (durch ein Jahrhundert getrennten) Unternehmungen die Aufgabe löste, zunächst die Kaisergesetze seit Konstantin (*Codex Theodosianus*, 438), sodann die inzwischen sehr vermehrten Konstitutionen und die gesamte Rechtsliteratur zu sichten und zu sammeln (*Corpus Iuris Civilis*, 534) und damit für den Rechtsunterricht und die Praxis einer (trotz voranschreitender Gräzisierung des alltäglichen Rechtsverkehrs

4.4 Äußere Bedrohung und Reichsteilung

noch immer stark lateinisch geprägten) Beamtenschaft, in der Ägypter, Syrer und Kleinasiaten mit gelehrten und literarischen Neigungen einen charakteristischen Typus bilden, ein vereinheitlichendes Hilfsmittel zu schaffen.

Diese relative Stärke des zivil ponderierten Ostreichs bildet auch den Hintergrund für die Art und Weise, wie man dort mit dem Problem der «äußeren Barbaren» angesichts der einstweilen 'real existierenden' Reichsteilung militärstrategisch und diplomatisch so umging, daß am Ende, wenn es sich nicht anders einrichten ließ, eher doch der Westen die Last zu tragen hatte. Das Klischee vom doppelzüngig-sinistren byzantinischen Hofdiplomaten in westlichen Quellen dürfte durch solche Erfahrungen eines u. U. geschickt kaschierten Egoismus mitveranlaßt sein. Die seit Valentinian I. und Valens faktische, in der Nachfolgeregelung des Theodosius 395 in gewissem Maße rechtlich ausgestaltete «Reichsteilung» (vgl. Angela Pabst, *Divisio regni*, Bonn 1986) bedeutete ja keineswegs den dauerhaften Verzicht auf den Einheitsgedanken.

Die friktionsreichen Modalitäten des Festhaltens am Gesamtreich in der Praxis (z. B. des Herrscherwechsels, der Übernahme von Gesetzen, der Kirchenpolitik) können hier nicht dargelegt werden; doch ist hervorzuheben, daß in dieser Hinsicht während des gesamten 5. Jh.s im wesentlichen allein der überlegene Osten gewonnen hat, auch da, wo er durch militärische Entsatzexpeditionen an die Brennpunkte des Westens zunächst einmal eigene zusätzliche Kosten zu bewältigen hatte. Es war der Hintergedanke, vielleicht doch bald in eigener Person die Einheit von Kaisertum und Reich wiederherstellen zu können, der Theodosius II. nach dem Tod des Honorius 423 bewegte, dem vorhandenen legitimierten Fortsetzer der westlichen Dynastie (dem späteren Valentinian III.) die sofortige Anerkennung zu versagen und darüber eine Usurpation in Kauf zu nehmen, in deren Folge erstmals eine riesige Hunnentruppe durch einen Hofbeamten des Usurpators (Aëtius, den späteren Reichsheermeister) auf italischen Boden gerufen wurde. Es war ein kalkuliertes Risiko des Nachfolgers des Theodosius, Marcian, wenn er im Jahr des Herrschaftsantritts (451) die immer dreisteren jährlichen Tributforderungen der Hunnen verweigerte und darauf setzte, daß diese in den von ihnen selbst kahlgeplünderten Gegenden des Balkans und Griechenlands keine neue Beute und Nahrung finden und daher abziehen würden: wohin, wenn nicht nach Westen, wo in der Tat noch im selben Jahr der Reichsheermeister Aëtius ihnen in der sog. Völkerschlacht auf den Katalaunischen Feldern in Gallien eine strategische Niederlage beibrachte, von deren Folgen sie sich auch nach der Rückkehr in den pannonischen Raum und dem baldigen Tod ihres Führers Attila nicht mehr erholten. Ein vergleichbares politisch-militärisches Geschick bewies eine Generation später der Kaiser Zeno, als er 488 den ostgotischen Amalerfürsten Theoderich, der als jugendliche Geisel in Konstantinopel eine wohl griechische Erziehung erhalten hatte, nun aber schon seit Jahren trotz seiner Stellung als *magister utriusque militiae praesentalis* mit seinen hungernden Truppen Thrakien verwüstete, mit dem Versprechen, seine dort zu erringende Stellung anzuerkennen, zum Abzug nach Italien bewegte, um den dort an die Stelle des letzten Westkaisers getretenen *rex* Odoaker, der seinerzeit (476) durch die Verleihung des *patricius*-Titels eine zumindest halbe Anerkennung in seiner faktischen Königsstellung durch Ostrom erreicht hatte, niederzukämpfen.

Die Fähigkeit, die inneren und äußeren Probleme des militärischen Komplexes durch Diplomatie zu lösen oder abzulenken und dabei die Staatsfinanzen in leidlicher Ordnung zu halten, hat sich selbst in den relativ unruhigen zwei Jahrzehnten des Zeno bewährt. Daß Anastasius, der Nachfolger, im J. 498 die ungeliebte Gewerbesteuer, das *chrysargyron* (o. *4.2.3*), ersatzlos streichen konnte, bestätigt dies. Die Früchte dieser frühbyzantinischen Politik konnte im 6. Jh. Justinian ernten, auch wenn der zweiten Hälfte seiner langen Regierung (527–565) die Leichtigkeit der schnellen Großtaten der ersten Jahre abhanden gekommen war (vgl. B. Rubin, *Das Zeitalter Justinians*, 2 Bde, Berlin–New York 1960–1995; J. A. S. Evans, *The Age of Justinian*, London–New York 1996).

Aus illyrischer Familie stammend, hatte er sich literarische und theologische Bildung angeeignet wie kaum ein anderer Kaiser der spätrömischen und byzantinischen Geschichte und sich schon früh an der Seite seines Onkels Justin, der vom Kommandeur der Palasttruppen zum Kaiser aufstieg (518–527) und dem er als Ratgeber diente, mit den Regierungsfragen der Zeit vertraut machen können. Noch im Jahr seiner Erhebung erteilte er einer Kommission von hochrangigen Gelehrtenbeamten den Auftrag zur Ausarbeitung der mit seinem Namen verbundenen Sammlung der Kaisergesetze (1. Aufl. 529, 2. Aufl. 534) und der Kompilation der Juristenschriften (s. o.). Die Niederschlagung des Nika-Aufstandes, die den Zirkusparteien als hauptstädtischen Kristallisationspunkten von Unruhe und sozialen wie politischen Forderungen den Stachel nahm, und der Abschluß eines unbefristeten Friedens (im üblichen Stil gegen Tributzahlungen in erheblicher Höhe) mit dem als Herrscherfigur ebenbürtigen Großkönig Chosrau I. Anuschirwan («Unsterbliche Seele») (531–579), der kurz zuvor als Kronprinz (528) mit den Mazdakiten aufgeräumt hatte, machten ihm im J. 532 den Rücken frei für das große Ziel der Reconquista des Westens, die, gerichtet gegen arianische Barbarenreiche, die religiöse Färbung eines Kreuzzugs für die Orthodoxie annehmen konnte. Das vandalische Nordafrika fiel wie in einem Blitzkrieg schon 534. Das Hauptziel, die Brechung der Ostgotenherrschaft in Italien, war hingegen nur in einem mühevollen, sich über 18 Jahre hinziehenden Kleinkrieg (535–553) zu erreichen, in dem der Kampfeswille der gotischen Führer (Witigis, Totila, Teja) und ihr geradezu 'byzantinischer' Schachzug, die erstarkten Sasaniden des Chosrau auf diplomatischem Wege zum Bruch des Friedens von 532 zu überreden, einen von vielen Belegen dafür boten, wie sehr die erfolgreichsten 'Barbarenreiche' inzwischen das politisch-militärische Instrumentarium der imperialen Mittelmeerwelt, die sie für ihren Teil als eigene betrachteten und verteidigten, beherrschten. Als 554 schließlich nach ihrer Niederlage sogar noch große Teile der spanischen Mittelmeerküste einschließlich der Säulen des Hercules (wodurch der Seeweg zum wirtschaftlich wichtigen Britannien wieder offen stand) eingenommen wurden, war für ein kurzes Jahrzehnt die politische Einheit des Mittelmeerraums wiederhergestellt, Konstantinopel zum Mittelpunkt eines aufblühenden Verkehrs von Menschen, Ideen und Waren aus aller bekannten Welt geworden.

Die Neugestaltung des beim Nika-Aufstand stark zerstörten Stadtbilds erfolgte im Geist dieser imperialen Größe, von der die Monumentalität der Hagia Sophia, ein Dokument römischer Bautradition und griechischer Mathematik, noch heute ebenso zeugt wie die Serie gleichförmiger Festungsarchitektur an den Grenzen der syrischen Wüste, an den Schwarzmeerküsten Kleinasiens und des Balkans und im römischen Afrika. Die Endlichkeit auch des tatkräftigsten Kaiserwirkens demonstrierten freilich im Innern das Andauern der religiösen Gegensätze, von außen die nach Justinians Tod einsetzenden Awaren-, Slawen- und Langobardenstürme, die das Sicherungswerk auf dem Balkan, in Griechenland und Italien schon bald genauso nachhaltig zerbrechen ließen, wie im Osten die leichtfertige Politik seines Nachfolgers den erst kurz zuvor (562) vereinbarten 50jährigen Frieden mit den Sasaniden aufs Spiel setzte. Die justinianische Ordnung aber hat es ermöglicht, daß auch nach ihrem Zusammenbruch antike Ideenträger in der Gestalt des *Corpus iuris* und der über nestorianische Christen nach Persien und von dort zu den muslimischen Arabern gelangten Schriften nach Jahrhunderten im lateinischen Kontext des mittelalterlichen Europa erneut Fuß fassen und Wirkung zeitigen konnten.

Literaturhinweise:

Für allgemein weiterführende Werke vgl. die von J. Martin, *LAT V 3* a. E. angegebene Literatur (Anhang). Darüber hinaus empfehlenswert im Hinblick auf den griechischen Osten:

Allgemeines: P. Schreiner, *Byzanz* (München ²1994) (Literatur!); A. Ducellier, *Byzanz. Das Reich und die Stadt* (Frankfurt/M. 1990); *Storia di Roma* (Einaudi), Bd. 3,1 und 3,2 (Turin 1993).

Zu den Anfängen: S. Corcoran, *The Empire of the Tetrarchs. Imperial Pronouncements and Government AD 284–324* (Oxford 1996).

Gesetzgebung und Kodifikation: Jill Harries – I. Wood (Hrgg.), *The Theodosian Code. Studies in the Imperial Law of Late Antiquity* (London 1993); E. Dovere, *Ius principale e Catholica Lex. Dal Teodosiano agli editti su Calcedonia* (Neapel 1995); G. Lucchetti, *La legislazione imperiale nelle Istituzioni di Giustiniano* (Mailand 1996).

Herrscherideologie: H. Hunger (Hrg.), *Das byzantinische Herrscherbild* (Darmstadt 1975); P. Brown, *Macht und Rhetorik in der Spätantike* (München 1995); Averil Cameron, *Christianity and the Rhetoric of Empire. The Development of Christian Discourse* (Berkeley – Los Angeles 1991).

Münzprägung und Geldpolitik: M. Hendy, *Studies in Byzantine Monetary Economy, c. 300–1450* (Cambridge 1985).

Rolle des Volkes: F. Winkelmann (Hrg.), *Volk und Herrschaft im frühen Byzanz* (Berlin 1991).

Zur Ausbildung einer Ost-West-Trennung zahlreiche Fallstudien in: F. Conca u. a. (Hrgg.), *Politica, cultura e religione nell'Impero Romano (secoli IV–VI) tra Oriente e Occidente* (Neapel 1993).

Zum Selbst- und Fremdbild der lateinischen Westler und der griechischen Byzantiner: H. Hunger, *Graeculus perfidus – Italos itamos. Il senso dell' alterità nei rapporti greco-romani ed italo-bizantini* (Rom 1987).

Zu den Veränderungen der Stadtgemeinden: C. Lepelley (Hrg.), *La fin de la cité antique et le début de la cité médiévale de la fin du IIIe siècle à l'avènement de Charlemagne* (Bari 1996).

Zu Armut und Reichtum und zur neuen Sozialfigur des 'Armen': Evelyne Patlagean, *Pauvreté économique et pauvreté sociale à Byzance 4e–7e s.* (Paris 1977); *Hommes et richesses dans l'Empire byzantin*, 2 Bde (Paris 1989–1991).

Frauen: Joelle Beaucamp, *Le statut de la femme à Byzance (4e–7e s.)*, 2 Bde (Paris 1990–1992).

Zu den christlich-dogmatischen Streitigkeiten: M. Simonetti, *La crisi ariana nel IV secolo* (Rom 1975); R. P. C. Hanson, *The Search for the Christian Doctrine of God: the Arian Controversy 318–381* (Edinburgh 1988); allgemein zur Entwicklung der christlichen Kirchen im Osten: H.-G. Beck, *Geschichte der orthodoxen Kirchen im byzantinischen Reich* (Göttingen 1980); C. D. G. Müller, *Geschichte der östlichen Nationalkirchen* (Göttingen

1981); A. Ducellier, *L'église byzantine entre pouvoir et esprit (313–1204)* (Paris 1990); zur Verrechtlichung der christlich-kirchlichen Verhältnisse: J. Gaudemet, *Eglise et cité. Histoire du droit canonique* (Paris 1994).

Heer und Diplomatie: E. Dabrowa (Hrg.), *The Roman and Byzantine Army in the East* (Krakau 1994); A. D. Lee, *Information and Frontiers. Roman Foreign Relations in Late Antiquity* (Cambridge 1993). Hunnen: O. Maenchen-Helfen, *Die Welt der Hunnen* (Wien u. a. 1978, ND Wiesbaden 1997); I. Bóna, *Das Hunnenreich* (Stuttgart 1991).

Kleinasien: S. Mitchell, *Anatolia, Land, Men and Gods in Asia Minor*, 2 Bde (Oxford 1993), bes. Bd. 2. Palästina: G. Stemberger, *Juden und Christen im Heiligen Land. Palästina unter Konstantin und Theodosius* (München 1987); R. L. Wilken, *The Land Called Holy. Palestine in Christian History and Thought* (New Haven – London 1992). Syrien: Christine Strube, *Die 'Toten Städte'. Stadt und Land in Nordsyrien während der Spätantike* (Mainz 1996); E. M. Ruprechtsberger (Hrg.), *Syrien. Von den Aposteln zu den Kalifen* (Linz – Mainz 1993); G. Tate, *Les campagnes de la Syrie du Nord du IIe au VIIe siècle*, Bd. I (Paris 1992).

Sasaniden: A. Christensen, *L'Iran sous les Sassanides* (Kopenhagen 1936, ND Osnabrück 1971); K. Schippmann, *Grundzüge der Geschichte des sasanidischen Reiches* (Darmstadt 1990); J. Wiesehöfer, *Das antike Persien. Von 550 v. Chr. bis 650 n. Chr.* (München – Zürich 1994) 205–295. Araber: I. Shahîd, *Byzantium and the Arabs in the Fourth Century* (Washington 1984); . . . *in the Fifth Century* (1989); . . . *in the Sixth Century* (1995).

VI
Griechische Religion

VI Griechische Religion

Fritz Graf

1 Die Eigenart der griechischen Religion

Nach bald zwei Jahrhunderten Forschung zur griechischen Religion (wenn man als Beginn 1829, das Erscheinungsjahr des trotz seiner Hyperkritik fundamentalen Werkes von Chr. A. Lobeck, *Aglaophamus sive de theologiae mysticae Graecorum causis libri tres*, ansetzt) ist, neben ständig zunehmenden Einzelergebnissen, insbesondere eines deutlich geworden: die aus christlicher Sicht beträchtliche Andersartigkeit der griechischen Religion. Von daher legitimierten sich die zahlreichen Versuche bereits des 19. Jh.s, Verständnishilfen durch Religionsvergleich zu gewinnen – sei es im Gefolge Herders und Vicos von den Vorstellungen des europäischen Bauerntums her (Mannhardt; Usener), sei es in der Nachfolge Heynes und des Père Lafitau von Seiten der Ethnologie und sozialen Anthropologie (Frazer, Jane Ellen Harrison; Jeanmaire); von daher versteht man auch, weswegen der Versuch von Wilamowitz, auf solche komparatistische Distanz zu verzichten, scheitern mußte.

Ein gesichertes Ergebnis neuerer Forschung ist zum einen, daß insbesondere im archaischen und klassischen Griechenland Kult und Mythos (Religion) jeden Daseinsbereich durchdringen. Ein Sonderbereich, der nur mit Göttern und Heroen, ihrem Kult und dem Glauben an sie zu tun hätte, kann nicht ausgegliedert werden, erst recht ist ein Gegensatz zwischen 'Religion' und 'Politik' anachronistisch. Man hat daher überzeugend von 'eingebetteter Religion' ('embedded religion') gesprochen (Bremmer 1996, 3–5).

Diese Einbettung (die auch andere Religionen kennen) erhält in Griechenland eine besondere Form durch demokratische Politisierung des Religiösen: Religion wird hier nicht zum Instrument hierarchischer Beherrschung wie in den theokratischen Staaten des Nahen Orients oder den monotheistischen Religionen; selbst in Rom ist der Zugang zum Göttlichen durch die Machtelite von Senat und *sacerdotes* monopolisiert. Die griechischen Poleis kennen kein solches Monopol; von einigen besonderen Kulten abgesehen, kann jeder πολίτης auch ἱερεύς werden.

Griechische Religion ist polytheistisch; die einzelnen, anthropomorph gedachten Gestalten – Götter und Heroen – ordnen sich zu einem Pantheon. Die grundlegende Systemeinheit ist dabei die Polis; jede Polis besitzt ein spezifisches, als System zu verstehendes Pantheon, auf das ihr gesamter Kult ausgerichtet ist (Vernant). So gibt es wenigstens in den Kulten der einzelnen Gottheiten durchaus Unterschiede zwischen den einzelnen Poleis. Freilich arbeitet die Konstituierung einer panhellenischen Mythologie durch Hesiod und Homer wie auch die Entstehung panhellenischer Kultorte (Olympia, Delphi) auf eine Annäherung der einzelnen Poleis hin; zwischen polisbezogener (eher ritueller) und panhellenischer (eher mythologischer) Wahrnehmung der einzelnen Gottheiten besteht eine nie aufgelöste Spannung.

In diesem Polisbezug liegt der Grund für die besonders im späten 19. Jh. betriebene Erforschung der lokalen Kulte, die noch immer eine wichtige Aufgabe der Forschung ist; vgl. die Bibliographie bei M. P. Nilsson, *Griechische Feste* *IX. – F. de Polignac, *La naissance de la cité grecque. Culte, espace et société, VIIIe–VIIe siècles av. J.-C.* (Paris 1984); Christiane Sourvinou-Inwood, «What is polis religion?», in: O. Murray – S. Price (Hrgg.), *The Greek City from Homer to Alexander* (Oxford 1990) 295–322.

Gerade gegenüber einer christlichen Perspektive ist wichtig, daß die Grundlage der antiken Religionen nicht der Glaube, sondern der Kult ist. Die Teilnahme am gemeinsamen Gruppenritual sichert die Zugehörigkeit des Einzelnen, Verweigerung der Teilnahme führt zu Selbstausschluß. Die Formen des Kultes werden durch die Tradition weitergegeben, die Kinder wachsen durch die Teilnahme in die Riten hinein. Feste Glaubenssätze, gar heilige Schriften existieren nicht, außer in seltenen esoterischen Zirkeln mit ihren ἱεροὶ λόγοι. Vielmehr besorgen Mythos und Philosophie die stete Neuinterpretation der kultischen Religion: Der Mythos besitzt wenigstens bis ans Ende des 5. Jh.s genügend Plastizität, um auf gesellschaftliche und geistige Veränderungen reagieren zu können; die Philosophie tritt erst als Kritikerin der religiösen Traditionen auf, wird aber seit dem Hellenismus immer stärker zum Mittel, um auch einer intellektualisierten Oberschicht den Zugang zur religiösen Tradition interpretierend offen zu halten.

In historischer Perspektive hat die Entdeckung der bronzezeitlichen minoischen und mykenischen Kulturen und die Erkenntnis, daß wenigstens die mykenische Kultur protogriechisch ist, der griechischen Religion eine noch immer nicht völlig ausgeleuchtete Vorgeschichte gegeben; ebenso hat die immer bessere Erforschung des bronzezeitlichen und früheisenzeitlichen Alten Orients zur Feststellung zahlreicher Einflüsse und Abhängigkeiten in Kult und Mythologie geführt, wobei hier die Diskussion noch durchaus am Anfang ist. – W. Burkert, *The Orientalizing Revolution. Near Eastern Influence on Greek Culture in the Early Archaic Age* (Cambridge, Mass. 1992; dt. 1984).

2 Die Grundlagen

2.1 Terminologisches

Schon die Terminologie erweist die Eingebettetheit der griechischen Religion: Religion kann im Griechischen nicht umfassend bezeichnet werden. Auch in den neuzeitlichen Sprachen und Kulturen hat sich das entsprechende Wort erst seit dem 18. Jh. eingebürgert; Religion war vorher auch in den christlichen Kulturen nicht als etwas Besonderes und klar Abgrenzbares faßbar.

Das Griechische kennt zwei Wörter, die nahekommen, εὐσέβεια und θρησκεία. Das nicht sehr häufige Wort θρησκεία bezeichnet ein Tun, das sich auf Götter, Tempel, Altäre u. ä. bezieht: es benennt den Kult als Gesamtheit der Riten. Bezeugt ist es zuerst bei Herodot zur Beschreibung der rituellen Handlungen, die ihm bei den Ägyptern auffallen

(Hdt. 2, 18): Kult wird erst einmal dort bewußt, wo er ganz anders ist. Geläufiger ist εὐσέβεια, 'Frömmigkeit', das richtige σέβειν, wo zum Äußeren etwas Inneres tritt: σέβειν ist 'verehren', und zwar sowohl durch äußerlichen Vollzug bestimmter Handlungen wie auch (v. a. Mediopassiv σέβεσθαι) im Sinne der Ehrfurcht vor jemandem, die zur kultischen Verehrung führt. In klassischer Zeit ist εὐσέβεια besonders die traditionell richtige Verehrung (vgl. Isocr. *Areop.* 30).

Wie schwer sich die Griechen mit Gefühlen dem Göttlichen gegenüber taten, zeigt der Gegenausdruck zu εὐσέβεια, δεισιδαιμονία; eigentlich 'Furcht vor den übermenschlichen Mächten', die aber eben verpönt ist (dagegen ist φόβος θεοῦ, *timor Domini*, im Judentum und Christentum positiv); deswegen wird das Wort zu 'Aberglaube'. Auch Aberglaube drückt sich vor allem im Rituellen aus, wie Theophrasts Charakter des δεισιδαίμων zeigt.

Religion hat mit dem Heiligen zu tun. Die uns geläufige Dichotomie Heilig – Profan ist im Griechischen nicht zu finden: Eine Kultur, welche Religion in alle Lebensäußerungen einbettet, kennt diesen Gegensatz nicht. Stattdessen verfügt das Griechische über drei Termini, um den Bereich des Göttlichen gegenüber dem des Menschen anzugeben: ἱερός, ὅσιος und ἁγνός/ἅγιος.

Für Räume, die allein dem Kult dienen (Tempel und Altarbauten), und Gegenstände sowie Zeiten, die allein den Göttern vorbehalten sind, verwendet man ἱερός 'heilig' – 'dasjenige, auf das der Schatten der Gottheit gefallen ist' (W. Burkert). Der Akt des 'ἱερός-Machens' (ἱερόω/ἀφιερόω) macht einen Gegenstand oder Bereich der Menschenwelt allein den Göttern zugänglich; der ἱερεύς, 'Priester', ist der Spezialist, der sich 'im Schatten der Gottheit' bewegen kann. – Ὅσιος ist das, was den Göttern gefällt – ὅσιόν ἐστι ist das griechische Äquivalent zu *fas est*. Kontrastierend mit ἱερός verbunden, bezeichnet das Wort, was zwar den Göttern gefällt, aber dem Menschen zugänglich bleibt: Attische Inschriften unterscheiden ἱερὰ χρήματα, Gelder, die den Göttern gehören (und von den Menschen nur 'treuhänderisch' benutzt werden), von ὅσια χρήματα, welche die Stadt (im Rahmen der göttlichen Ordnung) verwenden darf. So hat ὅσιος auch mit Gerechtigkeit zu tun: ὅσιος ist, wer seine Verpflichtungen gegenüber den Göttern hält, δίκαιος der, der das Menschen gegenüber tut (Plat. *Euthyphr.* 6e). – Ἁγνός schließlich hat mit ἄζομαι zu tun, 'Ehrfurcht, Respekt, Scheu haben', und zwar vor markant übergeordneten Kräften, Göttern und Eltern; ἁγνός ist, was diese Ehrfurcht provoziert: die ἁγναὶ θεαί sind Demeter und Kore als Unterweltsgötter, Menschen, die ἁγνοί sind, werden durch rituelle Reinheit aus dem Alltag herausgehoben; ἁγίζειν, ἐναγίζειν und καθαγίζειν ist 'ἁγνός-machen', in den Zustand versetzen, der Ehrfurcht provoziert, d. h. unberührbar und im Alltag unverwendbar macht. Das im Lauf des 6. Jh.s neben ἁγνός tretende verwandte ἅγιος betont stärker den Abstand zwischen Menschen und Göttern und wird zum christlichen Wort für den Heiligen, der sich von gewöhnlicher Menschennatur entfernt hat. Wie ἱερός kann ἅγιος auch Tempel oder Altäre bezeichnen; ἱερός drückt die Zugehörigkeit zum Raum der Götter aus, ἅγιος den Abstand zum Raum der Menschen.

2.2 Die Hauptformen des Rituals

Die Terminologie zeigt, wie wichtig der Ritus ist. 'Riten' sind τελεταί (verwandt mit τέλος 'Ziel' und τελέω 'vollenden'), oder sie sind einfach δρώμενα, 'was man tut', oder νομιζόμενα, 'was man aus Tradition tut'. Riten gehören zum Alltag wie zur Ausnahmesituation: Sie umgeben den Tag, vom morgendlichen Gebet an die Hausgötter bis zu den Riten im Ablauf des Symposions; sie begleiten die Politik (es gibt keine Versammlung einer Körperschaft, die nicht mit einem Ritus beginnen, keinen Vertrag, der nicht rituell besiegelt würde), sie markieren wichtige Zäsuren der Biographie (Geburt, Aufnahme in die Erwachsenenwelt, Heirat, Kindbett, Tod). Daneben stehen – schon von antiken Betrachtern geschiedene – Sonderbereiche: Apotropäische Riten können Übel abwehren, kathartische durch Reinigung Übel entfernen oder den Menschen zum Umgang mit dem Göttlichen vorbereiten, divinatorische dienen der Zukunftserforschung.

2.2.1 Das geläufigste und allgemeinste Ritual ist das Opfer. 'Opfern' heißt einfach ῥέζειν, 'tun', daneben θύειν, eigentlich 'räuchern'. Spätantike Theorie kannte verschiedene Opfertypen: olympische, chthonische und hypochthonische (Porph. *Antr.* 6); dies ist aber nicht die einzige mögliche Einteilung.

Bei der Frage, *was geopfert wird*, unterscheidet man blutiges Tieropfer und unblutiges Opfer und bei letzterem die Libation von Flüssigkeiten, das Räucheropfer und das Verbrennen von Kuchen u. ä. Bei der Frage, *was mit dem Geopferten geschieht,* trennt man zwischen Opfern, an die sich der Verzehr des Opfertiers anschließt, und Opfern, bei denen das Geopferte ganz vernichtet oder weggegeben wird (Verzichtopfer). Bei den *Funktionen* des Opfers sind Gabenopfer, Reinigungsopfer, divinatorisches Opfer wichtig. Die Kategorien überschneiden sich, einige (wie blutig – unblutig) sind auch schon antik. – J. Casabona, *Recherches sur le vocabulaire des sacrifices en grec des origines à la fin de l'époque classique* (Aix-en-Province 1996); W. Burkert, «Opfertypen und antike Gesellschaftsstruktur», in: G. Stephenson (Hrg.), *Der Religionswandel unserer Zeit im Spiegel der Religionswissenschaft* (Darmstadt 1976) 168–187; mehr unter *7.5.1.*

Im Zentrum griechischer Religionsübung steht das Tieropfer. Geopfert werden in Griechenland fast ausschließlich drei Tierarten: Ochsen, Stiere und Kühe (Boviden), Schafe und (seltener) Ziegen ('Ovicapriden'), schließlich Schweine. Die Schafe sind eindeutig in der Überzahl und somit die gewöhnlichsten Opfertiere, die auch preislich erschwinglich waren; Boviden sind wesentlich teurer, Schweine auf bestimmte Situationen beschränkt. Daneben kommen selten – bei besonderen Umständen und für bestimmte Gottheiten – einige andere zahme und wilde Tiergattungen vor.

H. Jameson, «Sacrifice and animal husbandry in classical Greece», in: C. R. Whittaker (Hrg.), *Pastoral Economics in Classical Antiquity* (Cambridge 1988) 87–119.

Ein Tieropfer verläuft in drei Phasen: 'Vorbereitung', 'Vollzug' und 'Abschluß'. Seit Homer stellen die Texte, dann auch die Bilder das olympische Tieropfer in vielen Einzelheiten dar.

(1) Zur Vorbereitung gehören Auslese und Vorbereitung des Opfertiers; es muß körperlich vollkommen sein und den jeweiligen Spezifikationen der Sakralgesetze entsprechen. Die opfernde Gruppe zieht in einer *Prozession* vom Haus des Opfernden zum Altar im heiligen Bezirk: Opferherr und Gruppe, Opfertier, alle Ausführenden mit den Opfergeräten, dem Waschgefäß (χέρνιψ, das aber nicht bloß zum Händewaschen dient), dem Opferkorb mit Gerste (κανοῦν), dem Gefäß für das Blut (ἀμνίον), dem Weinkrug und der Spendeschale für die Libationen; die Axt wird von dem mitgetragen, der das Tier töten

wird (σφαγεύς). Mensch und Tier sind geschmückt; zur Festlichkeit gehört auch der Flötenbläser oder der Leierspieler, der musizierend mitmarschiert und das Opfer musikalisch begleitet. Im Heiligtum wird dann das Feuer auf dem Altar entzündet; man umrundet zusammen mit dem Tier den Altar, dann wird es festgebunden. Nach Waschen der Hände nimmt der Opferherr ein Scheit vom Altar, taucht es in das Wassergefäß und besprengt damit Gemeinde und Tier; Wein wird auf den Altar libiert. Der Opferherr nimmt die Gerstenkörner (οὐλαί) aus dem Korb und bewirft Altar, Tier und alle Umstehenden; damit kommt das unter der Gerste verborgene Opfermesser zum Vorschein. Anderswo legt das Tier das Messer frei, indem es aus dem Korb frißt, und ist so an seiner Tötung selber schuld. Überhaupt ist die positive Haltung des Tieres wichtig: Wenn es bespritzt oder mit Gerstenkörnern beworfen wird, schüttelt es sich: das wird als Zustimmung, als Nicken, gelesen (Meuli hat solche Riten als 'Unschuldskomödie' bezeichnet). – Mit dem Messer schneidet der Opferherr einige Stirnhaare des Tieres ab und wirft sie ins Feuer (ἀπάρχεσθαι, 'anfangen').

(2) Den Übergang zur Tötung bildet ein Gebet, das der Opferherr mit erhobenen Armen (der geläufigen Gebetshaltung) spricht; gelegentlich werfen die Teilnehmer erst jetzt die Gerste. Dann tritt der 'Töter' mit der Axt in Aktion; dabei stoßen die Frauen einen schrillen, frauenspezifischen Schrei aus (ὀλολυγή). Mit dem Opfermesser wird die Halsschlagader aufgeschnitten und das Tier ausgeblutet; das Blut wird in einem großen Gefäß aufgefangen, ein Teil davon über den Altar gesprengt.

(3) Nach der Tötung beginnt die Fleischzubereitung. Man schneidet erst den Bauch auf und konsultiert die Eingeweide, um abzuklären, ob den Göttern das Opfer genehm ist; das ist oft Aufgabe eines Sehers (s. u.). Ist das Opfer angenommen, wird das Tier gehäutet und ausgeweidet; die Eingeweide (σπλάγχνα) werden auf Spießen geröstet, die Haut geht an den Priester oder an den Staat. Bei der Zerlegung werden besondere Stücke (Schenkel, Zunge) als Privileg des Priesters beiseitegelegt, der Kopf abgetrennt und der Kopfschädel oft nach dem Opfer im Heiligtum belassen (von daher wird auf Bildern ein Rinderschädel zum Symbol für ein Heiligtum). Die langen Schenkelknochen werden ausgeschnitten, in Fett gewickelt und auf das Feuer gelegt; von allen Teilen wird ein kleines Stück als Gabe an die Götter dazu gelegt. Der Lendenwirbel mitsamt dem Schwanz (ὀσφῦς) wird losgetrennt und zum Feuer gelegt; kringelt sich der Schwanz dann nach oben, zeigt auch dies, daß die Götter das Opfer annehmen. Der Rest des Fleisches wird gebraten, dann gekocht, falls die Anwesenden alles an Ort und Stelle verzehren wollen. Eine Weinspende auf das Feuer bildet den Abschluß; ein Bankett folgt. Das nicht Zubereitete oder nicht Gegessene nimmt man gewöhnlich mit nach Hause; in wenigen Kulten befehlen die Gesetze οὐ φορά, 'Wegtragen verboten'.

Die Diskussion um den Sinn des Opfers beginnt mit Hesiods Erzählung vom Opfertrug des Prometheus (*Theog.* 535–616); seit spätarchaischer Zeit wird dann v. a. der Opferaufwand, aber auch grundsätzlicher das Tieropfer als solches kritisiert (Pythagoreer; zusammenfassend Porph. *Abst.*). Die moderne Forschung hat, nach den antiquarischen Arbeiten von Paul Stengel, mit Karl Meuli eingesetzt, der die Wurzeln des Tieropfers im paläolithischen Jägertum aufwies. Der zweckgerichtete Akt der Fleischbeschaffung wurde zu einer zentralen symbolischen, auf Kommunikation innerhalb der Opfergruppe abzielenden Veranstaltung ausgestaltet (so der Konsens der neueren Diskussion); aber während Walter Burkert diese als kulturelle Konstruktion zur Kanalisierung von Aggression ansieht, betonen Jean-Pierre Vernant und seine Schule im Anschluß an Durkheim die gruppendefinitorische Funktion: Im Opferritual setzt sich der Mensch als Mensch von Tier und Göttern ab. – K. Meuli, «Griechische Opferbräuche», in: *Phyllobolia für Peter von der Mühll* (Basel 1946) 185–288 = Th. Gelzer (Hrg.), *Gesammelte Schriften* (Basel 1975) 907–1019; mehr unter *7.5.1.*

Neben dem olympischen Speiseopfer als Normalopfer stehen andere, seltenere Formen des Tieropfers mit spezifischen Funktionen:

(1) Holokaust-Opfer (ὁλοκαυτεῖν 'ganz verbrennen') sind Verzichtopfer (der Opfernde gibt einen Wert – gewöhnlich Kleintiere, Schafe und besonders Schweine – ganz dahin) und gehören in verschiedene Kontexte.

(1a) Kalendarische Opfer in Kulten von Heroen und von Göttern, an denen Unheimliches haftet (z. B. Zeus Meilichios, eine euphemistisch benannte Form des Zeus, die oft in Schlangengestalt dargestellt ist); von diesen ambivalenten Segensspendern erhofft man durch den Verzicht größeren Segen.

(1b) Kathartische Opfer dienen der kultischen Reinigung, etwa zur Mordsühne oder bei anderer gravierender ritueller Befleckung; Alternative zum völligen Vernichten im Feuer ist, die Tierkadaver im Meer zu versenken oder in die Berge zu tragen. Rituelle Befleckung ist eine Störung der Ordnung, mit der Schuldgefühl einhergeht; der Verzicht soll das Gefühl abbauen und die Ordnung wieder etablieren.

(1c) Selten und spezieller Art sind Opferriten, bei denen zahlreiche Tiere (nicht allein Nutz- und Haustiere) vernichtet werden (Feuerriten, z. B. in Patrai für Artemis Laphria, Paus. 7,8,12). Hier steht das Vernichten von Leben, nicht der Verzicht im Vordergrund; historisch gesehen sind dies Riten, in denen die Aggression von Kriegerbünden sich austobte.

F. Graf, *Nordionische Kulte*, Bibliotheca Helvetica Romana 21 (Rom 1985) 411–417.

Neben dem Tieropfer stehen verschiedene Formen des blutlosen Opfers. Sie können eigenständig oder Teile eines umfassenden Szenarios beim Tieropfer sein; zumeist lassen sie sich lose als Verzichtopfer verstehen.

(2a) Wichtiger Ritualakt ist die Libation (σπονδή), in verschiedenen Einzelfunktionen und mit verschiedenen Flüssigkeiten (gemischter und ungemischter Wein, Wasser, Milch, Öl, Honig): zu Beginn und am Ende des Symposions (Wein), im Grabkult (Wasser) oder zur Grenzmarkierung (Öl). Die Wahl der Flüssigkeit (wie die des Opfertiers) gehorcht einer eigenen Semantik; wichtig ist der Unterschied zwischen Libationen mit (meist gemischtem) Wein und solchen ohne Wein (νηφάλιοι). Hauptaussage ist das großzügige Weggeben von Kostbarem (außer dem Wasserguß im Totenkult, der als Tränken des Toten verstanden wird); deswegen werden oft Götter mit der Libationsschale in der Hand abgebildet.

F. Graf, «Milch, Honig und Wein. Zum Verständnis der Libation im griechischen Ritual», in: *Perennitas. Studi Angelo Brelich* (Rom 1980) 209–221.

(2b) Das Räucheropfer, Das Verbrennen von duftendem Holz, seit dem 7. Jh. besonders Weihrauch, ist vor allem begleitendes Ritual zu andern Opfern; auf eine frühere, umfassendere Bedeutung weist der Umstand, daß θύω 'opfern' eigentl. 'räuchern' heißt. Weihrauch wird ins Altarfeuer gelegt oder in besonderen Räuchergefäßen orientalischer Herkunft (θυμιατήρια) verbrannt.

(2c) Das Verbrennen von diversen Opferkuchen oder Früchten ist immer ein außergewöhnliches Opfer. Kuchen in spezifischen Formen werden oft Heroen dargebracht, Früchte jeder Art – Ackerfrüchte wie Baumfrüchte – opfert man als Erstlingsopfer (ἀπαρχή) in momentanem Verzicht, bevor man die Ernte zur eigenen Benutzung freigibt.

2.2.2 Unter den Riten nimmt das Gebet eine Sonderstellung ein: in griechischer Kategorisierung wurde es von den δρώμενα ('das, was man tut') abgehoben als λεγόμενα 'das, was man sagt' ('orale Riten'). Spezifisch das Gebet ist εὐχή; dabei wurde 'ich bete' (εὔχομαι, 'ich rede bedeutungsvoll') erst nach Homer auf das Religiöse eingeschränkt.

Deswegen heißt 'ich bete' bei Homer und in der archaischen Zeit auch ἀράομαι, der Priester ἀρητήρ ('Beter'); das zugehörige Substantiv ἀρά heißt freilich viel häufiger 'Fluch'. Die Ambivalenz hat damit zu tun, daß man sich oft genug an Götter wendet, um nicht bloß materielle Hilfe, sondern auch strafenden Beistand zu suchen (z. B. Chryses in *Ilias* A). Erst moralische Reflexion über religiöses Handeln und das dahinterstehende Gottesbild trennt schärfer: Im J. 415 weigerte sich eine Priesterin erstmals, einen Staatsfeind zu verfluchen, weil sie zum Beten, nicht zum Fluchen berufen sei (Plut. *Qu. Rom.* 44, 275 D).

Eine andere homerische Bezeichnung für einen oralen Ritus ist ἐπαοιδή (ἐπῳδή), 'Besingung', ein nicht zwingend an eine Gottheit gerichteter Sprachakt, der in sich bereits genügt, um eine Wirkung zu erreichen. Die ἐπαοιδή ist die heilende Formel (etwa zur Blutstillung von Odysseus' Schenkelwunde, *Od.* 19,457); erst im Lauf des 5. und 4. Jh.s wird daraus der 'Zauberspruch'. – W. D. Furley, «Besprechung und Behandlung. Zur Form und Funktion von ΕΠΩΙΔΑΙ in der griechischen Zaubermedizin», in: G. W. Most – H. Petersmann – A. M. Ritter (Hrgg.), *Philanthropia kai Eusebeia. Festschrift Albrecht Dihle* (Göttingen 1994) 80–104.

Antike Gebete haben eine feste, dreigeteilte Form: (A) In einer 'Anrufung' (*invocatio*) wird die Gottheit zum Hören oder Kommen aufgefordert, ihr Name samt Epiklesen und wichtigen Kultorten genannt (typisch: Relativsatz und die partizipiale Erweiterung). (B) Ein narrativer Teil (*pars epica*) enthält Verweise auf frühere Ritualleistungen, eine Darstellung der Not des Beters u. ä.; damit legitimiert der Beter seine Berechtigung zum Wunsch. (C) Erst jetzt wird der konkrete Wunsch (*preces*) ausgesprochen. Diese Dreiteilung ist funktional; man fällt nicht mit der Bitte ins Haus. Nur in dringenden Fällen kann man – psychologisch verständlich – (B) und (C) vertauschen.

C. Ausfeld, *De Graecorum precationibus quaestiones* (JKlPh, Suppl. 28), 1903; E. Norden, *Agnostos Theos. Untersuchungen zur Formengeschichte religiöser Rede* (Leipzig–Berlin ⁴1923).

Antike Gebete werden fast immer laut gesprochen; leise betet man bloß, wenn man vermeiden will, daß andere mithören; das ist nur in Ausnahmefällen möglich (z. B. Eur. *El.* 808–810) und kann den Beter verdächtig machen – später vermutet man Magie im leisen Gebet. – H. S. Versnel, «Religious mentality in ancient prayer», in: ders., *Faith, Hope and Worship. Aspects of Religious Mentality in the Ancient World* (Leiden 1981) 1–64.

Inhaltlich und formal nicht vom Gebet zu trennen ist der *Hymnos*. Der Unterschied liegt in der Darbringung: Gebete werden von einem Einzelnen gesprochen, Hymnen von besonderen Spezialisten (Chören oder individuellen ὑμνῳδοί) vorgetragen. Der Hymnos ist ein aufwendiges literarisch-musikalisches und – anders als das (Stoß-)Gebet – nicht spontan vorgetragenes Gebilde. Hymnen werden an den Festen der Gottheit dargebracht (wie Weihgeschenke, mit denen man den Tempelraum schmückt) und oft im Heiligtum aufgezeichnet (gelegentlich mit der musikalischen Notierung); umgekehrt wird derselbe

Hymnos über Jahre und Jahrzehnte immer wieder gesungen. Bestimmte Hymnenformen sind bestimmten Gottheiten zugeordnet – insbesondere der Paian dem Apollon und der Dithyrambos dem Dionysos; als die Krankenheilung immer mehr von Apollon zu Asklepios überging, wurde der Paian auch das Hauptlied des Asklepios. – A. C. Cassio u. G. Cerri (Hrgg.), *L'inno tra rituale e letteratura nel mondo antico. Atti di un colloquio* (Rom 1991); L. Käppel, *Paian. Studien zur Geschichte einer Gattung* (Berlin – New York 1992).

2.2.3 Für sich stehen Reinigungsriten zur Entfernung einer Befleckung (μίασμα, μύσος). Das Göttliche verlangt Reinheit; Schmutz ist mit der Kontingenz ordnungsloser Zufälligkeit, Reinheit mit jener Ordnung verbunden, die der Mensch in dieser Welt der Kontingenzen schafft. Die Welt des Göttlichen ist der Gegenpol zu den Kontingenzen des Daseins: Von den Göttern wird erwartet, daß sie als letzter Grund von Ordnung eben diese in der Welt schaffen und garantieren. Damit wird im Umgang mit den Göttern grundsätzlich Reinheit gefordert; sie muß vor jedem Kontakt hergestellt werden. Auch jede zufällig auftretende Unreinheit kann das Göttliche stören und muß beseitigt werden. Beides ist Anliegen der (von Sakralgesetzen ausformulierten) kathartischen Riten.

Das griech. Vokabular ist teilweise das der alltäglichen Reinheit, metaphorisch verwendet (καθαίρειν, 'reinigen'), teilweise spezifisch religiös (ἁγνεύειν 'ἁγνός sein', ἁγνίζειν/ἀφαγνίζειν 'ἁγνός machen'). Die Gegenbegriffe (μύσος, μίασμα, μιαίνειν) sind spezifisch religiös: Sie drücken den Verstoß gegen die von den Göttern geforderte Reinheit aus.

Ort besonderer Reinheit ist der Raum, in dem das Göttliche sich manifestiert, das Temenos. Man betritt ein Heiligtum nicht ohne elementare Reinigung; am Eingang des heiligen Bezirks steht ein Wassergefäß (περιρραντήριον) zur rituellen Waschung.

Mord, die schwerste Störung der sozialen Ordnung, schafft auch rituelle Unreinheit; Krankheit, insbesondere Wahnsinn, kann Folge von Verunreinigung sein. Ebenso sind Sexualität und Tod Störung von Ordnung: Sterben und jede Art Sexualität (auch Geburt und Menstruation) sind im Heiligtum verboten; wer draußen mit ihnen zu tun hatte, muß sich vor dem Betreten des Heiligtums rituell reinigen; besonders gilt dies für Priester.

Das Konzept dient auch dazu, (soziale) Ordnung darzustellen; ganze soziale Gruppen (Sklaven, Frauen, Fremde) können als Quellen von Verunreinigung vom Heiligtum ausgeschlossen werden. Dasselbe gilt für bestimmte Tiere (Schwein; Ziege bei Asklepios): Auch hier bringt der Ausschluß eine Ordnung unter die möglichen Opfertiere. Zusammen mit den positiven Ritualvorschriften konstruieren diese Verbote auch Charakteristika von Gottheiten.

Einfachere Verunreinigungen – Tod, Sexualität – werden durch Waschungen (oft des ganzen Körpers) mit Wasser beseitigt. Stärkere Störungen brauchen stärkere Reinigungen: Bei den Riten der Mordsühne und der Krankenheilung (insbesondere bei Seuchenzügen und Besessenheit) sind blutige Reinigungsopfer nötig (wogegen aufgeklärte Reflexion protestiert: zu Mordsühne Heraklit, *VS* 22 B 5; zu Krankheit: Ps.-Hippocr. *Morb. Sacr.*); die verwendeten Reinigungsmittel (καθάρματα) werden in einem Gewässer versenkt oder in die Berge getragen. Eine Sonderstellung nimmt die Mordsühne ein; sie ist komplex, weil wenigstens in nachhomerischer Zeit die rituelle Reinigung nur Teil eines umfassenden, von der Rechtsprechung der Städte immer mehr geregelten Prozesses wurde.

Eine lange Inschrift aus Kyrene (sie wurde am Ende des 4. Jh.s aufgezeichnet, geht aber auf ein Orakel des delphischen Apollon bei der Stadtgründung im späteren 7. Jh zurück: *LSS* 115) kennt Opfer gegen Seuchenzüge − Sicherheit vor von außen kommender Befleckung, wie sie als Ursache von Seuchen angenommen wird, schaffen apotropäische Riten und Gottheiten (ἀποτρόπαιον 'Abwehrmittel'), insbesondere Apollon −, Vorschriften über Reinigungen nach Sexualverkehr und nach dem Kontakt mit einer Wöchnerin, über die Verunreinigung durch das Opfern eines nicht erlaubten Opfertiers, schließlich auch umfangreiche Bestimmungen zu Heirat und Erstgeburt.

L. Moulinier, *Le pur et l'impur dans la pensée des Grecs d'Homère à Aristote* (Paris 1952); Parker (1984).

Neben den okkasionellen Reinigungsriten stehen die seltenen periodisch wiederholten 'Sündenbockriten' mancher (v. a. ionischer) Städte der archaischen Zeit; hier wird ein marginalisierter menschlicher Träger der Verunreinigung (φαρμακός, oft ein gefangener Verbrecher) durch die Stadt geführt und so mit ihr in Kontakt gebracht, dann rituell über die Grenzen ausgetrieben. Diese Riten haben in der Forschung weit mehr Prominenz erlangt, als sie in der Realität hatten. − J. N. Bremmer, «Scapegoat rituals in ancient Greece», *HSPh* 87 (1983) 299−320.

2.3 Das Heiligtum: Temenos und Tempel, Hain

2.3.1 Das Heiligtum als Ganzes. Viele Riten sind an Räume gebunden, die ἱερός, dem Verkehr mit dem Übermenschlichen vorbehalten, sind. Die Bezeichnung eines solchen Raumes ist τὸ ἱερόν, 'das Heiligtum'. Ein griechisches Heiligtum enthält als Minimalausstattung einen Altar als Opferort, dazu Weihgeschenke, meist auch ein Kultbild; ein Tempel ist nicht notwendig. Es wird als sakraler Raum nach außen markiert, am einfachsten durch eine Raumumfassung (oft eine mehr oder weniger hohe Mauer), und heißt dann Temenos (von τέμνειν, 'schneiden': der aus dem übrigen Raum ausgeschnittene sakrale Raum). Grenzsteine besorgen oft die spezifische Abgrenzung mit Inschriften, die den Inhaber des Raums als Besitzer im Genitiv nennen: Διὸς Μειλιχίου, oft ausführlicher ὅρος τῶ τεμένως τᾶς Ἀρτέμιδος, 'Grenze (oder Grenzstein) des Temenos der Artemis' (Lemnos) oder hόρος hιερō Νύμφης, 'Grenze des Heiligtums der Nymphe' (Athen, Akropolis, Ende 5. Jh.). Als Eigentümer kann die Gottheit besonderes Verhalten verlangen, den Zutritt beschränken oder im äußersten Falle sogar verbieten.

Daneben heißt der heilige Bezirk auch τὸ σῆκος, ein Wort unklarer Etymologie, das eigentlich jeden abgeschrankten Bereich bezeichnet. Im Epos meint es häufig den Schafpferch, im Lauf der klassischen Zeit verliert sich diese profane Wortbedeutung; doch zeigt das Wort, welches die elementare Form des griechischen Heiligtums war. Später wird σῆκος auch zur Bezeichnung des Tempels, Inschriften können von τὸ τοῦ ἱεροῦ σῆκος reden, vom 'Sekos des heiligen Bezirks'. Späte Lexika systematisieren (ohne daß dies in der Realität verifizierbar wäre), daß ein σηκός ein Tempel für die Heroen, ein νηός einer für die Götter sei.

Birgitta Bergquist, *The Archaic Greek Temenos. A Study of Structure and Function* (Lund 1967); dies., «The archaic temenos in western Greece. A survey and two inquiries», in: Reverdin – Grange (1992) 109–152.

Ein Sonderfall ist der tatsächliche unbetretbare Raum, τὸ ἄβατον, der durch göttliches Einwirken menschlichem Zugriff völlig entzogen war und nicht einmal Kult enthielt. Fast immer ist es ein vom Blitz getroffenes Stück Boden, das dadurch Zeus (zumeist Zeus Kataibates, 'Herniederfahrer') anheimgefallen ist.

Die Lage der Heiligtümer hängt mit der Gottheit zusammen. Das Hauptheiligtum der Stadtgottheit (besonders der Athena) liegt auf der Akropolis; Marktgottheiten (Zeus Agoraios oder Hermes) haben ihre Kultorte am Markt, Handwerkergottheiten wie Hephaistos in den Handwerkerquartieren (in Athen liegt der Tempel von Athena und Hephaistos, das sogenannte Theseion, gleichzeitig am Rand der Agora und am Rand des Kerameikos-Töpferviertels; so sagt die Lage dieses Heiligtums auch etwas darüber aus, wie Athen seine Handwerker zum Zentrum des Staates bezieht). Wichtig ist vor allem der Gegensatz zwischen den Tempeln und Heiligtümern im Innern der Stadt und denen 'vor der Stadt' (πρὸ πόλεως); die Unterscheidung entspricht wieder einem Funktionsunterschied. Daß die Heiligtümer der ländlichen Gottheiten (Pan, Nymphen) auf dem Land, zahlreiche Heiligtümer Poseidons am Meeresufer und viele Heiligtümer des Zeus auf Bergen liegen, läßt sich aus den Eigenheiten des Kultes und dem mythologisch gezeichneten Charakter der Gottheit verstehen. Daß dagegen Demeterheiligtümer vor der Stadt, doch in Stadtnähe und sehr oft in einem Hügelhang liegen, erklärt sich nicht einfach mit einer Schutzfunktion des Ackerlandes. Dasselbe gilt erst recht für die großen Heraia vor den Städten (Argos, Samos; die großgriechischen von Metapont, Kroton und Paestum). Noch weiter draußen liegen viele Heiligtümer der Artemis, der 'Göttin des Draußen' (in Wilamowitz' Formel), etwa das Heiligtum der Artemis Brauronia an einem abgelegenen Ort der attischen Ostküste.

In manchen Fällen mag eine Funktion als Initiationsheiligtum (deutlich bei Brauron oder Eleusis) die Lage erklären; solche Heiligtümer liegen in allen Kulturen außerhalb der Siedlungen.

Auch jene Heiligtümer liegen außerhalb der Stadt, in denen der Einzelne mit der Gottheit in divinatorischen Kontakt tritt: die Orakelheiligtümer (Dodona; Delphi, Didyma, Klaros) und die Heiligtümer des Asklepios, in denen die Heilung durch den divinatorischen Heilschlaf bewirkt wird (Epidauros, Pergamon, Kos usw.; s. u.).

D. Asheri, «A propos des sanctuaires extraurbains en Sicile et Grande Grèce. Théories et témoignages», in: M.-M. Mactoux – E. Geny (Hrgg.), *Mélanges Pierre Lévêque* 1 (Paris 1988) 1–15; F. Graf, «Heiligtum und Ritual. Das Beispiel der griechisch-römischen Asklepieia», in: Reverdin – Grange (1992) 159–199; R. W. M. Schumacher, «Three related sanctuaries of Poseidon. Geraistos, Kalaureia and Tainaron», in: Marinatos – Hägg (1993) 62–87.

Eine Sonderform des Heiligtums ist der Hain (τὸ ἄλσος), der von Bäumen bestandene heilige Bezirk mit oder ohne Tempel. Haine können im Innern einer Stadt liegen (so das athenische Hephaisteion nach Ausweis von Einlaßlöchern für Bäume), viel häufiger aber liegen sie außerhalb, wie die Orakelhaine von Dodona oder Didyma. Sehr häufig werden Apollon und Artemis in Hainen verehrt, doch kann grundsätzlich jede Gottheit einen Hain besitzen; es sind höchstens bestimmte Baumarten an bestimmte Gottheiten gebunden, wie die Dattelpalme (φοῖνιξ) an Apollon oder Artemis, die Eiche an Zeus. Diese Bäume sind als Besitz der Gottheit in den Hainen vor menschlichem Zugriff oft geschützt (Sakralgesetze, z. B. *LSCG* 150).

Mit Baumkult im Sinne der Verehrung eines Baumes als Sitz (oder auch bloß Symbol) einer Gottheit – eine Kategorie des 19. Jh.s – hat dies nichts zu tun; solcher Baumkult ist in der griechisch-römischen Antike unbekannt. – O. de Cazanove – J. Scheid (Hrgg.), *Les bois sacrées* (Neapel 1993).

2.3.2 Findet Kult im Temenos statt, ist das Zentrum der Kultplatz: gewöhnlich der Altar, βωμός, seltener andere Formen wie die Eschara (ἐσχάρα, 'Herd'), oder der Bothros (βόθρος, 'Opfergrube') (späte Systematisierung Porph. *Antr.* 6). Die archäologisch faßbaren Altar-Formen variieren vom kleinen (oft tragbaren) Steinblock bis zur monumentalen Großanlage wie dem Altar von Pergamon. Die Grundstruktur ist immer dieselbe: Der Altarkörper steht auf einem Sockel (von der einfachen Stufe bis zur aufwendigen Freitreppe); seine Oberseite ist so zugerichtet, daß hier ein Feuer lange und heiß brennen kann, in einer aufgelegten metallenen Wanne, da Stein (besonders Marmor) feuerempfindlich ist. Um das Feuer zu konzentrieren und das Brandgut zusammenzuhalten, sind die Seiten gewöhnlich zu einer Volute oder einem sonstwie geformten Rand hochgezogen.

Ist die Brandvorrichtung eine praktische Problemlösung zur Verbrennung von oft vielen Knochen auf einer oft monumental ausgestalteten Grundlage, so sind Sockel oder Treppe ideologisch zu verstehen: Das Altarfeuer gilt den Olympiern 'droben'. Der Altar ist der Brennpunkt der Kommunikation zwischen Mensch und Gott; das zeigt sich auf manchen Bildern von Weihreliefs, wo der Altar als 'Schnittstelle' die Grenze zwischen den opfernden Menschen (mitsamt Opfertier) auf der einen und den empfangenden Göttern auf der andern Seite markiert. Deswegen müssen Schutzflehende (ἱκέται), die in einem griechischen Heiligtum Zuflucht suchen, sich auf den Altar setzen, um so nahe an die Gottheit heranzukommen, wie dies einem Sterblichen möglich ist.

Die Eschara ist in moderner Terminologie der Ort von Holokausten; charakteristisch ist die geringe Höhe und der Umstand, daß sie ein Loch oder gar eine Röhre enthält, durch die das Blut der Tiere den Unterirdischen zugeleitet wird. Archäologisch sind Escharai viel schlechter faßbar als Altäre; man baute sie oft ad hoc für ein einmaliges Opfer aus Erde und Rasenziegeln.

Allerdings ist die antike Terminologie weniger präzise als die moderne; man kann auch von βωμοῦ ἐσχάραι sprechen, womit eben die Metallaufsätze oder Einlassungen auf dem Altar gemeint sind, auf denen das Feuer brennt (Eur. *Andr.* 1138), oder Dichter können überhaupt von ἐσχάρα reden, wo wir βωμός erwarten (z. B. Aesch. *Pers.* 205). Der Grund liegt in der ganz großen Dominanz der βωμοί.

Die Opfergrube, der βόθρος (seit Hom. Od. 11,24f.), dient dem rituellen Kontakt mit den Toten und der Unterwelt und ist deswegen in die Erde eingesenkt; er kann (wie Odysseus' Grube) eine vorübergehende Einrichtung sein. In ausgebauten Heiligtümern (insbesondere Demeters, wie in Priene) ist er fest gebaut als quadratische, mit Stein ausgemauerte Grube, mit steinernen Giebelstücken (auf die Bretter aufgelegt wurden, um die Grube abzudecken) und mit einer Umfassungsmauer mit Tor; hier wurden wohl Opfer in die Tiefe niedergelegt.

Der Bauplan eines Bothros ist von einem Grab nicht immer klar zu unterscheiden; auch Gräber können gemauerte unterirdische Räume mit einem Giebeldach sein. Bezeichnend ist die Diskussion um die eingesenkte Ädicula auf der Agora von Paestum, die als Heroengrab oder Kultort von Persephone verstanden wird.

C. G. Yavis, *Greek Altars. Origins and Typology, including the Minoan-Mycenaean Offertory Apparatus. An Archaeological Study in the History of Religions* (Saint Louis, Miss. 1949); R. Étienne, «Autels et sacrifices», in: Reverdin – Grange (1992) 291–312.

2.3.3 Das Kultbild heißt griechisch ἕδος 'Wohnsitz': die Gottheit wohnt in ihrem Bild, wie die homerischen Götter im Olymp, dem θεῶν ἕδος ἀσφαλὲς αἰεί (Hom. Od. 6,42). Damit besteht immer eine Spannung zwischen Kult und Mythos: Der Kult nimmt an, daß die Gottheit im Bild anwesend ist; der Mythos weiß, daß die Götter entweder außerhalb der Menschenwelt oder wenigstens in einem besonders prominenten irdischen Tempel wohnen.

Die Vorstellung, daß der Gott im Kultbild präsent ist, hält sich hartnäckig: Auf Chios legt man im 5. Jh. die σπλάγχνα, den Götteranteil des Opfers, der Statue auf die Knie oder in die Hand; die zahlreichen Geschichten von wundertätigen Kultbildern, die aus der heidnischen Antike bruchlos in die christliche Spätantike und das Mittelalter laufen, beruhen darauf, daß irgendwie im Bild sich das Göttliche manifestiert. Das Konzept, das dieser Spannung am besten gerecht wird, ist das der Repräsentation (vgl. C. Ginzburg, «Représentation. Le mot, l'idée, la chose», *AnnESC* 16, 1991, 1219–1234).

Das Götterbild ist zum einen ein individuelles, an einem bestimmten Ort aufgestelltes, von einem bestimmten Bildhauer hergestelltes und ggf. auswechselbares Bild (wenn es beschädigt wird oder der Ästhetik nicht mehr entspricht), zum andern holt es das Überzeitliche, Göttliche in die jeweilige Gegenwart, 'ist' in gewissem Sinne die individuelle Gottheit. Deswegen wird das Bild gepflegt, mit Blumen bekränzt oder mit kostbarem Öl poliert, was in manchen Tempeln der φαιδρυντής oder φαιδυντής ('Reiniger'; Pollux 7,37) besorgt.

Monumentale Kultbilder sind seit dem 8. Jh. literarisch (Hom. Il. 6,303) und archäologisch (Sitzbild aus dem Athenatempel von Gortyn) bezeugt; doch noch im 7. sind die meisten faßbaren Kultbilder deutlich unterlebensgroß (Sphyrelata aus dem Apollontempel von Dreros oder Apollonstatuette aus dem Artemistempel des böotischen Hyampolis). Großplastische Bilder erscheinen im Lauf des 6. Jh.s; im 5. werden die idealisierenden Gold- und Elfenbeinbilder geschaffen, die die Götter in voller Menschengestalt abbilden (*VIII 2.2.5*).

Dreros: Simon (1985) Abb. 119; Hyampolis: R. Felsch, «Tempel und Altäre im Heiligtum der Artemis Elaphebolos von Hyampolis bei Kalapodi», in: R. Étienne – M.-Th. Le Dinahet (Hrgg.), *L'espace sacrificiel dans les civilisations méditerranéennes de l'antiquité* (Paris 1991) 85–91, hier 88.

Die altertümlichen und kleinen Bilder ('Xoana', ein aus Pausanias bezogener, sachlich problematischer Terminus der Archäologen: A. A. Donohue, *Xoana and the origins of Greek Sculpture*, Atlanta 1988) verschwanden auch beim Wandel des Stils nicht völlig, sondern erhielten teilweise neue Funktionen. Da sie tragbar waren, wurden sie in bestimmte Riten eingebunden, wie das alte Holzbild der Athena auf der athenischen Akropolis, das an den Plynteria aus der Stadt gebracht, gewaschen und neu eingekleidet wurde, oder das Holzbild der Hera von Samos, mit dem am Fest der Tonaia dasselbe geschah; das tragbare altertümliche Artemisbild in Messene wurde bei einer Belagerung auf der Mauer um die Stadt getragen und sandte den Feinden Wahnsinn, dasjenige der Artemis Orthia in Sparta nahm, von der Priesterin gehalten, an der rituellen Peitschung der Epheben teil und gab an, wenn nicht hart genug zugeschlagen wurde.

Angeblich uralt sind die sogenannten anikonischen Kultbilder in Form von Pfeilern oder Steinen. Das Phänomen ist aber weit seltener, als die evolutionistische Religionsforschung annahm; außer Apollon ἀγυιεύς, der in der Form eines Pfeilers vor den Haustüren stand, stammen die meisten Belege aus Pausanias; eine evolutionistische Deutung ist durch nichts gewährleistet. In einigen Fällen liegt wohl eine Beziehung zu den semitischen Baitylen vor (so beim anikonischen Bild der Aphrodite von Paphos), in anderen handelt es sich nicht um Bilder, sondern um Kult- oder Grenzmarkierungen (vgl. Theophr. *Char.* 16; Xen. *Mem.* 1,1,14). – M. W. de Visser, *De Graecorum diis non referentibus speciem humanam* (Leiden 1900); Birgitta Bergquist, «A particular, western Greek cult practice? The significance of stele-crowned, sacrificial deposits», *OAth* 19:3 (1992) 41–47; V. Fehrentz, «Der antike Agyieus», *JDAI* 108 (1993) 123–196.

2.3.4 Weiteres Kennzeichen des Temenos sind die Weihgeschenke (τὰ ἀναθήματα, 'was in die Höhe und damit weggestellt ist'), menschlichem Gebrauch entzogene Gaben für die Gottheit. Anathemata sind oft die Folge eines erfüllten Wunsches (Formel κατ' εὐχήν), in dem ein Einzelner, falls sein Gebet erhört würde, ein besonderes Weihgeschenk versprochen hat, oder werden durch eine Traumerscheinung der Gottheit veranlaßt (Formel κατ' ὄναρ, besonders bei Herakles, später bei Isis). Eine Vielzahl Weihegeschenke in einem Temenos ist in jedem Fall eine Empfehlung für die Gottheit und ihre häufige Hilfe.

Zum Traum F. T. Van Straten, «Daikrates' dream. A votive relief from Kos and some other κατ' ὄναρ dedications», *BABesch* 51 (1979) 1–38.

Ein weiterer Anlaß sind biographische Zäsuren, bei denen geweiht wird, was man im neuen Lebensabschnitt nicht mehr braucht: Dank für die Hilfe der Gottheit während des vergangenen und Versprechen für weitere Gabe im neuen Lebensabschnitt.

Schon bei Homer bezeugt sind die Haaropfer der Epheben: Wird der junge Mann zum Erwachsenen, weiht er eine Locke seines Haars (das der Ephebe lang, der Mann aber kürzer trägt) Apollon und den Nymphen oder dem lokalen Flußgott (κερέειν Hom. *Il.* 23,144–146; κουρίζειν Hes. *Th.* 347). Ebenso weihen Mädchen ihre Bälle und Puppen an Artemis, wenn sie erwachsen werden und heiraten, und Handwerker bei Berufsaufgabe ihre Werkzeuge; der Dichter Horaz hängt im reifen Alter sein Barbiton im Venustempel an die Wand (*carm.* 3,26). – Haare weiht man oft auch nach Rettung aus Seenot, Kleider nach glücklicher Geburt.

Beutewaffen weiht man nach einem erfolgreichen Feldzug der hilfreichen Gottheit (oft auch zur Eigenpropaganda, wie die zahlreichen Waffen aus Olympia zeigen). Häufiger noch sind Statuetten oder Statuen, Wertgegenstände, Weihreliefs. Statuetten (aus den allermeisten griechischen Heiligtümern bekannt) sind Bilder aus billigem Material, meist Blei (oft im dorischen Bereich der archaischen Zeit) oder weit häufiger Terrakotta. Geweiht werden Bilder von Tieren oder Menschen oder Göttern; die Unterscheidung zwischen Mensch ('Adorant') und Gottheit ist nicht immer klar, ebensowenig wie die genauen Mechanismen der Weihung. Götterbilder müssen nicht mit der Gottheit, in deren Temenos sie geweiht werden, übereinstimmen oder auch nur mit ihr in enger Beziehung stehen; doch weiht man in der Mehrzahl Bilder des betreffenden Gottes.

Thronende – also hierarchisch überlegene – Frauen stellen wohl eine Göttin dar; stehende Männer und Frauen mit einem Tier im Arm sind umgekehrt Menschen, die ein Opfer bringen; ob aber Männer, die einen Widder auf der Schulter tragen, Menschen mit Opfertier sind oder eher Hermes Kriophoros, ist kaum zu entscheiden. Ebenso unklar ist der Grund für die Wahl der Tierarten; bei Rindern, Schafen oder Schweinen kann es sich ebensogut um Opfertiere handeln wie um Haustiere, die in den Schutz der betreffenden Gottheit gestellt werden, bei Schildkröten funktioniert weder das eine noch das andere. Unklar ist auch, ob die Haustiere (oder die Statuetten von Menschen mit Haustieren) anstelle eines Opfers geweiht werden oder ob sie an das Opfer erinnern wollen; im Metropolitan Museum in New York steht (aus einem Heiligtum) die lebensgroße zypriotische Kalksteinstatue eines Mannes, der einen Rinderkopf mit sich trägt, und zwar einen echten (keine künstlerische Nachbildung), wie die weichen Formen zeigen: Da wird an ein wirkliches Opfer erinnert.

Die billigen Statuetten sind allein Ausdruck individuellen Danks, große Statuen sind Schmuck des Heiligtums (ἀγάλματα 'Schmuckstücke'). Nicht selten sind solche Statuen Stiftungen aus der Gottheit anheimgefallenen Strafgeldern (z. B. die 'Bußzeuse' in Olympia, Paus. 5,21,2).

Schmuck sind auch die Wertgegenstände. Kroisos ließ für Apollon in Delphi nicht bloß 3000 Ochsen und dazu «vergoldete und versilberte Liegebetten, goldene Schalen und purpurne Kleider» verbrennen, sondern auch eine goldene Löwenstatue und «zwei große Mischkrüge, den einen aus Gold, den andern aus Silber» im Heiligtum aufstellen (Hdt. 1,50f.). Häufiger sind goldene oder silberne Weinkrüge oder Trinkschalen, von denen die schönsten Stücke aufgestellt, die andern diebstahlsicher thesauriert werden. Immer aber gehören diese Dinge der Gottheit: Um eine Kontrolle gegen Verluste zu haben, legt man seit dem 4. Jh. darüber Inventare an; die erhaltenen zeigen Reichtum und Buntheit solcher Weihgeschenke. Sammelt sich zuviel an, werden billige Dinge (Terrakottastuetten, Bronzeschmuck) gesammelt und vergraben ('favissa'); Gegenstände aus Edelmetall werden entweder (auch beschädigt) aufbewahrt oder zu Opfergerät (Spendenschalen, Krüge) umgeschmolzen.

F. van Straten, «Votives and votaries in Greek sanctuaries», in: Reverdin – Grange (1992) 247–284; Sara B. Aleshire, «The economics of dedication at the Athenian Asklepieion», in: T. Linders – Brita Alroth (Hrgg.), *Economics of Cult in the Ancient Greek World, Boreas* 21 (Uppsala 1992) 85–98.

Die archäologisch am besten faßbare Gattung von Weihungen sind die Weihreliefs. Nur literarisch faßbar sind bemalte Holztafeln (vgl. Tibull 1,3,27f.; Hor. *Ars* 20f.); erhalten sind (aus archaischer Zeit) bemalte Tontafeln, weitaus am häufigsten aber sind die Steinreliefs. Auf den allermeisten von ihnen ist nicht der private Anlaß der Weihung dargestellt, sondern ein Opfer; ausführlicher narrative Bilder wie bei christlichen Ex-Votos sind wohl eine spätere Entwicklung. Das Grundschema stellte eine Gruppe von opfernden Menschen mit Diener und Opfertier vor die meist größer dargestellte Gottheit hin; zwischen beiden steht oft (nicht immer) der Altar. Nicht aber das Relief ist das eigentliche Geschenk, sondern das Opfer, an welches das Weihrelief die Erinnerung festhält. Vergleichbar ist, wenn man den Rinderschädel im Heiligtum aufnagelt: Das Opfer muß als Zeichen menschlicher Frömmigkeit der Gottheit und der Mitwelt gegenüber dauerhaft dokumentiert werden; gleichzeitig bezeugt die große Zahl solcher Monumente die göttliche Präsenz (Apul. *Met.* 6,3).

Erst spät wird dagegen Widerspruch artikuliert, vgl. die Aretalogie auf Asklepios P.Oxy. 11,1381.

Eine ikonographische Sonderkategorie sind die *Heroenmahlreliefs*, Darstellung eines beim Mahl liegenden Heros, meist mit einem stehenden Diener, der den Wein zu kredenzen hat, oft auch mit einer auf der Kline sitzenden Frau. Da Heroen in antiker Auffassung Verstorbene sind, ist nicht immer klar, ob das Relief zu einem Grab oder einem Kultplatz gehört; entscheidend ist aber, daß das Relief Kult impliziert. – J.-M. Dentzer, *Le motif du banquet couché dans le Proche-Orient et le monde grec du VIIe au IVe siècle avant J.-C.* (Paris 1982).

Eine andere Sonderkategorie sind die *Gliederweihungen*, Darstellungen geheilter Körperteile. Sie stammen fast ausnahmslos aus Heilheiligtümern; sie erreichen in Griechenland nie so große Verbreitung wie im hellenistischen Italien. Erste literarische Bezeugung ist Theophr. *Char.* 21 (Ex-Voto in der Form eines Fingers aus Bronze im Asklepios-Heiligtum). – Nicht alle Abbildungen von Körperteilen weisen auf Heilung des betreffenden Glieds; es gibt Reliefs, auf denen ein Ohrenpaar nicht auf Heilung von Ohrenkrankheiten weist, sondern darauf, daß die Gottheit den Gebeten ihr Ohr geliehen hat, ἐπήκοος ('erhörend') gewesen ist. – B. Forsén, *Griechische Gliederweihungen* (Helsinki 1996).

Zur Weihung gehört die entsprechende *Weihinschrift*. Sie gibt einigermaßen schematisch Empfänger, Stifter und gegebenenfalls Anlaß der Weihung an.

2.3.5 Seit klassischer Zeit stehen die meisten Kultbilder in einem Tempel. Dagegen sind in der archaischen Epoche durchaus Kultbilder belegt, die im Freien standen, höchstens durch einen Baldachin gegen die Witterung geschützt. Vasenbilder des 5. Jh.s stellen ebenso im Freien stehende Kultbilder vor; auf hellenistischen Darstellungen 'bukolischer' Landschaften ist das Fehlen des Tempels Teil der ländlichen Einfachheit. In der Regel gehören seit archaischer Zeit zu einer Siedlung ihre Tempel; bei der Stadtgründung werden

Mauerring, Agora und Tempel abgesteckt. Nur die Herme, das Bild des Hermes, behält die Aufstellung im Freien bei: Sie hat Kult an Wegkreuzungen und an Grenzen.

Der griechische Normaltempel besitzt seit archaischer Zeit einen unverwechselbaren Grundriß: Er ist eine langrechteckige, sehr oft geostete Halle, mit dem Haupteingang an einer der Schmalseiten; das Innere enthält insbesondere das Kultbild auf seiner dem Eingang gegenüberliegenden Basis. Die Halle ('Cella') ist bei den aufwendigeren Tempeln durch eine umlaufende Säulenstellung ('Ringhalle, Peristyl') geschmückt, bei den kleineren wenigstens durch eine solche an der Eingangsseite ('Prostyl'); die Giebel über den Schmalseiten enthalten plastische Darstellungen aus dem Mythos, je nach dem Stil (dorisch, ionisch, korinthisch) kommen weitere plastische Schmuckelemente dazu, insbesondere ein um die Cella umlaufender Fries. Gewöhnlich vor der Eingangsfront liegt der Hauptaltar.

Dieser Normaltempel hat nur die eine Funktion, dem Kultbild einen würdigen Rahmen zu geben: Der griechische Tempel ist 'Gottes Haus' nur in dem Sinn, daß er eine Kultstatue beherbergt. Inwieweit im Innern Riten stattfanden, ist allerdings schlecht untersucht. Opfer und Gebet der Gemeinde fanden immer draußen am Altar statt; seit hellenistischer Zeit belegen Inschriften vor allem aus Kleinasien, daß an großen Festtagen die Priester die Tempel öffnen und den Götter Weihrauch und Gebete darbringen sollen – das ist möglicherweise eine spätere und lokale Entwicklung. Das schließt nicht aus, daß der Einzelne sein Gebet im Tempel sozusagen unter den Augen der Gottheit sprechen konnte: Ist der Tempel 'Rahmung' des Kultbilds, sind solche das Bild betreffenden Riten zu erwarten; die Existenz von Schranken vor den Kultbildern bes. nachklassischer Asklepios-Tempel weist darauf hin, daß der Zugang zum Kultbild beschränkt werden mußte. Die meisten Tempel waren tagsüber oder, seltener, nur an den großen Festtagen frei zugänglich; der ausdrückliche Wunsch, Zugang zum Tempelinnern zu haben, wird aber seit dem Hellenismus stärker artikuliert und betrifft v. a. die persönlichen Nothelfer wie Asklepios. Starke Zugangsbeschränkungen sind überall die Ausnahme und werden meist in einem aitiologischen Mythos begründet.

P. E. Corbett, «Greek temples and Greek worshippers. The literary and archaeological evidence», *BICS* 17 (1970) 149–158; P. Veyne, «La nouvelle piété sous l'Empire. S'asseoir auprès des dieux, fréquenter les temples», *RPh* 63 (1989) 175–194.

Der Tempel als Behältnis des Kultbilds ist in seiner architektonischen Form nicht immer klar vom Schatzhaus als Aufbewahrungsort kostbarer Weihgeschenke (auch großer Götterbilder) zu unterscheiden, wie die Diskussion um die Funktion des Parthenon zeigt.

F. Preisshofen, «Zur Funktion des Parthenon nach den schriftlichen Quellen», in: E. Berger (Hrg.), *Akten des Internatinalen Parthenon-Kongresses Basel 1982* (Basel 1984) 15–18. 361f.

In archaischer Zeit war allerdings die Funktion der Tempel noch bunter, wie die erhaltenen Grundrisse zeigen. Es existieren archaische Tempel, die im

Innern einen viereckigen Herd enthalten, der Feuer- und Opferstelle gewesen sein muß; in seltenen Fällen hat sich das auch in späterer Zeit erhalten (etwa *LSCG* 151 B 19).

Solche Tempel hat man mit den Männerhäusern außergriechischer Kulturen verbunden; die entsprechenden Institutionen sind in den konservativen dorischen Städten belegt, wo auch einige der Herdtempel stehen. – M. P. Nilsson, «Archaic Greek temples with fire-places in their interior», in: ders., *Opuscula Selecta* 2 (Stockholm 1952) 704–710 (urspr. 1937).

Noch andere Form und Funktion besitzen die *Mysterienheiligtümer*. So hat das Telesterion von Eleusis nie die Normalform eines griechischen Tempels gehabt, sondern war meist quadratisch mit einem sakralen Zentralbau ('Anaktoron') und an den Wänden umlaufenden Stufen; die Anlage war auf das Mysterienritual ausgerichtet. Ähnliches gilt für die beiden ungewöhnlichen Heiligtümer ('Telesterion' und 'Anaktoron') im Mysterienbezirk von Samothrake. – Eleusis: K. Clinton, «The sanctuary of Demeter and Kore at Eleusis», in: Marinatos – Hägg (1993) 110–124; Samothrake: W. Burkert, «Concordia discors. The literary and the archaeological evidence of the sanctuary of Samothrace», in: Marinatos – Hägg (1993) 178–191.

Andere Abweichungen vom Normalgrundriß, die sich archäologisch feststellen lassen, sind meist unerklärt, weil die Einzelheiten des Kultes, auf die sie sich beziehen, unbekannt sind.

2.4 Die Kultfunktionäre

2.4.1 Priester sind Spezialisten für den Umgang mit dem Göttlichen, wie die geläufigste griechische Bezeichnung nahelegt: ein ἱερεύς ist einer, der mit ἱερά umgeht (wie der κεραμεύς mit κέραμα, 'Töpfen'). Das Wort ist bereits in den mykenischen Linear B-Texten geläufig (*ijereu* bzw. *ijereja* 'Priester' und 'Priesterin') und bleibt von Homer (ἱερεύς seit *Il.* 1,62; ἱέρεια seit 6,300) bis ans Ende der Antike die Normalbezeichnung des Priesters.

Daneben kommt in einem bronzezeitlichen Text aus Pylos (PY Ep 613) der Titel *ijerowoko, hieroworgos* vor, 'der, der ἱερά macht'; vgl. ἱερόεργος (hellenistisch und dichterisch). Die mykenische Differenzierung von ἱερεύς ist unklar. Homerisch heißt der Priester auch ἀρητήρ, 'Beter'; o. *2.2.2*).

Theano, die troische Priesterin der Athena Polias, hatten die Troer «zur Priesterin gemacht» (*Il.* 6,300); nimmt man diese Worte zum Nennwert, bezeugen sie die definitive (möglicherweise lebenslange) Anstellung aus einem allgemeinen Beschluß der Bürger. Dies jedenfalls ist der Berufungsmechanismus der griechischen Städte bis ans Ende des Heidentums. Priester sind damit institutionell durch nichts von den anderen Funktionären der Polis unterschieden, die ebenfalls von der Versammlung der Bürger gewählt werden (von denen viele auch sakrale Aufgaben wahrnehmen).

Nur selten heißt es, der Gott wähle sich seinen Priester aus: Da wird unter den Kandidaten ausgelost. Gegenüber der auch sonst gut bezeugten Auslosung der Funktionäre ist neu bloß die Formulierung, welche der Gottheit die Auswahl anheimstellt.

Von den jährlich wechselnden Beamten unterscheiden sich die Priester oft durch die Länge des Amtes, gelegentlich durch ihre Herkunft aus bestimmten

Geschlechtern. Neben für ein Jahr gewählten Priestern stehen auf Lebenszeit (διὰ βίου) bestallte; die Gründe scheinen vor allem politisch und ökonomisch zu sein, denn extreme Demokratien wie Athen ziehen einen jährlichen Wechsel vor, ostgriechische Städte Priestertümer auf Lebenszeit (die oft versteigert werden). Normalerweise kann jeder unbescholtene und körperlich unversehrte Bürger Priester werden, doch ist in Sonderfällen besondere Familienzugehörigkeit Bedingung; damit führt der demokratische Staat aristokratische Privilegien fort. In religiöser Deutung handelt es sich oft um die Tradierung besonderen Wissens (oft sind Mysterien- und Orakelkulte an bestimmte Priesterfamilien gebunden). Doch nicht nur in diesen Fällen ist die soziale Stellung von Priester oder Priesterin in einer griechischen Stadt hoch gewesen.

Bereits die mykenischen Pylos-Texte verzeichnen drei Priester als Landbesitzer, die Männer zu stellen hatten, also über eine bedeutende Gefolgschaft verfügten. Desgleichen fühlt sich Chryses, der Apollonpriester von Chryse (*Il.* A), an Ansehen den griechischen Adligen ebenbürtig, und Theano ist die Frau des Antenor, neben Priamos eines der führenden Männer Trojas.

Angesichts der oft beträchtlichen Eigenaufwendungen zur Repräsentation begannen im 5. Jh. einige ostgriechische Städte damit, Priestertümer zu verkaufen oder zu versteigern. Die entsprechenden Inschriften geben ausführliche Einzelregelungen zu den Aufgaben der jeweiligen Amtsinhaber. – H. Herbrecht, *De sacerdotii apud Graecos emptione venditione* (Darmstadt 1885); M. Segre, «Osservazioni epigrafiche sulla vendita di sacerdozio», *Rend. Ist. Lomb.* 59 (1936), 811–830; 60 (1937) 83–105; vgl. etwa *LSAM* 5. 13. 37; *LSCG* 156.

Zu den Aufgaben des Priesters gehört zentral die Durchführung der staatlichen und privaten Opfer, von denen er als Lohn einen Anteil (Schenkel, Zunge, Haut) erhält; bei Fehlen eines Sehers vollzieht der Priester auch die Opferschau (was sogar ein geübter Laie kann, Xen. *Anab.* 5,6,29). Daneben berät er die Beamten bei ihren sakralen Aufgaben und beaufsichtigt das Heiligtum und sein weiteres Personal; in manchen Heiligtümern ist Wohnsitznahme vorgeschrieben (gelegentlich, bei abgelegenen Heiligtümern, wenigstens für eine Minimalzeit: vgl. *LSCG* 69 zu Oropos).

In archaischer und klassischer Zeit scheinen nur besondere Priester (wie der eleusinische Hierophant) eine besondere Amtstracht getragen zu haben. Zu den Privilegien hellenistischer Priestertümer gehört aber oft, eine besonders prächtige Tracht (Purpurmantel, Goldkranz) an allen Festen und gelegentlich jederzeit zu tragen, ein eher repräsentatives Statussymbol. Eine einheitliche institutionelle Stellung der Priester läßt sich schwer ausmachen. In einigen Städten treten Priester ihr Amt nach einer besonderen Einweihung an (etwa in Kos, *LSCG* 156 A 18), anderswo scheint dies besonderen Priestern vorbehalten gewesen zu sein (initiatorisches Bad des eleusinischen Hierophanten).

Nur ausnahmsweise und meist spät erscheinen Priester und Gottheit so eng verbunden, daß der Priester in einer Prozession im Kostüm der Gottheit erscheint. Frühes Beispiel ist vielleicht Phye bei der Rückkehr des Peisistratos (Hdt. 1,60), vgl. W. R. Connor, «Tribes, festivals, and processions. Civic ceremonies and political manipulations in archaic Greece», *JHS* 107 (1987) 40–50; ein späteres Beispiel Paus. 7,18,12; gewöhnlicher ist das Mitführen von Statuen.

Im Laufe der Kaiserzeit nimmt die Sakralisierung des Priesters zu: Der eleusinische Hierophant verliert jetzt bei Amtsantritt seinen bürgerlichen Namen, muß auch möglicherweise sexuell enthaltsam leben; früher war dies nur von einigen Mädchenpriesterinnen gefordert worden. Noch umfassender regelt Kaiser Julian die Sonderstellung der Priester (nicht ohne Einfluß christlicher Vorstellungen) und verlangt moralisch reine Lebensführung.

Priesterinnen besorgen eher Kulte von Göttinnen; eine feste Regel (daß das Geschlecht des Priesters mit demjenigen der Gottheit übereinstimmte) läßt sich aber nicht ohne Ausnahmen formulieren. Als Frau ist die griechische Priesterin zwar juristisch unmündig (sie tritt beim Kauf eines Priestertums als Amtsinhaberin, nicht als Käuferin in Erscheinung; Käufer ist ihr gesetzlicher Vormund). Dennoch verschafft das Amt einer griechischen Frau eine sonst ungewohnte Präsenz in der Öffentlichkeit; unter den literarisch oder epigraphisch faßbaren Frauen der städtischen Eliten wenigstens der klassischen Zeit sind sehr viele Priesterinnen.

2.4.2 Besondere Sakralämter. Neben die gewöhnlichen Priesterinnen und Priester treten außergewöhnliche: Von den schon mehrfach genannten eleusinischen Mysterienfunktionären sind (neben der Priesterin der Demeter) vor allem der Hierophant (der Offiziant in den Mysterienriten) und der Daduchos ('Fackelträger') prominent. Andere Mysterienkulte entwickeln ähnliche Kategorien, oft unter dem Einfluß von Eleusis (bes. Samothrake); eingewanderte Kulte behalten wenigstens in hellenistischer Zeit ihre eigenen Priester bei (Galloi im Kybelekult).

Eleusis: K. Clinton, *The Sacred Officials of the Eleusinian Mysteries* (Philadelphia 1974).

Eine durch Pausanias bezeugte Sondergruppe sind die Kinderpriesterinnen und -priester, sie üben gewöhnlich ihr Amt nur bis zum Eintreten der Geschlechtsreife (der ἥβη der Knaben, der ὥρα γάμου bei Mädchen) aus. Sie stammen oft aus vornehmen Familien, werden wenigstens in einem Fall durch eine Schönheitskonkurrenz ausgelesen (Paus. 7,24,4) und leben oft Jahre im Heiligtum (Paus. 10,34,8). Hier wurde wohl eine initiatorische Matrix im Sinne der Polisreligion umfunktioniert: An die Stelle der allgemeinen Seklusion der Gleichaltrigen tritt der Priesterdienst eines herausgehobenen Einzelnen.

Daneben existiert eine große Gruppe kultischer Funktionäre, etwa der φαιδ(ρ)υντής, dem die Pflege der Götterbilder obliegt, oder der νεωκόρος, der mit dem baulichen Unterhalt der Tempel zu tun hat; eine lokale Besonderheit sind die θοιναρμόστριαι in peloponnesischen Demeterkulten, welche das Lager für eine Bewirtung (θοίνα) bereitstellen, und die lokrischen πετανυφαντείραι, welche das Gewand der Gottheit weben mußten.

2.4.3 Neben den Priestern stehen die Seher (μάντεις); in ihrer Bezeichnung lebt die kultische Ekstase (μανία) fort, derer sie sich freilich in historischer Zeit kaum mehr bedienten (anders als die halbmythischen Sibyllen und Bakides, die delphische Pythia oder der γόης, 'Klager', genannte archaische Spezialist für Totenklage – γόος –, Totenbeschwörung u. ä.). Auch sie sind bereits bei Homer auf derselben Stufe wie der Priester belegt: Achill will den Grund für den Götterzorn, der die Pest im Lager verursacht hatte, von einem «Priester, Seher oder Traumdeuter» erfahren (*Il.* 1,62f. μάντιν ... ἢ ἱερῆα ... ἢ καὶ ὀνειροπόλον). Priester und Seher unterscheiden sich vor allem durch die institutionelle Einbindung: Priester sind an einzelne Poleis und ihre Heiligtümer gebunden, Manteis sind weniger institutionalisiert – für Homer ist der Seher, wie der Arzt, der Zimmermann und der Sänger, ein wandernder Spezialist ohne Bindung an einen Hof oder eine Stadt (*Od.* 17,382–386). Die religiöse Aitiologie und die darauf folgende rituelle Heilung von Krankheiten (Ps.-Hippocr. *Morb. sacr.*) ist nur ein (wenn auch wichtiger) Teil der Aufgaben des μάντις; daneben steht die gelegentliche Zeichendeutung (wenn nicht andere Spezialisten wie Traumdeuter oder Vogelschauer zuständig sind), die Zukunftsschau vor privaten oder öffentlichen Entscheidungen (sofern nicht ein etabliertes Orakel angefragt wird), die magische Defixion und ihre Abwehr (Plat. *Rep.* 2,364 bc), vor allem aber die Opferschau. Insbesondere deswegen können auch Manteis mit Heiligtümern, wo regelmäßig viele Opfer anfallen, fest verknüpft sein (etwa in Olympia, wo zwei Seher, je einer aus der Familie der Iamiden und der Klytiden, offizierten, aber auch im weniger bedeutenden Mysterienkult von Andania, *LSCG* 65,115); sie können auch in den Dienst einzelner Persönlichkeiten treten, insbesondere von Feldherrn, denen sie die Opfer und okkasionellen Vorzeichen deuten.

Das Ansehen insbesondere der wandernden Seher war nicht groß: Immer wieder vermutete man, daß sie im Interesse der Klienten mogeln würden (Xenophon kann das kontrollieren, *Anab.* 5,6,29); Platon wirft sie mit den ἀγύρται, den 'Bettelpriestern' (die ἀγείρουσι, eine 'Kollekte veranstalten') zusammen (*Rep.* 2,364 bc). Letztlich sind sie eine Kategorie religiöser Spezialisten, die auch im Alten Orient belegt ist und orientalische religiöse Praxis von Krankenheilung, Totenbeschwörung und Magie auch dem archaischen, klassischen und (als Χαλδαῖοι) nachklassischen Griechenland vermittelte. – W. Burkert, «Itinerant diviners and magicians. A neglected element in cultural contacts», in: R. Hägg (Hrg.), *The Greek Renaissance of the Eighth Century B. C. Tradition and Innovation* (Stockholm 1983) 115–119; J. N. Bremmer, «Prophets, seers, and politics in Greece, Israel, and early modern Europe», *Numen* 40 (1993) 150–183.

Zu unterscheiden sind die Manteis von den Prophetai (προφῆται), die fest an den Orakelheiligtümern als Empfänger und vor allem Deuter der göttlichen Äußerungen etabliert waren. Gelegentlich fallen Seher und Prophet zusammen (Pind. *Nem.* 1,60 nennt den Seher Teiresias, Aesch. *Eum.* 19 die ekstatische Pythia προφήτης); präzisere Terminologie aber differenziert: Pindar (fr. 150 Snell) unterscheidet die Muse als Orakelgeberin (μαντεύεο Μοῖσα) von der eigenen Auslegung des Orakels (προφατεύσω δ' ἐγώ), und in Delphi wie in Didyma besorgte die Vermittlung des göttlichen Willens ein ekstatisches weibliches Medium, während die männlichen Prophetai als jährliche (Didyma) oder lebenslange (Delphi) Beamte die Orakeleinholung lenkten und die Antwort an die Orakelbefrager vermittelten; dabei scheint wenigstens in Delphi der Titel προφήτης eher inoffizielle Bezeichnung des offiziell als ἱερεύς bezeichneten Vorstehers der Orakelbefragung gewesen zu sein. – E. Fascher, *Προφήτης*, Gießen 1927; J. Fontenrose, *The Delphic Oracle* (Berkeley – Los Angeles 1978) 218f.

3 Der Mythos
3.1 Mythos und Religion

3.1.1 Das Verhältnis von Mythos und Religion wurde in der Forschung seit jeher kontrovers beurteilt. Allein in diesem Jahrhundert haben sich die Positionen grundlegend gewandelt: Vom Verständnis des Mythos als eines künstlerisch-literarischen Phänomens und der entsprechenden radikalen Trennung von der Religion hat die Forschung zur Ansicht gewechselt, daß Mythos völlig in Religion aufgehe, und ist damit wieder einer Position nahegekommen, die etwa die Cambridger 'Ritualisten' im späten 19. Jh. vertreten hatten und die (anders akzentuiert) Walter F. Ottos Bild der griechischen Religion ausgemacht hatte.

Zu Mythos als Dichtung: E. Howald, *Der Mythos als Dichtung* (Zürich – Leipzig 1937); R. Chase, *Quest for Myth* (Baton Rouge 1949). – Die 'Cambridge Ritualists': W. M. Calder III (Hrg.), *The Cambridge Ritualists Reconsidered* (Atlanta 1991). – Otto (1929).

3.1.2 Das Problem hängt teilweise an der Definition dessen, was Mythos ist und leistet. Definitionen von Mythos gibt es fast so viele, wie es Bücher über den Mythos gibt.

Neuzeitliche Definitionen. Eine einfache Definition versteht Mythen als 'Geschichten von Göttern und Heroen'; das ist für Griechenland nicht ganz falsch, bleibt aber zu sehr an der Oberfläche und betrachtet nur die möglichen Akteure. Deswegen hat sich durchgesetzt, Mythos als 'traditionelle Erzählung' ('traditional tale') zu verstehen. Erzählung heißt dabei, daß Mythen narrative Sprachgebilde sind: Sie werden erzählt; ihre Verschriftlichung ist sekundär. Mythenerzählung gehört in den Bereich der Oral Poetry und wird mit denselben Mitteln erforscht wie andere mündliche Erzählung auch. Traditionell heißt nicht immer alt, gar ursprünglich (eine solche – romantische und frühevolutionäre – Auffassung läßt sich nicht halten), sondern zum einen, daß Mythen nicht einem individuellen Erfinder zugeschrieben wurden, und zum andern, daß sie von einem Kollektiv, einer Gruppe, weitergegeben werden. Sie werden von Mythenerzählern der Gruppe erzählt – und die Gruppe äußert Beifall und Zustimmung oder aber Ablehnung; nur Erzählungen, welche Zustimmung gefunden haben, werden vom selben oder von anderen Erzählern innerhalb der Gruppe weitergereicht.

Diese Definition hat als erster G. S. Kirk, *Myth. Its Meaning and Function in Ancient and Other Culture* (Berkeley – Los Angeles 1970) aus der Social Anthropology in die Antike übertragen.

Daß Mythen in die Anfänge, die 'Kindheit' der Menschheit zurückgehen würden, war seit Bernard de Fontenelle, *L'origine des fables* (1724) verbreitete Meinung. Christian Gottlob Heyne machte dies zur festen Lehre, im Gegensatz zu der früheren Meinung, Mythen seien erfundene und lügenhafte Geschichten. Für dieses neue Mythenverständnis schuf Heyne den wissenschaftlichen Terminus *mythus*, während seine Vorgänger und Zeitgenossen von *fabula* oder *fable* gesprochen hatten. – F. Graf, «Die Entstehung des Mythosbegriffs bei Christian Gottlob Heyne», in: ders. (Hrg.) *Mythos in mythenloser Gesellschaft. Das Paradigma Roms* (Stuttgart – Leipzig 1993) 284–294.

Zur Abgrenzung von anderen traditionellen Erzählungen (Märchen, Tierfabeln) muß präzisiert werden, daß ein Mythos Verbindlichkeit für die ihn tradierende Gruppe besitzt: er wird immer wieder erzählt, weil er eine Aussage über die Werte und Institutionen der Gesellschaft macht, die ihn erzählt und überliefert; die Zustimmung der Gruppe ist instrumental für die Tradierung. Wie in anderen archaischen Gesellschaften geschieht auch in Griechenland Mythenerzählung an festen und institutionalisierten Anlässen. Als einen solchen festen Anlaß beschreibt schon Homer das Festmahl im Hause eines Adligen. Auch wenn die epischen Sänger (ἀοιδοί) als wichtigste Mythenerzähler dann abgelöst werden durch die chorlyrischen Dichter (einer ihrer wichtigsten, Stesichoros, gilt als Ὁμηρικώτατος, Ps.-Longin. *Sublim.* 13,3), bleibt die Bindung an feste Anlässe, sei es an den Höfen lokaler Fürsten und Tyrannen, sei es vor allem am lokalen und panhellenischen Götterfest. Denn im demokratischen (und wohl schon aristokratischen) Staat tritt an die Stelle des Fürstenhofs der Demos als Zuhörer (bereits der Sänger am Phäakenhof trägt den sprechenden Namen Δημό-δοκος, 'der beim Volk beliebt ist'). Im 5. Jh. übernimmt die attische Tragödie den öffentlichen Mythenvortrag, eingebunden in den Anlaß der Dionysosfeste und den sakralen Raum des Theaters als Kultplatz des Dionysos, und setzt sich im Tragödienagon dem Urteil des Demos von Athen aus.

Als öffentliche Erzählung muß ein Mythos den Gruppenerwartungen und ihren Werten entsprechen. Da aber diese zeitbedingt sind, muß sich auch die Mythenerzählung immer neu an die jeweilige Gegenwart anpassen. Die mündliche Tradierung der traditionellen Erzählungen sorgt dafür, daß diese trotz der Traditionsbindung flexibel und formbar bleiben.

Im Griechischen ist allerdings zu unterscheiden zwischen Mythos als Stoff traditionellen Erzählens und der einzelnen Mythenerzählung. Zwar stehen die uns faßbaren Werke in einer langen Tradition: Homer erzählt nur einen Bruchteil der seit den Dark Ages erzählten Mythen; die *Odyssee* (μ 70) verweist auf den Argonautenmythos, der erst durch Apollonios Rhodios (3. Jh.) kanonisch erzählt wurde, und wenn in der *Ilias* Nestor Geschichten aus seiner Jugend erzählt, spiegelt sich hier sonst kaum mehr faßbare lokale Mythenerzählung von Pylos. Doch wurden im Verlauf der archaischen Epoche die einzelnen Erzählungen immer mehr an feste individuelle Dichter gebunden; dabei verlor der Mythos allmählich etwas von seiner Flexibilität, weil Epen, Chorlieder und Tragödien zwar mündlich vorgetragen, aber auch schriftlich fixiert wurden; diese Verschriftlichungen konnten wiederum neue Ausarbeitungen beeinflussen, wie etwa die Chorlieder eines Stesichoros (*IV 1.3.4*) den attischen Tragödien Mythenerzählungen vorgaben. Der Mythos büßt zwar nicht jede Flexibilität ein und kann auf die Anforderungen einer neuen Gegenwart noch reagieren; doch die Variationsbreite der Reaktionen wird kleiner.

Nach dem 5. Jh. findet öffentliche Mythenerzählung fast nur noch in der Tragödie statt, wo neben Neuproduktionen immer mehr Wiederaufführungen der klassischen Werke treten. Die hellenistischen Dichter greifen Mythenerzählung als Thema von literarischen Werken auf, die der Kontrolle der Öffentlichkeit weitgehend entzogen sind. Einen gewissen Ersatz für die öffentliche Mythenerzählung bieten die Repräsentationsbauten des Hellenismus und der Kaiserzeit, an deren Bauschmuck Mythen für eine Öffentlichkeit erzählt werden, einen anderen die kaiserzeitliche epideiktische Rhetorik, wo in der an zeremonielle Gelegenheiten gebundenen Schaurede Mythisches auch in der Absicht erzählt wird, die Gegenwart in der Vergangenheit zu verankern. Schließlich hat lokale Geschichte auf mythische Traditionen zur Identitätsschaffung und aitiologischen Erklärung zurückgegriffen. Und selbst die mythische Tragödie ist teilweise nicht ohne Sprengkraft; sonst wären die Kaiser nicht gegen Tragödiendichter eingeschritten.

Die antiken Definitionen. Bis ins 5. Jh. hat das Griechische keinen eigenen Ausdruck für Mythos: Er ist Erzählung (λόγος) und wird nicht als Sonderkategorie davon wahrgenommen. Μῦθος, d. h. unglaubwürdige und nicht rational argumentative Erzählung, ist als polemische Kategorie eine sophistische Erfindung.

Die Differenzierung beginnt mit Herodot, für den μῦθοι aber nicht Erzählungen von Göttern und Heroen, sondern unglaubwürdige Geschichten wie die Erklärung der Nilschwelle (2,23) sind. Thukydides kommt unserem Begriff näher: Für ihn ist τὸ μυθῶδες, das 'Mythos-hafte' (Thuc. 1,22,4), die unglaubwürdige traditionelle Erzählung, die seiner Logik nicht gerecht wird. Bei Platon schließlich ist μῦθος als unbeweisbar-irrationale Erzählung Gegenstück zum logisch-rational argumentativen λόγος; Mythen, wie wir sie verstehen, fallen darunter. Doch definiert Platon Mythos nicht als einen besonderen Inhalt, sondern als einen Text mit besonderem Status hinsichtlich seiner Rationalität, die freilich an besonderen Inhalten wie den Geschichten von Göttern und Heroen haften kann. In der rhetorischen Theorie der Folgezeit wird aus der polemisch-normativen Begrifflichkeit eine deskriptive; in der rhetorischen Klassifizierung von Texten ist ὁ μῦθος oder τὸ μυθῶδες (*fabula, fabulosum*) etwas rein Fiktives, dichterisch Erfundenes und Unwahrscheinliches; inhaltlich sind damit vor allem die Götter-, seltener die Heroenmythen gemeint. Dabei schlossen sich für antike Betrachtungsweise fester Autor und traditionelle Erzählung nicht aus (vgl. Hor. *Ars* 119–130).

3.1.3 Funktionen des Mythos. Von Homer her wird man als Funktion der Mythenerzählungen zunächst die Unterhaltung nennen: Demodokos' Erzählung von Aphrodite, Ares und Hephaistos soll das Festmahl verschönen; und Odysseus freut sich daran (τέρπετ' ἐνὶ φρεσὶν ᾗσιν, θ 368).

Nun steht allerdings unterhaltendes, also unverbindliches Erzählen der Verbindlichkeit des traditional tale gegenüber; daher wird gewöhnlich zwischen dem (unterhaltenden) Epos und dem (verbindlichen) Mythos so unterschieden, daß Mythos der Stoff sei, aus dem das Epos (wie dann Chorlied und Tragödie) schöpfe. Doch finden Mythen als traditionelle Erzählungen bloß in Worten statt; es kann also zwar abstrakt mythische Stoffe (d. h. Themen und Handlungsabläufe, *plots*, von Mythen) geben, aber sie manifestieren sich nur, wenn sie sich als Worte (gegebenenfalls als Bilder) aktualisieren. Dann aber kann man zwischen Mythos und Epos (oder Chorlied oder Tragödie) nicht wirklich trennen, ebensowenig zwischen verbindlicher und unterhaltender Erzählung.

Die neuzeitliche Forschung versteht Mythen als Erzählungen, welche die Gegenwart durch eine erzählte Vergangenheit begründen, d. h. sowohl 'in ihrer Besonderheit erklären' als auch 'in ihrer Eigenart legitimieren'. Diese doppelte Funktion erklärt die meisten antiken Mythen, und sie kann auch die (schon antike) Differenzierung von Mythos und Geschichte besser beleuchten.

Diese funktionale Definition geht auf Malinowskis Bezeichnung von bestimmten Mythen als 'charter myths' zurück, faßt sie aber grundsätzlicher. – B. Malinowski, *Myth in Primitive Psychology* (New York 1926).

3.1.4 Kategorisierung der Mythen. Die doppelt funktionalistische Erklärung des Mythos bewährt sich, wenn man sie auf eine einfache Einteilung der Mythen in theo- und kosmogonische Mythen, genealogische Heroenmythen und aitiologische Mythen anwendet.

Kosmo- und theogonische Mythen erklären die Entstehung der Welt und der Götter; zentral ist im Griechischen die *Theogonie* Hesiods. Homer und Hesiod haben laut Herodot die mythische Grundlage der griechischen Religion geschaffen, «die Götterentstehungen (θεογονίην) gedichtet, den Göttern ihre Beinamen (ἐπωνυμίας: die kultischen Epiklesen) gegeben, ihre Provinzen und Tätigkeitsbereiche (τιμάς τε καὶ τέχνας) unterschieden und ihre Erscheinungsformen (εἴδεα) gezeigt» (Hdt. 2,53).

Hesiod führt seine Erzählung von dem anfänglichen Chaos, dem 'großen Gähnenden', und den zugleich entstehenden Potenzen Gaia ('Erde') und Eros (dem vergöttlichten Geschlechtstrieb) in einer komplexen genealogischen Konstruktion bis zur dritten Generation der Kinder des Kronos um Zeus und seine beiden Brüder Poseidon und Hades; nach der Besiegung der widerstreitenden Kinder der Gaia, der Giganten und des Typhoeus, schafft Zeus die gegenwärtige Ordnung, indem er den Göttern ihre Funktionsbereiche (τιμαί) zuteilt und mit einer Reihe von Göttinnen die Generation seiner göttlichen und heroischen Kinder zeugt. Dabei ist die Ordnung der Mächte alles andere als zufällig: Chaos (das Nichts), Erde und Eros sind nicht weiter reduzierbare Grundprinzipien der Welt überhaupt: der Leerraum als physikalische Substanz des Kosmos, die Erde als physische Grundlage, dazu der Paarungstrieb. Der Himmel über der Erde, die Berge auf ihr und das Meer unter ihr sind bereits sekundäre Ableitungen von der Erde – so, wie Dunkel und Nacht sich aus dem Chaos, das Himmelslicht und der Tag sich aus Dunkel und Nacht ableiten. Mythische Kosmo- und Theogonie strukturiert mithin die Grundlagen der empirischen Welt, macht sie denk- und vorstellbar. Erst recht geben die folgenden Genealogien (mit der Einbindung zahlreicher Abstrakta) eine Deutung und Wertung der Welt in ihrer Gesamtheit. Mit der Ordnung der Welt durch Zeus aber wird nicht nur erklärt, wieso die Welt so ist, wie sie ist, sondern auch legitimiert: Als von Zeus gegebene kann sie vom Menschen nicht leichthin verändert werden. Gleichzeitig wird die Ordnung als Ergebnis von Zeus' Kämpfen gegen bedrohliche Chaosmächte gesehen, die von Zeus nicht getötet, sondern bloß gebannt wurden; die Ordnung, in der wir stehen, ist immer irgendwie gefährdet. – P. Philipson, *Genealogie als mythische Form. Studien zur Theogonie des Hesiod* (Oslo 1936); M. L. West, *Hesiod, Theogony* (Oxford 1966).

In gewissem Sinn sind die Gründungsmythen mancher Städte kosmogonische Mythen im kleinen; sie verwenden oft verwandte Motive, insbesondere die Überwindung des Chaos. – J. Trumpf, «Stadtgründung und Drachenkampf», *Hermes* 86 (1958) 129–157.

Die Heroen-Genealogien. Heroen (ἥρωες) sind in antiker religiöser Sicht machtvolle Tote, welche wegen ihrer Leistungen zu Lebzeiten (etwa als Stadtgründer, κτίσται), ihrer Machterweise nach dem Tod (etwa als Wiedergänger) und ihrer dauernden Wirkung als Nothelfer (wichtig die Heilheroen) kultisch verehrt werden. Im Mythos sind sie die Kinder aus der Verbindung von Göttern und Sterblichen; ihre Zeit endete nach den großen epischen Kriegen um Troja und Theben. Historisch betrachtet, haben sich in dieser Kategorie (spätere griechische Spekulation siedelte sie in der Hierarchie der Wesen über dem Menschen und unter den δαίμονες an) Wesen verschiedener Herkunft, von der ursprünglichen Gottheit (Helena) bis zum kultisch verehrten Menschen, gesammelt; ein wichtiger Entstehungshorizont scheint die Vorstellungswelt initiatorischer Kulte gewesen zu sein (Achilleus).

L. R. Farnell, *Greek Hero Cults and Ideas of Immortality* (Oxford 1921); A. Brelich, *Gli eroi greci. Un problema storico-religioso* (Rom 1958); Emily Kearns, *The Heroes of Attica* (London 1989); J. Larson, *Greek Heroine Cults* (Madison 1995).

Heroenmythen sind oft Lokalmythen; als Deutungen der unmittelbaren Umwelt begründen sie einen lokalen Kult oder zeichnen die lokale Vergangenheit. Nur vereinzelt haben Heroen (Herakles, später Asklepios) panhellenischen Kult. Durch die Erzählungen des Epos lösten sie sich aus lokaler Verwurzelung; panhellenische Bekanntheit kann zu neuen Kulten führen (z. B. Achills in Sparta, Elis, Tarent, Erythrai, Südrußland usw.). Im Verlauf der archaischen Zeit werden die einzelnen lokalen Heroengenealogien miteinander verflochten und systematisiert: Die im hesiodeischen Corpus an die *Theogonie* angeschlossenen *Ehoien* ('Kataloge') fassen, jeweils von der Verbindung einer Heroine mit einer Gottheit ausgehend, den Großteil der griechischen Heroenmythologie zusammen.

Die *Ehoien* (wohl nach der Mitte des 6. Jh.s zusammengestellt) führen die Erzählung vom Urpaar Deukalion und Pyrrha, das die Flut überlebte, bis in die Generation der Söhne der Trojakämpfer; die Zusammenfassung lokaler oder regionaler Mythologien geht dabei nicht ohne Gewaltsamkeiten ab. Die einzelnen mythischen Erzählungen werden in das Gerüst der Genealogien eingebunden. Als Fortsetzung der *Theogonie* füllen diese komplexen Genealogien die Lücke zwischen der Konsolidierung von Zeus' Herrschaft und dem Ende des Trojanischen Kriegs und bieten damit die Lokalgeschichte der griechischen Städte vor dem Trojanischen Krieg (so hat sie Pausanias gelesen) wie auch die Erklärung für die komplexen Beziehungen, die die griechischen Städte untereinander verbinden. Einzeln begründen die Genealogien, die immer mit einer Gottheit (vor allem Zeus) beginnen, die Herrschaft und Überlegenheit bestimmter aristokratischer Linien: Die spartanischen Könige führen sich in ununterbrochener Linie auf Herakles, den Sohn des Zeus, zurück (Hdt. 7,204); durchaus nicht bloß spielerisch nehmen etwa die römischen Iulii mit der Herleitung von Aeneas, dem Sohn der Aphrodite, dies auf. Da zu den Heroen auch die Eponymen einzelner Städte und Landschaften gehören, systematisieren die *Ehoien* auch die Geographie des archaischen Griechenlands (einschließlich der Randvölker) und machen sie als historisch entstandenes Beziehungsgeflecht verständlich. – M. L. West, *The Hesiodic Catalogue of Women. Its Nature, Structure, and Origins* (Oxford 1985).

Am engsten erfüllen die Erklärungs- und Begründungsfunktion die *aitiologischen* Mythen (die einzige Mythengattung, die bis in die Kaiserzeit fruchtbar blieb). Sie sind grundsätzlich lokal und deswegen oft in keine größeren Mythenzyklen eingebaut; neben ihrer Erzählung durch Dichter (Pindar, Euripides) finden sie sich besonders bei Lokalhistorikern und in den aus ihnen gespeisten Sammelwerken (Plutarch, Pausanias). Sie sind sehr oft auf Kulte bezogen, deren Eigenheiten sie erklären, und deswegen von der 'myth and ritual'-Theorie privilegiert worden (s. u.).

Zeitbezogenheit ist bei ihnen deutlich feststellbar. Wenn Eur. am Ende der *IT* die lokalen Kulte der Artemis von Halai Araphenides und Brauron auf den Artemiskult bei den Tauren zurückführt, setzt dies die geographischen Kenntnisse frühestens des späten 7. Jh.s voraus; wenn Macr. *Sat.* 1,7,22 (nach Varro) den Schiffsschnabel und das Bild des Ianus auf dem alten As mit der Erinnerung an den Urkönig Ianus erklärt, setzt dies die Porträtierung hellenistischer Könige auf Münzen voraus. Dem Erklärungswert des Mythos tut dies keinen Abbruch. Aitiologische Mythen müssen nicht zwingend Götter oder Heroen einbeziehen; historische Ereignisse (etwa große Kriege der Vergangenheit, wie die Messenischen Kriege in Sparta) können ebenso herangezogen werden. Entscheidend ist, daß die Institution der Gegenwart ihre Legitimation aus einem Akt der Vergangenheit erhält; die Grenze zwischen der Geschichte der Heroen- und der der Folgezeit ist zwar vorhanden, aber durchlässig: Zwischen beiden besteht kein kategorialer Unterschied, sondern bloß einer der Sicherheit der Überlieferung (vgl. Plut. *Thes.* 1).

Die Beziehung zwischen Mythos und Ritual war in der Forschung immer privilegiert und entwickelte sich über punktuelle Aitiologie hinaus zu einer eigentlichen Mythentheorie.

Bereits Chr. G. Heyne bemerkte die Nähe der beiden, leitete sie aber aus einer gemeinsamen seelischen Wurzel ab. 'Myth and ritual' als Theorie über den Ursprung von Mythen entstand bei den 'Cambridge Ritualists' (William Robertson Smith, Jane Ellen Harrison, Sir James Frazer); doch hatten auch deutsche Forscher in der Tradition von Jakob Grimm ähnlich argumentiert (Wilhelm Mannhardt; Hermann Usener): Danach sind Riten uralte und wenig veränderliche religiöse Konstanten, die durch Mythen immer neu erklärt werden. Dabei können sich Mythen auch von den Riten, die sie entstehen ließen, lösen und selbstständig erzählt werden; nach der Extremform der Theorie läßt sich aber jeder Mythos auf ein Ritual zurückführen, auch wenn er nicht (mehr) rituell eingebunden ist, was für einen großen Teil der in der griechischen Literatur erzählten Mythen gilt, von denen zudem nicht wenige ohne Ritenbindung aus dem Vorderen Orient übernommen wurden. Damit sinkt der Erklärungswert der Theorie, die teilweise zu einem spekulativen Spiel um ferne Ursprünge wird.

Beziehungen zwischen Mythos und Ritual sind dennoch unbezweifelbar: Aitiologische Mythen erklären immer wieder Rituale; zahlreiche nicht explizit an Riten gebundene Mythen weisen immer wieder dieselbe Struktur auf. Zudem können nicht beliebige Mythen zur Erklärung beliebiger Riten verwendet werden, vielmehr muß eine Strukturübereinstimmung vorliegen. So hat man insbesondere die Struktur von Initiationsriten in vielen Mythen wiedergefunden.

Zur Erklärung der Strukturübereinstimmung hat W. Burkert die unabhängige Herleitung von Mythos und Ritual von ethologischen Programmen vorgeschlagen; das würde auch erklären, weswegen bestimmte narrative Strukturen weltweit verbreitet und bis in die Trivialgenera der Gegenwart beliebt sind. Allerdings ist wenigstens bei den initiatorischen Riten damit zu rechnen, daß zu ihnen tatsächlich erklärende Mythen gehören (die sich erst in historischer Zeit emanzipierten), wenn zu den Strukturübereinstimmungen solche in der spezifischen Motivik hinzukommen (das jugendliche Alter des Protagonisten; das Tragen besonderer, mit der Initiation verbundener Kleider oder Frisuren). Das gilt etwa für einen beträchtlichen Teil der Mythen um Theseus oder Achilleus.

Komplex (und wenig systematisch erforscht) ist das präzise Verhältnis von Ritual (als dem *explanandum*) und Mythos (als dem *explanans*): Die Aitiologie erklärt den Ritus nie in seiner Gesamtheit, sondern konzentriert sich immer auf auffallende Einzelheiten; selbst der Mythos von Prometheus' Opfertrug erklärt nicht das Tieropfer schlechthin, sondern bloß die Eigenheit, daß den Göttern die wertlosen Teile verbrannt werden, während die Menschen das wertvolle Fleisch selber essen. Weiterhin extrapolieren die Mythen oft, was im Ritual angelegt erscheint. Eine rituelle Verletzung kann im Mythos als Menschenopfer erscheinen; Mythen geben im Ritual angelegte Stimmungen und Befindlichkeiten wieder. Daraus folgt auch, daß in keinem Fall aus dem aitiologischen Mythos ein verlorenes Ritual rekonstruiert werden kann.

Zu den 'Cambridge Ritualists' s. o.; wichtige Einführung in ihre Gedankenwelt: Jane Ellen Harrison, *Prolegomena to the Study of Greek Religion* (Cambridge [2]1908, [1]1903, ND 1922 u. ö.). – W. Burkert, *Structure and History in Greek Mythology and Ritual* (Berkeley – Los Angeles 1979). – Initiation und Theseus: H. Jeanmaire, *Couroi et Courètes. Essai sur l'éducation spartiate et sur les rites d'adolescence dans l'antiquité hellénique* (Lille 1939); A. Brelich, *Paides e parthenoi* (Rom 1969); C. Calame, *Thésée et l'imaginaire athénien. Légende et culte en Grèce antique* (Lausanne 1990).

4 Der Festkalender

4.1 Allgemeines

Die Feste sind der wichtigste Ausdruck städtischer Religion; in ihnen kommen Mythos und Ritual zusammen. Ihre Funktion ist vielfältig. Zum einen sind sie Mittel der Selbstdefinition; Athener definieren sich durch die Panathenäen, Ionier durch die Apaturia, Griechen durch die Olympia usw. Ferner gliedern, ja konstruieren sie die Zeit, die Lebenszeit ebenso wie Jahr und Monat: Manche Feste oder Rollen innerhalb von Festen sind durch die Lebenszeit bedingt, bestimmte Festtypen gehören in bestimmte Jahreszeiten, zudem sind Jahresende und Jahresanfang rituell markiert; andere Festtypen sind innerhalb des Monatsablaufes festgelegt (der Vollmondstag stellt eine wichtige Scheidelinie dar: davor liegen tendenziell heitere, danach düstere Feste). Schließlich tragen Feste dazu bei, das Bild einer Gottheit zu formen: Im Fest werden spezifische Mythen aktiviert, und die Riten in ihrer Eigenart (etwa in der Wahl des Opfertiers oder der Auslese der Teilnehmer) tragen zum Bild der Gottheit bei. Dabei sind die Beziehungen zwischen Fest und Gott nicht immer direkt und eindimensional: Festnamen leiten sich ebenso oft von auffälligen Riten (Πλυντήρια, Θαργήλια, Σκίρα) wie von Götternamen her, und gelegentlich wissen schon die antiken Zeugnisse nicht, welcher Gottheit das Fest gilt (Demeter oder Athena bei den attischen Skira); auch wenn im Festnamen der Göttername erscheint, wird meist nicht nur dieser einen Gottheit geopfert.

Die einzelnen Feste der Polis können nicht isoliert betrachtet werden; einzelne Feste beziehen sich aufeinander und gliedern die Zeit in einem gegenseitigen Bezug von Strukturverwandtschaft und Kontrast; Wiederholungen ('rituelle Redundanz') spielen eine wichtige Rolle. So bilden die vier attischen Dionysosfeste der Wintermonate (Posideon: ländliche Dionysia; Gamelion: Lenaia; Anthesterion: Anthesteria; Elaphebolion: Städtische Dionysia) einen Zyklus, ebenso die Feste des attischen Neujahrszyklus in den Monaten Thargelion, Skirophorion und Hekatombaion (s. u.).

4.2 Griechische Zeitrechnung

Grundeinheit ist bei den Griechen wie bei den Römern das Solarjahr; die Jahreszählung erfolgt nach eponymen Beamten. Die Untereinheit des Solarjahres ist der Mondmonat, der anders als im römischen und in unserem Kalender strikt eingehalten wird und mit dem Neumond (νεομηνία) beginnt und mit dem Leermond aufhört. Die Tageszählung ist lokal verschieden: Oft sind Zunehmen und Abnehmen des Mondes die Bezugspunkte (vgl. *Od.* 14,162), daneben steht eine Unterteilung in drei Dekaden oder das einfache Durchzählen.

Der Mondmonat hat abwechselnd 29 und 30 Tage, womit im Jahresdurchschnitt die reale Länge von etwa 29,6 Tagen erreicht werden soll. Der Unterschied zwischen der Dauer von 12 Mondmonaten (354 Tage) und dem Sonnenjahr (365 Tage) wird gewöhnlich mit einem Schaltmonat ausgeglichen; rein rechnerisch müßte dabei etwa jedes vierte Jahr geschaltet werden. M. P. Nilssons Annahme, daß nicht die Trieteris, sondern die Oktaeteris das älteste Schaltsystem sei, hat sich nicht bestätigt.

Die meisten Monatsnamen leiten sich von einem wichtigen Fest ab (diese Namen und damit der Kalender sind polisspezifisch, während die Bildung der Namen dialektspezifisch ist): der ionische Monat Ἀνθεστηριών von den Anthesteria, der dorische und äolische Ἀγριάνιος von den Agrionia usw. Monatsnamen, in denen Götternamen gehört werden (Ποσιδεών in Athen, Ἀπελλαῖος in Makedonien) leiten sich nicht vom Gott, sondern vom Fest ab (Posideia oder Apellai). Verwandte Städte haben verwandte Monate; in den griechischen Kolonien ist die Herkunft der Kolonisten oft aus den Monatsnamen ablesbar. Die Verbreitung stammesweiter Namen kann man mit dem Modell kolonisatorischer Expansion verstehen; bereits Herodot (1,147) bezeichnet das Fest der Apaturia als gemeinionisch (das gilt auch für den Monat Ἀπατουριών). Die Linear-B Texte zeigen, daß das System der Monatsnamen (Endung auf -ιών und Ableitung von einem Fest) bereits mykenisch ist; das ist ein wichtiges Argument für eine religiöse Kontinuität.

Auf das hohe Alter des Systems weist auch, daß gelegentlich Monate nach in historischer Zeit bedeutungslosen Festen heißen (die im attisch-ionischen Maimakterion gefeierten, dem Sturmgott Zeus Maimakterios gefeierten Maimakteria sind nur noch marginal; in Phokaia, wo der Monat Μαμακτήρ 'Stürmer' heißt, ist der Bezug zum Festnamen völlig verschwunden).

Polisspezifisch ist auch die Lage des Neujahrs; damit ist, trotz des bronzezeitlichen Namensystems, die Ausgestaltung der faßbaren Kalender nachmykenisch: der jeweilige Kalender bildete sich wie die anderen Institutionen der Polis in früharchaischer Zeit heraus.

M. P. Nilsson, *Die Entstehung und religiöse Bedeutung des griechischen Kalenders* (Lund 1963); J. Sarkady, «A problem in the history of the Greek calendar: The date of the origin of the months' names», *ACD* 21 (1985) 3–17; Catherine Trümpy, *Untersuchungen zu den altgriechischen Monatsnamen und Monatsfolgen* (Heidelberg 1997).

4.3 Typen griechischer Feste

4.3.1 Typologie. Namengebend für die Monate sind die Feste der gesamten Polis. Daneben feiern deren Untereinheiten – Phratrien, Geschlechterverbände (γένη), geographische Unterabteilungen (Dörfer, κῶμαι oder, in Athen, δῆμοι) – ihre eigenen Feste; sie sind aber auch an den großen städtischen Festen repräsentiert oder feiern sie in einem lokalen Heiligtum mit.

Einblick in die Vielfalt attischer Demen-Feste geben die Opferkalender, die zumeist aus der Zeit unmittelbar nach der Neufassung des athenischen Opferkalenders durch Nikomachos (spätes 5. Jh.) stammen. Derjenige des Demos Erchia (*LSCG* 18) zeigt die vielfältige religiöse Aktivität eines Demos: Ein einziger Monat (Maimakterion) ist ohne Opferfest.

Es gibt auch polisübergreifende Opferfeste, zumeist mit Agonen: Städtebünde stellen sich im gemeinsamen regionalen Fest dar; seit dem frühen 8. Jh. (Beginn der Aufzeichnung der Siegerliste im Schnellauf 776 v. Chr.) ist das panhellenische Fest des Zeus Olympios im elischen Pisa (Olympia) faßbar.

Eine feste Kategorisierung der Feste existiert weder in der Antike noch in der Moderne; entsprechend ihrer Funktion lassen sich einige Haupttypen feststellen, die allerdings nicht rein vorzukommen brauchen:

(1) Im städtischen Opferfest stellt die politische Gemeinschaft sich affirmativ dar. Zentral ist das Opfer an die Stadtgottheit, meist eingeleitet mit einer großen, stadtweiten Prozession und abgeschlossen mit dem gemeinsamen Verzehr des Opferfleisches, fast immer auch mit einem Agon. Historisch gesehen, ist die Selbstdarstellung der Neubürger des Jahres wichtiger Teil des Festes, denn es steht (phänomenologisch betrachtet) dem Typ des ethnologischen 'Großen Festes' nahe. Schon in archaischer und klassischer Zeit bedeutsam, wird dieser Festtypus mit dem Hellenismus noch wichtiger für die städtische Selbstdarstellung und bürgerliche Selbstaffirmation.

V. Lanternari, *La grande festa. Vita rituale e sistemi di produzione nelle società tradizionali* (Bari 1959); A. Chaniotis, «Sich selbst feiern? Städtische Feste des Hellenismus im Spannungsfeld von Religion und Politik», in: M. Wörrle – P. Zanker (Hrgg.), *Stadtbild und Bürgerbild im Hellenismus* (München 1995) 147–172.

(2) Das Auflösungsfest in seinen verschiedenen Formen: In den dionysischen Festen bringt der Einzug des Gottes und seiner ekstatischen Begleiter (Satyrn, Mänaden) Inversion und Gegenstruktur in die Polis; kennzeich-

nend dafür sind Präsenz der Totenwelt (Anthesterien), gemeinsame, rituell geordnete Selbstreflexion (Tragödie), Zurschaustellen der Sexualität (Phallophorien). Beim Saturnalientypus des Auflösungsfestes (insbesondere in den Neujahrszyklen wichtig) wird mit einer Reihe von Zeichen eine Verkehrung und Auflösung der bisherigen Ordnung durchgespielt.

Nilsson (1906) 35–40; zum anthropologischen Zugang V. Turner, *The Ritual Process. Structure and Antistructure* (Ithaca–London 1969).

(3) Das Reinigungsfest: Eine seiner Formen ist die der Entkleidung, Waschung und Neueinkleidung einer Kultstatue, womit Reinigung und Erneuerung stattfinden (Plynteria); eine andere ist die weit radikalere Form des Pharmakosrituals (s. o.), in dem die Verunreinigungen einer Gemeinschaft einem Außenseiter aufgeladen und mit ihm aus der Gruppe entfernt werden (Thargelia).

(4) Im Erneuerungsfest wird durch Einbringen von neuem Feuer (im Fackellauf, oder durch Einholen von einem sakralen Zentrum wie Delos oder Delphi) eine Erneuerung der Ordnung inszeniert; solche Feste gehören ebenfalls in den Neujahrszyklus.

(5) Das reine Frauenfest ist mit einer ganzen Reihe von Signalen der Inversion besetzt; immer aber geht es um Fruchtbarkeit auf der menschlich-biologischen und auf der agrarischen Ebene.

Die Thesmophoria sind ein wohl panhellenisches Fest, auch wenn es selten einem ganzen Monat den Namen (Thesmophorios) gegeben hat (Kreta). Stets nehmen ausschließlich (verheiratete) Frauen teil, in Athen die vornehmen Damen, die sonst in der Öffentlichkeit kaum sichtbar waren. Schon diese absolute Dominanz der Frauen ist Zeichen der Inversion. Andere Inversionsriten sind spezifischer: Die Frauen wohnen in Laubhütten (σκηναί) und schlafen auf Zweiglagern (στιβάδες), geben die städtische Zivilisation momentan preis; im Ritual spielen Fasten und sexuelle Symbolik eine Rolle. In Athen wird ein Ferkelopfer (ein Dankopfer, χαριστήριον) nicht verbrannt oder verzehrt, sondern unterirdisch deponiert; anderswo wird bei der Fleischzubereitung auf Feuer verzichtet; überhaupt heißt es, daß die Frauen an den Thesmophoria eine frühere Kulturstufe (τὸν ἀρχαῖον βίον) inszenierten. Das Fest hebt die Gegenwart auf, holt eine vorkulturelle Vergangenheit ein und leitet durch diesen Nullpunkt wieder zurück in die Gegenwart.

Das Thesmophoria-Ritual hat ein klares doppeltes Ziel: Ertragsfähigkeit der Äcker und Geburtsfähigkeit der Frauen zu fördern. Wie sind beide Bereiche miteinander zu verbinden? Eine evolutionistische Forschung (Mannhardt, Frazer, Nilsson) betonte den Bereich des Ackerbaus und erklärte die Förderung des Getreidewachstums zum Ziel des Rituals; die menschliche Fruchtbarkeit sei nur metaphorisches Stimulans für die Äcker. Neuere Deutungen erklären (im Gefolge des Soziologen Émile Durkheim) das soziale Anliegen der Sicherung der Gesellschaft (durch Sicherung gesunder Geburten) zum Ziel und den Ackerbau zur bloßen Metapher. Der unbefangene Blick stellt das Ineinander dieser Ebenen fest: Im Ritual wirkt das soziale Anliegen prioritär (der Haupttag in Athen heißt Καλλιγένεια, 'schöne Geburt'), aber das Festdatum fällt (wo es faßbar ist) in die Zeit der Aussaat. Demeter ihrerseits ist mit dem Getreidebau verbunden, hat aber auch mit der Aufnahme der jungen Frauen als zukünftiger Mütter in die Gesellschaft zu tun; beide Anliegen – Sicherung der biologischen Kontinuität der Gesellschaft und Sicherung der Kontinuität der Nahrung – lassen sich nicht trennen. – H. S. Versnel, «The festival for

Bona Dea and the Thesmophoria», in: *Inconsistencies in Greek and Roman Religion 2: Transition and Reversal in Myth and Ritual* (Leiden 1993) 228–288.

(6) Beim Geschlechterfest, in dem der Staat sich in seine als blutsverwandt gedachten Unterabteilungen auflöst, ist die Kontinuation des Staates durch die Aufnahme der Jungen zentral (initiatorische Themen).

Ein Beispiel sind die gemeinionischen Apaturia, die in Athen an drei Tagen im letzten Drittel des Pyanopsion gefeiert wurden, ein Fest der Phratrien, die sich als 'Bruderverbände' verstehen (φρατρία ist urverwandt mit lat. *frater*), realiter aber keine Blutsverwandten umfassen; der Festname wahrt die alte Fiktion, denn die ἀ-πατορ-ια (*sm-pator-ja) ist die Gruppe mit denselben Vätern oder Ahnen. – Die drei Tage des reinen Männerfestes Apaturia entsprechen den drei Tagen des reinen Frauenfestes Thesmophoria. Nicht Fasten, sondern üppiges Tafeln ist wichtig; Opfer gelten Zeus Phratrios und Athena Phratria als Hütern der sozialen Ordnung; am dritten Tag werden die Knaben und Mädchen in die Listen der Phratriemitglieder eingeschrieben und Opfer für eine neu eingeheiratete Frau (γαμηλία), für einen erwachsenen Sohn, der sich das Haar schor (κούρειον < κείρω), für jüngere Kinder, Knaben und Mädchen (μεῖον, 'das geringere') dargebracht.

Nicht hinter den Riten, aber hinter dem Apaturienmythos steht Initiationsthematik: In einem Grenzkrieg siegt – wohl durch einen Betrug (der Festname ἀπατούρια wird falsch von ἀπάτη hergeleitet) – ein attischer Verteidiger Melanth(i)os ('Schwarz') über einen fremden Angreifer Xanthos ('Blond'). Die Motivik hat P. Vidal-Naquet mit der attischen Ephebie verbunden: Die Kämpfer sind jung; der Kampf spielt an der Grenze, wo die Epheben Militärdienst leisten; schwarz ist die Farbe ihres Mantels, und sie sind keine vollwertigen Krieger, ihnen ist Betrug erlaubt. – P. Vidal-Naquet, «Le chasseur noir et l'origine de l'éphébie athénienne», *AnnESC* 23 (1968) 947–964; wieder in: *Le chasseur noir. Formes de pensée et formes de société dans le monde grec* (Paris 1991).

4.3.2 Initiatorische Feste. Seit die Forschung (mit Jane Ellen Harrison) auf die soziale Bedeutung von Religion aufmerksam geworden ist, spielt die Kategorie der Initiation zur Deutung zahlreicher griechischer Feste eine große Rolle.

Jane E. Harrison, *Themis. A Study of the Social Origins of Greek Religion* (Cambridge ²1927, ¹1911); A. Brelich, *Paides e parthenoi* (o. 3.1.4).

In der Ethnologie sind Initiationsriten global bezeugt und gut erforscht. Sie sollen junge Menschen, Frauen wie Männer, in die Gesellschaft einführen und das biologische Erwachsensein durch ein soziales komplettieren; die männliche Initiation findet dabei öfter in der Gruppe statt als die weibliche. Die Riten folgen dem Schema Trennung – Randdasein – Neueingliederung ('rite de passage'); das (oft lange ausgespielte) Randdasein findet außerhalb der Siedlung (Urwald, Fluß- oder Meerufer) in eigens errichteten Initiationshütten statt. Symbolisch zeigt das Ritual die ausgespielte oder wenigstens mythisch vorgegebene Folge von Tod und Wiedergeburt; im praktischen Bereich steht die Unterweisung in der Stammestradition (Riten, Mythen und Hymnen), die Einführung in die Sexualität (oft durch eine Phase homosexueller Praktiken) und das Erlernen zentraler Technologien (Jagd und Krieg bei den Männern, Weben u. ä. bei den Mädchen). Die Wiedereinführung der neuen Stammesmitglieder geschieht oft im Rahmen eines umfassenden Erneuerungs- und Neujahrsfestes.

Im Alten Orient und in Griechenland wurden diese Riten transformiert und brachten eine reiche Mythologie hervor. Verfehlt ist es allerdings, überall dort, wo ein 'rite de passage' erkennbar ist, von Initiation zu reden.

Innerhalb Griechenlands wurden einschlägige Feste unterschiedlich transformiert: Umfunktion und Resemantisierung sind stark in Athen und in den meisten ionischen Städten (mit Ausnahme der eigentlichen Geschlechterfeste wie der Apaturia). Die Riten der jungen Männer wurden stärker verwandelt als die der jungen Frauen.

Eine Transformation ist die Repräsentation der gesamten Jugend durch eine einzige Person oder eine kleine Personengruppe: Die athenischen Arrhephoren, zwei Mädchen aus vornehmen Familien, lebten ein Jahr auf der Akropolis in Athenas Dienst; eine größere Zahl attischer Mädchen (aber angesichts der Größe des Heiligtums kaum ein gesamter Jahrgang) diente der Artemis von Brauron (sog. ἀρκτεία, 'Bärendienst'). Die Riten der Arrhephoren fügen sich in größere Feste ein (Chalkeia, Panathenaia), während mit Artemis in Brauron ein eigenes Fest, die Brauronia, verbunden ist; Vasenbilder weisen auf Wettläufe der Mädchen, Maskengebrauch und ein Feuerritual. – W. Burkert, «Kekropidensage und Arrhephoria. Vom Initiationsritus zum Panathenäenfest», in: ders., *Wilder Ursprung. Opferritual und Mythos bei den Griechen* (Berlin 1990) 40–59 (urspr. 1966). – Brauron: Lily Kahil, «Répertoire mythologique de Brauron», in: W. G. Moon (Hrg.), *Ancient Greek Art and Iconography* (Madison 1983) 231–244; Christiane Sourvinou-Inwood, «Lire l'arkteia – lire les images, les textes, l'animalité», *Dialogues d'Histoire Ancienne* 16:2 (1990) 45–60.

Gesamtstaatliche Ephebenfeste gibt es in Athen nicht; die attische Ephebie (die in klassischer Zeit stark reformiert wurde) ist eine Mischung von Militärdienst und intellektueller Ausbildung der jungen Männer (wenigstens seit dem Hellenismus bloß der Oberschicht), die während ihres ein Jahr dauernden Dienstes zum einen militärische Schutz- und Repräsentationsaufgaben hatten, zum andern in die religiösen und geistigen Traditionen Athens eingeführt wurden.

Weit besser erhalten haben sich die initiatorischen Feste in dorischen Städten (Sparta, Kreta). In Sparta wurden die Feste im Sinne des militaristischen Staatsmodells transformiert: Zu einer (in einem komplexen System von Altersklassen) über Jahre sich erstreckenden Ausbildungszeit gehörte Selbstdarstellung in städtischen Festen, etwa im Ritual am Altar der Artemis Orthia (dabei verteidigte eine Gruppe Älterer einen auf dem Altar liegenden Käse, während eine Gruppe Jüngerer ihn zu stehlen versuchte; das Ritual wurde in hellenistischer Zeit zur Auspeitschung der Epheben umgeformt), oder in einem ritualisierten Gruppenkampf auf einer Insel, der mit Herakles und Lykurg, den mythischen Ahnen des spartanischen Staats, verbunden war und dem ein nächtliches Hundeopfer an Enyalios vorausging. Wie die Altersklassen in das große Opferfest eingebunden waren, zeigen die Hyakinthia, eines der Hauptfeste Spartas mit deutlichen Zeichen eines Auflösungs- und Neujahrsfestes (Ath. 4,139 D–F nach dem Lokalhistoriker Polykrates, *FGrHist* 588 F 1): Das dreitägige Ritual führt vom Trauerritual für Hyakinthos zur Selbstdarstellung der Altersklassen und Geschlechtergruppen (παῖδες, νεανίαι, παρθένοι) in musischen und gymnischen Agonen und zum gemeinsamen Festmahl der gesamten Bevölkerung einschließlich der Heloten.

Hyakinthia: M. Pettersson, *Cults of Apollo at Sparta. The Hyakinthia, the Gymnopaidia and the Karneia* (Stockholm – Göteborg 1992).

Eigentliche Initiationsfeste sind in Kreta zu vermuten; doch außer den Nachrichten über die Ekdysia ('Auszieh fest') im Kult der Leto von Phaistos ist die Dokumentation dürftig. Der aitiologische Mythos der Ekdysia (Antoninus Liberalis 17, nach Nikander von Kolophon) spielt mit dem Thema der Geschlechtsumwandlung und läßt ein rituelles Ablegen der Kleider als Mittel der Verwandlung vom Mädchen in den Mann ahnen; Neueinkleidung gehört fest zum rituellen Bestand der Initiation. – D. D. Leitao, «The perils of Leucippus. Initiatory transvestism und male gender ideology in the Ekdysia at Phaistos», *ClAnt* 14 (1995) 130–163.

4.3.3 Auflösung und Erneuerung: der athenische Neujahrszyklus.

Jahresfugen folgen gern natürlichen Zeiten: der toten Zeit der Wintersonnenwende, dem Frühlingserwachen. Das athenische Neujahr fällt in die tote Zeit des Hochsommers, Mitte Juli. Um den Einschnitt zwischen dem letzten Tag des letzten Monats (Skirophorion) und dem ersten Tag des ersten Monats (Hekatombaion) gruppieren sich zahlreiche Feste; sie fügen sich zu einem zusammenhängenden Zyklus.

Der Festzyklus beginnt im zweitletzten Monat, dem Thargelion, mit den namengebenden *Thargelia* (6./7.) für Artemis und Apollon (dem jeder 7. Monatstag gilt). Am 6. führten die Athener bei einem Reinigungsfest zwei Männer niederer Herkunft als κάθαρμα ('Reinigung') in der Stadt herum und jagten sie am Ende – als Sündenböcke, die die Befleckung der Stadt mit sich nehmen – fort. Der 7., die eigentlichen Thargelia, heißt nach einem rituellen Gericht (θάργηλος oder θαργήλια), zu dem die noch unreifen Ackerfrüchte zusammengekocht und Apollon als Erstlingsopfer (ἀπαρχή) dargebracht werden; am selben Tag werden die neuen Kinder in die Phratrien aufgenommen (Isaios 7,15; deswegen heißt Apollon in Athen Πατρῷος, 'Ahnengott'), und Apollon werden von Knaben und Männern Chorlieder aufgeführt. Als Fest der Erneuerung spielen die Thargelia ihr Thema auf drei Ebenen durch, als rituelle Reinigung (vor jede Erneuerung gehört eine Reinigung), als Herstellung anfänglicher Nahrung und als gesellschaftliche Erneuerung. – Dasselbe gilt für die *Plynteria* ('Waschfest') vom (wohl) 25. Thargelion. Dabei entkleideten Mitglieder einer Priesterfamilie, der Praxiergiden, unter Ausschluß der Öffentlichkeit das alte hölzerne Bild der Athena Polias auf der Burg, führten es unter Mitwirkung der jungen Krieger (Epheben) ans Meer zum Bad (Wäscherinnen sind junge Mädchen) und am Abend unter Fackellicht zurück auf die Akropolis, wo es neu eingekleidet wurde; der Prozession wird ein Korb Feigenpaste, Nahrung der ersten Menschen, vorangetragen. Themen des Rituals sind also ebenfalls Reinigung, Urzeit (Feigenpaste) und Neuanfang (Fackeln, mithin neues Feuer; Hervortreten der jungen Generation); geopfert wird den Moirai, den Schicksalgöttinnen, die jedem Neuanfang beistehen sollen.

Dann folgen die *Skira*, das namengebende Fest des letzten Jahresmonats (12. Skirophorion), ein Fest der Frauen (Aristoph. *Thesm.* 834, *Eccl.* 18), vor dem die Priesterin der Athena und der Priester des Poseidon (die beiden zentralen Kulte der Akropolis) sowie der Priester des Helios unter einem σκίρον genannten Sonnenschirm (Harpocrat. s. v. σκίρον) aus der Stadt auszogen. Das Hervortreten der Frauen markiert das Fest als *Auflösungsfest*, an dem die gängige Ordnung aufgehoben wird: Der Auszug der Priester von Athena und Poseidon versetzt Athen sozusagen in die Zeit vor dem Wettstreit der beiden Götter, der Athens Identität begründete; Helios, die Sonne, gehört zur täglichen Ordnung, zieht sein Priester aus, ist sie aufgehoben. Ein Wettlauf der Epheben vom athenischen Dionysostempel zum Tempel der Athena Skiras in Phaleron (also vom Zentrum zum Rand des Staatsgebiets) fügt sich ein: Dionysos ist ein Gott, der dann erscheint, wenn die Dinge sich verkehren; und wenn der Sieger einen Becher (πενταπλόα, 'fünffach') mit einer Mischung von Wein, Honig, Käse, Gerste und Öl erhielt, ist dies Urnahrung, Rohkost vor Erfindung der Kochkunst (Aristodemos, *FGrHist* 383 F 9). – Eine verwandte Struktur zeigt das Fest der *Dipolieia*, das zwei Tage später am Altar des Zeus Polieus auf der Akropolis (der Polis schlechthin) gefeiert wird und durch ein ungewöhnliches Opfer (Βουφόνια 'Ochsenmord') gekennzeichnet ist, das die Freiwilligkeit des Opfertiers mit der Verschuldung des Opferers, aber auch mit Entschuldungsmechanismen verbindet (Paus. 1,24,4; Porph. *Abst.* 2,29): Geopfert wird ungewöhnlicherweise ein Arbeitsochse (das ist sonst verpönt). Nach dem Mythos ruft das Opfer die Einführung des Tieropfers schlechthin in Erinnerung; das Fest artikuliert mithin einen Umbruch zu einem Anfang. Dem respondiert das andere Zeusfest des Monats, die *Diisoteria* (später im Monat, genaues Datum offen), ein prächtiges und frohes Fest mit Prozession und Stieropfer im Heiligtum des Zeus Soter im Piräus und einer Regatta der Epheben; sein Akzent liegt auf Rettung (Zeus Soter) und Gesundheit (Asklepios und Hygieia werden mitbedacht). Ungewöhnlich ist, daß es weitab vom Zentrum der Stadt im Piräus abgehalten wird. – Am letzten Tag des letzten Monats opfern die Archonten auf der Agora Athena Soteira und Zeus Soter (den 'rettenden' Exponenten der städtischen und der kosmischen Ordnung) ein Opfer, das εἰσιτήρια ('Anfangsritual') heißt und den Weg ins neue Jahr markiert.

Das erste Fest des neuen Jahrs sind die als uralt geltenden und die sozialen Grenzen aufhebenden *Kronia* (Philochoros, *FGrHist* 328 F 97); ihr auffallendster Zug ist eine gemeinsame Mahlzeit der Herren mit ihren Sklaven. Auch die Kronia sind ein Auflösungsfest; ihre Gottheit, Kronos, weist auf einen Einbruch der vor der Ordnung des Zeus liegenden goldenen Zeit. – Die *Synoikia* mit Opfer für Athena rufen den Synoikismos Athens in Erinnerung (Thuc. 2,15,2); er ist also (wie immer seine historische Realität aussah) das mythische Aition zum Fest, das die Gründung der Stadt in ihrer jetzigen Gestalt feiert. Während eine Woche vorher die Kronia die Auflösung einer Ordnung dargestellt hatten, markieren die Synoikia deren Neubeginn; ihre Stellung unmittelbar nach der Monatsmitte paßt zu einem Fest, das an den Übergang vom überwundenen vorpolitischen zum Jetztzustand erinnert. Ganz ist Normalität noch nicht erreicht, denn das Fest vereinigt nicht zum gemeinsamen Mahl aller Teilnehmer: Das Opferfleisch an Athena wird roh verkauft, nicht gemeinsam verzehrt (*IG* I^2 188, 60ff.); ebensowenig stiftet das blutlose Kuchen- und Spendenopfer an Eirene Gemeinschaft (*Schol. Ar. Pax* 1019). – Die Vollendung der Ordnung feiern abschließend die *Panathenaia*, das Hauptfest Athens; es gilt der Stadtgöttin und wird jedes fünfte Jahr als Große, dazwischen als Kleine Panathenaia gefeiert (der Unterschied liegt vor allem im Umfang der zugehörigen Agone). Am Anfang steht ein nächtlicher Fackellauf (griechische Feste und griechische Tageszählung beginnen bei Sonnenuntergang), der sozusagen von außen neues Feuer bringt. Hauptritual ist die große Prozession vom Stadtrand bis zum Altar der Göttin auf der Akropolis; formal eine Opferprozession, stellt sie auf ihrem Weg durch das Stadtgebiet die Ordnung Athens – von den Priestern und Beamten über die jungen Frauen und Männer bis zu den Bundesgenossen – rituell dar. Am Ziel erhält die Stadtgöttin ein neues, von ausgewählten Frauen gewobenes Gewand und eine Hekatombe weißer Kühe, in deren gemeinsamem Verzehr sich die Stadtgemeinschaft zusammenfindet.

5 Religion außerhalb der Polis: Divination, Heilung, Mysterien

5.1 Einleitung

Der Mensch ist unvorhersehbaren und unerklärlichen Kontingenzen ausgesetzt (Krankheit und Seuchenzüge, Mißernten, Kriege), und immer wieder stehen Entscheidungen an, deren Ausgang ungewiß ist. Nur die Götter (besonders Zeus) verfügen über erklärendes und vorhersehendes Wissen; mit diesem Wissen in Kontakt zu treten und damit die Fucht vor Unerklärlichem und Zukünftigem zu verlieren, ist Anliegen der Divination: Gelegentlich senden die Götter Zeichen, die die Menschen dann zu deuten haben; vor allem aber suchen sie durch Riten diese Kommunikation. Auch Krankenheilung muß dort, wo technische Medizin nicht hinreicht, Divination anwenden. Divinatorische Riten stellen momentanen Kontakt mit der Welt des Göttlichen her; die Mysterienkulte besorgen dies lebenslang und oft über den Tod hinaus: Den Eingeweihten lieben die Göttinnen und senden ihm Reichtum, und sein Los unter der Erde wird ein anderes sein – dies verspricht bereits die eleusinische Seligsprechung (Hom. *H. Cer.* 480–489).

Auch wenn Orakel- und Mysterienheiligtümer einzelnen Poleis zugeordnet sind (Didyma zu Milet, Klaros zu Kolophon, Eleusis zu Athen), sprengen diese Kulte den Polis-Rahmen; nicht eine politische Gemeinschaft, sondern der Einzelne (gegebenenfalls in neuer, ad hoc gebildeter Gruppe) tritt in Beziehung zur Gottheit; entsprechend liegen alle einschlägigen Heiligtümer außerhalb der Städte und teilweise weit von ihnen entfernt.

5.2 Divination

5.2.1. Techniken, okkasionelle Mantik. Divination ist zentral für Religion: wer sie in Frage stellt, stellt die Götter in Frage (Soph. *OT* 897–910). Bei Homer senden die Götter Zeichen (in Träumen, durch Vögel, Blitze, Niesen oder zufällige Äußerungen, κληδόνες), welche Seher (s. o.), Vogelschauer und Traumdeuter zu deuten haben. Diese Zeichen kommen ungerufen, als Gunst der Götter; um andere kann der Mensch sich durch bestimmte Techniken bemühen; dieselben Spezialisten verfügen über das dazu nötige technische Wissen. Seit Homer sind auch feste Heiligtümer genannt (Delphi *Od.* 8,79f., Dodona *Od.* 14,327f.), deren Aufgabe die divinatorische Kommunikation mit den Göttern ist.

In nachhomerischer Zeit ändert sich das nicht wesentlich; als wichtige Technik kommt aber die Opferschau dazu (s. o.). Seit hellenistischer Zeit sind weitere Techniken belegt: die Beobachtung einer Lampenflamme (Lychnomantie), eines Ölflecks in einem Wasserbecken (Lekanomantie). Außerdem gewinnen Orakelsammlungen ekstatischer Seher (Sibylle, Bakis) und Dichter (Musaios) an Bedeutung; sie werden durch 'Orakelgeber' (χρησμολόγοι, wie Onomakritos Hdt. 7,6,3–5) verbreitet und ausgelegt; andere ekstatische

Phänomene wie Bauchrednerei (ἐγγαστρίμυθοι, πυθῶνες) treten später dazu. In der Kaiserzeit wird Divination ein derart wichtiger Teil der Magie, daß beide schließlich fast ineins gesetzt werden können.

5.2.2 Orakelheiligtümer. Die Orakel, die der lydische König Kroisos vor seinem Perserzug befragt (Hdt. 1,46,2), bilden geradezu ein Verzeichnis der berühmtesten Orakel der spätarchaischen Zeit: Neben dem Apollonheiligtum von Delphi stehen hier diejenigen von Didyma und von Abai, neben dem Zeusheiligtum von Dodona dasjenige des (Zeus) Ammon in der Oase Siwa, dazu die Orakel der Heroen Amphiaraos und Trophonios; abgesehen von Abai bleibt dies die Liste der wichtigsten griechischen Orakelorte, ergänzt um die Apollonheiligtümer von Klaros und (später) Gryneion.

Apollon, der neben Zeus wichtigste Orakelgott, wird als Vermittler von Zeus' Wissen verstanden. Er gibt dies seinerseits einem ekstatischen Medium (der Pythia in Delphi, den Nachkommen seines Geliebten Branchos in Didyma, dem Priester von Klaros) weiter, dessen Äußerungen von den lokalen Interpreten (προφῆται, s. o.) gedeutet, in Verse gebracht und an die Orakelbefrager weitergegeben werden. – Bei Trophonios gibt eine eigentliche Katabasis, bei Amphiaraos die Inkubation (s. u.) direkten Zugang zum Heros; in Dodona vermitteln die Blätter der heiligen Eiche oder die heiligen Tauben den Willen des Zeus.

Über mykenische Divination ist nichts bekannt; alle uns faßbaren Heiligtümer setzen frühestens im 8. Jh. ein. In archaischer Zeit überstrahlt der Ruhm Delphis alle anderen Heiligtümer: Delphi entscheidet vor allem bei zwischenstaatlichen und religiösen Problemen, sanktioniert den Auszug von Kolonien, den Beginn von Kriegen, die Gründung von Kulten; private Themen treten in den Anfragen sehr zurück (anders als etwa in Dodona, wo die vielen erhaltenen Orakel seit dem 5. Jh. fast ausschließlich dem Privatleben gelten). Delphis – durch die Ereignisse widerlegte – propersische Antworten zu Beginn der Perserkriege konnten sein Ansehen nicht grundsätzlich schädigen; noch der (von Apollon verhinderte) Gallierüberfall im Jahre 279 v. Chr. rief regste Teilnahme an den zur Erinnerung gestifteten Soteria hervor; Plutarch bezeugt dann aber hier wie anderswo einen Niedergang. Ein neuer Aufstieg der Orakel setzt unter den sie unterstützenden Adoptivkaisern ein; wichtiger als Delphi werden aber Didyma und vor allem Klaros wegen ihrer theologischen Orakel.

H. W. Parke – D. E. W. Wormell, *The Delphic Oracle,* 2 Bde (Oxford 1956); H. W. Parke, *The Oracles of Zeus* (Oxford 1967); J. Fontenrose, *The Delphic Oracle. Its Responses and Operations* (Berkeley – Los Angeles 1978); H. W. Parke, *The Oracles of Apollo in Asia Minor* (London 1985); J. Fontenrose, *Didyma. Apollo's Oracle, Cult, and Companions* (Berkeley – Los Angeles 1988); P. u. Marie Bonnechère, «Trophonios à Lébadée. Histoire d'un oracle», *LEC* 57 (1989) 289–302.

5.3 Heilung

Seuchen und schlimme Krankheiten sind Folgen göttlichen Zorns oder göttlicher Besessenheit: Es gilt, durch Divination den übermenschlichen Verursacher auszumachen und ihn mit den entsprechenden rituellen Gegenmitteln zu versöhnen oder auszutreiben – eine Aufgabe sowohl der ungebundenen Spezialisten wie der Orakelheiligtümer. Da Krankheit auch als Folge von Verunreinigung verstanden wird, überschneiden sich bei der Heilung die mantische und die kathartische Funktion Apollons. Musterhaft zeigt das 1. Buch der *Ilias* den Prozeß der Heilung durch Besänftigung von Apollons Groll; später führt er oft den Beinamen 'Heiler' (Paian, 'Ιητρός, *Medicus*). Seit dem späteren 6. Jh. übernimmt sein Sohn Asklepios immer mehr die Heilfunktionen: sein Kult strahlt aus Nordgriechenland (Trikka) und der Peloponnes (Messene) und dann besonders von seinem wichtigsten mutterländischen Heiligtum, Epidauros, weit aus und macht den Heros allmählich zum mit Zeus gleichgesetzten Gott.

Die divinatorische Methode war in allen Asklepieia (auch im Heiligtum des Amphiaraos) dieselbe: in einem besonderen Raum (ἐγκοιμητήριον) legten sich die Orakelbefrager nach besonderen Riten (u. a. einem Opfer an Μνημοσύνη, um die Erinnerung an den Traum zu behalten) auf dem Fell eines geopferten Schafs zum Schlaf (Inkubation), in dem der Gott ihnen direkt Heilung brachte oder die notwendigen Riten und Therapien vorschrieb; eine besondere Rolle spielten dabei Bäder und Waschungen. Diese 'Tempelmedizin' konnte während der ganzen Antike neben und oft gemeinsam mit der technischen Medizin bestehen; wenigstens in der Kaiserzeit entwickelten sich manche Asklepieia zu wichtigen religiösen Zentren. Aufschlußreichen Einblick in Praxis und Ideologie der Asklepieia geben die aus mehreren Heiligtümern (Epidauros, Rom, Gortyn, Pergamon) stammenden sog. Wunderheilungen, propagandistische Berichte hellenistischer Zeit, die die ganze Spanne der divinatorischen Praxis belegen: sowohl für den Kult des Asklepios wie für einen Einblick in die Psyche eines Verehrers wichtig sind die Ἱεροὶ λόγοι des Aristides von Smyrna (*IV 3.2.2*). – Emma J. u. L. Edelstein, *Asclepius. A Collection and Interpretation of the Testimonies* (Baltimore 1945); G. Lanata, *Medicina magica e religione popolare in Grecia fino all'età di Ippocrate* (Rom 1967). – Wunderheilungen: R. Herzog, *Die Wunderheilungen von Epidauros* (Leipzig 1931), mehr in Margherita Guarducci, *Epigrafia Greca IV* (Rom 1978) 143–166. – Aristides: E. R. Dodds, *Pagan and Christian in an Age of Anxiety* (Cambridge 1965) 39–47.

5.4 Mysterien

5.4.1 Allgemein. Τὰ Μυστήρια ist eigentlich der Name jenes Festes, das am 19.–22. Boedromion im Heiligtum der Demeter bei Eleusis gefeiert wurde; verwandt mit μύω ('die Augen schließen'), weist der Name vielleicht auf die Geheimhaltung. Sekundär wurde aus dem Festnamen ein Substantiv zur Bezeichnung eines bestimmten Kulttyps; als erster redet Hdt. 2,51,4 von den 'μυστήρια in Samothrake'. Die Wortgeschichte zeigt die Bedeutung der eleusinischen Mysterien als Vorbild für die gesamte Erscheinung.

Die Mysterienriten konnten auch als 'Riten' schlechthin, ὄργια (ἔρδειν 'tun'; Hom. *H. Cer.* 273. 476) und τελεταί, bezeichnet werden; beide Termini wurden dadurch allmählich auf die Bedeutung von (ekstatischen) Mysterienriten eingeschränkt.

Charakteristisch für alle Mysterienkulte ist zum einen die radikale Geheimhaltung der zentralen Riten, zum andern, daß sie dem Einzelnen nach freier

Wahl offen sind (in Eleusis sind Kenntnis des Griechischen und Freiheit von Mordblut einzige Zugangsbedingung) und so jenseits aller Polisbindung und zumeist auch ohne Rücksicht auf sozialen Status eine eigene Gemeinschaft schaffen. Entsprechend antworten diese Kulte auf die persönlichsten Anliegen des Einzelnen, den Wunsch nach Glück und Erfolg im Diesseits, meist auch nach einem besseren Los im Jenseits (nicht Eleusis, wohl aber gewisse 'orphische' Dionysosmysterien versprechen der Seele gar Unsterblichkeit).

Die strikte Geheimhaltung stellt die Forschung vor das Problem der Dokumentation: Die entscheidenden Riten sind in den meisten Kulten höchstens hypothetisch aus literarischen und archäologischen Quellen zu erschließen; immerhin konnten eingeweihte, zum Christentum konvertierte Heiden manches verraten.

5.4.2 Die ältesten und beispielgebenden Mysterienkulte sind die von Eleusis (wohl entstanden aus einem initiatorischen Gentilkult). Kult ist in Eleusis seit dem 8. Jh. belegt (mykenische Spuren sind höchst fragwürdig); literarisch werden die Riten im homerischen *Demeterhymnos* (nach 650 v. Chr.?) faßbar. Sie finden im Weihehaus ('Telesterion') statt, dessen sakrales Zentrum ('Anaktoron') durch alle baulichen Veränderungen hindurch bis in die Spätantike am selben Ort blieb (*VIII 4.2.3*). Dem Nachtfest in Eleusis (19. Boedromion) gehen ausführliche vorbereitende Riten (kathartisches Bad, Fasten) voraus; in gemeinsamer Prozession ziehen dann Mysten und Kultpersonal von Athen nach Eleusis. Die Nachtriten umfassen Dunkel- und Lichteffekte und ein breites Erlebnisspektrum (von Furcht bis Beseligung). Hauptperson ist der Hierophant (ἱεροφάντης, 'der das Heilige erscheinen macht'), dessen Stimme wichtig war: Das Ritual umfaßte gesprochene Partien und u. a. das Vorzeigen einer (wohl symbolisch verstandenen) Ähre. Der athenische Staat nahm durch die Delegation eines auf Staatskosten geweihten Kindes, später auch durch die Einbeziehung der Epheben in die Prozession am Fest Anteil, aber seine Organisation lag ganz in den Händen einzelner lokaler Priesterfamilien (Eumolpiden, Keryken).

G. E. Mylonas, *Eleusis and the Eleusinian Mysteries* (Princeton 1961); P. Darque, «Les vestiges mycéniens découverts sous le télésterion d'Eleusis», *BCH* 105 (1981) 593–605.

5.4.3 Große Götter und Kabiren. Wie in Eleusis waren auch andere Mysterien an ein einziges Heiligtum gebunden (eine Inschrift von 92 v. Chr. dokumentiert die Reform der Mysterien der Großen Götter des messenischen Andania, *LSCG* 65). Vor allem gilt dies für die Mysterien der Großen Götter auf Samothrake, die mit Herodot faßbar werden und besonders in hellenistischer Zeit dank ptolemäischer und römischer Unterstützung blühten. Das samothrakische Pantheon erscheint als Trias zweier männlicher Götter um eine Große Göttin, hinter der wie hinter Einzelheiten des Rituals Ungriechisches sichtbar wird; die Große Göttin wie Struktur und Details des Rituals verweisen diese Mysterien genetisch in die Welt von Männerbünden. Dieselbe Welt (konkretisiert als Schmiedebünde?) wird hinter den Mysterien der Kabiren auf Lemnos sichtbar; eng verwandt damit sind die Mysterien im Kabirion bei

Theben (wo ein singulärer anthropogonischer Mythos ikonographisch faßbar ist) und bei Thessalonike. An keinem Ort ist Jenseitshoffnung zu fassen: Die Befunde aus den Kabirenheiligtümern weisen besonders auf gemeinsames Trinken als Weg zu momentanem ekstatischem Glück, diejenigen von Samothrake sollen vor allem glückliche Seefahrt bringen.

B. Hemberg, *Die Kabiren* (Uppsala 1950); Susan G. Cole, *Theoi Megaloi. The Cult of the Great Gods at Samothrace* (Leiden 1983); G. Sfameni Gasparro, *Misteri e culti mistici di Demetra* (Rom 1986).

5.4.4 Dionysos und Orphik. Neben den lokalgebundenen Mysterienkulten entwickeln sich im späten 6. Jh. als neuer Kulttyp die Mysterien des Dionysos: Getragen von wandernden, 'missionierenden' Priestern ('Ορφεοτελεσταί), die gegen Entgelt überall einweihen, kristallisiert sich der Kult in kleinen lokalen Kultgruppen. Wichtig war die dionysische Ekstase, provoziert wie bei den Mänaden durch Tanz, aber wohl auch durch Alkohol. Neben das Ziel momentanen ekstatischen Glücks tritt seit dem mittleren 5. Jh. die Sorge für ein besseres Los nach dem Tod: Sie schlägt sich besonders in den seit dem späten 5. Jh. faßbaren 'orphischen Totenpässen' nieder, kleinen Goldfolien aus Gräbern mit eschatologischen Versen, die Anweisungen für das richtige Verhalten des Toten gegenüber jenseitigen Wächtern, Richtern und Göttern geben. Vielleicht gehörte eine derartige Unterweisung zum Inhalt der Initiationsriten.

Nicht immer ist die Abgrenzung der bakchischen Mysterien vom übrigen Kult des ekstatischen Dionysos klar; es ist mit einer breiten Variationsmöglichkeit von Formen zu rechnen. Desgleichen gehen die bakchischen Mysterienkulte in rituellen und ideologischen Dingen mit der pseudepigraphischen orphischen Dichtung und mit Pythagoreischem zusammen (bestätigt von Hdt. 2,81), insbesondere in der Seelenlehre, und es entwickelte sich als eine Radikalisierung der Ὀρφικός (oder Πυθαγόρειος) βίος, eine auf Vegetarismus gestützte Lebensweise, die die Werte der Polis negierte. – M. L. West, *The Orphic Poems* (Oxford 1983); G. Pugliese-Carratelli, *Le lamine d'oro 'orfiche'. Ed. e comm.* (Mailand 1993); F. Graf, «Dionysian and Orphic eschatology. New texts and old questions», in: Th. Carpenter – Chr. Faraone (Hrgg.), *Masks of Dionysos* (Ithaca N. Y. 1993) 239–258.

6 Die Götter

6.1 Allgemeines

6.1.1 Anthropomorphismus. Griechische Götter sind nicht nur durchwegs menschengestaltig (den Gegensatz zu den tierköpfigen Gottheiten Ägyptens hob griechische Reflexion immer wieder hervor), sie handeln und reagieren auch nach menschlichen Motiven und Kategorien. Hier ist der Einfluß der epischen Mythenerzählung mit ihrem Formwillen zentral: Wie die homerischen Epen alles Wunderbare auf ein Menschen verständliches Maß beschränken, so erzählen sie auch von den Göttern mit derselben radikalen Sicht.

Inwieweit dies in vorheriger Tradition angelegt war, läßt sich schwer ausmachen; die mykenische Ikonographie kennt jedenfalls tiergestaltige 'Dämonen'. Die theologische Reflexion der spätarchaischen Zeit freilich, die den Abstand des Göttlichen vom Menschen herausstellt, bekämpft die Menschengestalt der Götter als Projektion, ihr Handeln nach menschlichen Mustern als Blasphemie (Xenophanes, *VII 1.2.1*).

Zorn und Liebe sind bei Göttern (wie bei Menschen) zentrale Motivationen und in den meisten Religionen entscheidend zur Erklärung von Wohlergehen und Glück innerhalb der Gesellschaft. Die Liebe griechischer Götter zu den Menschen ist seit archaischer Zeit wichtig, ihr Zorn ist momentan; grundsätzlich reizbare und gefährliche Götter kennt das griechische Denken nicht. – W. Burkert, «Homer's anthropomorphism. Narrative and ritual», in: D. Buitron-Oliver (Hrg.), *New Perspectives in Early Greek Art* (Washington, D. C. 1991) 81–91.

6.1.2 Polytheismus. Im Griechischen (wie in anderen polytheistischen Systemen) sind die einzelnen Götter als Großfamilie gedacht. Das Geschwister- und Ehepaar Zeus und Hera steht ihr vor, neben ihnen stehen ihre Geschwister Poseidon, Hades, Demeter und Hestia, dazu die Kinder des Zeus, Athena, Apollon und Artemis, Hermes, Aphrodite mit ihrem Sohn Eros, Dionysos, Kore-Persephone, außerdem Ares, einziger unbestrittener Sohn von Zeus und Hera, sowie Heras Sohn Hephaistos; am Rande stehen die Eltern der regierenden Dynastie, Kronos und Rhea, noch weiter weg Gaia.

Die Gruppierung zeigt die relative Position zu Zeus als Zentrum: Athena, kopfgeborene Tochter des Zeus, steht ihm am nächsten, Aphrodite, die nicht bloß Tochter des Zeus von Dione (Hom. *Il.* 5,370), sondern aus dem Meer geborene Frucht des Glieds des kastrierten Uranos ist (Hes. *Theog.* 190–202), steht ihm in ambivalenter Position gegenüber, ebenso Hephaistos, der vaterloses Kind der Hera sein kann (Hes. *Theog.* 927): nicht zuletzt deswegen spannt der Mythos diese beiden zu einem spannungsreichen Ehepaar zusammen, in das sich der in der Familie auch eher isolierte Ares als Liebhaber einschiebt; Apollon und Artemis sind unter sich eng verbunden, bilden mit ihrer Mutter Leto (die Kultgottheit ist) ein Nebenzentrum. Kronos, abgelöst und abgeschoben, erscheint im Kult nur in Auflösungsfesten; mit Rhea hingegen wird früh die kleinasiatische Bergmutter (μήτηρ ὀρεία) Kybele identifiziert. Gaia wird selten und in marginalen Kultformen verehrt. Das System muß bereits im Mykenischen ausgebildet gewesen sein; jedenfalls finden sich dort sowohl Paarbeziehungen wie Sohnschaften, wenn auch im Einzelnen so ungewohnte wie die Paare Zeus und Diwija, Poseidon und Posidaeja oder wie 'Drimios Sohn des Zeus'; andererseits werden bereits Zeus und Hera (Pylos) oder Zeus und sein späterer Sohn Dionysos (Chania) jeweils in einem gemeinsamen Heiligtum verehrt.

Einzelnen Göttern gehören einzelne Bereiche zu: der Polytheismus vermag die Welt in einer vom Monotheismus grundverschiedenen Weise zu analysieren, die durch Kontraste und Kombinationen feine Differenzierungen erlaubt.

So sind in der griechischen Religion drei Götter für den Krieg zuständig – Athena, Ares, Enyalios. Zwischen den kultisch differenzierten Ares und Enyalios sind keine Funktionsunterschiede faßbar; hingegen werden Ares und Athena dadurch unterschieden, daß Ares das wütende Rasen des Krieges an sich, Athena für den Krieg als Instrument der Polis und ihrer Selbstbehauptung zuständig ist. Eine solche Analyse erlaubt es, das *Zusammenwirken* von zwei Gottheiten als komplementäre Verstärkung zu verstehen: Wenn die attischen Epheben zu Athena Areia und zu Ares beten, wollen sie die Unterstützung von Ares erhalten, um effizient kämpfen zu können, aber zugleich durch Athena dieses Kämpfen nur im Interesse der Polis anwenden. Ähnlich sind für Liebe sowohl Aphrodite wie Hera zuständig (im Hochzeitsopfer werden beide angerufen). Hera sorgt für eine funktionierende Ehe, Aphrodite für eine funktionierende Sexualität; damit schränkt Hera den Bereich der Aphrodite ein. – Gelegentlich wirken Götter gegeneinander: Ein kaiserzeitliches Orakel aus Didyma schreibt den Tod einiger Holzfäller dem Gott Pan zu, dem irrationalen Herrn der Wildnis, und befiehlt Opfer an Artemis, die Herrin der Wildnis, die Draußen und Drinnen verbinden kann.

Was die Konstruktion eines Pantheons vieler Götter gegenüber derjenigen einer einzigen Gottheit leistet und weswegen die eine die andere ablöst, ist noch weithin unverstanden; auch die Eigenheiten des griechischen Polytheismus sind wenig systematisch erforscht. – A. Brelich, «Der Polytheismus», *Numen* 7 (1960) 123–136; Burkert (1979) 331–343; B. Gladigow, «Strukturprobleme polytheistischer Religionen», *Saeculum* 34 (1983) 292–304; F. Schmidt (Hrg.), *L'impensable polythéisme. Études d' historiographie religieuse* (Paris 1988).

6.1.3 Einheit und Vielheit. Die einzelnen Götter stehen in der Spannung zwischen panhellenischer, durch Hesiod und Homer gestalteter Individualität und je lokaler kultischer Präsenz: Der Olymp ist Wohnsitz der Götter, doch wohnen sie auch in ihren Lieblingsheiligtümern, sind gar an jedem Kultort in der als 'Wohnsitz' (ἕδος) gedachten Kultstatue anwesend (*2.3.3*). Da zudem die Systemeinheit des griechischen Polytheismus die Polis ist (s. o.), können die lokalen Erscheinungsformen in Funktion, Kultform und Mythos differieren, doch hat die Traditionsstiftung Homers eine panhellenische Einheit der göttlichen Person vorgegeben; ihr Eigenname suggeriert wie bei den Menschen ein Individuum.

Zu Differenzierungen führen freilich die kultischen Beinamen (Epiklesen): Wie die Kultkalender oder Weihinschriften zeigen, gelten Opfer und Dedikationen meist einer durch eine spezifische Epiklese gekennzeichneten Gottheit. Gegenüber den Götternamen, deren Bedeutung meist innersprachlich unverständlich ist, höchstens volksetymologisch (Aphrodite < ἀφρός, 'Schaum') erklärt werden kann, sind die Epiklesen meist verständlich (es gibt nur ganz wenige unklare); ihre Aufgabe ist die genauere Determinierung der Gottheit.

Epiklesen heben bestimmte Kultorte als Herkunftsort der Gottheit (Artemis Ἐφεσία, Apollon Πύθιος außerhalb von Ephesos oder Delphi) oder als Ausdruck besonderer lokaler Verwurzelung (Herakles Θάσιος auf Thasos) hervor, oder sie weisen auf Funktionsverbindungen mit ähnlichen Gottheiten hin (Athena Ἀρεία), seltener auf die Identifizierung zweier Gottheiten (Apollon Παιάν als Verbindung Apollons mit dem mykenisch unabhängigen Heilgott Paiawon, Zeus Asklepios als spätantiker, Zeus an Machtfülle ähnlicher Asklepios). Vor allem aber nennen sie bestimmte Funktionen (Apollon Ἀποτρόπαιος 'Abwender', als Übelabwehrer; Zeus Κτήσιος, der Hüter des Besitzes); auch wenn die Epiklese sich von einem Kultort herleitet (Zeus Ἀγοραῖος, der auf der Agora, oder Apollon Προπύλαιος, der vor dem Stadttor verehrte), steht dahinter eine entsprechende Funktion (Aufsicht über das politische Leben oder apotropäischer Schutz des Tordurchgangs).

Mit der Ausweitung des griechischen Blicks auf andere Religionen werden auch die Gottheiten ungriechischer Panthea als grundsätzlich identisch mit den griechischen gefaßt; der einzelsprachliche Name ist lediglich je sprachspezifische Bezeichnung für dieselbe Wesenheit (man spricht von Interpretatio). Schon Herodot verwendet grundsätzlich den griechischen Namen (die 'Übersetzung') zur Bezeichnung auch ungriechischer Gottheiten. Kriterien der Gleichsetzung sind vor allem Funktionen und Geschlecht, wobei die Annäherungen immer oberflächlich bleiben (Demeter ist die Übersetzung für Isis, Hdt. 2,59, Dionysos für Osiris, Hdt. 2,42); wird der spezifische fremde Kult eingeführt, bleibt auch der fremde Name (Isis).

Eine Folge dieser Interpretation kann ein fast monotheistisches Verständnis sämtlicher ähnlicher Gottheiten als lediglich lokaler Formen der einen Gottheit sein; diese Entwicklung ist kaiserzeitlich und insbesondere mit Isis verbunden. – P. Barié, «Interpretatio als religionspsychologisches Problem», in: *Der Altsprachliche Unterricht* 28:2 (1985) 63–86; W. Burkert, «Herodot als Historiker fremder Religionen», in: *Hérodote et les peuples non grecs, Entretiens 35* (Vandoeuvres-Genève 1990) 1–39.

6.2 Götterkategorien

6.2.1 Die bisher gemachten Aussagen gelten insbesondere für die Olympier, die mythisch als Großfamilie des Zeus, kultisch als die gewöhnlichen Empfänger von Opfern und Vorsteher von Festen gedacht sind. Gemeinsam decken sie den Hauptbereich des Lebens der Polis und ihrer Bewohner ab. Die Olympier werden gern als Zwölfergruppe gedacht; die Zusammensetzung schwankt: Zeus und Hera, Poseidon, Demeter, Athena, Aphrodite, Hermes, Apollon und Artemis sind fast immer dabei, die Zugehörigkeit von Dionysos, Herakles, Hestia ist variabel; das reflektiert auch die Stellung und Bedeutung der einzelnen Götter im Kult.

Charlotte R. Long, *The Twelve Gods of Greece and Rome*. EPRO 107 (Leiden 1987).

Eine nicht unbeträchtliche Zahl von Olympiern ist bereits in Linear B belegt: Zeus, Hera, Poseidon, Ares, Dionysos, Artemis, vielleicht Athena, auch Enyalios, Paian oder Eileithyia; eine Getreidegöttin (Demeter?) ist in Mykene auf einem Fresko dargestellt; abwesend sind vor allem Apollon und Aprodite. – St. Hiller, «Spätbronzezeitliche Mythologie. Die Aussage der Linear B-Texte», in: *Hellenische Mythologie/Vorgeschichte* (Altenburg 1996) 223–232.

6.2.2 Unterirdische Götter stellt bereits antike Kategorisierung den himmlischen gegenüber. Es sind zum einen der als Totenherrscher vorgestellte Hades-Pluton (Zeus καταχθόνιος Hom. *Il.* 9,457) und seine Gattin Kore-Persephone, zum andern die namenlosen Totengeister (θεοὶ καταχθόνιοι, kaiserzeitliches Äquivalent zu lateinisch *Di Manes*). Poliskult empfangen diese Gottheiten kaum (Heiligtümer und Feste der Kore-Persephone gelten ihr in anderer Funktion, als Stadtherrin von Kyzikos etwa oder als Schützerin der heiratsfähigen Mädchen in Lokroi), doch erhalten die individuellen Toten den ihnen zustehenden Grabkult.

Bereits antike Theorie (vgl. Plut. *Qu.Rom.* 11,266 E) macht zudem einen Unterschied in der Kultform zwischen olympischen und chthonischen Gottheiten; danach hat die moderne Forschung oft aufgrund des Kultes weitere Götter (Kronos, Demeter) oder Aspekte von Göttern (Zeus Ktesios, Zeus Meilichios) zu chthonischen Gottheiten erklärt. Das hat aber in der religiösen Realität wenigstens vorhellenistischer Zeit keinen Rückhalt. – Renate Schlesier, «Olympische Religion und chthonische Religion», in: U. Bianchi (Hrg.), *The Notion of 'Religion' in Comparative Research* (Rom 1994) 301–310.

6.2.3 Kleinere Gottheiten: Allgemeines. Neben den olympischen Göttern steht eine große Zahl kleinerer, teilweise lokal beschränkter Gottheiten; viele derartige Kulte sind vor allem inschriftlich faßbar, wie derjenige der Leukothea, der 'Weißen Göttin': Der Mythos identifiziert sie mit Ino, der Tochter des Kadmos (Hom. *Od.* 5,333f.), und zeigt damit, wie solche Lokalgottheiten in die panhellenische Mythologie eingebunden werden konnten. Die meisten sind in ihren Funktionen eingeschränkt, wie Pan, der als Gott der Wildnis vor allem Beschützer der dort lebenden Hirten und ihrer Herden ist, oder Eileithyia, die göttliche Geburtshelferin. Lokal gebunden sind vor allem die Naturgottheiten. Berge und Flüsse können als Gottheiten gefaßt werden, nur die Flüsse aber werden auch kultisch verehrt; oftmals drückt der Kult des Flußgottes die lokale Identität aus (Flußgötter auf kaiserzeitlichen Münzbildern). Zur mythologischen Gestalt wurde allein der westgriechische Fluß Acheloos, der mit charakteristischem Stierkopf öfters abgebildet und an zahlreichen Orten kultisch verehrt wird.

Göttervereine. Manche dieser Gottheiten treten in der Mehrzahl auf; beliebt ist die Dreizahl, wie (mythologisch) bei den Moiren oder (ikonographisch) bei den Nymphen. Im Kult schließen sie sich gern an größere Götter an; die Verbindung betont Funktionsverwandtschaft: Die Nymphen folgen außer Pan auch Hermes als Hirtengottheit, die Musen dem Sänger Apollon (Μουσαγέτης), die Moiren Zeus als dem Hüter der göttlichen Ordnung (Μοιραγέτης).

Abstrakta. Schon Hesiod nimmt in das Pantheon der *Theogonie* eine große Zahl von vergöttlichen Abstrakta auf; damit weitet er eine in der griechischen Religion seit jeher inhärente Möglichkeit aus. Gottheiten wie Gaia ('Erde'), Eros ('Liebe') oder Hestia ('Herd') besitzen alte Kulte (Hestia ist wohl bereits indoeuropäische Kultgöttin); im Lauf der archaischen Zeit treten weitere wie Nike ('Sieg') oder Themis ('Recht') dazu, und in hellenistischer Zeit wird noch einmal ausgeweitet; Gottheiten wie Δημοκρατία oder (verbreitet) Ὁμόνοια sind nicht literarische Fiktionen, sondern real verehrte Wesenheiten; für eine Zeit, welche mit verzweifelten Etymologien aus den Götternamen ihre Wirkkraft ablesen wollte (Plat. *Crat.*), besitzen vergöttlichte Abstrakta den Vorteil der unmittelbaren Verständlichkeit. Neuzeitliche Sensibilität, die von Verfall des religiösen Gefühls zu sprechen pflegt, wird (allein schon angesichts seines hohen Alters) dem Phänomen nicht gerecht; als wirkkräftig (ἐπιφανής) erfahrene Potenzen zu voll anthropomorphen Gottheiten zu machen, ist eine legitime Möglichkeit des Polytheismus.

H. A. Shapiro, *Personifications in Greek Art. The Representation of Abstract Concepts 600–400 B. C.* (Kilchberg 1993).

6.2.3 Fremde Götter. Neben den Göttern Homers und Hesiods (und teilweise schon der mykenischen Tradition) erscheinen in den Panthea der griechischen Städte immer mehr von außen kommende Gottheiten. Das ist ein kontinuierlicher Prozeß: Auch wenn die fremde Herkunft des Dionysos längst widerlegt, die karische der Hekate zweifelhaft ist, ist wenigstens Aphrodite wohl in den Dark Ages von Osten eingewandert; im späten 8. und 7. Jh. begann die Expansion des Kults der phrygischen Bergmutter (Kybebe oder Kybele). In den griechischen Städten niedergelassene Fremde brachten jeweilen ihre Lokalkulte mit, von denen einige – wie derjenige der thrakischen Bendis in Athen – populär wurden, ohne außerhalb der Landsmannschaften wirklichen Anhang zu gewinnen; andere Kulte eroberten sich private Kultgruppen (Adonis oder Sabazios). Im Hellenismus expandierte der in Alexandria bereits hellenisierte Kult der Isis in einer attraktiven Mischung von Exotik und Bekanntheit und faßte rund um das Mittelmeer Fuß (vgl. die Liste P.Oxy. 11,1380).

Der heute stark betonte Gegensatz zwischen einheimischen und fremden Göttern wird der Realität nicht gerecht; gewöhnlich wird der von außen kommende Kult völlig assimiliert und ruht, wie im Fall der Kybele, die mit Rhea identifiziert wurde, auf griechischen Ansätzen auf. Werden exotische Eigenheiten beibehalten (Isiskult), geschieht dies nicht aus mangelnder Assimiliationsfähigkeit, sondern in bewußter Entscheidung.

R. Garland, *Introducing New Gods. The Politics of Athenian Religion* (London 1992); R. Merkelbach, *Isis Regina – Zeus Sarapis. Die griechisch-römische Religion nach den Quellen dargestellt* (Stuttgart – Leipzig 1995); Parker (1996) 188–189.

7 Bibliographie

Auf einzelne Werke wird im Text mit Autornamen und Erscheinungsjahr Bezug genommen.

7.1 Bibliographie, Lexika, Forschungsgeschichte

MENTOR. *Bibliographie de la religion grecque* (Liège 1993). – W. H. Roscher, *Ausführliches Lexikon der griechischen und römischen Mythologie* (Leipzig 1884–1937). – LIMC. *Lexicon Iconographicum Mythologiae Classicae* (Zürich seit 1981). – O. Gruppe, *Geschichte der klassischen Mythologie und Religionsgeschichte während des Mittelalters im Abendland und während der Neuzeit* (Leipzig 1921). – W. Burkert, «Griechische Mythologie und die Geistesgeschichte der Moderne», in: *Les études classiques aux XIXe et XXe siècles. Leur place dans l'histoire des idées. Entretiens 26* (Vandoeuvres – Genève 1980) 159–199.

7.2 Gesamtdarstellungen

7.2.1 Chr. A. Lobeck, *Agloaphamus sive de theologiae mysticae Graecorum causis libri tres*, 2 Bde (Königsberg 1829, ND Darmstadt 1968). – F. G. Welcker, *Griechische Götterlehre*, 3 Bde (Göttingen 1857. 1859/50. 1826/63; dazu A. Henrichs, «Welckers Götterlehre», in: *Friedrich Gottlieb Welcker, Werk und Wirkung*, Wiesbaden 1986, 179–229). – L. R. Farnell, *The Cults of the Greek States*, 5 Bde (Oxford 1896–1909). – P. Stengel, *Die griechischen Kultusaltertümer* (München ³1920). – U. von Wilamowitz-Moellendorff, *Der Glaube der Hellenen*, 2 Bde (Berlin 1931/1932, ²1955; dazu A. Henrichs, '*Der Glaube der Hellenen*'. Religionsgeschichte als Glaubensbekenntnis und Kulturkritik», in: *Wilamowitz nach 50 Jahren*, Darmstadt 1985, 263–305). – M. P. Nilsson, *Geschichte der griechischen Religion 1: Die Religion Griechenlands bis auf die griechische Weltherrschaft* (München 1940, ³1965); *2: Die hellenistische und römische Zeit* (München 1950, ²1961). – J. Rudhardt, *Notions fondamentales de la pensée religieuse et actes constitutifs du culte dans la Grèce classique* (Genf – Paris 1958, ND 1992). – W. Burkert, *Griechische Religion der archaischen und klassischen Epoche* (Stuttgart 1977). – J.-P. Vernant, *Mythe et religion en Grèce ancienne* (Paris 1987; frz. Version des engl. Art. «Greek Religion», in: *Encyclopedia of Religion* 6, 1987, 99–118; dt. *Mythos und Religion im alten Griechenland*, Frankfurt 1995). – J.-P. Vernant, *Religion grecque, religions antiques* (Paris 1976 = *Religions, histoires, raisons*, Paris 1979, 5–34). – A. Henrichs, *Die Götter Griechenlands. Ihr Bild im Wandel der Religionswissenschaft* (Bamberg 1987). – Louise Bruit Zaidman – Pauline Schmitt Pantel, *La religion grecque* (Paris 1989). – J. N. Bremmer, *Greek Religion. Greece & Rome. New Surveys in the Classics* 24 (Oxford 1994; dt. *Götter, Mythen und Heiligtümer im antiken Griechenland*, Darmstadt 1996).

7.2.2 M. P. Nilsson, *The Minoan-Mycenaean Religion and its Survival in Greek Religion* (Lund 1927, ²1950). – Emily T. Vermeule, *Götterkult*, Arch. Hom. 5 (Göttingen 1974). – R. Hägg, «Mycenaean religion. The Helladic and the Minoan components», in: Anna Morpurgo-Davies – Y. Duhoux (Hrgg.), *Linear B. A 1984 Survey* (Louvain-la-Neuve 1985) 203–225. – Nanno Marinatos, *Minoan Religion. Ritual Process, Image and Symbol* (Columbia S. C. 1991).

7.2.3 Z. Stewart, «La religione», in: R. Bianchi Bandinelli (Hrg.), *La società ellenistica. Economia, diritto, religione* (Mailand 1977) 503–616. – M. Wörrle, *Stadt und Fest im kaiserzeitlichen Kleinasien* (München 1988).

7.2.4 R.S. Kraemer, *Her Share in the Blessings. Women's Religions Among Pagans, Jews, and Christians in the Graeco-Roman World* (New York – Oxford 1992).

7.3 Quellen

7.3.1 A. Tresp, *Die Fragmente der griechischen Kultschriftsteller* (Gießen 1914).

7.3.2 Inschriften: J. von Prott – L. Ziehen, *Leges Graecorum sacrae e titulis collectae. I. Fasti sacri* (Leipzig 1896); L. Ziehen, *Leges Graecorum sacrae e titulis collectae. II 1. Leges Graeciae et insularum* (Leipzig 1906, ND Chicago 1988). – F. Sokolowski, *Lois sacrées de l'Asie mineure* (Paris 1955); *Lois sacrées des cités grecques. Supplément* (Paris 1962); *Lois sacrées des cités grecques* (Paris 1969). – Überblick: Margherita Guarducci, *Epigrafia Greca. IV: Epigrafi sacre pagane e cristiane* (Rom 1978). – Eine fast unerschöpfliche, aber nicht immer gut erschlossene Informationsquelle sind außerdem die Schriften von L. Robert, einschließlich des *Bulletin Épigraphique*, das für die Religion fortgesetzt wird von A. Chaniotis, «Epigraphic bulletin for Greek religion», seit *Kernos* 4 (1991) 287–311.

7.3.3 **Magie**: A. Audollent, *Defixionum tabellae* (Paris 1904, ND Frankfurt a. M. 1967); K. Preisendanz – A. Henrichs, *Papyri Graecae Magicae. Die griechischen Zauberpapyri* (Stuttgart ²1973–1974; Leipzig – Berlin 1928–1931); H. D. Betz, *The Greek Magical Papyri in translation including the Demotic Spells* (Chicago – London 1986); J. G. Gager (Hrg.), *Curse Tablets and Binding Spells from the Ancient World* (New York–Oxford 1992).

7.4 Festkalender

7.4.1 M. P. Nilsson, *Griechische Feste von religiöser Bedeutung mit Ausschluß der attischen* (Leipzig 1906, ND Stuttgart – Leipzig 1996).

7.4.2 A. Mommsen, *Heortologie. Antiquarische Untersuchungen über die städtischen Feste der Athener* (Leipzig 1864, ND Amsterdam 1968); 2. Aufl. als *Feste der Stadt Athen im Altertum, geordnet nach attischem Kalender* (Leipzig 1898). – L. Deubner, *Attische Feste* (Berlin 1932, ND Stuttgart 1966). – H. W. Parke, *Festivals of the Athenians* (London 1977). – R. Parker, *Athenian Religion. A History* (Oxford 1996).

7.5 Ritual, Divination, Mysterien, Magie

7.5.1 P. Stengel, *Opferbräuche der Griechen* (Leipzig – Berlin 1910). – S. Eitrem, *Opferritus und Voropfer der Griechen und Römer* (Kristiania 1915; ND Hildesheim 1977). – W. Burkert, *Homo Necans. Interpretationen altgriechischer Opferriten und Mythen* (Berlin – New York 1972). – E. Kadletz, *Animal Sacrifice in Greek and Roman Religion* (Diss. Washington University 1976). – M. Detienne – J.-P. Vernant, *La cuisine du sacrifice en pays grec* (Paris 1979). – O. Reverdin – B. Grange (Hrgg.), *Le sacrifice dans l'antiquité*. Entretiens 27 (Vandoeuvres – Genève 1981). – H. S. Versnel, «Religious mentality in ancient prayer», in: ders., *Faith, Hope and Worship. Aspects of Religious Mentality in the Ancient World* (Leiden 1981) 1–64. – R. Parker, *Miasma. Pollution and Purification in Early Greek Religion* (Oxford 1983). – D. D. Hughes, *Human Sacrifice in Ancient Greece* (London – New York 1991). – D. Aubriot-Sévin, *Prières et conceptions religieuses en Grèce ancienne jusqu'à la fin du Ve siècle av. J.-C.* (Lyon 1992). – P. Bonnechère, *Le sacrifice humain en Grèce ancienne* (Athen/Liège 1994). – F. T. van Straten, *Hierà kalá. Images of Animal Sacrifice in Archaic and Classical Greece* (Leiden 1995).

7.5.2 A. Bouché-Leclerq, *Histoire de la divination dans l'antiquité*, 4 Bde (Paris 1879–1882; ND Aalen 1978). – W. R. Halliday, *Greek Divination. A Study of its Methods and Principles* (London 1913). – J.-P. Vernant, *Divination et rationalité* (Paris 1974).

7.5.3 W. Burkert, *Antike Mysterien. Funktion und Gehalt* (München 1990).

7.5.4 F. Graf, *Gottesnähe und Schadenzauber. Die Magie in der griechisch-römischen Antike* (München 1996).

7.6 Heiligtum

W. H. Rouse, *Greek Votive Offerings* (Cambridge 1902). – G. Gruben, *Die Tempel der Griechen* (München 1966, Darmstadt ⁴1986). – Brita Alroth, *Greek Gods and Figurines. Aspects of the Anthropomorphic Dedications* (Uppsala 1989). – O. Reverdin – B. Grange (Hrgg.), *Le sanctuaire grec*. Entretiens 37 (Vandoeuvres – Genève 1992). – Nanno Marinatos – R. Hägg

(Hrgg.), *Greek Sanctuaries. New Approaches* (London 1993). – Susan M. Alcock – R. Osborne (Hrgg.), *Placing the Gods. Sanctuaries and Sacred Space in Ancient Greece* (Oxford 1994).

7.7 Mythos

L. Preller, *Griechische Mythologie*. 4. Aufl. bearb. von C. Robert. *1: Theogonie und Götter* (Berlin 1894); *2: Die Heroen (Die griechische Heldensage). Erstes Buch: Landschaftliche Sagen* (Berlin 1920); *Zweites Buch: Die Nationalheroen* (Berlin 1921); *Drittes Buch: Die großen Heldenepen* (Berlin 1921–1926). – H. Hunger, *Lexikon der griechischen und römischen Mythologie* (Hamburg [8]1982). – F. Graf, *Greek Mythology. An Introduction* (Baltimore 1993; stark erweiterte Übers. von *Griechische Mythologie*, München–Zürich 1985). – C. Parada, *Genealogical Guide to Greek Mythology* (Jonsered 1993).

7.8 Die Götter

7.8.1 W. F. Otto, *Die Götter Griechenlands. Das Bild des Göttlichen im Spiegel des griechischen Geistes* (Frankfurt a. M. 1929; dazu H. Cancik, «Die Götter Griechenlands 1929. W. F. Otto als Religionswissenschaftler und Theologe am Ende der Weimarer Republik», *Der Altsprachliche Unterricht* 27, 1984, 151–176). – Erika Simon, *Die Götter der Griechen* (München 1969, [3]1985).

7.8.2 Theodora Hadzisteliou-Price, *Kourotrophos. Cults and Representations of Greek Nursing Deities* (Leiden 1978); Erika Simon, «Griechische Muttergottheiten», in: G. Bauchhenss – G. Neumann (Hrgg.), *Matronen und verwandte Gottheiten* (Köln – Bonn 1987) 157–169.

7.8.3 Aphrodite: P. Friedrich, *The Meaning of Aphrodite* (Chicago 1978).

Apollon: P. Bruneau, *Recherches sur les cultes de Délos à l'époque hellénistique et à l'époque impériale. BEFAR 217* (Paris 1970); W. Burkert, «Apellai und Apollon», *RhM* 118 (1975) 1–21; F. Graf, «Apollon Delphinios», *MH* 36 (1979) 2–22; M. H. Jameson, «Apollo Lykeios in Athens», *Archaiognosia* 1 (1980) 213–235; J. Solomon (Hrg.), *Apollo. Origins and Influences* (Tucson – London 1994).

Artemis: K. Hoenn, *Artemis. Gestaltwandel einer Göttin* (Zürich 1946); Ileana Chirassi, *Miti e culti arcaici di Artemis nel Peloponneso e nella Grecia centrale* (Triest 1964); Ch. Christou, *Potnia Theron* (Thessaloniki 1968); J.-P. Vernant, «Une divinité de marges: Artémis Orthia», in: *Recherches sur les cultes grecs et l'Occident 2* (Neapel 1984) 13–27; J.-P. Vernant, «La figure des dieux. 2: Artémis et les masques», in: *Figures, idoles, masques. Conférences, essais et leçons du Collège de France* (Paris 1990) 137–207.

Athena: C. J. Herington, *Athena Parthenos and Athena Polias* (Manchester 1955); M. Detienne – J.-P. Vernant, *Les ruses de l'intelligence. La mètis des Grecs* (Paris 1974); Jenifer Neils (Hrg.), *Worshipping Athena. Panathenaia and Parthenon* (Madison 1997).

Demeter: Ileana Chirassi-Colombo, «I doni di Demeter. Mito e ideologia nella Grecia arcaica», in: *Studi Triestini di antichità in onore di L. Stella* (Triest 1975) 183–213; Froma I. Zeitlin, «Cultic models of the female. Rites of Dionysos and Demeter», *Arethusa* 15 (1982) 129–157; G. Sfameni Gasparro, *Misteri e culti mistici di Demetra* (Rom 1986); F. de Polignac, «Déméter ou l'altérité dans la fondation», in: M. Detienne (Hrg.), *Tracés de fondation* (Louvain – Paris 1990) 289–300; Susan G. Cole, «Demeter in the Ancient Greek city and its countryside», in: Alcock – Osborne (o. *7.6)* 199–216.

Dionysos: W. F. Otto, *Dionysos. Mythos und Kultus* (Frankfurt a. M. 1933); H. Jeanmaire, *Dionysos. Histoire du culte de Bacchus* (Paris 1951); A. Henrichs, «Changing Dionysiac Identities», in: B. F. Meyer – E. P. Sanders (Hrgg.), *Jewish and Christian Self-Definition 3: Self-definition in the Graeco-roman World* (London 1982) 1–22. 183–189.

Hera: W. Pötscher, *Hera. Eine Strukturanalyse im Vergleich mit Athena* (Darmstadt 1987); Joan V. O'Brien, *The Transformation of Hera. A Study in Ritual, Hero, and the Goddess in the Iliad* (Lanham 1993); R. Häußler, *Hera und Juno. Wandlungen und Beharrung einer Göttin* (Stuttgart 1995).

Hestia: J.-P. Vernant: s. u. Hermes. – W. Pötscher, «Hestia and Vesta. Eine Strukturanalyse», in: *Athlon. Satura grammatica in honorem Francisci R. Adrados* 2 (Madrid 1987).

Hermes: J.-P. Vernant, «Hestia-Hermès. Sur l'expression religieuse de l'espace et du mouvement chez les Grecs», in: ders., *Mythe et pensée chez les Grecs* (Paris 1965) 124–170 (dt. in: *Der maskierte Dionysos. Raum und Religion in der griechischen Antike*, Berlin 1996, 13–57); G. Costa, «Hermes, dio delle iniziazioni», *Civiltà Classica e Cristiana* 3 (1982) 277ff.; L. Kahn, *Hermès passe ou les ambiguïtés de la communication* (Paris 1978).

Kybele: M. J. Vermaseren, *Cybele and Attis. The Myth and the Cult* (London 1977); P. Borgeaud, *La Mère des Dieux. De Cybèle à la Vierge Marie* (Paris 1996).

Pan: P. Borgeaud, *Recherches sur le dieu Pan* (Rom 1979).

Poseidon: F. Schachermeyr, *Poseidon und die Entstehung des griechischen Götterglaubens* (Bern 1950).

Zeus: A. B. Cook, *Zeus. A Study in Ancient Religion*, 3 Bde (Cambridge 1914–1940); H. Lloyd-Jones, *The Justice of Zeus* (Berkeley – Los Angeles 1971, 1983); K. Arafat, *Classical Zeus. A Study in Art and Literature* (Oxford 1990).

VII

Griechische Philosophie und Wissenschaften

1 Philosophie

FRIEDO RICKEN

1.1. Begriff und Perioden

Elemente einer Begriffsbestimmung, die in ihrer Weite auch die unterschiedlichen Formen der griechischen Philosophie erfaßt, lassen sich dem Text entnehmen, mit dem die antike Philosophiegeschichtsschreibung beginnt, dem Buch *Alpha* der *Metaphysik* des Aristoteles: Philosophie (σοφία) ist die höchste, 'architektonische' Form des Wissens (ἐπιστήμη). Wissen ist die Fähigkeit, Gründe anzugeben; Gegenstand der Philosophie sind die obersten Prinzipien oder Gründe. Das können die letzten Prinzipien des Kosmos oder die Grundlagen des Wissens oder das letzte Ziel menschlichen Handelns sein. Als methodische Frage nach der Begründung und als Kritik vermeintlicher Wissensansprüche ist die Philosophie Aufklärung in der Form von Moral- und Religionskritik; als Suche nach einem Grund, d. h. einer Erklärung von Phänomenen, ist sie Ursprung der Naturwissenschaft.

Bei Aristoteles beginnt die Philosophie mit Thales (*Metaph.* 1,3,983b20); er läßt es aber offen, ob die Frage nach den ersten Ursachen bereits von Homer (*Il.* 14,201. 246) und Hesiod (*Theog.* 116–120) gestellt wurde (*Metaph.* 1,3,983b27–33; 984b27–29). Die vollständigste aus der Antike überlieferte Geschichte der Philosophie, die wir Diogenes Laertios (200/250 n. Chr.) verdanken, folgt im Aufbau dem von dem Peripatetiker Sotion aus Alexandria entwickelten Schema der Sukzession von Lehrern und Schülern; sie unterscheidet zwischen der mit Anaximander beginnenden ionischen und der auf Pythagoras zurückgehenden italischen Richtung (1,13). Die heutige Philosophiegeschichtsschreibung folgt im wesentlichen der Einteilung von Eduard Zeller und unterscheidet drei bzw. vier Perioden: die mit der Aufklärung des 5. Jh.s endende vorsokratische Philosophie; die attische Philosophie (Sokrates, Platon, Aristoteles); die nacharistotelische Philosophie, die sich in die Philosophie des Hellenismus (Stoa, Epikur, Skepsis) und der römischen Kaiserzeit (Mittel- und Neuplatonismus) gliedern läßt.

Gesamtdarstellungen und Einführungen: E. Zeller, *Die Philosophie der Griechen in ihrer geschichtlichen Entwicklung* (Leipzig: 1,1 [6]1919; 1,2 [6]1920; 2,1 [5]1922; 2,2 [4]1921; 3,1–2 [5]1923); W.K.C. Guthrie, *A history of Greek philosophy*, 6 Bde (Cambridge 1962–1981); W. Röd (Hrg.), *Geschichte der Philosophie* (München). Bd. 1: W. Röd, *Von Thales bis Demokrit* ([2]1988); Bd. 2: A. Graeser, *Sophistik und Sokratik, Platon und Aristoteles* ([2]1993); Bd. 3: M. Hossenfelder, *Stoa, Epikureismus und Skepsis* ([2]1995); H. Flashar (Hrg.), *Die Philosophie der Antike* (*Grundriss der Geschichte der Philosophie*, begründet von Friedrich Ueberweg) (Basel). Bisher erschienen: Bd. 3: *Ältere Akademie, Aristoteles, Peripatos* (1983); Bd. 4: *Die hellenistische Philosophie* (1994); F. Ricken, *Philosophie der Antike* (Stuttgart [2]1993); F. Ricken (Hrg.), *Philosophen der Antike*, 2 Bde (Stuttgart 1996) [29 Einzeldarstellungen mit Bibliographien].

1.2 Die vorsokratische Philosophie

Keine Schrift der Vorsokratiker ist vollständig überliefert. Wir besitzen Zitate bei antiken Autoren, von Platon bis in die byzantinische Zeit (bei Diels unter B), und Referate (bei Diels unter A). Der erste größere dieser sog. doxographischen Berichte ist Arist. *Metaph.* 1,3–10; er ist von der Fragestellung des Aristoteles nach den ersten Ursachen bestimmt. Diese Philosophiegeschichtsschreibung in systematischer Absicht wird fortgeführt in den uns nicht überlieferten Φυσικῶν δόξαι des Theophrast, die Hermann Diels (*Doxographi Graeci*, Berlin 1879) aus Exzerpten antiker Autoren rekonstruiert hat.

Edition: H. Diels – W. Kranz (Hrg.), *Die Fragmente der Vorsokratiker, griech./dt.* ([6]Berlin), Bd. 1 1951, Bd. 2 u. 3 1952 (= *VS*); griech. Text, engl. Übers. und Kommentar: G. S. Kirk – J. E. Raven – M. Schofield, *The Presocratic philosophers. A critical history with a selection of texts* (Cambridge [2]1983). – K. Reinhardt, *Parmenides und die Geschichte der griechischen Philosophie* (Bonn 1916, Frankfurt a. M. [4]1985); W. Jaeger, *Die Theologie der frühen griechischen Denker* (Stuttgart 1953); H. Fränkel, *Dichtung und Philosophie des frühen Griechentums* (München 1962); U. Hölscher, *Anfängliches Fragen. Studien zur frühen griechischen Philosophie* (Göttingen 1968); W. Schadewaldt, *Die Anfänge der Philosophie bei den Griechen* (Frankfurt a. M. 1978); J. Barnes, *The Presocratic philosophers*, 2 Bde (London [2]1982); J. Mansfeld, *Physikai doxai and Problemata physica from Aristotle to Aetius (and beyond)* (New Brunswick NJ 1992).

1.2.1 Die ionische Aufklärung

Die doxographischen Berichte lassen die Philosophie mit Thales, Anaximander und Anaximenes, die in Milet gelebt haben, beginnen. Anhaltspunkte für ihre Datierung ist die Sonnenfinsternis von 585 v. Chr., die Thales vorausgesagt haben soll (Hdt. 1,74).

Thales werden zwei kosmologische Thesen zugeschrieben: (a) die Erde ruht auf dem Wasser, wobei sie «an ihrer Stelle bleibt, indem sie wie ein Holzscheit oder etwas ähnliches schwimmt» (Arist. *Cael.* 2,13,294a28); (b) das Wasser ist »Ursprung« (ἀρχή: ohne Zweifel ein aristotelischer Terminus) von allem (Arist. *Metaph.* 1,3,983b20). Beide Thesen dürften ihren Ursprung in ägyptischen Vorstellungen haben. Die Leistung des Thales besteht darin, daß er sie als Hypothesen verwendet, die andere Phänomene erklären, z. B. die Erdbeben durch die Bewegungen des Wassers, auf denen die Erde schwimmt (Sen. *Nat.* 3,14). Nach Aristoteles (*De an.* 1,5,411a7) hielt Thales das All für beseelt; deshalb habe er vielleicht geglaubt, «alles sei voll von Göttern»; als Beweis dafür habe er den Magnetstein angeführt, der das Eisen bewege und folglich beseelt sein müsse (ebd. 1,2,405a19). Das zeigt, daß Thales kein Materialist war; das Göttliche des Mythos wird in naturphilosophische Begriffe gefaßt.

Anaximander sieht den Ursprung im ἄπειρον, d. h. in dem, das 'nicht durchmessen (περάω) werden kann'. Es ist das quantitativ und (gegenüber dem Wasser des Thales) qualitativ Unbestimmte und als solches der unbegrenzte Vorrat für den ewigen Prozeß des Werdens (vgl. Arist. *Phys.* 3,4,203b4; 3,5,203b24).

Anaximander spricht ihm die Attribute des Göttlichen zu: Wie Zeus «lenkt es alles»; es ist «unsterblich» und «unvergänglich» (ebd. 3,4,203b13f.). Die Entstehung des Kosmos aus dem Apeiron wird wahrscheinlich mit einem biologischen Modell, dem «Absondern» (ἀποκρίνεσθαι) eines Samens, erklärt (Ps.-Plut. *Strom.* 2). Die zylinderförmige Erde ruht, anders als bei Thales, auf nichts; sie wird umgeben von einer Reihe mit Feuer gefüllter hohler Felgen, aus deren Öffnungen Feuerflammen, die Gestirne, hervorstechen (Hippol. *Haer.* 1,6,3–5). Ebenso erstaunlich ist seine Theorie über die Evolution der Lebewesen: Sie entstehen im Wasser und passen sich dann den Lebensbedingungen auf dem Land an (*VS* 12 A 30). Von Anaximander ist folgender Satz erhalten: «Aus welchen aber das Entstehen ist den seienden Dingen (τοῖς οὖσι), in die hinein findet auch ihr Vergehen statt; denn sie zahlen einander Strafe und Buße für das Unrecht nach der Ordnung der Zeit» (Simpl. *In Phys.* 24,13). Die Deutung ist umstritten. Geht es um das Entstehen und Vergehen der vielen Welten, die Anaximander annahm, oder um den Kampf der kosmischen Gegensätze wie Heiß und Kalt?

Anaximenes verbindet wie Thales eine animistische Weltsicht mit Ansätzen naturwissenschaftlicher Beobachtung. Ursprung des Kosmos ist die als Lebensodem verstandene Luft: «Wie unsere Seele, die Luft ist, uns zusammenhält, so umfaßt den gesamten Kosmos Wind (πνεῦμα) und Luft» (Aet. 1,3,4). Sie ist göttlich und Ursprung der Götter, d. h. der Himmelskörper (Cic. *Nat. deor.* 1,26; Hippol. *Haer.* 1,7,1). Eine alltägliche Beobachtung zeigt, daß die verschiedenen Elemente durch den quantitativen Begriff der unterschiedlichen Dichte erklärt werden können: Die durch die zusammengepreßten Lippen verdichtete Luft ist kalt, die aus dem offenen Mund ausgehauchte warm (Plut. *De prim. frig.* 7,947F). Die Erde entsteht durch «Verfilzung» der Luft; sie «reitet» auf der Luft (Ps.-Plut. *Strom.* 3); die Sonne (und die übrigen Himmelskörper), entstanden aus Ausdünstungen der Erde, sind flach wie ein «Blatt» (Aet. 2,22,1) und drehen sich, wie eine «Filzkappe» um unseren Kopf, um die Erde (Hippol. *Haer.* 1,7,6).

Xenophanes. In zahlreichen Fragmenten, die uns von den Gedichten des Xenophanes (geb. ca. 570 v. Chr. in Kolophon in Ionien) erhalten sind, finden wir zum ersten Mal eine ausdrückliche, scharfe Kritik am Anthropomorphismus der homerischen Religion. «Alles haben Homer und Hesiod den Göttern zugeschrieben, was bei den Menschen schändlich und tadelnswert ist: stehlen und ehebrechen und einander betrügen» (*VS* 21 B 11). «Die Sterblichen glauben, die Götter würden geboren, und sie hätten Kleider und Stimme und Körper wie sie» (B 14). Dem stellt Xenophanes eine geläuterte Gottesvorstellung entgegen: «Ein einziger Gott, unter den Göttern und Menschen der Größte, weder hinsichtlich des Körpers den Sterblichen ähnlich noch hinsichtlich des Denkens» (B 23). «Ganz sieht er, ganz denkt er, ganz hört er» (B 24). Beginnend mit Platon, *Soph.* 242d hat die Tradition diesen Gott in die Nähe des einen Seienden des Parmenides gerückt. Ein genauer Blick auf den

Text zeigt jedoch, daß trotz aller Kritik am Anthropomorphismus der Gott des Xenophanes doch nicht mehr ist als ein «entmythologisierter Zeus» (T. M. Robinson, in: Ricken [Hrg.] *Philosophen der Antike*, Bd. 1,48). Bei Xenophanes finden wir die erste Reflexion über die menschliche Erkenntnis: «Die sichere Wahrheit (τὸ σαφές) über die Götter und über alles, wovon ich spreche, hat kein Mensch gesehen, noch wird einer sein, der sie weiß. Denn wenn auch jemand zufällig das Richtige sagen sollte, so weiß er es dennoch nicht, denn Meinung (δόκος) ist über allem gebaut» (B 34). Das Fragment spielt damit, daß im Griechischen 'sehen' und 'wissen' verschiedene Formen desselben Verbums (εἴδω) sind: Wir wissen nur das, was wir gesehen haben. Alles andere ist «gebaut», d. h. eine Konstruktion, mit der wir die Wirklichkeit deuten. Xenophanes hat wie die Milesier eine Kosmologie entwickelt. Der eindrucksvollste Bericht über seine Methode ist Hipp. *Haer.* 1,14,1–6: Xenophanes habe eine periodische Überflutung der Erde gelehrt und als Beweis dafür Versteinerungen von Seetieren auf dem Land angeführt.

E. Heitsch, *Xenophanes, Die Fragmente hrg., übers. und erläutert* (München–Zürich 1983); J. H. Lesher, *Xenophanes of Colophon, Fragments. A text and translation with a commentary* (Toronto 1992). – Ch. H. Kahn, *Anaximander and the origins of Greek cosmology* (New York ²1964); C. J. Classen, *Ansätze. Beiträge zum Verständnis der frühgriechischen Philosophie* (Würzburg 1986).

1.2.2 Pythagoras und die Pythagoreer

Pythagoras hat nichts geschrieben; die zahlreichen Schriften unter den Namen früher Pythagoreer sind Fälschungen und abgesehen von einigen Fragmenten wertlos. Die wichtigsten Quellen lassen sich in vier Gruppen gliedern: (a) Erwähnungen bei Vorsokratikern und bei Herodot; (b) bei Platon; (c) doxographische Referate bei Aristoteles, vor allem in *Metaph.* 1,5. 6; (d) die drei großen Pythagoras-Biographien des Diogenes Laertios und der Neuplatoniker Porphyrios und Iamblichos, die abhängen von denen der Peripatetiker Aristoxenos und Dikaiarch und des Historikers Timaios von Tauromenion. Platon (*Rep.* 10,600ab) rühmt Pythagoras als Erzieher und Begründer einer Lebensform, was durch andere frühe Zeugnisse (Isoc. *Bus.* 28f.) bestätigt wird, und er verweist auf Gemeinsamkeiten zwischen den Pythagoreern und seiner Schule: für beide seien Harmonielehre und Astronomie verwandte Wissenschaften (*Rep.* 7,530d). Ob auch die mathematische Weltdeutung in *Rep.* 7,531c auf Pythagoras zurückgeht, ist umstritten.

Pythagoras wurde um 570 v. Chr. auf der Insel Samos, unweit von Milet, geboren, und wanderte um 530, wohl wegen der Tyrannenherrschaft des Polykrates, nach Kroton in Unteritalien aus. Dort gründete er eine ordensähnliche Gemeinschaft, die noch Generationen später in Unteritalien und Sizilien großen Einfluß ausübte. Xenophanes (*VS* 21 B 7), Empedokles (*VS* 31 B 129) und Herodot (4,95; vgl. 2,123) bezeugen, daß Pythagoras, den Ägyptern folgend, die Unsterblichkeit der Seele und die Seelenwanderung lehrte. Bereits

Aristoteles (fr. 191 Rose) weiß von ihm Wundergeschichten zu erzählen; in fr. 195. 197 Rose sind auch Regeln (ἀκούσματα) überliefert, welche die pythagoreische Lebensweise bestimmten und zugleich als Erkennungszeichen (σύμβολα) dienten, z. B. keine Bohnen zu essen, was vom Tisch fällt nicht aufzuheben, Feuer nicht mit dem Schwert zu schüren. Offen ist, ob Pythagoras sich mit kosmologischen Fragen beschäftigt hat. Vielleicht darf Heraklit (*VS* 22 B 40. 129) so interpretiert werden: Er nennt Pythagoras zusammen mit Xenophanes und Hekataios und beschimpft ihn als Vielwisser und Plagiator. Ebenso ist umstritten, ob die von Aristoteles in *Metaph.* 1,5,985b23–986a21 referierte These, «die Elemente der Zahlen seien Elemente der gesamten Wirklichkeit und der ganze Himmel sei Harmonie und Zahl» (986a1–3) auf Pythagoras oder auf spätere Pythagoreer zurückgeht.

Philolaos, der führende Pythagoreer des 5. Jh.s. v. Chr., wird von Platon im *Phaidon* (61d) erwähnt. Er nahm als Prinzipien des Kosmos das Unbegrenzte (ἄπειρα) und das Begrenzende (περαίνοντα) (*VS* 44 B 1) an, die nur durch die Harmonie miteinander verbunden werden könnten (*VS* 44 B 6). Alles, was man erkennen könne, sei mathematisch beschreibbar (*VS* 44 B 4). Er lehnte das geozentrische Weltbild ab; in der Mitte des Kosmos befinde sich vielmehr das Zentralfeuer, gefolgt von der Fixsternsphäre, den fünf Planeten, der Sonne, dem Mond, der Erde, der Gegenerde, und schließlich einem zweiten Feuer, das den gesamten Kosmos umfasse (Aet. 2,7,7).

C. Huffmann, *Philolaus of Croton: Pythagorean and Presocratic. A commentary on the fragments and testimonia* [griech. Text und engl. Übers.] *with interpretative essays* (Cambridge 1993); H. Thesleff, *The Pythagorean texts of the Hellenistic period*, Abo 1965 [Griechische Texte aller pseudopythagoreischen Schriften]. – W. Burkert, *Weisheit und Wissenschaft: Studien zu Pythagoras, Philolaos und Platon* (Nurnberg 1962); K. v. Fritz, «Pythagoras, Pythagoreer», in: *RE* 24 (1963) 171–268.

1.2.3 Heraklit

Die Biographie des Heraklit bei Diogenes Laertios (9,1–17) ist zum größten Teil aus dessen Fragmenten herausgesponnen; mit einiger Sicherheit können wir annehmen, daß Heraklit einer Aristokratenfamilie angehörte, in Ephesos lebte und um das Jahr 500 v. Chr. etwa vierzig Jahre alt war. Wir besitzen außer den doxographischen Berichten etwa 125 wörtliche Fragmente, meist äußerst dichte und prägnante Sentenzen, die eine stilistische Nähe zur Gnome (vgl. Arist. *Rhet.* 2,21) und zu Aischylos und Pindar zeigen. Versuche, den Aufbau der Schrift zu rekonstruieren, sind bisher nicht überzeugend gelungen.

In scharfer Kritik distanziert sich Heraklit ebenso von der Autorität Homers und Hesiods (B 42. 56. 57) wie von der «Vielwisserei» eines Pythagoras, Xenophanes und Hekataios (B 40). Dennoch betont er die Notwendigkeit der ἱστορίη: «Es müssen sehr wohl vieler Dinge kundig weisheitsliebende Männer sein» (B 35; vgl. B 55). Sie kann jedoch nur Ausgangspunkt für ein tieferes Verständnis sein: «Schlechte Zeugen sind den Menschen Augen und Ohren, sofern sie Barbarenseelen haben» (B 107). Der Barbar versteht die Sprache der Griechen nicht; empirische Erkenntnisse sind wie die Laute einer Sprache; es kommt darauf an, ihren Sinn (λόγος) zu verstehen. Wie für die Milesier ist für Heraklit die Seele auch kosmisches Prinzip: «Der Seele Grenzen kannst du nicht ausfinden, auch wenn du gehst und jede Straße abwanderst; so tief ist ihr λόγος» (B 45). In aristokratischer Distanzierung wirft Heraklit den Vielen vor, diesen Logos nicht zu verstehen, und er erhebt den Anspruch, ihn durch sein Werk zu offenbaren (B 1). Die Erkenntnis des Kosmos und seines Logos ist für ihn Erkenntnis seiner selbst (B 101) und des Sinnes der conditio humana. Er beschreibt deshalb den Kosmos nicht in einer naturphilosophischen Sprache, sondern er deutet ihn durch der Lebenswelt entnommene Symbole. Bogen und Leier (B 51) zeigen die kosmische Struktur der Einheit einander entgegengesetzter Kräfte und zugleich die menschlichen Wirklichkeiten von Harmonie und Streit. Die Zusammenstellung «Tag Nacht, Winter Sommer, Krieg Frieden, Sattheit Hunger» (B 67) hebt die Unterscheidung von kosmologischen und anthropologischen Tatbeständen auf; der Mensch ist in den Kosmos eingebettet, und die Weisen, wie er den Kosmos erfährt, sind Weisen, wie er sich selbst erfährt. Er soll die Erlebnisgegensätze, die sein Leben bestimmen, erkennen und bejahen; das Hinhören auf den Kosmos ist deshalb eine sittliche Aufgabe: «Verständigsein (σωφρονεῖν) ist die wichtigste Tugend; und die Weisheit (σοφίη) besteht darin, das Wahre zu sagen und zu tun, nach der Natur, auf sie hinhörend» (B 112). Das ist kein resignativer Fatalismus, sondern Einswerden mit dem Absoluten: «Der Gott ist Tag Nacht, Winter Sommer, Krieg Frieden, Sattheit Hunger (...) Er wandelt sich, genau wie das Feuer, wenn es sich mit Duftstoffen verbindet, nach dem Duft eines jeden heißt» (B 67). Das Fragment spricht von einem geruchlosen Feuer, in dem Duftstoffe verbrannt werden. Insofern das reine Feuer als solches nicht erfahrbar ist, steht es für die Transzendenz des Göttlichen (vgl. B 108); insofern es die Duftstoffe aktiviert, für dessen Immanenz. Das göttliche Feuer ist vernünftig und lenkt das All: «Das Weise ist das Eine: den einsichtsvollen Willen zu verstehen, der alles durch alles hindurch steuert» (B 41 Übers. Snell; vgl. B 32. 64).

G. S. Kirk, *Heraclitus, The cosmic fragments: Ed. with an introd. and comm.* (Cambridge 1954); M. Marcovich, *Heraclitus. Greek text with a short comm.* (Merida 1967); Ch. H. Kahn, *The art and thought of Heraclitus. An ed. of the fragments with transl. and comm.* (Cambridge 1979); C. Diano – G. Serra (Hrg.), *Eraclito, I frammenti et le testimonianze* (Milano 1980) [Text, Übers., Komm.]. – B. Snell, «Die Sprache Heraklits», *Hermes* 61 (1926) 353–381; K. Reinhardt, «Heraklits Lehre vom Feuer», *Hermes* 77 (1942) 1–27; D. Bremer, «Heraklit», in: F. Ricken (Hrg.), *Philosophen der Antike*, Bd. 1, 73–93.

1.2.4 Die Eleaten

Parmenides lebte in Hyele (Elea, Velia) in Lukanien; nach DL 9,23 wurde er ca. 540 v. Chr., nach der wahrscheinlicheren Datierung Plat. *Parm.* 127a–c ca. 515 geboren. Eine 1962 gefundene Inschrift läßt vermuten, daß er Arzt und

Mitglied einer pythagoreisch beeinflußten Vereinigung von Ärzten war; nach Plut. *Adv. Col.* 32 war er in seiner Heimatstadt als Gesetzgeber tätig. Sotion (DL 9,21) berichtet, Parmenides habe Xenophanes zwar gehört, sich jedoch nicht ihm, sondern einem Pythagoreer angeschlossen und durch diesen die «innere Ruhe» (ἡσυχία) gefunden. Das Lehrgedicht in Hexametern umfaßt ein vollständig erhaltenes Proömium (B 1), einen zu neun Zehntel erhaltenen ersten Teil (B 2–8,51), der die «Wahrheit», und einen zu einem Zehntel erhaltenen zweiten Teil (B 8,51–19), der die «Meinungen der Sterblichen» verkündet.

Das Proömium schildert die Auffahrt zu einer Göttin, der die beiden folgenden Teile in den Mund gelegt werden. Die Wagenfahrt, Bild der dichterischen Inspiration (vgl. Pind. *Ol.* 6,22–25), führt in eine andere Welt (vgl. Hom. *Il.* 5,745–754): Parmenides geht eine neue Sicht der Wirklichkeit auf, die er in seiner ontologischen Argumentation entfaltet.

Sie beginnt mit der Unterscheidung von zwei Wegen. Der erste lautet: «daß *ist* und daß es nicht möglich ist, nicht zu sein»; der zweite: «daß *nicht* ist und daß es notwendig ist, nicht zu sein». Gangbar ist nur der erste Weg, «denn du kannst das Nichtseiende weder erkennen [...] noch aufzeigen» (B 2). Mit dem Ausschluß des zweiten Weges wird die Möglichkeit jeder negativen Aussage bestritten; wie Parmenides dazu kommt, ist eine der schwierigsten Fragen der Interpretation. B 8 zieht die Folgerungen, die sich aus der Ablehnung der Negation für den Seinsbegriff ergeben: Das Seiende ist ungeworden und unvergänglich, unveränderlich und vollkommen; es wird durch das Bild einer Kugel aus einer völlig homogenen Masse veranschaulicht.

Das Seiende des Parmenides trägt die Züge des Absoluten der späteren Metaphysik: des Unbewegten Bewegers des Aristoteles, des Gottes des Thomas von Aquin oder der einen Substanz des Spinoza. Das Absolute kann keine Ursache haben; *insofern* alles Kontingente vom notwendigen Seienden verursacht ist und dieses selbst keine Ursache haben kann, kann das Seiende *als solches* keine Ursache haben. Als die reine, vollendete Wirklichkeit schließt das Absolute alle Vollkommenheiten ein; es ist entweder notwendig oder unmöglich.

Daß für Parmenides das Seiende nur als das Absolute gedacht werden kann, ergibt sich aus der Ungangbarkeit des zweiten Weges; für die ontologische These wird also ein erkenntnistheoretischer Grund angeführt. Seine Voraussetzung ist in B 3 formuliert: «Denn dasselbe kann erkannt (νοεῖν) werden und sein». Erkennen und Sein sind in dem Sinn identisch, daß alles, was sein kann, auch erkannt werden kann, und alles, was erkannt werden kann, auch sein kann. Daraus, daß etwas nicht erkannt werden kann, läßt sich schließen, daß es nicht sein kann. Wie das Seiende sich in der Erkenntnis zeigt, so ist die Erkenntnis auf das Seiende als ihren Grund angewiesen (B 8,34–36). Das Rätsel des Parmenideischen Seinsbegriffs läßt sich nur vom Begriff der Erkenntnis (νοεῖν) her lösen. B 4 versteht den νόος als Vermögen eines übersinnlichen

Sehens. 'Sehen' ist ein Erfolgsverb; sehen kann ich nur etwas, das tatsächlich (mir) gegenwärtig ist; wenn das, was ich 'sehe', nicht ist, dann sehe ich nicht, sondern ich glaube zu sehen. Sein ist bei Parmenides nicht wie später bei Aristoteles von der Reflexion auf die Aussage, sondern vom Sehen her gedacht; es ist nicht, wie in der neueren Diskussion verschiedentlich behauptet wird, das Wahrsein von Aussagen, sondern die (jede Negativität ausschließende 'geschaute') Wirklichkeit, welche die Aussagen erst wahr macht; dem νοεῖν des Parmenides zeigt sich nur das, was wirklich ist.

Das Lehrgedicht des Parmenides zeigt die Spannung zwischen der im Proömium zum Ausdruck gebrachten mystischen Vision der All-Einheit und dem diskursiven Denken. Ist es Parmenides gelungen, die neue Sicht der Wirklichkeit, zu der er nach dem Zeugnis des Proömiums durchgebrochen ist und in der er die «innere Ruhe» gefunden hat, in einer überzeugenden ontologischen Argumentation zu entfalten?

Die «Meinungen der Sterblichen» enthalten die Kosmologie des Parmenides. Den Rahmen, innerhalb dessen die Fragmente des zweiten Teils zu lesen sind, bildet das bei Aet. 2,7,1 erhaltene Referat des Theophrast. Jean Bollack (1990), dem wir die überzeugendste Rekonstruktion verdanken, hat gezeigt, daß der Text in drei Abschnitte zu gliedern ist. Der erste beschreibt den präkosmischen Zustand, der zweite die Weltentstehung und der dritte die so entstandene Welt.

Der Kosmos ist auf zwei gleichstarke Prinzipien, Feuer (Licht) und Nacht, zurückzuführen, die in der präkosmischen Phase voneinander getrennt sind, und zwar als sphärenförmige Schichten innerhalb eines Rahmens, der aus einem festen Kern im Zentrum und einer äußeren festen kugelförmigen Schale besteht. Ursache der Mischung der Prinzipien und damit der Weltentstehung ist die Göttin, die u. a. als ἀνάγκη bezeichnet wird, worin sich ein mechanistisches, deterministisches Weltbild ankündigt; der Kosmos entsteht mit Notwendigkeit aufgrund der den Prinzipien immanenten Kräfte. Das dichte und schwere Dunkle senkt sich nach unten und legt sich um den festen Kern, und die Luft wird durch den Druck des Feuerrings aus der Erde herausgepreßt. Der so entstandene Kosmos gliedert sich in drei Zonen. Der festen äußeren Schale folgt eine Zone reinen Feuers, dann die in die Zone der Sonne und des Mondes geteilte Sphäre der Milchstraße und schließlich die Erde mit der sie umgebenden Luft.

Die Gliederung in die «Wahrheit» und die «Meinungen der Sterblichen» beruht nicht auf einer ontologischen, sondern auf einer epistemologischen Unterscheidung (B 1,28–32). Es werden nicht wie bei Platon eine vollkommene und eine unvollkommene Wirklichkeit einander gegenübergestellt, sondern einmal wird die Wirklichkeit erkannt, wie sie ist, während es sich im anderen Fall um eine Meinung handelt, die die Wirklichkeit so wiedergibt, wie sie zu sein scheint. In diesem Weltbild des Scheins findet alles seine Erklärung, und alles folgt notwendig aus einer Voraussetzung, die jedoch falsch ist: der «Setzung» (κατέθεντο B 8,53) der beiden Prinzipien. Der zweite Teil des Lehrgedichts hat die Aufgabe, den Schein zu destruieren; insofern die Göttin den Schein als Schein enthüllt, spricht sie auch in diesem Teil die Wahrheit.

Zenon war etwa 25 Jahre jünger als Parmenides, und er verteidigte in seiner in jungen Jahren verfaßten Schrift Parmenides gegen den Einwand, aus der These von der Einheit des Seienden ergäben sich widersprechende Folgerungen, indem er zu zeigen versuchte, daß die Annahme, das Seiende sei vieles, ebenso in Widersprüche führt (Plat. *Parm.* 127a–128d). Das einzige vollständig erhaltene Fragment (*VS* 29 B 3) argumentiert: Wenn es viele Dinge gibt, dann sind dieselben Dinge zugleich begrenzt und unbegrenzt. (a) Wenn es viele Dinge gibt, dann müssen es notwendig genau so viele sein, wie es sind, d. h. dann sind sie begrenzt. (b) Wenn es viele Dinge gibt, dann sind die Dinge, die es gibt, unbegrenzt, denn dann sind zwischen den Dingen, die es gibt, andere Dinge und zwischen diesen wieder andere Dinge usw. – Berühmt sind Zenons vier Beweise gegen die Bewegung (Arist. *Phys.* 6,9), z. B. daß Achill die Schildkröte nicht einholen kann und daß der fliegende Pfeil ruht. – Zenons Bedeutung für die Geschichte der Philosophie ist am besten erfaßt in der Bemerkung des Aristoteles (fr. 65 Rose), er habe die Dialektik erfunden, d. i. die Technik, einen Satz zu prüfen, indem man Folgerungen aus ihm zieht und fragt, ob sie einander oder anderen Überzeugungen widersprechen.

U. Hölscher, *Parmenides, Vom Wesen des Seienden. Die Fragmente . . . Hrg., übers. und erläutert* (Frankfurt a. M. 1969); A. H. Coxon, *The fragments of Parmenides. A critical text with introd., transl., the ancient testimonia and a comm.* (Assen 1986); D. O'Brien – J. Frère, *Le poème de Parménide. Texte, trad., essai critique* (P. Aubenque [Hrg.], *Études sur Parménide* Bd. 1) (Paris 1987); E. Heitsch, *Parmenides, Die Fragmente . . . Hrg., übers. und erläutert* (München ²1991). – H. Fränkel, «Parmenidesstudien», in: ders., *Wege und Formen frühgriechischen Denkens* (München ²1960) 157–197; E. Tugendhat, «Das Sein und das Nichts», in: *Durchblicke. Festschrift für Martin Heidegger* (Frankfurt a. M. 1970) 132–162; U. Hölscher, *Der Sinn von Sein in der älteren griechischen Philosophie* (Heidelberg 1976); J. Bollack, «La cosmologie parménidéenne de Parménide», in: R. Brague – J. F. Courtine (Hrgg.), *Herméneutique et ontologie. Hommage à P. Aubenque* (Paris 1990) 17–53; R. Ferber, *Zenons Paradoxien der Bewegung und die Struktur von Raum und Zeit* (Stuttgart ²1995).

1.2.5 Naturphilosophie nach Parmenides

Empedokles aus Akragas (ca. 494–ca. 434 v. Chr.) hat wie sein großes Vorbild Parmenides sein Werk in Hexametern verfaßt. Dem abwertenden Urteil des Aristoteles (*Poet.* 1,1447b17) über dessen dichterische Qualitäten steht die Bewunderung des Plutarch (*Qu. conv.* 5,8,2,683e) entgegen. Obwohl aus aristokratischer Familie, war er ein engagierter Demokrat; er soll die ihm angebotene Königswürde ausgeschlagen haben (Arist. fr. 66 Rose). Vielleicht war er Arzt (DL 8,58). Aristoteles rühmt ihn als Begründer der Rhetorik (fr. 65); Gorgias soll sein Schüler gewesen sein (DL 8,58). Sein Leben ist von Legenden umrankt; Legende ist auch, daß er sich durch den Sprung in den Ätna das Leben genommen habe (DL 8,51–75). Die über 450 erhaltenen Zeilen, mehr als von jedem anderen Vorsokratiker, sind unter zwei wahrscheinlich später hinzugefügten Titeln, Περὶ φύσεως und Καθαρμοί, überliefert. Ob es sich um zwei Werke oder ein Werk mit alternativen Titeln handelt, ist umstritten. Jedenfalls lassen sich zwei Themenbereiche unterscheiden, Naturphilosophie und Religion: Schuld, Sühne, Reinkarnation, Kult und Kultkritik.

Grundlage der Naturphilosophie ist die These des Parmenides, daß aus Nichtseiendem nichts entstehen und Seiendes nicht vergehen kann (*VS* 31 B 12). Wie im homogenen Seienden des Parmenides gibt es im All des Empedokles kein Leeres, so daß zum Seienden als Ganzem nichts hinzukommen kann (B 13f.). Was die Menschen Entstehen und Vergehen nennen, ist nichts anderes als Mischung und Entmischung (B 8) der vier ungewordenen und unvergänglichen «Wurzelkräfte» (ῥιζώματα) Feuer, Luft, Wasser, Erde (B 6); aus ihnen sind alle Dinge, in jeweils verschiedenen Proportionen (B 96), gemischt (B 23). Die Metapher der Wurzel verweist auf die Einheit des Lebens, das bis in die Elemente hinabreicht: Alles Seiende ist mit Bewußtsein begabt; durch die Elemente empfinden die Lebewesen Lust und Schmerz (B 103; 107; 110,10). Mischung und Entmischung werden bewirkt durch die Kräfte Liebe und Streit (B 20; 22). Der Kosmos befindet sich in einem ewigen zyklischen Prozeß, bei dem Empedokles offensichtlich verschiedene Phasen unterschieden hat. A: Wenn die Liebe herrscht, bilden die Elemente eine homogene Kugel, den Sphairos, in dem sie einander vollständig durchdringen (B 27–29). B: Der Streit gewinnt an Kraft und löst den Sphairos auf (B 30f.); Ursache der Trennung ist eine Rotation (δίνη B 35,4). C: Die Wurzelkräfte sind vollständig voneinander getrennt (Plut. *De fac.* 12,926ef). D: Die Liebe gelangt in die Mitte des Wirbels und setzt sich mehr und mehr gegen den Streit durch (B 35). Wir leben in der Phase B (Arist. *Gen. corr.* 2,7,334a5). Nachdem durch die Rotation die Hauptmasse der Elemente verteilt ist, entstehen die Lebewesen (B 62). Es finden sich Ansätze zu einer Lehre von der natürlichen Selektion (B 61). Empedokles verweist auf die Gleichheit der Funktionen im Reich des Lebenden, z. B. des Bedeckens: «Als dasselbe wachsen Haare und Blätter und der Vögel dichte Federn und Schuppen auf kräftigen Gliedern» (B 82).

Im Akt der Wahrnehmung zieht ein Teilchen eines Elementes im Sinnesorgan ein Teilchen desselben Elements eines größeren Gegenstandes an und verbindet sich mit ihm (B 109). Durch Poren in den Sinnesorganen können diese Teilchen eintreten. Empedokles vergleicht das Auge mit einer Laterne: Die Feuerteilchen können aus- und eintreten, aber die Poren sind so fein, daß sie Luft und Wasser nicht durchlassen (B 84). Zentralorgan der Wahrnehmung und Erkenntnis ist das Herz, das mit den Einzelorganen durch das Blut, in dem alle Elemente gleichmäßig vermischt sind und das deshalb alle Elemente wahrnehmen kann, verbunden ist (B 105).

Die Καθαρμοί sprechen von Reinkarnationen eines δαίμων, die Sühne für Mord und Meineid sind (B 115). Gemeinsam mit Περὶ φύσεως ist die Lehre von den Elementen; der Daimon wird durch sie gejagt; aus der Betonung der Notwendigkeit (B 115f.) läßt sich schließen, daß auch hier das Gesetz der

Abfolge von Liebe und Streit gilt. Grund für die Verurteilung des Blutvergießens (B 115; 128; 136f.) dürfte sein, daß das Blut durch die gleichmäßige Mischung der Elemente an der göttlichen Würde des Sphairos teilhat. Das Leben auf der Erde, wo der Streit die Elemente trennt, wird als Verbannung betrachtet (B 118–121). Das größte Problem bei der Frage nach der Einheit der beiden Werke ist, wie die Rede von einer persönlichen Schuld und die Lehre von der kosmischen Notwendigkeit vereinbar sind.

J. Bollack, *Empédocle*. Bd. 1: *Introduction à l'ancienne physique;* Bd. 2: *Les origines: édition et traduction des fragments et des témoignages;* Bd. 3.1–2: *Les origines: commentaire* (Paris 1956–69); C. Gallavotti, *Empedocle: Poema fisico e lustrale* (Milano 1975); M. R. Wright, *Empedocles: The extant fragments* (New Haven–London 1981, London ²1995); B. Inwood, *The poem of Empedocles. A text and transl. with an introd.* (Toronto 1992). – G. Zuntz, *Persephone* (Oxford 1971); D. O'Brien, *Pour interpréter Empédocle* (Paris 1981); O. Primavesi, *Kosmos und Dämon bei Empedokles* (Göttingen 1997).

Anaxagoras wurde nach DL 2,7 500/499 v. Chr. in Klazomenai (am Golf von Smyrna) geboren, im Alter von zwanzig Jahren sei er nach Athen gekommen, dreißig Jahre später nach Lampsakos (am Hellespont) gegangen und dort 428/427 gestorben. Anaxagoras war ein Freund des Perikles (Plat. *Phdr.* 270a). Für den Asebieprozeß gegen ihn gibt es zwei Datierungen. Nach Plut. *Per.* 32 brachte ein gewisser Diopeithes gegen Ende der Regierungszeit des Perikles (ca. 433) ein Gesetz gegen die ein, welche nicht an das Göttliche glauben und Theorien über den Himmel entwickeln, und Perikles half Anaxagoras, Athen zu verlassen. Nach Satyros (bei DL 2,12) wurde Anaxagoras von Thukydides (ca. 450) der Gottlosigkeit und des Landesverrats angeklagt. Anaxagoras hat wahrscheinlich nur ein Buch verfaßt; es kostete eine Drachme (Plat. *Ap.* 26d) und kann folglich nicht umfangreich gewesen sein.

Mit Parmenides schließt Anaxagoras, ebenso wie Empedokles, Werden und Vergehen aus; gegen Parmenides nehmen beide eine ursprüngliche Vielheit an; was die Menschen Entstehen und Vergehen nennen, ist auch nach Anaxagoras nichts anderes als Mischen und Trennen (*VS* 59 B 17). Für ihn sind die Dinge unendlich teilbar; jeder noch so kleine Teil kann nochmals geteilt werden, und ebenso ist zu jedem großen Teil ein größerer denkbar; damit bestreitet er gegen Zenon, daß Vielheit und unendliche Teilbarkeit in Paradoxien führen (B 3). Jedes beliebige Quantum der unendlich teilbaren «Dinge» (χρήματα B 1.12) enthält, unabhängig von seiner Größe, einen «Teil» (μοῖρα) sämtlicher der unendlich vielen qualitativ verschiedenen Stoffe, die sich in der Welt finden; «in allem ist alles» (B 6); «in jedem ist ein Teil von jedem» (B 11). Die unterschiedlichen Eigenschaften der wahrnehmbaren Stoffe lassen sich also nicht auf letzte Bestandteile zurückführen, die als Moleküle oder Atome voneinander getrennt werden könnten; jedes Quantum enthält, unabhängig von seiner Größe, einen «Teil» sämtlicher der unendlich vielen Stoffe (B 6. 11). Anaxagoras beruft sich dafür auf das Phänomen der Ernährung: Aus Brot und Wasser, die wir zu uns nehmen, werden Haar, Venen, Arterien, Knochen usw.; alle diese Stoffe müssen also in der Nahrung enthalten sein (Aet. 1,3,5).

Wie ist dann aber eine Kosmologie, in der die verschiedenen Stoffe sich ausdifferenzieren, denkbar? Eine mögliche Interpretation ist die Unterscheidung zwischen «Teilen» und «Samen» (σπέρματα). (Der Terminus 'Homoiomerien' (ὁμοιομερῆ) findet sich in den Fragmenten nicht, sondern erst in der Doxographie; wahrscheinlich bedeutet er dasselbe wie 'Samen'.) Den «Samen» wird in B 4 Gestalt und Farbe zugesprochen. Anaxagoras beschreibt den Urzustand folgendermaßen: «Alle Dinge waren beieinander [. . .] Und während alle Dinge beieinander waren, war nichts deutlich erkennbar infolge der Kleinheit; denn alles hielten Luft und Äther nieder, die beide unbegrenzt sind» (B 1). Das wäre dann so zu interpretieren, daß im Urzustand die «Samen» beieinander sind, die zwar alle «Teile» enthalten, in denen aber bereits bestimmte «Teile» überwiegen, so daß wir es mit unterschiedlichen, wenn auch wegen ihrer geringen Größe nicht wahrnehmbaren Teilchen zu tun haben.

Von den «Dingen» unterscheidet Anaxagoras den «Geist» (νοῦς B 12). Er ist das «feinste» aller Dinge, d. h. auch er ist Stoff – insofern ist Anaxagoras Monist; und er ist das «reinste» aller Dinge, d. h. er ist mit keinem der anderen Dinge vermischt, weil er nur so die Herrschaft über alle Dinge ausüben kann – insofern ist Anaxagoras Dualist. Alles Beseelte wird vom Geist beherrscht. Im bestehenden Kosmos bewegt er die Himmelskörper. Die Entstehung des Kosmos verursacht er, indem er eine Rotationsbewegung auslöst, aufgrund deren sich «vom Dünnen das Dichte, vom Kalten das Warme, vom Dunkeln das Helle, vom Feuchten das Trockene» scheidet, d. h. die «Samen», in denen diese Qualitäten überwiegen (B 12; vgl. B 2; 15f.). – Anlaß zum Asebieprozeß war die wohl auf der Beobachtung eines Meteoriten beruhende Lehre, die Sonne und die anderen Himmelskörper seien glühende Steine, die von der Rotationsbewegung des Äthers erfaßt würden (Hippol. *Haer.* 1,8,6; DL 2,10–12).

M. Schofield, *An essay on Anaxagoras* (Cambridge 1980); W. E. Mann, «Anaxagoras and the homoiomere», in: *Phronesis* 15 (1980) 228–249.

Demokrit aus Abdera (Thrakien) war nach seinem eigenen Zeugnis vierzig Jahre jünger als Anaxagoras (DL 9,41); sein Lehrer Leukipp aus Milet soll Schüler des Zenon gewesen sein (DL 9,30); nach dem Zeugnis des Literaturhistorikers Glaukos aus Rhegion, eines Zeitgenossen, war Demokrit auch Schüler eines Pythagoreers (DL 9,38). Das einzige, was wir sonst vom Leben des Demokrit wissen, ist ein Aufenthalt in Athen (*VS* 68 B 116); bezeugt ist seine Auseinandersetzung mit der Erkenntnistheorie des Protagoras (Plut. *Adv. Col.* 4,1109a; Sext.Emp. *Math.* 7,389). Die doxographische Tradition erlaubt nicht, die Beiträge des Leukipp und des Demokrit voneinander zu unterscheiden; der einzige, von Theophrast für Leukipp überlieferte Titel, *Große Weltordnung*, wird von anderen Demokrit zugeschrieben (DL 9,46). Die Ausgabe der Werke Demokrits von Thrasyllos, dem Astrologen des Kaisers Tiberius, umfaßte dreizehn Tetralogien; sie war gegliedert in Schriften zur Ethik, zur Physik, zur Mathematik, zur Musikwissenschaft und Philologie und schließlich zu verschiedenen τέχναι wie Medizin, Landwirtschaft und Militärwesen (DL 9,46–49). Erhalten sind etwa dreihundert Fragmente, von denen sich über vier Fünftel, deren Echtheit umstritten ist, mit Ethik befassen.

Aus Arist. *Gen. corr.* 1,8 läßt sich das Anliegen der Atomtheorie folgendermaßen rekonstruieren: Gegen Parmenides geht Leukipp (und Demokrit) davon aus, daß es Entstehen und Vergehen, Veränderung und Vielheit gibt. Er gesteht den Eleaten zu, daß diese Phänomene den leeren Raum, d. h. das Nichtseiende, voraussetzen. Folglich muß die These des Parmenides, das Nichtseiende sei nicht, aufgegeben werden. Die Atomisten unterscheiden zwischen einem Seienden im eigentlichen (κυρίως ὄν) und im weiteren Sinn, in dem auch das Leere, d. h. das Nichtseiende ist. Das im eigentlichen Sinn Seiende ist das «ganz voll Seiende» (παμπλῆρες ὄν). Im Unterschied zu Parmenides bildet es jedoch eine Vielheit. Es besteht aus einer unendlichen Menge unveränderlicher und folglich unteilbarer, wegen ihrer Kleinheit unsichtbarer Körper (die sich nach *Metaph.* 1,4,985b15–19 durch Gestalt, Lage und Anordnung unterscheiden). Sie bewegen sich im leeren Raum (die Frage nach der Ursache der Bewegung wird nicht gestellt); wenn sie zusammenkommen und sich ineinander verhaken, entstehen die Dinge; wenn sie sich trennen, vergehen sie (*Gen. corr.* 1,8,325a23–34).

Warum haben Leukipp und Demokrit unteilbare Körper und nicht, wie Anaxagoras, einen unendlich teilbaren Stoff angenommen? Aristoteles gibt zwei Hinweise. (a) Die Atomisten wollen insofern an der eleatischen Ontologie festhalten, als sie den letzten Bestandteilen der Wirklichkeit die Prädikate des parmenideischen Seienden zusprechen. Wenn wir eine unendliche Teilbarkeit annehmen, geben wir aber die Unveränderlichkeit und die Einheit auf; was immer weiter geteilt werden kann, ist nicht eines; wenn es keine Einheit gibt, gibt es aber auch keine Vielheit (ebd. 325a8f.). (b) Wenn etwas unendlich teilbar ist, dann ist eine unendliche Teilung möglich. Das Ergebnis einer unendlichen Teilung (hier liegt der Fehler) sind aber ausdehnungslose Punkte, aus denen keine ausgedehnten Gebilde aufgebaut werden können. Wenn es also überhaupt Körper geben soll, dann muß es unteilbare Körper geben (ebd. 1,2,316a13–b16).

Der ausführlichste Text zur Erkenntnistheorie ist Sext.Emp. *Math.* 7,135–140. Danach unterscheidet Demokrit zwischen der «dunklen» Erkenntnis durch die Sinne und der «echten», zuverlässigen durch den Verstand. Dieser Abwertung der Sinne scheint sein von Anaxagoras übernommener erkenntnistheoretischer Grundsatz «Das Erscheinende ist der Anblick des Nichtwahrnehmbaren» (ebd. 140; vgl. *VS* 59 B 21a; *VII 2.1*) zu widersprechen. Das «Erscheinende» ist hier zu beschränken auf die verschiedenen Formen der Veränderung und der Vielheit, von denen auszugehen ist, die aber nur durch den Sinnen unzugängliche, vom Verstand erschlossene Entitäten erklärt werden können. Dagegen wird durch eine mechanistische Wahrnehmungstheorie bestritten, daß Gesicht, Gehör, Geruch, Geschmack und Tastsinn erkennen lassen, wie die Dinge an sich sind. Diese Wahrnehmungen sind «eine dem einzelnen zufließende Meinung» (ἐπιρυσμίη ... δόξις ebd. 137), d. h. die Berührung atomarer Ausflüsse der Dinge mit den Seelenatomen und als solche bedingt durch den jeweiligen Zustand des Wahrnehmenden und den Widerstand seiner Atome gegen die einfließenden.

Demokrit vertritt den konventionellen, zufälligen Ursprung der Sprache und bringt dafür vier Argumente (B 26): (a) Ein Wort kann verschiedene Bedeutungen haben (πολύσημον). (b). Es kann für ein und dieselbe Sache verschiedene Bezeichnungen geben (ἰσόρροπον). (c) Wir können Bezeichnungen ändern (μετώνυμον). (d) Die Regeln der Wortbildung sind willkürlich; wir können z. B. von φρόνησις ein Verbum, φρονεῖν, bilden, während das bei δικαιοσύνη nicht möglich ist (νώνυμον).

Unter den ethischen Schriften ist der Titel Περὶ εὐθυμίης überliefert (DL 9,46), dem mit einiger Sicherheit die Fragmente B 3 und B 191 (bei Stobaios) zuzuordnen sind. Sie vertreten eine Ethik des Maßes, der richtigen Selbsteinschätzung und der Selbstbeschränkung. Die εὐθυμίη besteht in der inneren Ausgeglichenheit, die frei ist von großen Gemütsschwankungen und negativen Affekten wie Neid, Ehrgeiz, Feindseligkeit. Es kommt darauf an, sich mit den eigenen Möglichkeiten zu begnügen und mit dem eigenen Leben zufrieden zu sein; glücklich wird nicht, wer auf die schaut, denen es besser, sondern auf die, denen es schlechter geht. Demokrit sieht einen unlöslichen Zusammenhang zwischen dieser inneren Heiterkeit und dem richtigen Verhalten in der Gemeinschaft: Wer unzufrieden ist, neigt dazu, gegen die Gesetze zu verstoßen; wer ungerecht handelt, kann nicht zufrieden sein (B 174); eine gut geführte Polis ist für den einzelnen der größte Halt (B 252).

S. Luria, *Democritea, coll., emend., interpretatus est* (Leningrad 1970); A. Stückelberger, *Antike Atomphysik. Texte zur antiken Atomlehre und zu ihrer Wiederaufnahme in der Neuzeit, griech. / lat. / ital. / dt.* (München 1979). – C. Bailey, *The Greek Atomists and Epicurus* (Oxford 1928); H. Langerbeck, *Δόξις ἐπιρυσμίη. Studien zu Demokrits Ethik und Erkenntnistheorie* (Berlin 1935); D. J. Furley, *The Greek cosmologists, Bd. 1: The formation of the atomic theory and its earliest critics* (Cambridge 1987); A. Stückelberger, *Vestigia Democritea. Die Rezeption der Lehre von den Atomen in der antiken Naturwissenschaft und Medizin* (Basel 1984). Th. Cole, *Democritus and the sources of Greek anthropology* (Atlanta GA ^{2}1990).

1.3 Die Sophistik und Sokrates

1.3.1 Die Sophistik

Bedingt durch die Quellenlage ist das Bild der Sophisten umstritten. Nur sehr wenige Originaltexte, von Gorgias (*VS* 82) und Antiphon (*VS* 87), sind überliefert; das meiste verdanken wir ihren entschiedenen Gegnern Platon und Aristoteles. Einen positiven Aspekt hebt die zutreffende Charakterisierung in Hegels *Vorlesungen über die Geschichte der Philosophie* hervor:

«Die Sophisten sind die Lehrer Griechenlands, durch welche die Bildung überhaupt in Griechenland zur Existenz kam. Sie sind an die Stelle der Dichter und Rhapsoden getreten [...] Die Sophisten haben Unterricht in der Weisheit, den Wissenschaften überhaupt, Musik, Mathematik usf. erteilt [...] sie [hatten] den allgemeinsten praktischen Zweck:

eine Vorbildung zum allgemeinen Beruf im griechischen Leben, zum Staatsleben, Staatsmanne zu geben [...] So sind die Sophisten besonders Lehrer der Beredsamkeit gewesen» (Theorie Werkausgabe Suhrkamp XVIII 408–412). Zur sogenannten Zweiten Sophistik in der Kaiserzeit vgl. *IV 3.1.2.*

Gorgias. Sein Leben ist ein typisches Beispiel für das Leben eines Sophisten. Etwa 485 v. Chr. in Leontinoi auf Sizilien geboren, soll er bei bester Gesundheit das Alter von 109 Jahren erreicht haben. Er war Schüler des Empedokles; seine Dialektik bezeugt den Einfluß des Eleaten Zenon. 427 kam er als Leiter einer Gesandtschaft seiner Heimatstadt nach Athen und erregte dabei durch seine Rhetorik unerhörtes Aufsehen. Vor allem durch die von ihm entwickelten Stilmittel hat er einen bedeutenden Namen in der Geschichte der Rhetorik. An verschiedenen Orten Griechenlands, z. B. in Delphi und Olympia, trat er als Festredner auf; dabei rief er u. a. die Griechen zur Einigkeit und zu einem gemeinsamen Krieg gegen die Perser auf. Gorgias unterrichtete als unverheirateter Wanderlehrer zahlreiche Schüler, vor allem in Rhetorik; er war bekannt für seine hohen Honorarforderungen und seine aufwendige und auffällige Kleidung (vgl. *VS* 82 A 1–4. 10. 18).

Gorgias' Schrift *Über das Nichtseiende oder über die Natur*, in zwei im wesentlichen übereinstimmenden Fassungen überliefert (Sext.Emp. *Math.* 7,65–87; Ps.-Arist. *De Melisso Xenophane Gorgia* p. 979a12–980b21 Bekker), ist ein Anti-Parmenides. Sie vertritt drei Thesen: (a) Es ist nichts. (b) Wenn etwas ist, dann ist es für den Menschen unerkennbar. (c) Auch wenn es erkennbar ist, ist es unausdrückbar und kann dem Nächsten nicht mitgeteilt werden. – Für das Anliegen des Gorgias genügt die dritte, die schwächste These. Philosophie beruht auf dem Logos. Die Ontologie des Parmenides ist R e d e der Göttin. Wenn das Seiende nicht ausgesprochen werden kann, ist der Ontologie des Parmenides der Boden unter den Füßen weggezogen. Wenn aber der Logos nicht mehr an das Seiende gebunden ist, ist er der Willkür und Beliebigkeit preisgegeben; er ist dann nicht mehr Gegenstand der Philosophie, sondern ausschließlich der Rhetorik. Bei Parmenides ist der Logos der Doxa entgegengesetzt, bei Gorgias dagegen Mittel der Doxa:

«Der Logos ist ein großer Herrscher, der mit kleinstem und unscheinbarstem Körper die göttlichsten Werke vollbringt, denn er kann Furcht beenden und Trauer wegnehmen und Freude bewirken und Mitleid vermehren [...] Weil aber die Überredung, die zum Logos hinzukommt, die Seele prägt, wie sie will, muß man zuerst die Logoi der Astronomen (μετεωρολόγος) lernen, welche die eine Doxa wegnehmen und die andere bewirken und so das, was keinen Glauben verdient und verborgen ist, den Augen der Doxa erscheinen lassen; zweitens die notwendigen Wettkämpfe mit Logoi, in denen *ein* Logos viel Volk erfreut und überredet, wenn er mit Kunst (τέχνη) geschrieben und nicht wenn er mit Wahrheit gesprochen ist; drittens die Wortgefechte der Philosophen, in denen sich zeigt, wie schnell eine Ansicht und der Glaube an die Doxa sich ändert» (*Hel.* 8.13 *VS* 82 B 11).

Antiphon. Erhalten sind Fragmente von vier Werken: *Wahrheit, Über die Eintracht* (Περὶ ὁμονοίας), *Politikos, Über die Beurteilung von Träumen.* Ob der Sophist Antiphon mit dem bei Thuc. 8,68 und bei Plat. *Menex.* 236a erwähten Redner identisch ist, ist seit der Antike (Hermog. *Id.*; *VS* 87 A 2) umstritten. Bei Antiphon findet sich zum ersten Mal die in Platons und Aristoteles' Auseinandersetzung mit der Sophistik immer wiederkehrende Unterscheidung von Natur und Gesetz: Die Gesetze sind zufällig, die Natur dagegen notwendig; wer die Gesetze unbemerkt übertritt, hat keinen Schaden, wohl aber, wer gegen die Natur verstößt; die Gesetze sind feindliche Fesseln der Natur (*VS* 87 B 44). Die Fragmente zeigen Antiphons weites Interesse; sie befassen sich u. a. mit dem Wesen der Zeit (B 9), der Quadratur des Kreises (B 12), der Entstehung des Hagels (B 29), den Ursachen für die Faltung der Erdoberfläche (B 30f.) und die Salzhaltigkeit des Meeres (B 32), dem Verhalten des Tintenfischs (B 78); die moralischen Reflexionen gelten dem Wert und der Einmaligkeit des Lebens (B 50–52. 53a), der Ehe (B 49), der Erziehung (B 60), der Freundschaft (B 64f.), dem Umgang mit Geld (B 53f.), der Besonnenheit (B 58f.).

Protagoras. Das Bild des ältesten der Sophisten (ca. 480–ca. 410) ist weitgehend von Platon bestimmt. Seine Schrift *Über die Götter* begann: «Über die Götter kann ich nichts wissen, weder daß sie sind noch daß sie nicht sind noch von welcher Gestalt sie sind; denn vieles verhindert ein Wissen: die Dunkelheit der Sache und die Kürze des menschlichen Lebens» (*VS* 80 B 4). Wegen dieses Satzes wurde er aus Athen verbannt und seine Bücher verbrannt (DL 9,52). Aus der Schrift *Wahrheit oder Niederwerfende Reden* ist der Satz überliefert: «Aller Dinge Maß ist der Mensch, der seienden, daß sie sind, und der nichtseienden, daß sie nicht sind» (B 1); er wird von Plat. *Theaet.* relativistisch und sensualistisch interpretiert. Der von Platon dem Protagoras in den Mund gelegte Mythos (*Prot.* 320cff.; vielleicht aus dessen Schrift *Über den Staat* [DL 9,55]) bringt eine Rechtfertigung der Demokratie: Im Unterschied zu den anderen Künsten hat an der «politischen Kunst» jeder Anteil, was ihn zur Teilnahme an der politischen Beratung berechtigt. Protagoras hat verschiedene Tempora des Verbums unterschieden und die Sätze eingeteilt in Wunsch (Bitte, Gebet), Antwort, Befehl (DL 9,52f.).

Th. Buchheim (Hrg.), *Gorgias von Leontinoi, Reden, Fragmente und Testimonien, ... mit Übers. und Komm.* (Hamburg 1989). – H. Gomperz, *Sophistik und Rhetorik. Das Bildungsideal des εὖ λέγειν in seinem Verhältnis zur Philosophie des V. Jahrhunderts* (Berlin 1912); C. J. Classen (Hrg.); *Sophistik* (Darmstadt 1976); G. B. Kerferd, *The Sophistic movement* (Cambridge 1981); Jacqueline de Romilly, *Les grands sophistes dans l'Athènes de Périclès* (Paris 1988); Barbara Cassin, *L'effet sophistique* (Paris 1995).

1.3.2 Sokrates

«Sokrates beschäftigte sich mit den ethischen Gegenständen und gar nicht mit der gesamten Natur; er suchte in ihnen das Allgemeine und richtete sein Nachdenken als erster auf Definitionen» (Arist. *Metaph.* 1,6,987b1–4). Diese kurze Charakterisierung zeigt, inwiefern es berechtigt ist, die griechische Philosophie in eine Periode vor und nach Sokrates zu unterteilen. Auch nach

Sokrates befaßt die Philosophie sich mit der Natur, aber (wie man mit Einschränkungen, die vor allem Aristoteles betreffen, behaupten darf) unter einem anderen Vorzeichen. Es geht nicht mehr um eine von einem naiven Wissensdrang motivierte Erforschung des Kosmos um seiner selbst willen, sondern um die Betrachtung aus einer ethisch-anthropozentrischen Blickrichtung. Alle späteren großen Schulen gehen direkt oder indirekt auf Sokrates zurück. Das gilt nicht nur für Platons Akademie und Aristoteles' Peripatos. Die zur Stoa führende Tradition beginnt mit dem Sokratesschüler Antisthenes (DL 1,15), und Epikur knüpft an die mit dem Sokratiker Aristipp beginnende Richtung an (DL 2,86.97). Auch der antike Skeptizismus beruft sich in seiner Akademischen Periode auf Sokrates. Vor Sokrates haben sich die Sophisten den «ethischen Gegenständen» zugewandt, und es ist ein wichtiges Anliegen Platons, Sophistik und Sokratik, sokratische Elenktik und sophistische Antilogik, die einander gleichen wie «der Wolf dem Hund» (Plat. *Soph.* 231a6), voneinander zu unterscheiden.

Sokrates (geb. 469) leistete im Peloponnesischen Krieg dreimal als Schwerbewaffneter Kriegsdienst. Spätestens 423 ist er, wie die in diesem Jahr aufgeführten *Wolken* des Aristophanes und der *Konnos* des Ameipsias zeigen, eine stadtbekannte Persönlichkeit. Seine Weigerung, dem ungerechten Urteil im Arginusenprozeß (406) zuzustimmen und auf Befehl der Dreißig Tyrannen (404–403) einen Unschuldigen zu verhaften, zeigen seinen Charakter. 399 wurde er angeklagt, er glaube nicht an die Götter, an welche die Polis glaube, und er verderbe die Jugend (Plat. *Ap.* 19bc; DL 2,40), und zum Tod durch den Schierlingsbecher verurteilt.

Sokrates hat nichts geschrieben; die wichtigsten Quellen für seine Philosophie sind die *Wolken* des Aristophanes, die sokratischen Schriften Platons und Xenophons und einige Stellen bei Aristoteles. Es besteht ein breiter Konsens der Forschung, daß Platons Frühdialoge die zuverlässigste Quelle für den historischen Sokrates sind. Dabei gibt die *Apologie* nochmals den Rahmen vor, innerhalb dessen die Frühdialoge zu lesen sind; sie zeigt den Zusammenhang zwischen dem Sokratischen Gespräch und dem historischen Faktum des Prozesses. Sokrates prüft das angebliche Wissen seiner Mitbürger und überführt sie ihres Nichtwissens, was ihm ihren Haß zuzieht. Seine Methode ist der Elenchos, d. i. der Aufweis, daß die Aussagen des Gesprächspartners in sich nicht übereinstimmen (Plat. *Soph.* 230b). Sokrates sieht in dieser Prüfung eine religiöse und sittliche Pflicht. Der Elenchos prüft die Werte, die das Leben eines Menschen bestimmen; er zeigt, daß wir nicht wissen, ob die außermoralischen Güter wie Leben, Ansehen, Besitz usw. in Wahrheit Güter sind (vgl. Xen. *Mem.* 4,2,31–33). Der Sorge um sie stellt Sokrates die Sorge um die Seele, d. h. um den sittlichen Wert der eigenen Person, entgegen. Die sittlichen Güter sind Ursache der außersittlichen; insofern hat jeder ein notwendiges Interesse an der sittlichen Qualität des anderen, und insofern ist Sokrates' Lebensprüfung des einzelnen ein Dienst an der Gemeinschaft. Das Nichtwissen des Sokrates bezieht sich auf kosmologische Fragen, das Wissen der Sophisten und den Wert der außersittlichen Güter, z. B. die Frage, ob der Tod ein Übel oder ein Gut ist; es schließt die Beherrschung des Elenchos und das sittliche Wissen, daß man kein Unrecht tun darf (*Ap.* 29b), nicht aus. Sokrates, der jeden Wissensanspruch kritisch prüft, ist selbst, wie vor allem seine Berufung auf die göttliche Stimme des 'Daimonion' zeigt, ein naiv gläubiger Mensch. Beides ist dadurch zu vereinbaren, daß er die göttlichen Zeichen interpretiert; so deutet er die Tatsache, daß ihn das Daimonion am Tag des Prozesses nicht warnt, als Zeichen dafür, daß dem Guten weder im Leben noch im Tod ein Übel zustoßen kann (*Ap.* 40ab. 41cd).

G. Giannantoni, *Socratis et Socraticorum reliquiae. Collegit, disposuit, apparatibus notisque instruxit . . .* , 4 Bde (Napoli 1990). – H. Maier, *Sokrates* (Tübingen 1913); A. Patzer (Hrg.), *Der historische Sokrates* (Darmstadt 1987); G. Vlastos, *Socrates. Ironist and moral philosopher* (Cambridge 1991); K. Döring, «Sokrates und die sogenannten kleinen Sokratiker und die von ihnen begründeten Traditionen», in: H. Flashar (Hrg.), *Die Philosophie der Antike,* Band 2,1 (Basel 1996).

1.4 Platon

1.4.1 Leben und Werke

Das wichtigste biographische Zeugnis ist der in seiner Echtheit umstrittene 7. *Brief*. Platon (427–347) wurde in einer Athener Aristokratenfamilie geboren. Nach der Niederlage Athens im Peloponnesischen Krieg (404) ergriff eine oligarchische Gruppe, die 'Dreißig Tyrannen', die Macht (*V 1.8.4*). Zu ihnen gehörten Kritias und Charmides, zwei nahe Verwandte Platons mütterlicherseits; sie forderten ihn auf, sich an der Regierung zu beteiligen, aber Platon wurde von ihrem Regime bald bitter enttäuscht. 403 wurde die Demokratie wiederhergestellt und Platon dachte erneut an eine politische Tätigkeit, aber die Verurteilung des Sokrates ließ ihn an den herrschenden politischen Zuständen verzweifeln und sich endgültig von der Politik abwenden. 389/388 unternahm er eine Studienreise nach Ägypten, Kyrene, Unteritalien und Sizilien; er traf den Mathematiker Theodoros von Kyrene und Archytas von Tarent und andere Pythagoreer, und er gewann in Syrakus die Freundschaft Dions, des Schwagers des Tyrannen Dionysios I. Nach Athen zurückgekehrt, gründete er die Akademie. Zwei weitere Reisen nach Sizilien (366 und 361), auf Einladung Dionysios' II. und in der Hoffnung unternommen, in Syrakus die eigenen politischen Ideen verwirklichen zu können, endeten in einem völligen Mißerfolg.

Alles, was Platon geschrieben hat, ist erhalten. Abgesehen von den Briefen (echt sind allenfalls *Ep.* 6, 7, 8) und der *Apologie* handelt es sich um Dialoge. Platons Schriften wurden im 1. Jh. n. Chr. von Thrasyllos zu neun Tetralogien zusammengestellt (DL 3,56–61). Von den überlieferten 34 Dialogen (einschließlich der *Apologie*) gelten heute 26 allgemein als echt. Sie werden aufgrund stilistischer Kriterien chronologisch in drei Gruppen unterteilt. Wo genau die Grenzen zwischen den Gruppen verlaufen und wie die Dialoge innerhalb der Gruppe zeitlich anzuordnen sind, ist umstritten. Zu den frühen Dialogen (ca. 399–ca. 389/388), dürften gehören *Apologie, Charmides, Kriton, Euthyphron, Hippias minor, Ion, Laches, Protagoras, Euthydemos, Gorgias, Hippias maior* (echt?), *Lysis, Menexenos, Thrasymachos* (= *Politeia* I); zu den mittleren (ca. 387–ca. 366) *Menon, Kratylos, Phaidon, Symposion, Politeia* II–X, *Phaidros, Parmenides, Theaitetos*; zu den späten (ca. 365–347) *Timaios, Kritias, Sophistes, Politikos, Philebos, Nomoi*.

1.4.2 Thematische Schwerpunkte

Der leitende Gesichtspunkt fast aller Dialoge ist die Suche des Sokrates nach dem 'Allgemeinen' und den 'Definitionen' (Arist. *Metaph.* 1,6,987b1–4); sie gehen aus von einer Frage vom Typ 'Was ist X?'; charakteristisch für die frühen Dialoge ist, daß sie in einer Aporie enden. So fragt der *Laches* nach dem Wesen der Tapferkeit, der *Charmides* nach der Besonnenheit und der *Euthyphron* nach der Frömmigkeit; bei den späten Dialogen geht es im (aporetisch endenden) *Theaitetos* um die Frage 'Was ist Wissen?'; das Wesen des Sophisten und des Staatsmanns soll in den Dialogen ermittelt werden, die diese Titel tragen.

In der *Politeia*, die nach dem Wesen der Gerechtigkeit fragt, kommen Themen zur Sprache, die das gesamte Werk durchziehen: das Wesen des sittlich Guten, Seele und Unsterblichkeit (Thema des *Phaidon*), Erkenntnis und Wissen, Erziehung, Philosophie und Dichtung, die ideale Staatsverfassung und ihre Verfallsformen. Das Kompositionsprinzip, der 'Buchstabenvergleich', bringt das sachliche Anliegen zum Ausdruck: Wenn derselbe Text in kleinen und in großen Buchstaben geschrieben wäre, würden wir zunächst den in großen Buchstaben lesen. Ähnlich bei der Gerechtigkeit: Von ihr reden wir beim Staat und beim einzelnen Menschen. Platon entwickelt den Begriff der Gerechtigkeit deshalb zunächst am Großen, der Polis, um ihn dann auf den einzelnen Menschen zu übertragen. Das ist möglich, weil den drei Ständen des idealen Staates – (a) Bauern/Handwerker/Geschäftsleute und die in Güter- und Frauengemeinschaft lebenden beiden Stände der (b) Krieger und der (c) herrschenden Philosophen – die drei Vermögen der menschlichen Seele entsprechen: das «Begehrende» (ἐπιθυμητικόν), der Nahrungs- und Sexualtrieb; das «Muthafte» (θυμοειδές), der Sitz der Affekte; und das «vernünftig Denkende» (λογιστικόν).

Der Buchstabenvergleich zeigt die Einheit von Ethik und Politik: Die Gerechtigkeit besteht darin, daß jeder Stand bzw. jedes Vermögen «das Seine tut» (4,433b). Dadurch finden der einzelne und die Polis ihre innere Einheit. Die Leitung liegt bei der Vernunft bzw. beim Stand der Philosophen, die, da sie keine privaten Interessen haben, ausschließlich das anordnen, was für das Ganze gut ist. Die innere Harmonie des einzelnen und die der Polis sind miteinander verbunden durch die Erziehung; mit ihr blüht oder verfällt das Gemeinwesen; das abschließende der drei Gleichnisse über die Idee des Guten (Sonnen-, Linien- und Höhlengleichnis) stellt deshalb den Prozeß der Erziehung dar: den durch Mathematik und Dialektik bewirkten Aufstieg von den Schattenbildern an der Wand der Höhle, der Welt des Scheins, in die Welt der

Wahrheit, in der im Licht des Guten das wahre Wesen des Seienden, vor allem der Tugenden, erkannt wird. Das Gleichnis faßt Platons Kritik an der Rhetorik, Thema des *Gorgias* und des *Phaidros*, und der Dichtkunst (*Rep.* 2–3. 10) in ein Bild: Die Werke der Kunst sind bloßer Schein; die wirklichen Dinge, z. B. ein Stuhl, ahmen die Ideen nach, und die Gebilde der Kunst die wirklichen Dinge (*Rep.* 10,595a–608b); die Rhetorik zielt auf das Angenehme, aber nicht auf das Gute; der Redner braucht nicht zu lernen, was in Wahrheit gerecht und gut ist, sondern nur, was der Menge gerecht und gut zu sein scheint (*Phdr.* 259e–260a).

Auch im *Politikos* und den *Nomoi* geht es um den besten Staat und damit um die Klassifikation und Bewertung der Verfassungsformen; im Unterschied zur *Politeia* wird nicht nur die Bedeutung der Vernunft der Regierenden, sondern auch die der Gesetze betont. Im *Sophistes* führt die Kritik an Rhetorik und Sophistik zur Ontologie. Der Sophist läßt sich nur definieren und kritisieren, wenn zwischen Wahrheit und Schein und damit zwischen Seiendem und Nichtseiendem unterschieden werden kann; deshalb ist die Frage unerläßlich, was wir meinen, wenn wir das Wort 'ist' aussprechen. Im *Protagoras* und im *Gorgias* fragt Platon nach dem Wert der Lust; das greift der *Philebos* in einer differenzierten Phänomenologie der Lustformen und in der These auf, im Gut des Menschen müßten Lust und Vernunft miteinander verbunden sein.

Platons naturphilosophisches Hauptwerk, der *Timaios*, ist als Fortsetzung des Gesprächs über den Staat fingiert: Dieselbe Vernunft und Ordnung, die den Kosmos bestimmt, soll auch in der Polis herrschen. Der *Timaios* ist insofern ein dogmatisches Werk, als die Gedanken nicht im sokratischen Gespräch entwickelt, sondern als «wahrscheinlicher Mythos» (29d2) vorgetragen werden. Vor allem der Anfang hat auf den späteren Platonismus und die christliche Theologie großen Einfluß ausgeübt: die ontologische und erkenntnistheoretische Zweiteilung in das unveränderliche, durch die Vernunft erfaßbare Seiende, und das durch Wahrnehmung und Meinung erfaßbare Werdende. Alles Werdende kann nur durch eine Ursache werden; der Kosmos ist das Schönste von allem Gewordenen; seine Ursache ist der Demiurg; weil er gut ist und wollte, daß alles möglichst gut sei, hat er, auf das Urbild des unveränderlichen Seienden schauend, das Sichtbare aus der Unordnung in die Ordnung geführt (27d–30b). Der *Timaios* schildert dann die Herstellung der Weltseele, der Ursache der geordneten Bewegung der Gestirne, das der Ordnung entgegenstehende Prinzip, die «planlos umherirrende Ursache» (48a7) oder «Amme» des Werdens (40b6), und die Bildung des Menschen durch dem Demiurg untergeordnete Gottheiten.

1.4.3 Kontroversen der Platonforschung

Philosophische Entwicklung: Die Frage, ob Platon eine Entwicklung durchgemacht und frühere Positionen aufgegeben habe, wird vor allem für die sog. Ideenlehre gestellt. Die frühen und mittleren Dialoge gehen von einem ontologischen und epistemologischen Dualismus aus; so stellt z. B. der *Euthyphron* den vielen frommen Handlungen das eine εἶδος oder die eine ἰδέα entgegen, durch welche alle diese frommen Handlungen fromm sind (6d–9e1); die *Politeia* unterscheidet zwischen den vielen schönen Dingen, die gesehen werden, und dem «Schönen selbst», das gedacht wird (6,507b). Für einen Wandel scheinen vor allem die im ersten Teil des *Parmenides* vorgetragenen Einwände gegen die 'Ideenlehre' zu sprechen; entscheidend ist daher, wie sie zu interpretieren sind: Wenn Platon hier lediglich Mißverständnisse abwehrt, kann man die grundsätzliche Einheit seines Denkens vertreten. Im *Timaios* findet sich eine Auffassung der Ideen, welche der in den frühen und mittleren Dialogen entspricht: sie sind Exemplarursache der sichtbaren Wirklichkeit. Wenn der *Timaios*, wie von den meisten Forschern angenommen wird, nach dem *Parmenides* zu datieren ist, spricht das gegen einen Bruch.

Die Ungeschriebenen Lehren: Außer den Dialogen besitzen wir doxographische Berichte des Aristoteles (vor allem *Metaph.* 1,6) und anderer antiker Autoren über die «sogenannten Ungeschriebenen Lehren» (Arist. *Phys.* 209b14) Platons. Es handelt sich um eine Vorlesung «Über das Gute», in welcher die gesamte Wirklichkeit aus den beiden Prinzipien des Einen und der unbegrenzten Zweiheit abgeleitet wurde. Umstritten ist, welches Gewicht diesen Zeugnissen zukommt. Hat Platon absichtlich das Letzte und Eigentliche seiner Philosophie nicht den geschriebenen Dialogen anvertraut, sondern nur im Kreis seiner Schüler mündlich vorgetragen (H. J. Krämer, K. Gaiser, Th. A. Szlezák)? Diese Auffassung beruft sich auf die Schriftkritik im *Phaidros* (274c–278b) und im *7. Brief* (341a–344c). Dagegen wird, in der Tradition Schleiermachers, auf die unauflösliche Einheit von literarischer Form und philosophischem Gehalt verwiesen, die eine solche Trennung nicht zulasse (W. Wieland, E. Heitsch). Entscheidend für diese Kontroverse ist, ob es Platon im *Phaidros* und im *7. Brief* nur um die Grenze des geschriebenen Wortes oder um die Grenze der Sprache überhaupt geht. Wenn es ein Wissen gibt, das nicht sprachlich formuliert werden kann und wenn jede sprachliche Äußerung nur durch ihre Einbettung in einen außersprachlichen Zusammenhang verständlich wird, dann stößt eine mündlich vorgetragene Lehre grundsätzlich auf dieselben Grenzen wie das geschriebene Wort; Platons Verdikt der Schriftlichkeit gälte dann auch den in doxographischen Berichten festgehaltenen 'ungeschriebenen' Lehren. Wie hat Platon die Philosophie verstanden: als Lehre, die ein dogmatisches System entwickelt, oder als Tätigkeit?

1.4.4 Platons Begriff der Philosophie

Die literarische Form der Platonischen Philosophie ist der Sokratische Dialog. Das bekannteste Bild, in dem Platon die Gesprächsführung des Sokrates zusammenfaßt, ist die Maieutik, die Hebammenkunst, im *Theaitet* (150b–d). Hebamme kann nach Platon nur eine Frau sein, die wegen ihres Alters selbst keine Kinder mehr gebiert; entsprechend ist Sokrates unfruchtbar; er prüft die Thesen anderer, ohne selbst eine These zu vertreten. Das Sokratische Gespräch ist wie die Tätigkeit der Hebamme eine völlig auf den (die) andere(n) ausgerichtete Hilfestellung, die dem anderen hilft, zum Eigenen zu kommen.

«Die aber mit mir umgehen, zeigen sich zuerst zwar zum Teil als gar sehr ungelehrig; hernach aber, bei fortgesetztem Umgang, alle, denen es der Gott vergönnt, als wunderbar schnell fortschreitend, wie es ihnen selbst und andern scheint; und dieses ganz offenbar ohne jemals irgendetwas von mir gelernt zu haben, sondern nur aus sich selbst entdecken sie viel Schönes und halten es fest; die Geburtshilfe indes leisten dabei der Gott und ich.»

Hier ist in einfachen Worten Platons Auffassung vom Wesen des philosophischen Lernens formuliert, das in anderen Dialogen (*Menon, Phaidon*) durch die mythische oder metaphysische Metaphorik der Wiedererinnerung an eine vorgeburtliche Schau ausgedrückt ist. Lernen ist nur in der Weise möglich, daß wir selbst etwas als unser Eigenes entdecken. Die *Politeia* (7,518 cd) bezeichnet diesen Vorgang als παιδεία, Bildung oder Erziehung, und bringt damit zum Ausdruck, daß es sich dabei zugleich um einen intellektuellen und einen emotionalen Prozeß handelt. Wie das körperliche Auge nur zusammen mit dem ganzen Leib um 180° gedreht werden kann, so das Auge der Seele nur zusammen mit der ganzen Seele mit allen ihren, auch den nichtvernünftigen, Vermögen.

Die Maieutik des Sokrates ist nur im lebendigen Gespräch, das auf den anderen eingeht, möglich, und das führt zur Schriftkritik des *Phaidros* (274c–278b). Die Schrift, so kritisiert der König von Ägypten die Erfindung des Theut, werde das Gedächtnis nicht stärken, sondern schwächen; sie sei eine Hilfe für die ὑπόμνησις, aber nicht für die μνήμη. ὑπόμνησις ist das transitive Wort, 'jemand an etwas erinnern', und μνήμη ist das Gedächtnis als Vermögen. Wir verlassen uns auf das Geschriebene und vernachlässigen so unser Gedächtnis. Platon sieht diesen Zusammenhang jedoch tiefer; er bringt einen dritten Terminus ins Spiel: ἀναμιμνήσκεσθαι. Das ist das übliche griechische Wort für 'sich erinnern', aber Platon gebraucht es auch als philosophischen Terminus, z. B. *Phd.* 72e: Sokrates, so Kebes, habe oft geäußert, «daß unser Lernen nichts anderes ist als Wiedererinnerung (ἀνάμνησις) und daß wir deshalb notwendig in einer früheren Zeit gelernt haben müssen, wessen wir uns wiedererinnern». Das Vermögen des Gedächtnisses und die Tätigkeit des Sichwiedererinnerns hängen nach dem *Phaidros* zusammen. Das Gedächtnis wird geschwächt, weil wir uns auf die Schrift verlassen und uns nicht mehr der Mühe der Wiedererinnerung unterziehen. Der *Phaidros* gebraucht die Unterscheidung von Außen und Innen: Die Buchstaben sind etwas Fremdes, sie sind ein Anstoß von außen, und sie hindern uns daran, daß wir «von innen her uns selbst durch uns selbst erinnern» (275a4f.). Im Gedächtnis behält man letztlich nur das, was man selbst eingesehen hat; die Einsicht ist die Tiefendimension des Gedächtnisses. Das aber kann das geschriebene Wort nicht leisten. Die Erfindung der Buchstaben hat zur Folge, daß die Menschen «vieles gehört haben ohne Belehrung» (275a7f.): Die Schrift kann uns eine Fülle von Informationen vermitteln, aber sie kann uns nicht in dem Sinn lehren, daß sie uns zur Wiedererinnerung, d. h. zu Einsicht und Verstehen, führt. Platons Schriftkritik gewinnt ihr volles Gewicht, wenn wir das Beispiel des Wissens betrachten, das er in diesem Zusammenhang anführt. Verglichen mit anderen Spielen ist das Schreiben «ein außerordentlich schönes Spiel», das Spiel dessen, «der mit Reden zu spielen versteht, indem er Märchen über die Gerechtigkeit und das andere, wovon du sprichst, erzählt» (276e1–3). Stellvertretend für die Wissensformen, um die es geht, steht hier die Gerechtigkeit. Darüber zu reden oder zu schreiben ist nichts als ein Spiel; Ernst ist allein das Sokratische Gespräch, das durch die Kunst der Dialektik einen Menschen zur sittlichen Einsicht führt.

Philosophie wurzelt für den *Phaidros* (249d–250e) in der Erotik, die Platon auf eine vorgeburtliche Schau der Ideen zurückführt. Wenn ein Mensch, der vor der Geburt am «überhimmlischen Ort» (247c–e) die Urbilder geschaut hat, hier unten ein Abbild erblickt, wird er von einer inneren Erschütterung ergriffen, die er nicht deuten kann. Platon unterscheidet zwischen den moralischen Ideen und der Idee des Schönen. Die irdischen Abbilder der moralischen Ideen glänzen nicht; anders die Idee des Schönen: Sie strahlte dort oben bei der vorgeburtlichen Schau in hellstem Licht; sie ist die einzige Idee, die hier unten mit den Sinnen erfaßt wird; sie ist «in höchstem Grade sinnenfällig und liebenswürdig» (250d7–e1). Platon betont, daß die anderen Ideen, könnten sie sichtbar werden, eine «gewaltige» erotische Erschütterung in uns hervorrufen würden; für ihre Erkenntnis bleibt jedoch nur der Weg der Dialektik. Das ästhetisch-erotische Erlebnis ist nach Platon die Urerfahrung der Philosophie; es ist eine der Läuterung und Reflexion bedürftige Erfahrung des Transzendenten; die Dialektik hat es mit demselben Seinsbereich zu tun, der im ästhetisch-erotischen Erlebnis erfahren wird.

Hier kann nur kurz auf zwei Formen der Dialektik – der Kunst des Gesprächs, das zur Schau der Idee führt – hingewiesen werden. Das *Symposion* (199e–212a) beschreibt den vom erotisch-ästhetischen Erlebnis ausgehenden Aufstieg. Eine horizontale Bewegung führt in einer Zusammenschau vom einzelnen schönen Körper zur körperlichen Schönheit als solcher; von dort führt ein erster vertikaler Schritt zur Schönheit des sittlichen Verhaltens; auch hier erfolgt wiederum eine Zusammenschau; der nächste vertikale Schritt führt zur Schönheit der Wissenschaften. Schließlich «erblickt» der richtig Geführte «plötzlich» (210e4) das ewige, unveränderliche, eingestaltige Schöne an sich. Der Aufstieg der *Politeia* (7,522a–535a) geht aus vom handwerklichen Können, der τέχνη. Sie arbeitet mit Zahlen, aber sie redet nicht von Zahlen, sondern von Dingen, die gezählt werden. Der Mathematiker vollzieht eine Abstraktion: Er löst die Zahlwörter von den Dingen, bei denen sie als Attribute stehen, und betrachtet sie als eigene Entitäten. Die Mathematik ist jedoch keine voraussetzungslose Wissenschaft; sie redet über Zahlen, aber sie kann die Frage, was eine Zahl ist, nicht beantworten. Dazu ist nur die Dialektik imstande, deren Aufgabe es ist, die 'Was ist X?'-Frage zu beantworten. Das setzt voraus, daß die Idee des Guten mit der Vernunft (νοήσει 7,532b1) erfaßt wird, wobei Platon betont, daß das Gute «jenseits des Wesens» (ἐπέκεινα τῆς οὐσίας 6,509b9) ist. Das noetische Erfassen des Guten ist also Voraussetzung jeder Antwort auf die 'Was ist X?'-Frage; für das Gute selbst aber kann diese Frage nicht mehr in einem λόγος beantwortet werden.

Philosophie ist eine Tätigkeit oder Übung, zu der die Platonischen Dialoge anleiten wollen. Sie will durch das Mittel des Begriffs über die begriffliche Erkenntnis hinausführen. Die äußerste Möglichkeit der Sprache ist der, von Platon nachgeahmte, Sokratische Dialog in seiner pädagogisch-mystagogischen Funktion. Worauf es Platon in seiner Philosophie im letzten ankommt, entzieht sich nach dem Zeugnis des 7. *Briefes* nicht nur der Schrift, sondern der Sprache überhaupt: «es läßt sich in keiner Weise in Worte fassen ..., sondern aus lange Zeit fortgesetztem Austausch über die Sache und aus der Lebensgemeinschaft entsteht es plötzlich, wie ein durch einen abspringenden Funken entzündetes Licht, in der Seele und nährt sich dann selbst» (341c4–d2).

J. Burnet (Hrg.), *Platonis Opera*, 5 Bde (Oxford 1900–1907), Bd. 1 neu ediert von E. A. Duke u. a. (Oxford 1995); A. Croiset u. a. (Hrg.), *Platon, Oeuvres complètes*, 14 Bde (Paris 1949–1964) [mit franz. Übers.; mit der deutschen Übers. von Fr. Schleiermacher: Werke in 8 Bdn, Darmstadt 1990]. – Einführungen: Th. A. Szlezák, *Platon lesen* (Stuttgart 1993); H. Görgemanns, *Platon* (Heidelberg 1994) [Bibliographie]. – Gesamtdarstellungen, Monographien: U. v. Wilamowitz-Moellendorff, *Platon*, 2 Bde (Berlin ^{5}1959); P. Friedländer, *Platon*, 3 Bde (Berlin ^{3}1964–1975); W. D. Ross, *Plato's Theory of Ideas* (Oxford ^{2}1953); H. J. Krämer, *Arete bei Platon und Aristoteles* (Heidelberg 1959); K. Gaiser, *Platons ungeschriebene Lehre* (Stuttgart ^{2}1968); H. Thesleff, *Studies in Platonic chronology* (Helsinki 1982); W. Wieland, *Platon und die Formen des Wissens* (Göttingen 1982). – Aufsatzsammlungen: E. Heitsch, *Wege zu Platon* (Göttingen 1992); R. Kraut (Hrg.), *The Cambridge companion to Plato* (Cambridge 1992); Th. Kobusch – B. Mojsisch (Hrg.), *Platon. Seine Dialoge in der Sicht der neueren Forschung* (Darmstadt 1996).

1.4.5 Der Platonismus zwischen Platon und Plotin

Die Akademie. Schon in der Antike finden sich verschiedene Periodisierungen der Geschichte der Akademie; verbreitet ist die Unterscheidung von fünf Akademien (Sext.Emp. *Pyr.* 1,220). (a) Scholarchen der Älteren Akademie waren Platon, sein Neffe Speusipp, Xenokrates, Polemon und Krates. Speusipp and Xenokrates entwickelten im Anschluß an Platons Ungeschriebene Lehren spekulative Systeme, welche die gesamte Wirklichkeit aus den beiden Prinzipien des Einen und der Vielheit ableiten. Xenokrates hat als erster die Philosophie in Physik, Ethik und Logik unterteilt. Dagegen zeigt sich bei Polemon eine Abwertung der Theorie; er sagte, «man müsse sich an den Aufgaben des Lebens üben und nicht an dialektischen Spekulationen» (DL 4,18). Mitglieder zur Zeit Platons waren u. a. Eudoxos aus Knidos, Mathematiker, Astronom und Geograph, und Aristoteles. (b) Arkesilaos, der ca. 268 v. Chr. die Leitung der Schule übernahm, wendet sich unter Berufung auf das

Nichtwissen des Sokrates dem Skeptizismus zu (*1.6.3*). (c) Mit Karneades (bekannt durch die politische Mission, in der er 156/155 v. Chr. zusammen mit dem Peripatetiker Kritolaos und dem Stoiker Diogenes aus Seleukeia von Athen nach Rom geschickt wurde) läßt Sextus nach der «Mittleren» die «Neue» Akademie beginnen; durch den Begriff des «Glaubhaften» (πιθανόν) wird der Skeptizismus des Arkesilaos gemildert. (d) Philon aus Larisa, Scholarch seit 110/109 v. Chr., soll sich (Sext.Emp. *Pyr.* 1,235) der stoischen Erkenntnislehre angenähert haben. (e) Antiochos aus Askalon bricht 87/86 v. Chr. mit Philon und gründet eine eigene Schule; er zeigte, «daß die Dogmen der Stoiker bei Platon zu finden seien» (Sext.Emp. *Pyr.* 1,235). Mit dem Tod Philons (84 v. Chr.) und von Antiochos' Bruder und Nachfolger Aristos (51/45 v. Chr.) erlischt Platons Akademie.

H. J. Krämer, *Platonismus und hellenistische Philosophie* (Berlin 1971); J. Glucker, *Antiochus and the Late Academy* (Göttingen 1978); H. J. Krämer, «Die Ältere Akademie», in: H. Flashar (Hrg.), *Ältere Akademie, Aristoteles, Peripatos* (Basel 1983) 3–174; W. Görler, «Jüngere Akademie. Antiochos aus Askalon», in: H. Flashar (Hrg.), *Die hellenistische Philosophie* (Basel 1994) 775–989.

Der Mittelplatonismus. Ein neuer Abschnitt in der Geschichte des Platonismus beginnt mit Eudoros, der den dogmatischen Platonismus des Antiochos in Alexandria durch dessen Schüler Dion kennenlernt und ihn mit dem Pythagoreismus verbindet. Das Eine, auch «der oberste Gott» genannt, ist Ursache von allem. Auf der Ebene unter ihm finden sich zwei Prinzipien: ein zweites Eines, Prinzip alles Guten, und die «entgegengesetzte Natur», Prinzip des Schlechten (Simpl. *In Phys.* 181,10–30). Philon aus Alexandria (ca. 15 v. Chr. bis ca. 50 n. Chr.; *IV 3.7*) gebraucht den alexandrinischen Platonismus als Mittel zur Exegese des Alten Testaments. Er betont die Transzendenz Gottes: sein Wesen sei unerkennbar und seine Beziehung zur Welt sei durch seine «Kräfte» oder den «Logos» vermittelt. Plutarch aus Chaironeia (ca. 45–ca. 125 n. Chr.; *IV 3.5*) studierte in Athen; sein Lehrer Ammonios ist uns nur aus Plutarchs Schriften bekannt. Er ist erklärter Gegner der Stoiker und Epikureer. Das Ziel des menschlichen Lebens sieht er, wie die anderen Platoniker, in der «Verähnlichung mit Gott» (Plat. *Theaet.* 176b1). Im Unterschied zu Eudoros ist Plutarch Dualist: neben Gott, dem wahrhaft Seienden, Guten und Einen steht als zweites oberstes Prinzip die Unbegrenzte Zweiheit. Anders als die meisten Platoniker versteht er den Schöpfungsbericht des *Timaios* nicht in übertragenem Sinn, sondern wörtlich, d. h. im Sinn eines Anfangs des Kosmos in der Zeit. Aus Aulus Gellius, *Noctes Atticae* wissen wir, daß um 150 n. Chr. Kalvenos Tauros Leiter einer Schule in Athen war. 176 n. Chr. errichtete Kaiser Marc Aurel vier Lehrstühle für Philosophie in Athen (Dio Cass. 72,31); vielleicht war Attikos, der in seinem polemischen Traktat gegen die Peripatetiker die unüberbrückbaren Unterschiede zwischen Platon und Aristoteles betont (Eus. *Praep. ev.* 11,1,2; 15,4–9. 12f.), der erste Inhaber des Lehrstuhls für platonische Philosophie. Von Albinos, dessen Vorlesungen Galen zwischen

149 und 157 in Smyrna hörte, besitzen wir eine *Einführung* (Εἰσαγωγή) in die Dialoge Platons. Unter dem Namen 'Alkinoos' ist uns ein (von manchen Forschern dem Albinos zugeschriebenes) Schulbuch des Mittelplatonismus, der Διδασκαλικός (ca. 150 n. Chr.?) überliefert, das Erkenntnistheorie, Logik, Physik, Psychologie, Ethik und Politik behandelt. Ein ähnliches Kompendium, *De Platone et eius dogmate*, verfaßte Apuleius aus Madaura (*LAT VIII 4.4.1*), der um 150 n. Chr., vielleicht bei Kalvenos Tauros, in Athen studierte. In der Tradition des Speusipp und Xenokrates stehen die Neupythagoreer Moderatus von Gades (2. Hälfte 1. Jh. n. Chr.), Nikomachos von Gerasa (1. Hälfte 2. Jh. n. Chr.) und Numenios von Apameia (2. Hälfte 2. Jh.), der durch seine Unterscheidung zwischen drei «Göttern», dem «Vater» oder dem «Guten an sich» (αὐτοαγαθόν), dem «Schöpfer» (ποιητής) und der «Schöpfung» (fr. 16. 21 des Places), die Hypostasenlehre des Neuplatonismus vorbereitet.

H. Dörrie – M. Baltes, *Der Platonismus in der Antike. Grundlagen – System – Entwicklung* (Stuttgart–Bad Cannstatt Bd. 1 1987, Bd. 2 1990, Bd. 3 1993, Bd. 4 1996) [griech. und lat. Texte, dt. Übers., Komm.]; E. des Places (Hrg.), *Numénius, Fragments* [griech. u. lat. Texte, frz. Übers., Anm.] (Paris 1973). – J. Dillon, *The Middle Platonists* (Ithaca NY 1977); D. T. Runia, *Philo of Alexandria and the Timaeus of Plato* (Leiden 1986).

1.5 Aristoteles

1.5.1 Leben und Werke

Leben. Die älteste uns erhaltene Biographie ist DL 5,1–35; sie enthält das als authentisch geltende Testament des Aristoteles und ein auf das Ende des 3. Jh.s v. Chr. zurückgehendes Verzeichnis seiner Schriften. Aristoteles wurde 384 v. Chr. in der ionischen Kolonie Stageira (Chalkidike) geboren. Sein Vater Nikomachos war Arzt im Dienst des Königs Amyntas III., des Vaters Philipps II. von Makedonien; seine Mutter Phaistis aus Chalkis auf Euboia stammte aus einer Arztfamilie. 367, während der zweiten sizilischen Reise Platons, beginnt Aristoteles sein Studium an der Akademie; die zwanzig Jahre dort sind die fruchtbarste Schaffensperiode seines Lebens. Er führt Fragestellungen Platons weiter, lehnt aber auch platonische Positionen und Lösungen mit Entschiedenheit ab. 347 verläßt er Athen und geht auf Einladung seines Freundes Hermeias nach Atarneus (Mysien) und Assos (Troas), wo er Theophrast kennenlernt, dem er dann in dessen Heimatstadt Mytilene auf Lesbos folgt. 343/342 beruft Philipp ihn zum Erzieher Alexanders. Als dieser 340 Reichsverweser wird, geht Aristoteles nach Stageira, bis 335 die politischen Verhältnisse seine Rückkehr nach Athen erlauben, wo er im Lykeion, einem öffentlichen Gymnasium, lehrt. Nach dem Tod Alexanders (10. Juni 323) sieht er sich zum zweiten Mal gezwungen, Athen zu verlassen; er begibt sich in das Haus seiner Mutter in Chalkis, wo er im Oktober 322 stirbt.

Zur Überlieferungsgeschichte. Die Schriften des Aristoteles haben ein wechselvolles Schicksal erlebt. Porphyrios (*Plot.* 24,138) berichtet, der Peripatetiker Andronikos von Rhodos habe die Schriften des Aristoteles nach sachlichen Gesichtspunkten in «Pragmatien» geordnet (εἰς πραγματείας διεῖλεν). Ob Andronikos in der ersten Hälfte des 1. Jh.s v. Chr. in Athen oder zwischen 40 und 20 v. Chr. in Rom gewirkt hat, ist umstritten. In neuplatonischen Kommentaren zur Kategorienschrift ist eine von der bei Diogenes Laertios erhaltenen Liste verschiedene Einteilung der Werke des Aristoteles überliefert (Moraux 1973,71), die vielleicht letztlich auf Andronikos zurückgeht. Sie unterscheidet u. a. zwischen «exoterischen» (ἐξωτερικά) und «akroamatischen» (ἀκροαματικά) Schriften. Die exoterischen Schriften, meistens Dialoge, wurden von Aristoteles zu seinen Lebzeiten publiziert und richteten sich an einen weiteren Leserkreis; von ihnen sind nur Fragmente erhalten; so kennen wir z. B. den *Protreptikos*, eine Werbeschrift für das philosophische Leben, vor allem aus der gleichnamigen Schrift des Iamblichos. Die akroamatischen oder Lehrschriften waren für den internen Gebrauch der Schule bestimmt. Sie gelangten nach Aristoteles' Tod zusammen mit dessen Bibliothek in den Besitz des Theophrast (Strab. 13,1,54,608), der sie seinem Studienfreund Neleus vermachte (DL 5,52). Über das weitere Schicksal der Lehrschriften berichten Strabon (13,1,54,609) und Plutarch (*Sull.* 26): Neleus brachte sie in seine Heimat Skepsis in der Troas, wo sie nach seinem Tod unsachgemäß gelagert und so beschädigt wurden. Am Anfang des 1. Jh.s v. Chr. wurden sie von Apellikon aus Teos erworben; nach dessen Tod brachte Sulla sie nach Rom, wo der Grammatiker Tyrannion sie bearbeitete und Andronikos von Rhodos mit Kopien versorgte. – Die Belege für die Benutzung der Lehrschriften vor Andronikos sind spärlich; es ist jedoch anzunehmen, daß sich außer in Skepsis auch in Athen, Alexandria und auf Rhodos Exemplare befanden.

Andronikos ist der erste der antiken Aristoteleskommentatoren. Ihre Tätigkeit zerfällt in zwei Perioden. In der ersten, orthodoxen, wird der Unterschied zwischen Platon und Aristoteles betont; am einflußreichsten ist Alexander von Aphrodisias (um 200 n. Chr.). Mit Porphyrios (*1.7.2*) beginnt die Reihe der Kommentatoren, die Aristoteles von der neuplatonischen Philosophie her interpretieren. Sie erreicht ihren Höhepunkt in Ammonios Hermeiu und seiner Schule (5./6. Jh. n. Chr.), deren bedeutendste Gestalt Simplikios ist (*IV 4.4.1*).

Die Lehrschriften. Die neuplatonischen Kommentare zu den Kategorien unterteilen die Lehrschriften in theoretische, praktische und «organische» (ὀργανικά) oder logische. Diese Einteilung hat die weitere Überlieferung bestimmt; unser kurzer Überblick folgt der Ausgabe von Immanuel Bekker (Berlin 1831), nach deren Seitenzählung Aristoteles zitiert wird.

Das Organon: Die *Kategorien* untersuchen, was die Ausdrücke, aus denen ein einfacher Aussagesatz zusammengesetzt ist, bezeichnen. Gegenstand der *Hermeneutik* sind Aussagesatz und Urteil. Die *Ersten Analytiken* enthalten die aristotelische Syllogistik, die *Zweiten Analytiken* die Lehre vom wissenschaftlichen Beweis und der wissenschaftlichen Definition. Die *Topik* handelt vom dialektischen Syllogismus, d. i. ein Syllogismus, dessen Prämissen nicht in sich einsichtig sind, sondern lediglich allgemein für wahr gehalten werden. Thema der *Sophistischen Widerlegungen* ist der Mißbrauch des Elenchos (*1.3.2*) durch die Sophisten.

Naturphilosophische Schriften: Buch 1–6 der *Physik* handeln von der Veränderung; *Phys.* 2,1 definiert den Begriff der φύσις; *Phys.* 7 beweist die Existenz eines ersten unbewegten Bewegers. Buch 1 und 2 von *Über den Him-*

mel entwerfen ein astronomisches Weltbild; in Buch 3 und 4, in *Über Entstehen und Vergehen* und in Buch 4 der *Meteorologie* (echt?) geht es um die vier Elemente des sublunaren Bereichs (Erde, Wasser, Feuer, Luft) und ihre Mischung zu den sog. Homoiomerien, aus denen die Organe der Lebewesen gebildet sind. *Mete.* 1–3 erörtern physikalische Phänomene in der Atmosphäre und auf der Erde, z. B. Kometen, Nebel, Wolken, Erdbeben. Die Schrift *Über die Seele* ist eine Ontologie des Organischen; Mittelpunkt ist die Definition der Seele als «erster Wirklichkeit eines natürlichen organischen Körpers» (2,1,412b5f.); eine Ergänzung sind die sieben kleinen Schriften (*Parva naturalia*) über psychophysische Phänomene (z. B. Wahrnehmung, Gedächtnis, Schlaf). Die *Tierkunde* bringt das Material für die folgenden spekulativen Schriften. Buch 1 von *Über die Teile der Tiere* handelt über Methodenfragen der Zoologie, Buch 2 über die Zusammensetzung der Organe. In *Über die Fortbewegung der Lebewesen* (*De incessu animalium*) geht es um den Unterschied der Fortbewegungsglieder; *Über die Bewegung der Lebewesen* (*De motu animalium*) behandelt das Problem, wie ein psychischer Akt einen physischen Körper bewegen kann. *Über die Zeugung der Lebewesen* enthält die Fortpflanzungs- und Vererbungslehre.

Die *Metaphysik*: Titel und Anordnung der einzelnen Schriften gehen nicht auf Aristoteles zurück; sie gelten nach verbreiteter Auffassung als Werk des Andronikos von Rhodos. Alexander von Aphrodisias (*Comm. in Arist. Graeca* 1,171,6f.) erklärt den Titel so, daß diese Schriften in der Erkenntnisordnung (πρὸς ἡμᾶς) auf die naturphilosophischen Schriften folgen; Simplikios erklärt ihn durch ihren Gegenstand: Sie handeln über das, was «jenseits» (ἐπέκεινα) oder «über» (ὑπέρ) der Natur ist (*Comm. in Arist. Graeca* 9,1,20; 257,25). Die Einheit der *Metaphysik* ist nicht zuletzt deshalb ein Problem, weil sich in den Schriften anscheinend verschiedene Begriffe der «gesuchten Wissenschaft» (*Metaph.* 3,1,995a24) finden.

Alpha (Buch 1): Metaphysik, hier «Weisheit» (σοφία) genannt, ist die Wissenschaft von den obersten Ursachen oder Gründen. Aristoteles kritisiert die Ursachenlehre von Thales bis Platon. *Alpha elatton* (Buch 2): eine kurze Einführung in die Metaphysik, die als «Erforschung der Wahrheit» bezeichnet wird. Wie sich «die Augen der Eulen gegen das Tageslicht verhalten, so verhält sich der Geist in unserer Seele zu dem, was seiner Natur nach unter allen am offenbarsten ist» (2,1,993b9-11). *Beta* (Buch 3) formuliert 14 Aporien, deren Lösung Aufgabe der «gesuchten Wissenschaft» ist. *Gamma* (Buch 4) bestimmt die Metaphysik als Wissenschaft vom Seienden als Seienden; zu ihren Aufgaben gehört auch die Untersuchung der Axiome (Nichtwiderspruchsprinzip; Satz vom ausgeschlossenen Dritten). *Delta* (Buch 5): ein Lexikon, das die mehrfache Bedeutung von 30 philosophischen Termini darlegt. *Epsilon* (Buch 6) fragt, wie sich die Wissenschaft vom Seienden als Seienden zu der vom göttlichen Seienden verhält. *Zeta, Eta, Theta* (Buch 7–9), die 'Substanzbücher', bilden eine Einheit; sie entwickeln mit Hilfe der Begriffe Materie (ὕλη) und Form (εἶδος), Möglichkeit (δύναμις) und Wirklichkeit (ἐνέργεια) eine Ontologie der wahrnehmbaren, veränderlichen Substanz. *Iota* (Buch 10): über das Eine und verwandte Begriffe. *Kappa* (Buch 11) ist eine wahrscheinlich nacharistotelische Kompilation aus *Metaph.* 3,4,6 und *Phys.* 3. *Lambda* (Buch 12): über die wahrnehmbare, veränderliche und die unveränderliche, göttliche Substanz, den Unbewegten Beweger. *My* (Buch 13; bis Kap. 9,1086a21): über die Zahlen. *Ny* (Buch 14) kritisiert Platons Prinzipien- und Idealzahlenlehre.

Schriften zur Ethik und Politik: Unter dem Namen des Aristoteles sind drei Ethiken überliefert: die *Nikomachische Ethik, die Eudemische Ethik* und *die Große Ethik*. Die Echtheit der *Eth.Nic.* ist unbestritten; seit Jaeger (1923) gilt auch die *Eth.Eud.* als echt. Umstritten sind die *Mag.mor.*: Handelt es sich um eine nacharistotelische Kompilation (Jaeger) oder um die früheste Ethik des Aristoteles (v. Arnim, Dirlmeier, Düring)? Die Frage, ob die *Eth.Nic.* oder die *Eth.Eud.* das reifere Werk sei, ist nicht zu trennen von der nach den 'kontroversen Büchern' (*Eth.Nic.* 5–7): In der *Eth.Eud.* ist eine Lücke zwischen Buch 3 und Buch 7; *Eth.Eud.* verweist aber an verschiedenen Stellen auf Themen, die in *Eth.Nic.* 5–7 behandelt werden. Deshalb ist umstritten, ob diese Bücher ursprünglich zur *Eth.Nic.* oder zur *Eth.Eud.* gehören.

Die *Politik*: Buch 1 zeigt, daß die Natur des Menschen auf das Zusammenleben in der Polis hin angelegt ist; es folgt eine Abhandlung über die Hausverwaltung (Ökonomie). Buch 2 ist eine Kritik an den wichtigsten bereits vorliegenden Staatstheorien und Verfassungen. Buch 3 bestimmt das Wesen der Polis und unterscheidet drei Verfassungsformen und deren Entartungen: Königtum / Tyrannis; Aristokratie / Oligarchie; Politie / Demokratie. Buch 4–6 untersuchen die existierenden demokratischen und oligarchischen Verfassungen und die Ursachen für ihre Erhaltung und ihren Umsturz. Von der Frage nach der an sich besten Verfassung wird die nach der besten unter den gegebenen Umständen realisierbaren Verfassung unterschieden. Buch 6 und 7 entwerfen einen idealen Staat.

Rhetorik und *Poetik*: Die drei Bücher der *Rhetorik* umfassen zwei Schriften: die eigentliche *ars rhetorica* (*Rhet.* 1; 2) und die Schrift Περὶ λέξεως (*Rhet.* 3), die sich mit dem Stil und der Disposition der Rede befaßt. Die Rhetorik ist die Kunst, die Zuhörer zu überzeugen. Mittel dazu sind der Charakter des Redners, der Einfluß auf die Emotionen der Zuhörer und die Argumentation. Es ist zu unterscheiden zwischen der beratenden oder politischen Rede, der Festrede und der Gerichtsrede. *Rhet.* 2,2–17 bringt eine Analyse der Affekte und eine Beschreibung der Charaktereigenschaften. Argumentationsmittel des Rhetors sind das Beispiel und das Enthymem, d. i. ein Syllogismus aus wahrscheinlichen Prämissen (*Rhet.* 2,18–26). Auf die *Poetik* wird in *1.5.2* ausführlicher eingegangen.

Zur relativen Chronologie: Seit Jaeger (1923) wird die Frage einer philosophischen Entwicklung des Aristoteles diskutiert. Die heute maßgebende relative Chronologie seiner Schriften ist die von Düring (1966,48–52). Hier seien nur einige Schwerpunkte genannt. In der Akademiezeit greift Aristoteles zunächst methodische und inhaltliche Fragen auf, die sich in Platons späten Dialogen finden: Gesprächsführung, Argumentation, Begriffsbestimmung, Satzanalyse (*Soph., Pol.*), Rhetorik (*Phdr., Soph.*), Kosmologie und Astronomie (*Tim.*); sie werden in den *Kategorien,* der *Hermeneutik,* der *Rhetorik,* und im Buch *Lambda* weitergeführt. Durch den *Politikos* und den *Philebos* erhält er erste Anstöße für seine Ethik. Das Thema Bewegung findet sich bei Platon in verschiedenen Zusammenhängen (*Phdr., Theaet., Tim., Soph.*); die Leistung des Aristoteles besteht darin, daß er in der *Physik* (3,1) die Frage «Was ist Bewegung?» (200b14) stellt, aufgrund seiner Kategorienlehre vier Formen unterscheidet (Entstehen und Vergehen, Wachsen und Abnehmen, Qualitätsveränderung, Fortbewegung) und mit Hilfe der Begriffe δύναμις und ἐνέργεια eine Ontologie der Bewegung entwirft. Die Diskussion über die Ideen- und Prinzipienlehre der Akademie spiegelt sich in Platons *Parmenides* und im Buch 1 und 14 der *Metaphysik*.

In den Jahren 347–335 sammelt Aristoteles zusammen mit Theophrast umfangreiches Material zur Biologie und Politik; er beginnt mit der Sammlung der 158 Verfassungen (DL 5,27), von denen die *Verfassung Athens* erhalten ist; in diese Zeit sind z. B. *Hist.an.* 1–6; 8 und *Part.an.* 2–4 zu datieren.

Charakteristisch für die zweite Athenperiode ist die Zusammenschau des breiten empirischen Wissens. Die Ontologie liefert Begriffe, die es erlauben, die verschiedenen Wissensgebiete zu einer Einheit zu verbinden. Die praktische Philosophie zeigt den nüchtern beobachtenden und realistischen Blick des Aristoteles. In diese Zeit fallen z. B. *Metaph.* 4.6.7–9, *Pol.* 2–6, die Methodenschrift *Part.an.* 1 und die spekulativen biologischen Schriften *Gen.an.* und *Mot.an.*

1.5.2 Die Disziplinen der Philosophie

Unterscheidungen. *Metaph.* 6,1 handelt von den Formen des Wissens; es entwirft einen systematischen Rahmen, in dem, wenn wir von den sprachphilosophischen und wissenschaftstheoretischen Arbeiten absehen, die verschiedenen Untersuchungen des Aristoteles ihren Platz finden, so daß ihr sachlicher Zusammenhang deutlich wird. Aristoteles geht davon aus, daß jedes Denken (διάνοια) entweder **praktisch** oder **herstellend** oder **theoretisch** ist. Der unterscheidende Gesichtspunkt zwischen dem praktischen und herstellenden Denken auf der einen und dem theoretischen Denken auf der anderen Seite ist, ob ich mich als Ursprung einer Veränderung in der Welt betrachte und meine Überlegungen im Hinblick auf eine solche von mir hervorzubringende Veränderung anstelle, oder ob es mir einfach darum geht, die Welt zu betrachten. Praktisches und herstellendes Denken werden voneinander durch den Begriff der Entscheidung abgegrenzt: Das praktische Denken hat eine Entscheidung zum Ziel, während das herstellende Denken eine Entscheidung voraussetzt. Eine Entscheidung hat immer das gute Leben (Glück) als Ganzes im Blick: Ich frage mich, durch welche Wahl ich das Glück in der Situation, in der ich hier und jetzt stehe, verwirklichen kann. Die Entscheidung beruht auf einer Abwägung der Güter. Dagegen geht es im Herstellen, bei der im weitesten Sinn technischen Vernunft, jeweils um die Verwirklichung eines bestimmten Gutes. Das praktische Denken ist Gegenstand der *Ethiken* und der *Politik*; Schriften, die sich mit Bereichen des «herstellenden» (ποιητική) Denkens beschäftigen, sind die *Rhetorik* und die *Poetik*.

Die erste Philosophie. Das theoretische Denken ist in drei Disziplinen unterteilt: Physik, Mathematik und Theologik. Was macht diese Wissenschaften zu philosophischen Disziplinen, d. h. wodurch unterscheiden sie sich von den Einzelwissenschaften? Jede Einzelwissenschaft hat es mit einer Gattung des Seienden zu tun, und sie fragt, welche Aussagen sich über ihren Gegenstandsbereich machen lassen. (Ihre Methode wird in den *Zweiten Analytiken* behandelt.) Dabei muß die Einzelwissenschaft sich ihren Gegenstandsbereich vorgeben lassen; sie ist nicht imstande, die Begriffe, durch die er abgegrenzt wird, zu begründen, und sie kann nicht über das Verhältnis ihres Gegenstandsbereiches zu dem anderer Einzelwissenschaften reflektieren. Während die Einzelwissenschaft fragt, *was* etwas ist, d. h. was sich von ihrem Gegenstandsbereich aussagen läßt, fragt die Philosophie, *auf welche Weise* etwas ist, d. h. sie thematisiert die Seinsweise eines Gegenstandsbereichs.

Gegenstandsbereich der Physik ist das Seiende, das den Ursprung der Ruhe und Bewegung in sich selbst hat, d. h. das die Prozesse, die sich an ihm vollziehen (Entstehen und Vergehen; Wachsen und Abnehmen; Qualitätsveränderung; Ortsveränderung), selbst verursacht, im Unterschied zu den Artefakten, die ihr Entstehen usw. dem herstellenden Menschen verdanken (*Phys.* 2,1). Von dieser 'phänomenalen' Betrachtung geht Aristoteles über zur ontologischen Frage nach der Seinsweise. Weil das von Natur aus Seiende dasjenige ist, das sich durch sich selbst verändern kann, müssen wir nach dem ontologischen Grund der Veränderung fragen: Weshalb ist Veränderung möglich? Aristoteles antwortet darauf mit dem Begriffspaar Stoff und Form: Veränderung beruht darauf, daß ein Träger (Stoff) eine (substantielle oder akzidentelle) Form erhält oder verliert. – Die Mathematik hat es mit unveränderlichen Gegenständen zu tun; dadurch zeichnet sie sich vor der Wissenschaft von den veränderlichen Naturdingen aus. Im Unterschied zu den Organismen kommt ihnen jedoch kein selbständiges, «getrenntes» (χωριστόν) Sein zu; es handelt sich vielmehr um Abstraktionen, die wir vornehmen. – Aristoteles fragt dann, ob es etwas gebe, das «getrennt» und zugleich unveränderlich ist. Wenn das der Fall wäre, hätten wir eine dritte Disziplin der theoretischen Philosophie, die Theologik, die Gegenstand des frühen Buches *Lambda* ist.

Welche dieser drei Disziplinen kann nun den Anspruch auf den Titel «Erste Philosophie» (*Metaph.* 6,1,1026a24) erheben? Die Antwort wird dadurch erschwert, daß sich noch eine vierte Konkurrentin meldet: die Wissenschaft vom Seienden als Seienden (vgl. *Metaph.* 4,1), die, nicht eingeschränkt auf einen bestimmten Gegenstandsbereich, allgemein über das 'ist' der Aussage bzw. über die Seinsweise des Seienden reflektiert; sie zeichnet sich vor den drei anderen Disziplinen durch den höchsten Grad der Allgemeinheit aus. Aristoteles gibt eine hypothetische Antwort: Wenn es nur die veränderlichen, aus Materie und Form bestehenden Substanzen gibt, dann ist die Physik die erste Philosophie; gibt es dagegen auch die unveränderliche, göttliche Substanz, dann ist die Theologik die erste Wissenschaft, und zwar auch in dem Sinn, daß sie die allgemeinste ist; sie ist «allgemein, weil sie die erste ist» (*Metaph.* 6,1,1026a30f.). Daß die Wissenschaft vom Ersten zugleich die allgemeinste ist, ergibt sich aus der Eigentümlichkeit des Seinsbegriffs: Wir gebrauchen 'seiend' in vielfacher Bedeutung, aber alle diese Bedeutungen sind auf eine Bedeutung, das im ersten und ausgezeichneten Sinn Seiende, bezogen (*Metaph.* 4,2); alles Seiende steht in vielfältigen kausalen Beziehungen zu einem letzten Ursprung, dem es verdankt, daß es ist. Die Frage, was dieses letzte Prinzip ist, bleibt in *Metaph.* 6,1 offen. Das Buch *Lambda* antwortet mit dem Unbewegten Beweger, sich selbst denkender νοῦς und reine ἐνέργεια, der «als geliebter» (ὡς ἐρώμενον 1072b3) den Kosmos bewegt.

Ethik und Politik bilden für Aristoteles eine Einheit. Die *Nikomachische Ethik* (1,1) geht davon aus, daß alles Handeln ein letztes, um seiner selbst willen gewolltes Ziel oder Gut voraussetzt, und sie fragt, worin es besteht. Dieses letzte Ziel ist ein und dasselbe für den einzelnen und für die Polis; deswegen ist die Ethik eine politische Wissenschaft. Diese Identität ergibt sich daraus, daß der Mensch «von Natur» (φύσει) dazu bestimmt ist, in der Gemeinschaft der Polis zu leben; nur so kann er sein Wesen als Mensch entfalten; die Polis beruht also nicht auf einer willkürlichen Übereinkunft, sondern sie ist «von Natur» (φύσει *Pol.* 1,2,1253a2f.). Die Polis ist eine sittliche Institution; sie ist nicht lediglich um des Überlebens, sondern um des «guten Lebens» im Sinne des sittlich guten Handelns willen, denn nur ein solches Leben ist ein glückliches Leben (*Pol.* 3,9).

Aristoteles bestimmt das Glück des Menschen mit Hilfe einer Analogie: Jedes Werkzeug und jedes Organ hat eine Funktion; es vollbringt eine Leistung oder ein «Werk» (ἔργον), und es kann dieses Werk gut oder schlecht vollbringen. Das Glück des Menschen besteht darin, daß er das ihn von anderen Lebewesen unterscheidende Werk, die Vernunfttätigkeit, vollkommen vollbringt, was nur möglich ist, wenn seine Seelenvermögen in guter Verfassung (ἀρετή) sind (*Eth.Nic.* 1,6). Es ist zu unterscheiden zwischen dem Vernunftvermögen, das erkennt und anordnet, was richtig ist, und dem Strebevermögen, das in dem Sinn vernünftig ist, daß es auf das anordnende Vermögen hören kann; daraus ergibt sich die Unterscheidung von dianoetischer und ethischer Tugend (*Eth.Nic.* 1,13). Die dianoetischen Tugenden gewährleisten die Erkenntnis der Wahrheit: der νοῦς ist zuständig für die Erkenntnis der Prinzipien, die ἐπιστήμη für das wissenschaftliche Schlußfolgern; die σοφία ist Erkenntnis der göttlichen Substanzen, das sind die Gestirne und der Unbewegte Beweger; die τέχνη gewährleistet das sachgerechte Herstellen; Gegenstandsbereich der praktischen Vernunft (φρόνησις) ist das richtige Handeln; sie erkennt die praktischen Prinzipien, und sie leitet die praktische Überlegung, durch die sie auf die konkrete Situation angewendet werden (*Eth.Nic.* 6). Unter den **ethischen Tugenden** nimmt die Gerechtigkeit in ihren verschiedenen Formen einen besonderen Platz ein. Aristoteles zitiert Theognis 147 «In der Gerechtigkeit sind alle Tugenden zusammengefaßt»; sie ist ein «fremdes Gut», insofern sie dem Nutzen der anderen dient (*Eth.Nic.* 5,3). Zum guten Leben gehört die Freundschaft; ohne Freunde würde niemand leben wollen, auch wenn er alle anderen Güter besäße. Ihre vollkommene Form ist die unter Guten; sie schließt die beiden anderen Formen, Freundschaft um des Nutzens und Freundschaft um der Lust willen, ein. Die Freundschaftsabhandlungen gipfeln in der Frage, ob auch der Glückliche Freunde brauche (*Eth.Nic.* 9,9; *Eth.Eud.* 7,12). Aristoteles bejaht sie in einer komplizierten ontologischen und psychologischen Argumentation, die sich etwa so zusammenfassen läßt, daß geteiltes Glück doppeltes Glück ist.

Poetik. Wie für Platon, so ist auch für Aristoteles die Dichtung, wie jede Kunst, «Nachahmung» (μίμησις *Poet.* 1,1447a13–16), aber beide bewerten diesen Sachverhalt unterschiedlich. Platon weist dem Kunstwerk die unterste Stufe der Wirklichkeit zu: Der Handwerker bildet den idealen, wahrhaft seienden Stuhl nach und der Künstler den des Handwerkers; er hat keine Kenntnis vom Seienden, sondern nur vom Erscheinenden (*Rep.* 10,597c–e; 601b10). Dagegen betont Aristoteles den gemeinsamen Ursprung von Dichtung und Philosophie; beide haben ihre Wurzel in der Freude des Menschen am Lernen; Nachahmung ist die erste Form des Lernens (*Poet.* 4,1448b4–19; vgl. *Metaph.* 1,1). Im Unterschied zur Geschichtsschreibung hat die Dichtung nicht die Aufgabe, zu berichten, was geschehen ist, sondern was geschehen könnte. Deshalb ist sie «philosophischer» als die Geschichtsschreibung; sie spricht nicht wie diese von einzelnen Ereignissen, sondern vom Allgemeinen (*Poet.* 9,1451a36–b11). Die Dichtung ahmt Charaktere, Affekte und Handlungen nach (*Poet.* 1,1447a28), was wiederum, wie im Epos, in der Form des Berichtes geschehen kann oder, wie im Drama, dadurch, daß die Personen handelnd auftreten (*Poet.* 3,1448a19–23); die Tragödie ahmt einen guten, die Komödie einen gemeinen Charakter nach (*Poet.* 2,1448a2). In der Tragödie ist das Epos aufgehoben: «alles, was das Epos hat, besitzt auch die Tragödie; was aber die Tragödie hat, ist nicht alles im Epos» (*Poet.* 5,1449b18–20). Jede Tragödie muß sechs «Teile» haben: Mythos, Charakter, Stil (λέξις), Denkweise (διάνοια), Inszenierung (ὄψις) und Musik (6,1450a9f.); am wichtigsten ist der Mythos, d. i. die Nachahmung der Handlung, die ein geordnetes Ganzes sein muß, in dem kein Teil ersetzt oder umgestellt werden kann (6,1450a15–25; 7; 8).

Platon und Aristoteles sind sich darin einig, daß Homer der größte Dichter ist; für beide ist er der «erste Lehrer und Anführer der Tragiker» (Plat. *Rep.*

10,595bc; vgl. Arist. *Poet.* 4,1448b34−49a2); dennoch entgeht auch er nicht Platons Verdikt, daß die Dichter die Menschen nicht besser machen können, weil sie nur «Bilder der ἀρετή» (*Rep.* 10,600e5) nachahmen. Aristoteles folgt Platon in der Ansicht, daß die Dichtung sich nicht an die Vernunft, sondern an das nichtvernünftige, affektive Seelenvermögen wendet. Platon sieht darin eine Gefahr: Die Dichtung weckt und nährt das niedrige Seelenvermögen und schwächt dadurch die Vernunft (*Rep.* 10,605b). Dagegen schreibt Aristoteles der Tragödie die Fähigkeit zu, die Affekte zu reinigen; sie «vollbringt durch Mitleid und Furcht die Reinigung (κάθαρσις) derartiger Affekte» (*Poet.* 6,1449b27f.). Eine Hilfe für die Interpretation dieser umstrittenen Stelle bietet Plat. *Soph.* 226e−227d und Arist. *Pol.* 8,7,1341b32−42a15. Reinigung geschieht, wie bei Gymnastik und Heilkunst, durch richtige Ausscheidung; sie beseitigt eine Krankheit und stellt den naturgemäßen Zustand wieder her; deshalb ist sie mit Lust verbunden (vgl. Plat. *Phlb.* 42d; Arist. *Poet.* 14,1453b1−14). Furcht und Mitleid stehen stellvertretend für alle Affekte. Daß die Tragödie vollständig von den Affekten befreit, würde im Widerspruch zu allem stehen, was Aristoteles sonst über die Affekte schreibt; es kann immer nur darum gehen, von einem Übermaß frei zu werden und die Affekte in der richtigen Weise zu empfinden (vgl. *Eth.Nic.* 2,5). Platon hat recht, daß die Tragödie die Affekte erregt; er irrt sich jedoch, wenn er behauptet, dadurch werde der Logos geschwächt. Vielmehr dient die Erregung der Affekte ihrer Reinigung; sie hat die affektive Ausgeglichenheit zum Ziel.

I. Bekker (Hrg.), *Aristotelis opera*, 2 Bde (Berlin 1831; ND 1960). Neuere Einzelausgaben in der Scriptorum classicorum bibliotheca Oxoniensis; *Rhetorik*: ed. R. Kassel, Berlin−New York 1976. − Einführungen. J. L. Ackrill, *Aristoteles* (Berlin 1985); J. Barnes, *Aristoteles* (Stuttgart 1992); O. Höffe, *Aristoteles* (München 1996). − Gesamtdarstellungen, Monographien: W. Jaeger, *Aristoteles. Grundlagen einer Geschichte seiner Entwicklung* (Berlin 1923 [2]1955); W. D. Ross, *Aristotle* (London 1923, ND 1995, with a new introd. by J. L. Ackrill); E. Tugendhat, *TI KATA TINOΣ* (Freiburg 1958, [4]1988); G. Patzig, *Die Aristotelische Syllogistik* (Göttingen 1959, [3]1969); W. Wieland, *Die aristotelische Physik* (Göttingen 1963, [3]1992); I. Düring, *Aristoteles* (Heidelberg 1966); P. Moraux, *Der Aristotelismus bei den Griechen von Andronikos bis Alexander von Aphrodisias, Bd. 1: Die Renaissance des Aristotelismus im 1. Jh. v. Chr.* (Berlin 1973); H. Flashar, «Aristoteles», in: ders. (Hrg.), *Ältere Akademie, Aristoteles, Peripatos* (Basel 1983) 175−457 [Bibliographie]; G. Bien, *Die Grundlegung der politischen Philosophie bei Aristoteles* (Freiburg 1973, [4]1985); W. Kullmann, *Wissenschaft und Methode. Interpretationen zur Aristotelischen Theorie der Naturwissenschaft* (Berlin 1974); F. Ricken, *Der Lustbegriff in der Nikomachischen Ethik des Aristoteles* (Göttingen 1976); Ursula Wolf, *Möglichkeit und Notwendigkeit bei Aristoteles und heute* (München 1979); G. Seel, *Die aristotelische Modaltheorie* (Berlin 1982). − Aufsatzsammlung: M. Luserke (Hrg.), *Die Aristotelische Katharsis. Dokumente ihrer Deutung im 19. und 20. Jh.* (Hildesheim 1991).

1.5.3 Der Peripatos

Die Schule des Aristoteles, der Peripatos, ist gekennzeichnet durch die Dominanz der Einzelwissenschaften und den Verlust der systematischen Zusammenschau, die Aristoteles durch seine Ontologie geleistet hatte. Die bedeutendste

Gestalt ist Theophrast aus Eresos auf Lesbos (372/370–287/286). Das Schriftenverzeichnis DL 5,42–50 zeigt, daß sein Arbeitsgebiet so breit war wie das des Aristoteles; es umfaßt Logik, Physik, Metaphysik, Physiologie des Menschen, Zoologie, Botanik, Ethik, Politik, Theologie, Rhetorik, Poetik, Musikwissenschaft. Erhalten sind u. a. zwei umfangreiche Abhandlungen über die Pflanzen, eine kurze Abhandlung über Metaphysik, ein Fragment, das Theorien über die Sinneswahrnehmung referiert und vielleicht aus dem doxographischen Werk *Lehren der Naturphilosophen* stammt, und die einflußreichen *Charaktere*. Theophrast verwirft Aristoteles' Lehre vom Unbewegten Beweger, und er schränkt den Anwendungsbereich der teleologischen Erklärung ein. Die *Charaktere*, die Ähnlichkeiten zur *Nikomachischen Ethik* und zur Neuen Komödie aufweisen, schildern realistisch und anschaulich 30 Typen oder Verhaltensweisen, z. B. Schmeichelei, Redseligkeit, Taktlosigkeit, Unzufriedenheit, Knauserei. Der Stil läßt vermuten, daß sie nicht für die Publikation, sondern als Material für Vorlesungen über Rhetorik oder Poetik bestimmt waren.

F. Wimmer (Hrg.), *Theophrasti Eresii opera quae supersunt omnia*, 3 Bde (Leipzig 1854 bis 1862, ²Paris 1866, ND Frankfurt a. M. 1964) [mit Ausnahme der Fragmente und Testimonien vollständige Ausgabe; neuere Einzelausgaben]. – F. Wehrli, «Der Peripatos zu Beginn der römischen Kaiserzeit», in: H. Flashar (Hrg.), *Ältere Akademie, Aristoteles, Peripatos* (Basel 1983) 459–599; W. W. Fortenbaugh – J. Talanga, «Theophrast», in: F. Ricken, *Philosophen der Antike* Bd. 1, 245–257.

1.6 Die hellenistische Philosophie

Die Philosophiegeschichtsschreibung versteht unter dem Zeitalter des Hellenismus die Epoche vom Tod Alexanders des Großen (323 v. Chr.) bis zum Untergang des Ptolemäerreiches in Ägypten (30 v. Chr.). Geographischer Mittelpunkt bleibt weiterhin Athen; philosophisch vollzieht sich jedoch ein Neuanfang, der hinter Aristoteles und Platon zurückgeht und an ältere Traditionen anknüpft. In den Mittelpunkt des Interesses tritt die praktische Philosophie; Philosophie und Einzelwissenschaften werden getrennt. Gegenüber dem theoretischen Ideal des Aristoteles wird die Frage nach der Daseinsbewältigung des Individuums, das den Halt der Polis verloren hat, beherrschend. Dem Vorbild der Akademie nach Platons Tod folgend, vollzieht die hellenistische Philosophie sich in Schulen unter der Leitung eines Scholarchen, die jeweils ein System entwickeln; Stoiker und Epikureer werden deshalb von Sextus Empiricus als «Dogmatiker» bezeichnet. Die Schulen bekämpfen einander, dennoch gibt es eine sie übergreifende philosophische Terminologie; die Einwände der Gegner zwingen dazu, die eigene Position besser zu begründen, zu differenzieren oder zu modifizieren.

A. A. Long – D. N. Sedley, *The Hellenistic philosophers, vol. 1: Translations of the principal sources with philosophical comm.* (Cambridge 1988); *vol. 2: Greek and Latin texts with notes and bibliography* (1989). – A. A. Long, *Hellenistic philosophy. Stoics, Epicureans, Sceptics* (London 1974, ²1986); H. Flashar – W. Görler, «Die hellenistische Philosophie im allgemeinen», in: H. Flashar (Hrg.), *Die hellenistische Philosophie* (Basel 1994) 3–28.

1.6.1 Epikur

Leben und Werke. Unsere ausführlichste Quelle für das Leben Epikurs ist DL 10,1–22. Epikur aus Samos (341–271/270 v. Chr.) studierte in Teos auf dem kleinasiatischen Festland bei dem Demokriteer Nausiphanes. Mit 18 Jahren ging er für zwei Jahre nach Athen, um als Ephebe zu dienen. Während dieser Zeit mußten seine Eltern Samos verlassen, und Epikur folgte ihnen nach Kolophon. Mit 32 Jahren begann er zunächst in Mytilene und dann in Lampsakos Philosophie zu lehren; dort schloß er Freundschaften, die für die weitere Entwicklung der Schule wichtig wurden. 307/306 oder 305/304 kam er nach Athen und erwarb dort ein Gartengrundstück (κῆπος), das seiner Schule den Namen gab. Ein eindrucksvolles menschliches Zeugnis ist Epikurs unmittelbar vor seinem Tod geschriebener *Brief an Idomeneus* (DL 10,22): Den unerträglichen Schmerzen stehe die Freude der Erinnerung an die gemeinsamen Gespräche entgegen, und Epikur empfiehlt die Kinder seines verstorbenen Schülers Metrodor aus Lampsakos der Sorge des Idomeneus.

Diogenes Laertios nennt Epikur einen «Vielschreiber» und gibt aus den etwa 300 Rollen, die es von ihm gebe, eine Auswahl der 40 «besten» Werke (DL 10,26–28). Außer dem *Brief an Idomeneus* sind bei ihm erhalten: der *Brief an Herodot* (DL 10,35–83), ein Abriß der Physik; der in seiner Echtheit nicht unumstrittene *Brief an Pythokles* (DL 10,84–116) über Astronomie und Meteorologie; der *Brief an Menoikeus* (DL 10,122–135), eine protreptische Schrift mit den wichtigsten ethischen Lehren; die zum Auswendiglernen bestimmten 40 *Hauptlehren* (Κύριαι δόξαι, *KD*) (DL 10,139–154). Weiteres: Die 1725–1754 in Herculaneum gefundenen verkohlten Papyri enthalten Reste von Epikurs Hauptwerk, den 37 Büchern *Über die Natur*, und von Briefen. 1888 entdeckte C. Wotke eine Vatikanhandschrift mit einer epikureischen Gnomensammlung. Erhalten sind auch Reste der Inschrift des Epikureers Diogenes in Oinoanda (Lykien) aus dem 2. Jh. n. Chr. Wichtigste indirekte Quelle ist Lukrez, *De rerum natura*; genannt seien außerdem die Referate bei Cicero, Plutarch und Sextus Empiricus.

Philosophie als Aufklärung. Die Philosophie soll den Menschen von der Furcht befreien und zur inneren Sicherheit, Ruhe und Unabhängigkeit (vgl. *KD* 14) führen, und das setzt voraus, daß er die Natur des Alls kennt (*KD* 12). Der *Brief an Menoikeus* nennt folgende falsche Auffassungen, die überwunden werden müssen, wenn der Mensch glücklich leben will: (a) Die Furcht vor den Göttern. Die Philosophie des Atomismus ist eine Kritik der Mythen. Epikur nimmt an, daß es Götter gibt, aber er wendet sich gegen das verbreitete, Furcht einflößende Bild von den Göttern. Gott ist ein glückseliges Wesen, das weder selbst Sorgen hat noch anderen Sorgen bereitet (*KD* 1; *Ep.Men.* 123f.). Die Betrachtung Gottes soll den Menschen zum richtigen

Leben anleiten. (b) Die Furcht vor dem Tod. Solange wir existieren, ist der Tod nicht da; wenn der Tod da ist, existieren wir nicht mehr. Gut und Übel liegt in der Wahrnehmung (von Lust und Schmerz); der Tod aber ist das Ende der Wahrnehmung (*Ep.Men.* 124–126; *KD* 2). (c) Die Annahme, alles Geschehen sei durch die Naturgesetze determiniert. Für das Glück ist das Bewußtsein der Freiheit erforderlich. (d) Der Glaube an die Macht des Zufalls. Es kommt auf die richtige Entscheidung und nicht auf den äußeren Erfolg an (*Ep.Men.* 134).

Kanonik. Diogenes Laertios (10,29f.) unterteilt die Philosophie Epikurs in Kanonik, Physik und Ethik. «Kanon» oder «Kriterium» (DL 10,27) bezeichnen den Maßstab, mit dem der Wahrheitswert einer Aussage beurteilt wird. Epikur kennt drei Kriterien: Wahrnehmungen, «Vorbegriffe» (προλήψεις) und (für die praktischen Urteile) Affekte (πάθη). Die Wahrnehmung trägt ihre Gewißheit in sich selbst; sie kann durch keine Instanz widerlegt werden, auch nicht durch Vernunft (λόγος), weil alle Begriffe, wenn auch in unterschiedlicher Weise, von der Wahrnehmung abhängen; wir verfügen über kein Kriterium, mit dessen Hilfe wir die Wahrnehmung beurteilen könnten. Daran, daß wir etwas sehen oder etwas hören, können wir ebensowenig zweifeln wie daran, daß wir Schmerzen haben (DL 10,31; *KD* 23). Die «Vorbegriffe» sind allgemeine Vorstellungen, die durch die Erinnerung an wiederholte Wahrnehmungen gebildet werden; Epikur bezeichnet eine solche allgemeine Vorstellung auch als τύπος, z. B. des Menschen. Sie sind die Bedeutung genereller Termini; wir tragen sie an die neuen Wahrnehmungen heran und bilden Aussagen wie 'Dieses dort ist ein Mensch'. Eine solche Aussage bildet dann den Ausgangspunkt einer Untersuchung; sie ist mögliche Quelle des Irrtums; wir prüfen anhand der Wahrnehmung, ob sie wahr oder falsch ist (DL 10,33f.; vgl. *KD* 24; *Ep.Hdt.* 50f.). Epikur kennt vier Möglichkeiten, wie der Wahrheitswert einer Aussage durch Wahrnehmungen festgestellt wird: Eine Aussage über Wahrnehmbares ist wahr (falsch), wenn sie durch die Wahrnehmung (nicht) bestätigt wird. Eine Aussage über Nichtwahrnehmbares, z. B. daß es den leeren Raum gibt, ist wahr (falsch), wenn sie wahrnehmbaren Sachverhalten (nicht) entspricht (Sext.Emp. *Math.* 7,211–16).

Physik. Epikurs Physik beruht auf drei ontologischen Prinzipien, deren Negation den wahrnehmbaren Sachverhalten widersprechen würde: (a) Nichts entsteht aus Nichtseiendem. (b) Nichts vergeht in das Nichtseiende. Aus (a) und (b) folgt (c): Das All war immer so, wie es jetzt ist, und es wird immer so sein. – Das All besteht aus Körpern und aus dem leeren Raum. Die Existenz von Körpern wird durch die Wahrnehmung bezeugt; ohne die Annahme des leeren Raumes kann die Bewegung nicht erklärt werden. Die Körper sind teils Zusammensetzungen, teils unteilbare und unveränderliche Elemente, aus denen diese Zusammensetzungen bestehen. Der leere Raum und die Zahl der Atome sind unendlich. Die Zahl der Formen der Atome ist unfaßbar groß, aber nicht unendlich (*Ep.Hdt.* 38–42). Das Atom ist physikalisch unteilbar, aber mathematisch teilbar, was sich daraus ergibt, daß es eine bestimmte Gestalt hat, an der wir verschiedene Teile unterscheiden können. Die Teile des Atoms sind jedoch mathematisch unteilbar; wir müssen aus verschiedenen Gründen kleinste Größen (Minima) annehmen. Die mathematisch unteilbaren Minima können aber nicht die Prinzipien der wahrnehmbaren Welt sein, denn da sie keine Teile und folglich keine Gestalt haben, können sie die Vielfalt der Welt nicht verursachen (*Ep.Hdt.* 55–57; Lucr. 1,599–634). Im unendlichen Raum gibt es kein absolutes Oben und Unten, folglich auch keine absolute Bewegungsrichtung der Atome; diese kann immer nur relativ zum Betrachter angegeben werden. Trotz ihrer unterschiedlichen Größe bewegen alle Atome sich mit gleicher, und zwar unvorstellbar großer Geschwindigkeit, bis sie mit anderen Atomen zusammenstoßen (*Ep.Hdt.* 60f.). Ursache des Zusammenstoßes und damit der Verflechtung (*Ep.Hdt.* 43f.) der Atome ist die Abweichung der Atome von ihrer Bahn (παρέγκλισις, clinamen), die auch die Willensfreiheit erklären soll (Lucr. 2,216–224. 251–293); diese Lehre ist jedoch in keinem der erhaltenen Werke Epikurs bezeugt.

Ethik. Die Aufklärung der Philosophie richtet sich auch auf die Begierden (ἐπιθυμίαι). Epikur unterscheidet zwischen «natürlichen» und «leeren» Begierden; die natürlichen gliedern sich wiederum in nur natürliche und notwendige, die notwendigen in solche, die (a) zum Glück, (b) zu einem beschwerdefreien Zustand des Lebens und (c) zum Leben selbst notwendig sind. Diese Unterscheidungen geben Gesichtspunkte an die Hand, welche Begierden wir erfüllen sollen und welche nicht:

«Eine Betrachtung dieser Dinge, die nicht in die Irre geht, weiß jedes Wählen und Meiden zurückzuführen auf die Gesundheit des Leibes und die Ruhe (ἀταραξία) der Seele; denn das ist die Vollendung (τέλος) des seligen Lebens. Denn um dessentwillen tun wir alles, damit wir weder Schmerz noch Verwirrung empfinden.» (*Ep.Men.* 128)

Wenn Epikur sagt, die Lust sei das Ziel (τέλος), so meint er damit also nicht den «ausschweifenden Genuß», «sondern wir verstehen darunter, weder Schmerz im Körper noch Unruhe in der Seele zu empfinden». Das lustvolle Leben wird bewirkt durch die nüchterne Überlegung, die prüft, was gewählt zu werden verdient, und die auf leeren Meinungen beruhenden Begierden, welche die Seele verwirren, beseitigt (*Ep.Men.* 131f.). Wie für die Stoiker (*1.6.2*) die Selbstliebe, so ist für Epikur die Lust Prinzip im Sinne eines letzten, unhintergehbaren Maßstabs für jede Beurteilung von Handlungen: «Denn sie haben wir als das erste (πρῶτον) und angeborene (συγγενικόν) Gut erkannt; von ihr aus beginnen wir mit allem Wählen und Meiden, und auf sie greifen wir zurück, indem wir mit der Empfindung (πάθος) als Maßstab jedes Gut beurteilen». Lust und Schmerz sind jedoch nicht nur in sich, sondern auch nach ihren Folgen zu beurteilen; wir ziehen Schmerzen der Lust vor, wenn aus diesen Schmerzen eine größere Lust folgt (*Ep.Men.* 129f.).

Wie Epikur das Verhältnis von Lust und Tugend gesehen hat, ist schwer zu entscheiden. Eine einfache Interpretation wäre, die Tugend als Mittel zur Lust zu betrachten. Epikur selbst betont, daß beide nicht voneinander zu trennen sind: «die Tugenden und das lustvolle Leben sind zusammengewachsen» (*Ep.Men.* 132). Die Einsicht (φρόνησις), das Herz jeder Tugend und wertvoller als die Philosophie, besteht im richtigen Bild von den Göttern und der richtigen Einstellung gegenüber dem Tod, im Bedenken des uns von der Natur gesetzten τέλος und der nüchternen Unterscheidung zwischen wahren und vermeintlichen Gütern (*Ep.Men.* 132f.).

Philodem aus Gadara in der Dekapolis (ca. 110–ca. 40 v. Chr.) schloß sich unter dem Scholarchat des Zenon von Sidon (110–75 v. Chr.) dem Kepos an und ging ca. 75 v. Chr. nach Rom, wo er L. Calpurnius Piso Caesoninus (Konsul 58 v. Chr.), den Schwiegervater Caesars, zum Patron gewann, in dessen Villa in Herculaneum er wohnte. Er vermittelte dem gebildeten Rom griechische Philosophie (persönliche Bekanntschaft mit Vergil), ohne jedoch selbst ein eigenständiger Denker zu sein. In der *Anthologia Palatina* sind etwa 25 Epigramme von ihm überliefert; DL 10,3 bezieht sich auf das Werk Σύνταξις τῶν φιλοσόφων; unsere Kenntnis aller anderen Schriften beruht auf den Funden in der Villa dei Papiri in Herculaneum; genannt seien die *Rhetorica* und *De musica*. Der *Syntaxis* werden folgende ohne Titel und Autorenangaben erhaltenen, für die Historiographie der antiken Philosophie wichtigen Fragmente zugeschrieben (Erler 1994, 297–301): *Historia Academicorum, Historia Stoicorum, Historia Epicureorum*.

H. Usener (Hrg.), *Epicurea* (Leipzig 1887); G. Arrighetti (Hrg.), *Epicuro. Opere* (Torino 1960, ²1973). – C. Bailey, *The Greek atomists and Epicurus* (Oxford 1928); A. J. Festugière, *Epicure et ses dieux* (Paris 1946, ²1968); W. Schmid, «Epikur», in: *RAC* 5 (1962) 681–819; Elizabeth Asmis, *Epicurus' scientific method* (Ithaca NY 1984); M. Erler, «Epikur. Die Schule Epikurs. Lukrez», in: H. Flashar (Hrg.), *Die hellenistische Philosophie* (Basel 1994) 29–490 [Bibliographie].

1.6.2 Die Stoa

Geschichte, Quellen, Persönlichkeiten. Die Geschichte der Stoa gliedert sich in Alte, Mittlere und Jüngere bzw. Späte Stoa. Zenon schafft die Grundlagen des altstoischen Systems, das dann von Chrysipp ausgebaut und gegen Einwände abgesichert wird. Die Mittlere Stoa hält an den Grundzügen dieses Systems fest, öffnet es jedoch, um Elemente der platonisch-aristotelischen Tradition aufzunehmen (Panaitios) und sich mit der Naturwissenschaft auseinanderzusetzen (Poseidonios). Auch für die Späte Stoa bleibt der altstoische Rahmen gültig; wichtigstes Anliegen ist jetzt die Anleitung zur Meditation zentraler stoischer Dogmen. Die bedeutendsten Vertreter der Späten Stoa sind L. Annaeus Seneca (4/1 v. Chr.–65 n. Chr.), Epiktet aus Hierapolis in Phrygien (ca. 50–ca. 120 n. Chr.) und Kaiser Marc Aurel (121–180 n. Chr.); sie werden in *LAT VIII 4.2–3* behandelt.

Kein Werk der Alten und Mittleren Stoa ist im Original erhalten. Die Rekonstruktion stützt sich auf folgende Quellen: (a) Wörtliche Fragmente bei antiken Autoren (vor allem bei Plut. *De Stoic.repugn.* und *De commun.not.*) oder auf Papyri (von Chrysipp, Λογικὰ ζητήματα *SVF* 2,298a). (b) Stoische Lehrbücher, die wir aus antiken Autoren rekonstruieren können. Auf solchen Lehrbüchern, z. B. dem Dialektiklehrbuch des Diokles von Magnesia, beruht der Überblick über die stoische Lehre bei DL 7,38–159. (c) Referate bei nichtstoischen Autoren; hier ist als älteste und wichtigste Quelle Cicero zu nennen, der sowohl Primärquellen als auch Lehrbücher benützt hat.

Zenon aus Kition auf Zypern (333/332–262/261) ist semitischer Herkunft und wurde schon früh mit griechischer Philosophie bekannt. 312/311 kam er nach Athen, wo er nacheinander Schüler des Kynikers Krates aus Theben, der Megariker Stilpon und Diodoros Kronos, und Polemons, des Scholarchen der Akademie, war. Um 301/300 nahm er in der Bunten Halle an der Agora seine Lehrtätigkeit auf. Er soll sich nach einem leichten Unfall selbst das Leben genommen haben. Athen ehrte ihn durch einen goldenen Kranz und ein Grab auf dem Kerameikos (DL 7,1–32; *SVF* 1,1–40a). Das bei DL 7,4 überlieferte Werkverzeichnis nennt Schriften zur Ethik (z. B. *Über das naturgemäße Leben, Über die Affekte*), zur Naturphilosophie (z. B. *Über das All*) und zur Sprachphilosophie und Philologie (z. B. *Homerische Probleme, Vorlesung über Poetik*). Zenons erstes Werk, das er als Schüler des Krates, «auf dem Schwanz des Hundes» (DL 7,4), geschrieben hat, die *Politeia*, zeigt den kynischen Ursprung der stoischen Philosophie. Zenon erklärte hier das griechische Bildungssystem, die ἐγκύκλιος παιδεία, für unbrauchbar; Bürger des idealen Staates, der kosmopolitische Züge trägt (*SVF* 1,262), seien nur die Tugendhaften; in ihm solle es keine Institutionen wie Tempel, Gerichte, Münzwesen geben; mit Platon tritt er für die Frauengemeinschaft ein (DL 7,32f.). Zenons Kynismus zeigt sich in der naturalistischen Verachtung überkommener Sitten und Tabus: Wenn die Umstände es erfordern, werde der Weise Menschenfleisch essen (DL 7,121); gegen Selbstbefriedigung, sexuelle Promiskuität und Inzest sei nichts einzuwenden (Sext.Emp. *Pyr.* 3,205f. 245f.).

Kleanthes aus Assos (ca. 310–230/229), Zenons bedeutendster Schüler, kam 281 nach Athen und verdiente seinen Lebensunterhalt durch Nachtarbeit bei der Bewässerung von Gärten; er sei fleißig, aber überaus langsam gewesen, so daß seine Mitschüler ihn einen Esel nannten. 262 machte Zenon ihn zu seinem Nachfolger. Durch Enthaltung von Nahrung soll er freiwillig aus dem Leben geschieden sein (DL 7,168–171. 176; *SVF* 1,463–476). Die meisten seiner bei DL 7,174f. aufgeführten Schriften behandeln ethische Themen. Kleanthes scheint es als seine Aufgabe angesehen zu haben, Zenons Lehre zu erklären und, z. B. gegen den Atomismus Epikurs, zu verteidigen; dafür sprechen Titel wie *Über die Naturphilosophie Zenons, Gegen Demokrit, Über die Atome* (*SVF* 1,493); bezeichnend für seinen Rückgriff auf die vorsokratische Philosophie sind die vier Bücher *Auslegungen der Lehren Heraklits*. Kleanthes' für kultische Feiern der Schulgemeinde bestimmter Hymnus auf Zeus (Stob. *Ecl.* 1,1,12 = *SVF* 1,537), das wertvollste wörtlich überlieferte Fragment der Alten Stoa, zeigt deutliche Anklänge an Heraklit: Zeus steuert den Kosmos durch den Blitz (vgl. Heraklit *VS* 22 B 64); das göttliche Feuer wird in eins gesetzt mit dem allgemeinen, ewigen Logos, der durch alles geht (vgl. B 1; 30; 67). Dem Logos wird die Unvernunft der Menschen gegenübergestellt (vgl. B 1f.). Zeus kann auch das Schlechte in das sinnvolle Ganze integrieren, «und was nicht lieb ist, ist dir schon lieb», so wie nach Heraklit für Gott alles schön und gut und gerecht ist (B 102).

Chrysipp (281/277–208/204 v. Chr.) aus Soloi in Kilikien fand, als er zum Studium nach Athen kam, die Stoa in drei Schulen gespalten vor: die orthodoxe des Kleanthes und die heterodoxen des Ariston aus Chios und des Herillos aus Kalchedon, die vor allem in Fragen der Ethik von Zenon abwichen. Chrysipp schloß sich Kleanthes an und wurde nach dessen Tod zum Scholarchen gewählt, aber er hörte auch die Akademiker Arkesilaos und Lakydes. Gerühmt werden seine außergewöhnliche Begabung, sein Scharfsinn und seine unvergleichbare Arbeitskraft; sein Werk umfaßte mehr als 705 Bücher, und er soll täglich 500 Zeilen geschrieben haben. Die Form seiner Schriften gab reichlichen Anlaß zur Kritik: Sie litten an einer Überfülle von Belegen und an Wiederholungen und Verbesserungen; ein epikureischer Gegner bemerkte einmal boshaft, wenn man aus Chrysipps Schriften alles entferne, was er von anderen übernommen habe, blieben leere Blätter zurück (DL 7,179–184). Das Schriftenverzeichnis (DL 7,189–202) ist unvollständig überliefert und weist strukturelle Mängel auf (Steinmetz 1994, 586f.); nach Cicero (*Fin.* 1,6) hat Chrysipp keine Fragestellung der stoischen Philosophie ausgelassen. Chrysipp ist der Vollender des altstoischen Systems; er hat die stoischen Dogmen gegen Einwände vor allem aus der Akademie verteidigt und die Begründung vertieft; «wenn es Chrysipp nicht gäbe», so hieß es (DL 7,183), «gäbe es die Stoa nicht».

Nachfolger Chrysipps in der Leitung der Schule sind Zenon aus Tarsos, Diogenes aus Seleukeia am Tigris («der Babylonier»), Teilnehmer an der Philosophengesandtschaft von 156/155 v. Chr., und Antipatros aus Tarsos (gest. 129 v. Chr.), der die Hauptlast der Auseinandersetzung mit Karneades (*1.6.3*) zu tragen hatte.

Das altstoische System. Nur eine geringe Anzahl von Fragmenten läßt sich einzelnen Vertretern der Alten Stoa namentlich zuweisen. Der ausführlichste doxographische Bericht, den wir besitzen (DL 7,38–159), ist systematisch aufgebaut. Dieser Quellenbefund legt es nahe, das altstoische System als Ganzes zu skizzieren (vgl. Hülser 1987/1988 Bd. 1, XXXII–XLIX). Eine Darstellung, welche die Beiträge der einzelnen zum System und deren abweichende Meinungen herausarbeitet (z. B. Pohlenz 1848/1949; Steinmetz 1994) erfordert eine Interpretation, für die hier der Raum fehlt.

Erkenntnistheorie, Sprachphilosophie, Logik. Die Stoiker gliedern die Philosophie in Physik, Ethik und Logik; diese drei Teile bilden eine organische Einheit (DL 7,39f.); sie sind durch den Begriff des Logos miteinander verbunden. Die Logik (DL 7,41–83) ist unterteilt in Rhetorik und Dialektik. Die Rhetorik unterscheidet zwischen politischer Rede, Gerichtsrede und Lob- oder Festrede; sie lehrt u. a. den richtigen Aufbau einer Rede. Die Dialektik ist die «Wissenschaft von dem, was wahr und was falsch und was keines von beiden ist» (DL 7,42). Die Frage nach der Wahrheit setzt voraus, daß zwischen dem sprachlichen Zeichen (φωνή, σημαῖνον) und dem Bezeichneten (σημαινόμενον) unterschieden wird, denn erst bei diesem kann gefragt werden, ob es wahr oder falsch oder keines von beiden ist. Zur Lehre vom sprachlichen Zeichen gehören u. a. die Unterscheidung der Wortarten (Eigenname, Appellativ, Verb, Konjunktion, Artikel), die Vorzüge und Fehler der Rede und die Poetik (DL 7,57–60).

Die Lehre vom Bezeichneten umfaßt, in unserer heutigen Terminologie, Erkenntnistheorie, Semantik und Logik (DL 7,63). Sie sind durch die Frage nach der Wahrheit miteinander verbunden: Die Semantik fragt nach der Bedeutung (λεκτόν) und damit nach dem Träger des Wahrheitswertes, die Erkenntnistheorie nach dem Wahrheitskriterium und die Logik nach den Regeln, mit denen aus wahren Aussagen wahre Aussagen gefolgert werden können. Grundlegend für die Lehre von der Bedeutung und vom Wahrheitskriterium ist der Begriff der φαντασία (Eindruck); sowohl das Wahrheitskriterium als auch die Bedeutung des sprachlichen Zeichens, das Lekton, sind jeweils ein spezifisch bestimmter Eindruck.

Der Erkenntnisprozeß beginnt damit, daß die Sinne eine Einwirkung von außen erfahren; dieses «Erleiden» (πάθος SVF 2,54) oder diese «Prägung» (τύπωσις DL 7,50) in der Seele nennen die Stoiker «φαντασία». Das Lekton ist das, »was aufgrund eines vernünftigen Eindrucks zustande kommt» (DL 7,63), d. h. das, was in uns zustande kommt, wenn wir eine sprachliche Äußerung verstehen (vgl. Sext.Emp. *Math.* 8,11). Wahrheitskriterium ist der «erfassende Eindruck» (φαντασία καταληπτική), d. i. ein Eindruck, der erstens durch etwas verursacht wird, das tatsächlich vorhanden ist, und der zweitens die vorhandene Sache so wiedergibt, wie sie tatsächlich ist (DL 7,46). Die Lekta werden unterteilt in unvollständige und vollständige, je nachdem, ob der entsprechende sprachliche Ausdruck unvollständig (z. B. '... schreibt') oder vollständig (z. B. 'Sokrates schreibt') ist. Unvollständige Lekta sind die Prädikate. Unterscheidungsgesichtspunkt für die vollständigen Lekta ist, ob sie Träger eines Wahrheitswertes (Wahr oder Falsch) sind oder nicht. Keinen Wahrheitswert haben z. B. Bitte, Wunsch, Anrede, Frage; ein Lekton, das wahr oder falsch sein und behauptet werden kann (z. B. 'Es ist Tag'), nennen die Stoiker «ἀξίωμα» (Aussage, Proposition, Sachverhalt); die Aussagen werden in einfache und nicht-einfache (z. B. 'wenn p, dann q'; 'p und q'; 'p oder q') unterteilt (DL 7,63–68). Seit Lukasiewicz (1935) wissen wir, daß die Stoiker eine gegenüber der aristotelischen Termlogik neue Form der Logik, die Aussagenlogik, begründet haben, in der der Wahrheitswert der Conclusio bedingt ist durch die Bedeutung der Junktoren und den Wahrheitswert der durch sie verbundenen Aussagen. Die Stoiker nahmen fünf unbeweisbare Syllogismen (ἀναπόδεικτοι λόγοι) an (z. B. 'wenn p dann q, nun aber p, also q; p oder q, nun aber p, also nicht q'), auf die sich mit Hilfe von Ableitungsregeln (θέματα) alle gültigen Schlüsse zurückführen lassen (DL 7,79; *FDS* 1160–1168).

Physik. Der Kosmos ist ein beseeltes, vernünftiges Lebewesen. Der an Platons *Timaios* erinnernde teleologische Grundzug der stoischen Physik zeigt sich in einem der für dieses Dogma überlieferten Beweise: Ein Lebewesen ist besser als ein Nicht-Lebewesen; nun gibt es aber nichts besseres als den Kosmos (DL 7,142f.; vgl. Plat. *Tim.* 30b). Das All wird auf zwei Prinzipien zurückgeführt: ein passives, die bestimmungslose erste Materie (πρώτη ὕλη), und ein aktives, der die Materie durchdringende und in ihr tätige Gott, der Logos (DL 7,134. 150). Nur das aktive Prinzip ist ewig; die Welt ist einem periodischen Entstehen und Vergehen unterworfen, wobei der Gott die gesamte Materie in sich «verbraucht» und sie dann wieder aus sich hervorbringt (DL 7,137; *SVF* 2,596). Zur Physik gehört folglich die Theologie; im Unterschied zum transzendenten Guten/Einen der platonischen Tradition ist Gott für die Stoa eine der Welt immanente Ursache. Eine Verbindung dieser «physischen» Theologie zur «mythischen» Theologie der Dichter und zur «gesetzlichen» Theologie des öffentlichen Kults (*SVF* 2,1009) stellt die These von den vielen Namen Gottes her, die sich auf seine verschiedenen «Kräfte» (δυνάμεις) beziehen. Trotz der Immanenz greift der stoische Gottesbegriff platonische Elemente auf: «Gott ist ein unsterbliches Lebewesen; vernünftig vollkommen, oder geistig (νοερός), glückselig, für alles Schlechte unempfänglich, fürsorgend für die Welt und was in der Welt ist [...] Er ist der Demiurg des Alls und gleichsam der Vater von allem» (DL 7,147; vgl. Plat. *Tim.* 28c. 29d–30c). Das aktive Prinzip wird auch «Natur» (φύσις) genannt; eine der Definitionen dieses Begriffs lautet: «mit Kunst begabtes Feuer, das planvoll an das Werk der Erzeugung geht» (DL 7,156).

Wie die Seele unseren Leib, so durchdringt die göttliche Vernunft den Kosmos; aus der unterschiedlichen Teilhabe ergibt sich die scala naturae: In den unbelebten Dingen zeigt sie sich als Prinzip des Zusammenhalts (ἕξις), in den Pflanzen als φύσις, in den Tieren als Seele und im Menschen als Vernunft (DL 7,138f.; *SVF* 2,458). Im Unterschied zur platonischen Dreiteilung hat die menschliche Seele nach den Stoikern acht Teile: die fünf Sinne, die Stimme, das Fortpflanzungsvermögen und den «führenden» Teil (ἡγεμονικόν), die Vernunft (DL 7,110. 157; *SVF* 2,885). Der Gott ist auch Schicksal (εἱμαρμένη DL 7,135), d. i. die Verknüpfung der Ursachen oder das Vernunftgesetz, nach dem alles in der Welt unausweichlich geschieht (vgl. DL 7,149; *SVF* 2, 913. 920f.). Wie aber ist der so gegebene Determinismus damit vereinbar, daß das Sittengesetz sich an die Freiheit des Menschen wendet? Die Stoiker haben versucht, das Problem durch die Unterscheidung von verschiedenen Arten von Ursachen zu lösen (Cic. *Fat.* 40ff.; *SVF* 2,945).

Ethik. Der Grundgedanke der altstoischen Ethik ist zusammenhängend dargestellt im dritten Buch von Cicero, *De finibus* (16–22). Ausgangspunkt ist der «erste Trieb» (πρώτη ὁρμή DL 7,85). Jedes Lebewesen hat vom ersten Augenblick seiner Existenz an ein Selbstverhältnis, das Selbstbewußtsein und Selbstliebe umfaßt. Es ist darauf aus, sich und seine Konstitution zu erhalten; sie sind das «erste ihm Eigene» (πρῶτον οἰκεῖον, Oikeiosis-Lehre); es liebt, was seine Konstitution zu bewahren vermag, und es sträubt sich gegen das, was es zu zerstören droht. Chrysipp interpretiert dieses Phänomen teleologisch: Wenn die Natur Lebewesen hervorbringt, dann kann sie vernünftigerweise nicht anders, als sie mit der Liebe zu sich selbst auszustatten (DL 7,85). Diese Selbstliebe läßt sich aufzeigen aus spontanen, nicht mehr hinterfragbaren Wertungen. Wenn wir z. B. vor der Wahl stünden, unter sonst gleichen Voraussetzungen alle Teile des Körpers ganz und unversehrt zu besitzen oder, bei gleicher Funktionsfähigkeit, dieselben Teile in einem «verkümmerten oder verdrehten» Zustand zu haben, dann würde sich jeder für die erste Möglichkeit entscheiden. Ebenso würden wir entscheiden, wenn wir die Wahl hätten, uns zu täuschen oder die Wahrheit zu erkennen. Was im eben beschriebenen Sinn naturgemäß ist oder ein solches bewirkt, nennen die Stoiker «vorgezogene Dinge» (προηγμένα; aestimabile); sie definieren es als das, was einen «Wert» (ἀξία; aestimatio) hat (DL 7,105).

Cicero zeichnet jetzt den Weg vom «ersten Trieb» zur sittlichen Entscheidung und zur Tugend (20f.). Der erste Schritt besteht darin, daß wir diese Selbstliebe und Selbsterhaltung als «officium» (καθῆκον DL 7,107) erkennen, d. h. als Handlung, die weder sittlich gut noch sittlich schlecht ist, für die sich aber vernünftige Gründe anführen lassen. Der zweite Schritt ist die Einsicht, daß die Selbsterhaltung der Natur entspricht und daß wir in Übereinstimmung mit der Natur handeln, wenn wir uns entsprechend entscheiden. Die Natur aber ist für die Stoiker eine theologische Größe: als die göttliche Vernunft ist sie zugleich der sittliche Gesetzgeber. Wenn wir uns selbst erhalten, weil das der Natur entspricht, dann handeln wir aus einem sittlichen Motiv; wir entscheiden uns so, weil die Natur oder das Vernunftgesetz es gebietet. Wenn der Mensch erkannt hat, daß er in Übereinstimmung mit der Natur handelt, wenn er sich selbst erhält, wird er die Übereinstimmung mit der Natur, den sittlichen Wert seiner Handlung, höher schätzen als das außersittliche Gut der Selbsterhaltung. Tugend besteht darin, daß wir uns aus einer festen Haltung heraus immer entsprechend den Forderungen der Natur entscheiden.

In dieser Übereinstimmung mit der Natur besteht das letzte Ziel des menschlichen Handelns, das Glück. Das Telos wurde innerhalb der Stoa verschieden formuliert (DL 7,87f.). Cicero faßt die Formel des Chrysipp (*SVF* 3,4) mit der des Antipatros (*SVF* 3 Ant. 57) folgendermaßen zusammen: «daß das höchste Gut darin besteht, zu leben gemäß der Erfahrung in jenen Dingen, die sich von Natur ereignen, und zwar in der Weise, daß man vorzieht, was naturgemäß ist, und zurückweist, was naturwidrig ist, was schließlich bedeutet: der Natur entsprechend und mit ihr in Übereinstimmung zu leben» (*Fin.* 3,31).

Das sittliche Gute (honestum) ist nach stoischer Auffassung nicht nur das höchste, sondern auch das einzige Gut (bonum, *Fin.* 3,11). Alles andere, auch die vorgezogenen Dinge, sind «gleichgültige Dinge» (ἀδιάφορα). Das ist deswegen kein Widerspruch, weil die vorgezogenen Dinge für das Glück nicht notwendig sind und weil sie erst durch den richtigen Gebrauch für das Glück relevant werden (DL 7,104). Die These, das Sittliche sei das einzige Gut, könnte zu der Annahme verleiten, die stoische Ethik sei rigoristisch. Daß dies falsch ist, zeigt sich, wenn wir das dargestellte Verhältnis zwischen den sittlichen und den außersittlichen Gütern bedenken. Das sittlich Gute besteht in der richtigen Wahl der außersittlichen Güter. Es geht also der Stoa ebenso wie Aristoteles darum, daß wir unser Glück als bedürftige Naturwesen erlangen. Der Anschein des Rigorismus kommt dadurch zustande, daß die Stoa die Autarkie des Glücks betont: Ob wir glücklich sind oder nicht, darf nur von uns selbst und nicht von äußeren Umständen abhängen. Das ist aber nur dadurch zu erreichen, daß der Wert der nichtsittlichen Güter relativiert wird. Cicero verdeutlicht das durch ein Bild:

«Es verhält sich so wie mit jemandem, der die Lanze oder einen Pfeil auf ein bestimmtes Ziel richtet; er wird alles tun, was er kann, um dieses Ziel anzuvisieren. Eben dies, daß er alles tut, was an ihm liegt, um das Ziel zu erreichen, ist das Höchste und entspricht dem, was wir das höchste Gut im Leben nennen; dieser Mensch muß entsprechend einem solchen Vergleich alles tun, um zu treffen; daß er das Ziel aber wirklich trifft, dies ist zwar vorzuziehen, aber nicht zu erstreben.» (*Fin.* 3,22).

Hier finden wir Kants Lehre vom absoluten und einzigen Wert des guten Willens vorgebildet. Worauf es ankommt, ist die gute Absicht. Wir sollen durch unser Handeln das erreichen, worauf der erste Trieb zielt (*Fin.* 3,22). Aber ob wir es tatsächlich erreichen, hängt nicht allein von uns ab. Unser Glück kann nur darin bestehen, daß wir alles uns Mögliche tun, um dieses Ziel zu erreichen.

Panaitios. Wichtigstes biographisches Zeugnis für Panaitios aus Lindos auf Rhodos (185/180 – 110/109 v. Chr.) ist der *Index Stoicorum Herculanensis* (vgl. 1.6.1 Philodem) (col. LV–LXVIII). Panaitios schloß sich in Athen Diogenes aus Seleukeia an. Nach 144 v. Chr. kam er nach Rom, wo er in dem Kreis um den jüngeren Scipio Africanus verkehrte. 129 übernahm er als Nachfolger des Antipatros die Leitung der Schule. Panaitios' Schrift *Über die Pflicht* (Περὶ τοῦ καθήκοντος) kennen wir durch Cicero, der ihr im ersten und zweiten Buch von *De officiis* gefolgt ist. Panaitios führt die Oikeiosis-Lehre weiter, indem er vier natürliche Antriebe des Menschen unterscheidet: das Streben nach Selbsterhaltung; die soziale Anlage, deren elementare Form die Sexualität ist; die Suche nach Wahrheit und das damit verbundene Streben, nur begründeten Anweisungen zu gehorchen; den Sinn für Ordnung, aus dem sich das sittliche Empfinden bildet (*Off.* 1,11–14). In seiner Interpretation des stoischen Telos betont Panaitios die Bedeutung des Individuellen. 'In Übereinstimmung mit der Natur leben' bedeutet für ihn 'in Übereinstimmung mit sich selbst leben', wobei der Begriff des Selbst durch die Lehre von den vier personae genauer bestimmt wird. Die ersten beiden personae sind Natur: die allgemeine Menschennatur und der individuelle angeborene Charakter. Die dritte persona sind die nicht in unserer Macht liegenden, durch die fortuna gegebenen äußeren Glücksumstände wie Reichtum, Ansehen, Einfluß. Die individuelle Veranlagung und auch die Glücksgüter sind die Vorgaben, aus denen der Wille die vierte persona gestaltet: die Lebensform, z. B. ein Leben der Politik oder der Wissenschaft, in der wir das uns Eigene entfalten und zur Übereinstimmung mit uns selbst finden (*Off.* 1,107–120).

Poseidonios aus Apameia in Syrien (ca. 135–ca. 51 v. Chr.) studierte seit ca. 115 v. Chr. bei Panaitios und gründete nach dessen Tod in Rhodos eine eigene Schule. In den 90er Jahren unternahm er eine ausgedehnte Forschungsreise. Cicero hörte ihn 77 v. Chr. in Rhodos (T 1–115 EK). Umstritten ist in der Poseidonios-Forschung, welche Quellen zur Rekonstruktion seiner Lehre herangezogen werden sollten. Edelstein/Kidd beschränken sich auf die mit dem Namen des Poseidonios versehenen Zeugnisse; wenn man mit Theiler, der in der Tradition von Reinhardt steht, den Kreis weiter zieht, stellt sich die Frage nach den Kriterien. Sicher bezeugt sind Poseidonios' enzyklopädische Forschungen auf dem Gebiet der Einzelwissenschaften einschließlich der Geschichte; umstritten ist, wie und in welchem Ausmaß er diese Daten philosophisch interpretiert hat. Wie die Alte Stoa hat Poseidonios die Philosophie in Logik, Physik und Ethik gegliedert, aber er hat die organische Einheit dieser Disziplinen stärker betont: An die Stelle des Vergleichs mit einem Garten (Logik: Mauern; Physik: Bäume; Ethik: Früchte) hat er den mit einem Lebewesen gesetzt (Logik: Knochen und Sehnen: Physik: Fleisch und Blut; Ethik: Seele) (F 88 EK). Die Einzelwissenschaften sind nicht Teil, aber notwendige Hilfsdisziplinen der Philosophie, so wie die lebensnotwendige Nahrung nicht Teil des menschlichen Körpers ist. Aufgabe der Einzelwissenschaften ist die (mathematische) Beschreibung der Phänomene, die der Philosophie dagegen die Erforschung der letzten Ursachen (F 90 EK).

H. v. Arnim (Hrg.), *Stoicorum Veterum Fragmenta*, 4 Bde (Leipzig 1903–1924 ND Stuttgart 1964; = *SVF*); K. Hülser, *Die Fragmente zur Dialektik der Stoiker. Neue Sammlung der Texte mit dt. Übers.*, 4 Bde (Stuttgart–Bad Cannstatt 1987–1988; = *FDS*); M. van Straaten (Hrg.), *Panaetii Rhodii fragmenta* (Leiden ³1962); L. Edelstein – I. G. Kidd (Hrgg.), *Posidonius I: The fragments* (Cambridge 1972; = EK); I. G. Kidd, *Posidonius II 1–2: The commentary* (Cambridge 1988); W. Theiler (Hrg.), *Poseidonios. Die Fragmente. Bd. 1: Texte, Bd. 2: Erläuterungen* (Berlin 1982). – K. Reinhardt, *Poseidonios* (Berlin 1921); O. Rieth, *Grundbegriffe der stoischen Ethik* (Berlin 1933); J. Lukasiewicz, «Zur Geschichte der Aussagenlogik», in: *Erkenntnis* 5 (1935) 111–131; M. Pohlenz, *Die Stoa* (Göttingen Bd. 1 1948, ⁶1984; Bd. 2 1949, ⁶ 1990); K. Barwick, *Probleme der stoischen Sprachlehre und Rhetorik* (Berlin 1957); M. Frede, *Die stoische Logik* (Göttingen 1974); M. Forschner, *Die stoische Ethik* (Stuttgart 1981, ²1995); B. Inwood, *Ethics and human action in Early Stoicism* (Oxford 1985; ²1987); K. Döring – Th. Ebert (Hrgg.), *Dialektiker und Stoiker. Zur Logik der Stoa und ihrer Vorläufer* (Stuttgart 1993); P. Steinmetz, «Die Stoa», in: H. Flashar (Hrg.), *Die hellenistische Philosophie* (Basel 1994) 493–716; I. G. Kidd, Poseidonios, in: F. Ricken (Hrg.), *Philosophen der Antike* Bd. 2, 61–82.

1.6.3 Der Skeptizismus

Pyrrhon und Timon. Wichtigste Quelle für Leben und Philosophie des Pyrrhon aus Elis (ca. 360–270 v. Chr.) ist Diogenes Laertios (9,61–108), der für Pyrrhon und Timon die Biographiensammlung des Antigonos von Karystos (3. Jh. v. Chr.) benutzt hat. Pyrrhon, zunächst ein armer Maler, schloß sich einem Philosophen namens Anaxarch, der in der Tradition des Demokrit steht, an und zog mit ihm nach Indien. Die Biographie rühmt seine Ausgeglichenheit, Bescheidenheit, seine innere Ruhe und Unerschütterlichkeit auch in gefährlichen Situationen. Er verachtete die Diskussion der Fachphilosophen und soll ständig Homer gelesen haben (Sext.Emp. *Math.* 1,272. 281), wobei ihn offensichtlich vor allem die Stellen, die von der Hinfälligkeit des menschlichen Lebens und den Zufällen des Schicksals sprechen, beeindruckten.

Timon aus Phleius auf der nordöstlichen Peloponnes (ca. 320–ca. 230 v. Chr.), zunächst Tänzer, studierte Philosophie bei Stilpon in Megara; entscheidend für ihn wurde, wie er im *Python* berichtet, die zufällige Begegnung mit Pyrrhon in Oropos, dem er dann nach Elis folgte. Seine *Sillen* («schielende Verse») verspotten Philosophen der früheren und der eigenen Zeit. Timons (und Pyrrhons) Philosophie ist zusammengefaßt in dem Satz aus seinen *Indalmoi* («Bilder»): «Aber das Erscheinende (τὸ φαινόμενον) herrscht überall, wo es hinkommt» (DL 9,105): Wir können nicht sagen, wie die Dinge sind, sondern nur, wie sie uns erscheinen; an die Stelle von 'ist' muß 'erscheint' treten, so daß der Begriff Wahrheit seine Funktion verliert.

Arkesilaos und Karneades. Arkesilaos aus Pitane an der Nordwestküste Kleinasiens (ca. 315–ca. 240 v. Chr.) schloß sich in Athen zunächst dem Peripatos unter Theophrast an, wechselte aber dann zur Akademie (*1.4.5*), deren Leitung er 268 v. Chr. übernahm. Der Stoiker Ariston hat Homers Beschreibung der Chimaira (*Il.* 6,181) auf ihn umgedichtet und damit das Rätsel formuliert, das die Forschung bis heute beschäftigt: «Vorn Platon, hinten Pyrrhon, in der Mitte Diodoros» (DL 4,33). Wie sind platonische Wahrheitssuche, pyrrhonischer Skeptizismus und megarische Dialektik miteinander vereinbar? Am überzeugendsten ist die von Couissin vorgeschlagene Lösung: Arkesilaos ist, vom Sokrates des Platonischen *Theaitet* inspiriert, Kritiker des stoischen Dogmatismus; er will die stoische Position durch deren eigene Begriffe und von ihren eigenen Voraussetzungen her ad absurdum führen, ohne dabei eine eigene Position zu vertreten. Er kritisiert das stoische Wahrheitskriterium des «erfassenden Eindrucks» und entwickelt von der stoischen Urteilslehre ausgehend den für die weitere Geschichte des Skeptizismus wichtigen Begriff der Urteilsenthaltung (ἐποχή).

Auch die Philosophie des Karneades aus Kyrene (219/214–129/128), des vierten Nachfolgers des Arkesilaos in der Leitung der Akademie, ist von der Auseinandersetzung mit der Stoa bestimmt; bezeichnend ist sein Diktum «Wenn Chrysipp nicht wäre, dann wäre auch ich nicht» (DL 4,62). Er selbst hat nichts geschrieben; seine Lehre wurde aufgezeichnet von seinem Schüler und Nachfolger Kleitomachos. Auch Karneades' Angriffe richten sich vor allem gegen den «erfassenden Eindruck» der Stoiker. Aber wenn es auch kein unfehlbares Wahrheitskriterium gibt, so benötigen wir doch ein Kriterium für unser Handeln. Zu diesem Zweck greift Karneades den stoischen Begriff des «glaubhaften Eindrucks» (πιθανὴ φαντασία) auf; er entwickelt flexible Kriterien, die es erlauben, einen Eindruck in den unterschiedlichen Situationen auf seine Glaubhaftigkeit hin zu prüfen.

Ainesidemos. Der in Alexandria lehrende Ainesidemos (aus Knossos oder aus Aigai in Achaia; wahrscheinlich ein Zeitgenosse Ciceros) bringt den in der Akademischen Skepsis entwickelten Begriff der Urteilsenthaltung in die pyrrhonische Tradition ein. Wahrscheinlich war er zunächst Mitglied der Akademie. Weil diese sich unter Philon von Larisa und Antiochos von Askalon dem stoischen Dogmatismus zuwandte (*1.4.5*), brach er mit ihr und wurde Pyrrhoneer. Sein *Grundriß* (ὑποτύπωσις) enthielt die zehn Tropen (Aristokles bei Eus. *Praep. ev.* 14,18,11); von den acht Büchern *Pyrrhonische Argumente* (Πυρρώνειοι λόγοι) ist ein Exzerpt des Photios (*Bibl.* 212,169b–171a) erhalten. Die vollständige Liste der zehn Tropen des Ainesidemos ist bei Sextus Empiricus (*Pyr.* 1,36–163) und Diogenes Laertios (9,79–88) überliefert. Tropen sind Argumentationsformen, die zu der Folgerung führen sollen, daß allein die Urteilsenthaltung möglich ist (Sext.Emp. *Pyr.* 1,35f.). Sie dienen der Destruktion der Gewißheit mit Hilfe von Gegenüberstellungen; z. B. erscheint, was dem Gesunden als weiß erscheint, dem Gelbsüchtigen als gelb: Wir können nicht sagen, wie die Sache an sich ist, sondern nur, wie sie uns erscheint; der Gegensatz der Erscheinungen zwingt uns zur Urteilsenthaltung.

Sextus Empiricus. Mit Platon, Aristoteles und Cicero zählt Sextus Empiricus zu den einflußreichen Philosophen der Antike; die Veröffentlichung seiner Werke in lateinischer Übersetzung im Jahr 1569 ist ein wichtiger Anstoß für die Entstehung der Philosophie der Neuzeit. Seine Lebensdaten und der Ort seines Wirkens sind unbekannt; er hat spätestens in der ersten Hälfte des 3. Jh. n. Chr. geschrieben, vielleicht in Rom; sein Beiname läßt vermuten, daß er Arzt und Anhänger der empirischen Ärzteschule war. Der *Grundriß der pyrrhonischen Skepsis*, sein frühstes Werk, behandelt in seinem allgemeinen Teil (Buch 1) Begriff, Zielsetzung und Methode der Skepsis und die zehn Tropen; der spezielle Teil (Buch 2 und 3) destruiert die drei Disziplinen der «dogmatischen» Philosophie: Logik und Erkenntnistheorie, Theologie und Naturphilosophie, Moralphilosophie. Die beiden späteren Werke werden heute unter dem gemeinsamen Titel *Adversus Mathematicos* zitiert. Das ältere unter ihnen entfaltet mit einer Fülle wertvollen philosophiehistorischen Materials den speziellen Teil des *Grundrisses* (*Gegen die Logiker, Gegen die Physiker, Gegen die Ethiker*); der jüngere Teil behandelt die ἐγκύκλια μαθήματα Grammatik, Rhetorik, Geometrie, Astrologie, Musik. Sextus teilt mit der Stoa und dem Kepos die Überzeugung, daß wir philosophieren, um glücklich zu werden; weil aber Urteile eine Quelle innerer Unruhe seien, könne dieses Ziel auf dogmatischem Weg nicht erreicht werden (*Pyr.* 1,25–29). Dennoch kann auch der Pyrrhoneer nicht auf jegliche philosophische Technik verzichten; mit Hilfe der Tropen stellt er Eindrücke und Argumente einander gegenüber, um zu zeigen, daß jede Seite dieselbe Kraft (ἰσοσθένεια) besitzt, so daß er keiner der beiden Seiten zustimmen kann (*Pyr.* 1,8–10). Die Pyrrhoneer versteht sich als Arzt; die Krankheit, von der er heilen will, ist die Suche nach Wahrheit, die nichts als innere Unruhe mit sich bringt. Seine Argumente beanspruchen keine Geltung;

sie gleichen vielmehr einem Abführmittel, das zusammen mit den schädlichen Stoffen ausgeschieden wird (*Pyr.* 1,206; 2,188).

V. Brochard, *Les sceptiques grecs* (Paris 1887, ²1923); A. Goedeckemeyer, *Die Geschichte des griechischen Skeptizismus* (Leipzig 1905); P. Couissin, «Le Stoicisme de la Nouvelle Académie», in: *Revue d'histoire de la philosophie* 3 (1929) 241–276; W. Görler, «Älterer Pyrrhonismus. Jüngere Akademie. Antiochos von Askalon», in: H. Flashar (Hrg.), *Die Philosophie des Hellenismus* (Basel 1994) 717–989; F. Ricken, *Antike Skeptiker* (München 1994); R. J. Hankinson, *The sceptics* (London 1995).

1.7 Der Neuplatonismus

1.7.1 Plotin

Leben und Werke. Plotin (204–270 n. Chr.), so beginnt die Biographie seines Schülers Porphyrios, «war die Art von Mann, die sich dessen schämt, im Leibe zu sein; aus solcher Gemütsverfassung wollte er sich nicht herbeilassen, etwas über seine Herkunft, seine Eltern oder seine Heimat zu erzählen» (*Plot.* 1,1). Mit 27 Jahren wendet er sich in Alexandria der Philosophie zu und findet in Ammonios Sakkas einen kongenialen Lehrer, bei dem er 11 Jahre bleibt, bis er sich dem Feldzug Kaiser Gordians III. gegen die Perser anschließt, um die Philosophie der Perser und Inder kennenzulernen; nach Gordians Ermordung geht er 244 nach Rom (*Plot.* 3,13–17), wo er die Philosophie des Ammonios lehrt. Von Ammonios Sakkas wissen wir fast nichts. Porphyrios berichtet, daß «die Philosophen aus Griechenland» Plotin vorwarfen, er plagiiere die Schriften des Numenios (*1.4.5*; *Plot.* 17,82); sie sahen in ihm also offensichtlich einen Neupythagoreer. Plotins Vorlesungen wirkten chaotisch und unzusammenhängend, weil er die Hörer zu Fragen anregen wolle (*Plot.* 3,20f.; 18,90); Porphyrios, der ihn erst ab 263 hörte, beschreibt die Ausstrahlung seiner Persönlichkeit (*Plot.* 13,67f.); zu seinen Hörern zählten Römer und Römerinnen aus Senatskreisen (*Plot.* 7,39; 9,48). Porphyrios spricht von Plotins mystischen Erlebnissen; Platons *Symposion* habe ihm als Anleitung zu seinen Übungen gedient; während der Jahre, die er bei ihm war, sei Plotin viermal die Schau des Einen geschenkt worden (*Plot.* 23,129–131). Erst ab 253 begann Plotin zu schreiben (*Plot.* 4,25). Porphyrios hat uns die chronologische Reihenfolge seiner Schriften überliefert und sie auf Wunsch Plotins geordnet, indem er sie in sechs Gruppen zu je neun Schriften (ἐννεάς, 'Neuner') zusammenstellte (*Plot.* 24,137–139). Einen Überblick über deren Themen gibt er am Ende der Vita, wo er die sachlichen Gesichtspunkte für seine Anordnung darlegt (*Plot.* 24,140–147). Der erste Neuner enhält Schriften mehr ethischen Charakters; zu ihm zählt die Schrift *Das Schöne* (s. u.) und z. B. die späte Schrift *Woher kommt das Böse?* (1,8 [51]). Im zweiten und im dritten Neuner sind die naturphilosophischen Schriften zusammengestellt; genannt seien die Schrift über die beiden Materien, d. h. die intelligible und die der Körper (2,4

[12]), die Schrift gegen die Gnostiker, die die Schönheit des Kosmos verteidigt (2,9 [33]) und *Zeit und Ewigkeit* (3,7 [45]). Den Schriften über den Kosmos folgen die über die Seele; Themen sind u. a. das Sehen (4,5 [29]), Wahrnehmung und Gedächtnis (4,6 [41]), die Unsterblichkeit der Seele (4,7 [2]). Die beiden letzten Neuner gelten dem Geist und dem Einen und allgemeinen ontologischen Fragen.

Der Aufstieg zum Einen. Plotins erste Schrift *Das Schöne* (1,6 [1]), zugleich eine seiner einflußreichsten, beschreibt aus der Sicht Plotins den Aufstieg des *Symposion* zum Schönen, von dem Porphyrios in der Vita spricht. Der Weg beginnt bei der sinnlich wahrnehmbaren Schönheit und führt über die Schönheit der Tugenden zur Schau des absoluten Schönen. Hier spricht einer, der Platons Anleitung gefolgt ist, über die Erfahrungen, die er bei diesem Aufstieg gemacht hat. Der Text enthält eine Fülle von Anspielungen auf Platon: das Streben der Seele nach dem Guten in der *Politeia*, das erotische Erlebnis und die Fahrt des Seelenwagens im *Phaidros*, die Telosformel der Verähnlichung mit Gott des *Theaitet*, die Forderung des *Phaidon* nach Reinigung der Seele. Die Platontexte sind dadurch zu einer Einheit verbunden, daß sie als Anleitung zu einem inneren Weg verstanden werden und verschiedene Momente einer Erfahrung ausdrücken. Dieser Weg ist eine Übung im Sehen. Wie der Blinde nicht über das sinnlich wahrnehmbare Schöne sprechen kann, so der nicht über die Schönheit der Tugenden, der sie nicht mit dem Vermögen der Seele, das dazu befähigt, erblickt hat (1,6,4,19), und sehen kann nur, wer dem Gesehenen verwandt, d. h. rein geworden ist (1,6,9,43). Das Gerüst des so geschilderten Weges ist die platonische Ontologie. Der Aufstieg ist ein Prozeß der Wiedererinnerung, und das setzt wiederum die Teilhabe des sinnlich wahrnehmbaren Schönen an der intelligiblen Wesenheit (οὐσία) oder Form (εἶδος) des Schönen, am wahrhaft Seienden (ὄντως ὄν), voraus. Den Schritten des Aufstiegs entsprechen drei ontologische Stufen: die beseelte sinnlich wahrnehmbare veränderliche Welt, der Geist mit der Vielheit der unveränderlichen Formen und jenseits des Geistes das eine und einfache Gute oder Erste Schöne. Damit ist der Rahmen gezeichnet, innerhalb dessen Plotins Philosophie sich bewegt.

Die Hypostasen. Die Skizze von Plotins System sei anhand der ebenfalls in der Tradition vielbenutzten Schrift *Die drei ursprünglichen Hypostasen* (5,1 [10]) an einigen Stellen etwas genauer ausgeführt. Hier wird in einer ontologischen Sprache der Aufstieg vom sichtbaren Kosmos zum Einen und der Hervorgang der untergeordneten Hypostasen aus dem Einen beschrieben. Die ontologische Argumentation hat eine mystagogische Funktion: Sie soll die Seele aus ihrer Selbstvergessenheit und Verlorenheit an den Kosmos befreien und sie zur Besinnung auf ihr wahres Wesen und ihren Wert anleiten. In Anspielung auf den *Timaios* heißt es, daß der sichtbare Kosmos kraft der Seele ein Gott ist; «ist es aber die Seele, die du im anderen bewunderst, so bewunderst du dich selbst» (5,1,2,13).

1.7 Der Neuplatonismus

Die Seele ist ein Abbild (εἰκών) des Geistes (νοῦς); wie die Wärme dem Feuer, so verdankt sie ihm ihre Existenz (ὑπόστασις), ohne daß jedoch die Wirkkraft (ἐνέργεια) des Geistes dadurch eine Minderung erlitte. Die Seele ist jedoch erst dann im vollen Sinn (ἐνεργείᾳ), wenn sie tätig ist, und sie kann nur in der Weise tätig sein, daß sie sich zum Geist zurückwendet und ihn betrachtet. Die Herrlichkeit des Geistes wird aus der Schönheit des sichtbaren Kosmos erkannt; er ist im Sinne des *Timaios* der ἀρχέτυπος aller sichtbaren Wesen. Weil er, wie der Unbewegte Beweger des Aristoteles, vollendet ist, kennt er weder Veränderung noch Zeit; seine Seinsweise ist die Ewigkeit des immerwährenden 'ist'. Der Geist und das wahrhaft Seiende, die Formen, bedingen einander in ihrer Existenz; «der Geist macht im Denken das Seiende existent (ὑφιστάς), und das Seiende gibt, indem es gedacht wird, dem Geist das Denken und das Sein» (5,1,4,24). Denken impliziert die Verschiedenheit von Denkendem und Gedachtem und damit Vielheit.

Wenn die Seele in den Bereich des Geistes vorgedrungen und mit ihm gleichsam eines geworden ist, fragt sie nach dem Einen, das vor dieser Vielheit liegt und sie hervorgebracht hat. Wie die Seele ihre Existenz dem Geist verdankt und nur dann im vollen Sinn ist, wenn sie den Geist schaut, so verdankt der Geist Existenz und Tätigkeit «Jenem», der jenseits der Vielheit ist. Aber warum blieb Jener, das Eine, nicht bei sich selbst, sondern ließ die Vielheit aus sich hervorgehen? Wie kann das Eine etwas von sich Verschiedenes hervorbringen, ohne sich dabei zu verändern? Der Sache nach unterscheidet Plotins Antwort sich nicht von der des *Timaios* auf die Frage, aus welchem Motiv der Demiurg den Kosmos geschaffen habe: bonum est diffusivum sui. «Alles, was soweit gelangt ist, daß es vollkommen (τέλειον) ist, zeugt; was aber ewig vollkommen ist, zeugt ewig und ein Ewiges» (5,1,6,36). Wie die Seele ein Abbild des Geistes, so ist der Geist ein Abbild von Jenem. Das Eine hat Bewußtsein (συναίσθησις), das sich jedoch vom Denken des Geistes unterscheidet. Es ist das Vermögen (δύναμις), alle Dinge hervorzubringen, und es ist sich dieses Vermögens bewußt; die Vielheit der ausgeprägten und begrenzten Wesenheiten oder Formen findet sich jedoch erst im Geist. Weil der Geist vollkommen ist, bringt er die Seele hervor; sie unterscheidet sich vom unveränderlichen Geist durch den Prozeß des diskursiven Denkens und dadurch, daß sie etwas erleiden kann.

Der Aufstieg zum Einen ist zugleich ein Weg nach innen; der letzte Ursprung des Kosmos ist zugleich die letzte Tiefe der menschlichen Seele. Plotin gebraucht das Bild der Radien eines Kreises: Wie jeder Radius den Mittelpunkt berührt, so die Seele eines jeden Menschen das Eine. Wie nach Aristoteles der Himmel und die Natur am Unbewegten Beweger «hängt» (ἤρτηται *Metaph.* 12,7,1072b14), so wir an Jenem: «mit einer solchen Stelle in uns berühren wir Ihn, sind mit Ihm vereinigt und hängen (ἀνηρτήμεθα) an Ihm» (5,1,11,60).

Plotin ordnet seine Lehre von den drei Hypostasen in die philosophische Tradition ein. Parmenides und Aristoteles werden kritisiert, daß sie nur den

Geist, aber nicht das Eine kennen. Dagegen wußte Platon, den Plotin in der Tradition des Pythagoras sieht, «daß aus dem Guten der Geist und aus dem Geist die Seele hervorgeht» (5,1,8,46f.). Als Beleg wird ein Nest von z. T. entlegenen Zitaten angeführt (*Ep.* 2,312e; *Ep.* 6,323d; *Tim.* 41d; *Rep.* 6,509b). Dieser scholastische Umgang mit dem Platontext hat im Mittelplatonismus eine lange Tradition. Hier liest Plotin Platon nicht als Führer zu einer Erfahrung; er wird vielmehr als Autorität, die Plotins Lehre bestätigt, herangezogen.

P. Henry – H. R. Schwyzer (Hrgg.), *Plotini opera*, 3 Bde (Oxford 1964–1982); R. Harder – R. Beutler – W. Theiler, *Plotins Schriften*, übers. . . . *Neubearbeitung mit griech. Lesetext und Anm.*, 6 Bde (Hamburg 1956–1971); L. Brisson u. a., *Porphyre, La vie de Plotin*, Bd 1: *Travaux prélim. et index grec complet*; Bd. 2: *Études d'introd., texte grec et trad. française, comm., notes complém., bibliographie* (Paris 1982, 1992). – É. Bréhier, *La philosophie de Plotin* (Paris 1928, [4]1986); R. Harder, *Kleine Schriften* (München 1960) 257–302; K. Kremer, «Bonum est diffusivum sui. Ein Beitrag zum Verhältnis von Neuplatonismus und Christentum», in: *ANRW* II 36,2 (1987) 994–1032; W. Beierwaltes, *Denken des Einen. Studien zur neuplatonischen Philosophie und ihrer Wirkungsgeschichte* (Frankfurt a. M. 1985); P. Hadot, *Plotin ou la simplicité du regard* (Paris [3]1989); D. J. O'Meara, *Plotinus. An introduction to the Enneads* (Oxford 1992); J. Halfwassen, *Der Aufstieg zum Einen. Untersuchungen zu Platon und Plotin* (Stuttgart 1992).

1.7.2 Neuplatoniker nach Plotin

Porphyrios aus Tyros (234–305 n. Chr.) studierte in Alexandria und Athen und war von 263 bis 268 bei Plotin. Überliefert sind die Titel von mehr als 70 Werken zu fast allen Bereichen der Wissenschaft. Die einflußreichste der uns erhaltenen Schriften ist seine *Einführung in die Kategorien des Aristoteles* (ed. A. Busse, *Comm. in Arist. Graeca* 4,1), die ins Syrische, Arabische, Armenische und Lateinische übersetzt und u. a. von Boethius kommentiert wurde; von seiner Ausgabe der Werke Plotins mit der vorangestellten Lebensbeschreibung war bereits die Rede. Porphyrios' Metaphysik versucht, die Beziehungen zwischen den Hypostasen Plotins genauer zu klären. Ein wichtiges Anliegen ist ihm, neuplatonische Metaphysik und spätantike Religion miteinander in Einklang zu bringen; er sieht in der Religion einen Erlösungsweg für die Menschen, denen der philosophische Aufstieg zum Einen nicht zugänglich ist. Seine scharfe Kritik am Christentum (15 Bücher *Gegen die Christen*) richtet sich gegen dessen Offenbarungs- und Ausschließlichkeitsanspruch (*IV 3.5*).

P. Hadot, *Porphyre et Victorinus*, 2 Bde (Paris 1963); H. Dörrie u. a., *Porphyre, Entretiens* 12 (Vandoeuvres-Genève 1966); A. Smith, «Porphyrian studies since 1913», in: *ANRW* II 36,2 (1987) 719–773; A. Smith, *Porphyrii Fragmenta* (Stuttgart–Leipzig 1993).

Iamblichos aus Chalkis nördlich von Emesa (ca. 250–ca. 325 n. Chr.) studierte, wahrscheinlich in Rom, bei Porphyrios und gründete dann in Syrien eine eigene Schule. Bezeugt sind Kommentare zu Platon und Aristoteles und ein umfangreicher Kommentar zu den *Chaldäischen Orakeln*, einer auch von anderen Neuplatonikern geschätzten theosophischen Kompilation aus dem

2. Jh. n. Chr. (*IV 3.5*). Von den überlieferten Werken seien genannt: *Über die Mysterien der Ägypter*, eine Verteidigung der Theurgie gegen die Einwände des Porphyrios, das *Pythagoreische Leben* und der *Protreptikos*. Iamblichos' Metaphysik zeigt die Tendenz, im Rahmen von Plotins System die Entitäten zu vervielfachen und alle Lücken in der Kette des Seins auszufüllen. Über dem Einen Plotins steht «der gänzlich unaussprechliche Ursprung». Auch Iamblichos möchte Metaphysik und Volksreligion verbinden; die Götter sind für ihn Henaden eines bestimmten Typs; die Dämonen lassen die Götter sichtbar werden. Die Seele ist aufgrund ihrer Zwischenstellung sowohl unveränderlich als auch veränderlich.

M. v. Albrecht, *Iamblichos, Pythagoras [De vita Pythagorica liber]*, hrg., übers. und eingel. (Zürich 1963); J. Dillon – J. Hershbell, *Iamblichus: On the Pythagorean way of life. Text, transl., and notes* (Atlanta 1991). – J. Dillon, «Iamblichus of Chalkis», in: *ANRW* II 36,2 (1987) 863–909; Beate Nasemann, *Theurgie und Philosophie in Jamblichs De mysteriis* (Stuttgart 1991).

Proklos. Von Proklos (412–485 n. Chr.) besitzen wir eine idealisierende Lebensbeschreibung seines Schülers und Nachfolgers Marinos. In Byzanz geboren, studierte er zunächst in Alexandria Rhetorik und dann Philosophie an der Akademie in Athen, deren Leitung er etwa 437 n. Chr. übernahm. Weil er sich leidenschaftlich für die Wiederherstellung der alten Götterkulte einsetzte, mußte er für ein Jahr Athen verlassen. Er ist der große Systematiker und Scholastiker des Neuplatonismus mit bedeutendem Einfluß auf die späte Patristik, das Mittelalter, die Renaissancephilosophie und den Deutschen Idealismus. Sein Werk umfaßt Kommentare zu Platon und Plotin, systematische philosophische Abhandlungen, Arbeiten zur Mathematik und Astronomie, Schriften zur Theurgie und Religion und Hymnen an Götter. Mittelpunkt seiner Philosophie ist Platon (vor allem der *Timaios*), der ihm als philosophischer Mystagoge gilt. Von den erhaltenen Schriften seien genannt: die Kommentare zur *Politeia*, zum *Timaios*, *Parmenides*, *1. Alkibiades* und *Kratylos*, die Στοιχείωσις θεολογική und Εἰς τὴν Πλάτωνος θεολογίαν. Im Unterschied zu Iamblichos ist für Proklos das Eine Plotins die oberste Hypostase. Die entscheidendste Änderung gegenüber Plotin ist die Einführung von Henaden zwischen dem Einen und dem Nus. Auch ihm geht es darum, die Stufen des Seienden und deren Kausalzusammenhang vollständig zu bestimmen; so gliedert er die Hypostase des Nus in die Trias νοητόν – νοητὸν ἅμα καὶ νοερόν – νοερόν.

E. R. Dodds, *Proclus, The elements of theology. A revised text with transl., introd. and comm.* (Oxford [4]1963); J. Dillon – G. Morrow, *Proclus' commentary on Plato's Parmenides*, transl. (Princeton 1992). – R. Beutler, «Proklos», in: *RE* 23,1 (1957) 186–247; W. Beierwaltes, *Proklos. Grundzüge seiner Metaphysik* (Frankfurt a. M. 1965); J. Pépin – H. D. Saffrey (Hrgg.), *Proclus lecteur et interprète des anciens* (Paris 1987).

Johannes Philoponos (ca. 490–ca. 570) aus Alexandria, wie Simplikios ein Schüler des Ammonios Hermeiu und neuplatonischer Aristoteleskommentator (*1.5.1; IV 4.4.1*), hat als Kritiker aristotelischer Thesen einen bedeutenden Beitrag zur Entwicklung der Naturwissenschaft geleistet. Als Christ hat er, durch den Schöpfungsglauben motiviert, die Argumente des Aristoteles und des Proklos für die Ewigkeit der Welt zu widerlegen versucht (erhalten ist *Über die Ewigkeit der Welt gegen Proklos*). In seinem Διαιτητής hat er, im Widerspruch zur Lehre des Konzils von Chalkedon, den Monophysitismus und in seinem späten Werk *Über die Trinität* den Tritheismus verteidigt.

R. Sorabji (Hrg.), *Philoponus and the rejection of Aristotelian science* (London 1987); Chr. Wildberg, «Philoponos», in: F. Ricken (Hrg.), *Philosophen der Antike* Bd. 2, 264–276.

2 Wissenschaften

ALFRED STÜCKELBERGER

Vorbemerkung

Eine noch so knappe Übersicht über die antiken Wissenschaften kommt nicht um Überlegungen der Wissenschaftstheorie herum, die Wesentliches zur Klärung des Wissenschaftsbegriffes beigetragen hat. So wird man etwa mit Rozanskij als Kriterien einer Wissenschaft gelten lassen dürfen, daß sie einen bestimmten Komplex von Kenntnissen umfaßt, daß sie diese um ihrer selbst willen erstrebt, daß ihr Denken von einem rationalen Charakter geprägt ist und daß sie die Erkenntnisse mit einer gewissen Systematik ordnet, Kriterien, die in der Antike in verschiedenen Bereichen in verschiedenem Maße erfüllt worden sind.

Vgl. I. D. Rozanskij, *Geschichte der antiken Wissenschaft* (München 1984; russ. Orig. Moskau 1980). Ob man in der Geschichte der Wissenschaft eher eine sprunghafte Entwicklung (so Th. S. Kuhn, *The Structure of Scientific Revolutions*, Chicago ²1970) oder eine mehr kontinuierliche sehen soll (so St. Toulmin, «The Evolutionary Development of Natural Science», in: *American Scientist* 55, 1967, 456–71), kann nur von Fall zu Fall beantwortet werden. F. Krafft s ernstzunehmende Mahnung, alle Quellen aus ihrem 'historischen Erfahrungsraum' heraus zu interpretieren, und seine berechtigte Warnung vor vorschnellen Aktualisierungen («Wissenschaftstheorie und Wissenschaftsgeschichte», in: *Das Selbstverständnis der Physik im Wandel der Zeit*, Weinheim 1982, 1–32) dürfen freilich nicht in eine 'totaliter aliter-Haltung' einmünden, die einen Dialog mit antiker Wissenschaft fast unmöglich erscheinen ließe, steht doch das abendländische Denken durchaus in der durch die Griechen begründeten Tradition.

Die folgende Übersicht wird freilich weniger wissenschaftstheoretische Aspekte hervorheben als vielmehr exemplarisches Quellenmaterial mit weiterführenden bibliographischen Angaben präsentieren, das einen möglichst direkten Einblick in die Methoden und Ergebnisse der antiken Wissenschaften ermöglichen soll.

Einführende Gesamtdarstellungen: J. L. Heiberg, *Geschichte der Mathematik und Naturwissenschaft im Altertum* (München 1925, ND 1969); F. Jürß (Hrg.), *Geschichte des wissenschaftlichen Denkens im Altertum* (Berlin 1982); A. Stückelberger, *Einführung in die antiken Naturwissenschaften* (Darmstadt 1988). R. French, *Ancient Natural History* (London 1994). Sammlung von Illustrationsmaterial zum Thema bei A. Stückelberger, *Bild und Wort. Das illustrierte Fachbuch in der antiken Naturwissenschaft, Medizin und Technik* (Mainz 1994).

2.1 Der Beginn des wissenschaftlichen Denkens bei den Vorsokratikern

Es wird wohl nie völlig erklärt werden können, wie es dazu kam, daß am Anfang des 6. Jh. v. Chr., zur Zeit einer durch die Kolonisationsbewegung bedingten Horizonterweiterung, in Kleinasien, wo griechische und orientalisch-asiatische Kultur zusammenkamen, bestimmte Persönlichkeiten sich aus dem traditionellen, noch stark mythisch orientierten Denken lösten und mit unvoreingenommener Betrachtungsweise, mit grundsätzlichen Fragestellungen und der menschlichen Vernunft verpflichteten Erklärungsversuchen den Grundstein zur abendländischen Philosophie und Wissenschaft legten. Tatsache ist, daß Männer wie Thales, Anaximander und Anaximenes von Milet, Heraklit von Ephesos u. a. beharrlich versuchten, mit ihrem Denken den Dingen auf den Grund zu gehen, zu den Ursprüngen (ἀρχαί) des Kosmos vorzustoßen, die Vielfalt der Erscheinungswelt auf wenige Faktoren zurückzuführen und in Systeme zu ordnen. Damit wurden gegenüber dem mythischen Denken, aber auch gegenüber vorgriechisch-orientalischen Erkenntnissen, wo gerade diese Gesamtkonzepte fehlen, neue Wege beschritten.

Einflüsse aus dem vorderasiatischen und mesopotamischen Raum sind nicht zu leugnen; insbesondere dürften auf dem Gebiet der Astronomie und der Mathematik zahlreiche babylonische Kenntnisse verwertet worden sein (ausführlich dazu O. Neugebauer, *The Exact Sciences in Antiquity*, Kopenhagen 1951, Providence ³1970). Vor einer Überbewertung dieser Einflüsse warnt allerdings zu Recht W. von Soden («Leistung und Grenze sumerischer und babylonischer Wissenschaft», *Die Welt als Geschichte* 2, 1936, 411–557, ND Darmstadt 1965; ähnlich auch W. Burkert, *Weisheit u. Wissenschaft* a. O. [u. *2.3.2*] 379). In der ausgesprochen praxisbezogenen oder kultisch orientierten babylonischen Wissenschaft, die sich weitgehend mit der Sammlung zahlreicher Einzelerkenntnisse begnügt, fehlen die Ansätze zu einem konzeptionellen Denken, das die Vorsokratiker von Anfang an auszeichnet.

Da heute mehr die Fragestellungen als die Antworten der vorsokratischen Philosophie und Wissenschaft – beide bilden noch eine unzertrennliche Einheit – unsere Aufmerksamkeit erheischen, ist es von Bedeutung, daß bereits in dieser Epoche grundsätzliche methodische Überlegungen angestellt wurden. Sehr früh zeigt sich eine Skepsis gegenüber der Zuverlässigkeit der Sinnesorgane, so etwa bei Heraklit (*VS* 22 B 56), Xenophanes (*VS* 21 B 34) und Demokrit, der die Erkenntnis durch die Sinnesorgane als finster (σκοτίη) bezeichnet und ihr die echte (γνησίη) Erkenntnis mittels des Verstandes gegenüberstellt (*VS* 68 B 11). Diese Kritik an der sinnlichen Erfahrung mag ein Grund gewesen sein für den uns heute oft unverständlichen Hang der frühen Naturphilosophen zum Theoretisieren und Spekulieren. Folgenschwer war, daß man eine Verbindung zwischen der materiellen und der denkerisch erfaßten Welt herzustellen suchte und dabei den Analogieschluß entdeckte: «Die Erkenntnis der unsichtbaren Dinge liegt in den sichtbaren Erscheinungen» (ὄψις τῶν ἀδήλων τὰ φαινόμενα: Anaxagoras *VS* 59 B 21a; Demokrit *VS* 68 A 111). Damit war ein für jede Wissenschaft unentbehrliches, wenn auch zunächst recht unbekümmert verwendetes methodisches Mittel gewonnen.

Für die vorsokratische Wissenschaft immer noch bedeutsam die von A. Diès besorgte 2. Aufl. von P. Tannery, *Pour l'histoire de la science hellène. De Thalès à Empédocle* (Paris ²1930); neuere Darstellungen mit weiterführender Lit.: W. K. G. Guthrie, *A history of Greek Philosophy I, The earlier Presocratics and the Pythagoreans* (Cambridge 1962), II *The Pre-*

socratic Tradition from Parmenides to Democritus (Cambridge 1969); K. v. Fritz, *Grundprobleme der Geschichte der antiken Wissenschaft* (Berlin 1971); F. Krafft, *Geschichte der Naturwissenschaften*, (bisher nur Bd. I, *Die Begründung der Wissenschaft von der Natur durch die Griechen*, Freiburg 1971); W. Röd, *Geschichte der Philosophie Bd. I, Die Philos. d. Antike I, Von Thales bis Demokrit* (München 1976; ²1988); J. Barnes, *The Presocratic Philosophers, Vol. 1, Thales to Zeno* (London 1979); G. Reale, *Storia della filosofia antica 1, Dalle origini a Socrate* (Milano 1979). Zum methodischen Denken grundlegend O. Regenbogen, *Eine Forschungsmethode antiker Naturwissenschaft* (1931; in: ders., *Kl. Schr.*, München 1961, 141–194).

2.1.1 Kosmologie und Elementenlehre der frühen Naturphilosophen

Im Hinblick auf die ausführlichere Besprechung der Vorsokratiker in *VII 1* werden hier nur wenige Aspekte herausgegriffen.

Zu den grundlegenden Problemen, mit welchen sich die in der späteren Doxographie gerne als φυσικοί bezeichneten ionischen Naturphilosophen befaßten, gehört die Frage nach dem Aufbau der Materie, nach dem Werden und Vergehen der Dinge und den im Kosmos wirkenden Kräften. Ein besonders kühner Gedanke, der das hohe Abstraktionsvermögen und den Hang zum Systematisieren und Spekulieren dieser frühen Denker bezeugt, war der Versuch, die Vielfalt der ständig sich verändernden stofflichen Erscheinungswelt auf wenige, nur verstandesmäßig erschließbare Komponenten (Elemente/στοιχεῖα) zurückzuführen. So hatte schon Thales von Milet gewagt, alle Dinge von einem einzigen Urstoff, dem Wasser, abzuleiten (*VS* 11 A 1; A 12). Damit verwandt sind die Ansätze des Anaximenes von Milet, in der Luft (*VS* 13 A 5f.), und des Heraklit von Ephesos, im Feuer (*VS* 22 B 30f.) den Urgrund aller Dinge zu sehen. Schließlich setzte sich im 5. Jh. v. Chr. mit Empedokles von Akragas die Vier-Elementenlehre durch (Feuer, Luft, Wasser, Erde: *VS* 31 B 6; B 17), die über Platon und Aristoteles noch bis weit über das Mittelalter hinaus Gültigkeit haben sollte.

Bei diesen Elementen, die weit davon entfernt sind, Elemente im heutigen Sinne des Wortes zu sein, handelt es sich mehr um hypothetische Grundkomponenten der Materie, die in einem stetigen Austausch miteinander stehen, sich ineinander verwandeln, in neuen Mischungen gruppieren und wieder auflösen und so für die Prozesse des stofflichen Wandels verantwortlich sind. Diese weitgehend spekulativen, noch kaum durch die Erfahrung gestützten Anschauungen sind immerhin bei neuzeitlichen Physikern wie Heisenberg u. a. auf großes Interesse gestoßen.

2.1.2 Einzelprobleme

Neben den umfassenden kosmologischen Konzepten finden sich in der fragmentarischen Überlieferung recht zufällig eine Reihe von Einzelproblemen, mit denen sich die frühen Naturphilosophen befaßten. Aus diesen oft ohne Zusammenhang auf uns gekommenen Fragmenten seien hier einige für die Wissenschaftsgeschichte relevante Angaben herausgegriffen, die – neben allem Spekulativen – oft auch von einer feinen Beobachtungsgabe zeugen.

Das wohl älteste faßbare wissenschaftliche Ergebnis ist die Prophezeiung der Sonnenfinsternis vom 28. Mai 585 v. Chr. durch Thales von Milet (*VS* 11 A 5 nach Hdt. 1,74,2).

Auf dem Gebiet der Astronomie wichtig ist die für Anaximander bezeugte Verwendung des Gnomon, mit dem sich die Schattenlängen messen und somit die Solstitien und Äquinoktien bestimmen ließen (*VS* 12 A 1). Man erkannte ferner, daß der Mond sein Licht von der Sonne erhält (*VS* 12 A 1 bzw. *VS* 59 B 18). Als Anaxagoras etwas später provozierend die Sonne einen «feurigen Klumpen» nannte und den Mond «aus Erde» bestehen ließ (*VS* 59 A 1), war der endgültige Bruch mit der Mythologie vollzogen.

In der Geographie machten die ersten Entwürfe von der Gestalt der Erde von sich reden: Anaximander verglich die Erde mit einer zylinderförmigen Säulentrommel (*VS* 12 A 10), Anaximenes und Anaxagoras hielten sie für eine in der Luft schwebende Scheibe (*VS* 13 A 6; *VS* 59 A 42). Dazu paßt die Nachricht, daß Anaximander als erster eine Karte (πίναξ) der Oikumene entworfen habe (*VS* 12 A 6), ein Versuch, den dann Hekataios von Milet um 520 v. Chr. mit seiner Περιήγησις γῆς weiterführte.

Meteorologische Erscheinungen wie Donner, Blitz, Regenbogen erregten Interesse (z. B. *VS* 12 A 23; *VS* 13 A 18). Besondere Aufmerksamkeit schenkte Diogenes von Apollonia den Verdunstungsvorgängen und dem Wasserkreislauf, mit dem die Entstehung des Meeres und dessen Salzgehalt zusammenzuhängen schienen (*VS* 64 A 16/17).

Ein interessantes Detail ist schließlich, daß man auf die geheimnisvollen Anziehungskräfte des Magnetsteines (*VS* 11 A 1,24; *VS* 31 A 89 u. a. Stellen) sowie auf Versteinerungen aufmerksam wurde und aus Muschelabdrücken in einem Steinbruch schloß, daß hier ein einmal Meer gewesen sein müsse (*VS* 21 A 33).

2.1.3 Die Atomisten

Die in der zweiten Hälfte des 5. Jh.s v. Chr. aufkommende Atomlehre kann nur als Antwort auf die vorangegangene Elementenlehre verstanden werden. Es ist wohl das Verdienst des Demokrit von Abdera (ca. 460–380 v. Chr.), nach ersten, nicht mehr im einzelnen abgrenzbaren Versuchen des Leukipp und des Anaxagoras, den Schritt zu einer voll ausgereiften Hypothese einer aus kleinsten, unveränderlichen Bausteinen aufgebauten Materie vollzogen zu haben.

Die Kenntnis der sehr fragmentarisch überlieferten Atomlehre verdanken wir – abgesehen von der späteren zusammenfassenden Darstellung in der Philosophiegeschichte des Diogenes Laertios (*VII 1.1*) – vor allem der Auseinandersetzung mit Demokrit im Peripatos und der Rezeption bei den Epikureern. Angesichts der nur spärlich erhaltenen wörtlichen Aussagen, die sich direkt auf die Atomlehre beziehen (wichtig bes. *VS* 68 B 9; B 125), bedürfen die meist von einem subjektiven Standpunkt aus verfaßten doxographischen Berichte einer sorgfältigen Quellenanalyse (vgl. R. Löbl, *Demokrits Atomphysik*, Darmstadt 1987). Insbesondere ist schwer zu beurteilen, inwiefern Kernbegriffe auf Demokrit selbst zurückgehen (so immerhin der B 9 genannte Terminus *atomos*) oder erst in der späteren Tradition geschaffen worden sind (dazu Arist. *Metaph.* 1,4,985b 15ff.).

Eine knappe Skizze der Atomlehre bei DL 9,44f. ergibt folgendes Bild: Materie und Raum sind die zwei Grundkomponenten des Kosmos. Die Materie besteht aus kleinsten, unsichtbaren, 'atomaren', d. h. eben unteilbaren, absolut festen und unveränderlichen Bausteinen, die sich nur durch ihre Größe, ihre Form und ihre gegenseitige Lage unterscheiden. Alle übrigen, sog. **sekundären Eigenschaften** wie Farbe, Geschmack, Temperatur, Konsistenz sind Folgen der drei genannten **Primäreigenschaften**. Diese Atome bewegen sich nach einem unerbittlichen **Gesetz des Zufalls**, der ἀνάγκη, im leeren Raum, stoßen aufeinander, prallen wieder voneinander ab oder verzahnen sich und lassen so die Vielfalt der materiellen Dinge entstehen. – Es ist wohl einer der kühnsten Gedanken der antiken Naturwissenschaft gewesen, die ganze Fülle der stofflichen Erscheinungswelt auf drei Faktoren zurückzuführen: auf die Atomgröße, die Atomform und die gegenseitige Lage. Freilich werden auch die Grenzen der Lehre sichtbar, wenn es darum ging, Bereiche des Denkens und seelischen Empfindens atomistisch zu erklären.

Während über das Grundkonzept der demokriteischen Lehre weitgehend Einigkeit herrscht, gehen die Meinungen in der Erklärung und Beurteilung der antiken Atomphysik auseinander. Zuweilen leitet man die Atomlehre aus dem **Eleatismus** ab (etwa R. Löbl a. O.; D. J. Furley, *Two Studies in the Greek Atomists*, Princeton 1967, 79ff.) und sieht in ihr eine unerlaubt kühne, am Schreibtisch erfundene Spekulation, die nur zufällig einige Ähnlichkeit mit neuzeitlichen Anschauungen hat (so H. Dörrie, *Kl. Pauly* 1,713). Erst in jüngerer Zeit hat man die Aufmerksamkeit wieder auf die zahlreichen Hinweise aus dem **empirischen Bereich** gerichtet, die neben der spekulativen Komponente bei der Begründung der Atomlehre von Bedeutung waren und die für die spätere Tradition über Epikur bis hin zu ihrer Wiederaufnahme im 16./17 Jh. durch D. Sennert, Ch. Magnien u. a. eine entscheidende Rolle spielten (vgl. A. Stückelberger, «Empirische Ansätze in der antiken Atomphysik», *Archiv f. Kulturgesch.* 56, 1974, 124–140; ders., *Vestigia Democritea. Die Rezeption der Lehre von den Atomen in der antiken Naturw. u. Medizin*, Basel 1984).

2.1.4 Pythagoras und die Pythagoreer

Die für die Wissenschaftsgeschichte wichtigen Erkenntnisse des **Pythagoras** (6. Jh. v. Chr.) und der von ihm nicht zu trennenden jüngeren Pythagoreer aus dem 5./Anf. 4. Jh. gehören vor allem zum Bereich der Mathematik und Astronomie und werden unten im Abschnitt der Fachwissenschaften erörtert.

2.2 Wissenschaftstheoretische Ansätze bei Platon und Aristoteles

Ein entscheidender Schritt in der Geschichte der Wissenschaften bestand darin, daß man über Gegenstand und **Methoden** der Wissenschaft nachzudenken begann. Augenscheinlich geschieht das bei Platon, der in seinen Dialogen immer wieder die Frage stellt: «Was ist Wissen(schaft)» (τί ἐστιν ἐπιστήμη, cf. *Theaet.* 145e). Als Beispiele führt er gerne die sich eben selbständig machenden jungen Fachdisziplinen an, die Medizin (*Phdr.* 270bff.) und die Geometrie bzw. die Mathematik (*Meno* 86e; *Rep.* 6,510c u. a. O.), während er die Rhetorik aus dem Kreis der Wissenschaften ausschließt. Im vieldiskutierten 'Liniengleichnis' (*Rep.* 6,509dff.) skizziert er ein kohärentes Konzept der Erkenntnisstufen: Von den Dingen der sichtbaren, materiellen Welt, den Pflanzen und Tieren u. dergl., gibt es nur 'Meinungen' (δόξαι), aber kein eigentliches Wissen; im geistigen Bereich stehen auf unterer Stufe Wissenschaften wie die Mathematik, welche von unbeweisbaren Voraussetzungen (ὑποθέσεις) ausgehend zwingende Schlüsse ableiten; die höchste Stufe des Erkennens ist die, welche bis zu den obersten, voraussetzungslosen Begriffen (τὸ ἐπ' ἀρχὴν ἀνυπόθετον) vorstößt. Entsprechend werden 7,525a–531d die Arithmetik, die Geometrie, die Astronomie und die Harmonienlehre – hier bahnt sich das spätere Quadrivium an – als προοίμια der Philosophie angeführt.

Ausführlich dazu J. E. Raven, «Sun, Divided Line and Cave», *CQ* 47 (1953) 22–32; N. Gulley, *Plato's Theory of Knowledge* (London 1962, ND 1986), 55 ff. Als Einstieg in die Problematik geeignet E. Heitsch, *Wege zu Platon* (Göttingen 1992) 133–149.

Mit deutlichen Akzentverschiebungen führt Aristoteles die Diskussion weiter. In seinen im *Organon* zusammengefaßten Frühschriften entwirft er ein ausgereiftes Konzept der Begriffs- und Definitionslehre sowie der logischen Schlußfolgerungen und schafft damit – wie immer man sonst die Rolle des Aristoteles in der Wissenschaftsgeschichte beurteilen mag – ein unentbehrliches Instrumentarium der wissenschaftlichen Beweisführung. Bedeutsam ist dabei die Einführung der heute nicht mehr wegzudenkenden Buchstabensymbole. In *An. post.* 71a ff. entwirft Aristoteles eine eigentliche Wissenschaftstheorie, in der zahlreiche Grundbegriffe erscheinen, die heute in griechischer und latinisierter Form zum wissenschaftlichen Vokabular gehören. Was in der Logik die Schlußfolgerung (συλλογισμός), das leistet in der Wissenschaft der Beweis (ἀπόδειξις). Grundlagen jeder Wissenschaft sind erste, unmittelbare (= nicht mehr beweisbare) Prinzipien (ἀρχαί/θέσεις) – zu ihnen rechnet er allgemeingültige (κοιναί) und fachspezifische (ἴδιαι) Hypothesen (ὑποθέσεις), Definitionen (ὁρισμοί) und Axiome (ἀξιώματα) –, von denen alle weiteren Denkschritte deduziert werden. Als Musterbeispiele, die gut in dieses Denkschema hineinpassen, nennt Aristoteles gerne – wie Platon – die Arithmetik und die Geometrie.

Ganz unplatonisch dagegen setzt sich Aristoteles neben diesen nach rein logischen Prinzipien aufgebauten Disziplinen in späteren Schriften auch für die Erforschung der weniger klar strukturierbaren, unübersichtlicheren Bereiche der Tiere und Pflanzen ein. Im bekannten Methodenkapitel *Part. an.* 1,5 räumt er zwar Wissenschaften, die sich mit dem «Absoluten, Ewigen und Unveränderlichen» befassen, einen höheren Rang ein, verteidigt aber die Beschäftigung mit den Dingen unserer unmittelbaren Umwelt damit, daß wir ein vielseitigeres und umfassenderes Wissen über sie erwerben können, «denn auch bei den beim ersten Anblick weniger reizvollen Dingen gewährt die künstlerisch schaffende Natur (ἡ δημιουργήσασα φύσις) denjenigen unbeschreibliche Freuden, welche dank ihrer natürlichen wissenschaftlichen Veranlagung fähig sind, die Ursachen zu erkennen». Damit werden – eine bahnbrechende Leistung – die Zoologie und die Botanik als eigentliche

Wissenschaften anerkannt (dazu *2.3.5*). Während aber bei den mathematischen Disziplinen aus apriorischen Prämissen das 'schlechthin Notwendige' (τὸ ἁπλῶς ἀναγκαῖον) abgeleitet wird, muß man hier – aufgrund zahlreicher Beobachtungen – zu 'regelmäßigen Sachverhalten' (τὸ ὡς ἐπὶ πολύ), gewissermaßen den 'Naturgesetzen' (der Ausdruck bei Ar. nur *Cael.* 268a13f.), vorstoßen.

Zur Wissenschaftstheorie des Aristoteles grundlegend W. Kullmann, *Wissenschaft und Methode. Interpretationen zur aristotelischen Theorie der Naturwissenschaft* (Berlin 1974). Eine gute Sammlung von Aufsätzen mit unterschiedlichen Beurteilungen des Aristoteles bei G. A. Seeck (Hrg.), *Die Naturphilosophie des Aristoteles* (u. *2.3.5*). Zur Prinzipienlehre H. J. Waschkies, «Die Prinzipien der griechischen Mathematik: Platon, Aristoteles, Proklos und Euklids Elemente», in: *Antike Naturwissenschaft und ihre Rezeption* 5 (Trier 1995) 91–153. – Die Rolle des Aristoteles in der Wissenschaftsgeschichte ist oft sehr kritisch beurteilt worden; bes. Naturwissenschaftler sahen gern (meist in Verkennung der historischen Gegebenheiten) in ihm einen Hemmschuh, der die wissenschaftliche Entwicklung über zweitausend Jahre blockiert habe (so etwa A. March, *Das neue Denken der modernen Physik,* Hamburg 1957, 18). Eine eingehendere Beschäftigung mit seinen Schriften läßt jedoch die Leistungen des Aristoteles sowohl auf dem Gebiet des begrifflichen Denkens wie auf dem Gebiet des systematischen Beobachtens (bes. im Bereich der Zoologie) erkennen.

2.3 Die Fachwissenschaften

2.3.1 Die Entstehung der Fachwissenschaften und ihre Methoden

Im Verlaufe des 4./5. Jh.s v. Chr. begannen sich einzelne Bereiche aus der ganzheitlichen Naturbetrachtung der Philosophie herauszulösen und zu selbständigen Fachdisziplinen zu emanzipieren. Als äußere Kriterien einer Fachwissenschaft sollen hier gelten, daß sie sich mit einem klar abgegrenzten Stoffgebiet befaßt, daß sie mehr oder weniger professionell betrieben wird, sich eine Terminologie schafft und ein Schrifttum produziert, das eine langfristige Weiterentwicklung ermöglicht. Diese Kriterien sind zu verschiedenen Zeiten in verschiedenen Bereichen in verschieden hohem Maße erfüllt worden, wobei die sich bildenden Fachwissenschaften nur teilweise den heute so bezeichneten Disziplinen entsprechen: Noch im 5. Jh. v. Chr. haben sich die Astronomie und die Mathematik weitgehend verselbständigt; der Ablösungsprozeß der Medizin läßt sich in der programmatischen Schrift *De vetere medicina* des *Corpus Hippocraticum* mitverfolgen, und von der Geographie kann man spätestens seit Eratosthenes (Anf. 3. Jh. v. Chr.) als von einer eigenständigen Disziplin sprechen. Die Biologie dagegen hat, trotz den eindrucksvollen Initialarbeiten des Aristoteles und Theophrast, keine weitere Entfaltung erfahren, und im Bereich der Physik sind zwar zahlreiche Einzelprobleme erörtert worden, aber eine als Einheit empfundene entsprechende Fachdisziplin hat es nie gegeben. Die Chemie oder besser Alchemie der Antike hat sich nie aus dem magisch-mythischen vorwissenschaftlichen Stadium lösen können.

Im Hinblick auf die Methodik der Fachwissenschaften ist von besonderer Bedeutung der Umstand, daß nun – je nach dem Gebiet – Beobachtungen, Messungen und sogar Experimente miteinbezogen werden. Bekannt sind aus dem 5. Jh. die Tonintervall-Experimente der Pythagoreer; im *Corpus Hippocraticum* findet sich zur Erklärung physiologischer Vorgänge eine Reihe von Modell-Experimenten. Stringentere Beweiskraft haben dann in hellenistischer Zeit etwa die Vakuum-Experimente bei Heron. Zu den verschiedenen Anwendungsbereichen und Beweisverfahren antiker Experimente ausführlicher A. Stückelberger, *Einf. in die ant. Natw.* [o. Vorbem.] 135 ff.

2.3.2 Mathematik

Zu den am frühesten selbständig gewordenen und wohl auch am weitesten entwickelten Wissenschaften gehört die Mathematik, die besonders auf dem Gebiet der Geometrie einen Höhepunkt erreichte, während sie in der Arithmetik infolge eines recht unzweckmäßigen Zahlensystems weiter zurückblieb.

In Arbeiten über die griechische (und auch vorgriechische) Mathematik werden zuweilen recht großzügig antike Aussagen in die moderne mathematische Formelsprache übertragen, was oft falsche Vorstellungen erweckt: Das Fehlen von Zahlziffern mit Stellenwerten, von Operationszeichen, Bruchstrichen, Gleichungen u. ä. machte es notwendig, Sachverhalte, die heute in einfache Formeln gefaßt werden können, recht umständlich zu umschreiben (vgl. u. die umstandliche Größenangabe von π durch Archimedes). Bezeichnenderweise hat man algebraische Aufgaben gerne mit Strecken- oder Flächengrößen gelöst und eine 'geometrische Algebra' entwickelt, die auch Aussagen über inkommensurable Größen ermöglichte (vgl. bes. Eucl. *El.* 2). Einen wesentlichen Fortschritt brachte hier erst im Hochmittelalter die Einführung unseres aus Indien stammenden, durch die Araber vermittelten Ziffernsystems.

Die Wurzeln der Disziplin reichen mit Thales von Milet bis in die früheste Vorsokratik zurück. Eine zentrale Rolle spielte die Mathematik im Kreise der Pythagoreer, wobei der Beitrag des legendenumrankten Meisters vom Gedankengut seiner Schüler (Hippasos von Metapont, Hippokrates von Chios, Philolaos von Kroton, Archytas von Tarent, Ende 5. Jh. / Anf. 4. Jh. v. Chr.) nicht mehr abgegrenzt werden kann. Ihnen verdanken wir die ersten mathematischen Lehrsätze und Beweise, so den 'Pythagorassatz' von der Flächensumme der Quadrate über den Katheten im rechtwinkligen Dreieck (Zuschreibung bei Procl. zu Eucl. *El.* 1,47) und den Beweis für die Winkelsumme im Dreieck (Procl. zu Eucl. *El.* 1,32), ferner die Konstruktion des Fünfecks und damit des Dodekaeders (Eucl. *El.* 4,11). Die Kenntnis aller fünf regelmäßigen, sog. 'platonischen' Körper wird dem Philolaos von Kroton zugeschrieben (*VS* 44 A 15). Die mathematischen Kenntnisse der Pythagoreer wurden Ende des 5. Jh.s v. Chr. von Hippokrates von Chios erstmals in einem Lehrbuch zusammengefaßt (*VS* 42 A 1).

Eine besondere Rolle spielte bei den Pythagoreern die Proportionenlehre. Die durch verschiedene Experimente untermauerte Entdeckung, daß sich Tonintervalle auf mathematische Proportionen zurückführen ließen, führte zu zahlreichen Zahlenspekulationen. Dabei stieß man fast zwangsläufig auf die beunruhigende Tatsache (einige Forscher sprechen sogar von 'Grundlagenkrise'), daß etwa in einem Quadrat Seite und Diagonale (1 : √2) und in einem Fünfeck Seite und Diagonale (√5 −1 : 2 = 'Goldener Schnitt') zueinander in einem 'unvergleichbaren' (inkommensurablen) Verhältnis (ἀσύμμετρα) stehen; d. h. hier wurde das Problem der irrationalen Zahlen (ἄλογοι ἀριθμοί) erkannt (Eucl. *El.* 10).

Zu den Pythagoreern grundlegend W. Burkert, *Weisheit und Wissenschaft. Studien zu Pythagoras, Philolaos und Platon* (Nürnberg 1962). − Zum Problem der Inkommensurabilität s. K. v. Fritz, «Die Entdeckung der Inkommensurabilität durch Hippasos von Metapont», in O. Becker, *Zur Gesch. d. gr. Math.* [2.3.2 a. E.] 271−307.

Bei Platon, der persönliche Kontakte mit den Mathematikern Theaitet von Athen und Eudoxos von Knidos pflegte, bildet die Mathematik als Musterbeispiel einer ἐπιστήμη einen festen Bestandteil im Bildungsprogramm. In seinen Dialogen finden Erörterungen mathematischer Fragen ihren Niederschlag: im *Menon* das Problem der Quadratverdoppelung, im *Theaitet* das der Quadrat- und Kubikzahlen. Weitere Fragen, mit denen sich die Mathematiker dieser Epoche befaßten, sind z. B. die Dreiteilung des Winkels, die Quadratur des Kreises und die Verdoppelung des Würfels (sog. 'delisches Problem'); dabei entwickelten sie Kurven zur Lösung von Problemen, die sich mit Zirkel und Lineal nicht bewältigen ließen.

Einen Höhepunkt stellen zweifellos die um 300 v. Chr. in Alexandria entstandenen, später erweiterten *Elementa* (Στοιχεῖα) des Euklid dar, ein umfassendes mathematisches Lehrbuch, das dank seiner vorbildlichen systematischen Darstellung die älteren Schriften weitgehend verdrängt und dann in den verschiedensten Übersetzungen ungeahnte Nachwirkung bis in die Neuzeit erfahren hat. Den Ausgangspunkt des bereits in der Antike reich kommentierten Werkes (Pappos/Proklos) bilden im 1. Buch die Definitionen (ὅροι), Postulate (αἰτήματα) und Axiome (κοιναὶ ἔννοιαι), von denen Schritt für Schritt weitere Folgerungen abgeleitet werden. Die planimetrischen Bücher 1−6 behandeln die Dreiecke (Kongruenzsätze), geometrische Algebra, Kreisgeometrie, Polygone und Proportionen; die mehr arithmetischen Bücher 7−10 befassen sich mit der Zahlentheorie (Teilbarkeit, Primzahlen, gerade/ungerade Z.; Irrationalität); die Bücher 11−13 sind der Stereometrie gewidmet (Polyeder, 5 regelmäßige Körper).

Zweifellos der genialste Mathematiker der Antike war Archimedes von Syrakus, der in Alexandria studierte und 212 v. Chr. bei der Eroberung seiner Vaterstadt durch die Römer umkam. Seine größten mathematischen Leistungen liegen auf dem Gebiet der sphärischen Geometrie, der Berechnung krummlinig begrenzter Flächen und krummflächig begrenzter Körper, wobei er die Exhaustionsmethode meisterhaft anzuwenden verstand. In seiner Schrift *De sphaera et cylindro* weist er nach, daß die Kugelfläche dem sie umschreibenden Zylindermantel gleich und das Volumenverhältnis von Zylinder, eingeschriebener Kugel und eingeschriebenem Kegel 3 : 2 : 1 ist (bezeichnend, daß auf seinem Grabmal, wie Cicero berichtet, Kugel und Zylinder abgebildet waren). Die 'archimedische Spirale' hat ihren Namen von den Ableitungen in *De spiralibus*. In seiner *Dimensio circuli* berechnet er die Zahl π mit Hilfe des ein- und umgeschriebenen 96-Polygons und erhält den Wert 3 10/70 > π > 3 10/71 (ergibt umgerechnet 3,1418). In einer geistreichen Schrift, dem 'Sandrechner' (Ψαμμίτης/*Arenarius*), entwirft er ein Zahlensystem zur Darstellung riesiger Zahlen, bei welchem die Zahlen in 10er-Potenzordnungen von der 1. bis zur 10^8ten Ordnung vorgeführt werden, wobei bereits die 2. Ordnung genügen würde, die von ihm errechnete Zahl von 10^{51} Sandkörnern, die im ganzen Universum Platz hätten, anzugeben.

Die Reihe der großen Mathematiker – abgesehen von nicht unbedeutenden Vertretern in der Spätantike – sei hier geschlossen mit Apollonios von Perge (um 200 v. Chr.), der vor allem durch sein ausführliches, teilweise nur arabisch erhaltenes Werk *Conica* (über Kegelschnitte) bekannt geworden ist: die B. 1–4 sind eine Art Lehrbuch über Kegel und Kegelschnitte (Parabel, Hyperbel, Ellipse), die B. 5–8 behandeln mehr spezielle Probleme.

Ein guter Überblick bei O. Becker, *Das mathematische Denken der Antike* (Göttingen 1957); ders. (Hrg.), *Zur Geschichte der griechischen Mathematik* (Darmstadt 1965; Sammlung von Aufsätzen); B. L. van der Waerden, *Erwachende Wissenschaft Bd. I: Ägyptische, babylonische und griechische Mathematik* (Basel [1]1956, [2]1966); A. Szabó, *Anfänge der griechischen Mathematik* (München 1969). Zur vorgriechischen Mathematik bes. O. Neugebauer, *The Exact Sciences in Antiquity* (Princeton [1]1952, [2]1957); H. Gericke, *Mathematik in Antike und Orient* (Berlin 1984).

2.3.3 Astronomie

Während in vorgriechischen Kulturen weitgehend praktische Bedürfnisse das Interesse am Sternenhimmel erweckten – in Ägypten die Vorausberechnung der mit dem Frühaufgang des Sirius zusammenfallenden Nilschwemme, in Babylon die astrologische Mantik, bei den phönizischen Seefahrern die Orientierung am Nachthimmel (Spuren davon *Od.* 5,271 ff.) –, hat sich in Griechenland schon früh die Astronomie als selbständige, weitgehend zweckfreie Wissenschaft etabliert. Ihr Ziel war es, die Phänomene am Himmel, insbesondere die Gestirnbewegungen, mit rationalen, möglichst mathematischen Mitteln zu erfassen und zu erklären; die Astrologie dagegen – terminologisch erst im 2. Jh. n. Chr. von der Astronomie abgegrenzt – spielte im wissenschaftlichen Bereich kaum eine Rolle.

Aus älterer Zeit sind nur vereinzelte Fakten überliefert, so etwa die Verwendung des Gnomon und Bestimmung der Sonnenwendepunkte durch Anaximander von Milet (o. *2.1.2*), die auf babylonische Tradition zurückreichende Kenntnis der Tierkreiszeichen bei Kleostratos von Tenedos (Ende 6. Jh. v. Chr.), die für die Kalenderreform von 432 v. Chr. notwendige Berechnung der Jahreslänge von 365 1/4 Tagen durch Meton von Athen, die das dauernd anpassungsbedürftige Mondjahr von 354 Tagen ablöste. Der erste in umfangreicheren Fragmenten faßbare Astronom ist der jüngere Zeitgenosse und Schüler Platons, Eudoxos von Knidos (ca. 391–338 v. Chr.). Ihren Höhepunkt erreichte die griechische Astronomie im hellenistischen

Alexandria, wo sich ein regelrechtes wissenschaftliches Zentrum bildete: Hier brachte Aristarch von Samos (ca. 310–230 v. Chr.) seine revolutionären Thesen vor, hier machte Hipparch von Nikaia (ca. 180–125 v. Chr.) seine Präzisionsmessungen (von beiden sind nur spärliche Spuren erhalten), hier lehrte schließlich Klaudios Ptolemaios, der um 150 n. Chr. das ganze astronomische Wissen in seiner umfassenden, vorbildlich gegliederten *Syntaxis mathematica*, dem später unter dem arabischen Titel *Almagest* bekannt gewordenen Werk, zusammengefaßt hat.

Die wissenschaftliche Bedeutung des Ptolemaios – auf astronomischem wie auf geographischem Gebiet – ist in jüngerer Zeit wiederholt in Frage gestellt worden (so bes. von B. L. van der Waerden, *2.3.3* a. E.). Dabei geht die Kritik an der Meßgenauigkeit oder an der Verwendung von älterem Datenmaterial oft von anachronistischen Erwartungen aus. Trotz (kaum vermeidbaren) Irrtümern und Ungenauigkeiten gibt es kein Werk der Antike, das an scharfsinniger Analyse und Reichhaltigkeit des Materials mit dem *Almagest* verglichen werden könnte.

Abgesehen von der nur am Rande betrachteten astrophysischen Frage nach der materiellen Beschaffenheit der Gestirne (etwa bei Anaxagoras *VS* 59 A 1 – hier ist die Sonne ein feuriger Klumpen und der Mond aus Erde – oder bei Aristoteles, *Cael.* 269a30ff., der den Himmelskörpern eine οὐσία σώματος ἄλλη θειοτέρα καὶ προτέρα zuschreibt) stehen zwei Problembereiche im Vordergrund: a) die Planetenbahnen, b) der Fixsternhimmel.

a) Bei den Planetenbahnen dürften die Griechen die Beobachtung, daß neben Sonne und Mond noch fünf weitere Sterne am Himmel recht seltsame Bewegungen ausführen, Schleifen bilden oder sogar rückwärts gehen, von den Babyloniern übernommen haben. Die älteste Erwähnung der fünf ἄστρα πλανητά ('Irrsterne') findet sich bei Platon, *Tim.* 38c, die älteste Nennung der Planetengötter (Hermes, Aphrodite, Ares, Zeus, Kronos) in der 'platonischen' *Epinomis* 987bf. Die ganze Antike hindurch bis zur Entdeckung der elliptischen Bahnen durch Kepler gilt der apriorische Grundsatz, «daß die bei den Planeten beobachteten Erscheinungen mittels gleichmäßiger Kreisbewegungen zu erklären seien» (so Platon nach Simplic. *In Arist. de caelo* p. 492f.; bestätigt bei Ptol. *Synt.* 9,2).

Ein derartiger Erklärungsversuch ist die sog. Sphärentheorie: Man dachte sich die Planeten auf verschiedenen, innerhalb der Fixsternsphäre konzentrisch um die im Mittelpunkt gelegene Erde angeordneten imaginären Kugelschalen angebracht. Da die 7 um die Erde sich drehenden Planetensphären, die Plato im Schlußmythos des *Staates* (10,616d) skizziert und die die populären Vorstellungen bis ins Mittelalter hinein prägten, nicht genügten, um etwa das Problem der Rückläufigkeit oder der Schleifenbildung der Planeten zu erklären, führte Eudoxos von Knidos weitere, um verschiedene Achsen sich drehende Sphären ein: für Sonne und Mond je 3, für die übrigen Planeten je 4, total 26. Bei Aristoteles, der durch die Einführung 'rückläufiger' Sphären ihre Anzahl auf 55 erhöhte (*Metaph.* 1074a11ff.), wird diese Erklärungsmethode absurd auf die Spitze getrieben. Zwei einfachere, kombinierbare Erklärungsmethoden legt im 3. Jh. v. Chr. Apollonios von Perge vor: die Epizyklentheorie und die Exzentertheorie. Immer unter Beibehaltung der apriorischen Kreisbewegungen läßt er die Planeten auf einem 'Aufkreis', dessen Zentrum sich auf einer Kreisbahn bewegt, rotieren, oder allenfalls auf Kreisen, deren Zentrum außerhalb des Ekliptikzentrums liegt. Die Methode, die Ptolemaios *Synt.* 12,1 ff. detailliert vorführt, erlaubt recht brauchbare Bahnberechnungen.

Die nach Abständen geordnete Reihenfolge der Planeten ist aus den tropischen Umlaufzeiten abgeleitet worden; sie betragen nach Ptol. *Synt.* 9,3 für Saturn 29J. 182T., für Jupiter 11J. 317T., für Mars 1J.312T., für Venus ca. 1J., für Merkur ca. 1J.; es fällt dabei auf, daß die Angaben für die äußeren Planeten sehr genau sind, während für die beiden inneren Planeten, deren besondere Stellung man durchaus erkannte (vgl. Vitr. 9,1,6), nach dem geozentrischen Modell keine brauchbaren Werte zu ermitteln waren.

Da aber auch mit der Epizyklentheorie den Planetenbahnen, besonders eben bei den inneren Planeten, nicht beizukommen war, stellte Aristarch von Samos die kühne Theorie auf, «daß die Fixsternsphäre fest stehe, die Erde aber in einem geneigten Kreis um die Sonne kreise und sich gleichzeitig um ihre eigenen Achse drehe» (Plut. *De fac.* 6,923A; vgl. Archim. *Aren.* 1,4f.). Daß sich diese verheißungsvolle Propagierung eines heliozentrischen Konzeptes, auf das sich später Kopernikus ausdrücklich berufen wird, gegenüber dem traditionellen geozentrischen Weltbild nicht durchsetzen konnte, ist vor allem den gewichtigen Einwänden des Ptolemaios zuzuschreiben, daß am Fixsternhimmel «keinerlei Veränderung in der Stellung der Fixsterne zueinander» festzustellen sei, d. h. daß keine Parallaxen nachweisbar seien (*Synt.* 1,6; vgl. 7,1).

b) Die Fixsternsphäre dachte man sich als geschlossene, sich um die Erde drehende Kugelschale, auf der die 'Fixsterne' ihren fixen Platz haben. Die archaische Vorstellung von einer 'Kristallsphäre' (Anaximenes A 14, Empedokles A 1), die in der Spätantike wieder populär wurde (etwa Probus *Ad Verg. Georg.* 1,336; Hieron. *Epist.* 64,18) und sich auf das Mittelalter übertragen hat, ist in der astronomischen Fachliteratur zu einem rein mathematisch verstandenen Modell geworden, wobei durchaus mit der Möglichkeit gerechnet wurde, «daß die Sterne nicht alle auf derselben Fläche liegen, sondern sich in teils größerer, teils geringerer Entfernung befinden» (Geminus 1,23).

Eine besondere Aufgabe bestand darin, sich am sternenübersäten Himmel zu orientieren. Als Hilfe dazu boten sich die Sternbilder (bar aller astrologischer Nebenbedeutungen) an, deren Vorlagen z. T. in vorgriechische Zeit zurückgehen. Eudoxos unternahm es, den gesamten Himmel in die später kanonisch gewordenen 48 Sternbilder einzuteilen (12 Bilder des Zodiakos, 21 Bilder nördl., 15 Bilder südl. des Zodiakos) und sie zur Veranschaulichung auf einem Himmelsglobus einzutragen, nach welchem Arat sein bekanntes Lehrgedicht verfaßte (*IV* 2.5.3).

Einen wesentlichen Fortschritt bedeutete am Anfang des 2. Jh.s v. Chr. die Einführung der 360°-Einteilung, die es erlaubte, die Positionen der Fixsterne genau zu bestimmen. Ein älterer Fixsternkatalog, den Hipparch um 150 v. Chr. zusammenstellte und der etwa 800 Sterne umfaßte, ist nur noch in Spuren faßbar. Ganz erhalten dagegen ist der Fixsternkatalog des Ptolemaios (*Synt.* 7,4–8,1), der 1022 Fixsterne, gegliedert nach den 48 Sternbildern, mit Positionsangaben in einem ekliptikalen Koordinatensystem bis auf 5 Bogenminuten genau und mit Helligkeitsangaben verzeichnet.

Das Geheimnis der oft erstaunlich genauen Meßdaten griechischer Astronomen beruht – in Ermangelung aller makroskopischen Geräte – auf Visiergeräten und Langzeitbeobachtungen: Mit dem Gnomon (einer einfachen Sonnennadel) ließen sich die Schiefe der Ekliptik (23°51′20″ nach Ptol. *Synt.* 1,15; cf. 1,12) und die Daten der Sonnenbahn berechnen (verschiedene Dauer des Winter- und Sommerhalbjahres: Ptol. *Synt.* 3,4). Mittels eines Meridiankreises mit Visiervorrichtung und unter Anwendung von Wasseruhren (bezeugt bei Kleomedes 2,1,12) wurden die Sternpositionen ermittelt. Ein in der Äquatorebene an einer Mauer angebrachter Metallring erlaubte es dem Hipparch, den Zeitpunkt der Äquinoktien genau zu bestimmen und daraus eine Jahreslänge von 365d 5h 55m 12s (Fehler +6m 34s) zu berechnen (Ptol. *Synt.* 3,1). Dank Vergleichen mit eineinhalb Jahrhunderte zurückliegenden Beobachtungen entdeckte derselbe – ohne dafür eine Erklärung zu haben – die Präzession des Äquinoktialpunktes, die er auf 1/80 Grad pro Jahr (richtig 1/72 Grad) berechnete (Ptol. *Synt.* 7,2).

Zur Veranschaulichung, aber auch zur Fixierung von Meßdaten wurden verschiedene Hilfsmittel entwickelt. Ein besonders raffiniertes Gerät war der von Hipparch konstruierte Präzessionsglobus, ein mit Gradeinteilung versehener Himmelsglobus, der sich dank zweier übereinanderliegender Halteringe um die Himmelsachse und um die Ekliptikpole drehen und so dem jeweiligen Stand der Präzession anpassen ließ (Ptol. *Synt.* 8,3). Wesentlich einfacher und verbreiteter war das Planisphärium, eine nordpolzentrierte Planprojektion des Sternhimmels, deren Konstruktion Ptolemaios in einer eigenen Schrift vorführt.

Von der früheren Fachliteratur noch immer lesenswert Th. Heath, *Aristarchus of Samos, The Ancient Copernicus* (Oxford 1913, ND 1981); aus neuerer Zeit mit weiterführenden Literaturangaben B. L. van der Waerden, *Die Astronomie der Griechen* (Darmstadt 1988; mit teilweise ungerechtfertigter Kritik an Ptolemaios); Abbildungen von antiken astronom. Hilfsmitteln bei A. Stückelberger, *Bild und Wort* [o. Vorbem.] 27 ff.

2.3.4 Geographie

Die infolge der griechischen Kolonisation sich über den ganzen Mittelmeer- und Schwarzmeerraum ausdehnenden Handelsbeziehungen ließen das Bedürfnis aufkommen, das noch von Homer geprägte mythische Erdbild durch gesicherte, auf Erfahrung beruhende Aufzeichnungen zu ersetzen. So entstand – wohl noch im 6. Jh. v. Chr. – die Gattung des *Periplus* bzw. der *Periegesis*, d. h. die ab und zu mit ethnographischen Angaben bereicherte Küstenbeschreibung. Im *Periplus* des Hekataios von Milet (um 500 v. Chr.), von dem zahlreiche Fragmente erhalten sind, ist ein erster Versuch faßbar, solche Küstenbeschreibungen zu einem geschlossenen Bild der Oikumene zu vereinigen: Er beschreibt den Küstenverlauf des Mittelmeer- und Schwarzmeerraumes – von Gibraltar beginnend, über Spanien, Italien, Griechenland, Thrakien, Pontos, Kleinasien, Syrien, Ägypten, Libyen bis wieder zu den Säulen des Herakles – mit zahlreichen Ortsangaben (*FGrHist* 1 F 36–372). Offenbar machte Hekataios bereits hier den Versuch, seine Angaben mit einer Scheibenkarte darzustellen, deren schematische, kreisrunde Form schon Herodot (4,36,2) kritisierte. Einen wesentlichen Fortschritt bedeutete die Ablösung von der Scheibenvorstellung durch die Entdeckung der Kugelgestalt der Erde. Sie dürfte Ende des 5. Jh.s v. Chr. im Kreise der Pythagoreer gemacht worden sein.

Philolaos von Kroton, der die Erde wie den Mond um ein Zentralfeuer kreisen läßt (*VS* 44 A 21), setzt die Kugelgestalt wohl voraus. Die älteste eindeutige Belegstelle findet sich bei Platon, *Phaidon* 110b, wo die Erde mit einem Lederball verglichen wird. Der älteste einwandfreie Beweis für die Kugelgestalt ist die Beobachtung bei Aristoteles, *De caelo* 297b24ff., daß bei Mondfinsternissen die Projektion des Erdschattens immer rund ist.

Eine Reihe von z. T. fabulösen, z. T. recht gut beglaubigten Entdeckerfahrten und Expeditionen erweiterte das griechische Bild von der Erde über das Mittelmeergebiet hinaus. Ob die Phönizier, die im Auftrag des ägyptischen Königs Necho (610–595 v. Chr.) Afrika umfahren sollten, tatsächlich an ihr Ziel gelangten, ist unsicher (vgl. Hdt. 4,42). An der Reise des Karthagers Hanno (um 500 v. Chr.) von Gibraltar bis etwa zum Golf von Guinea, von der ein detaillierter Bericht in griech. Sprache erhalten ist, kann kaum gezweifelt werden. Die Kenntnisse gegen Osten erweiterte der gut dokumentierte Indienfeldzug Alexanders d. Gr.; von besonderem Interesse ist hier ein tagebuchartiger Bericht seines Flottenadmirals Nearchos über die Rückfahrt von der Indusmündung zum Persischen Golf (bei Arrian, *Indica* 20–41). Bei der Expedition des Pytheas von Marseille (um 300 v. Chr.) über Gibraltar nach Britannien und Skandinavien (?) ist einzig das Ziel, die sagenhafte Insel Thule, ungeklärt; seine zutreffende Beschreibung der Mitternachtssonne (Cleom. *Mot. circ.* 1,7) beweist jedenfalls die Kenntnis weit im Norden liegender Regionen.

Eine umfassende fachwissenschaftliche Literatur der Geographie entwickelte sich erst in hellenistischer Zeit. Dabei sind mehr praxisorientierte länderkundliche Darstellungen für die Allgemeinheit zu unterscheiden von mehr mathematisch-geodätischen Schriften für die Fachwelt. Zu den letzteren gehören die *Geographica* des Eratosthenes von Kyrene (ca. 285–210 v. Chr.), ein leider nur in Fragmenten faßbares Hauptwerk der antiken Geographie. Sein Hauptverdienst besteht darin, daß er das zuvor noch recht unbestimmte geographische Weltbild auf mathematisch-astronomischen Grundlagen aufbaute. So stammt von ihm die genaueste Erdumfangsberechnung der Antike.

Dank Kleomedes, *De motu circulari* 1,10,3f. ist Eratosthenes' Berechnungsmethode gut bekannt: Er maß zur Zeit des Sommersolstitiums die Winkeldifferenz der einfallenden Sonnenstrahlen bei Syene (Assuan) und in Alexandria, und multiplizierte den erhaltenen Wert (1/50 des Kreisbogens) mit der Strecke Alexandria-Syene (5000 Stadien) und erhielt so – mit einer kleinen Aufrundung, um für 1 Grad 700 Stadien zu erhalten – 252000 Stadien; dies ergibt – je nach Umrechnung – mit dem ägyptischen Stadion von 157,5 m 39690 km, oder, mit dem längeren Stadion von 165,4 m gerechnet (das 1/5000 der Basisstrecke besser entspricht), 41680 km.

Eratosthenes' andere große Leistung besteht im Entwurf einer auf gesicherten Proportionen basierenden Weltkarte. In einem rechtwinkligen Koordinatensystem zieht er in unregelmäßigen Abständen Längen- und Breitengrade durch bestimmte Fixpunkte, so die west-östliche Hauptachse durch Gibraltar und Rhodos und den Hauptmeridian durch den Bosporus und Alexandria. Die ganze Oikumene umfaßt bei ihm in west-östlicher Ausdehnung von Spanien bis Indien 77800 Stadien, in süd-nördlicher Ausdehnung vom Innern Afrikas bis 'Thule' 38000 Stadien.

Eine wesentliche Aufgabe der Geographie bestand darin, gesicherte Positionsangaben einzelner Orte zu ermitteln. Die geogr. Breite ließ sich mit dem Schattenzeiger, dem Gnomon, verhältnismäßig einfach bestimmen (das Verhältnis von Schattenlänge zur Gnomonhöhe z. Zt. des Äquinoktiums entspricht dem Tangens der geogr. Breite; Reste von einem Schattenlängenverzeichnis bei Vitr. 9,7,1). Die Längenbestimmung gestaltete sich schwieriger. Es ist das Verdienst des Hipparch, für diese astronomische Ereignisse herangezogen zu haben, insbesondere die für alle Beobachter gleichzeitig, an verschiedenen Orten aber zu verschiedener Ortszeit eintretenden Mondfinsternisse, welche Rückschlüsse auf die Längendifferenz zuließen (Ptol. *Geogr.* 1,4,2).

Alle diese Angaben fanden, zusammen mit eigenen Beobachtungen, schließlich in der *Geographike hyphegesis* (um 150 n. Chr.) des Ptolemaios ihren Niederschlag. In diesem monumentalen Werk ist das ganze geographische Wissen der Antike zusammengefaßt; durch seine Wiederentdeckung an der Schwelle zur Neuzeit erregte es größtes Aufsehen. In den zwei ersten Büchern entwickelt Ptolemaios die methodischen Grundsätze für die Herstellung einer Erdkarte. Da die rechtwinklige Zylinderprojektion, die Eratosthenes verwendet hatte, zu störenden Verzerrungen führte, schlug Ptolemaios eine Kegelprojektion vor, welche die Strecken- und Flächenverhältnisse der Kugeloberfläche viel besser wiedergibt (1,21–24). Der Hauptteil der *Geographica* (2,2–7,4) umfaßt einen Ortskatalog von 8100 Örtlichkeiten (Städte, Flußmündungen, Vorgebirge usw.), die im heute noch gültigen Gradnetz nach Länge und Breite auf 5 Bogenminuten genau verzeichnet sind. Freilich ließ sich Ptolemaios' Absicht, sich möglichst auf astronomisch gesicherte Daten zu stützen, nur für die wenigsten Orte verwirklichen; besonders bei weiter entfernten Orten mußte er Reisebeschreibungen und Schätzungen heranziehen. Für spätere Zeiten hatte seine apriorische Vorstellung, daß die Oikumene in der Länge – von den Kap Verdischen Inseln bis nach Sera in China – volle 180 Grad umfasse, gravierende Folgen; die Längenangaben sind bei ihm demzufolge meist überdehnt.

Die der Geschichtswissenschaft näherstehende länderkundliche geographische Literatur, die mit den ethnographischen Exkursen bei Herodot anfängt und im 34. Buch der *Historiae* des Polybios fortgesetzt wird, findet ihren Höhepunkt in den 17 Büchern *Geographica* des Strabon (64 v. Chr.–20 n. Chr.). Darin werden in der üblich gewordenen Reihenfolge von Spanien über Gallien, Italien, Griechenland, Kleinasien, Ägypten, Afrika die einzelnen Länder mit zahlreichen topographischen, ethnographischen, mythologischen und kunstgeschichtlichen Angaben beschrieben.

Noch heute ausführlichste, in einzelnen Teilen überholte Gesamtdarstellung: H. Berger, *Geschichte der wissenschaftlichen Erdkunde der Griechen* (Leipzig ²1903); umfangreiches länderkundliches Material bei A. Forbiger, *Handbuch der alten Geographie*, 3 Bde. (Leipzig 1842/77, ND Graz 1966); ausführliche Bibliographie bei E. Olshausen, *Einführung in die historische Geographie der alten Welt* (Darmstadt 1991).

2.3.5 Biologie

Es ist das Verdienst des Aristoteles, Tiere und Pflanzen zum Gegenstand wissenschaftlicher Betrachtung gemacht zu haben (vgl. *Part. an.* 1,5, o. *2.2*), auch wenn sich Zoologie und Botanik in der Antike nie zu eigenständigen Fachdisziplinen weiterentwickelt haben.

Die zoologischen Schriften des Aristoteles haben keine systematische Erfassung der Tierwelt zum Ziel; sie sollen vielmehr durch Sammlung von Beobachtungen und vergleichende Betrachtung, bei denen das einzelne Tier ganz im Hintergrund steht, grundsätzliche Einsichten in das «künstlerische Schaffen der Natur» geben.

Ausgangspunkt waren zunächst Materialsammlungen wie die heute verlorene *Anatomie* (ein anatomischer Atlas mit Zeichnungen sezierter Tiere, den Aristoteles öfters zitiert) und die *Historia animalium*, eine Tierkunde, die im Quervergleich umfangreiches Faktenmaterial zum Bau der Körperteile, zur Fortpflanzung und zur Entwicklung der Tiere zusammenträgt; daß in der Fülle von z. T. bemerkenswerten Beobachtungen auch krasse Irrtümer vorkommen, ist verständlich. Die vier Bücher *De partibus animalium* haben mehr aitiologischen Charakter, sollen sie doch erklären, «aus welchen Gründen die einzelnen Körperteile so beschaffen sind» (646a10f.). Bestimmten Einzelfragen sind die Spezialschriften *De generatione animalium, De motu* und *De incessu animalium* gewidmet.

Ein wesentliches Ziel des Aristoteles war es, durch Beobachten der Verwandtschaften (κοινόν) und Unterschiede (διαφοραί) Einteilungskriterien für eine Klassifikation des Tierreiches zu ermitteln. Da Einteilungen nach Lebensraum, Fortbewegung oder Verhalten (*Hist.an.* 1,1) wenig sinnvoll erschienen, fand er in der Fortpflanzungsart und im Blutvorkommen aussagekräftigere Kriterien, die z. T. heute noch Gültigkeit haben. So unterscheidet er, ohne sich je auf eine definitive Klassifikation festzulegen, zwischen 'Bluttieren' (ἔναιμα/Wirbeltieren) und 'blutlosen T.' (*Hist.an.* 1,6); die ersteren unterteilt er in Lebendgebärende (Mensch, Vierfüßler, Wale), solche mit vollkommenem Ei (Vögel, Echsen) und solche mit unvollkommenem Ei (Fische) (*Gen.an.* 2,1). Bei den Blutlosen unterscheidet er die Weichtiere (μαλάκια), die weichschaligen (μαλακόστρακα), die hartschaligen (ὀστρακόδερμα) und die Insekten (ἔντομα) (*Hist.an.* 1,6).

Mit dieser 'Stufenleiter der Natur', die keineswegs starr ist, sondern Übergänge aufweist, ist fraglos auch eine Wertung verbunden, bei der der Mensch als das vollkommenste Wesen zuoberst steht, «denn er geht als einziges Lebewesen aufrecht, da seine Natur und sein Wesen göttlich sind. Die spezifische Funktion des göttlichen Lebewesens aber ist das Denken.» (*Part.an.* 4,10,686a27f.). Dagegen ist die ganze Einteilung nach dem Gesichtspunkt 'vollkommen – weniger vollkommen' fern von jedem evolutionistischen Ansatz und rein statisch gedacht.

Ein anderer wesentlicher Aspekt der aristotelischen Zoologie ist der vor allem in *De partibus animalium* zur Geltung kommende Teleologiegedanke: «In allem steckt etwas Natürliches und Schönes ... und in allem herrscht nicht blinder Zufall, sondern Zweckbestimmtheit (ἕνεκά τινος)» (*Part.an.* 1,5).

Oft wiederholt wird die Maxime «Die Natur macht nichts vergeblich» (z. B. *Part.an.* 658a9). So wird gezeigt, daß die Natur den einzelnen Tieren Mittel zum Überleben (πρὸς σωτηρίαν, 659b27), des Schutzes wegen (σκέπης χάριν) oder zur Wehr (ἕνεκεν βοηθείας) geschaffen habe (*Part.an.* 2,14), «denn die Natur hat den einen Krallen, den andern Zähne zum Kämpfen, und wieder anderen ein anderes Mittel zur Verteidigung gegeben, ... soweit sie nicht eine andere Schutzwehr zum Überleben gegeben hat wie Schnelligkeit den Pferden oder Körpergröße den Kamelen» (*Part.an.* 3,2).

Von erheblicher Tragweite für die Folgezeit war, daß Aristoteles die bereits bei den Vorsokratikern belegte Vorstellung (vgl. *VS* 68 B 5) der Spontangenese vertreten hat, daß nämlich «aus faulender Erde» (ἐκ γῆς σηπομένης) bei Hinzutreten von Wasser und Wärme spontan (αὐτομάτως) kleinere Tiere oder auch Pflanzen entstehen können (*Gen.an.* 715a25 u. ö.), eine angesichts fehlender mikroskopischer Beobachtungsmöglichkeiten verständliche Vorstellung, die sich über Vergil (*Georg.* 4,295 ff.) und Ovid (*Met.* 15,361 ff.) bis zu W. Harvey's These *omne vivum ex ovo* (1651) halten konnte.

Es gehörte zum Konzept des Aristoteles, daß von der Wissenschaft alle Dinge der Natur, neben den Tieren also auch die Pflanzen und leblosen Stoffe, erfaßt werden sollten (im *Corp. Arist.* ist ein indirekt überlieferter Traktat *De plantis* erhalten). Theophrast, sein bedeutendster Schüler, führte mit seinen botanischen Schriften und seinem ersten Entwurf einer Mineralogie dieses Konzept weiter, wobei er sich offenkundig an die aristotelische Zoologie anlehnt: Seine *Historia plantarum* ist – analog der *Historia animalium* – hauptsächlich eine morphologische Materialsammlung, welche die einzelnen Teile der Pflanzen vergleicht.

So gibt es auch hier ἶνες (Fasern), φλέβες (Gefäße), σάρξ (Fleisch), μυελός (Mark), während das ξύλον (Holz) den Knochen entspricht. In *H.plant.* 1,3,1 entwirft er eine Klassifikation der Pflanzen nach morphologischen Kriterien in δένδρα (Bäume), θάμνοι (Sträucher), φρύγανα (Stauden), πόαι (Kräuter/Gräser). Das mehr aitiologisch ausgerichtete Werk *De causis plantarum* hat in *De partibus animalium* bzw. in *De generatione animalium* sein Vorbild. Stark zur Geltung kommt der landwirtschaftlich-praktische Aspekt in der Beschreibung der Kulturpflanzen, der Pflege und Veredelung von Bäumen, des Anbaus von Getreide oder Reben oder der Verarbeitung von Hölzern.

Bei aller Anlehnung an Aristoteles scheint Theophrast aber noch mehr auf die αἴσθησις vertraut und allem Spekulativen gegenüber – etwa in der Frage nach Warm und Kalt (*C.plant.* 1,21,4) – Zurückhaltung geübt zu haben. So glaubt er zwar auch an die Möglichkeit einer Spontangenese, räumt aber ein, daß «sich all dies unserer Wahrnehmung entziehe», und sucht stattdessen nach rationaleren Erklärungen wie Samentransport durch Luft oder Wasser (*H.plant.* 3,1,4f.).

Von besonderem Interesse ist, daß Theophrast auf das Phänomen von spontanen Veränderungen von Pflanzen gestoßen ist: In *C.plant.* 2,3,1f. berichtet er von unerklärlichen, geradezu als τέρατα betrachteten plötzlichen Veränderungen von Früchten oder Bäumen. Zweifellos ist er damit dem Phänomen der biologischen Mutation auf die Spur gekommen, freilich ohne deren genetische Konstanz zu überprüfen und somit ohne deren Tragweite zu erkennen.

Es ist hier nicht der Ort zu erklären, weshalb die genialen biologischen Entwürfe des Aristoteles und des Theophrast in der Antike keine adäquate Weiterentwicklung gefunden haben. Jedenfalls beschränkte man sich in der Folgezeit darauf, Fakten ohne wissenschaftliche Ergründung zu exzerpieren und lexikalisieren, so etwa in dem umfangreichen Material, das Plinius in seiner recht sachlichen *Naturalis historia* oder Aelian in seiner mehr auf unterhaltsame Merkwürdigkeiten ausgerichteten *Natura animalium* zusammengetragen haben.

Aus neuerer Lit.: Änne Bäumer, *Geschichte der Biologie 1: Biologie von der Antike bis zur Renaissance* (Frankfurt a. M. 1991); D. M. Balme, «Development of Biology in Aristotle and Theophrastus», *Phronesis* 7 (1962) 91–104; W. Kullmann, *Wissenschaft und Methode* (oben *2.2*); G. A. Seeck (Hrg.), *Die Naturphilosophie des Aristoteles* (Darmstadt 1975); G. Senn, *Die Entwicklung der biologischen Forschungsmethode in der Antike und ihre grundsätzliche Förderung durch Theophrast von Eresos* (Aarau 1933); A. Stückelberger, «Urzeugung und Evolution. Zu antiken Vorstellungen von der Entstehung und Entwicklung des Lebens», demnächst in *ANRW II 37,4,2*); G. Wöhrle, *Theophrasts Methode in seinen botanischen Schriften* (Amsterdam 1985).

2.3.6 Medizin

Die Medizin gehört neben Mathematik und Astronomie zu den am frühesten eigenständig gewordenen, über eine eigene Schultradition verfügenden Fachdisziplinen. Ihre erste große Selbstdarstellung fand sie im *Corpus Hippocraticum* (*CH*), jener unter dem Namen des Hippokrates von Kos (ca. 460–380 v. Chr.) laufenden Sammlung von über 70 sehr verschiedenartigen Schriften, deren Großteil Ende des 5./Anf. des 4. Jh.s v. Chr. entstanden ist, von denen aber keine einzige mit Sicherheit dem Hippokrates zuweisbar ist (immerhin kann der Verfasser der recht grundlegenden Schrift *De natura hominis* mit Polybos, dem Schüler und Schwiegersohn des Hippokrates, identifiziert werden). Hier gibt es programmatische Schriften wie *De vetere medicina*, die den Ablösungsprozeß der Medizin aus der Bevormundung durch die Naturphilosophie dokumentiert (*2.3.1*), oder *De morbo sacro*, die sich von allen mystisch-magischen Praktiken distanziert und einen klaren Rationalismus propagiert, ferner notizbuchartige Aufzeichnungen von Ärzten, Sammlungen von Krankheitsgeschichten, aphoristische Lehrsatzsammlungen, Spezialschriften über Gynäkologie oder Knochenbrüche, aber auch abgerundete, grundsätzliche Darstellungen der koisch-hippokratischen Medizin. Daß im selben Corpus auch Schriften enthalten sind, die von einem ganz anderen, meist der knidischen Schule zugeordneten Krankheitsverständnis ausgehen, erhöht noch die Vielfalt.

Grundlage des hippokratischen Denkens ist die sog. Humoralpathologie, derzufolge die Gesundheit auf dem Gleichgewicht der Säfte im Körper beruht und eine Krankheit aus einer Störung dieses Gleichgewichts entsteht. Der locus classicus für diese Vorstellung ist *De nat. hom.* 4, wo die Vier-Säfte-Lehre voll entfaltet ist: Während in anderen Schriften meist nur von einer unbestimmten Anzahl von Säften die Rede ist (Blut, Galle und das recht undefinierbare φλέγμα = 'Schleim'), wird hier durch die künstliche Aufteilung der Galle in eine gelbe und eine 'schwarze' (μέλαινα χολή) eine recht schematische, in der Folgezeit aber kanonisch gewordene Vierzahl erreicht, die sich mit der Vierzahl der Elemente oder der Vierzahl der Grundqualitäten (kalt, warm, feucht, trocken) in Verbindung bringen ließ.

Aus der Vorstellung vom gestörten Gleichgewicht ergibt sich in der hippokratischen Medizin – im Gegensatz zu der mehr einzelne erkrankte Körperteile ins Auge fassenden knidischen Schule – eine **ganzheitliche Betrachtung** des Patienten: Bei der Diagnose werden minutiös alle Symptome, die individuelle Konstitution, Lebensgewohnheiten, Ausdrucksweise und das Verhalten, die Umwelteinflüsse beobachtet und beurteilt (vgl. *Epid.* 1,23). Folgerichtig ist die Therapie auf die Wiederherstellung des gestörten Gleichgewichtes ausgerichtet: Fehlende Stoffe werden durch geeignete Ernährung zugeführt – *De victu* 2,54f. führt eine lange Liste von Gemüsen und Früchten mit Angaben über deren Wirkung «wärmt, kältet, trocknet, feuchtet» vor –, überflüssige Stoffe werden abgeführt mittels Purgativa oder Vomitiva, gelegentlich durch Aderlaß. Besondere Aufmerksamkeit wird im präventiven Sinn der δίαιτα, der gesunden Lebensweise geschenkt, die neben der richtigen Ernährung auch die sinnvolle Abwechslung von Ruhe und Arbeit, die körperliche Ertüchtigung (*De victu* 2,61 ein ganzes 'Fitness-Programm') u. a. umfaßt.

Immer noch maßgebende Gesamtausgabe des *CH*: E. Littré, *Oeuvres complètes d'Hippocrate*, 10 Bde (Paris 1839–61; ND 1973–78); größere Teile auch im *Corpus Medicorum Graecorum* (*CMG*, Berlin), in der *Collection Budé* (Paris) und der *Loeb Class. Library* (London); gut erschlossen durch den *Index Hippocraticus* von J. H. Kühn – U. Fleischer (Göttingen 1986). Als erste Orientierung geeignet J. Jouanna, *Hippocrate* (Paris 1992).

Während sich die hippokratische Schule vor allem der inneren Medizin widmete und chirurgische Praktiken weitgehend auf Behandlung von Knochenbrüchen und Wunden beschränkte, rücken in der hellenistischen Medizin die Anatomie und die Chirurgie in den Vordergrund. Leider ist aus dieser Epoche keine einzige der vielen bezeugten Fachschriften auf uns gekommen; immerhin gestatten zahlreiche Fragmente sowie die Medizingeschichte bei Celsus und reiche archäologische Funde chirurgischer Instrumente wertvolle Einblicke in diese Glanzzeit der griechischen Medizin. Ihre Blüte erlebte sie in Alexandria, wo im 3. Jh. v. Chr. u. a. die bedeutendsten Chirurgen jener Zeit, Herophilos und Erasistratos, wirkten. Durch Humansektionen, gelegentlich sogar durch Vivisektionen an Verbrechern, die in der aufgeklärten Zeit der Ptolemäer möglich wurden (vgl. Cels. *De med.* prooem. 23f.), erwarb man neue anatomische Kenntnisse, die für die Weiterentwicklung der Chirurgie notwendig waren. In verschiedenen Quellen ist eine ganze Reihe von chirurgischen Eingriffen belegt: Augenoperationen (Pterygion und Starstechen), Kaiserschnitt, Laryngotomie, Phimose-, Kropf-, Blasenstein- und Bauchoperationen (bei Verwundungen) u. a. Dabei notwendige narkotisierende, adstringierende und antiseptische Mittel verzeichnet die Pharmakologie des Dioskurides. In hellenistischer Zeit hat man auch nach neuen Wegen zur Erklärung der Krankheiten gesucht: Erasistratos und nach ihm Asklepiades von Bithynien (ca. 130–70) haben eine antihippokratische, atomistische Pathologie entworfen, derzufolge Krankheiten durch kleinste Partikel entstehen, welche die Poren verstopfen (vgl. bes. Cael. Aurel. *Morb. ac.* 1,105–108).

Von den verschiedenen Medizinern der hellenistischen Zeit hat erst Herophilos eine adäquate Bearbeitung gefunden: H. von Staden, *Herophilus. The art of medicine in early Alexandria* (Cambridge 1989); gute Zusammenstellung weiterer chirurgischer Fragmente bei M. Michler, *Die alexandrinischen Chirurgen* (Wiesbaden 1968).

Auch in ihrer dritten Phase, der römischen Kaiserzeit, blieb die antike Medizin fest in griechischer Hand. Zwar bekämpften sich verschiedene Richtungen – Galen unterscheidet die Dogmatiker, Empiriker und Methodiker –, doch gemeinsam ist ihnen die griechische Sprache, wie etwa die erhaltenen Traktate des Soranos von Ephesos oder des Rufus von Ephesos (beide um 100 n. Chr.) zeigen. Ihren krönenden Abschluß findet nicht nur diese Epoche, sondern die ganze griechische Medizin im umfassenden Werk des Galen von Pergamon (129–ca. 200), das noch bis ins 16. Jh. maßgebend sein sollte. Wie er, neben seinen Reisen nach Rom, neben seiner vielseitigen Praxis als Gladiatorenarzt in Pergamon, dann als Hofarzt der Kaiser Marc Aurel und Verus dieses riesige, heute 20 Bände umfassende Corpus verfassen konnte, ist schwer nachvollziehbar. Galen hat gewissermaßen die hippokratische Medizin zur Vollendung gebracht. Seine zahlreichen Kommentare zu hippokratischen Schriften und selbständigen Abhandlungen zeigen ihn als klaren Vertreter der Humoralpathologie. Freilich hat er dazu die unterdessen gewonnenen anatomischen Kenntnisse miteinbezogen und durch ausgiebige eigene anatomische Studien (aber nie an menschlichen Leichen!) erweitert und so zusammen mit seiner reichen praktischen Erfahrung einen Kenntnisstand erreicht, der bis zur Erfindung des Mikroskops und den damit verbundenen ganz neuen Erklärungsmöglichkeiten von Krankheiten nicht übertroffen wurde.

Zur antiken Medizin insgesamt: guter Überblick bei Antje Krug, *Heilkunst und Heilkult* (München 1985); Ch. Lichtenthaeler, *Geschichte der Medizin Bd. I* (Köln ²1977); J. Longrigg, *Greek Rational Medicine* (London 1993); mehr philosophiegeschichtlich orientiert J. Schumacher, *Antike Medizin. Die naturphilosophischen Grundlagen der Medizin in der griechischen Antike* (Berlin ²1963); H. Flashar (Hrg.), *Antike Medizin* (Darmstadt 1971; Sammlung von Aufsätzen mit reichhaltiger Bibliographie). Weiterführende Bibliographie von H. Leitner, *Bibliography to the Ancient Medical Authors* (Bern 1973).

2.3.7 Physik (Technik)

Eine mit dem heute so bezeichneten Fachbereich vergleichbare eigenständige Disziplin 'Physik' hat es in der Antike nicht gegeben; die φυσική war zunächst ein Gebiet der Philosophie. Die besonders den vorsokratischen Naturphilosophen zukommende Bezeichnung φυσικός oder der Titel der ps.-aristotelischen Schrift Φυσικὰ προβλήματα beziehen sich auf eine viel umfassendere, Biologie und Theologie miteinbeziehende Naturbetrachtung. Gleichwohl sind in der Antike einzelne physikalische Probleme eingehend diskutiert worden.

Bereits in vorsokratischer Zeit hatte die Anziehungskraft des Magneten (μαγνῆτις λίθος) oder des Bernsteins (ἤλεκτρον) Aufmerksamkeit erweckt (Thales A 1,24; Demokrit A 165; später Plat. *Ion* 533d; *Tim.* 80c; Lucr. 6,906ff.). Zu heftigen Auseinandersetzungen führte die Vakuum-Frage: Die Diskussion um einen absolut leeren Raum, der von den Atomisten postuliert, von Aristoteles mit allen Mitteln des Scharfsinns bekämpft (bes. *Phys.* 4,6–9) und dann in dem wohl dem Straton von Lampsakos verpflichteten Prooemium von Herons *Pneumatika* mit verschiedenen Experimenten nachgewiesen wurde, sollte die Gemüter noch bis ins 17. Jh. erhitzen. Die von Aristoteles in *De caelo* und in den *Physica* entwickelten Fall- und Bewegungsgesetze, die später Galilei heftig kritisiert und die nach dem Standpunkt der unter idealen Bedingungen operierenden klassischen Physik tatsächlich falsch sind, erfassen durchaus auch richtige Sachverhalte, wenn man berücksichtigt, daß sie für einen realen Erfahrungsraum gelten, wo sich Reibung und Widerstand bemerkbar machen. Seine 'falsche' Behauptung, daß die Fallgeschwindigkeit proportional zum Gewicht sei (*De caelo* 290a1), trifft einen richtigen Aspekt, daß nämlich verschieden schwere Körper in einem Medium verschieden rasch fallen; seine Aussage, daß eine kontinuierliche horizontale Bewegung eine gleichmäßig einwirkende Kraft verlange (*Phys.* 249b30), entspricht der Erfahrung des Autofahrers.

Aus hellenistischer Zeit sind nur wenige eigentliche physikalische Fachschriften erhalten, darunter die Schriften des Archimedes zur Statik (*De planorum aequilibriis*), worin die Hebelgesetze entwickelt werden, und zur Hydrostatik (*De corporibus fluitantibus*), welche den Auftriebsgesetzen gewidmet ist.

In zwei Teilbereichen der Physik hat sich ein ausführliches Schrifttum entwickelt: in der Mechanik und der Optik. Im ältesten Werk, den im *Corpus Aristotelicum* überlieferten *Mechanica problemata* (etwa Anf. 3. Jh. v. Chr.) werden in loser Folge verschiedene physikalische Fragen aus der Praxis erörtert, bei denen es meistens darum geht, wie mit geringer Kraft eine große Wirkung erzielt werden kann; dabei werden in einer Einleitung grundsätzliche theoretische Überlegungen vorangestellt. Die späteren mechanischen Schriften, die *Mechanica syntaxis* und die *Belopoiica* des Philon von Byzanz (Ende 3. Jh. v. Chr.; in ihrer Tradition steht das 10. Buch von Vitruvs *De architectura*), die *Pneumatica* und *Automata* des Heron von Alexandria (wohl 1. Jh. n. Chr), die *Poliorcetica* des Apollodor von Damaskus (Anf. 2. Jh. n. Chr.) u. a. sind weitgehend auf die praktische Anwendung ausgerichtet: Es geht um technische Anleitungen zum Bau von Apparaten und Maschinen aus dem zivilen oder militärischen Bereich. Beachtenswert sind die teils zu rein spielerischen Zwecken, teils zu recht praktischen Anwendungen konstruierten Druckapparate des Heron, so die auf Ktesibios zurückgehende Wasserorgel (*Pneum.* 1,42) und die pumpenbetriebene Feuerspritze (*Pneum.* 1,28), die durch archäologische Funde bestätigt sind. In der Militärliteratur zeichnen sich die *Belopoiica* (Anleitungen zum Geschützbau) und die *Poliorcetica* (Anleitungen zum Bau von Belagerungsmaschinen) durch ihre überaus detaillierten, nicht selten mit Illustrationen ausgestatteten Konstruktionsbeschreibungen aus. – In der durch Schriften des Heron und Ptolemaios dokumentierten Optik sind die Dioptrik (Bau von Visiervorrichtungen und Nivelliergeräten) und die Katoptrik (Behandlung von Spiegelreflexen) zu unterscheiden. Beide Bereiche kamen dem Versuch entgegen, physikalische Erscheinungen mit mathematischen Gesetzen zu erfassen. Dagegen spielen etwa in der Naturphilosophie diskutierte physiologische Fragen über den Sehvorgang hier kaum eine Rolle. Ebenso wird das Problem der optischen Vergrößerung – immerhin bei Seneca *Nat.* 1,6,5 am Beispiel einer mit Wasser gefüllten Glaskugel erwähnt – nicht berücksichtigt.

Gute Gesamtdarstellung der weltanschaulich-theoretischen Grundlagen bei S. Sambursky, *Das physikalische Weltbild der Antike* (Zürich 1965). Für die mechanisch-technischen

Aspekte zuständig A. G. Drachmann, *The mechanical technology of Greek and Roman Antiquity* (Kopenhagen 1963); J. G. Landels, *Die Technik in der antiken Welt* (Zürich 1981); H. Schneider, *Einführung in die antike Technikgeschichte* (Darmstadt 1992); Ph. Fleury, *La mécanique de Vitruve* (Caen 1993).

2.3.8 Chemie / Alchemie

Auch der Bereich der Chemie bzw. Alchemie hat sich in der Antike – trotz einigen bemerkenswerten Ansätzen – nie zu einer Fachdisziplin von wissenschaftlichem Niveau entwickelt und sei daher hier nur kurz gestreift. Das in späthellenistisch-römischer Zeit entstandene *Corpus alchemisticum* setzt sich aus zwei ganz verschiedenen Komponenten zusammen: Auf der einen Seite stehen naturphilosophische Spekulationen, nicht selten durchsetzt mit mystisch-magischen Einschlägen, die auf vorsokratische und peripatetische Erörterungen über stoffliche Veränderungen zurückgehen (vgl. etwa die verlorene Schrift des Demokrit Περὶ χυμῶν oder das bezüglich Autorschaft umstrittene 4. Buch der aristotelischen *Meteorologica*). Ihre gemeinsame Grundlage ist die letztlich auf Aristoteles zurückgehende Transmutationslehre, die es als möglich erscheinen ließ, aus minderwertigen Stoffen Gold zu machen (χρυσοποιία). Atomistische Überlegungen spielen, trotz beliebter, aber unangebrachter Berufung auf Demokrit, nur ganz am Rande eine Rolle: bezeichnend etwa der Schrifttitel Δημοκρίτου φυσικὰ καὶ μυστικά. Auf der anderen Seite stehen rein empirisch gewonnene praktische Rezepte aus der Metallurgie, der Färberei und der Glasherstellung, die von einer reichen handwerklichen Erfahrung im Umgang mit verschiedenen Stoffen zeugen, so etwa Anweisungen zum Schreiben mit goldenen Buchstaben oder zur Herstellung von Edelsteinimitationen.

Immer noch maßgebend: M. Berthelot – C. E. Ruelle, *Collection des anciens alchimistes grecs* (Paris 1887/88; ND Osnabrück 1967); von der Neuausgabe von R. Halleux u. a., *Les alchimistes grecs*, sind bisher Bd. 1 (Paris 1981) u. Bd. 4 (Paris 1995) erschienen. Knappe Übersicht bei J. M. Stillmann, *The story of alchemy and early chemistry* (New York 1960).

VIII

Griechische Kunst

1 Archaische Zeit

WOLFRAM MARTINI

Vorbemerkung: Da hier nur ein Überblick mit einigen Akzentsetzungen, aber ohne ausreichendes Abbildungsmaterial geboten werden kann, sei auf einige grundlegende neuere und gut illustrierte Werke verwiesen. Allgemein: J. Boardman – J. Dörig – W. Fuchs, *Die griechische Kunst* (München 1966); K. Schefold, *Die Griechen und ihre Nachbarn. PropKG I* (Berlin 1967); M. Robertson; *A History of Greek Art* (London 1975); A. H. Borbein, *Das alte Griechenland* (München 1995). – Zu den einzelnen Gattungen: Erika Simon, *Die griechischen Vasen* (München 1981); R. Lullies, *Griechische Plastik* (München [4]1979); G. Gruben, *Die Tempel der Griechen* (Darmstadt [4]1986).

1.1 Einleitung

1.1.1 Der Gegenstand und seine Betrachtungsweise

Die griechische Kunst insgesamt umfaßt die künstlerisch gestalteten materiellen Hinterlassenschaften des griechischen Kulturraums vom 11. Jh. v. Chr. bis zum 7. Jh. n. Chr. Im Vordergrund stehen die Denkmäler, die den Menschen und seine unmittelbare Lebenswelt wiedergeben (Malerei und Plastik), und die Architektur. Die Grenzen zwischen mehr künstlerischer und mehr handwerklicher Gestaltung sind naturgemäß fließend, dies ist jedoch für eine Klassische Archäologie irrelevant, die sich heute nicht mehr so sehr der Erforschung der Geschichte der griechischen Kunst in der bis in die Gegenwart lebendigen Tradition J. J. Winckelmanns (*Geschichte der Kunst des Altertums,* 1764) widmet, sondern sich vielmehr einer umfassend kulturgeschichtlichen Fragestellung verpflichtet fühlt.

Die geschichtliche Bedingtheit der griechischen Kunst ist nicht mehr im Sinne einer autonomen teleologischen oder biologistischen Entwicklung, auch nicht im Sinne kausaler Abhängigkeit von historischen Veränderungen, sondern als eine Äußerung der sich zeitlich wandelnden kollektiven Mentalität der griechischen Gesellschaft zu verstehen. Der Stil der Bildwerke der bildenden Kunst, aber auch der Architektur ist als historisches Zeugnis zu begreifen, das nicht nur künstlerisch-ästhetische, sondern auch sozial- und mentalitätsgeschichtliche Vorstellungen der Griechen sowohl spiegelt als auch in einer intensiven Wechselbeziehung jeweils geprägt hat.

Zu methodischen Aspekten: T. Hölscher, «Die Nike der Messenier und Naupaktier in Olympia», *JDAI* 89 (1974) 70–111; ders., in: J. Assman – T. Hölscher (Hrgg.), *Kultur und Gedächtnis* (Frankfurt a. M. 1988) ; ders., *Die unheimliche Klassik der Griechen* (Bamberg 1989); P. Zanker, «Nouvelles orientations de la recherche en iconographie», *RA* 2 (1994) 281–293.

1.1.2 Zeitliche Gliederung

Die Benennung der hier zu betrachtenden Epoche der griechischen Kunst vom 11. bis frühen 5. Jh. v. Chr. ist uneinheitlich. In Anlehnung an Herodot und Thukydides wird hier mit "archaisch" (ἀρχαῖος = uranfänglich) der gesamte Zeitraum bezeichnet und in zwei Zeitabschnitte unterschiedlicher Formprinzipien unterteilt: die geometrische (1050–700 v. Chr.) und die archaische (700–480 v. Chr.) Epoche, die jeweils in die protogeometrische (1050–900 v. Chr.) und geometrische (900–700 v. Chr.) bzw. in die orientalisierende (700–620 v. Chr.) und archaische (620–480 v. Chr.) Phase untergliedert werden.

Diese uneinheitliche Terminologie spiegelt das grundsätzliche Problem der Stilabfolge wider: In der sog. subgeometrischen Phase lebt die Gestaltungsweise der geometrischen Epoche noch bis zur Mitte des 7. Jh.s v. Chr. weiter, in peripheren Kulturlandschaften sogar noch länger; bereits um 700 v. Chr. setzt jedoch ein neuer, der orientalisierende Stil ein. Für den Zeitraum eines halben Jahrhunderts existieren offenbar zwei Stile nebeneinander; dasselbe Phänomen kennzeichnet z. B. auch den Wechsel von der schwarz- zur rotfigurigen Maltechnik in der Keramik des 6. Jh.s v. Chr. gegen 530/20. Die alte Technik wird von einzelnen Werkstätten noch zwei Generationen bis in die Mitte des 5. Jh.s v. Chr. beibehalten. Unklar sind dabei die Ursachen sowohl für den Wechsel des Stils als auch für das Nebeneinander. Ist der neue Stil die Folge oder die Ursache des qualitativen Nachlassens des vorhergehenden Stils?

Warum überhaupt ein neuer Stil? Solange man in der von J. J. Winckelmann begründeten Tradition die griechische Kunst als zielgerichtete und autonome Entwicklung in Analogie zum Menschenleben oder allgemein zum biologischen Prinzip der Natur begreifen konnte, die von der archaischen Knospe über die klassische Blüte zum hellenistischen Verfall führte, stellte sich diese Frage nicht. Angesichts der vielen sachlichen Widersprüche zu dieser biologistischen Sicht und in Ermangelung eines alternativen Erklärungsmodells müssen diese Fragen offenbleiben. Einen gewissen Ansatz zum besseren Verständnis griechischer Kunst und ihres Stilpluralismus bietet die stärkere Beachtung ihrer inhaltlichen Aussage. Versteht man den Stil der Bildwerke nicht nur als künstlerisch ästhetische Form, sondern auch als Medium gesellschaftlicher Kommunikation, werden das Nebeneinander verschiedener Stile ebenso wie das Beharren auf einmal gefundenen und akzeptierten Stilformen und die Veränderung der Formensprache aufgrund gewandelter gesellschaftlicher Vorstellungen verständlich.

Allgemeine Darstellungen: F. Matz, *Geschichte der griechischen Kunst I. Die geometrische und die frietmrchmische Form* (Frankfurt a. M. 1950); E. Homann-Wedeking, *Das archaische Griechenland* (Baden-Baden 1966); P. Demargne, *Die Geburt der griechischen Kunst* (München ²1975) 269–400. – Zur zeitlichen Gliederung: G. Lippold, *Die griechische Plastik* (München 1950); J. Charbonneaux. *Das archaische Griechenland* (München 1969); J. Floren, *Die griechische Plastik. Bd. I. Die geometrische und archaische Zeit* (München 1987).

1.1.3 Räumliche Begrenzung

Ausgehend vom griechischen Festland einschließlich der Peloponnes und der Ägäis dehnt sich im Zuge der Handelsfahrten seit dem 9. Jh. v. Chr. und der 'Großen Kolonisation' des 8.–6. Jh.s v. Chr. der griechische Kulturraum im Westen bis zur iberischen Halbinsel, im Süden bis zur nordafrikanischen Küste und im Osten bis zur Levante aus.

T. J. Dunbabin, *The Greeks and their eastern neighbours* (London 1957); J. Boardman, *Kolonien und Handel der Griechen* (München 1981); D. Ridgway, *The first Western Greeks* (Cambridge 1992).

1.2 Die Denkmäler

1.2.1 Geometrische Epoche

Nach dem Zusammenbruch der mykenischen Kultur, der ersten europäischen Hochkultur auf griechischem Boden, versinkt Griechenland in eine Phase geringer allgemeiner und künstlerischer Produktivität. Aufgrund des Verlusts der meisten Kulturtechniken (z. B. Schrift, Quaderbau, künstlerische Gestaltung des Menschen und seiner Lebenswelt) und des damit verknüpften Mangels an historischen Zeugnissen hat man diesen Zeitraum von etwa 1100–700 v. Chr. 'Dark Ages' benannt; neuere Forschungen haben inzwischen wesentlich zur Erhellung dieser 'Dunklen Jahrhunderte' beigetragen. Dennoch ist das Ausmaß der Diskontinuität und Kontinuität zwischen der mykenischen und der griechisch geometrischen Kultur in vieler Hinsicht noch weitgehend ungeklärt. Der Kerameikos, die am besten erforschte Nekropole von Athen, dokumentiert exemplarisch durch den Beginn der Bestattungen gegen Ende des 12. Jh.s v. Chr. einen Neuanfang und durch das Nebeneinander von submykenischer und protogeometrischer Keramik die mykenische Tradition der neuen keramischen Produktion, deren dominantes Zentrum für die folgenden vier Jahrhunderte Athen sein wird.

A. Snodgrass, *The Dark Ages of Greece* (Edinburgh 1971); ders., *Archaic Greece* (London 1980); V. R. d'A. Desborough, *The Greek Dark Ages* (New York 1971); B. Schweitzer, *Die geometrische Kunst Griechenlands* (Köln 1969); Demargne, a. O.; J. N. Coldstream, *Geometric Greece* (London 1977).

Malerei: Die erhaltene Malerei des 11. bis 8. Jh.s v. Chr. beschränkt sich auf die Gefäße aus gebranntem Ton, auf deren helle Oberfläche in mykenischer Tradition mit Tonschlicker, der sich durch das Brennen dunkelbraun bis schwarz verfärbte, Ornamente und Figuren gemalt wurden. Wichtiges und entwicklungsgeschichtlich führendes Produktionszentrum ist Athen, doch sind diese Vasen (von lat. = Gefäß) im gesamten griechischen Kulturraum hergestellt worden.

Stellvertretend am Gefäßtypus der Bauchhenkelamphora (Abb. 1a und 1b) können das Alte und das Neue hinsichtlich Form und Dekor gegenüber der mykenischen Epoche veranschaulicht werden.

Abb. 1a. Submykenische Amphora.
Athen, Kerameikos. DAI Athen.

Abb. 1b. Protogeometrische Amphora.
Athen, Agora. DAI Athen.

Gegenüber dem kugelig gedrungenen mykenischen Gefäß ist das attische gestreckter, zusätzlich betont durch den hohen Hals mit weiter Mündung. Indem das attische Gefäß in der Henkelzone am weitesten auslädt, strafft sich die Gefäßkontur, und durch die damit verbundene Betonung der Vertikalen gewinnt das Gefäß eine feste Gefügtheit (Tektonik), die in der Dekoration durch die symmetrische Anordnung zur Mittelsenkrechten unterstützt wird. Die fast identischen Ornamente sind wesentlich sorgfältiger, die Halbkreise präzis wie mit dem Zirkel aufgetragen.

Dieses konsequent artikulierte Formgefüge und die geometrische Klarheit der Dekoration als distinktives Kennzeichen gegenüber der mykenischen Keramik sind Ausdruck eines neuartigen Formbewußtseins, das dieser Epoche ihren Namen gegeben hat. Die sich bereits abzeichnende Tendenz zur Streckung und zur sich nach oben verlagernden größten Ausladung der Gefäße setzt sich in den folgenden Jahrhunderten ebenso fort wie die 'geometrische' Dekorationsweise, die seit dem 9. Jh. v. Chr. die Gefäße immer stärker überzieht. Unterschiedliche Mäander, Strichgruppen, Zickzacklinien, Fischgrätenmuster, Rauten, Dreiecke etc. schmücken in horizontal umlaufenden Friesen die Gefäße vom Fuß bis zur Mündung.

Die kontinuierliche Tendenz zu einer gestreckten Gefäßform und zu einer netzartig verdichteten Dekoration ermöglicht eine typologische Anordnung der Gefäße durch die Jahrhunderte hindurch und damit eine relative Chronologie mit den Stufen Protogeometrisch (Früh-, Mittel-, Spät-) für das 11. und 10. Jh. v. Chr. und Geometrisch (Früh-, Mittel-, Spät-, Sub-) für das 9. bis 7. Jh. v. Chr. Geometrische Keramik an historisch datierten Fundplätzen im Vorderen Orient erlaubt die zeitlich absolute Verankerung der relativen Chronologie und ihrer einzelnen Phasen, so daß die wichtigsten Veränderungen historisch eingeordnet werden können.

Einen signifikanten Einschnitt in der Geschichte der griechischen Kunst stellt die Gestaltung von Mensch und Tier in vielfigurigen Bildfriesen dar, die – von einzelnen Pferden seit dem 10. Jh. v. Chr. abgesehen – um 770 v. Chr., dem Übergang von der Stufe Mittelgeometrisch II zu Spätgeometrisch I, das bis dahin rein ornamentale Dekorsystem der Tongefäße, aber auch der Schmuckbänder aus importiertem Gold zu bereichern beginnen. Exakte Parallelen auf Bildwerken des Vorderen Orients wie z. B. auf nordsyrischen Elfenbeinplättchen belegen die östliche Provenienz der Friese äsenden Damwilds oder gelagerter Steinböcke und spiegeln die seit dem 10. Jh. v. Chr. bezeugten griechisch-orientalischen Handelskontakte.

Die zum Teil monumentalen Prachtgefäße (bis 1,80 m hoch) mit überreicher ornamentaler Verzierung, die als aufwendige Grabmäler die Gräber in den Nekropolen markierten, tragen jetzt häufiger Bilder, die unmittelbar mit dem Tod zusammenhängen und wie andere Motive durch ägyptische Vorbilder angeregt sind. Die häufig dargestellte Aufbahrung des Toten (*prothesis*) mit den umstehenden Klagenden (vgl. Abb. 2a) und gelegentlich das Hinausfahren zum Grabmal (*ekphora*) mit dem Ehrengeleit vieler Gespanne (vgl. Abb. 2b) zeugen von der hohen Bedeutung dieser Ereignisse im Leben der Menschen dieser Epoche. Ergänzt werden diese toposhaften Bilder durch die möglichen Anlässe des Todes: Kampf zu Lande und zu Wasser, gegen wilde Tiere und gegen die Naturgewalt des Meeres, die mit dem Schiffbruch endet. Die Bewährung im Kampf von Mann gegen Mann, bei der Jagd oder gegen die Natur und der ehrenvolle Tod mit dem feierlichen Bestattungszeremoniell sind die dominanten Themen einer männlich bestimmten Lebenswelt, wie sie uns in den homerischen Epen, aber auch in der historischen Realität der 'Großen Kolonisation' mit den Fahrten über Meer und den kriegerischen Auseinandersetzungen mit Einheimischen entgegentritt.

Am häufigsten sind jedoch Bilder mutmaßlich kultischen Gehalts, die beliebten Reigentänze von Männern und Frauen mit Zweigen in den Händen und mit gelegentlicher musikalischer Begleitung durch einen Flöten- oder Leierspieler, wie sie uns aus dem Apollonhymnus zu Ehren dieses Gottes auf Delos überliefert sind; aber auch zur feierlichen Ehrung der Toten oder zur erheiternden Unterhaltung nach dem Gastmahl (*Od.* 8,246ff.) dienten Tanz und Musik.

Die Bildsprache scheint unbeholfen, primitiv, die Gestalt des Menschen aus wenigen Teilen schematisch zusammengesetzt (Abb. 2a): Auf den langen leicht eingeknickten Beinen im Profil steht auf seiner Spitze das Dreieck des vorderansichtigen Oberkörpers, aus dessen oberer Waagerechten, die den Kopf wieder im Profil trägt, geknickte Striche als angewinkelte Arme entspringen. Dieser schlichten Gestaltung steht jedoch die eindeutige Klagegebärde der die einzeln angegebenen Haare raufenden Hände gegenüber, die die Fähigkeit zu differenzierter Aussage veranschaulicht und dazu auffordert, sich intensiver mit dieser Gestaltungsweise auseinanderzusetzen. Noch primitiver scheinen die wagenfahrenden Krieger auf einem Krater derselben Zeit (Abb. 2b). Die Krieger sind aus dem großen, seitlich ausgeschnittenen Schild gestaltet, dem unten Beine mit kräftigen Waden, seitlich die strichartigen Arme und oben der Kopf mit langem Kinn (Bart), Auge und Helmbusch angefügt sind. Zugleich halten sie mit den Händen nicht nur die Zügel ihrer Zweigespanne, sondern auch das Kentron als wesentliches Mittel, um das Gespann anzutreiben.

Abb. 2a. Geometrische Amphora, Detail. Athen. Nat. Mus. DAI Athen.

Abb. 2b. Geometrischer Krater, Detail. Athen. Nat. Mus. DAI Athen.

In diesen Bildern findet eine strikte Konzentration auf das Wesentliche statt. Der Körper des Kriegers ist unwesentlich, deshalb kann er fehlen, das kleine Kentron dagegen nicht. Ähnliches gilt für die Darstellung des Wagens, dessen Ansichtigkeit für uns fast unverständlich ist, obwohl und eben weil der Vasenmaler den Wagen sorgfältig und vollständig wiedergegeben hat: Über den zwei Rädern befindet sich der Wagenkasten mit seitlichen Haltebügeln über dem Wagenkorb und einer großen Deichsel. Das hat nichts mit unserer Sehrealität zutun, sondern liest sich wie eine Beschreibung. Der Vasenmaler malt nicht das Bild eines Wagens oder Kriegers, sondern er beschreibt den Wagen oder den Krieger.

Betrachten wir erneut die menschliche Gestalt (Abb. 2a), an deren Verdrehung der Körperteile (sog. Wechselansichtigkeit) oder ihrer Ungleichgewichtigkeit im Gegensatz zur Natur der Betrachter besonderen Anstoß nehmen muß. Der homerischen Sprache mit ihren Epitheta entnehmen wir, daß die kraftvollen hurtigen Beine, deren Muskulatur und Beweglichkeit (Knickung) nur im Profil sichtbar ist, die breite d. h. mutige Brust, die nur in der Vorderansicht breit erscheint, oder die rollenden d. h. strahlenden, vitalen Augen für den Mann geometrischer Zeit bedeutsam waren und daher die Formgebung bedingen. Diese Gestaltungsweise in Bild und Wort beschreibt den Mann nicht in seiner physischen und geistigen Totalität als organisch Ganzes, sondern sie beschränkt sich auf seine wesentlichen Eigenschaften. Das sollte nicht als primitives Unvermögen, sondern als Konzentration auf das Mitteilenswerte verstanden werden. Nicht im Sinne fortschreitender Entwicklung, sondern um größerer inhaltlicher Klarheit willen wird in narrativer Weise z. B. durch die rockförmige Zusammenfassung der Beine Bekleidung und vermutlich auch Weiblichkeit angegeben oder durch die Geschlechtsmerkmale zwischen Mann und Frau differenziert.

Die sich in den Bildern des Menschen und seiner Grundsituationen oder auch in der Ausdifferenzierung des Gotteshauses (s. u.) äußernde geistige Entfaltung der ökonomisch durch die landwirtschaftliche und kriegerische Nutzung des Eisens wie auch den intensivierten Handel prosperierenden geometrischen Gesellschaft findet gegen Ende des 8. Jh.s v. Chr. in der bildlichen Gestaltung von Mythen auf den Vasen und in der Plastik einen ersten Höhepunkt. In ihrem Erinnern an eine heroische, mythische Vergangenheit sind sie Ausdruck historischen Bewußtseins, der Reflexion der Gesellschaft über sich selbst und bilden den Anfang von für die Gemeinschaft vorbildhafter Normsetzung.

V. R. d'A. Desborough, *Protogeometric Pottery* (Oxford 1952); W. Kraiker – K. Kübler, *Kerameikos I* (Berlin 1939). *IV* (1943). *V* (1954); J. N. Coldstream, *Greek Geometric Pottery* (London 1968); E. Buschor, *Griechische Vasen* (München ²1969); J. L. Benson, *Horse, Bird and Man* (Amherst 1970); Gudrun Ahlberg, *Prothesis and Ekphora in Greek Geometric Art* (Göteborg 1971); dies., *Fighting on land and sea* (Stockholm 1971); Ingeborg Scheibler, *Griechische Töpferkunst, Herstellung, Handel und Gebrauch der antiken Tongefäße* (München 1983). – Zum Beginn der Mythenbilder: K. Schefold, *Frühgriechische Sagenbilder* (München 1964); K. Fittschen, *Untersuchungen zum Beginn der Sagendarstellungen bei den Griechen* (Berlin 1969).

Plastik: Etwa gleichzeitig (SG I, ab 760 v. Chr.) und mit gleicher künstlerischer Artikulation setzt auch die plastische Gestaltung des Menschen und der Tiere in Bronze und gebranntem Ton (Terrakotta) ein. Nur wenige tönerne Bildwerke wie z. B. der Kentaur aus Lefkandi oder die Pferde auf großen Pyxiden lassen sich den vorhergehenden Jahrhunderten bisher zuweisen. Die aufwärts gewandten Gesichter der spätgeometrischen Kriegerstatuetten aus Bronze (Abb. 3), die meist schmückendes Beiwerk der monumentalen, in

Abb. 3. Geometrische Statuette aus Bronze. Athen, Nat. Mus. DAI Athen.

die Heiligtümer (Olympia, Samos) geweihten Dreifußkessel darstellen, spiegeln wiederum ebenso nordsyrischen Einfluß wie die seit dem 9. Jh. v. Chr. importierten Siegel oder die in Athen gefundenen Statuetten des späten 8. Jh.s v. Chr. aus Elfenbein (vgl. Abb. 5a). Diese am Typus der östlichen Astarte orientierten Statuetten der nackten weiblichen Gestalt sind die Vorboten einer naturnäheren künstlerischen Auseinandersetzung mit dem Menschenbild, auch wenn das Motiv der 'nackten Göttin' im archaischen Griechenland bald wieder aufgegeben wurde.

Diese kleinen Bilder des Menschen aus Ton, Bronze und Elfenbein, die als Grabbeigaben und vor allem als Weihgeschenke an die Götter erhalten sind, erlauben wie auf den Vasenbildern noch keine Scheidung in Mensch oder Gott; sie sind noch eins.

N. Himmelmann-Wildschütz, *Bemerkungen zur geometrischen Plastik* (Berlin 1964); N. Himmelmann, *Über bildende Kunst in der homerischen Gesellschaft* (Wiesbaden 1969); H. Jung, *Thronende und sitzende Götter. Zum griechischen Menschenbild in geometrischer und früharchaischer Zeit* (Bonn 1982); Floren (*1.1.2* a. E.).

Architektur: Auch erst in der 2. Hälfte des 8. Jh.s v. Chr. wandelt sich im griechischen Westen (Thermos, Eretria) wie im Osten (Samos) die für Gott wie Mensch gleiche schlichte Behausung des einräumigen rechteckigen Herdhauses mit mittiger Feuerstelle zum monumentalen Hekatompedon, dem rund 100 Fuß langen Bau mit mittlerer innerer Säulenstellung, von dessen Rückwand im mystischen Dunkel das Bild der Gottheit zum Altar vor dem Tempel blickte. Nach wie vor ruhten die lehmverputzten Flechtwerkwände auf niederen Sockeln aus unbehauenen Steinen, und nur die Größe und vielleicht den Vasen vergleichbare Dekormotive an den Außenwänden kennzeichneten das Haus der Gottheit. Tönerne Hausmodelle künden im Vorgriff auf die spätere Tempelarchitektur von der Kenntnis dem Bauwerk vorgestellter Säulen. In diesem Zeitraum beginnen auch die typischen lockeren Streusiedlungen gemäß der wachsenden Bevölkerung und Arbeitsteilung sich zu dichteren Wohnverbänden zu schließen; befestigte städtische Strukturen (Smyrna) bilden jedoch die seltene Ausnahme im griechischen Osten.

H. Drerup, *Archaeologia Homerica*. Kap. O. *Griechische Baukunst in geometrischer Zeit* (Göttingen 1969); F. Kolb, *Die Stadt im Altertum* (München 1984).

1.2.2 Die orientalisierende Epoche

Der intensivierte Seehandel, der wachsende Zustrom kostbarer orientalischer Güter in die Gräber (Athen) und vor allem in die Heiligtümer der Griechen (Samos, Olympia), die gewandelte sozioökonomische Situation und die intellektuelle Entfaltung öffnen Ende des 8. Jh.s v. Chr. die griechische Kunst für eine Vielfalt von Anregungen der östlichen Hochkulturen. Neue Technologien wie der Bronzehohlguß, die Elfenbeinschnitzerei, die Granulation oder die Bearbeitung von Kalkstein und Marmor werden ebenso übernommen wie neue Dekor- und Bildmotive und befördern eine tiefgreifende Veränderung des künstlerisch-handwerklichen Gestaltens. Dank ihrer geographischen Lage sind Kreta und Rhodos frühe Zentren der Rezeption orientalischen Formen- und Gedankenguts, in denen orientalische Handwerker neuartiges Bronzegerät und kostbaren Goldschmuck verfertigen.

F. Poulsen, *Der Orient und die frühgriechische Kunst* (Leipzig 1912); E. Akurgal, *Orient und Okzident* (Baden-Baden 1966); J. Boardman, *Kolonien und Handel der Griechen* (München 1981); P. Blome, *Die figürliche Bildwelt Kretas* (Mainz 1982); H. Matthäus, «Zur Rezeption orientalischer Kunst-, Kultur- und Lebensformen in Griechenland», in: K. Raaflaub (Hrg.), *Anfänge politischen Denkens in der Antike. Die nahöstlichen Kulturen und die Griechen* (München 1993) 165–186.

Malerei: Außer den Vasen sind auch im 7. Jh. v. Chr. kaum Zeugnisse der Malerei überliefert; das Perirrhanterion von Isthmia ist schlecht erhalten, die Metopen von Thermos sind teilweise hellenistisch restauriert.

Die traditionellen Gefäßformen werden mit einer Fülle häufig vegetabiler Ornamente und figürlicher Bildmotive des Vorderen Orients (Fabelwesen, Tiere, Tierkämpfe) überzogen; die toposhaften Bilder der 'Alltagswelt' weichen den Mythenbildern, unter denen die Kämpfe einzelner Heroen wie Perseus, Herakles oder Bellerophon im Vordergrund stehen. Ihr einsames Heldentum im Kampf gegen Ungeheuer, die den menschlichen Kosmos bedrohen, wird zur zentralen Thematik des 7. Jh.s v. Chr. und spiegelt ein neues Selbst- bewußtsein des Menschen. Seine Gestalt gewinnt an Größe, an naturnäherer Organik des Körpers und an Stofflichkeit z. B. der gelockten Haare oder der bunt gewebten Gewänder nach orientalischem Vorbild.

Während Athen diesen Tendenzen nur widerstrebend zu folgen scheint und seine bisherige Führungsposition einbüßt, bilden sich überall im ägäischen und ionischen Raum, vor allem aber in Korinth, innovative keramische Produk- tionszentren aus, unter denen das korinthische das gesamte Mittelmeer mit seinen charakteristisch geformten und dekorierten Gefäßen geradezu über- schwemmt. Auf meist kleineren, vermutlich für Duftöle dienenden Tongefäßen wie dem Aryballos, der Lekythos oder dem Alabastron, dessen ägyptische Pro- venienz im Namen fortlebt, entfalten sich miniaturistische Tierfriese orienta- lischer Herkunft neben selteneren heroischen Mythenbildern. Nach wie vor werden die Motive als dunkle Silhouetten aufgetragen, allerdings durch Rit- zung und zusätzliche keramische Farben (Rot, Weiß, seltener Gelb und Braun) verfeinert und bereichert, und bilden damit die handwerkliche Voraussetzung für eine künstlerisch wie inhaltlich stärker differenzierende Gestaltung des Menschen und seiner Umwelt.

Die wie das Bild des Löwen auch als Thema aus dem Orient übernommene Löwen- jagd auf der spätprotokorinthischen sog. Chigikanne in Rom (um 640/30 v. Chr.; Abb. 4) dokumentiert zwei Generationen nach der geometrischen Epoche eindrucksvoll die Fähig- keit der Vasenmaler zur komplexeren Wiedergabe des Geschehens.

Die weitausgreifenden Gebärden und Bewegungen und die großen Augen veranschau- lichen den Eifer und die Konzentration der teils im leichten Panzer, teils in verherr- lichender Nacktheit den Löwen bekämpfenden Männer, von denen der Löwe einen zu

Abb. 4. Protokorinthische Kanne. Rom, Villa Giulia. DAI Rom.

Boden gerissen hat und seine Zähne in den Oberkörper schlägt, so daß das dunkle Blut in zwei dicken Strömen wie Wellen eines Flusses herausströmt; vor Schmerz ballt das Opfer die Faust. Ihrerseits haben die Männer ihre leichten Speere in den Löwen gestoßen; dickes Blut quillt aus der Hinterhand, die Sprunggewalt auslöschend, und aus der dicht gelockten Mähne, das baldige Ende besiegelnd. Im Gegensatz zu dem orientalischen Motiv bezwingt nicht der Herrscher den König der Tiere in ihn adelndem Ritual, sondern edle Männer mit schön gelocktem langen Haar und zum Teil mit nackten Körper, der ihre verletzliche Schönheit versinnbildlicht, kämpfen von Angesicht zu Angesicht mit der gewaltigen, verderblichen Bestie auf Leben und Tod.

Die rasche Abfolge der stilistischen Veränderungen der Dekor- und Bildmotive und die weite Verbreitung dieser Keramik auch in den neu gegründeten Kolonien der Magna Graecia mit ihren überlieferten Gründungsdaten haben eine detaillierte Chronologie der protokorinthischen (725–625 v. Chr.) und nachfolgenden korinthischen (625–550 v. Chr.) Keramik ermöglicht, die das chronologische Rückgrat dieses Zeitraums bildet.

R. M. Cook, *Greek Painted Pottery* (London 1960); K. Kübler, *Altattische Malerei* (Tübingen 1950); H. G. G. Payne, *Protokorinthische Vasenmalerei* (Berlin 1933); D. A. Amyx, *Corinthian Vase-Painting of the Archaic Period* (Berkeley 1988); W. Schiering, *Werkstätten orientalisierender Keramik auf Rhodos* (Berlin 1957); W. Neeft, *Studies in the Chronology of Corinthian Pottery* (Amsterdam 1989).

Plastik: Unabhängig von der subgeometrischen Kleinplastik wie z. B. den traditionellen Bronzestatuetten, die in Olympia bis in die Mitte des 7. Jh.s v. Chr. geschaffen werden, entwickelt sich unter dem unmittelbaren Einfluß assyrischer, nordsyrischer oder ägyptischer Bildwerke aus Bronze oder Elfenbein und eingewanderter Handwerker aus diesen Regionen eine neue Gestaltungsweise, die durch einen naturhafteren, organischeren Körperbegriff gekennzeichnet ist. Viele dieser kleinen Statuetten oder Reliefs dokumentieren durch ihr Material wie z. B. Elfenbein, durch ihre Technologie, durch ihre Motive oder ihren Stil bis ans Ende des 7. Jh.s v. Chr. einen intensiven orientalischen Einfluß, der oft keine klare kunstlandschaftliche Zuordnung zuläßt. Hinsichtlich der unorganischen Proportionierung mit zu großem Kopf und fast verkümmerten Unterschenkeln bewahrt z. B. das auf Samos gefundene und meist der samischen Kunst zugewiesene Meisterwerk der Elfenbeinschnitzkunst des späten 7. Jh.s v. Chr., ein kniender Jüngling als Teil einer Leier, deutlich das vorderasiatische Erbe (Abb. 5b).

1.2 Die Denkmäler 595

Abb. 5b. Orientalisierende
Statuette aus Elfenbein.
Samos, Mus. DAI Athen.

Abb. 5a. Spätgeome-
trische Statuette
aus Elfenbein.
Athen, Nat. Mus.
(Athen, Nat. Mus.).

Abb. 5c. Dädalische Statue
aus Mamor.
Athen, Nat. Mus.
(Athen, Nat. Mus.).

Parallel dazu führen der Import von Tonplaketten der meist nackten Astarte und Elfenbeinreliefs mit der Herrin der Tiere aus dem Orient und seine
umfassende Rezeption in der griechischen Kunst zu einer intensiven künstlerischen Beschäftigung mit vor allem dem Frauenbild. Sie führt zu einer neuen,
genuin griechischen Formensprache, die nach dem mythischen Künstler Daidalos die Bezeichnung 'Dädalischer Stil' erhalten hat. In dieser Stilphase
(670–620 v. Chr.) wandelt sich das Bild des Menschen in der griechischen

Kunst grundlegend, indem offenbar unter ägyptischem Einfluß der Mensch jetzt in voller Lebensgröße aus unvergänglichem Material als gleichartiges Abbild seiner selbst gestaltet wird. Charakteristisch bereits für die älteste erhaltene, lebensgroße und rundplastische Skulptur, die von Nikandre der Artemis in Delos geweihte weibliche Statue aus naxischem Marmor aus der Zeit um 660 v. Chr. (Abb. 5c), sind der klare, fest gefügte Aufbau mit deutlicher Taille, die fast starre Aufgerichtetheit, die durch die geradlinig herabhängenden, fest an den Körper gepreßten Arme noch unterstrichen wird, die strenge Frontalität und die das dreieckige Gesicht als antithetische Dreiecke rahmenden, herabfallenden langen Haare, die sog. Etagenperücke, die auch die selteneren Männerbilder schmückt. Etwa gleichzeitige und gleichartige Statuen von Frauen auf Kreta oder Samos lassen zwar keine entwicklungsgeschichtliche Priorität erkennen, weisen jedoch auf die besondere Bedeutung dieser insularen östlichen Zentren für die Genese der weiblichen griechischen Großplastik hin.

E. Homann-Wedeking, *Die Anfänge der archaischen Großplastik* (Berlin 1950); C. Davaras, *Die Statue aus Astritsi* (Bern 1972); A. C. Brookes, *The Chronology and Development of Daedalic Sculpture* (Ann Arbor–London 1978); J. Boardman, *Griechische Plastik. Die archaische Zeit* (Mainz 1981); Floren (*1.1.2* a. E.); W. Martini, *Die archaische Plastik der Griechen* (Darmstadt 1990).

Architektur: Wie in der Plastik vollzieht sich auch in der sakralen Architektur als wichtigster Bauaufgabe ein entscheidender Umbruch. Bereits in der 1. Hälfte des 7. Jh.s v. Chr. wird der Apollontempel in Korinth in der im Vorderen Orient üblichen Quaderbautechnik aus sorgfältig zubehauenen Blöcken errichtet. Wenig später gewinnt das Gotteshaus seine künftige Gestalt durch die den schlichten Kernbau in mykenischer Tradition (Megaron) umgebende Säulenhalle (Abb. 6), die von der ägyptischen Sakralarchitektur angeregt ist.

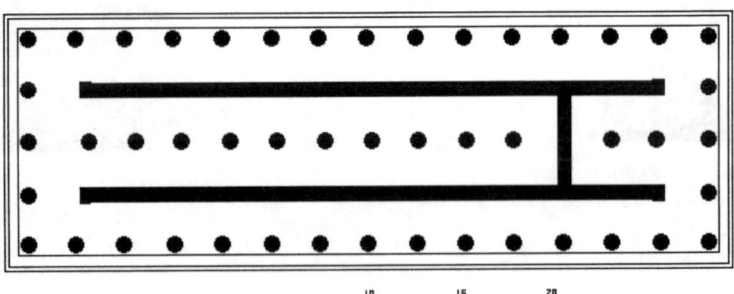

Abb. 6. Archaischer Apollontempel in Thermos.
Nach: Knell, *Grundz. d. griech. Architektur* (1980) Abb. 9.

Bei diesen frühen Ringhallentempeln beschränkt sich die Verwendung der aufwendigen Quader auf die Fundamente und den Cellasockel, während das aufgehende Mauerwerk aus Lehmziegeln und die Säulen, das Gebälk und der Dachstuhl des allseitig gewalmten Daches aus Holz gefügt sind; die Giebel an den Schmalseiten werden erst später – nach Pindar (*Ol.* 13,21f.) in Korinth –

'erfunden'. Aus dieser Holzarchitektur erwächst die kanonische dorische Bauordnung, die erst im 6. Jh. v. Chr. in Stein realisiert wird (vgl. Abb. 14). Zuvor wird das hölzerne Gebälk durch bunt bemalte gebrannte Tonplatten (z. B. Metopen in Thermos) verkleidet; monumentale ornamentale oder figürliche Akrotere und Antefixe, ebenfalls aus farbig gefaßter Terrakotta, schmücken die Firste und Traufen. Nur wenig später entsteht im ionischen Gebiet, im Heraheiligtum auf Samos, neben einem 100 Fuß langen Peripteros eine freistehende Säulenhalle, die den Anfang dieses für die griechische Architektur so charakteristischen Bautyps markiert.

Der Beginn der monumentalen Ringhallentempelarchitektur und damit die distinktive Trennung zwischen dem Haus des Gottes und dem des Menschen koinzidieren mit dem ersten Auftreten des lebensgroßen Abbilds des Menschen aus unvergänglichem Material im Heiligtum. Darin spiegelt sich sowohl das Sich-selbst-Bewußtwerden des einzelnen in der Kultgemeinschaft als auch die gemeinsame Leistung für die Gottheit und legt damit die Grundlagen für eine weitere Verdichtung der Siedlungen zu urbanen Zentren.

G. Gruben, *Die Tempel der Griechen* (Darmstadt [4]1986); H. Knell, *Grundzüge der griechischen Architektur* (Darmstadt 1980); hinsichtlich der Chronologie und Genese des Ringhallentempels sind beide Werke überholt, vgl. A. Mallwitz, «Kritisches zur Architektur Griechenlands im 8. und 7. Jahrhunder», *AA* (1981) 599–642; W. Martini, «Vom Herdhaus zum Peripteros», *JDAI* 101 (1986) 23–36.

1.2.3 Archaische Epoche

Die intensive, bereitwillig rezipierende Auseinandersetzung nicht nur mit der Kunst des Vorderen Orients schwächt sich im späten 7. Jh. v. Chr. ab, und das Nebeneinander verschiedener Stiltendenzen mündet in ein einheitliches Formprinzip, das als solches von den nach wie vor virulenten orientalischen Einwirkungen nicht mehr beeinflußt wird. Insofern erscheint es schlüssig, die durch dieses Formprinzip geprägte Phase von 620–480 v. Chr. von der vorangehenden Experimentierphase abzugrenzen und als archaisch im engeren Sinn zu bezeichnen. Das 7. Jh. v. Chr. ist die Zeit der Findungen dessen, was im 6. Jh. v. Chr. für die griechische Kultur teilweise dauerhaft normativ werden wird: Sei es der Peripteros (vgl. Abb. 15), seien es die Leittypen des archaischen Menschenbilds, der nackte Kuros (vgl. Abb. 9) und die bekleidete Kore (vgl. Abb. 5c), sei es die rein anthropomorphe Gestaltung der Götter.

Diese wachsende Normierung in allen Lebensbereichen weit über die Kunst hinaus ist die besondere Leistung der archaischen Phase und Ausdruck einer sich im gesamten griechischen Kulturraum formierenden kulturellen Gemeinschaft. Trotz ihres normativen Charakters vollzieht sich in der archaischen Kunst ein durch die Dialektik von Tradition und Innovation bestimmter, dynamischer künstlerischer Entfaltungsprozeß, der seit dem späten 6. Jh. v. Chr. in einem spannungsvollen Nebeneinander des archaischen und des neuen, auf das Klassische vorausweisenden Formprinzips verläuft und schließlich in der Zeit der Perserkriege (490–480 v. Chr.) das neue Menschenbild der Klassik hervorbringt.

Charbonneaux a. O.; Snodgrass a. O.; Martini a. O.; A. H. Borbein, «Tendenzen der Stilgeschichte der bildenden Kunst und politisch-soziale Entwicklungen zwischen Kleisthenes und Perikles», in: W. Schuller – W. Hoepfner – E. L. Schwandner (Hrgg.), *Demokratie und Architektur* (München 1989) 91–108.

Malerei: Gegen 625 v. Chr. gehen aus der protokorinthischen wie der protoattischen Vasenmalerei die korinthische bzw. die attisch-schwarzfigurige Maltechnik in enger Anlehnung an das korinthische Vorbild hervor. Auch in Athen verfeinern die Vasenmaler jetzt die aus dem Protokorinthischen übernommenen Tierfriese und Ornamente durch aufgesetzte Weiß- und Rottöne und eine detaillierte Binnenritzung und lösen sich nach gut einem halben Jahrhundert durch großformatige Bilder des Menschen, der Heroen und der Götter von dem korinthischen Einfluß.

Während der Gorgo-Maler (600–580 v. Chr.), benannt nach seiner eindrucksvollen Verfolgung des Perseus durch die Gorgonen (Paris, Louvre), noch stark korinthisch geprägt ist, gibt der berühmte Françoiskrater des Kleitias in Florenz (um 570 v. Chr.) durch seinen Bilderreichtum verschiedenster Mythen bereits das besondere Interesse der attischen Vasenmaler an der menschlichen Gestalt zu erkennen, die künftig die Vasenbilder beherrschen wird. Zugleich spiegeln die sorgfältigen Beischriften aller Figuren und einzelner Gegenstände die große Erzählfreude dieser Zeit. Zunehmend tritt auf den zum großen Teil mit dem festlichen Weingenuß verbundenen Gefäßen die Lebenswelt des Adels mit Jagd und Krieg, sportlichem Training in der Palästra und Geselligkeit beim Symposion neben das heroische Thema des Trojanischen Kriegs (vgl. Abb. 7) oder die heiter ekstatische Sphäre des Wein- und Vegetationsgottes Dionysos.

Lydos (560–540 v. Chr.), Amasis (560–525 v. Chr.) und Exekias (545–525 v. Chr.) sind die herausragenden Persönlichkeiten oder Werkstätten, die den Stil ihrer Zeit prägen. Seit dieser Zeit dominiert der attische Stil über die zahlreichen anderen Produktionsstätten im ionischen (chiotische, milesische, rhodische und samische Keramik), mutterländischen (böotische, chalkidische, lakonische Keramik) oder westgriechischen Gebiet (Caeretaner Hydrien). Kennzeichnend für die archaische Zeit ist die drastische Erzählweise, die eine entsprechende Mentalität der Gesellschaft ahnen läßt.

Auf einer Amphora des Lydos in Berlin (Abb. 7; um 540 v. Chr.) mit einem Ausschnitt aus der *Iliupersis* schickt sich der schwer gewappnete Neoptolemos an, den auf einem Altar göttlichen Schutz suchenden Priamos in königlicher Tracht zu erschlagen, wie dies einem Trojaner zu seinen Füßen bereits geschehen ist; die grausame 'Waffe' in Neoptolemos Rechten ist Priamos' Enkel Astyanax! Vergeblich flehen Priamos und die beiden weißhäutigen Frauen mit ihren reich ornamentierten und farbigen Gewändern um Gnade. Links davon bedroht Menelaos mit blankem Schwert seine treulose Gemahlin Helena, blutige Rache androhend, obwohl sie mit der charakteristischen bräutlichen Gebärde sich öffnend ihm ehrerbietig entgegentritt. In für uns befremdlichem Kontrast zur Panzerung sind Geschlecht und Gesäß des mitleidlosen Neoptolemos entblößt; ungeachtet seines Handelns kennzeichnet ihn seine so betonte Nacktheit ebenso als schön und edel, wie die kostbare

1.2 Die Denkmäler   599

Abb. 7. Archaische Amphora des Lydos, Detail. Berlin, Antikenslg.
Nach: Buschor, *Griech. Vasen* (1940) Abb. 130.

Gewandung die Frauen adelt. Kraftvolle männliche Gewalt und schöne weibliche Schicksalsergebenheit spiegeln als eindeutige Konnotationen die Mentalität dieser Gesellschaft.

Um 530/20 v. Chr. eröffnet der Wechsel der Maltechnik in Athen zum 'Rotfigurigen' Stil neue künstlerische Möglichkeiten. An die Stelle der schwarzen Silhouette der Figuren tritt jetzt ihre tongrundige Aussparung auf dem sonst schwarzen Gefäßkörper. Die steife Ritzung wird durch die schwungvolle feine Linie mit dem Haarpinsel ersetzt, die kräftiger oder blasser eine differenzierte Binnengliederung und dadurch eine körperhaftere Gestaltung ermöglicht. Wie in der gleichzeitigen Plastik finden sich bereits um 510 v. Chr. bei Euthymides (München 2307) oder Euphronios (Abb. 8; Berlin F 2180)

Abb. 8. Archaischer Kelchkrater des Euphronios, Detail. Berlin, Antikenslg.
(Berlin, Antikenslg.).

Studien zu organischeren Bewegungsabläufen und repräsentieren darin den Wandel von der Archaik zur Klassik.

Das in archaischer Zeit sehr geschätzte Thema des sportlichen Trainings in der Palästra hat Euphronios genutzt, um den nackten Jünglingskörper in verschiedenen Posen zu präsentieren. Im Gegensatz zu dem vorher üblichen 'Umklappen' der Körperteile um jeweils 90 Grad (vgl. Abb. 7) wird jetzt der menschliche Körper als geschlossener Organismus empfunden und gestaltet.

Aus der 'großen' Malerei ist nur wenig überliefert wie z. B. die 'Tomba del Tuffatore' in Paestum (um 480 v. Chr.); sie steht abgesehen von der eindrucksvollen plakativen Farbigkeit ungebrochener leuchtender Farbtöne der attischen Vasenmalerei formal und stilistisch recht nah und läßt etwas von der Farbfreudigkeit der archaischen Kunst ahnen.

A. Rumpf, *Malerei und Zeichnung. Hdb. der Archäologie* 4,1 (München 1953); R. M. Cook a. O.; Erika Simon a. O.; A. Rumpf, *Chalkidische Vasen* (Berlin–Leipzig 1927); C. M. Stibbe, *Lakonische Vasenmaler des 6. Jh.s v. Chr.* (Amsterdam–London 1972); J. M. Hemelrijk, *Caeretan Hydriae* (Mainz 1984). – Speziell attische Keramik: J. D. Beazley, *Attic Black-Figure Vase-Painters* (Oxford 1956); ders., *Attic Red-Figure Vase-Painters* (Oxford ²1963); J. Boardman, *Schwarzfigurige Vasen aus Athen* (Mainz 1977); ders., *Rotfigurige Vasen aus Athen. Die archaische Zeit* (Mainz 1981). – Zur Farbe: Elena Walter-Karydi, in: Karin Braun – A. Furtwängler (Hrgg.), *Studien zur klassischen Archäologie. Fr. Hiller zu seinem 60. Geburtstag* (Saarbrücken 1986) 23–37.

Plastik: Nach unsicheren Vorstufen im späten 7. Jh. v. Chr. entsteht bald nach 600 v. Chr. etwa gleichzeitig in Athen, Delos und Samos das überlebensgroße Abbild des jugendlichen Mannes aus unvergänglichem Marmor. Seine anfangs zum Teil übermenschlichen Dimensionen (bis 10 m Höhe) gehen ebenso wie der Statuentypus auf ägyptische Anregungen zurück.

Der Typus der frontal dem Betrachter zugewandten, aufrecht stehenden männlichen Gestalt (Abb. 9) mit stets vorgesetztem linken Bein und regelhaft seitlich am Körper anliegenden, leicht angewinkelten Armen folgt bis ins Detail der locker um ein Füllelement geschlossenen Hände ägyptischer Skulpturen. So eng der griechische Bildhauer am Anfang der männlichen Großplastik am Ende des 7. Jh.s v. Chr. z. B. auch hinsichtlich der handwerklichen Technik einschließlich der Proportionierung dem ägyptischen Vorbild auch folgt, so deutlich sind aber auch die signifikanten Unterschiede.

Durch den Verzicht auf die übliche Rückenstütze, durch die Verlagerung des Körpergewichts auf beide Beine mit der einhergehenden straffen Aufgerichtetheit und durch die Dynamik ausstrahlende Betonung der Muskulatur spiegeln die griechischen Kuroi ein völlig anderes Menschenbild, das durch ein In-sich-ruhen und kraftvolle Aktivität gekennzeichnet ist. Ebenso signifikant ist das Fehlen von Trachtelementen, die den Rang des Dargestellten bezeichnen; stattdessen erscheint der Kuros in seiner jugendlichen Nacktheit als ein auf sein Menschsein konzentriertes Idealbild des griechischen Mannes. Den einzig nennenswerten Schmuck neben der jugendlich-kraftvollen unverhüllten Körperlichkeit bildet das sorgsam frisierte Haar, das wie in Perlenreihen lang über die Schultern herabfällt.

Diesem Leittypus der männlichen Gestalt in archaischer Zeit steht das weibliche Idealbild, die Kore, das junge Mädchen, gegenüber, das sich signifikant unterscheidet (Abb. 10). Das kostbare und schmuckhafte Gewand entzieht die weibliche Körperlichkeit weitgehend dem Blick des Betrachters; die geschlossene Beinhaltung und der vor den Oberkörper gelegte Arm mit einem Geschenk an die Gottheit in der Hand signalisieren wesenhafte

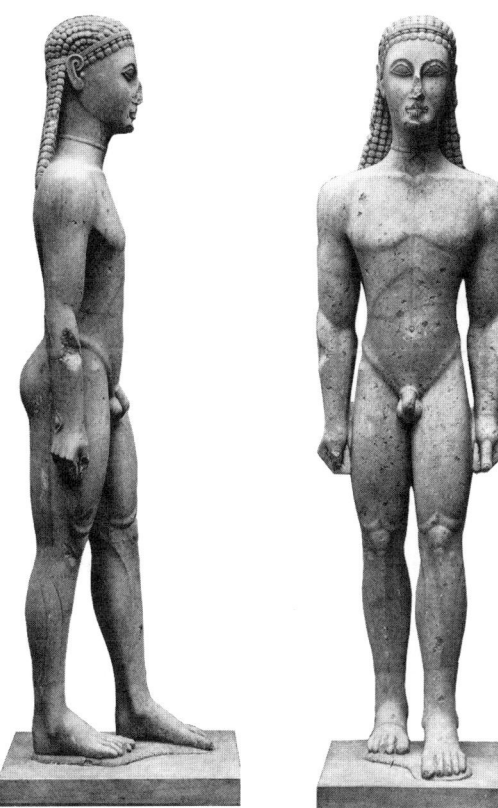

Abb. 9. Archaischer Kuros aus Marmor. New York, Metr. Mus. Photoarchiv Gießen.

Zurückhaltung. Zugleich bezeichnete die bei den Koren und Kuroi meist verlorene farbige Fassung durch den hellen Teint der Frau und die rotbraune Hautfarbe des Mannes wie in der gleichzeitigen Malerei ihre Zuordnung zu verschiedenen Lebensbereichen. Der Platz des sonnengebräunten Mannes war die Öffentlichkeit der Agora und der Palästra, der der hellhäutigen Frau die Abgeschiedenheit des Oikos, des Haushalts.

Bis an das Ende der archaischen Epoche zur Zeit der Perserkriege (490–480 v. Chr.) dominieren diese beiden polaren und komplementären Leitbilder des archaischen Menschen an den einzig legitimen Orten privater Selbstdarstellung in der Öffentlichkeit, in den Heiligtümern und auf Grabhügeln in den Nekropolen, und spiegelten und prägten zugleich die Vorstellungen der Gesellschaft hinsichtlich der Aufgabenbereiche von Mann und Frau. Hierin ist die Gemeinsamkeit der so unterschiedlichen Aufstellungsorte der Kuroi und Koren zu erkennen, die in identischer Gestalt sowohl als kostbares Geschenk an eine Gottheit in deren Heiligtum als Bitte oder Dank für göttlichen Beistand – z. B. als Aparche, als "Zehntel" eines Handelsgewinns oder einer Kriegsbeute – geweiht werden konnten, wie auch als Idealbild eines oder einer Verstorbenen auf deren Grab als Grabmal mitleidheischend an ihn oder sie erinnern sollten. Während Phrasikleia als unverheiratete Frühverstorbene in dem Epigramm auf der Korenbasis aus Merenda in der Ichform mit ihrem Schicksal hadert, beklagt die Inschrift auf der Basis des Kuros aus Anavyssos ein häufiges männliches Schicksal: «Bleib' stehen und trauere beim Grabmal des toten Kroisos, den in der ersten Reihe kämpfend der stürmische Ares ins Verderben riß.»

Abb. 10. Archaische Kore aus Marmor. Samos, Mus. DAI Athen.

Trotz dieser das persönliche Schicksal mitteilenden Epigramme bleibt der Typus der Kore oder des Kuros unverändert, während die gegen die Mitte des 6. Jh.s v. Chr. verstärkt einsetzenden Grabreliefs (besonders in Attika) durch die Kennzeichnung der Dargestellten als Krieger, Palästrit, Faustkämpfer, Diskuswerfer oder als Mutter mit Kind einen konkreten Bezug zu den Verstorbenen erkennen lassen. Auch die spätarchaischen reliefierten Basen von Grabstatuen mit Szenen des Ausritts, des Kriegs, des Sports oder Spiels (vgl. Abb. 13) spielen in topischer Weise auf das Leben des Toten an.

Dem klar gefügten Erscheinungsbild der frühen Kuroi mit eng am Körper anliegenden Armen eignet neben der strengen Frontalität auch eine kubische Kantigkeit, die zum einen in der technologischen und motivischen Abhängigkeit von der ägyptischen Statuenherstellung wurzelt, zugleich aber auch ein charakteristisches Merkmal der frühen in Attika geschaffenen Kuroi ist. Trotz aller monumentalen Blockhaftigkeit strahlt der Kuros in New York (vgl. Abb. 9) dynamische Belebtheit aus.

Vor allem in der Seitenansicht wird deutlich, daß die Arme nicht entspannt herabhängen, sondern leicht angewinkelt mit locker geschlossener Hand die prallen Oberschenkel begleiten. Zugleich veranschaulicht die detaillierte Ausarbeitung der Kniegelenke diese als wesentlichen Sitz von Bewegung. Kraftvoll erwächst die breite Brust aus der schmalen Taille und verleiht der Statue eine Aufwärtsbewegung, die in dem leicht vorgereckten Kopf gipfelt. Das schmale V der Halsgrube leitet in die dreieckige Grundform des sich nach oben verbreiternden Kopfes über, den die stilisierte Lockenreihe zwischen zwei Bändern wie ein Diadem über der breiten Stirn bekrönt. Von dort fällt das sorgfältig frisierte lange Haar seitlich in ornamental gerippten Strähnen breit hinter den Rücken herab.

Diese Tendenz zur Ornamentalisierung der naturgegebenen Formen findet sich als wesentliches Element der archaischen Formensprache sowohl in der schmuckhaften Kunstform der Frisur oder der fast als Schmuckscheiben zu deutenden Ohren als auch in der klaren Gliederung des Rumpfes durch ein Sechseck, das durch das Wechselspiel von geschlossener Fläche und orthogonalem Muster aus flachen Kerben in der oberen Hälfte über den kreisförmigen Nabel in erstaunlicher formaler Konsequenz das Gegenüber von jugendlich weichem Unterleib und muskulösem Abdomen artikuliert. Daß dieses hohe Maß an Abstraktion nicht als Vereinfachung mißdeutet werden darf, sondern als ein bewußtes Umgestalten der Naturform zu einer streng konzipierten Kunstform zu verstehen ist, verrät die genaue Beobachtung von Details

Abb. 11. Spätarchaischer Kuros aus Marmor.
Athen, Nat. Mus. Photoarchiv Gießen.

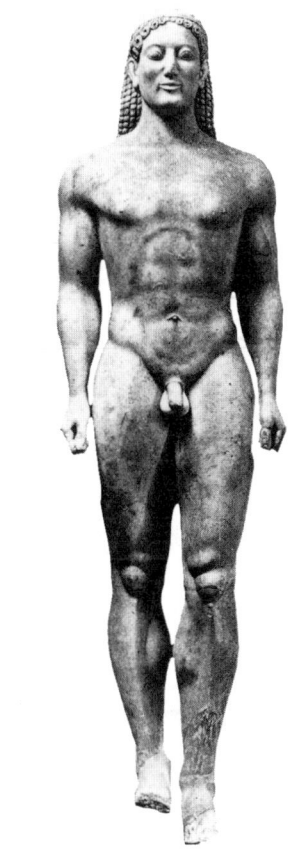

des menschlichen Körpers durch den Bildhauer, der unterhalb der Kniescheibe die kleine kugelige Erhebung des Wadenbeins ebenso klar umreißt wie den Knöchel des Handgelenks oder den Hof der Brustwarzen durch einen geritzten Strahlenkranz, der ursprünglich noch durch Farbe hervorgehoben war.

Der hohe Abstraktionsgrad und die strenge Formlogik sind kennzeichnende Merkmale der ersten Generation der Kuroi in Attika, die sie deutlich von allen frühen und insbesondere von den stärker am ägyptischen Vorbild orientierten, naturnäheren Kuroi der Insel Samos abheben, und die eine spezifische intellektuelle Potenz Athens und seiner Chora im Zeitalter Solons ahnen lassen.

Die bevorzugte Verwendung des Marmors der Inseln Naxos und später Paros und die damit verbundene Migration der Bildhauer fördern die Verschmelzung der anfänglich prägnanten landschaftlichen Unterschiede. Zugleich ist eine allgemeine Entwicklung zu größerer Naturhaftigkeit zu beobachten, die sich bei der Statue des Kroisos in Athen (Abb. 11) in der schwellenden Kraft seines muskulösen Körpers äußert. Unberührt bleiben der Typus des Kuros als solcher und seine ornamentale Schmuckhaftigkeit z. B. der Haare.

Diese Entwicklungstendenz zu größerer Naturnähe prägt auch das weibliche Leitbild. Offenbar auch wieder unter ägyptischem Einfluß wird erstmals auf Samos gegen 570 v. Chr. das bei den dädalischen Koren stets glatte Gewand (vgl. Abb. 5c) durch eine durch Falten stofflich differenzierte, neue Tracht abgelöst, die sich natürlicher an die sanften Rundungen des weiblichen Körpers anschmiegt (vgl. Abb. 10).

Dieser künftig dominante Korentypus findet seinen künstlerischen Höhepunkt in den zierlichen Koren mit gleicher sog. Schrägmanteltracht auf der Akropolis in Athen (Abb. 12). Scheinbar natürlicher werden die Brüste, das Gesäß und die Beine mit zierlichen Fesseln eindeutig erotisch konnotierend hervorgehoben, zugleich aber wird auch das stoffreiche Gewand aus Chiton und Schrägmantel durch seine dekorative Faltengebung und üppigen Besatz

Abb. 12. Spätarchaische Kore aus Marmor.
Athen, Akr. Mus. Photoarchiv Gießen.

mit bunten Stickereien ebenso wie die kunstvollen Frisuren ornamental überhöht. Diese bei den Koren wie bei den Kuroi spätarchaischer Zeit kennzeichnende Dialektik von Naturhaftigkeit und ornamentaler Stilisierung macht ihren spezifischen Stil aus, der nicht nur als Folge eines stilistischen Entwicklungsprozesses, sondern auch als künstlerischer Ausdruck gesellschaftlicher Vorstellungen zu verstehen ist, die durch die Präsenz der in der Öffentlichkeit der Heiligtümer und Nekropolen aufgestellten Leitbilder verfestigt wurden.

Die insgesamt geringe Zahl anderer Statuentypen, unter denen sich die Sitzstatuen von bekleideten Frauen und Männern weitgehend auf den Osten (Didyma), die Reiterstatuen weitgehend auf Delos und Athen konzentrieren, unterstreicht die hohe Bedeutung der idealtypischen Leitbilder des schönen nackten Jünglings und des kostbar geschmückten Mädchens als marmorne Zeugnisse ewiger Jugendblüte für die griechische Gesellschaft archaischer Zeit.

Unter den vielfältigen statuarischen Weihungen an die Götter finden sich keine Götter- oder Heroenstatuen; der archaische Mensch schenkt den Göttern nur Bilder seiner selbst. Erst in spätarchaischer Zeit

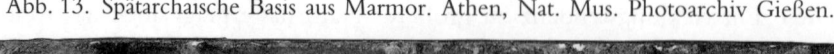

Abb. 13. Spätarchaische Basis aus Marmor. Athen, Nat. Mus. Photoarchiv Gießen.

treten vereinzelt freiplastische Götterstatuen neben den Götter- und Heldensagen erzählenden Skulpturenschmuck der Sakralarchitektur. Wie in der Vasenmalerei kämpfen auch in der Bauplastik anfangs einzelne Heroen gegen den göttlichen und menschlichen Kosmos bedrohende Unwesen rundplastisch (Porosgiebel auf der Akropolis von Athen) oder im Relief (Metopen von Foce del Sele in Paestum), später folgen der Kampf der Götter gegen die Giganten und mythische Kampfbilder (Giebel und Friese des Siphnierschatzhauses in Delphi). In diesen an den Tempeln und Schatzhäusern erzählfreudig dargestellten Kämpfen des Guten gegen das Böse, der göttlichen Ordnung gegen menschliche Hybris, wird die Schutzhaftigkeit der Götter ebenso wie in den Statuenweihungen beschworen und unterstreicht den immens religiösen Bezug dieser Skulpturen.

Während der Typus der Koren und Kuroi bis in das Jahrzehnt vor den Perserkriegen im wesentlichen unverändert gestaltet wird, deuten sich an den Giebelskulpturen des 'Alten Athenatempels' auf der Akropolis in Athen oder an der sog. Ballspielerbasis (Abb. 13) wie auch in der gleichzeitigen Vasenmalerei (vgl. Abb. 8) die Anfänge eines neuen Formprinzips an.

Die in verschiedensten Haltungsmotiven wiedergegebenen Ballspieler zeigen aufgrund gleichmäßiger Übergänge der in der Bewegung tordierten Körper das Bemühen um die Wiedergabe des menschlichen Körpers als einer organischen Einheit. In gleicher Weise sind die sechs Epheben in ihren Bewegungsmotiven der übergreifenden Thematik des Ballspiels untergeordnet und deuten eine neue, ganzheitliche Sicht des Menschen und der Gemeinschaft an.

R. Özgan, *Untersuchungen zur archaischen Plastik Joniens* (Bonn 1978); Boardman, (*1.2.2*); B. Schmaltz, *Griechische Grabreliefs* (Darmstadt 1983); M. Oppermann, *Vom Medusabild zur Athenageburt* (Leipzig 1990); Martini (*1.2.2*); ders., «Der Wandel der Frauenmode in der Zeit der Perserkriege», in: *Der Stilbegriff in den Altertumswissenschaften* (Rostock 1993) 75–80; V. Brinkmann, *Beobachtungen zum formalen Aufbau und zum Sinngehalt der Friese des Siphnierschatzhauses* (Ennepetal 1994).

Architektur: Die fortschreitende Formierung der Polis schuf zwar neue bauliche Aufgaben für zentrale gemeinschafliche Funktionen und Bedürfnisse, doch blieb neben dem vereinzelten Fortifikationsbau in polygonalem Mauerwerk (Milet, Samos) die Sakralarchitektur die einzig künstlerisch bedeutsame Bauaufgabe. Die Steinwerdung des Ringhallentempels erfolgt im frühen 6. Jh. v. Chr. und ist in seinem frühesten Beispiel an der Peripherie, auf Korfu, überliefert (Abb. 14).

Acht massige Säulen an jeder Schmalseite und je 17 an den Langseiten tragen auf breiten Kapitellen das schwer lastende Gebälk und die ca. 20 m breiten Ost- und Westgiebel mit ihrem gewaltigen, einst farbig gefaßten Bauschmuck, der Medusa zwischen Panthern und anderen mythischen Szenen. Auf einer Fläche von 22,40 × 47,60 m erhebt sich der monumentale Artemistempel in eine Höhe von gut 13 m. In ihm wird erstmals die Grundstruktur der dorischen Ordnung anschaulich. Von der zweistufigen Basis aus streben die

Abb. 14. Archaischer Artemistempel in Korfu, Rekonstruktion der Ostseite.
Nach: Knell, *Grundz. d. griech. Architektur* (1980) Abb. 4.

gedrungenen Säulen sich verjüngend nach oben und tragen die schwere Last des ebenso hohen Gebälks mit Giebel. Der schroffe Gegensatz von Tragen und Lasten im streng orthogonalen Gefüge wird durch die weit ausladenden Kapitelle unter dem horizontalen Architrav einerseits und durch den rhythmisch vertikal gegliederten dorischen Fries darüber andererseits gemildert und in den sanften Schrägen des Giebels aufgehoben. Jede zweite Triglyphe des dorischen Frieses greift die vertikale Akzentuierung der Kanneluren der Säulen auf und reduziert die Dominanz des waagerechten Gebälks. Die dicht gereihte Säulenflucht der insgesamt 46 Säulen grenzt einerseits als klare Raumgrenze die Cella, als Raum für das Bild der Gottheit das Allerheiligste, nach außen ab, andererseits öffnet sie durch die ihr eigene Transparenz den Kernbau dem Blick der Kultgemeinde. Fast nur symbolisch signalisieren die hohen Stufen der zweistufigen Krepis die Unbetretbarkeit des Hauses der Gottheit, an dessen Altar an der Ostfront das Opfer vollzogen wurde.

Abb. 15. Archaischer Heratempel in Olympia. Rekonstruktion des Grundrisses.
Nach: Knell, *Grundz. d. griech. Architektur* (1980) Abb. 11.

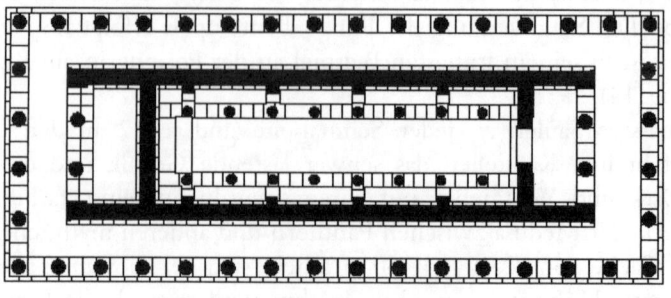

1.2 Die Denkmäler   607

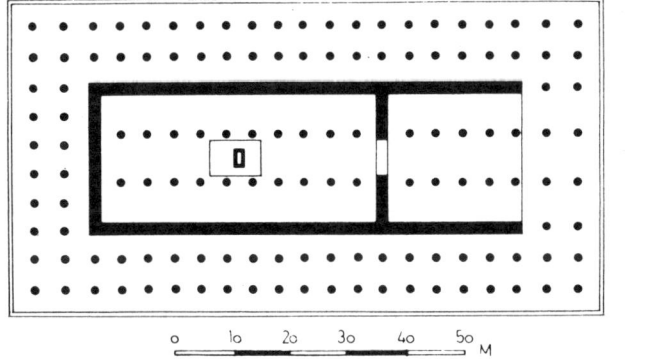
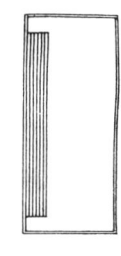

Abb. 16. Archaischer Heratempel in Samos. Rekonstruktion des Grundrisses.
Nach: Knell, *Grundz. d. griech. Architektur* (1980) Abb. 55.

Während der Artemistempel mit seinem weiten Pteron zwischen Säulenkranz und Cella der westgriechischen Tempelarchitektur nahesteht, repräsentiert das 580 v. Chr. erbaute Heraion in Olympia (Abb. 15) mit schmalem Pteron und 6 × 16 Säulen – noch aus Holz – die kanonische Gestalt des langgestreckten archaischen dorischen Tempels.

Bei beiden Tempeln hat die Cella bereits ihre kanonische Baugestalt: Im Bestreben nach Symmetrie ist der an das mykenische Megaron erinnernde Kernbau, das Adyton mit Pronaos mit zwei Säulen zwischen den verlängerten Cellawänden durch den Opisthodomos mit ebenfalls zwei Säulen *in antis* an der rückwärtigen Schmalseite erweitert. Statt einer mittleren begleiten jetzt statisch und räumlich konsequenter zwei Säulenreihen die Wände des Adyton und bilden einen langen Säulengang, der auf das Kultbild führt.

Etwa zur gleichen Zeit, seit 570 v. Chr., manifestiert sich im ionischen Gebiet die ionische Bauordnung. Vermutlich unter dem überwältigenden Eindruck ägyptischer Sakralarchitektur entsteht auf Samos der erste der gewaltigen ionischen Dipteroi, ein Ringhallentempel mit doppeltem Säulenkranz auf einer Grundfläche von 52,5 × 105 m (Abb. 16). Ein dichter Säulenwald von insgesamt 104 schlanken, 18 m hohen Säulen (innen 6 × 19, außen 8 × 21) umschloß die monumentale Cella, deren tiefer Pronaos und das Fehlen des Opisthodoms die dem monumentalen Altar gegenüberliegende Front des Tempels betonen. In strenger Anordnung fluchten Cellawände und Säulenreihen und lassen ein klares, sehr rationales Ordnungsprinzip erkennen, dem die schmuckhaft verspielte Ornamentierung der Säulenbasen, der Kapitelle mit dreifachen Voluten und Blattkränzen oder des kleinteiligen Zahnschnitts am Gebälk kontrapostisch gegenübersteht und die übermenschliche Monumentalität gemildert hat.

Reicher Skulpturenschmuck an den Säulen und am Gebälk (Didyma, Ephesos) steigerte den kostbaren Charakter dieser Häuser der Gottheit, die als einzige archaische Monumentalbauten die hohe Bedeutung der Götterverehrung veranschaulichen, aber auch von der enormen Potenz der sie errichtenden Gemeinschaften kündeten. Die im gesamten griechischen Kulturraum einschließlich der Magna Graecia teilweise nie vollendeten Riesentempel (Samos, Naxos, Athen, Selinunt, Agrigent) spiegeln ebenso den Machtanspruch tyrannisch regierter Gemeinwesen wie die archaische Unbändigkeit des Bauwillens, die am Ende der archaischen Epoche gegenüber der klaren Wohlgeordnetheit der dorischen Bauordnung zurücktritt. In ihr legt ein strenges Proportionsgesetz bis ins Detail das Verhältnis aller Teile zum Ganzen und untereinander in einem harmonischen Gefüge fest, dessen Maße der menschlichen Gestalt abgewonnen sind. Die erstmals am Aphaiatempel auf Ägina festgestellte Kurvatur der Krepis, das leichte Aufwölben der Stufen und des Stylobats, dokumentiert durch das belebende Mildern der starren Orthogonalität und durch die Abhängigkeit jeder Einzelform vom Ganzen den auch in der Plastik beobachteten Wandel vom parataktischen archaischen zum hypotaktischen klassischen Formprinzip.

Gruben, a. O.; Knell, a. O.; D. Mertens, *Der alte Heratempel in Paestum und die archaische Baukunst in Unteritalien* (Mainz 1993).

2 Klassik

ADOLF H. BORBEIN

2.1 Allgemeines

2.1.1 Charakter der Epoche

Innerhalb der griechischen Geschichte und Kultur, also auch der griechischen Kunst markieren das 5. und das 4. Jh. v. Chr., die 'klassischen' Jahrhunderte, einen Höhepunkt und zugleich einen Übergang. Zwischen der von aristokratisch-oligarchischen Normen bestimmten archaischen Polis und der unter monarchischem Regiment entpolitisierten bürgerlichen Gesellschaft des Hellenismus haben Gesellschaft und Kultur des 5. und 4. Jh.s nicht nur chronologisch ihren Platz: Der Konflikt zwischen tradiertem und selbstbestimmtem Verhalten, zwischen Bindung an die Polis und Entfaltung des Individuums, zwischen demokratischer Legitimierung und Machtpolitik entfaltet sich in der Epoche der 'Klassik' als ein dialektischer Prozeß. Wie die attische Tragödie und Komödie, die Geschichtsschreibung seit Herodot und Thukydides und die Philosophie von den späten Vorsokratikern und den Sophisten bis zu Platon und Aristoteles war die bildende Kunst auf ihre Weise daran beteiligt, diese Dialektik erfahrbar zu machen, zu reflektieren und zum Austrag zu bringen.

Zur Brauchbarkeit und Problematik des Begriffs 'Klassik': A. H. Borbein, «Die klassische Kunst der Antike», in: W. Voßkamp (Hrg.) *Klassik im Vergleich. Normativität und Historizität europäischer Klassiken. DFG-Symposion 1990* (Stuttgart 1993) 281–316; ders., «Die Klassik-Diskussion in der Klassischen Archäologie», in: H. Flashar (Hrg.), *Altertumswissenschaft in den 20er Jahren. Neue Fragen und Impulse* (Stuttgart 1995) 205–245.

2.1.2 Kunstzentren und Auftraggeber

Athen, seit jeher ein bedeutender Ort künstlerischer Produktion mit Höhepunkten in der geometrischen und spätarchaischen Epoche, wird im 5. und ist im 4. Jh. das wichtigste Kunstzentrum Griechenlands. Die Vielzahl lokaler Werkstatt-Traditionen, die der Eigenständigkeit der archaischen Poleis entsprach, reduziert sich in der ersten Hälfte des 5. Jh.s und geht seit dem perikleischen Bauprogramm, das viele auswärtige Künstler nach Athen zieht, in die für das 4. Jh. charakteristische, attisch geprägte Kunstsprache ein. Diese schließlich gemeingriechische Formensprache wird die Basis für die Ausbreitung der griechischen Kunst im Hellenismus.

Wichtigster Auftraggeber anspruchsvoller Kunst ist im 5. Jh. die Polis – die erhaltenen Zeugnisse dafür betreffen weitgehend Athen, lassen sich aber in Grenzen verallgemeinern. In demokratisch organisierten Städten treten politische Gremien oder gewählte Kommissionen an die Stelle der zumeist 'aristokratischen' Bauherren oder Stifter der archaischen Zeit. Doch können einzelne gelegentlich auf solche Kommissionen Einfluß nehmen, wie es für Perikles im Zusammenhang mit seinem Bauprogramm zu vermuten ist. Im 4. Jh. ändert sich die Situation grundlegend: Individuelle, auch familiäre Repräsentation breitet sich aus, ist akzeptiert und wird sogar genutzt, um öffentliche Aufgaben, vor allem Bauvorhaben finanziell zu sichern. In Athen sind die tempelartigen Choregendenkmäler und aufwendige Grabanlagen Zeugnisse der Selbstdarstellung mit Mitteln der Kunst. Die durch öffentliche Ehrungen belohnte private Hilfe bei der Errichtung des panathenäischen Stadions unter Lykurg ist nur ein Beispiel für die Indienstnahme vermögender Bürger.

Die Beute aus den Perserkriegen und die Beitragszahlungen der Mitglieder des Seebundes haben in Athen bereits im 5. Jh. zu einer Zunahme des privaten Luxus und damit auch einer breiteren Nachfrage nach Kunstprodukten geführt – daß Alkibiades sein Haus durch Agatharch ausmalen läßt (Ps.-Andoc. or. 4,17), wird freilich noch als Skandal empfunden. Nach dem fast abrupten Ende der großen Bauvorhaben auf der Akropolis und in der Stadt aber verlagert sich die dafür geschaffene Produktionskapazität vollends auf den Bereich privater Aufträge. Zu keiner Zeit sind marmorne Weihreliefs und Grabdenkmäler in Athen so zahlreich wie im 4. Jh. Für einen Großteil der Bevölkerung gehören sie offenbar zu den selbstverständlichen Dingen des Lebens; nur der Grad des Aufwandes an Material und Dekor sowie die Qualität der Ausführung der einzelnen Stücke lassen Unterschiede erkennen, die auf die finanziellen Möglichkeiten und die soziale Stellung des jeweiligen Auftraggebers schließen lassen. Auf die erweiterten Bedürfnisse und neuen Käuferschichten reagieren die Werkstätten mit einer vorher unbekannten Diversifizierung und Typenvielfalt. Lykische, karische (Maussollos), sidonische (Klagefrauen- und Alexandersarkophag sowie weitere Sarkophage aus der Königsnekropole von Sidon) und makedonische Dynasten treten neben den einheimischen Bürgern schon im 5. Jh. und verstärkt im 4. Jh. als Auftraggeber griechischer Künstler in Erscheinung. Damit ist die auch für den Hellenismus verbindliche Form des Kunstbetriebes etabliert, das Nebeneinander und auch Zusammenwirken von bürgerlicher und höfischer Nachfrage nach künstlerischer Repräsentation.

J. K. Davies, *Athenian Propertied Families 600–300 B.C.* (Oxford 1971). Ph. Gauthier, *Les Cités Grecques et leurs Bienfaiteurs*. BCH Suppl. 12 (Paris 1985). A. H. Borbein, «Die bildende Kunst Athens im 5. und 4. Jahrhundert v. Chr.», in: W. Eder (Hrg.), *Die athenische Demokratie im 4. Jahrhundert v. Chr. Vollendung oder Verfall einer Verfassungsform?* (Stuttgart 1995) 429–467.

2.1.3 Gliederung der Epoche

Es ist wahrscheinlich nicht nur die Folge unserer Gewohnheit, Kulturgeschichte nach den Jahrhunderten der christlichen Zeitrechnung zu untergliedern, wenn wir auch im Falle der griechischen Kultur und Kunst des 5. und 4. Jh.s Epoche und Jahrhundert sich decken lassen. Denn dafür gibt es Gründe: In der Zeit um 500, zwischen dem Beginn der Reformen des Kleisthenes in Athen (ca. 508 v. Chr.) und der Schlacht bei Marathon (490 v. Chr.), kommt ein wohl alle Bereiche des Lebens erfassender Prozeß der Veränderung zum Durchbruch (*V 1.5.5*). Etwa 100 Jahre später bezeichnet das Ende des Peloponnesischen Krieges mit der Schlacht von Aigospotamoi (405 v. Chr.) ebenfalls eine Zäsur (*V 1.8.4*). Den Abschluß der Epoche '4. Jahrhundert' und den Beginn des Hellenismus setzen viele aus verständlichen Gründen in die Zeit Alexanders des Großen. Doch scheint auch in diesem Fall die Jahrhundertwende eine überzeugende Markierung zu sein: Die Schlacht bei Ipsos (301 v. Chr.; *V 2.4.1*) bestätigt den Zerfall des Alexanderreiches und das eigenständige Nebeneinander großer Diadochenstaaten, eine wichtige Grundlage auch der Kultur des Hellenismus. Alexanders Konzeption, ebenso traditionsverhaftet wie vorwärtsgewandt, gehört geistesgeschichtlich in die Epoche des 4. Jh.s. 'Hellenistisch' sind erst die Folgen der Taten des Makedonen.

Bezogen auf kulturelle Prozesse und insbesondere die Geschichte der Kunst haben diese Daten eine vor allem ordnende Funktion; die durch sie bezeichneten Grenzen sind fließend. Was um 500 in der bildenden Kunst sich durchsetzt, kündigte sich schon früher an, und ebenso findet man wesentliche Kennzeichen der Kunstproduktion des 4. Jh.s bereits in der zweiten Hälfte des 5. Jh.s tendenziell ausgebildet. Gerade die Periode der 'Hochklassik' zwischen 450 und 420 v. Chr. ist eine Epoche des Übergangs: Sie bringt Entwicklungstendenzen der 'frühklassischen' Kunst der ersten Hälfte des 5. Jh.s zu einem 'kanonischen' Abschluß und treibt zugleich die Auflösung und Funktionalisierung der klassischen Formen voran. Konservative und fortschrittliche Züge durchdringen sich hier besonders intensiv, wie die Skulpturen des Parthenon in ihrer formalen Vielfalt eindrucksvoll belegen – ein Zeichen für den bevorstehenden Epochenwechsel.

Trotz fließender Übergänge läßt die Stilgeschichte der bildenden Kunst des 5. und 4. Jh.s aber auch deutliche Zäsuren erkennen, die mit markanten Daten der allgemeinen Geschichte korrespondieren: In die Jahre um 500 fällt die Erfindung des Kontrapost, der die Darstellung des Menschen revolutioniert, und damit verbunden die Ausbildung des 'Strengen Stils' der Frühklassik, der sich gegen 480 v. Chr. endgültig durchgesetzt hat. In der Zeit um 400 weicht der aus der hochklassischen Kunst entwickelte 'Reiche Stil' einer relativ einfachen, nüchternen Formgebung mit offenbaren Rückgriffen auf den 'Strengen Stil'. Eine ähnliche 'Ernüchterung', diesmal die Reduktion der reichen und kompliziert bewegten Formensprache der Epoche des Praxiteles und Lysipp, ist in den Jahren um 300 v. Chr. zu konstatieren.

Stilgeschichtliche Zäsuren fallen auch jeweils in die Mitte des 5. und 4. Jh.s – und es gibt keinen Anlaß, für einen solchen 50-Jahre-Rhythmus allein unsere Optik verantwortlich zu machen. Gegen 450 v. Chr., als die von den Persern ausgehende Gefahr gebannt und in Griechenland ein Friedenszustand unter attischem Patronat erreichbar scheint, erfolgt der Übergang vom 'Strengen' zum 'Hochklassischen' Stil. Das geschieht nicht in der Art einer linearen Fortentwicklung, sondern bedeutet einen Neuansatz: Die hochklassische Kunst verbindet auf einem hohen Reflexionsniveau – zu nennen sind Künstler wie Polyklet und Phidias – Tradition und Innovation, retardierende und zukunftsweisende Elemente und schafft dadurch – auch für die kommenden Epochen – ein verbreitetes Spektrum formaler Möglichkeiten. Um die Mitte des 4. Jh.s (ca. 360–340 v. Chr.) sind die verschiedenen Versuche gescheitert, die alten Poleis durch Bündnisse handlungsfähig zu erhalten. Mit Philipp II. ist nicht nur eine neue Vormacht, sondern ein neues Gestaltungsprinzip der politischen und sozialen Verhältnisse in Erscheinung getreten, und damit galt es sich auseinanderzusetzen. In der bildenden Kunst dieser Zeit sind stilistische Veränderungen manifest: Während noch in den Jahren um 370 v. Chr. die schönlinigen biegsamen Formen des 'Reichen Stils' weiterleben oder in nostalgischer Weise reproduziert werden, gewinnen wenig später die Körper der dargestellten Menschen an Festigkeit und Volumen, auch greifen sie energischer in den sie umgebenden Raum aus. Wieder handelt es sich nicht um bloße Fortentwicklung, sondern weitgehend um einen Neuansatz, auf dessen Grundlage die dann folgende Stilentwicklung stattfindet. Die äußeren Voraussetzungen für diesen Neuansatz schaffen in Athen die straffe Finanzverwaltung des Eubulos (*V 2.2.2*) und des Lykurg und die dadurch stimulierte Bautätigkeit.

2.1.4 Chronologie

Grundlage der Chronologie der bildenden Kunst des 5. und 4. Jh.s ist die Chronologie der Plastik. Nur in dieser Gattung gibt es eine durchgehende Reihe von Werken, die aufgrund äußerer Kriterien – in der Regel literarische und epigraphische Zeugnisse – mit hinreichender Genauigkeit absolut datiert sind. Andere Werke werden durch Stilvergleich mit diesen Fixpunkten der Chronologie in Beziehung gesetzt und als 'gleichzeitig', 'später' oder 'früher' bestimmt. Die so konstruierte chronologische Abfolge bleibt zwar weitgehend eine relative, ist aber an den genannten Fixpunkten in der absoluten Chronologie verankert.

Es erfordert einen gewissen Grad von Abstraktion, um das für die Plastik gewonnene Bild der Stilentwicklung auf andere Gattungen, vor allem die Vasenmalerei zu übertragen. Diesen Prozeß erleichtert jedoch die Tatsache, daß wir in der Darstellung des Menschen eine die Gattungen übergreifende Leitform der bildenden Kunst haben. Werke der Architektur datiert man nach demselben Verfahren der relativen und absoluten Chronologie. Durch die Architekturplastik ergibt sich oft ein unmittelbarer Querbezug zur Formentwicklung der Skulptur.

Auch hier ist zu beachten, was für archäologische Chronologien generell gilt: Die in der Regel auf relativen Zuordnungen basierenden Daten sind mit den Daten der allgemeinen Geschichte auch dann nicht ohne weiteres gleichzusetzen, wenn Jahreszahlen genannt werden. Abgesehen von den Entstehungsdaten der wenigen absolut datierbaren

Stücke sind archäologische Zeitangaben zunächst ein internes Ordnungsinstrument und bezeichnen bestimmte formale Sachverhalte; sie enthalten erst in zweiter Linie einen Hinweis auf die tatsächliche Entstehungszeit eines Artefakts. Die relative Chronologie der Archäologen und die absolute der Historiker verlaufen aber insgesamt parallel. Sie können und müssen sich punktuell decken, damit die archäologischen Daten überhapt historisch aussagekräftig sind. Für die griechische Kunst des 5. und 4. Jh.s ist dies in hohem Maße erreicht.

Die wichtigsten chronologischen Fixpunkte sind:

a) Für die Zeit des Umbruchs zwischen archaischer und frühklassischer Kunst: Die Giebelfiguren des Apollontempels in Delphi, der zwischen 514 und 505 v. Chr. durch die Alkmeoniden vollendet wurde. – Der 'Perserschutt', d. h. die bei der Einnahme und Verwüstung der Athener Akropolis 480 v. Chr. zerstörten und dann deponierten Skulpturen.

b) Für den 'Strengen Stil' der Frühklassik: Die in römischen Kopien überlieferten Statuen des Harmodios und des Aristogeiton vom Ehrendenkmal der Tyrannenmörder, das als Ersatz für die von den Persern geraubte ursprüngliche Tyrannenmördergruppe 477/76 v. Chr. errichtet wurde. – Die Statue des Wagenlenkers in Delphi, geschaffen gegen 470 v. Chr. als Weihung des Polyzalos von Gela für einen 478 oder 474 v. Chr. errungenen Sieg im Wagenrennen. – Die Giebelskulpturen und Reliefmetopen des Zeustempels in Olympia, der 457/6 v. Chr. im wesentlichen vollendet gewesen sein muß.

c) Für die Hochklassik: Die Skulpturen des Parthenon in Athen, dessen Bauzeit 447–432 v. Chr. inschriftlich bezeugt ist (vgl. Abb. 4).

d) Für die Epoche nach der Hochklassik und das 4. Jh.: Skulpturen des Erechtheion in Athen (gegen Ende der Bauzeit 421–406). – Die von 422/1–295/4 v. Chr. reichende relativ dichte Reihe von attischen Urkunden mit figürlichen Reliefs, die durch die Archontennamen aufs Jahr datiert sind. In gleicher Weise datiert sind zwischen 392/1 und 312/1 v. Chr. attische panathenäische Amphoren mit figürlichen Darstellungen. – Skulpturen des Maussoleion von Halikarnassos, vollendet nach dem Tod des Maussollos (353 v. Chr.) und der Artemisia (351 v. Chr.). Statue des Sophokles (überliefert in römischer Kopie), errichtet durch Lykurg 340/37 im Athener Dionysostheater. – Statuen des Daochosmonuments in Delphi, gestiftet während oder kurz nach der Amtszeit des Daochos als Hieromnemon der Amphiktyonen 337/6–333/2 v. Chr. – Statue des Demosthenes (überliefert in römischer Kopie), errichtet von den Athenern 280 v. Chr.

W. Fuchs, *Die Skulptur der Griechen* (München ³1983). A. Stewart, *Greek Sculpture* (New Haven–London 1990). A. H. Borbein, «Tendenzen der Stilgeschichte der bildenden Kunst und politisch-soziale Entwicklungen zwischen Kleisthenes und Perikles», in: W. Schuller – W. Hoepfner – E. L. Schwandner (Hrgg.), *Demokratie und Architektur. Der hippodamische Städtebau und die Entstehung der Demokratie. Konstanzer Symposium vom 17. bis 19. Juli 1987* (München 1989) 91–106. M. Meyer, *Die griechischen Urkundenreliefs. MDAI (A)* Beiheft 13 (Berlin 1989). N. Eschbach, *Statuen auf panathenäischen Preisamphoren des 4. Jh.s v. Chr.* (Mainz 1986).

2.2 Die Plastik

2.2.1 Die Überlieferung

Die schon in der Antike hochberühmten Meisterwerke der griechischen Plastik des 5. und 4. Jh.s bestanden zumeist aus Bronze und haben die Zeiten nicht überdauert. Nicht wenige dieser *opera nobilia* sind uns in römischen Kopien (gewöhnlich aus Marmor) überliefert, und einige davon, etwa Werke des Myron, Polyklet, Praxiteles und Lysipp, können mit literarisch bezeugten Statuen sicher identifiziert werden. Es gibt sehr getreue Kopien (z. B. der noch im Original erhaltenen Koren am Erechtheion in Athen), aber auch weitreichende Umbildungen klassischer Skulpturen. Doch nicht jede Umbildung ist 'römisch'; die mehr oder minder variierende Neuauflage älterer Schöpfungen läßt sich schon im 4. Jh. und im Hellenismus nachweisen.

Maßstab für die Beurteilung der Kopien sind die erhaltenen Originalskulpturen. Neben der Architektur- und Reliefplastik, die trotz bisweilen überragender Qualität für die Zeitgenossen kaum den Rang von 'Meisterwerken' besaß, sind nur wenige Originale der großen Freiplastik erhalten. Hervorzuheben sind die wenigen Großbronzen, die die Erde und das Meer vor dem Einschmelzen bewahrten: der bärtige Kopf von der Athener Akropolis, der Wagenlenker in Delphi, der Zeus vom Kap Artemision, die beiden Krieger von Capo Riace, der 'Philosophen'-Kopf aus dem Wrack von Porticello, der Jüngling von Antikythera, der Kopf des 'Faustkämpfers' aus Olympia und der sich bekränzende Athlet im Getty Museum. Bronzestatuetten und figürlicher Schmuck bronzener Geräte sind aus beiden Jahrhunderten erhalten, besonders viele qualitätvolle Stücke aus der Epoche des 'Strengen Stils' der ersten Hälfte des 5. Jh.s. Neben wenigen, aber gut gearbeiteten Großskulpturen aus Ton (vor allem aus Olympia) gibt es zwar viele, aber formal nicht anspruchsvolle Terrakotta-Statuetten. Diese Gattung erreicht erst in der zweiten Hälfte des 4. Jh.s mit der Erfindung der 'Tanagrafigur' ein künstlerisch hohes Niveau.

J. Boardman, *Griechische Plastik. Die klassische Zeit* (Mainz 1987). L. Todisco, *Scultura greca del IV secolo* (Milano 1993). Renate Thomas, *Griechische Bronzestatuetten* (Darmstadt 1992). R. A. Higgins, *Greek Terracottas* (London 1967). Aliki Moustaka, *Großplastik aus Ton in Olympia*. Olympische Forschungen XXII (Berlin 1993).

2.2.2 Die kontrapostische Darstellungsweise

Der Übergang von der Spätarchaik zum 'Strengen Stil', von der archaischen zur klassischen Gestaltungsweise vollzieht sich in den Jahren zwischen ca. 510 und ca. 490/80 v. Chr., in der Zeit, die zwischen der Fertigstellung des Westgiebels und dem Beginn der Arbeiten am Ostgiebel des Aphaiatempels von Aigina liegt.

In beiden Giebeln sind mythische Kämpfe dargestellt, in ihrer Mitte erscheint als dominierende Figur jeweils Athena in voller Bewaffnung. Die 13 Statuen des Westgiebels wirken, als seien sie wie leicht bewegliche Gliederpuppen jeweils einzeln in verschiedene Bewegungspositionen gebracht und in der Art eines Gitters miteinander verflochten worden. Die 11 etwas größeren Statuen des Ostgiebels sind demgegenüber eigengewichtige, ponderierte Körper, die in Aktion und Reaktion zueinander in Beziehung treten. Darüber hinaus nehmen sie in ihrer schrägen Stellung auch Bezug zu der sie umgebenden Architektur, dem Giebeldach, das sie zu stützen scheinen.

Die neue, klassische Gestaltungsweise, zugleich ein neues Bild des Menschen in der griechischen Kunst, begegnet in der Freiplastik zuerst bei dem sogenannten Kritiosknaben von der Athener Akropolis (Abb. 1) – seine Zugehörigkeit zum 'Perserschutt' und damit seine Datierung vor 480 v. Chr. ist nicht gesichert, aber wahrscheinlich. Wir nennen diese neue Erfindung 'Kontrapost' oder 'Ponderation'. Es handelt sich um eine Darstellungsweise, die, auf die menschliche Gestalt angewandt, den organischen Zusammenhang eines gegliederten Körpers, seine Bewegungsfähigkeit und – allgemeiner – seine Lebendigkeit unmittelbar sinnfällig werden läßt.

Die Last des Körpers wird von einem Bein, dem 'Standbein' getragen, während das andere, das 'Spielbein' unbelastet am Boden aufruht. Dadurch aber, daß eine Seite des Körpers entlastet wird, entsteht zunächst ein Ungleichgewicht. Es kommt zum Konflikt zwischen der natürlichen Körperschwere, die die Gestalt zu Boden ziehen möchte, und dem gegen die Schwerkraft sich behauptenden Lebensimpuls, also zum Konflikt zwischen zwei Grundbedingungen menschlicher Existenz. Dieser Konflikt wird im Körper selbst sichtbar ausgetragen: Verschiebungen, Dehnungen, Kontraktionen und gegenläufige Bewegungen innerhalb des Muskelgefüges fangen das Ungleichgewicht auf allen Seiten der Gestalt auf – der Mensch behauptet sich gegen die Schwerkraft, er lebt. Muskeln und Glieder erscheinen dabei als klar umgrenzte Funktionsteile, die folgerichtig ineinander greifen. So gesehen, ist der Kontrapost ein analytisches Verfahren, durch welches Grund-

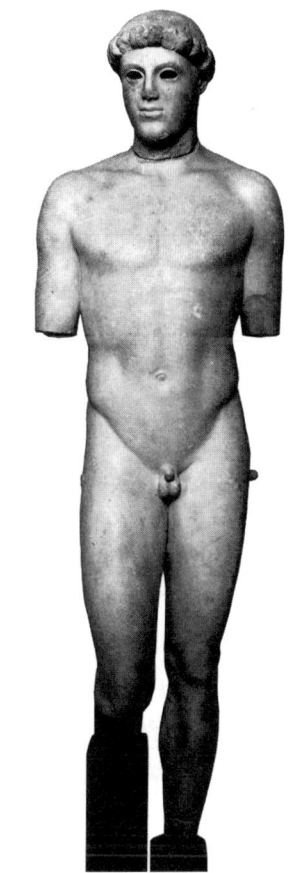

Abb. 1. 'Kritios'-Knabe.
Athen, Akropolismuseum Inv. 698.
Bildarchiv Foto Marburg 134080.

elemente ermittelt werden, die in einem kausalen Zusammenhang stehen; sie sind je nach der Intensität der auf sie wirkenden Kräfte variabel, vereinigen sich jedoch zu einem Gesamtorganismus, zu einer rational erfahrbaren Konstruktion. Physische Leistungsfähigkeit, insbesondere Beweglichkeit, die der archaische Kuros durch das vorgesetzte Bein und Konventionen bei der Darstellung von Muskeln und Gliedern chiffrenhaft ausdrückte, werden nun aus dem organischen Befund selbst abgeleitet und an jeder einzelnen Figur individuell anschaulich. Durch ihr entlastetes Stehen und – damit im Zusammenhang – durch den leicht gesenkten Kopf 'öffnet' sich die ponderierte Figur; sie tritt in eine dialogische Beziehung zum Betrachter, aber auch – etwa innerhalb einer Gruppe – zu anderen Figuren.

Faßt man den Kontrapost als eine Methode auf, Phänomene der Welt zu erkennen, zu ordnen und plausibel darzustellen, dann läßt er sich unschwer mit jener Denkweise verbinden, die seit dem Ende des 6. Jh.s in Griechenland zu tiefgreifenden Veränderungen führt. Heraklit (*VII 1.2.3*) etwa lehrte, daß

Leben und Harmonie auf Gegensätzen beruhten; seine παλίντονος ἁϱμονίη (VS 22 B 51: 'der wider-spännstigen Fügung wie bei Bogen und Leier') ist die prägnanteste Formel auch für die ponderierte Figur. Die im Kontrapost verwirklichte Absicht, den Kosmos des menschlichen Körpers auf Grundlemente zurückzuführen, die trotz unterschiedlicher Konsistenz zusammenwirken, findet ihre Parallele in der Physik der Atomisten (VII 2.1.3). Rationale Konstruktion und funktionale Durchgliederung sind die Kennzeichen der kleisthenischen Verfassung (V 1.5.5), eines Staates, in dem der einzelne Bürger mitbestimmend tätig ist und zugleich seine fest umrissenen Aufgaben zu erfüllen hat.

2.2.3 Der Strenge Stil

Der 'Strenge Stil' (490/80–460/50 v. Chr.) ist neben der grundlegenden – wohl in Athen zu lokalisierenden – Erfindung des Kontraposts charakterisiert durch wuchtige, 'streng' gefügte Einzelformen und ein Menschenbild, das Ernst mit einer fast brutalen physischen Kraft verbindet – schockierend anders als der manieriertüberfeinerte Stil der Spätarchaik. Beispiele sind die Gruppe der Tyrannenmörder, der Wagenlenker in Delphi und die Skulpturen des Zeustempels in Olympia. Bei Frauenfiguren zeigen sich der neue Stil und die neue Art der Menschendarstellung sehr auffällig auch im Wechsel der Tracht. Der schwere wollene Peplos ersetzt den leichteren Leinenchiton und das reich gefältelte Mäntelchen. Vergleicht man eine spätarchaische Kore etwa mit der gegen 480 v. Chr. geschaffenen Athena von der Athener Akropolis, dem Weihgeschenk eines Angelitos (Abb. 2), dann wird offenkundig, wie sehr der Wandel der Mode einen Wandel des Lebensgefühls anzeigt. Man prunkt nicht mehr mit raffinierten Gewändern; Einfachheit und Ernst bestimmen ein neues Selbstbewußtsein.

Abb. 2. Athena, Weihung des Angelitos.
Athen, Akropolismuseum Inv. 140.
Bildarchiv Foto Marburg 134560.

An der Peripherie der griechischen Welt, insbesondere in den künstlerisch sehr produktiven griechischen Kolonialstädten in Unteritalien und auf Sizilien, wird der neue Stil nur zurückhaltend rezipiert. Das geschieht nicht aus Rückständigkeit, sondern ist Zeichen eines bewußt konservativen Festhaltens an der Tradition – gerade auf dem Gebiet der Religion, zu dem die Skulptur in der Regel gehörte. Repräsentative Werke sind die Metopen des Tempels E von Selinunt (in Palermo), die auf Mozia gefundene Statue eines punischen Würdenträgers und die thronende Göttin aus Tarent (in Berlin).

Brunilde Sismondo Ridgway, *The Severe Style in Greek Sculpture* (Princeton 1970). *Lo Stile Severo in Sicilia. Ausstellungskatalog Palermo* (Palermo 1990). V. Tusa, *La scultura in pietra di Selinunte* (Palermo 1983).

2.2.4 Das Porträt

Eine mit dem 'Strengen Stil' zum Durchbruch gekommene Tendenz zu Differenzierung und größerer Naturnähe (erkennbar nicht zuletzt in der kontrapostischen Darstellungsweise) führt auch zur Ausbildung unverwechselbarer, sogar ohne Beischrift identifizierbarer Porträts. Eines der frühesten ist das des attischen Feldherrn Themistokles, geschaffen um 470 v. Chr. Der Sieger von Salamis wurde gewiß nicht 'nach dem Leben' dargestellt, doch sollten unkonventionelle Details in der Augen-Stirn-Partie ausdrücken, daß Themistokles sich bewußt von seinen Mitbürgern absetzte; er wollte den anderen auch äußerlich nicht ähnlich sein. Ein bedeutendes, etwa gleichzeitiges 'Porträt' zeigt Homer, eine fast mythische Figur. Der Dichter wird mit Hilfe von Bildelementen dargestellt, die ihn genau kennzeichnen, obwohl sie unpersönlich sind: Bart, Alterszüge im Gesicht, geschlossene Lider als Chiffre für Blindheit, eine im Querschnitt runde Binde im Haar und eine komplizierte Frisur mit einem Knoten über der Stirn. Eine derartige Frisur war damals altmodisch und nur noch für Götterbilder üblich. Dazu paßt die Binde, das Zeichen eines Heros. Ein blinder Greis also aus längst vergangenen Zeiten, Empfänger heroischer Ehren – das kann nur Homer sein.

Die Ansätze zu einem mehr realistischen Porträt werden in der Hochklassik zunächst zurückgenommen, wie das 'ideale' Bildnis des Perikles zeigt. Das Porträt des 4. Jh.s führt jene Ansätze nur begrenzt weiter; typische Züge bleiben – etwa bei dem silenähnlichen Bildnis des Sokrates – wichtiger als die individuellen. Denn das griechische Porträt ist 'öffentlich'; es war nicht im privaten Bereich, sondern an allgemein zugänglichen Orten, in Heiligtümern, auf Märkten aufgestellt. Das bestimmte auch seine Aussage: Es kam darauf an, die Porträtwürdigkeit des Dargestellten, also sein im Urteil der Öffentlichkeit anerkanntes Verdienst deutlich zu machen. Die physiognomische Richtigkeit oder Wiedererkennbarkeit spielte demgegenüber eine untergeordnete Rolle. Neben dem Porträt des Philosophen (z. B. Platon, Aristoteles) und dem des Dichters (z. B. Sophokles, Euripides) ist als Schöpfung des 4. Jh.s das Herrscherporträt zu nennen. Im Bildnis Alexanders des Großen, das für Jahrhunderte vorbildlich wurde, verdichtet sich die Darstellung eines göttergleichen Jünglings zu einer Aussage über eine Person und ihr Programm.

Gisela M. A. Richter, *The Portraits of the Greeks,* abridged and revised by R. R. R. Smith (Oxford 1984). P. Zanker, *Die Maske des Sokrates. Das Bild des Intellektuellen in der antiken Kunst* (München 1995).

2.2.5 Die Hochklassik

Stilbewußtsein. Kanon des Polyklet. Die Kunst der Hochklassik (450/40–430/20 v. Chr.) beruht wesentlich auf dem Willen, Exemplarisches zu verwirklichen, und auf dem Bewußtsein, etwas auch für künftige Generationen Bedeutsames, ein κτῆμα ἐς αἰεί (Thuc. 1,22,4) zu schaffen. Plutarchs Urteil über die von Perikles in Athen beförderten Bauten benennt – in rhetorischer Überhöhung – eine Tatsache: In kurzer Zeit errichtet, wirkten die Bauten in ihrer formalen Perfektion auf die damaligen Zeitgenossen sogleich so ehrwürdig, als hätten sie bereits eine lange Geschichte, andererseits machten sie noch in der Gegenwart (Plutarchs) einen derart frischen, blühenden Eindruck, als seien sie eben erst fertig geworden (Plut. *Per.* 13).

Ein neuartiges Stilbewußtsein prägt auch die Plastik der Hochklassik: Die Künstler bemühen sich, die ihnen zu Gebote stehenden Gestaltungsmöglichkeiten rational zu durchdringen und gezielt einzusetzen. Das markanteste Beispiel für das gestiegene Reflexionsniveau bietet Polyklet, der erste griechische Bildhauer, der – in seinem ΚΑΝΩΝ – seine Kunst auch schriftlich erläutert. Wie seine in römischen Kopien erhaltenen Statuen, insbesondere der Doryphoros (Abb. 3), zeigen, hat Polyklet den Kontrapost bis in die Anordnung der Haarlocken hinein systematisiert und zu einer Art Idealform gesteigert.

Abb. 3. Doryphoros des Polyklet, römische Kopie.
Neapel, Museo Nazionale.
Inst. Neg. Rom 66.1831.

Das Standmotiv des Doryphoros demonstriert den Extremfall einer Unterscheidung zwischen Standbein und Spielbein: Das Spielbein, welches den Boden nur mit den Zehen berührt, wird als vollkommen entlastet gekennzeichnet und außerdem so weit zurückgestellt, wie es anatomisch und statisch eben noch möglich ist. Erscheint die Seite des Spielbeins auch durch die Aktion des Armes als sich öffnend, so wirkt die Standbeinseite, zu der der Kopf sich wendet, geschlossen, fast wie eine ruhige Achse. Doch wird diese Unterscheidung überlagert und differenziert durch 'chiastische', sich überkreuzende Querbezüge, welche zeigen, daß das Widerspiel von Kraft und Gewicht den Körper nicht in zwei Hälften zerfallen läßt, sondern ihn insgesamt erfaßt und seinen organischen Zusammenhang erst sichtbar macht: Auf der entlasteten Seite ist der Arm, der den Speer trägt, belastet, auf der belasteten Standbeinseite der herabhängende Arm entlastet. Belastet sind also rechtes Bein und linker Arm, entlastet linkes Bein und rechter Arm, wobei von den belasteten Gliedern der Arm, von den entlasteten das Bein stark eingeknickt ist. Obwohl das weit zurückgesetzte Spielbein den Körper nicht zusätzlich stützen kann, liegt gerade auf der Spielbeinseite die Last des Speeres. Dadurch erscheint das Gleichgewicht der Figur als äußerst labil. Die entlastete Körperseite ist zudem die aktive; der 'Bewegung' des Spielbeins nach hinten antwortet der angespannt nach vorn geführte Arm mit dem Speer. Nun ist aber die Fähigkeit, den Körper zu entlasten oder anzuspannen, die Voraussetzung für Bewegung. Diese die Schwerkraft überwindende Fähigkeit wird am Doryphoros bis zur Gefährdung des Gleichgewichts, bis fast zum Übergang von Ruhe zur Bewegung demonstriert – besonders deutlich dadurch, daß Elemente potentieller Bewegung auf einer Seite der Statue versammelt sind.

Anders als die anonymen, aus der Werkstattpraxis abgeleiteten Proportionsregeln ägyptischer und älterer griechischer Bildhauer war der Kanon Polyklets das zum Programm gewordene Ergebnis der Studien und Überlegungen eines einzelnen Künstlers. Er enthielt offenbar ein System formaler Beziehungen, ausgedrückt wohl in mathematisch bereinigten Proportionen, ein System, das auf dem Studium der Natur beruhend in den Naturgesetzen selbst seine Begründung fand. Obwohl Polyklet wahrscheinlich Menschen vermessen hat, um zu einem „mittleren Maß" zu gelangen, drängte er Individuelles und Akzidentielles zurück, damit sichtbar werde, was Quintilian (*Inst.* 12,10,8) *decorem . . . supra verum* nannte: 'schöne' Form, die als eine reale erscheint, obgleich sie die gewöhnliche Realität übersteigt. Eine solche vorbildliche Form resultierte für Polyklet aus der Anstrengung, die sich auf die Erkenntnis von Formgesetzen und zugleich die Perfektionierung der handwerklichen Gestaltung richtet. Im KANΩN hieß das erstrebte Ziel τὸ εὖ, und die Wahl dieses Begriffes erlaubt den Schluß, daß künstlerischem Gelingen hier eine auch moralische Qualität zuerkannt wurde. Es ging darum, Leitbilder neu zu begründen, sie in der sichtbaren künstlerischen Form zu beglaubigen. Das Anliegen gleicht dem der damaligen Sophisten, die richtiges, vernünftiges Handeln für lehrbar erklärten, oder dem der Staatstheoretiker, die das politische Leben weniger revolutionieren als auf rationale Grundsätze zurückführen wollten.

Brunilde Sismondo Ridgway, *Fifth Century Styles in Greek Sculpture* (Princeton 1981). – Chr. Höcker – L. Schneider, *Phidias* (Reinbek 1993). A. H. Borbein, «Phidias-Fragen», in: H.-U. Cain – H. Gabelmann – D. Salzmann (Hrgg.), *Beiträge zur Ikonographie und Hermeneutik. Festschrift für Nikolaus Himmelmann* (Mainz 1989) 99–107. – *Polyklet. Der Bildhauer der griechischen Klassik. Ausstellungskat. Frankfurt/Main, Liebieghaus* (Mainz 1990). W. G. Moon (Hrg.), *Polykleitos, the Doryphoros, and Tradition* (Madison 1995). A. H. Borbein, «Canone», in: *Enciclopedia dell'Arte Antica Classica e Orientale. Secondo Supplemento 1971–1994*, I (Roma 1994) 841–844.

Archaistische Kunst. Götterbilder. Ein weiteres Zeugnis für das Stilbewußtsein der Hochklassik und den kalkulierten Einsatz gestalteter Form ist das Entstehen einer archaistischen Kunst: Über einen deutlichen zeitlichen wie geistigen Abstand hinweg greift man Elemente der äußeren Erscheinung archaischer Werke auf, um sie in das zeitgenössische Götterbild zu integrieren.

Das bekannteste Beispiel dafür ist der (in römischen Kopien überlieferte) Hermes Propylaios des Alkamenes. Sophistische Aufklärung hatte Zweifel an der Gestalt und sogar an der Existenz der Götter verbreitet (*VII 1.3.1*). Die archaistischen Schöpfungen wollen dem entgegenwirken. Im 4. Jh. können archaistische und 'zeitgenössische' Formen unmittelbar nebeneinander angewandt werden – so auf den in traditioneller Weise schwarzfigurig bemalten Panathenäischen Preisamphoren, auf denen nur das obligatorische Athenabild archaistisch stilisiert ist.

Die Existenz der Götter neu zu beglaubigen, ist auch die Absicht der kolossalen Gold-Elfenbein-Statuen der Hochklassik und des 4. Jh.s. Zu nennen sind die Athena Parthenos im Parthenon in Athen sowie der thronende Zeus im Zeustempel von Olympia, beides Werke des Phidias, die Hera des Polyklet im Heraion von Argos und der Asklepios des Thrasymedes im Asklepiostempel von Epidauros. Diese uns vor allem aus antiken Beschreibungen bekannten Statuen reproduzieren aber keine archaischen Tempelkultbilder, die gewöhnlich unterlebensgroß und kaum derart aufwendig gestaltet waren; Phidias und seine Nachfolger haben vielmehr versucht, in archaischem Geiste zu schaffen. Archaisch ist das Häufen von Attributen und erzählendem Beiwerk (im Unterschied etwa zu den fast attributlosen Göttern auf dem Parthenonfries), archaisch gedacht sind vor allem Größe und Materialprunk: μέγεθος und κάλλος, seit Homer Epitheta der Götter, werden ganz dinglich aufgefaßt und konsequent in Form umgesetzt.

D. Willers, *Zu den Anfängen der archaistischen Plastik in Griechenland. MDAI(A)* Beiheft 4 (Berlin 1975). A. H. Borbein, «Kanon und Ideal. Kritische Aspekte der Hochklassik», *MDAI(A)* 100 (1985) 260–270.

Die Parthenon-Skulpturen. Die Skulpturen des Parthenon zeigen eindrucksvoll, wie Bildhauer unterschiedlicher Herkunft und Ausbildung bei der Realisierung des reichsten und differenziertesten Programms plastischen Tempelschmucks, das wir aus Griechenland kennen, zu einem einheitlichen stilistischen Ausdruck finden. Dem entspricht eine ebenso einheitliche inhaltliche Konzeption: Der Sieg über die Perser und der besondere Rang Athens werden im mythischen Gleichnis (Metopen und Giebel) und in der die Realität überhöhenden Darstellung des Festes der Panathenäen (Fries) dem Besucher der Akropolis vor Augen geführt. In einer schwer definierbaren Weise wirken die Figuren – besonders deutlich am Fries (Abb. 4) – nachdenklich, sie agieren oft wie traumverloren. Dadurch entsteht der Eindruck einer einheitlichen 'Stimmung', welche die gezeigte Handlung gleichsam überlagert. Was hier wohl zum Ausdruck kommen soll, ist die Gleichgestimmtheit derer, die gleichen Idealen verpflichtet sind. Mit der Visualisierung von 'Stimmungen' leiten die Parthenon-Skulpturen zur Kunst des 4. Jh.s über, in der die Darstellung von Pathos, von Affekten zu einer wichtigen Aufgabe wird. Sokrates diskutiert darüber mit dem Maler Parrhasios und dem Bildhauer Kleiton (Xen. *Mem.* 3,10,1 ff.).

Abb. 4. Nordfries des Parthenon, Platte VI.
Athen, Akropolismuseum. Bildarchiv Foto Marburg 134154.

Auch formgeschichtlich signalisieren die Parthenon-Skulpturen den Übergang in eine neue Epoche. 'Fortschrittlich' in diesem Sinne sind: die verstärkte Ausrichtung des Bildwerks auf den Betrachter durch eine formal privilegierte Hauptansicht (besonders deutlich am Westgiebel des Parthenon im Vergleich zum Ostgiebel), die Verselbständigung des Gewandes gegenüber dem Körper und eine vor allem die Erscheinung der Gewänder prägende virtuose Oberflächengestaltung.

E. Berger, *Der Parthenon in Basel. Dokumentation zu den Metopen* (Mainz 1986); ders. – Madeleine Gisler-Huwiler, *Der Parthenon in Basel. Dokumentation zum Fries* (Mainz 1996); F. Brommer, *Die Skulpturen der Parthenon-Giebel* (Mainz 1963). H. Knell, *Mythos und Polis. Bildprogramme griechischer Bauskulptur* (Darmstadt 1990) 95–126.

2.2.6 Der Reiche Stil

Trotz des normativen Stilwillens der hochklassischen Kunst sind die im Original erhaltenen Werke von blutleerer Idealität und kalter Perfektion weit entfernt. Sie zeichnen sich aus durch kraftvolle Präsenz, sprühende Lebendigkeit und Reichtum im Detail. Der unmittelbar anschließende 'Reiche Stil' (letztes Viertel des 5. Jh.s) verabsolutiert den virtuosen Glanz und die schönlinige

Abb. 5. Nike des Paionios.
Olympia, Museum.
Hirmer Fotoarchiv 561.0636.

Dynamik der Hochklassik – die Flucht in den schönen Schein ist Symptom einer Krise. Beispiele sind die Reliefs der Balustrade des Tempels der Athena Nike auf der Athener Akropolis und die von Paionios geschaffene Nike in Olympia (Abb. 5). Der 'Reiche Stil' hat hochklassische Formen auch leichter rezipierbar gemacht. Von ihm geprägte Künstler haben etwa in Lykien die Grabanlagen der einheimischen Oberschicht mit Reliefs und Skulpturen ausgestattet – erwähnt sei das Nereidenmonument aus Xanthos (im Britischen Museum).

W. A. P. Childs – P. Demargne, *Le monument des Néréides. Le décor sculpté*. Fouilles de Xanthos VIII (Paris 1989); J. Zahle, «Lykische Felsgräber mit Reliefs aus dem 4. Jh. v. Chr.», *JDAI* 94 (1979) 245–346.

2.2.7 Das 4. Jahrhundert

Tradition und Neuerung. Die Plastik des 4. Jh.s hat Werke hervorgebracht, die in der Antike wie in der Neuzeit als Gipfelleistungen der griechischen Skulptur galten – erwähnt seien die Oeuvres des Praxiteles und des Lysipp, die Skulpturen des Maussolleion oder der Apollon im Belvedere. Doch ist gerade in den avanciertesten Schöpfungen dieser Zeit der Rückbezug auf Werke des schon als vorbildlich, also klassisch empfundenen 5. Jh.s offenkundig. Lysipp soll den Doryphoros des Polyklet als seinen Lehrmeister bezeichnet haben (Cic. *Brut.* 296). Sein um 320 v. Chr. geschaffener Apoxyomenos (erhalten in römischer Kopie, Abb. 6), ein Athlet, der sich den Schmutz der Palästra abschabt, verbindet den klaren Aufbau polykletischer Statuen jedoch mit einer neuartigen Darstellung momentaner Bewegtheit: Das halb belastete, abfedernde Spielbein, die gegeneinander bewegten Arme und der Gegenschwung im Rumpf erzeugen den Eindruck einer Pendelbewegung, die der Körper beim Sich-Schaben ausführt. Neu sind auch die schlanken Proportionen, ein relativ kleiner Kopf bei langen Beinen. Die in der Kunst des 4. Jh.s häufig nachweisbare retrospektive Tendenz – genannt sei noch die an Peplosfiguren des 5. Jh.s sich anschließende Statue der Göttin Eirene, geschaffen gegen 360 v. Chr. von Kephisodot und in Kopien überliefert – paßt in eine Epoche, die auch sonst das «Beispiel der Vorfahren» gern vor Augen führt.

Für die damaligen attischen Redner wie Isokrates und Demosthenes ist das 5. Jh. bereits eine heroische Vergangenheit, auf die man sich um so lieber beruft. Die Werke des Aischylos, des Sophokles und des Euripides sowie manche frühere Komödie werden regelmäßig wieder aufgeführt. Man empfindet offenbar deutlich, daß man in einer Zeit der Krise und des Übergangs lebt. Platons Philosophie bezeugt auf ihre Weise die allgemeine Unsicherheit, das Mißtrauen gegenüber der sichtbaren Welt, aber auch die Anstrengung, wieder festen Boden zu gewinnen, wobei die Denker des 5. Jh.s, nicht zuletzt Sokrates, die Partner sind.

A. H. Borbein, «Die griechische Statue des 4. Jahrhunderts v. Chr. Formanalytische Untersuchungen zur Kunst der Nachklassik», JDAI 88 (1973) 43–212. P. Moreno (Hrg.), Lisippo (Ausstellungskatalog Roma 1995).

Die nackte Figur. Es ist vor allem die nackte männliche Statue, die den klassischen Mustern verpflichtet bleibt. Die nackte Figur hat seit dem 4. Jh. eine Aura des Historischen. Ihre Nacktheit vertritt – im Unterschied zur Kunst der Archaik und des 5. Jh.s – weniger eine konkrete Wirklichkeit, als vielmehr eine abgeleitete, ästhetische Realität. Nicht länger unmittelbarer Ausdruck

Abb. 6. Apoxyomenos des Lysipp, römische Kopie.
Vatikanische Museen Inv. 1185.
Musei Vaticani Neg. Nr. VII.30.16.

der physischen Leistungsfähigkeit als eines sozialen Wertes, verweist sie auf eine Idee, auf ein in der Vergangenheit geprägtes und gültig gebliebenes Menschenbild. Kunst wird zum Schein, wie der Zeitgenosse Platon richtig gesehen hat.

Nachdem die Nacktheit in die Sphären der Idealität entrückt war, kann ein Tabu gebrochen werden: Bald nach der Mitte des 4. Jh.s wagt Praxiteles die erste großplastische Darstellung einer nackten Frau in der griechischen Kunst, die Aphrodite von Knidos (Abb. 7). Von der wahrscheinlich in einem kapellenartigen Schrein aufgestellten Marmorstatue vermitteln uns römische Kopien eine im wesentlichen wohl zutreffende Vorstellung: Die Göttin hat sich zum Bade entkleidet, sie legt ihr Gewand auf einem Wassergefäß ab. In einem uralten Gestus der Fruchtbarkeitsgöttinnen liegt die rechte Hand über der Scham. Aphrodite blickt in eine unbestimmte Ferne (was nicht alle Kopien richtig überliefern), von einem Betrachter weiß sie nichts; sie erscheint in voller Schönheit, bleibt aber zugleich distanziert in ihrer eigenen Sphäre.

Abb. 7. Aphrodite von Knidos des Praxiteles.
Rekonstruktion in Gips, ehemals München.
Nach: Propyläen-Kunstgeschichte I Abb. 107.

Götterbilder. Außer der Aphrodite hat Praxiteles weitere Götterstatuen geschaffen, die die Grenzen herkömmlicher Ikonographie sprengen. Sein Apollon 'Sauroktonos', der Eidechsentöter (ca. 360 v. Chr.), überliefert in römischen Kopien, zeigt den Gott als Knaben und ganz in sein scheinbar kindliches Spiel vertieft: Lauernd an einen Baum gelehnt, will er eine Eidechse mit dem Pfeil treffen. Die alte Funktion Apollons als Rächer mit Bogen und Pfeil, als Helfer auch gegen allerlei Getier ist in diesem Genrebild nur noch ein fernes Zitat. Göttliche Existenz wird hier vorgeführt als schockierend fremd; das kindliche Spiel, das zunächst vertraut erscheint, wirkt in Verbindung mit dem Gott widersinnig. Der Betrachter empfindet die Distanz, die zwischen seiner Sphäre und der Sphäre der Götter liegt.

Ein Genrebild ist auch das einzige uns erhaltene Originalwerk des Praxiteles, der im Hera-Tempel in Olympia gefundene Hermes (Abb. 8, um 320 v. Chr.): Der Gott trägt auf dem linken Arm den eben geborenen Dionysos; er soll ihn in die Obhut der Nymphen von Nysa bringen. Der kleine Dionysos griff nach einem Traubenbüschel, das Hermes einst in seiner erhobenen Rechten hielt. Obwohl Hermes sich – wie während einer Rast – auf einen Baumstamm stützt, über den er seinen Mantel gehängt hat, reckt sich sein Körper schwingend empor, der Eindruck des Lastens wird vermieden. Bestimmend für die Wirkung der Figur sind auch weniger die Unterscheidung zwischen Standbein und Spielbein oder die daraus abzuleitenden Verschiebungen der Muskeln und Glieder, sondern vielmehr die senkrechte Linie, die man vom Gesicht zum Spielbein ziehen kann: Sie scheint die tragende Achse zu sein; zu ihren Seiten befinden sich das Kind und das Traubenbüschel in einem schwankenden Gleichgewicht. Neben dieser optisch dominierenden Achse ist die tatsächliche Stütze von untergeordneter Bedeutung: Es sieht so aus, als könne der Körper sich auch ohne sie aufrecht halten, und dazu paßt, daß der Baumstamm von dem virtuos gearbeiteten Gewand fast vollständig verhüllt wird; die Stütze hat nicht nur ihren Zweck, sondern auch ihre feste Konsistenz eingebüßt. Ziel der Darstellung ist die Epiphanie strahlender Götterschönheit, die Vergegenwärtigung des seligen Daseins der Götter. Die dazu angewandten Mittel sind vor allem optische Reize; der Blick des Betrachters gleitet über die wie flimmernd erscheinende, leicht bewegte Oberfläche, nimmt beleuchtete und verschattete Partien wahr. Entfalten kann sich die optische Wirkung nur aus einer gewissen räumlichen Distanz heraus. Dieser äußeren

Distanz entspricht eine innere, ein vielschichtig reflektiertes Verhältnis zur Kunst und zum jeweiligen Darstellungsgegenstand – ein entscheidendes Charakteristikum der Bildwerke des 4. Jh.s.

A. Corso, *Prassitele: Fonti epigrafiche e letterarie. Vita e opere I–III.* Xenia Quaderni 10 (Roma 1988. 1990. 1991).

Grabdenkmäler. Die Gattung des plastischen Grabdenkmals erlebt im 4. Jh. quantitativ wie qualitativ einen Höhepunkt vor allem in Athen (Abb. 9). Schon am Ende der archaischen Epoche ist die Form der breiten Stele ausgebildet, die einer sitzenden und einer stehenden Figur oder zwei stehenden Personen gleicher Größe genügend Raum bietet. Daneben lebt die hochrechteckige schmale Stele mit in der Regel nur einer großen Figur in der ersten Hälfte des 5. Jh.s vor allem im östlichen Griechenland weiter. In Athen waren Grabreliefs seit dem frühen 5. Jh. offenbar verboten – wohl im Zusammenhang mit der neuen demokratischen Verfassung, welche individuelle Repräsentation in der Öffentlichkeit unterdrückte. Seit etwa der Mitte des 5. Jh.s, dem Beginn der hochklassischen Epoche, werden Grabreliefs in Athen wieder üblich – alle Bürger haben einen

Abb. 8. Hermes des Praxiteles.
Olympia, Museum.
Bildarchiv Foto Marburg 134471.

gleichsam aristokratischen Status erreicht –, und man nutzt diese Möglichkeit familiärer Selbstdarstellung so extensiv, daß Demetrios von Phaleron – wohl am Beginn seiner Herrschaft in Athen (317–307 v. Chr.; *V 2.4.1*) – erneut ein Grabluxusverbot in Kraft setzt. Danach gibt es attische Grabreliefs erst wieder in der römischen Kaiserzeit.

Die attischen Grabdenkmäler des 4. Jh.s, die oft Teil aufwendig ausgestatteter Familiengrabbezirke waren (etwa im Kerameikos), zeichnen sich durch eine große Bandbreite der Qualität und eine Vielfalt von Typen aus: einfigurige und mehrfigurige Reliefs, kleinformatige und lebensgroße Darstellungen, flache Bildfeldstelen und Kleinarchitekturen mit fast rundplastischen Gestalten, schmale, mit vegetabilem Dekor bekrönte Stelen und reliefierte Marmorgefäße (Lekythen, Lutrophoren). Die einzelnen Typen können auf den Status des Verstorbenen verweisen (Palmettenstelen z. B. gelten in der Regel dem männlichen Familienoberhaupt, dreihenklige Lutrophoren unverheirateten Frauen). Wichtigstes Bildthema ist die familiäre Verbundenheit. Es dominieren Darstel-

Abb. 9. Attisches Grabrelief.
Berlin, Antikensammlung Sk 755.
Foto des Museums.

lungen der – meist sitzenden – Frau im Kreise ihrer Angehörigen oder zusammen mit einer Dienerin. Im Laufe des 4. Jh.s wird auch in solchen Bildern das Entrücktsein des Toten immer deutlicher zum Ausdruck gebracht – bis hin zu einer heroenähnlichen Überhöhung.

B. Schmaltz, *Griechische Grabreliefs* (Darmstadt 1983); C. W. Clairmont, *Classical Attic Tombstones* (Kilchberg 1993); G. Kokula, *Marmorlutrophoren*. MDAI(A) Beiheft 10 (Berlin 1984). A. Scholl, *Die attischen Bildfeldstelen des 4. Jh.s v. Chr*. MDAI(A) Beiheft 17 (Berlin 1996).

Gewandfiguren. Der Bereich des Hauses, wo die Frau 'regiert', während der Mann draußen, im öffentlichen Leben seinen Platz hat, wird in der Kunst bereits im 5. Jh. stärker berücksichtigt als zuvor. Das ist – besonders im 4. Jh. – ein Symptom für die Aufwertung der Privatsphäre gegenüber dem politischen Engagement, und es bezeugt überdies eine Stärkung der gesellschaftlichen Rolle der Frau. In der Plastik erweitern neue Typen der bekleideten weiblichen Figur das Spektrum der bürgerlichen Repräsentation. Die schlichte Peplostracht des Strengen Stils wird in der 2. Hälfte des 5. Jh.s von üppigeren Gewändern abgelöst, dem stoffreichen Chiton mit einem Manteltuch. Seit der Hochklassik richten die Bildhauer ihre Aufmerksamkeit auf das Zusammenspiel, mehr noch auf das Gegeneinander von Körper und Gewand.

Im 'Reichen Stil' wird der Kontrast zwischen Körper und Gewand in virtuoser Steigerung vorgeführt – schon an den Giebeln des Parthenon, dann an den Reliefs der Nikebalustrade in Athen. Das besondere Interesse der Kunst des 4. Jh.s – wie des Hellenismus – an Phänomenen der Oberfläche begünstigt die Erfindung weiterer neuer Spielarten der bekleideten Figur (Statue des Sophokles, 'Große' und 'Kleine Herkulanerin', Abb. 10). Die Gewandfigur wird zur Leitform der Stilgeschichte.

2.3 Die 'Große' Malerei

Die Wand- und Tafelmalerei des 5. und 4. Jahrhunderts v. Chr. galt in der Antike als eine Gipfelleistung der griechischen Kunst, beginnend in der Frühklassik mit den Fresken Polygnots, kulminierend in der Zeit Alexanders des Großen mit den Werken des Apelles. Im Original erhalten ist nahezu nichts, und es gelingt auch kaum, in der zweifellos griechische Vorbilder verwendenden römischen, vor allem der 'pompejanischen' Wandmalerei wirkliche Kopien griechischer Gemälde mit Sicherheit zu erkennen. Die zahlreichen literarischen Quellen belegen eine sich steigernde Tendenz zu 'naturgetreuen' Darstellungen, eine Entwicklung von 'Ethos' zu 'Pathos', von vergleichsweise ruhiger Charakterisierung bestimmter Personen und Situationen zur Visualisierung von Affekten und zur Emotionalisierung des Betrachters. Die Anekdoten über die realistischen Bilder z. B. des Zeuxis und des Parrhasios (spätes 5./Anfang 4. Jh.) bezeugen, wie sehr die durch die Malerei erreichte Täuschung der Sinne geschätzt wurde. Hierin war die Malerei der Plastik überlegen, und deshalb avancierte sie im 5. Jh. zur führenden Kunstgattung.

Abb. 10. 'Kleine Herkulanerin', römische Kopie. Kopenhagen, Ny Carlsberg Glyptotek Cat. 311. Foto des Museums.

In der Vasenmalerei sind Reflexe der gleichzeitigen 'Großen' Malerei nur punktuell zu erfassen. So vermitteln die Szenen auf dem attisch-rotfigurigen Kelchkrater des Niobiden-Malers (Abb. 11) eine gewisse Vorstellung von der Komposition der Figuren und deren Verteilung auf Geländelinien, wie es für die Wandgemälde des Polygnot, des Mikon oder des Panainos anzunehmen ist. Gemäldezyklen teils mythologischer, teils politischer Thematik (u. a. Schlacht von Marathon), geschaffen von Polygnot und anderen, befanden sich in der Stoa Poikile in Athen und in der Lesche der Knidier in Delphi (beschrieben von

Pausanias 1,15 und 10,25 ff.). Elemente perspektivischer und schattierender Darstellung findet man etwa auf attisch-weißgrundigen Lekythen des späteren 5. Jh.s, Gefäßen, die außerdem durch ihre polychrome Technik der 'Großen' Malerei relativ nahestehen. Daß schließlich das Alexandermosaik aus Pompeji (Neapel, Museo Nazionale) ein Gemälde des späten 4. Jh.s – vielleicht des Philoxenos aus Eretria – im wesentlichen wohl zutreffend wiedergibt, zeigt das in Vergina an der Fassade des 'Philipps'-Grabes entdeckte Fresko mit einer Jagdszene (*VIII 3.5*): Die Personen agieren in einem bühnenartigen Raum, wie er auch im gleichzeitigen Relief nachzuweisen ist.

Ingeborg Scheibler, *Griechische Malerei der Antike* (München 1994).

2.4 Die Vasenmalerei

2.4.1 Allgemeines

Die griechische Vasenmalerei des 5. und 4. Jh.s ist weitgehend identisch mit der attisch-rotfigurigen (und weißgrundigen), die gegen Ende des 4. Jh.s aufhört. Die marktbeherrschenden attischen Vasen werden anderenorts gelegentlich nachgeahmt, kunst- und kulturgeschichtlich von eigenem Gewicht sind nur die Produkte der unteritalischen Werkstätten, die im dritten Viertel des 5. Jh.s als Ableger der attischen entstehen und sich im 4. Jh. relativ selbständig entwickeln. Die Vasenbilder sind erstrangige Zeugnisse für Mythos und Religion, Alltag und Fest, ihr formaler Wandel folgt im wesentlichen dem allgemeinen Zeitstil. Aufgrund der Details der 'Handschrift' der ausführenden Künstler (z. B. Ohren, Augen, Gewandfalten) gliedert die Forschung die Masse der erhaltenen Stücke (die meisten stammen aus Gräbern in Etrurien und Unteritalien) nach Meistern und Werkstätten, deren Namen zumeist moderne Erfindungen sind.

2.4.2 Athen

Obwohl das neue Interesse an realistischer Darstellung und am formalen Experiment, aus dem die Kunst der Klassik hervorging, in der Vasenmalerei besonders früh und deutlich ausgeprägt ist, dauert es längere Zeit, bis der 'Strenge Stil' sich in den Töpferwerkstätten durchgesetzt hat. Bedeutende Künstler wie Makron, der Brygos-Maler, der Panaitos-Maler und der Pan-Maler arbeiten im ersten Drittel des 5. Jh.s in subarchaischer Manier. Mit zunächst dem Berliner Maler und dann z. B. dem Penthesileia-Maler und Niobiden-Maler (Abb. 11) kommt der 'Strenge Stil' zum Durchbruch. Charakteristisch sind gewichtige Gestalten, eine Konzentration der Darstellung auf wenige, 'kontrapostisch' aufeinander bezogene Figuren. Die hochklassischen Vasenmaler nach der Mitte des 5. Jh.s, z. B. die Meister der Polygnot-Gruppe und der weißgrundigen Lekythen sowie die Kleophon-Maler, lockern den strengen Aufbau der Figuren, intensivieren aber den Ernst des Ausdrucks und wandeln ihn zu einer selbstreflexiven Haltung mit gesenkten Köpfen und 'tiefen' Blicken. Der 'Reiche Stil' des Meidias-Malers und seiner Zeitgenossen bringt am Ende des 5. Jh.s neben einer manierierten Übertreibung der schönen Linie und der 'tragischen' Gestimmtheit der Hochklassik wichtige, zukunftsweisende Neuerungen: rauschende Bewegung, flatternde dünne Gewänder, raffiniert ausgearbeitete Details und Erschließung eines Bildraumes durch Landschaftsangaben. Von hier aus führt der Weg zur attischen Vasenmalerei des 4. Jh.s, die – angesichts der Konkurrenz der realistisch gewordenen Großen Malerei – versucht, durch zusätzliche Farben – besonders Weiß und Gold – sowie durch große Figuren die Käufer zu beeindrucken. Die Bilder dieser 'Kertscher' Vasen – genannt nach einem wichtigen Fundort auf der Krim – zeigen eher Zustände oder Glücksallegorien als Handlungen; Dionysos, Aphrodite, Eros und Herakles dominieren.

Abb. 11. Attisch-rotfiguriger Kelchkrater des Niobiden-Malers. Paris, Louvre G 341. Hirmer Fotoarchiv 581.0427.

J. Boardman, *Rotfigurige Vasen aus Athen. Die klassische Zeit* (Mainz 1991). M. Robertson, *The art of vase-painting in classical Athens* (Cambridge 1992). Irma Wehgartner, *Attisch weissgrundige Keramik* (Mainz 1983). Susan B. Matheson, *Polygnotos and Vase Painting in Classical Athens* (Madison 1996).

2.4.3 Unteritalien

Die allegorische Verwendung von Mythen ist besonders charakteristisch für die Bilder der unteritalisch-rotfigurigen Vasen, die weitgehend nicht nur aus Gräbern stammen, sondern für ausschließlich sepulkrale Zwecke hergestellt wurden (Abb. 12). Darauf deuten die häufigen Grabszenen und die Tatsache, daß manche Gefäße keinen Boden haben, was eine praktische Nutzung ausschließt. Die vielleicht im Zusammenhang mit der von Athen angeführten Gründung der panhellenischen Kolonie Thurioi (444 v. Chr.) begonnene Produktion hat in Apulien ihr Zentrum in Tarent, daneben gibt es Werkstätten in Lukanien

(Metapont, vor allem Paestum), Campanien, schließlich auf Sizilien (und besonders auf Lipari). Der Kontakt zu den attischen Werkstätten reißt – wohl als Folge des Peloponnesischen Krieges – am Ende des 5. Jh.s ab; seitdem entwickeln die unteritalischen Töpfer und Vasenmaler Vorlieben für bestimmte Gefäßtypen und Dekorationsweisen sowie einen eigenen Figurenstil, der – noch in der zweiten Hälfte des 4. Jh.s etwa im Werk des Dareios-Malers – dem attischen Vorbild des 'Reichen Stils' verpflichtet bleibt. Eine Tendenz zur Polychromie ist im 4. Jh. auch in Unteritalien festzustellen, vor allem bei den mit aufgesetzten Farben sparsam, aber delikat dekorierten 'Gnathia'-Vasen, die wiederum die rotfigurige Keramik beeinflussen. Die unteritalisch-rotfigurige Produktion endet später als die attische, vielleicht erst im frühen 3. Jh. v. Chr.

Abb. 12. Apulisch-rotfiguriger Volutenkrater des Lykurgos-Malers. Vatikanische Museen. Hirmer Fotoarchiv 591.2035.

A. D. Trendall, *Rotfigurige Vasen aus Unteritalien und Sizilien* (Mainz 1990). L. Giuliani, *Tragik, Trauer und Trost. Bildervasen für eine apulische Totenfeier* (Berlin 1995).

2.5 Die Architektur

In den beiden 'klassischen' Jahrhunderten wird auch auf dem Gebiet der griechischen Architektur Tradiertes perfektioniert und zugleich der Übergang zu neuen Formen vollzogen.

G. Gruben. *Die Tempel der Griechen* (München ⁴1986). H. Knell, *Architektur der Griechen* (Darmstadt ²1988).

2.5.1 Dorische Tempel

Der dorische Peripteraltempel erreicht mit dem Zeustempel in Olympia und dem Parthenon in Athen seine 'klassische' Gestalt. Am Zeustempel, errichtet zwischen ca. 470 und 456 v. Chr. durch den Architekten Libon aus Elis, befinden sich der dreistufige Unterbau (Stylobat), die Säulen und das Gebälk in einem ausgewogenen Gleichgewicht; kein Teil dominiert das andere. 'Kanonisch' ist das Verhältnis der Zahl der Säulen der Schmal- und Langseiten: 6 : 13, d. h. 1 : 2 (+1). Der aus lokalem Muschelkalk bestehende Bau – ursprünglich überzogen mit einer feinen Stuckschicht – muß wie die ihn schmückenden Giebelfiguren und Reliefmetopen (über den Eingängen von Pronaos und Opisthodom) den Eindruck fester Fügung und strenger Klarheit vermittelt haben. Der Parthenon, der größte Marmorbau des griechischen Mutterlandes und der mit Skulpturen am reichsten ausgestattete griechische Tempel überhaupt, wird als Krönung der perikleischen Neugestaltung der Akropolis durch die Architekten Kallikrates und Iktinos zwischen 447 und 432 v. Chr. errichtet. Er dürfte trotz seiner vergrößerten Dimensionen (8 : 17 Säulen) feingliedriger, leichter und 'lebendiger' gewirkt haben als der olympische Zeustempel: Die Säulen sind schlanker und enger gestellt, die Kapitelle im Kontur straffer, das Gebälk ist niedriger und die Eckjoche sind stärker kontrahiert, wodurch der Bau eine körperhafte Geschlossenheit gewinnt. Vom Unterbau bis zum Gebälk und den Wänden der Cella gibt es keine geraden Linien und Flächen, alles ist durch eine mit äußerster Präzision durchgeführte Kurvatur gleichsam in Schwingung versetzt. Eine ungewöhnlich schmale Ringhalle unterstützt den Eindruck von Geschlossenheit, sie ist aber auch Zeichen einer neuartigen Ausweitung der Cella. Diese besteht aus zwei Teilen, dem von vier ionischen Säulen gestützten eigentlichen «Parthenon» (wo man den Schatz der Athena aufbewahrte) und dem Raum des von Phidias geschaffenen Gold-Elfenbein-Bildes der Göttin. Hier sind die Innensäulen, die die Cella üblicherweise in drei Schiffe unterteilen, um das Götterbild herumgeführt, wodurch dieses gerahmt und als Zentrum des Tempels hervorgehoben wird. Der Innenraum ist damit nicht mehr bloß Aufbewahrungsort, sondern erscheint als ein relativ eigenständiges ästhetisches Gebilde und als eine besondere Aufgabe architektonischer Gestaltung. Außer der großen Tür gewährleisten Fenster in der Eingangswand, daß der Innenraum gut beleuchtet und als Ensemble wahrnehmbar war.

Im Apollontempel von Bassai/Phigalia, gegen Ende des 5. Jh.s angeblich ebenfalls durch Iktinos errichtet, wird der eigentliche Innenraum, von dem innerhalb der Cella ein kleiner Kultbezirk (Adyton) mit seitlichem Zugang abgetrennt ist, noch stärker akzentuiert: Die ionischen Innensäulen sind (wohl erst nach einer Planänderung) durch Zungenmauern mit der Wand verbunden, und sie tragen einen auf drei Seiten umlaufenden figürlichen Fries (Kentauromachie und Amazonomachie, im Britischen Museum). Im Tempel der Athena Alea in Tegea, errichtet um die Mitte des 4. Jh.s durch den auch als Bildhauer berühmten Skopas aus Paros, haben sich die Innensäulen zu Halbsäulen gewandelt, die die Längswände gliedern – entstanden ist ein saalartiger einheitlicher Raum.

In Unteritalien und auf Sizilien baut man im 5. Jh. zahlreiche dorische Tempel. Ihre Innenräume sind in einer oft durch Stufen akzentuierten Abfolge gewöhnlich auf eine im hintersten Teil der Cella liegende Kultkammer (Adyton) ausgerichtet, womit sie einer 'großgriechischen' Tradition schon archaischer Zeit folgen. Wie die gleichzeitige Plastik der Region halten sie lange an Formen fest, die im Mutterland schon aufgegeben waren. Selbst ein relativ fortschrittlicher Bau wie der zweite Heratempel (sog. Poseidontempel) in Paestum wirkt daher altertümlicher als sein vermutliches Vorbild, der Zeustempel in Olympia.

2.5.2 Ionische Tempel. Korinthisches Kapitell

Die Tradition der archaischen ionischen Riesentempel wird im Artemision von Ephesos weitergeführt, äußerlich motiviert durch die Notwendigkeit, den 356 v. Chr. von Herostrat in Brand gesetzten Tempel durch einen Neubau zu ersetzen. Zur selben Zeit entsteht im neu gegründeten Priene der Tempel der Athena, das Meisterwerk des Pytheos, der zuvor das nicht minder berühmte Maussolleion in Halikarnassos entworfen hatte. Der Athenatempel galt schon in der Antike als der 'klassische' ionische Peripteraltempel. Die von Pytheos darüber verfaßte Schrift beeinflußte die Proportionslehre Vitruvs und wirkte dadurch weiter auf die Architekturtheorie der Renaissance und des Klassizismus. In Athen ist die ionische Ordnung in der zweiten Hälfte des 5. Jh.s hervorragend vertreten: Der erst im 18. Jh. zerstörte, doch kurz zuvor zeichnerisch aufgenommene Tempel 'am Ilissos' sowie der von Kallikrates, dem Architekten des Parthenon errichtete, im 19. Jh. rekonstruierte Tempel der Athena Nike auf der Akropolis sind Amphiprostyloi, relativ kleine Gebäude mit je 4 Säulen an beiden Schmalseiten. Die verkürzte Vorhalle des Niketempels ersetzt reale Raumtiefe durch den optischen Eindruck räumlicher Erstreckung – ein in der Architektur der Folgezeit oft angewendetes Mittel.

Ionische Säulen und ein ionischer Fries waren bereits in den dorischen Parthenon integriert worden. Die zukunftsweisende Durchmischung beider Ordnungen findet sich auch bei dem prunkvollen, auf Außen- und Fernwirkung hin angelegten Eingang zur Athener Akropolis, den zwischen 437/6 und 433/2 v. Chr. errichteten Propyläen des Architekten Mnesikles. Das eigentliche Torgebäude und seine seitlich ausgreifenden Flügelbauten bilden ein mehrgliedriges Ensemble. Ein noch komplexeres Ensemble stellt das von 421 bis 414 sowie von 409–406 v. Chr. erbaute Erechtheion dar, das den Kult der

Stadtgöttin Athena im 'alten' Athenatempel und mehrere andere Kulte und Kultmale (z. B. das Dreizackmal Poseidons) unter einem Dach vereinen wollte. Es ist ein mit Annexen (der Korenhalle und der Nordhalle) versehener, im Inneren unterteilter ionischer Tempel, der sich auf mehreren Ebenen erstreckt. Überaus kostbare Detailarbeit in mehrfarbigem Stein und mit Metallzusätzen ließen das vielgliedrige Gebilde wie einen kostbaren Schrein für die ehrwürdigsten Kulte der Stadt erscheinen. Die mit Fenstern und Halbsäulen (vor Halbpfeilern im Inneren) versehne Fassadenarchitektur der Westseite nimmt Motive der nachklassischen Baukunst vorweg.

Ein Zeichen für den Willen, die herkömmlichen Formen der Architektur zu bereichern, ist auch das korinthische Kapitell, dessen Erfindung Vitruv (4,1,9f) dem in der zweiten Hälfte des 5. Jh.s in Athen tätigen Künstler Kallimachos zuschreibt. Das älteste sicher nachweisbare Exemplar saß auf der Säule, die im Apollontempel von Bassai/Phigalia auf der Grenze zwischen Cella und Adyton stand (es ist nur noch in einer Zeichnung des frühen 19. Jh.s überliefert). Der charakteristische Akanthus-Dekor paßt zu dem im 4. Jh. sich verstärkenden Trend zu vegetabilem Ornament etwa bei Grabdenkmälern, Dachterrakotten und den als Weihgeschenkträger dienenden, mit Reihen von Akanthusblättern geschmückten Säulen.

2.5.3 Andere Bauten

Eine seit dem Ende der Hochklassik bemerkbare Vorliebe für unkanonische Typen zeigt sich in der Sakralarchitektur etwa in Rundbauten wie der Tholos im Heiligtum der Athena Pronaia in Delphi, der 'Thymele' in Epidauros und dem 'Philippeion' in Olympia. Die besonderen Erfordernisse des Mysterienkultes bestimmen die eigentümliche Form des zur Zeit des Perikles von Iktinos entworfenen fast quadratischen Telesterion in Eleusis. Das ebenfalls zum perikleischen Bauprogramm gehörende Odeion in Athen hatte angeblich zum Vorbild das von den Griechen bei Plataiai erbeutete Zelt des Xerxes (Plut. *Per.* 13,9. Paus. 1,20,4). Telesterion und Odeion vereinten viele Menschen unter einem Dach. Für Versammlungen unter freiem Himmel baut man Theater, deren kanonische Form wohl erst im 4. Jh. ausgebildet ist – besonders im Dionysostheater von Athen, das – wie das panathenäische Stadion – unter Lykurg nach der Mitte des 4. Jh.s neu gestaltet wird.

Um die Organe der Demokratie angemessen unterzubringen und überhaupt die Plätze des öffentlichen Lebens architektonisch zu gestalten, werden zahlreiche profane Bautypen weiterentwickelt oder neu erfunden, so Stoen, Prytaneia (Rathäuser) und Festgebäude wie das Pompeion in Athen. Die im 4. Jh. erzielten Fortschritte in der Poliorketik machen den Neubau von Befestigungsanlagen notwendig.

J. J. Coulton, *The Architectural Development of the Greek Stoa* (Oxford 1976); F. Seiler, *Die griechische Tholos* (Mainz 1986).

2.5.4 Stadtanlagen

Die regelmäßige Stadt mit rechtwinklig sich kreuzenden Straßen war keine Erfindung des Hippodamos von Milet, mit dessen Namen sie schon in der Antike verbunden wurde. Hippodamos, der auch Staatstheoretiker war, hat aber in der ersten Hälfte des 5. Jh.s – zuerst vielleicht bei der Anlage von Piräus – den orthogonalen Stadtgrundriß offenbar rhythmisch und zugleich funktional (öffentlicher und privater Bereich) differenziert, wobei er von der einzelnen Parzelle als Grundeinheit ausging. Dieses die demokratische Gleichheit spiegelnde System der Stadtanlage setzt sich durch, genannt seien: Milet, Piräus, Rhodos, Olynth und Priene. Die im Prinzip gleiche Größe der Grundstücke führt zur Ausbildung eines einheitlichen Typus des Wohnhauses mit Hof und Obergeschoß, wie er in der um die Mitte des 4. Jh.s gegründeten Stadt Priene am besten erhalten ist.

W. Hoepfner – E. L. Schwandner, *Haus und Stadt im klassischen Griechenland* (München ²1994).

3 Hellenismus

Robert Fleischer

3.1 Allgemeines

Die hellenistische Kunst entwickelt sich aus der griechischen Spätklassik des 4. Jh.s. Das Ausstrahlen griechischer Kunst in Gebiete anderer Völker, die Überlagerung von deren Kunst, aber auch die Auseinandersetzung mit der fremden Formenwelt, das wechselseitige Geben und Nehmen sind nicht neu. Vergleichbare Phänomene sind schon früh im Umkreis griechischer Kolonien zu beobachten, später dann im 4. Jh. besonders in Lykien und Phönikien; im letztgenannten Land hat man treffend von einem 'Vorhellenismus' gesprochen.

Das beliebte Dreiperiodensystem 'früh – mittel – spät', wie es etwa auf die minoische und mykenische Kultur, aber auch die griechische Klassik angewandt wurde, hat die Gliederung in früh-, hoch- und späthellenistische Kunst hervorgebracht – oft biologistisch mit der Vorstellung von Aufstieg, Blüte und Verfall verbunden. Neuere Untersuchungen haben gezeigt, daß die Entwicklung der künstlerischen Form nicht geradlinig ablief und die Künstler aus einer vorgegebenen Vielfalt formaler Möglichkeiten die jeweils passenden auswählten, wie dies in der römischen Kaiserzeit noch deutlicher hervortritt ('Stilpluralismus'; 'Gleichzeitigkeit des Ungleichzeitigen'). Der Begriff 'Stil' erfaßt dieses Phänomen nicht; passender ist der aus der Musikwissenschaft übernommene Begriff 'modus' für ein vom Künstler bewußt und überlegt eingesetztes Stilelement. So lösen sich die scheinbaren Widersprüche, die unter der Annahme einer linear fortschreitenden Stilentwicklung unerklärlich und für manche Irrwege der Forschung verantwortlich waren: das gleichzeitige Vorhandensein ganz konträrer Stilzüge, etwa das Nebeneinander von progressiven und retrospektiven Zügen im späten Hellenismus.

Statt einer von Stilen abhängigen Gliederung der hellenistischen Kunst hat sich eine am Geschichtsablauf orientierte Dreiteilung bewährt:
Zeit der Diadochen (323–ca. 275)
Blütezeit der Königreiche (ca. 275–ca. 150)
Zeit der Dominanz Roms (ca. 150–30)
Die Wirkung hellenistischer Kunst reicht weit über das Ende des Hellenismus hinaus und erstreckt sich in Europa über die römische Kunst bis in die Neuzeit. Im Iran hinterließ dagegen die Epoche zwischen Achämeniden und Parthern nur sehr wenige Spuren, während in Indien hellenistische und römische Elemente entscheidenden Anteil an der Entwicklung der figuralen Plastik, insbesondere der Gandharakunst im heutigen Pakistan, haben.

Obwohl Denkmäler hellenistischer Kunst in großer Zahl erhalten sind und die Plastik in dieser Zeit gegenüber der Klassik eine starke thematische Ausweitung erfahren hat, ist die Situation der Forschung wenig günstig. Das reiche Schrifttum über hellenistische Künstler ist uns fast zur Gänze verloren. Daher können wir, anders als in der Klassik, die uns erhaltenen Werke nur selten mit Künstlernamen verbinden. Hellenistische Schichten liegen an vielen wichtigen Orten unter ausgedehnten Hinterlassenschaften der nachfolgenden Kulturen. Die einst sehr zahlreichen Bronzestatuen wurden in der Regel eingeschmolzen. Auch die römischen Kopien nach berühmten Statuen fallen weitgehend aus. Mit Ausnahme der Porträts von Philosophen, Künstlern und anderen Personen des geistigen Lebens stieß die hellenistische Kunst bei den Römern meist auf Desinteresse oder Ablehnung.

Vorhellenismus: R. Stucky, *Tribune d'Echmoun. 13. Beiheft AK* (Basel 1984) 53–55. – Stilpluralismus: T. Hölscher, *Römische Bildsprache als semantisches System* (Heidelberg 1987). – 'Modus': Ebd. 19 Anm. 38. – Allgemeine Darstellungen: T. B. L. Webster, *Hellenismus* (Baden-Baden 1967); J. Charbonneaux – R. Martin – F. Villard, *Das hellenistische Griechenland* (München 1971); Christine M. Havelock, *Hellenistische Kunst* (Wien–München 1971); J. J. Pollitt, *Art in the Hellenistic Age* (Cambridge etc. 1986); B. Hebert, *Schriftquellen zur hellenistischen Kunst* (Horn 1989).

3.2 Die einzelnen Staaten

3.2.1 Das Ptolemäerreich

Anders als im Orient fanden die Griechen und Makedonen in Ägypten eine geschlossene, in sich gefestigte Kultur vor, mit der sie sich mehr als anderswo auseinandersetzen mußten. Trotzdem blieb die ptolemäische Kunst bemerkenswert griechisch; die Randlage der Hauptstadt Alexandria, die sich als Hafenstadt dem Mittelmeer und der übrigen griechischen Welt öffnet, ist bezeichnend. Der in seinen wesentlichen Zügen neu geschaffene Sarapis, zum Teil auch Isis und andere Götter, wurden in griechischer Kunstsprache wiedergegeben. Neben den Herrscherporträts in griechischer Art gab es für Ägypter hergestellte Darstellungen, die den König als Pharao zeigten. Antike Schriftquellen überliefern die überreiche künstlerische Ausschmückung von Festzelten und palastartig ausgestalteten Nilschiffen, von großen Prozessionen und Volksfesten; nichts davon ist erhalten geblieben. Auch von der ptolemäischen Architektur, die sehr eigenständig gewesen sein muß, ist kaum etwas vorhanden.

H. Maehler – V. M. Strocka (Hrgg.), *Das ptolemäische Ägypten* (Mainz 1978); *Kleopatra, Ausstellungskat. Brooklyn–München* (Mainz 1989).

3.2.2 Das Seleukidenreich

Die frühen Seleukiden fanden in ihrem riesigen Reich, das sich anfangs von der europäischen Türkei bis nach Indien erstreckte, ganz andere Verhältnisse vor als die Ptolemäer. Wie sein Vorgänger, das Reich der achämenidischen Perser, gelangte der Vielvölkerstaat mit seiner Fülle von Sprachen und Religionen nie zu einer Einheit, sondern neigte von Anfang an zum Zerfall. Das weit im

Westen gelegene Reichszentrum in Nordsyrien mit Antiochia am Orontes und den benachbarten Städten wurde durch die Übertragung vieler Orts- und Landschaftsnamen zu einem Neu-Makedonien. Das Apollonheiligtum von Daphne wurde zu einem seleukidischen Delphi; hier schuf der Bildhauer Bryaxis eine riesige, mit Gold und Elfenbein verkleidete Kultstatue des Apoll, die sich an die Götterstatuen des Phidias (Zeus von Olympia, Athena Parthenos) anlehnte. Bis auf wenige Königsköpfe, Nachbildungen der Statue der Tyche von Antiochia sowie Münzbilder des genannten Apollon von Daphne ist uns die Kunst des seleukidischen Reichszentrums fast zur Gänze verloren. In Seleukia am Tigris, der wichtigsten seleukidischen Stadt in Mesopotamien, sind mehr parthische als seleukidische Hinterlassenschaften erhalten. Im Osten nahm das aus den 'oberen' Satrapien hervorgegangene, bald von den Parthern vom Westen abgeschnittene Baktrische Reich eine Sonderentwicklung. Hier ist Ai Khanum in Afghanistan, wohl das antike Alexandria am Oxus, gut erforscht. Die Architektur, speziell die Tempelarchitektur, steht stärker in lokaler Tradition als die an den hellenistischen Zentren im Westen orientierte Plastik.

D. Schlumberger, *Der hellenisierte Orient* (Baden-Baden 1969); *Fouilles d'Aï Khanoum* I–VIII (Paris 1973–1992).

3.2.3 Das pergamenische Reich

In Pergamon sind mehr hellenistische Kunstwerke gefunden worden als in den viel bedeutenderen Zentren der Ptolemäer und Seleukiden, da die Oberstadt mit den repräsentativen Anlagen der attalidischen Dynastie nicht wie Alexandria oder Antiochia überbaut wurde und daher weitgehend in ihrem hellenistischen Zustand ausgegraben werden konnte. Allerdings ist hier die Kunst des frühen Hellenismus, in dem Pergamon noch nicht seine spätere Bedeutung erlangt hatte, nur schwach vertreten. Der pergamenische Staat mit seiner dünnen griechisch-makedonischen Oberschicht über einer einheimisch kleinasiatischen Bevölkerung betrieb eine anspruchsvolle Kulturpolitik, welche die Stadt Pergamon zur Erbin von Athen hochstilisierte und die eigenen Siege über Galater, Seleukiden und andere Gegner in Beziehung zu mythischen Kämpfen wie jenen der Götter gegen die Giganten (Pergamonaltar, großer Fries [vgl. Abb. 11]; kleines attalisches Weihgeschenk) oder der Griechen gegen die Amazonen (kleines attalisches Weihgeschenk) setzte und dadurch in überzeitliche Bedeutung hob. Der kleine Fries des Pergamonaltars (vgl. Abb. 12) schildert die Gründungssage von Pergamon und verknüpft die Stadt durch den mythischen Stadtgründer Telephos mit dem griechischen Mutterland. Die pergamenischen Könige sammelten alte Kunst; hier wurden freie Kopien nach klassisch griechischen Vorbildern sowie Nachschöpfungen in klassischer Art schon vor der Mitte des 2. Jhs. geschaffen.

A. Schober, *Die Kunst von Pergamon* (Wien etc. 1951); H.-J. Schalles, *Untersuchungen zur Kulturpolitik der pergamenischen Herrscher im 3. Jh. v. Chr.* (Tübingen 1985); W. Radt, *Pergamon* (Köln 1988).

3.2.4 Das Antigonidenreich und Griechenland

Makedonien, das Land, das mit dem Alexanderzug den Hellenismus einleitete, hat viel weniger hellenistische Kunst geliefert als etwa Kleinasien. In Pella sind der leider schlecht ausgegrabene und kaum veröffentlichte Königspalast mit seinen großen Peristylhöfen sowie reiche Privathäuser mit ausgezeichneten figuralen Mosaikböden zu nennen. Im Frühhellenismus weit verbreitet sind die makedonischen Kammergräber mit überwölbten Grabkammern und oft aufwendigen Fassaden. Nur wenige antigonidische Königsporträts sind erhalten, nicht einmal auf den Münzen erscheinen alle Herrscher.

In Griechenland waren die hellenistischen Könige besonders in Athen und den großen Heiligtümern wie Delphi, Olympia und Delos unübersehbar präsent. Sie überboten sich mit reichen Stiftungen, etwa von Gebäuden für sakrale und profane Zwecke, betonten auf diese Weise ihre Verbindung mit dem alten Mutterland und wurden im Gegenzug unter anderem durch die Aufstellung von Statuen geehrt.

Das politisch entmachtete, aber kulturell noch immer bedeutende Griechenland spielte ab dem späten 3. Jh. eine wichtige Rolle bei der Herausbildung einer klassizistisch orientierten Plastik, die später den Geschmack der Römer traf. Die umfangreiche Tätigkeit des peloponnesischen Bildhauers Damophon ist besonders gut zu fassen (*3.4.1*). In Athen saßen Bildhauerwerkstätten, die auf die Herstellung von retrospektiven Werken und Kopien spezialisiert waren und später zum Teil nach Rom abwanderten.

Beryl Barr-Sharrar – E. N. Borza (Hrgg.), *Macedonia and Greece in Late Classical and Early Hellenistic Times* (Washington 1982).

3.2.5 Kommagene

Aus dem immer kleiner werdenden Seleukidenreich löste sich im 1. Jh. unter der Dynastie der Orontiden das kleine Königreich Kommagene im kleinasiatisch-nordsyrischen Grenzgebiet. Sehr im Gegensatz zu seiner geringen politischen Bedeutung stand die anspruchsvolle Kulturpolitik. Monumentale Königsgräber, besonders der Tumulus des Antiochos I. auf dem 2000 m hohen Nimrud dağ (50 v. Chr., vgl. Abb. 5), zeigen den König gleichwertig zwischen den Göttern seines Reiches und führen seine Ahnenreihe auf der griechischen Seite über die Seleukiden auf Alexander den Großen, auf der persischen Seite auf die Achämeniden zurück. Mit den Herrschergräbern und anderen Anlagen verband sich ein aufwendiger, bis in Detail geregelter Kult. Den mächtigeren Nachbarn des Reiches, den Seleukiden und den Parthern, entspricht die Ausgewogenheit zwischen griechischen und iranischen Elementen in der Kunstsprache. Dank der Unzugänglichkeit der Fundplätze im entlegenen Bergland ist hier viel Hellenistisches erhalten geblieben.

F. K. Dörner, *Kommagene* (Bergisch Gladbach 1981).

3.2.6 Unter römischer Herrschaft

Im allgemeinen ging die künstlerische Tätigkeit nach der Eroberung der hellenistischen Reiche durch Rom zurück und erlebte erst ab der frühen Kaiserzeit wieder eine neue Blüte. In der Republik sind in erster Linie Ehrenstatuen für römische Beamte zu nennen, die von Städten und privaten Stiftern aufgestellt wurden. Eine Sonderstellung nimmt die Insel Delos ein, auf der die Römer 166 eine Freihandelszone unter nomineller athenischer Oberhoheit einrichteten. Hier ist aus dem Jahrhundert bis zur Plünderung durch Piraten 67 viel Ideal- und Porträtplastik erhalten, darunter auch Bildnisstatuen von Römern. Ihre 'republikanischen' Züge (Verismus, Alter, Mut zur Häßlichkeit) finden sich auch bei römerfreundlichen Griechen bis hinauf zu Königen.

In Athen, bald auch in Rom entstanden 'neuattische' Werke für römische Auftraggeber (*3.4.8*).

K. Tuchelt, *Frühe Denkmäler Roms in Kleinasien I. MDAI(I)* Beiheft 23 (Tübingen 1979); A. Stewart, *Attika* (London 1979); J. Marcadé, *Au Musée de Délos. BEFAR* 215 (Paris 1969).

3.3 Architektur

Th. Fyfe, *Hellenistic Architecture* (Cambridge 1936); H. Lauter, *Die Architektur des Hellenismus* (Darmstadt 1986); F. Rumscheid, *Untersuchungen zur kleinasiatischen Bauornamentik des Hellenismus* (Mainz 1994).

3.3.1 Stadtanlagen

Die ideale griechische Stadt mit ihrem regelmäßigen System sich rechtwinklig kreuzender Straßen ('Hippodamisches' System, *VIII 2.5.4*) lebte weiter und wurde in die eroberten Gebiete übertragen. Alexandria, Antiochia am Orontes und die nordsyrischen Nachbarstädte Seleukia Pieria, Apameia und Laodikeia, Seleukia am Tigris und viele andere Städte wurden im Frühhellenismus in dieser Art angelegt. In Antiochia, in Beroia (Halep) und anderswo ist das antike Straßennetz noch im heutigen Stadtplan zu erkennen. Eine nicht nachantik überbaute, gut erhaltene griechische Stadt im Osten ist Dura Europos am mittleren Euphrat.

W. Hoepfner – E. L. Schwandner, *Haus und Stadt im klassischen Griechenland* (*VIII 2.5.4*).

3.3.2 Heiligtümer

Der Tempelbau in dorischer Ordnung geht im Hellenismus zurück. In der Regel wird in der ionischen Ordnung gebaut, aber auch mehr und mehr das korinthische Kapitell verwendet, das im 4. Jh. noch vorwiegend in Innenräumen verwendet worden war und den Höhepunkt seiner Beliebtheit erst in der römischen Kaiserzeit erreichte. Wo noch die dorische Ordnung angewandt wird, besonders bei Hallenbauten, wird sie 'entkörperlicht'; die Säulen werden sehr schlank und rücken auseinander, das Gebälk verliert an Gewicht. Die aufwendigen Bauvorhaben an den ionischen Riesentempeln in Ephesos, Didyma und Sardes kommen nur teilweise zum Abschluß, mitunter ziehen sie sich jahrhundertelang mit vielen Unterbrechungen hin, je nach dem Grad der Förderung durch die jeweiligen Herrscher. Eine wichtige Neuerung ist der Pseudodipteros, wie ihn um 200 Hermogenes mit dem Tempel der Artemis Leukophryene in Magnesia am Mäander (Abb. 1) verwirklichte. Hier werden die innere der beiden Säulenstellungen des Dipteros sowie Säulenpaare in Pronaos und Opisthodom weggelassen. Mehr freier Raum und verstärkte Hell-Dunkel-Kontraste sind die Folge. Wie beim noch spätklassischen Athenatempel in Priene folgen Grundriß und Aufriß einem auf dem Maß des Säulenjochs aufbauenden Rastersystem, alle wesentlichen Bauteile stehen in glatten Zahlenverhältnissen zueinander. Der Pseudodipteros lebt selbst noch in Rom im Tempel der Venus und Roma des Kaisers Hadrian fort.

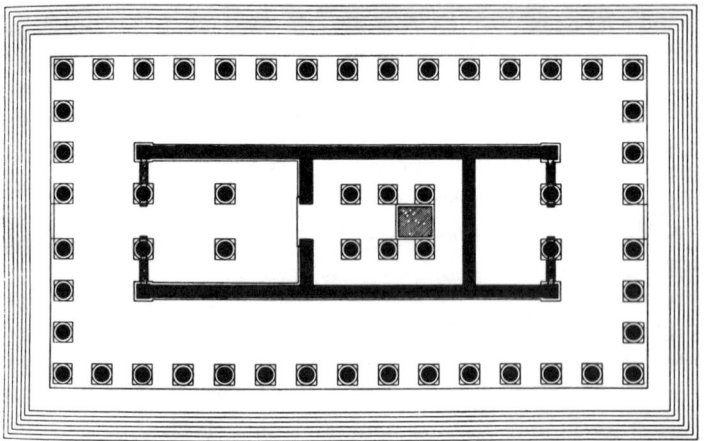

Abb. 1. Tempel der Artemis Leukophryene, Magnesia am Mäander
(nach C. Humann – J. Kohte – C. Watzinger, *Magnesia am Maeander*,
Berlin 1904, 43 Abb. 30).

In Ägypten und im Orient werden weiterhin auch Tempel traditionell einheimischer Art erbaut.

Im Hellenismus wird die schon in der Klassik begonnene Entwicklung, die von der griechischen Baukörperarchitektur mit autonomen, relativ beziehungslos in die Landschaft gesetzten Bauten zu einer den Raum einbeziehenden und gliedernden Architektur führt, fortgesetzt und abgeschlossen. Exemplarisch kann dies an den Heiligtümern des Asklepios auf Kos und der Athena in Lindos auf Rhodos (Abb. 2) studiert werden. Der Raum um die vorerst recht isoliert dastehenden Tempel wird mehr und mehr organisiert, symmetrische Hallen und Platzanlagen umfangen den Besucher und begrenzen seinen Blick. In den Mittelachsen der Anlagen verlaufende Treppen leiten ihn zum vorgegebenen Ziel. In Lindos ist der das Heiligtum bekrönende Tempel aus der Achse verschoben, da er sich aus kultischen Gründen genau über einer Höhle im Felsen darunter befinden mußte. Die so ausgebildete großzügige Raumarchitektur zieht mit Bauten wie dem Fortuna Primigenia-Heiligtum in Praeneste bei Rom in Italien ein, findet ihre Hauptvertreter in den Kaiserfora in Rom (Augustusforum, Trajansforum usw.) und wirkt bis in die Neuzeit nach.

Abb. 2. Athenaheiligtum von Lindos auf Rhodos,
Modell (nach K. Schefold, *Die Griechen und ihre Nachbarn*, Berlin 1967, Tafel 312b).

G. Gruben, *Die Tempel der Griechen* (*VIII 1 Vorbem.*) 389–394. 401–421; W. Hoepfner – E. L. Schwandner (Hrgg.), *Hermogenes und die hochhellenistische Architektur* (Mainz 1990).

3.3.3 Monumentalaltäre

Eine besondere Art monumentaler Altäre ist im mittleren Hellenismus in Kleinasien und auf den vorgelagerten Inseln beliebt. Hauptvertreter ist der Pergamonaltar (Abb. 3) aus dem 2. Viertel des 2. Jh.s, eigentlich kein Altar, sondern ein riesiger, altarförmiger Unterbau für den oben in seinem Hof befindlichen wirklichen Brandopferaltar. Wir kommen auf seine Friese unten *3.4.6* zurück. In Priene und Magnesia am Mäander sowie auf der Insel Kos gibt es vergleichbare Monumentalaltäre mit plastischem Schmuck.

H.-J. Schalles, *Der Pergamonaltar* (Frankfurt a. M. 1986); W. Radt, Pergamon (*3.2.3*) 190–206.

Abb. 3. Pergamonaltar. Berlin (Staatl. Museen zu Berlin, Neg.-Nr. PM 6921).

3.3.4 Königspaläste

Für den hellenistischen Königspalast wurde kein neuer Bautypus ausgebildet, sondern das griechische Peristylhaus mit seinem säulenumstandenen Innenhof lediglich stark vergrößert. In Pella und Vergina in Makedonien, in Demetrias in Thessalien, in Pergamon und im baktrischen Ai Khanum sind Paläste erhalten. Neuere Forschungen haben gezeigt, daß die Königsresidenz mehr als den eigentlichen Palast umfaßte. Tempel, Bibliothek, Theater und andere Bauten gehörten gleichfalls zur 'Basilike' (lat. regia). Ein derartiger Komplex ist in Pergamon gut erhalten (Athenaheiligtum, Bibliothek, Theater, Zeusaltar, Heroon für den Herrscherkult u. a.), aber auch in Alexandria und anderswo nachweisbar. Die hellenistische Residenz ist damit weder ein geschlossener Baukörper wie das Schloß von Versailles noch eine frei im Gelände verteilte Gebäudegruppe wie das Topkapı Sarayı in Istanbul und andere orientalische Fürstenhöfe, sondern verbindet Elemente beider Möglichkeiten. Die hellenistischen Paläste haben römische Kaiserresidenzen wie den Flavierpalast auf dem Palatin in Rom, aber auch die Hadriansvilla in Tivoli beeinflußt.

Inge Nielsen, *Hellenistic Palaces. Tradition and Renewal* (Aarhus 1994); W. Hoepfner – G. Brands (Hrgg.), *Basileia. Die Paläste der hellenistischen Könige* (Mainz 1996).

3.3.5 Grabbauten

Im Frühhellenismus entstanden die makedonischen Kammergräber mit ihren echten Gewölben und oft prunkvollen Architekturfassaden, die nach der Beisetzung in der Erde eines Grabhügels verschwanden. Am bekanntesten sind das

Abb. 4. Mausoleum von Belevi, Rekonstruktion W. Hoepfner
(nach *AA* 1993, 117 Abb. 9).

'Philippsgrab' und die anderen Gräber in Vergina in Makedonien, die reiche Beigaben enthielten. Bei den freistehenden Grabbauten dominiert der Mausoleumstypus, der sich bald nach 400 durch die Umsetzung lykischer Gräber (mit auf einem Sockel befindlichen Sarkophagen) in griechische Kunstsprache herausbildete und seinen berühmtesten Vertreter in dem um 350 entstandenen Grabmal des Königs Maussollos von Halikarnass (*VIII 2.5.2*) besitzt. Fast die Größe dieses Weltwunders erreicht das Mausoleum von Belevi bei Ephesos (Abb. 4), das allerdings keine Stufenpyramide mit bekrönender Skulpturengruppe wie das Maussoleion, sondern einen offenen Innenhof aufwies. Die Grabkammer mit dem Sarkophag ist im Unterbau verborgen. Dieses Mausoleum, ein frühes Beispiel korinthischer Außenarchitektur, entstand nach 300 wohl als Grabmal des Diadochen Lysimachos, blieb unvollendet und nahm 246 offensichtlich die Leiche des in Ephesos verstorbenen Seleukiden Antiochos II. Theos auf.

Der kommagenische König Antiochos I. Kallinikos übernahm die alte Form der von einem monumentalen Tumulus bedeckten Grabkammer und errichtete seine Anlage auf dem Gipfel eines 2000 m hohen Berges, des Nimrud dağ (Abb. 5). Monumentale Statuengruppen zeigen den verstorbenen König inmitten der Götter seines Reiches, Stelenreihen verkünden seine doppelte königliche Abkunft von Alexander über die Seleukiden und von den persischen Achämeniden. Ein Horoskop zeigt die besonders günstige Konstellation der

Abb. 5. Grabmal des Antiochos I. auf dem Nimrud dağ, Ostterrasse
(nach *AW* 6, 1975, Sondernr., 36 Abb. 34).

Gestirne zur Geburtszeit des Herrschers – später wird Augustus mit seiner Sonnenuhr auf dem Marsfeld in Rom eine ähnliche kosmische Rechtfertigung der eigenen Herrschaft zur Schau stellen.

Berthild Gossel, *Makedonische Kammergräber* (Berlin 1980); C. Praschniker – M. Theuer u. a., *Das Mausoleum von Belevi. Forschungen in Ephesos VI* (Wien 1979); F. K. Dörner, *Kommagene (3.2.5)* 11–66. 220–240; M. Andronicos, *Vergina* (Athen 1984); J. Fedak, *Monumental Tombs of the Hellenistic Age* (Toronto etc. 1990).

3.4. Plastik

Margarethe Bieber, *The Sculpture of the Hellenistic Age* (New York [2]1961); Brunilde S. Ridgway, *Hellenistic Sculpture I. The Styles of ca. 331–200 B.C.* (Bristol 1989); R. R. R. Smith, *Hellenistic Sculpture* (London 1991); P. Moreno, *Scultura ellenistica* (Roma 1994).

3.4.1 Gottheiten

Im Hellenismus wurden Götter mitunter menschenähnlicher, Menschen gottähnlicher als bisher dargestellt. Daran ist das Porträt Alexanders des Großen *(3.4.3)* stark beteiligt, das den König in der Art jugendlicher Götter und Heroen wie Apollon oder Achill vor Augen führt. Im Gegenzug nehmen jugendliche Götter und Helden Züge des Königs an, besonders das charakteristische aufstrebende Mittelbüschel des Stirnhaars. Ältere Gottheiten wie Zeus oder Poseidon erhalten nunmehr in einer Art von 'Pseudorealismus' stärkere Alterszüge als bisher. Unter den weiblichen Gottheiten wird Aphrodite seit der Knidischen Aphrodite des Praxiteles (*VIII 2.2.7*), anders als in der Hochklassik, meist spärlich oder gar nicht bekleidet.

Im Frühhellenismus entstehen in Anlehnung an die Goldelfenbeinstatuen des Phidias (*VIII 2.2.5*) große Kultstatuen, so der Apollon von Daphne und der Sarapis in Alexandria, beide von Bryaxis. Die Schicksals- und Glücksgöttin Tyche wird im Hellenismus sehr wichtig, nicht zuletzt als Schutzgöttin der Städte. In der Art der sitzenden Tyche von Antiochia am Orontes werden die Tychai der im Orient neu gegründeten Griechenstädte, die auf keine eigenen alten Kulte zurückgreifen konnten, gebildet. Besondere Bedeutung gewinnen Dionysos und sein Kreis, in Ägypten eng mit dem ptolemäischen Königtum verbunden. Auch die Bedeutung der Siegesgöttin Nike nimmt zu. Ihre berühmteste Darstellung ist die Nike von Samothrake, die in freier Landschaft auf dem Bug eines Kriegsschiffs über einem Wasserbecken, welches das Meer versinnbildlichte, dargestellt war. Kunst und Landschaft verbinden sich im Hellenismus mehr als in der Klassik; Felsen konnten die Rolle der Statuenbasen übernehmen.

Ab dem späten 3. Jh. kommen mit den Werken des arkadischen Bildhauers Damophon, der auch bezeichnenderweise den olympischen Zeus des Phidias restaurierte, an der Klassik orientierte Götterstatuen auf, wie etwa die Gruppe im Tempel von Lykosura in der Peloponnes.

H. Lauter, «Kunst und Landschaft», *AK* 15 (1972) 49–59; D. M. Brinkerhoff, *Hellenistic Statues of Aphrodite* (New York-London 1978); Wiltrud Neumer-Pfau, *Studien zur Ikonographie und gesellschaftlichen Funktion hellenistischer Aphrodite-Statuen* (Bonn 1982); P. Prottung, *Darstellungen der hellenistischen Stadttyche* (Münster 1992); P. Themelis, «Damophon von Messene: Sein Werk im Lichte der neuen Ausgrabungen», *AK* 36 (1993) 24–40.

3.4.2 Gruppen

Figurenreiche Gruppen mit mythischen oder 'historischen' Darstellungen sind besonders aus Pergamon bekannt. Die drei Kämpfe der Götter gegen die Giganten – auch das Thema des großen Frieses des Pergamonaltars (vgl. Abb. 11) –, der Athener gegen die Amazonen und der Griechen gegen die Perser werden im pergamenischen Anathem der 'Kleinen Gallier' mit den aktuellen Kriegen der Pergamener gegen die Galater verbunden, die letztgenannten Kämpfe dadurch in eine quasi mythische Sphäre gehoben. Ohne mythische Verankerung erscheinen besiegte Galater, vielleicht allein und ohne ihre Gegner, in den 'Großen Galliern'. Die bekannte Gruppe im Thermenmuseum (Abb. 6) zeigt in einer mehransichtigen, pyramidal aufstrebenden Komposition einen Galater, der in auswegloser Situation seine Frau getötet hat und nun Selbstmord begeht, um nicht lebend in die Hände der Pergamener zu fallen.

Abb. 6. 'Gallier und sein Weib'.
Rom, Thermenmuseum
(Deutsches Archäologisches
Institut Rom, Neg. 56.349).

Lange wurde die berühmte Gruppe, welche die Vernichtung des Laokoon und seiner Söhne durch zwei Schlangen zeigt, in den späten Hellenismus datiert und auf eine rhodische Bildhauerschule zurückgeführt, die 'barocke' Strömungen noch im 1. Jh. vertreten habe. Die Funde von Sperlonga in Italien bewiesen, daß die überlieferten drei rhodischen Künstler erst in der frühen römischen Kaiserzeit tätig waren. Ebenso wie die Gruppen aus der Höhle von Sperlonga, die das Polyphem- und Skyllaabenteuer des Odysseus und andere Themen darstellen, ist auch die Laokoongruppe wohl eine römische Neuschöpfung in hellenistischer Art, die im Gegensatz zu dem in der frühen Kaiserzeit vorherrschenden Klassizismus stand, und nicht eine römische Kopie nach einem hellenistischen Original.

'Große Gallier': E. Künzl, *Die Kelten des Epigonos von Pergamon* (Würzburg 1971); R. Wenning, *Die Galateranatheme Attalos' I.* (Berlin 1978). – 'Kleine Gallier': Beatrice Palma, «Il piccolo donario pergameno», *Xenia* 1 (1981) 45–84. – Unterlegene ohne Gegner: T. Hölscher, «Die Geschlagenen und die Ausgelieferten in der Kunst des Hellenismus», *AK* 28 (1965) 120–136. – Sperlonga: B. Andreae, *Praetorium Speluncae* (Stuttgart 1994). – Laokoon: B. Andreae, *Laokoon und die Kunst von Pergamon* (Frankfurt a. M. 1991); N. Himmelmann, «Laokoon», *AK* 34 (1991) 97–115.

3.4.3 Königsporträts

Viele hellenistische Königsköpfe sind erhalten, jedoch fast nur solche von Steinstatuen; die einst viel häufigeren Bronzewerke wurden meist eingeschmolzen. Die kleinformatigen Königsporträts auf den Münzen liefern uns wegen der geringeren Variationsbreite ihrer Darstellungen eine zuverlässigere Grundlage. Das mit Alexander dem Großen beginnende hellenistische Herrscherbild ist etwas absolut Neues. Noch sein Vater Philipp erschien als reifer, bärtiger Mann, Alexander (Abb. 7) dagegen als charismatischer, unbärtiger Jüngling, in Anlehnung an jugendliche Götter und Heroen wie Apollon oder Achill. Die Nachfolger Alexanders, die Diadochen, kompensierten das Fehlen eines königlichen Stammbaums durch dynamische, an Herakles erinnernde Bildnisse, die ihre eigene Kraft und Tüchtigkeit betonten. Die späteren, bereits in ihre Dynastien hineingeborenen Herrscher standen nicht mehr unter dem Druck, ihre Herrschaft zu legitimieren, und bevorzugten höfisch-distanzierte Bildnisse. In der Folgezeit zeigten sich die Könige, den jeweiligen politischen und wirtschaftlichen Situationen angemessen, als gott- oder alexanderähnlich, als tüchtige Feldherren, als korpulente, leutselig lächelnde, Wohlstand versprechende Landesväter oder, bei den römerfreundlichen Königen des Späthellenismus, als ernste, strenge, der konservativen Werteskala der römischen Republik verpflichtete alte Männer. Die wichtigsten Formen der Selbstdarstellung römischer Kaiser finden sich im Hellenismus schon vorgebildet.

Abb. 7. Alexander der Große. Schloß Fasanerie bei Fulda (Deutsches Archäologisches Institut Rom, Neg. 67.1085).

Die zu den vorhandenen Königsköpfen gehörigen Statuen sind meist verloren. Sie stellten die Könige in 'heroischer' Nacktheit oder nur mit einer Chlamys über die Schulter geworfen, oft auf eine Lanze gestützt, oder als militärisch gerüstete Reiter dar. Eine gute Vorstellung von einer Herrscherstatue gibt der 'Thermenherrscher' (Abb. 8) wohl aus dem 2. Viertel des 2. Jh.s, der aber kein Diadem trägt und daher keinen König darstellen kann.

Obwohl die hellenistischen Königsporträts relativ einheitlich sind, gibt es doch charakteristische Unterschiede zwischen den einzelnen Dynastien. In Ägypten ist die in pharaonischer Tradition stehende starke Einbettung in die Institution des Königstums spürbar. Hier werden Könige auch am häufigsten mit Götterattributen dargestellt. Dies drückt keine Vergöttlichung, aber Teilha-

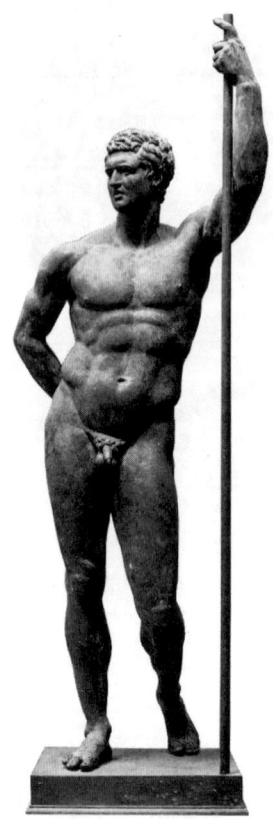

Abb. 8. Thermenherrscher. Rom, Thermenmuseum (Deutsches Archäologisches Institut Rom, Neg. 66.1686).

be an göttlichen Kompetenzen aus. Bei den Seleukiden und in anderen Dynastien betonen die Herrscher stärker ihre Individualität. Porträts königlicher Frauen sind mit Ausnahme von Ägypten recht selten und auch meist weniger porträthaft. Sie orientieren sich, wie auch viele nicht königliche Frauen, an jugendlich-alterslosen Göttinnen wie Aphrodite.

Porträts allgemein: Gisela M. A. Richter, *The Portraits of the Greeks* (London 1965) sowie verkürzte und revidierte Ausgabe von R. R. R. Smith (Oxford 1984); K. Fittschen (Hrg.), *Griechische Porträts* (Darmstadt 1988). – Könige: T. Hölscher, *Ideal und Wirklichkeit in den Bildnissen Alexanders des Großen* (Heidelberg 1971); H. Kyrieleis, *Bildnisse der Ptolemäer* (Berlin 1975); R. R. R. Smith, *Hellenistic Royal Portraits* (Oxford 1988); R. Fleischer, *Studien zur seleukidischen Kunst I. Herrscherbildnisse* (Mainz 1991); Dominique Svenson, *Darstellungen hellenistischer Könige mit Götterattributen* (Frankfurt a. M. 1995). – Thermenherrscher: N. Himmelmann, *Herrscher und Athlet* (Milano 1989) 126–149.

3.4.4 Andere Porträts

Die Zahl der Porträts von Politikern, Dichtern und Denkern nimmt im Hellenismus stark zu. Da die Originale aus Bronze bestanden und meist eingeschmolzen wurden, sind wir auf die Kopien aus der Römerzeit und damit auf die von den Römern getroffene Auswahl der dargestellten Personen angewiesen. In jüngerer Zeit ist es gelungen, zu einigen nur in Köpfen und Büsten erhaltenen Porträts die zugehörigen Körper nachzuweisen (z. B. Statue des Menander). Die Porträts der Intellektuellen sind je nach ihrer geistigen Ausrichtung differenziert; die Zugehörigkeit zu bestimmten Philosophenschulen kann Gesichtsausdruck und Habitus, selbst die Körpersprache bis hin zu den Gesten der Hände bestimmen. So sind Metrodor und Hermarch an ihren Lehrer Epikur (Abb. 9) angeglichen, der straffen Orientierung der epikureischen Philosophenschule an ihrem Schulhaupt entsprechend. Allerdings ist der unterschiedliche Rang der drei Philosophen an der mehr oder weniger luxuriösen Ausgestaltung der Sitzmöbel abzulesen, auf denen sie dargestellt sind. Die Vertreter anderer Richtungen unterscheiden sich stärker voneinander.

In dem Maße, in dem die Ehrungen der Könige mit deren schwindender Macht zurückgingen, stieg die Bedeutung der Statuen gewöhnlicher Bürger, die auf öffentlichen Plätzen und in Heiligtümern aufgestellt wurden. Die Statuen statteten meist den Dank für erwiesene Wohltaten ab und drückten die Hoffnung auf weitere aus. Mehr und mehr wurden auch Frauen geehrt.

K. Schefold, *Die Bildnisse der antiken Dichter, Redner und Denker* (Basel 1943); K. Fittschen, «Zur Rekonstruktion griechischer Dichterstatuen I: Die Statue des Menander», *MDAI(A)* 106 (1991) 243–279; R. von den Hoff, *Philosophenporträts des Früh- und Hochhellenismus* (München 1994).

Abb. 9. Epikur. New York (nach P. Arndt – F. Bruckmann [Hrgg.], *Griech. und röm. Porträts*, München 1891ff., 1124).

3.4.5 'Realistische' Genreplastik

Innerhalb der hellenistischen Plastik fallen kraß realistische Darstellungen von alten Fischern, betrunkenen Frauen (Abb. 10), Verwachsenen und anderen von der Norm abweichenden Menschen auf, welche schlaffe Muskulatur, übergroße männliche Glieder oder hängende Brüste, fehlende Zähne und andere Züge des Alters und der Häßlichkeit aufweisen. Meist handelt es sich um Werke bereits der römischen Zeit, die in den Gärten der Villen aufgestellt waren. Wie neuere Forschungen gezeigt haben, waren sie keinesfalls als soziale Anklage gedacht oder sollten auch nur Mitleid erregen. Vielmehr trugen sie im Rahmen einer dionysischen Atmosphäre zur Unterhaltung des Hausherrn und seiner Gäste bei. Viele Indizien weisen auf das ptolemäische Ägypten als Ursprungsland. Offensichtlich sind diese uns so befremdenden Darstellungen in erster Linie aus dem Umkreis der dionysischen Feste hervorgegangen.

N. Himmelmann, *Über Hirten-Genre in der antiken Kunst* (Opladen 1980) 83–108; H. P. Laubscher, *Fischer und Landleute* (Mainz 1982); N. Himmelmann, *Alexandria und der Realismus in der griechischen Kunst* (Tübingen 1983); P. Zanker, *Die trunkene Alte* (Frankfurt a. M. 1989).

3.4.6 Bauplastik

Im hellenistischen Tempelbau begegnet Bauplastik bei weitem nicht in jenem Maße wie an klassischen Tempeln mit ihren Metopen, Friesen und Giebelfiguren. Am Fries des Tempels der Artemis Leukophryene in Magnesia (vgl. Abb. 1) ist die Ausführung, aus der Nähe betrachtet, minderwertig und nur-

Abb. 10. Trunkene Alte. München (Deutsches Archäologisches Institut Rom, Neg. 55.81).

mehr auf ornamentale Fernwirkung aus großer Höhe berechnet. Ein späthellenistischer Tempelfries ist am Hekatetempel im karischen Lagina erhalten. Die Figuren, die Gigantenkampf, Krieger und Amazonen sowie andere Themen darstellen, erscheinen in schon fast kaiserzeitlich wirkender Frontalität.

Keinen Vorgänger in der Klassik hat der reiche reliefierte und statuarische Schmuck an den 3.3.3 genannten Monumentalaltären, allen voran dem Pergamonaltar. Sein außen am Sockel angebrachter großer Fries mit dem Kampf zwischen Göttern und Giganten dominiert, anders als ein hoch angebrachter Tempelfries, den ganzen Bau. Auf einigen Platten der Ostseite besiegt Athena den Giganten Alkyoneus und wird von Nike bekränzt (Abb. 11). Rechts unten erscheint klagend Ge, die Mutter der Giganten. Die große Reliefhöhe, die weitgehende Frontalität vieler Figuren, die temperamentvollen Bewegungen, die rauschenden Faltenschwünge und die wilde Mimik der Giganten steigern die Eindringlichkeit. Der Fries greift immer wieder Figurentypen der Klassik auf, füllt den Grund bis oben mit Figuren, läßt diese auf einer Raumbühne

Abb. 11. Pergamonaltar, großer Fries, Athenaplatten. Berlin
(nach H. Winnefeld, *Die Friese des großen Altars. Altertümer von Pergamon III 2*,
Berlin 1910, Tafel 12).

von nur geringer Tiefe agieren, vermeidet perspektivische Verkürzungen sowie Aktionen aus dem Grund heraus und in diesen hinein. Von ganz anderer Art ist der kleine Fries an den Wänden des Innenhofs. Er schildert das Leben des Telephos, des mythischen Stadtgründers von Pergamon, in einer wie ein Film ablaufenden Bilderfolge aus unterlebensgroßen Figuren mit viel freiem Raum, Tiefenstaffelung und Überschneidungen. Bei der Szene mit dem Bau der Arche (Abb. 12), in der Auge, die Mutter des Telephos, ausgesetzt werden wird, sind Auge und ihre Begleiterinnen weit oberhalb der arbeitenden Handwerker dargestellt. Die Illusion von räumlicher Tiefe entsteht; man wird an Malerei und an Einzelreliefs mit Landschaftsangabe erinnert. Züge von Reliefs der römischen Kaiserzeit werden hier vorweggenommen. Das Erscheinen zweier entsprechend ihren unterschiedlichen Aufgaben grundverschiedener Friese an ein und demselben Bau ist ein Beleg für den Stilpluralismus in der hellenistischen Kunst.

A. Yaylalı, *Der Fries des Artemisions von Magnesia am Mäander. MDAI(I) Beiheft 15* (Tübingen 1976); U. Junghölter, *Zur Komposition der Lagina-Friese und zur Deutung des Nordfrieses* (Frankfurt a. M. etc. 1989); H. Kähler, *Der große Fries von Pergamon* (Berlin 1948); R. Dreyfus (Hrg.), *Pergamon: The Telephos Frieze from the Great Altar* (New York 1996).

Abb. 12. Pergamonaltar, Telephosfries, Bau der Arche. Berlin (nach H. Winnefeld, a.O., Tafel 31,3).

3.4.7 Grabkunst

Im Frühhellenismus entstanden zwei der schönsten Reliefsarkophage. Es sind dies, in chronologischer Reihenfolge, der Wiener Amazonensarkophag aus Soloi auf Zypern (um 320) und der wohl wenig später entstandene Alexandersarkophag aus der Königsnekropole von Sidon in Phönikien. Der Amazonensarkophag zeigt auf allen vier Seiten Kämpfe zwischen Griechen und Amazonen, und zwar auf den einander gegenüberliegenden Lang- und Schmalseiten jeweils die gleiche Szene von verschiedenen Künstlern, einem konservativen und einem fortschrittlichen, ausgeführt. Der sogenannte Alexandersarkophag barg die Überreste des von Alexander dem Großen eingesetzten letzten Königs von Sidon, Abdalonymos, und schließt die Reihe der Reliefsarkophage aus der sidonischen Nekropole ab. Seine Reliefs, an denen sich reiche Reste der Bemalung erhalten haben, zeigen Griechen und Perser bzw. persisch gekleidete Phöniker im Kampf und bei der Jagd (Abb. 13); unter den Kämpfern ist Alexander zu erkennen. Noch stärker als am Wiener Amazonensarkophag wenden sich viele Figuren zum Beschauer und lösen sich damit aus dem Zusammenhang der unterschiedlich dicht komponierten Gruppen; die Grenzen der Kunstgattung des Reliefs sind hier erreicht. Es ist bezeichnend, daß die beiden Sarkophage, obwohl von griechischen Künstlern verfer-

Abb. 13. Alexandersarkophag.
Istanbul (Inst. f. Klass. Archäol., Univ. Mainz).

Abb. 14. Totenmahlrelief.
Samos (Deutsches Archäologisches Institut Athen, Inst. Neg. SAM 2517).

tigt, aus nichtgriechischen Gebieten stammen. Sarkophage sind in Griechenland selten und, wenn sie erscheinen, schlicht: aufwendige Reliefsarkophage kamen Fürsten zu und vertrugen sich nicht mit dem griechischen Demokratieverständnis.

Ein weiterer auffälliger Sarkophag fand sich in der Grabkammer des Mausoleums von Belevi (vgl. Abb. 4). Sein Kasten hat die übliche Klinenform, aber der später hinzugefügte Deckel trägt die Figur des gelagerten Toten, ganz wie auf etruskischen Sarkophagen und Aschenkisten und auf Klinensarkophagen der römischen Kaiserzeit. Im hellenistischen Osten ist eine derartige Darstellung singulär. Vieles spricht dafür, daß es sich bei dem dargestellten Toten um den Seleukiden Antiochos II. Theos handelt.

Aufwendige Grabkunst hat sich in Tarent erhalten. Hier entstanden im späten 4. und frühen 3. Jh. Naiskoi mit reicher Bauplastik aus Kalkstein (Friese, Metopen, Giebelfiguren). In Athen wurde die blühende Grabkunst des 4. Jhs. mit ihren Stelen, deren Relieffiguren sich zuletzt fast wie rundplastisch aus dem Grund heraus dem Beschauer zuwandten, durch das Gräberluxusgesetz des Demetrios von Phaleron (*VIII 2.2.7*) jäh abgeschnitten. Nurmehr schlichte Grabformen waren hinfort zulässig.

Hellenistische Grabreliefs stammen in besonders großer Zahl von den griechischen Inseln und aus Kleinasien. Anders als die emotionsgeladenen Darstellungen der Spätklassik zeigen sie die Toten nunmehr oft statuenartig in reicher architektonischer Rahmung. Eine besonders in Kleinasien und auf Samos beliebte Gruppe von Reliefs zeigt den Toten wie auf dem Sarkophag von Belevi gelagert und gibt ihm Frau und Schankknecht, oft noch Diener, Pferd und Waffen bei: die sogenannten 'Totenmahlreliefs'. Ein Beispiel auf Samos (Abb. 14) zeigt links noch eine Opferszene. Dieser Bildtypus wurde für Heroen ausgebildet, doch konnte ab dem frühen Hellenismus jeder Verstorbene als Heros angesehen werden, und die genannte Darstellungsform wurde auch für gewöhnliche Grabsteine frei verfügbar. Noch in der römischen Kaiserzeit begegnen derartige Reliefs in großer Zahl.

Von den Statuen und Reliefs beim Tumulus des Antiochos I. von Kommagene auf dem Nimrud dağ war in *3.3.5* schon die Rede.

C. Praschniker – M. Theuer u. a., *Das Mausoleum von Belevi* (*3.3.5*); V. v. Graeve, *Der Alexandersarkophag und seine Werkstatt*. IstForsch 28 (Berlin 1975); J. C. Carter, *The Sculpture of Taras* (Philadelphia 1975); E. Pfuhl – H. Möbius, *Die ostgriechischen Grabreliefs* (Mainz 1977, 1979); St. Schmidt, *Hellenistische Grabreliefs* (Köln–Wien 1991); R. Fleischer u. a. Verf., *Der Amazonensarkophag Fugger in Wien. Antike Plastik* 26 (München 1997, im Druck).

3.4.8 Klassizismus, Archaismus, Statuenkopien

Die genannten Phänomene sind verschiedenartig und doch voneinander nicht zu trennen. Archaismus, bewußte Nachahmung archaischer Stilzüge, die es schon in der Hochklassik gibt (*VIII 2.2.5*), bedeutet im frühen Hellenismus Altehrwürdigkeit und wird etwa eingesetzt, um das Alter eines Kultes oder Kultbildes anzudeuten. Klassizismus begegnet ausgeprägt schon im späten 3. Jh.

in den Werken des Damophon von Messene (*3.4.1*). Im späten Hellenismus treffen Archaismus und Klassizismus den konservativen Geschmack einer bestimmten Käuferschicht, speziell in Rom, wo man besonders durch die Triumphzüge, die zahllose Kunstwerke aus geplünderten griechischen Städten wie Korinth und Syrakus zur Schau stellten, griechische Kunst kennengelernt hatte. Die Römer lehnten die früh- und hochhellenistische Kunst, also in erster Linie die Kunst der eben von ihnen besiegten Königreiche, ab (Plin. *N. h.* 34, 52: *cessavit deinde* [d. h. ab der 121. Olympiade = 296–293] *ars ac rursus olympiade CLVI* [= 156–153] *revixit*). Ähnlich negativ wie den hochhellenistischen 'Barock' beurteilten die Römer auch den pathetischen asianischen Stil in der Rhetorik.

Statuen 'kopien' in einem vorerst sehr weitgefaßten Sinne kommen kurz vor 150 an der Schwelle zum Späthellenismus auf und sind erstmals in Pergamon nachweisbar. Allgemein fand im Hellenismus eine verstärkte Reflexion über frühere Kunst statt, die sich in kunsttheoretischen Schriften, im Sammeln alter Statuen und Gemälde und eben auch im Kopieren von Statuen äußerte. Es entwickelte sich ein von Ost nach West, von Griechenland nach Rom orientierter Kunsthandel, der archäologisch etwa durch das um 50 vor Mahdia in Tunesien gesunkene Schiffswrack faßbar ist. Dieses hatte eine bunt zusammengewürfelte Ladung von neuen und schon gebrauchten Objekten (Architekturteile, Plastik aus Stein und Bronze, Klinen, Kandelaber, Inschriften und anderes mehr) an Bord. Manches (Kandelaber, Prunkgefäße) war von 'neuattischen' Werkstätten offensichtlich speziell für die römischen Abnehmer hergestellt worden. Die Bildhauerateliers, die, vorwiegend oder nur nebenbei, Kopien herstellten, saßen vor allem in Athen, ließen sich aber bald auch in Rom nieder. Neben getreuen, mit Hilfe von Abgüssen und mit mechanischen Hilfsmitteln Punkt für Punkt übertragenen Kopien stehen schon von Anfang an freie Nachbildungen, Umstilisierungen in den hellenistischen Zeitstil und Kontaminationen, also Verwendung mehrerer Vorbilder. Der Höhepunkt der Kopistentätigkeit wird erst in der Kaiserzeit in der 2. Hälfte des 2. Jh.s n. Chr. erreicht, doch blühten besonders in Kleinasien (Aphrodisias) derartige Werkstätten noch im 4. Jh. n. Chr.

H. Jucker, *Vom Verhältnis der Römer zur bildenden Kunst der Griechen* (Frankfurt a. M. 1957); P. Zanker, *Klassizistische Statuen* (Mainz 1974); Michelle Gernand, *MDAI(A)* 90 (1975) 1–47; J. P. Niemeier, *Kopien und Nachahmungen im Hellenismus* (Bonn 1975); A. Stewart, *Attika* (London 1979); Brunilde S. Ridgway, *Roman Copies of Greek Sculpture* (Ann Arbor 1984); Mary-Anne Zagdoun, *La sculpture archaïsante dans l'art hellénistique et dans l'art romain du haut-empire* (Athen–Paris 1989); *Das Wrack. Ausstellungskat. Bonn* (Köln 1994).

3.4.9 Kleinplastik in Ton

Der Hellenismus ist eine Blütezeit der Terrakottafiguren. Tanagra in Böotien, später Myrina in Westkleinasien sind wichtige Fundorte; dazu kommen noch Alexandria, Tarent und andere Plätze. Am häufigsten sind Darstellungen von bekleideten Frauen (Abb. 15), die meist als Grabbeigaben dienten. Die als Massenware aus Modeln hergestellten Statuetten überliefern die bunte Vielfarbigkeit antiker Plastik, die auf den Steinskulpturen meist verblaßt ist.

R. Higgins, *Greek Terracottas* (London 1967) 95–133; ders.; *Tanagra and the Figurines* (London 1986) 117–161.

3.5 Malerei

Nur wenig ist von der großen Malerei des Hellenismus geblieben. Ein Schlachtengemälde der Alexanderzeit mit der Darstellung des dramatischen Aufeinandertreffens des Makedonen mit dem Perserkönig wurde in Pompeji als wohl importierte Mosaikkopie verlegt. Die detailgetreue Wiedergabe der persischen Waffen und Ausrüstung zeigt, daß tatsächlich eine zeitgenössische Vorlage zugrundeliegt. Aus dem Frühhellenismus stammen Dekorationen von Gräbern, etwa der stark perspektivische Jagdfries aus dem 'Philippsgrab' in Vergina und die Ausmalung der Kuppel des Grabes von Kazanlak in Bulgarien. Die 'Fürstenbilder' aus der römischen Villa des Fannius Synistor in Boscoreale am Fuß des Vesuv aus der Zeit um 40 fußen wohl auf Malerei an den hellenistischen Fürstenhöfen. Auch andere hellenistische Gemälde sind in römischen Reflexen faßbar.

Abb. 15. Terrakottastatuette einer Frau. Paris
(nach: *Bürgerwelten.*
Ausstellungskat. Berlin,
Mainz 1994, 85 Abb.).

Züge der Malerei drangen im Hellenismus, in dem die Grenzen zwischen den einzelnen Kunstgattungen verschwimmen, auch in die Reliefplastik ein, in der landschaftliches Beiwerk an Bedeutung gewinnt und die Illusion von freiem Raum erweckt wird. Diese malerischen Züge fanden wir am Telephosfries des Pergamonaltars (vgl. Abb. 12). Nach dem Ende des Ptolemäerreiches (30 v. Chr.) werden ägyptisierende Motive in der römischen Wandmalerei beliebt.

Ljudmila Shivkova, *Das Grabmal von Kasanlak* (Recklinghausen 1973); K. Fittschen, «Zum Figurenfries der Villa in Boscoreale», in: B. Andreae – H. Kyrieleis (Hrgg.), *Neue Forschungen in Pompeji* (Recklinghausen 1975) 93–100; B. Andreae, *Das Alexandermosaik aus Pompeji* (Recklinghausen 1977); M. Andronicos, *Vergina* (3.3.5) 101–116; M. Donderer, «Das pompejanische Alexandermosaik – ein östliches Importstück?», in: Chr. Börker – M. Donderer (Hrgg.), *Das antike Rom und der Osten. Festschrift K. Parlasca* (Erlangen 1990) 19–31.

Abb. 16. Mosaik mit Hirschjagd. Pella (nach Ch. Makaronas – E. Giouri, *Oi oikies arpages tes Elenes kai Dionysiou tes Pellas,* Athen 1989, Taf. 18).

3.6 Mosaik

Im frühen Hellenismus herrschten Kieselmosaiken aus runden Steinchen in spätklassischer Tradition vor, wie sie etwa in Pella erhalten sind. Das Mosaik mit einer Hirschjagd (Abb. 16) wurde von seinem Hersteller, Gnosis, signiert. Mit der fast frontalen Ansicht der Jäger entspricht es gleichzeitigen Reliefs (vgl. Abb. 13). Spätere Mosaiken ab der Wende vom 3. zum 2. Jh. wurden wie die kaiserzeitlichen Böden aus quaderförmigen Steinchen hergestellt.

D. Salzmann, *Untersuchungen zu den antiken Kieselmosaiken* (Berlin 1982).

3.7 Toreutik

Zu den hellenistischen Fürstenhöfen und der reichen Oberschicht gehörte kostbares Geschirr aus Edelmetall, das bei den Symposien verwendet und oft von den Königen an ihre Getreuen verschenkt wurde. Anhand der Ornamentik ist es in jüngerer Zeit gelungen, Stücke verschiedener Herkunft voneinander abzugrenzen. Besonders in Ägypten fanden sich Gipsabgüsse verlorener Werke der Toreutik.

Carola Reinsberg, *Studien zur hellenistischen Toreutik* (Hildesheim 1980); M. Pfrommer, *Studien zur alexandrinischen und frühgriechischen Toreutik frühhellenistischer Zeit* (Berlin 1987); W. Völcker-Janssen, *Kunst und Gesellschaft an den Höfen Alexanders d. Gr. und seiner Nachfolger* (München 1993) 180–228.

3.8 Glyptik

In Siegelringe eingesetzte Gemmen mit figuralen Darstellungen waren im Hellenismus sehr beliebt. Die großen Prunkkameen der frühen Kaiserzeit mit ihren vielen Schichten unterschiedlich farbigen Steins (Gemma Augustea, Grand Camée de France) sind ohne hellenistische, besonders ptolemäische Vorbilder nicht denkbar.

Gisela M. A. Richter, *Engraved Gems of the Greeks and the Etruscans* (London 1968) 133–172; P. Zazoff, *Die antiken Gemmen* (München 1983) 193–213.

3.9 Keramik

Parallel zum Niedergang der bemalten griechischen Vasen erfolgt der Aufstieg der Reliefkeramik mit ihren ornamentalen und figuralen Darstellungen. Die aus Formschüsseln hergestellten, Edelmetallgefäße nachahmenden 'Megarischen Becher' erfreuten sich großer Beliebtheit und wurden zu Vorläufern der römischen Terra Sigillata. In Ägypten entstanden die 'Ptolemäerkannen', die im Herrscherkult Verwendung fanden.

J. Schäfer, *Hellenistische Keramik aus Pergamon* (Berlin 1968); Dorothy B. Thompson, *Ptolemaic Oinochoai and Portraits in Fayence* (Oxford 1973); A. Laumonier, *La céramique hellénistique à reliefs I. Delos 31* (Paris 1977); G. Siebert, *Recherches sur les ateliers de bols à relief du Péloponnèse à l'époque hellénistique* (Paris 1978).

4 Kaiserzeit

DIETRICH WILLERS

Abgekürzt zitierte Literatur: Hänlein-Schäfer: H. Hänlein-Schäfer, *Veneratio Augusti. Eine Studie zu den Tempeln des ersten römischen Kaisers* (Roma 1985). Radt: W. Radt, *Pergamon. Geschichte und Bauten, Funde und Erforschung einer antiken Metropole* (Köln 1988); Vermeule: C. C. Vermeule, *Roman Imperial Art in Greece and Asia Minor* (Cambridge, Mass. 1968).

4.1 Einleitung

4.1.1 Römische Reichskunst, regionale griechische Kultur und provinzialrömische Archäologie

Die Trennung der «Einleitung» in einen griechischen und einen lateinischen Teil schafft für das Verständnis der kaiserzeitlichen Epoche besondere Probleme. Sie sind in der Sache selbst begründet, hängen aber auch mit der Organisation der Forschung zusammen. Augustus wies allen Nachfolgern den Weg, zur Selbstdarstellung und Verfolgung politischer Ziele die in Denkmälern und Bauten liegenden Repräsentationsmöglichkeiten in Dienst zu nehmen. Das galt nicht nur für die Urbs, sondern die Plazierung von Statuen und Bildnissen, ihre Verteilung über das Reich und die Errichtung von Bauten wurden für alle Provinzen des Reiches vom Hof gesteuert oder beeinflußt. Seit Augustus kann von einer eigentlichen Reichskunst gesprochen werden. Sie schloß das Weiterleben lokaler Traditionen und lokale Sonderentwicklungen nicht aus, aber wirklich erfaßt werden können diese nur im ständigen Vergleich mit der stadtrömischen Kunst. Da durch den philologischen Rahmen der «Einleitung» eine kulturgeographische Gliederung vorgegeben ist, konzentriert sich die folgende Darstellung auf die griechischsprechende östliche Reichshälfte. Folglich sollte der Benutzer zu diesem Zeitraum auch den anderen Band zu Rate ziehen.

Spezielle Sonderentwicklungen der künstlerischen Form und der materiellen Kultur treten vor allem an den eigentlichen Rändern des römischen Imperiums als Folge der Begegnung mit den benachbarten nichtmediterranen Kulturen in Erscheinung, etwa beim Zusammentreffen von mittelmeerischen und iranisch-mesopotamischen Traditionen in der Oase von Palmyra. Dies ist heute zumeist der Forschungsbereich der Provinzialrömischen Archäologie, die außerhalb des deutschen Sprachgebrauchs gewöhnlich als «Archäologie der römischen Provinzen» betrieben wird. Deshalb ist für diesen Bereich ebenfalls auf das entsprechende Kapitel des lateinischen Bandes zu verweisen.

Das Verhältnis von «römischer Reichskunst» zum griechischen Anteil an der Kunst der römischen Kaiserzeit ist nicht als einfacher Gegensatz zu erfassen (deshalb hat G. Rodenwaldt den Begriff der röm. Reichskunst ausdrücklich abgelehnt). Bereits die Kunst der römischen Republik hat griechischen Habitus und griechische Einzelform in mehreren Schüben rezipiert, zuerst über die griechische Komponente in der etruskischen Kunst, dann durch die Begegnung mit dem griechischen Unteritalien, schließlich durch die direkte Begegnung der Römer mit dem Osten seit dem Ende des 3. Jh.s v. Chr. Rom hat zwar wie die westlichen Provinzen den griechischen Osten seiner Herrschaft unterworfen, aber er wurde nie romanisiert wie der Westen. Deshalb ist die Herausarbeitung der Besonderheiten der künstlerischen Entwicklung und Leistung der griechischen Welt innerhalb des Imperium Romanum im Rahmen einer Darstellung der «Griechischen Kunst» grundsätzlich legitim. Dieses Kapitel behandelt den Zeitraum von Augustus bis zu den Soldatenkaisern, das folgende denjenigen von der ersten Tetrarchie bis Justinian.

Die zusammenfassenden Versuche zur Kunst der Kaiserzeit im Osten sind älteren Datums: P. E. Arias, *La Grecia nell'impero di Roma. Mostra della Romanità* 17 (Roma 1940); A. Giuliano, *La cultura artistica delle province della Grecia in età Romana. Studia Archeologica* 6 (Roma 1965), hierzu V. Kallipolitis, *Gnomon* 39 (1967) 404–408; Vermeule, hierzu U. Hausmann, *GGA* 223 (1971) 103–111; Elisabeth Alföldi-Rosenbaum, *Phoenix* 25 (1971) 179–186; K. Parlasca, *Gnomon* 44 (1972) 54–59. Alle drei Werke wurden geschrieben, ohne daß die zunächst notwendigen Spezialuntersuchungen mit den entsprechenden Materialsammlungen vorlagen. Ferner: A. Giuliano, *Le città dell'apocalisse* (Roma 1978) (Taschenbuch mit flüssiger Darstellung); H. G. Niemeyer – D. Willers – G. Pucci, *Der Osten war anders. Die großen Abenteuer der Archäologie* 5 (Salzburg 1984) 1877–1980 (ausgewählte Aspekte in popularisierter Darstellung). Reichskunst: G. Rodenwaldt, «Römische Staatsarchitektur», in: H. Berve (Hrg.), *Das neue Bild der Antike* (Leipzig 1942) 356–373 u. bes. 359; zuletzt P. Zanker, *Augustus und die Macht der Bilder* (München 1987) 294–299 u. passim.

4.1.2 Literarische Quellen

Die reiche epigraphische und literarische Überlieferung der Kaiserzeit ergänzt die archäologische zu vielen Aspekten der materiellen Kultur so intensiv und aufschlußreich wie in keiner Epoche zuvor. Neben den archäologischen Quellen ist die kaiserzeitliche Literatur einschließlich der Inschriften unbedingt heranzuziehen.

Antike Quellen, epigraphisch: D. Magie, *Roman Rule in Asia Minor* (Princeton 1950) 2: *Notes*; Vermeule 421–504: «Appendix C. Works of Art and Inscriptions by Site» (unvollständig, aber unersetzt); ferner laufende Inschriftenpublikationen v. a. in *Hesperia*. Antike Quellen, literarisch (Auswahl): Römische Eroberung Makedoniens, Zerstörung von Korinth (200–146 v. Chr.): Polyb. 16–29. 30–39; Paus. 7, 7–17. Eroberung Athens durch Sulla (86 v. Chr.): Plut. *Sull.* 14; App. *Mithr.* Entvölkerung und 'Entstädterung' Griechenlands nach den Bürgerkriegen des 1. Jh.s v. Chr.: Plut. *De defectu oraculorum* (mor. 409E ff.); Plut. *Sull.* 15; Dio Chrys. *or.* 7, 119–121; 31, 8–11. 41. 43. 47–49. 87–93. 116. 121. 147. 149. 157–160; Plin. *epist.* 8, 24, 4f.; Paus. passim, z. B. 1, 35, 3; 9, 33, 7; 10, 4, 1; 10, 11, 1. Allgemein: Aristid. *or.* 1 L.-B. (Panathenaïkos). 26 K. (Εἰς Ῥώμην); Lukian z. B. *Peregr., Alex., Hist. conscr., Demon.*

4.2 Urbanistik und Architektur

4.2.1 Die Architektur der römischen Herrscher: Siegesmonumente. Kaiserkultbauten

Die hellenistischen Königreiche des Ostens hatten eine wirkungsmächtige Tradition des Bauens und des Herrscherkults entwickelt. Dadurch konnten dort die neuen Programme und Ansprüche, die aus Rom kamen, in anderer Weise aufgegriffen werden als in den westlichen Provinzen. Allerdings wurde die Elite Griechenlands und des Ostens erst spät (unter Hadrian) in die konsulare Führungsschicht des Imperium Romanum einbezogen. Einerseits wurde so der Kaiserkult im Osten überaus bereitwillig aufgegriffen, andererseits waren dort Bauten der imperialen Repräsentation, wie sie in Rom geschaffen worden waren und in den westlichen Provinzen rasche Verbreitung fanden, deutlich geringer an Zahl.

Die Präsenz des kaiserlichen Rom beginnt mit dem Siegesmonument des Augustus für den Sieg in der Seeschlacht von *Actium* 31 v. Chr. Es wurde zwischen 29 und 27 v. Chr. am Berghang nördlich von Nikopolis dort, wo Augustus' Feldherrenzelt gestanden hatte, errichtet und war eines der größten Monumente der römischen Welt. Noch fehlt eine vollständige Ausgrabung; vorerst ist eine doppelte Terrasse erkennbar, die eine dreiflügelige Halle trug. An der Vorderseite der oberen Terrasse waren die rostra der besiegten Schiffe und die monumentale Votivinschrift angebracht. Die Hallen bargen vermutlich

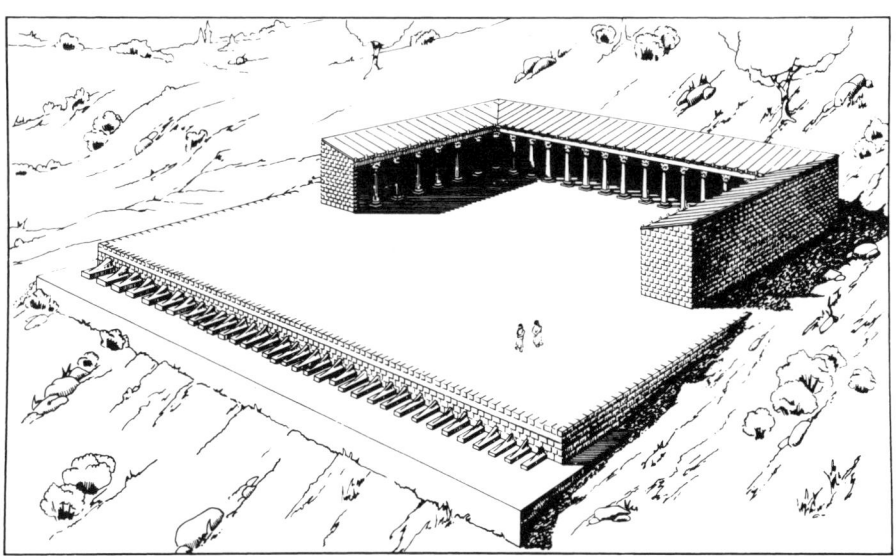

Abb. 1. Actium, Siegesmonument des Augustus.
Nach W. M. Murray – Ph. M. Petsas, «Octavian's Campsite Memorial for the Actian War», *TAPhS* 79, 4 (1989) 88 Abb. 54.

weitere Spolien. Die Anlage war Neptun, Mars und Apollon geweiht, feierte aber auch den Kaiser in unübersehbarer Weise. Ein Nachfahre ist das sogen. Parthermonument in Ephesos, ein Monumentalaltar mit umfangreichen Reliefzyklen, dessen Anlaß der Sieg von 166 mit dem gemeinsamen Triumph der beiden Kaiser Marc Aurel und L. Verus war, der aber erst nach dem Tod des L. Verus 169 errichtet wurde. Seine Feier steht in den Reliefzyklen massiv im Vordergrund. Dargestellt werden die Adoption, der Partherkrieg, der Kaiser als Mars unter den Personifikationen bedeutender Städte des Reiches und die Apotheose des L. Verus. Es ist auffällig, in wie starkem Maße der Kaiser den Götter- und Heroenmythen verbunden ist.

Damit steht das Monument den eigentlichen Kaiserkultanlagen nicht fern. Sie sind das eigentliche Charakteristikum der Zeit. Typologisch waren sie nicht festgelegt, sondern konnten sich in bestehende Anlagen integrieren oder neu errichtet werden, konnten als Peripteraltempel, Rundtempel, Monumentalaltäre errichtet werden, konnten sich aber auch als kleinere Cellen und Kammern in Peristyle und Platzanlagen einfügen. Entgegen der Auffassung von Sjöqvist 1954 und anderen ist ein solches «Sebasteion» keineswegs auf eine Quadriporticus mit Kultzentrum festgelegt. Wichtig war, daß die Stätten des Kaiserkults innerhalb der Städte lagen und sich mit den bestehenden Zentren des städtischen Lebens verbanden. Zu unterscheiden ist zwischen den Kultanlagen der Provinziallandtage und denen der einzelnen Städte. Für erstere erließ bereits Augustus einschränkende Bestimmungen: Die Göttin Roma mußte beteiligt und der Kaiser durfte nicht Gott genannt werden. Die Städte waren frei, bei der Ausgestaltung ihrer Kultanlagen in eigener Entscheidung zu handeln. Griechenland und vor allem Kleinasien weisen die meisten Kultplätze des Imperiums auf; dem Osten fiel es leicht, den hellenistischen Herrscherkult auf den neuen Herrscher zu übertragen.

Auf einige der erhaltenen Anlagen soll hier besonders hingewiesen werden. Besonders reich an Kaiserkultbauten ist Ephesos, das «Caput Asiae». Das Sebasteion, der Augustustempel, lag auf dem oberen 'Staatsmarkt', der als neues städtisches Zentrum um die Kaiserkultanlage herum gebaut wurde. Unmittelbar unterhalb wurde später von der Provinz die mächtige Terrasse mit dem Tempel des Domitian errichtet, ein Peripteraltempel des traditionellen Typus. Nach der damnatio des Kaisers wurde er auf den Vater Vespasian übertragen. An der Straße, die zu diesen Anlagen hinaufführt, liegt unten bald nach dem Beginn der Steigung der Tempel des Hadrian, von einem Privatmann errichtet, aber ebenfalls in den Rang eines Provinzialheiligtums erhoben. – Zu den frühen augusteischen Kaiserkultstätten gehören der programmatisch auftrumpfende provinziale Kaiserkulttempel von Ancyra (Ankara), der in einer weitläufigen Anlage des Provinziallandtags stand und dessen Wände den lateinischen und den griechischen Text der *Res Gestae Divi Augusti* tragen. Er ist wahrscheinlich nicht ein älterer, umgewidmeter Tempel, sondern wurde erst in spätaugusteisch-frühtiberischer Zeit für Roma und Augustus errichtet. – In

Abb. 2. Athen, Tempelchen für Roma und Augustus auf der Akropolis.
Nach L. Schneider – C. Höcker, *Die Akropolis von Athen* (Köln 1990) 230 Abb. 134.

starkem Kontrast hierzu steht der zierliche Monopteros auf der Akropolis von Athen für Roma und Augustus, dessen erhaltene Architekturglieder eine Vorstellung vom Aussehen geben. Er stand wohl nördlich des Erechtheion. – Im Heiligtum von Olympia wurde das Metroon aus dem 4. Jh. v. Chr. um die Mitte des 1. Jh.s n. Chr. zum Zentrum des Kaiserkults (für den Divus Augustus) umgewidmet. – In Aphrodisias führt eine von Portiken gesäumte Passage von einem Propylon zum Tempel. An den Fassaden der Portiken sind beidseitig die erst kürzlich bekannt gewordenen Reliefs des Herrscherkults und der Völker des Imperiums befestigt, ein Monument claudischer Zeit, das in Art und Umfang allen anderen Denkmälern des Kaiserkults nunmehr voransteht. – Für Milet sprechen die Quellen auch von einem Augustustempel, aber sicher bezeugt ist nur die festliche Ara Augusti, prominent in den Ehrenhof des Buleuterions plaziert. – In Pergamon überragt der großdimensionierte Trajanstempel auf der obersten Kuppe der Burg alles Übrige und

Abb. 3. Milet, Ara Augusti im Hof des Buleuterions.
Nach *MDAI(I)* 25 (1975) 138 Abb. 15.

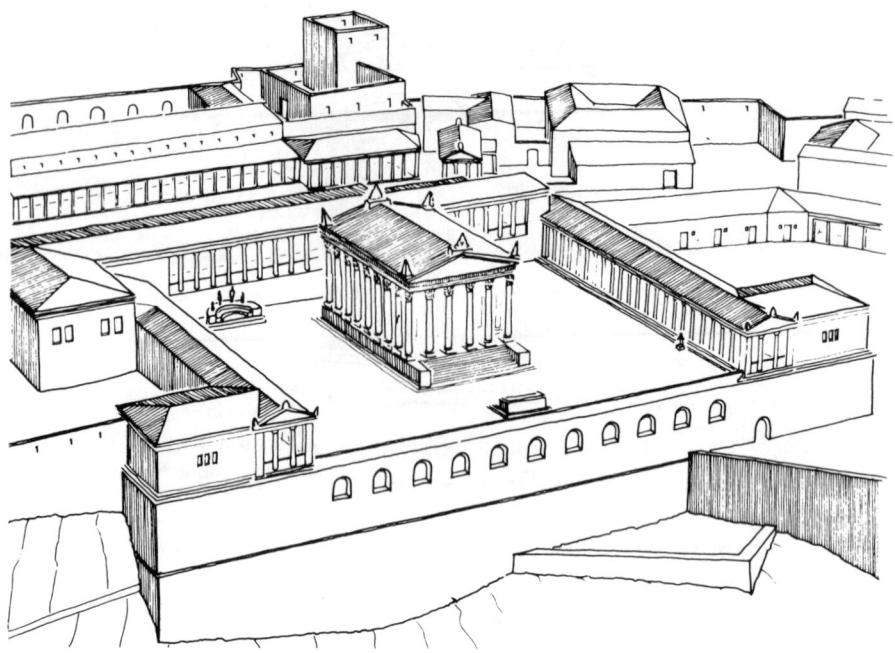

Abb. 4. Pergamon, Traianeum.
Nach W. Radt, *Pergamon* (Köln 1988) 244 Abb. 108.

beherrscht damit nicht nur die Stadt, sondern die ganze Landschaft. Begonnen zu Ende der Regierungszeit des Kaisers, wurde er unter Hadrian vollendet, und beide Kaiser wurden hier zusammen mit Zeus Philios verehrt. Unter Hadrian gewinnt der Kaiserkult allenthalben ein Ausmaß neuer Qualität (*4.2.4*: Athen).

Triumphbögen können außerhalb Roms nur die Qualität von Ehrenbögen haben, sind aber im ganzen Reich anzutreffen, freilich mit einem Übergewicht des Westens. Im Osten sind sie für Korinth, Tomis (Costanza), Philippi, Eleusis, Megara, Olympia, Pagai, Patras, Thasos, Adalia, Alexandria Troas, Antiochia in Pisidien, Assos, Bairamli, Kelenderis, Kyzikos, Kretopolis, Kurion (Zypern), Diokaisareia, Ephesos, Hierapolis, Isauria, Olba, Patara, Perge, Sagalassos, Tarsos, Xanthos bezeugt, aber davon stammen nur diejenigen in Philippi, Olympia, Antiochia in Pisidien, Kyzikos, Ephesos und Perge aus dem 1. Jh. n. Chr.

Siegesmonumente, Actium: W. M. Murray – Ph. M. Petsas, «Octavian's Campsite Memorial for the Actian War», *TAPhS* 79, 4 (1989), dazu Th. Schäfer, *AAHG* 45 (1992) 105–109; T. Hölscher, *Klio* 74 (1992) 502–504; H. G. Martin, *Gnomon* 64 (1992) 162–165; Th. Schäfer, «Zur Datierung des Siegesdenkmals von Aktium», *MDAI(A)* 108 (1993) 239–248. Ephesos, Partherdenkmal: F. Eichler, «Zum Partherdenkmal von Ephesos», *JÖAI* 49 (1971), 2. Beih. 102–135; W. Oberleitner, *Funde aus Ephesos und Samothrake. Katalog der Antikensammlung* 2 (Wien 1978) 66–94; W. Jobst, *JÖAI* 56 (1985)

79–82; Th. Ganschow, *AA* 1986, 209–221. Kaiserkult, allgemein: E. Sjöqvist, «Kaisareion. A Study in Architectural Iconography», *ORom* 1 (1954) 86–108; J. B. Ward Perkins – M. H. Ballance – J. M. Reynolds, «The Caesareum at Cyrene and the Basilica at Cremna», *PBSR* 26 (1958) 137–194 Taf. 26–37; R. Mellor, *Thea Rome. The Worship of the Goddess Roma in the Greek World* (Göttingen 1975); F. Fayer, *Il culto della Dea Roma. Origine e diffusione nell'impero* (Roma 1976); P. Herz, «Bibliographie zum römischen Herrscherkult», in: *ANRW* II 16,2 (1978) 833–910; H. v. Hesberg, «Archäologische Denkmäler zum römischen Kaiserkult», ebenda 911–995; Antonie Wlosok (Hrg.), *Römischer Kaiserkult* (Darmstadt 1978); R. Trummer, *Die Denkmäler des Kaiserkults in der römischen Provinz Achaia*, Diss. Graz 1980 (Materialslg. mit vielen Lücken, kaum weiterführend); K. Tuchelt, «Zum Problem ‚Kaisareion-Sebasteion'. Eine Frage zu den Anfängen des römischen Kaiserkultes», *MDAI(I)* 31 (1981) 167–186; S. F. R. Price, *Rituals and Power. The Roman Imperial Cult in Asia Minor* (Cambridge 1984); Hänlein–Schäfer. Ephesos, Sebasteion: W. Alzinger, *JŒAI* 50 (1972–75) Beibl. 230–300; ders., *Augusteische Architektur in Ephesos*. Sonderschr. des ŒAI 16 (Wien 1974) 49–51; E. Fossel, *JŒAI* 50 (1972–75) 212–219 (zum Tempel); W. Jobst, «Zur Lokalisierung des Sebasteion-Augusteum in Ephesos», *MDAI(I)* 30 (1980) 241–260; K. Tuchelt, *MDAI(I)* 31 (1981) 180–186; F. Felten, *AK* 26 (1983) 95–103 Abb. 12f.; Hänlein–Schäfer 168–172 Taf. 33f. (mit Wortlaut der epigraphischen Quellen zum K.). W. Alzinger, *JŒAI* 56 (1985) 61ff. Ephesos, Domitianstempel: W. Alzinger, in: *RE* Suppl. 12 (1970) 1649–1650. Ephesos, Hadrianstempel: F. Miltner, *JŒAI* 44 (1959), Beibl. 264–273; Alzinger a. O. 1650–1652. Ancyra: D. Krenker–M. Schede, *Der Tempel in Ankara* (Berlin 1936); Hänlein–Schäfer 185–190. 289–290 Taf. 40–45. Olympia, Metroon: A. Mallwitz, *Olympia und seine Bauten* (München 1972) 160–163; H.-V. Hermann, *Olympia. Heiligtum und Wettkampfstätte* (München 1972) 184; die Statuen: H. G. Niemeyer, *Studien zur statuarischen Darstellung der römischen Kaiser* (Berlin 1968) 22–26; R. Bol, «Ein Bildnis der Claudia Octavia aus dem ol. M.», *JDAI* 101 (1986) 289–307; K. Hitzl, *Die kaiserzeitliche Statuenausstattung des Metroon*. Olymp. Forsch. 19 (Berlin 1991). Aphrodisias, Sebasteion: J. M. Reynolds, «New Evidence for the Imperial Cult in Julio-Claudian Aphrodisias», *ZPE* 43 (1981) 317–327; ders., «Further Information on Imperial Cult at Aphrodisias», *StudClas* 24 (1986) 109–117; R. R. R. Smith, «The Imperial Reliefs from the Sebasteion at Aphrodisias», *JRS* 77 (1987) 88–138 Taf. 3–26; ders., «Simulacra Gentium: The Ethne from the Sebasteion at Aphrodisias», *JRS* 78 (1988) 50–77 Taf. 1–9; N. de Chaisemartin, *REA* 91, 3/4 (1989) 23–45 bestreitet wohl zu Unrecht die Deutung als Sebasteion; R. R. R. Smith, «Myth and allegory in the Sebasteion», in: *Aphrodisias Papers, JRA Suppl.* 1 (Ann Arbor 1990) 89–100. Milet: K. Tuchelt, «Bouleuterion und Ara Augusti. Bemerkungen zur Rathausanlage von Milet», *MDAI(I)* 25 (1975) 91–140 Taf. 21–30. Pergamon: Erstpublikation H. Stiller, *Altertümer von Pergamon* V 2 (Berlin 1895); Radt 239–250. 376–377 (Lit.); neue Ausgrabungen und Forschungen mit jährlichen Vorberichten in *AA* ab 1975. Triumphbogen: H. Kähler, «Triumphbogen (Ehrenbogen)», in: *RE* 7 A 1 (1939) 373–493 (Gesamtverzeichnis mit Lit.); M. Pallottino, «Arco onorario e trionfale», in: *Encicl. dell'arte antica* I (Roma 1958) 588–598 (revidierte Denkmälerliste).

4.2.2 Öffentliche Bauten: Allgemein (Bautypen)

Alle größeren Städte der römischen Kaiserzeit beziehen ihre Eigenart und ihr 'Gesicht' daraus, daß charakteristische großräumige Gebäudetypen in ein Netz von Passagen und Verbindungen mit Promenadencharakter und Plätzen eingebunden sind. Sie erweitern sich immer wieder zu Plätzen mit festlichem Charakter. Die verbindende Architektur besteht aus Hauptverbindungsalleen, die durch überdachte Portiken zu Promenaden werden, aus jenen Plätzen, die wiederum von Säulenhallen umgeben sind (sie können geradezu zum Bautypus werden), und breiten repräsentativen Treppen, die unterschiedliche Niveaus überbrücken. Alles dies schuf öffentliche innerstädtische Erlebnisräume, die die Innenräume von öffentlichen Bauten fortsetzten und erweiterten. Hier verbanden sich miteinander Müßiggang und Geschäfte: Die langen Portiken beherbergten Geschäfte und Büros; zusätzlich aber zeugten Denkmäler auf den Plätzen und Statuen, besonders Ehrenstatuen für die Herrscher und für verdiente Bürger der Stadt in den Nischen sowie Ehrenbögen und Ehrenpforten an den Gelenkstellen der Stadtarterien von der Wohltätigkeit und der Bedeutung der großen Förderer der Stadt, also in vielen Fällen des Kaisers. Das System der öffentlichen Erlebnisbereiche der Stadt wurde von den Kaisern in Rom mit Großbauten und Fora ständig weiterentwickelt, ist aber auch in den Städten des Ostens (hier besonders Kleinasiens, Syriens und Nordafrikas) ganz heimisch und präsent. Die Gleichartigkeit der Grundstruktur und der gleichbleibende Klassizismus der Einzelform zusammen mit der festliegenden Typologie der öffentlichen Großbauten vereinheitlicht das Aussehen der Städte des Ostens in der Kaiserzeit in auffallender Weise. So ist Kleinasien heute der Teil des Imperiums mit den meisten und den größten römischen Ruinenstätten. Nur die alten Städte des griechischen Mutterlandes mit ihren historischen Stadtkernen wurden nicht in gleichem Maße umgeformt.

Bautypen. Die fast überall vertretenen Bautypen sind die folgenden: Curia/Buleuterion/Basilica als Sitz der öffentlichen (munizipalen oder provinzialen) Autoritäten; Tempel/Kultbauten/Capitolia; Bäder/Thermen; Odeia/Theater; Gymnasien/Palästren; Bibliotheken (nicht überall vorhanden oder erkennbar); Fora/Agorai/öffentliche, umbaute Plätze; gedeckte Kaufmärkte, Läden, Vorratsmagazine (Macella, Tabernae, Horrea), Latrinen; am Rande oder vor der Stadt Stadion/Circus/Amphitheater; und schließlich, aber nicht zuletzt, Gräberstraßen/Grabbauten. Der Ausbau der östlichen Städte erfolgte im 1. Jh. n. Chr. noch zögernd, doch im 2. Jh. wetteiferten hierbei die Kaiser, die Kommunen und wohlhabende Bürger, so daß der Zeitgeschmack zu der Vereinheitlichung der Städtegesichter beitrug. Der bedeutendste Bauherr und Stifter neben den Kaisern war Herodes Atticus (101/2–177/8; IV 3.2.2). Seine wichtigen Stiftungen finden sich in Athen, Korinth, Olympia, Delphi, Marathon, Loukou (Peloponnes) und Rom.

Kurz hingewiesen sei hier auf Bautypen, die im Osten nicht oder wenig vertreten sind, und auf unterschiedliche Entwicklungen der Reichshälften. Die ungemein römischen und 'staatsnahen' (in den westlichen Provinzen recht häufigen) Amphitheater findet man im Osten fast nicht, in Griechenland ist das einzige dasjenige des «römischen» Korinth (4.2.4). Circus-Anlagen blieben in der hohen Kaiserzeit auf den syrisch-levantinischen Raum von Antiochia bis Ägypten beschränkt. Nur Gortyn, die Hauptstadt der Provinz

Creta-Cyrene, besaß ebenfalls einen steinernen Circus. Erst in der Spätantike kamen die Anlagen von Thessaloniki, Nikomedia und Konstantinopel hinzu. Obwohl Pferderennen und Hippodrom eine alte griechische Tradition in den panhellenischen Festen besaßen, knüpften in den Kernlanden daran keine neuen Circusbauten an. Hier blieb das Stadion die Anlage für die Durchführung von Spielen; schwindendes Interesse an Veranstaltungen des Pferdesports hatte bereits seit späthellenistischer Zeit die Aufgabe vieler alter Hippodrome zur Folge. Die in den westlichen und afrikanischen Koloniestädten charakteristische Verbindung von Forum mit Basilica und unmittelbar davor bzw. dahinter gelegenem, auf überhöhtem Niveau errichteten und axial auf das Forum bezogenem Capitolium bleibt auf die lateinische Reichshälfte beschränkt. Die capitolinische Trias mochte man nicht in Konkurrenz zu den Göttern der griechischen Welt treten lassen (mögliche Ausnahme Korinth, *4.2.4*). Bei den Grabanlagen laufen die Entwicklungen im Westen und Osten eher gegenläufig. Im 1. Jh. n. Chr. fehlen im Osten die dicht besetzten Gräberstraßen weitgehend. Die Einzelmonumente bleiben in architektonischer Gestaltung und Ausstattung zumeist zurückhaltend, die Bildnisse der Verstorbenen spielen eine geringe Rolle, einzelne Orte behalten die alte Tradition der Reliefstele bei. Nur wenige aufwendige Bauten ragen heraus wie z. B. das Kenotaph für den Augustusenkel Gaius Caesar in Limyra in Lykien. Mit dem 2. Jh. werden die Straßen vielerorts mit dichten Reihen von aufwendigen Grabanlagen zu Gräberstraßen; Gräber bleiben direkt auf die Straße hin ausgerichtet wie in Italien ein Jahrhundert zuvor. Doch die Entwicklung ist uneinheitlich, lokale Traditionen beeinflussen gerade das Gräberwesen stark. Die außerstädtische Villa war im Osten nicht unbekannt, aber sie erreichte bei weitem nicht die gleiche Bedeutung wie im Westen; Anlagen des Ausmaßes, wie sie in Italien und Nordafrika vorkommen, sind im Osten nicht vertreten. Auch die Oberschichten blieben im Osten städtischem Wohnen stärker verhaftet.

Hilfreiche allgemeine Darstellungen zur kaiserzeitlichen Architektur: L. Crema, *L'architettura romana. Enciclopedia Classica* III, 12, 1 (Torino 1959) (bisher der konsequenteste Versuch, typologische Darstellung mit historischer zu verbinden); A. Boethius – J. B. Ward-Perkins, *Etruscan and Roman Architecture* (Harmondsworth 1970) 339–464; W. L. MacDonald, *The Architecture of the Roman Empire* II (New Haven – London 1986) (mit inhaltl. strukturierter Bibl.). Herodes Atticus: Jennifer L. Tobin, *The Monuments of Herodes Atticus* (Ph.D. Univ. of Pennsylvania 1991). Amphitheater und Circus: Augusta Hönle – A. Henze, *Römische Amphitheater und Stadien* (Luzern 1981) (205–207: Liste der Bauten); J. H. Humphrey, *Roman Circuses* (London 1986). Forum und Capitolium: J. Eingartner, «Fora, Capitolia und Heiligtümer im westlichen Nordafrika», in: H.-J. Schalles et al. (Hrgg.), *Die römische Stadt im 2. Jh. Xantener Berichte* 2 (1992) 213–242. Grabbauten: H. v. Hesberg, *Römische Grabbauten* (Darmstadt 1992); Limyra: J. Ganzert, *Das Kenotaph für Gaius Caesar in Limyra* (Berlin 1984); H. R. Goette, «Der sog. römische Tempel von Karystos: Ein Mausoleum der Kaiserzeit», *MDAI(A)* 109 (1994) 259–300 (Katalog kaiserzeitl. Grabbauten in Griechenland). Villa: H. Mielsch, *Die römische Villa. Architektur und Lebensform* (München 1987). Sonstige Bautypen (neuere Lit. mit

Berücksichtigung des Ostens): Inge Nielsen, *Thermae et Balnea. The Architecture and Cultural History of Roman Public Baths* (Aarhus 1990); F. Yegül, *Baths and Bathing in Classical Antiquity* (New York – Cambridge, Mass. 1992); R. Neudecker, *Die Pracht der Latrine. Zum Wandel öffentlicher Bedürfnisanstalten in der kaiserzeitlichen Stadt* (München 1994).

4.2.3 Heiligtümer

Die städtischen und überregionalen Heiligtümer bleiben Zentren des Bau- und Repräsentationswillens der Herrscher und der lokalen Mächtigen; zugleich sind sie monumentale Konkretisierung von Sehnsüchten der Zeitgenossen. Handgreiflich deutlich wird dies am Aufschwung, den die Asklepieia weiterhin nehmen. Das Heiligtum des «Heilands» Asklepios (Soter) in Pergamon ist nur das bedeutendste unter zahlreichen anderen unterschiedlicher Größe. Die alten panhellenischen Heiligtümer, voran Delphi und Olympia, teilen das Schicksal der Städte Griechenlands, d. h. die Regeneration und der Ausbau nach dem Tiefpunkt der Bürgerkriege der späten Republik ging im 1. Jh. n. Chr. eher zögernd voran und nahm dann im 2. Jh. größeren Aufschwung. In Olympia sind die Wasserleitung und das statuenreiche Nymphäum des Herodes Atticus nur die auffälligsten Neubauten. Delphis Wiederaufleben am Anfang des 2. Jh.s – auch nach den Plünderungen Neros – wird auf anrührende Weise von Plutarch bezeugt (*De Pythiae oraculis*, mor. 394Dff.); Herodes Atticus stiftete das Stadion und wird mit einem vielfigurigen Monument im Heiligtum unter der Terrasse des Apollontempels geehrt. Der sogen. Zeustempel von Aizanoi in Phrygien, der besterhaltene griechische Tempel in Kleinasien, der baulich ganz in hellenistischer Tradition steht, ist 126–157 von Grund auf neu errichtet worden und bleibt bis in die Spätantike hinein ein panhellenisches Zentrum von Rang. Einzigartig ist die kaiserzeitliche Geschichte von Eleusis. Als das allezeit wichtigste Mysterienheiligtum bleibt es von den Krisen des 1. Jh.s v. Chr. verschont und wird kontinuierlich ausgebaut und verschönert. Als ein Raubzug der gotischen Kostoboken das Heiligtum 170 zerstörte, wurde der zentrale Kult- und Versammlungsbau, das Telesterion, von Grund auf als genaue Kopie des Verlorenen wiederaufgebaut, anschließend der Eingangsbereich mit genauen Architekturkopien nach Athener Vorbildern – den klassischen Propyläen der Akropolis und dem Ehrenbogen Hadrians – zu einer kaiserzeitlichen Platzanlage umgestaltet. Hier begegnen die einzigen genauen Architekturkopien der Antike; sie zeigen, in welch starkem Maß die Tradition des Kults die Baugesittung prägte.

Eine neuere zusammenfassende Untersuchung zu Heiligtümern der Kaiserzeit im Osten fehlt, vgl. aber Le Glay (s. *4.2.4*). Pergamon, Asklepieion: Radt 250–271. 377 (Lit.). Delphi: M. Maass, *Das antike Delphi. Orakel, Schätze und Monumente* (Darmstadt 1993) 51–54; S. Schröder, *Plutarchs Schrift De Pythiae oraculis* (Stuttgart 1990); J.-F. Bommelaer – D. Laroche, *Guide de Delphes. Le Site* (Paris 1991) 214–216 (Stadion). 230–231 (Statuengruppe für Herodes Atticus). Olympia: Mallwitz a. O. (s. *4.2.1*) 106–110. 122–124. 160–163; R. Bol, *Das Statuenprogramm des Herodes Atticus-Nymphäums* (Berlin 1984); Aizanoi: R. Naumann, *Der Zeustempel zu Aizanoi* (Berlin 1979), Rez. D. Willers, *Gym-*

nasium 88 (1981) 75–77; neue Forschungen werden laufend von A. Hoffmann und Mitarbeitern in *AA* vorgelegt, zuletzt K. Rheidt et al., *AA* 1995, 613–753. Eleusis: J. Travlos, *Bildlexikon zur Topographie des antiken Attika* (Tübingen 1988) 91–169, bes. 96–98; R. F. Tomlinson, «The Roman Rebuilding of Philon's Porch and the Telesterion at Eleusis», *Boreas* 10 (1987) 97–106 Taf. 6. 7; D. Willers, «Der Vorplatz des Heiligtums von Eleusis – Überlegungen zur Neugestaltung im 2. Jh. n. Chr.», in: M. Flashar – H.-J. Gehrke – E. Heinrich (Hrgg.), *Retrospektive. Konzepte von Vergangenheit in der griechisch-römischen Antike* (München 1996) 179–225.

4.2.4 Urbanistik einzelner Städte: Korinth – Nikopolis – Ephesos – Athen

Allgemein: M. Le Glay, *Villes, temples et sanctuaires de l'Orient romain* (Paris 1986) (mit Abb. und Lit.).

Korinth wurde nach der völligen Zerstörung von 146 v. Chr. von Caesar 44 v. Chr. als Kolonie wiedergegründet und ist damit die älteste Stadt der östlichen Welt, in der Rom systematisch eingegriffen und neu gestaltet hat. Die Bauten auf der neuen Agora und um sie herum, die die griechische Stadt völlig veränderten, sind nicht gleichzeitig entstanden. Aber wenn man sich im Plan (Abb. 5) die Abfolge und Anordnung verdeutlicht, dann wird klar, daß die Planung des öffentlichen Zentrums eine einzige vorgedachte Grundlage hatte; die Gesamtplanung stammt spätestens aus augusteischer, vielleicht bereits aus caesarischer Zeit. Die Agora hat Forumscharakter, das westlich darüber gelegene Tempelareal ist möglicherweise als Kapitol angelegt. Das «Caput Achaiae» ist (abgesehen von Nikopolis) die römischste Stadt Griechenlands. Auch überwiegen bis ins 2. Jh. die lateinischen öffentlichen Inschriften gegenüber den griechischen. Ein prächtiger Ausbau bis in das 2. Jh. bereichert und modifiziert das Stadtzentrum, eine weitere Besonderheit ist die prunkvoll gesäumte Straße zum Hafen Lechaion am Golf.

J. Wiseman, «Corinth and Rome I: 228 B.C. – A.D. 267», in: *ANRW* II 7,1 (1979) 438–548 (Forschungsbericht mit ausführlicher Bibliographie); H. S. Robinson, *The Urban Development of Ancient Corinth* (Athen 1965) (zuerst erschienen in *Etudes sur l'art antique. Musée National de Varsovie*, Warschau 1963, 53ff.; in Form eines Rundgangs angelegt, ohne die historischen Schichten zu beachten; der frühe, d. h. augusteische Bestand der neuen Stadt wird nicht deutlich); D. Engels, *Roman Corinth: An Alternative Model for the Classical City* (Chicago 1990); Einzelnes zum röm. K. in der Reihe *Corinth* ab Bd. I 1 (Cambridge, Mass. 1932); Statistik der Inschriften: J. H. Kent, *Corinth* VIII 3 (1966) 18f.; H. v. Hesberg, «Zur Datierung der Gefangenenfassade in Korinth», *MDAI(A)* 98 (1983) 215–238 Taf. 44–46; Chr. Börker, «Forum und Capitolium von Korinth. Zur Planung einer römischen Kolonie in Griechenland», in: *Das antike Rom und der Osten. Festschr. K. Parlasca* (Erlangen 1990) 1–18 Taf. 1–2.

Nikopolis beginnt erst, durch neue Ausgrabungen archäologisch erkennbar zu werden. Es wurde von Augustus nicht als Veteranen-Kolonie, sondern als Hafen und Großstadt am Golf von Ambrakia durch Zwangsumsiedlung aus über 20 Städten in größerem Umkreis gebildet. N. muß rasch eine Bevölke-

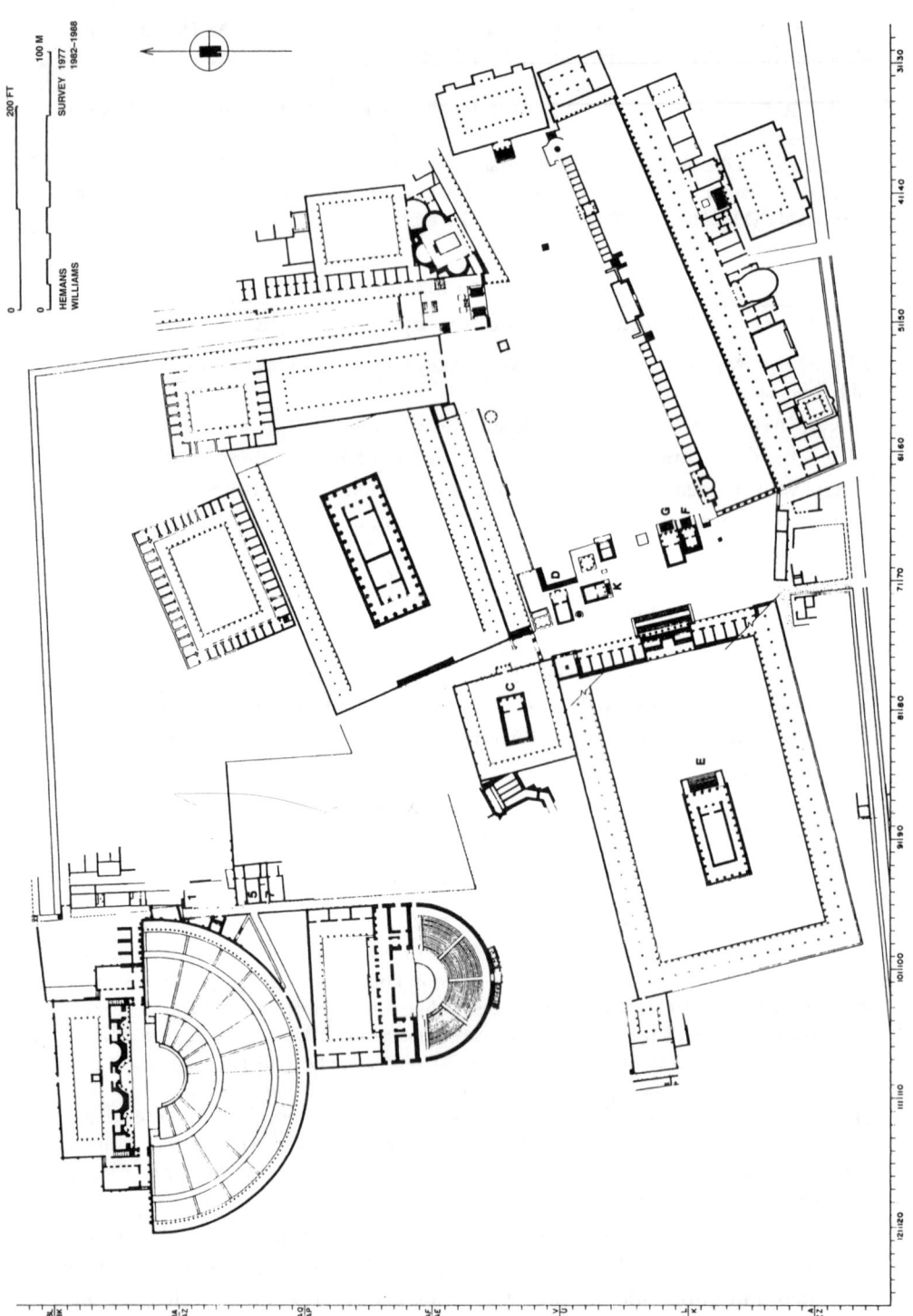

Abb. 5. Korinth, Zentrum der römischen Stadt. Nach *Hesperia* 58 (1989) 2 Abb. 1.

rung von 80000 bis 100000 Einwohnern erreicht haben; die im Stadtentwurf umschriebene Fläche entspricht der Größe Athens! Die Entblößung des Hinterlandes von seinen Bewohnern wurde nie wieder ausgeglichen; die Großstadt, der der Austausch fehlte, sah sich einseitig auf den Fernhandel festgelegt. N. erlosch in der Spätantike als Stadt, als sich die wirtschaftlichen Grundlagen vollends wandelten.

Nicopolis I. Proceedings of the first International Symposium on Nicopolis (Preveza 1987).

Ephesos war seit Augustus nicht nur Sitz der Provinzialverwaltung (Caput Asiae), sondern auch die eigentliche Metropole des Ostens. Obwohl keine tiefgreifende Zerstörung vorausging, blieb von der hellenistischen Stadt nichts erkennbar; E. bietet, abgesehen vom Artemistempel, auf der Grundlage des hellenistischen, rechtwinklig strukturierten Stadtplans ein durch und durch kaiserzeitliches Stadtbild. Die frühe Kaiserzeit besetzt auf drei Niveaus in der Höhe den Bereich des Staatsmarkts (mit dem Sebasteion) und des Domitianstempels, einiges an der ansteigenden Prozessionsstraße und an ihrem Fuß in der Küstenebene den Bereich des Marktes. Die Bauformen verbinden Italisches mit einheimischen Traditionen. Das Stadtbild des 2. Jh.s wird dann von den riesigen rechteckigen Baukomplexen in der Ebene – Gymnasien mit Thermen und ein Heiligtum – bestimmt, die die urbanistische Entwicklung der Stadt weitgehend abschließen. Am Anfang der letzten Entwicklungsphase der Kaiserzeit steht am Fuß der Prozessionsstraße die Celsus-Bibliothek.

Die Gesamtdarstellungen bieten wie bei Korinth gewöhnlich einen 'Rundgang', trennen aber nicht die einzelnen historischen Phasen, so daß das augusteische E. bisher nicht leicht erkennbar ist. F. Fasolo, *L'architettura romana di Efeso, Boll. del centro di studi per la storia dell'architettura* 18 (1962); J. Keil, *Führer durch Ephesos* (Wien [5]1964) (noch nicht ersetzt); P. Scherrer, «Augustus, die Mission des Vedius Pollio und die Artemis Ephesia», *JÖAI* 60 (1990) 87–101; W. Alzinger, *Augusteische Architektur in Ephesos. Sonderschr. des ÖAI* 16 (1974); D. Knibbe–W. Alzinger, «Ephesos vom Beginn der römischen Herrschaft in Kleinasien bis zum Ende der Prinzipatszeit», in: *ANRW* II 7,2 (1980) 748–830.

Athen behielt seine traditionelle Funktion als Mittelpunkt geistigen Lebens, aber erst Hadrian sah für die Stadt wieder eine politische Aufgabe vor: Mit dem Kaiserkult verband er die Gründung eines Panhellenions, eines neuen Instrumentes, um die östliche Reichshälfte an den lateinischen Westen zu binden. Das Zentrum der neuen Institution sollte das endlich nach jahrhundertelanger Bauzeit vollendete Olympieion sein. Um diesen zentralen Plan herum gruppieren sich Bibliothek, Gymnasion und Pantheon sowie weitere Anlagen zur Verbesserung der Infrastruktur der Stadt. Die Panhellenen antworteten mit der Errichtung des Ehrenbogens vor dem Olympieion. Bis heute dominieren daher in A., abgesehen von der Akropolis, die Bauten hadrianischer Zeit.

J. Travlos, *Poleodomike exelixis ton Athenon* (Athenai 1960); ders., *Bildlexikon zur Topographie des antiken Athen* (Tübingen 1971); Nachträge: ders., *Bildlexikon zur Topographie des antiken Attika* (Tübingen 1988) 23–51; W. Zschietzschmann, «Athenai, Topographie», *RE* Suppl. 13 (1974) 56–140; D. J. Geagan, «Roman Athens: Some Aspects of Life and Culture I: 86 B.C. – A.D. 267», *ANRW* II 7,1 (1979) 373–437 (Forschungsbericht mit ausführlicher Bibliographie). Für den Agorabereich zusammenfassend: H. A. Thompson – R. E. Wycherley, *The Agora of Athens. The History, Shape and Uses of an Ancient City Center* (The Athenian Agora XIV 1972); T. L. Shear, «Athens from City State to Provincial Town», *Hesperia* 50 (1981) 356–377; D. Willers, *Hadrians panhellenisches Programm. Archäologische Beiträge zur Neugestaltung Athens durch Hadrian.* AK 16. Beih. (Basel 1990); M. Hoff, *The Roman Agora at Athens* (Ph.D. Boston Univ. 1988); D. Kienast, «Antonius, Augustus, die Kaiser und Athen», in: K. Dietz–D. Henning–H. Kaletsch (Hrgg.), *Klassisches Altertum, Spätantike und frühes Christentum.* Festschr. A. Lippold (Würzburg 1993) 191–222; M. C. Hoff, «The so-called Agoranomion and the imperial cult in Julio-Claudian Athens», *AA* 1994, 93–117.

4.3 Skulptur

4.3.1 Idealplastik

Als Idealplastik bezeichnet man alle Stein- und Bronzeplastik, die nicht der Darstellung bekannter historischer Individuen dient: die freiplastische Statue, das Schmuckrelief, das nicht in sepulkralem Zusammenhang steht, und die Skulptur am steinernen oder bronzenen Gerät. Bereits anderthalb Jahrhunderte vor Beginn der augusteischen Zeit wurde Skulptur dadurch 'verfügbar', daß man begann, die «originalen» Vorbilder durch Kopieren zu vervielfältigen; aus dem großen Vorrat der Kopien die verlorenen Vorbilder der griechischen Klassik und der Folgezeit zu rekonstruieren, ist eine der ältesten Aufgaben der Archäologie. Die wichtigste Hilfe zur absoluten Datierung der erhaltenen Idealstatuen ist nach wie vor der systematische Vergleich mit den Gestaltungselementen des römischen Herrscherbildes. Da die Statuenkopie oder die Statue, die sich an älteren Mustern in klassizistischer Weise orientiert, in der Kaiserzeit sowohl die öffentlichen Räume der Städte als auch das private Ambiente beherrschte, bildet sie für die kaiserzeitliche Archäologie einen zentralen Bereich. Die Werkstätten, die auf diesem Feld arbeiteten, waren über das ganze Reich verteilt, die dort tätigen Bildhauer waren jedoch weit überwiegend Griechen, und viele Werke kamen direkt aus Griechenland.

Materielle Überreste von Werkstätten sind nur ausnahmsweise gefunden worden; neben den Splittern von Gipsmodellen einer Werkstatt in Baiae gibt es undeutliche Spuren einer wohl spätantiken Werkstatt in Aphrodisias. Die 'Aussagen' der Bildhauer selbst in den Bildhauersignaturen und die Fundverteilung der erhaltenen Überreste zeigen immerhin, daß die Werkstätten Athens und diejenigen von Aphrodisias in Kleinasien führend waren, die aus Athen kommende Produktion aber deutlich überwog. Die beiden bedeutendsten Wrackfunde mit Skulpturentransporten aus dem östlichen Mittelmeer in Richtung Westen, die Funde von Mahdia/Tunesien und Antikythera, gehören zwar beide noch der spätrepublikanischen Zeit an; jüngere Wrackfunde mit Marmortransporten belegen aber, daß die Richtung der Transportwege die gleiche blieb. Griechische Bildhauer hatten sich aber auch schon seit spätrepublikanischer Zeit in Rom selbst niedergelassen: Pasiteles ist in den

Quellen genannt, sein Schüler Stephanos durch Signatur bekannt. In den Werkstätten Athens wurden nur ausnahmsweise Einzelwerke hochrangiger Qualität angefertigt; es ging vor allem um eine rationelle Produktion in möglichst großer Anzahl. Da die Verfahren des Kopierens technisch ausgereift waren, stehen die Kopien ihren Vorbildern in der Regel 'sachlich' sehr nahe. Das gilt auch für die zusätzliche Spezialität, die die athenischen Werkstätten entwickelt hatten: die Herstellung von Schmuckreliefs als Kopien bekannter Vorbilder. Die neuattischen Reliefs wurden sowohl als gerahmte 'Bilder' im Ausschnitt oder als Gesamtkopien hergestellt, ferner auch an Marmorgefäße appliziert. Auch solche Reliefs müssen mit der Methode der Kopienkritik erschlossen werden. In ihrem Bereich läßt sich die Tätigkeit der Werkstätten Athens von der frühen Kaiserzeit bis in die frühantoninische Zeit der Mitte des 2. Jh.s nachweisen. Die Produktion der freiplastischen Idealstatue hat in der Zeit Hadrians und der Antonine ihren Höhepunkt (die Verwendung der Idealstatue im Bereich der öffentlichen Bauten und der Villegiatur muß im wesentlichen an den Befunden der westlichen Reichshälfte geklärt werden). Das Ende der Idealstatue wird von einem Teil der Forschung mit den sozialen Umwälzungen der Reichskrise des 3. Jh.s und dem Einfall der germanischen Heruler in Athen 267 in Zusammenhang gebracht; andere nehmen neuerdings an, daß die Tätigkeit v. a. der kleinasiatischen Werkstätten bis ins 4. Jh. weiterging. Tatsächlich bricht die Produktion der großformatigen klassizistischen Statue bereits früh im 3. Jh. ab, und an ihre Stelle treten Statuetten kleinen Formats.

Die wichtigste Gattung plastisch verzierten Steingeräts sind die marmornen Trapezophoren (Tischfüße), kleine Tische mit einer plastischen oder plastisch verzierten Einzelstütze, die einen festen Platz an der Wand hatten. Sie entwickelten sich aus hellenistischen Vorläufern und wurden in zahlreichen Werkstätten Griechenlands und Kleinasiens produziert. Wissenschaftlich aufgearbeitet sind bisher die attischen Tr., die sich von der Mitte bis ins dritte Viertel des 3. Jh.s verfolgen lassen. Die Gattung übernahm in der 2. Hälfte des 3. Jh.s christliche Themen, so daß verzierte Marmortische in veränderter Form in der Spätantike weiterleben.

G. Lippold, *Kopien und Umbildungen griechischer Statuen* (München 1923); H. Lauter, *Zur Chronologie römischer Kopien* (Diss. Bonn 1966); P. Zanker, *Klassizistische Statuen* (Mainz 1974); Margarete Bieber, *Ancient Copies* (New York 1977); Christa Landwehr, *Die antiken Gipsabgüsse aus Baiae* (Berlin 1985); J.-P. Niemeier, *Kopien und Nachahmungen im Hellenismus* (Bonn 1985); D. Kreikenbom, *Bildwerke nach Polyklet. Kopienkritische Untersuchungen* (Berlin 1990). Eine neuere Gesamtdarstellung des Kopienwesens ist ein dringendes Desiderat. Neuere monographische Einzeluntersuchungen: Cornelia Nippe, *Die Fortuna Braccio Nuovo – stilistische und typologische Untersuchung* (Berlin 1989); Margit Brinke, *Kopienkritische und typologische Untersuchungen zur statuarischen Überlieferung der Aphrodite Typus Louvre-Neapel* (Hamburg 1991); A. Zimmermann, *Kopienkritische Untersuchungen zum Satyr mit der Querflöte und verwandten Statuentypen* (Diss. Bern 1994, erscheint demnächst). Zur Werkstatt in Baiae s. o. Landwehr; Werkstattfund in Aphrodisias: P. Rockwell, in: R. R. R.

Smith – K. T. Erim (Hrgg.), *Aphrodisias Papers* 2, *JRA Suppl.* 2 (Ann Arbor 1991) 127–143. Bildhauersignaturen: J. Marcadé, *Recueil des signatures de sculpteurs grecs* (I Paris 1953; II Paris 1957; eine systematische Fortsetzung fehlt). Wrackfunde: Gisela Hellenkemper Salies (Hrg.), *Das Wrack. Der antike Schiffsfund von Mahdia* 2 (Köln 1994), dort bes. 759–766: F. Gelsdorf, «Antike Wrackfunde mit Kunsttransporten im Mittelmeer»; W.-D. Heilmeyer, *Der Jüngling von Salamis* (Mainz 1986). Neuattische Reliefs, neuatt. Werkstätten: *Das Wrack* 809–829: H. U. Cain – O. Dräger, «Die sogenannten neuattischen Werkstätten» (mit Lit.); besonders hervorzuheben: Theodosia Stephanidou-Tiveriou, Νεοαττικά. Οἱ ἀνάγλυφοι πίνακες ἀπὸ τὸ λιμάνι τοῦ Πειραιᾶ (Athen 1979). Das Ende der Idealstatue: D. Willers, *MH* 53 (1996) 170–186 (mit Lit.). Trapezophoren: Theodosia Stephanidou-Tiveriou, Τραπεζοφόρα με πλαστική διακόσμηση. Η αττική ομάδα (Athen 1993).

4.3.2 Porträt

In der Entwicklung des Porträts lassen unauffällige handwerkliche Eigenheiten in der Regel die östliche Herkunft erkennen. Besonders deutlich heben sich die Arbeiten des kaiserzeitlichen Ägypten heraus, aber auch kleinasiatische Arbeiten lassen sich zumeist von solchen aus Griechenland unterscheiden. Typologisch und stilistisch jedoch folgen die Ehrenstatuen für den Kaiser und die Mitglieder der kaiserlichen Familie gewöhnlich den Modellen, die aus Rom geliefert wurden. Schemata wie der Hüftmantel, der Panzer und die Heroenangleichung sind die gleichen wie im Westen; Kontaminationen verschiedener Typen des Herrscherbildes kommen im Osten nicht häufiger vor als anderswo. Nur vereinzelt zeigen barbarisierte Wiedergaben, daß kein ausreichend informierendes Kopiermodell vorlag. In Ägypten übernimmt auch das Bildnis der römischen Kaiser zuweilen die Muster der pharaonischen Tradition. Die Bildnisse Privater stehen entwicklungsgeschichtlich in zwei Strängen: Die Mehrheit der Privatbildnisse folgt im 'Zeitgesicht' dem Habitus des offiziellen Porträts, die übrigen greifen die griechischen Muster der hellenistischen Bürger- und Philosophenporträts wieder auf. Die Porträthermen der Kosmeten genannten Beamten in Athen aus dem 2. und 3. Jh. stammen mehrheitlich aus einer einzigen Werkstatt und sind vielfach inschriftlich auf das Jahr datiert, was zumindest für die attische Tradition wertvolle Quervergleiche erlaubt.

Nur für Kleinasien und Ägypten liegen ausreichende Materialpublikationen vor. Jale Inan – Elisabeth Rosenbaum, *Roman and Early Byzantine Portrait Sculpture in Asia Minor* (London 1966), dazu K. Fittschen, *GGA* 225 (1973) 46–67; Jale Inan – Elisabeth Alföldi-Rosenbaum, *Römische und frühbyzantinische Porträtplastik aus der Türkei. Neue Funde*, 2 Bde (Mainz 1979); P. Graindor, *Bustes et statues-portraits d'Égypte romaine* (Kairo o. J. = 1936); H. Jucker, «Römische Herrscherbildnisse aus Ägypten», in: *ANRW* II 12, 2 (1981) 667–725 Taf. 1–59; ders., «Marmorporträts aus dem römischen Ägypten», in: G. Grimm – H. Heinen – E. Winter (Hrgg.), *Das römisch-byzantinische Ägypten* (Mainz 1983) 139–149 Taf. 4–19; Z. Kiss, *Études sur le portrait impérial romain en Égypte* (Warschau 1984). Zum Herrscherbild im Osten vgl. die Bände der Reihe *Das römische Herrscherbild*; ferner P. Zanker, *Provinzielle Kaiserporträts. Zur Rezeption der Selbstdarstellung des Princeps, ABAW*

N.F. 90 (1983); vgl. zu Olympia, Metroon (*4.2.1*). Teilmaterialsammlungen für Griechenland: E. Harrison, *Portrait Sculpture. The Athenian Agora* I (Princeton 1953); J. M. C. Toynbee, *ABSA* 53/54 (1958/59) 285–291 Taf. 67–70; E. Lattanzi, *I ritratti dei Cosmeti nel museo nazionale di Atene* (Roma 1968); A. Rüsch, «Das kaiserzeitliche Porträt in Makedonien», *JDAI* 84 (1969) 59–196; C. E. De Grazia, *Excavations of the American School of Classical Studies at Corinth: The Roman Portrait Sculpture* (Ph.D. Columbia Univ. 1973); P. Zoridis, *AJA* 88 (1984) 592–594 Taf. 79–80; Alkmini Ntatsoule-Stavride, Ρωμαϊκὰ πορτραῖτα στὸ Ἐθνικὸ Ἀρχαιολογικὸ Μουσεῖο τῆς Ἀθήνας (Athen 1985); dies., *AE* 1983, 202–206 Taf. 66–73; dies., Ρωμαϊκὰ πορτραῖτα στὸ Μουσεῖο τῆς Σπάρτης (Athen 1987); dies., Πορτραῖτα στὸ Ἀρχαιολογικὸ Μουσεῖο τῆς Τρίπολης (Athen 1991); Alkmini Stavridis, *MDAI(R)* 93 (1986) 253–256 Taf. 106–117; Alkmini Datsulis-Stavridis, *Boreas* 12 (1989) 135–136 Taf. 34–37.

4.3.3 Sarkophage und Grabreliefs

Sepulkraldenkmäler sind die am stärksten von lokalen Traditionen abhängigen Kunstwerke der Kaiserzeit. Besonders in Kleinasien gibt es außerordentlich viele und sehr unterschiedliche Gruppen von Sarkophagen und Reliefs, aber wenige davon haben überregionale Bedeutung erlangt. Im Osten sind dies die Reliefsarkophage aus den Werkstätten in Athen und die Säulensarkophage von Dokimeion in Phrygien (im Westen die stadtrömischen Reliefsarkophage). In Attika setzen die Reliefsarkophage gegen 140 ein und werden bis in das dritte Viertel des 3. Jh.s hergestellt; sie bevorzugen im Gegensatz zu den stadtrömischen mythologische Themen. Der Trojamythos, Hippolytos und Meleager sind bevorzugt, aber die mythologischen Figuren wurden nicht mit Porträts versehen, der mythische Bereich und die vita humana in den Darstellungen nicht vermischt. Die attischen Werkstätten arbeiteten überwiegend für den Export, so daß überall im Reich Exemplare gefunden wurden. Formale Besonderheiten wie z. B. der Reliefdekor auf allen vier Seiten und die Profile am unteren und oberen Rand machen sie leicht erkennbar. Neben diesem Sarkophagluxus von teilweise hoher bildhauerischer Qualität steht in Attika die traditionelle Reliefstele, die in späthellenistischer Zeit wieder in Gebrauch kam. In den Werkstätten von Dokimeion wurden in der Frühphase von ca. 140 bis 170 Girlanden- und Friessarkophage hergestellt, unter letzteren auch kleinere Ostotheken (Aschenkästen). Von der Mitte des 2. Jh.s bis ca. 260 entstanden die Säulensarkophage, zuerst die einfachen mit Architraven oder einer Bogenarchitektur, dann mit einer bald feststehenden Abfolge von Bögen, Giebeln und Architravabschnitten. In dieser Architektur stehen zumeist Einzelfiguren, zu Anfang und in der späten Phase solche des Mythos, überwiegend aber stehen oder sitzen in den Interkolumnien Männer, Frauen und Kinder ohne Verbindung zum Mythos. Mythos und bürgerliche Gestalten sind nebeneinander auf der selben Reliefplatte möglich. Der hohe bildhauerische Rang der Arbeiten von Dokimeion zeigt sich in intensivem und weitreichendem Export. Die attischen Sarkophage wurden in verschiedenen Städten Griechenlands imitiert, Kopien der dokimeischen Sarkophage stammen aus mehreren Orten Kleinasiens. Über die zahlreichen sonstigen lokalen Sarkophagproduktionen hat die Forschung erst seit kurzem einen Überblick. Nur teilweise ist er für die lokalen Traditionen der kleinasiatischen Reliefstelen erreicht, die vielerorts in Gebrauch waren.

Die Vorlage der attischen und kleinasiatischen Sarkophage steht im Corpus *Die antiken Sarkophagreliefs* erst am Anfang: Sabine Rogge, *Achill und Hippolytos, ASR* IX 1, 1 (Berlin 1993); ein Überblick ist aber möglich durch G. Koch–H. Sichtermann, *Römische Sarkophage* (München 1982) 358–557; G. Koch, *Sarkophage der römischen Kaiserzeit* (Darmstadt 1993) 97–122. 140–191; Fulvia Ciliberto, *I Sarcofagi Attici nell'Italia Settentrionale, HASB Beih.* 2 (Bern 1996). Die Grabreliefs Attikas bei A. Conze, *Die attischen Grabreliefs* IV (Berlin–Leipzig 1911/22); A. Rügler, «Das Grabmal des Philetos. Zu den attischen Grabstelen römischer Zeit», *MDAI(A)* 104 (1989) 219–234 Taf. 38–41 (mit Lit.). Kleinasien: E. Pfuhl–H. Möbius, *Die ostgriechischen Grabstelen* I–II (Mainz 1977–1979) (typologisch-thematisch geordnete Materialsammlung); M. Waelkens, *Die kleinasiatischen Türsteine* (Mainz 1985); T. Lochman, «Eine Gruppe spätrömischer Grabsteine aus Phrygien», in: E. Berger (Hrg.), *Antike Kunstwerke aus der Sammlung Ludwig* III (Mainz 1990) 453–508.

4.4 Malerei und Mosaik

Ansehnliche Reste von Wandmalerei wurden auf Delos und Thera, auf der Agora von Athen, auf Kos, im Theater von Korinth, in den Hanghäusern von Pergamon und bes. Ephesos und in Bauten Herodes' des Großen in Palästina gefunden. Guten Erhaltungszustand weisen allerdings nur Grabmalereien auf. In der Forschung stand lange die Frage im Zentrum, ob die Entwicklung zur illusionistischen Architekturgliederung der Wand im sogenannten 2. Stil der späten Republik, die in Italien so folgenreich gewesen ist, vom Osten beeinflußt wurde oder gar aus dem Osten herkomme. Inzwischen wird deutlich, daß der Osten diese Entwicklung nur ansatzweise mitgemacht hat und daß man in der frühen Kaiserzeit im wesentlichen bei den älteren Inkrustationsnachahmungen geblieben ist. Auch Beispiele des sogenannten 4. Stils aus spätclaudischer bis flavischer Zeit haben sich im Osten nicht gefunden. Erst mit Beginn des 2. Jh.s nähern sich die Dekorationsweisen Roms und des Ostens einander an und sind seit dem späten 2. Jh. voneinander kaum mehr zu unterscheiden. Große Unsicherheit in der Datierung der gefundenen Malereien bestehen besonders für die Gräber von Alexandria.

V. M. Strocka, *Die Wandmalereien der Hanghäuser in Ephesos* (Wien 1977); H. Mielsch, «Funde und Forschungen zur Wandmalerei der Prinzipatszeit von 1945 bis 1975, mit einem Nachtrag 1980», in: *ANRW* II 12, 2 (1982) bes. 244–247. 261–263; zum Zusammenhang von östlicher Grabmalerei und den Architekturwänden in Italien vgl. B. Wesenberg, in: E. G. Schmidt (Hrg.), *Griechenland und Rom. Vergleichende Untersuchungen ...* (Tbilisi–Jena 1996) 282–291. 573f. Neufunde werden bibliographisch erschlossen in: *Apelles. Bulletin de l'Association internationale pour la peinture murale antique*, zuletzt 2 (1995).

Das Mosaik gehört in den Bereich des Ausstattungsluxus v. a. des privaten Wohnens und ist deshalb von der urbanistischen Entwicklung abhängig. Da es ursprünglich als Kieselmosaik im spätklassischen Griechenland 'erfunden' und im hellenistischen Griechenland zum vielfarbigen Tesselamosaik weiterentwickelt wurde, wollte man auf diesem Feld für das griechische Kernland ein konservatives Festhalten an den alten Traditionen feststellen (Bruneau). Tatsächlich sind aus der ökonomisch kargen Zeit von Sulla bis Trajan aus Griechenland kaum Mosaiken bekannt; die Rückkehr des Mosaiks nach Griechenland beginnt im 2. Jh. damit, daß die italischen Vorbilder des Ornamentrepertoires in der charakteristischen Schwarzweißzeichnung übernommen werden. Auch die figürlichen Schwarzweißmosaiken werden den italischen nachgebildet. Erst im späten 2. Jh. kehrt die Farbigkeit der Mosaiken langsam zurück und dominiert dann im 3. Jh. auch in Griechenland mit reichen bunten Dekorationen. Ganz anders die Entwicklung im Osten und hier v. a. in Syrien mit den reichen Mosaikböden Antiochias und in Palästina: Sie blieben von der westlichen Entwicklung weitgehend unberührt und hielten an den großformatigen und in reicher Farbigkeit gefaßten, illusionistischen figürlichen Bildern immer fest. Nur im westlichen Kleinasien, z. B. in den Häusern von Ephesos und Pergamon, gibt es ebenfalls den Bruch mit der hellenistischen Tradition und ein ähnliches Bild wie in Griechenland.

Ph. Bruneau, «Tendances de la mosaïque en Grèce à l'époque impériale», in: *ANRW* II 12, 2 (1981) 321–346 Taf. 1–12; Janine Balty, «La mosaïque antique au Proche-Orient I. Des origines à la Tétrarchie», ebenda 347–429 Taf. 1–46; Gisela Hellenkemper Salies, «Römische Mosaiken in Griechenland», *BJ* 186 (1986) 241–284; Janine Balty, *Mosaïques antiques du Proche-Orient. Chronologie, Iconographie, Interprétation* (Paris 1995); Neufunde werden regelmäßig im seit 1968 erscheinenden *Bulletin de l'Association internationale pour l'étude de la mosaïque antique* erfaßt.

5 Spätantike

DIETRICH WILLERS

Abgekürzt zitierte Literatur: *ASCat*: K. Weitzmann (Hrg.), *Age of Spirituality. Late Antique and Early Christian Art, Third to Seventh Century* (Ausstellungskatalog New York, Metropolitan Museum of Art 1977–1978); *ASSymp*: K. Weitzmann (Hrg.), *Age of Spirituality. A Symposium* (New York 1980); Deichmann: F. W. Deichmann, *Einführung in die christliche Archäologie* (Darmstadt 1983); Koch: G. Koch, *Frühchristliche Kunst. Eine Einführung* (Stuttgart–Berlin–Köln 1995) (inhaltlich strukturierte Bibliographie zur Kunst und Kultur der Spätantike insgesamt); Müller-Wiener: W. Müller-Wiener, *Bildlexikon zur Topographie Istanbuls* (Tübingen 1977); *PECS*: R. Stillwell (Hrg.), *The Princeton Encyclopedia of Classical Sites* (Princeton 1976); *RBK*: K. Wessel – M. Restle (Hrg.), *Reallexikon zur Byzantinischen Kunst* 1ff. (Stuttgart 1963) (unvollendet); Rupprechtsberger: E. M. Rupprechtsberger (Hrg.), *Syrien. Von den Aposteln zu den Kalifen* (Mainz 1993); Strocka: V. M. Strocka, *Die Wandmalereien der Hanghäuser in Ephesos*. Forschungen in Ephesos VIII 1 (Wien 1977). – Auch dieses Kapitel beschränkt sich auf die wichtigeren, allgemein interessierenden Denkmälerklassen.

5.1 Begriff und Periodenbildung

Der Begriff Spätantike ist ursprünglich ein archäologisch-kunsthistorischer und wurde von Alois Riegl am Ende des 19. Jh.s geprägt, um die Stilentwicklung der Zeit von Konstantin d. Gr. bis zum Frühmittelalter zu erfassen. Daß es sich bei der Spätantike um eine wirkliche Epoche eigener Prägung handelt und nicht nur um krisenhaften Niedergang und Zerfall der Antike, wurde zuerst in der Archäologie erkannt; erst in der Folge übernahmen ihn die anderen altertumswissenschaftlichen, insbesondere die historischen Disziplinen. Von der S. wird vorwiegend im Blick auf die Entwicklung im Westen des Reiches gesprochen, weil hier die Zäsur zum Mittelalter markantere Linien gegraben hat, doch gilt der Begriff grundsätzlich für die ganze Mittelmeerwelt. Über die zeitliche Abgrenzung der Spätantike als Epoche gehen die Vorstellungen bis heute weit auseinander. Für einzelne Forscher ist der Einschnitt des spätantoninischen Stilwandels so markant, daß sie mit der Kunst der severischen Zeit die Spätantike beginnen und mit der Kunst der konstantinischen Zeit die Antike überhaupt enden lassen (B. Andreae, G. Koch). Zumeist gilt die Kultur- und Kunstgeschichte des 3. Jh.s als eine Vorstufe der Spätantike; deren Durchbruch wird entweder in der diocletianischen Umgestaltung des Reiches und des Kaisertums oder in der konstantinischen religiösen Neuorientierung des Reiches gesehen. Dieser geht die theokratische Ausformung des tetrarchischen Herrschaftssystems voraus; zugleich kommen unter Diocletian viele Entwicklungen in der Veränderung der künstlerischen Form zu einem Abschluß (z. B. das Ende des Individualporträts), so daß unter kulturgeschichtlich-archäologischem Aspekt der Beginn der Spätantike mit der diocletianischen Tetrarchie gut begründet erscheint. Das Ende der Spätantike und damit der Übergang von der Antike zum Mittelalter ist ein Grundproblem der historischen Periodenbildung und wird bis heute kontrovers diskutiert. Als Epochengrenze gelten das Ende der justinianischen Renaissance (Tod Justinians und das Eindringen der Langobarden in Italien (565 bzw. 568 n. Chr.) oder die Regierungszeit des Kaisers Heraclius (610–641), in deren Ende das Vordringen der Araber in das Mittelmeer fiel; manche Forscher dagegen sehen kunstgeschichtlich eine durchgehende Kontinuität bis zum Einsetzen des Ikonoklasmus des 8. Jh.s. Die folgenden Ausführungen beschränken sich auf die Epoche des 4. bis 6. Jh.s.

Begriff: A. Riegl, *Stilfragen. Grundlegung einer Geschichte der Ornamentik* (Wien 1893); ders., *Die spätrömische Kunstindustrie nach den Funden in Österreich-Ungarn* (Wien 1901) (Neuausgabe durch E. Reisch, Wien 1927; hierzu die Rez. G. Kaschnitz von Weinberg, *Gnomon* 5, 1929, 195–213 = ders., *Ausgewählte Schriften* I, Berlin 1965, 1–14). Allgemein und Nachschlagewerke: A. Rumpf, *Stilphasen der spätantiken Kunst. Ein Versuch. Arbeitsgemeinschaft für Forschung des Landes Nordrhein-Westfalen, Geisteswiss. Abh.* 44 (Opladen 1957) (Wertung problematisch, viel datiertes Material); W. F. Volbach – M. Hirmer, *Frühchristliche Kunst. Die Kunst der Spätantike in West- und Ostrom* (München 1958); J. Beckwith, *The Art of Constantinople. An Introduction to Byzantine Art 330–1453* (London 1961); F. W. Deichmann – H. P. L'Orange – M. Cagiano de Azevedo – J. Beckwith, «Tardo Antico», in: *Enciclopedia dell'arte universale* 13 (Venezia–Roma 1965) 583–675; H. P. L'Orange, *Das römische Reich. Kunst und Gesellschaft* (Stuttgart–Zürich 1985, engl. Originalfass. Princeton 1965); A. Grabar, *Die Kunst des frühen Christentums. Von den ersten Zeugnissen christlicher Kunst bis zur Zeit Theodosius' I.* (München 1967, frz. Originalfass. Paris 1966); ders., *Die Kunst im Zeitalter Justinians, Vom Tod Theodosius' I. bis zum Vordringen des Islam* (München 1967, frz. Originalfass. Paris 1966); B. Brenk, *Spätantike und frühes Christentum*. Propyläen-Kunstgeschichte, Supplementband 1 (Berlin 1977); *ASCat*; *ASSymp*; H. Beck – P. C. Bol (Hrgg.), *Spätantike und frühes Christentum* (Ausstellungs-Katalog Frankfurt a. M., Liebieghaus 1983–1984) (ca. 30 zusammenfassende Beiträge zu Einzelthemen); Deichmann; Koch; H. Aurenhammer (Hrg.), *Lexikon der christlichen Ikonographie* 1ff., (Wien 1959–1967) (unvollendet); E. Kirschbaum, *Lexikon der christlichen Ikonographie* 1–8 (Freiburg i. Br. 1968–1976, ND 1990 als Taschenbuchausgabe); *Reallexikon für Antike und Christentum* 1ff. (Münster 1950ff.), begründet von Th. Klauser (unvollendet); *RBK*; *PECS*. Periodenbildung: G. Rodenwaldt, «Zur Begrenzung und Gliederung der Spätantike», *JDAI* 59/60 (1944/45) 81–87; B. Schweitzer, *Die spätantiken Grundlagen der mittelalterlichen Kunst*, Leipziger Universitätsreden 16 (Leipzig 1949) (= ders., *Zur Kunst der Antike, Ausgew. Schriften* 2, Tübingen 1963, 280–303); B. Andreae, *Römische Kunst*. Ars Antiqua 5 (Freiburg i. Br. 1973) (Neuauflagen und Übersetzungen).

5.2 Architektur und Urbanistik

5.2.1 Allgemein

Durch Galerius' Residenzgründung in Thessaloniki und Konstantins Verlegung der Hauptstadt nach Byzanz/Konstantinopel gewinnt der Osten nicht nur politisch an Bedeutung. Auch die Kultur- und Kunstgeschichte der östlichen Reichshälfte trägt seit dem 4. Jh. wesentlich zur spätantiken Lebenswelt bei.

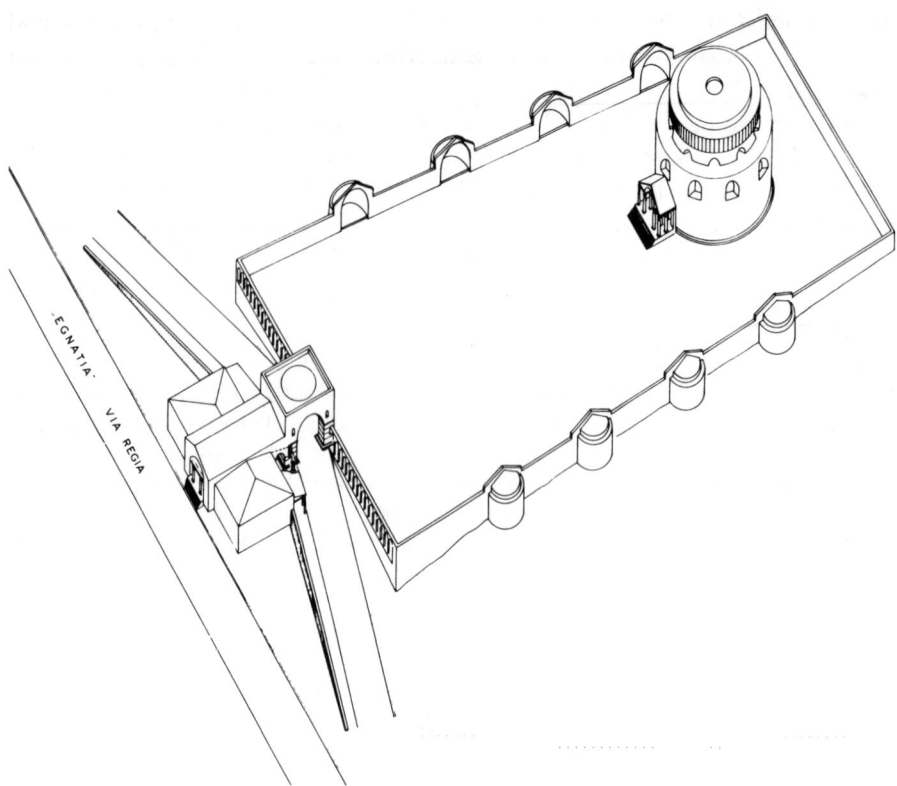

Abb. 1. Thessaloniki, Galeriusbogen im Verband mit Rotunda und Mosaiksaal
nach *AA* (1979) 262 Abb. 16.

Die Stadt blieb das bestimmende Element des Lebens um das Mittelmeer. Die spätantiken Städte waren in der Regel die der Kaiserzeit; grundsätzlich neue urbanistische Prinzipien wurden nicht entwickelt, so daß die Stadtanlagen mit ihren Elementen die gleichen blieben. Der großzügige und großräumige Ausbau der östlichen Städte in der Kaiserzeit bestimmte auch die spätantiken Städte; die wenigen spätantiken Neugründungen vor allem justinianischer Zeit weisen keinen anderen Charakter auf als ältere Städte, z. B. Sergiupolis (modern Resafa) in Syrien, Zenobia am Euphrat oder Justiniana Prima (Caricin Grad) in Südserbien. Die rasterähnliche regelmäßige Planung kommt bei den späten Gründungen ebenso zur Anwendung wie ein der Geländestruktur angepaßtes Bauen.

Exemplarisch ist besonders die Neugründung von Konstantinopel ab 324. Die Abfolge von Foren/Plätzen dieser Stadt und ihre öffentlichen Bauten entfalteten große Pracht, gaben der Stadt aber nicht einen neuartigen Charakter. Fächerartig gehen die großen Straßenachsen vom Zentrumsareal auf der Halbinsel auseinander und werden durch wenige 'Querspangen' verbunden.

Eine besondere Eigenart ist die riesige Residenz mit einer Abfolge von Palästen in ost-westlicher Richtung. Die Einweihung der Stadt im Jahr 330 war nur eine Etappe; ihr Ausbau setzte sich unter den Nachfolgern Konstantins fort. Auf bautechnischem Gebiet kommen viele der Anregungen für die neue Hauptstadt aus Kleinasien und weniger aus Rom. Der einstige spätantike Bestand ist im modernen Stadtbild – anders etwa als in Rom – kaum mehr zu erkennen. Etwas mehr ist in der anderen östlichen Residenzstadt (ab 293) Thessaloniki vom Palast des Galerius erhalten, so daß sich hier die Gestalt der Gesamtanlage wenigstens erahnen läßt (Abb. 1). Nichts blieb dagegen von den kaiserlichen Bauten in der Residenz Nikomedia erhalten.

Bereits in der hohen Kaiserzeit hatte in Griechenland, seit dem 3. Jh. dann auch in Kleinasien ein Schrumpfungsprozeß eingesetzt, unter dem in erster Linie die Stadt zu leiden hatte. Nur wenige Städte (vor allem die neuen Herrschaftszentren) waren davon nicht betroffen. Als Folge des Bevölkerungsrückgangs reduzierte sich die bebaute und genutzte Fläche der Städte. Der Vorgang setzte eine Fülle von Baumaterial frei und begünstigte die vielfältige spätantike Spolienverwendung. Charakteristisch für die spätantike Stadt ist ferner allerorten das große Gewicht, das auf BEFESTIGUNG UND STADTMAUERN gelegt wurde. In der langen Periode innerer und äußerer Sicherheit im 2. und der ersten Hälfte des 3. Jh.s konnten die Ummauerungen der Städte vielfach vernachlässigt werden. Als sich dies mit der zweiten Hälfte des 3. Jh.s änderte, entstanden Befestigungswerke wie die aurelianische Mauer in Rom oder später die Landmauer von Konstantinopel (Abb. 2). Die konstantinische Befestigung bot bald nicht mehr genug Raum; durch die neue theodosianische Landmauer wurde das Stadtgebiet mehr als verdoppelt. Sie ist das gewaltigste Festungswerk der Spätantike und bot der Stadt bis zur osmanischen Eroberung von 1453 Schutz. Eindrucksvoll ist auch die bis heute gut erhaltene Stadtmauer von Thessaloniki (Datierung umstritten). Nicht selten verkleinerten die spätantiken Befestigungen das ursprüngliche Stadtgebiet, so daß gerade für den Mauerbau die Materialien aufgegebener Bauten als Spolien benutzt werden konnten oder auch größere Bauten in das Festungswerk einbezogen wurden (Athen, Apameia in Syrien, Perge und Side in Kleinasien). Die mächtigen Festungwerke aus der Zeit Kaiser Justinians zeigen, wie groß man die Bedrohung allerorten einschätzte.

A. H. M. Jones, *The cities of the Eastern Roman provinces* (Oxford 1937); ders., *The Greek city from Alexander to Justinian* (Oxford 1940, ²1971); D. Claude, *Die byzantinische Stadt* (1969); Deichmann 265–266. Sergiupolis–Resafa: Th. Ulbert, in: Rupprechtsberger 112–127. Justiniana Prima: *RBK* III 687–717. *PECS* 428–429. Zenobia–Halabiya: J. Lauffray, *Halabiya-Zenobia* I. II (Paris 1983. 1991). Konstantinopel: Müller-Wiener (a. O. 64–71. 229–237 zum Kaiserpalast und Hippodrom); C. Mango, *Le développement urbain de Constantinople (IVe–VIIe siècles)* (Paris 1985); H. G. Beck, «Constantinople. The Rise of a New Capital in the East», in: *ASSymp* 29–37. Thessaloniki: I. Bokotopoulou (Hrg.), Θεσσαλονίκην Φιλίππου Βασίλισσαν. Μελέτες για την αρχαία Θεσσαλονίκη (Thessaloniki 1985) (Aufsatzsammlung mit ND vieler einschlägiger Arbeiten; a. O. 364–382. 536–622

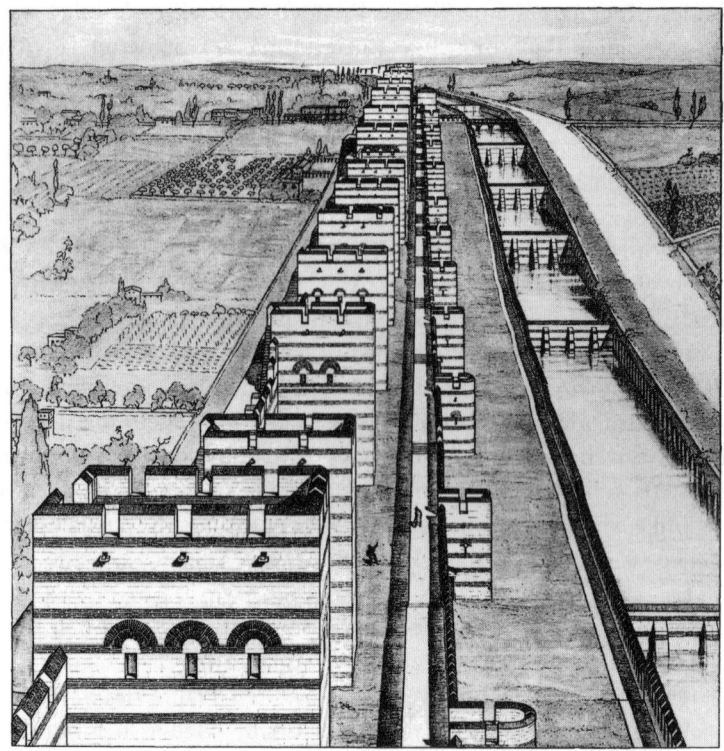

Abb. 2. Konstantinopel, Theodosianische Landmauer, Tiefengliederung nach F. Krischen. Die Landmauer von Konstantinopel I (Berlin 1938) Taf. 2.

zum Palastareal); ders. (Hrg.), Οδηγός της έκθεσης Θεσσαλονίκη από τα προϊστορικά μέχρι τα χριστιανικά χρόνια (Athen 1986) (kurze Gesamtdarstellung der Stadtgesch. und der archäol. Denkmäler); zum Palast von Th. ferner: Theodosia Stephanidou–Tiveriou, Τὸ μικρὸ τόξο τοῦ Γαλερίου στὴ Θεσσαλονίκη (Athen 1995). Befestigungen u. Militärarchitektur: C. Foss – D. Winfield, *Byzantine Fortifications* (Pretoria 1986), Müller-Wiener 286–319; *RBK* IV 403–409.

5.2.2 Einzelmonumente und Bautypen

Die öffentlichen Nutzbauten wie Thermen, Hippodrome, Markthallen, Läden, Speicherbauten oder wassertechnische Anlagen setzen alle ältere Bautraditionen fort (und werden hier deshalb übergangen). Das gleiche gilt für die Denkmaltypen der öffentlichen und herrscherlichen Repräsentation, die die Siege der Kaiser und andere Ereignisse feierten. Sie hatten auch in christlicher Umgebung vorerst Bestand. Vom komplexen Tetrapylon des Galerius sind nur 2 Pylone mit Reliefs erhalten, die die Feldzüge des Galerius verherrlichen. Ursprünglich gehörte der Bau in den weiträumigen Komplex zwischen Palast und Mausoleum des Herrschers (vgl. o. Abb. 1); er ist der letzte Bogen im Osten, der mit 'historischen Reliefs' geschmückt ist. Der Bogen des Theodo-

Abb. 3. Konstantinopel, Hippodrom mit Theodosius-Obelisk,
Zeichnung vom Ende des 15. Jh.s nach Müller-Wiener 70 Abb. 48.

sius an seinem Forum in Konstantinopel und der kleine Bogen an der Kuretenstraße in Ephesos unbekannter Verwendung (4.–5. Jh.) besitzen keinen Reliefdekor mehr. Beibehalten wurde vor allem die Errichtung von Ehrensäulen mit den bekrönenden Statuen der Kaiser und verwandten Monumenten, so z. B. die Säulen der Kaiser in Konstantinopel (Konstantin: ohne Reliefs, der Sockel vermutlich reliefiert; Theodosius: mit Reliefs; Arcadius: mit Reliefs der Säule und des Sockels) auf ihren Foren, der Eudoxia (Gattin des Arcadius), des Marcian (mit Sockelreliefs) und die nicht erhaltenen Säulen der Kaiserin Helena und des Justinian im Bereich des «Augusteion». In den gleichen Kontext gehört der Obelisk des Theodosius im Hippodrom (Abb. 3) – wie die Obelisken Roms ein Beutestück (aus Karnak) auf neuer Basis.

Galerius-Bogen: G. Velenis, *AA* (1979) 249–263; ders., *AA* (1983) 273–275 (Reprint in Θεσσαλονίκην Φιλίππου Βασιλίσσαν [o. *5.2.1*] 605–622); zu den Reliefs: H. P. Laubscher, *Der Reliefschmuck des Galeriusbogens in Thessaloniki* (Berlin 1975); H. Meyer, *GGA* 230 (1978) 211–222; ders., «Die Frieszyklen am sog. Triumphbogen des Galerius in Thessaloniki. Kriegschronik und Ankündigung der zweiten Tetrarchie», *JDAI* 95 (1980) 374–444. Konstantinopel, Säulen, Bogen u. Obelisk: G. Becatti, *La colonna coclide istoriata* (Rom 1960) 83–288; Müller-Wiener 52–55, 248–265; W. Gauer, «Die Triumphsäule als Wahrzeichen Roms und der Roma Secunda und als Denkmäler der Herrschaft im Donauraum», *A & A* 27 (1981) 179–192; A. Ryll, «Über Probleme der kunsthistorischen und schriftlichen Quellen zur Konstantinssäule in Konstantinopel», in: *Historisch-archäologische Quellen und Geschichte bis zur Herausbildung des Feudalismus. Beiträge des I. und II. Kolloqiums . . . archäologischer und althistorischer Disziplinen der DDR* (Berlin 1983) 166–180; C. Mango, «Constantine's Porphyr Column and the Chapel of St. Constantine», *DeltChrAEtair* 10 (1980/81) 103–110; G. Fowden, «Constantine's Porphyr Column: The earliest literary allusion», *JRS* 81 (1991) 119–131; R. H. W. Stichel, «Zum Postament der Porphyrsäule

Konstantins des Großen in Konstantinopel», *MDAI(I)* 44 (1994) 317–327 Taf. 61–64; J. C. Balty, «Hiérarchie de l'empire et image du monde. La face Nord-Ouest de la base de l'obélisque théodosien à Constantinople», *Byzantion* 52 (1982) 60–71; Siri Sande, «Some new fragments from the Column of Theodosius», *AAAH* Ser. alt. 1 (1981) 1–78; L. Faedo, «Il complesso monumentale del foro di Teodosio a Constantinopoli», *CCAB* 29 (1982) 159–168; R. Grigg, «Symphonian Aeido tes Basileias: An image of imperial harmony on the base of the Column of Arcadius», *ABull* 59 (1977) 469–482. Ephesos, Bogen: F. Miltner, *JÖAI* 44 (1959) Beibl. 353–354 mit Abb. 193. 194.

Vom privaten Wohnbau der spätantiken Städte des Ostens ist wenig erhalten. Auch auf diesem Gebiet hat es nach dem heutigen Kenntnisstand keine neuen Formen gegeben. Mehrstöckige Mietshäuser sind in Rom und Ostia besser erhalten, als die in Korinth, Philippi und Athen ergrabenen Reste. Im Osten geben die Hanghäuser in Ephesos den besten Eindruck vom Wohnen in der Spätantike. Ursprünglich in der früheren Kaiserzeit errichtet, wurden sie kontinuierlich erneuert und umgebaut. Außerstädtische große Villen und Landsitze sind im Westen und Nordafrika verbreitet. Kleine Landgüter und Gehöfte kennen wir im Osten am besten in Syrien und im benachbarten Kilikien.

H. Vetters, «Zur Baugeschichte der Hanghäuser», in: Strocka 12–28; *ASCat* 359–360 Nr. 337; A. Karivieri, «The 'House of Proclus' on the Southern slope of the Acropolis», in: P. Castrén (Hrg.), *Post-Herulian Athens* (Helsinki 1994) 115–139; zu außerstädtischem Wohnen im Osten: Koch 68–69. 153.

5.2.3 Kirchenbau

Seit Konstantin den christlichen Kirchenbau in seine Baupolitik einbezog, konzentrierten sich die großen Bauideen überwiegend auf den christlichen Kultbau; es entstand eine künstlerisch ausgeprägte Sakralarchitektur. Auch für Konstantinopel und den ganzen Osten ist dies das wichtigste Kapitel der Architekturgeschichte; in diesem Bereich liegt der Schwerpunkt der christlich-archäologischen Forschung, die hier nicht angemessen dargestellt werden kann. Zwei historisch bedingte Probleme schränken unsere Kenntnisse ein: Zum einen haben die frühesten Bauten vom Beginn des 4. bis zum Beginn des 5. Jh.s vielfach alsbald notwendigen Erweiterungen und größeren Neubauten weichen müssen, so daß von der ältesten Phase des christlichen Kirchenbaus wenig erhalten ist. Andererseits hat der mit Unterbrechungen von 726 bis 843 dauernde Bilderstreit, der sich an der Frage des biblischen Bilderverbots als Reaktion auf die kultische Bilderverehrung entzündete, verheerende Folgen für die Erhaltung der Kirchenausstattungen und die Überlieferung der Kunstwerke im Osten gehabt.

Auch im Osten teilen sich die Grundriß- und Bautypen der Kirchen in Langhaus- und Zentralbauten. Am häufigsten ist die dreischiffige Basilika mit bis zur Apsis durchlaufenden Schiffen. Daneben kommen fünf- und gar siebenschiffige Basiliken, aber auch schlichte einschiffige Bauten vor. Die Basiliken besitzen den üblichen Aufbau: die Schiffe werden im allgemeinen durch Säulen und nicht durch Pfeiler voneinander getrennt, das Mittelschiff ist mit einem Satteldach versehen, die Seitenschiffe mit Pultdächern, Obergaden belichten das Mittelschiff. Zahlreiche Erweiterungen und Ergänzungen sind möglich, z. B. Querschiffe, seitliche Konchen neben der Apsis oder turmartige Erhöhungen und gemauerte Kuppeln über dem Mittelschiff. Der Langhausbau wird nach dem 6. Jh. im Osten seltener, kann aber bis dahin mächtige Ausmaße erhalten (die Kirche des Hl. Leonidas im Nordhafen von Korinth Lechaion hat eine Länge von 186 m).

Die Zentralbauten können in unterschiedlichster Gestalt auftreten, als Oktogon, als eigentliche Rundbauten, als freies Kreuz oder als ein Kreuz, das einem Quadrat oder Rechteck eingeschrieben ist. Solange die Erwachsenentaufe praktiziert wurde, d. h. bis zum 6. Jh., waren eigene Räume für die Taufe, sogen. Baptisterien, verbreitet. Hierzu dienten eigenständige (freistehende) oder an eine Kirche angebaute Gebäude. Eine feststehende Typologie hat sich für Tauf räume nicht entwickelt. Freilich war nicht überall alles möglich; die Bauten der christlichen Sakralarchitektur sind überwiegend aus der Architektur der jeweiligen Region hervorgegangen und durch lokale Tradition geprägt.

Anstelle eines Abrisses der Bauentwicklung seien wenigstens die 'Inkunabeln' und Hauptwerke genannt. Archäologisch sind die Bauten Konstantinopels erst an der Wende zum 5. Jh. erkennbar, dennoch müssen drei vorangehende Kirchen genannt werden: Die von Konstantin begründete (zugleich als seine Grabeskirche geplante) Apostelkirche in Kreuzesform ist durch spätantike Quellen bekannt. Hagia Eirene war die erste Bischofskirche der Stadt, der heute sichtbare Bau ist der justinianische Neubau. Die erste Ἁγία Σοφία τοῦ Θεοῦ wurde unter Constantius II. im Jahr 360 geweiht und muß ein fünfschiffiger Langhausbau gewesen sein. Der älteste als Ruine erhaltene christliche Bau Kleinasiens ist die Kathedrale von Ephesos aus der Mitte des 4. Jh.s. In Griechenland gehören dem 4. Jh. die Reste der Basilika des Hl. Paulus unter dem Oktogon in Philippi an, ebenso die älteste Phase der Damokratia-Basilika in Demetrias bei Volos. Der justinianische Neubau der Hagia Sophia von Konstantinopel verbindet Langhaus und Zentralbau in so schöpferischer Weise, daß der Bau bis heute an Faszinationskraft nicht eingebüßt hat.

Außer der in *5.1* genannten Lit. R. Krautheimer, *Early Christian and Byzantine Architecture* (Princeton 1965, [4]1986); Lit.-Übersicht Koch 148–152; dazu P. Stockmeier, «Herrscherfrömmigkeit und Totenkult. Konstantins Apostelkirche und Antiochos' Hierothesion», in: *Pietas. Festschr. B. Kötting, JbAC* Erg.-Bd. 8 (1980) 105–113. Zur Hagia Sophia in Konstantinopel zuletzt: V. Hoffmann (Hrg.), *Die Hagia Sophia in Istanbul* (Bern 1996).

5.3 Skulptur

5.3.1 Allgemein und Idealplastik

Die Produktion der großformatigen Idealstatue ist bereits im 3. Jh. weitgehend erloschen (*VIII 4.3.1*), aber die Bestände werden, soweit erhalten, im Verein mit Porträtstatuen zur Ausstattung auch der spätantiken Großbauten vorerst weiterverwendet. Eindrucksvoll ist der – nur in einer Ekphrasis überlieferte und offensichtlich programmatisch befrachtete – konstantinische Ausbau der ursprünglich severischen Zeuxippos-Thermen in Konstantinopel. Der Fall ist auch als Beispiel für die systematische Wiederverwendung älterer Denkmäler beim Ausbau der neuen Hauptstadt bezeichnend. Der Bereich der 'mythologisch-idealen' Skulptur beschränkt sich auf das Statuettenformat und erhält damit auch eine neue und weniger öffentliche Funktion. Herausragendes Beispiel frühchristlicher Skulptur kleinen Formats ist eine Statuettengruppe unbekannter, aber sicher kleinasiatischer Herkunft in Cleveland. Der marmorne Tischfußdekor kann auch christliche Inhalte bekommen, und die Platten christlicher Mensen werden bis ins 5. Jh. hergestellt. Ihre Ränder sind mit flachen Reliefs geschmückt, deren Thematik von Szenen des *Alten* und *Neuen Testaments* bis zu Jagdbildern, dionysischen Themen und anderen antiken Mythen reicht. Drei andere Bereiche der Skulptur haben für die Spätantike Bedeutung, die Porträtstatue, das repräsentative, historische Relief und das Sepulkralrelief vor allem der Sarkophage.

Zeuxippos-Thermen: R. Stupperich, «Das Statuenprogramm in den Zeuxippos-Thermen», *MDAI(I)* 32 (1982) 210–235; Sarah G. Bassett, «Historiae custos: Sculpture and Tradition in the Baths of Zeuxippos», *AJA* 100 (1996) 491–506. Wiederverwendung: dies., *Paene Omnium Urbium Nuditate: The Reuse of Antiquities in Constantinople, Fourth through Sixth Centuries* (Ph.D. Bryn Mawr 1985). Spätantike Statuetten: das Material bei D. Willers, *MH* 53 (1996) 182–183 Anm. 57–60. Gruppe in Cleveland: ebenda Anm. 60; *ASCat* 406–411 Nr. 362–368. Marmortische: Jutta Dresken-Weiland, *Reliefierte Tischplatten aus theodosianischer Zeit* (Roma: Città del Vaticano 1991); Eugenia Chalkia, *Le mense paleocristiane* (Roma 1991).

5.3.2 Porträt

Von tetrarchischer Zeit an spielen im Porträt Bildnisähnlichkeit und Erkennbarkeit der Person bei der Darstellung der Herrscher und der Mitglieder des Kaiserhauses keine Rolle mehr. Abstrakte Konstruktionsprinzipien und formelhafte Wiedergabe idealtypischer Elemente dienen zur Darstellung überindividueller Wertvorstellungen. Da sich der gleiche Vorgang auch im Münzporträt abspielt, ist es kaum mehr möglich, das Herrscherbild mit den bis zu dieser Zeit hilfreichen Methoden zu identifizieren. Charakteristisches Beispiel sind die Porphyrstatuen der Tetrarchen aus einer alexandrinisch-ägyptischen Werkstatt, die in Konstantinopel aufgestellt waren und sich heute in Venedig bzw. Rom befinden. Einzelne Herrscher sind sicher nachgewiesen, aber eine durchgehende Reihe des spätantiken Herrscherbildes und damit eine Stilgeschichte ist nicht erkennbar. Das Herrscherbild kann kolossale Ausmaße riesiger Dimensionen annehmen, wie z. B. die – in einer Zeichnung überlieferte – Statue Justinians von 543/44 (Abb. 4). Die Ehrenstatue für Privatleute und Beamte ist am besten aus den Reihen in Aphrodisias, Konstantinopel und Ephesos bekannt. Auch sie verzichten auf individuell-physiognomische Elemente, kehren durch Attribute und Tracht das Amt und den Status hervor und formulieren mit festgelegten Einzelelementen allgemeine Werte. Darunter befinden sich großartige Werke spätantiker Abstraktionsfähigkeit. Die Wiederverwendung und Umwidmung älterer Porträtstatuen wird seit dem 3. Jh. ein immer stärker verbreitetes Phänomen.

Abb. 4. Konstantinopel, Statue Justinians von 543/44 in einer Handschrift in Budapest nach Müller-Wiener 249 Abb. 282.

Porträt: Jutta Meischner, «Die Porträtkunst der ersten und zweiten Tetrarchie bis zur Alleinherrschaft Konstantins: 293 bis 324 n. Chr.», *AA* (1986) 223–250; H. P. L'Orange, *Das spätantike Herrscherbild von Diokletian bis zu den Konstantin-Söhnen 284–361 n. Chr. Das römische Herrscherbild* III 4 (Berlin 1984); Ines Jucker, «Überlegungen zu Maximianus Herculius und seinen Mitregenten», *NAC* 21 (1992) 323–351; Cécile Evers, «Betrachtungen zur Ikonographie des Maxentius», *Niederdeutsche Beitr. zur Kunstgesch.* 31 (1992) 9–22; W. von Sydow, *Zur Kunstgeschichte des spätantiken Porträts im 4. Jh. n. Chr.* (Bonn 1969) (Rez. Marianne Bergmann, *JbAC* 15, 1972, 214–225); Helga von Heintze, «Ein spätantikes Mädchenporträt in Bonn. Zur stilistischen Entwicklung des Frauenbildnisses im 4. und 5. Jh. n. Chr.», *JbAC* 14 (1971) 61–91; H. G. Severin, *Zur Porträtplastik des 5. Jh.s n. Chr.* (München 1972); R. W. H. Stichel, *Die römische Kaiserstatue am Ausgang der Antike. Untersuchungen zum plastischen Kaiserporträt seit Valentinian I (364–375 n. Chr.)* (Rom 1982); Jutta Meischner, «Das Porträt der justinianischen Epoche», *JDAI* 107 (1992) 217–234 Taf. 87–91; R. R. R. Smith, in: *Aphrodisias Papers* 2 (Ann Arbor 1991) 144–167 (Philosophen); Bente Kiilerich, «A head of a boy in Oslo: Theodosius' grandson?», *MDAI(I)* 40 (1990) 201–206;

dies., «'Individualized types' and 'typified individuals' in Theodosian portraiture», *Acta Hyperborea* 4 (1992) 237–248; dies., *Late fourth century classicism in the plastic arts. Studies in the socalled Theodosian renaissance* (Odense 1993); Emilienne Demougeot, «Le colosse de Barletta», *MEFRA* 94 (1982) 951–978. Wiederverwendung: H. Blank, *Wiederverwendung alter Statuen als Ehrendenkmäler bei Griechen und Römern* (Rom 1969); V. M. Strocka, «Zuviel Ehre für Scholastikia», in: *Lebendige Altertumswissenschaft. Festgabe H. Vetters* (Wien 1985) 229–232.

5.3.3 Historisches Relief

Die historischen Reliefs in Thessaloniki und Konstantinopel sind in *5.2.2* genannt worden. Die nur teilweise erhaltenen Relieffriese am Tetrapylon von Thessaloniki knüpfen an die Darstellungsweise severischer Zeit vom Anfang des Jahrhunderts an und verherrlichen in einem spättetrarchischen Stil die militärischen Erfolge des Galerius gegen die Sassaniden. Die Szenen haben überwiegend historischen Charakter, daneben stehen einzelne allegorische Bildfelder. Hingewiesen sei auch auf ein singuläres architektonisches Relief der gleichen Zeit: Der Hadrianstempel in Ephesos erhielt in tetrarchischer Zeit einen neuen Fries mit Götterdarstellungen im Zusammenhang der mythischen ephesischen Gründungs- und Frühgeschichte – einer der letzten Zeugen heidnisch-kaiserlicher Thematik. Die nur in Zeichnungen und wenigen Originalfragmenten überlieferte Säule des Theodosius (ab 386) greift typologisch auf die Trajanssäule zurück und feiert den Sieg über die ostgotischen Greutungen. Die Waffen des kaiserlichen Heeres sind mit großen Christogrammen ausgezeichnet. Der Obelisk des Theodosius (um 390; o. Abb. 3) steht auf zweigeteiltem Sockel. Der untere Block gibt neben der griechischen und lateinischen Weihinschrift Szenen aus dem Hippodrom und von der Aufstellung des Obelisken wieder. Die Reliefs des oberen Blocks zeigen den Kaiser mit Familie und Hofstaat in hochzeremonieller Weise; die Huldigungen der Völker nehmen nicht auf konkrete historische Anlässe Bezug. Die Säule des Arcadius wurde 402 nach dem Sieg über den aufständischen Feldherrn Gainas und seine Goten begonnen und von Theodosius II. 421 vollendet; sie ist durch Zeichnungen bekannt. Auch hier dominiert Triumph und reiches Zeremoniell über die Darstellung der kriegerischen Ereignisse. Die figurenreichen Sockelreliefs feiern in verallgemeinernden allegorischen Szenen die Majestät des Kaisers und der kaiserlichen Eintracht.

s. o. *5.2.2*; ferner B. Brenk, «Die Datierung der Reliefs am Hadrianstempel in Ephesos und das Problem der tetrarchischen Skulptur des Ostens», *MDAI(I)* 18 (1968) 238–258 Taf. 73–83; Spätdatierung (nach 480) bei Dagmar Stutzinger, *Die frühchristlichen Sarkophagreliefs aus Rom* (Bonn 1982) 149–151.

5.3.4 Sarkophage

Die Herstellung von Reliefsarkophagen in den Werkstätten von Athen und Dokimeion erlosch bereits im 3. Drittel des 3. Jh.s, so daß es aus dem ganzen Osten des Reiches keine Gruppe gibt, die an Umfang und Bedeutung auch nur entfernt an die paganen und frühchristlichen Sarkophage Roms und des Westens heranreicht. Aus Konstantinopel gibt es eine kleine Gruppe von christlichen Fries- und Säulensarkophagen mit einzelnen, wenigen Meisterwerken. Sie setzen im späten 4. Jh. ein, und es bleibt unsicher, ob hier die Zerstörung so viel größer war. Dagegen spricht, daß Byzantion keine ältere Tradition der Verwendung von Marmorsarkophagen kannte. Die Werkstätten von Prokonnesos im Marmarameer scheinen überwiegend für den stadtrömischen Bedarf gearbeitet zu haben. Auch im übrigen Kleinasien fanden die verschiedenen lokalen Traditionen des 2. und 3. Jh.s nur vereinzelt Fortsetzung. Aus Syrien und Palästina ist eine Gruppe von Bleisarkophagen bekannt, die in Sidon und anderen Orten eine ältere Tradition besaßen. Die monumentalen Porphyrsarkophage konstantinischer Zeit, bekannt vor allem durch die Exemplare im Vatikan, sind offensichtlich in kaiserlichem Auftrag für die Mitglieder der Kaiserfamilie in Alexandria hergestellt worden. Sie beschränken sich auf rein pagane Thematik ohne christliche Elemente.

Steinsarkophage in Konstantinopel und im sonst. Osten: N. Firatli, *La sculpture byzantine figurée au Musée Archéologique d'Istanbul* (Paris 1990); E. Effenberger, «Das Berliner Mosesrelief. Fragment einer Scheinsarkophag-Front», in: G. Koch (Hrg.), *Grabeskunst der römischen Kaiserzeit* (Mainz 1993) 237–259 Taf. 90–96; Koch 114–117. Porphyrsarkophage: R. Delbrueck, *Antike Porphyrwerke* (Berlin 1932) 212–237; B. Andreae, in: W. Helbig, *Führer durch die öffentl. Samml. klass. Altertümer in Rom* I (Tübingen ⁴1963) 17f. 20f. Nr. 21. 25. Bleisarkophage: Anne-Marie Bertin, «Les sarcophages en plomb syriens au Musée du Louvre», *RA* (1974) 43–82; M. Bossert, *RSAA* 36 (1979) 1–15.

5.4 Malerei und Mosaik

Der Wandmalerei in den Katakomben Roms und der Trierer konstantinischen Decke hat der Osten im 4. Jh. fast nichts entgegenzuhalten. Allerdings hat es der Erhaltungszufall mit sich gebracht, daß sich die frühesten erhaltenen christlichen Wandmalereien im Baptisterium der Hauskirche von Dura Europos am Euphrat befinden (232/33). Hinzu kommt an gleicher Stelle der einzigartige Dekor der Synagoge. Der umfangreichste Komplex paganer Malerei ist in der spätantiken Phase der Hanghäuser von Ephesos erhalten; diesem Fund des 5. Jh.s ist im Westen nichts an die Seite zu stellen. Die Wände von Ephesos zeigen, daß die funktionsbedingten Typen der Wanddekoration im privaten Bereich, die aus der früheren Kaiserzeit bekannt sind, sich bis in die Spätzeit erhalten haben und auch in gleicher Weise verwendet wurden. Einige kleinere frühchristliche Grabkammern des 4. Jh.s in Thessaloniki sind mit einfachem ornamentalem Dekor und alttestamentlichen Szenen verziert. Die verhältnismäßig reich dekorierten Gräber Alexandrias sind bisher nicht sicher zu datieren. Der früher vertretene spätantike Ansatz scheint sich nicht zu bewahrheiten.

C. H. Kraeling, *The Christian Building. The Excavations at Dura Europos, Final Reports* VIII 2 (New Haven 1967); *RBK* I (1966) 1220–1240 (Dura Europos, Kirche u. Synagoge); J. Gutmann (Hrg.), *The Dura-Europos Synagogue: A Re-evaluation (1932–1972)* (Missoula, Mont. 1973); ASCat 366–374 Nr. 341 (Synagoge); Strocka; Euterpe Makre, in: Χριστιανικὴ Θεσσαλονίκη (Thessaloniki 1990) 169–194; M. S. Venit, «The Painted Tomb from Wardian and the Decoration of Alexandrian Tombs», *JARCE* 25 (1988) 71–91. Demetrias, Damokratia-Basilika: P. Marzolff, in: *JbAC*, Erg.-bd. 20, 2 (1995) 1024–1032 Taf. 141–144.

Wand- und Bodenmosaiken sind früh im Kirchenraum heimisch geworden. Während in der frühen und hohen Kaiserzeit das Wandmosaik noch auf Nymphäen und verwandte Anlagen beschränkt war, wurde es in der Spätantike auch für die Wände und Decken großer Räume wichtig. Doch der Bilderstreit hat vom spätantiken Dekor der Sakralräume im Osten nur wenige Fragmente übrig gelassen, so daß die Häuser, Villen und Paläste nahezu allein für die Überlieferung bürgen müssen. Die farben- und bilderreichen Böden Antiochias und Kilikiens behalten die pagane mythologisch-allegorische Thematik bis weit in das 4. und beginnende 5. Jh. bei. Gleiches gilt für die prächtigen Mosaiken der Häuser in Paphos auf Zypern aus dem 3. und 4. Jh. und von den späten Böden der Hanghäuser in Ephesos des 5. Jh.s, auch wenn hier der Anteil der rein ornamental-dekorativ verzierten Böden höher ist. Die spätantiken Mosaiken Griechenlands sind in Corpora gut zu überblicken. Hier ragt die Villa bei Argos mit dem Jagd- und Kalendermosaik (Standardthemen der spätantiken Mosaikarbeit) des 6. Jh.s heraus. Auch in den beiden spätantiken Kaiserpalästen des Ostens sind musivische Zeugnisse erhalten: im Oktogon des Palastes von Thessaloniki Reste ornamentalen Dekors des frühen 4. und in einem Peristyl des Palastes von Konstantinopel Reste mit mehreren Bildfriesen wohl des 2. Drittels des 5. Jh.s. In dem einzigen Mosaik, das unmittelbar zur Kunst am Hof der byzantinischen Kaiser gehört, wechseln bukolische Motive, Jagd und Tierhatz und Fabelwesen miteinander ab.

D. Levi, *Antioch Mosaic Pavements* (Princeton 1947); Sheila Campbell, *The Mosaics of Antioch* (Toronto 1988); Janine Balty, *La mosaïque de Sarrîn (Osrhoène)* (Paris 1990); L. Budde, *Antike Mosaiken in Kilikien* I–II (Recklinghausen 1969. 1972); W. A. Daszewski, *Nea Paphos II: La mosaïque de Thésée* (Warschau 1977) (Ende 3. Jh.); ders., *Dionysos der Erlöser. Griechische Mythen im spätantiken Cypern* (Mainz 1985); W. Jobst, *Römische Mosaiken aus Ephesos I: Die Hanghäuser des Embolos* (Wien 1977); Sheila Campbell, «Roman Mosaic Workshops in Turkey», *AJA* 83 (1979) 287–292 Taf. 42–44; S. Pelekanides – Panagiota I. Atzaka, Σύνταγμα των παλαιοχριστιανικών ψηφιδοτών δαπέδων της Ελλάδος I (Athen 1974); Panagiota Asemakopoulou-Atzaka, Σύνταγμα ... II (1987); Marie Spiro, *Critical Corpus of the Mosaic Pavements on the Greek Mainland, fourth–sixth centuries* (New York–London 1978); Gunilla Akerström-Hougen, *The Calendar and Hunting Mosaics of the Villa of the Falconer in Argos* (Stockholm 1974); Gisela Hellenkemper Salies, «Die Datierung der Mosaiken im Großen Palast zu Konstantinopel», *BJ* 187 (1987) 273–308. Zum Mythos in der Spätantike: W. Raeck, *Modernisierte Mythen. Zum Umgang der Spätantike mit den klassischen Bildthemen* (Stuttgart 1992).

Als kostbare Variante des Mosaiks fanden in der Spätantike Böden und Wandverkleidungen aus geschnittenen Platten farbiger Steinsorten, gelegentlich mit Glas erweitert, vor allem im Westen größere Verbreitung (sogen. opus sectile). Eine bedeutende Serie dieser Verkleidungen aus über 100 farbigen Glasplatten (2. Hälfte des 4. Jh.s) wurde im Osthafen Korinths, Kenchreai, gefunden; sie zeigen ornamentalen Dekor, Landschaften mit Meervillen und menschliche Figuren.

L. Ibrahim et al., *Kenchreai. The Eastern Port of Corinth II. The Panels of Opus Sectile in Glass* (Leiden 1976).

An der spätantiken Buchmalerei sind auch östliche Manufakturen beteiligt gewesen, aber die wenigen erhaltenen Beispiele bleiben kostbare Einzelstücke, ohne daß sich stilistische und chronologische Gruppen bilden ließen. Mit Sicherheit aus dem Osten stammen die Wiener Genesis und das Evangeliar in Rossano (Zeit Kaiser Justinians).

K. Weitzmann, *Spätantike und frühchristliche Buchmalerei* (München 1977); P. Sevrugian, *Der Rossano-Codex und die Sinope-Fragmente* (Worms 1990); R. Sörries, *Christlich-antike Buchmalerei im Überblick* (Wiesbaden 1993) (ebenda 45–55 und Taf. 18–29 zur Wiener Genesis); Sabine Schrenk, *Typos und Antitypos in der frühchristlichen Kunst*, JbAC Erg.-Bd. 21 (Münster 1995) 90–96 (Rossano-Codex).

5.5 Kleinkunst

Der ungerechte, aber eingebürgerte Begriff K. faßt die Objekte kleinen Formats in edlen und einfachen Materialien zusammen. Liturgische Geräte, Gewänder, repräsentative Geschenke und Luxusartikel haben gerade für die Kultur der Spätantike eine nicht geringe Bedeutung, doch sind gerade diese Objekte aufgrund ihres Formats und ihres Werts außerordentlich mobil gewesen, d. h. sie sind häufig als Handelsobjekte oder als kostbare Gabe über das gesamte Reichsgebiet hin verbreitet worden. Auch konnten Elfenbeinschnitzer, Goldschmiede oder Toreuten, die Silber bearbeiteten, ihre Arbeit an den unterschiedlichsten Orten ausführen. Deshalb ist es auch und gerade auf diesem Gebiet zumeist schwierig, die erhaltenen Werke des alten oder des 'neuen Rom' zu scheiden und genaue Zuweisungen auszusprechen.

Zur Kleinkunst gibt es einige jüngere informative Ausstellungskataloge: *ASCat* passim; J. P. C. Kent – K. S. Painter (Hrgg.), *Wealth of the Roman World AD 300–700* (London, Brit. Mus. 1977); *Spätantike und frühes Christentum* (Frankfurt 1983–84, s. o. *5.1*; a. O. Nr. 228 das Missorium des Theodosius); J. Garbsch – B. Overbeck, *Spätantike zwischen Heidentum und Christentum* (München 1989); Rupprechtsberger (Ausstellung Linz, Stadtmuseum); D. Buckton (Hrg.), *Byzantium. Treasures of Byzantine Art und Culture from British Collections* (London 1994); M. v. Falck et al. (Hrgg.), *Ägypten. Schätze aus dem Wüstensand. Kunst und Kultur der Christen am Nil* (Wiesbaden 1996).

Das Vorstehende gilt speziell auch für die Arbeiten in Elfenbein, von denen zwei Gattungen besondere Bedeutung haben, die Konsulardiptychen und die Pyxiden, d. h. kleine Elfenbeinkästchen mit Reliefschmuck. Unter Konsulardiptychen versteht man jene mit Scharnieren verbundenen Tafeln, die die Konsuln oder andere höchste Beamte vom Ende des 4. bis zur Mitte des 6. Jh.s zum neuen Jahr aus Anlaß ihres Amtsantritts verschenkten. Im Inneren der zusammengeklappten Tafeln stand die (heute verlorene) Botschaft, die Außenseiten waren mit Reliefs geschmückt. Hier kann der Kaiser selbst dargestellt sein oder der Konsul auf dem Tribunal bei der Eröffnung von Zirkusrennen, Tierhetzen und Ähnlichem. Die Arbeiten sind überwiegend von erlesener Qualität und haben zusätzlich dadurch Bedeutung, daß sie vielfach fest datiert sind. Gearbeitet sind sie in Rom und Konstantinopel. Bei den Diptychen mit christlichen Szenen ist die ursprüngliche Verwendung noch nicht bekannt. Auch unter den Pyxiden gibt es solche mit Reliefs paganer und christlicher Thematik. Elfenbeinarbeiten sind überdurchschnittlich reich erhalten, weil sie sich im Besitz weniger führender Familien befanden und rasch in die Kirchenschätze gelangten.

R. Delbrueck, *Die Konsulardiptychen und verwandte Denkmäler* (Berlin 1929); P. Metz, *Elfenbein der Spätantike* (München 1962); W. F. Volbach, *Elfenbeinarbeiten der Spätantike und des frühen Mittelalters* (Mainz ³1976).

Bei Silberarbeiten feiner Qualität ist zu unterscheiden zwischen Tafelsilber, den offiziellen kaiserlichen Geschenken und liturgischem Gerät. All dies ist in Rom *und* im Osten hergestellt worden, aber nur bei den Schalen und Tellern, die als Gaben des Kaisers bei besonderen Anlässen vergeben wurden, läßt sich die Herkunft aus Werkstätten Konstantinopels durch eine Eigenheit sichern: viele der Arbeiten aus den Werkstätten um den Hof von Konstantinopel tragen auf der Rückseite Punzen, die den Kaiser, das Jahr und das Metallgewicht nennen. Die Reliefdarstellungen dieser Silberplatten huldigen einem ausgesprochenen Klassizismus und überliefern die alten paganen mythologischen, bukolischen und dionysischen Themen bis in das 7. Jh. Am berühmtesten ist das Missorium des Theodosius aus dem Jahr 388, das den thronenden Kaiser inmitten seiner Söhne zeigt. An der Herstellung von liturgisch gebrauchten Patenen, Kelchen, Kannen, Reliquiaren und Weihrauchgefäßen waren auch Werkstätten in Syrien wesentlich beteiligt.

A. Effenberger et al., *Spätantike und frühbyzantinische Silbergefäße aus der Staatlichen Ermitage Leningrad* (Berlin 1978); A. Effenberger (Hrg.), *Metallkunst von der Spätantike bis zum ausgehenden Mittelalter* (Berlin 1982); Marlia Mundell Mango, *Silver from Byzantium. The Kaper Koraon and related treasures* (Baltimore, Walters Art Gall. 1986); Jocelyn M. C. Toynbee – K. S. Painter, «Silver picture plates of Late Antiquity: A.D. 300 to 700», *Archaeologia* 108 (1986) 15–65; S. A. Boyd – Marlia Mundell Mango (Hrgg), *Ecclesiastical Silver Plate in Sixth Century Byzantium* (Washington D.C. 1993); K. S. Painter, «Late Roman silver plate: a reply to Alan Cameron», *JRA* 6 (1993) 109–115.

5.6 Textilien

Aus den bekannten klimatischen Gründen ist die Überlieferung sehr einseitig auf die Funde aus den ariden Gräbern Ägyptens konzentriert, nur wenig kommt ergänzend (vor allem aus Syrien) hinzu. Unter den Funden dominieren die Fragmente der Kleidung und die einfachen ganz erhaltenen Tuniken, die entweder unverziert sind oder mit einem einfachen System von Streifen (clavi) und runden oder quadratischen Feldern (orbiculi) dekoriert wurden (eingewebt oder aufgenäht). Daneben haben Vorhänge und Wandbehänge mit figürlichem Dekor Bedeutung; sie sind in Zweitverwendung in die Gräber des Niltals gelangt. Bei den Funden lassen sich die Werkstätten von Antinoë und diejenigen von Panopolis (Achmîm) unterscheiden, vereinzelte Importe aus Syrien sind ebenfalls erkennbar; Erzeugnisse aus dem Zentrum Alexandria oder aus der Residenz Konstantinopel sind nicht mit Sicherheit auszumachen. Als Materialien dienten gewöhnlich Leinen und Wolle. Dekor wurde meist so aufgetragen, daß die Bilder in den Leinenuntergrund mit farbigen Wollfäden eingewirkt wurden. Daneben gab es das Verfahren, Stoffe reservetechnisch einzufärben. Unter den Behängen großen Formats sind einige bedeutende Kunstwerke der spätantiken paganen Bildwelt erhalten. Mythologische und dionysische Themen herrschen vor. Die wenigen erhaltenen Exemplare zeigen ausschnittsweise, wieviel von der Lebenswelt der Antike und Spätantike uns unwiederbringlich verloren ist. Bei den sakralen Behängen der Christen Ägyptens, deren Darstellungen Alttestamentliches in den Vordergrund rücken, wird die Technik der Noppenweberei wichtig. Als besondere Kostbarkeit webte man aus Seidenfäden zweifarbige Stoffe mit Rapporten kleinformatiger Bildfriese, die sich wiederholen. Zwar mußte das Material Seide aus dem Osten importiert werden, aber die mythologischen oder nilotischen Themen zeigen, daß auch die Darstellungen auf Seide im Mittelmeerraum und z. T. wohl in den Werkstätten von Alexandria hergestellt wurden. Die alte ägyptische Technik, Stoffen nicht Bilder einzuweben, sondern sie zu bemalen, wurde nicht nur in kaiserzeitlichen Grabtüchern beibehalten, sondern auch in frühchristlichen Behängen weitergeführt. Die große Menge der Funde stammt aus unsystematischen und nicht dokumentierten Grabungen des späten 19. und frühen 20. Jh.s, so daß archäologische Beobachtungen zu den vorhandenen Materialien fehlen. Die großen Behänge, die in neuerer Zeit bekannt geworden sind, wurden ebenfalls durch unkontrollierte Grabungen ans Licht gebracht. Infolgedessen herrscht in der Chronologie der Textilien große Unsicherheit: Die konträren Zeitansätze differieren im einzelnen um bis zu 200 Jahre.

Allgemein, einführend und Bildmaterial: Mechthild Flury-Lemberg, *Textilkonservierung im Dienste der Forschung* (Riggisberg 1988) bes. 238–239. 358–408; Marie-Hélène Rutschowscaya, *Tissus Coptes* (Paris 1990) (Lit.-Verz.); L. v. Wilckens, *Die textilen Künste. Von der Spätantike bis um 1500* (München 1991); H. Zaloscer, in: Rupprechtsberger 180–193 (Lit.-Verz.); *Ägypten. Schätze aus dem Wüstensand* (oben 5.5) 270–376 Nr. 310–428. Vorläufig zu den Werkstätten: Annemarie Stauffer, *Spätantike und koptische Wirkereien* (Bern 1992). Reservedrucke: V. Illgen, *Zweifarbige reservetechnisch eingefärbte Leinenstoffe mit großfigurigen biblischen Darstellungen* (Diss. Mainz 1968); F. Baratte, «Héros et Chasseurs», *MMAI* 67 (1985) 31–67. Mythos: Raeck a. O. (oben 5.4). Noppenstoffe: Sabine Schrenk, «Der Elias-Behang in der Abegg-Stiftung», *Riggisberger Berichte* 1 (1993) 167–181; dies., *Typos und Antitypos* (oben 5.4) 112–142. Seide: Mechthild Flury-Lemberg, «Ein spätantikes Seidengewebe mit Nilszene», *RSAA* 44 (1987) 9–15; Lieselotte Kötzsche, «Die Marienseide in der Abegg-Stiftung», *Riggisberger Berichte* 1 (1993) 183–194. Bemalte Stoffe: K. Parlasca, *Mumienporträts und verwandte Denkmäler* (Wiesbaden 1966); Lieselotte Kötzsche, «Der neuerworbene Wandbehang mit gemalten alttestamentlichen Szenen in der Abegg-Stiftung (Bern)», in: Chr. Mass – K. Kiefer (Hrgg.), *Byzantine East, Latin West. Art-historical Studies in honour of Kurt Weitzmann* (Princeton 1995) 65–74.

6 Griechische Numismatik

HERBERT A. CAHN

6.1 Der Gegenstand

Numismatik (Münzkunde) ist die Wissenschaft von der Münze. Ihre Hauptaufgabe ist Grundlagenforschung: Sammeln und Publizieren der Münzen, Ordnen nach Zeit und Ort ihrer Prägung, Interpretation ihrer Bilder, Verbindung mit der Geschichte ihrer Prägeherren, Wertbestimmung ihrer Währungen, Umlaufgebiet und Umlaufzeit. Die Numismatik empfängt Daten aus Schriftquellen, Inschriften und Ausgrabungen. Sie gibt Auskunft über wirtschaftliche Blüte und Verfall, über staatliche Institutionen, Städte, Landschaftsverbände, Herrscher, die zum Teil sonst wenig belegt sind, und über deren Selbstdarstellung durch Bild und Schrift. Zentren der numismatischen Forschung sind die großen Münzkabinette (z. B. London, New York, Paris), während die Numismatik als akademisches Fach an nur wenigen Universitäten gelehrt wird. An den alle 6–7 Jahre stattfindenden Internationalen Kongressen der Numismatik erscheint jeweils der Forschungsbericht 'Survey of Numismatic Research'. Die bevorzugte Forschungsrichtung ist heute technologisch: Analyse der Münzmetalle, Statistik der Prägequantitäten und der Zirkulationsbereiche, während geistes- und kunstgeschichtliche Betrachtungsweisen in den Hintergrund treten.

6.2 Die archaische Münze in Griechenland

6.2.1 Die griechische Numismatik beginnt mit der Erfindung der Münze. Als Erfindung der Lyder bezeichnet sie schon Xenophanes (*VS* 21 B 4). Tatsächlich stammen die ältesten Münzen aus dem Gebiet des lydischen Reiches. Sie sind aus Elektron, einer natürlichen Gold-Silber-Legierung, gehören zu einem bestimmten Gewichtssystem, der sog. milesischen Währung, basierend auf einem 'Stater' von 14,4 g, und tragen bereits in frühen Entwicklungsphasen Inschriften in lydischem oder griechischem Alphabet. Die Zuweisung der ältesten Elektronmünze an Griechenstädte Ioniens (Ephesos, Milet, Phokaia) oder an lydische Münzstätten ist noch nicht gesichert.

Griechische Münz- und Gewichtswerte: Kleinste Einheit ist das *Onkion*; 12 *Onkia* bilden einen *Obolos*. Eine andere Kleineinheit ist die *Litra*; 5 *Litren* bzw. 6 *Obolen* bilden eine *Drachme*. Eine doppelte *Drachme* (*Didrachmon*) heißt *Stater*; manchmal besteht ein *Stater* auch aus drei *Drachmen*. Weitere Vielfache der Drachme sind üblich: das *Tetradrachmon* (4 Drachmen) und das *Dekadrachmon* (10 Drachmen). 100 Drachmen bilden eine *Mine* ('Mna'), 60 Minen bilden ein *Talent*. Alle griechischen Hauptwährungen werden in (Silber-)Drachmen ausgedrückt, freilich mit jeweils unterschiedlichem Gewichtsfuß: 1 milesische Drachme wiegt 7,2 g, eine attisch-euböische 4,35 g, eine äginäische 6,2 g und eine phokäische (= *Siklos*) 5,5 g.

6.2.2 Die Münze ist die Endstufe einer langen Entwicklung des Geldes, dessen Frühstufen schon Aristoteles bezeichnet hatte (*Pol.* 1,9,1257a): Tausch – Naturalgeld – Gerätegeld – Rohmetall. Sie trägt im Bild das Zeichen staatlicher Autorität, ist durch Gewicht und Gehalt ('Schrot und Korn') auf bestimmte Werte normiert und durch eine handliche Form zur Zirkulation geeignet. Sie war das ideale Medium des Geldverkehrs, im Großen und im Kleinen, und blieb es bis zur Einführung von Papiergeld und Check um 1800.

6.2.3 Münzschätze legen die Chronologie der Frühphasen einigermaßen fest. Der Basisfund ('foundation deposit') vom ephesischen Artemision enthält alle Stufen der Entwicklung von der bildlosen 'Pille' über Exemplare mit vertieftem Rückseitenquadrat ('quadratum incusum') und geriefelter Vorderseite bis zum Bildträger (Vorderseite: Tierbilder, geometrische Motive, Rückseite: Vertiefung). Das Datum der Vergrabung wird immer noch diskutiert, kann aber kaum später als 620 v. Chr. sein; man kann also die Entstehung der frühesten Münzen spätestens zwischen 650 und 625 v. Chr. ansetzen. Ein Hortfund in einem Gefäß, ebenfalls aus den Gründungsschichten des ephesischen Artemision ('pot hoard'), vertritt eine etwas spätere Entwicklungsstufe, weitere Phasen illustrieren Schatzfunde von Klazomenai und Gordion.

6.2.4 Alle diese Münzen sind in ihren Gewichten als Statere und deren Teilwerte genau fixiert; die Stückelung bis zu einem 96stel Stater (0,15 g) beweist, daß kleine Münzwerte im Kleinhandel benötigt wurden. Die Münzbilder, in einer primitiven, aber entwicklungsfähigen Technik, sind Werke der 'orientalisierenden' Kunst des 7. Jh.s v. Chr. Nur wenige Serien sind typologisch festgelegt wie z. B. die Löwenköpfe der lydischen 1/3 Statere (Abb. 2), ansonsten herrscht die 'freie' Bildwahl einer Experimentierphase vor: menschliche Köpfe, Flügelwesen, Tiere – ganz oder Körperteile –, Rosetten, Swastiken und andere Ornamente. Diese Bilder lassen sich nicht auf Prägestätten festlegen; eine Ausnahme bilden vielleicht die gelagerten Löwen, die Milet zugeschrieben werden, und die Statere und Hemistatere mit der ältesten griechischen Münzinschrift («ΦΑΝΟΣ ΕΜΙ ΣΕΜΑ»), Münzbild grasender Hirsch, wohl von Ephesos (Abb. 1).

6.2.5 Mit der Einführung der Silbermünze schaltet sich das griechische Mutterland in den Geldverkehr ein, allen voran die Insel Aigina, die – nach den Quellen – unter der Herrschaft des Königs Pheidon von Argos ihre Silberstatere mit der Schildkröte (χελώνη) herausgab (Abb. 3). Der äginäische Stater von ca. 12,4 g ist Basis eines Münzfußes, der in weiten Teilen Griechenlands bis ins späte 4. Jh. v. Chr. Hauptwährung blieb. Das Silber bezog Aigina aus den Minen der Inseln (Siphnos, Thasos) und aus dem Pangaion, dem Grenzgebirge zwischen Makedonien und Thrakien.

6.2.6 Bald folgen andere Poleis nach, besonders solche mit ausgreifenden Handelsbeziehungen, wie Korinth, Korkyra und Athen. In Athen wird ein eigener Münzfuß, der sogenannte euböisch-attische geschaffen, basierend auf einer Drachme von 4,35 g, der bis in den späten Hellenismus Gültigkeit haben

Abb. 1. Elektronstater. Grasender Hirsch. Inschrift «Phanos emi sema».
7. Jh. v. Chr. [British Museum]
Abb. 2. Elektron-1/3 Stater, Königreich Lydien. Löwenkopf, Um 600 v. Chr.
[Auktion Münzen und Medaillen AG Basel 81, 1995, Nr. 93, Phot. B. Utinger]
Abb. 3. Aigina. Silberstater. Schildkröte. Um 550 v. Chr. [British Museum]
Abb. 4. Athen. Tetradrachmon (Silber), Athenakopf/«Athe», Eule. Um 530 v. Chr.
[Privatbesitz. Phot. H. Cahn]

sollte. Hauptmünze Athens ist das Tetradrachmon mit dem Athenakopf, auf der Rückseite das Eulenbild und der Stadtname (AΘE), eine Großsilbermünze, die für Jahrhunderte im Geldverkehr dominiert (Abb. 4). Mit dem Athener Tetradrachmon wird ein Modell geschaffen: Das behelmte Haupt der Athena und ihre Eule repräsentieren im Bild den Kult der Schutzgöttin der Stadt. Dieses Modell wird maßgeblich für den religiösen Bildinhalt der archaischen und klassischen Münzprägung, d. h. für die Selbstdarstellung einer Polis.

Von Bedeutung für den täglichen, individuellen Geldverkehr wird in spätarchaischer Zeit die Ausgabe von Kleinmünzen, Teilwerte der Drachme und sogar des Obolos.

6.2.7 Vom Mutterland greift die Silberprägung auf die Inseln und die Griechenstädte Kleinasiens hinüber. Besonders reich und vielgestaltig sind ferner die Silberemissionen in Makedonien und Thrakien, gefördert durch das Edelmetallvorkommen im Pangaion und ausgegeben von Griechenstädten (z. B. Abdera, Akanthos) und von Völkerschaften im halbbarbarischen Hinterland.

6.2.8 Folgenreich ist vor allem das Aufblühen der Silberprägung im griechischen Westen, in den Städten Großgriechenlands und Siziliens. Wohl unter der Führung von Sybaris wird in einer Reihe von Zentren Unteritaliens – Kroton, Metapont, Poseidonia u. a. – eine Koine von talerförmigen Stateren geschaffen. Sie sind einseitig: Die Rückseite gibt das Vorderseitenbild inkus wieder; Bild und Schrift sind einprägsame 'klassische' Formeln von künstlerisch-technischer Perfektion: die Ähre in Metapont (Abb. 6), der Dreifuß in Kroton, der Stier in Sybaris (Abb. 5) usw. Auch wirkt die kolonisatorische Tätigkeit der Stadt Phokaia auf die Münzprägung des Westens: in Hyele (Elea) und im südgallischen Massalia beginnt die Silberprägung nach phokäischem Muster um 530 v. Chr.

5   6

Abb. 5. Sybaris. Silber-Stater (Nommos). Stier/Inkuser Stier. Um 530 v. Chr. [Antikenmuseum Basel und Sammlung Ludwig (Leihgabe) Phot. B. Utinger]
Abb. 6. Metapont. Silber-Stater (Nommos). Ähre/Ähre inkus. Um 520 v. Chr. [Antikenmuseum Basel und Sammlung Ludwig (Leihgabe) Phot. B. Utinger]

6.2.9 Die Chronologie der archaischen Münzprägung kann sich nur auf wenige feste Daten stützen, wie die Zerstörung von Sybaris 510 v. Chr. oder die Deponierung von Silbermünzen (Abdera, Thasos) im Grundstein des Thronsaals von Persepolis (vor 512 v. Chr.); sie ist daher ein weites Feld der Diskussion. Quantum, Rhythmus und historischer Anlaß einer Münzprägung sind große Unbekannte, hinzu kommt als Unsicherheitsfaktor die durch Münzschätze nachweisbare lange Zirkulationsdauer der Münzen. Der Datierung durch den Stil einer Münzserie begegnet die Forschung allgemein mit Mißtrauen, selbst für Athen, wo die Athenaköpfe der Tetradrachmen den Stilstufen anderer Medien entsprechen. Der Verfasser ist seit langem für einen auf das ganze 6. Jh. v. Chr. verteilten Zeitansatz vieler archaischer Prägungen eingetreten, ein Ansatz, der sich mit den Schriftquellen, z. B. Aristoteles (*Ath.Pol.* 10) und Plutarch (*Solon* 15,4), zur Münzreform Solons vereinen läßt, während die Mehrzahl der Numismatiker heute die archaische Münzprägung in die zweite Jahrhunderthälfte, ja in die Jahre 530–500 zusammendrängen möchte.

6.2.10 Am Ende der archaischen Epoche ist das Münzwesen in der ganzen griechischen Welt eingebürgert. Schon früh ist ein hohes künstlerisches Niveau der Stempelschneidekunst erreicht, die sich zwar der gleichen technischen Mittel bedient wie die traditionsreiche Steinschneidekunst, aber von dieser in Stil und Bildinhalt bemerkenswert unabhängig ist. Die Funktion der Münze wird überspielt, Gestaltung und Sinngebung des Münzbildes verwandelt das Geldstück in ein Kunstwerk. In den Göttinnenköpfen der Athener Tetradrachmen manifestiert sich ein Wille zur individuellen Gestaltung mit plastischen Mitteln, der manchmal die Handlichkeit und den Rahmen der Münze sprengt. Die kraftvolle, fast derbe Bilderwelt der nordgriechischen Gepräge bezeugt einen Sonderstil, der sonst kunstgeschichtlich nicht faßbar ist. Dem gegenüber entstehen in östlichen Münzstätten (z. B. Kyzikos, Phokaia, Knidos) zarte und nuancenreiche Götterköpfe und -gestalten entsprechend der subtilen Kunst ostgriechischer Bildhauerschulen. Im Westen beginnt noch gegen Ende des 6. Jh.s v. Chr. Syrakus seine berühmte Tetradrachmenserie mit dem Bild des siegreichen Viergespanns in kompakter plastischer Gestaltung (Abb. 7), im Gegensatz zur graphischen Eleganz der 'inkusen' Statere der großgriechischen Städte.

6.3 Klassisches Münzwesen

6.3.1 Im Zeitalter der Klassik, dem 5. und 4. Jahrhundert, setzten sich als Hauptwährungen die attische und äginäische durch. Gemünzt wird vor allem in Silber. Elektron prägen nur noch die traditionellen östlichen Münzstätten (Kyzikos, Mytilene, Phokaia). Gold tritt sporadisch auf, wohl in Anlehnung an die 'Dareiken' des persischen Großreichs für Zahlungen an Söldner bestimmt. Dazu tritt im späten 5. Jh. die Bronzeprägung (6.3.2).

Abb. 7. Syrakus. Tetradrachmon (Silber). «Syrakosion» Viergespann/ Arethusakopf im Zentrum eines Quadrats. Um 500 v. Chr.
[Antikenmuseum Basel und Sammlung Ludwig (Leihgabe) Phot. B. Utinger]
Abb. 8. Syrakus. Dekadrachmon (Silber). Siegreiches Viergespann, Panoplie/ «Syrakosiōn» – «Euaine» (Signatur), Göttinnenkopf zwischen Delphinen. Um 400 v. Chr.
[Antikenmuseum Basel und Sammlung Ludwig (Leihgabe) Phot. B. Utinger]

6.3.2 Eine einzigartige Blüte erlebt das Münzwesen in Unteritalien und Sizilien. Dort wetteifern die Städte mit bilderreichen Prägungen, Schöpfungen einer virtuosen Stempelschneidekunst. Seit etwa 430 setzen Künstler Signaturen auf ihre Werke und bekunden damit ihre individuellen Ambitionen; einige haben Stempel für verschiedene Städte signiert: Prokles für Naxos und Katane, Phrygillos für Syrakus und Thurioi, Euainetos für Syrakus, Katane und Kamarina. Berühmte Meisterwerke entstehen wie die Dekadrachmen von Akragas und Syrakus (Abb. 8); ihre Bilder verkörpern vielfach Lokalkulte –

Gründerheroen, Flußgötter, Ortsnymphen – und tragen die persönliche Handschrift ihrer Meister. Schon vorher hatten anonyme Künstlerpersönlichkeiten Münzen geschaffen, die auf höchstem Niveau sich an der Erneuerung der Kunst in der frühen Klassik beteiligen, wie etwa das Tetradrachmon der Stadt Naxos um 460 v. Chr. (Abb. 10). Von Sizilien geht ein neuer folgenreicher Trend im Münzwesen mit der Einführung des Bronzegeldes aus. Zum Gebrauch im täglichen Geldverkehr hatte man immer kleinere Teilwerte der Silberdrachmen herausgegeben: diese Münzchen werden nun durch handlichere Bronzemünzen ersetzt, die nicht mehr an ein genaues Gewicht gebunden sind (Abb. 9). Bald wird, unter dem Einfluß Siziliens, das Bronzegeld im Mutterland und im Osten heimisch und ist seit dem Beginn des 4. Jh.s ein wesentliches Element des Geldverkehrs.

Am Ende des 5. Jh.s verstummt die Münzprägung der meisten Griechenstädte Siziliens (außer Syrakus), als Folge der Invasionswelle Karthagos und der Unterwerfung unter die Tyrannis Dionysios' I. (*V 1.9.5*); doch in Unteritalien setzt eine Reihe von Prägestätten die hohe künstlerische Tradition fort. In Tarent wird z. B. ein vorgegebener Münztypus – zwei Heroen, der eine ein Pferd, der andere den Delphin reitend – spielerisch in unzähligen Varianten umgestaltet (Abb. 11); auch hier sind individuelle Graveure faßbar.

Abb. 9. Syrakus. Bronzemünze. Göttinnenkopf/«Syra», Rad und zwei Delphine.
Um 400 v. Chr. [Antikenmuseum Basel und Sammlung Ludwig (Leihgabe)
Phot. B. Utinger]
Abb. 10. Naxos (Sizilien). Tetradrachmon (Silber). Dionysoskopf/
«Naxion», Satyr. Um 460 v. Chr.
[Antikenmuseum Basel und Sammlung Ludwig (Leihgabe) Phot. B. Utinger]
Abb. 11. Tarent. Nommos (Silber). Reiter/Delphinreiter (Phalanthos?),
Um 360 v. Chr. [Auktion Auctiones 27, Basel 1996. Phot. B. Utinger]

6.3.3 Das Gesamtbild der mutterländischen Münzprägung in beiden klassischen Jahrhunderten ist weniger kohärent als im Westen. Die Vorherrschaft von Athen seit den Perserkriegen kommt in der umfangreichen Emission von

Eulentetradrachmen zum Ausdruck, zu denen die Silberminen vom Laureion das Metall liefern. Vollgewichtig und konservativ in Bild und Schrift zirkulieren die γλαῦκες weit über die Grenzen des attischen Imperiums hinaus. Gleichzeitig verbietet ein Münzdekret den im Seebund zusammengeschlossenen Poleis, eigene Münzen zu prägen (*Athenian Tribute Lists* II D 14; Datum umstritten: 449/8 oder um 428?). In den Wirren des Peloponnesischen Krieges muß Athen die Prägung von Tetradrachmen auf Jahre einstellen und kann sie erst nach dessen Ende wieder aufnehmen (siehe auch den Hinweis in Aristophanes' *Fröschen* V. 718–726). Aigina muß die Emission seiner χελῶναι unter dem Druck Athens auf Jahrzehnte aufgeben und nimmt sie erst wieder am Ende des 5. Jh.s auf. Korinth hatte seit archaischer Zeit eine kontinuierliche Serie von Silberstateren herausgegeben (Abb. 12), die bis in hellenistische Zeit weitergeführt wird und besonders im 4. Jh. Sizilien mit Silbergeld beliefert. Diese 'πῶλοι' zeigen auf der Vorderseite den fliegenden Pegasos des Bellerophon, auf der Rückseite das Haupt der Athene im 'korinthischen' Helm.

6.3.4 Neben diesen drei hauptsächlichen Münzserien sind im Mutterland im 5. Jh. die meisten Städteprägungen sporadisch und punktuell, oft auf Kleinmünzen beschränkt. Ausnahmen sind die Statere äginäischer Währung der Städte Böotiens mit dem 'böotischen' Schild als gemeinsamem Vorderseitenbild und die Statere von Elis, der Schutzmacht der olympischen Spiele, mit Zeus, dem Zeusadler und Nike als Münztypen (Abb. 13), zu denen im 4. Jh. Heraköpfe hinzutreten.

6.3.5 In Nordgriechenland setzen die Griechenstädte die archaische Tradition mit bedeutenden, zum Teil bilderreichen Silberprägungen fort: Abdera, Ainos, die Insel Thasos, Mende, Akanthos u. a. Alexander von Makedonien

Abb. 12. Korinth. Stater (Silber). Pegasos/Athenakopf. Um 480 v. Chr.
[Sammlung eines Kunstfreundes (Auktion Zürich 1974) Phot. S. Hurter]
Abb. 13. Elis. Stater (Silber). Adler/«Faleion», Nike. Um 430 v. Chr.
[Sammlung eines Kunstfreundes (Auktion Zürich 1974) Phot. S. Hurter]
Abb. 14. Alexander I. von Makedonien. Oktodrachmon (Silber).
Reiter/«Alexandro» im Quadrat.
Um 470 v. Chr. [British Museum]

(495–450), der 'Philhellene', kreierte eine Königsmünze mit rein griechischem Gepräge und der Nennung seines Namens (Abb. 14). In Abdera wechseln die Rückseitenbilder, ausgewählt von den für die Emission verantwortlichen Magistraten. Am Ende des 5. Jh.s tritt Olynthos als Vorort des chalkidischen Bundes hinzu (*V 1.9.2*).

6.3.6 Eine reichere Münzprägung bringt das Mutterland im 4. Jahrhundert hervor: Schnell verbreitet sich das neue Medium der Bronzeprägung, dazu bekunden neue Serien von Silberstateren das Bedürfnis zur Selbstdarstellung von Poleis und Bündnisgemeinschaften: Megalopolis für den arkadischen Bund, Opus für die Lokrer, Sikyon, Pheneos und Stymphalos in Arkadien, Eretria für den euböischen Bund, die Amphiktyonen in Delphi u. a. Meist stehen diese spätklassischen Werke auf hohem künstlerischem Niveau; oft hat man den Eindruck, daß Meister von Stadt zu Stadt ziehen und in wenigen Stempeln Proben ihrer Gravierkunst ablegen.

6.3.7 König Philipp II. von Makedonien (359–336) schafft mit seinen Φιλιππεῖοι ein Muster für hellenistische Königsprägungen. Zu einer umfangreichen Emission von Goldstateren mit seinem Namen treten Silbertetradrachmen in einem lokalen Münzfuß, stets mit der Inschrift ΦΙΛΙΠΠΟΥ, und Münzbildern, die sich auf das Auftreten des Königs in den olympischen Spielen beziehen (Zeuskopf/makedonischer Reiter oder siegender Ephebe zu Pferd) (Abb. 15). Mit diesen Prägungen ersetzt der nach Großmacht strebende König viele lokale Münzstätten.

6.3.8 Im griechischen Osten hat man den Eindruck, er sei im 5. Jh. dem Mutterland nachgehinkt. Eigenständige Serien sind die Elektronprägungen von Kyzikos, Mytilene und Phokaia mit ihrem bemerkenswerten Bilderreichtum. Für die Elektronstatere von Kyzikos scheint man jedes Jahr ein neues Münzbild entworfen zu haben; konstant ist nur der Thunfisch als Stadtwappen, der auf phantasievolle Weise in das Münzbild eingegliedert wird (Abb. 16). Hier erscheinen die verschiedensten Gestalten der Götter- und Heroenwelt, später auch Bildnisse von Unbekannten (Honoratioren der Stadt?). Neben dem Elektron gibt es relativ beschränkte Silberprägungen auf den Inseln (Samos, Chios, Kos) und in den Griechenstädten der Küste (Abydos, Ephesos, Milet, Knidos).

6.3.9 Auch hier erlebt das Münzwesen im 4. Jahrhundert Aufschwung und Diversifizierung. In zahlreichen Städten setzt die Bronzeprägung ein. Größere Städte bringen Silbertetradrachmen heraus, so z. B. die Neustadt Rhodos, Ephesos, Milet, Kyzikos und Samos. Dazu treten Prägungen der umliegenden meist nicht griechischen Dynastien in Lykien, Phönizien, Zypern sowie einzelner Satrapen des persischen Großreiches, die sich zum Teil im Bild verewigen lassen. Alle diese peripheren Prägeherren gleichen sich im Stil griechischen Mustern an, behalten aber oft ungriechische Bildinhalte (wie der Baal von Tarsos [Abb. 17], der König von Sidon in seinem Wagen) sowie Inschriften im aramäischen oder zyprischen Alphabet. Einige Münzbilder sind sicher von sizilischen Vorbildern angeregt, und es ist denkbar, daß nach der

Schließung der Münzstätten um 400 sizilische Stempelschneider nach Osten auswanderten und Anregungen brachten. So läßt sich wohl ein künstlerischer Höhepunkt erklären: Tetradrachmen von Klazomenai in Ionien mit der stolzen Künstlersignatur ΘΕΟΔΟΤΟΣ ΕΠΟΙΕΙ und dem Haupt des Apollon in Vorderansicht (Abb. 18).

Abb. 15. Philipp II. von Makedonien. Tetradrachmon (Silber).
Zeuskopf/«Philippou», Reiter.
Um 340 v. Chr. [Sammlung eines Kunstfreundes (Auktion Zürich 1974)
Phot. S. Hurter]
Abb. 16. Kyzikos. Elektronstater. Persischer Bogenschütze, darunter Thunfisch.
Um 370 v. Chr.
[Sammlung eines Kunstfreundes (Auktion Zürich 1974) Phot. S. Hurter]
Abb. 17. Tarsos. Mazaios (Satrap). Stater (Silber). Thronender Baaltars/
Löwe fällt Stier an, aramäische Inschriften. Um 340 v. Chr.
[Auktion Auctiones 27, Basel 1996. Phot. B. Utinger]
Abb. 18. Klazomenai. Tetradrachmon (Silber) «Theodotos epoiei». Apollonkopf/
«Klazo-Mandronax (Magistratsname)», Schwan. Um 370 v. Chr. [British Museum]

6.4 Hellenismus

6.4.1 Was Philipp II. begann, hat Alexander d. Gr. fort- und durchgesetzt: eine einheitliche Münzprägung im Namen des Königs, in Gold, Silber und Bronze. Goldstatere mit Athenakopf/Nike (Abb. 19), Tetradrachmen und Drachmen mit Herakleskopf/thronender Zeus Aëtophoros (Abb. 20) sind die Hauptnominale. Wohl noch kurz vor Alexanders Tod erhält der Herakleskopf Bildniszüge des Königs; dem Namen auf der Rückseite wird der Titel Βασιλέως angefügt. Überall auf seinem Zug schließt Alexander lokale Münzstätten und führt seine Einheitsmünze ein. Das Modell des Alexandertetradrachmons wird noch Jahrhunderte nach seinem Tod nachgeprägt, besonders in kleinasiatischen Münzstätten, und von außergriechischen Völkerschaften imitiert.

6.4.2 Die erste Generation der Nachfolger Alexanders greift das Vorbild der Alexanderprägung auf und kreiert Königsmünzen als Prototypen langer Reihen, die zum Teil bis zum Ende des Hellenismus weitergeführt werden. Nach Annahme des Königstitels (306) setzt der Dynastiegründer Ptolemaios I. Soter sein Bildnis auf die Gold- und Silbermünzen. Königsporträts dieser Zeit werden noch mit göttlichen Attributen geschmückt, Ptolemaios mit der Aegis (Rückseite Zeusadler auf Blitz [Abb. 21], Vorbild des römischen Adlers); sein Bild bleibt auf den Tetradrachmen bis zum Ende der Ptolemäerherrschaft konstant, während in der umfangreichen Goldprägung die Bildnisse der herrschenden Ptolemäerkönige und vor allem auch deren Gemahlinnen erscheinen.

Abb. 19. Alexander d. Gr. Goldstater. Athenakopf/«Alexandrou Basileōs», Nike. Um 325 v. Chr. [Sammlung eines Kunstfreundes (Auktion Zürich 1974) Phot. S. Hurter]
Abb. 20. Alexander d. Gr. Tetradrachmon (Silber), Memphis.
Herakleskopf mit Bildniszügen Alexanders/
«Alexandrou», thronender Zeus Aëtophoros, Rose. Um 325 v. Chr.
[Katalog 600 der Münzen und Medaillen AG Basel. Phot. B. Utinger]
Abb. 21. Ptolemaios I. Soter von Ägypten, 306–285. Tetradrachmon (Silber).
Königsbildnis/«Ptolemaiou Basileōs», Adler auf Blitz [British Museum]

6.4.3 Demetrios Poliorketes, Zeitgenosse und Gegner des Ptolemaios I. (*V 2.4.1*), propagiert auf seinen vielerorts geprägten Münzen Ambitionen der Seeherrschaft: Seine Tetradrachmen mit der tubablasenden Nike auf erobertem Schiff und dem dreizackschleudernden Poseidon verkünden als neue Konzeption eine geschichtliche Sendung (Abb. 22). Das Bildnis des Demetrios trägt ein Stierhorn und verkörpert damit sein 'Gottkönigtum'.

6.4.4 Lysimachos, der Nachfolger Alexanders in den Nordregionen und Kleinasien (*V 2.4.1–2*) setzt kein eigenes Porträt auf seine Gold- und Silbermünzen verschiedenster Münzstätten, sondern das Bildnis Alexanders mit dem Ammonshorn (Abb. 23): Es wird das maßgebliche Alexanderbildnis bis in die Römerzeit. Die Attaliden berufen sich auf den Dynastiegründer Philetairos, sein Name und Bildnis erscheint auf ihren Tetradrachmen bis zum letzten König von Pergamon, Eumenes III.

Abb. 22. Demetrios Poliorketes, 306–283. Tetradrachmon (Silber), Salamis auf Zypern.
Nike auf Schiffsprora/«Demetriou Basileōs», Poseidon.
[Sammlung eines Kunstfreundes (Auktion Zürich 1974) Phot. S. Hurter]
Abb. 23. Lysimachos von Thrakien, 306–281. Tetradrachmon (Silber),
Magnesia am Mäander. Bildnis Alexanders d. Gr. mit Ammonshorn/
«Basileōs Lysimachou», Athena Nikephoros thronend.
[Auktion Auctiones 27, Basel 1996. Phot. B. Utinger]

6.4.5 Das syrische Großreich der Seleukiden verteilte seine Münzprägung auf viele Münzstätten; hier wird das Bildnis des regierenden Königs die Regel bis zum Ende der Seleukidenherrschaft im 1. Jh. Auch in den seit dem 3. Jh. entstehenden Nachfolgereichen in Pontos, Bithynien, Kappadokien, Persien (Partherreich) und bei den späteren Antigoniden in Nordgriechenland werden Münzserien herausgegeben, die meist das Königsbildnis auf der Vorderseite und eine Schutzgottheit mit Namen und Titel des Königs auf der Rückseite tragen. Das östlichste hellenistische Reich griechischer Kultur, Baktrien, beeindruckt durch eine besonders originelle Münzserie von Königen und Königinnen, deren Namen meistens nur durch die Münzen überliefert sind (Abb. 24).

6.4.6 Zwar sind die Königsmünzen des Hellenismus tonangebend, mit ihnen wetteifern aber autonome Städteprägungen. Städte Kleinasiens bringen im 2. Jh. v. Chr. Tetradrachmen auf breitem Schrötling heraus mit Götterköpfen auf der Vorderseite, auf der Rückseite Gestalten oder Symbole der Lokalkulte in einem Kranz, die sog. στεφανηφόροι: Kyme, Myrhina, Magnesia, Herakleia

Abb. 24. Eukratides von Baktrien, 170–145. Tetradrachmon (Silber).
Behelmte Königsbüste/«Basileōs Megalou Eukratidou», reitende Dioskuren.
[Auktion Auctiones 27, Basel 1967. Phot. B. Utinger]
Abb. 25. Pergamon. Cistophor (Silber). 'Cista mystica' in Efeukranz/
Stadtmonogramm, Bogentasche zwischen zwei Schlangen. Um 150 v. Chr. [British Museum]

(Latmos), Smyrna u. a. Das Attalidenreich kreiert neben seinen Tetradrachmen mit dem Philetairos-Bildnis den 'Cistophor': eine Silbermünze zu 3 Drachmen mit Symbolen der Dionysosmysterien von Pergamon ('Cista mystica' mit Schlange/Bogentasche zwischen zwei Schlangen [Abb. 25]). Der Cistophor wird im 2. Jh. die gängige Silbermünze in Kleinasien, um dann von den Römern übernommen zu werden.

6.4.7 In den Königreichen und in den Städten sorgt daneben eine intensive Prägetätigkeit von Klein- und Bronzemünzen für den täglichen Geldverkehr. In Griechenland bringen die Städtebünde Emissionen von Kleinsilber hervor: die Epiroten, Thessaler, Aetoler, Böoter, der achäische Bund. Athen erneuert seine Führung mit den 'New Style'-Tetradrachmen auf breitem Schrötling (Athenakopf/Eule auf Amphora), auf denen die Magistrate in der Rückseiteninschrift genannt werden (Abb. 26).

6.4.8 Im frühen Hellenismus haben drei Könige der Westreiche Münzen in ihrem Namen geschlagen: Pyrrhos, in Syrakus Agathokles und Hieron II. Nur Hieron erscheint mit seinem Bildnis. In Sizilien hat neben Syrakus nur noch die Münzstätte Akragas Bedeutung, abgesehen von den punischen Münzen, die seit dem 4. Jh. teils auf der Insel, teils in Karthago geprägt worden waren und griechischen Stil mit punischen Münzinschriften verbinden.

6.4.9 In den Griechenstädten Unteritaliens verläuft der Übergang zum Hellenismus ohne merkliche Zäsur, doch erlahmen die künstlerischen Impulse. Rom beginnt erst jetzt, im 3. Jh., eine Münzprägung in eigenem Namen, mit lateinischen Inschriften, Nummi (Didrachmen), die sich dem Charakter der großgriechischen Münzen in Stil und Bild anpassen.

Abb. 26. Athen. 'New Style'-Tetradrachmon (Silber). Büste der Athena Parthenos/ «Athe»/Zwei Magistratsnamen, Eule auf Amphora in Olivenkranz.
Um 140 v. Chr. [Katalog 598 der Münzen und Medaillen AG Basel. Phot. B. Utinger]
Abb. 27. Donaukelten. Stater (Silber), Nachahmung der Tetradrachmen Philipps II. (Abb. 15). Zeuskopf/Reiter. 3./2. Jh. v. Chr. [Auktion 73 der Münzen und Medaillen AG Basel. Phot. B. Utinger]

6.4.10 Über das weitere, im allgemeinen schonende Eingreifen Roms in die Welt des hellenistischen Münzwesens ist im Kapitel römische Numismatik (*LAT X 3*) zu lesen. Dieser historische Vorgang findet erst unter der Herrschaft der ersten Kaiser sein Ende. Im Rahmen dieser Darstellung können die kaiserzeitlichen Prägungen der Städte in den Balkanländern, in Griechenland, in Kleinasien, in den weiteren Provinzen des vorderen Orients, in Alexandria – die sogenannten 'Greek Imperials' – nicht vorgestellt werden; in den Werken über griechische Numismatik werden sie meist mitbehandelt, sind aber ein Kapitel des römischen Münzwesens.

6.4.11 Am Ende des Hellenismus ist die Münze in weiten Außengebieten der griechischen Welt eingeführt: Bei den keltischen Völkerschaften in Gallien und den Donauländern (Abb. 27), bei den Skythen, in Indien, in Südarabien, in Nordafrika und in Spanien. Überall ist die griechische Münze Vorbild; sie wird aber weniger oder mehr umgestaltet. Die frühere Forschung sprach von 'barbarischer Imitation', heute ist man mehr geneigt, in diesen Umgestaltungen einen eigenen Formwillen zu erkennen.

6.4.12 Über die Kunst der hellenistischen Münze wäre ein langes Kapitel zu schreiben. In den ersten Generationen bis zur Mitte des 3. Jh.s wird mit den Königsbildnissen etwas Neues geschaffen, das bis in die römische Kaiserzeit nachwirken wird. Aber die Münze war als künstlerisches Medium nicht geeignet, um das Neue der hellenistischen Kunst auszugestalten. Auf der Münze ließ sich weder das neue Raumgefühl verkörpern, noch konnte sie vom Inhalt her die Verspieltheit der Kleinkunst, das 'Rokoko', wiedergeben. Das Pathos der frühhellenistischen Münzkunst läßt bald nach. An die Stelle tritt ein verflachender Klassizismus, der bald in schematische Routine übergeht. Die Botschaft des Münzbildes wird plakativ. Wenn die thronende Athena auf den pergamenischen Tetradrachmen den Namen des Philetairos bekränzt, wenn Arsinoë, die Gattin des zweiten Ptolemaios ein Füllhorn auf ihre großen Goldmünzen setzt, wenn die baktrischen Könige als triumphierende Kämpfer erscheinen, so wird ein neuer Esprit propagiert, der sich weit von der Götterwelt der klassischen Münze entfernt. Rom ist von diesem Esprit noch in der Republik angeregt worden, hat ihn aber in eine präzisere, aktuelle politische Botschaft umgemünzt.

Literaturhinweise

Handbücher: C. M. Kraay, *Archaic and Classical Greek Coins* (London 1976); Maria R.-Alföldi, *Antike Numismatik* (Mainz 1978); O. Mørkholm, *Early Hellenistic Coinage* (Cambridge 1991).

Bildbände: P. R. Franke – M. Hirmer, *Die griechische Münze* (München ²1972); *Sylloge Nummorum Graecorum* (= *SNG*): Reihenpublikationen verschiedener Länder seit 1931, besonders umfangreich Dänemark (Kopenhagen), Deutschland (München, Tübingen), Italien (Mailand), England (Cambridge, London, Oxford), Frankreich (Paris), Österreich (Klagenfurt), Schweiz (Bern), Ungarn (Budapest), USA (American Numismatic Society), Privatsammlungen (v. Aulock, Lloyd, Lockett).

Forschungsberichte: *A Survey of Numismatic Research* 1966–1971 (erschienen 1973), 1972–1977 (1979), 1978–1984 (1986), 1985–1990 (1991); der *Survey* 1991–1995 erscheint zum Internationalen Numismatischen Kongreß Berlin September 1997.

Münzfunde: M. Thompson, O. Mørkholm, C. M. Kraay, *An Inventory of Greek Coin Hoards* (New York 1973).

Forschungsgeschichte: E. Babelon, *Traité de numismatique grecque et romaine* I (Paris 1901).

Zeitschriften (Auswahl): *American Journal of Numismatics* (New York, früher *ANS Museum Notes*); *Coin Hoards* (London); *Jahrbuch für Numismatik und Geldgeschichte* (München); *Numismatic Chronicle* (London); *Numismatica e archeologia classica* (*Quaderni Ticinesi*; Lugano); *Numismatische Zeitschrift* (Wien); *Revue belge de numismatique* (Brüssel); *Revue numismatique* (Paris); *Rivista italiana di numismatica* (Mailand); *Schweizer Münzblätter* (Winterthur); *Schweizerische Numismatische Rundschau* (Zürich).

Seit 1990 erschienene Monographien: Ann Johnston, *The Coinage of Metapontum* 3 (New York 1990); Catherine C. Lorber, *Amphipolis* (Los Angeles 1990); R. T. Williams, *The Silver Coinage of Velia* (London 1992); Maria C. Caltabiano, *La monetazione di Messana* (Berlin 1993); Christine Heipp-Tamer, *Die Münzprägung der lykischen Stadt Phaselis in griechischer Zeit* (Saarbrücken 1993).

Namen- und Sachregister

α impurum 154
α purum 144. 153
Abai 492; Abanten 370
Abaris 179
ἄβατον 466
Abdera: Münzen 697. 700f.
Abecedarius 306. 307
'Aberglaube' 459
Abklatsch 80
Abkürzungen auf Inschriften 73
Abschreibefehler 45. 92f. 95. 100. 101
Abschreiber: s. Kopisten
Abschrift 45. 47. 53. 92. 106; erste Abschriften 50; Korrektur 51
Abstrakta als Gottheiten 499
Abydos: Münzen 701
accessus ad auctores 102
Accius und Euripides 230
Achäer und Mykene 366
Achäisch 145; achäische Frühphase epischer Dichtung? 149
Achämeniden(reich) 384. 385. 388. 391. 395. 397. 404. 406. 407. 408. 423
Achaia 371; röm. Provinz 425
Achäischer Bund **413**. 414; in der Kaiserzeit 425
Achaios von Eretria 230. 231
Acheloos (Flußgott) 499
Achill 149. 174. 175. 259; als Kultheros 481; und Initiationsriten 483; bei Aischylos 225; A. und Alexander d. Gr. 407; mit Christus gleichgesetzt 305; Ἀχιλληΐς (byz.) 340
Achilleus Tatios **276f.**; mit Heliodor verglichen 110
Achtsilber 321
Acta Sanctorum 318
Actium (Schlacht) 417. 418; Siegesmonument **661f.**
Adamantiosdialog 301
Adel: Adelskultur 368, -ethik 369; Adelsherrschaft 368f.; Adelsgeschlechter 367. 368. 369, -parteien 373, und Tyrannis 374; in Sparta 378, in Athen 380; adlige Koloniegründer 373, Priestergeschlechter 474; s. auch Aristokratie
ἀδιάφορα 550

Adonis 500; bei Theokrit 265
adoratio 437
Adrianopel (Schlacht) 449
Adyton 607. 631. 632
Ägypten 379. 388. 391. 392. 406. 408. 411; geschichtl. Perioden 66; antiptol. Aufstände 66. 416; in der Kaiserzeit **432–434**, Spätantike 441. 450; Wirtschaft 66f.; astronom. Studien 570; kaiserzeitl. Porträtkunst 674
ägyptische Einflüsse: auf griech. Philosophie 508; auf griech. Plastik 594. 596. 600; auf Kuroi 603; auf Koren 603; auf Tempelbau 596. 607
ägypt. Religion von Anaxandrides verspottet 240
Aelian von Rom/Praeneste **278**. 578; Briefe 279; philosoph. Schriften 284
Ämterkauf 441
Aeneas 259. 481; s. auch Aineias
Äolisch 144. 145. 146. 172; als literar. Dialekt 147. 153; in homer. Sprache 148. 149; bei Hesiod 150; in der Chorlyrik 153, Pindar 190; in der Monodie 184; in der Tragödie 153f.; bei Erinna 243
äolische Basis 360. 361
äolische Metrik 152. **360–362**
Äsop **193**. 207; und Babrios 287; von Ignatios Diakonos paraphrasiert 330; s. auch Fabel
Äsop-Roman 193
Aëtius 449. 451
Affekte: bei Platon und Aristoteles 540; bei Epikur 543
ἀγάλματα 470
Agamemnon 149, und Mykene 365; bei Aischylos 225
Agapetos 325
Agatharchos von Samos 214. 610
Agathias von Myrina 316. **324**; *Kyklos* 316. 324. 325; und Menandros Protektor 325
Agathokles von Syrakus **412**; Münzen 705
Agathon 216. 228. **231**. 246
Agesilaos 397. 407; und Xenophon 211
ἀγγαρεία 424
agentes in rebus 439
Agiaden 377

ἅγιος **459**
Agis III. 407
ἁγνός **459**. 464; ἁγναὶ θεαί 459
Agon: bei Festen 485; in der Komödie 197. 232; bei Euripides 230; dramatische A. 197f.; s. auch dithyrambische, gymnische, musische, Theateragone
Agonistik: inschriftl. Zeugnisse 77; in der Kaiserzeit 421
agraphon 5
Rudolf Agricola 120
Agrionia 484
ἀγύρται 476
Ahiqar: von Demokrit übersetzt 202; *Ahiqar-Roman* 193
Ai Khanum (= Alexandria am Oxus?) 637; Königspalast 642
Aiakiden 371. 407. 412. 414
Aias bei Sophokles 229
Aidesios 296
Aigai (= Vergina) 403
Aigina 189; Aphaiatempel 608. **614**; Münzen 695. 700; äginäischer Münzfuß 695. 698. 700
Aigospotamoi (Schlacht) **396**. 611
Aineias von Gaza **310**
Aineias von Stymphalos 214
Aineias Taktikos 214
Ainesidemos **554**
Aischines (Redner) 220. **221f.**; 'Begründer' der Zweiten Sophistik 270
Aischines von Sphettos 204
Aischrologie 199. 233. 237. 238. 239
Aischylos 198. **224–226**. 227. 231; *Perser* 223; *Schutzflehende* 223; Epigramme? 244; Sprache 228; Metrik 349. 351, lyr. 355. 356. 357. 358. 359; Einfluß auf Bakchylides 189; ahmt Phrynichos nach 198; parodiert von Epicharm 199, in der Alten Komödie 236. 238, von Sopatros 242; bei Pherekrates 235; bei Aristophanes 238; Söhne 231; Wiederaufführungen 623; 'Staatstext' 219; Papyri 64. 127; Erstdruck 120; in der Philologie: G. Hermann 125, Droysen 126, Wilamowitz 128, Fraenkel 130
Aithiopis (kykl.) 176. 177
aitiologische Dichtung 243. 249. 258. 260. 261. 262. 263

aitiologische Mythen 480. **481f.**
aitolischer Bund 409. 410. 412. 413. 414. 417
Aizanoi, Zeustempel 668
Akademie (plat.) 205. **206**. 523. **530f.**; und Chrysipp 547
Akanthos: Münzen 700
Akathistos Hymnos 326
Akklamationen auf Inschriften 77f.
Akontios und Kydippe 79. 262
Akragas 372. 375. 386. 399; und die Entstehung der Rhetorik 216; Riesentempel 608; Münzen 698. 705
Akropolis (typ.): Hauptort für Stadtgottheiten 466; s. auch Athen
Georgios Akropolites 337f.
Akrostichon 249. 326. 327
'Akt-Einteilung': in der Tragödie 223. 251f.; in der Komödie 253
Akusilaos von Argos 195
Akzente (schriftl.) 39. 40f. 50. 99. 108; von Aristophanes von Byz. erfunden 93
Akzent: dynamisch / musikalisch **345**; Akzententwicklung 157. 294. 306
Al Mina 367. 370
Alalia 376
Alarich 450
Albinos 531f.
Alchemie: s. Chemie
Aldus Manutius 24. 119f.
Alexander von Aphrodisias 533; erklärt den Titel der arist. *Metaphysik* 534
Alexander von Kotyaion zum Herodottext 101
Alexander von Lykopolis 296
Alexander I. von Makedonien 403; Münzen 700f.
Alexander (III.) d. Gr. 212. 220. 221. 251. 264. 267. 402. 404. 405. **406–410**. 411. 413. 532. 574. 611; von Choirilos von Iasos gefeiert 243; bei Arrian 280; 'Briefe' 383; *imitatio Alexandri* 407. 412. 416; Alexanderkult 410; Alexanderporträt 617. 644f. 647; Münzen 702
Alexander (IV.) 410
Alexander der Molosser 400. 406. 412
Alexander Peloplaton 272
Alexanderdichtung 243. 286
Alexanderhistoriker **212**. 407

Alexandermosaik 628. 656
Alexanderpropaganda 407
Alexander-Roman **283**. 340
Alexandersarkophag 610. 652
Alexandria: Gründung **408**. 415. 433. 636; Museion 12. 89. 91. 99. 207. 249. 255, Bibliothek 13. 89f. 207. 249, Königspalast 642, Alexander-Grab 410, spätantike (?) Gräber 689; Ort der Dichtung 246; wiss. u. philos. Zentrum 309; Geometrie 569, Astronomie 570f., Medizin 579, Platonismus 531; jüdische Kultur 99. 287; christl. Zentrum 99. 291. 447; christl. *Didaskaleion* 14. 99. 305; Terrakotta-Statuetten 655
alexandrinische ...: s. auch hellenistische ...
alexandrinische Dichter und Hipponax 181; Kallimachos' Einfluß 250; Tragödie 250f.
alexandrinische Grammatiker: Prinzipien 90f. 96; Methodik 96; Studien zu Homer 46. 96. 173, zum Kyklos 177, zur Lyrik 180. 184, Anakreon 185, Stesichoros 186, Ibykos 187, Pindar 189; zur Metrik 344 (vernachlässigen das musik. Element 353); zur Theatergeschichte 223, Euripides 230, Aristophanes 239; zu Herodot 208, Leistung für die Textüberlieferung 25. 64
Alexios, Σπανέας 337
Alexis 11. **240**; als Dichter der Neuen Komödie 252
alkäische Strophe 184. **361**
Alkaios **184f.** 374; Metrik 357. **361**; Sprache 152. 153; auf Papyros 62. 127
Alkamenes 620
Alkestis-Gedicht 63
Alkibiades **394f.** 396. 610; bei Thukydides 48; und Sokrates 204; bei Eupolis 235
Alkidamas von Elaia 216. **222**; *Museion* 88
'Alkinoos', Διδασκαλικός 532
Alkiphron **279**
Alkmaion von Kroton 194
Alkmaioniden 192. 380. 382. 383. 389. 613
Alkman 62. 127. 184. **186**. 191. 353. 378; Sprache 153; Metrik 352. 354. 355. 357. 358
Alkmeoniden: s. Alkmaioniden

Alkmeonis (kykl.) 176
Allegorie: bei Alkaios 185, Prodikos 202, Kratinos 234; *Cebetis tabula* 284
allegorische Deutung 87f. 175. 194. 213; der Bibel 99. 100. 288. 292. 304; bei Julian 297. 305
'Allegro-Formen': 164
Alphabet 73. 172. **367f.**; alt-attisches Alphabet 92f.
Altar 459. 460f. 465. **467**. 472. 606. 607; Monumentalaltäre 641. 662, plastischer Schmuck 650f.
Altarflucht 467
Alte Komödie: s. Komödie
Altertumswissenschaft: Konzeption Wolfs 125, Böckhs 125; A. und Philologie 132
Altes Testament (AT): s. Bibel
Amasis (Pharao) 378
Amasis (Maler) 598
Amazonensarkophag (Wien) 652
Amazonomachie 632. 645. 650. 652
Ameipsias 236; über Sokrates 523
Ammianus Marcellinus 294. 298
Ammonios (Lehrer Plutarchs) 531
Ammonios Sakkas 555
Ammonios Hermeiu 309. 533. 559
Ammonios (Johannes-Kommentator) 101
Amphiaraos: Orakelheiligtum 492, divinat. Methode 493
Amphiktyonie (delph.) **373**. 399. 405
Amphilochios von Ikonion 308
Amphipolis 209. 212. 413; (Schlacht 422) 394
Amphitheater 666
Amyklai 365. 377
An Diognet 291
Anabasis der 'Zehntausend' 397. 400
Anacharsis: Erfinder der Töpferscheibe? 97; bei Lukian 275; Anarcharsis-Briefe 279
Anachronismus 97. 123
Anaklasis 357. 362
Anakreon von Teos 184. **185**. 189. 203. 266; Sprache 153; Metrik 355. 356. 357. 361. 362
Anakreonteen (Verse) 97. 312. 326. 332. 333. **357**; Entwicklung zu Achtsilbern 321
anakreontische Gedichte 185. **287**. 312. 327. 330

Anaktoron 473. 494
Analogieschluß 562
'Analytiker' in der Homerforschung 125. 173f.
ἀνάμνησις 528
Ananios **182**. 199; Metrik 351
ἀνάγκη: bei Parmenides 514, Empedokles 516f., den Atomisten 565
Anapäste 199. 248. 287. 306. 307. 321; lyr. **354f.**: 'anapästischer' Versanfang 349; 'zerrissener Anapäst' 350; s. auch Klageanapäste, Marschanapäste, Tetrameter
Anastasios Traulos 332
Anastasius (Kaiser) 438. 444. 445. 452
Anastasius Bibliothecarius 329
ἀναθήματα 469
Anatomie 579. 580
ἄναξ 140. 367
Anaxagoras **201**. **517f.**; Analogieschluß 562; über Sonne und Mond 564. 571; Erdvorstellung 564; Sprache 154. 156; A. und Demokrit 519, Sophokles 227, Euripides 228, Sokrates 204. 237, Thukydides 209. 210, die Medizin 215
Anaxandrides **240**
Anaxarchos von Abdera 202. 552
Anaximander 193f. 201. 507. **508f.** 562. 570; Weltkarte 195. 564; Erdvorstellung 564
Anaximenes von Lampsakos 207. 212. 222. 243
Anaximenes von Milet 193f. **509**. 562. 563; Erdvorstellung 564; zur Fixsternsphäre 572
Anceps 343. 346. 360
Ancyra: Kaiserkulttempel, *Monumentum Ancyranum* 662
Andania: Mysterienkult 476. 494
Andokides **217**
Andreas von Kreta **327f.**
Michael Andreopulos 336
Andronikos von Rhodos und die Aristoteles-Schriften 532f., *Metaphysik* 534
Androtion 218; Atthidograph 213; Autor der *Hellenika von Oxyrhynchos*? 212
Anekdotenliteratur 248. 255
Angelitos-Athena 616
anikonische Kultbilder 469
annona (Hauptsteuer) 439. 442

anonyme Dichtung **191f.**
Anonymus De Sublimitate: s. Pseudo-Longin
Anonymus Iamblichi 203
Anonymus Londinensis 207
Anthesterien 484. 486
Anthologia Palatina: 26. **266**. 312. **316**; von Planudes ergänzt 18; Philodem-Epigramme 545; Epigramme von Inschriften 75; christl. Epigramme 314; s. auch *Griechische Anthologie*
Anthologia Planudea 24. 26. 317
Anthologie: s. Florilegien
Anthropologie und Philologie 132; Beiträge zur Religionswiss. 457
Anthropomorphismus der griech. Götter **495f.** 499, von Xenophanes kritisiert 509f.; in der Kunst 597
Antigoniden: Förderer von Dichtung 246
Antigonos Doson 414. 415
Antigonos Gonatas 413
Antigonos von Karystos 128
Antigonos Monophthalmos **411**. 413
Antikythera, Schiffswrack von 672; 'Jüngling von Antikythera' 614
Antilochos (Ep.) 243
Antimachos von Kolophon: Epiker **243**; Elegiker 243. **244**, *Lyde* 246. 261 (Quelle für Apollonios 258); Homerstudien 88. 173. 243. 244
Antimachos von Teos 177
Antinoë: spätant. Textilarbeiten 692
Antinoos-Enkomion 299; A.-Hymnos 287
Antiochia am Orontes 415. 637; Kaiserzeit 423. 429; Spätantike **442**; Säulenaufstand 295; Entstehungsort des Codex? 9; kirchl. Zentrum 447; antiochenische 'Schule' 100. 305 (und Jamblich 296); Bibliothek 250; Mosaiken 690; Tyche-Statue 637
Antiochos von Askalon 531. 554
Antiochos Hierax 415
Antiochos I. (Seleuk.) 213. 412. 413. 414
Antiochos II. (Seleuk.) 213. 414. 415. 643; auf dem Sarkophag von Belevi dargestellt? 654
Antiochos III. (Seleuk.) 250. **415f.** 417
Antiochos VII. (Seleuk.) 417
Antiochos I. von Kommagene: Grabanlage 638. 643f. 654; Inschriften 75

Antiochos von Syrakus 213
Antiochoskrieg 417
Antipatros (Maked.) 220. 409. 410. 411
Antipatros von Tarsos (Sto.) 547. 551; Telos-Formel 550
Antiphanes (Kom.) **239f.**
Antiphon von Rhamnus (?) **203**. **217**; Sprache 155; und Thukydides 209
Antiphon (Sophist) 520. **521f.**; mit dem Redner identisch? 522
antirömische Tendenzen im kaiserzeitl. Osten 424. 433f.
Antisokratiker: Werke 204
Antisthenes von Athen 204f. 216. 523
Antonius Diogenes **276**
Anyte von Tegea 256
Aöden 149. 172. 174. 478
Aorist mit Perfekt verwechselt 159
Apameia, Friede von 417
ἀπάρχεσθαι 461; ἀπαρχή 463. 601
Apaturia 483. 484. **487**. 488
ἄπειρον 508
Apelles 627
Apellikon von Teos 533
Aphareus 232
Aphrodisias: Bildhauerwerkstätten 655. 672; Kaiserkultanlage 663
Aphrodite 175. 176. 185. 259. 260. 496. 497. 498; stammt aus dem Osten 500; A. von Paphos 469; A. von Knidos **623**. 624; auf 'Kertscher' Vasen 629; in der hellenist. Plastik 645
Aphthonios 295
Apion 288
ἀπό in der Koine 158
Apographa 24. 25. 54
apokalyptische Literatur **290**
Apokope 151
Apokrota 287
apokryphe Schriften 289
Apol(l)inari(o)s von Laodikeia **307**; Dialoge 301; und Porphyrios 304
Apologetik 288. 290. **291**. **304**
Apologien des Sokrates 204. 211
Apollodor von Athen 129. 299; ediert Epicharm 199; erkennt Pseudepicharmea 200; s. auch Pseudo-Apollodor
Apollodoros (Kom.) 252. 253
Apollodoros (Redner) 220
Apollodor von Damaskus, *Poliorcetica* 581
Apollon 176. 179. 180. 182. 186. 190. 227. 241. 261. 464. 467. 469. 496. 498; Orakel 465. 492. 493; Reiniger 493; Heiler 493; bei Kallimachos 265; bei Oinomaos v. Gadara 284; A. ἀγυιεύς 469; A. 'Ἀποτρόπαιος 497; A. Καρνεῖος 186; A. Μουσαγέτης 499; A. Παιάν 493. 497; A. Πατρῷος 489; A. Προπύλαιος 497; A. Πύθιος 497; A. 'Sauroktonos' **624**; A. von Daphne 645
Apollonios Dyskolos **98**
Apollonios von Perge (Mathem.) 570; Planetenbahnen 571f.
Apollonios Rhodios 130. 249. **258f.** 478; und Theokrit 256, Kallimachos 258, Roman 276; Geographisches 263; Sprache 259; Korrekturbeiträge der Papyri 64
Apollonios von Tyana 285; Briefe 279; bei Philostrat 283; und Jesus 304
Apollonios-Roman 340
Apophthegmata Patrum: und Johannes Klimax 327
Apostel-Briefe 289
Apostelgeschichte 289
Apostelakten 289
Michael Apostoles 21. 23
apotropäische Riten 460. 465
Apoxyomenos **622**
Appian von Alexandria **280f.**
ἀπρεπές, ἀπρέπεια 90f.
Apsines von Gadara 271
Apuleius 276; *De Platone et eius dogmate* 532
Apulien: Vasenmalerei 629; Präsenz des Griechischen 19; Handschriftenproduktion 21
Aquila (Bibel-Übersetzer) 99
Arabien 409; Araber 428. 453. 679; Arabienhandel 433
Aramäisch 428. 430
ἀράομαι 463
Araros 237
Arat von Sikyon 413. 414; Plutarch-Biographie 282
Arat von Soloi: *Phainomena* **263f.**; und Eudoxos 572; Urteil des Hipparch 94f.; von Planudes korrigiert 113
Arbeitslieder 192
Arbeitsweise antiker Autoren 3

Archäologie durch Epigraphik ergänzt 79; zu Troja 174; s. auch Ausgrabungen
archaische Epoche / archaische Phase (Kunst) 586. **597–608**
archaische Wortformen: Entstellung 51; im Myk. 137–140; Hesiod u. homer. Hymnen 150
Archaische Zeit 174. 209. 463. 465. 471. 472. 481. 485. 492; Abgrenzung 586; archaische Literatur, Kennzeichen 171 f.
archaisierende Tendenzen 65. 98. 104. 162. 255; in der klass. Kunst **619 f.**; in der hellenist. Kunst 654 f.; in Byzanz 320. 329. 334. 335. 339
ἀρχή (philos.) 508. 562
Archelaos von Milet/Athen 201; und Sokrates 204, Euripides 228
Archelaos von Makedonien 228. 231. 403; fördert Dichtung 246
Archelaosakten 301. 304
Archestratos von Gela **245**
Archetypus 26. 28. **55**. 63
Archidamischer Krieg 392
Archidamos III. 400
Archilochos 62. 152. **181**. 188. 192; Sprache 151 f. 153; Metrik 349. 351. 352; 'Elegie an Perikles' 182; Fabeln 193; und Kratinos 233. 234; inschriftl. Zeugnisse 75 f.
Archimedes: als Dichter 263; als Mathematiker **569 f.**; und die Zahl π 568. 570; 'archimedische Spirale' 570; zu Statik und Hydrostatik 581
Archippos (Kom.) **236**
Archippos (Pythag.) 194
Architektur: geometr. Epoche 592; orientalis. Epoche 596 f.; archaische Epoche 605–608; klass. Zeit 630–634; hellenist. 639–644; Kaiserzeit 661–667; Spätantike 679–685; inschriftl. Zeugnisse 79
Architekturplastik: s. Bauplastik
Archontat (ath.) **388**; Archon Basileus 198; 380; Archon Eponymos 198. 223. 380. 382. 386. 388
Archytas von Tarent 194. 207. 214. 524. 568; über Alkman 186
Ardabur 438. 449
Areopag 219. 224. 225. **382**. **388 f.** 404
Ares 175. 176. 260. 496

Aretalogie(n) 283; auf Inschriften 77 f.
ἀρητήρ 463. 473
Arethas 29; Rolle in der Überlieferungsgeschichte 33 f. **109**. **331**
Argeaden 403. 410. 411
Arginusen-Prozeß 396. 523
Argolis 365
Argonauten 179. 478; und Homer 174; bei Ibykos 187, Apollonios 258 f.
Argonautika (orph.) 179. 299
Argos 374. 378. 390. 394. 397. 398. 413; von Aischylos gepriesen 224 f.; Heraion 466 (Hera-Statue 620); Villa mit Jagd- und Kalendermosaik 690
Arianer 448. 452; Arianerstreit 302. **303**
Arion von Methymna 186. **196**
Aristainetos **310**
Aristarch von Samos **571**
Aristarch von Samothrake **94**. 98; Textkritiker 56. 94; Homerausgabe 46. 94 (Erfinder des Ὅμηρον ἐξ Ὁμήρου? 90. 96); über das Ende der *Odyssee* 93, kommentiert Herodot 94, Ion von Chios 230
Aristeas von Prokonnesos 179
Aristeides von Athen (Apolog.) 291
Aristias 198. **199**
Aelius Aristides **273 f.**; Ἱεροὶ λόγοι 493; Lyrik 287; bei Arethas 33; beansprucht Homer für Athen 98; gegen Pantomimen 310; mit Demosthenes verglichen 115; in der Spätantike imitiert 295; s. auch Pseudo-Aristides
Aristides Quintilianus über den Dochmier 358
Aristipp von Kyrene **205**. 240. 523
Aristobulos (jüd. Bibelausleger) 99
Aristobulos von Kassandreia 212. 407
Aristogeiton: s. Harmodios
Aristokratie 183. 188. 192. 194; städt. in der Kaiserzeit 419 f.; in Judaea 430. 431
Ariston von Chios 547; über Arkesilaos 553
Aristonikos (Grammatiker) 91
Aristophanes 235. **236–239**. 252. 254; von Kleon angeklagt 233. 236; besiegt von Kratinos 234, von Ameipsias 236; *Daitaleis* 88 ('Homerstudien'); *Acharner* 197 (Phallosprozession); *Wolken* 227; *Frösche* 88 (Dichtungskritik), *Plutos* 233; Sprache

154; Metrik 97. **350**. lyr. 356. 357. 358. 359; über Magnes 200, Kratinos 233, Krates 234; Phrynichos (Kom.) 236, Ameipsias 236, Sokrates 204. 523, Aischylos und Euripides 229. 230; A. und Euripides 229; parodiert Philoxenos 241; Überlieferung in der Antike 15. 16; Aristophanes-Handschriften 51 (Fehlerverbreitung). 54 (stoffl. Beschädigungen); Quelle für Sprachgeschichte 143; in der Philologie: Eustathios 335; Tzetzes 336, Erstdruck 120, Droysen 126, Wilamowitz (*Lysistrate*) 128; Aristophanes-Scholien 96. 98

Aristophanes von Byzanz **93**; Textkritiker 53. 93; Metriker 93. 97; berichtigt Kallimachos 92, widerspricht Zenodot 93; über das Ende der *Odyssee* 93, zum *Schild des Herakles* 177; Einteilung des *Corpus Platonicum* 205, der Komödienepochen (?) 233; ediert Aristophanes 239; von Didymos kritisiert 97

Aristos von Askalon (Akad.) 531

Aristoteles **206f.** 333, 530. **532–540**; Leben 532, erzieht Alexander d. Gr. 407. 532; Lehrer des Kallisthenes 212; philosoph. Entwicklung 535f.; Schriften: Überlieferung 532f., Einteilung 533-536; exoterische/akroamatische Schriften 533 (*Protreptikos* 533, *Über Dichter* 89, *Schwierige Fragen bei Homer* 89); *Organon* 533. 566; *Kategorien* 533. 536; *Hermeneutik* 533. 536; *Physik* 533f. 536. 537. 581; *Über den Himmel* 534. 574. 581; *Über Entstehen und Vergehen* 543; *Meteorologie* 534 (4. Buch 582); *Über die Seele* 534; *Parva naturalia* 534; biologische/zoologische Schriften 536. 566f. 567. 576f. (*Tierkunde* 534. 576, *Über die Teile der Tiere* 534. 576, *Über die Fortbewegung der Lebewesen* 534. 576, *Über die Bewegung der Lebewesen* 534. 576; *Über die Zeugung der Lebewesen* 534. 576); *Anatomie* 576; *Metaphysik* 534f. 536 (von Bessarion übersetzt 119), *Metaph. A* 507. 508, *Epsilon* 1 536f., *Lambda* 535. 536. 537. 538; *Ethiken* 535. 537 (*Nikom. Ethik* 535. 538f. 541, *Eudem. Ethik* 207); *Politik* 535. 537; *Rhetorik* 535. 536. 537 (und Dionys v. Halik 270); *Poetik* 539; Sammlung der Verfassungen 536 (Ἀθηναίων πολιτεία 127. 536), Didaskalien 223; Sprache 154; Wissenschaftstheorie 566f.; praktisches/herstellendes/theoretisches Denken 536f.; philosoph. Disziplinen und Einzelwissenschaften 537; Physik, Mathematik, Theologik 537; 'Erste Philosophie' 537f.; Teleologiegedanke 576f.; Ethik und Politik 538f.; über den Beginn der Philosophie 507, Pythagoras/Pythagoreer 510. 511, die Atomisten 519, Zenon von Elea 515, Empedokles 195. 515, Sokrates 522. 523, Platons 'Ungeschriebene Lehren' 527; und Parmenides 513; und die Sophistik 520. 522; Mimesis-Begriff und Dichtung 539f., Mythos-Begriff 539, Katharsis-Begriff 540; ἀπρεπές-Vorstellung 91; über das Epos 539; zu Homer 173. 175. 206. 539; zum Kyklos 177; über den Hexameter 249, iamb. Trimeter u. troch. Tetrameter 254. **348f.** 351; über δρᾶμα und κωμῳδία 196, Tragödie 196. 206. 539. 540, Komödie 196. 197. 539, Thespis 196, Epicharm 199, Chionides und Magnes 200, Krates 234, Euripides 230, Agathon 231, Chairemon 232; über Geschichtsschreibung 539, Herodot 208; über λόγοι Σωκρατικοί 204; über Rhetorik 272; über Tyrannis 374, über Solons Gesetzgebung 381; über Himmelskörper 571, Sphärentheorie 571, Vakuum-Frage 580, Fall- und Bewegungsgesetze 581; über Geldentwicklung 695; A. und Anaxagoras 201, Damon 215, Platon 532. 535. **536**. 539, Theophrast 541; kritisiert von Plotin 557, von Johannes Philoponos 559f.; kommentiert von Porphyrios 285. 533, von Jamblich 296. 558, von Simplikios 308. 309, von Johannes Philoponos 559; von Themistios paraphrasiert 295; Bibliothek 11. 89. 533; Rolle in der Philologiegeschichte 89, in der Wissenschaftsgeschichte 567; auf Papyrus 62; Handschriften 33 (Arethas, 'Wiener Aristoteles'). 112. 116; ins Lateinische übersetzt 118; Erstdruck 120; in der Philolo-

gie: Erasmus 120, Bernays 126, Bekker 126, Bonitz 126, Wilamowitz 128, Jaeger 130, von Fritz 131; s. auch *Corpus Aristotelicum*
Aristoteles-Kommentatoren 33. 101f. 126. **533**; Erfinder des *accessus ad auctores*? 102; in Byzanz 111
Aristoteles-Schule (Peripatos) 89. **207**. 267. 523. 531. **540f**; und Demokrit 564; ἀπρεπές-Vorstellung 91
Aristoxenos 207; Musiktheoretiker 215; erkennt Pseudepicharmea 200; zur metr. Synkopierung 356; Pythagoras-Biographie 510
Arithmetik 207. 568
Arius 302. **303**. **447**; *Thalia* 307
Arkadien 367. 378. 398; Münzen 701
Arkadisch-Kyprisch 144. 145; und Mykenisch 146; und die homer. Sprache 149
Arkesilaos von Pitane (Akad.) 530f. 547. **553**
ἀρκτεία 488
ἄρμα 139
Armenien 423. 428. 449
Arnoldus Arlenius 22
Arktinos 177
Arrhephoren **488**
Arrhidaios ('Philippos III.') 410
Arrian von Nikomedia 280; als Alexander-Geschichtsschreiber 407; und Dexippos 281, *Alexander-Roman* 283
Arsakidenreich 415. 417
Arsenios von Kerkyra 332
Arsinoe II. Philadelphos 415
Artaxerxes II. 210. 211; Plutarch-Bibliographie 282
Artaxerxes III. Ochos 407
Artemis 265. 467. 469. 482. 496. 497. 498; 'Göttin des Draußen' 466; A. Brauronia 466. 488; A. Ἐφεσία 497; A. Laphria 462; A. Leukophryene 640. 649; A. von Messene 469; A. Orthia 469. 488.
Artemision (Schlacht) 188. 189. **386**
Arundel, Earl of 81
Asebieprozeß: gegen Anaxagoras 517. 518, Sokrates 523. 524
Asia (Prov.) 417
Asios von Samos 179
Asketen 306

Asklepiades von Bithynien 579
Asklepiades von Samos (Epigr.) 266; über Erinna 243, Antimachos 244, homo- und heterosex. Liebe 261
Asklepieia 273. 466. **493**, Gliederweihungen 471; Kaiserzeit 668
Asklepios 273. 464. 481. 490. **493**; Einführung in Athen 226; Asklepios-Tempel 472; Zeus Asklepios 497
Aspar 438. 449
Aspekte des Verbs: Veränderungen in der Koine 159
Aspiration 157
Assyrer 369. 371. 372. 379; Einflüsse auf griech. Plastik 594
Astarte 592. 595
Asterisk 99
Astrologie 176. 290. 570; bei Xenokrates von Chalkedon 206; 'Manethon' 286
Astronomie 193. 202. 206. 207. 214. 286. 510. 567. **570–573**; babylon. Einflüsse 562; frühe Erkenntnisse 564; Arat 263
Astrophysisches 571
Astyanax bei Lydos (Maler) 598
Astydamas der Jüngere 231
Asynarteten 348. **352**. 358
ἄτη 225
Athanasios 303; als Apologet 304; *Leben des Antonius* 306; bei Photios 107
Atheismus 203. 204
Athen 156. 189. 211. 219. 275. 280. 281. 297. **379–385**. **388–393**. 483; myk. Zeit 365; geometr. Zeit 587; Tyrannis 374. 382. 383; Perserkriege 386f.; Pelop. Krieg 393–396: im 4. Jh. 397f. 399. **404–406**; unter Alexander 409; nach Alexander 410. 411. 413; in der Kaiserzeit 424. 426. **671**; Bürgerzahl 390; Einfluß des Anaxagoras 201; bei Aelius Aristides 274; Akropolis 379. 380. 383. 392. 406. Parthenon 392. 393. 472 (Funktion?). **631**. 632 (Parthenon-Skulpturen 611. 613. **620f**. 627, Parthenon-Fries 620, Athena Parthenos 620), Propyläen 392. 632. 668, Porosgiebel 605, 'Alter Athenatempel' 605. 632, Erechtheion 632f. (Skulpturen 613. 614), Athena-Nike-Tempel 632 (Reliefs 622, 627), Tempel für Roma u. Augu-

stus 663; Odeion des Perikles 633; Dionysostheater 219. 613. 633; Dionysostempel 490; 'Tempel am Ilissos' 632; Enneakrunos-Brunnenhaus 375; Olympieion 383. 608. 671; Agora 384. 466; Stoa Poikile, Gemälde 627; Kerameikos 384. 466. 546 (Grab Zenons). 587. 625; Dipylon 384; Pompeion 633; 'Theseion'/Hephaisteion 466. 467; Choregendenkmäler 610; Lykeion 532; Hadrian-Ehrenbogen 671; Bildhauerwerkstätten 638. 655. 672f. 675; Heimat der Neuen Komödie 252; Zentrum der Philosophie 308. 396 (Ende dieses Zentrums 448); Zentrum der Kunst 609f.; Opferkalender 485; Thesmophorien 486; Apaturia 487; Panathenäen 490 (Stadion 610. 633); Initiationsriten transformiert 488; Ephebie 488; Neujahrsfestzyklus **489f.**; Reiterstatuen 604; Münzen 695f. 697. 699f. 705
Athena 259. 466. 484. 489. 496. 498; bei Kallimachos 265; als athen. 'Reichsgöttin' 392; Holzbild auf der ath. Akropolis 469; A. Alea 632; A. Areia 497; A. Phratria 487; A. Polias 473. 489; A. Pronaia 633; A. Skiras 490; A. Soteira 490; Angelitos-Athena 616; A. Parthenos 620. 631
Athenagoras 291
Athenaion Politeia (Ps.-Xenophon) 213
Athenaios (-aeus) von Naukratis 192. 255. **278**; Epitome von Eustathios verbessert? 111
Athleten: auf Papyri 69; Athlet im Getty Museum 614; s. auch Sport
Athos 385. 386
Atlantis 205
Atomistik 201. **519**. **564f.** 616; Vakuum-Frage 580; bei Epikur 542. 543f.; von Kleanthes bekämpft 546; atomist. Pathologie 579
Attaliden 413. 637; Bibliotheksgründer 12; 'kleines attalisches Weihgeschenk' 637. 645; Münzen 703, Cistophoren 705
Attalos I. 73. 413. 415. 416
Attalos (Arat-Kommentator) 95
Atthidographie **213**. 380. 381
Atticus: als Verleger 11, Büchersammler 14

Attika 367. **379**. 383
Attikos 531
Attila 309. 451
Attisch 65. 144. 157. 171. 205. 248; als literar. Dialekt 148; Metrik 346; bei Solon 153; in der Tragödie 153. 223; in der (Alten) Komödie 154. 232. 350; bei Aristophanes 239; in der Prosa 154f.; in der Medizin 207; als Vorstufe der Koine 156; als Ideal des Attizismus 162; in Byzanz 320; s. auch Ionisch-Attisch
attische Kunst: Vasenmalerei 598–600. 628f.; Koren 603f.; Urkundenreliefs 613; Grabdenkmäler 625f.; s. auch Neuattische Kunst
attischer Münzfuß 695. 698
attische Philosophie 507
attische Redner **217–222**; bei Dionys v. Halik. 270; in der Spätantike 295
1. Attischer Seebund **387**; **392**. 394; bei Eupolis 235; bei Aristophanes 237
2. Attischer Seebund **398**. 399
Attizismus 98. 105. **162**. 163. 167. **270**. 279; und Lukian 275; in Byzanz 320. 334
Aufführungen: Dithyrambos 196; Tragödie 223
'Aufklärung' (5. Jh.) **201**. 394
Aufklärung (18. Jh.) und Byzanz 318
Auflösungen (metr.) 349; vermieden 251. 252
Auflösungsfest 485. 489
Augment: Entwicklung 164
Augusti (Tetrarchie) 436
Augustus 269. 423. 669; Städteförderung 419; Sonnenuhr 644; Beginn einer 'Reichskunst' 659; Siegesmonument von Actium 661f.; Bestimmungen für Kaiserkultanlagen 662
Augustinus: *De Trinitate* 18; von Planudes übersetzt 18
Aulodie 186. 348; αὐλός 198
Aurelian 423
Giovanni Aurispa 116; als Handschriftensammler 22. 118
aurum tironicum 440
Ausgabe: s. Edition
Ausgrabungen 127
Auslassungen 49. 50

Aussagenlogik 548
Aussprache des Griechischen 49. 120
Autobiographie/-isches 186. 294. 300; bei Xenophon 211, Libanios 295, Gregor v. Naz. 307, Nikephoros Basilakes 335, in den *Ptochoprodromika* 337, Nikephoros Blemmydes 338, Georgios Pachymeres 339, in der Palaiologenzeit 340
Autographa 4. 45; Bedeutung in christl. Textkritik 100f.; in Byzanz 322
Autolykos von Pitane 207
Autonomieprinzip 394. 398. 400
autopragia 450
Autor Περὶ ὕψους: s. Pseudo-Longin
Autorenfehler 45
Autorenvarianten 56
αὐτός: Entwicklung 164. 165
αὐτοσχέδιοι λόγοι 272
Auxentios 314
Avienus: und Arat 263, Dionys. Perieg. 287
Awaren 452
ἀξίωμα 548
Axiopistos 200

Baanes 29
Babrios 287
Babylon 408. 409; Babylonien 388. 406. 411; Neubabylon. Reich 379; babylon. Wissenschaft 562; astronom. Studien 570
Baccheus 343
Michail M. Bachtin 132
Baitylen 469
bakchische Mysterien: s. Dionysosmysterien
Bakchylides von Keos 62. 127. 130. 184. 188. **189**. 260; und Pindar 189. 190; Sprache 153; Metrik 359. 362
Bakides 475. 491
Baktrien 408; Baktrisches Reich: s. Gräkobaktrisches Reich
Ballspielerbasis 605
Baptisterien 685
Bar-Kosiba 431
Barbaren und Griechen 202. 371; bei Euripides 229; Spätantike 449f.
Βαρλαὰμ καὶ Ἰωασάφ 328
Barlaam von Kalabrien 338; Griechisch-Lehrer Petrarcas 20
Barnabas-Brief 289
Roland Barthes 132

Nikephoros Basilakes 335
Basileios (Basilius) von Caesarea 30. 107. 295. **303**. 308; *Adv. Eunom.* 301; *Spir.* 301; über heidnische Lit. 300; über den Dialog 301; Briefe 300
βασιλεύς 140. 264. 367
Basilika 684f.
Basilius von Kilikien 313
Bassai/Phigalia: Apollontempel **631f.** 633
Baton (Gramm.) 230
Batrachomyomachie **175**; Erstdruck 317
Bauchrednerei 492
Bauplastik 605. 607. 612. 649–651
Bauten, öffentl.: in der Kaiserzeit, Bautypen 666f.; Spätantike 682f.; stellen Mythen dar 479
Bauten, privat: Kaiserzeit/Spätantike 684
Beamtenschaft im oström. Reich 451
Befleckung 462. 464f.
August Immanuel Bekker 126; byzant. Studien 318
Belevi: Mausoleum 643, Sarkophag 654
Belisar 324. 438; *Belisarlied* 340
Βέλθανδρος καὶ Χρυσάντζα 340
Bendis 233. 500
Benoit de Ste. Maure 340
Richard Bentley **123**; zur Metrik 345
beratende Reden: s. symbuleutische Reden
Berezan-Siedlung 372
Berge: als Gottheiten 499
Angelos Bergikios (Vergetius) 23
Berliner Maler 628
Jacob Bernays 126
Bernstein 580
Berytos: jurist. Schule 103. 299
Bessarion 21. 23. 116. 120; als Handschriftensammler 21. 119; als Philologe **118f.**
Bessos 408
Bettelpriester 476
Bibel: Papyrushandschriften 64; in Alexandria 99; allegorisch-metaphorische Auslegung 99; von Origenes kommentiert 292; von Euseb erklärt 301; von Julian kritisiert 297; Katenen 313; Interpunktion 108f.; Übersetzung 99. 115. 292; bibl. Stoffe in paganen lit. Formen 251f. 307. 308; *AT*: Schöpfungsbericht von Johannes Philoponos kommentiert 309, *Daniel* 285. 292, aufs Christentum

bezogen 304. 305; *NT*: Sprache 156. 160. 161, in der Philologie: Erasmus 120, Valla 120, Henricus Stephanus 121, Lachmann 125
Bibliographien 123
Bibliotheken **11–14**. 17; früheste Buchsammlungen 11; Privatbibliotheken 11f. 14 (römisch); in Philosophenschulen 12 (Aristoteles-Schule 89); öffentliche Bibliotheken im Hellenismus 12 (Alexandria 89. 207, Pergamon 92, Bibliotheksarchitektur 13, Bibliothekare 13); römische Bibliotheken 13f.; christliche Bibliotheken 14; in Konstantinopel 20. 32; Biblioteca Vaticana 21, Marciana 21. 119, Ambrosiana 20; Handschriftenfonds 24; Bibliothekskataloge 25
βίβλος, βιβλίον 7
Bilderstreit: s. Ikonoklasmus
Bildhauersignaturen 672, -werkstätten 672
Bildsprache: geometr. Epoche 589f.
Bildung: s. Schulwesen
Biographie 248. **282f.**; von Skylax begründet 195; Aristoxenos 207; in der Spätantike 308; B. und Hagiographie 321; Biographisches auf Inschriften 75
Biologie 567. **576–578**
Bion (Bukol.) 256
Bischof in der spätant. Stadtadministr. 445; Schiedsgerichtsbarkeit 446
Blattzählung: s. Codex
Bleitäfelchen 59
Nikephoros Blemmydes 338
Blemyerkrieg dichterisch dargestellt 298. **299**
Blitzmal 466
Boccaccio 336; Griechisch-Studien 20
August Böckh 81. **125**. 126; zu Pseudo-Xenophon 213; Metrik 344. 353
'Böckh'sche Perioden' 353
Böoter 376. 386. 394. 396. 397. 398. 405. 414. 425; Repräsentationsverfassung 391; von Eubulos verspottet 239; Keramik 598; Münzen 700
Böotisch 144. 145. 148; bei Hesiod 150; bei Korinna 153. 191; bei Pindar 153. 190
Boethius 294. 558
Nicolas Boileau-Despréaux 122
Hermann Bonitz 126

Carl de Boor 318
Franz Bopp 126
Boscoreale, 'Fürstenbilder' 656
Bosporanisches Reich 372. 402
Botanik 194. 207. 576. **577**; bei Aristoteles 566f., Theophrast 577
Bothros 467. **468**
Branchiden 368. 492
Brasidas 209. 394
Brauron 466; Artemis-Kult 482; Brauronia 488
Brevis in longo **346**. 353. 354
Briefe: Privatbriefe auf Papyri 69. 70 (Sprachform 162); literarische Briefe 75. 123. **279**. 310, 'Alexander' d. Gr. 283, Libanios 295, christl. 289. 301 (christl. Briefsammlungen 300. 306, Briefdichtung des Gregor v. Naz. 307); byzant. 322 (Theodoros Studites 330, Konstantinos VII. Porph. 331, Psellos 334, Eustathios 335, Tzetzes 336, Niketas Chon. 337, Michael Chon. 338, Demetrios Chomatenos 338); Rundbriefe 304; auf Inschriften 75f.
Bronzekunst 614, -statuen 614. 636
Bronzemünzen 698, 699, 701
'Brücken' (metr.) 343
Leonardo Bruni 118
Nikephoros Bryennios 335
Bryaxis 637. 645
Brygos-Maler 628
Bryson von Herakleia 214
buccellarii 440
Buchdruck: Anfänge 24; Konkurrenz zur Handschrift 42; Bedeutung für die Philologie **119f.**
Buchhandel in der Antike 47. 50
'Buchkultur' **247**. 248. 251. 260
Buchmalerei, spätantike 691
'Buchpoesie' 250
Buchrolle **5–7**. 26; Herstellung 5; Textverteilung 5f.; Maße 6f.; Inhalt 7; durch den Codex ersetzt 7–10. 15; s. auch: *volumina*
Buchschrift 61. 73; s. auch Kalligraphie
Buchwesen: Änderungen in der späteren Antike 15f.; christl. 9
Guillaume Budé 121
Bühnenanweisungen in Dramentexten 51

Bühnenbild 299, -malerei 214
Bürgerrecht 369f.; röm. 424, Bürgerrechtsverleihungen 421
Bürokratie (spätant.) 441f.
Bukolik **256**; und Longos 277; in der Philologie: Wilamowitz 128
bukolische Dihärese 348
Bule (βουλή): Athen 384. 389; in der Kaiserzeit 419
Bundesgenossenkrieg (4. Jh.) 220. 399. 404
Bundesgenossenkrieg (3. Jh.) 414
Bundesstaat 368. 391. 398
Buntschriftsteller **278**. 284. 291. 292
Bupalos 181
Jacob Burckhardt 130
Burgundio von Pisa 112
Busiris 224
Byzantion 372. 399. 405
Byzanz 319; Attizismus 270; Rhetorik 271; Lateinkenntnisse 20; vermittelt die griech. Literatur 116. 118f., Entw. der griech. Sprache **162–167**: Nachfolgerin Roms 309; in der Aufklärung 318
'byzantinisch' 319; 'byzantinische Ära' 326
byzantinische Gelehrte: Editionstätigkeit 51
byzantinische Literatur: Eingrenzung 320; Einteilung 323; Überlieferung 322f.
byzantinische Philologie **316–319**
byzantinische Zeit: Beginn 66. 104. 320
Byzantinistik und Klass. Philologie 316. 318; selbständige Disziplin 319

Caecilius von Kale Akte **270**
Caeretaner Hydrien 598
Caesar 268. 417. 669
Caesarea in Palästina 292. 430; Bibliothek 14; christl. Schule 293
Caesares (Tetrarchie) 436
'Cambridge Ritualists' 477. **482**. 483
Campanien, Vasenmalerei 629
(Charles du Fresne Sieur) du Cange 122; byzant. Studien 317f.
Cantare di Fiorio e Biancifiore 340
Isaac Casaubonus 122
Cassiodor als Übersetzer 294, Bibliotheksbegründer 14
Catenen: s. Katenen
Catull und Sappho 185, Apollonios 259, Kallimachos 263; Epyllien 260

Cebetis tabula 284
Cella 472. 606f. 631. 632
Celsus 579
Cento 308. 335; Centonentechnik 245
Certamen Homeri et Hesiodi 172. 173; s. auch Alkidamas
M. Cesarotti 173
J. Chadwick 136
Chairemon **232**
Chaironeia (Schlacht) 218. 219. 222. 405
Chaldäische Orakel: kommentiert von Porphyrios 285, von Jamblich 296. 558f.
Χαλδαῖοι 476
Chalkedon 372; Konzil (451) 303. 447. 560
Chalkidike 370; chalkidischer Bund(esstaat) 398. 405
Chalkis 177. 371. 413; Keramik 598
Demetrios Chal(ko)kondyles 24. 118
Laonikos Chalkokondyles 339
Chamaileon: über Thespis 196, Anaxandrides 240
Chania, Linear B-Funde 136, Dionysos-Beleg 496
Chaonnophris 66. 416
Chaos 480
Charaktere: s. Typen
Johannes Charax 105f.
Chares 243
Chariton von Aphrodisias **276**: Datierung 64; und Achilleus Tatios 277
Charmides 524; und Sokrates 204
Charon von Lampsakos 195
Charondas von Katane 372
'charter myths' 480
Chemie 567. **582**
Chersonesos/Sewastopol 372
Chersones, thrak. 383. 405
χιάζειν 96
Chigikanne 593f.
'Chion' von Herakleia 279
Chionides 199. 200
Chios 392. 399; Heimat Homers (?) 173, der Homeriden 172; Demos-Rat 381; Keramik 598; Münzen 701
Chirurgie 579
Chodschent (= Alexandria) 408
Choirilos von Athen (Trag.) 198
Choirilos von Iasos (Ep.) 243
Choirilos von Samos (Ep.) **242**. 246

Georgios Choiroboskos 106. 163; über den Dochmier 358
χωλίαμβος: s. Hinkiambus
Demetrios Chomatenos 338
Chor: bei Epicharm? 199; in der Tragödie 223 (Aischylos 225, Sophokles 227, Euripides 230, Agathon 231); im Satyrspiel 223f. 231 (im *Kyklops* 229f.); in der Trag. des 4. Jh.s und später 231. 241. 251; in der Komödie 232. 251 (Alexis 240, Menander/Neue Kom. 253); von Sophokles theoretisch behandelt 214
Choregie 223. 224; Choregendenkmäler 610
Choriambus 97. 191. **357**
Chorikios von Gaza **310**
Χωρίζοντες 173
Chorlyrik 180. **185f.** 247; und Monodie 184; Sprache 153; Metrik 353. 360. 362; und Mythos 479, Mythenerzählung 478; und der ep. Kyklos 177; und Kallimachos 265
Johannes Chortasmenos 116
ΧΟΡΟΥ 253
Chosrau I. 452
χρησμολόγοι 491
Christentum: Konstantinische Wende 320; Literatur auf Griech. **288–293. 300–308. 312–314**; und Judentum 289. 304. 447; und Rom 289; in der Spätantike 294. 435f. **445–448**; Staatsreligion 447; und die spätant. Sophistik 295; platonische Gegner 285. 308, Julian 297, Manichäismus 304, Eunapios 298; bei Olympiodor 298; Dokumente auf Papyrus 70; auf Inschriften 77f.; Übernahme heidnischer Interpretationsmethoden 99. 300
Christenverfolgung 290. 296. 435. 445
Christianisierung 445, des Stadtbilds 446
christliche Texte: auf Papyrus 63; *Griechische Christliche Schriftsteller* 127
Christodor von Koptos 308. 311; Ἰσαυρικά 311; Πάτρια 311; Ekphrasis 312
Christophoros Mytilenaios **333**. 336
Christus: s. Jesus
Christus patiens 307. **308**. 335
Chronicon paschale **326**: Sprache 163
Chroniken, Chronistik: auf Inschriften 75; christl. 301f.; in Byzanz 325. 329. 331. 335

Chronologie 122; Beitrag des Hippias 203, des Hellanikos 213, der klass. Kunst 612f.
chrysargyron 444. 452
Chrysipp von Soloi 545. **547**; Λογικὰ ζητήματα 545; Oikeiosis-Lehre 549f.; Telos-Formel 550; und Karneades 553
Chrysogonos 200
Georgios Chrysokokkes 116
Manuel Chrysoloras 21; griech. Grammatik 24. 119; unterrichtet Griechisch 118
chthonische Gottheiten: s. unterirdische Gottheiten
chthonische Opfer 460
Cicero 552; und Arat 263; als Büchersammler 14; Quelle für Epikur 542, für die Stoa 545. 549–551; von Planudes übersetzt 18
Circus-Anlagen 666f.
Cistophoren 705
civitates liberae 418f.
Claudian 294. 299
1. Clemens-Brief 289
Clemens von Alexandria **291**: Hymnen 306; und Theodoret 304
Cobet: zu Pseudo-Xenophon 213
Codex 5. **7–10**. 17. 26: Ersetzung der Buchrolle 15. 60; ursprüngliche Inhalte 7. 8. 14; Blattzählung 116; Folgen für Textkommentierung 102; wichtige Codices des 13. und 14. Jh.s 19; s. auch: Handschriften
Codex Gregorianus 450
Codex Hermogenianus 450
Codex Justinianus 452
Codex Theodosianus 450
collatio lustralis 444
Colonia Aelia Capitolina 431
comes rerum privatarum 439
comes sacrarum largitionum 439
comitatenses 440
comitatus (sacer) 439
consilium principis 439
consistorium 439
Constantius I. 437
Constantius II. 14. 437. 439. 445. 449
Coripp 294
Cornelius Gallus 63

corpora (ant.) von Autoren 15. 16; C. in der Philologie 126f.
Corpus alchemisticum 582
Corpus Aristotelicum 222; *De plantis* 577; Φυσικὰ προβλήματα 580; *Mechanica problemata* 581
Corpus Hermeticum 285
Corpus Hippocraticum: s. Hippokratische Schriften
Corpus Historiae Byzantinae 317. 319; Corpus scriptorum historiae Byzantinae 318
Corpus Iuris Civilis 450. 453
Corpus Theognideum: s. Theognidea
corpuscula verwandter Texte 15. 16
corrector 419
correptio Attica 251. 346. 350
Creticus **343**: lyr. 358
Martin Crusius 317
Johannes Cuno 120
curator civitatis 420. 444
curiosi 439
cursus publicus 424
E. Curtius 81
Ernst Robert Curtius 131
Curtius Rufus: Alexanderbild 407; und der *Alexander-Roman* 283
Cyriacus von Ancona 80f.
Cyrill: s. Kyrillos

Daduchos 475
'Dädalischer Stil' 595f. 603
Daimachos von Plataiai 212
δαίμονες 481
Daimonion des Sokrates 524
Daktylo-Anapäste 186
Daktyloepitriten 48. 186. 241. 257. 354. **359f.**
Daktylus 347. 358; 'äol. Daktylen' 152; lyr. **354**; s. auch Hexameter
Damasias 382
Damaskios 308; als Paradoxograph 310
Damon **215**
Damophon von Messene (Bildhauer) 638. 645. 655
Damos: s. Demos
Danaer und Mykene 365
Danais 179
Dankopfer 486; Danksagungen (inschriftl.) 77f.
Daochosmonument 613

Daphne: Apollonheiligtum und -statue 637, -statue 645
Dareikos 698
Dareios I. 195. 383. 385
Dareios III. 408
Dareios-Maler 630
Andreas Darmarios (Kopist) 23
Datierung von Handschriften 54
Dativ: Rückgang 160. 164
David (Aristoteles-Kommentator) 309
defensor plebis 444
Defixion 476
metr. Dehnung 138. 148f.
Deinarch 220. **222**
Deinolochos 200
Deinomeniden 199
δεισιδαιμονία 459
Dekarchien 397
Dekeleischer Krieg 218. 395f.
Deklamation 216. 272. 275. 284
Deklinationen: Strukturänderungen in der kaiserzeitl. Koine 161
Dekurionen 419. 442. 444
Deliberative Reden: s. Symbuleutische Reden
Delion (Schlacht) 394
Delos 176. 368. 392. 406. 486; bei Kallimachos 265; Reiterstatuen 604; hellenist. Kunst 639
Delphi 176. 189. 190. 216. 399. 405. 413. 457. 486. 521; Kaiserzeit 668; Ausgrabungen 127; Apollontempel, Giebelfiguren 613; Daochosmonument 613; Lesche der Knidier 627; Athena Pronaia-Heiligtum 633; 'Wagenlenker' 613. 614. 616; Münzen 701; s. auch Amphiktyonie
delphisches Orakel **373**. 376. 409. 465. 466. 475. 491. **492**; Medium und προφῆται 476; Weihgeschenke des Kroisos 470; bei Pindar 190, Sophokles 227
Demades **222**. 410
δημαγωγός 388. 393
Demeter 176. 180. 459. 484. 496. 498. 499; und die Thesmophorien 486; Heiligtümer 466. 468; in Eleusis 379. 494; = Isis 498; bei Kallimachos 265
Demetrias: Königspalast 642; Damokratia-Basilika 685, 690
Demetrios, Περὶ ἑρμηνείας 207

Demetrios Lakon **95**. 101
Demetrios Poliorketes 222. 255. 411. 413; im Hymnos gefeiert 264; Münzen 703
Demetrios II. 413
Demetrios von Phaleron **207**. 411; Fabelsammlung 193; *Apologie des Sokrates* 204; über Antiphanes 239; Grabluxusgesetz 625. 654
Deminutiva: Neuentwicklungen 159. 161
Demiurg: im *Timaios* 526; bei den Stoikern 549; bei Marcion 290
Demodokos 260. 353. 478. 479
Demokratia 383. **389**; als Göttin 499
Demokratie: Ausbreitung 390; und Rhetorik 216; von Protagoras gerechtfertigt 522; 'radikale' Demokratie 386. 388. **389f**. 391; Umsturz u. Restauration 395f. 524
Demokrit **201f. 518–520**: bezweifelt sinnl. Wahrnehmung 562; Atomlehre 564; Vakuum-Frage 580; Analogieschluß 562; Περὶ χυμῶν 582; Sprache 154
Demon 213
Demos (lok. 'Gemeinde') 367; att. Demen 198. **384**. Feste 485
Demos ('Volk') 373. 380; und Tyrannis 374; Damos in Sparta 377
Demosthenes 219. **220f**. 239. 405. 410. 623; in Kallimachos' *Pinakes* 92; bei Dionys v. Halik. 270; von Menander Rhet. kommentiert 271; Überlieferung in der Antike 16; auf Papyrus 64; mit Aelius Aristides verglichen 115; ins Lateinische übersetzt 118; Erstdruck 120; Statue 613; Corpus Demosthenicum 222
Dentale 138
Jacques Derrida 132
Derveni-Papyrus 88
Deus ex machina 230
Dexippos von Athen **281**: und Eunapios 298
διά in der Koine 158
Diadochenkämpfe 222. 410. **411f**.; Diadochenreiche 267. 611: Diadochenporträts 647
Diadochos von Photike 107
Diäten 389
diakritische Zeichen 73. 91. 93. 94. 96; in Papyri 96f.; bei Origenes 99

Dialekte 98. 111; in nachmykenischer Zeit **142–147**. 156; Quellen 142f., Hauptgruppen 143f.; Gliederung 144–147; literarische Dialekte **147–155**. 248; und literar. Gattungen **153f**.; Dialektmischung in homer. Sprache 149; Dialektgebrauch 171, als Parodie 154 (Aristophanes 239, Eubulos 239); auf Inschriften 75; innerhalb des Myk.? 141; im Neugriech. 160. 163. 164. 167; s. auch Achäisch, Äolisch, Arkadisch-Kyprisch, Attisch, Böotisch, Dorisch, Ionisch, Ionisch-Attisch, Lesbisch, Mykenisch, Nordgriechisch, Nordwestgriechisch, Ostgriechisch, Pamphylisch, Südgriechisch, Thessalisch, Tzakonisch, Westgriechisch, Zentralgriechisch
dialektale Wortformen: Entstellung 51; Herkunft 148
Dialektik 206; von Zenon von Elea erfunden 515; bei Gorgias 521, Platon 525. **529f**., den Stoikern 547
διαλέξεις 272. 299
Dialog: in der Tragödie 198, Komödie 253, bei Lukian 275, Plutarch 284; christl. 301; in Byzanz 326
Dialoge (liter.): Sokratiker 204f., Platon 205f. 524f. 527, Aristoteles 206, Diogenes von Sinope 205; s. auch Sokratisches Gespräch
Dialogteilnehmer: Kennzeichnung in Dramentexten 50
Jakob Diassorenos (Kopist) 23
'dichterische Freiheit' 96
Dichterkritik: bei Xenophanes 184, Platon 206
Dichterphilologen 243. **249f**.; als Bibliotheksbenützer 12, in Byzanz 321
Dichterporträt 617
Dichtung: 'elitäre' 246. 247. 248. 249. 265, 'populäre' 246. 247. 248; als 'Buchkultur' 247; in der Kaiserzeit **286f**.; in der Spätantike **298–300**. **310–312**; christl. 293. **306–308**. 314; theol. 326; von Platon kritisiert 526; bei Aristoteles 539; als Teil der Schulbildung 87; Autographa 4; Textanordnung auf älteren Papyri 6
Didache 289
didaktische Epik: s. Lehrgedicht

Didaskalien 223; Inschriften 75f.; Sammlung des Aristoteles 206
Didyma 368. 466. 467. 491. 492: Medium und προφῆται 476; Sitzstatuen 604; Skulpturenschmuck 607
Didymos (Chalkenteros): Produktion 95. 97. 98; kommentiert Ion von Chios 230, Aristophanes 239; zu Theognis 183; in den Aristophanes-Scholien 98
Didymos der Blinde 63. 100. **305**; und der Manichäismus 304
Διήγησις παιδιόφραστος/πεζόφραστος τῶν τετραπόδων ζώων 341
Διήγησις τοῦ Πωρικολόγου 341
Hermann Diels 127. 508
Digamma 13 (Bentley). 148; bei Hesiod und den hom. Hymnen 150; metr. Wirkung 148. 345; in christl. Umfeld 100f.
Digenes Akrites 332. **337**
Diglossie 162
Dihärese: bukol. 348; im troch. Tetram. 351; in Marschanapästen 355
Diisoteria 490
Dikaiarch von Messene **207**; philolog. Studien 91; über Neophron und Euripides 231; Pythagoras-Biographie 510
Diktat 4
Dimeter: iamb. 352; anap. (?) 355
Cassius Dio **281**
Diocletian 66. 269. 286. (309). 435. 436f. 439. 440. 442. 448. 678f.; Christenverfolgung 296. 445
Diodoros Kronos 546. 553
Diodoros von Tarsos 100. **305**
Diodorus Siculus **267f.** 276; und Kleitarchs Alexander-Darstellung 407; vollständiger Text 1453 zerstört? 115
Diözesen 441
Diogenes Laërtios **282. 507**; Pythagoras-Biographie 510; Heraklit-Biographie 511; Atomistik 564; Erstdruck 120; und Favorinos 278
Diogenes von Apollonia 194; meteor. Studien 564
Diogenes von Oinoanda 78, 542
Diogenes von Seleukeia 531. 547. 551
Diogenes von Sinope **205**. 272
Diognet: s. *An Diognet*
Diokles von Karystos 207

Dion von Alexandria (Schüler des Antiochos von Ask.) 531
Dion von Prusa (Chrysostomos) **272f.** 282; über Homer 88, Aristoteles als Philologen 88; und Themistios 295; Erstdruck 120
Dion von Syrakus 212. 280. **400**. 524
Dione 496
Große (Städtische) Dionysien 198. 233. 484
Kleine (Ländliche) Dionysien 198. 484
Dionysios Areopagites **313**; Echtheit angefochten 103. 107
Dionysios Thrax **95**. 98; über Echtheitskritik 92
Dionysios von Alexandria (Periegetes) **286f.** 335
Dionysios von Alexandria (Eccl.) 292; Osterfestbriefe 301
Dionys(ios) von Halikarnass 219. **269f.** 288; als Geschichtsschreiber 279f.; als Attizist 162; über Deinarch 222, Vokale 345; D. und Rom 269. 279
Dionysios von Milet 195
Dionysios von Samos (?) 286. 311
Dionysios von Sinope (Kom.) 240
Dionysios I. von Syrakus 212. 239. **399f.** 524. 699; und Philoxenos 241
Dionysios II. von Syrakus 212. 400. 524
dionysische Wettkämpfe 188. 197f.; s. auch Theateragone
Dionysodoros von Sikyon 73
Dionysos 73. 176. 180. 286. 464. 490. 495. 496. 498; kein fremder Gott 500; = Osiris 498; und Dithyrambos/Tragödie 196. 223, Satyrspiel/Komödie 197. 226. 235. 237; bei Theokrit 265; und das ptolem. Königtum 645; auf 'Kertscher' Vasen 629; Dionysos-Feste **485f.**, in Athen 223. 233. 484; dionysische Themen auf spätant. Silberplatten 692, Wandbehängen 693
Dionysos-Epik 286. 310f.
Dionysosmysterien 494. **495**: in Pergamon 705
Diopeithes 517
Diophantos 116
Diorthose 33
Dioskorides (Epigr.) 227
Dioskoros (Eccl.) 303

Dioskoros von Aphrodito 322; Autographe 4. 5
Dioskurides 33. 116. 579
Diphilos 252. 253. 255
Diphthonge: Entw. in der Koine 157
diple 96. 97
Dipolieia 490
Dipteros 607; s. auch Pseudodipteros
Dipylonkanne/-vase 148. 191
Distichon (eleg.) 151. 182. 183. 192. 299. **348**. 353; im Hellenismus 247. 266; christl. 307; in Byzanz 330. 331. 336
dithyrambische Agone 191
Dithyrambos 180. 186. 189. 190. 191. 203. 231. 464; und Tragödie 189. 196 (Euripides 230, Agathon 231); jüngerer Dithyrambos: **241**; Eingriffe des Melanippides 241; parodiert von Antiphanes 239, von Anaxandrides 240
Divination **491f.**: divinatorische Riten 460. 491f.; divinatorisches Opfer 460
Diwija (myk.) 496
Dochmier 248. 343. **358**
Dodekasyllabos: s. Zwölfsilber
Dodona 466. 467. 491. **492**
Dörfer: Feste 485; im röm. Kleinasien 427, röm. Syrien 428. 429, Judaea 430, röm. Ägypten 432
dogmatische Ärzteschule 580
'dogmatische' Philosophenschulen 541
Dogmatisch-christologische Streitigkeiten **303**. 312. 324. 338. **447**
Dokimeion, Bildhauerwerkstätten 675
Dominat 269. 435
Donaufront 423
Dorer **366f.**; und Drama 196
δορίκτητος χώρα 412
Dorisch 73. 144. 473; als literar. Dialekt 148; bei Hesiod 150, in den *Theognidea* 153, in der Chorlyrik 153. 186 (Pindar 190), Tragödie 153f. 223, Sizil. Komödie 154 (Epicharm 199), Alten Komödie 154, 232, bei Erinna 243, bei Synesios 307
Dorische Posse 197
dorische Städte: Männerhäuser 473; initiatorische Feste 488
dorische Bauordnung 472. 597. **605f**. 631f. 639
Dorische Tonart 215

Dorotheos von Sidon 286
Dorotheos (christl.): *Vision* 307; *Auf Abraham* 307
Doryphoros **618f.** 622
Doxa: bei Gorgias 521, Platon 566
Doxographie 127. 508; Beitrag des Hippias 203, Theophrast 207
Drachme 694
Dracontius 294
Drakon 380
Drama **196–200**. 246; Sprache 153f.; Metrik 347. 351. lyr. 353. 354. 362; Einfluß auf Platon 206
δρᾶμα 196. 335
δραματικόν 335
Dramentexte 50f. 97; metr. Einteilung 344
Dreifußkessel 592
die Dreißig (Tyrannen) 203. 217. 218. **396**. 523. 524
Dreros, Apollontempel 468f.
Drimios (myk.) 496
δρώμενα 459. 463
Johann Gustav Droysen 126
Dual: im Myk. 143. 147; verschwindet in der Koine 157
Dualismus: bei Anaxagoras 518, Platon 527, Plutarch 531
Dukas 339
'Dunkle Jahrhunderte' in d. griech. Frühzeit 172. 174. **366**. 367. 377. 500. 587; in Byzanz 17. 32. 104f. 253. **327f.** 330
Dura Europos 639; Baptisterium, Wandmalereien 689; Synagoge 689
Émile Durkheim 461. 486
dux 440
Dymanes (dor.) 366

Echembrotos von Arkadien 182
Echtheitsfragen 92. 103. 107. 112. 123 (Bentley); Theognidea 183, Platon 205. 524, Aristoteles 207, Corpus Hippocraticum 214, Lysias 217, Isokrates 218, Demosthenes 220, *Prometheus* 224, Euripides 228, Theokrit 256, *Christus Patiens* 308, *Johannesevangelium*-Paraphrase 308; in Byzanz 316, Romanos Melodos 325, Joh. Damask. 328; s. auch Pseudo-
Edessa 428
Edictum ad populum 440

Edition: 'Raubeditionen' 11; antike Gesamt- oder Teileditionen 15f.; Aufgaben der Klassischen Philologie 24f.; Editiones principes 119f.; s. auch ἔκδοσις
Editiones Aldinae 120
Editiones Iuntinae 120
ἔδος 468. 497
ἐγώ: Formenentwicklung 165
Ehoiai 177
A. Ehrhard 319
eigentümliche Schreibweisen: Inschriften 73, Handschriften 55
Eileithyia 498. 499
εἱμαρμένη 201. 549
εἰμί: Entwicklung im späteren Griechisch 166
das Eine 556–558. 559
Eingeweideschau 461
Einsiedler: s. Mönchtum
Eirenaios: s. Irenaeus
Eirene (Göttin) 490; Statue 622
εἰς: Entwicklung 164
εἰσιτήρια 490
ἔκδοσις (= Publikation) 3. **10**. 11; *ekdosis* (= öffentl. Ausschreibung) 79
Ekdysia 489
Ekklesia (ath.) 381. 384. **388**. **389f**. 392. 395. 404
Ekphraseis (dicht.) 299. 310. 311. 312. 325. 332
Elea 376; Münzen 697; eleatische Schule 194. 376. **512–515**. 565
ἐλεγεῖον: s. Distichon (eleg.)
Elegie 152. 180. **182–184**. 185. 188. 203. 204. 231; Sprache 153; Metrik 347. 348; im späteren 5. und 4. Jh. **244**; im Hellenismus 260 (Philitas 249, Kallimachos 262); s. auch Distichon
ἔλεγος 182
Elektron(münze) 694. 698. 701
elektronische Datenverarbeitung: Bedeutung für die Papyrologie 71, Epigraphik 82
Elementenlehre: Vorsokratiker 563. 564, Empedokles 516f. 563
Elenchos: Sokrates 523. 524, Sophisten 533
Eleusis 176. 379. 396. 421; myk. Zeit 365 (Linear B-Funde 136); Kaiserzeit 668; Demeterheiligtum 379. 466. 493; Telesterion 473. 494. 633. 668; Anaktoron 473. 494; Mysterien 217. 475. 491. **494**
Elfenbeinarbeiten, spätant. 691f.
Elias (Aristoteles-Kommentator) 102. 309
Elis 390. 394; Achilleus-Kult 481; Münzen 700
Elision 346. 349
Eliten, städt.: in der Kaiserzeit 419. 424, Spätantike 443. 444f.
A. Ellissen 318
ἐμβατήρια 192
Emendation: s. Konjektur
Empedokles **194f**. 201. **515–517**. 521; Elementenlehre 563: zur Fixsternsphäre 572; über Pythagoras 510; und die Medizin 215, Parmenides 517, Anaxagoras 517; als εὑρετής der Rhetorik 216; als Epiker 243
empirische Ärzteschule 554. 580
Enargeia 252
enklitische Formen 165
ἐγκοιμητήριον 493
Enkomion 187. 188. 189. 190. 211. 231. 263; Xenophon 211, Isokrates 219, Theokrit 265; Kaiserzeit 272; Spätantike 299. 311; Byzanz 326. 327. 334. 338; in iamb. Metron 300; enkomiastische Epik 243
Ennius: und Hesiod 178, (Pseudo-)Epicharm 200, Euripides 230, Alexis 240, Archestratos von Gela 245
Entdeckungsfahrten 574
Enthymem 535
Enyalios 488. 496. 498
Enzyklopädismus: bei Hippias 203; in Byzanz 18. 109. 316. **331**. 332. 333
Epam(e)inondas 398. 399. 403; Plutarch-Biographie 282
ἐπαοιδή/ἐπῳδή 463
Epeiros 371. 414
Epeisodia 223. 230
Epheben 196. 489. 490. 494. 496; Haaropfer 469; und Apaturia 487; in Athen 488
Ephebenliebe 187; s. auch Homoerotische Dichtung
Ephesos 367. 374; in der Kaiserzeit **671**; Konzil (431) 303. 447; Skulpturenschmuck 607; Artemistempel 632. 671, Münzfunde 695; Parthermonument 662;

Kaiserkultbauten 662; Hadrianstempel 662, tetrarch. Relieffries 688; Celsus-Bibliothek 671; Kathedrale 685; Hanghäuser 676. 684, Malereien 689, Mosaiken 690; Münzen 695. 701

Ephialtes 224

Ephoren 377

Ephoros von Kyme 212. 218. 280; kritisiert von Timaios 45, von Strabon 97; Abschreibfehler in seinem Text 93

Ephraem von Antiochia 107

Epicharm **199f.** 233; Sprache 154; Metrik 352: und Kratinos 233, Krates 234, der Mimos 242, Theokrit 256

Epidauros: Asklepieion 78. 466. 493 (Asklepios-Statue 620); 'Thymele' 633

epideiktische Reden 217. 218. **272**. 535. 547; erzählen Mythen 479

Epigonoi (kykl.) 176. 177

Epigramme 18. 62. **191f.**: Sprache 153; Metrik 348; pergam. Weihepigramm 72f.; Inschriften 75f. 287; Epigramme 'Homers' 175, Anakreons? 185, des Simonides? 188. 192, des Aischylos? 244, des Sophokles? 244, des Euripides? 244, des Hippias 203, Platons? 205. 244, Erinnas? 244; des Philitas 249; der Anyte 256; des Gregor v. Naz. 307; im späteren 5. und 4. Jh. **244**; im Hellenismus 247. **265f.**; in der Kaiserzeit **287**; in der Spätantike **300**. 311. 312; christl. 308; in Byzanz 316. 324. 325. 326. 327. 329. 330. 331. 332. 333. 334. 336. 338

Epigraphik: Aufgaben 60. 72; und literarische Überlieferung 74; Beitrag zur Literaturgeschichte 75f., Sprachgeschichte 75. 142f., Alten Geschichte 76f., Religionsgeschichte 77f., Philosophiegeschichte 78, kaiserzeitl. Rhetorik 272, kaiserzeitl. Dichtung 285. 287, Medizingeschichte 78, Archäologie 79; Schriftträger 79; Fundzusammenhänge 79f.; Aufnahme von Inschriften 80; frühe Epigraphiker 80f.; Beitrag Scaligers 122; Inschriftencorpora 81f. 126; Auswahlsammlungen 82; Neufunde 82f.

Epik **172–180**; und Mythos 479; begründet panhell. Kulte 481; Metrik 346. 347;

'achäische' Phase 149; 'äolische' Phase 149; mykenische Tradition 150; und Stesichoros 187, Bakchylides 189, Herodot 209, Kallimachos' *Hekale* 261, Roman 276; parodiert 235; im späten 5. und 4. Jh. **242f.**; im Hellenismus **258–260**; in der Kaiserzeit **286**; in der Spätantike **299**. **310–312** (Apollinarios 307); in Byzanz 326. 332; histor. Epik 299. 326

Epikedion 188. 299; s. auch Threnos

ἐπικεκριμένοι 432

Epiklesen 463. 480. **497**

Epiktet 284. 545; Sprache 162; von Arrian ediert 280; von Simplikios kommentiert 308

Epikur 282. 523. **542–545**. 565; Werke 542; Kanonik 543; Physik 543f.; Ethik 544f.; und Demokrit 564; als Büchersammler 11; Inschrift von Oinoanda 78; von Kleanthes bekämpft 546; und Plutarch 284. 531; von Demetrios Lakon kommentiert 95; Fragmente 127; Porträt 648

Epikureismus 256; inschriftl. Zeugnisse 78

Epimenides 179

Epinikion 180. 187. 188. **189**. **190**; des Euripides? 228; bei Kallimachos 262

Epiphanios von Salamis 300; und der Manichäismus 304

epische Sprache **148–151**. 172; bei Sappho und Alkaios 152, Archilochos und Semonides 153, in der Chorlyrik 153 (Pindar 190), Tragödie 153; parodiert 181. 245 (Epicharm 154, Alte Komödie 154); Wirkung auf spätere Literatur 151; s. auch homerische Sprache

epischer Kyklos: s. Kyklos

episcopalis audientia 446

ἐπιστήμη 507. 538

Epistemologie: bei Parmenides 514; bei Platon 527

Epistolographie: s. Briefe

Epistratege 432

Epitaphios 210. 216. 217. 220

Epithalamion 180. 185

Epitheta 131. 185

Epitomisierung 297

ἐποχή 553

Epochengrenzen: archaische Zeit/Klassik 611; Klassik/Hellenismus 402. 611; Hellenismus/Kaiserzeit 269. 402; Kaiserzeit/Spätantike 269. 678; (Spät-)Antike/Byzanz 66. 104. 320. 323. 435. 679
Epode 181. 348. **352f.**; epodische Strophe 152. 185. 354
ἐπῳδή: s. ἐπαοιδή
Epyllion: im 4. Jh. **243**. Hellenismus **260f.**, Spätantike 311
Erasistratos 579
Desiderius Erasmus **120**
Eratosthenes 249; *Erigone* 260; *Hermes* 260; mathem. Dichtung 263; als Geograph 567. **574f.**
Erde: Scheibe und Kugel 573f.; Erdumfang 574; Erdbeschreibung 195. 286f. 573
Eretria 371. 385; früher Tempelbau 592; Münzen 701
Erinna von Tenos/Telos **243**. 248; Epigramme? 244
Eristik 204
Erkenntnistheorie 202; bei Parmenides 513f., Empedokles 516, Anaxagoras 519, Demokrit 519f., Protagoras 518, Gorgias 521, Platon 525f., Epikur 543, den Stoikern 548
Erneuerungsfest 486. 489
Erntelieder 192
Eros 480. 496. 499; bei Anakreon 185; bei Ibykos 187; auf 'Kertscher' Vasen 629; s. auch Liebe
Erotik: in der Dichtung 183. 185. 186. 189. 192. 263. 266. 279. 287. 310. 324; im Sinne Platons 529
Ἐρωτοπαίγνια 341
Erstlingsopfer 463
Erythrai: Achilleus-Kult 481
Erzählforschung 132
Erziehung: s. Schulwesen
Eschara **467**
Eselsroman 276
Essayistik in Byzanz 338. 340
Estienne: s. Stephanus
Etazismus 120
Ethik 206. 227 (Adels-); bei Sokrates 204. 523f., Platon 205. 525, Demokrit 519. 520, Antiphon 522, Aristoteles 536. 538f., Epikur 544f., den Stoikern 549–551, Panaitios 551

Ethnographie 195. 203. 212. 213. 214. 283. 575
Ethnologie 197; Beiträge zur Religionswiss. 457; 'Großes Fest' 485; Initiationsriten 487
Ethopoiie 218. 228; dicht. 299. 312; christl. 307
Etrusker 371. 372. 375. 376. 387
Etymologicum Magnum: 317
Euagrios Pontikos 306; und Johannes Klimax 327, Maximus Confessor 328
Euagrios Scholastikos 313. 325
Euainetos (Stempelschneider) 698
Euaion 231
Euböa: in den 'Dunklen Jhh.' 367f.; Anteil an der Kolonisation 370f.; und der Ursprung des Epos 150; euböisch-attischer Münzfuß 695f.
Eubulos (Kom.) **239**
Eubulos (Pol.) 220. **404**. 405. 612
εὔχομαι 463
Eudemos von Rhodos **207**; als Wissenschaftshistoriker 89
Eudokia 308
Eudoros 531
Eudoxos von Knidos (Astronom) 206. 530. 569. 570; Sphärentheorie 571; Himmelsglobus 572; und Arat 94f. 263
Euenos von Paros 183; Τέχνη 216
'euergetisme' 420; εὐεργέται 421. 446
Eugammon von Kyrene 177
Niketas Eugenianos 335
Johannes Eugenikos 338
Markos Eugenikos 317. 338
Eugenius von Palermo 336
Euhemeros 276
Euklid (Geometr.) 33. **569**
Euklid von Megara 204
Euktemon 214
Eulogios von Alexandria 107
Eumelos von Korinth 177. 179
Eumenes von Kardia 410
Eumolpiden 494
Eunap(ios): *Sophistenviten* 297. 298; Geschichtswerk 298; und Oreibasios 297. 298
Eunomia 381
Eunomios 302. **303**
Eunuchen im spätant. Staat 439

Eupalinos-Tunnel 375
Euphorion (Trag.) 231
Euphorion von Chalkis 249f., 260; Fluchkataloge 262
Euphronios (Maler) 599f.
Eupolis **235**
Euripides **228–230**. 231. 246. 255. 330; von Euphorion besiegt 231; ahmt Neophron nach (?) 231; *Kyklops* 199; Epigramme? 244; 'Euripides-Briefe' 123; Sprache 228. 350; Metrik **349f.** 351. lyr. 354. 355. 356. 357. 358. 362; Prolog 223; erzählt aitiolog. Mythen 481f.; tendiert zum 'Melodram' 223; Anachronismen 97; Sportkritik 184. 230; Einfluß des Anaxagoras 201, des jüngeren Dithyrambos 241; E. und Protagoras 202; E. in der Komödie (Aristophanes 237f., Platon Kom. 235, Phrynichos 236, Eubulos 239); parodiert von Rhinthon 242, von Sopatros 242; E. und die Neue Komödie 253, Ezechiels *Exagoge* 251, *Christus patiens* 308. 335; in Kallimachos' *Pinakes* 92; mit Georgios Pisides verglichen 110. 316; Wiederaufführungen 623; 'Staatstext' 219; Papyri 64; Handschriften 55. 110. 113. 114. 115: Erstdruck 120; in der Philologie: Eustathios 18, Moschopulos 18, Porson 124 (*Hekabe*), Wilamowitz 128 (*Herakles, Ion*), Schwartz 129 (Euripides-Scholien)
Eurymedon (Schlacht) 388. 391
Euryphon 215
Eurypontiden 377
εὐσέβεια 459
Euseb(ios) von Caesarea 14; *Demonstratio evangelica* **304**; *Praeparatio Evangelica* 284. **304**; Chronik **302**; Kirchengeschichte 289. 290. **302** (von Schwartz ediert 129); *Leben Konstantins* 306; über Evangelien-Diskrepanzen 100; Bibelerklärung 301; gegen Hierokles 304, Porphyrios 304; Kaiserideologie 436. 438
Eustathios von Thessalonike 18. (47). **335**. 318. 338; kommentiert Homer 18. 111, Dionys. Perieg. 287, Joh. Damask. 316. 328; Pindarphilologe 18. 111: Kenner von Euripideshandschriften 18. 111; Textkritiker (?) 111
Euthymides (Maler) 599

εὐθυμίη 520
Euthymios: s. *Vita Euthymii patriarchae*
Eutrop, *Breviarium* 298
Eutyches 303
Eutychian 298
Evangelien **289f.**; auf Papyrus 63; s. auch Lukas-, Markus-, Matthäusevangelium
Evolution: bei Anaximander 509, Empedokles 516
ἐξ schwindet als Präfix 164
excerpta 3
ἐξηγεῖσθαι 94
Exegese (christl.) 300. 301. **304**. 313
Exekias 598
Exodos 223
Experimente 568
Ezechiel, *Exagoge* **251f.**

Fabel(n) **193**; bei Hesiod 178. 193, Archilochos 193, Äsop 193, Kallimachos 257; von Demetrios von Phaleron gesammelt 207
fabricae: s. Waffenfabriken
fabula 479
Johann Albert Fabricius 123. 318
Fachwissenschaften: Begriff und Entstehung 567
Fälschung 52. 92
Farce 253
Fasten 486
Fasteninschriften 75f.
Favorinos von Arelate **273**. 282; Buntschriftsteller 278; Skeptiker 284
Fehler 101; des Auges u. des Ohrs 48f. 55; Auslassungen 49. 50; Assoziationsfehler 49; falsche Einfügungen 49. 50; Umstellungen 50; eigentümliche Schreibweisen 55; gemeinsame Fehler 53. 54. 55; trennende Fehler 54; unabhängig entstandene gleiche Fehler 55; auf Inschriften 74; s. auch Korruptelen
Fehlerverbreitung in Handschriften 41
Fehlerverteilung 54. 55
Feste **483f.**; Festtypen **485–489**; und Chorlyrik 185; in der Kaiserzeit 286. 419; spätant. 446
Festreden: s. epideiktische Reden
Festungsarchitektur: archaische Epoche 605; klass. Zeit 633; Spätantike 450. 452. 681; s. auch Militärbauten

Feuerriten 462; neues Feuer 486
Marsilio Ficino 119
fiscus Iudaicus 431
Fixsterne **572f.**; Fixsternkatalog 572
Flamininus 416
flavische Kaiser 423; Flavierpalast 642
Florilegien 297. 301
Francesco Filelfo 116; als Übersetzer 119
Florenz: Konzil (1439) 116. 118; Platonische Akademie 116. 119
Fluch 463; auf Inschriften 77f.; Fluchdichtung 262
Fluchtafeln: Quelle für Sprachgeschichte 143; F. von Teos 347
Flußgott 469. 499
Föderaten 449
föderative Ordnung: s. Bundesstaat
Bernard de Fontenelle 477
'Formeln' 131. 149. 172. 174
Formprinzip: archaisch/klassisch 608
Formensprache: klassisch/attisch 609; innerhalb der Klassik 611
Fortschrittsdenken: bei Anaxagoras 201, Archelaos 201, Demokrit 202, Prodikos 202; Reaktion des Sophokles 227
Forum (Bautyp) 667
Eduard Fraenkel 130
Hermann Fränkel 130f.
Fragmente auf Papyrus 62f.; Fragmentsammlungen 123. **127**. 130; und Athenaeus 278
Fragmentum Grenfellianum 248
Françoiskrater 598
Frauen 601; bei Euripides 229, Aristophanes 237. 238, Herondas 255; in Athen 220. **389**, Sparta 378; im griech.-röm. Ägypten 68; im spätant. Kaiserhaus 437; als unrein von Heiligtümern ausgeschlossen 464
Frauenbild: orientalis. Epoche 595; Frauenporträts, hellenist. 648
Frauenfest **486**. 489
Frauenkatalog 177
James Frazer 457. 482. 486
Paul Friedländer 130
Frikativisierung 157. 159. 166
Fritigern 449
Kurt von Fritz 130. 131
'frühbyzantinisch' 435

Frühklassik 611. 613. 627
Fünfzehnsilber 321. 332. 333. 334. 335. 336. 339. 340
Fürsten: Auftraggeber für Kunst 610
Fürstenspiegel 325. 338
Futur: Formenentwicklung in der kaiserzeitl. Koine 160; im byzant. Griechisch 167

Gabenopfer 460
Hans Georg Gadamer 131
Γαδάρου, λύκου καὶ ἀλουποῦς διήγησις ὡραῖα 340
Gaia 178. 480. 496. 499
Gaius Caesar, Kenotaph in Limyra 667
Galater 413. 427. 637; Galatien 413
Galen von Pergamon 532. **580**; philosoph. Schriften **285**; Sprache 162; diktierte 4; über Textvarianten 45, literarische Fälschungen 92; als Hippokrates-Philologe 90. 214; als Iatrosophist 297; von Oribasios epitomiert 297; von Nikolaos von Reggio übersetzt 116
Galerius 436. 448. 679; Galerius-Bogen 682, Relieffriese 688
Galiläa 431
Galilei 581
Gallienus 423
Gallier: s. Kelten; Gallierweihgeschenke (pergamen.) 645
Galloi 475
Gandharakunst 635
Gastronomisches 182; bei Epicharm 199; in der Mittleren Komödie 233 (Eubulos 239, Antiphanes 239, Anaxandrides 240, Alexis 240); bei Philoxenos 241; in parod. Dichtung 245
Gattungen: kunstsprachlich unterschieden 151; G. und Sprachform 152, literar. Dialekte 153f.; der Lyrik 180; Gattungsvielfalt bei hellenistischen Dichtern 247; in Byzanz 321f. 323
Gaugamela (Schlacht) 408
Theodoros Gaza 118. 120
Gaza 408; Bibliothek 14; spätantikes lit. Zentrum 103; Rednerschule 310. 324
Gebet 461. **463**. 472
Gedichtbücher 247
Geist: s. νοῦς

Geistesgeschichte: dazu Jaeger 130, Snell 130, Fränkel 131
Gela 224. 386. 399; (Friedensschluß 424) 213
Gelasios von Caesarea 302
Gelasios von Kyzikos 303
Geld: Entwicklung 695; Geschichte auf Papyri 67; s. auch Münzprägung
Geldwirtschaft 375; in Sparta gemieden 378; Impuls durch Alexander d. Gr. 408
Gelegenheitsdichtung 299
Gellius 273. 312
Gelon von Syrakus/Gela 387. 390
H. Gelzer 319
Gemälde als Quelle für die Neue Komödie 253
Gemeingriechisch: s. Koine
Gemmen 658
Genealogie(n) 179. 195. 480; von Heroen 481
Joseph Genesios 331
Gérard Genette 132
Genitiv: ersetzt Dativ 160
Gennadius von Marseille 294. 302
'Genre-Szenen' 266; Genreplastik 649
Geographie 195. 202. 206. 207. 214. 283. 567. **573–575**; frühe Erkenntnisse 564; geogr. Literatur 258; in hellenist. Dichtung 263
Geologie: frühe Erkenntnisse 564
Johannes Geometres/Kyriotes 332
Geometrie 193. 207. 568; sphärische G. 207. 569; 'geometrische Algebra' 568
geometrische Epoche 586. **587–592**; geometische Phase 586. 587
Georgios Grammatikos 312
Georgios Hamartolos/Monachos 318. **331**; Sprache 163
Georgios Hermonymos (Kopist) 23
Georgios von Kallipolis 338
Georgios Pisides 311f. **326f.**; mit Euripides verglichen 110. 316; Sprache 327
Georgios Synkellos **329**
geozentrisches Weltbild 511. 572
Gerechtigkeit bei Platon 525, Aristoteles 539
Gerichtsreden 216f. 218. 220. 272. 535. 547
Germanen 448
Germanicus: und Arat 263
Germanistik und Philologie 130

Germanos I. 328
Gerusia 377
Geschäftsschrift: s. Kursivschrift
Geschichte: und Mythos 480
Geschichtsschreibung 154. **195. 208–213**. 246; im Hellenismus **266–268**; in der Kaiserzeit **279–282**; in der Spätantike **298. 309f.**: christl. **301–303. 312f.**: in Byzanz **324f. 326. 329. 331. 334f. 337f. 339f.**; bei Aristoteles 539, Dionys v. Halik. 269. 270, Lukian 275; s. auch Alexanderhistoriker, Atthidographie, Lokalgeschichtsschreibung
Geschlechterfest 485. **487**
J. M. Gesner 124
Gewandfiguren 626f.
Gibbon: zur Spätantike 435. 445; über Byzanz 318
Gigantomachie(n) 245. 286; auf archaischer Bauplastik 605; Pergamon-Fries 645. 650; Lagina, Hekatetempel, Fries 650
Gilden von Künstlern, Sportlern 421
Filippo Giunti 120
Gla 365
Gladiatorenspiele 421; inschriftl. Zeugnisse 77
Glaukos von Rhegion: Περὶ τῶν ἀρχαίων ποιητῶν καὶ μουσικῶν 88; über Demokrit 518
Gliederweihungen 471
γλῶσσαι 95. 249
Glossarium ad scriptores mediae et infimae Graecitatis 318; *Glossarium graeco-barbarum* 317
Glossen 49
Glyconeus 360. 362; glykoneische Strophe 184
Michael Glykas 335. 337
Glyptik, hellenist. 658
'Gnathia'-Vasen 630
Gnome 511; Gnomologien 183
Gnomon 564. 570. 572. 575
Gnostiker: gegen Christen 296; von Plotin kritisiert 556
gnostische Lehren 289. **290**. 291
γόης 475
Goethe 124. 125; u. das griech. Volkslied 318
Götter 459. 461. 462. 463. 464. 465. 491. **495–500**; Einteilungen 498–500; als Großfamilie 496. 498; panhellenisch/

polisspezifisch 497; myken. Vorstufen 496; Wohnsitz 468; durch Priester dargestellt 474; G. und Feste 483; Göttervereine 499; 'Kleinere Götter' 499: fremde Götter **500** (Angleichung 498); bei Homer 175, Hesiod 177f., Pindar 190, Aischylos 225, Sophokles 226, Euripides 228, Hermippos 236, Anaxagoras 201, den Sophisten 202, 620, Protagoras 522, Prodikos 202, Kritias 203, Epikur 542, Menander 253, Kallimachos 265, Aelius Aristides 274, Lukian 275, Jamblich 559; s. auch olympische Götter

Götterbild 468; in der archaischen Kunst 597. 605; in der klass. Kunst 619f.; im 4. Jh. 624f.; hellenist. 644f.; klassizistisch 645; als Weihgeschenke 470; von Menschendarstellungen nicht immer unterscheidbar 470. 592

Götterkritik bei Xenophanes 184. 496. 509

Götterzeichen 491

Göttinnen: Darstellung 470

Gold-Elfenbein-Statuen 468. **620**. 631. 637. **645**

'Goldener Schnitt' 569

Goldenes Zeitalter 234

Goldmünzen 698. 701

Gorgias von Leontinoi **202**. 204. **216**. 218. 231. 394. 515. 520. **521**; Definition der ποίησις 344; Sprache 154. 156; gorgianische Figuren 216. 218

Gorgo-Maler 598

Gortyn: Athenatempel 468; Asklepieion 493; Circus 666f.

Goten 324. 423. **449**. 450

Gottesbegriff: bei Heraklit 512, den Stoikern 549

Gottkönigtum 408. 409. 425

Grab und Bothros 468

Grabbauten, hellenist. 642–644, kaiserzeitl. 667; s. auch Kammergräber

Grabkult 462

Grabkunst, hellenist. 652–654: Kaiserzeit 675f.; Grabdenkmäler 610. 625f.; Grabreliefs/-stelen 602. 625. 675; Grabstatuen 602; Grabmalerei 656. 676. 689; s. auch Sarkophage, 'Totenmahlreliefs'

Grabluxus-Gesetz 625; kleisthenisch 384; des Demetrios von Phaleron 625

Gräko-baktrisches Reich 408. 415. 417. 637; Münzen 704

Graes/Graikoi 371

J. G. Graevius 122. 123

Grammatik 98f. 202; ihre Unkenntnis als Fehlerquelle 55; grammatische Handbücher als Quelle für Sprachgeschichte 163; in antiken Codices 15; frühe gedruckte Grammatiken 119. 120

Grammatiker: als Quelle für Sprachgeschichte u. Dialekte 142; als Attizisten 162

Granikos (Schlacht) 407

γραφὴ παρανόμων 390

Johannes Grassos 338

Gregor von Nazianz 30. 295. **303**; Briefe 300; Dichtung **307** (von Kosmas Mel. kommentiert 328); Autor des *Christus patiens*? 308. 335; Erwiderung auf Julian 304

Gregor von Nyssa 130. **303**. 305; Dialoge 301; Briefe 300

Nikephoros Gregoras 317. **339**, als Philologe 115

Gregorios Thaumaturgos 293

Gregorios von Korinth 111

Gregorios Kyprios 338. **340**; Sprichwörtersammlung 114

Gregorios, *Vita Basilii iunioris* 331

Griechen: und Rom 269. 279f. 424

Griechisch: mykenische Vorstufen 137–140; Sprachgeschichte 65. **135–168**; Wortschatz 65. 139f.; Änderung der Aussprache 49; Übernahmen aus anderen Sprachen 65. 139; in röm. Syrien 428, Ägypten 434; s. auch Neugriechisch, Nicht-Griechisch

Griechische Anthologie: von Planudes 'gereinigt' 113; Erstdruck 119f.; s. auch *Anthologia Palatina*

griechische Kunst der Kaiserzeit und römische Reichskunst 659f.

griech. Mutterland: in der Kaiserzeit **425f.**; hellenist. Kunst 638

Griechischkenntnisse: im Westen 17. 112; in Italien 19. 20; in der Renaissance 119

Grillparzer 311

Jakob Grimm 482

J. Gronovius 122

'Großes Fest' 485

'Große Götter' 494
'Große Göttin' 494
Gründungsgeschichten/-mythen 421. 480
Grundbesitz (spätant.) 444; christl. 446
Janus Gruter 122
Gryllos, Enkomien auf 211
Gryneion 492
Guarino da Verona 118
Güterlehre, stoische 550f.
Gyges 183. 373, G.-Drama 251
Gylippos 395
Gymnasion 419. 428; als Aufbewahrungsort für Bücher 12
gymnische Agone 488; Kaiserzeit 421
Gymnopaidien 186

Haaropfer 469f. 487
Hades(-Pluton) 480. 496. 498
Die Hadesfahrt des Mazaris 340
Hadrian 280. 286. 287. 290. 421; und die Juden 431, die epikur. Schule 78, Athen 671; Städteförderung 419; Ausbau des Kaiserkults 664; Hadriansvilla 642
Hadrianos von Tyros 272
Häretiker **290**. 292. 447; und die Hymnographie 321
Hagesichoreus 359. **360**
Hagia Sophia 325. 452. 685
Hagias von Troizen 177
Hagiographie 283. **306**. 310. 313. 318. 321. 325. 326. 327. 328. 329. **331**. 338; neuplat. 308; Sprache 163
Halikarnass 402; Maussolleion 613. 622. 632. 643
Halle: Seminarium Philologicum 125
Handbuch 222
Handel 420. 427. 429; in Ägypten 67. 433
Handschriften: Rolle bei der Textüberlieferung 45f.; Beziehungen untereinander 53–56; Handschriftenfamilien 55. 56; Datierung 54; Wasserzeichen 54; stoffl. Beschädigungen 54; Folgen des 4. Kreuzzugs 112; Herstellung in Spätmittelalter und Frührenaissance 21, durch Kopisten 22; Beschaffung aus Byzanz 21f. 118; Handschriftenfonds in Bibliotheken 24; Tafelwerke 27f.; Handschriften 'Gruppe 2400' 35; Musikhandschriften 323

Handschriftenvergleich 51. 55
Handwerk 420. 429; in Ägypten 67; Handwerkergottheiten 466
Hannibal 414. 416
Hanno: Entdeckungsfahrt 574
Harmodios und Aristogeiton 192. 244. 383; Statuengruppe 613. 616
Harmonielehre 510. 511
Harmosten 397
Adolf Harnack 127
Haronnophris 66
Harpalos(-Affäre) 220. **221**. 222. 251
Harpokration, Λέξεις τῶν δέκα ῥητόρων 98; zu Theognis 183; kritisiert Didymos 98
Jane Ellen Harrison 457. 482. 487
W. Harvey 577
Hebraismen: 159. 160
François Hédelin, Abbé d'Aubignac 173
Hedonismus 205. 230; s. auch Lustlehre
Heer: arch. Zeit 369; Kaiserzeit 424; Spätantike **440f.**; Rolle bei der spätant. Kaisererhebung 437f.
Heermeister 438. 439. 440. 449
Hegel 130; über die Sophisten 520f.; über Byzanz 318
Hegemon von Thasos **245**
Hegemonios 304
Hegesias (Ep.) 177
Hegesinos (Ep.) 177
Hegesippos (Redner) 220
Hegesippos (christl. Autor) 290
Heidegger 131
Heidentum 445. **447f.**
Heilheroen 481
'heilig' **459**; heiliger Bezirk 460; heiliger Hain **467**
Heilige Gesetze 77f.
'Heilige Kriege': erster 373; dritter 399; vierter 405
Heiligenviten: s. Hagiographie
Heiligtum **465–467**. 474; überlokale/-regionale Heiligtümer 258; mit fest angestellten Sehern 476; Kaiserzeit 668
Heiligtumsschmuck 470
Heilung: s. Krankenheilung
Heilungswunder; inschriftl. Zeugnisse 78
D. Heinsius 122
Hekataios von Milet **195**. 511. 564; als Geograph **573**; Sprache 154. 155

Hekate: karisch? 500; Hekatetempel in Lagina, Fries 650
Hekatompedon 592
Helena: bei Stesichoros 187; Kult 187; als Heroine/Göttin 481; bei Lydos (Maler) 598
Heliaia 381. 389
Helikon 191. 262. 265
Heliodor (Grammatiker): zur Metrik 97. 98. 344
Heliodor (Romanautor) **277**; Datierung 277f.; mit Achilleus Tatios verglichen 110
Helios 489
heliozentrisches Weltbild 572
Helladios von Antinoupolis 101; *Chrestomathien* 299
Helladische Kultur 365
Hellânes/Hellenes 371
Hellanikos von Lesbos **213**. 280; als Homer-Χωρίζων 173
Hellenika von Oxyrhynchos 127. **212**
Hellenisierung 427. 428. 429. 433
Hellenismus: Begriffsabgrenzung 210. 246. 402. 541; städt. Feste 485; Bibliotheksgründungen 12; Konzeption Droysens 126. 402
hellenistische ...: s. auch alexandrinische ...
hellenistische Dichtung: Begriff 248; Metrik 348; Mythenerzählung 479; Vorläufer: Antimachos 243. 244, Erinna 243; von Pseudo-Longin kritisiert 270; und Nonnos 311
hellenistische Gelehrte: erhaltene Werke 94f.; Leistungen 96f.; über Thespis und Tragödie 196; als Inschriftensammler 75. 80f.; s. auch alexandrinische Grammatiker
hellenistisches Königtum 264f. 412; Frühformen 399. 402 (Dionysios I. 399, Philipp II. 404)
hellenistische Kunst 610. **635–658**; Einteilung 635; räumliche Ausdehnung 635
hellenistische Medizin **579**
hellenistische Philosophie 507. **541–555**; Charakteristika 541
Hellenotamiai 226
Heloten 377. 390. 488
Hemiepes 152, 348. 352
Hemijamben 312

Tiberius Hemsterhuys 123
Henaden 559
Hephaistion (Gramm.) zur Metrik 97. 98. 106. 111. 113. 344; über Epoden u. Asynarteten 352
Hephaistos 466. 496
Hephthemimeres 347. **348**
Hera 496. 497. 498; Hera von Samos (Holzbild) 469
Heraclius (Herakleios) 104. 326. 679
Heraia 466
Herakleia am Pontos 372. 402
Herakleianos von Chalkedon 304
Herakleides Pontikos 206; als Philologe 89. 206; über Thespis 196; fälscht Thespis 198
Herakleitos (Stoiker) 88. **95**
Herakles 469. 481. 488. 498; bei Ibykos 187, Epicharm 199, Euripides 229, Aristophanes 237, Alexis 11. 240, Kallimachos 263, Theokrit 265; im Satyrspiel 224; in spätant. Dichtung 312; Herakles-Epik 179. 258; H. und Alexander d. Gr. 407; 'Herakles am Scheideweg' 202; H. Θάσιος 497; auf 'Kertscher' Vasen 629
Heraklit 126. **194**. **511f**. 563; Sprache 154; zu Mordsühne 464; über Pythagoras, Xenophanes und Hekataios 511; bezweifelt sinnl. Wahrnehmung 562; παλίντονος ἁρμονίη 615f.; von Epicharm parodiert 199; von Kleanthes erklärt 546
Herculaneum: Villa dei Papiri 14. 545
«Herculii» 437
Herder 124. 457
Herdhaus 592
Herdtempel 473
Herillos von Kalchedon 547
herkulanensische Papyri 4. 5. 6. 7. 59. 542
'Herkulanerin', 'Große' und 'Kleine' 627
Hermagoras von Temnos 271
Gottfried Hermann 125. 174. 344. 349. 360
Hermann'sche Brücke 347. **348**. 354
Hermarch (Epikur.): Porträt 648
Hermas: s. *Hirt des Hermas*
Hermen **472**; Hermenfrevel 203. 217. **395**
Hermeneutik 131
Hermes 176. 227. 466. 496. 498. 499; H. Kriophoros 470; H. Propylaios (Alkamenes) 620; Hermes des Praxiteles 624f.

Hermesianax von Kolophon 261
Hermetische Schriften 434; s. auch *Corpus Hermeticum*
Hermias 291
Herminos alias Moros (Boxer) 69
Hermippos **235f.**: als Iambograph 243
Hermodoros von Syrakus 206
Hermogenes (Architekt) 640
Hermogenes von Tarsos **271**. 336
Konstantinos Hermoniakos 340
Hero und Leander 311
Herodes d. Gr. 430
Herodes Atticus **273**. 286; als Briefschreiber 279; als Bauherr 666. 668
Herodian (Gramm.) **98f.** 105
Herodian (Hist.) **281**
Herodoros von Herakleia 213
Herodot 176. 195. **208f.**; Sprache 154. 155; über Homer 173. 480, Hesiod 480, Pythagoras 510, die *Einnahme Milets* des Phrynichos 198, Sparta 378, die Perserkriege 387; kritisiert Hekataios 573; Gyges-Geschichte 251; φθόνος θεῶν 208. 225; zu relig. Erscheinungen 458f. 480, den Apaturien 484, den Mysterien auf Samothrake 493. 494; 'übersetzt' fremde Götter 498; μῦθος-Begriff 479; ethnogr. Exkurse 575; als Epigraphiker 80f.; und Sophokles 226, Choirilos 242, Alexander d. Gr. 407, Arrian 280, Appian (?) 280, Priskos 309, Laonikos Chalkokondyles 339; Überlieferung in der Antike 16; von Aristarch kommentiert 94, Text von Philemon erörtert 101; Erstdruck 120
Hero(n)das 62. 127. 247. **255**; Metrik 350f.; literarisiert den Mimos 248; und Hipponax 181, Sophron 242
Heroen **480f.**, -genealogien 481, -mythen 480, -kult 462. 463 (dazu Philostrat 274), -grab 468, -zeit 176. 481. 482; Heroisierung 373 (Sophokles 226)
Heroenmahlreliefs 471. 654
Heron von Alexandria 581; Vakuum-Experimente 568. 581; Schriften zur Optik 581
Herophilos 579
Herostrat 632
Herrscherkult: Fortsetzung im Kaiserkult 662

Herrscherporträt: s. Königsporträt
Heruler 281. 423. 426. 673
Hesiod 148. **177–179**. 193; *Theogonie* 261. 373. **480**. 481. 499; *Werke und Tage* 261; *Frauenkatalog* (*Ehoien*) 261. **481**; Sprache 150; Metrik 346. 348; und Homer 178 (Wettkampf 88. 172. 173. 222); und der Mythos 457; Götter 497; zum Opfertrug 461; Beginn der Philosophie? 507; kritisiert von Xenophanes 509, Heraklit 511, Platon 206; von Epicharm parodiert 199; von Akusilaos in Prosa gebracht 195; und hellenist. Dichtung 261. 264 (Theokrit 256, Kallimachos 262, Arat 263f.): Hesiod-Papyri 46. 62. 64; bei Tzetzes 336; Erstdruck 119; in der Philologie: Planudes 18, Wilamowitz 128 (*Erga*)
Hestia 498. **499**
Hesych von Milet **297**
Hesych-Lexikon 123
Hesychasmus 20. 338
Hetären: in Athen 389; bei Pherekrates 235, Theopomp (Kom.) 236, Eubulos 239, Antiphanes 240, Alexis 240, Machon 255, Lukian 275, Alkiphron 279; Hetärenbriefe 310
Hetairien 395
Hetairoi 403. 404
Hethiter 178. 373; und Mykene 365f.; *tarwanis* 373
Hexameter 148. 149. 151. 152. 172. 176. 184. 191. 241. 257. 299. **347f.** 352; im Hellenismus 247f. 249. 263; bei Apollonios 259; in Epigrammen 266; christl. 307; spätant. 311 (neuplat. Schule 308, Nonnos 311); Umdichtung in Iamben 311; in Byzanz 321. 325. 330. 331. 333. 335. 339
Christian Gottlob Heyne 124. 457; Mythos-Begriff 477; zu Mythos u. Ritual 482
Hiat 218. **346**. 353. 354; Hiat(ver)meidung 310. 346; Hiatkürzung 346
Hierokles (Christengegner) 296. 304
Hierokles von Alexandria 309
Hieron von Syrakus 188. 189. 199. 224. **387**. 390; bei Xenophon 211
Hieron II. von Syrakus: bei Theokrit 265; Münzen 705

Hieronymus 305; *De viris illustribus* 302; als Übersetzer 294. 302; diktierte 4
Hierophant (Eleusis) 474. **475**. 494
Hiketas von Syrakus 214
Hilarotragödie **242**
Himera 186. 399; Schlacht 387
Himerios **295**
Hinkiambus 181. 182. 255. 257. 287. **350f.**
Hipparch (Peisistratide) 185. 188. 191. 383
Hipparch von Nikaia 571; Fixsternkatalog 572; berechnet Jahreslänge 573; Präzessionsglobus 573; geogr. Längenbestimmung 575; über Arat und Eudoxos 94f.
Hippasos von Metapont 194. 214. 568
Hippias (Peisistratide) 383. 385
Hippias von Elis **203**. 232
Hippodamos von Milet **214**; als Stadtplaner 634; 'Hippodamisches' System 634. 639
Hippodromos 287
Hippokrates von Chios 214. 568
Hippokrates von Kos 4. 214. 285. 578; Einfluß des Anaxagoras 201; bei Galen 90; Hippokratesbriefe 279
hippokratische Medizin **578f. 580**
Hippokratische Schriften **214f. 578f.**; *De vetere medicina* 567. 578; *De morbo sacro* 578; Sprache 154; Beschreibung von Modell-Experimenten 568; Textvarianten 45; Erstdruck 120
Hippolytos von Rom **290**; Chronik 301
Hippon von Samos 194
Hipponacteus 360
Hipponax 62. **181f.**; Metrik **350f.** 352; und Herondas 255, Kallimachos 255. 257, Babrios 287; bei Tzetzes 336; Sprache 153; Quelle für Sprachgeschichte 143
Hippys von Rhegion 213
Hirt des Hermas 290
Hirtendichtung s. Bukolik
Historia monachorum in Aegypto 306
Historikerfragmente 129
Historiographie: s. Geschichtsschreibung
Historismus 129; und Byzanz 318
Hochklassik 611. 612. 613. 617. **618–621**. 622. 626. 628
Hochzeitslieder, -gedichte 192. 299; s. auch Epithalamion
Hodegon-Kloster 19. 35, -stil 35

Höhlengleichnis **525f.**
David Höschel 317
Hof (des spätant. Kaisers) 439
Hoher Priester in Jerusalem 430. 431
Holokaust-Opfer 462. 467
Holztäfelchen als Beschreibmaterial 3f. 5; Vorbild für den Codex 8
Homer **172–176**; biographische Überlieferung 172f. (Wettkampf mit Hesiod 88. 172. 173. 222); Vorläufer 131. 172, 'Quellen' 174; Metrik 345. 346. **347f.**; H. und Mykene 365f., früharch.Zeit 368. 369; und der Mythos 457. 478; über Seher 476; Götterdarstellung 495. 497; Beginn der Philosophie? 507; kritisiert von Xenophanes 194. 509, Platon 206, Zoilos 212; H. und Stesichoros 478, Heraklit 511, Epicharm 199, Aischylos 225f., Sophokles 227, Antimachos 243, hellenist. Dichtung 247f. (Apollonios Rhodios 259), Pyrrhon 553, Timon 257, Quintus von Smyrna 286, Nonnos 311; H.-Cento des Patrikios 308; bei Pseudo-Longin 270, Dion von Prusa 89. 272; von Philostrat 'korrigiert' 274; angebl. attischer Autor 98; ant. Homerstudien 87. 96. 101. 335 (Demokrit 202, Protagoras 202, Demetrios von Phaleron 207, Philitas 249, Zenon 546); ant. Homer-Kommentare 90f. (Porphyrios 285); Echtheitsfragen 90f.; Anachronismen? 97; moralisierend interpretiert 87f. 257; allegorisch gedeutet 88. 95. 194. 213; in der Schule 87. 98 (auf Papyri nacherzählt 69); ant. Homeranthologien 14; Bibliotheks-Grundstock 11; in Byzanz: Eustathios 18, Tzetzes 336; von Leontius Pilatus ins Lateinische übersetzt 20; Homer-Text 46; vorhellenistische Fassungen 89; Papyri 64; Handschriften 20; Erstdruck 24. 119. 317; in der Philologie: Bentley 123, F. A. Wolf 125. 173, Wilamowitz 128. 174, Schadewaldt 131. 174, Parry 131. 174, Kakridis 131. 174; Urteil Voltaires 124; Homer-Porträt 617; s. auch *Ilias, Odyssee*
Homeriden 172
'Homerische Frage' 173f.

homerische Hymnen 148. **176**. 186. 311; Sprache 150; *Hermeshymnos* 227; *Areshymnos* 312; *Demeterhymnos* 494; und hellenist. Hymnendichtung 265

homerische Sprache **148f.**; Entstehungstheorien **149f.**; und die geometr. Kunst 590; bei Archilochos 151 f., Sappho u. Alkaios 152. 185, Anakreon 185; in Alexandria studiert 96; s. auch epische Sprache

Ὅμηρον ἐξ Ὁμήρου 90. 101

Homer-Scholien 87. 94. 95; D-Scholien 87. 88. 96

Homiletik 321. 328. 330. 335; s. auch Predigt

Homo-mensura-Satz 202. **522**

Homoerotische Dichtung 185. 186. 187. 287

Homoiomerien 518

Homonoia: als Göttin 499; Homonoia-Verträge 420. 421

honorati (städt.) 444

honores (städt.) 443.

Hopliten 182, **369f.**

Hoplitenmarschlieder 182. 354

Hopliten-Politeia 378. 391. 396

Horaz 470; und Alkaios 185, Pindar 189; über die Tragödie 251

Humanismus: in Byzanz 41. 333; in Italien 21. 317; nördlich der Alpen 120. 121

Wilhelm von Humboldt 124

Humoralpathologie 578. 580

Hunnen 449. 450. 451

Hurgonaphor 416

Husserl 131

Hyakinthia 488

Hyampolis: Artemistempel 468 f.

Hybris 225

Hygieia 490

Hylleer (dor.) 366

Hymenaios 180. 241

Hymnen **463 f.**; orph. 179. 286. 311; lyr. 180. 186. 189. 190. 191. 231. 264; im Hellenismus **264 f.**; spätant. 311; christl. 293. 306. 314; in Byzanz 321. 330. 331. 333; auf Inschriften 77 f. 264; s. auch Prosahymnus

Hyparchetypus 55

Hypaspistai 404

Hypatia 309

Hypatios von Ephesos 103

Hyperbolos 235. 395

Hypereides 62. 127. 218. **219f.** 239. 410

hypochthonische Opfer 460

Hyporchema 180. 186. 189. 198

Hypostasen 556 f.; bei Porphyrios 558, Proklos 559

ἰαμβικὴ ἰδέα 197. 233. 234. 239. 240

Iamblichos: s. Jamblichos

Iambos 152. **180–182**. 185. 200. 235. 252. 255. 257. 321; Sprache 153. 180; Metrik 347. 348. **349**; und die Komödie 197; im späteren 5. u. 4. Jh. **243**; im Hellenismus 257

Iambulos 276

Iambus (metr.) 199. 299. 327. 333. **348 f.**; lyr. **355 f.**; in Epigrammen 266; in spätant. (byz.) Proömien 299. 311. 312. 325; in spätant. Enkomien 300; in christl. Dichtung 306. 307. 308; in byz. Kanones 316. 317. 328; s. auch Trimeter

Iamiden 476

Iatrosophisten 297

Ibykos von Rhegion 184. **187**. 188; Metrik 354; und Stesichoros 187

Ich-Erzählung 276

deutscher Idealismus: Einfluß des Proklos 559

Ideenlehre 205. 206. 526f. **529**. 536; Idee des Guten 525. 530; Idee des Schönen 529

ἱέρεια 473

ἱερόεργος 473

ἱερόν 465

ἱερός **459**

ἱερεύς **473**; in Delphi 476; s. auch Priester

Ignatios von Antiochia 289

Ignatios Diakonos 329. **330**

Ikaria 198. 200

Ikonoklasmus 17. 32. 33. 322. 327. 328. 329. 330. 679. 684. 690

Iktinos 214. 631. 633

Iktus 345

Ilias 64. 148. 150. **172–175**. 176. 286; Bukolisches 256; Schiffskatalog 259; Schild des Achill 259; und Alexander d.

Gr. 407; in Sotadeen gebracht 258; Ἰλιὰς λειπογράμματος 286; erhält Interpunktion durch Nikanor 98
Iliupersis (kykl.) 176. 177. 286; bildl. Darstellung 598f.
Illuminatoren 17
Flavius Illus 449
illustres 440
Immunität 420. 443
Ἰμπέριος καὶ Μαργαρώνα 340
ἵνα in der kaiserzeitl. Koine 160
Index Stoicorum Herculanensis 551
Indien: Vorstoß Alexanders d. Gr. 408. 409; hellenist. Einflüsse 635
Indienhandel 429. 433
indigene Bevölkerung 427. 429. 430
indirekte Rede: Entw. in der kaiserzeitl. Koine 161; in byzant. Griechisch 166
Infinitiv: Rückgang 166
Initiation 475; Initiationsheiligtum 466; Initiationsthematik **486**
Initiationsriten **486**; transformiert 487f.; und Mythen 482f.
Initiatorische Feste **487f.**; initiatorische Kulte 481. 494
Inkubation 492. 493
Ino 499
Inschriften: zur Abgrenzung heiliger Bezirke 465; zu Priesterämtern 474; auf Weihgeschenken; protobulgarische 163; s. auch Epigraphik
Instrumental 160; im Mykenischen 138. 143
Interpolation: unbewußte 49f.; bewußte 52; durch Schauspieler 52
Interpretatio (Graeca) 498
Interpunktion 108f.; Einfügung 50; durch Aristophanes von Byz. verbessert 93; in Byzanz 322
Intertextualität 132
Inventarlisten auf Inschriften 79
Inversion von Ordnung 485f.
Ioannes: s. Johannes
Iolkos 365
Ion von Chios 123. **230f.**; Metrik 352; Vorbild des Kallimachos 247
Ionien 367. 368. 376. 391. 395. 397. 406. 483. 488; Heimat der Novelle (?) 193; Wiege der Philosophie u. Wissenschaft 193; der Geschichtsschreibung 195

Ioniker 97. **357**; s. auch Tetrameter
Ionisch 52. 143. 144. 145. 180. 182. 194. 202. 214. 280; als literar. Dialekt 147; in homer. Sprache 148. 149. 150; mit Nichtion. gemischt 149; bei Archilochos 151f., in der Elegie 153, Sprechversdichtung 153, bei Anakreon 153. 184, Hipponax 255, in der Chorlyrik 153, Tragödie 153, Prosa 154f.; Ostionisch u. Westionisch 150; Inschriften 152
Ionisch-Attisch 143. 145; und Mykenisch 146
Ionischer Aufstand 195. **385**
ionische Bauordnung 472. **607**. 632. 639; ionische Säulen 631
ionische Naturphilosophie 394. **508−510**
ionische Tempel 607f. 632. 640
Ionische Wanderung **367**
Iophon 226. 231
«Iovii» 436
Ipsos (Schlacht) 411. 611
Iran 408. 411
Irenaeus von Lyon 290
Ironie: in hellenist. Dichtung 254. 255. 257. 263; bei Julian 297; in Byzanz 332
irrationale Zahlen 569
Isaios 218. **219**
Isaurier 311; «isaurische» Dynastie 449
ἰσχιορρωγικόν 351
Isidor (Neuplat.) 308
Isidor von Pelusion 300
Isis 78. 81. 469. 498. 500; = Demeter 498
Isoglossen 144. 145. 146. 149
Isokrates 64. 119. 212. 216. **218f.** 400f. 623; Schüler 212. 219; über Pythagoras 510; und Demosthenes 221; Überlieferung in der Antike 16; zu Autoren, die über Dichter schrieben 88
Isonomia **383**. 390
Issos (Schlacht) 408
ἱστορίη 195. 208. 209. 511
Istros (Kolonie) 372
Italien 400. 412; als Thema der Geschichtsschreibung 213; Spätantike 441; Präsenz griech. Kultur und Sprache im Mittelalter 19; Griechisch-Studien 20; Handschriftenbestand 21; s. auch Unteritalien
Italische Posse 242
Itazismus 120. 157. 159. 163

Ithyphallicus 343. 352
Ius Graecoromanum 318

Jabne 431
Felix Jacoby 129f.
Werner Jaeger 130. 131
Otto Jahn 126
Jamben: s. Iambus
Jamblichos, *Babyloniaka* 276
Jamblichos von Chalkis (Neuplat.) 296. **558f.**; Pythagoras-Biographie 510; *Protreptikos* 533; s. auch Anonymus Iamblichi
H. Jeanmaire 457
Jenseitshoffnung in Mysterienkulten 494. 495
Jerusalem 289. 292. 431; Entstehungsort des Codex? 9; Bibliothek 14
Jesus: Aussprüche 289. 430; mit Apollonios von Tyana verglichen 304; mit Achill gleichgesetzt 305
Jesusbewegung 430
Johannes (Apostel): Briefe 289; Evangelium 289, von Origenes kommentiert 292, von Nonnos (?) paraphrasiert 308; *Geheime Offenbarung* 290 (Echtheit bestritten 292f.)
Johannes VI. Kantakuzenos 339
Johannes VII. (Patriarch) 33
Johannes von Caesarea 304
Johannes Chrysostomos 30. 295; als Prediger 300. 305. 306; Briefe 300; Erwiderung auf Julian 304; tadelt Antiochias Festfreude 446; Pseudepigrapha 107. 112; bei Palladios von Helenopolis 301, Photios 107
Johannes Damaskenos **328**; kommentiert von Zonaras, Prodromos u. Eustathios 316, von Markos Eugenikos 317
Johannes Diakrinomenos 313
Johannes Drungarios 105
Johannes von Epiphaneia 325
Johannes von Gaza 312
Johannes Italos 333; als Platoniker 110f.
Johannes Klimax/-makos 327
Johannes Lydos 294. **309f.** 325
Johannes Moschos **327**; Futur-Konstruktionen 160
Johannes von Otranto 338

Johannes Philoponos **309**. 313. **559f.**
Johannes von Skythopolis 103
Johannikios (Kopist) 112
Joseph Hymnographos 331
Joseph Rhakendytes 340
Flavius Josephus **288**. 291
Jota adscriptum 28
Judaea **430–432**
Juden: polit. Ziele 431; in Alexandria 99. 287, Kleinasien 427; und Rom 430f.; relig. definiert 431; Literatur auf Griech. **287f.**; und Christen 289. 304. 447; inschriftl. Zeugnisse 77f.
Jüdische Aufstände 424; (66 n. Chr.) 288. **431**; (132–5 n. Chr.) **431**
'Jüngling von Antikythera' 614
Julia Domna 274. 279
Julian 295. 296. **297**. 298. 443; *Gegen die Christen* 304; Rhetorenedikt 306. 307; als *civilis princeps* 437. 440; will Heidentum retten 445; sakralisiert das Priesteramt 475; tadelt Antiochias Festfreude 446; Perserkrieg 449
(Sextus) Julius Africanus 290. **292**; Chronik 301
Julius Valerius Polemius 283
Justin I. 313. 438. **452**
Justinian 104. 294. 308. 309. 312. 320. 324. 325. 435. 438. 448. **452**. 679; als Städtegründer 680; Kolossalstatue 686
Justiniana Prima 680
Justinus Martyr 290. **291**
Justus von Tiberias 288

Kabiren **494f.**
καί als Nebensatzkonjunktion 158. 161
Georg Kaibel 128
Kaikilios: s. Caecilius
Kaiser 425. 427; Kaisergericht 439; Kaisergesetze 442. 443; und die Städte im Osten 419. 420. 421, Provinzial-Landtage 422; Eingreifen in christl. Streitigkeiten 447; s. auch Kinderkaiser
Kaisererhebung in Ostrom 437f. 440
Kaiserkult 419. 421. 422. **425**; Kaiserkultanlagen **662–664**; Kaiserpriester 425; Kaisertempel 425
Kaisertum: Spätantike **436**. 437. **439f.**; Besonderheiten in Ostrom **438**

kaiserzeitliche Philosophie 507
Johannes Th. Kakridis 131. 174
Kalabrien: Präsenz des Griechischen 19; Handschriftenproduktion 21
Kalendarische Opfer 462
Kalender 214. **484f.**; Kalenderreform in Athen 570
Kalilah va Dimnah 336
Kallias-Frieden 391
Kalligraphie 7. 26 (Majuskel). 27 (Minuskel). 34; Verfallserscheinungen 38; Disziplinierung 39; s. auch Schrift (Schriftarten)
Kallikles (Sophist) 203
Nikolaos Kallikles 336
Kallikrates (Architekt) 631. 632
Kallimachos (Künstler) 633
Kallimachos von Kyrene 62. 64. 127; *Iamben* 247. **257**; *Hekale* **260f.** (und Michael Choniates 112); *Aitia* 261. **262f.**; *Hymnen* 261. **265**; *Ibis* 262; *Pinakes* 92. 250; Metrik **348**, Hinkiambus 350f.; als Dichtergelehrter **250**, Bibliothekar 13; von Aristophanes von Byzanz berichtigt 92; schätzt *Margites* 176; und Homer 248, Hesiod 178, Hipponax 181. 255; über Antimachos 244; beruft sich auf Ion von Chios 247; in der Philologie: Bentley 123, Wilamowitz 128, Pfeiffer 130
Καλλίμαχος καὶ Χρυσορρόη 340
Kallinos von Ephesos 182. 369; Sprache 153
Kallisthenes von Olynth **212**. 407. 408; und der *Alexander-Roman* 283
Kallistratos (Regisseur) 236. 237
Kalydon 365
Kalypso 353
Kambyses 379
Kammergräber, maked. 638. 642
Kannibalismus: im Roman 276. 277; von Zenon gutgeheißen 546
Kanon: Rolle in der Überlieferungsgeschichte 15f.; bei Schriftarten 34f.; alexandrin. K. der melischen Dichter 184, der Tragiker 230; der Literatur in Byzanz 104
Kanon (Liedform) 316. 317. **322**. **327f.** 329. 332. 333. 335. 338

Kant und die Stoa 551
Kanzleischriften 27
Kapiton der Lykier 311
Karkinos von Naupaktos 179
Karkinos der Jüngere (Trag.) 232
Karneades von Kyrene 531. 547. **553**
Karthager 371. 375. 376. 386. 387. 399. 400. 412. 414. 699; Münzen 705
Kartographie 195. 207. 564. 573. 574. 575
Kassander von Makedonien 207. 222. 411
Kassia 322. **329**
Kasus: myk. 138. 143; in der homer. Sprache 148; Veränderungen in der kaiserzeitl. Koine 160
κατὰ τρίτον τροχαῖον 347
Katalaunische Felder 451
καταληπτικὴ φαντασία **548**. 553
Katalexe **343**. 347. 351. 352. 353. 354. 355. 356
Katalogdichtung **261f.**
Katane 370
Katenen 102f. 105. 106. 313
καθαίρειν 464; καθάρματα 465
Katharsis bei Aristoteles 540
kathartische Opfer: s. Reinigungsopfer
kathartische Riten: s. Reinigungsriten
καθῆκον 550
Kazanlak, Grabmalerei 656
Kebes: s. *Cebetis tabula*
Georgios Kedrenos 335
Kekaumenos, Στρατηγικόν 334
Kelsos **285**; und Origenes 292
Kelten 412. 413; Überfall auf Delphi 492; Münzen 706; s. auch Galater
Kenchreai: Glasplattenverkleidungen 690
Konstantinos Kephalas 316. 331
Kephisodot (Bildhauer) 622
Kepler 571
'κῆπος' Epikurs 542
Keramik: submyken. 587f.; protogeometr. 587; orientalis. 593; korinth. 593f. 598; att. 382. 598–600; hellenist. 658
Kerkidas von Megalopolis 257
'Kertscher' Vasen 629
Keryken 494
Kilikien: Kaiserzeit 428; Mosaiken 690
Kimon 231. 388. 389
Kinaedendichtung 258

Kinaithon von Sparta 177
Kinderkaiser 437
Kinderlieder 192
Kinderpriester(innen) **475**
Kinesias 234. **241**
Johannes Kinnamos 335
Kirche(n): Spätantike 445f.; Kirchenbau 684f.
Kirchengeschichtsschreibung **302**. 325
Kirchenväter und heidn. Bildung 300
A. Kirchhoff 81. 173
Kitharodie 186
Klageanapäste **354f.**
Klagelieder 192; s. auch Threnos
Klaros 78. 81. 466. 491. 492
'Klassik': Charakteristika/Abgrenzung 609; chronol. Einteilung 610f.; s. auch Frühklassik, Hochklassik
Klassizismus **269f.**; in der Geschichtsschreibung 279f.; in hellenist. Kunst 638. 645. 654f., kaiserzeitl. Stadtarchitektur 666, kaiserzeitl. Kunst 672f., spätant. Silberplatten 692; in Byzanz 334. 336. 337. 339
Klauseln (Vers) 353. 354
Klazomenai: Münzen 702
Kleanthes von Assos **546**
Klearchos von Soloi 78. 81
Klearchos-Psephisma 392
κληδόνες 491
Kleidemos 213
Kleinasien: Kaiserzeit **426−428**
Kleine Ilias 176. 177
Kleinkunst, spätant. 691
Kleinplastik, hellenist. 655f.
Kleisthenes (Alkmaionide) 382. **383f.** 611. 616
Kleisthenes von Sikyon 374
Kleitarch von Alexandria 212. 407
Kleiton (Bildhauer) 620
Kleitos 408
Kleitomachos (Akad.) 553
Kleomedes 573
Kleomenes I. 383
Kleomenes II. 414
Kleon 233, 235. 236. 237. 392. 393. 394
Kleopatra VII. 417
Kleophon-Maler 628
Kleostratos von Tenedos (Astron.) 570

Kleriker (spätant.) 445f.
Klientelfürsten/-staaten 418. 421f. 423. 428f
Klientelwesen im röm. Griechenland 426
Klonas von Tegea/Theben 182
Paul Kluckhohn 130
Klytiden 476
knidische Ärzteschule 578
Knidos: Schlacht (394) 212. 397; Münzen 697. 701
Knossos: myk. Zeit 365; Ausgrabungen 127; Linear B-Funde 136
Koch: Polyphem 199. 234; in der Mittleren Komödie 233 (Alexis 240)
Kodikologie 25
'Königsfriede' 397. 398
Königsmünzen 701; hellenist. 703−705
Königspalast, hellenist. 642
Königtum: arch. Zeit 368f.; hellenist. 264f. 412, Königsporträt 617. 647f. 686
Koine 51. 65. 142. 171. 214. 248; Entstehung 156; literar. u. volkssprachl. Koine 156f.; von Attizisten verachtet 162; hellenistische K. **156−159**; in röm. Zeit **159−161**; bei Athanasios 303; in Byzanz 320, 322. 326. 327. 329. 335.
κοινὴ εἰρήνη 397. 398. 399
κοινόν 391. 413; Kaiserzeit 422. 425; röm. Ägypten 432
Kollationierung 24. 25. 32
κολλήματα 5. 6; *kollesis* 5. 6; s. auch τόμος συγκολλήσιμος
Kolluthos von Lykopolis 311; Περσικά 311
Kolometrie 344. 353; in älteren Papyri vernachlässigt 6. 344; von Aristophanes von Byz. erfunden? 93
κῶλον 344; und Metron 358
Kolonat 424
Kolonisation 368. **370−373. 375f.** 484. 587; der Seleukiden 414
Kolophon 367; Geburtsort Homers (?) 173
Kolumnen 5; Breite 6; auf Inschriften 73; in Papyri 60; in Codices 9
Kommagene: Kunst 638
Kommentar, fortlaufend: von Aristarch erfunden 94; Schematisierung in der Spätantike 101f.; Umformung zu Scholien 102; s. auch σχόλια, ὑπόμνημα
Kommos 223

Anna Komnene 322. **334f.** 337; *Alexias* 111 (Epitome 317); fördert Aristoteles-Studien 111
Komnenen-Zeit 334–337
Komödie 75. 175. **232f.** 247. 251. 275; Sprache 350; Metrik 346. **350.** 351; Anfänge 196. **197. 199f.**; Aufführungen 198; und der Iambos 197 (Hipponax 181); Akt-Einteilung 251; Quelle für Sprachgeschichte 143; ὑποθέσεις 93; Komikerfragmente 127; Komödienwettkämpfe: s. Theateragone
Komödie, Alte 182. 197. 200. **233–236.** 252. 257. 359; Sprache 154; Metrik **351f.**; und Eubulos 239, Lukian 275
Komödie, Mittlere 233. **239f.**; Vorläufer: Pherekrates 234, Hermippos 236, Aristophanes 238
Komödie, Neue 233. **252–254**; Vorläufer: Pherekrates 234. 235, Aristophanes 238, Anaxandrides 240; und Theophrasts *Charaktere* 541, Lukian 275, Roman 276 (Longos 277), Alkiphron 279
Komödie, Römische: und griech. Vorbilder 253
Komödie, Sizilische **199f.** 234; Sprache 154
κῶμος 196. 197
κωμῳδία 196
Kompilationen 102. 109
Komposita: Neubildungen 166
Konditional in der kaiserzeitl. Koine 160
Konjekturen: von Papyri bestätigt 46; aus spätantiker Zeit 51; in Byzanz 111. 114; als Fehlerdiagnose 57; unnötige K. 57
Konjunktiv verdrängt Infinitiv 166
konkurrierende Formen 148f. 154. 157. 160. 164. 167
Konnos 236
Konon (Feldherr) 397. 407
Konon (Astron.) 263
Konsolationsliteratur: epigraph. Zeugnisse 75
Konsonanten: Lautentwicklung 163
Konstantin 320. 435. 436. 439. 440. 444. 446. 447. 449. 679; Kirchenbau 684
'Konstantinische Wende' 447
Konstantinopel 20. 115. 118. 320. 337. 339. 449; Gründung 320. 438. 679. **680f.**; strateg. Lage 450; als Kaiserresidenz/polit. Zentrum 438. 439f. 681; als kirchl. Zentr. 447; privilegiert 442, Versorgung 67. 444; unter Justinian 452; Senat und Volk 439; Konzil (381) 438. 447; Hippodrom 440; Theodosius-Obelisk 683 (Reliefs 688): Theodosius-Bogen 682f.; kaiserl. Ehrensäulen 683 (Reliefs 688); Theodosianische Mauern 450. 681; Staatsbibliothek 14; Bibliothek im Kaiserpalast 20. 32; Patriarchatsbibliothek 20. 32; Patriarchen-Seminar 109. 111. 112; Hochschule 330; frühe Kirchen 685 (Apostelkirche 332. 685, Hagia Eirene 685, Hagia Sophia 325. 452. 685); Klöster 19. 20; Zeuxippthermen 312. 686; Circus 667; Mosaiken 690; Elfenbein- u. Silberwerkstätten 692; Konzentrierung griech. Textzeugen 32; Sprachentwicklung 163f. 168; s. auch Byzanz
Konstantinos VII. Porphyrogennetos 18. 109. 317. **331**; Sprache 163
Konstantinos Rhodios 332
Konstantinos Sikeliotes 332
Konsulardiptychen 691f.
Kontakion **322.** 326. 327
Kontamination von Überlieferungssträngen 51
Kontraktion von Vokalen 137. 139. 148
Kontrapost 611. **615f.** 618. 628
Konzilien **447**; Konzilsakten 129
Kopernikus 572
Kopien: in hellenist. Zeit 637. 638. 655. 672; von Statuen 613f. 636. **655.** 672, Gemälden (?) 627, Reliefs 673, Sarkophagen 675f., Architektur 668
Kopisten 17. 21. 42. 95; als Datierungshilfe 54; byz. Emigranten-Kopisten 22. 23; archaisierende Kopisten 29; nicht-griechische Kopisten 43; eigentümliche Schreibweisen 55
Korax 199. 215
Kore-Persephone 459. 496. 498
Kore (Statuentyp) 597. 600f. 603f. 605. 616; Koren am Erechtheion 614
Korinna von Tanagra 184. **190f.**; Sprache 153; auf Papyrus 191

Korinth 371. 374. 380. 391. 394. 396. 397. 398. 400. 413; Keramikzentrum der orientalis. Zeit 593 f., der archaischen Zeit 598; Dithyrambenaufführungen 196; in röm. Zeit 426. **669**; Akrokorinth 414; Apollontempel 596; Amphitheater 666; Bischöfe 290; Münzen 695. 700

Korinthische Bauordnung 472. 643

Korinthischer Bund 406. 409

korinthisches Kapitell 633. 639

Korinthischer Krieg 218. 397

Korkyra (Korfu) 370; Artemistempel 605 f.; Münzen 695

Korrekturen 55; von Abschriften 51; auf Inschriften 74; in Papyri 51; aus spätant. Zeit 51; unabhängig voneinander vorgenommen 55; dank Papyri 63

Korruptelen: Majuskelkorruptelen 28; durch Transkription in Minuskelschrift 48; s. auch Fehler

Koryphaios 223

Kos 255. 404; Priestereinweihung 474; Asklepieion 466 (hellenist. Architektur 640); Monumentalaltar 641; Münzen 701

Kosmas Indikopleustes **313**, 325

Kosmas von Jerusalem 308

Kosmas Melodos **328**; von Prodromos kommentiert 316

Kosmeten-Porträts 674

Kosmogonie(n) 178. 186. 193. 195. 231. 480; orphisch 88; kosmogonische Mythen 480

Kosmologie 508. 509. 510. 511; des Heraklit 512, Parmenides 514, Empedokles 516, Anaxagoras 518, der Stoiker 548 f.

Kostoboken 423. 426. 668

Kostüme: s. Schauspieler

Krankenheilung, rituell: 464. 476. 491. **492f.**

Krankheit: verunreinigt 464

Krantor von Soloi: Iamboi 243; erster Prosa-Kommentator (?) 94

Krasis 73. 152

Krateros (Feldherr) 410

Krateros (Inschriftensammler) 81

Krates (Kom.) **234**

Krates (Akad.) 530

Krates von Theben **205**. 243. 244. 257. 284. 546

Kratinos **233 f.** 235; *Odysses* 199

Kratippos 212

'Krebsverse' (καρκίνοι) 332

Kreophylos von Samos 179

Kreta 365 f. 367. 486; Dialekt 146; Kunstzentrum in der orientalis. Zeit 593 (Frauenstatuen 596); Initiationsfeste 489; Zufluchtsort für byzant. Kopisten 19. 22

Kretiker: s. Creticus

Kreusis: Linear B-Funde 136

4. Kreuzzug 20. 112. 337

Krieg: zuständige Götter 496 f.; Kriegslieder 182. 192

Kriegerbünde 462

'Krieger von Riace' 614

Kriminalität auf Papyri 68. 69

Krimisos (Schlacht) 400

κρίσις ποιημάτων 92. 95

Kritias **203**. 204. 396. 524

Kritiosknabe 615

kritische Zeichen: s. diakritische Zeichen

Michael Kritobulos 340

Kritolaos (Peripat.) 531

Kroisos 189. 373. 376. 378. 379. 492; Weihgeschenke für Delphi 470

Kroisos (Kuros) von Anavyssos 601. 603

Kronia **490**

Kronos 178. 480. 490. 496. 499

Kroton 372. 400; Pythagoreer 194. 510; Heraion 466; Münzen 696

Karl Krumbacher 319

Ktesias von Knidos **211**. 280; über Herodot 208; und der Roman 276

Ktesiphon (Athener) 221

Ktesiphon (Stadt) 417

Ktiseis 258; s. auch Gründungsgeschichten

Künstler: Zeugnisse auf Papyri 69

Künstlersignaturen 79; Bildhauer 672; Stempelschneider 698. 702

Kult (allgem.) 457. 459; polis-spezifisch 457; Bedeutung für d. griech. Religion **458**; und Mythos 458. 468; und aitiolog. Mythen 481

Kulte 132. 238; Forschungsaufgabe 458; inschriftl. Zeugnisse 77 f.; Münzdarstellungen 698 f.; s. auch orgiastische Kulte, Religion

Kultbild 465. **468f.** 472; im Freien oder im Tempel 471; Reinigung u. Neueinkleidung 486
Kultplatz 467
kultische Beinamen: s. Epiklesen
Kunaxa (Schlacht) 210. 400
Kunst, griech.: Abgrenzung 585; Epocheneinteilung 586; theoretisch behandelt 214
Kunstgeschichte und Philologie 130
Kunsthandel im Hellenismus 655
Kunstsprache: im homer. Epos 148–150; in Byzanz 167f.
Kunsttheoret. Reflexion im Hellenismus 655
Kurialen 443.444
Kuros 597. **600–603.** 604. 605. 615; Kuros von New York 601. 602
Kursivschrift 7. 26. 28. 38; Papyruskursive 27. 29. 34. 38. 61; auf Inschriften 73
Kurupedion (Schlacht) 412
Kybebe 500
Kybele 496. 500; -kult 475
Kydippe: s. Akontios
Demetrios und Prochoros Kydones: Lateinkenntnisse 20
Kyklos (ep.) 126. 199; und Homer 173. 175. **176f.**, Stesichoros 187, Ibykos 187, Sophokles 227
'Kylonischer Frevel' 380. 382
Kyme (kleinas.) 177. 367
Kyme (ital.) 370. 400; Schlacht 387
Kyniker 204f.; und die Anfänge der Stoa 546; in der Kaiserzeit 284; in der Spätantike 296; und Dion von Prusa 272f., Lukian 275, Julian 297
Kynoskephalai (Schlacht) 416
Kyprien 176. 177
Kyprisch: s. Arkadisch-Kyprisch
kyprische Silbenschrift 72. 75. 142
Kypros: s. Zypern
Kypseliden-Inschrift 192
Kypselos 374. 375
Kyrene 372. 524; Reinigungsgesetz 465
Kyrenaika 411
kyrenäische Schule 205
Kyrillos von Alexandria 297. 303. 304; Osterfestbriefe 301; *Adv. Iul.* 301; *Doctrina patrum de incarnatione verbi* 301; als Exeget 305; bei Photios 107
Kyrillos von Jerusalem 306

Kyrillos von Skythopolis 313. 325
Kyros (II.) d. Gr. 372. 376. **379**; bei Xenophon 211
Kyros d. Jüngere 210. 211. 396. 397. 400
Kyros von Panopolis 299; und Nonnos 311
Kyzikos (Schlacht) 210. 396; Kore-Persephone-Kult 498; Münzen 697. 698. 701

Philippe Labbe 317. 319
Labiale 138. 141. 144
Labiovelare 138. 144
Lachares von Athen 296
Karl Lachmann 125. 173
Lafitau 457
Lagina, Hekatetempel, Fries 650
Lakedaimon 377. 378
Lakonien 377. 378. 398; Keramik 598
Lakonisch: bei Tyrtaios 182; in der Alten Komödie 154
Laktanz 304
Lakydes (Akad.) 547
Lamischer Krieg **410**; bei Choirilos von Iasos 243
Land und Stadt in der Kaiserzeit 420. 427
Landbesitz im röm. Griechenland 426; im röm. Kleinasien 427; im röm. Ägypten 433
Landschaft und Kunst im Hellenismus 640. 645
Landtage: s. Provinzial-Landtage
Landwirtschaft 202; in der Kaiserzeit 420. 427. 433
'Lange Mauern' 393. 397
Langobarden 452. 679
Laodike-Krieg 415
Laokoon-Gruppe **646**
Lapidarien 81; Lapidario Maffeiano 81
Janos Laskaris 24. 26
Konstantinos Laskaris 24
Lasos von Hermione **191**
Latein: in der kaiserzeitl. Koine 159; vom literar. Griech. gemieden 161; im spätant. Osten 294; in Byzanz 20. 166f. 320
Lateinisches Kaiserreich 18. 35
lateinische Texte auf Papyrus 63. 65
Laureion 382. 700
Lautlehre: hellenist. Koine 157; Koine in röm. Zeit 159; byzant. Griech. 163f.

lāwagetās 140
Leander: s. Hero und Leander
Lechaion 669; Leonidas-Kirche 685
Lefkandi **367**. 370; Kentaur von Lefkandi 591
legatus Augusti pro praetore 422
Legionen im Osten 424; in der Spätantike 440
λεγόμενα 463
Lehnwörter im Griech.: semitische 139; ägäisches Substrat 139; lateinische 159. **161**. 166f.; italienische 166f.; griech. Lehnwörter in anderen Sprachen 163
Lehrgedicht **263f.** 347; in der Kaiserzeit **286f.**, Spätantike 299 (Gregor v. Naz. 307), Byzanz 334; 336; Parodie 245
Leichenrede: s. Epitaphios
λειτουργία 386; Kaiserzeit 420; röm. Ägypten 432; Spätantike 443
Lekanomantie 491
λεκτόν 548
Lekythen-Maler 628
Lekythion 343. 359
Lelantische Fehde 371
Lemnos 383. 406; Kabiren-Mysterien 494
Lenäen 484; dram. Aufführungen 198
Leo I. (Kaiser) 438. 449
Leon VI. 317. **332**
Leon Diakonos 331. 334
Leon Magistros/Choirosphaktes 332
Leon der Mathematiker/Philosoph 33. 329. **330**
Leonidas von Sparta 386
Leonidas von Tarent 266
Leontinoi 370
Leontios von Byzanz 312
Leontios von Neapolis 327
Leontius 298
Leontius Pilatus 20
Michel Lequien 318
Lerna 365
Lesarten: s. Varianten
Lesbisch 144. 146. 148. 52; bei Sappho u. Alkaios 152. 153; in der Tragödie 154
Lesbos 184
Lesches von Mytilene 177
Lesedrama: s. Rezitationsdramen
Lesefehler 48
Albin Lesky 131

Lessing 124; über Simonides 188
Leto 489. 496
Leukipp **518f.**
Leukothea 499
Leuktra (Schlacht) 211. 398
Levante 367. 370
Lexikographie 98. 109f.; als Quelle für Sprachgeschichte 142
Libanios **295**; *Apologie des Sokrates* 204; verteidigt Pantomimen 310; zur spätant. Stadt 443
Libation 460. 461. **462**
Libon von Elis (Architekt) 631
Λίβυστρος καὶ Ῥοδάμνη 340
Liebe: zuständige Götter 497; in der Dichtung 183. 185. 187. 192. 287. 312; in byz. Lit. 322. 341
Liebeslieder 192
'Lied von Elephantine' 245
Liedverse **353**
Ligaturen 28
Likymnios (Dith.) 216. 242
limitanei 439. 440. 449
Limyra: Kenotaph für Gaius Caesar 667
Lindos: Athena-Heiligtum 640f.
Linear B-Texte: 72. 75. 135. 136. 365. 366. 367; über Priester 473. 474; Monatsnamen 484; olymp. Götter 498; Entzifferung 131. 136; Datierung 136. 141; Defizite im Syllabar 137
Linguistik: bei Demokrit 202, Protagoras 202, Prodikos 203, Hippias 203
Liniengleichnis 525. 565f.
Linos 192
Lipari: Vasenmalerei 629
Justus Lipsius 122
Literaturgeschichte: bei Herakleides Pontikos 206, Dikaiarch 207; christl. 302
Literaturkritik 202; bei Antiphanes 239. 240, Phainias 207, Demetrios von Phaleron 207; in Byzanz 330
Literaturwissenschaft und Philologie 132
Lithika 179. **299**; Datierung 300
Litra 694
liturgische Texte 18. 317, Überlieferung 323; liturgische Dichtung 314, in Byzanz 321. 322. 325f. 327. 329. 330. 331. 333, Überlieferung 322f.
Lityerses 192

Livius auf Papyrus 63
Chr. A. Lobeck 457
'Locke der Berenike' 263
logaödische Strophe 184
'Logien-Quelle' 289
Logik: Beitrag der Stoiker 548
Logographen (hist.) 195. 208
Logographen (rhet.) 217. 218. 220. 222
Logos: bei Heraklit 512, Gorgias 521, den Stoikern 549 (Kleanthes 546); L. und Doxa 521; = Christus 291
Lokalgottheiten 499
Lokalgeschichtsschreibung 195. 213. 246. 260. 262. 267; erzählt (aitiolog.). Mythen 479. 481
Lokalmythen 481
Lokativ 160; im Myk. 143
Lokrer: Münzen 701
Lokroi (Epizephyrioi): Gründung 372. 373; Kore-Persephone-Kult 498
Lollianos, *Phoinikika* **276**
Longos **277**
Lukanien: Vasenmalerei
Lukas-Evangelium 289. 290. 293
Lukian von Samosata **275**; und Alkiphron 279, Geschichtsschreibung 279, Julian 297, Arethas 33, Prodromos 336; *Nekyomantie* und *Timarion* 336, und *Die Hadesfahrt des Mazaris* 340
Lukillios 287
Lukrez: und Sappho 185; Quelle für Epikur 542
Lustlehre: in Platons *Philebos* 526; bei Epikur 544f.
Lychnomantie 491
Lyder 372. 373. 406; Erfindung der Münze 694
Lydos (Maler) 598f.
Lygdamis von Naxos 383
Lykien: Grabanlagen 622; Münzen 701
Lykophron (Alex.): und Hipponax 181; über Komödie 91; *Alexandra* **252**; bei Tzetzes 336
Lykophron (Soph.) 218
Lykosura: Götterbildgruppe 645
Lykurgos (Athener, 6.Jh.) 382
Lykurgos (Athener, 4.Jh.) 218. **219**. 610. 612. 613. 633
Lykurgos von Sparta 376. 414. 488

Lynkeus von Samos 255
Lyra: Neuerungen Terpanders 186
Lyrik: Gattungen 180. 184; Metrik 346. 353–362; in der Tragödie 223; im späteren 5. und 4. Jh. 241; wird astrophisch 247; in der Kaiserzeit **287**; christl. 306; in Byzanz 321
Lyriker 128. **180–191**
lyrische Metren 353–361; in Epigrammen 266
Lysander 243. 246. 396. 397
Lysimachos 411. 412. 643; Münzen 703
Lysipp 611. 614. 622; Apoxyomenos **622**
Lysis von Tarent 194
Lysias 54. 216. **217f.**; *Apologie des Sokrates* 204; und Isaios 219, Hypereides 220, Demosthenes 221

Paul Maas 130; zur Metrik 344. 345. 346. 359. 362
Jean Mabillon 122
Machon **255**
Mänaden 485
Männerbünde 494
Märtyrerakten 289
Magie 290. 296. 299. 463. 476. 492; in der Argonautensage 259; in den *Chaldäischen Orakeln* 285; auf Papyri 70, Inschriften 77f.; s. auch Zaubertexte
magister officiorum 439. 441. 449
Magistrate, städt., Kaiserzeit 420
magistri militum; s. Heermeister
Magnes 199. 200
Magnesia am Mäander: Tempel der Artemis Leukophryene 640, Fries 649f.; Monumentalalter 641
Magnetstein 564. 580
Magnos von Karrhai 298
Mahdia, Schiffswrack 655. 672
Maieutik 572f.
Maimakteria 484
Maison 197
Majuskelschrift 18. 26f. 73; veschiedene Stilisierungen 27; von Minuskelschrift verdrängt 28; innerhalb von Minuskelschrift 28; 'Majuskelkorruptelen' 28; Auszeichnungsmajuskeln 30f.
Makarios von Magnesia 304

Makedonien 371. 385. 399. **403–405**. 406. 411. 412. 413. 414. 417; Heeresversammlung 403. 410; röm. Provinz 425. 426; hellenist. Kunst 638
Makedonische Dynastie 320. 330
1. Makedonischer Krieg 414
Makedonische Renaissance 18. 328f. **330–332**
Eustathios Makrembolites 335
Makron (Maler) 628
Johannes Malalas 123. **325**
Sigismondo Malatesta 116
Malchos von Philadelphia **309**
Malerei: geometr. Epoche 587f.; orientalis. Epoche 593f.; archaische Epoche 598–600; klass. Zeit **627f.**; hellenist. 656; Kaiserzeit 676; Spätantike 689; s. Vasenmalerei
Mamelouka: Linear B-Funde 136
Konstantinos Manasses 317. **335**
Mandonion (Schlacht) 400
'Manethon', *Apotelesmatika* 286. 299
Mani **296**; Mani-Codex 9. 296
Manichäer 108; von Christen bekämpft 304
Wilhelm Mannhardt 457. 482. 486
Mantik **491f.**; bei Sophokles 227. 491
Mantiklos 192
Mantineia 390. 394. 398; (Schlacht 418) 395; (Schlacht 362) 211. 212. 399
μάντις 475f.
Marathon (Schlacht) 188. 189. **385**. 386. 388. 611; gemalt 627
Marc Aurel 34. 66. 284. 531. 545. 580. 662
Marcian 437. 438. 451
Marcion 290
Marcus Antonius 417
Mardonios 385
Margites **175f.** 184
Marianos 311
Marinos (Neuplat.) 308. 559
Marius Victorinus 294
Markellos von Side 286
Marktgottheiten 466
Markusevangelium 289; erster Codex? 9
Marmor Parium 129
Marmortische 686
Marschanapäste **354f.**; Übergänge zu Klageanapästen 355

Maskengebrauch: in der megar. Posse 197, att. Tragödie 198. 223, Alten Komödie 232, Neuen Komödie 253
Massalia 372; eigener Homer-Text 89; Münzen 697
Mathematik 194. 202. 206. 214. 309. 567. **568–570**; babylon. Einflüsse 562; Beitrag des Hippias 203; bei Platon 525. 529. 566, Aristoteles 537
Matthaeus-Evangelium 289
Matron von Pitane 245
Johannes Mauropus **333**
Mausoleum: von Belevi 643 (Sarkophag 654)
Maussol(l)os von Karien 402. 404. 610. 613. 643; Maussolleion 613. 632. 643, Skulpturen 622
Maximian 437
Maximos (Neuplat.) 296
Maximos von Tyros **285**
Maximus Confessor 103. 317. **328**
Mazaris: s. *Die Hadesfahrt des Mazaris*
Mazdakiten 449. 452
Mechanik 581
Meder 379
Medici 21; Lorenzo de Medici 116
Medizin 194. 195. 202. 207. **214f.** 297. 567. **578–580**; und 'Tempelmedizin' 493; inschriftl. Zeugnisse 78; medizinische Handbücher: in antiken Codices 15; Handschriften 112; *Corpus Medicorum Graecorum* 127
Medontiden 380
Megakles (Alkmaionide, 7. Jh.) 380
Megakles (Alkmaionide, 6. Jh.) 382. 383
Megakles (Alkmaionide, 5. Jh.) 189
Megale Polis (Megalopolis) 398. 413
Megara (Nisaia) 200. 371. 374. 380; Kolonisationstätigkeit 372. 380
Megara (Epyllion) 260
'Megarische Becher' 658
Megarische Posse 197
Megarische Schule 204. 553
Megaron 596. 607
Meidias-Maler 628
August Meineke 127
Philipp Melanchthon 120
Melanippides von Milet 234. **241**
Melanthios (Atthidogr.) 213

Melanthios (Trag.) 235
Meleager von Gadara 266
μελέται 272. 299; des Herodes Atticus 273, Aelius Aristides 273f.
Melik 180. **184–191**; Metrik 346
Melissos von Samos 194
Meliton von Sardes 289
Meliker 152. 153; alexandrinischer Kanon 184
μέλος/Melos 353; Sprache 153
Melos (Insel) 395
membranae 3f.; Vorläufer des Codex 8. 9
'Memnon-Koloss' 79
Memnon von Rhodos 407
Menander (Kom.) 62. 64. 127. 128. 233. **252–254**; Metrik 350, 351. 352; und Euripides 230, Anaxandrides 240, Alexis 240, Alkiphron 279; Überlieferung in der Antike 15. 16; dem Aristophanes vorgezogen 239; von Phrynichos getadelt 270; von Apollinarios nachgeahmt 307; in Byzanz nicht mehr bekannt 104; Menanderporträt u. -statue 648
Menander von Laodikeia 271
Menandros Protektor **324f.** 326
Mende: Münzen 700
Menestor von Sybaris 194
Menipp von Gadara 257f. 284; und Lukian 275
Menippeische Satire 257f. 275
Menon (Peripat.) 207
Menschendarstellung: geometr. Malerei 589–591, Plastik 591f.; orientalis. Plastik 595f.; archaische Plastik 597, Malerei 600; klassische Plastik 598. 614f.; im 'Strengen Stil' 616; im 4. Jh. 623
Meridiankreis 573
Mermnaden-Dynastie 373
Meropis 179
Mesambria 372
Mesomedes **287**. 306
Messana 370
Messene: Artemisbild 469; Asklepioskult 493
Messenien 378. 398; Messenische Kriege 482 (2. Messen. Krieg 378)
Messiasglaube 430
Metacharakterismos: s. Transliteration
Metamorphosendichtung 262. 286

Metapont: Heraion 466; Vasenmalerei 629; Münzen 696
Meteorologie: frühe Erkenntnisse 564
Methodios von Olympos **293**. 301; Hymnen 306; gegen Porphyrios 304
methodische Ärzteschule 580
Metiochos und Parthenope 276
Theodoros Metochites 19. 40. 338; Gedichte 339; zitiert aus nicht erhaltenen Texten 115; als Literaturkritiker 115
Metöken 156. 389. 390
Meton von Athen 214. 570
Metrik **343–362**; Hilfe bei Textkritik 51; metr. Fehler 49. 51; metr. Experimente 249; und Sprachform 152, Musik 247; in homer. Sprache 148f.; M. der monod. Lyrik 184, Chorlyrik 185 (Korinna 191), bei Aristophanes 238; inschriftl. Zeugnisse 75; metr. Studien in Alexandria 93. 344, in der Spätantike 294. 311, Byzanz 106. 111. 113. **321**. 332; Grenzen antiken Verständnisses 97; in der Philologie: G. Hermann 125, Wilamowitz 128; s. auch Auflösungen, correptio Attica, Dehnung, Kolometrie, Metron, Prosodie
Metrodoros von Chios 202
Metrodoros von Lampsakos 194. 542
Metrodor (Epikur.): Porträt 648
Metron und 'Fuß' 347. 349. 351; 'leichte' und 'schwere' Metren 356
Metrophanes von Smyrna 332
Metropoleis (Ägypten) 433
Karl Meuli 461
J. Meursius 122. 317
Meyersches Gesetz 295. 310
μίασμα 464
Michael Attaleiates 334
Michael Choniates **338**; Quelle für Kallimachos' *Hekale* 112
Michael Synkellos **330**; Syntax-Wegweiser 106
J. P. Migne 318
Mikon (Maler) 627
Milet 367. 374. 376. 385. 634; Kolonisationstätigkeit 372; und die Vorsokr. 193; Keramik 598; polygonales Mauerwerk 605; Kaiserkultbauten 663; 'milesische Währung' 694; Münzen 695. 701

Militärbauten (spätant.) 441. 452. 681
Miltiades d. Ä. 383
Miltiades (Marathonsieger) 235. 276
Mimesis 197; bei Platon u. Aristoteles 539; in Byzanz 321. 327. 337. 338f.
Mimnermos **183**; Sprache 153
Mimos **242**. 310; Einfluß auf Platon 206, Herondas 255; im Hellenismus 248 (Theokrit 256); in der Spätantike 298
Mine 694
Mineralogie 577
'Miniaturisierung' 260. 277
Minoische Kultur 365. 458
Minukianos 271
Minuskelschrift 18. 26f.; Vorstufen 27; ersetzt Majuskelschrift 28. 48. 105; Charakteristika 28; 'Minuskelkursive' 27; Vermischung mit Majuskeln 28; Stilisierungen 28–30; 'minuscule bouletée' 30; Minuskelkanon 34f.; s. auch Schriftarten
Minyas 179
Miracula sancti Demetrii 328
Misogynie: bei Hesiod 178, Iambographen 178 (Semonides 181, Hipponax 181)
Mistra 21. 115. 116. 118
Mithradates-Kriege 407. 417
Mittelplatonismus 284. 507. **531f.**; bei Philon 288
Mittlere Komödie: s. Komödie
Mnesimachos (Kom.) 240
Mnesitheos 215
Moderatus von Gades 285. 532
Mönchsliteratur 301. 306. 310. 313
Mönchtum 306. **446**; auf Papyri 70
Moirai 489. 499
Moiris (Lexikograph) 270
Molosser 371
Monatsnamen und Feste 484
Mondmonat 484
Monodie: lyr. 180. **184**; und Chorlyrik 184; in der Tragödie 223. 231 (Euripides 230)
Monophysitismus 303. 312. 313. 560
Monotheismus 498
Montanisten 290
Montesquieu 318
Bernard de Montfaucon 122. 318
Monumentalaltäre: s. Altar

Mord: verunreinigt 464; Mordsühne 462. 464f.
Morphologie: der hellenist. Koine 157f., kaiserzeitl. Koine 159f., des byzant. Griech. 164–166
Morsimos 235
Morychides 233
Mosaiken: hellenist. 657; Kaiserzeit 676f.; Spätantike 690; Quelle für die Neue Komödie 253
Manuel Moschopulos 338; als Editor 18; als Textkritiker 51
Moschos: und Apollonios 259; *Europa* 260
Karl Otfried Müller 126
Mündlichkeit 131. 149. 172. 174. 180; in Byzanz 323
Münzbilder: orientalisierend 695
Münzkunde: s. Numismatik
Münzprägung: Anfänge 375. **694f.**; archaische Zeit 695–698, Chronologie 695. 697; klass. Zeit 698–702; hellenist. 702–706; in Athen 382. 694f. 697. 699f. 705 (athen. Münzgesetz 392. 700); durch Alexander d. Gr. 408; im röm. Osten 421. 428
munera (städt.) 443
Musaios (myth.) 179. 491
Musaios (spätant.) **311**
Museion: s. Alexandria
Musen 499; bei Hesiod 178, Kallimachos 262
musische Agone 488; von Dikaiarch dokumentiert 207; Kaiserzeit 421
Musik 172; und Vers **353**; bei Pherekrates 234; im jüngeren Dithyrambos 241, von Platon (Kom.) angegriffen 235; Urteil Platons 206; Verselbständigung 247; musik. Notation 287. 353; Musikhandschriften 323; musikal. Akzent 345
Musiktheorie/-wissenschaft 191. 214. **215**
Markos Musuros 119
muta cum liquida 345f.
Mutation bei Pflanzen 577
Mykale 368; Schlacht 387
Mykene **365f.**
Mykenisch 135. **136–142**. 148. 172; 'Standardmyk.' 141; 'Sondermyk' 141; als Dialekt 143. 146. 147; Verhältnis zu den

übrigen griech. Dialekten 143f. 145f.; und die homer. Sprache 149
Mykenische Zeit/Kultur 172. 174. **365f.** 367. 458; Divination? 492; tiergestaltige Dämonen 496; Götter 498; Übergang zur geometr. Epoche 587f.
Myrina: Terrakotta-Statuetten 655
Myron 614
Myrtis von Anthedon 191
μύσος 464
Mysterien(kulte, -heiligtümer) **473**. 491. **493–495**; besondere Funktionäre 475; an Priesterfamilien gebunden 474; und Pindar 190, Roman 278; von Stesimbrotos behandelt 213; christl. Reaktion 290; s. auch Eleusis
Mythenerzählung **478f.**
Mythenparodie 199. 200. 233. 234. 235. 236. 238. 239. 240
Mythenrationalisierung 195. 213. 229
μυθῶδες 210. 479
Mythos 126. 457. **477–483**; Definitionen 477f.; Funktionen **479f.**; Einteilung **480–482**; panhellenisch 457; M. und Kult 458. 468, Religion 477, Ritual **482f.**, Initiationsriten 487; M. und Geschichte 480; bei Hesiod 177. 457, Homer 457, Stesichoros 187, Ibykos 187, Bakchylides 189, Pindar 190, Hekataios 195, Epicharm 199, Sophokles 227, Euripides 228, Kratinos 233f., Herodoros von Herakleia 213, Antimachos 243, Platon 206. 526, Aristoteles 539; in hellenist. Epyllien 260f. (Kallimachos 263); als Stoff fürs Theater 222; bei Agathon ersetzt 231; kritisiert von Xenophanes 194, von Epikur 542; Städtemythen 421. 429; Darstellung in Malerei und Plastik 591. 593. 605, auf Tempelgiebeln 472. 605, späteren Repräsentationsbauten 479, Reliefsarkophagen 652. 675, Mosaiken 690, spätant. Silberplatten 692, Wandbehängen 693
Mytilene 392. 399. 409; Münzen 698. 701

Nacktheit 593f. 598. 600. 623. 647; 'nackte Göttin' 592
Nag Hammadi 289. 290
Narses 438

Nasi 431. **432**
Natur bei den Stoikern 549f.; Natur und Gesetz: s. Nomos und Physis
Naturgottheiten 499
Naturphilosophie: bei Empedokles 516, Antiphon 522, Platon 526, Aristoteles 533f.
Naturrecht 202. 203. 393
Naturwissenschaften 202. 297. 309. 507; und Sokrates 204
August Nauck 127
Naukratios 329
Naukratis 375
Naumachios 299
Naupaktia 179; und Apollonios Rhodios 258
Naupaktos, Friede von 414
Nausikaa 259
Nausiphanes (Demokritschüler) 542
Naxos (sizil.) 370; Münzen 699
Naxos (Insel): Riesentempel 608
Nearchos 212. 409. 574
Nebensätze: neue Entwicklungen 161
Nebukadnezar 379
Neilos von Ankyra 300
Neleiden 382
Neleus von Skepsis 533
Neo-Analytiker 131. 174
Neo-Unitarier 174
νεωκόρος: Tempelfunktionär 475; im Kaiserkult 425
Neophron von Sikyon 231
Neoteriker 266
Cornelius Nepos und Plutarch 282
Nestor von Laranda 286
Nestorbecher 148. 191f.
Nestorios 303; Nestorianismus 312. 313. 448. 453
Neuattische Kunst 639. 673
'neues Feuer' 486. 489. 490
Neue Komödie: s. Komödie
Neues Testament (NT): s. Bibel
Neugriechisch: Herausbildung 167f.
neugriechische Philologie 318
Neuhumanismus 318
Neujahr: polisspezifisch 485; Neujahrsfeste 484. 486; Neujahrszyklus in Athen **489f.**

Neuplatonismus **296**. 507. **555–560**; Hypostasenlehre 532; Rolle der Rhetorik 271; in Byzanz 333
Neupythagoreer 532. 555
Nicaea: s. Nikaia
Nicht-griechische Sprachen im griech. Osten 427. 428
B. G. Niebuhr 318
Nietzsche 126. 128. 130; Philologiekritik 129; zur Metrik 345
Nika-Aufstand 452
Nikaia 20f. 112. 115. 337f.; Konzil 303. 447
Nikander von Kolophon 181. 336; *Heteroiumena* 262; Lehrgedichte 263
Nikandre 596
Nikanor (Gramm.) 93; interpungiert die *Ilias* 98
Nikarchos 287
Nike 499; Nike des Paionios 622; Nike von Samothrake 645
Nikephoros (Patriarch) 33. 318. **329**
Nikephoros, *Vita des Andreas Salos* 331
Nikeratos von Herakleia (Ep.) 243
Niketas von Amneia 329
Niketas Choniates 317. **337**
Niketas David Paphlagon 331
Niketas von Herakleia 105. 111
Niketes von Smyrna 270. 272
Nikias 226. 394. 395
Nikias-Frieden 237. 394
Nikolaos von Damaskos **280**
Nikolaos III. Muzalon 336
Nikolaos von Otranto 338
Nikolaos von Reggio 116
Nikomachos (Kalender-Ordner) 485
Nikomachos von Gerasa 285. 532
Nikomedia 681; Circus 667
Nikopolis 426. **669/671**
Nilsson 484. 486
Nimrud dağ, Grabanlage 638. 643f. 654
Ninos-Roman 276
Niobiden-Maler 627. 628
Nisibis: Bibliothek 14
G. W. Nitzsch 173
Nizäa: s. Nikaia
Nomaden 423. 428
nomina sacra 9

Nominalformen: Strukturänderungen 157. 160. 164. 167
νομιζόμενα 459
νόμος ἔμψυχος 438
Nomos und Physis 201. 202. 203. 230. 522
Nomos (lyr.) 180. 186; Angleichung an Dithyrambos 241; Eingriffe des Phrynis 241
νόος: s. νοῦς/Νοῦς
Nonnos 286. 299. **310f.**; Johannesevangelium-Paraphrase (?) **308**
Nordgriechisch 145. 146
Nordwestgriechisch 144
Nostoi 176
notarii 5
Notenschrift auf Inschriften 75f.
νοῦς/Νοῦς 201; bei Parmenides 513, Anaxagoras 518, Aristoteles 538, Plotin 557, Proklos 559, in den *Chaldäischen Orakeln* 285
Novelle 193
Numenios von Apameia 285. 532; von Plotin plagiiert? 555
Numismatik: Begriff u. Gegenstand 694; und Epigraphik 79
Ny am Wortende 163
Nymphen 466. 469. 499

Obelos 57. 91. 99
Obolos 694
Octavian 268. 418; s. auch Augustus
Oden Salomons 293
Odoaker 449. 451
Odrysenreich 402
Odyssee 64. 148. 150. **172–175**. 176. 286; und der Argonautenmythos 478; Bukolisches 256; bei Kratinos 234; und Timon 257; und hellenist. Epyllien 260; ihr Ende bei Aristoph. v. Byz. und Aristarch 93
Odysseus 175. 176. 259. 261. 262; bei Epicharm 199, Sophokles 227, im Satyrspiel 224(*Kyklops* 230), Philoxenos 241; und der Roman 276 (Heliodor 277)
Ödipodie (kykl.) 176. 177
officia 439
Oikeiosis-Lehre 549. 551
Oikos 601; in der Neuen Komödie 254
Oiniadai 409

Oinoanda, epikur. Inschrift 78
Oinomaos von Gadara **284**
Oinopides von Chios 214
Olbia 372
Olymp 468. 497
Olympia 127. 190. 457. 521. 592; Kaiserzeit 668; Seher 476; Zeustempel 192. **631** (Giebelskulpturen/Metopen 613. 616, Zeus-Statue 620); Heratempel 607; 'Philippeion' 633; Metroon wird Augustustempel 663; Weihungen 470; subgeometr. Statuetten 594; 'Bußzeuse' 470; 'Faustkämpfer' von Olympia 614; Nike des Paionios 622; Hermes des Praxiteles 624f.
olympische Götter 467. **498**. 499
olympisches (Tier-)Opfer 460. 462
Olympische Spiele 373. 483. 485
Olympiodor von Alexandria 313
Olympiodor von Theben **298**
Olynth 220. 221. 398. 405, 634; Münzen 701
ὁμοίωσις θεῷ 531
ὁμοούσιος 303
ὀμφαλός 7
Onesikritos von Astypalaia 212
Onkion 694
Onomakritos 179. 191. 491
ὀνομαστὶ κωμῳδεῖν 197. 232f.
Ontologie: bei Parmenides 513. 514. 516. 519. 521, Empedokles 516, Anaxagoras 517, Atomisten 519, Gorgias 521, Platon 525f. 527. 556, Aristoteles 534f. 537, Epikur 543, Plotin 556
Opfer 132. **460−463**. 472. 474; auf Weihreliefs 471; Opferverbot (christl.) 446; s. auch Libation, chthonische, divinatorische, Erstlings-, Gaben-, Holokaust-, hypochthonische, kalendarische, olympische, Räucher-, Reinigungs-, Tier-, unblutige, Verzicht-Opfer
Opferfeste **485**
Opfergeräte 460
Opfergrube 468
Opferkalender 485
Opferkuchen 460. 462f.
Opferschau 474. 476. 491
Opfertier 460. 461
Opfertrug 461. 483

Opisthodomos 607
ὁποῖος, ὅπου, ὁποῦ als Relativpronomen 165
Oppian von Korykos **287**. 336
Oppian, *Kynegetika* 287
'Ὀψαρολόγος 340
Optativ: Rückgang in der Koine 158. 160
Optik 581
Optimus 308
Orakel 347; bei Sophokles 227; Kritik 284; in antiken Codices 14, auf Papyri 70, Inschriften 77f. 81; auf Christliches gedeutet 312; Orakeldichtung 179; Orakelsammlungen 491
Orakelheiligtümer 466. 491. **492**: Heilaufgaben 493; an Priesterfamilien gebunden 474; προφῆται 476; s. auch Delphi, Siwa
Oral Poetry 131. 149. 174. 477
Orchestra 223
Orchomenos 136. 365
Or(e)ibasios 107. **297**; über Julians Taten 298
ὄργια 493; orgiastische Kulte 235
orientalische Einflüsse 171; in der Kunst: 373, geometr. Bildsprache 589, geometr. Statuetten 592, 'orientalis. Zeit' 592f.; Philosophie/Wissenschaft 193. 562; Religion 458. 476; Mythen 482; oriental. Einflüsse auf byz. Literatur 336. 340
orientalisierende Epoche 586. **592−597**
Origenes 63. 103. 120. 285. **291f.**; Schüler 293f.; Gegner 293; diktierte 4; und das christl. Bibliothekswesen 14; als Philologe 99f.; Bibelexegese **305**; *Hexapla* 99. 292; *Philokalie* 301
Ornamentalisierung in der archaischen Kunst 602. 604
Oropos 371; und der Ursprung des Epos 150
'Ὀρφεοτελεσταί 495
Orpheus 179
Orphisches 125. 176. **179**. 286. 299. 311. 495; Kosmogonie 88; 'orphische Totenpässe' 495; bei Pindar 190; Ὀρφικὸς βίος 495
Orthagoras von Sikyon 374
Orthodoxie (spätant.) 444f.
ὅσιος **459**
Osiris = Dionysos 498

Ostgoten 451. **452**
Ostgrenze (röm) 423f.
'Ostgriechisch' 145. 367
ὅστις ersetzt ὅς 165
Ostraka 59. 60
Ostrakismos **384**. 386. 390. 395
Ostrom: außenpol. Lage 448, Militärwesen 449f. 451; Tributzahlungen 450; Diplomatie 450. 451; erfolgreiche Ziviladministration 450f.
Otranto, 'Stil von' 35
Walter F. Otto 477
Ovid: und hellenist. Katalogdichtung 262, hellenist. Epigramm 266, Kallimachos 261. 262, von Planudes übersetzt 18
Oxyrhynchos 65. 433

Pachomios 306
Georgios Pachymeres 339
Pacuvius und Euripides 230
Paeanius 298
Paestum: s. Poseidonia
pagani 448
Paian 180. 186. 189. 190. 464
Paia(wo)n (myk.) 497. 498
Paionios 622
Paläographie: 25. **26–44**. 122; auf Linear B-Tafeln 141; Papyri 61; paläograph. Erörterungen in der Antike 100f.; s. auch: Schrift, Schriftart
Paläste: myk. 136 (Palastkultur 365); hellenist. 642
Konstantinos Palaiokappas (Kopist) 23
Palaiologendynastie/-zeit 18. 21. 39. 113. **338–341**
Gregorios Palamas 20. 338
Palimpsest: bei Papyri 7, Codices 18
Palladas von Alexandria **300**
Palladios von Helenopolis 301; *Historia Lausiaca* 306
Pallas: s. Athena
Palmyra 423. 429. 448. 659
Pamphilos (Eccl.) 14. 293
Pamphletliteratur 213
Pamphylien: Kaiserzeit 428
Pamphylisch 144
Pamphyloi (dor.) 366
Pamprepios von Panopolis 309. **311**
Pan 466. 497. 499

Pan-Maler 628
Panainos (Maler) 627
Panaitios 545. **551**. 552
Panaitos-Maler 628
Panathenäen 382. 483. 488. **490**; auf dem Parthenon-Fries 620; panath. Amphoren 613. 620
Pañcatantra 336
Panegyrikos auf Julian (anon.) 295. 296
Pangaion 696
Pan-Héllenes: s. Hellânes
Panhellenion 421. 671
Panhellenisches Programm 216. 218. 219. 401. 406; bei Simonides 188, Euripides 229, Gorgias 521; panhell. Mythos 457, Kulte 481, Kultorte 457, Feste 185f.; panhell. Götter u. lokale Kulte 497
Panionion 368
Panolbios 311
Panopolis (Achmîm): spätant. Textilarbeiten 692
Pantikapaion 372
Pantomimos 298; von Libanios verteidigt 310
Panyassis von Halikarnass **179**. 242
Papias von Hierapolis 289f.
Papier als Papyrus-Ersatz 105
Paphos: Mosaiken 690
Pappos 32. 569
Papsttum 438; Auftraggeber für Handschriftenbeschaffung 21
Papyrologie: Anfänge 59, Aufgaben 60f.
Papyrus 26. 27. 172; Beschreibmaterial 3. 5. 17. 59, Herstellung 59; Papyrusrollen 60; Autographe 4; literar. Papyri 5. 6. 7. 60; dokumentar. Papyri 7. 60. 65. 66–70; Rolle in Byzanz 104. 322; Palimpsestpapyri 7; Papyrusheftchen als Vorläufer des Codex 8; Papyruscodices 8. 60; Papyrusfunde 127; Bedeutung für die Textüberlieferung 25f. 45f. 63f. 127; zum Homer-Text 46; Tragödientexte 251; Komödientexte 253; Romantexte 276; Stoikerfragmente 545; Beiträge zur antiken Literaturgeschichte 62–65. 127, Sprachgeschichte 65. 156. 158, Alten Geschichte 66f., Wirtschaftsgeschichte 67f., Sozialgeschichte 68, Rechtsgeschichte 68f., Kulturgeschichte 69, Reli-

gionsgeschichte 70; Ergänzung der Archäologie 69; Papyruskursive 27. 29; lateinische Papyri 63; s. auch herkulanensische Papyri
Parabase 197. **232**. 237. 238
Paradoxes/Paradoxographie 217. 272. 278. 310
Paränese 182. 183. 243; christl. 306
Paragraphe 73
Paraklausithyron 248
Paraphrasen (dicht.) 308. 330
Parasit: bei Epicharm 199, Eupolis, 235, Mittl. Komödie 233 (Alexis 240), Machon 255, Alkiphron 279
παρέγκλισις (epikur.) 544
Parmenides 130. **194**. 202. **512-515**; und Xenophanes 509. 513, Empedokles 516. 517, Anaxagoras 517, Atomisten 519, Gorgias 521; von Plotin kritisiert 557
Parmenion 408
Parodie: Nestorbecher (?) 191f.; bei Hipponax 182, Xenophanes 184, Anakreon 185, Epicharm 199, in der Alten Komödie 154. 235. 358, Mittl. Komödie 233, bei Krates von Theben 205. 244, bei Timon 257, Prodromos 336; als literar. Gattung **245**; s. auch Satirisches
Parodos 223
Paroemiacus 287. 355
Parrhasios (Maler) 620. 627
παρρησία in der Kom. 232f.; kirchl. 446
Milman Parry 131. 174
Partheneion 180. 186. 189
Parthenios 246
Parthenope: s. *Metiochos und Parthenope*
Parther 415. 417. **423**. 427. 428. 429. 637. 638; Parthermonument des Marc Aurel u. L. Verus 662
Partikeln: Abnahme in der kaiserzeitl. Koine 161
Partizip: Entwicklung im byzant. Griechisch 166
Pasiteles (Bildhauer) 672
Giorgio Pasquali 130
Patrai 426; Kult für Artemis Laphria 462
Πάτρια 311
Patriarch (jüd.): s. Nasi
Patriarch (Konstantinopel) 438
Patrikios 308

Patrocinium(sbewegung) 424. 443
Patrologia Graeca 318
Paulos von Aigina 33
Paul der Perser (von Nīsībis) 304
Paulos Silentiarios 325
Paulus (Apostel) 108; Briefe 289. 290. 293
Pausanias 120. 209. **283**. 481. 482; als Epigraphiker 80f.
Peisander von Kamiros 179
Peisandros von Laranda 286
Peisistratiden 179. 374
Peisistratos 374. 375. **382f.**: kein Bibliotheksbegründer 11; und die homerischen Gedichte 173; und die Großen Dionysien 198
Pella 246. 403; Königspalast 638. 642; Mosaiken 638. 657
Pelopidas 398. 399
Peloponnes 394. 395. 398. 413; Heimat des Epos? 149; Zufluchtsort für byzant. Schreiber 19
Peloponnesischer Bund 378. 379. 395. 399. 414
Peloponnesischer Krieg 203. 209. 216. 391. **393-396**. 523. 524. 611. 700
Pentameter 151. 179. **348**
Penthemimeres 347
Penthesileia-Maler 628
Perdikkas 410. 411
Perfekt: mit Aorist verwechselt 159
Pergament 26. 60; Beschreibmaterial 3. 5. 17; Pergamentheftchen als Vorläufer des Codex 8; Pergamentcodices 8. 9; Pergamentknappheit 18
Pergamon: Bibliothek 12. 13. 92; pergamen. Schule 95; Asklepieion 273. 466, 493. 668; Dionysosmysterien 705; Neuplatoniker 296; Altaranlage 467. 637. 641 (Friese 645, plastischer Schmuck 650f. 656); hellenist. Kunst 637 (Gallierweihgeschenke 645); Königspalast 642; Trajanstempel 663f.; Statuenkopien 655
Περὶ ὕψους: s. Pseudo-Longin
Periander von Korinth 186. 374. 375
Perikles 208. 210. 215. 226. 229. 389. 391. 393. 394; Bürgerrechtsgesetz 390; und Anaxagoras 201. 517, Aischylos 224, Protagoras 202, Stesimbrotos 213; in der Komödie: Kratinos 233f., Telekleides

234, Eupolis 235, Hermippos 236; Perikles-Porträt 617
perikleisches Bauprogramm 609. 610. 618. 631
Perinthos 405
Periöken 377. 378
Peripatos: s. Aristoteles-Schule
periphrastische Konstruktionen in der Koine 160; im byzant. Griechisch 166. 167
Periplus 195. 280. 573
Peripteros/Peripteraltempel: s. Ringhallentempel
Peristylhaus 642
Peroz 449
Persephone 468; s. auch Kore
Persepolis 406. 408
Perser 208. 211. 218. 219. 229. 324. 376. 379. 383. 391. 392. 395. 403. 406. 407f. 612
Perserkriege 192. 224. **385–388.** 492. 598. 601; bei Simonides 188, Herodot 208, Choirilos 242; bildlich dargestellt 645. 652
'Perserschutt' 613. 615
Perseus-Krieg 417
Personifizierungen: s. Abstrakta
Personalpronomina: Umformungen 165
πετανυφαντείραι 475
Petra 429
Petrarca 20
Petros von Alexandria über Evangelien-Diskrepanzen 100
Petrus-Briefe 289
Rudolf Pfeiffer 130
Phaidon von Elis 204
φαιδ(ρ)υντής 468. 475
Phainias von Eresos **207**
Phaistos 489
Phalanx **369**
Phalaris-Briefe 123
Phaleas von Chalkedon 214
Phaleron 393; Tempel der Athena Skiras 490
Phallos 197. 224. 232; Phallos-Prozessionen 196. 197. 486
Phanodemos 213
Phanokles 261
φαντασία 252; bei den Stoikern 548
φαρμακός 465. 486

Pharsalos (Schlacht) 417
Phasis (Kolonie) 372
Pherecrateus 360
Pherekrates **234f.** 241
Pherekydes von Athen 195; und Apollonios Rhodios 258
Pherekydes von Syros 179
Phidias 612. 620. 631. 637
Philaiden 382. 383. 388
Phileas von Athen 214
Philemon (Kom.) 252. 253
Philemon (Gramm.): zum Herodottext 101
Philetairos (Attalide) 703
Philhellenismus: röm. 416; parth. 417; neuzeitl. 318
Philiadas von Megara 183
Philipp II. von Makedonien 156. 212. 219. 220. 221. 243. 399. 401. **403–406.** 409. 413. 532. 612; Grab in Vergina 628. 643. 656; Porträt 647; Münzen 701
Philipp V. von Makedonien 414. 416
Philippoi 404; Schlacht 417; Paulus-Basilika 685
Philippos Monotropos 336
Philippos von Opus 205
Philippos von Side 302. 304
Philippos von Thessalonike 266
Philistion 215
Philistos von Syrakus **211f.**
Philitas von Kos 249; ἄτακτοι γλῶσσαι 91; *Demeter* 260
Philochoros **213**; als Inschriftensammler 81; erkennt Pseudepicharmea 200
Philodem von Gadara **545**: *hypomnematika* 4; nicht autograph. Entwurf 5; *Rhetorica* 545; *De musica* 545; Σύνταξις τῶν φιλοσόφων 545; Philodem-Papyri 4–7
Philogelos 310
Philokalie: s. Origenes
Philokles 231
Philokrates-Frieden 220. 405
Philolaos von Kroton 194. 214. **511.** 568; und die Kugelgestalt der Erde 574
antike Philologen: als Bibliotheksbenützer 12; als Inschriftensammler 75; als Dichter 249; Leistung für die Textüberlieferung 64; in Kallimachos' *Iamboi* 257; *philologoi* auf Inschriften 75

Philologie: Bedeutung ihrer Geschichte 117; Anfänge 87–89; in Alexandria 89–97. 249f., in späthellenist. Zeit 97, Kaiserzeit 98f., Spätantike 101–103. 297; im jüdisch-christl. Bereich 99–101. 301 (Philon 288); in Byzanz 18f. **104–116. 316f.** (Palaiologenzeit 18. **113–115.** 338); in Italien 118f., Frankreich 121f., England 123. 124, Niederlande 122. 123, Deutschland 123f. 124–131; historisch oder normativ? 125. 129; Editionsaufgaben 24f.; bleibende Aufgaben 132; s. auch Altertumswissenschaft

Philologiegeschichte 128

Philon von Alexandria 99. **287f.** 291. 292; als Mittelplatoniker **531**

Philon von Byzanz (hellenist.) 581

Philon von Byzanz (spätant.) 310

Philon von Larisa 531. 554

Philonides (Regisseur) 237. 238

Φιλόπατρις: s. Pseudo-Lukian

Philosophen: in der Komödie 239. 240. 257; bei Timon 257; gegen Rom 424; in der Spätantike 297, heidn. 447f.; Philosophenporträts 617. **648** ('Philosophen'-Kopf von Porticello 614)

Philosophie 193–195. **201–208. 507–560**; Sprache 154; Begriffsbestimmung u. Perioden 507; Ausrichtung seit Sokrates 523; Einteilung in Physik, Ethik u. Logik 530; und Einzelwissenschaften 537. 540. 541. 552. 566; und relig. Kult. 458; in der Kaiserzeit **283–285** (und Lukian 275, Clemens v. Alexandria 291); in der Spätantike **296. 308f.**: verchristlicht 312; in Byzanz 338; philosoph. Codices 33; inschriftl. Zeugnisse 78

Philosophiegeschichtsschreibung 127. 282. 507. 508; Bedeutung Philodems 545, des Sextus Emp. 554

Philostorgios **302.** 304

Philostrat 270. 273. **274**; *Vitae Sophistarum* 272. 274. **282**; *Vita Apollonii* 274. **283**; Briefe 279; Lyrik 287

Philotas 408

Philoxenos von Eretria (Maler) 628

Philoxenos von Kythera **241**. 255

Philoxenos von Leukas 242. 245

Phlegon von Tralles 278

Phleius 398

Φλώριος καὶ Πλατζιαφλώρα 340

Phlyaken 197; Phlyakenposse **242**

Phönizier 174. 371. 428; Kolonien 376; astronom. Studien 570; umfahren Afrika (?) 574; Teil der pers. Flotte 385. 388. 391; in Alexanders Flotte 409. 410; Münzen 701

Phoibammon (Gramm.) 102

Phoinike, Friede von 414

Phoinix von Kolophon 257

Phokaia 367. 371. 372. 376. 484; Münzen 694. 697. 698. 701

Phokais 179

Phoker 373. 376. 399. 405. 425; Phokischer Krieg 399. 405

Phokion 410

Phokos von Samos 194

Phokylides von Milet 179. 184

Phormis/-os 200

Phoronis 179

Photios 105. **106–109**. 290. **330f**.; Besitz antiker Texte 17. 33; Rolle bei der Transliteration 33; Lexikon 106; theolog. Schriften 106; *Bibliotheke* 106. 108. 316. 317; *Amphilochia* 108; über Dexippos 281; über Helladios 101. 300; zu Sopatros 297; über Malchos 309

Phrasikleia (Kore) 601

Phratrie 367. 487. 489; Feste 485. 487

φρόνησις: bei Aristoteles 539. Epikur 545

Phrygillos (Stempelschneider) 698

Phrynichos (Kom.) **236**

Phrynichos (Lexikograph) 98. 270

Phrynichos (Trag.) **198**; Metrik 352

Phrynis von Mytilene 230. 234. **241**

φθόνος θεῶν 208. 225

Phylen 367; att. 223. 381 (Reform 382); dor. **366f.**

Physik: Beitrag des Hippias 203; bei Aristoteles 537, Epikur 543f.; als Fachwissenschaft 567. **580f.**

Physiologos 341

Physis: s. Naturrecht, Nomos

Pierre de Provence et la belle Maguellone 340

Pigres von Halikarnass 176

Pindar 18. 64. 127. 188. **189f.** 481; Sprache 153; Metrik 111. 344. 353. 359. 360. 362; und Bakchylides 190, Simonides 190, Korinna 191, Aischylos 224, Kallimachos 262, Apollonios 258 (*Pyth. 4*), hellenist. Epyllion 260; von Epicharm parodiert 199; bei Pseudo-Longin 270; Pindar-Scholien 96; Erstdruck 120; in der Philologie: Eustathios 18. 335, Moschopulos 18, Wilamowitz 128, Snell 130

Piräus 156. 393. 398. 634; Heiligtum des Zeus Soter 490

Willibald Pirckheimer 120

Pisa (Elis) 485

πιθανόν/πιθανὴ φαντασία 531. 553

Pithekussai 370

Planeten(bahnen) **571f.**, -götter 571, -sphären 571; Umlaufzeiten 572

Planisphärium 573

Maximos Planudes 338; Lateinkenntnisse 20. 113; übersetzt lateinische Texte 18. 113; Editor 18. 113; Textkritiker 51; s. auch *Anthologia Planudea*

Plastik: geometr. Zeit 591f.; subgeometr. 594; orientalis. Epoche 594–596; archaische Epoche 600–605; klass. Zeit 613–627 (Chronologie 612f.); 4. Jh. 622f.; hellenist. 644–656; Kaiserzeit 672–674; Mythendarstellung 591; s. auch Genreplastik, Kleinplastik

Plataiai 191. 385; (Schlacht) 188. **387**

Platon (Kom.) **235**; und Philoxenos von Leukas 245

Platon (Philos.) 203. **205f.** 207. 219. 396. **524–530**. 623; von Alexis verspottet 240, von Zoilos angegriffen 212; Schriften: Einteilung 524f.; 7. Brief 524. 527. 530; *Charmides* 525; *Euthyphron* 525. 527; *Gorgias* 88. 274. 526 (und Aelius Aristides 274); *Laches* 525; *Menon* 528. 569; *Nomoi* 526 (*Epinomis* 571); *Parmenides* 527; *Phaidon* 525. 528. 556. 574; *Phaidros* 526. 527. **528f.** 556; *Philebos* 526; *Politikos* 526; *Protagoras* 88. 526; *Sophistes* 526; *Staat* **525**. 526. 527. 528. 529. 556. 571; *Symposion* 529 (darin Agathon 231), und Plotin 555. 556; *Theaitet* 525. 527. 553. 556. 569; *Timaios* **526**. 527. 531. 548. 556. 557. 571, bei Proklos 559; Epigramme? 244; Sprache 154; philosoph. Entwicklung **526f.**; Ideenlehre 526f.; 'Ungeschriebene Lehren' **527**. 530; Schriftkritik 527. **528f.**; Philosophiebegriff **527–530**; Wissenschaftstheorie 565f.; über Sokrates 204. 233. 523; zur Mathematik 569; Vakuum-Frage 580; μῦθος-Begriff 479; Mimesis-Begriff 539; über Kunst 539, Dichtung 88. 526. 539f., Fabel 193, μέλος 353, Komödie 233, Rhetorik 526, Homer 539f., Theognis 183. Pythagoras 510, Epicharm 199, Hippokrates 214, Seher und Bettelpriester 476; P. und die Sophistik 520, 522, Damon 215, Theodoros von Kyrene 214, Archytas von Tarent 214, Dion 400, Sophron 242, Stoa 531. 549, Lukian 275, Plutarch 284, Galen 285, Plotin 558, Methodios 293, Palladios von Helenopolis 301, Themistios 295, Michael Psellos 333; kommentiert von Porphyrios 285, Jamblich 296. 558, Proklos 559, Leon d. Math. 329; bei Johannes Mauropus 333; Platon-Papyri 64, -codices 33; ins Lateinische übersetzt 118. 119; Erstdruck 120; in der Philologie; Henr. Stephanus 122, Wilamowitz 128, Friedländer 130

Platon-Kommentatoren 33. 101

'platonische Körper' 568

Platonismus **284f.**; Einfluß des *Timaios* 526; in Alexandria 531; in Mistra 116. 118; in Florenz 116. 119; s. auch Mittel-, Neuplatonismus

Plautus 253; und Alexis 240

plebei (spätant.) 444

'Pleiade' 251. 252

Georgios Gemistos Plethon 116. 118. **339**; Νόμων συγγραφή verbrannt 322

Plinius d. Ä.: *Naturalis historia* 578; diktierte 4; Verwendung von *notarii* 5; beschreibt Papyrusherstellung 59

Plinius d. J.: diktierte 4; Verwendung von *notarii* 5

Plotin 296. **555–558**; Schriften 555f.; *Das Schöne* 556; *Die drei ursprünglichen Hypostasen* 556f.; und Jamblich 559, Themistios 295, Proklos 559; von Ficino übersetzt 119

Plutarch: als Biograph **282**. 482 (Alexander-Biographie 407); *Moralia* **284f.**; *Apologie des Sokrates* 204; als Mittelplatoniker

531 (und der *Timaios* 531); und der Attizismus 162; über Empedokles 515, Herodot 208, Solons Gesetzgebung 381, die perikleischen Bauten 618, Aristoteles' Lehrschriften 533, Delphi 492; Quelle für Epikur 542; P. und die Hagiographie 321; bei Johannes Mauropus 333; ins Lateinische übersetzt 118; Erstdruck 120; in der Philologie: Planudes 18. 113, Erasmus 120
Plynteria 469. 483. 486. **489**
Poggio Bracciolini 118
ποίησις: Def. des Gorgias 344
ποιητικὴ λέξις 216
Poikilographen: s. Buntschriftsteller
Polemarchos (Amt) 380. 384. 388
Polemon (Akad.) 530. 546
Polemon von Ilion: zu Hipponax 182; als Inschriftensammler 81
Polemon von Laodikeia 272
Πόλεμος τῆς Τρῳάδος 167. 340
Polis: Entstehung **368–370**: koloniale Gründung 372; als 'Oikos-Familie' 389; P. und Religion 457 (Feste 484. 485, je eigenes Pantheon 497); Auftraggeber für Kunst 609f.; und Chorlyrik 185f., Tragödie 222f. (Aischylos 225), Komödie 232f. 254; bei Aristoteles 538; Bestellung von Priestern 473f.; in den hellenist. Monarchien 415; im Kaiserreich 418f. 425 (Griechenland 426, Kleinasien 427, Syrien 429, Judaea 430, Ägypten 432f.); in der Reichskrise 424; in der Spätantike 442; s. auch Stadt
Polis-Kalender 484
Polis-Religion 457; Kaiserzeit 425
politische Reden 219. 220f. 535. 547
Politik in der Dichtung 182. 183. 234. 235. 236. 237. 239. 258
politikwissenschaftl. Schriften 214
Angelo Poliziano 119
Pollux (Lexikograph) 98. 270
Polos von Akragas 216
Polyaen 278
Polybios von Megalopolis 120. 122. **267**. 279. 280; Sprache 156; zum Aufstieg Roms 414; über Abschreibefehler 45. 93; ethnogr. Exkurse 575; und Anna Komnene 334

Polybos 215. 578
Polychronios über Unklarheiten im Bibeltext 100. 108
Polygnot 627; Polygnot-Gruppe 628
Polyidos (Dith.) 242
Polykarp 289
Polyklet 612. 614. 620; als Theoretiker (Kanon) 214. 618. 619; Doryphoros 618f. 622
Polykrates von Athen 218; Τέχνη 222; *Anklage gegen Sokrates* 204; *Busiris* 222
Polykrates von Samos 185. 187. 276. 375. 379. 383. 510; kein Bibliotheksbegründer 11
Polyphem: bei Epicharm 199, Kratinos 234; im Satyrspiel 224 (*Kyklops* des Euripides 229), bei Philoxenos 241, Theokrit 256
Polyphrasmon 198
Polytheismus 457. **496f.** 499
Pompeji: 'pompejanische' Wandmalerei 627; Alexandermosaik 628. 656
Ponderation 615f.; s. auch Kontrapost
Popularklage 381
Popularphilosophie **283–285**. 306
Porphyrios von Tyros (Neuplatoniker) **285**. 336. **558**; Pythagoras-Biographie 510; Plotin-Biographie 555; *Einführung in die Kategorien des Aristoteles* 558; als Philologe **101** (bezeugt das "Ὅμηρον ἐξ Ὁμήρου 90); erklärt Homer 95. 101; kommentiert Aristoteles 533, Minukianos 271; ediert Plotins Schriften 555. 558; schreibt gegen Christen 296. 304. 558 (parodiert Bibelexegese 305); Kritik am Tieropfer 461; und Jamblich 559
Richard Porson 124. 344. 351
Porson'sche Brücke 124. 347. **349**. 350. 351
Porträtkunst **617**. 639. **647–649**. 674f. 678. 686f.
Poseidipp (Epigr.) 62; über Antimachos 244
Poseidon 190. 466. 480. 489. 496. 498; Dreizackmal im Erechtheion 633; in der hellenist. Plastik 645
Poseidonia/Paestum 372. 400; Heraion 466; 2. Heratempel 632; Ädicula auf der

Agora 468; Metopen von Foce del Sele 605; Vasenmalerei 629
Poseidonios von Apameia 130. 266. 545. **552**; als Geschichtsschreiber 280; über Anacharsis 97
Posidaeja (myk.) 496
Posideia 484
Positionslänge 345
Posse: s. Dorische, Italische, Megarische Posse
possessores (spätant.) 444. 450
potentes (spätant.) 443; *potentiores* (spätant.) 444
Potentialis 148
ποῦ als Relativpronomen 165
Πουλολόγος 341
praefectus Aegypti 432
praefectus iure dicundo 419
praefectus praetorio: spätant. 439. 441; *praefectus praetorio Orientis* 442
Praeneste, Fortuna Primigenia-Heiligtum 641
Präpositionen: fehlerhafte Verwendung 158; übernehmen Kasusfunktionen 160
praepositus sacri cubiculi 439
Pratinas von Phleius 73. **198**
Praxiergiden 489
Praxilla von Sikyon 191
Praxiteles 611. 614. 622; Aphrodite von Knidos **623**. 624. 645; Apollon 'Sauroktonos' **624**; Hermes von Olympia **624f**.
Predigt (christl.) 300. 306; s. auch Homiletik
Priene 634; Demeter-Heiligtum 468; Athena-Tempel 632, 640; Monumentalaltar 641
Priester 459. 461. 463. **473–475**; demokratisch bestellt 457. 473; und andere Polis-Funktionäre 473f.; und Seher 476; im griech.-röm. Ägypten 70; s. auch Kinderpriester
Priesterin **475**
Priestertracht 474; Priestereinweihung 474
primates 444
principales 444
Prinzipat 269
Priscus: übersetzt Dionys. Perieg. 287
Priskos von Panion **309**
Probulen 226

proconsul 422
procuratores 432
Prodikos von Keos 218. **202f.**, und Euripides 228
Theodoros Prodromos 316. 317. 322. 334. **336**; *Rodanthe und Dosikles* 335; *Galeomyomachia* 317; Autor des *Timarion*? 336
προηγμένα 550
Προγυμνάσματα 271. 295
Prohairesios 295
Prokeleusmatiker 287. 350. 355
Prokles (Stempelschneider) 698
Proklos (Neuplat.) **559**; *Handhaben gegen die Christen* 308; Hymnen 311; Verfasser des homer. *Areshymnos*? 312; als Schulhaupt 308; als Kommentator 102 (des Euklid 569); und Johannes Philoponos 560, Dionysios Areopagites 313
Proklos von Konstantinopel 303
Prokop von Caesarea 317. **324**
Prokop von Gaza **310**; Erfinder der Katenen? 103. 313
Prokonnesos: Bildhauerwerkstätten 689
προλαλιαί 272
πρόληψις (epikur.) 543
Prolog: in der Tragödie 198. 223 (Euripides 230); bei Menander/Neue Kom. 253
Prometheus 224
Pronaos 607
Pronomina: Umformungen 165
Prooimia 176. 299. 311. 312; kitharod. Pr. 186
Properz: und Kallimachos 262, hellenist. Epigramm 266
προφῆται **476**. 492
Prosa: Sprachformen 154f.; gorgianischer Art 216. 218; überwiegend diktiert 4; Umfang von Prosa-Büchern 6; Anfänge 179; Entwicklung 172; in wissenschaftl.-philosoph. Werken 194. 263; Geschichtsschr. 195; Platons 206; des Aristoteles 207; in hellenist. Zeit 266. 270; der Kaiserzeit 270; versifiziert 194. 255; mit Versen gemischt 258; Stoff für Dichtung 263
Prosahymnus 274; christl. 306
Prosarhythmus 216. 218. 296; Prosaklauseln 294. 295. 310
προσκύνησις 437

Prosodie **345–347**; akzentuierend 306. 321. 327. 332; Prosodieverstöße 308; Veränderung in der Koine 157; inschriftl. Zeugnisse 75
Prosodion 180. 189. 287
Protagoras von Abdera 202. 235. **522**; und Demokrit 518, Euripides 228
Protogeometrisch(e Phase) 367. 586. 587
πρωτόκολλον 5
protos heuretes 87
Provinzen, röm. 418. 422. 425 (in Griechenland 425); Verkleinerung u. Vermehrung 441
Provinzeinteilung 422
Provinzial-Landtage 419. 420. 422; Kaiserkultanlagen 662; s. auch κοινόν
Prytanen 384
Psalmenparaphrase 307
Michael Psellos **333f.**; als Philologe **110**. 316
Pseudepicharmea 200
Pseudepigrapha 11. 107
Pseudo-Apollodor, *Bibliothek* 124
Pseudo-Aristides 271
Pseudodipteros 640
Pseudo-Herodot 175
Pseudo-Hesiod 177
Pseudo-Homer 172
Pseudo-Longin **270**; über Homer 173, Hypereides 219, Stesichoros 478, *Phantasia* 252
Pseudo-Lukian 274; Φιλόπατρις 331; *Timarion* 336
Pseudo-Moschos 256
Pseudo-Phokylides 179
Pseudo-Platonica: *Axiochos* 120
Pseudo-Plutarch, *De Homero* 98
Pseudo-Theokrit 256
Pseudo-Xenophon **213**; Sprache 154
Psilosis in der Koine 157
Ptochoprodromika 165. **336f.**
Ptolemäer 263. 264. 281. 414. **415**. 416. 417; Bibliotheksgründer 12. 89. 249; fördern Dichtung 246. 249
ptolemäische Kunst 636; Königsporträts 647f.; 'Ptolemäerkannen' 658
Ptolemais 415
Ptolemaios I. 249. 255. 410. 411; und Demetrios von Phaleron 207; als Historiker 212. 407; von Kleitarch gerühmt 407; Münzen 703
Ptolemaios II. 91. 249. 250. 258. 265. 413. **414f.**
Ptolemaios III. 258. **415**
Ptolemaios IV. 66. 415. 416
Klaudios Ptolemaios: *Geographike hyphegesis* 18. 575; *Almagest* 32f. 571; Schriften zur Optik 581; als Astronom 571 (Fixsternkatalog 572, über das Planisphärium 573, weist das heliozentr. Weltbild zurück 572); als Geograph 571. **575**; in der Philologie: Planudes 18, Nikephoros Gregoras 115, Erasmus 120
Publikation in der Antike 3. **10f.**
pugillares 3f.
Purismus: s. Attizismus
Pylos 174. 394. 478; myk. Zeit 365 (Linear B-Texte 136. 474, belegen Zeus u. Hera 496)
Pyrrhon von Elis 202. **552f.**; und Timon 257; pyrrhon. Tradition 554
Pyrrhos von Epeiros **412**; Münzen 705
Pythagoras von Samos 194. 207. 507. **510f.** 565; 'Pythagorassatz' 568; von Epicharm parodiert 199; in Kallimachos' *Pinakes* 92; und Plotin 558
Pythagoreer 194. 214. 283. 285. 510f. 524. 565; kritisieren Tieropfer 461; Tonintervall-Experimente 568; mathemat. Studien 568; Proportionenlehre 568f.; entdecken die Kugelgestalt der Erde 573; von Xenophanes verspottet 184; und Parmenides 513; Komödienspott 240; s. auch Neupythagoreer
Pythagoreisches: Fälschungen 510; bei Pindar 190, Krates (Kom.) 234, Xenokrates von Chalkedon 206; und Platonismus 531, Jamblich 296; Πυθαγόρειος βίος 495. 511
Pytheas von Massalia 207. 574
Pytheos (Architekt) 632
Pythia 475. 476. 492
Pythische Spiele 373
Python von Katane/Byzanz 232. 251
Pyxiden 691f.

Quadratos 291
quaestor sacri palatii 439

Quantitäten: in der Aussprache verschwunden 294; in der Dichtung mißachtet 306. 312
Quintilian: über Brevis in longo 346; über 'schöne' Form 619
Quintus von Smyrna **286**. 298

Rabbiner 431. 432
Rätsel 232. 249. 347
Räuberbanden 433; s. auch Sozialbanditen
Räucheropfer 460. **462**
Randscholien 47. 103; Bedeutung für die Textüberlieferung 47
Randvarianten 47
Raphia (Schlacht) 415
Rat der Fünfhundert 384. 389
Rat der Vierhundert 203. 226. 395. 396
Raumarchitektur, hellenist. 640f.
Realismus: in hellenist. Dichtung 255, Kunst 649
recentiores non deteriores 54. 114
Recht: im griech.-röm. Ägypten 68f.; Spätantike 450f.; inschriftl. Zeugnisse 77
Rechtsentwicklung im röm. Osten 422. 450
Rechtskodifikation 369. 372; Drakons 380; Solons 381; Spätantike **450f.**
recitationes 11; s. auch Rezitation
Redekunst: s. Rhetorik, epideiktische, Gerichts-, politische, symbuleutische Reden
Redenschreiber: s. Logographen
Redner: Sprache 154; Überlieferung in der Antike 16; s. auch Attische Redner
Rednerkanon 217. 219. 222
Reggio, 'Stil von' 35
'Reicher Stil' 611. 612. **621f.** 627. 628f. 630
Reichsteilung 294. 320. 435. 451
Reichsverwaltung (spätant.) **441f.**
Karl Reinhardt 130
Reinigung (kult.) 462
Reinigungsfest 486; -opfer 460. 462. 464; -riten 460. **464f.** 489. 494
Reisefabulistik 276
Johann Jacob Reiske 123f. 318
Reizianum 360
Rekrutierung (spätant.) 440
Relativismus: bei Simonides 188; von Sophokles bekämpft 227; in der Sophistik 396

Reliefs: histor. Reliefs in der Spätantike 682. 688; R. und Inschriften 79
Religion, griech.: 'eingebettet' 457; 'demokratisch' 457; Terminologie 458f.; R. und Mythos 477; und der Neuplatonismus 296
Religionsgeschichte 126. 128. 132; auf Papyri 70; auf Inschriften 77; s. auch Götter
Religionswissenschaft 126. 457
Renaissance 118f.
Repräsentation (relig.) 468
Repräsentativverfassung 391. 413
Responsion (metr.) 114. 241; Rolle bei der Textkritik 48. 52
Johannes Reuchlin 120
Rezeptionsforschung 131. 132
Rezitation 176. 247
Rezitationsdramen 251
Rhapsoden 172. 265; Wettkämpfe 176. 245
Rhea 496. 500
Rhegion 370
Rhesos 228. 231
Rhetorica ad Alexandrum 207. 222
Rhetorik 124. 199. **215–222**. 394; des Gorgias 521; μῦθος-Begriff 479; von Platon kritisiert 526. 565, von Aelius Aristides verteidigt 274; bei den Stoikern 547; Einfluß auf Geschichtsschreibung 212; R. und Tragödie 231f.; in der Kaiserzeit **271–274**. 282. 284 (und Lukian 275); in der Spätantike **310**. 324 (und spätant. Dichtung 299); in Byzanz 321. 335 (Professur dort 111); als Bildungsgrundlage 218; rhet. Übungen auf Papyri 69; rhet. Codices 33
Rhetoriklehrer 162
'Große Rhetra' 377
ῥέζειν 460
Rhianos von Kreta 258
Rhinthon **242**
rhodisches Schwalbenlied 192
Rhodos 371. 399. 404. 413. 416. 634; Kunstzentrum in der orientalis. Zeit 593; Rhetorikschule des Aischines 221; Athena-Heiligtum in Lindos 640f.; rhod. Bildhauer 646; Keramik 598; Münzen 701

Rhythmus, quantitierend 345
Riace, 'Krieger von' 614
Ricimer 438. 449
Alois Riegl 678
Ringhallentempel 472. **569f.** **605–607.** 631
'rite de passage' 487
Friedrich Ritschl 126
Ritter (ἱππεῖς) 381
Rituale: s. Kulte
Ritus **459f.**; und Mythos **482f.**; s. auch apotropäische, divinatorische, Reinigungs-Riten
Louis Robert 72. 81. 82
Römer/röm. Staat: Aufstieg 267. 400. 405. 414; und die hellenist. Staaten 402. **416f.** (und Philipp V. 414); Bürgerkriege 269. 417. 427. 429; und die Juden 430; Reichskrise 295. 423. 424. 425. 436; Reichsteilung 294. 320. 435. 451; Einheitsgedanke 436. 451; bei Polybios 267; in der kaiserzeitl. Geschichtsschreibung 280 (Dionys v. Halik. 279, Appian 280f., Cassius Dio 281); bei Aelius Aristides 273, Plutarch 282, Pausanias 283; ziehen Menander dem Aristophanes vor 239; Kallimachos' Einfluß 250. 262; lehnen früh- u. hochhellenist. Kunst ab 655; s. auch Ostrom, Westrom
Erwin Rohde 126
Rolle: s. Buchrolle
Rom: kultur. Bedeutung in der Spätantike 294; Entstehungsort des Codex? 9. 10; Bibliotheken 13f.; Asklepieion 493; Tempel der Venus und Roma 640; Kaiserfora 641; griech. Bildhauerwerkstätten 655. 672; in der Spätantike privilegiert 442, Getreideversorgung 67. 444; Plünderung (von 410) 450; Bischöfe 290; Münzen nach griech. Vorbild 705f.
Roman 126. **276–278.** 283; Beitrag Xenophons 211; Briefroman 279; in Byzanz **335. 340**; Überlieferung in der Antike 14
romanische Sprachen 141f.
Romanisierung 424
Romanos Melodos 130. **325f.** 328; Kontakien 323
Romantik: und Byzanz 318

Romulus Augustulus 435
Rossano, Evangeliar von 691
rotfigurige Maltechnik 586. 599
Erich Rothacker 130
Roxane 408. 410
Rufinus (Epigr.) 287
Rufinus (Eccl.) 305; als Übersetzer 292. 293. 294. 302
Rufus von Ephesos 580
David Ruhnken 124

Sabazios 500
Saïten-Dynastie 375
Sakadas von Argos 182. 186
Sakralisierung des Kaisertums 437; des Priesteramts 475
Sakralgesetze 460. 464
Salamis 380; Schlacht 188. **387**, von Phrynichos gefeiert 198, von Timotheos dargestellt 241
Samos 374. 392. 395. 399. 406. 409; früher Tempelbau 592. 597; Heraion 466. 592; Elfenbeinjüngling 594f.; Frauenstatuen der orientalis. Zeit 596; Keramik 598; Kuroi 603; polygonales Mauerwerk 605; Dipteros-Heratempel 607; Münzen 701
Samothrake: Mysterien 475. 493. 494: Mysterienbezirk 473. 495
sapphische Strophe 184. **361**
Sappho 62. 127. 128. 180. 184. **185**. 235. 266; Sprache 152. 153; Metrik **361**. 362
Sarapis: Statue in Alexandria 636. 645
Sardes 385. 415
Sarkophage 610; Reliefsarkophage, hellenist. 652–654, kaiserzeitl. 675f.; spätant. 688f.; mythol. Themen 675
Sas(s)aniden **423. 448**. 449. 452f.
Satirisches 179. 184. 185. 205. 231. 257f. 275. 336. 340f.
Satrapien 406. 415; Satrapenmünzen 701
Saturnalienfest-Typus 486
σατυρικόν 196
Satyrn 196. 197. 198. 224. 226. 227. 229. 251. 485
Satyros 517
Satyrspiel(e) 122. 127. 197. 198. **223f.**: Metrik 352; des Aischylos 226, Sophokles 227, Euripides 229f., Kritias 203,

Achaios 230. 231; im 4. Jh. 231; im Hellenismus **251**
Joseph Justus Scaliger 121. **122**
Julius Caesar Scaliger 122
Wolfgang Schadewaldt 131. 174
Schaltmonat 484
Schapur (Sapor) II. 449
Schatzhaus und Tempel 472
Schauspieler 241; in der Tragödie 223 (Aischylos 225, Sophokles 227); Kostüme 200. 223; Eingriffe in den Text 52; auf Inschriften 75
Schauspielerzahl 199. 223. 225. 227
Schild des Herakles 177
Schiller 124. 311
Schisma (von 1054) 19
Schlaraffenland 234
Schleiermacher 125. 527
scholae palatinae 439
Scholastik 20. 313
σχόλια 309
Scholien 96; Entstehung in der Spätantike 102f.; Rolle bei der Textüberlieferung 47; von Triklinios reduziert 114; Homer-Scholien 87; Apollonios-Scholien 259; s. auch Randscholien
Schrägmanteltracht 603
Schrift: Beschreibstoffe 17. 79 (inschriftl.); Schreibgeräte 17; Entwicklung auf Inschriften 73f.
Schrift vom Erhabenen: s. Pseudo-Longin
Schriftarten 7; Unzialschrift 104. 116; Perlschrift 28f. 30. 38; 'eckige Hakenschrift' 29. 30; 'Keulenstil' 29. 31; 'Kirchenlehrerstil' ('minuscule bouletée') 30; 'Gebrauchsschrift' 35; 'Stil von Reggio' 35; 'Stil von Otranto' 35; Stil von Hodegon 35; 'Fettaugen'-Mode 38. 40; archaisierender Stil 39; Metochites-Stil 40; Druckminuskel 42; 'Vor-Barock' 43; 'Barock' 43f.
Schulaufgaben (auf Täfelchen) 4
Schuldbekenntnis 77f.
Schuldsklaverei 375. 380. 381
Schulwesen 64. 295; Inhalte 87; Papyrus-Zeugnisse 69; inschriftl. Zeugnisse 77; christl. 293; in Byzanz 105. 109. 115. 326; Rolle des Attizismus 162
Schutzflehende 467

Eduard Schwartz 129
schwarzfigurige Maltechnik 586. 598
Schwein: Opfertier 460. 486; unrein 464
Scipio Aemilianus 267; und Panaitios 551
scrinia 439
scriptorium 14
scriptura continua 28. 29. 39
Sebaste 430
Sebasteion 662
σέβειν 459
Sechzehnsilbler 152
Secundus (Verleger) 11
Seele: bei Heraklit 512, Platon 525, den Stoikern 549, Plotin 556f.; unsterblich 510. 525. 556
Seelenwanderung 184. 510
Seevölker 366
Seher **475f.** 491
σειραί: s. Katenen
Seisachtheia 381
σηκός 465f.
Seleukeia am Tigris 415. 637
Seleukiden 412. 414. **415**. 416. 417. 637. 638; fördern Dichtung 246; Kunst 637; Münzen 704
seleukidische Stadtgründungen 428. 429
Seleukos I. 411. 412. 414
Seleukos II. Kallinikos 415
σελίδες 5. 6
Selinus/-unt 372. 399; Riesentempel 608; Tempel E, Metopen 617
Sellasia (Schlacht) 414
σημαῖνον/σημαινόμενον 547
Semonides **181**; Sprache 153; Metrik 349
Semos von Delos 197
Senat (röm.) 416f. 419. 420; Eintritt von Griechen 419
Seneca 545; und das hellenist. Drama 251
Septimius Severus 281. 423
Septuaginta 12. 99. 251. 287. 292; Sprache 158
Serapion von Thmuis 304
Emmanuel u. Johannes Serbopulos 23
Sergiupolis 680
Symeon Seth 336
Seuthopolis 402
Severer 426
Severos von Antiochia 312. 313

Sextus Empiricus 541. **554f.**: zur Einteilung der plat. Akademie 530f.; Quelle für Epikur 542
Sexualität: verunreinigt 464. 465; bei Festen 486
Sibyllen 475. 491
Sibyllinische Orakel **293**
Sidon 371. 386; Reliefsarkophage 652; Münzen 701
Sieben Weise 194; Sprüche 78. 81. 207; Gedichte 244f.; bei Kallimachos 257; Überlieferung 193
Siegel: geometr. Epoche 592
Siegerlisten (epigr.) 75
Nikolaos Sigeros 20
Siklos 694
Sikyon 374; 'tragische Chöre' 196
Silbenlänge und -kürze 345
Silberarbeiten, spätant. 692
Silbermünzen: Anfänge 695f.; klass. Zeit 698
Sillen 184. 257
σίλλυβος 7
Simon Atumanus 115
Simonides von Keos 62. 128. 184. **188**. 189; Epigramme (?) 192; Sprache 153; Metrik 359; und Pindar 190; bei Xenophon 211
Simplikios **308**. 309. 533. 559; erklärt den Titel der arist. *Metaphysik* 534
Sindbad-Stoff 336
Singvers **347**
Sinope 372; eigener Homertext 89
Siphnierschatzhaus 605
Siwa 372. 408. 492
Sizilien 387. 390. 399f. 412; griech. Kolonisation 372; Tyrannis-Blüte 375; Heimat der Komödie 197, der Rhetorik 215; als Thema der Geschichtsschreibung 212. 213; Mimos 242; frühklass. Plastik 616f.; Vasenmalerei 629; Tempel 632; als Ort byzant. Literatur 320
Sizilische Expedition 210. 229. 237. **395**
Sizilische Komödie: s. Komödie
σκάζων: s. Hinkiambus
Skeptizismus **552–555**; bei den Sophisten 202; Akademie-Periode 523. 531; bei Lukian 275, Favorinos 284
Skira 483. 484. **489**

Sklaven 67. 420; Lebensumstände 68; als unrein von Heiligtümern ausgeschlossen 464; und die Kirche 446; in Athen 389. **390**; im Denken der Sophisten 202; in der Mittleren Komödie 233
Skolia 180. 186. 190. **192**; im späteren 5. und 4. Jh. **244**
Skopas von Paros 632
Skopelianos von Klazomenai 272; als Dichter 286
Skriptorien: im 9. Jh. 33; im 15. u. 16. Jh. 22. 23
Skulpturenschmuck 607; s. auch Bauplastik
Skylax von Karyanda **195**
Johannes Skylitzes 334. 335.
Skythen 372; bei Aristophanes 239; Münzen 706
Skythinos von Teos 194
Slawen 452
William Robertson Smith 482
Smyrna 183. 273. 367. 368. 592; Geburtsort Homers (?) 173; Gründungsorakel 81
Bruno Snell 130. 344. 362
Söldner 400
Sogdiana 408
Sokrates 203. **204**. 207. 396. **522–524**. 620. 623; Einfluß des Anaxagoras 201. 204; und Archelaos 201, Euripides 228; von der Komödie verunglimpft 233 (Phrynichos 236, Ameipsias 236, Aristophanes 237); Lehrer des Antisthenes 205, des Xenophon 210, des Isokrates? 218; bei Platon 205. 525, Xenophon 211; Sokrates-Porträt 617; s. auch Antisokratiker
Sokrates (Eccl.) **302**. 313
Sokrates-Briefe 123. 204
Sokratiker **204f.**
Sokratisches Gespräch 523. **527f.** 529. 530
Solon 235. 374. **380–82**; Sprache 153; iamb. Dichtung 182. 349, Metrik 349. 351; Elegien **183**; über Arion u. Drama(?) 196; Münzreform 697; bei Lukian 275
Sonnengleichnis 525
Sonnenjahr 484
Sopatros von Paphos 242
Sopatros, ἐκλογαὶ διάφοροι 297
Sopatros (Neuplat.), Hermogenes-Kommentar 271

σοφία 507. 534. 538
Sophisten 201. **202–204**. 270. 393f. 396. **520–522**. 619. 620; und Sophokles 227, Euripides 230, Aristophanes 237; als Vorläufer des Sokrates 523; und Platon 206. 526, Thukydides 210; und Rhetorik 216; in der Kaiserzeit 271; in der Spätantike **295f.** 297. **310**; s. auch Zweite Sophistik
Sophokles 18. 127. 130. 219. **226–228**. 231. 330; besiegt von Euphorion 231, von Philokles 231; Epigramme? 244; Metrik 349; als Theoretiker 214; Schauspielerzahl 223; Wiederaufführungen 623; und Anaxagoras 201, Herodot 208; über Euripides 229; in der Alten Komödie 238 (Phrynichos 236), von Sopatros parodiert 242; bei Pseudo-Longin 270; Handschriften 114; Erstdruck 120; Statue 613. 627; s. auch Tragiker
Sophokles d. Jüngere 226. 231
Sophron **242**; Sprache 154; und Herondas 255, Theokrit 256
Sophronios von Alexandria 105
Sophronios von Jerusalem **327**
Soranos von Ephesos 580
Sosibios Lakon 197
Sosii (Verleger) 11
Sositheos **251**
Sotades von Athen (Kom.) 240
Sotades von Maroneia 258
Sotadeus 258
Soterichos 286. 311
Sotion von Alexandria 507
Sozialbanditen 424. 430
Soziolekte (myk.) 141
Sozomenos **302**. 313
Spätantike: Kultur 294; Begriffsabgrenzung **435**. **678f.**
Spätarchaik: Übergang zur Klassik 614
Σπανέας: s. Alexios
Sparta 182. 229. 365. 373. **376–379**. 383. 386. 391. 392. 482; Pelop. Krieg 393–396; im 4. Jh. 397–399. 406; im 3. Jh. 413. 414; in der Kaiserzeit 426; als musisch-kulturelles Zentrum 186. 378; Achilleus-Kult 481; initiatorische Feste 488; Artemis Orthia 488; Hyakinthia 488

spartan. Könige 481
Spartiaten 377. 378. 394
Spartokiden 402
Sperlonga 646
Speusipp von Athen 206. 530. 532
Sphärentheorie 571
Sphragis (σφραγίς) 183. 265
Georgios Sphrantzes 340
Sphyrelata 468
Spinoza 513
Spiritus 40f.; Einfügung 50; Formentwicklung 28
Spolienverwendung 681
σπονδή 462
σπονδειάζων 347
Spondeus **343**. 347. 355. 356
Spontangenese 577
Sport: bei Philostrat. 274; kritisiert 184. 230; bei Lukian 275
Sprache: und Metrik 152; und lit. Gattung 152
Sprachgeschichte 105; Beitrag der Epigraphik 75, Papyrologie 65
Sprachtheorie/-wissenschaft 126; bei Demokrit 520, Protagoras 522, den Stoikern 547f.; s. auch Linguistik
Sprecherverteilung: Kennzeichnung in Dramentexten 50f.
Sprechvers 223. 232. **347**
Sprechversdichtung: Sprache 153
Spruchsammlungen (christl.) 306
Staatstheoretiker 214. 619
Stadt im röm. Reich: Rechtsstellung 418f.; Stadt u. Land 420. 427; Städterivalitäten 420f.; in der Spätantike **442–445**. 680f.
Stadtanlagen, hellenist. 639; Kaiserzeit 665f.
Stadtgründer 480; Stadtwerdung 592
Städtebau 214
Städtemythen 480
städtisches Opferfest: s. Opferfest der Polis
Stasima 223
Stasinos 177
Stasis-Lehre 271
Stater 694. 695
Statthalter (röm.) 418f. 421. 422
Statuen: orientalis. Epoche 596; archaische Epoche 600–604; Sitzstatuen 604; Reiterstatuen 604; als Weihgeschenke 470. 604; 'Wagenlenker' 613. 614. 616; 'Zeus

von Artemision' 614; 'Krieger von Riace' 614; 'Philosophen'-Kopf von Porticello 614; 'Jüngling von Antikythera' 614; 'Faustkämpfer' von Olympia 614; Athlet im Getty Museum 614; Statue von Mozia 617; Doryphoros 618f. 622; 'Große' u. 'Kleine Herkulanerin' 627; hellenist. 649; Kaiserzeit 673; Statuenkopien 655. 672; Weiterverwendung 685f. 687; s. auch Gold-Elfenbein-Statuen

Statuetten: geometr. Epoche 592; klass. Zeit 614; Kaiserzeit 673; Spätantike 686; als Weihgeschenke 470

Stemma 25. 28. **53–56**

Stempelschneidekunst 697. 698. 702

Paul Stengel 461

Stenographie 292. 300

Στεφανίτης καὶ Ἰχνηλάτης 336

Stephanos (Bildhauer) 673

Stephanos von Byzanz 214. 325

Stephanos Diakonos 329

Henricus Stephanus 121

Henricus II. Stephanus 121f.

Robertus Stephanus 121

Sternbilder 572; s. auch Fixsterne

Stesichoros von Matauros 62. 93. 127. 184. **186f.** 199; Metrik 354. 359. 360. 478; und Ibykos 187, att. Tragödie 478

Stesichoros II. 187

Stesimbrotos von Thasos **213**; allegorisiert 194. 213

Steuern (röm.) 424; spätant. 442. 444. 450

Sthenelos (Trag.) 235

στίχος πολιτικός 321. 322. 332. 336

Stier von Marathon 260

Stil: Stilabfolge 586. 597; Stilpluralismus 586. 597. 620. 635. 651; fließende Übergänge 611; Zäsuren 611f.; 'Dädalisch' 595f.; archaisch 597; klass. 598; frühklass. 611; hochklass. 611. 612; Stilbewußtsein 618; Stil und 'modus' 635; Stilwandel Antike/Spätantike 678; s. auch 'Reicher Stil', 'Strenger Stil'

Stilicho 449

Stiltheorie/-arten 207. 216. 217; bei Dionys v. Halik. 270, Hermogenes 271

Konstantinos Stilbes 112

Stilpon von Megara 204. 546. 553

Johannes Stobaios **297**. 299

Stoa/Stoiker 523. 531. **545–552**. 553; Einteilung 545; Aufspaltungen 547; Alte Stoa **547–551**; Logik/Rhetorik/Dialektik 547f.; Erkenntnislehre 531. 548; Physik 548f. (und der *Timaios* 548); Ethik 549–551; allegorisieren 88; in der Kaiserzeit **284**; Fragmente 127; und Arat 264, Lukian 275, Aelian 278. 284, Plutarch 284. 531, Philon 288; stoische Lehrbücher 545; Bedeutung Chrysipps 547

Strabon 120. **575**; über Textabschriften 47, Ephoros 97, Aristoteles' Lehrschriften 533; als Geschichtsschreiber 280

Straßen (röm.) 424

Stratege: in Athen 226. 384. 386. **388**. 389. 393. 394; im röm. Ägypten 432

στρατηγὸς αὐτοκράτωρ 399. 406. 412

Straton von Lampsakos 581

Straton von Sardes 287

Strattis **236**

'Strenger Stil' 611. 613. 614. **616f.** 626. 628

Strophe 185. 247

subgeometrische Phase 586

Suda 109f. 297. 317. 331; über Arion 196, die Philostrate 274

Susanna-Geschichte 292

Susarion von Megara 182. **200**

'Südgriechisch' 145. 146

Sündenbockriten 465. 486. 489

Sybaris 372. 697; Münzen 696

Syllogismus 533. 548

Symbuleutische Reden 216. 272. 535

Symeon Metaphrastes/Logothetes **331**

Symeon Neos Theologos **332f.**

Symmachos (Bibelübersetzer) 99

Symposion 180. 460. 462; Elegie 182. 183; Skolion 192. 244

Sympotisches 189. 190. 191. 192. 266; Symposion-Lit.: Athenaeus 278, Plutarch 284

Synagoge 431

Synaphie 353. 361

Συναξάριον τοῦ τιμημένου γαδάρου 340

Synesios 309; *Lob der Kahlköpfigkeit* 272; Hymnen 307; Briefe 300; über Dion von Prusa 273

Synizese: in der Sprachentwicklung 159. 164
Synkopierung 356
Synkretismus: in der Religion 285; im Kasussystem 138. 143. 147
Synoikia 490
Synoikismos 379. 490
σύνταγμα 3
Syntax: in der hellenist. Koine 158; in der kaiserzeitl. Koine 161
Syntipas-Roman 336
Syrakosios 233
Syrakus 372. 375. 386. 390. 395. 399. 400; Geburtsstätte der Rhetorik 215; Reisen Platons 524; Münzen 698. 705
Syrianos (Neuplat.) 271
Syrien 388. 424; nordsyr. Einfluß auf Plastik der geometr. Zeit 592, der orientalis. Zeit 594; Kaiserzeit **428–430**; Spätantike 450; spätant. Silberarbeiten 692; spätant. Textilarbeiten 692 f.
Syrisch 428
syrische Dichtung: Einfluß auf Byzanz 322
Syrische Kriege 415; 4. Syrischer Krieg 415
Syssitien 186. 378

Tacitus: und Cassius Dio 281
G. L. F. Tafel 318. 319
Talent 694
'Tanagrafiguren' 614. 655
Taras/Tarent 400; Gründung 372. 373. 378; Pythagoreer 194; Achilleus-Kult 481; 'thronende Göttin' 617; Vasenmalerei 629; hellenist. Grabkunst 654; Terrakotta-Statuetten 655; Münzen 699
Tarasios 329
Tarsos: Münzen 701
Tatian: *Diatessaron* 289; als Häretiker 290; als Apologet 291
Kalvenos Tauros 531. 532
τέχνη 529. 539
Τέχνη (rhet.) 215. 216. 217. 219. 222. 232. 271
Technik **581**
Tegea 409; Tempel der Athena Alea 632
Teiresias 259. 265. 476
Teisias 215; Schüler 216. 217. 218
Teja 452
τέλη in der spätant. Stadt 444

Telegonie 176. 177
Telekleides **234**
Teleologie 267. 541. 548. 549. 576
Teles 284
Telesilla von Argos 191
Telesilleus 191. 360
Telesterion 473. 494
Telestes (Dith.) 242
τελεταί: 'Riten' 459; Mysterienriten 493
Tell Sukas 370
τέλος: Epikurs 544, der Stoiker 550, des Panaitios 551
Temenos 464. **465**. 469
Tempel 459. 465. 466. **471–473**; Anfänge 592; in der orientalis. Epoche 596 f.; archaische Epoche 605–608; klass. Zeit 631–633; hellenist. Zeit 639–641; und Schatzhaus 472; Tempel für röm. Kaiser 662–664; im griech.-röm. Ägypten 70; s. auch Herdtempel
Tempel in Jerusalem 430. 431
'Tempelmedizin' 493
Tempelstaaten 427
Teos 367; Fluchtafel 347
Terenz 253
Terpander von Antissa 184. **186**. 353
Terpsion 245
Terrakotta-Statuetten 614; hellenist. 655 f.
Tertullian 290
Testimonien: s. Zitate
Tetralogie 223
Tetrameter: troch. 181. 182. 194. 196. 238. 253. **254**. 348. **351**, 'hinkend' 351; anap. 199. 238. **352**; ion. 307; iamb. **351 f.** (katal.) **352** (akatal.); dakt. 352; gemischt 357
Tetrarchie (spätant.) **436 f.** 678 f.; Zweite Tetrarchie 437; Tetrarchen-Statuen 686
Tettix 197
Texteingriffe 50–53; bewußte Änderungen 52, Verkürzungen 52, Interpolation 52
Textentstellung s. Korruptelen
Textilien, spätant. 692 f.
Textkritik 25. **45–58**. 130; Wesen und Aufgabe 56 f.; Beitrag der Papyri 45 f. 63 f., der Epigraphik 74. 75; Qualität in der Antike 91; der alexandrinischen Philologen 93; in christl. Umfeld 100; im 19. Jh. 125

Textüberlieferung: im Altertum 12. 13. 14f. (Papyri 63); im Mittelalter (Byzanz) 17–20. 25. 32. 47. 55; in der frühen Neuzeit 20–24. 25; T. der byzant. Literatur 322f.; direkte (primäre) Überlieferung 45f. 47; indirekte (sekundäre) Überlieferung 45. 46; und Sprachform 153; in der Philologie: Wilamowitz 128, Pasquali 130
Textvarianten: s. Varianten
Textvergleichung 51. 55. 107. 119
Thalassios 328
Thales 193f. 507. **508**. 509. 562. 563. 568; prophezeit Sonnenfinsternis 564; Vakuum-Frage 580
Thaletas von Gortyn 186
Thargelia 483. 486. **489**
Thasos 181; Münzen 697. 700
Theagenes von Megara 374. 380
Theagenes von Rhegion: über Homer 87; allegorisiert 87. 194
Theaitet von Athen 569
Theater: als Zeichen griech. Kultur 428
Theateragone 91. 197. 223; Komödienwettkämpfe 232
Theaterkritik 236. 237
Thebais (oberäg.) 416
Thebais (kykl.) 176
Theben 174. 189. 239. 391. 405. 406. 409; myk. Zeit 365 (Linear B-Funde 136); Pythagoreer 194; im 4. Jh. **398f.**; Kabiren-Heiligtum 494; im Mythos 481; Gegenstand des ep. Kyklos 176
Themis 499
Themistios 14. **295**
Themistokles 188. 198. 213. 224. 231. 234. 384. **386**. 388; 'Themistokles-Dekret' 387; Themistokles-Porträt 617
Themistokles-Briefe 123
Theodektes von Phaselis 218. **232**; *Apologie des Sokrates* 204; Τέχνη 216. 222
Theoderich d. Gr. 309. 451
Theodoret 303. 304; Briefe 300; *Kirchengeschichte* **302**. 313; *Gottgefällige Geschichte* 306; als Apologet 304; als Exeget 305
Theodoros Anagnostes 313. 325
Theodoros von Asine 296
Theodoros von Byzanz 216
Theodoros Graptos 329

Theodoros von Kyrene 214. 524
Theodoros II. Dukas Laskaris 338
Theodoros von Mopsuestia 100. 103. 304. **305**
Theodoros Paphlagon 332
Theodoros Studites 329. **330**
Theodoros von Sykeon 328
Theodosia (Stadt) 372
Theodosios, *Kanones* 105f.
Theodosius I. 295. 320. 435. 437. 447; Theodosius-Missorium 692
Theodosius II. 298. 299. 308. 437. 438. 451
Theodotion (Bibelübersetzer) 99
Theodotos (Stempelschneider) 702
Theognis von Megara **183**. 266
Theognidea: 183. 374; dor. Elemente 153
Theogonie(n) 178. 195. 480; (kykl.) 176; orph. 179; *rhapsodische Theogonie* 179
theogonische Mythen 480
Theokrit von Syrakus 119. 246. 247. 255. **256**. 260; lyr. Gedichte 247; Hymnen und Enkomien 265; literarisiert den Mimos 248; und Homer 248, Hesiod 178, Philoxenos 241, Sophron 242; über Tragödie 250; von Moschopulos ediert 18
Theologie: bei den Stoikern 549
theologia tripartita 549
theologisches Schrifttum 321. 338
Theon von Antiochia: *Apologie des Sokrates* 204
Theon (Gramm.): Randvarianten zu Soph. *Ichneutai* 47
Aelius Theon (Progymn.) 271
Theon (Astron.) 309; Ptolemaios-Kommentar 32
Theonas (?) 304
Theophanes Byzantios 325
Theophanes Confessor 318. **329**. 334; *Chronographia*: Sprache 163
Theophanes Continuatus 331
Theophanes Graptos 329
Theophilos von Antiochia 291
Theophrast von Eresos 126. **207**. 536. **541**. 553; *Metaphysik* 33; Φυσικῶν δόξαι 508. 541; *Charaktere* 541; botan. Studien 567. **577**: Mineralogie 577; über Leukipp 518, Thrasymachos 216; zum δεισι-

δαίμων 459; und Aristoteles 541. 577 (übernimmt Aristoteles' Bibliothek 533), Arat (?) 263
Theophylaktos Simokattes 166. 317. 318. **326**. 329; Hetärenbriefe 310
Theopomp von Chios (Hist.) **212**. 218
Theopomp (Kom.) **236**
Theorikon-Kasse 404. 405
Theos Hypsistos 77f.
Theosophie: s. *Tübinger Theosophie*
Thera 371
Theramenes 218. 396
'Thermenherrscher' 647
Thermopylen (Schlacht) 188. 192. **386f**.
Thermos: früher Tempelbau 592; Metopen 593. 597
Theron von Akragas 387
Thesaurus Graecae linguae 122
Theseus 189. 229. 260f. 263. 379; und Initiationsriten 483
Theseus-Epik 179
Thesmophorienfest 237. **486**. 487
Thesmotheten 380. 382
Thespiai 391
Thespis 196. **198**
Thessalien 369. 376. 386. 399. 405. 410. 412. 425; Heimat des Epos? 149
Thessalisch 144. 145. 146
Thessalonike: Kabiren-Heiligtum 494; in der Spätantike 679. 681; frühchristl. Grabkammern 689; Circus 667; Stadtmauer 681; Galerius-Bogen 682 (Relieffriese 688); Mosaiken 690; Normannen-Eroberung 335
Thestorides von Phokaia 177
Theten 381. 386. 389
Theurgie 285. 296; von Jamblich gegen Porphyrios verteidigt 559
Thiasos 180
θοιναρμόστριαι 475
Thoinias (Bildhauer) 73
Tholos 633
Thomas von Aquin 513
Thomas Magister 113. 338; als Editor und Kommentator 18; als Textkritiker 51
Thrakien 209. 385. 411. 416. 424; röm. Provinz 426
Thrasybulos (Athener) 203. 217
Thrasybulos von Milet 374

Thrasyllos von Alexandria: Einteilung des *Corpus Platonicum* (?) 205. 524; ediert Demokrit 518
Thrasymachos von Chalkedon 203. **216**
Thrasymedes 620
Threnos 182. 188. 190
θρησκεία 458f.
Thudippos-Psephisma 392
θύειν 460. 462; θυμιατήρια 462
Thukydides 120. **209f**.; Sprache 154. 155; Einfluß des Anaxagoras 201, Antiphon 217; über Sparta 378, Alkibiades 48, ath. Politiker 393; Epitaphios 390; μῦθος-Begriff 479; als Epigraphiker 80f.; von Xenophon fortgesetzt 211; Einfluß auf Philistos 211, die *Hellenika von Oxyrhynchos* 212, Dexippos 281, Priskos 309, Prokop 324, Anna Komnene 334, Laonikos Chalkokondyles 339, Michael Kritobulos 340; und Polybios 267; antike Editionen 16; Papyri 64; Überlieferung nicht auf einen Archetypus reduzierbar 56; Erstdruck 120
Thukydides Melesiu 213. 517
Thule 574. 575
Thurioi 202. 217. 400. 629
Tibull: und das hellenist. Epigramm 266
Tiere: Klassifikation bei Aristoteles 576
Tierdarstellungen als Weihgeschenke 470; Tierfriese 589. 593
Tierkreiszeichen 570
Tieropfer **460f**. 483. 490
Tierverkleidung 197
Tilgungen: s. Korrekturen
Timaios von Tauromenion 45. 510
Timarion: s. Pseudo-Lukian
Timokles (Kom.) **239**
Timokles (Trag.) 232
Timoleon 280. **400**. 412
Timon von Phleius 247. **257**. 552. **553**
Timotheos von Gaza 310
Timotheos von Milet 127. 128. 228. 231. 234. 240. **241**; Einfluß auf Euripides 230; *Perser* 6
Tiryns 174; Linear B-Funde 136
Titanomachie (kykl.) 176. 177
Titus von Bostra 304
Tmesis 96
Tod: verunreinigt 464; bei Epikur 543

'Tomba del Tuffatore' 600
Tomis 372
τόμος συγκολλήσιμος 60
τόν, τήν, τό als Relativpronomen 165
Tonaia 469
Toposforschung 131
Torah 430
Toreutik 657. 691
Totenbeschwörung 476; Totenkult 462
Totengeister 498; Präsenz der Toten 486
'Totenmahlreliefs' 654
Totila 452
Tragiker 18. 127. 130; und Stesichoros 187; Einfluß des Anaxagoras 201; von Platon kritisiert 206; Scholien 96
Tragödie(n) 175. **198f.** **222–232**. 247. 330; Anfänge **196f.**; Aufführungen 198; historische Themen 198; und Mythos 478f.; als rituelle Selbstreflexion 486; Sprache 153f.; Metrik 346. 349. 351, lyr. 356. 359; Musik 215; und der ep. Kyklos 177, Stesichoros 478, Herodot 209, Rhetorik 231f., Apollonios Rhodios 259; Einfluß des jüngeren Dithyrambos 241; im Hellenismus **250–252**; in der Kaiserzeit 479; parodiert 235. 236. 238. 239. 240. 242; inschriftl. Quellen 75; auf Papyri 251; ὑποθέσεις 93; in byzant. Sicht 110; in der Philologie: Welcker 126, Nietzsche 129
τραγῳδία 196
Trajan 419. 422. 423
Transkription s. Transliteration
Transliteration 17. 26. **32–34**. 48
Transmutationslehre 582
Trapezophoren 673. 686
Georgios Trapezuntios 118
Trapezus 372
Traumdeuter 476. 491
triadische Bauform 185. 354. 356. 361
Trierarchie 218
Triere 386
Trikka: Asklepioskult 493
Demetrios Triklinios 338; als Editor und Kommentator 18. 113; als Textkritiker 51. 113; entdeckt die 'alphabetischen' Euripides-Stücke 113; als Metriker 113f.
Trilogie 224; bei Aischylos 225, Sophokles 227, Euripides 228

Trimeter (iamb.) 152. 176. 181. 182. 184. 191. 196. 223. 238. 253. **254**. 255. 326. 328. 330. 331. **348–350**. 352; katal. 352; Entwicklung zum Zwölfsilber 321. 326
Triphiodor **286**. 299. 311; Datierung 64
trisemische Überlänge 356
Tritheismus 560
Trithemimeres 348
Trittys 384
Triumphbögen 664; Spätantike 682f.
Trochäus 152. 199. 321. **351**. 358; lyr. **355f.**; Sprache 153; s. auch Tetrameter
Trogus-Justin: Alexanderbild 407
Troja 174. 225; Gegenstand des ep. Kyklos 176; bei Sophokles 227, Euripides 229
Trojanischer Krieg 174. 481. 598; bei Philostrat 274; in Byzanz 339
Troparion 308. 314
Tropen im Skeptizismus 554
Trophonios: Orakelheiligtum 492
Trostdekrete 75
Tryphon (Verleger) 11
Tübinger Theosophie 312
Tugenden: dianoetische u. ethische 538f.; bei den Stoikern 550; T. und Lust bei Epikur 544f.
Tura-Papyri 63. 100. 292. 305
Turpilius und Alexis 240
Tyche: bei Anaxagoras 201, Polybios 267; im Hellenismus 645; bei Georgios Pachymeres 339; Tyche-Statue von Antiochia 637. 645
Typen: bei Epicharm 200, Krates 234, Pherekrates 235, Phrynichos 236, Antiphanes 239f.; in der Neuen Komödie 233
Typenhäuser 634
Tyrannenmörder 192; Tyrannenmördergruppe 613. 616
Tyrannion (Gramm.) 533
Ältere Tyrannis **374f.**; in Athen 382; in Sizilien 375. 387. 390
Jüngere Tyrannis 399
Tyrannos **373f.**
Tyras 372
Tyros 371. 386. 408
Tyrtaios von Sparta **182**. 183. 369. 378; *Eunomia* 377
Tzakonisch 160
Isaak Tzetzes über pindarische Metrik 111

Johannes Tzetzes 334. **336**; als Philologe 111f.

Überarbeitungen durch den Autor 56
Überlieferung(sgeschichte): s. Textüberlieferung
Übersetzungen: Rolle bei der Textüberlieferung 47; Probleme 100; ins Lateinische 119. 120. 294. 302. 329; aus dem Syrischen 296. 336; aus dem Lateinischen 298; ins Armenische 302; aus dem Arabischen 336; aus dem Altfranzös. 340
umbilicus 7
Umschrift: s. Transliteration
Umstellungen 50
Unbewegter Beweger 533. 535. 538. 539. 557; von Theophrast verworfen 541
unblutige Opfer 460. **462f.**
'Unitarier' 173
Universalgeschichte(n) 212. 246. 267. 280. 281. 302; s. auch Weltchroniken
'Unschuldskomödie' 461
Unsterblichkeit 510. 525. 556; als Mysterienversprechen 494
Unterhaltungsliteratur 185. **274–279**. 310; Unterhaltung durch Mythenerzählung 479
unterirdische Götter **498f.**
Unteritalien 399. 400. 412. 524; griech. Kolonisation 372; frühklass. Plastik 616f.; Vasenmalerei 628. 629f.; Tempel 632; Münzen 705
Uranos 178. 496
Urbanisierung 419. 427. 429; Urbanistik: s. Städtebau
Urkundenreliefs 613
Hermann Usener 126. 127. 457. 482
Usurpationen 438. 449. 451
Utopie 214. 237

Vakuum-Frage 580f.
Ludwig Valckenaer 123
Valens 295. 449. 451
valentinianisch-theodosianische Dynastie 435
Valentinian I. 451
Valentinian III. 435. 438. 451
Valerian 423. 448

Lorenzo Valla: Übersetzung des Thukydides 48; *Adnotationes in Novum Testamentum* 120
Vandalen 311. 324. 452
Varianten 32. 45. 47. 51. 56. 94. 119; in hippokrat. Schriften 45; Auswahl-Kriterien 47f.; s. auch Randvarianten
Varro von Atax und Apollonios 259
Vasenmalerei: submyken. 587f.; protogeometr. 587; orientalis. 593; korinth. 598; attisch-schwarzfig. 598; Wechsel schwarzfig./rotfig. 599; attisch-rotfig. 599. 628; klass. Zeit 628–630; Darstellung von Kultbildern 471, von Religion 628; Mythendarstellung 591. 593. 628. 630; Reflexe der 'Großen Malerei' 627f.
Vater und Sohn: bei Pherekrates 235; in der Neuen Komödie 235
Vegetarismus 495
Michael Ventris 131
Verbannten-Dekret 409
Verbesserungen: s. Konjekturen, Korrekturen
Verbformen: Ersetzungen 157f.
Vergil: und Theokrit 256, Apollonios 259, Kallimachos 262, Arat 263; Urteil Voltaires 124
Vergina (= Aigai) 403; Philipps-Grab 628. 643. 656; Königspalast 642
Verleger in der Antike 11
Veröffentlichungen in der Antike: s. Publikation
Verschriftlichung des Mythos 478
Verse: mit Prosa gemischt 258
Versifizierung von Prosa 194. 255
Versroman 322. **335**
Lucius Verus 580. 662
Verzichtopfer 460. 462
vicarius 441
Giambattista Vico 173. 457
Vier-Säfte-Lehre 578
Vierhundert: s. Rat der Vierhundert
Vierzehnsilbler 152
Villa (Bautyp) 667
Vindolanda 8. 65
Vision des Dorotheos: s. Dorotheos
Vita Euthymii patriarchae 331
Vitruv 633; und Philon von Byzanz 581, Pytheos 632

Vivarium 14
Völkerwanderung 17. **449**
Vogelschauer 476. 491
Vokale: Vokalquantitäten 157. 159. 294; Anfangsvokale schwinden 164
Volkssprache 167; von der Rhetorik ferngehalten 295; in Byzanz 320. 323. 332. 335. 337. 339. 340f.; Lexika 317. 318; s. auch Koine
volkssprachl. Dichtung in Byzanz 165. 317. 319. 322. 328. 332. 334. 335. **336f.** 339. 340f.; Überlieferung 323
volkstümliche Dichtung **192**. 336
volkstümliche Erzählung **193**
Volksversammlung: in der Kaiserzeit 419; s. auch Ekklesia
Voltaire über Homer und Vergil 124; über Byzanz 318
volumina 6; s. auch Buchrolle
Peter Von der Mühll 174
Vorderer Orient und Griechenland 131
Vorhellenismus 635
Vorsokratische Philosophie 507. **508–520**. 576; wissenschaftl. Ansätze 561f.; physikal. Fragen 580; Fragmente 127. 508
G. J. Vossius 122
vulgäre Diktion 154. 176. 232. 254. 255
Vulgata 120

Wachstäfelchen als Beschreibmaterial 3f. 5. 59
Waffenfabriken 439. 441
'Wagenlenker' von Delphi 613. 614. 616
W. Wagner 318
Wahnsinn: verunreinigt 464
Wasseruhren 573
Wasserzeichen 25. 54
Wechselansichtigkeit 590
Weihrauch 462
Weihungen/-geschenke 77f. 191. 465. **469f.**; von Beutewaffen 470, Statuen und Statuetten 470; Weihinschriften 266. 471; Weihreliefs 467. **471**. 610; Heroenmahlreliefs 471
Wein: in der Dichtung 185. 192. 287. 312 (Kratinos 234); beim Opfer 461
Weinlese 192; und Tragödie 196
Weissagungen: s. Orakel
Friedrich Gottlieb Welcker 126

Weltbild: geozentrisch 511. 572; heliozentrisch 572; des Kosmas Indikopleustes 313
Weltchroniken 325. 326. 331. 335
Wertgegenstände als Weihgeschenke 470
Westgriechisch 144. 145. 146
westliche Einflüsse auf byz. Literatur 340
Westrom 449; Untergang 448
Wiedererinnerung 528. 556
Wiedergänger 480
Wieland 124
Wiener Genesis 691
Ulrich von Wilamowitz-Moellendorff **128**; zu Homer 174, Triklinios 18; zur Metrik 344, griech. Religion 457
Wilamowitzianus **362**
Johann Joachim Winckelmann 124. 585. 586
Wissenschaft 193–195; Literatur 213–215; s. auch Fachwissenschaften, Naturwissenschaften
Wissenschaftsbegriff/-theorie 561; bei Platon 565f., Aristoteles 566f.
Witigis 452
Heinrich Wölfflin 130
Friedrich August Wolf **125**. 173
Hieronymus Wolf 317. 319
Robert Wood 124. 173
Wortarten bei den Stoikern 548
Wortbedeutung: Änderungen in der hellenist. Koine 159
Wortbild **346f.**
Wortende 361; gesucht 347. 352; zugelassen 351; gemieden 348. 350.
Wortformen: Entstellung 51f.; Entw. in der hellenist. Koine 157f., in der kaiserzeitl. Koine 159–161, im byzant. Griechisch 164–166
Wortgrenzen: Verschiebung 149
Wortschatz: in der hellenist. Koine 158f.; in der kaiserzeitl. Koine 161; im byzant. Griechisch 166f.
Wrackfunde 655. 672
Wunderheilungen 493

Xanthopulos (Nikephoros Kallistos) 317
Xanthos von Sardes 195. 280
Xanthos, Nereidenmonument 622
Xenarchos 242
Xenokrates von Chalkedon 206. 530. 532

Xenon: Homer-Χωρίζων 173
Xenophanes von Kolophon 175. **184**. **194**. 230. **509f.**; bezweifelt sinnl. Wahrnehmung 562; über Pythagoras 510, Simonides 188; bei Heraklit 511; und Parmenides 513, Timon 257; zur Münzerfindung 694
Xenophon 119. 120. **210f.**; *Agesilaos* 219; Sprache 154; über Sokrates 204. 523; Fortsetzer des Thukydides 209f.; und die *Hellenika von Oxyrhynchos* 212, Arrian 280
Xenophon von Ephesos **276**; epitomiert (?) 277
Xerxes 385. 386f. 388. 406; bei Herodot 208; bei Choirilos 242
Xiphilinos 281
Xoanon 469

ὑποθέσεις 93
ὑπόμνημα 3. 309
ὑπομνηματικόν 3f.

Zachariä von Lingenthal 318
Zacharias Scholastikos 304; *Ammonios* 310; Geschichtswerk 312f.; Vita des Severos 313
Zäsur 152; im Hexameter 347f., iamb. Trim. 349, troch. Tetr. 351, akatal. iamb. Tetr. 352; fehlt 355
Zaleukos von Lokroi 372
Zankle: s. Messana
Zaubertexte 59. 70. 77. 434
Zeichendeutung 476
Zeitaltermythos 178. 263
Zeitrechnung, griech. **484f.**
Eduard Zeller 127. 507
Zeno (Kaiser) 312. 313. 437. 438. 451. 452; Enkomion auf ihn (?) 311
Zenobia am Euphrat 680
Zenodot **91f.** 93. 249; Homer-'Ausgabe' 91; Erfinder des Obelos? 91
Zenon von Elea 194. **515**; und Anaxagoras 517, Leukipp 518, Gorgias 521

Zenon von Kition 545. **546**; Iamboi 243
Zenon von Sidon (Epikur) 545
Zenon von Tarsos (Sto.) 547
'Zentralgriechisch' 145
Zerdehnung: s. Dehnung
Zeugiten 381
Zeus 190. 264. 265. 466. 481. 490. 496. 498; bei Hesiod 178. 264. 480, Epicharm 199, Aischylos 224. 225, Sophokles 227, Arat 264; im Kleanthes-Hymnos 546; Zeus-Statue von Olympia 257. 620; Z. Agoraios 466. 497; Z. Ammon 372. 492; Z. Asklepios 497; Z. Hekaleios 260f.; Z. Kataibates 466; Z. καταχθόνιος 498; Z. Κτήσιος 497. 499; Z. Maimakterios 484; Z. Meilichios 462. 499; Z. Μοιραγέτης 499; Z. Olympios 485; Z. Philios 664; Z. Phratrios 487; Z. Polieus 490; Z. Soter 490; 'Bußzeuse' 470; 'Zeus von Artemision' 614; in der hellenist. Plastik 645
Zeuxis 627
Ziege: Opfertier 460; unrein 464
Th. Zieliński 349
Zigabenos 337
Zirkusparteien 440. 452
Zitate: Rolle bei der Textüberlieferung 46. 47; als Parodie 154
Zoilos von Amphipolis 212
Johannes Zonaras 281. 317. **335**; als Kommentator 316
Zoologie bei Aristoteles 566f. 576f.
Zosimos **309**
Zukunftsschau 476
Zweite Sophistik 17. **270f.** 275. 282. 320; von Philostrat 'erfunden' 274; Briefliteratur 279; Lyrik 287; und christl. Literatur 289; in Byzanz der Klassik gleichgestellt 115
Zwölfsilber 311. 312. 321. 326. 330. 331. 333. 335. 336
Zypern 369. 371. 385. 388. 391. 397; Dialekte 142. 146. 367; gräzisiert 366; Münzen 701

Ulrich von Wilamowitz-Moellendorff

Geschichte der Philologie

Mit einem Nachwort, bibliographischen Ergänzungen
und einem Register von Albert Henrichs

1997. ca. 112 Seiten. Format 16 × 24 cm
Geb. DM 48,–   ÖS 350,–   SFr 43,–
ISBN 3-519-07253-X

„Weil das Leben, um dessen Verständnis wir ringen, eine Einheit ist, ist unsere Wissenschaft eine Einheit." Im Frühjahr 1921 hat sich Wilamowitz sein inneres Bild der Philologie als Wissenschaft in weniger als vier Wochen und auf achtzig prägnanten Seiten *cum ira et studio* von der Seele geschrieben, ohne gelehrtes Beiwerk und mit einem Minimum an chronologischem Detail. Das Ergebnis ist eine epochale Glanzleistung – eine rasant geschriebene, von Scharfsinn und Urteilskraft sprühende und zum Weiterdenken herausfordernde Darstellung der Geschichte der Philologie in ihren Hauptvertretern von den antiken Anfängen über das Mittelalter und die Renaissance bis hin zu Mommsen und dem von ihm inaugurierten modernen Wissenschaftsbetrieb. Der Parforceritt ist Wilamowitz nicht leicht gefallen: „Ich arbeite mehr im Garten als am Schreibtisch, bin mit Mühen bis zu Winckelmann gediehen, 19. Jahrh. ist mir noch dunkel." So schrieb er auf halbem Weg an Eduard Norden, den Initiator des Projekts. Im Zeitalter der archivalischen Wissenschaftsgeschichte, die auch Wilamowitz in Beschlag genommen hat, tut es gut, bei der Rückbesinnung auf die eigene Vergangenheit die lebendige Nähe und den überlegenen Geist dieses imposantesten Hellenisten des Historismus zu spüren.

B. G. Teubner Stuttgart und Leipzig

Ulrich von Wilamowitz-Moellendorff
Die griechische Literatur des Altertums
Mit einer Einleitung von Ernst-Richard Schwinge

1995. Neudruck der 3. Auflage (1912)
IX, 330 Seiten. Format 16 × 24 cm
Geb. DM 59,– ÖS 431,– SFr 53,–

A. Hellenische Periode (ca. 700–480)
I. Das ionische Epos · II. Das Epos im Mutterlande · III. Elegie
und Iambus · IV. Lyrische Poesie · V. Ionische Prosa

B. Attische Periode (480–320)
I. Westhellas · II. Attische Poesie · III. Ionische Poesie ·
IV. Attische Prosa

C. Hellenistische Periode (320–30 v. Chr.)
I. Hellenismus · II. Prosa · III. Ionische Poesie

D. Römische Periode (30 v. Chr.–300 n. Chr.)
I. Klassizistische Reaktion · II. Die Dynastien von Augustus bis
Severus Alexander · III. Die neuklassische Literatur ·
IV. Die Zeit des Zusammenbruchs

E. Oströmische Periode (300–529)
I. Das christliche Ostrom · II. Das Ausleben der Literatur

Schlußbetrachtung · Literatur · Register

B. G. Teubner Stuttgart und Leipzig

Eduard Norden

Die römische Literatur

Mit Anhang: Die lateinische Literatur im Übergang vom Altertum zum Mittelalter

1997. 7. Auflage. Herausgegeben von Bernhard Kytzler
Ergänzter Neudruck der dritten Auflage 1927
XVI, 212 Seiten. Format 15,5 × 23,5 cm
Geb. DM 49,–   ÖS 358,–   SFr 44,–
ISBN 3-519-07249-1

Nordens knappe Übersichten über die Geschichte der römischen Literatur und über ihre Schicksale beim Übergang vom Altertum zum Mittelalter sind wiederholt nachgedruckt worden. Seine Darstellung ist in ihrer scharfen Ausrichtung auf die Gattungsgeschichte, in ihrer weitausgreifenden Verzahnung mit griechischem Geistesgut und in ihrer prägnanten Fixierung teils individueller, teils genusbedingter Phänomene ein Muster literarkritischer Analyse.

Die neue siebente Auflage beruht auf der maßgebenden dritten Auflage. Dieser Neudruck ist wieder durch den Abschnitt „Gesichtspunkte und Probleme" der Erstauflage ergänzt.

Die bibliographischen Ergänzungen Nordens wurden durch neue Textausgaben und Forschungsberichte erweitert; ebenso erweitert sind die beiden Register der letzten Auflage, denen noch ein Index griechischer Termini beigefügt worden ist.

B. G. Teubner Stuttgart und Leipzig